中文版

AutoCAD2018 机械设计经典 228 例

麓山文化 编著

机 械 工 业 出 版 社

本书根据中文版AutoCAD 2018软件功能和机械设计行业特点，精心设计了228个机械设计经典实例，从基本图形、零件视图、零件图的装配和轴测图的绘制到三维实体模型的创建，循序渐进地讲解了使用AutoCAD 2018进行机械绘图所需的全部知识和常用机械图形的绘制方法。使读者迅速积累实战经验，提高技术水平，从新手成长为设计高手。

扫描本书二维码即可下载相关资源，长达920min的高清语音视频教学，可以使读者轻松、快速地学习到机械绘图的相关知识和操作技巧。

本书适用于机械设计相关专业大中专院校师生、机械设计相关行业的工程技术员以及参加相关机械设计培训的学员，也可作为各类相关专业培训机构和学校的教学参考书。

图书在版编目（CIP）数据

中文版AutoCAD 2018机械设计经典228例/麓山文化编著. —7版. —北京：机械工业出版社，2018.8

ISBN 978-7-111-60092-3

Ⅰ. ①中… Ⅱ. ①麓… Ⅲ. ①机械设计—计算机辅助设计—AutoCAD软件 Ⅳ. ①TH122

中国版本图书馆CIP数据核字(2018)第119965号

机械工业出版社（北京市百万庄大街22号 邮政编码100037）

责任编辑：曲彩云 责任印制：孙 炜

北京中兴印刷有限公司印刷

2018年9月第7版第1次印刷

184mm×260mm・20印张・493千字

0001—3000册

标准书号：ISBN 978-7-111-60092-3

定价：69.00元

凡购本书，如有缺页、倒页、脱页，由本社发行部调换

电话服务 网络服务

服务咨询热线：010-88361066 机工官网：www.cmpbook.com

读者购书热线：010-68326294 机工官博：weibo.com/cmp1952

010-88379203 金 书 网：www.golden-book.com

编辑热线：010-88379782 教育服务网：www.cmpedu.com

前言

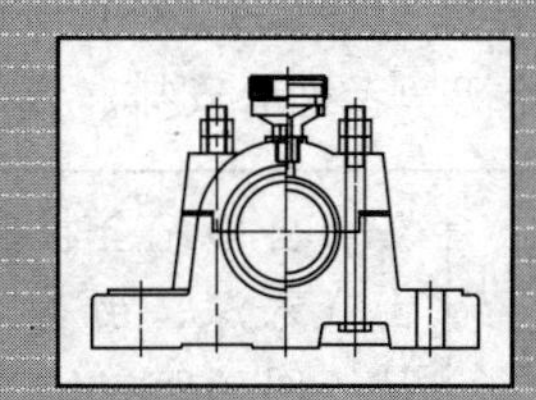

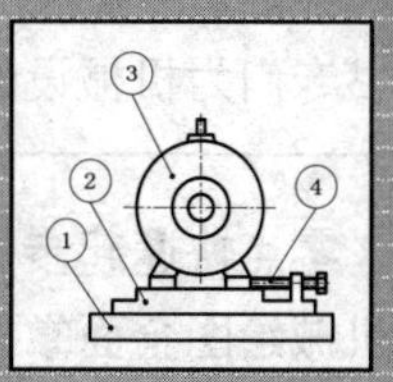

1. 本书内容

AutoCAD 是美国 Autodesk 公司开发的专门用于计算机绘图和设计工作的软件。自 20 世纪 80 年代 Autodesk 公司推出 AutoCAD R1.0 以来，由于其具有简便易学、精确高效等优点，一直深受广大工程设计人员的青睐。迄今为止，AutoCAD 历经了十余次的扩充与完善，已经在航空航天、造船、建筑、机械、电子、化工、美工和轻纺等很多领域得到了广泛应用。

本书是一本 AutoCAD 2018 的机械绘图实例教程，通过将软件功能融入实际应用，使读者在学习软件操作的同时，还能够掌握机械设计的精髓和积累行业工作经验，为用而学，学以致用。

本书共 17 章，从 AutoCAD 基本功能出发，分别讲解了基本图形的绘制、快速编辑、高效绘制与编辑，图形的管理、共享与高效组合，快速创建文字、字符与表格，以及尺寸的标注、协调与管理等功能，使读者快速熟悉并掌握AutoCAD 的基本功能和操作方法，以轴、套、杆、盘、盖、座等数十种不同零件为例，介绍了基本视图、剖面图、断面图、局部放大等不同表达方式的绘制方法和技巧；以零件图装配和轴测图的绘 制为例，介绍了零件图的装配、分解、标注与输出，以及零件轴测图的绘制方法和技巧；以三维实体模型和各类零件模型创建为例，介绍了零件网格模型绘制、实心体模型创建、曲面模型与工业产品设计，以及零件模型的装配、分解与标注等内容。

2. 本书配套资源

本书物超所值，除了书本之外，还附赠以下资源。扫描“资源下载”二维码即可获得下载方式。

配套教学视频：配套 228 集高清语音教学视频，总时长达 920min。读者可以通过教学视频学习本书内容，然后对照书本加以实践和练习，以提高学习效率。

本书的实例文件和完成素材：书中所有实例均提供了源文件和素材，读者可以使用 AutoCAD 2018 打开或访问。

资源下载

3. 本书特点

本书专门为机械设计初学者细心安排、精心打造，具有如下特点：

零点快速起步 机械绘图全面掌握	全书完全按照初学者的学习规律，精心安排各章内容，由浅入深、由易到难，可以让初学者在实战中逐步学习到机械绘图的所有知识和操作技巧，成长为一个机械绘图的高手
228 个实战案例 绘图技能快速提升	本书的每一章都是一个小专题，每一个实例都是一个知识点，涵盖了机械绘图中绝大部分技术。读者在掌握这些知识点和操作方法的同时，还可以举一反三，掌握实现同样图形绘制的更多方法
案例贴身实战 技巧原理细心解说	本书在讲解基本知识和操作方法的同时，还穿插了很多的技巧提示，及时、准确地为您释疑解惑、点拨提高，使读者能够融会贯通，掌握机械绘图的精髓
高清视频讲解 学习效率轻松翻倍	本书配备了长达 920min 的高清语音视频教学，老师手把手地细心讲解，可使读者领悟到更多的方法和技巧，感受到学习效率的成倍提升
QQ 在线答疑 学习交流零距离	本书提供免费在线 QQ 答疑群，读者在学习中碰到的任何问题随时可以在群里提问，以得到及时、准确的解答，并可以与同行进行亲密的交流，以了解到更多的相关后期处理知识，学习毫无后顾之忧

4. 本书编者

本书由麓山文化编著，参加编写的有：陈志民、江凡、张洁、马梅桂、戴京京、骆天、胡丹、陈运炳、申玉秀、李红萍、李红艺、李红术、陈云香、陈文香、陈军云、彭斌全、林小群、刘清平、钟睦、刘里锋、朱海涛、廖博、喻文明、易盛、陈晶、张绍华、黄柯、何凯、黄华、陈文轶、杨少波、杨芳、刘有良、刘珊、赵祖欣、齐慧明等。

读者交流

由于编者水平有限，书中错误、疏漏之处在所难免。在感谢您选择本书的同时，也希望您能够把对本书的意见和建议告诉我们。

作者邮箱：lushanbook@qq.com

读 者 群：327209040

麓山文化

目录

第13章 零件实心体模型创建 231

第14章 零件实心体模型编辑 243

第15章 各类零件模型创建 257

第16章 零件模型的装配、分解与标注 287

第17章 曲面模型与工业产品设计 295

Chapter 第1章

二维基本图形的绘制

在 AutoCAD 中，任何一个复杂的图形，都可以分解成点、直线、圆、圆弧及多边形等基本的二维图形，也就是说一个复杂的图形都是由点、线、圆、弧等一些基本图元拼接和组合而成。万丈高楼平地起，只有熟练掌握它们的绘制方法和技巧，才能够更好地绘制复杂的图形。

本章将通过 21 个典型实例，学习 AutoCAD 点的定位、辅助精确绘图工具以及常用图形结构的绘制方法，为后续章节的学习奠定坚实的基础。

001 绝对直角坐标绘图

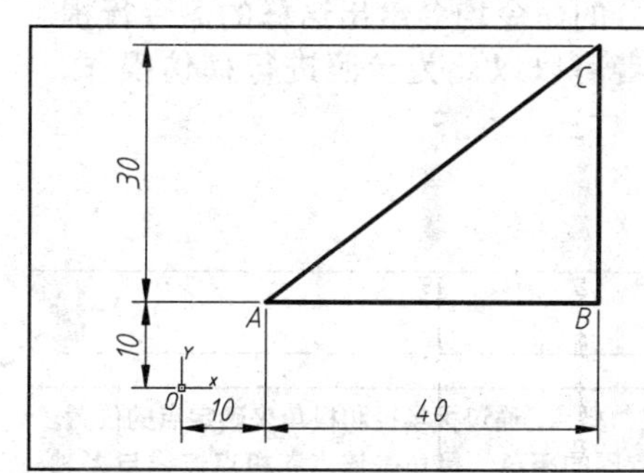

绝对直角坐标是指相对于坐标原点的坐标，可以使用分数、小数或科学计数等形式表示点的 *X*、*Y*、*Z* 坐标值，坐标中间用逗号隔开。本例使用绝对直角坐标绘制图形，学习掌握其定位方法和技巧。

文件路径：	实例文件 \ 第 01 章 \ 实例 001.dwg
视频文件：	MP4\ 第 01 章 \ 实例 001.MP4
播放时长：	0:01:50

01 双击桌面 AutoCAD 快捷方式图标，或选择【开始】|【所有程序】|【Autodesk】|【AutoCAD2018 – Simplified Chinese】中的 AutoCAD 2018 选项，启动 AutoCAD 2018 软件。

02 启动 AutoCAD 2018 软件后，即可进入如图 1-1 所示的系统默认软件界面。

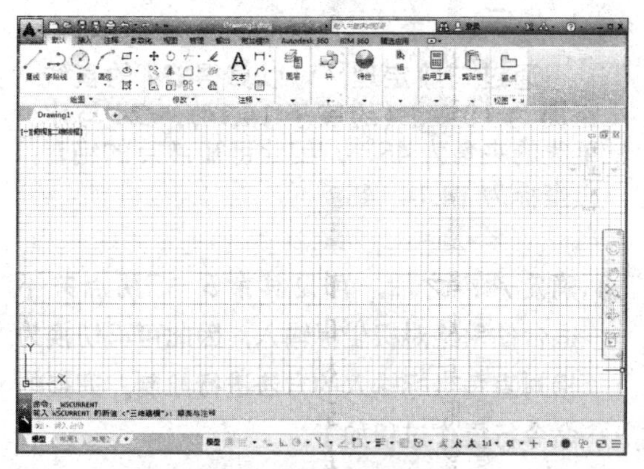

图 1-1 系统默认软件界面

提示

AutoCAD 2018 提供了【草图与注释】、【三维基础】和【三维建模】三种工作空间模式。打开快速访问工具栏工作空间列表、单击状态栏切换工作空间按钮，或选择【工具】|【工作空间】菜单项，在弹出的下拉菜单中可以选择所需的工作空间。为了方便读者使用其他版本学习本书，这里以【草图与注释】工作空间进行讲解。

03 在【默认】选项卡中，单击【绘图】面板中的【直线】按钮，执行直线命令。

04 输入 *A* 点。命令行出现【指定第一点】的提示，直接在其后输入 10,10，即第一点 *A* 点的坐标，如图 1-2 所示。

05 按 Enter 键，确定第一点的输入；接着命令行提示【指定下一点】，再按相同方法输入 *B*、*C* 点的绝对坐标值，即可得到如

图 1-3 所示的图形效果。完整的命令行操作过程如下：

命令：_line

// 调用【直线】命令

指定第一个点：10,10 ↙

// 输入 *A* 点的绝对直角坐标

指定下一点或 [放弃 (U)]：50,10 ↙

// 输入 *B* 点的绝对直角坐标

指定下一点或 [放弃 (U)]：50,40 ↙

// 输入 *C* 点的绝对直角坐标

指定下一点或 [闭合 (C)/ 放弃 (U)]：↙

// 按 Enter 键，结束命令

图 1-2　输入绝对坐标确定第一点

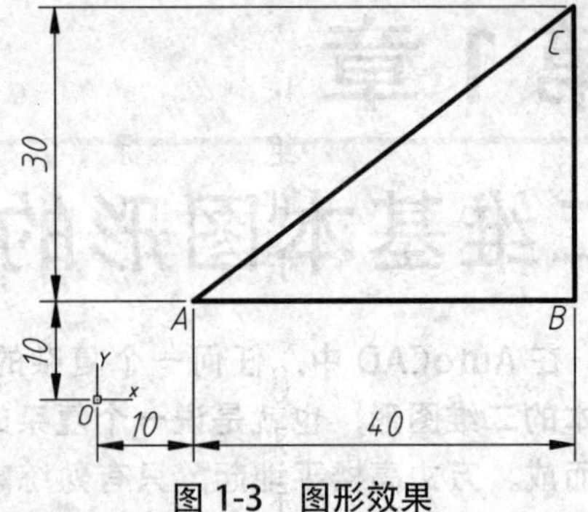

图 1-3　图形效果

提示

在上面的命令提示中，"//"符号及其后面的文字均是对步骤的说明；而"↙"符号则表示按 Enter 键或空格键，如上文的"10,10↙"即表示"输入 10,10，然后按 Enter 键"。本书大部分的命令均会给出这样的命令行提示，读者可以以此为参照进行模仿操作。

002 绝对极坐标绘图

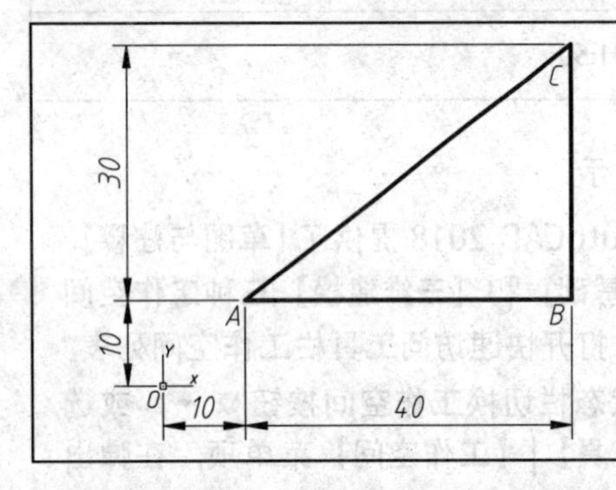

绝对极坐标以原点为极点，通过极半径和极角来确定点的位置。极半径是指该点与原点间的距离，极角是该点和极点连线与 *X* 轴正方向的夹角，逆时针方向为正。输入格式：极半径＜极角。本例通过使用绝对极坐标绘制相同的三角形，以展示其表示方法和定位技巧。

文件路径：	实例文件 \ 第 01 章 \ 实例 002.dwg
视频文件：	MP4\ 第 01 章 \ 实例 002.MP4
播放时长：	0:01:12

01 选择【文件】|【新建】选项，新建一个空白文件。

02 在【默认】选项卡中，单击【绘图】面板中的【直线】按钮，执行直线命令。

03 输入 *A* 点。命令行出现【指定第一点】的提示，直接在其后输入 14.14<45，即 *A* 点的绝对极坐标，如图 1-4 所示。

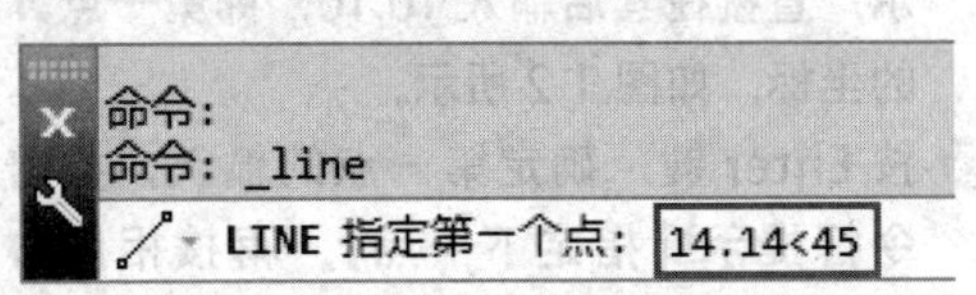

图 1-4　输入 *A* 点的绝对极坐标

提示

通过勾股定理，可以算得 *OA* 的直线距离为 10　（约等于 14.14），*OA* 与水平线的夹角为 45°，因此可知 *A* 点的绝对极坐标为 14.14<45。

04 确定 *A* 点之后，可见其余 *B*、*C* 两点并不适合使用绝对极坐标输入，因此可再切换为相对直角坐标输入的方法进行绘制。完整的命令行操作过程如下：

命令：_line

// 调用【直线】命令

指定第一个点：14.14<45↙

// 输入 *A* 点的绝对极坐标

指定下一点或 [放弃 (U)]: @40,0↙

// 输入 *B* 点相对于上一个点（*A* 点）的相对直角坐标

指定下一点或 [放弃 (U)]: @0,30↙

// 输入 *C* 点相对于上一个点（*B* 点）的相对直角坐标

指定下一点或 [闭合 (C)/ 放弃 (U)]: C↙

// 闭合图形

提示

当结束某个命令时，按 Enter 键可以重复执行该命令。另外，用户也可以在绘图区单击右键，从弹出的快捷菜单中选择刚执行过的命令。

003 相对直角坐标绘图

在绘图过程中，绝对坐标不易确定，这时使用相对直角坐标比较方便。相对直角坐标以上一点为参考点，以 *X*、*Y* 两个方向的相对坐标位移来确定输入点的坐标，它与坐标的原点位置无关。本例通过使用相对直角坐标绘制相同的三角形，以展示其表示方法和定位技巧。

文件路径：	实例文件 \ 第 01 章 \ 实例 003.dwg
视频文件：	MP4\ 第 01 章 \ 实例 003.MP4
播放时长：	0:01:33

01 选择【文件】|【新建】选项，新建一个空白文件。

02 在【默认】选项卡中，单击【绘图】面板中的【直线】按钮，执行直线命令。

03 输入 *A* 点。可按【实例 001】中的方法，通过输入绝对坐标的方式确定 *A* 点；如果对 *A* 点的具体位置没有要求，也可以在绘图区中任意指定一点作为 *A* 点。

04 输入 *B* 点。在图 1-3 中，*B* 点位于 *A* 点的正 *X* 轴方向、距离为 40 点处，*Y* 轴增量为 0，因此相对于 *A* 点的坐标为（@40,0），可在命令行提示【指定下一点】时输入 @40,0，即可确定 *B* 点，如图 1-5 所示。

05 输入 *C* 点。由于相对直角坐标是相对于上一点进行定义的，因此在输入 *C* 点的相对坐标时，要考虑它和 *B* 点的相对关系。由图 1-3 可知，*C* 点位于 *B* 点的正上方，距离为 30，即输入 @0,30，如图 1-6 所示。

```
命令: _line
指定第一个点: 0,0
LINE 指定下一点或 [放弃(U)]: @40,0
```

图 1-5 输入 *B* 点的相对直角坐标

```
指定第一个点: 0,0
指定下一点或 [放弃(U)]: @40,0
LINE 指定下一点或 [放弃(U)]: @0,30
```

图 1-6 输入 *C* 点的相对直角坐标

06 将图形封闭即绘制完成。完整的命令行操作过程如下：

命令：_line

// 调用【直线】命令

指定第一个点：10,10↙

// 输入 A 点的绝对直角坐标

指定下一点或 [放弃 (U)] ：@40,0↙

// 输入 B 点相对于上一个点（A 点）的相对直角坐标

指定下一点或 [放弃 (U)] ：@0,30↙

// 输入 *C* 点相对于上一个点（B 点）的相对直角坐标

指定下一点或 [闭合 (C)/ 放弃 (U)]：C ↙

// 闭合图形

提示

在 AutoCAD 2018 中，可以单击文件标签栏上的按钮 + 来创建新文件。该新建文件的默认模板与上一次打开的模板文件相同。

004 相对极坐标绘图

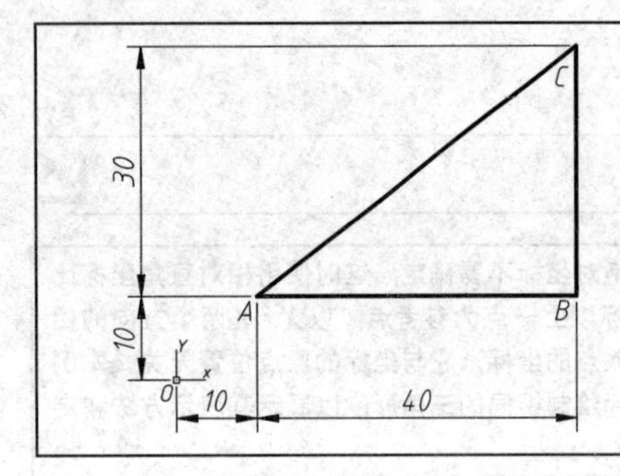

相对极坐标与绝对极坐标类似，不同的是，相对极坐标是输入点与前一点的相对距离和角度，同时在极坐标值前加上符号 @。本例通过使用相对极坐标绘制相同的三角形，以展示其表示方法和定位技巧。

文件路径：	实例文件 \ 第 01 章 \ 实例 004.dwg
视频文件：	MP4\ 第 01 章 \ 实例 004.MP4
播放时长：	0:01:55

01 启动 AutoCAD 2018，然后单击文件标签栏上面的按钮 +，新建空白文件。

02 在【默认】选项卡中，单击【绘图】面板中的【直线】按钮，执行直线命令。

03 输入 *A* 点。可按上例中的方法输入 *A* 点，也可以在绘图区中任意指定一点作为 *A* 点。

04 输入 *C* 点。*A* 点确定后，就可以通过相对极坐标的方式确定 *C* 点。*C* 点位于 *A* 点的 37° 方向，距离为 50（由勾股定理可知），因此相对极坐标为（@50<37），在命令行提示【指定下一点】时输入 @50<37，即可确定 *C* 点，如图 1-7 所示。

05 输入 *B* 点。*B* 点位于 *C* 点的⊠ 90° 方向，距离为 30，因此相对极坐标为（@30< ⊠ 90），输入 @30<-90 即可确定 *B* 点，如图 1-8 所示。

图 1-7　输入 *C* 点的相对极坐标

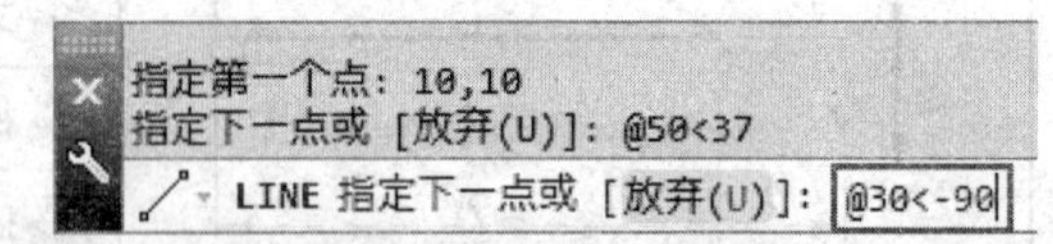

图 1-8　输入 *B* 点的相对极坐标

06 将图形封闭即绘制完成。完整的命令行操作过程如下：

命令：_line

// 调用【直线】命令

指定第一个点：10,10 ↙

// 输入 A 点的绝对坐标

指定下一点或 [放弃 (U)]：@50<37 ↙

// 输入 C 点相对于上一个点（A 点）的相对极坐标

指定下一点或 [放弃 (U)]：@30<-90 ↙

// 输入 B 点相对于上一个点（C 点）的相对极坐标

指定下一点或 [闭合 (C)/ 放弃 (U)]：C ↙

// 闭合图形

005 对象捕捉辅助绘图

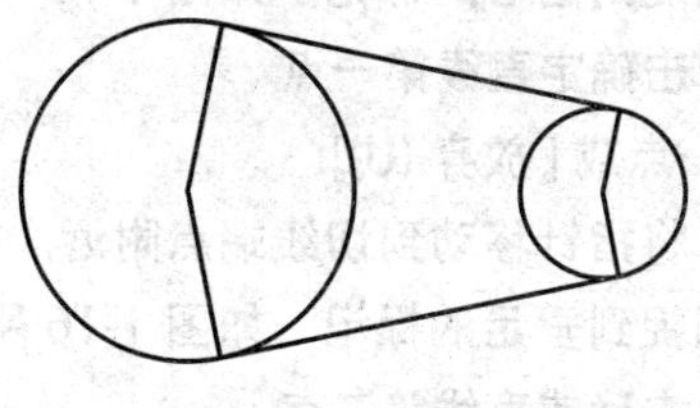

	使用对象捕捉可以精确定位现有图形对象的特征点，如直线的中点、圆的圆心等，从而为精确绘图提供条件。	
	文件路径：	实例文件 \ 第 01 章 \ 实例 005.dwg
	视频文件：	MP4\ 第 01 章 \ 实例 005.MP4
	播放时长：	0:01:18

01 选择【文件】|【打开】选项，或单击快速访问工具栏中的按钮，打开“\ 实例文件 \ 第 01 章 \ 实例 005.dwg”文件，如图 1-9 所示。

02 在状态栏按钮上单击右键，从弹出的快捷菜单中选择【对象捕捉设置】选项，如图 1-10 所示。

03 在系统弹出的【草图设置】对话框中，选择【启用对象捕捉】复选框，同时【对象捕捉模式】设置为【切点】捕捉，如图 1-11 所示。

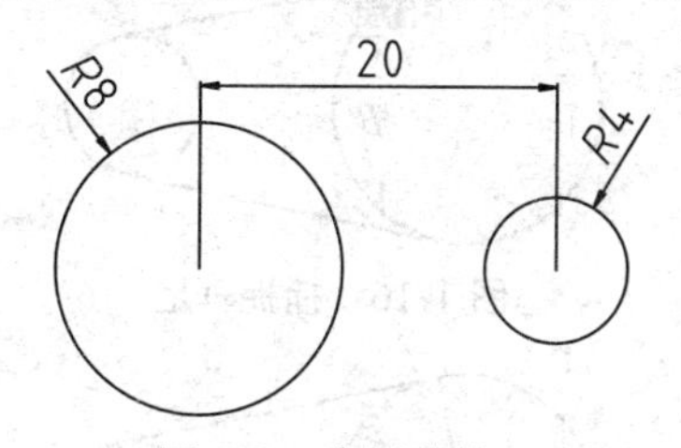

图 1-9 实例文件

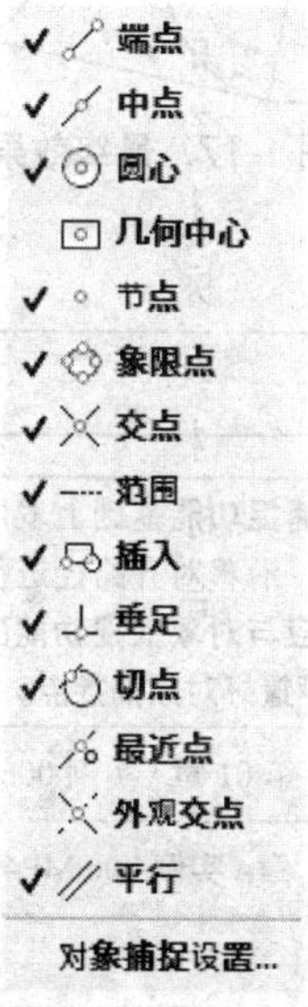

✔ 端点
✔ 中点
✔ 圆心
几何中心
✔ 节点
✔ 象限点
✔ 交点
✔ 范围
✔ 插入
✔ 垂足
✔ 切点
最近点
外观交点
✔ 平行
对象捕捉设置...

图 1-10 选择【对象捕捉设置】选项

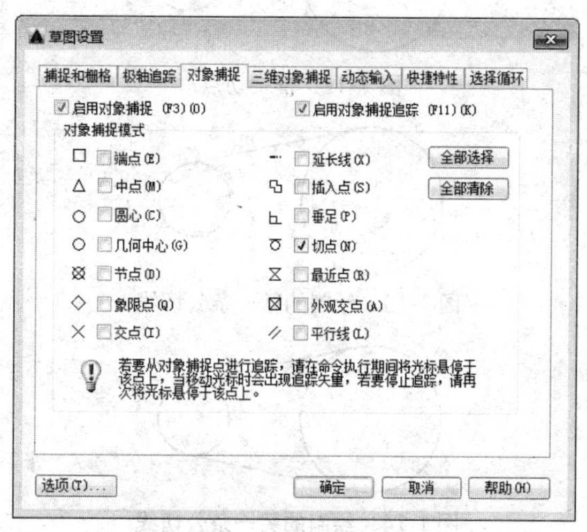

图 1-11 设置对象捕捉模式

提示

在设置了对象捕捉模式之后，不要忘记选择【启用对象捕捉】复选框，以打开对象捕捉功能。如果忘记选择此功能，可以直接按 F3 功能键开启。在命令行中直接输入 OSNAP 或 OS 命令，也可以直接打开【草图设置】对话框。

04 单击【草图设置】对话框中的【确定】按钮，关闭该对话框。

05 单击【绘图】面板中的按钮，激活【直线】命令。配合【对象捕捉】和点的输入功能，绘制两个圆的外公切线。命令行操作过程如下：

命令：_line

指定第一点：

// 指针移动到大圆上部任意位置，如图 1-12 所示。圆上出现相切符号时，单击即确定第一点

指定下一点或 [放弃 (U)]：

// 同样的方法在小圆上确定第二点，绘制的第一条公切线如图 1-13 所示。同样的方法，在大圆和小圆的下方绘制另外一条公切线，如图 1-14 所示

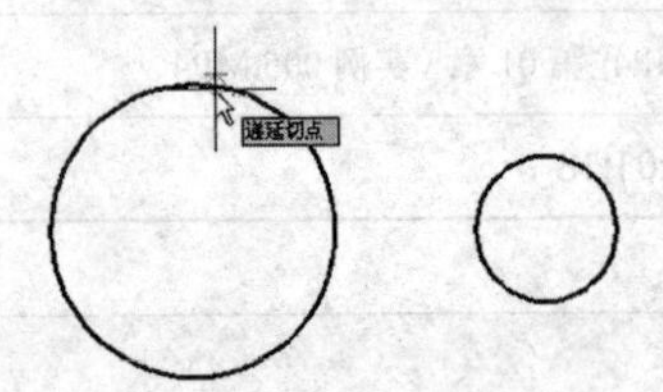

图 1-12 捕捉切点

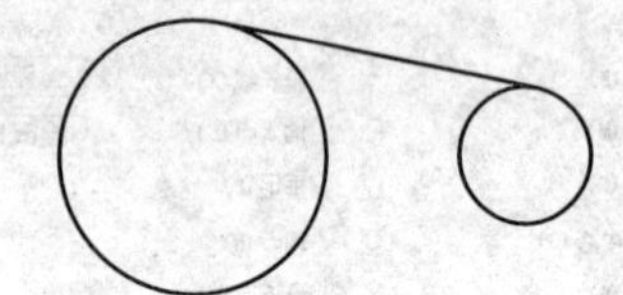

图 1-13 绘制的第一条公切线

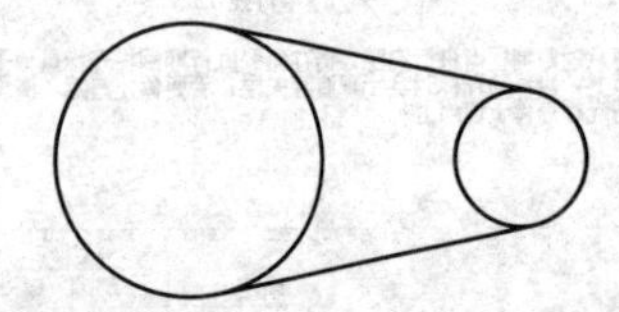

图 1-14 绘制的另一条公切线

06 在命令行中输入 OS，弹出【草图设置】对话框。选择【圆心】和【垂足】捕捉模式复选框。

07 单击绘图工具栏中的【直线】按钮，绘制经过大圆圆心且垂直于公切线的一条直线。命令行操作过程如下：

命令：_line

指定第一个点：

// 将指针移动到大圆圆心附近，出现捕捉到圆心的标记，如图 1-15 所示。单击确定直线第一点

指定下一点或 [放弃 (U)]：

// 将指针移动到切线端点附近，出现捕捉到垂足的标记，如图 1-16 所示。单击确定直线第二点

指定下一点或 [放弃 (U)]：↙

// 按 Enter 键，结束【直线】命令

08 同样的方法绘制其他三条垂线，最终效果如图 1-17 所示。

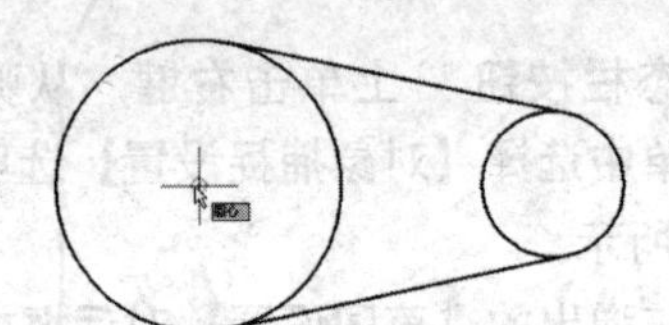

图 1-15 捕捉圆心

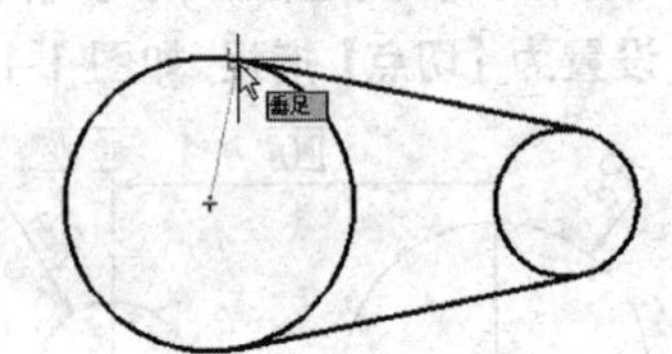

图 1-16 捕捉垂足

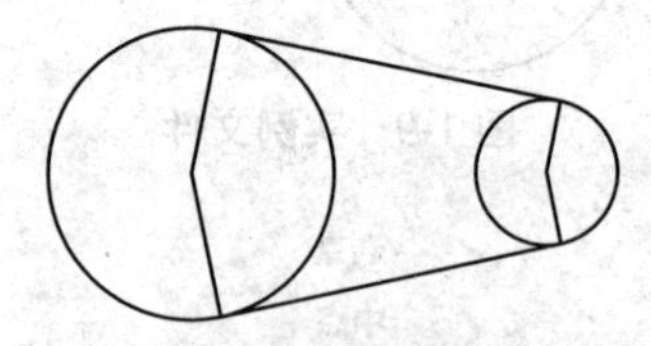

图 1-17 最终效果

006 对象捕捉追踪辅助绘图

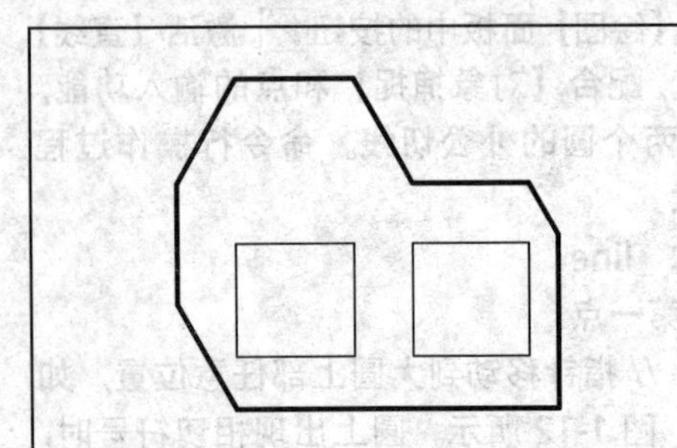

对象捕捉、追踪是在对象捕捉功能基础上发展起来的，该功能可以使光标从对象捕捉点开始，沿着对齐路径进行追踪，并找到需要的精确位置。对象捕捉追踪应与对象捕捉功能配合使用。使用对象捕捉追踪功能之前，必须先设置好对象捕捉点。

文件路径：	实例文件 \ 第 01 章 \ 实例 006.dwg
视频文件：	MP4\ 第 01 章 \ 实例 006.MP4
播放时长：	0:01:38

01 单击快速访问工具栏上的按钮，弹出【选择文件】对话框。

02 在对话框中选择“\ 素材文件 \ 第 01 章 \ 实例 006.dwg”文件，然后单击【打开】按钮，即可将选择的图形文件打开，如图 1-18 所示。

03 在状态栏的按钮上单击右键，从弹出的快捷菜单中选择【对象捕捉设置】选项，弹出【草图设置】对话框。分别选择【启用对象捕捉】和【启用对象捕捉追踪】选项，并设置捕捉模式，如图 1-19 所示。

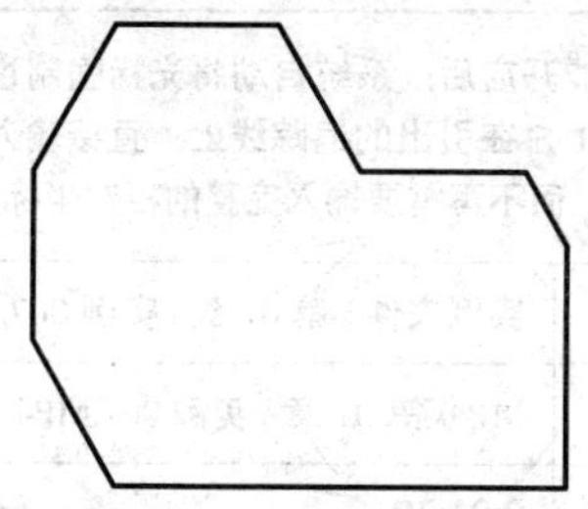

图 1-18　打开的图形文件

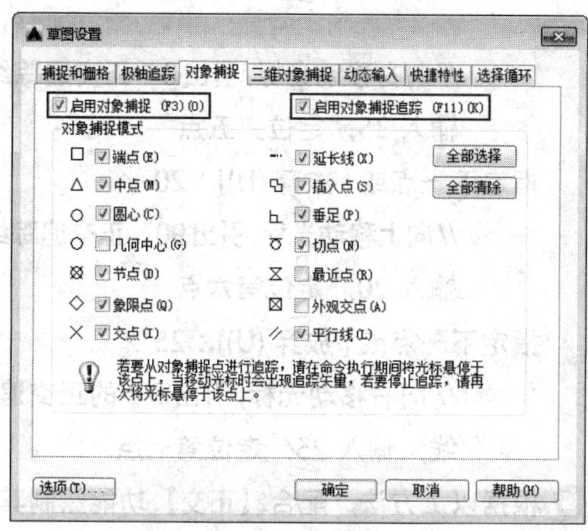

图 1-19　设置捕捉追踪参数

04 单击【绘图】面板中的按钮，激活【直线】命令。配合【端点】捕捉和【对象捕捉追踪】功能，绘制内轮廓。命令行操作过程如下：

命令：_line

指定第一点：

// 通过图形左下角点和左边中点引出如图 1-20 所示追踪虚线，定位交点为第一点

指定下一点或 [放弃 (U)]：

// 引出如图 1-21 所示的水平和垂直两条追踪虚线定位第二点

指定下一点或 [放弃 (U)]：

// 引出如图 1-22 所示的水平和垂直两条追踪虚线定位第三点

指定下一点或 [放弃 (U)]：

// 引出如图 1-23 所示的水平和垂直两条追踪虚线定位第四点

指定下一点或 [闭合 (C)/ 放弃 (U)]:C ↙

// 闭合图形，效果如图 1-24 所示

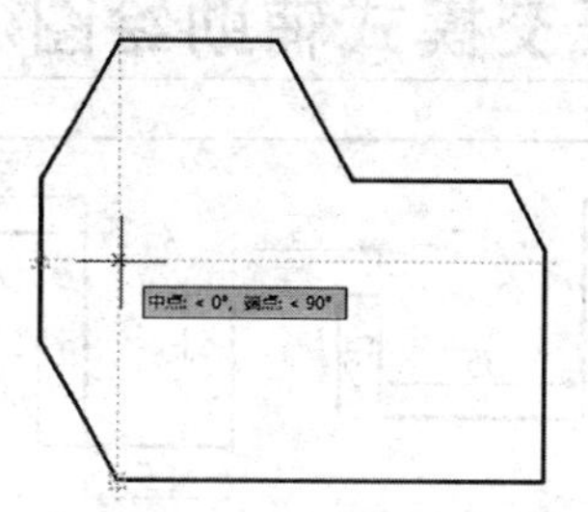

图 1-20　定位第一点位置

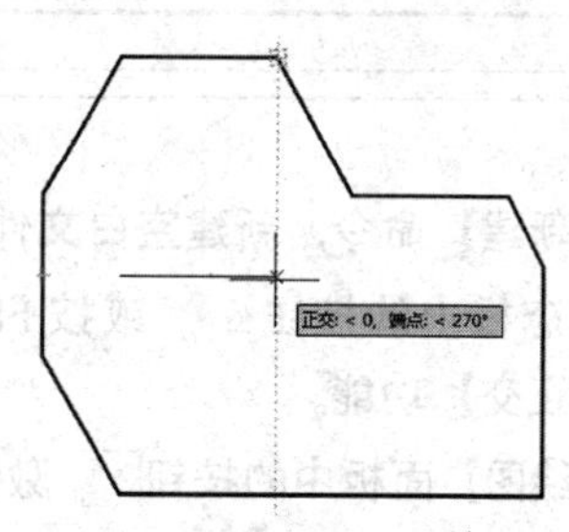

图 1-21　定位第二点位置

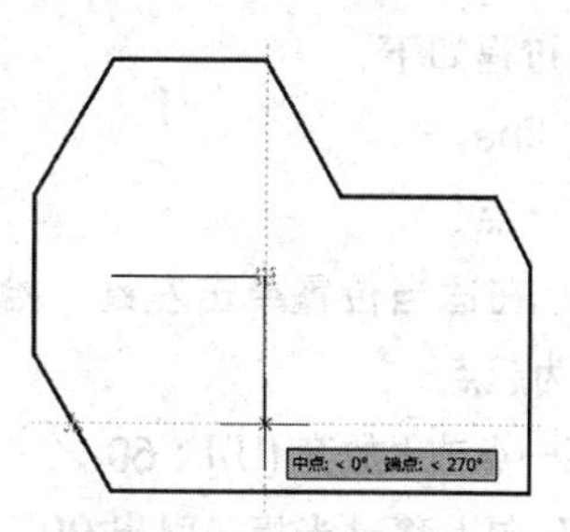

图 1-22　定位第三点位置

提示

将光标放在如图1-20所示的点上稍停留，至端点标记符号内出现“+”符号时，表示系统已经拾取到该端点作为对象追踪点，此时垂直移动光标，即可引出一条垂直追踪虚线。

05 参照以上步骤操作，配合端点、交点、中点捕捉和对象捕捉追踪功能，绘制右侧轮廓，最终效果如图 1-25 所示。

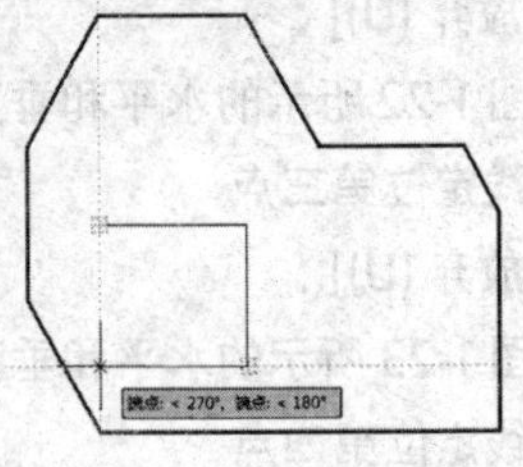

图 1-23　定位第四点位置

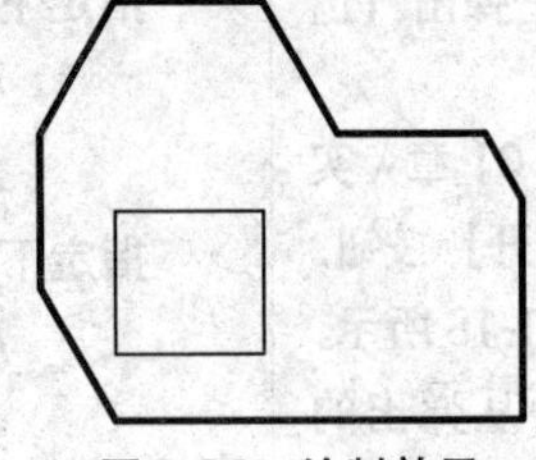

图 1-24　绘制效果

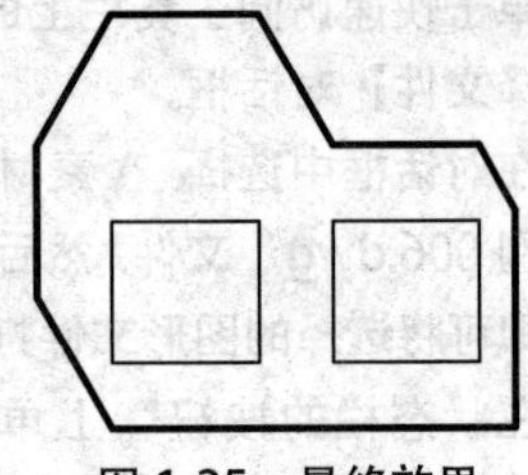

图 1-25　最终效果

007 正交模式辅助绘图

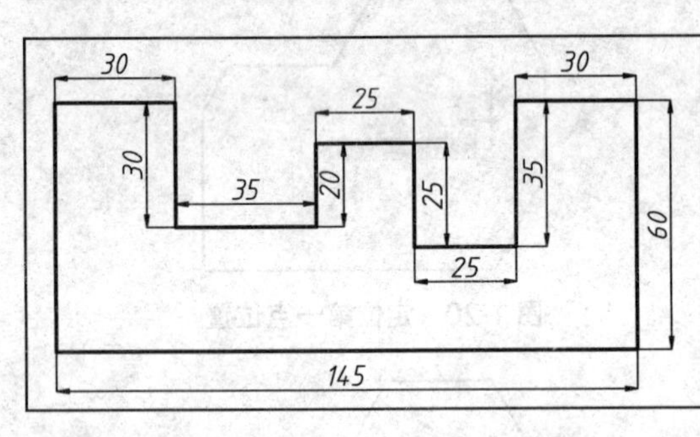

正交模式功能开启后，系统自动将光标强制性地定位在水平或垂直位置上，在引出的追踪线上，直接输入一个数值即可定位目标点，而不再需要输入完整的相对坐标。

文件路径：	实例文件 \ 第 01 章 \ 实例 007.dwg
视频文件：	MP4\ 第 01 章 \ 实例 007.MP4
播放时长：	0:01:39

01 执行【新建】命令，新建空白文件。

02 单击状态栏中的按钮，或按 F8 功能键，激活【正交】功能。

03 单击【绘图】面板中的按钮，激活【直线】命令。配合【正交】功能，绘制图形。命令行操作过程如下：

命令：_line

指定第一点：

// 在适当位置单击左键，拾取一点作为起点

指定下一点或 [放弃 (U)]：60↙

// 向上移动光标，引出 90° 的正交追踪线，如图 1-26 所示。此时输入 60，定位第二点

指定下一点或 [放弃 (U)]：30↙

// 向右移动光标，引出 0° 正交追踪线，如图 1-27 所示，输入 30，定位第三点

指定下一点或 [放弃 (U)]：30↙

// 向下移动光标，引出 270° 正交追踪线，输入 30，定位第四点

指定下一点或 [放弃 (U)]：35↙

// 向右移动光标，引出 0° 正交追踪线，输入 35，定位第五点

指定下一点或 [放弃 (U)]：20↙

// 向上移动光标，引出 90° 正交追踪线，输入 20，定位第六点

指定下一点或 [放弃 (U)]：25↙

// 向右移动光标，引出 0° 的正交追踪线，输入 25，定位第七点

04 根据以上方法，配合【正交】功能绘制其他线段，最终效果如图 1-28 所示。

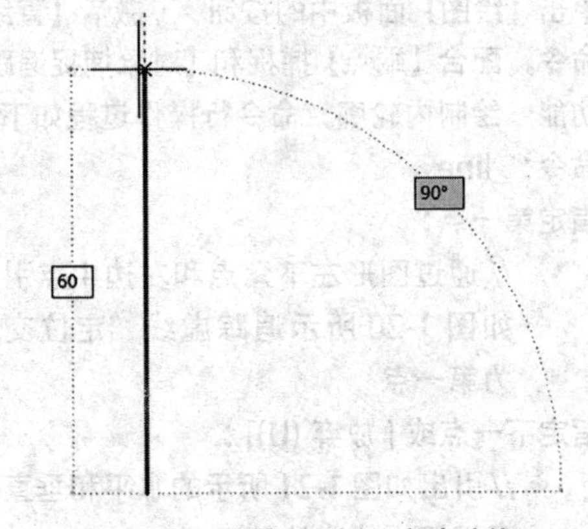

图 1-26　引出 90° 正交追踪线

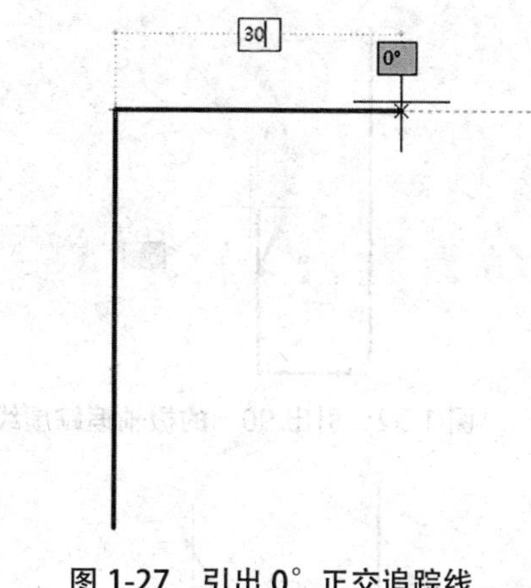

图 1-27　引出 0° 正交追踪线

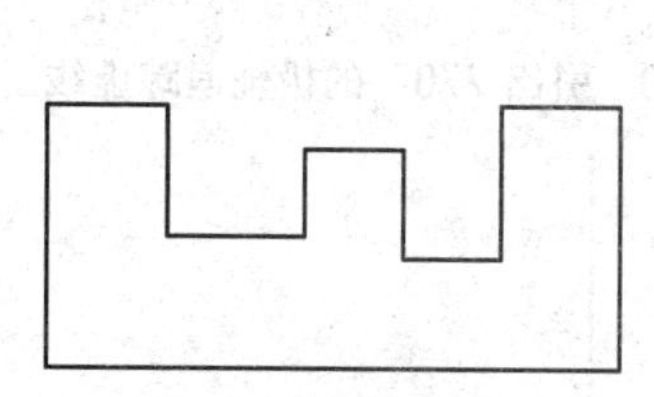

图 1-28　最终效果

008 极轴追踪辅助绘图

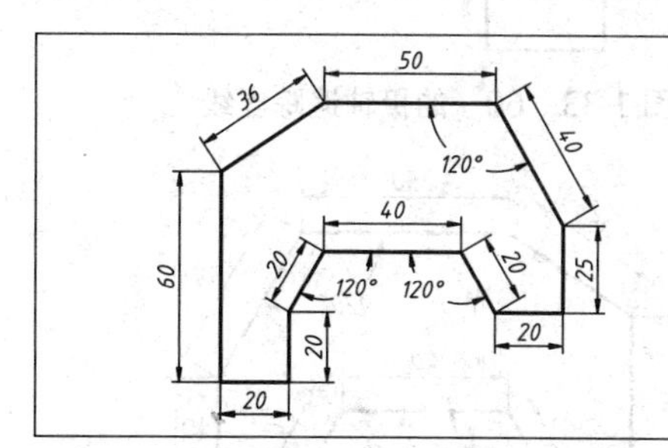

极轴追踪功能是一个非常重要的辅助工具，此工具可以在任何角度和方向上引出角度矢量，从而可以很方便地精确定位角度方向上的任何一点。

文件路径：	实例文件 \ 第 01 章 \ 实例 008.dwg
视频文件：	MP4\ 第 01 章 \ 实例 008.MP4
播放时长：	0:01:42

01 单击快速访问工具栏中的按钮，创建一空白文件。

02 使用快捷键 Z 激活视窗的缩放功能，将当前视口放大 5 倍显示。

03 在命令行中输入 OS，在弹出的对话框中选择【启用极轴追踪】复选框，并将当前的【增量角】设置为 60，如图 1-29 所示。

04 单击【绘图】面板中的按钮，激活【直线】命令，配合【极轴追踪】功能，绘制外框轮廓线。命令行操作过程如下：

命令：_line

指定第一点：

　　// 在适当位置单击左键，拾取一点作为起点

指定下一点或 [放弃 (U)]：60 ↙

　　// 垂直向下移动光标，引出 270° 的极轴追踪虚线，如图 1-30 所示。此时输入 60，定位第二点

指定下一点或 [放弃 (U)]：20 ↙

　　// 水平向右移动光标，引出 0° 的极轴追踪虚线，如图 1-31 所示。输入 20，定位第三点

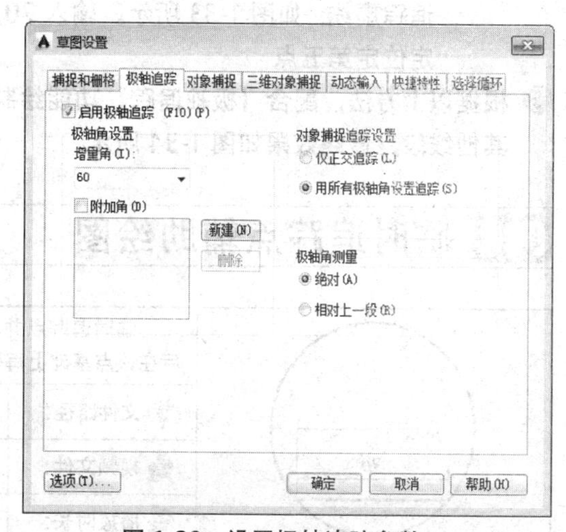

图 1-29　设置极轴追踪参数

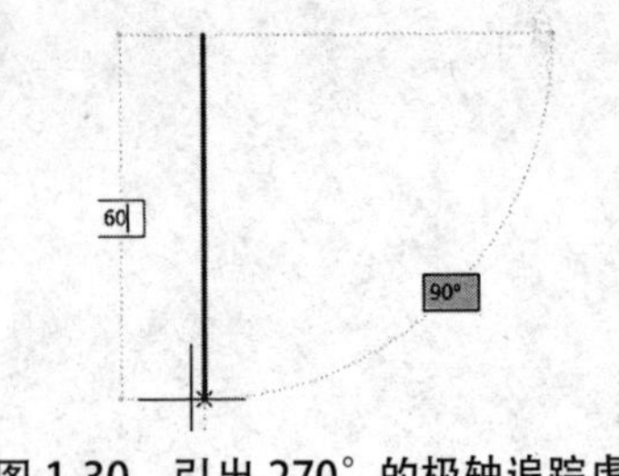

图 1-30　引出 270° 的极轴追踪虚线

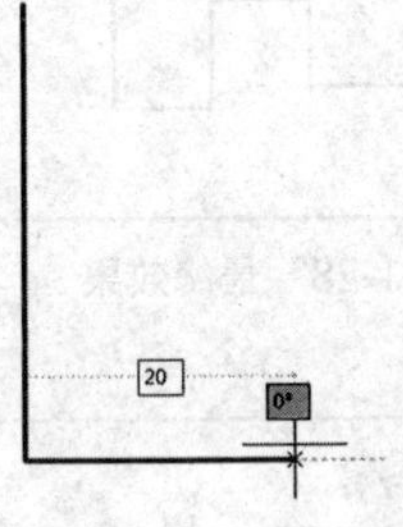

图 1-31　引出 0° 的极轴追踪虚线

技巧

【草图与注释】、【三维建模】等工作空间默认状态下不会显示菜单栏，单击快速访问工具栏右侧下三角按钮▾，在下拉菜单中选择【显示菜单栏】/【隐藏菜单栏】，可以控制菜单栏的显示和隐藏。

指定下一点或 [放弃 (U)]：20↙

//垂直向上移动光标，引出 90° 的极轴追踪线，如图 1-32 示。输入 20，定位第四点

指定下一点或 [放弃 (U)]：20↙

//移动光标，在 60° 方向上引出极轴追踪虚线，如图 1-33 所示。输入 20，定位定第五点

05 根据以上方法，配合【极轴追踪】功能绘制其他线段，最终效果如图 1-34 所示。

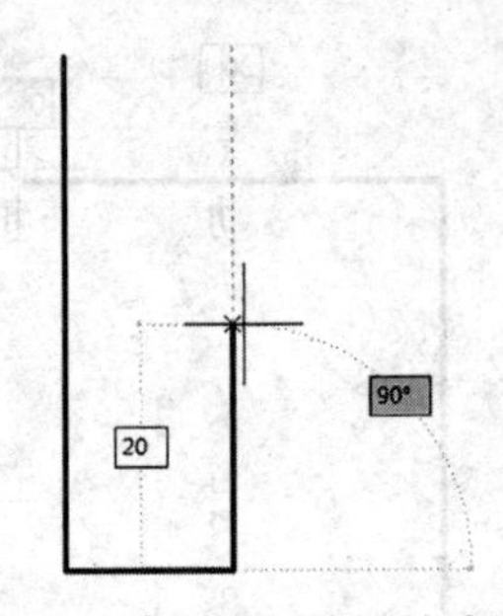

图 1-32　引出 90° 的极轴追踪虚线

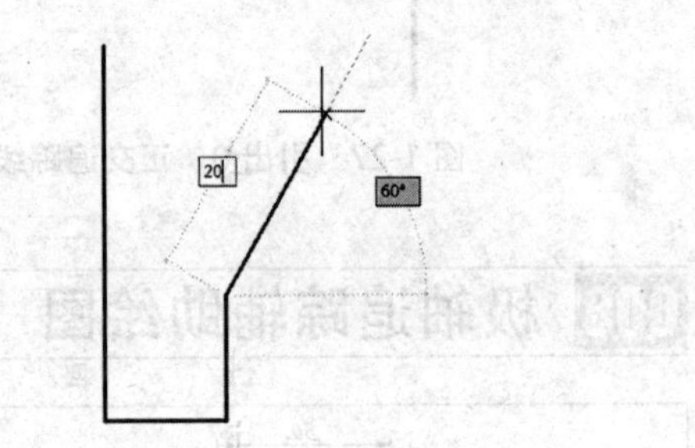

图 1-33　60° 的极轴追踪虚线

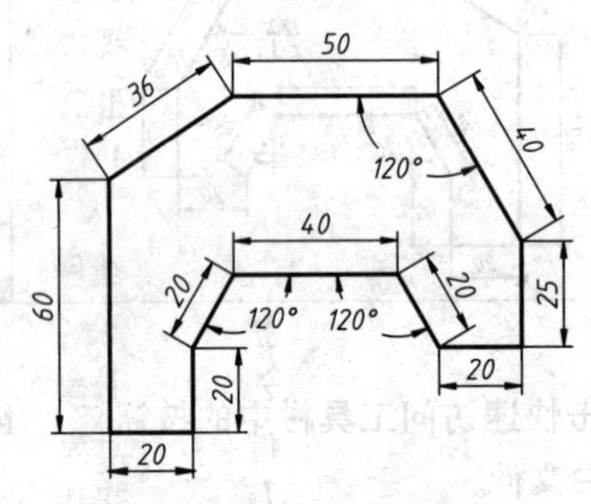

图 1-34　最终效果

技巧

当设置了极轴角（即增量角）并启用极轴追踪功能后，随着光标的移动，系统将在极轴角或其倍数方向上自动出现极轴追踪虚线，定位角度矢量。

009 临时追踪点辅助绘图

<table>
<tr><td rowspan="4">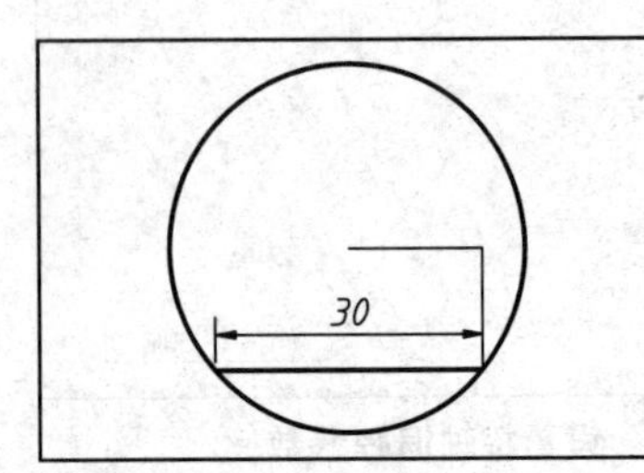
</td><td colspan="2">临时追踪点并非真正确定一个点的位置，而是先临时追踪到该点的坐标，然后在该点基础上再确定其他点的位置。当命令结束时，临时追踪点也随之消失。</td></tr>
<tr><td>文件路径：</td><td>实例文件 \ 第 01 章 \ 实例 009.dwg</td></tr>
<tr><td>视频文件：</td><td>MP4\ 第 01 章 \ 实例 009.MP4</td></tr>
<tr><td>播放时长：</td><td>0:03:13</td></tr>
</table>

如果要在半径为 20 的圆中绘制一条指定长度为 30 的弦，通常情况下，都是以圆心为起点，分别绘制两根辅助线，才可以得到最终图形，如图 1-35 所示。

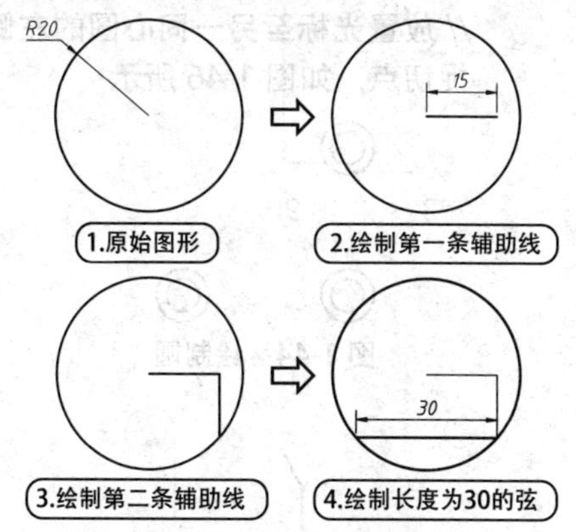

图 1-35　指定弦长的常规画法

使用【临时追踪点】进行绘制，则可以跳过辅助线的绘制，直接从第 1 步圆跳到第 4 步，绘制出长度为 30 的弦。该方法详细步骤如下：

01 单击快速访问工具栏中的按钮，创建空白文件，然后绘制半径为 20 的圆，如图 1-36 所示。

02 在【默认】选项卡中，单击【绘图】面板中的【直线】按钮，执行直线命令。

03 执行临时追踪点。命令行出现【指定第一点】的提示时，输入 tt，执行【临时追踪点】命令，如图 1-37 所示。也可以在绘图区中单击鼠标右键，在弹出的快捷菜单中选择【临时追踪点】选项。

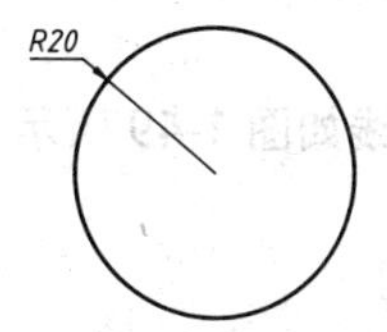

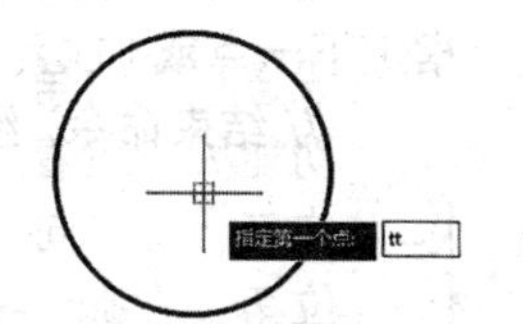

图 1-36　绘制圆　　图 1-37　选择临时追踪点

04 指定临时追踪点。将光标移动至圆心处，然后水平向右移动光标，引出 0° 的极轴追踪虚线，接着输入 15，即将临时追踪点指定为圆心右侧距离为 15 的点，如图 1-38 所示。

05 指定直线起点。垂直向下移动光标，引出 270° 的极轴追踪虚线，到达与圆的交点处，作为直线的起点，如图 1-39 所示。

06 指定直线端点。水平向左移动光标，引出 180° 的极轴追踪虚线，到达与圆的另一交点处，作为直线的终点，该直线即为所绘制长度为 30 的弦，如图 1-40 所示。

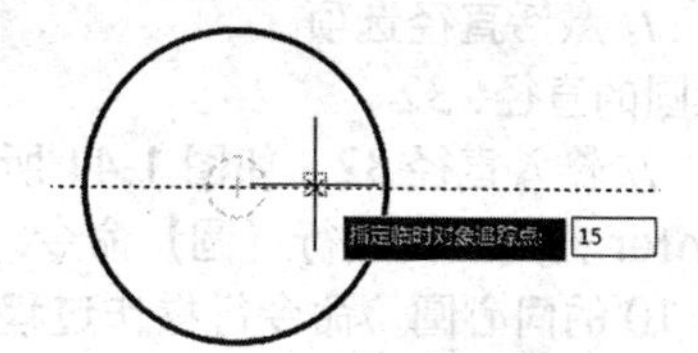

图 1-38　指定临时追踪点

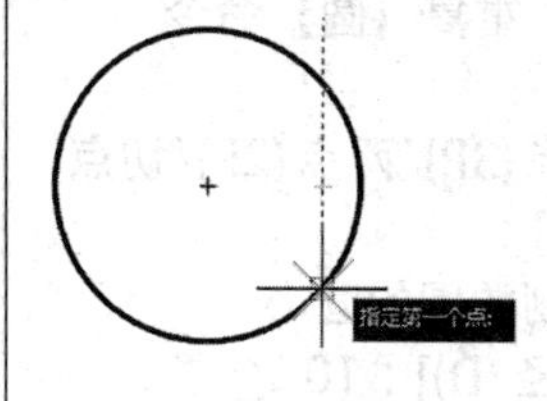

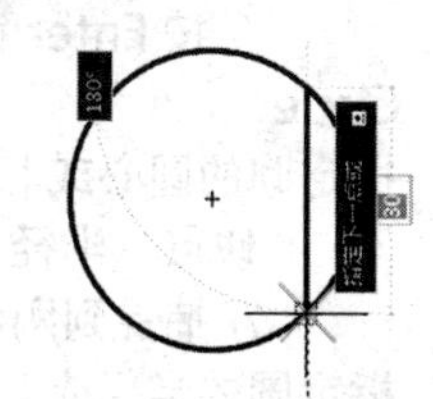

图 1-39　指定直线起点　　图 1-40　指定直线端点

技巧

当引出临时追踪虚线时，一定要注意当前光标的位置，它决定了目标点的位置。如果光标位于临时追踪点的下端，那么所定位的目标点也位于追踪点的下端，反之，目标点会位于临时追踪点的上端。

010 绘制圆结构

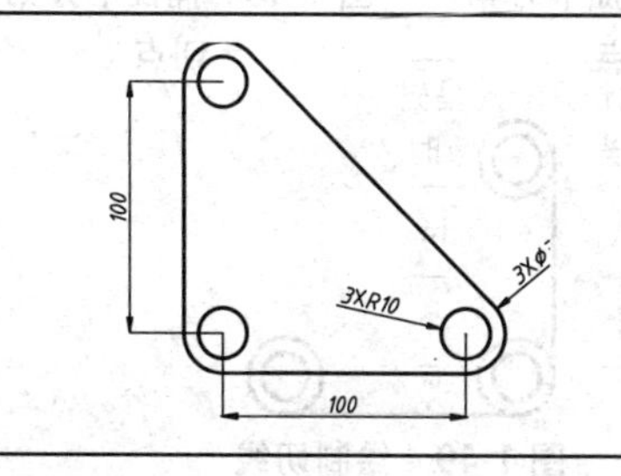

圆在 AutoCAD 中的使用与直线一样，非常频繁，在工程制图中常用来表示柱、孔、轴等基本构件，所以掌握圆的绘制方法非常必要。

文件路径：	实例文件 \ 第 01 章 \ 实例 010.dwg
视频文件：	MP4\ 第 01 章 \ 实例 010.MP4
播放时长：	0:03:29

01 执行【新建】命令，新建空白文件。

02 在命令行中输入 OS，在弹出的对话框中设置捕捉模式。

03 单击【绘图】面板中的按钮，激活画圆命令。绘制直径为 32 的圆。命令行操作过程如下：

命令：circle

// 调用【圆】命令

指定圆的圆心或 [三点(3P)/两点(2P)/切点、切点、半径(T)]：

// 在适当位置选择一点作为圆心

指定圆的半径或 [直径(D)]：D ↙

// 激活直径选项

指定圆的直径：32 ↙

// 输入直径 32，如图 1-41 所示

04 按 Enter 键，重复执行【圆】命令，绘制半径为 10 的同心圆。命令行操作过程如下：

命令：↙

// 按 Enter 键，重复【圆】命令

Circle

指定圆的圆心或 [三点(3P)/两点(2P)/切点、切点、半径(T)]：

// 捕捉到刚绘制的圆的圆心

指定圆的半径或 [直径(D)]：10 ↙

// 输入半径 10，如图 1-42 所示

05 单击状态栏中的按钮，激活【正交】功能。

06 单击【绘图】面板中的按钮，激活画圆命令；配合【正交追踪模式】功能，绘制直径为 32 和半径为 10 的同心圆，两同心圆之间的水平距离为 100，如图 1-43 所示。

图 1-41　绘制直径为 32 的圆　图 1-42　绘制半径为 10 的同心圆

图 1-43　绘制同心圆

07 重复执行第 5 步和第 6 步的操作，配合【正交追踪模式】功能，绘制直径为 32 和半径为 10 的同心圆，两同心圆的垂直距离为 90，如图 1-44 所示。

08 关闭【圆心】捕捉功能，然后单击【绘图】面板中的按钮，配合【切点】捕捉功能，绘制圆的外公切线。命令行操作过程如下：

命令：_line

指定第一点：

// 放置光标在左侧同心圆的左边，然后捕捉切点，如图 1-45 所示

指定下一点或 [放弃(U)]：

// 放置光标至另一同心圆的左侧，捕捉切点，如图 1-46 所示

图 1-44　绘制圆

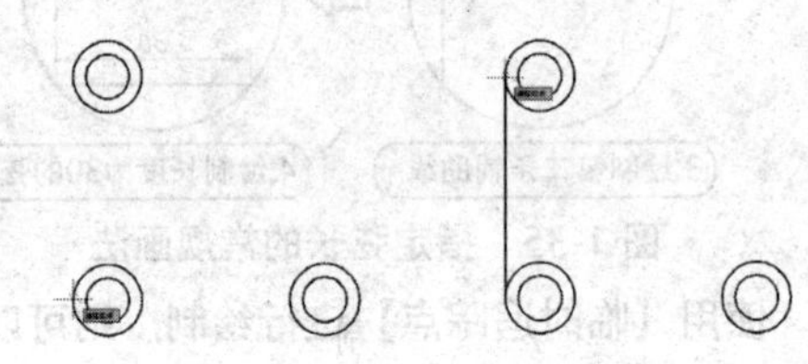

图 1-45　捕捉左侧第一切点　图 1-46　捕捉左侧第二切点

指定下一点或 [放弃(U)]：↙

// 按 Enter 键，结束命令

命令：↙

// 按 Enter 键，重复执行命令

指定第一点：

// 把光标放在左侧同心圆的下方，然后捕捉切点，如图 1-47 所示

指定下一点或 [放弃(U)]：

// 放置光标在右侧同心圆的下方，捕捉切点，如图 1-48 所示

指定下一点或 [放弃(U)]：

// 结束命令，绘制切线如图 1-49 所示

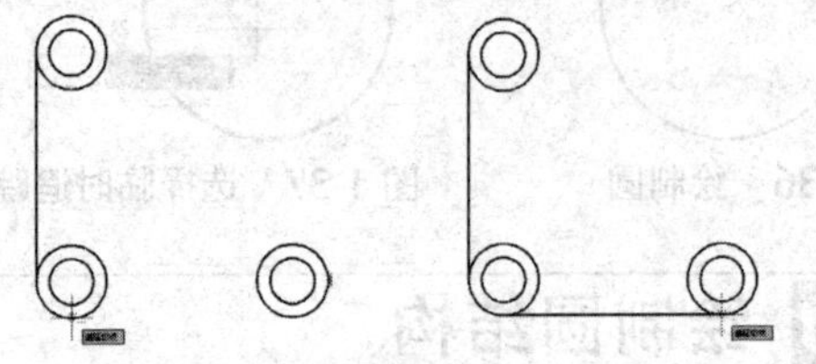

图 1-47　捕捉下方第一切点　图 1-48　捕捉下方第二切点

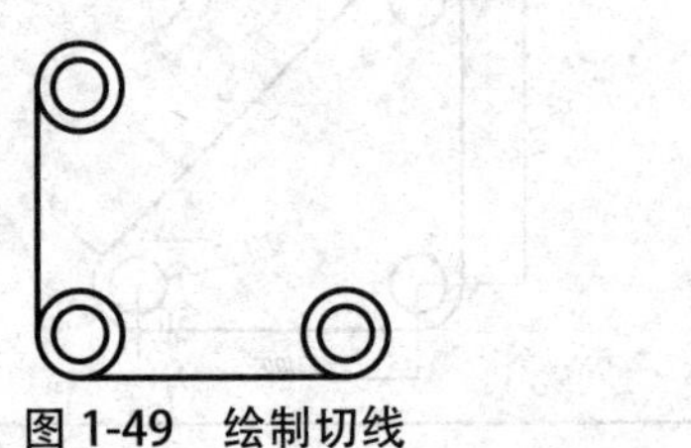

图 1-49　绘制切线

09 按 Enter 键，重复执行【直线】命令，配合【切点】捕捉功能，绘制右侧的外公切线，如图 1-50 所示。

10 单击【修改】面板中的按钮，以三条公切线作为边界，对两端的圆图形进行修剪。命令行操作过程如下：

命令：_trim
当前设置：投影 =UCS，边 = 无
选择剪切边……
选择对象或 < 全部选择 >
// 依次选择三条公切线，如图 1-51 所示

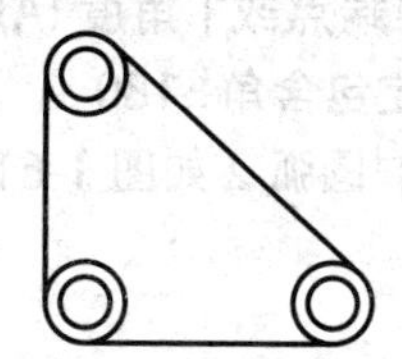

图 1-50　绘制右侧切线

选择要修剪的对象，或按住 Shift 键选择要延伸的对象，或
[栏选 (F)/ 窗交 (C)/ 投影 (P)/ 边 (E)/ 删除 (R)/ 放弃 (U)]：
// 指定修剪位置，如图 1-52 所示

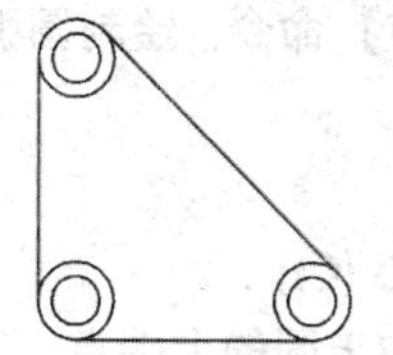

图 1-51　选择修剪边界

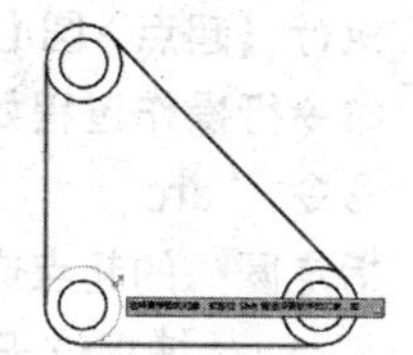

图 1-52　指定修剪位置

选择要修剪的对象，或按住 Shift 键选择要延伸的对象，或
[栏选 (F)/ 窗交 (C)/ 投影 (P)/ 边 (E)/ 删除 (R)/ 放弃 (U)]：
// 指定修剪位置，如图 1-53 所示
选择要修剪的对象，或按住 Shift 键选择要延伸的对象，或
[栏选 (F)/ 窗交 (C)/ 投影 (P)/ 边 (E)/ 删除 (R)/ 放弃 (U)]：
// 指定修剪位置，如图 1-54 所示
选择要修剪的对象，或按住 Shift 键选择要延伸的对象，或 [栏选 (F)/ 窗交 (C)/ 投影 (P)/ 边 (E)/ 删除 (R)/ 放弃 (U)]：↙
// 按 Enter 键，结束命令，修剪效果如图 1-55 所示

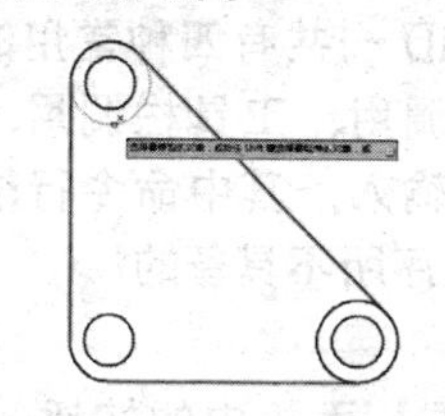

图 1-53　指定修剪位置 2

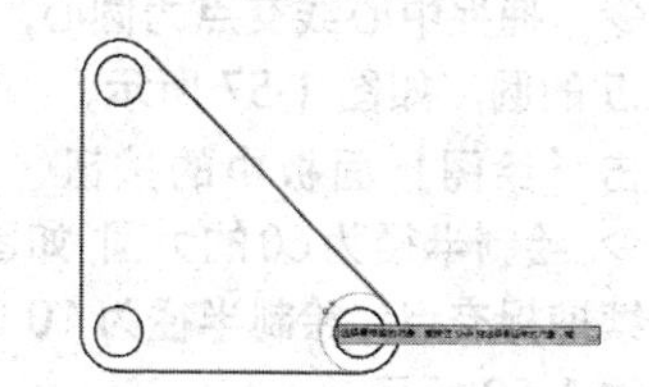

图 1-54　指定修剪位置 3

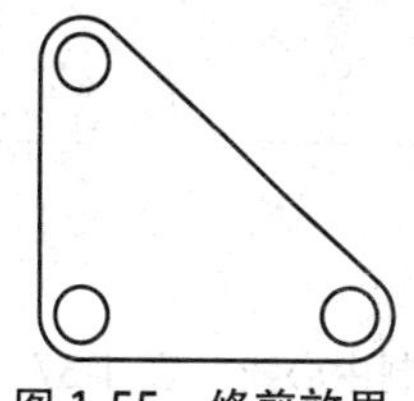

图 1-55　修剪效果

011 绘制弧结构

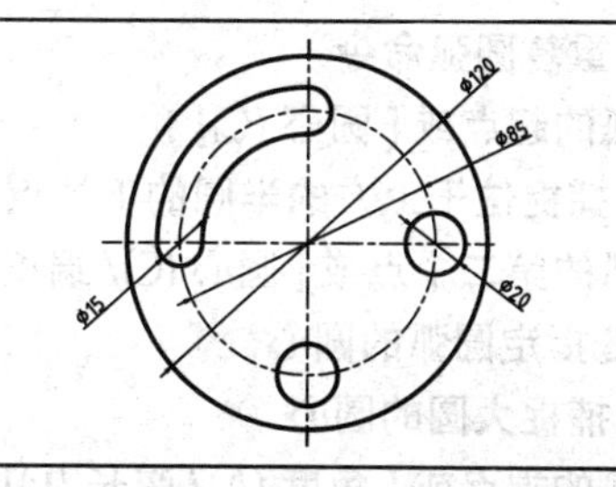

圆弧即圆的一部分曲线，是与其半径相等的圆周的一部分。本例介绍圆弧的绘制方法。

文件路径：	实例文件 \ 第 01 章 \ 实例 011.dwg
视频文件：	MP4\ 第 01 章 \ 实例 011.MP4
播放时长：	0:04:03

01 执行【新建】命令，创建空白文件。

02 单击【绘图】面板中的按钮，激活【直线】命令，绘制中心线。命令行操作过程如下：

命令：_line

指定第一点：150,120 ↙
指定下一点或 [放弃 (U)]：@0,130 ↙
指定下一点或 [放弃 (U)]：↙
// 按 Enter 键，结束命令
命令：↙
// 按 Enter 键，重复执行【直线】命令
line 指定第一点：82，185 ↙
指定下一点或 [放弃 (U)]：@130，0 ↙
指定下一点或 [放弃 (U)]：↙
// 按EEnter 键，结束命令，如图 1-56 所示

提示

AutoCAD 一共有四种常用的命令调用方式：菜单调用、工具栏调用、功能区面板和命令行输入，其中命令行输入是普通 Windows 程序所不具备的。

03 单击【绘图】面板中的按钮，激活画圆命令。捕捉中心线交点为圆心，绘制半径为 42.5 的圆，如图 1-57 所示。

04 单击【绘图】面板中的按钮，激活画圆命令。绘制半径为 60 的大圆，如图 1-58 所示。

05 继续捕捉交点，绘制半径为 10 的两个小圆，如图 1-59 所示。

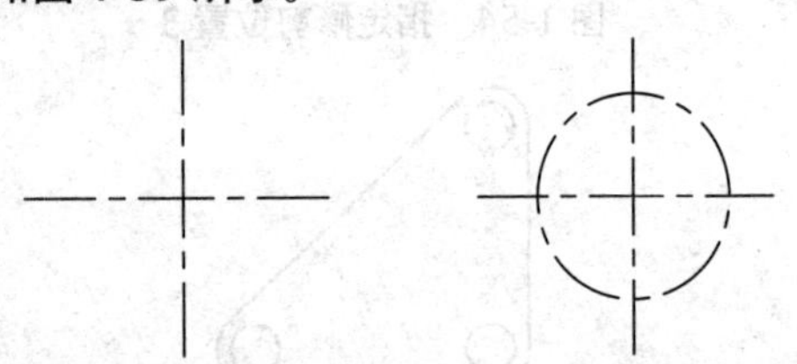

图 1-56　绘制中心线　图 1-57　绘制中心线圆

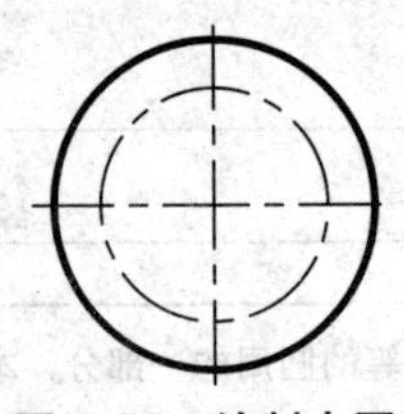

图 1-58　绘制大圆

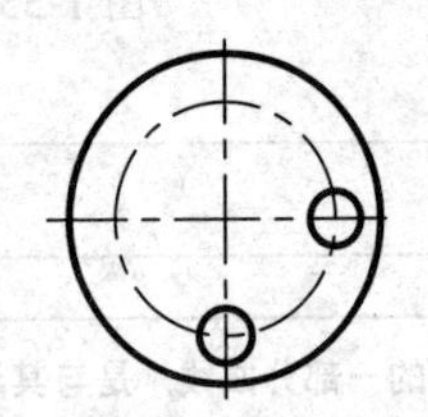

图 1-59　绘制小圆

06 执行【圆心、起点、角度】命令，绘制圆弧。命令行操作过程如下：
命令：_arc
指定圆弧的起点或 [圆心 (C)]：_C 指定圆弧的圆心：
// 捕捉垂直中心线与中心线圆在上方的交点
指定圆弧的起点：@7.5< ⊠ 90 ↙
指定圆弧的端点或 [角度 (A)/ 弦长 (L)]：_A 指定包含角：180 ↙
// 绘制圆弧 1 如图 1-60 所示
命令：↙
// 重复圆弧命令
_arc 指定圆弧的起点或 [圆心 (C)]：_C 指定圆弧的圆心：
// 捕捉水平中心线与中心圆在左侧的交点
指定圆弧的起点：@7.5<180 ↙
指定圆弧的端点或 [角度 (A)/ 弦长 (L)]：_A 指定包含角：180
// 绘制圆弧 2 如图 1-61 所示

提示

【起点、圆心、角度】画弧方式需要定位出弧的起点和圆心，然后指定弧的角度，就可以精确画弧。另外，用户也可以使用快捷键，或单击工具栏上的按钮激活此种画弧方式，不过操作过程比较烦琐。

07 执行【起点、圆心、端点】命令，绘制圆弧。命令行操作过程如下：
命令：_arc
指定圆弧的起点或 [圆心 (C)]：
// 捕捉位于上方的半圆的上端点
指定圆弧的第二个点或 [圆心 (C)/ 端点 (E)]：_C 指定圆弧的圆心：
// 捕捉大圆的圆心
指定圆弧的端点或 [角度 (A)/ 弦长 (L)]：
// 捕捉位于左侧的半圆左端点，绘制圆弧 3 如图 1-62 所示
命令：↙
// 重复圆弧命令
指定圆弧的起点或 [圆心 (C)]：
// 捕捉位于上方的半圆的下端点
指定圆弧的第二个点或 [圆心 (C)/ 端点 (E)]：_C 指定圆弧的圆心：
// 捕捉大圆的圆心
指定圆弧的端点或 [角度 (A)/ 弦长 (L)]：
// 捕捉位于左侧的半圆右端点，绘制圆弧 4 如图 1-63 所示

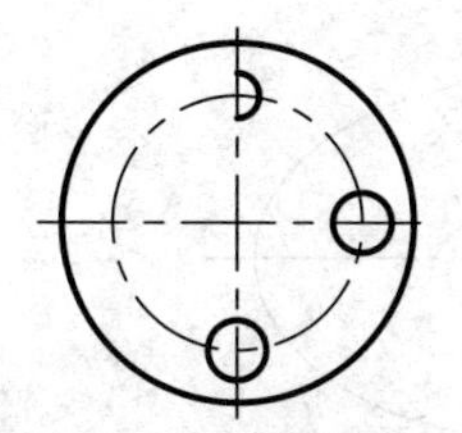
图 1-60　绘制圆弧 1

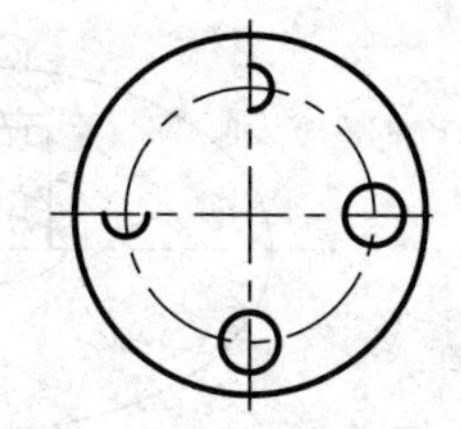
图 1-61　绘制圆弧 2

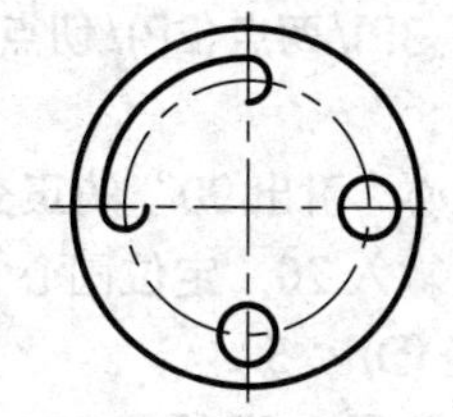
图 1-62　绘制圆弧 3

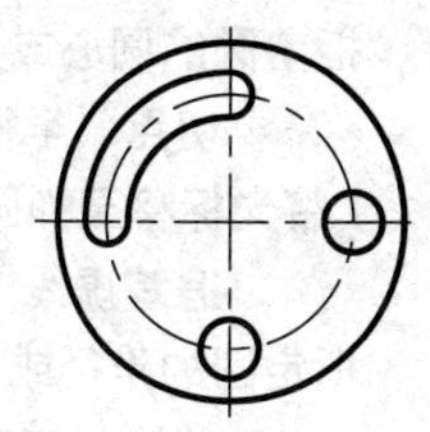
图 1-63　绘制圆弧 4

012 绘制椭圆结构

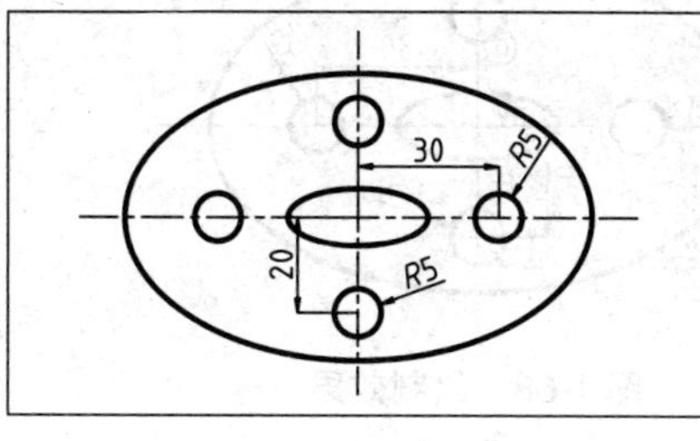

椭圆是特殊样式的圆。与圆相比，椭圆的半径长度不一，其形状由定义其长度和宽度的两条轴决定，较长的轴称为长轴，较短的轴称为短轴。	
文件路径：	实例文件 \ 第 01 章 \ 实例 012.dwg
视频文件：	MP4\ 第 01 章 \ 实例 012.MP4
播放时长：	0:02:45

01 执行【新建】命令，创建空白文件。

02 使用快捷键 Z 激活视窗的缩放功能，将当前视口放大 6 倍显示。

03 单击【绘图】面板中的按钮，绘制长轴为 100，短轴为 60 的椭圆。命令行操作过程如下：

命令：_ellipse
指定椭圆的轴端点或 [圆弧 (A)/ 中心点 (C)]：
　　// 拾取一点作为轴的端点
指定轴的另一个端点：@100，0 ↙
　　// 输入相对直角坐标，定位轴的另一侧端点
指定另一条半轴长度或 [旋转 (R)]：30 ↙
　　// 输入半轴长度，绘制椭圆如图 1-64 所示

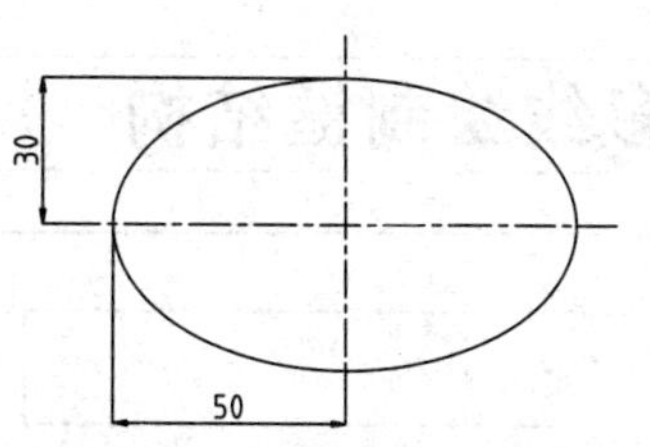

图 1-64　轴端点绘制椭圆

04 单击【绘图】面板中的按钮，以刚绘制的椭圆中心点为中心，绘制长轴为 30、短轴为 12 的同心椭圆，绘制的内部椭圆如图 1-65 所示。

轴端点方式是默认画椭圆的方式，通过指定一条轴的两个端点，然后输入另一条轴的半长，就可以精确绘制所需的椭圆。另外，用户也可以在命令行中输入 Ellipse 或使用快捷键 EL，快速激活【椭圆】命令。

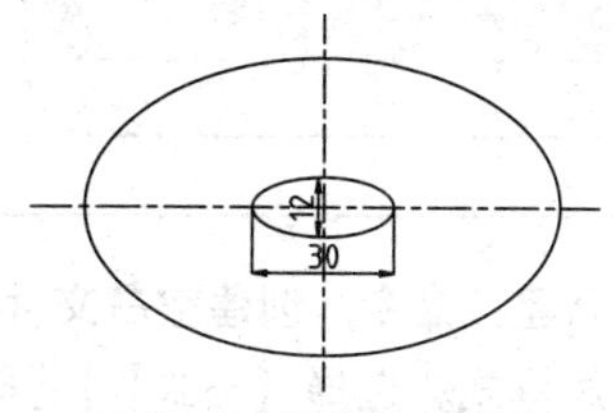

图 1-65　绘制内部椭圆

05 单击【绘图】面板中的按钮，激活画圆命令，配合【正交追踪】功能，绘制半径为 5 的圆。命令行操作过程如下：

命令：_Circle
指定圆的圆心或 [三点 (3P)/ 两点 (2P)/ 切点、切点、半径 (T)]：
　　// 将光标移至椭圆的圆心，引出 180°的正交追踪虚线，此时输入 30，定位圆心
指定圆的半径或 [直径 (D)]：5 ↙
　　// 绘制第一个圆如图 1-66 所示
命令：↙
　　// 按 Enter 键，重复【圆】命令
circle

指定圆的圆心或 [三点(3P)/两点(2P)/切点、切点、半径(T)]：

/将光标移至椭圆的圆心，引出 90°的正交追踪虚线，此时输入 20，定位圆心/

指定圆的半径或 [直径(D)]：5↙

//绘制第二个圆如图 1-67 所示

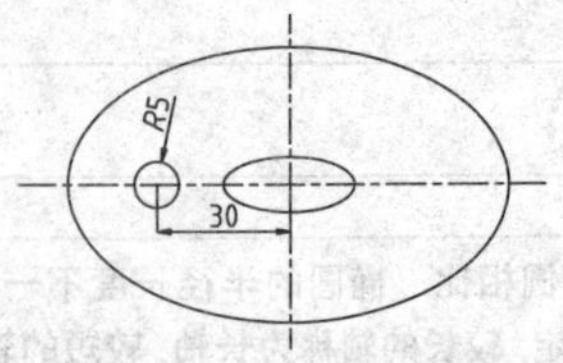

图 1-66　绘制第一个圆

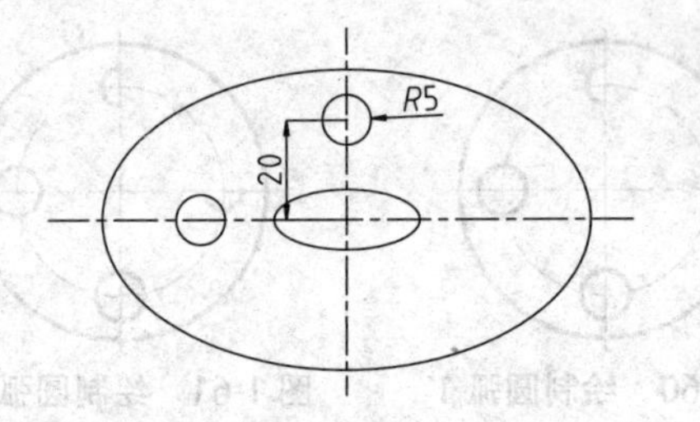

图 1-67　绘制第二个圆

06 根据第 5 步的方法，配合【正交追踪模式】功能，绘制其他的圆。绘制效果如图 1-68 所示。

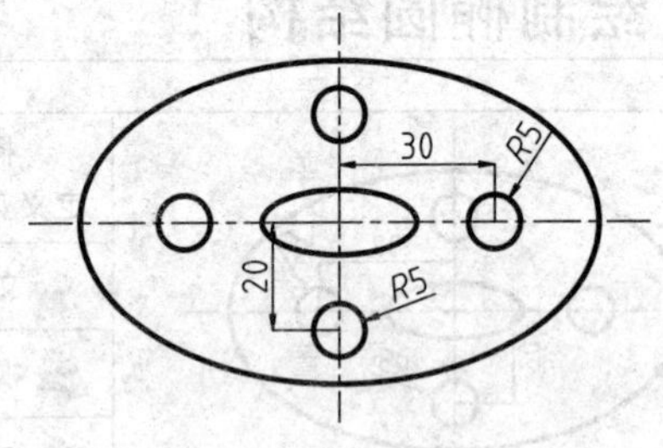

图 1-68　绘制效果

013 多线绘制键结构

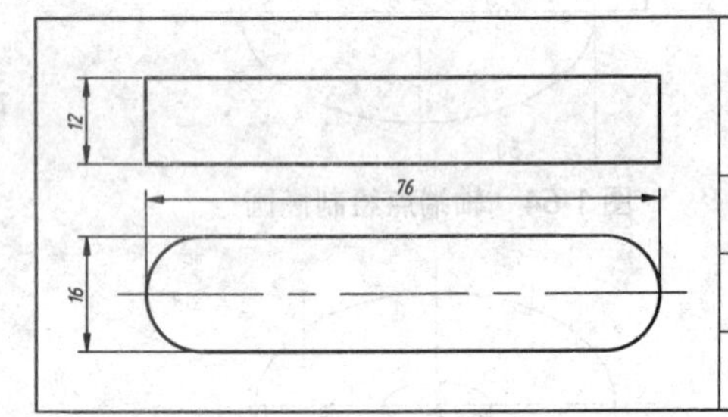

多线是一种由多条平行线组成的组合图形对象，它可以由 1~16 条平行直线组成，每一条直线都称为多线的一个元素。使用多线可以轻松绘制平行线结构。

文件路径：	实例文件\第 01 章\实例 013.dwg
视频文件：	MP4\第 01 章\实例 013.MP4
播放时长：	0:02:19

01 执行【新建】命令，创建空白文件。

02 设置多线样式。选择【格式】|【多线样式】选项，弹出【多线样式】对话框。

03 新建多线样式。单击【新建】按钮，弹出【创建新的多线样式】对话框。在【新样式名】文本框中输入 A 型平键，如图 1-69 所示。

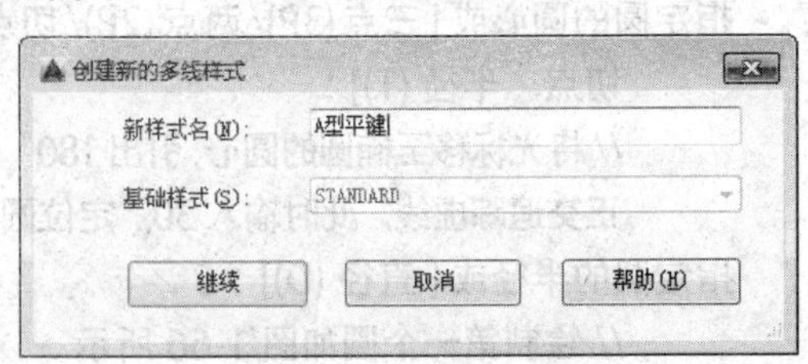

图 1-69　创建 A 型平键样式

04 设置多线端点封口样式。单击【继续】按钮，弹出【新建多线样式：A 型平键】对话框；然后在【封口】选项组中选择【外弧】的【起点】和【端点】复选框，如图 1-70 所示。

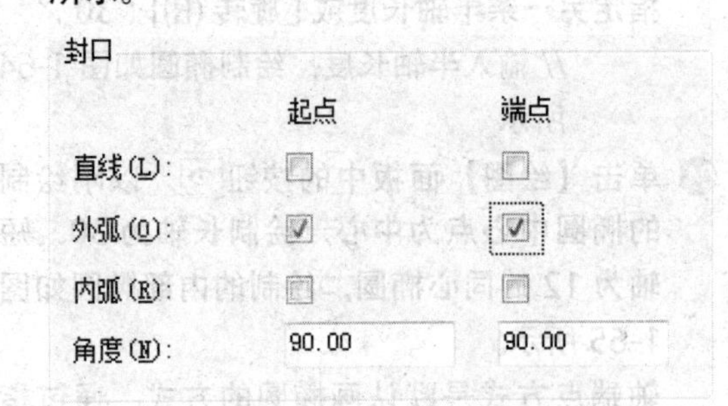

图 1-70　设置多线端点封口样式

05 设置多线宽度。在【图元】选项组中选择 0.5 的线型样式，在【偏移】文本框中输入 8；再选择☒0.5 的线型样式，修改偏移值为☒8，如图 1-71 所示。

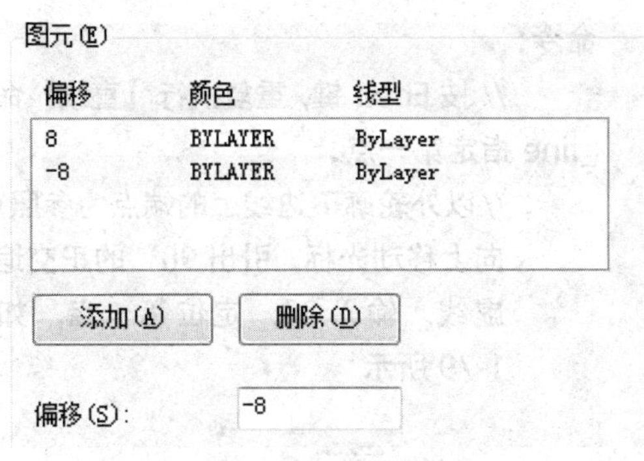

图 1-71　设置多线宽度

06 设置当前多线样式。单击【确定】按钮，返回【多线样式】对话框。在【样式】列表框中选择 A 型平键样式，单击【置为当前】按钮，将该样式设置为当前，如图 1-72 所示。

07 绘制 A 型平键。选择【绘图】|【多线】选项，绘制的 A 型平键如图 1-73 所示。命令行操作过程如下：

命令：_mline
当前设置：对正 = 上，比例 = 20.00，样式 = A 型平键
指定起点或 [对正 (J)/ 比例 (S)/ 样式 (ST)]：S ↙
　　// 选择【比例】选项
输入多线比例 <20.00>：1 ↙
　　// 按 1:1 绘制多线
当前设置：对正 = 上，比例 = 1.00，样式 = A 型平键
指定起点或 [对正 (J)/ 比例 (S)/ 样式 (ST)]：J ↙
　　// 选择【对正】选项
输入对正类型 [上 (T)/ 无 (Z)/ 下 (B)]< 上 >：Z ↙
　　// 按正中线绘制多线
当前设置：对正 = 无，比例 = 1.00，样式 = A 型平键
指定起点或 [对正 (J)/ 比例 (S)/ 样式 (ST)]：
　　// 在绘图区任意指定一点
指定下一点：60 ↙
　　// 光标水平移动，输入长度 60
指定下一点或 [放弃 (U)]：↙
　　// 结束绘制

08 按投影方法补画另一视图，即可完成 A 型平键的绘制。

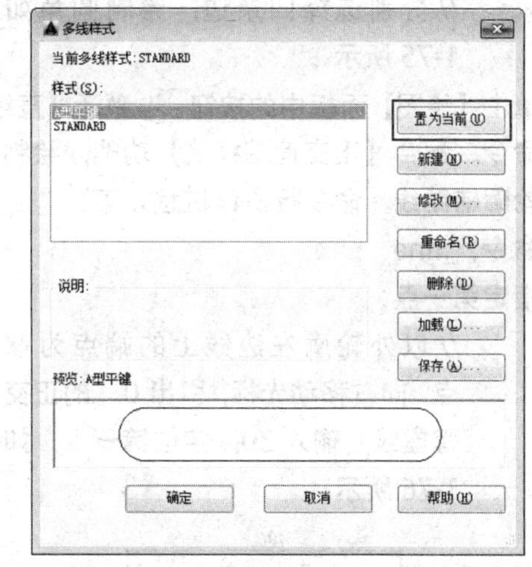

图 1-72　将 A 型平键样式置为当前

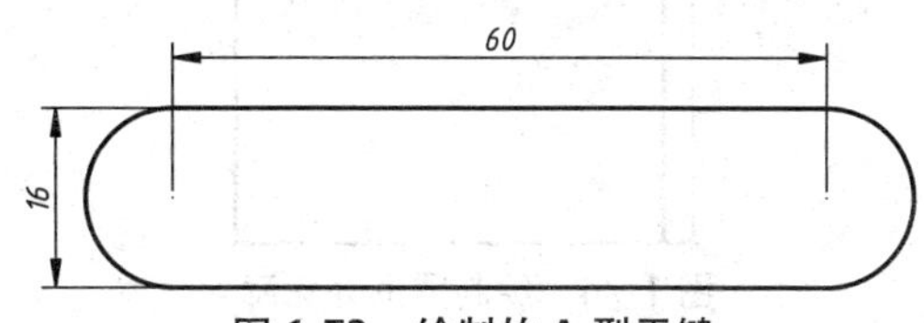

图 1-73　绘制的 A 型平键

014 绘制正多边形结构

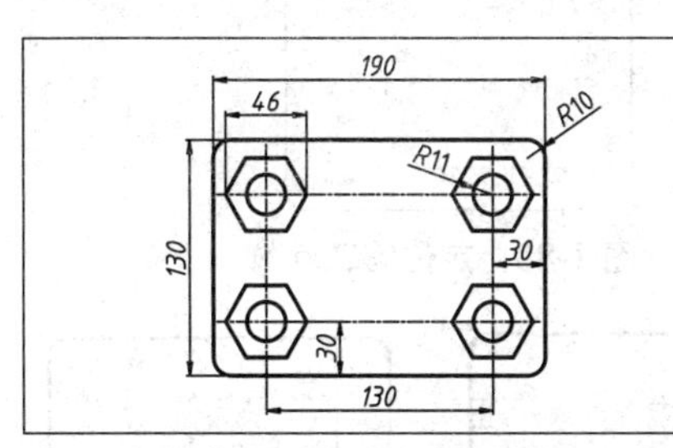

正多边形是由三条或三条以上长度相等的线段首尾相接形成的闭合图形，其边数范围在 3~1024 之间。

文件路径：	实例文件 \ 第 01 章 \ 实例 014.dwg
视频文件：	MP4\ 第 01 章 \ 实例 014.MP4
播放时长：	0:04:54

01 单击快速访问工具栏中的按钮，创建空白文件。

02 使用快捷键 Z 激活视窗的缩放功能，将当前视口放大 6 倍显示。

03 单击【绘图】面板中的按钮，激活【直线】命令。绘制图形外轮廓，如图 1-74 所示。

04 单击【修改】面板中的按钮，激活【圆角】命令，对外轮廓圆角。命令行操作过程如下：

命令：_fillet

当前设置：模式 = 修剪，半径 = 10.0000

选择第一个对象或 [放弃 (U)/ 多段线 (P)/ 半径 (R)/ 修剪 (T)/ 多个 (M)]：R ↙

// 激活“半径”选项

指定圆角半径 <10.0000>:10 ↙

选择第一个对象或 [放弃 (U)/ 多段线 (P)/ 半径 (R)/ 修剪 (T)/ 多个 (M)]：

// 分别选择四条边，绘制圆角如图 1-75 所示

05 单击【绘图】面板中的按钮，激活【直线】命令。配合【正交追踪模式】功能，绘制内轮廓辅助线。命令行操作过程如下：

命令：_line

指定第一点：

// 以外轮廓左边线上的端点为参照点，向右移动光标，引出 0° 的正交追踪虚线，输入 30，定位第一点，如图 1-76 所示

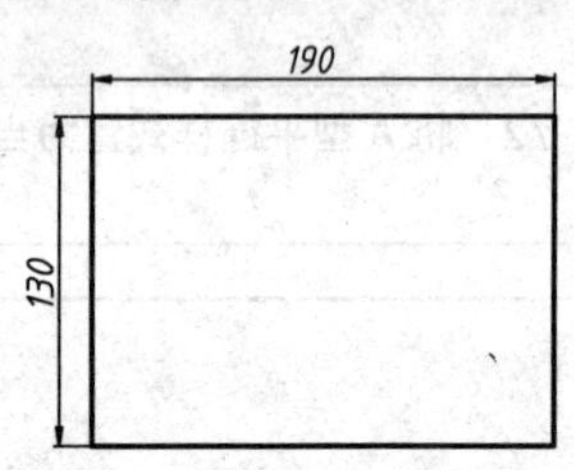

图 1-74　绘制图形外轮廓

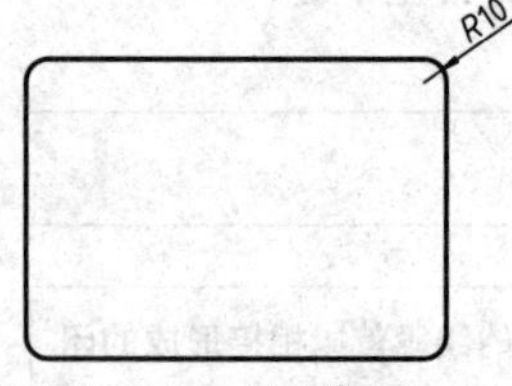

图 1-75　绘制圆角

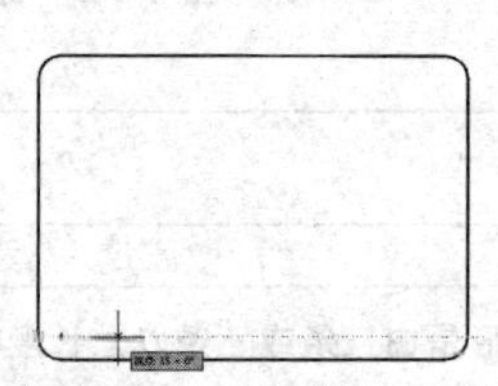
图 1-76　定位第一点

指定下一点或 [放弃 (U)]：

// 向上移动光标，引出 90° 的正交追踪虚线，适当拾取一点，定位第二点，如图 1-77 所示

指定下一点或 [放弃 (U)]：↙

// 按 Enter 键，结束命令，绘制效果如图 1-78 所示

命令：↙

// 按 Enter 键，重复执行【直线】命令

_line 指定第一点：

// 以外轮廓下边线上的端点为参照点，向上移动光标，引出 90° 的正交追踪虚线，输入 30，定位第一点，如图 1-79 所示

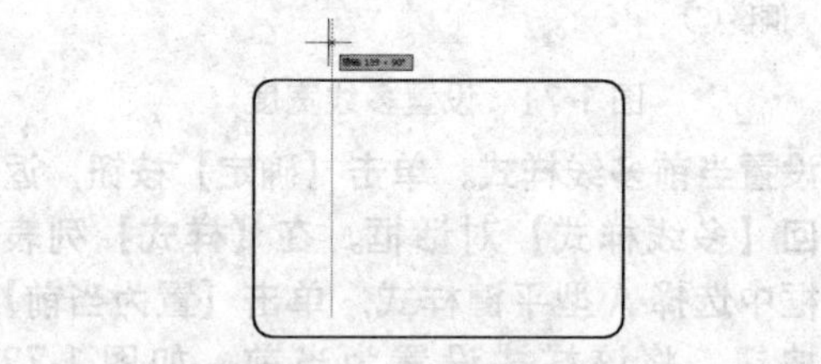
图 1-77　定位第二点

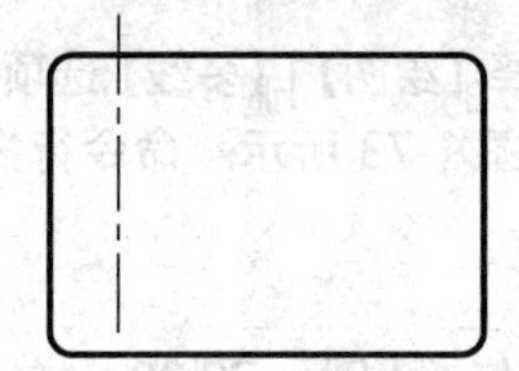
图 1-78　绘制效果

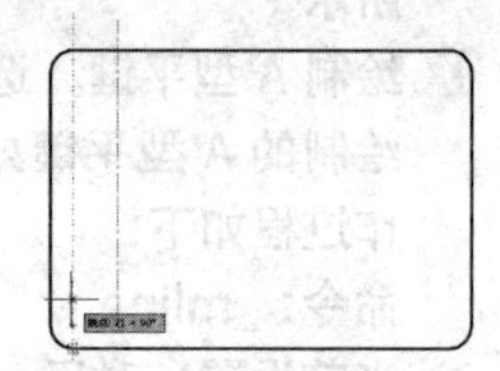
图 1-79　定位第一点

指定下一点或 [放弃 (U)]：

// 向右移动光标，引出 0° 的正交追踪虚线，适当拾取一点，定位第二点，如图 1-80 所示

指定下一点或 [放弃 (U)]：↙

// 按 Enter 键，结束命令，绘制效果如图 1-81 所示

06 单击【绘图】面板中的按钮，激活【圆】命令。捕捉辅助线交点为圆心，绘制半径为 11 的圆，如图 1-82 所示。

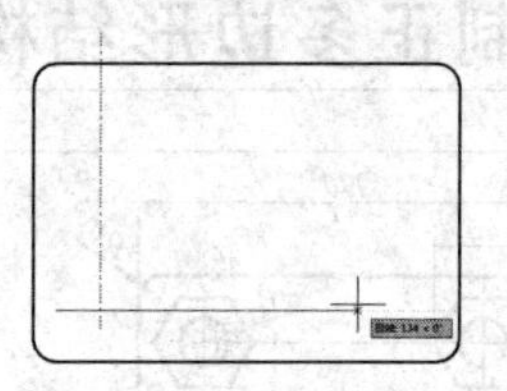
图 1-80　定位第二点

图 1-81　绘制效果

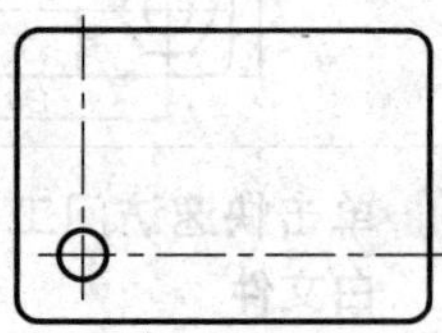
图 1-82　绘制圆

07 单击【绘图】面板中的按钮，激活【正多边形】命令，绘制边长为20的正六边形。命令行操作过程如下：

命令：_polygon
输入边的数目 <4>:6 ↙
指定正多边形的中心点或 [边 (E)]：
// 选择圆的圆心
输入选项 [内接于圆 (I)/ 外切于圆 (C)] <I>:C ↙
// 激活"外切于圆"选项
指定圆的半径：20 ↙
// 输入半径，绘制正六边形如图1-83所示

08 根据第5步的操作，配合【正交追踪模式】功能，绘制其余辅助线，如图1-84所示。

09 根据第6步和第7步的操作，调用【圆】命令和【正多边形】命令，绘制其余内轮廓，如图1-85所示。

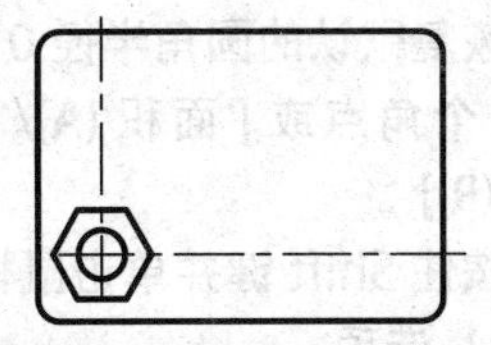
图1-83 绘制正六边形

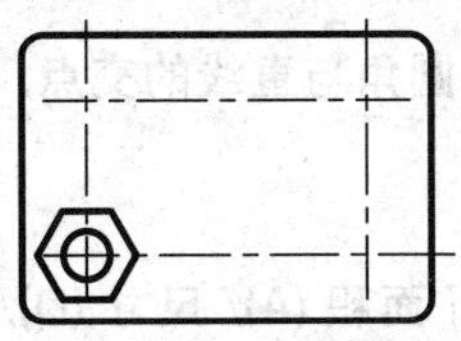
图1-84 绘制辅助线

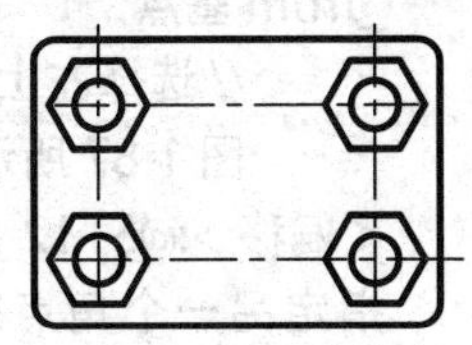
图1-85 绘制内轮廓

提示

正多边形也是基本的图元之一，它是由多条直线元素组合而成的单个封闭图形，除了本步骤中的两种命令执行方式之外，还有另外两种方式，即快捷键POL和命令polygon。

015 绘制矩形结构

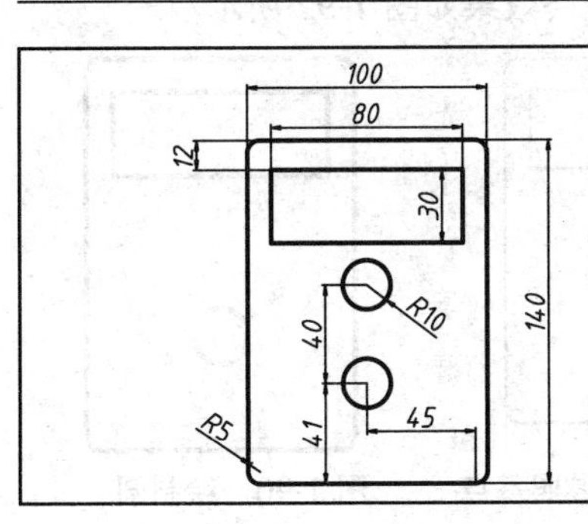

矩形就是通常所说的长方形，是通过输入矩形的任意两个对角点位置确定的。在AutoCAD中，绘制矩形可以分别为其设置倒角、圆角以及宽度和厚度值。

文件路径：	实例文件 \ 第 01 章 \ 实例 015.dwg
视频文件：	MP4\ 第 01 章 \ 实例 015.MP4
播放时长：	0:02:40

01 执行【新建】命令，创建空白文件。

02 单击【绘图】面板中的按钮▭，激活【矩形】命令。绘制长为100、宽为140的圆角矩形。命令行操作过程如下：

命令：_rectang
指定第一个角点或 [倒角 (C)/ 标高 (E)/ 圆角 (F)/ 厚度 (T)/ 宽度 (W)]：F ↙
指定矩形的圆角半径 <0.0000>:5 ↙
// 设置圆角半径为5
指定另一个角点或 [面积 (A)/ 尺寸 (D)/ 旋转 (R)]：D ↙
// 选择【尺寸 (D)】选项
指定矩形的长度 <10.0000>:100 ↙
指定矩形的宽度 <10.0000>:140 ↙
// 绘制圆角矩形如图1-86所示

用户也可以使用快捷键REC，或在命令行中输入Rectangle，按Enter键，快速激活【矩形】命令

03 显示菜单栏，选择菜单【视图】|【缩放】|【窗口】选项，将刚绘制的矩形放大显示。

04 选择【绘图】面板中的按钮▭，激活【矩形】命令。配合【自】捕捉功能，绘制长为80、宽为30的矩形。命令行操作过程如下：

命令：_rectang
当前矩形模式：圆角 =5.0000
指定第一个角点或 [倒角 (C)/ 标高 (E)/ 圆角 (F)/ 厚度 (T)/ 宽度 (W)]：F ↙
指定矩形的圆角半径 <0.0000>:0 ↙

// 恢复默认的圆角半径 0

指定第一个角点或 [面积 (A)/ 尺寸 (D)/ 旋转 (R)]：

// 按住 Shift 键并单击鼠标右键，激活【自】选项

_from 基点：

// 选择左上方圆角与直线的交点，如图 1-87 所示

< 偏移 >:@5,-12 ↙

指定另一个角点或 [面积 (A)/ 尺寸 (D)/ 旋转 (R)]：D ↙

指定矩形的长度 <100.0000>:80 ↙

指定矩形的宽度 <140.0000>:30 ↙

// 绘制矩形如图 1-88 所示

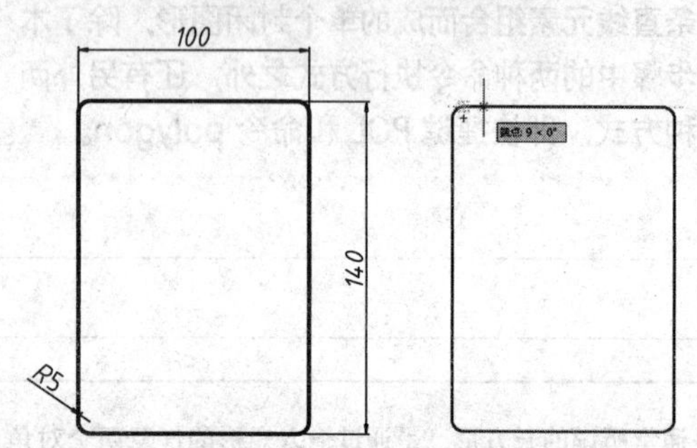

图 1-86　绘制圆角矩形　图 1-87　捕捉参照基点

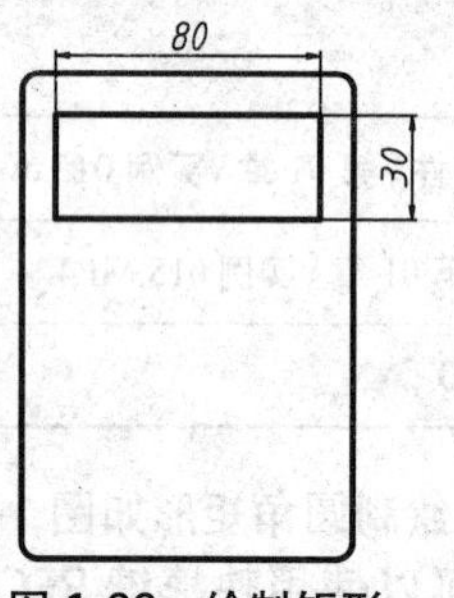

图 1-88　绘制矩形

技巧

在完成了某一项操作以后，如果希望将该步操作取消，就要用【撤销】命令。在命令行中输入 UNDO，或者其简写 U 后按 Enter 键，可以撤销刚刚执行的操作。另外，单击快速访问工具栏的【放弃】工具按钮，也可以启动 UNDO 命令。如果单击该工具按钮右侧下三角按钮，还可以选择撤销的步骤。

05 单击【绘图】面板中的按钮，激活【圆】命令，绘制圆。命令行操作过程如下：

命令：_circle

指定圆的圆心或 [三点 (3P)/ 两点 (2P)/ 切点、切点、半径 (T)]：// 激活【自】捕捉功能

_from 基点：

// 选择右下角圆与直线的交点，如图 1-89 所示

< 偏移 >：@-50，36

// 输入相对直角坐标

指定圆的半径或 [直径 (D)] <1.0000>:10 ↙

// 绘制圆如图 1-90 所示

命令：↙

// 按 Enter 键，重复执行【圆】命令

circle 指定圆的圆心或 [三点 (3P)/ 两点 (2P)/ 切点、切点、半径 (T)]：// 单击鼠标右键，激活【自】捕捉功能

_from 基点：

// 选择第一个圆的圆心，如图 1-91 所示

< 偏移 >：@0，40 ↙

指定圆的半径或 [直径 (D)] <1.0000>:10 ↙

// 最终效果如图 1-92 所示

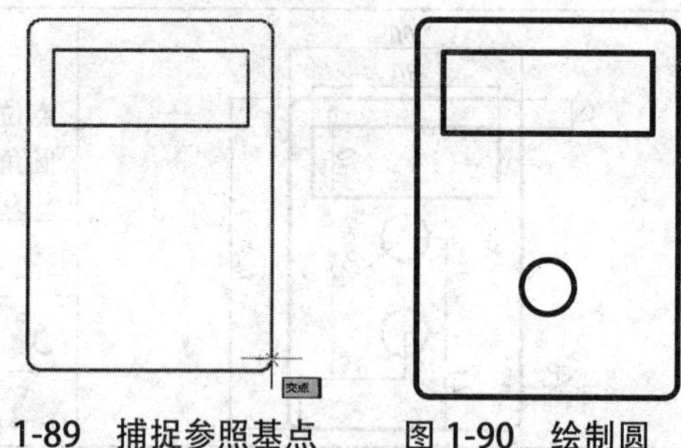

图 1-89　捕捉参照基点　图 1-90　绘制圆

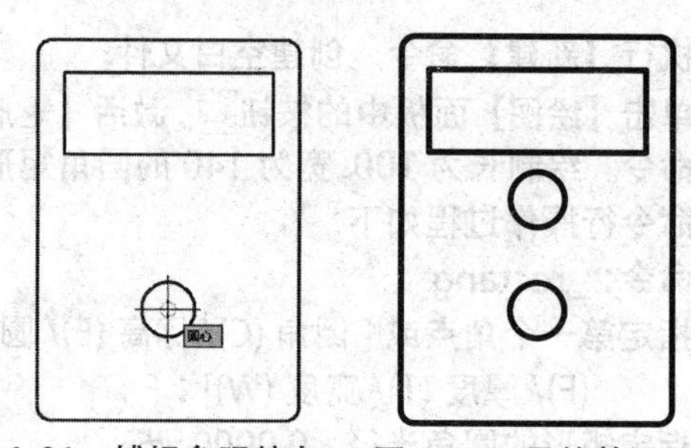

图 1-91　捕捉参照基点　图 1-92　最终效果

提示

撤销操作是在命令结束之后进行的操作，如果在命令执行过程中需要终止该命令的执行，按键盘左上方的 Esc 键即可。

016 样条曲线绘制手柄

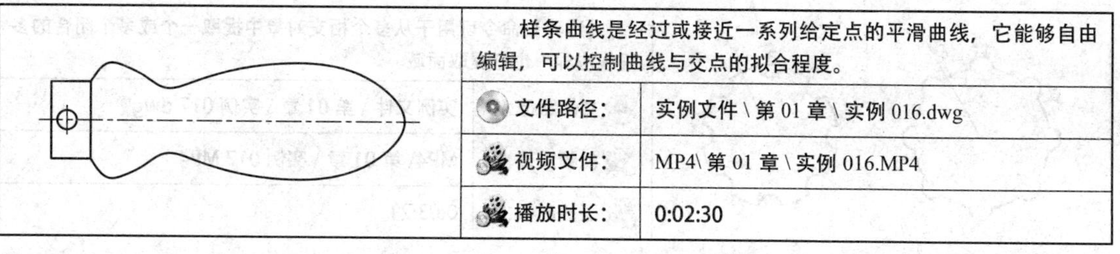

	样条曲线是经过或接近一系列给定点的平滑曲线，它能够自由编辑，可以控制曲线与交点的拟合程度。
文件路径：	实例文件 \ 第 01 章 \ 实例 016.dwg
视频文件：	MP4\ 第 01 章 \ 实例 016.MP4
播放时长：	0:02:30

01 启动 AutoCAD 2018，根据路径打开“\ 实例文件 \ 第 01 章 \ 实例 016.dwg”文件。实例文件内已经绘制好了中心线与各通过点（没设置点样式之前很难观察到），如图 1-93 所示。

图 1-93 实例文件

02 设置点样式。选择【格式】|【点样式】选项，弹出【点样式】对话框。设置点样式，如图 1-94 所示。

03 定位样条曲线的通过点。单击【修改】面板中的【偏移】按钮，将中心线偏移，并在偏移线交点绘制点，如图 1-95 所示。

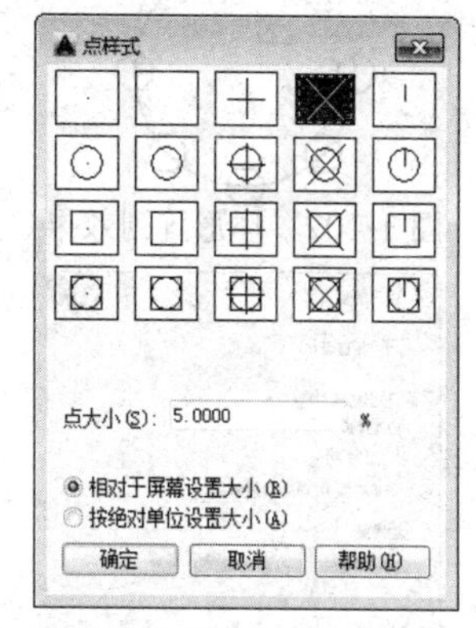

图 1-94 【点样式】对话框

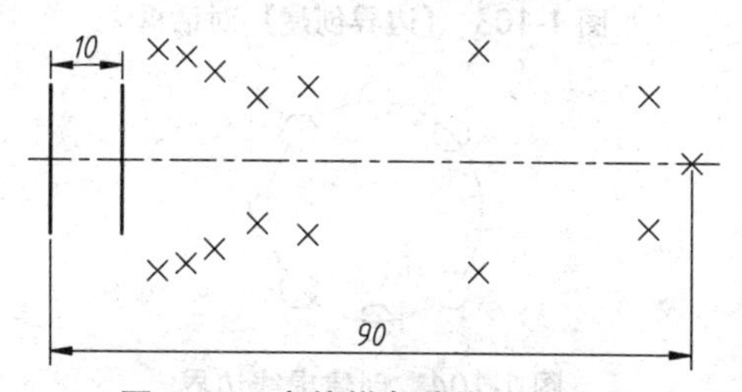

图 1-95 定位样条曲线的通过点

04 绘制样条曲线。单击【绘图】面板中的【样条曲线】按钮，以左上方辅助点为起点，按顺时针方向依次连接各辅助点，如图 1-96 所示。

05 闭合样条曲线。在命令行中输入 C 并按 Enter 键，闭合样条曲线，如图 1-97 所示 .

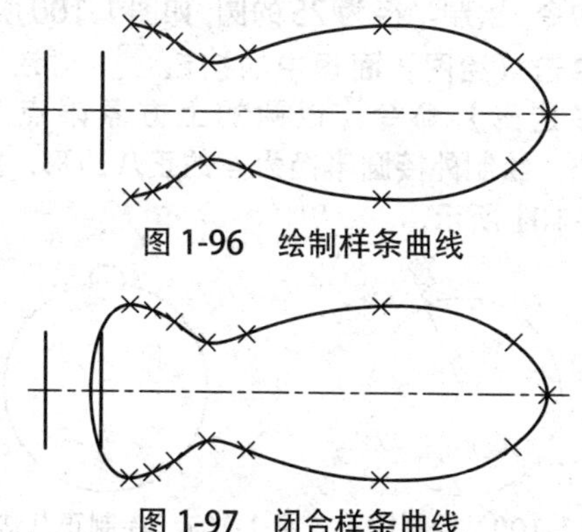

图 1-96 绘制样条曲线

图 1-97 闭合样条曲线

06 绘制圆和外轮廓线。分别单击【绘图】面板中的【直线】和【圆】按钮，绘制直径为 5 的圆，如图 1-98 所示。

07 修剪整理图形。单击【修改】面板中的【修剪】命令，修剪多余样条曲线，并删除辅助点，如图 1-99 所示。

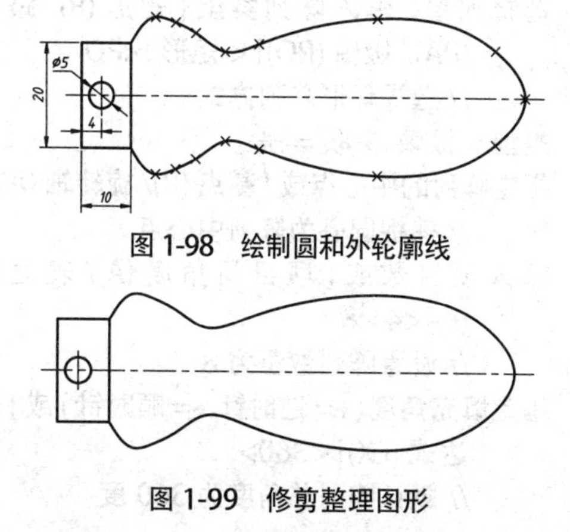

图 1-98 绘制圆和外轮廓线

图 1-99 修剪整理图形

017 绘制闭合边界

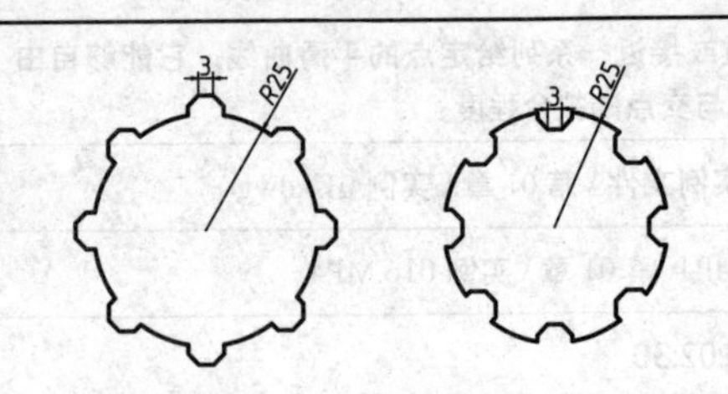

【边界】命令可用于从多个相交对象中提取一个或多个闭合的多段线边界，也可提取面域。	
文件路径：	实例文件 \ 第 01 章 \ 实例 017.dwg
视频文件：	MP4\ 第 01 章 \ 实例 017.MP4
播放时长：	0:03:21

01 单击快速访问工具栏中的按钮，创建空白文件。

02 右键单击状态栏的按钮，选择【对象捕捉设置】选项，设置捕捉模式为【圆心】和【象限点】。

03 单击【绘图】面板中的按钮，激活【圆】命令。绘制半径为25的圆，如图1-100所示。

04 单击【绘图】面板中的按钮，激活【正多边形】命令。以圆的上方象限点为中心，绘制外接圆半径为 4 的正八边形，如图 1-101 所示。

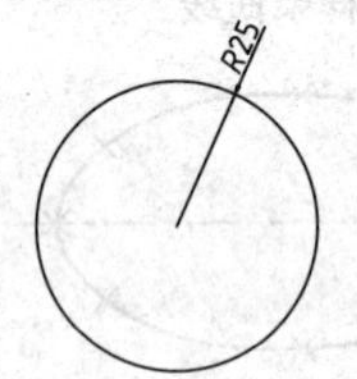

图 1-100　绘制圆

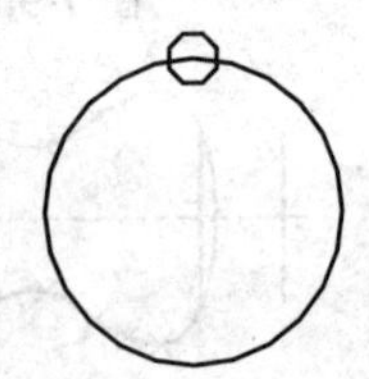

图 1-101　绘制正八边形

05 单击【修改】面板中的按钮，使用环形阵列方式复制八个多边形。命令行操作过程如下：

命令：AR ↙ ARRAY
选择对象：找到 1 个
　　// 选择绘制的多边形
选择对象：输入阵列类型 [矩形 (R)/ 路径 (PA)/ 极轴 (PO)] < 矩形 >:PO ↙
　　// 选择环形阵列方式
类型 = 极轴　关联 = 是
指定阵列的中心点或 [基点 (B)/ 旋转轴 (A)]:
　　// 捕捉圆心为阵列中心点
输入项目数或 [项目间角度 (A)/ 表达式 (E)]<4>:8 ↙
　　// 设置阵列数量为 8
指定填充角度 (+= 逆时针、-= 顺时针) 或 [表达式 (EX)] <360>: ↙
　　// 默认阵列总角度为 360 度
按 Enter 键接受或 [关联 (AS)/ 基点 (B)/ 项目 (I)/ 项目间角度 (A)/ 填充角度 (F)/ 行 (ROW)/ 层 (L)/ 旋转项目 (ROT)/ 退出 (X)]< 退出 >：AS ↙
　　// 选择【关联 (AS)】选项
创建关联阵列 [是 (Y)/ 否 (N)] < 是 >:N ↙
　　// 使阵列对象不关联

06 环形阵列效果如图 1-102 所示。

07 单击【绘图】面板中的按钮，弹出如图 1-103 所示的【边界创建】对话框。

08 对话框中的设置采用默认的设置，单击左上方的【拾取点】按钮，返回绘图区；在命令行【拾取内部点：】的提示下，在圆的内部拾取一点，此时系统自动分析出一个闭合的虚线边界，如图 1-104 所示。

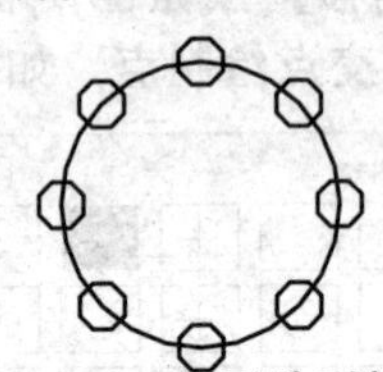

图 1-102　环形阵列效果

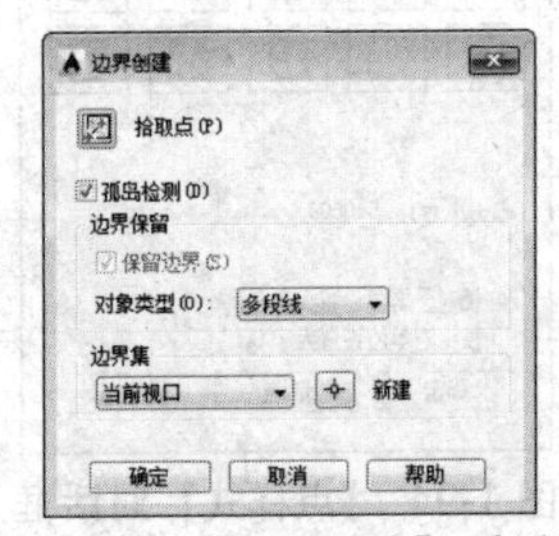

图 1-103　【边界创建】对话框

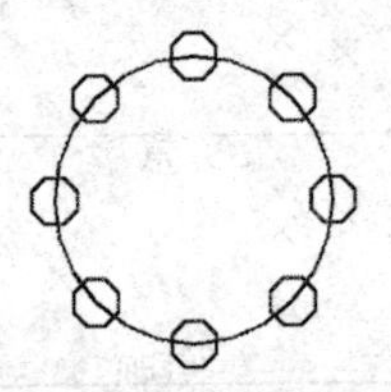

图 1-104　创建虚线边界

⑨ 继续在命令行【拾取内部点:】的提示下，按 Enter 键，结束命令，创建出一个闭合的多段线边界。

⑩ 使用快捷键 M 激活【移动】命令，使用【点选】的方式选择刚创建的闭合边界，将其外移，如图 1-105 所示。

⑪ 单击【绘图】面板中的按钮，激活【面域】命令。将九个图形转换为九个面域。命令行操作过程如下:

命令: _region

选择对象:

// 选择如图 1-106 所示的九个图形

选择对象:

// 按 Enter 键，结果选择的九个图形被转换为九个面域

已提取 九个环

已创建 九 个面域

⑫ 显示菜单栏，选择菜单【修改】|【实体编辑】|【并集】选项，将刚刚创建的九个面域进行合并。命令行操作过程如下:

命令: _union

选择对象:

// 使用框选选择九个面域

选择对象: ↙

// 按 Enter 键，结束命令，并集效果如图 1-107 所示

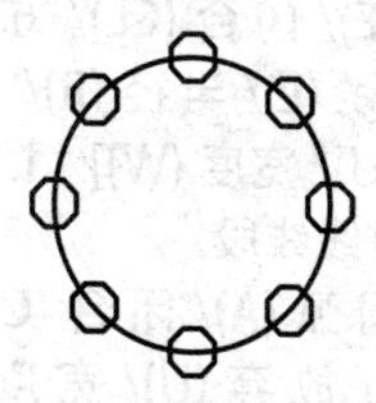
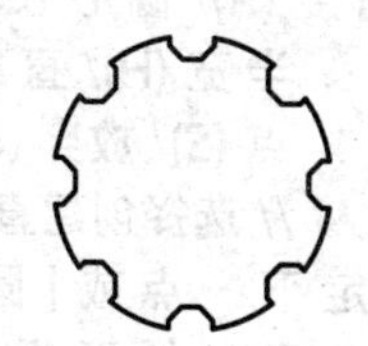

图 1-105 移出边界

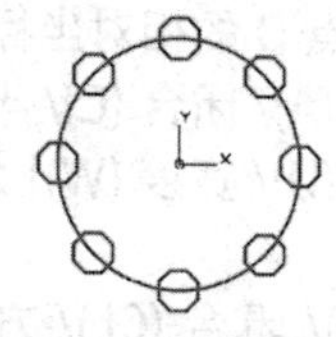

图 1-106 框选图形

图 1-107 并集效果

提示

【边界】命令用于从多个相交对象中提取一个或多个闭合的多段线边界，也可以提取面域。此命令的快捷键为 BO。

018 绘制多段线

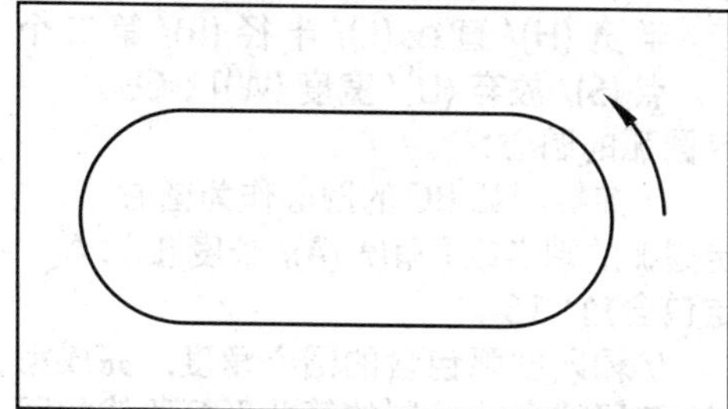

多段线是由首位相接的多条线段与圆弧构成的组合曲线。多段线可以进行整体偏移、复制和删除等操作，在三维建模中，多段线还是创建实体的前提，因此掌握多段线的绘制和编辑方法是十分重要的。

文件路径:	实例文件 \ 第 01 章 \ 实例 018.dwg
视频文件:	MP4\ 第 01 章 \ 实例 018.MP4
播放时长:	0:02:55

① 单击快速访问工具栏中的按钮▢，创建空白文件。

② 单击【绘图】面板中的按钮⊃，绘制多段线。命令行操作过程如下:

命令: _pline

指定起点:

// 在绘图区任意单击一点，确定多段线起点 A

当前线宽为 0.0000

指定下一个点或 [圆弧 (A)/ 半宽 (H)/ 长度 (L)/ 放弃 (U)/ 宽度 (W)] : @100,0 ↙

// 输入线段终点 B 的相对坐标

指定下一点或 [圆弧 (A)/ 闭合 (C)/ 半宽 (H)/ 长度 (L)/ 放弃 (U)/ 宽度 (W)] : A ↙

// 选择创建圆弧段

指定圆弧的端点或 [角度 (A)/ 圆心 (CE)/ 闭合 (CL)/ 方向 (D)/ 半宽 (H)/ 直线 (L)/ 半径 (R)/ 第二个点 (S)/ 放弃 (U)/ 宽度 (W)] : D ↙

// 选择编辑圆弧的方向

指定圆弧的起点切向:

// 捕捉到如图 1-108 所示的直线方向,

单击，确定相切方向
指定圆弧的端点：@0,-64 ↙
// 输入圆弧的终点 C 的相对坐标
指定圆弧的端点或
[角度 (A)/ 圆心 (CE)/ 闭合 (CL)/ 方向 (D)/ 半宽 (H)/ 直线 (L)/ 半径 (R)/ 第二个点 (S)/ 放弃 (U)/ 宽度 (W)]：L ↙
// 选择创建直线线段
指定下一点或 [圆弧 (A)/ 闭合 (C)/ 半宽 (H)/ 长度 (L)/ 放弃 (U)/ 宽度 (W)]：@-100,0 ↙
// 输入直线终点 D 的相对坐标
指定下一点或 [圆弧 (A)/ 闭合 (C)/ 半宽 (H)/ 长度 (L)/ 放弃 (U)/ 宽度 (W)]：A ↙
指定圆弧的端点或
[角度 (A)/ 圆心 (CE)/ 闭合 (CL)/ 方向 (D)/ 半宽 (H)/ 直线 (L)/ 半径 (R)/ 第二个点 (S)/ 放弃 (U)/ 宽度 (W)]：
// 在绘图区选择多段线起点 A 作为圆弧端点
指定圆弧的端点或
[角度 (A)/ 圆心 (CE)/ 闭合 (CL)/ 方向 (D)/ 半宽 (H)/ 直线 (L)/ 半径 (R)/ 第二个点 (S)/ 放弃 (U)/ 宽度 (W)]：↙
// 按 Enter 键结束多段线的绘制，如图 1-109 所示。

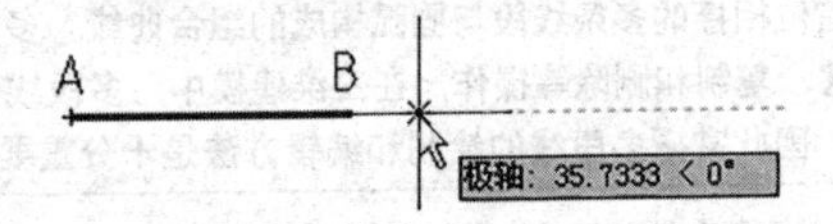

图 1-108　捕捉圆弧切线方向

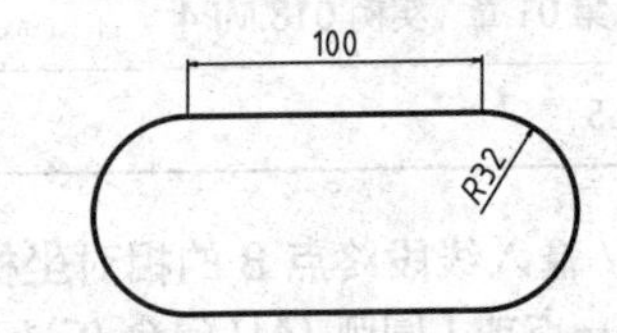

图 1-109　绘制的跑道形多段线

03 单击【绘图】面板中的按钮，绘制另一条多段线。命令行操作过程如下：
命令：_pline
// 调用【多段线】命令
指定起点：
// 在圆弧 BC 外侧附近任一点单击，确定多段线起点，如图 1-110 所示
当前线宽为 0.0000
指定下一个点或 [圆弧 (A)/ 半宽 (H)/ 长度 (L)/ 放弃 (U)/ 宽度 (W)]：A ↙
// 选择创建圆弧段
指定圆弧的端点或 [角度 (A)/ 圆心 (CE)/ 方向 (D)/ 半宽 (H)/ 直线 (L)/ 半径 (R)/ 第二个点 (S)/ 放弃 (U)/ 宽度 (W)]：CE ↙
// 选择由圆心定义圆弧
指定圆弧的圆心：
// 捕捉到如图 1-111 所示的圆心位置，单击，确定圆心
指定圆弧的端点或 [角度 (A)/ 长度 (L)]：A ↙
// 选择由角度定义圆弧范围
指定包含角：35 ↙
// 输入圆弧包含的圆心角度，完成第一段圆弧
指定圆弧的端点或
// 系统默认下一段线条仍为圆弧
[角度 (A)/ 圆心 (CE)/ 闭合 (CL)/ 方向 (D)/ 半宽 (H)/ 直线 (L)/ 半径 (R)/ 第二个点 (S)/ 放弃 (U)/ 宽度 (W)]：H ↙
// 选择【半宽】选项，调整多段线的宽度值
指定起点半宽 <0.0000>：2 ↙
// 输入圆弧起点的半宽度
指定端点半宽 <2.0000>：0 ↙
// 输入圆弧终点的半宽度
指定圆弧的端点或
[角度 (A)/ 圆心 (CE)/ 闭合 (CL)/ 方向 (D)/ 半宽 (H)/ 直线 (L)/ 半径 (R)/ 第二个点 (S)/ 放弃 (U)/ 宽度 (W)]：CE ↙
指定圆弧的圆心：
// 捕捉圆弧 BC 的圆心作为圆心
指定圆弧的端点或 [角度 (A)/ 长度 (L)]：A ↙
指定包含角：15 ↙
// 输入圆弧包含的圆心角度，完成第二段线条。绘制的箭头形多段线如图 1-112 所示。

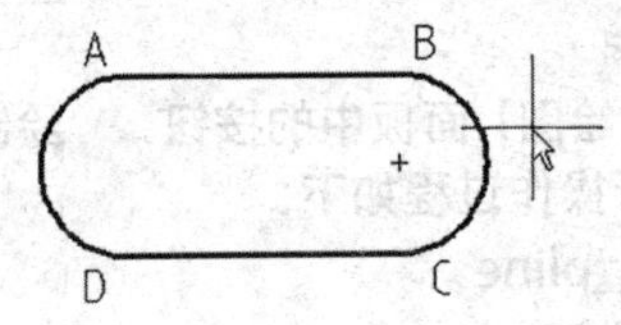

图 1-110　指定多段线起点

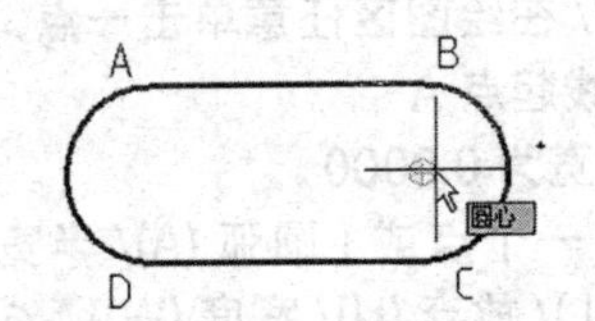

图 1-111　捕捉圆弧的圆心

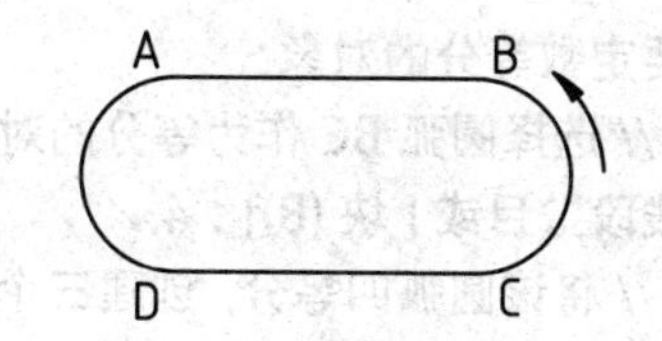

图 1-112 绘制的箭头形多段线

提示

多段线与普通的线条可以相互转化：选择菜单【修改】|【分解】选项，可以将多段线分解为普通线条；选择菜单【修改】|【合并】选项，可以将首尾相接的多个线条合并为多段线。

019 绘制螺旋线

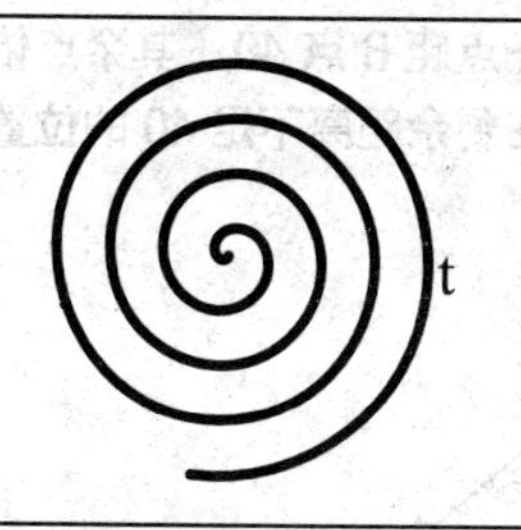

螺旋线是点沿圆柱或圆锥表面作螺旋运动的轨迹，该点的轴向位移与转角位移成正比。螺旋线在实际中应用广泛，如机械上的螺纹、涡壳及生活中的旋梯等。本例通过螺旋线命令绘制平面内的二维螺旋线，也可称为涡状线。

文件路径：	实例文件 \ 第 01 章 \ 实例 019.dwg
视频文件：	MP4\ 第 01 章 \ 实例 019.MP4
播放时长：	0:00:52

01 单击快速访问工具栏中的按钮，新建 AutoCAD 文件。

02 单击【绘图】面板中的按钮，绘制的螺旋线如图 1-113 所示。命令行操作过程如下：

图 1-113 绘制的螺旋线

命令：_Helix
//调用【螺旋】命令
圈数 = 3.0000 扭曲 =CCW
指定底面的中心点：
//在绘图区任意位置单击，确定底面中心
指定底面半径或 [直径 (D)] <1.0000>：30↙
//输入螺旋线底面半径值
指定顶面半径或 [直径 (D)] <30.0000>：0↙
//输入螺旋线顶面半径值
指定螺旋高度或 [轴端点 (A)/ 圈数 (T)/ 圈高 (H)/ 扭曲 (W)] <1.0000>：T↙
//选择修改螺旋线圈数
输入圈数 <3.0000>：4↙
//输入圈数数值
指定螺旋高度或 [轴端点 (A)/ 圈数 (T)/ 圈高 (H)/ 扭曲 (W)] <1.0000>：0↙
//输入螺旋高度为 0，即创建平面螺旋线

020 绘制等分点

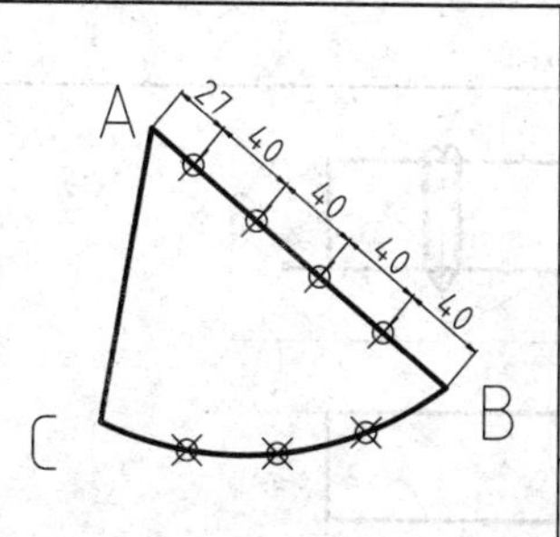

等分点是在某一线条对象上创建的一系列规律分布的点，有定距等分和定数等分两种方式。定距等分创建的点间距为指定值，定数等分点将线段分为相等的多个区间。需要说明的是，等分点只是在线段上创建的辅助参考对象，并不分割线段。

文件路径：	实例文件 \ 第 01 章 \ 实例 020.dwg
视频文件：	MP4\ 第 01 章 \ 实例 020.MP4
播放时长：	0:01:16

01 打开"\实例文件\第01章\实例020.dwg"文件，如图1-114所示。

02 单击【绘图】面板中的按钮，在直线AB上创建距离为40的等分点，命令行操作过程如下：

命令：_measure
选择要定距等分的对象：
　　// 选择线段AB为等分的对象
指定线段长度或[块(B)]：40 ↙
　　// 指定两等分点间距为40

03 单击【实用工具】面板中的按钮，系统弹出【点样式】对话框。设置点样式和点大小，如图1-115所示；然后关闭对话框，直线AB上的等分点按指定样式显示，如图1-116所示。

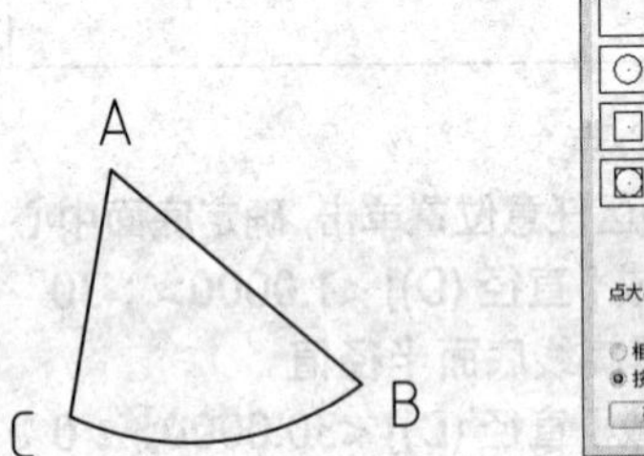

图1-114　实例文件

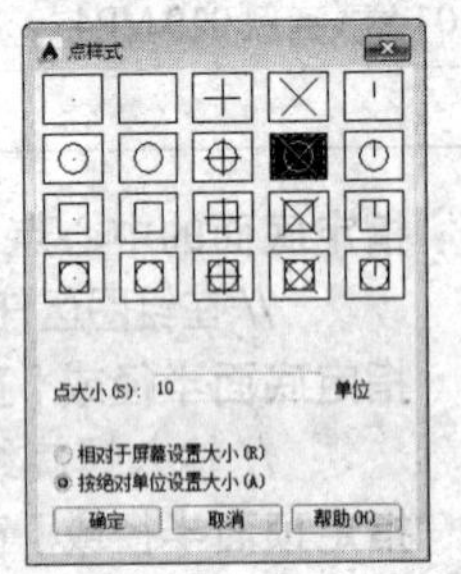

图1-115　【点样式】对话框

04 单击【绘图】面板中的按钮，在圆弧BC上创建三个等分点。命令行操作过程如下：

命令：_divide
选择要定数等分的对象：
　　// 选择圆弧BC作为等分的对象
输入线段数目或[块(B)]：4 ↙
　　// 将该圆弧四等分，创建三个等分点，如图1-117所示

提示

创建定距等分时，第一个等距距离是从单击点较近的端点开始。例如，本例中的单击点靠近B点，所以第一点距B点40，其余点依次按间隔40分布，在剩余距离不足40的位置结束。

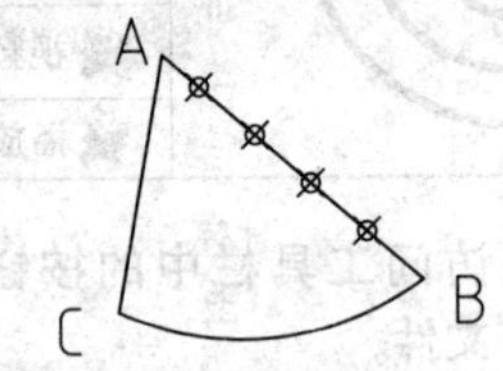

图1-116　AB上的定距等分点

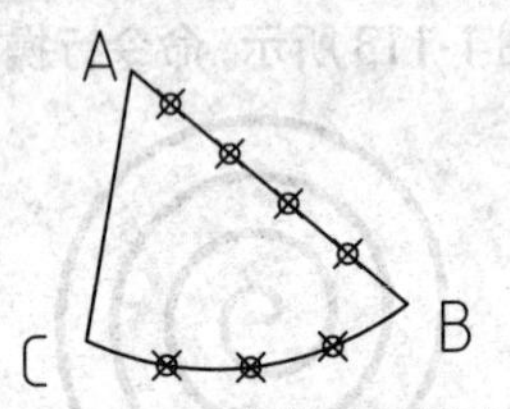

图1-117　BC上的定数等分点

021 图案填充

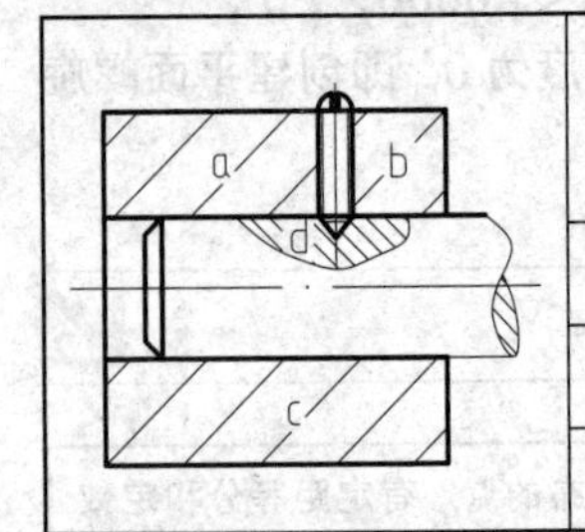

在机械制图中，图案填充多用于剖面的填充，以突出剖切的层次。AutoCAD提供多种不同的图案类型供选择，填充的边界可以是直线、圆弧、多段线和样条曲线等，但必须是封闭的区域才能被填充。

文件路径：	实例文件\第01章\实例021.dwg
视频文件：	MP4\第01章\实例021.MP4
播放时长：	0:02:21

01 打开"\实例文件\第01章\实例021.dwg"文件，如图1-118所示。

02 单击【绘图】面板中的按钮，根据命令行提示，选择【设置(T)】选项，系统弹出【图案填充和渐变色】对话框，如图1-119所示。

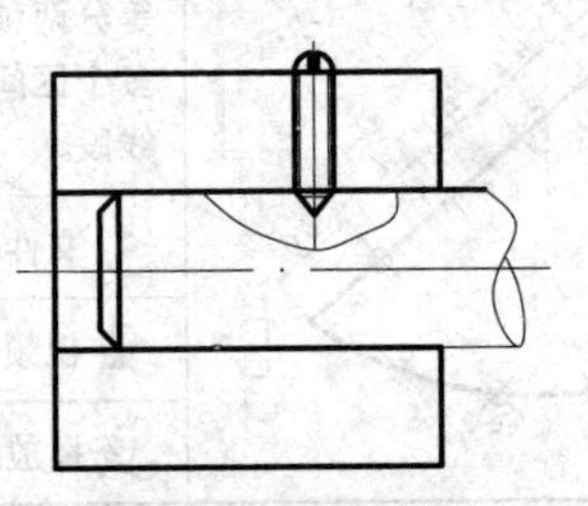

图1-118　实例文件

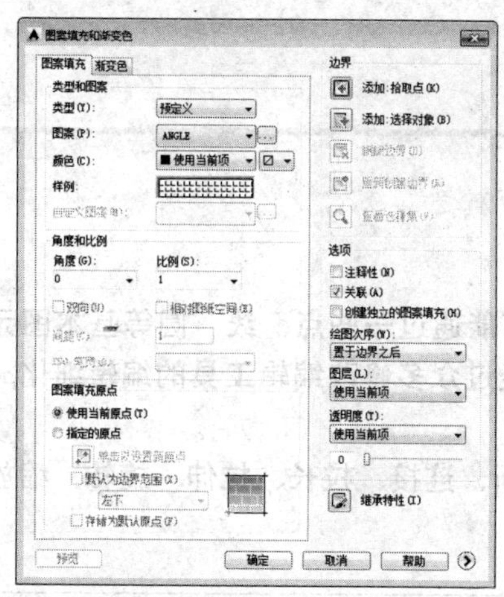

图 1-119 【图案填充和渐变色】对话框

03 打开【图案】下拉列表，在列表中选择 ANSI31 图案；然后单击【边界】选项组中【添加：拾取点】按钮，系统暂时隐藏对话框，返回绘图界面。分别在图 1-120 所示的 a、b 和 c 区域内单击，再次选择【设置（T）】选项，系统重新弹出【图案填充和渐变色】对话框。

04 单击对话框中按钮 预览 ，系统回到绘图界面显示预览效果，如图 1-121 所示。按 Enter 键结束预览，系统重新弹出【图案填充和渐变色】对话框。在对话框中的【角度和比例】选项组中，将填充比例修改为 2，然后单击按钮 确定 ，完成填充。填充效果如图 1-122 所示。

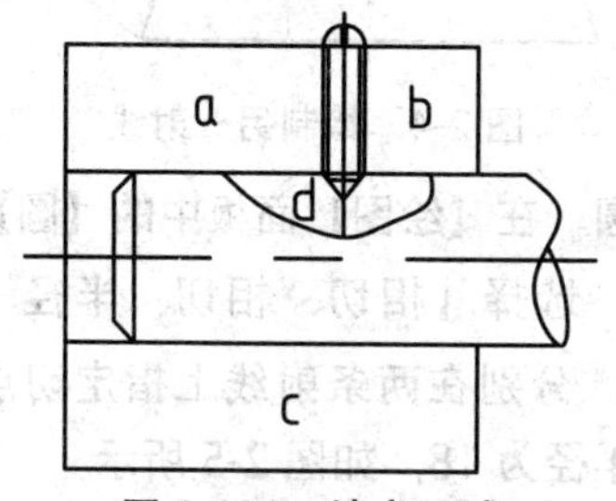

图 1-120 填充区域

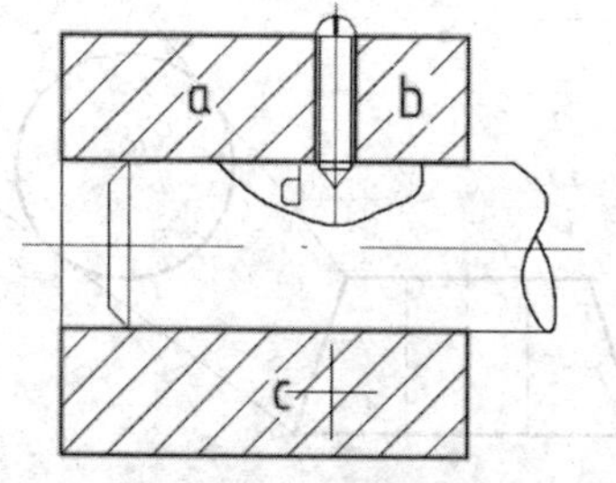

图 1-121 填充预览

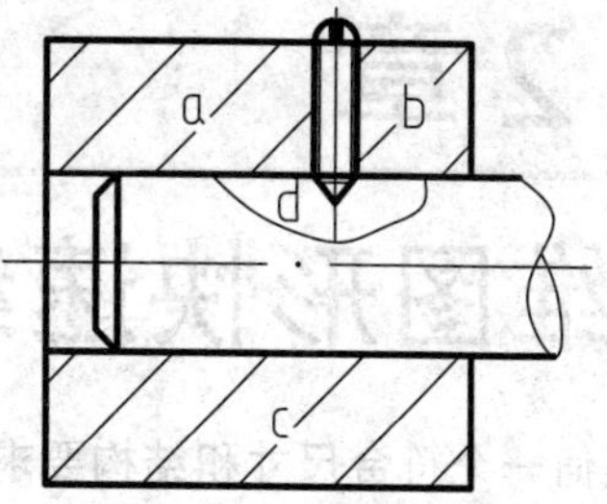

图 1-122 填充效果

05 在命令行中输入 H，系统弹出【图案填充】选项卡。在【图案】选项中选择 ANSI31 样式，角度修改为 90°，填充比例修改为 0.5；然后单击【边界】选项组中【添加：拾取点】按钮，在 d 区域内单击，按 Enter 键，完成填充，效果如图 1-123 所示。

06 在命令行中输入 H 快捷命令，系统弹【图案填充】选项卡。在【图案】选项中选择 ANSI31 样式，角度修改为 90°，填充比例修改为 0.5，然后单击【边界】选项组中【添加：选择对象】按钮，单击选择轴端的样条曲线，按 Enter 键，完成填充，效果如图 1-124 所示。

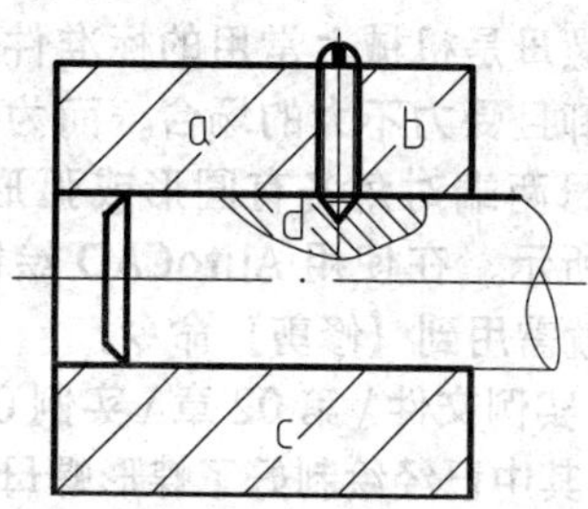

图 1-123 填充区域 d 的效果

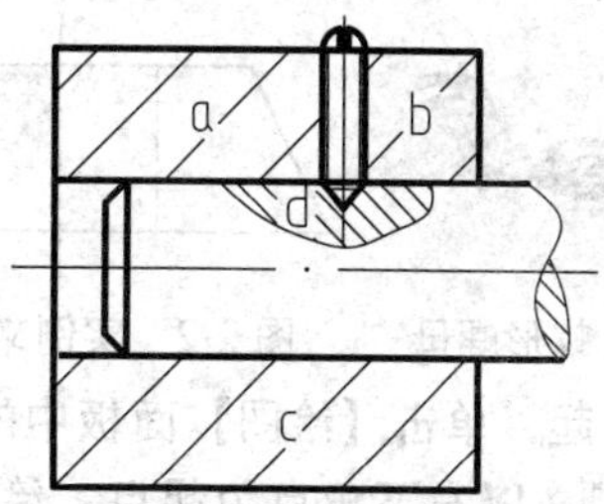

图 1-124 填充样条曲线的效果

2 Chapter 第 2 章

二维图形快速编辑

任何一个符合尺寸和结构要求的零件图，都不可能通过一些点、线、圆等基本图元简单地拼接组合而成，而是在这些基本图元的基础上，经过众多修改编辑工具的编辑细化，进一步处理为符合设计意图和现场加工要求的图纸。

本章通过 11 个典型实例，介绍修剪、延伸、打断、连接、拉长、拉伸、旋转、缩放、倒角、圆角及对齐等常用编辑工具的用法和使用技巧。

022 修剪图形

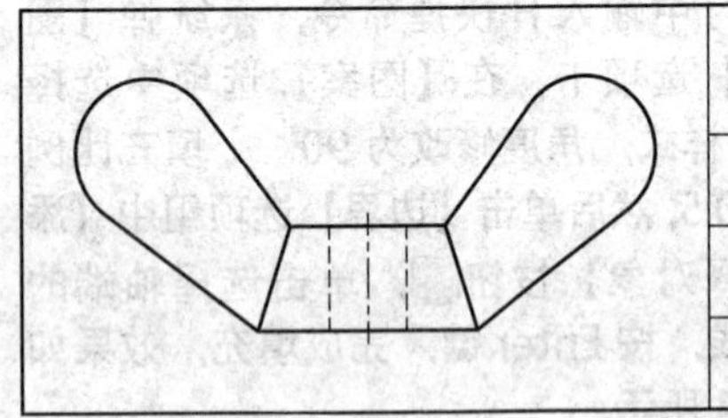	修剪是将超出边界的多余部分修剪删除掉。使用该工具时，需要首先选择修剪边界，修剪的对象必须与修剪边界相交，才可以进行修剪。	
	文件路径：	实例文件 \ 第 02 章 \ 实例 022.dwg
	视频文件：	MP4\ 第 02 章 \ 实例 022.MP4
	播放时长：	0:04:26

碟形螺母是机械上常用的标准件，多应用于频繁拆卸且受力不大的场合。而为了方便手拧，在螺母两端对角各有圆形或弧形的凸起，如图 2-1 所示。在使用 AutoCAD 绘制这部分凸起时，就需用到【修剪】命令。

01 打开"\ 实例文件 \ 第 02 章 \ 实例 022.dwg"文件，其中已经绘制好了蝶形螺母的螺纹部分，如图 2-2 所示。

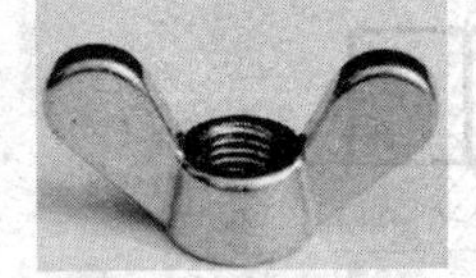

图 2-1　蝶形螺母

图 2-2　实例文件

02 绘制凸起。单击【绘图】面板中的【射线】按钮，以右下角点为起点，绘制一角度为 36° 的射线，如图 2-3 所示。

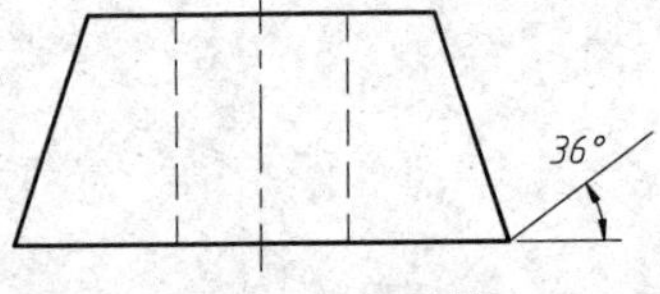

图 2-3　绘制射线

03 使用相同方法，在右上角点绘制角度为 52° 的射线，如图 2-4 所示。

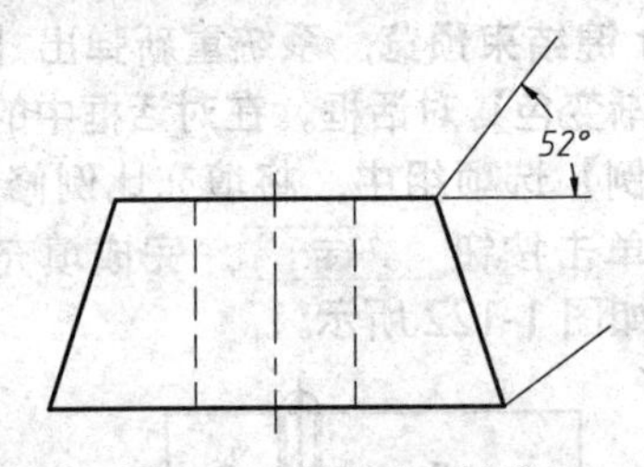

图 2-4　绘制另一射线

04 绘制圆。在【绘图】面板中的【圆】下拉列表中，选择【相切、相切、半径 (T)】选项，分别在两条射线上指定切点，然后输入半径为 18，如图 2-5 所示。

05 按此方法绘制另一边的图形，如图 2-6 所示。

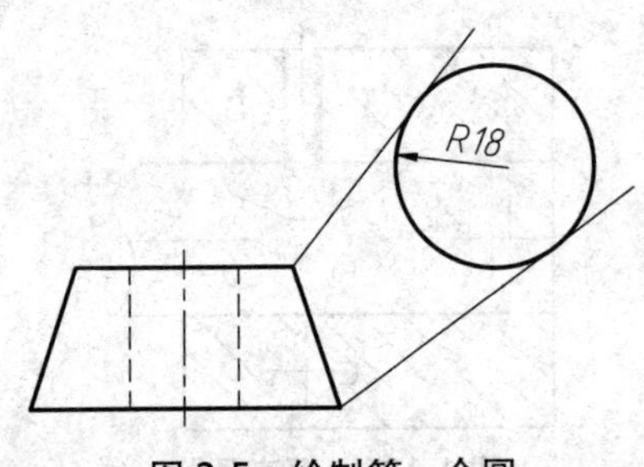

图 2-5　绘制第一个圆

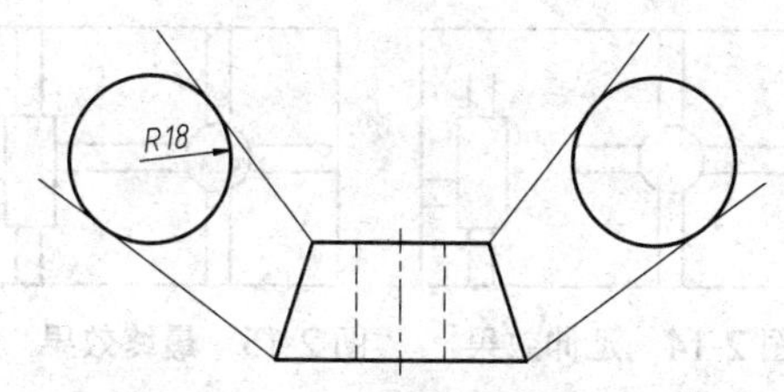

图 2-6　绘制第二个圆

06 修剪蝶形螺母。在命令行中输入 TR，执行【修剪】命令。根据命令行提示进行修剪操作，如图 2-7 所示。命令行操作过程如下：

命令：_trim
　　// 调用【修剪】命令
当前设置：投影 =UCS，边 = 无
选择剪切边 ...
选择对象或 < 全部选择 >: ↙
　　// 选择全部对象作为修剪边界
选择要修剪的对象，或按住 Shift 键选择要
　　延伸的对象，或
[栏选 (F)/ 窗交 (C)/ 投影 (P)/ 边 (E)/ 删除 (R)/
　　放弃 (U)]：
　　// 分别单击射线和两段圆弧，完成修剪

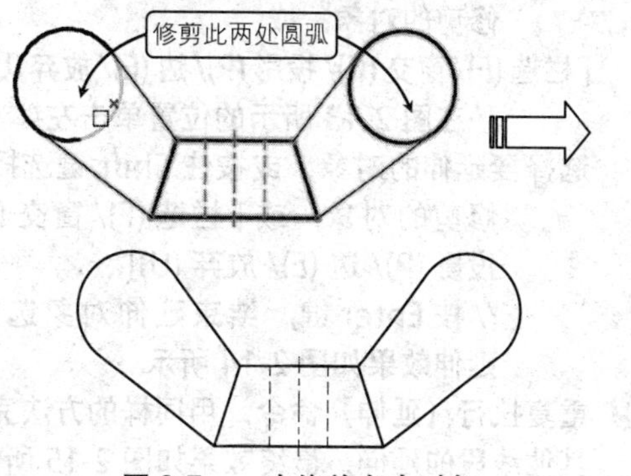

图 2-7　一次修剪多个对象

技巧

【修剪】命令是以指定的修剪边界作为剪切边，将对象位于剪切边一侧的部分修剪掉，此命令快捷键为 TR。

023 延伸图形

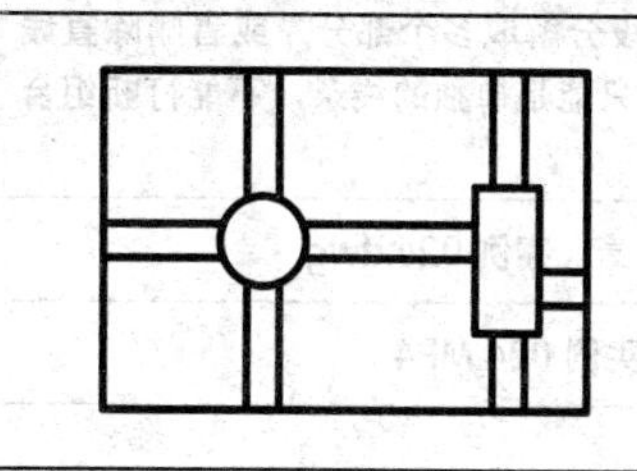

【延伸】命令是将没有和边界相交的部分延伸补齐，它和修剪命令是一组相对的命令。在命令执行过程中，需要设置的参数有延伸边界和延伸对象两类。

文件路径：	实例文件 \ 第 02 章 \ 实例 023.dwg
视频文件：	MP4\ 第 02 章 \ 实例 023.MP4
播放时长：	0:01:06

01 打开“实例文件 \ 第 02 章 \ 实例 023.dwg”文件，如图 2-8 所示。

02 单击【修改】面板中的按钮，激活【延伸】命令，对图形进行延伸。命令行操作过程如下：

命令：_extend
当前设置：投影 =UCS，边 = 无
选择边界的边 ...
选择对象或 < 全部选择 >:
　　// 选择如图 2-9 所示的线段作为延伸边界
选择对象：
　　// 按 Enter 键，结束边界的选择
选择要延伸的对象，或按住 Shift 键选择要
　　修剪的对象，或
[栏选 (F)/ 窗交 (C)/ 投影 (P)/ 边 (E)/ 放弃 (U)]:
　　// 在图 2-10 所示的位置单击左键
选择要延伸的对象，或按住 Shift 键选择要
　　修剪的对象，或
[栏选 (F)/ 窗交 (C)/ 投影 (P)/ 边 (E)/ 放弃 (U)]:
　　// 在图 2-11 所示的位置单击左键

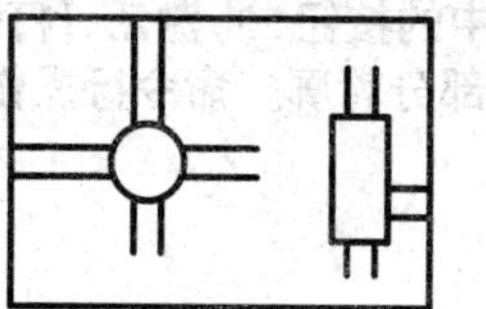
图 2-8　实例文件

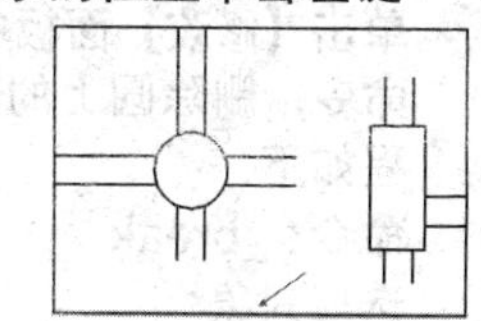
图 2-9　选择延伸边界

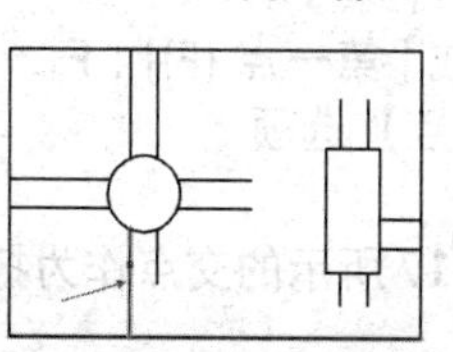
图 2-10　指定延伸对象

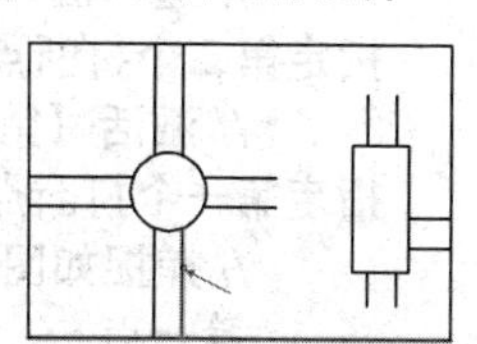
图 2-11　指定延伸对象

选择要延伸的对象，或按住 Shift 键选择要
　　修剪的对象，或
[栏选 (F)/ 窗交 (C)/ 投影 (P)/ 边 (E)/ 放弃 (U)]:

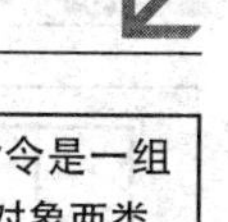

// 在图 2-12 所示的位置单击左键
选择要延伸的对象，或按住 Shift 键选择要修剪的对象，或
[栏选 (F)/ 窗交 (C)/ 投影 (P)/ 边 (E)/ 放弃 (U)]:
// 在图 2-13 所示的位置单击左键
选择要延伸的对象，或按住 Shift 键选择要修剪的对象，或 [栏选 (F)/ 窗交 (C)/ 投影 (P)/ 边 (E)/ 放弃 (U)]：↙
// 按 Enter 键，结束延伸对象选择，延伸效果如图 2-14 所示

03 重复执行【延伸】命令，用同样的方法完成其他线段的延伸，最终效果如图 2-15 所示。

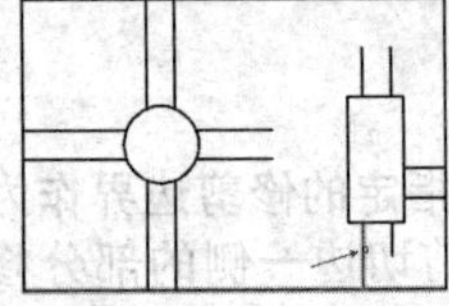
图 2-12 指定延伸对象

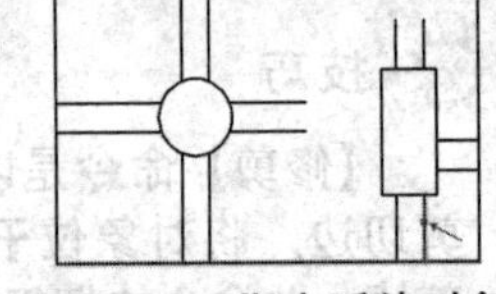
图 2-13 指定延伸对象

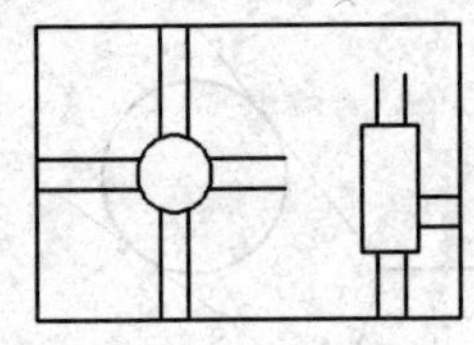
图 2-14 延伸效果

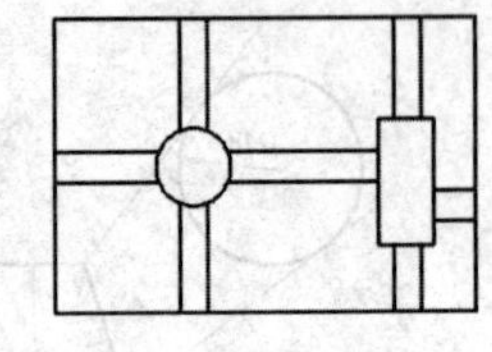
图 2-15 最终效果

提示

【延伸】命令是用于将选择的对象延伸到指定的边界上。此命令的快捷键为 EX。自 AutoCAD 2002 开始，修剪和延伸功能已经可以联用。在修剪命令中可以完成延伸操作，在延伸命令中也可以完成修剪操作。在修剪命令中，选择修剪对象时按住 Shift 键，可以将该对象向边界延伸；在延伸命令中，选择延伸对象时按住 Shift 键，可以将该对象超过边界的部分修剪删除。

024 打断图形

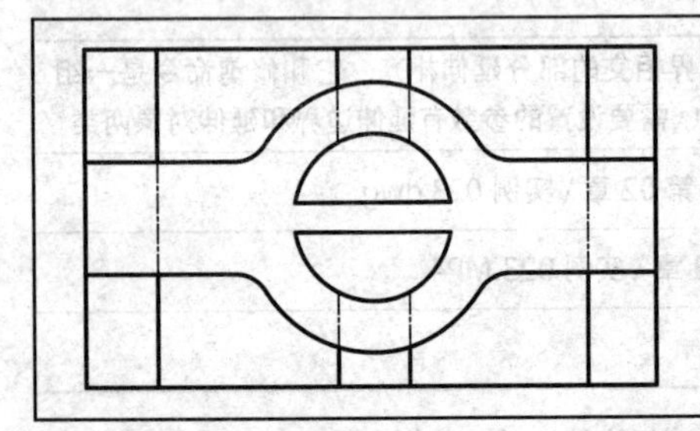

【打断】命令用于将直线或弧段分解成多个部分，或者删除直线或弧段的某个部分。被打断的线条只能是单独的线条，不能打断组合形体，如图块等。	
文件路径：	实例文件 \ 第 02 章 \ 实例 024.dwg
视频文件：	MP4\ 第 02 章 \ 实例 024.MP4
播放时长：	0:01:38

01 打开"\ 实例文件 \ 第 02 章 \ 实例 024.dwg"文件，如图 2-16 所示。

02 单击【修改】面板中的按钮，激活【打断】命令，删除圆上的部分轮廓。命令行操作过程如下：

命令：_break
选择对象：
// 选择圆作为打断对象
指定第二个打断点 或 [第一点 (F)]：F ↙
// 激活【第一点】选项
指定第一个打断点：
// 捕捉如图 2-17 所示的交点作为打断第一点
指定第二个打断点：
// 捕捉如图 2-18 所示的交点作为打断第二点，位于两个交点之间的圆弧部分被删除，打断效果如图 2-19 所示

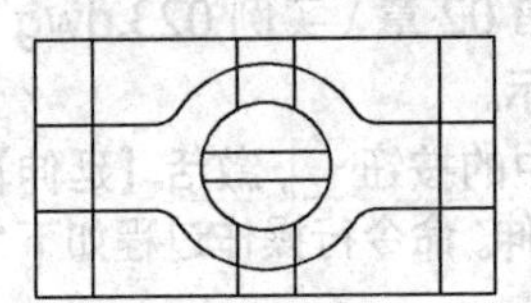
图 2-16 实例文件

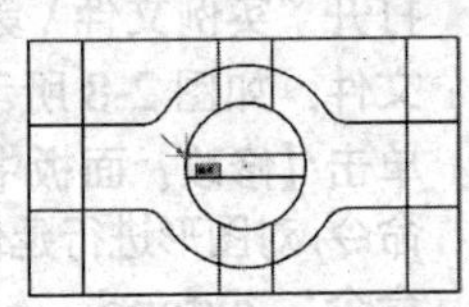
图 2-17 捕捉第一个断点

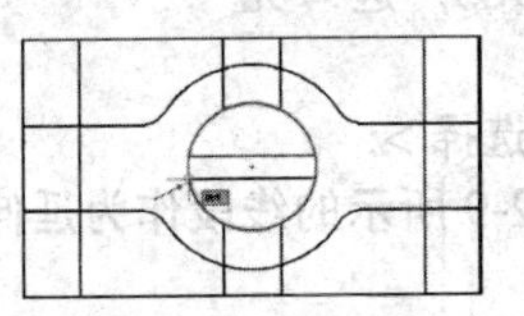
图 2-18 捕捉第二个断点

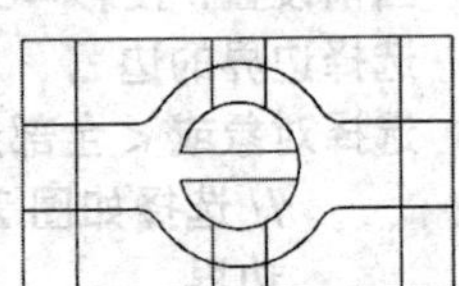
图 2-19 打断效果

提示

AutoCAD 将按逆时针方向删除圆上第一点到第二点之间的部分。

03 重复执行【打断】命令，使用同样的方法，

继续删除右侧的圆弧，效果如图 2-20 所示。

04 单击【修改】面板中的（打断于点）按钮，将线段打断。命令行操作过程如下：

命令：_break
选择对象：
　　// 选择如图 2-21 所示的直线
指定第二个打断点 或 [第一点 (F)] ：F ↙
　　// 激活【第一点】选项
指定第一个打断点：
　　// 捕捉如图 2-22 所示的交点作为打断第一点
指定第二个打断点：
　　// 按 Enter 键结束命令，直线从交点处被分为两部分，此时可以单独选择下方线段，如图 2-23 所示

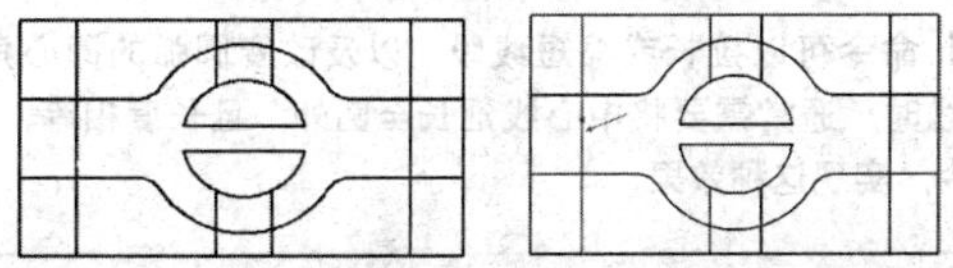
图 2-20　打断效果　图 2-21　选择打断对象

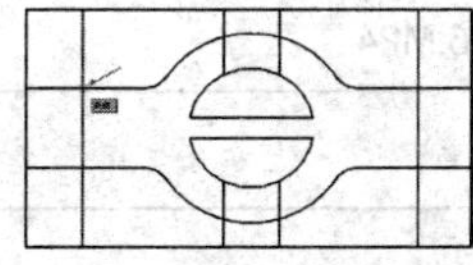
图 2-22　指定第一个断点

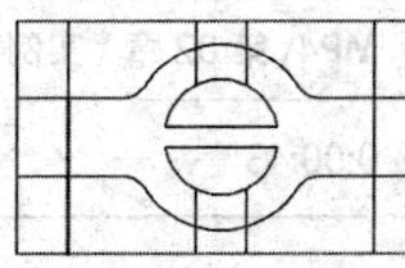
图 2-23　选择对象

提示

【打断于点】命令是用于将单个对象从某点位置打断为两个相连的对象，它不能删除对象上的一部分，只能将对象打断为两部分。

05 再次单击【修改】面板中的按钮，将打断后的下方垂直线段截为两部分。命令行操作过程如下：

指定第二个打断点 或 [第一点 (F)] ：_F
指定第一个打断点：
　　// 捕捉如图 2-24 所示的交点
指定第二个打断点：
指定第二个打断点：@
　　// 系统自动结束命令，直线从交点处被分为两部分

06 使用相同的方法，将其他线段打断。选择打断后的线段，使其夹点显示，如图 2-25 所示。

07 打开【图层】下拉列表，将当前图层切换为【中心线】层，最终效果如图 2-26 所示

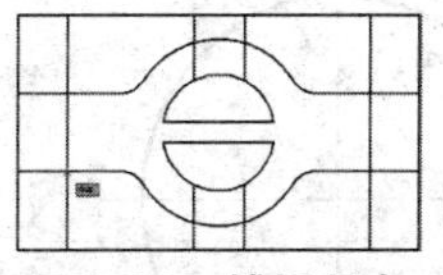
图 2-24　捕捉断点

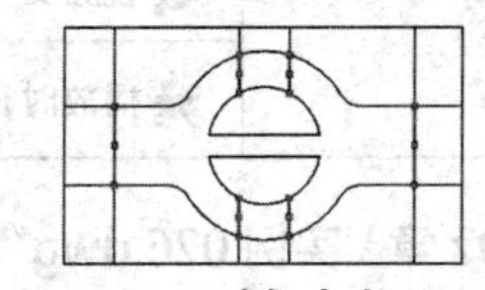
图 2-25　对象夹点显示

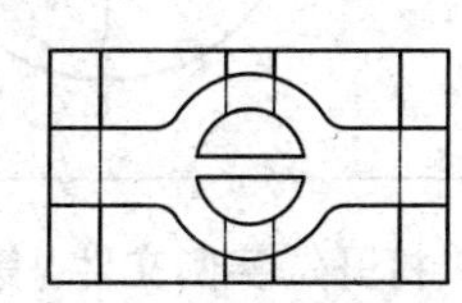
图 2-26　最终效果

025 合并图形

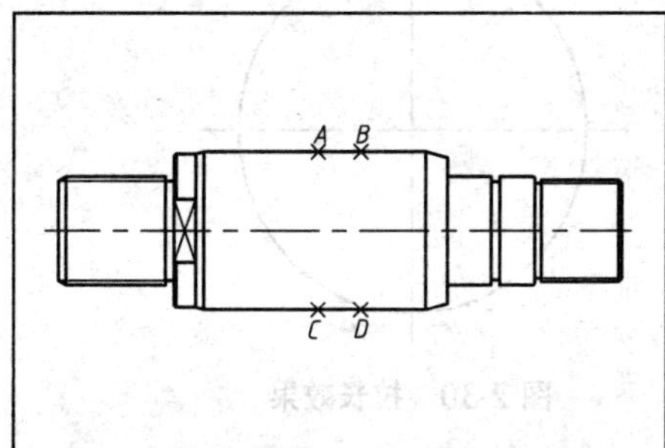

【合并】命令可以将多个相连的对象合并为一个整体。可以合并的对象包括圆弧、椭圆弧、直线、多段线和样条曲线等，如果这些线条中只包含直线和圆弧对象，则合并的结果是一条多段线；如果线条中包含样条曲线或椭圆弧，则合并的结果是一条样条曲线

文件路径：	实例文件 \ 第 02 章 \ 实例 025.dwg
视频文件：	MP4\ 第 02 章 \ 实例 025.MP4
播放时长：	0:00:45

01 打开“\ 实例文件 \ 第 02 章 \ 实例 025.dwg”文件。

02 单击【修改】面板中的【合并】按钮，激活【合并】命令。分别单击打断线段的两

端，选择要合并的线段如图2-27所示。

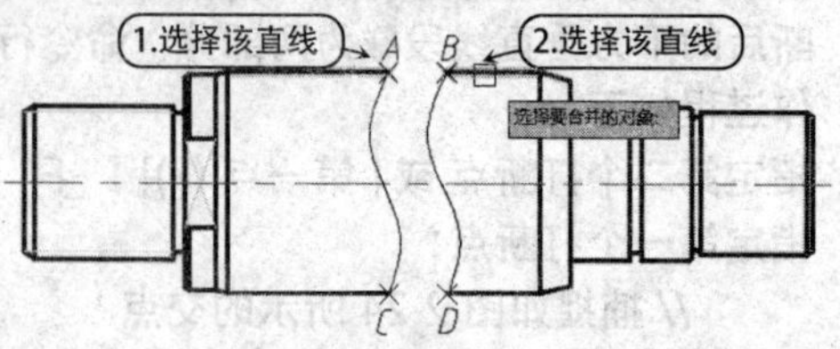

图2-27 选择要合并的线段

03 按Enter键，可见上方线段被合并为一根；接着按相同方法合并下方线段，删除样条曲线，合并效果如图2-28所示。

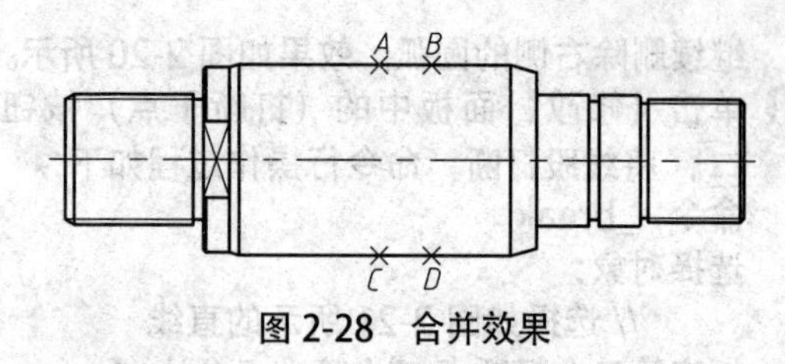

图2-28 合并效果

提示

【合并】命令就是用于将直线或圆弧等对象进行合并，以形成一个多段线的对象。其命令表达式为【Join】，快捷键为【J】。

026 拉长图形

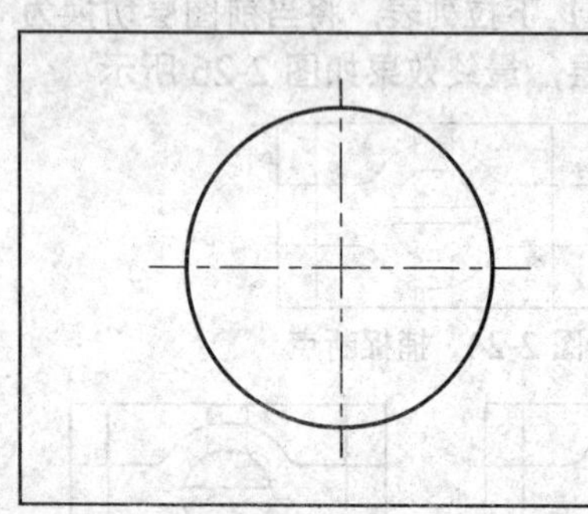

使用【拉长】命令可以拉长或缩短线段，以及改变圆弧的圆心角。在绘制圆的中心线时，通常需要将中心线延长至圆外，且长度相等。本例即利用拉长命令，实现这种效果。

文件路径：	实例文件\第02章\实例026.dwg
视频文件：	MP4\第02章\实例026.MP4
播放时长：	0:00:43

01 打开"\实例文件\第02章\实例026.dwg"文件，如图2-29所示。

02 单击【修改】面板中的按钮，激活【拉长】命令。将两条中心线的每个端点向圆外拉长0.8。命令行操作过程如下：

命令：_lengthen

选择对象或[增量(DE)/百分数(P)/全部(T)/动态(DY)]：DE↙

//选择【增量】选项

输入长度增量或[角度(A)]<0.5000>：0.8↙

//输入每次拉长增量

选择要修改的对象或[放弃(U)]：

选择要修改的对象或[放弃(U)]：

选择要修改的对象或[放弃(U)]：

选择要修改的对象或[放弃(U)]：

//依次在两中心线4个端点附近单击，完成拉长

选择要修改的对象或[放弃(U)]：↙

//按Enter键结束【拉长】操作，拉长效果如图2-30所示。

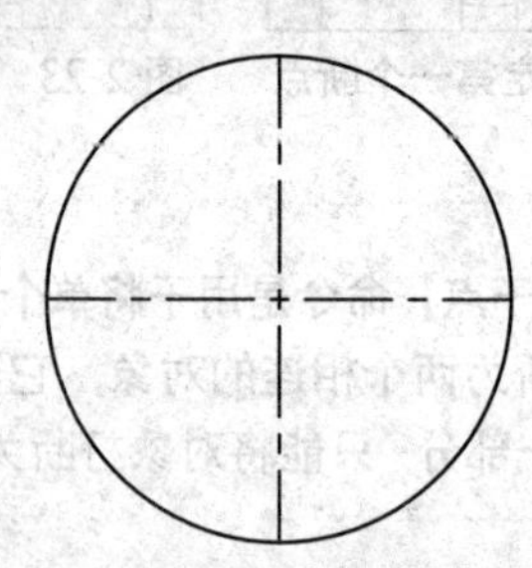

图2-29 实例文件

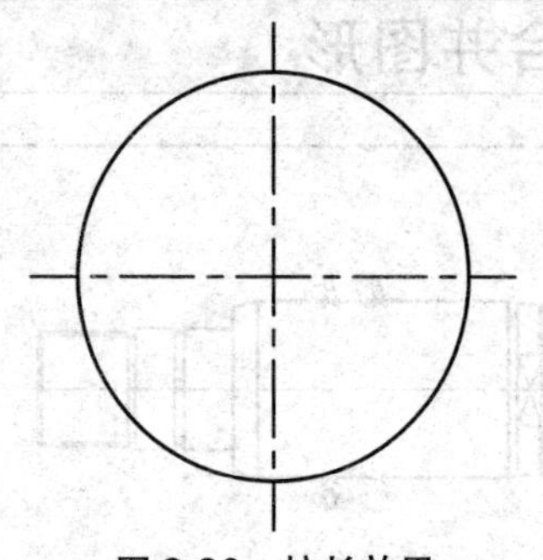

图2-30 拉长效果

027 拉伸图形

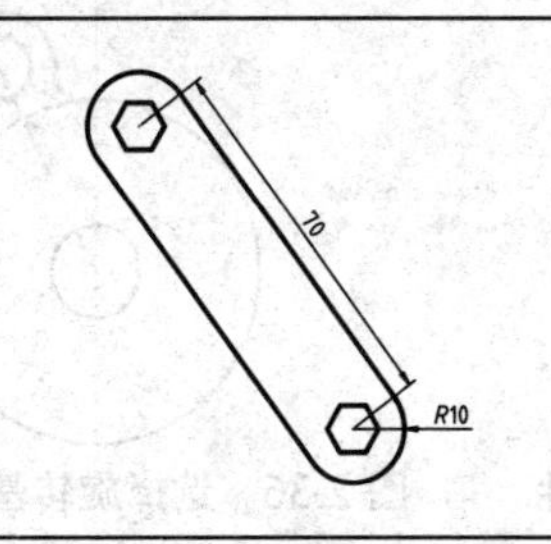

拉伸命令（STRETCH）通过沿拉伸路径平移图形夹点的位置，使图形产生拉伸变形的效果。所谓夹点指的是图形对象上的一些特征点，如端点、顶点、中点或中心点等，图形的位置和形状通常是由夹点的位置决定的。

文件路径：	实例文件 \ 第 02 章 \ 实例 027.dwg
视频文件：	MP4\ 第 02 章 \ 实例 027.MP4
播放时长：	0:00:43

01 打开"\ 实例文件 \ 第 02 章 \ 实例 027.dwg"文件，如图 2-31 所示。

02 单击【修改】面板中的按钮，激活【拉伸】命令，将图形拉伸。命令行操作过程如下：

命令：_stretch

以交叉窗口或交叉多边形选择要拉伸的对象 ...

选择对象：

//从图 2-32 所示的第一点向左下拉出矩形选择框，然后在第二点位置单击左键，以交叉窗口选择的方式选择拉伸的对象

选择对象：↙

//按 Enter 键，结束选择

指定基点或 [位移 (D)] < 位移 >:

//任意拾取一点作为拉伸基点

指定第二个点或<使用第一个点作为位移>:20↙

//如图 2-33 所示，向下拉出追踪虚线，然后输入 20 并按 Enter 键，最终效果如图 2-34 所示

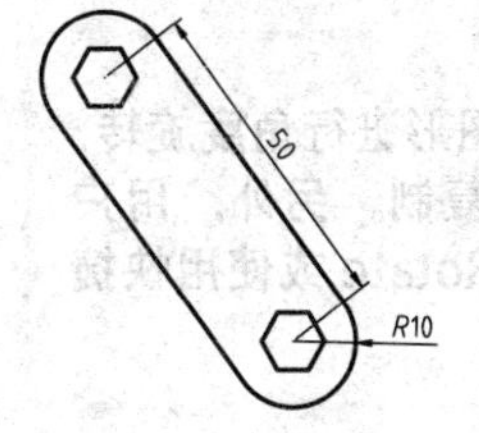

图 2-31　实例文件

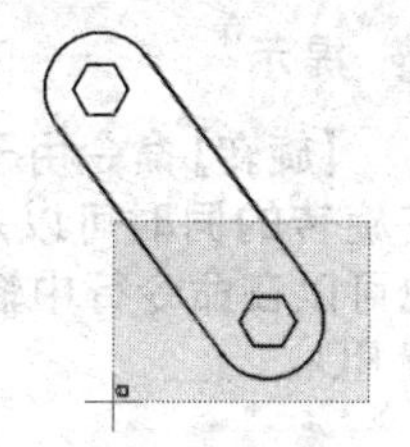

图 2-32　拉出窗交选择框

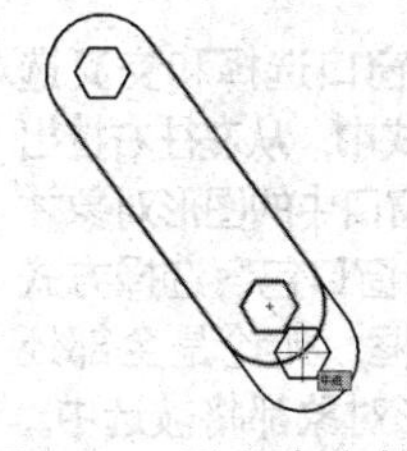

图 2-33　引出追踪虚线

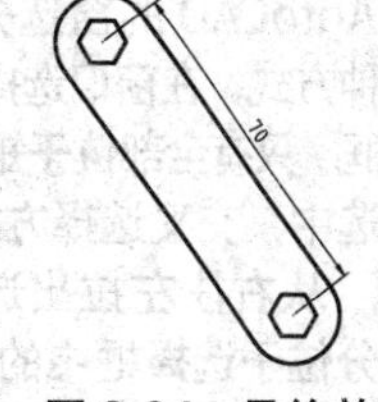

图 2-34　最终效果

技巧

拉伸遵循以下原则：通过单击选择和窗口选择获得的拉伸对象将只被平移，不被拉伸；通过交叉选择获得的拉伸对象，如果所有夹点都落入选择框，图形将发生平移；如果只有部分夹点落入选择框，图形将沿拉伸位移拉伸；如果没有夹点落入选择窗口，图形将保持不变。

028 旋转图形

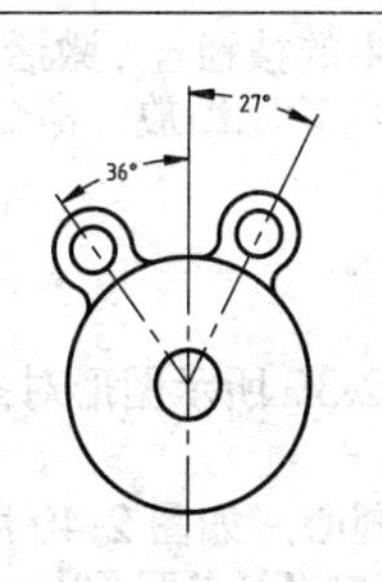

【旋转】命令（ROTATE）是将图形对象围绕着一个固定的点（基点）旋转一定的角度。在命令执行过程中，需要确定的参数有旋转对象、基点位置和旋转角度。逆时针旋转的角度为正值，顺时针旋转的角度为负值。

文件路径：	实例文件 \ 第 02 章 \ 实例 028.dwg
视频文件：	MP4\ 第 02 章 \ 实例 028.MP4
播放时长：	0:00:56

01 打开“\ 实例文件 \ 第 02 章 \ 实例 028.dwg”文件，如图 2-35 所示。

02 单击【修改】面板中的按钮，激活【旋转】命令，将上面同心圆部分旋转复制 63°。命令行操作过程如下：

命令：_rotate

UCS 当前的正角方向：ANGDIR= 逆时针 ANGBASE=0

选择对象：

// 选择上面同心圆部分和中心线

指定基点：

// 使用【圆心】捕捉功能，选择大圆圆心，作为旋转基点，如图 2-36 所示

指定旋转角度，或 [复制 (C)/ 参照 (R)] <0>:C ↙

// 激活【复制】选项

指定旋转角度，或 [复制 (C)/ 参照 (R)] <0>:63 ↙

// 输入旋转角度，旋转效果如图 2-37 所示

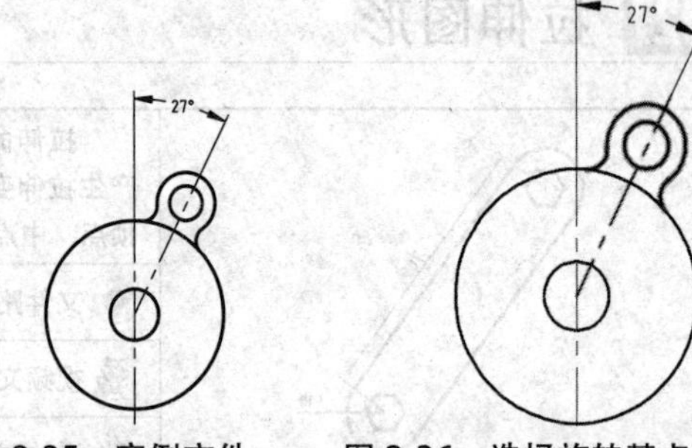

图 2-35　实例文件　　图 2-36　选择旋转基点

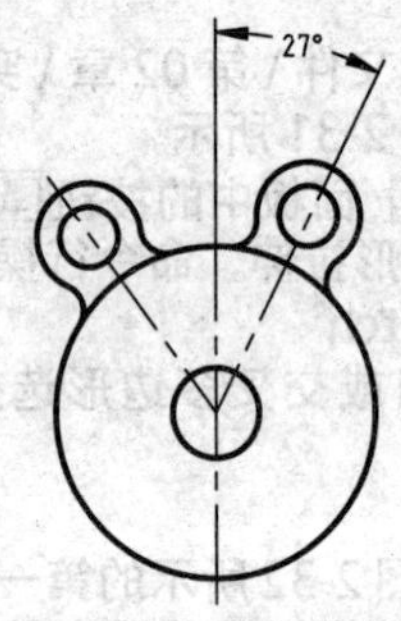

图 2-37　旋转效果

技巧

AutoCAD 的窗选分为窗口选择和交叉选择两种方式。在窗口选择方式中，从左往右拉出选择框，只有全部位于矩形窗口中的图形对象才会被选中；交叉选择方式与窗口包容选择方式相反，从右往左拉出选择框，无论是全部还是部分位于选择框中的图形对象都将被选中。

提示

【旋转】命令用于将图形进行角度旋转，在旋转的同时可以对其复制。另外，用户也可以在命令行中输入 Rotate 或使用快捷键 RO。

029 缩放图形

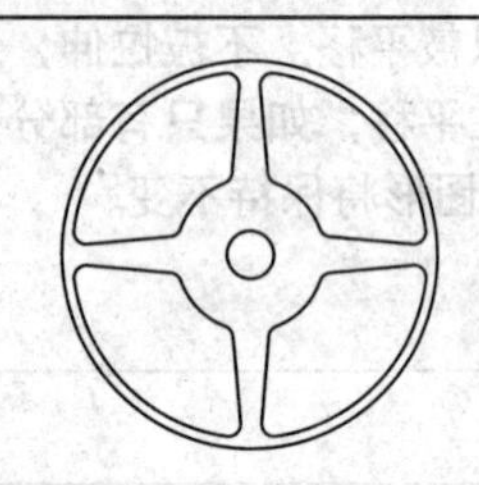

【缩放】命令是将已有图形对象以基点为参照，进行等比缩放，它可以调整对象的大小，使其在一个方向上按要求增大和缩小一定的比例。

文件路径：	实例文件 \ 第 02 章 \ 实例 029.dwg
视频文件：	MP4\ 第 02 章 \ 实例 029.MP4
播放时长：	0:01:05

01 打开光盘中的“\ 实例文件 \ 第 02 章 \ 实例 029.dwg”，如图 2-38 所示。

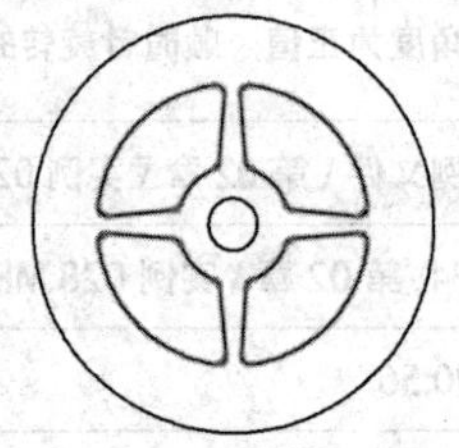

图 2-38　实例文件　　图 2-39　选择缩放对象

02 单击【修改】面板中的按钮，激活【缩放】命令，对图形中的内轮廓缩放。命令行操作过程如下：

命令：_scale

选择对象：

// 选择如图 2-39 所示图形对象

指定基点：

// 捕捉圆的圆心，如图 2-40 所示

指定比例因子或 [复制 (C)/ 参照 (R)] <0>:1.4 ↙

// 输入比例因子，缩放效果如图 2-41 所示。

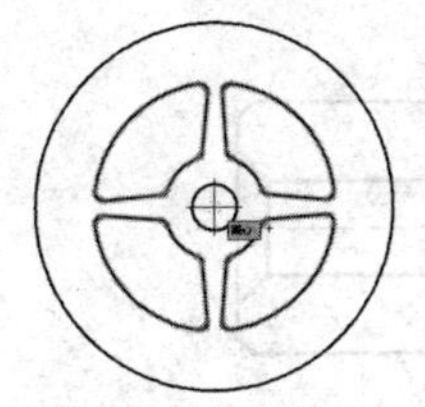

图 2-40 捕捉圆心

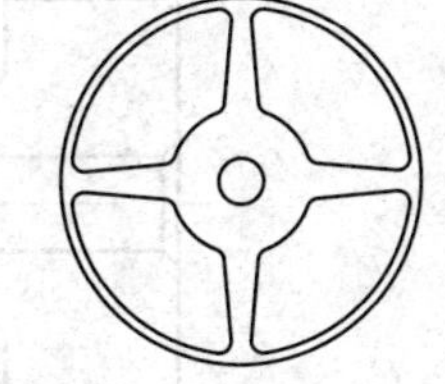

图 2-41 缩放效果

技巧

【缩放】命令不仅能够缩放图形，还能够缩放文字、标注等，因此如果文字太小，可通过缩放来修改文字高度，这种方法比修改文字特性更方便。

030 倒角图形

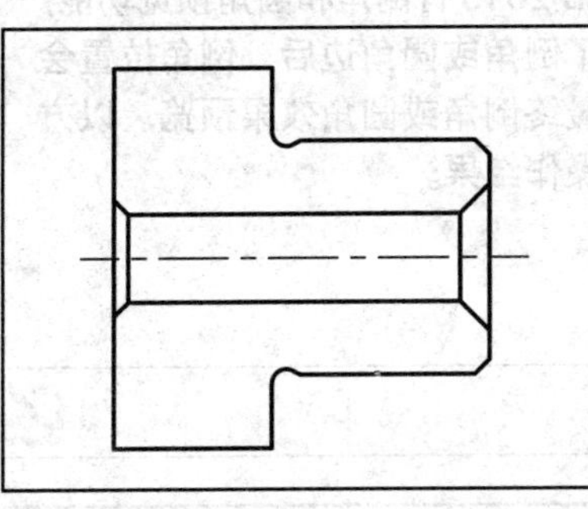

倒角与圆角是机械设计中常用的工艺，可使工件相邻两表面在相交处以斜面或圆弧面过渡。以斜面形式过渡的称为倒角，以圆弧面形式过渡的称为圆角。

【倒角】命令用于将两条非平行直线或多段线做出有斜度的倒角。

文件路径：	实例文件 \ 第 02 章 \ 实例 030.dwg
视频文件：	MP4\ 第 02 章 \ 实例 030.MP4
播放时长：	0:03:23

01 打开光盘中的“\ 实例文件 \ 第 02 章 \ 实例 030.dwg”文件，如图 2-42 所示。

02 单击【修改】面板中的【倒角】按钮，在直线 A、B 之间创建倒角，如图 2-43 所示。

命令行操作过程如下：

命令：_chamfer

// 执行【倒角】命令

（“修剪”模式）当前倒角距离 1 = 0.0000，距离 2 = 0.0000

选择第一条直线或 [放弃 (U)/ 多段线 (P)/ 距离 (D)/ 角度 (A)/ 修剪 (T)/ 方式 (E)/ 多个 (M)]：D ↙

// 选择【距离】选项

指定 第一个 倒角距离 <0.0000>：1 ↙

指定 第二个 倒角距离 <1.0000>：1 ↙

// 输入两个倒角距离

选择第一条直线或 [放弃 (U)/ 多段线 (P)/ 距离 (D)/ 角度 (A)/ 修剪 (T)/ 方式 (E)/ 多个 (M)]：

// 单击直线 A

选择第二条直线，或按住 Shift 键选择直线以应用角点或 [距离 (D)/ 角度 (A)/ 方法 (M)]：

// 单击直线 B

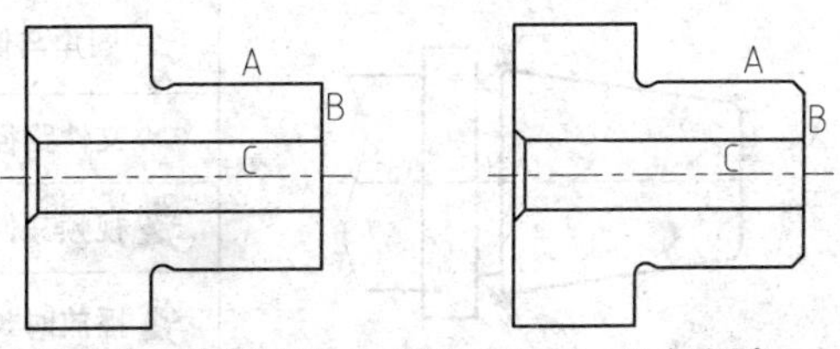

图 2-42 实例文件 图 2-43 A、B 间倒角

03 重复【倒角】命令，在直线 B、C 之间倒角，如图 2-44 所示。命令行操作过程如下：

命令：_chamfer

（“修剪”模式）当前倒角距离 1 = 1.0000，距离 2 = 1.0000

选择第一条直线或 [放弃 (U)/ 多段线 (P)/ 距离 (D)/ 角度 (A)/ 修剪 (T)/ 方式 (E)/ 多个 (M)]：T ↙

// 选择【修剪】选项

输入修剪模式选项 [修剪 (T)/ 不修剪 (N)] <修剪>：N ↙

// 选择【不修剪】

选择第一条直线或 [放弃 (U)/ 多段线 (P)/ 距离 (D)/ 角度 (A)/ 修剪 (T)/ 方式 (E)/ 多个 (M)]：D ↙

// 选择【距离】选项

指定 第一个 倒角距离 <1.0000>：2 ↙

指定 第二个 倒角距离 <2.0000>：2 ↙

// 输入两个倒角距离

选择第一条直线或 [放弃 (U)/ 多段线 (P)/ 距离 (D)/ 角度 (A)/ 修剪 (T)/ 方式 (E)/ 多个 (M)]：

// 单击直线 B
选择第二条直线，或按住 Shift 键选择直线以应用角点或 [距离 (D)/ 角度 (A)/ 方法 (M)]:
// 单击直线 C

04 以同样的方法创建其他位置的倒角，如图 2-45 所示。

05 连接倒角之后的角点，并修剪线条，如图 2-46 所示。

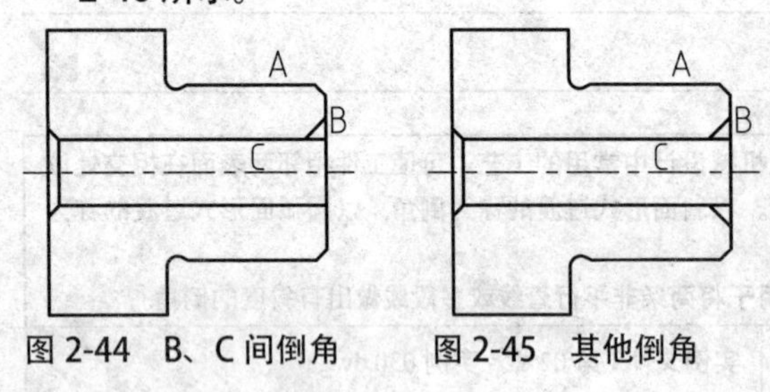

图 2-44 B、C 间倒角　图 2-45 其他倒角

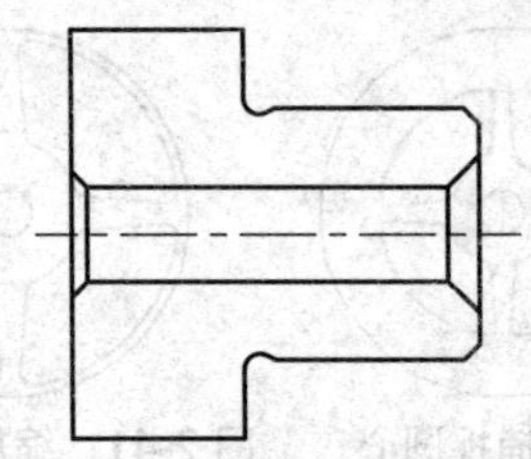

图 2-46 绘制连线和修剪图形

注意

AutoCAD 2018 有倒角和圆角预览功能，在分别选择了倒角或圆角边后，倒角位置会出现相应的最终倒角或圆角效果预览，以方便用户查看操作结果。

031 圆角图形

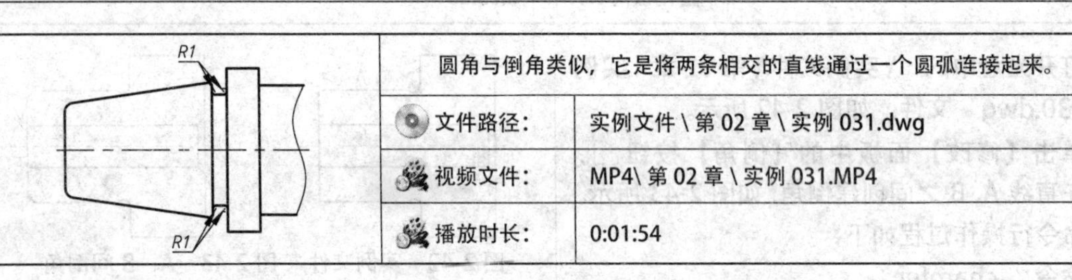

圆角与倒角类似，它是将两条相交的直线通过一个圆弧连接起来。

文件路径：	实例文件 \ 第 02 章 \ 实例 031.dwg
视频文件：	MP4\ 第 02 章 \ 实例 031.MP4
播放时长：	0:01:54

在机械设计中，圆角的作用有以下几个：去除锐边（安全着想）、工艺圆角（铸件在尺寸发生剧变的地方，必须有圆角过渡）、防止工件的应力集中。本例通过对一轴零件的局部图形进行圆角操作，可以进一步帮助读者理解圆角的操作及含义。

01 打开"\ 实例文件 \ 第 02 章 \ 实例 031.dwg"文件，如图 2-47 所示。

02 轴零件的左侧为方便装配设计成一锥形段，因此还可对左侧进行圆角，使其更为圆润，此处的圆角半径可适当增大。单击【修改】面板中的【圆角】按钮，设置圆角半径为 3，对轴零件最左侧进行圆角，如图 2-48 所示。

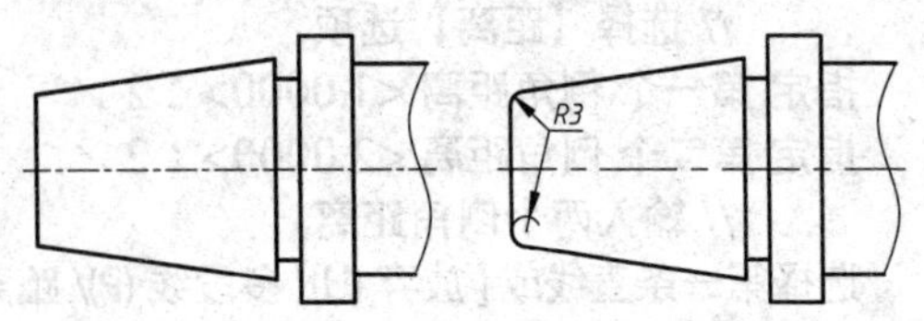

图 2-47 实例文件　图 2-48 方便装配圆角

03 锥形段的右侧截面处较尖锐，需进行圆角处理。重复【圆角】命令，设置圆角半径为 1，尖锐截面圆角如图 2-49 所示。

04 退刀槽圆角。为在加工时便于退刀，且在装配时与相邻零件保证靠紧，通常会在台肩处加工出退刀槽。该槽也是轴类零件的危险截面，如果轴失效发生断裂，多半是断于该处。因此，为了避免退刀槽处的截面变化太大，会在此处设计有圆角，以防止应力集中，本例便在退刀槽两端处进行圆角处理，圆角半径为 1，如图 2-50 所示。

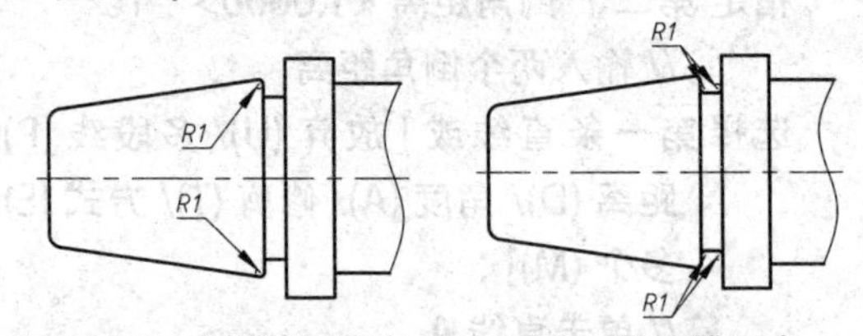

图 2-49 尖锐截面圆角　图 2-50 退刀槽圆角

技巧

巧妙使用【多个】选项，可以一次为多个对象圆角。

032 对齐图形

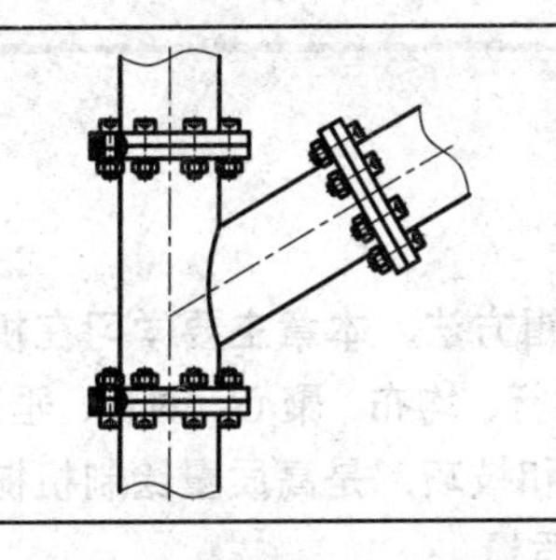

【对齐】命令在操作的过程中，需要在原对象上拾取三个用于对齐的源点，在目标对象上拾取相应的三个对齐目标点。另外，对齐命令不仅适应与二维平面图形对齐，同样也适应于三维图形对齐。	
文件路径：	实例文件 \ 第 02 章 \ 实例 032.dwg
视频文件：	MP4\ 第 02 章 \ 实例 032.MP4
播放时长：	0:01:14

在机械装配图的绘制过程中，如果仍使用一笔一画的绘制方法，则效率极为低下，无法体现出 AutoCAD 绘图的强大功能，也不能满足现代设计的需要。在本例中，如果使用【移动】、【旋转】等方法，难免费时费力，而使用【对齐】命令，则可以一步到位，极为简便。

01 打开"\ 实例文件 \ 第 02 章 \ 实例 032.dwg"文件，其中已经绘制好了一三通管和装配管，但图形比例不一致，如图 2-51 所示。

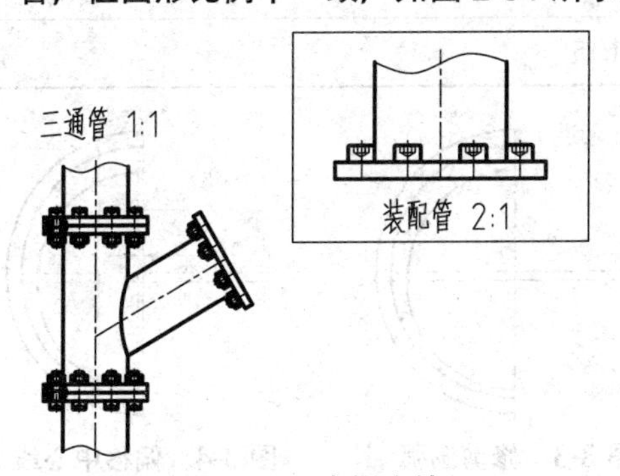

图 2-51 实例文件

02 单击【修改】面板中的【对齐】按钮，执行【对齐】命令。选择整个装配管图形，然后根据三通管和装配管的对接方式，按图 2-52 所示选择对应的两对对齐点（1 对应 2、3 对应 4）。

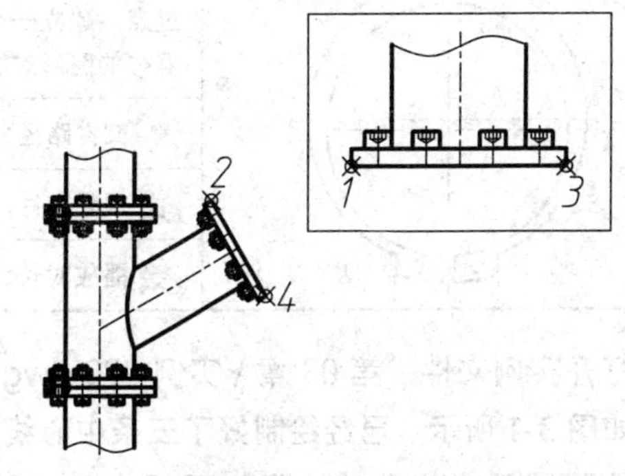

图 2-52 选择对齐点

03 两对对齐点指定完毕后，按 Enter 键，命令行提示【是否基于对齐点缩放对象】，输入 Y，选择"是"，再按 Enter 键，即可将装配管对齐至三通管中，对齐效果如图 2-53 所示。

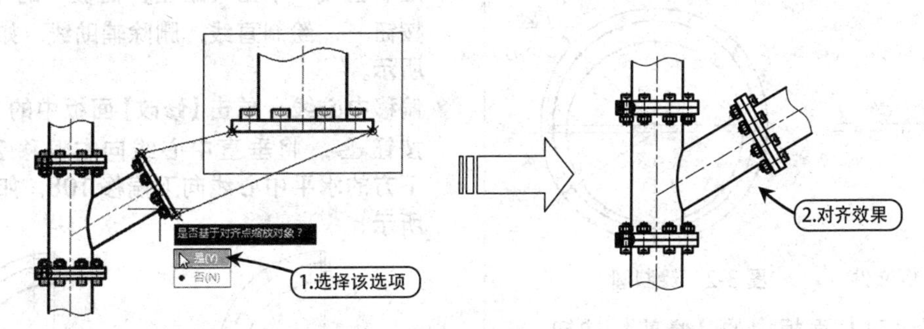

图 2-53 对齐效果

3 Chapter 第3章

图形的高效绘制与编辑

通过前面两章的学习，我们掌握了一些基本图元的绘制和编辑方法。本章主要学习在机械制图领域内，一些典型图形结构的具体创建方法和技巧。例如，平行、均布、聚心、对称、垂直、锥度和斜度等常见图形结构。掌握这些典型图形结构的创建方法和技巧，是高质量绘制机械零件图的关键，不仅能大大减少绘图时间，还能提高绘图的效率和质量。

033 偏移图形

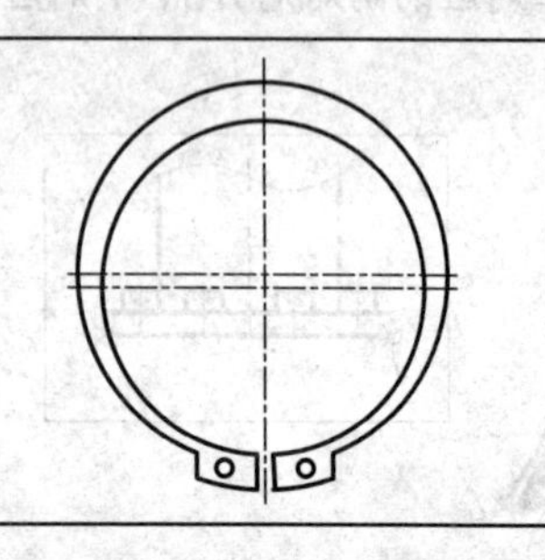

【偏移】命令是一种特殊的复制对象的方法，它是根据指定的距离，或通过点，建立一个与所选对象平行的形体，从而使对象数量得到增加。可以进行偏移的图形对象包括直线、曲线、多边形、圆及弧等。

文件路径：	实例文件 \ 第 03 章 \ 实例 033.dwg
视频文件：	MP4\ 第 03 章 \ 实例 033.MP4
播放时长：	0:01:15

01 打开实例文件“第 03 章 \ 实例 033.dwg”，如图 3-1 所示。已经绘制好了三条中心线。

02 绘制圆弧。单击【绘图】面板中的【圆】按钮，分别在上方的中心线交点处绘制半径为 $R115$、$R129$ 的圆，在下方的中心线交点处绘制半径为 $R100$ 的圆，如图 3-2 所示。

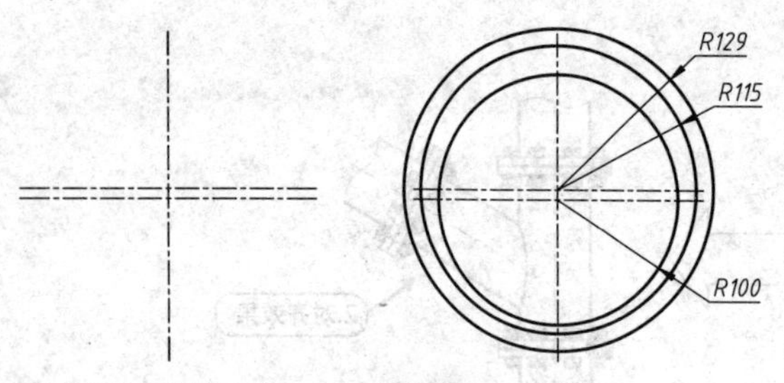

图 3-1　实例文件　　图 3-2　绘制圆

03 单击【修改】面板中的【修剪】按钮，修剪左侧的圆弧，如图 3-3 所示。

04 单击【修改】面板中的【偏移】按钮，将垂直中心线分别向右偏移 5、42，如图 3-4 所示。

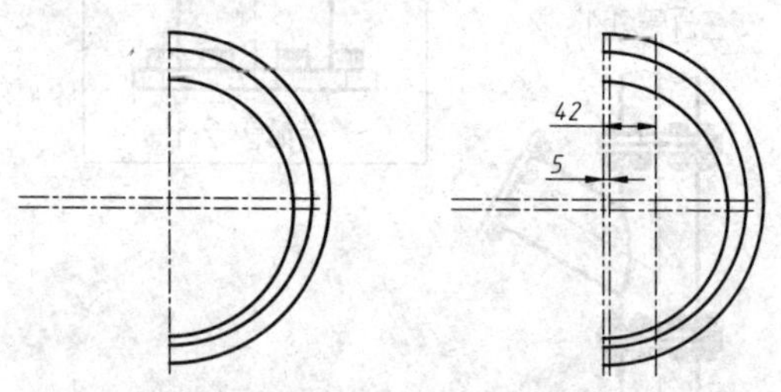

图 3-3　修剪圆弧　　图 3-4　偏移中心线

05 绘制直线。单击【绘图】面板中的【直线】按钮，绘制直线，删除辅助线，如图 3-5 所示。

06 偏移中心线。单击【修改】面板中的【偏移】按钮，将垂直中心线向右偏移 25，将下方的水平中心线向下偏移 108，如图 3-6 所示。

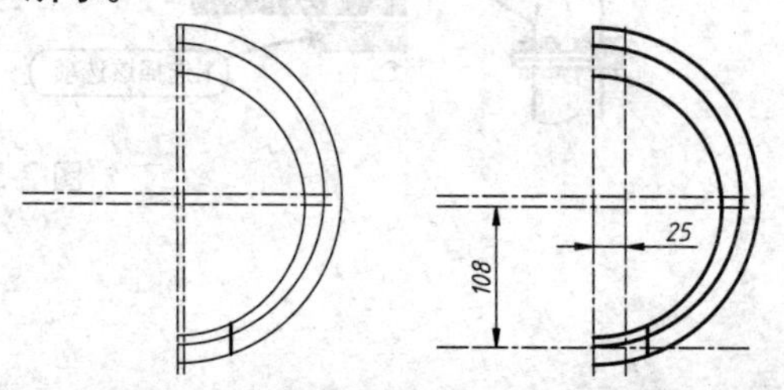

图 3-5　绘制直线、删除辅助线 图 3-6　偏移中心线

07 绘制圆。单击【绘图】面板中的【圆】按钮，在偏移出的辅助中心线交点处绘制直径为 10 的圆，如图 3-7 所示。

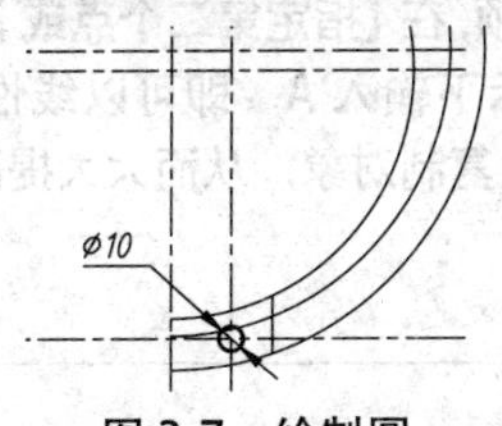

图 3-7 绘制圆

08 单击【修改】面板中的【修剪】按钮，修剪出右侧图形，如图 3-8 所示。

09 单击【修改】面板中的【镜像】按钮，以垂直中心线作为镜像线，镜像图形，如图 3-9 所示。

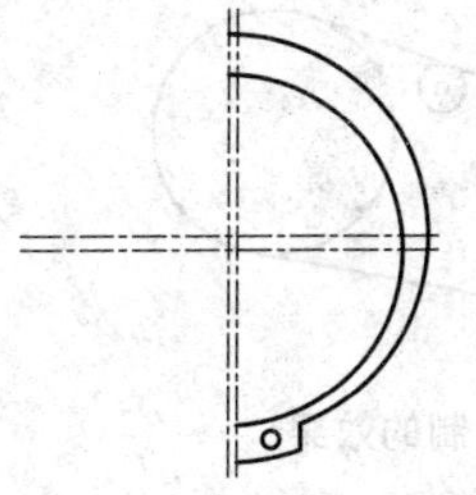

图 3-8 修剪右侧图形

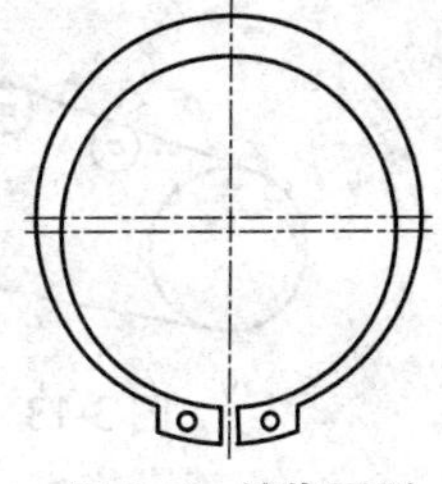

图 3-9 镜像图形

提示

【偏移】命令用于将对象按照指定的间距或通过点进行偏移。此命令还有另外两种启动方式，即在命令行输入命令 OFFSET 和快捷键 O。

034 复制图形

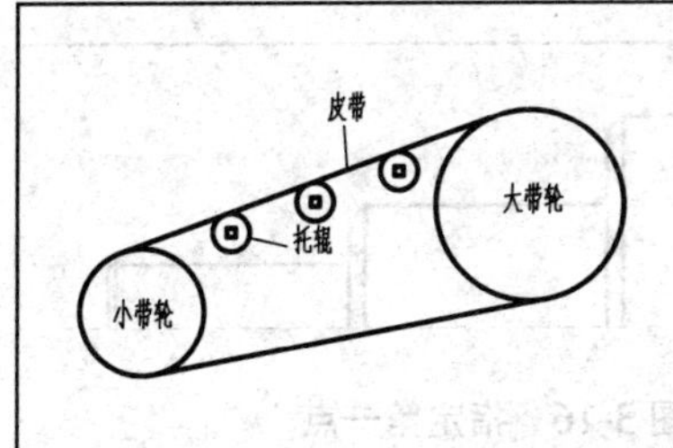

【复制】命令指在不改变图形大小和方向的前提下，重新生成一个或多个与原对象一模一样的图形。在命令执行过程中，需要确定的参数有复制对象、基点和第二点。

文件路径：	实例文件 \ 第 03 章 \ 实例 034.dwg
视频文件：	MP4\ 第 03 章 \ 实例 034.MP4
播放时长：	0:01:14

01 打开“\ 实例文件 \ 第 03 章 \ 实例 034.dwg.”文件，如图 3-10 所示。

02 在命令行中输入 CO，激活【复制】命令，将托辊沿皮带复制三个相同的对象。命令行操作过程如下：

命令：_copy
选择对象：指定对角点：找到 2 个
// 选择托辊为复制的对象
选择对象：↙
// 按 Enter 键，结束对象选择
当前设置：复制模式 = 多个
指定基点或 [位移 (D)/ 模式 (O)] < 位移 >：
// 捕捉托辊与皮带的交点为复制基点，如图 3-11 所示
指定第二个点或 [阵列 (A)] < 使用第一个点作为位移 >：A ↙
// 选择复制方式为阵列
输入要进行阵列的项目数：3 ↙
// 输入阵列的项目数为 3
指定第二个点或 [布满 (F)]：
// 捕捉皮带的中点为第二个点，如图 3-12 所示
指定第二个点或 [阵列 (A)/ 退出 (E)/ 放弃 (U)] < 退出 >：↙
// 按 Enter 键，结束复制，复制的效果如图 3-13 所示

图 3-10 实例文件　图 3-11 捕捉复制基点

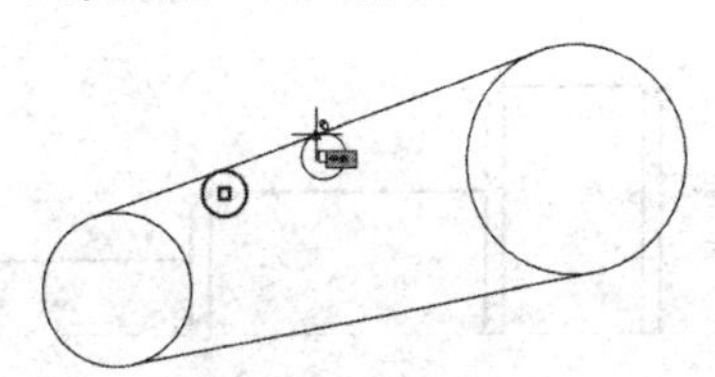

图 3-12 捕捉第二点

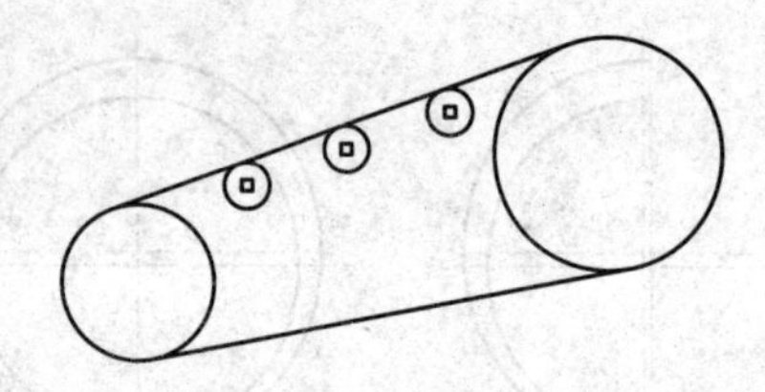

图 3-13　复制的效果

> **技巧**
>
> AutoCAD 2018 为【复制】命令增加了【[阵列 (A)]】选项，在【指定第二个点或 [阵列 (A)]】命令行提示下输入 A，即可以线性阵列的方式快速大量复制对象，从而大大提高了效率。

035 镜像图形

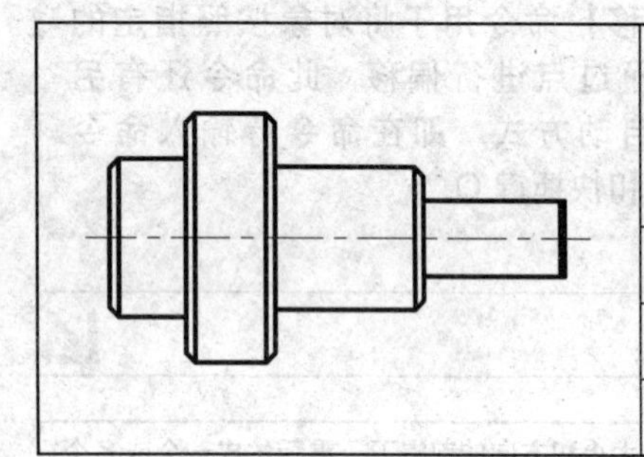

【镜像】命令可以生成与所选对象相对称的图形。在命令执行过程中，需要确定的参数有需要镜像复制的对象及对称轴。对称轴可以是任意方向的，所选对象将根据该轴线进行对称复制，并且可以选择删除或保留原对象。

文件路径：	实例文件 \ 第 03 章 \ 实例 035.dwg
视频文件：	MP4\ 第 03 章 \ 实例 035.MP4
播放时长：	0:00:46

01 打开"\ 实例文件 \ 第 03 章 \ 实例 035.dwg." 文件，如图 3-14 所示。

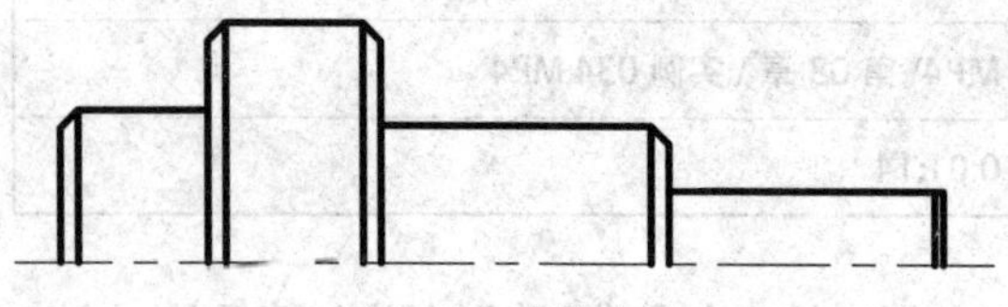

图 3-14　实例文件

02 单击【修改】面板中的【镜像】按钮，激活【镜像】命令，将图形进行镜像。命令行操作过程如下：

命令：_mirror

选择对象：

// 拉出如图 3-15 所示的窗交选择框

选择对象：↙

// 按 Enter 键，结束选择

指定镜像线的第一点：

// 捕捉如图 3-16 所示的端点

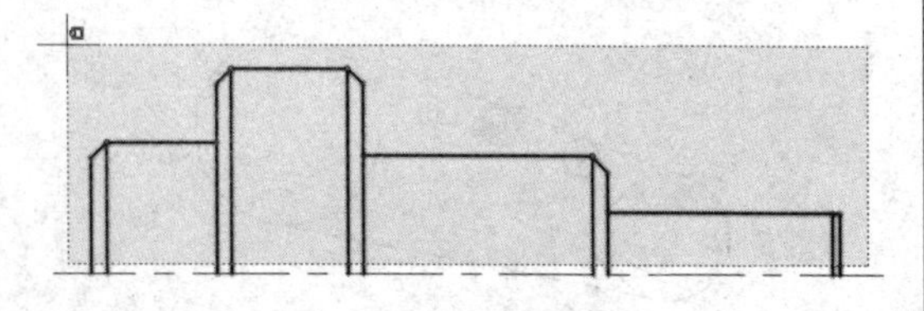

图 3-15　拉出窗交选择框

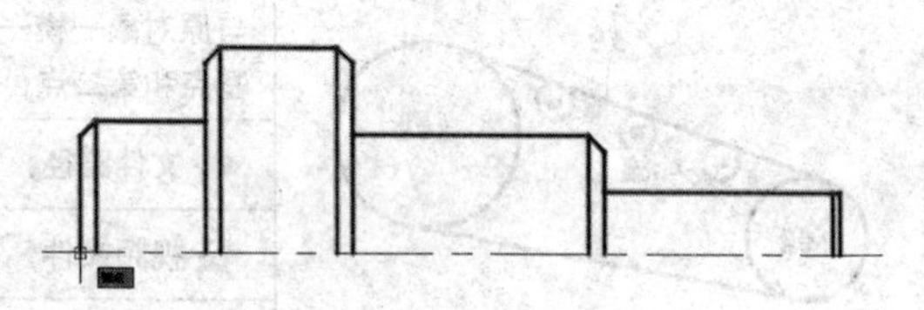

图 3-16　指定第一点

指定镜像线的第二点：

// 捕捉如图 3-17 所示端点

要删除原对象吗？ [是 (Y)/ 否 (N)] <N>: ↙

// 镜像效果如图 3-18 所示

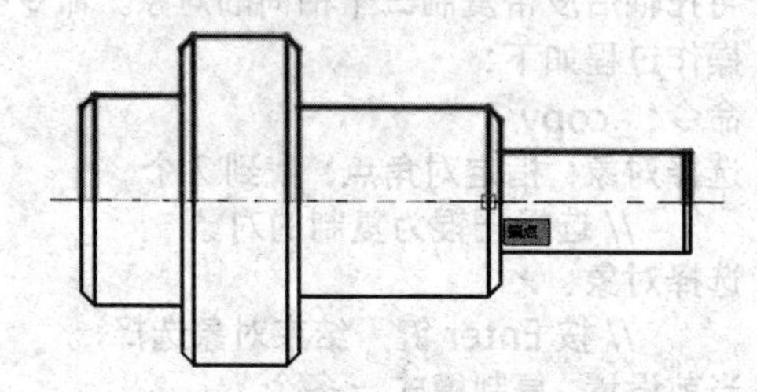

图 3-17　指定镜像线上的第二点

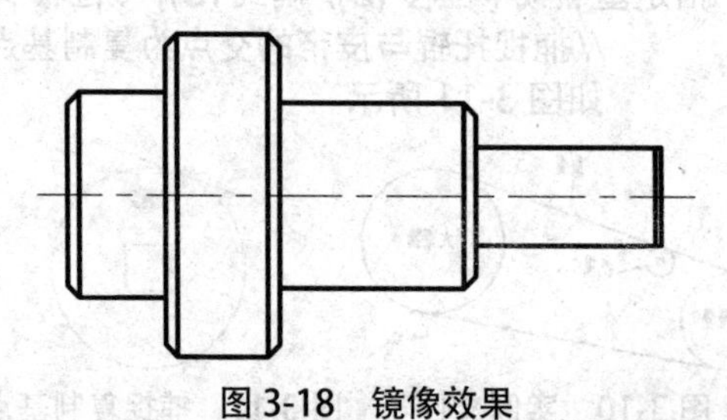

图 3-18　镜像效果

036 矩形阵列图形 

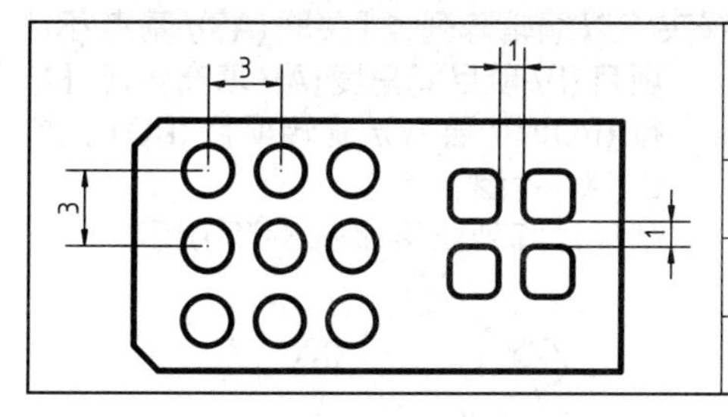

矩形阵列就是将图形呈矩形一样地进行排列，用于多重复制呈行列状排列的图形。

文件路径：	实例文件 \ 第 03 章 \ 实例 036.dwg
视频文件：	MP4\ 第 03 章 \ 实例 036.MP4
播放时长：	0:01:44

01 打开“\ 实例文件 \ 第 03 章 \ 实例 036.dwg.” 文件，如图 3-19 所示。

02 单击【修改】面板中的【矩形阵列】按钮，激活【矩形阵列】命令。命令行操作过程如下：

命令：_arrayrect
选择对象：找到 1 个
　　// 如图 3-20 所示，选择圆作为阵列对象
选择对象：↙
类型 = 矩形 关联 = 否
选择夹点以编辑阵列或 [关联 (AS)/ 基点 (B)/ 计数 (COU)/ 间距 (S)/ 列数 (COL)/ 行数 (R)/ 层数 (L)/ 退出 (X)] < 退出 >：R ↙
　　// 选择【行数】选项
输入行数数或 [表达式 (E)] <3>：3 ↙
指定 行数 之间的距离或 [总计 (T)/ 表达式 (E)] <11.0866>：-3 ↙
指定 行数 之间的标高增量或 [表达式 (E)] <0>: ↙
选择夹点以编辑阵列或 [关联 (AS)/ 基点 (B)/ 计数 (COU)/ 间距 (S)/ 列数 (COL)/ 行数 (R)/ 层数 (L)/ 退出 (X)] < 退出 >：COL ↙
　　// 选择【列数】选项
输入列数数或 [表达式 (E)] <4>：3 ↙
指定 列数 之间的距离或 [总计 (T)/ 表达式 (E)] <11.0866>：3 ↙
选择夹点以编辑阵列或 [关联 (AS)/ 基点 (B)/ 计数 (COU)/ 间距 (S)/ 列数 (COL)/ 行数 (R)/ 层数 (L)/ 退出 (X)] < 退出 >: ↙

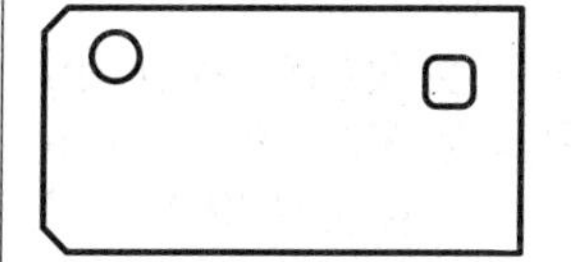
图 3-19　实例文件

图 3-20　选择阵列对象

03 圆的阵列结果如图 3-21 所示。

04 根据以上步骤的操作，重复执行【矩形阵列】命令，对其他图形进行阵列。设置阵列行数为 2，列数为 2，行偏移为⊠ 3，列偏移为⊠ 3，其阵列结果如图 3-22 所示。

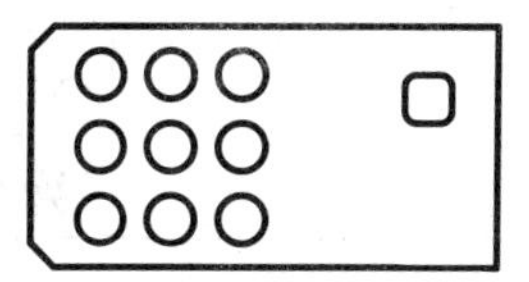
图 3-21　圆的阵列效果

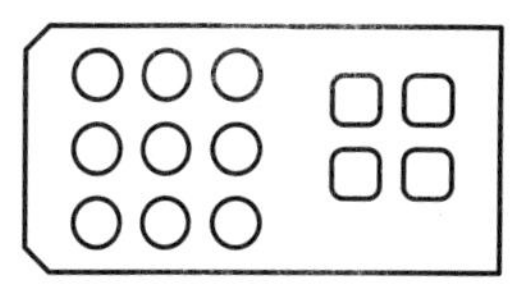
图 3-22　方形阵列效果

037 环形阵列图形

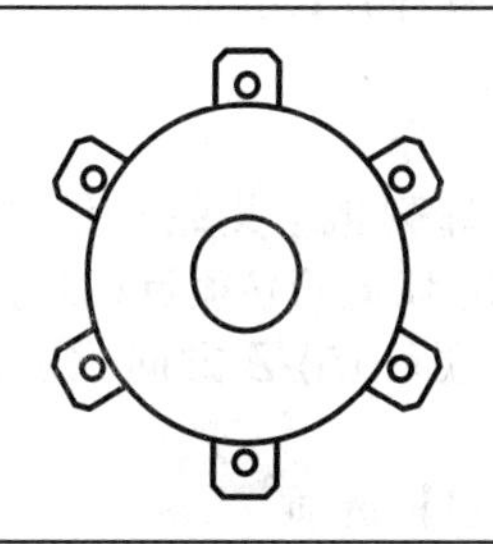

环形阵列可将图形以某一点为中心点进行环形复制，阵列结果是使阵列对象沿中心点的四周均匀排列，呈环形。

文件路径：	实例文件 \ 第 03 章 \ 实例 037.dwg
视频文件：	MP4\ 第 03 章 \ 实例 037.MP4
播放时长：	0:00:49

01 打开"\实例文件\第03章\实例037.dwg"文件，如图3-23所示。

02 单击【修改】面板中的【环形阵列】按钮，在命令行中进行如下操作：

命令：_arraypolar

选择对象：指定对角点：找到1个

// 框选如图3-24所示的图形

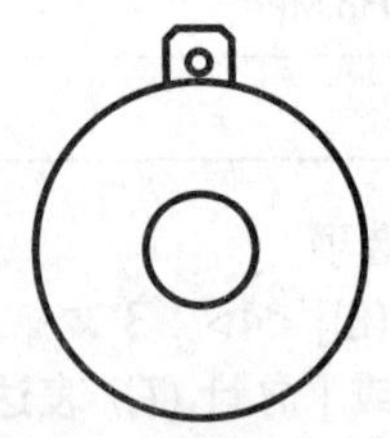

图3-23 实例文件

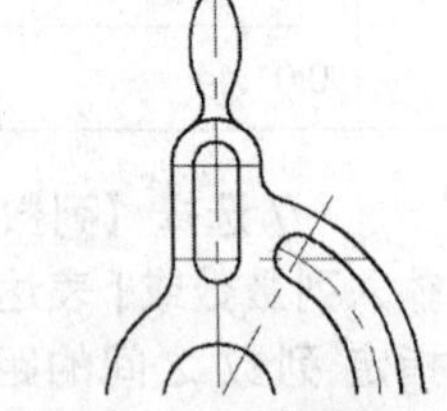

图3-24 选择阵列对象

选择对象：↙

类型＝极轴 关联＝否

指定阵列的中心点或[基点(B)/旋转轴(A)]:

// 捕捉同心圆圆心为阵列中心点

选择夹点以编辑阵列或[关联(AS)/基点(B)/项目(I)/项目间角度(A)/填充角度(F)/行(ROW)/层(L)/旋转项目(ROT)/退出(X)]<退出>：I↙

输入阵列中的项目数或[表达式(E)]<6>：6↙

// 设置阵列数量为6

选择夹点以编辑阵列或[关联(AS)/基点(B)/项目(I)/项目间角度(A)/填充角度(F)/行(ROW)/层(L)/旋转项目(ROT)/退出(X)]<退出>:↙

// 环形阵列效果如图3-25所示

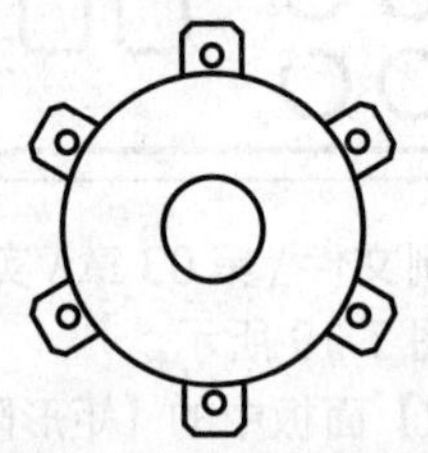

图3-25 环形阵列效果

技巧

在AutoCAD 2018中，通过命令行【关联（AS)】选项，可以将阵列后的所有图形设置为一个整体对象，关联的阵列具有夹点编辑功能，可使用ARRAYEDIT、【特性】选项板或夹点等方式编辑阵列的数量、间距及原对象等。

038 路径阵列图形

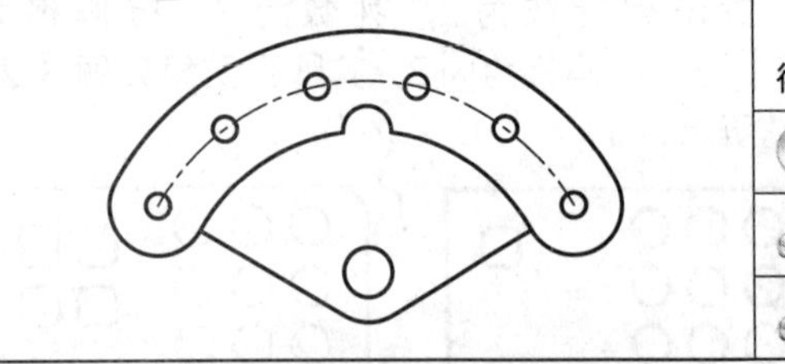

路径阵列可沿曲线阵列复制图形。通过设置不同的基点，能得到不同的阵列效果。	
文件路径：	实例文件\第03章\实例038.dwg
视频文件：	MP4\第03章\实例038.MP4
播放时长：	0:01:00

01 打开"\实例文件\第03章\实例038.dwg"文件，如图3-26所示。

02 单击【修改】面板中的【路径阵列】按钮，在命令行进行如下操作：

命令：_arraypath

// 调用【路径阵列】命令

选择对象：找到1个

// 选择如图3-27所示的圆形

选择对象：↙

类型＝路径 关联＝否

选择路径曲线：

// 选择圆弧为路径阵列曲线

选择夹点以编辑阵列或[关联(AS)/方法(M)/基点(B)/切向(T)/项目(I)/行(R)/层(L)/对齐项目(A)/Z方向(Z)/退出(X)]<退出>：M↙

// 选择【方法】选项

输入路径方法[定数等分(D)/定距等分(M)]<定距等分>：D↙

// 选择定数等分

选择夹点以编辑阵列或[关联(AS)/方法(M)/基点(B)/切向(T)/项目(I)/行(R)/层(L)/对齐项目(A)/Z方向(Z)/退出(X)]<退出>：I↙

// 选择【项目】选项

输入沿路径的项目数或[表达式(E)]<5>:6↙

// 输入项目数量为 6

选择夹点以编辑阵列或 [关联 (AS)/ 方法 (M)/ 基点 (B)/ 切向 (T)/ 项目 (I)/ 行 (R)/ 层 (L)/ 对齐项目 (A)/Z 方向 (Z)/ 退出 (X)] < 退出 >: ↙

// 按 Enter 键，结束路径阵列，其效果如图 3-28 所示

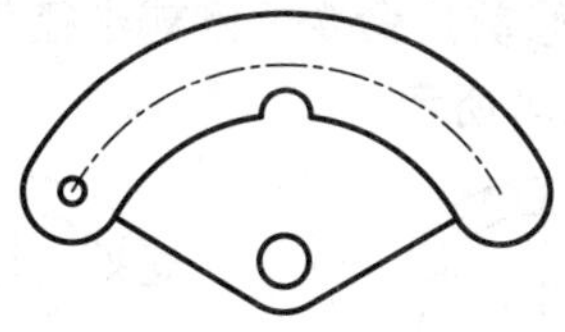

图 3-26　实例文件

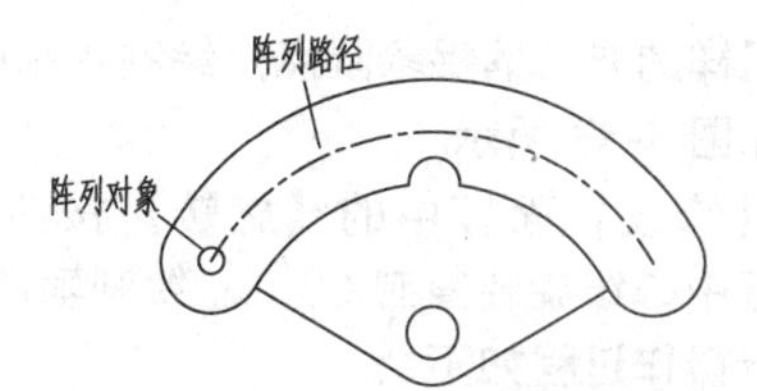

图 3-27　选择阵列对象

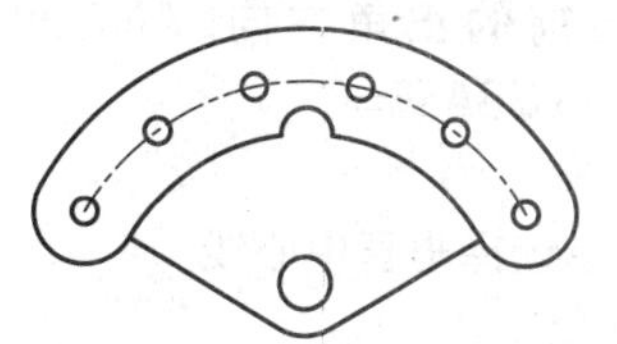

图 3-28　路径阵列效果

039 夹点编辑图形 

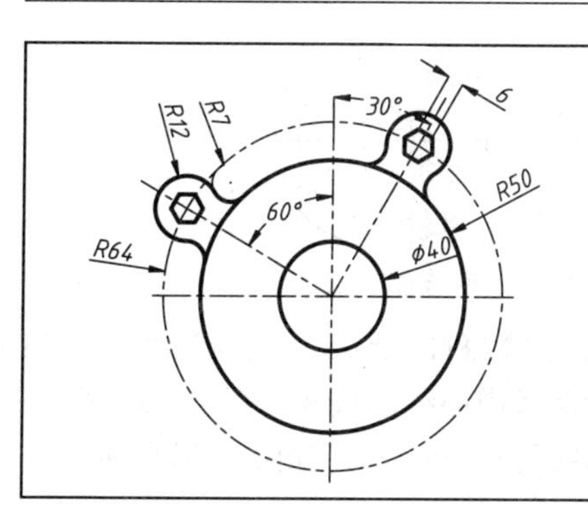

当选择一个对象后，即可进入夹点编辑模式。在夹点模式下，图形对象以虚线显示，图形上的特征点（如端点、圆心、象限点等）将显示为蓝色的小方框，这样的小方框称为夹点。使用夹点，可以对图形对象进行拉伸、平移、复制、缩放和镜像等操作。

文件路径：	实例文件 \ 第 03 章 \ 实例 039.dwg
视频文件：	MP4\ 第 03 章 \ 实例 039.MP4
播放时长：	0:05:08

01 单击快速访问工具栏的【新建】按钮，创建空白文件。

02 使用快捷键 Z 激活视窗的缩放功能，将当前视口放大 5 倍显示。

03 单击【绘图】面板中的【圆】按钮，激活【圆】命令。绘制半径分别为 50、64 和 20 的三个同心圆，如图 3-29 所示。单击【绘图】面板中的【直线】按钮，配合【象限点】自动捕捉功能，绘制圆的中心线。命令行操作过程如下：

命令：_line

指定第一点：

// 按住 Shift 键单击右键，从弹出的临时捕捉菜单中选择【象限点】选项

_qua

// 在图 3-30 所示的圆的位置单击左键，拾取象限点

指定下一点或 [放弃 (U)] :

// 按住 shift 键单击右键，从临时捕捉菜单中选择【象限点】

_qua

// 在如图 3-31 所示的圆的位置单击左键，拾取象限点

指定下一点或 [放弃 (U)] : ↙

// 按 Enter 键，结束命令，绘制垂直中心线如图 3-32 所示

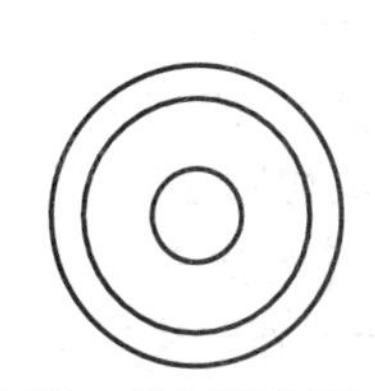

图 3-29　绘制同心圆

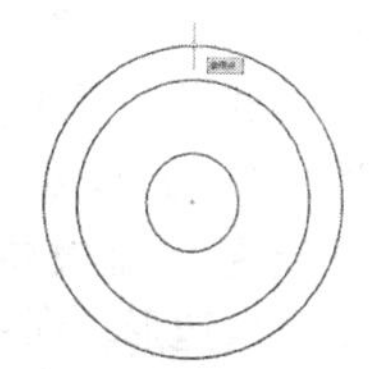

图 3-30　拾取象限点

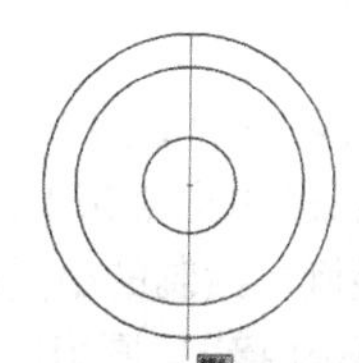

图 3-31　拾取象限点

04 使用同样的方法捕捉象限点，绘制水平中心线，如图 3-33 所示。

05 单击【修改】面板中的【旋转】按钮，将垂直中心线旋转复制 60°，绘制辅助线。命令行操作过程如下：

命令：_rotate
UCS 当前的正角方向：ANGDIR= 逆时针 ANGBASE=0
选择对象：
　　// 选择垂直中心线
选择对象：↙
　　// 按 Enter 键，结束对象的选择
指定基点：
　　// 指定圆的圆心为旋转基点
指定旋转角度，或 [复制 (C)/ 参照 (R)] <0>:C ↙
　　// 输入 c，激活【复制】选项
指定旋转角度，或 [复制 (C)/ 参照 (R)] <0>:60 ↙
　　// 输入旋转角度，如图 3-34 所示

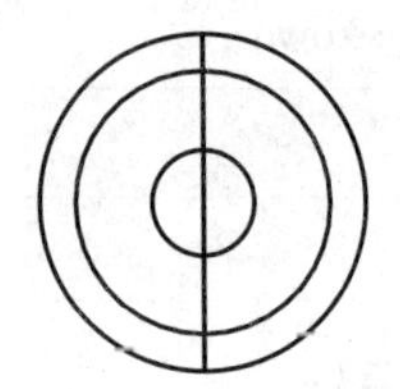

图 3-32　绘制垂直中心线

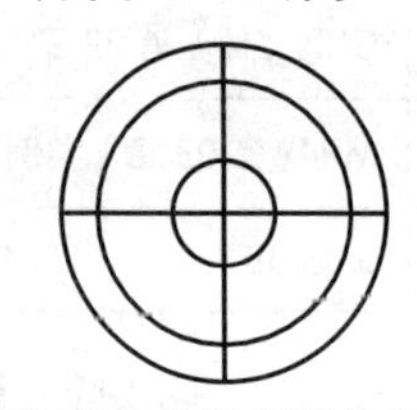

图 3-33　绘制水平中心线

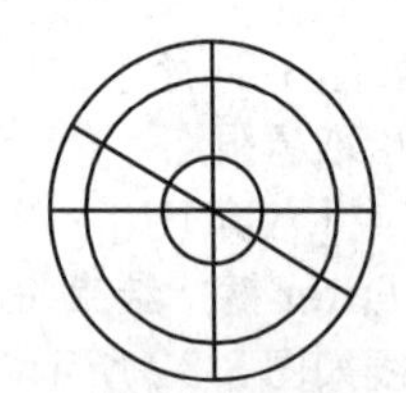

图 3-34　绘制辅助线

06 单击【绘图】面板中的【圆】按钮，绘制半径为 12 的圆，结果如图 3-35 所示。单击【绘图】面板中的【多边形】按钮，绘制正六边形。命令行操作过程如下：

命令：_polygon
输入边的数目 <4>:6 ↙
　　// 输入多边形的边数
指定正多边形的中心点或 [边 (E)]：
　　// 指定刚才绘制的小圆的圆心为中心点
输入选项 [内接于圆 (I)/ 外切于圆 (C)] <I>: ↙
　　// 按 Enter 键，选择默认的【内接于圆】选项
指定圆的半径：6 ↙
　　// 绘制多边形如图 3-36 所示

07 执行【圆角】命令，对半径为 12 和 50 的圆圆角，圆角半径为 7，如图 3-37 所示。

08 执行【修剪】命令，修剪半径为 12 的圆，如图 3-38 所示。

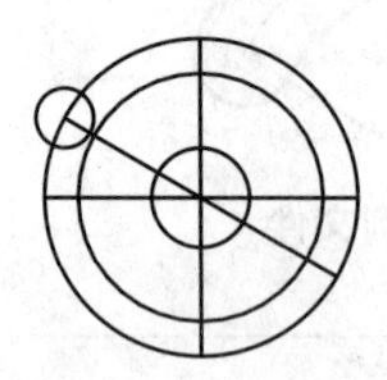

图 3-35　绘制圆

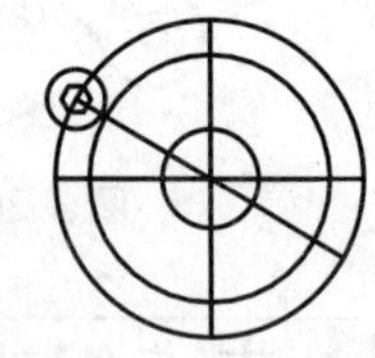

图 3-36　绘制多边形

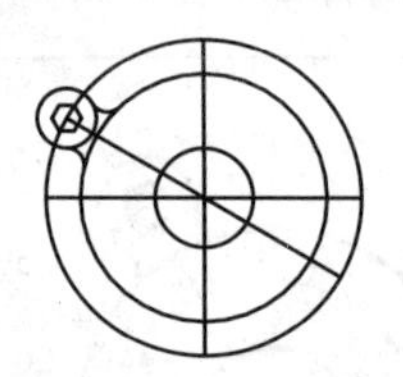

图 3-37　圆角

09 使用快捷键 LEN，激活【拉长】命令，将绘制的两条中心线拉长 4，如图 3-39 所示。将辅助线两端拉长 20，如图 3-40 所示。

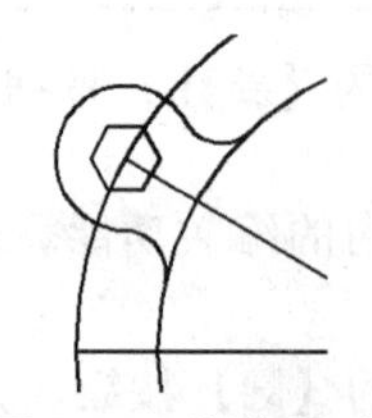

图 3-38　修剪图形

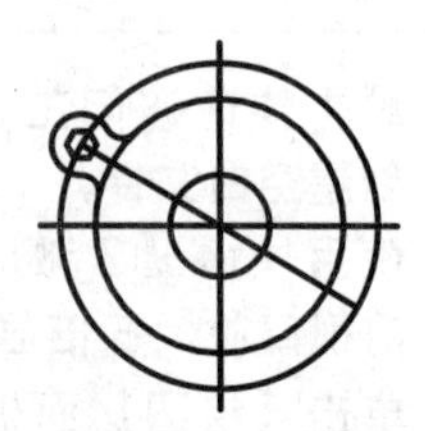

图 3-39　拉长中心线

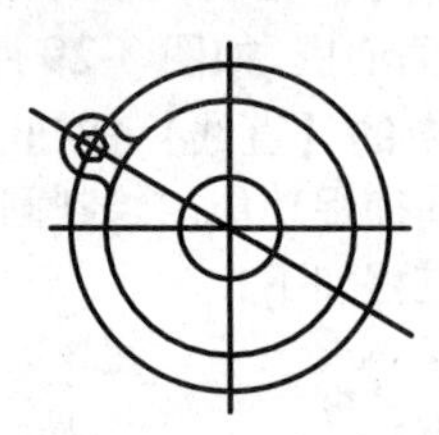

图 3-40　拉长辅助线

10 显示菜单栏，选择菜单【格式】|【线型】选项，加载名为 CENTER 的线型，并设置线型比例为 0.25，如图 3-41 所示。

11 在无命令执行的前提下，选择两条中心线、辅助线和半径为 64 的圆，使其呈现夹点显示，如图 3-42 所示。

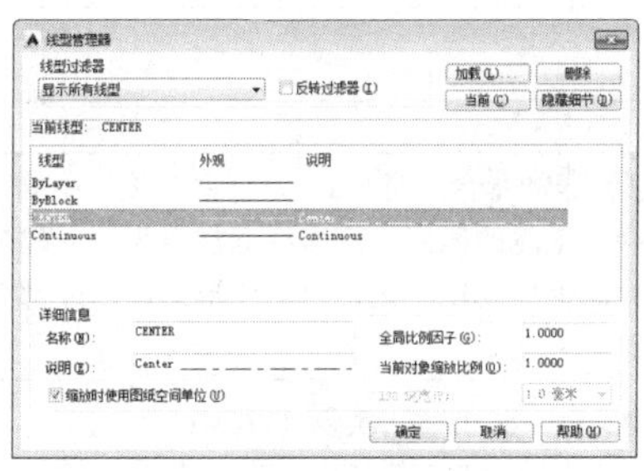

图 3-41 加载线型并设置比例

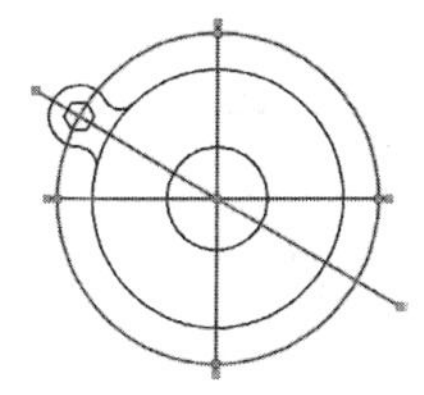

图 3-42 夹点显示

⑫ 单击【特性】面板中的【线型控制】下三角按钮，在弹出的下拉菜单中选择加载的线型，如图 3-43 所示。

⑬ 按 Esc 键，取消对象的夹点显示，如图 3-44 所示。

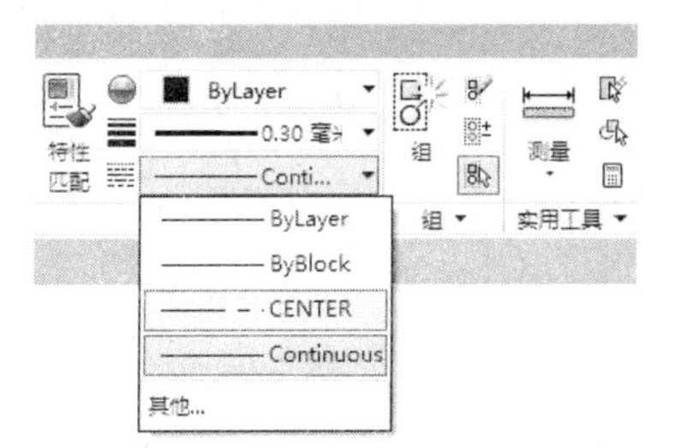

图 3-43 更改中心线线型

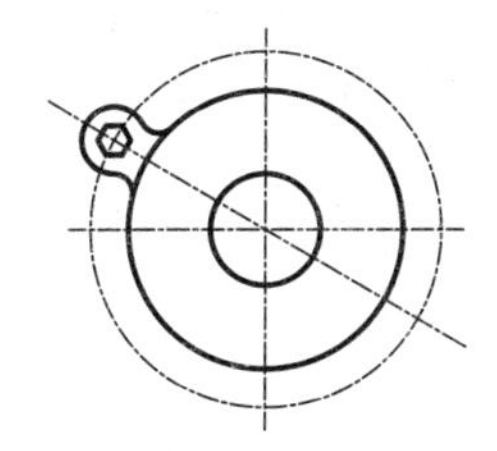

图 3-44 对象的最终显示

⑭ 在无命令执行的情况下，选择图 3-45 所示的对象，作为夹点编辑的对象。

⑮ 单击其中的一个夹点，进入夹点编辑模式。

⑯ 此时单击右键，弹出如图 3-46 所示的夹点快捷菜单。选择【旋转】命令，激活夹点旋转功能。

⑰ 再次打开夹点快捷菜单，选择菜单中的【基点】选项，然后在命令行【指定基点：】提示下，捕捉同心圆的圆心作为旋转基点，如图 3-47 所示。

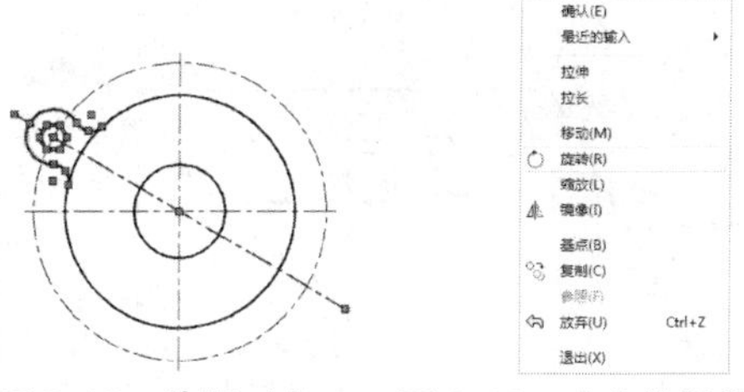

图 3-45 选择对象　　图 3-46 夹点编辑菜单

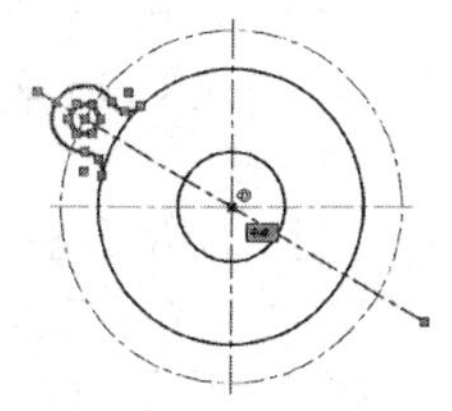

图 3-47 重新定位基点

⑱ 再单击右键，打开夹点快捷菜单，选择菜单中的【复制】选项，此时在命令行【** 旋转 (多重) ** 指定旋转角度或 [基点 (B)/ 复制 (C)/ 放弃 (U)/ 参照 (R)/ 退出 (X)]：】提示下，输入☒ 90 并按 Enter 键，将对象旋转复制，如图 3-48 所示。

⑲ 继续在命令行【** 旋转 (多重) ** 指定旋转角度或 [基点 (B)/ 复制 (C)/ 放弃 (U)/ 参照 (R)/ 退出 (X)]：】提示下，按 Enter 键，退出夹点编辑模式。

20 按 Esc 键，取消对象的夹点显示，结果如图 3-49 所示。

21 执行【修剪】命令，对图形进行修剪。修剪效果如图 3-50 所示。

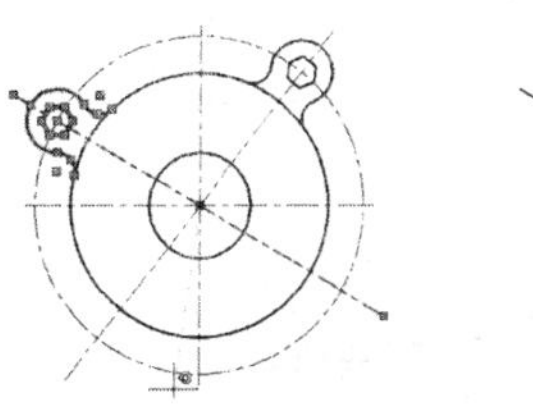

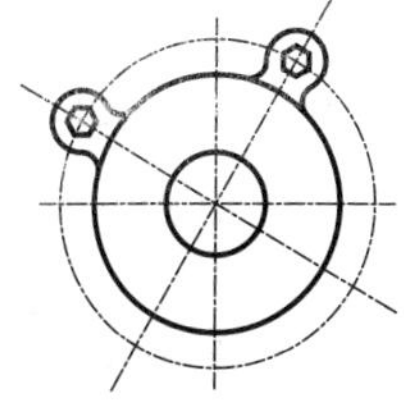

图 3-48 旋转对象　　图 3-49 取消夹点显示

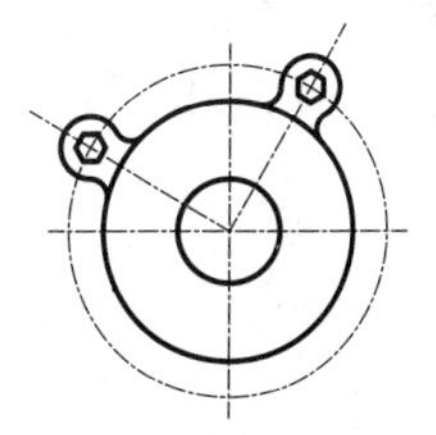

图 3-50 修剪效果

040 创建表面粗糙度图块

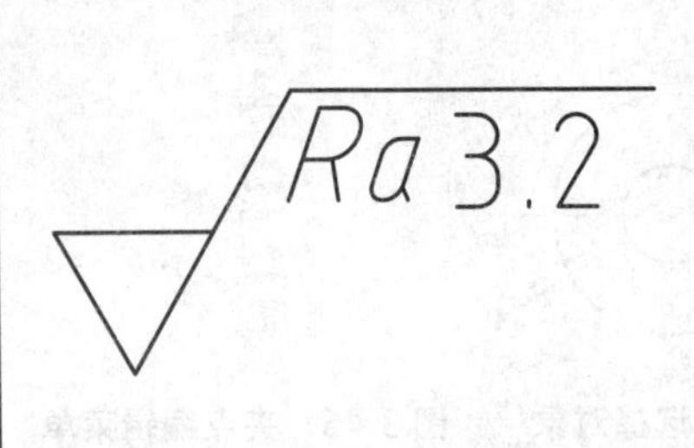

块是一个或多个图形元素的集合，是 AutoCAD 图形设计中的一个重要概念，常用于绘制复杂、重复的图形。可以根据需要为块创建属性和各种信息，也可以使用外部参照功能，把已有的图形文件以外部参照的形式插入到当前图形中。

文件路径：	实例文件 \ 第 03 章 \ 实例 040.dwg
视频文件：	MP4\ 第 03 章 \ 实例 040.MP4
播放时长：	0:01:55

01 打开"\ 实例文件 \ 第 03 章 \ 实例 040.dwg"文件，如图 3-51 所示。

02 显示菜单栏，选择菜单【格式】|【文字样式】选项，将文字样式【工程字 -35】设置为当前样式，将文字图层设置为当前层，如图 3-52 所示。

03 单击【块】面板中的【定义属性】按钮，弹出【属性定义】对话框。在对话框中进行对应的属性设置，如图 3-53 所示。

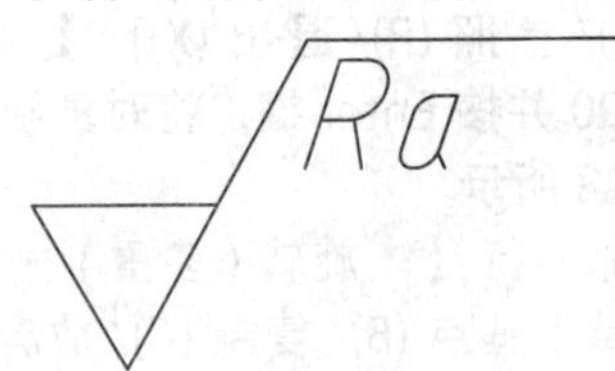

图 3-51　实例文件

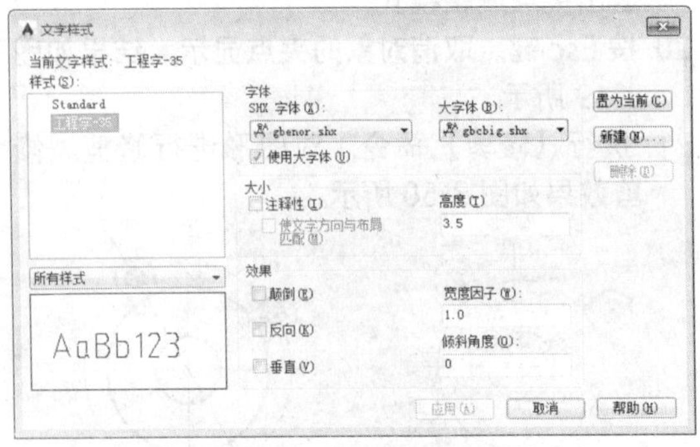

图 3-52　设置文字样式参数

04 单击图 3-53 所示对话框中的按钮 确定 ，在要标注表面粗糙度的对应位置拾取一点，插入块属性，如图 3-54 所示。

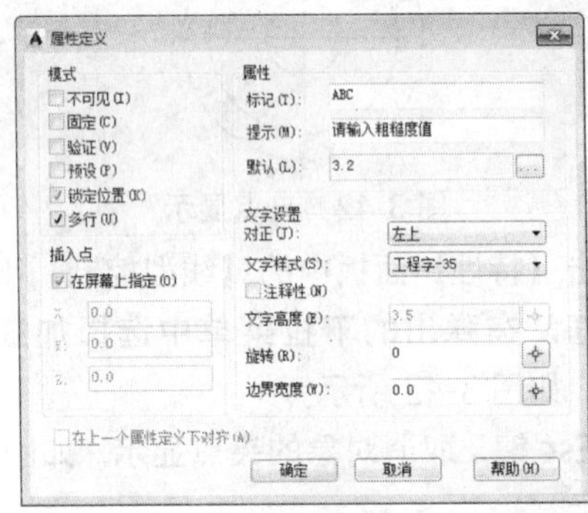

图 3-53　设置块的属性

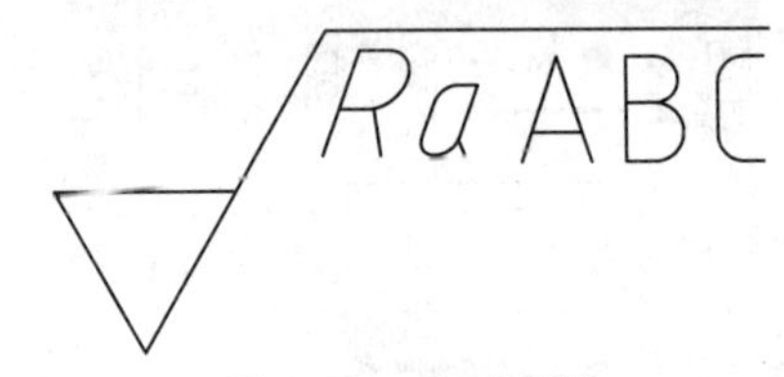

图 3-54　定义属性

05 单击【块】面板中的【创建块】按钮，即执行【创建块】命令，弹出【块定义】对话框。在该对话框中进行相关设置，如图 3-55 所示。

06 将图块名称设置为 CCD，单击图 3-55 中的【拾取点】按钮，拾取下端点为块基点，如图 3-56 所示。

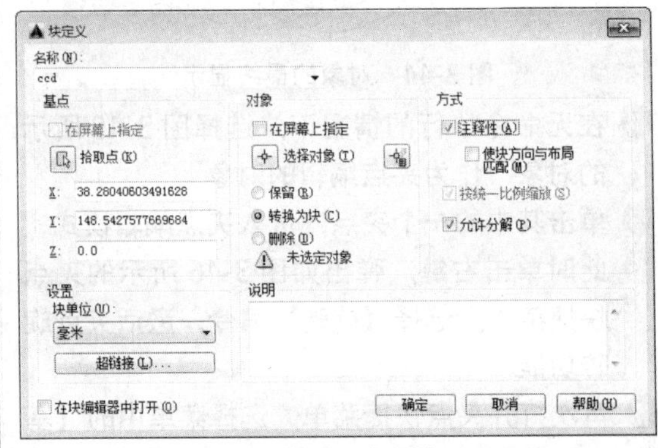

图 3-55　定义块

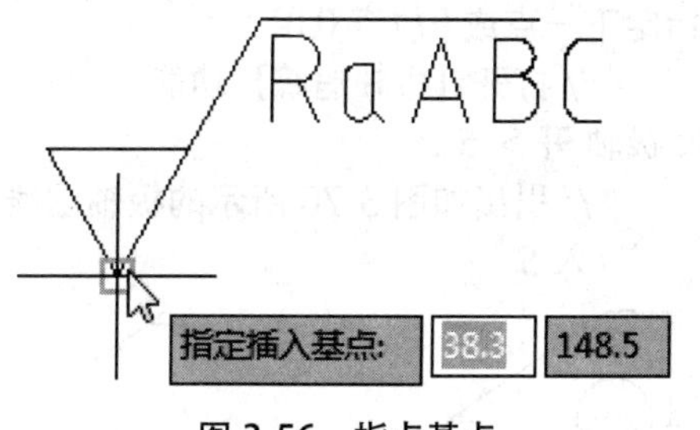

图 3-56　指点基点

07 单击图 3-55 中的【选择对象】按钮，选择所有块对象，如图 3-57 所示。

08 单击图 3-55 中的按钮 确定 ，完成块的定义，同时弹出图 3-58 所示的【编辑属性】对话框。

09 在图 3-58 所示的【编辑属性】对话框中单击按钮 确定 ，属性块创建完成，最终效果如图 3-59 所示。

图 3-57　选择对象

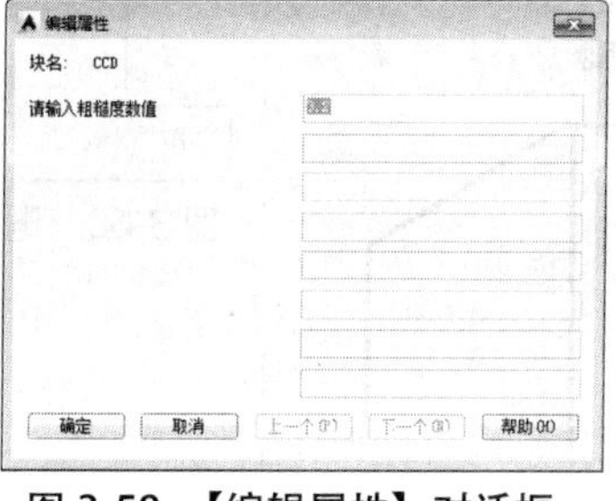

图 3-58　【编辑属性】对话框

图 3-59　最终效果

041 高效绘制倾斜结构

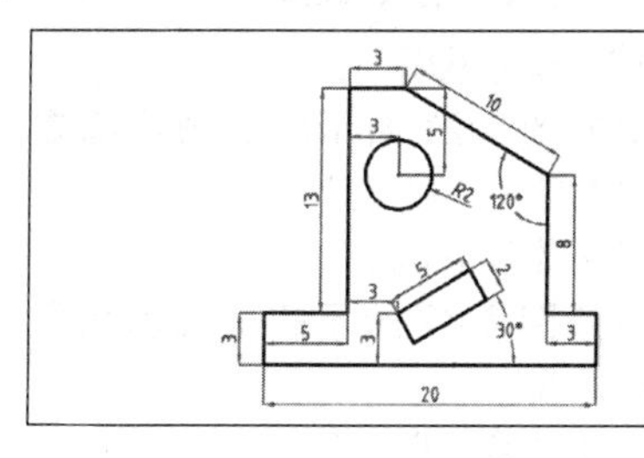

在绘制倾斜结构时，可以通过极轴追踪和对象捕捉功能来绘制。	
文件路径：	实例文件 \ 第 03 章 \ 实例 041.dwg
视频文件：	MP4\ 第 03 章 \ 实例 041.MP4
播放时长：	0:03:25

01 单击快速访问工具栏的【新建】按钮，创建空白文件。

02 显示菜单栏，选择菜单【工具】|【绘图设置】选项，设置当前的极轴追踪功能以及增量角参数，如图 3-60 所示。

03 选择【对象捕捉】选项卡，打开对象捕捉功能，并设置对象捕捉模式，如图 3-61 所示。

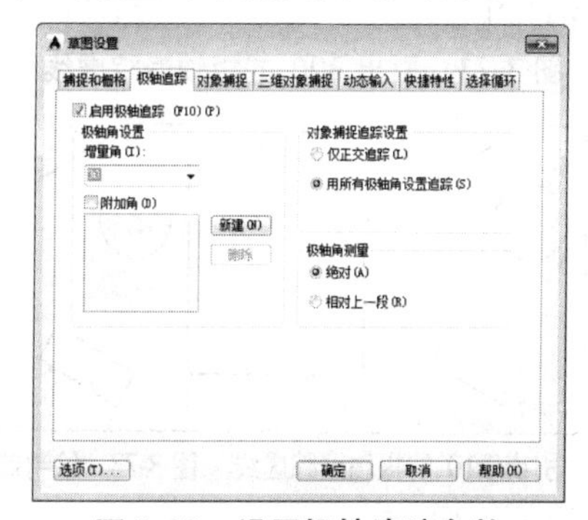

图 3-60　设置极轴追踪参数

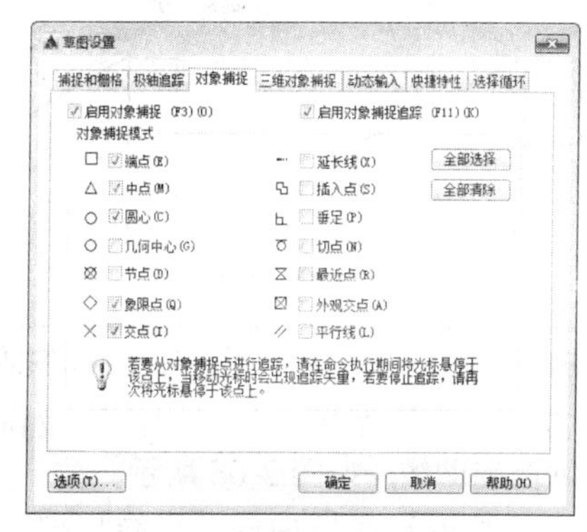

图 3-61　设置对象捕捉参数

04 单击【绘图】面板中的【直线】按钮，配合正交或极轴追踪功能，绘制外侧的垂直结构轮廓，如图 3-62 所示。

05 单击【修改】面板中的【偏移】按钮，选择图 3-63 所示的边，将其向右偏移 3，如图 3-64 所示。使用同样的方法，选择图

3-65 所示的边，将其向下偏移 5，如图 3-66 所示。

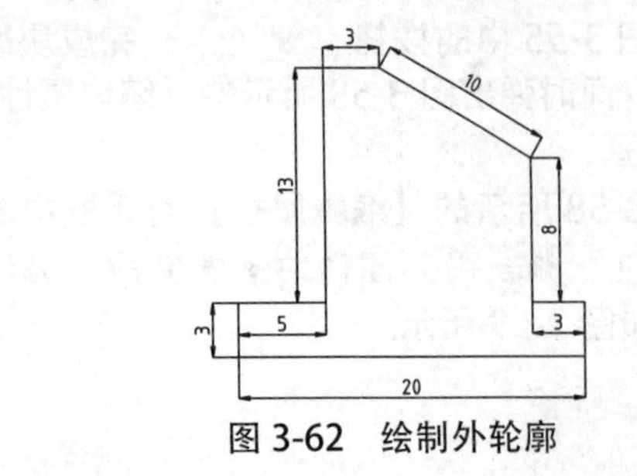

图 3-62　绘制外轮廓

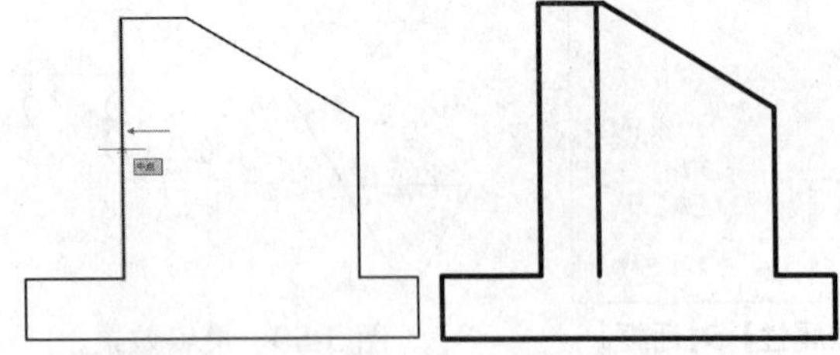

图 3-63　选择偏移边　　　　图 3-64　偏移效果

06 单击【绘图】面板中的【圆】按钮，捕捉偏移线段交点为圆心，绘制半径为 2 的圆，如图 3-67 所示。

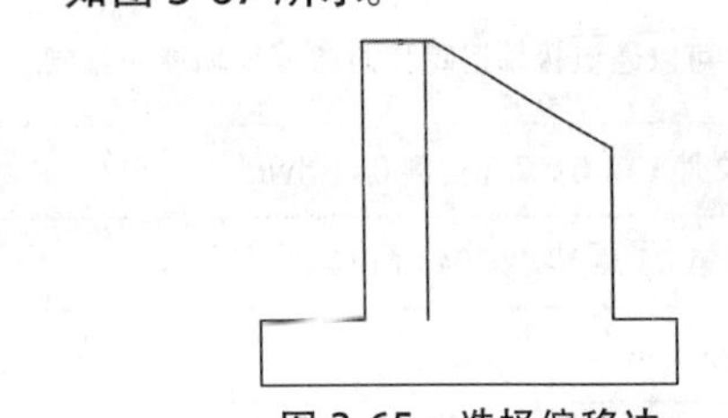

图 3-65　选择偏移边

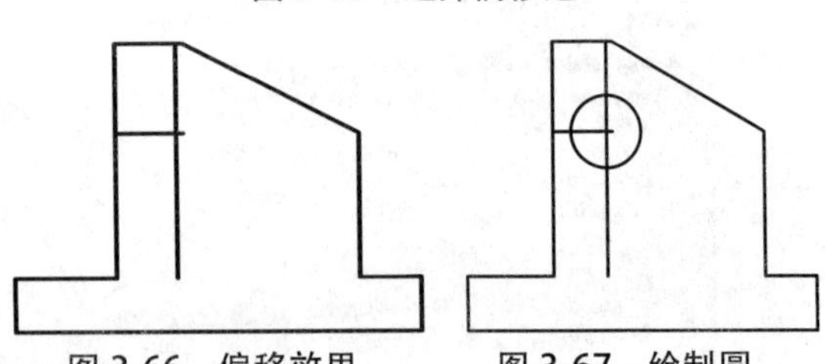

图 3-66　偏移效果　　　　图 3-67　绘制圆

07 单击【修改】面板中的【删除】按钮，删除两辅助线，如图 3-68 所示。

08 单击【绘图】面板中的【直线】按钮，配合极轴追踪功能，绘制内部的倾斜结构。命令行操作过程如下：

命令：_line

指定第一点：

　　// 将光标移至圆心处，然后垂直向下移动光标，出现如图 3-69 所示两追踪虚线的交点，定位第一点

指定下一点或 [放弃 (U)]：

　　// 打开【极轴追踪】功能

< 极轴 开 > 5 ↙

　　// 引出如图 3-70 所示的极轴虚线，输入 5

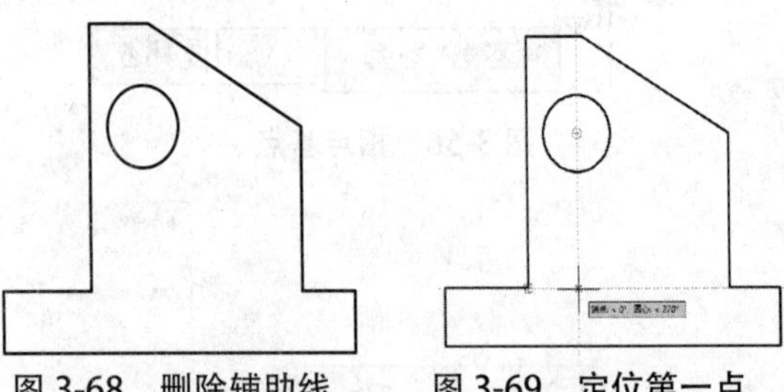

图 3-68　删除辅助线　　　　图 3-69　定位第一点

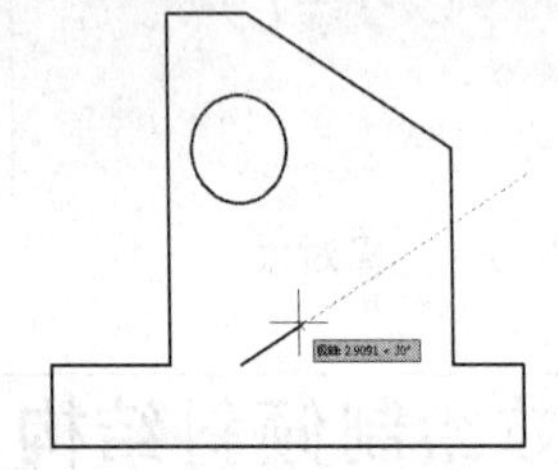

图 3-70　引出 30° 的极轴追踪虚线

指定下一点或 [放弃 (U)]：2 ↙

　　// 引出如图 3-71 所示的极轴追踪虚线，输入 2

指定下一点或 [放弃 (U)]：5 ↙

　　// 引出如图 3-72 所示的极轴追踪虚线，输入 5

指定下一点或 [放弃 (U)]：C ↙

　　// 输入 C，闭合图形，如图 3-73 所示

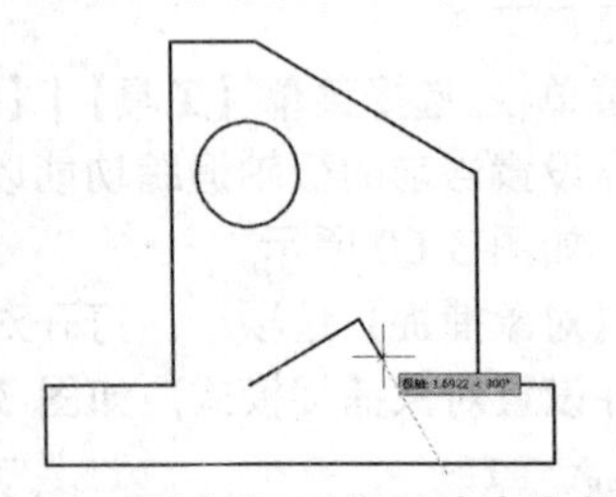

图 3-71　引出 300°的极轴追踪虚线

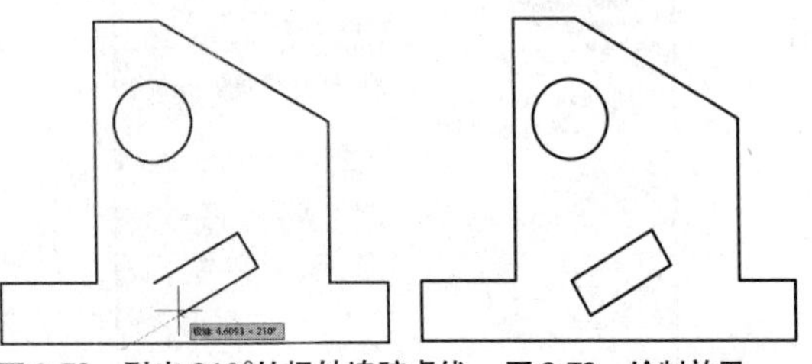

图 3-72　引出 210°的极轴追踪虚线　图 3-73　绘制效果

042 高效绘制相切结构

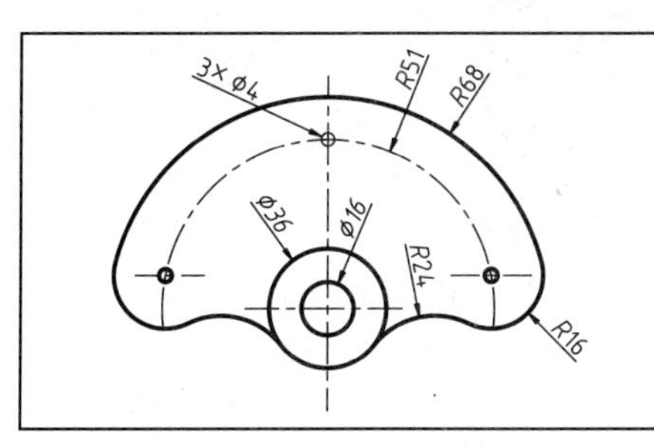

在绘制相切结构过程中，主要综合使用半径画圆、直径画圆、相切圆，以及偏移和修剪等工具，创建出图形的内、外切结构。

文件路径：	实例文件 \ 第 03 章 \ 实例 042.dwg
视频文件：	MP4\ 第 03 章 \ 实例 042.MP4
播放时长：	0:06:12

01 单击快速访问工具栏的【新建】按钮，创建空白文件。

02 单击【绘图】面板中的【直线】按钮，绘制长为 140 的两条中心线，结果如图 3-74 所示。

03 单击【绘图】面板中的【圆】按钮，以中心线的交点为圆心，分别绘制半径为 18 和 8 的同心圆，如图 3-75 所示。

04 按 Enter 键，重复执行【圆】命令，以同心圆的圆心为圆心，绘制半径为 51 的辅助圆，如图 3-76 所示。

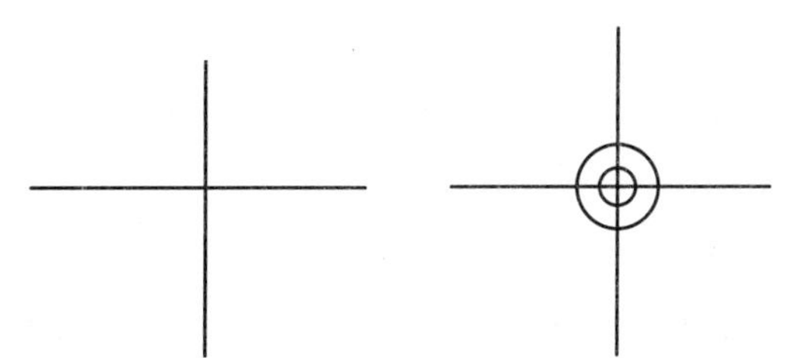

图 3-74　绘制中心线　　图 3-75　绘制同心圆

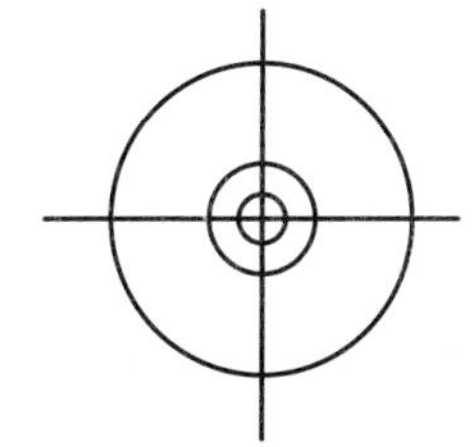

图 3-76　绘制辅助圆

05 单击【修改】面板中的【偏移】按钮，将水平中心线向上偏移 10，创建辅助线，如图 3-77 所示。

06 单击【绘图】面板中的【圆】按钮，以辅助线和辅助圆交点为圆心，在左、右两侧分别绘制半径为 16 和直径为 4 的圆共四个，并在半径为 51 的辅助圆上象限点绘制直径为 4 的圆，如图 3-78 所示。

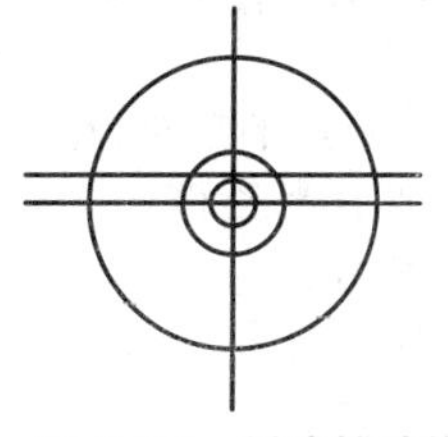

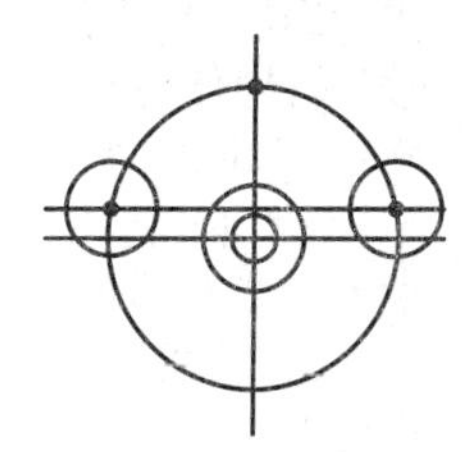

图 3-77　创建辅助线　　图 3-78　绘制圆

07 显示菜单栏，选择菜单【格式】|【线型】选项，加载一种名为 CENTER 的线型，并设置线型比例为 10，如图 3-79 所示。

08 在无命令执行的前提下，选择两条中心线、辅助圆和辅助线，使其呈现夹点显示，如图 3-80 所示。

09 单击【特性】面板中的【线型控制】下三角按钮，在弹出的下拉菜单选择刚加载的线型，如图 3-81 所示。

图 3-79　加载线型并设置比例

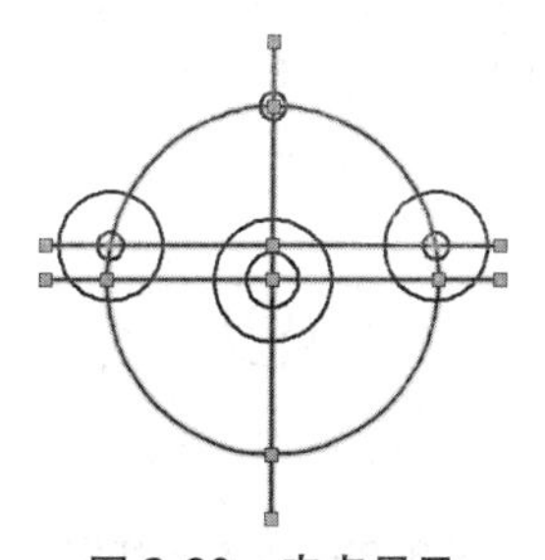

图 3-80　夹点显示

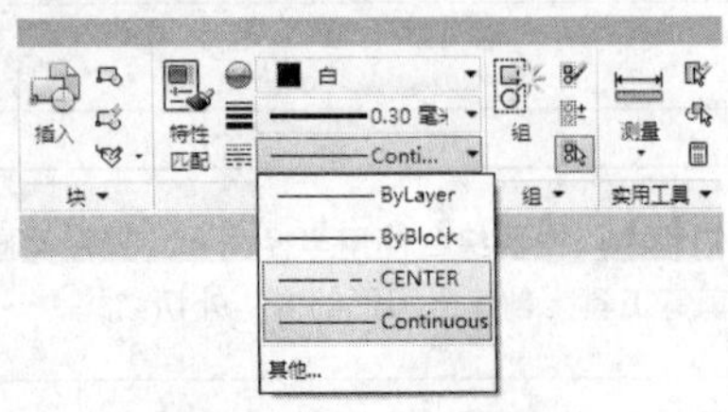

图 3–81　更改线型

⑩ 按 Esc 键取消对象的夹点显示，显示效果如图 3-82 所示。

⑪ 显示菜单栏，选择菜单【绘图】|【圆】|【相切、相切、半径】选项，绘制半径为 68 的圆。命令行操作过程如下：

命令：_circle 指定圆的圆心或 [三点 (3P)/ 两点 (2P)/ 切点、切点、半径 (T)] : _T

指定对象与圆的第一个切点：

// 捕捉切点如图 3-83 所示

指定对象与圆的第二个切点：

// 捕捉切点如图 3-84 所示

指定圆的半径 <2.0000>:68 ↙

// 输入半径 68，如图 3-85 所示

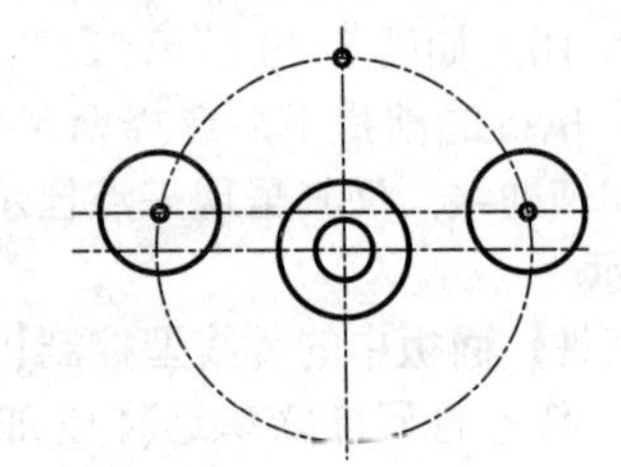

图 3–82　显示效果

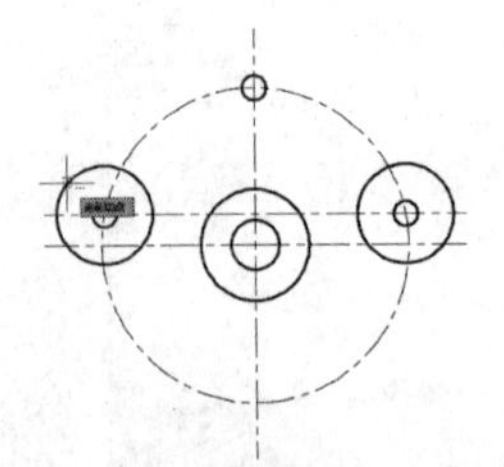

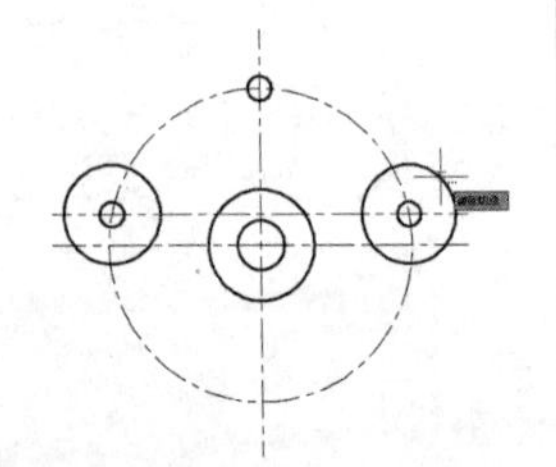

图 3–83　捕捉第一个切点　图 3–84　捕捉第二个切点

⑫ 单击【修改】面板中的【圆角】按钮，为半径为 16 的圆和半径为 18 的圆圆角，设置圆角半径为 24，如图 3-86 所示。

⑬ 使用同样的方法创建如图 3-87 所示的圆角。

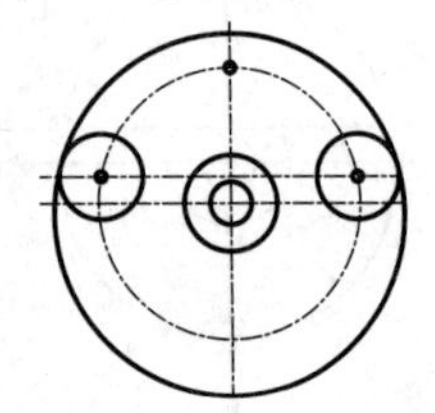

图 3–85　绘制相切圆

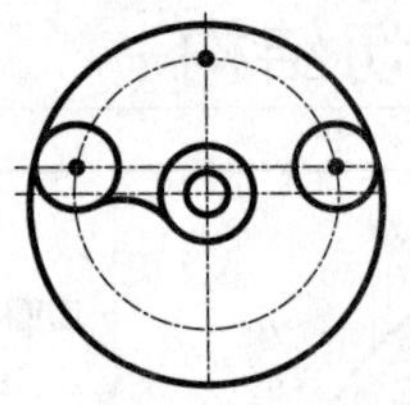

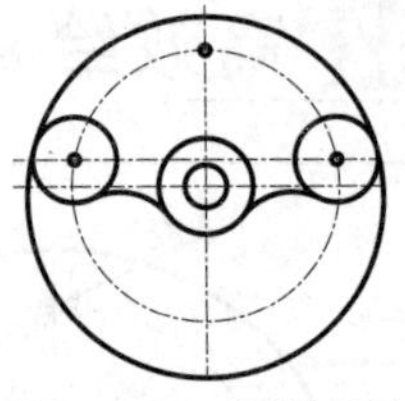

图 3–86　圆角结果　　图 3–87　再次圆角

⑭ 单击【修改】面板中的【修剪】按钮，以如图 3-88 所示的两个圆作为边界，对半径为 68 的圆进行修剪，结果如图 3-89 所示。

⑮ 重复执行【修剪】命令，以如图 3-90 所示的两个圆弧和半径为 68 的圆作为边界，对半径为 16 的圆进行修剪，结果如图 3-91 所示。

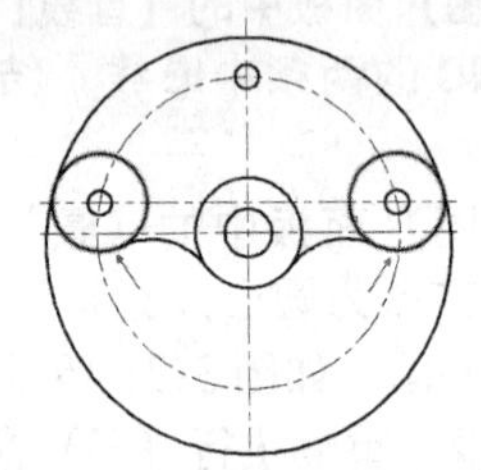

图 3–88　选择修剪边界

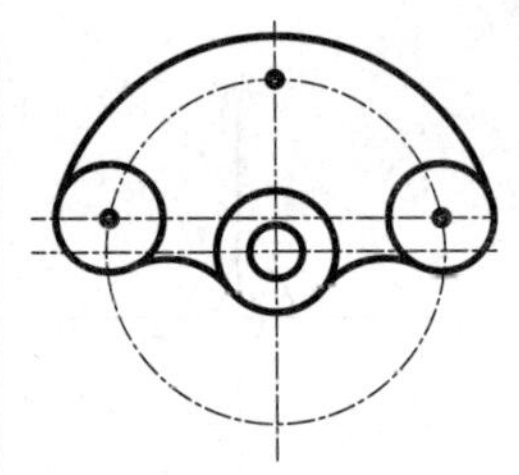

图 3–89　修剪效果　　图 3–90　选择修剪边界

⑯ 重复执行【修剪】命令，以图 3-92 所示的圆作为边界，对辅助圆进行修剪，修剪效果如图 3-93 所示。

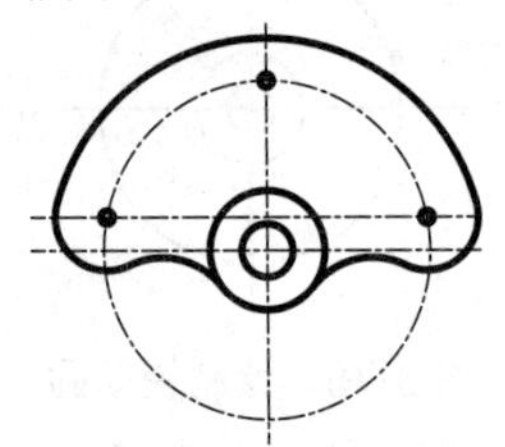

图 3–91　修剪效果

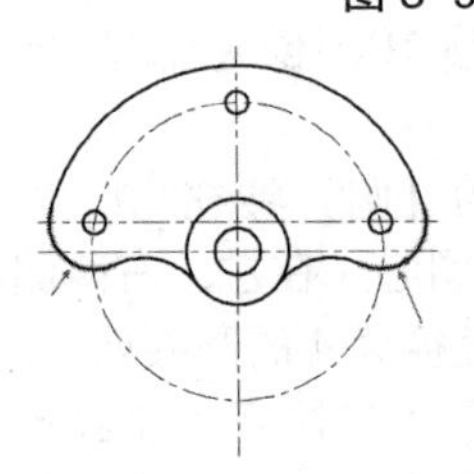

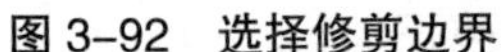

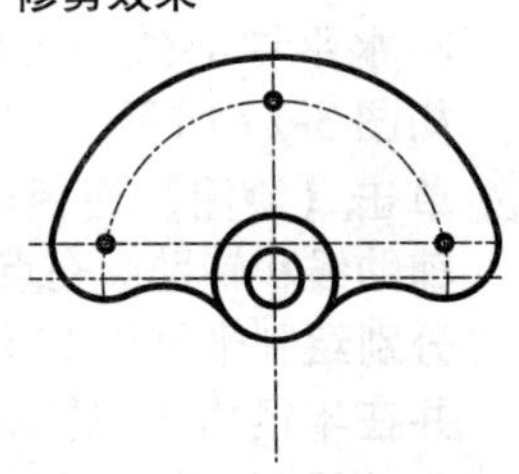

图 3–92　选择修剪边界　　图 3–93　修剪效果

⑰ 重复执行【修剪】命令，以图3-94所示的圆作为边界，对辅助线进行修剪，修剪效果如图3-95所示。

⑱ 单击【修改】面板中的【打断】按钮，将中心线和辅助线打断，如图3-96所示。

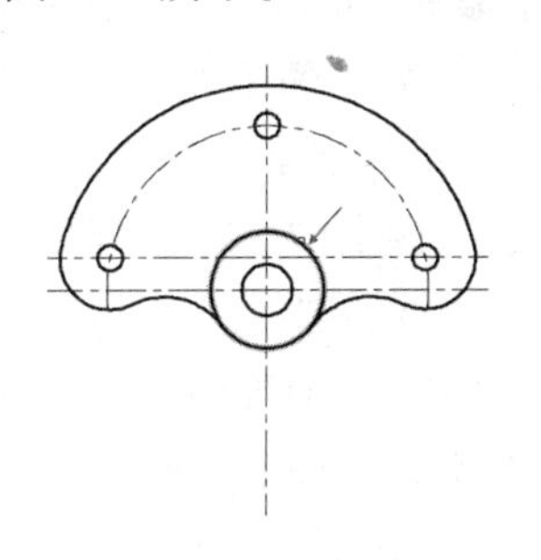

图 3–94　选择边界

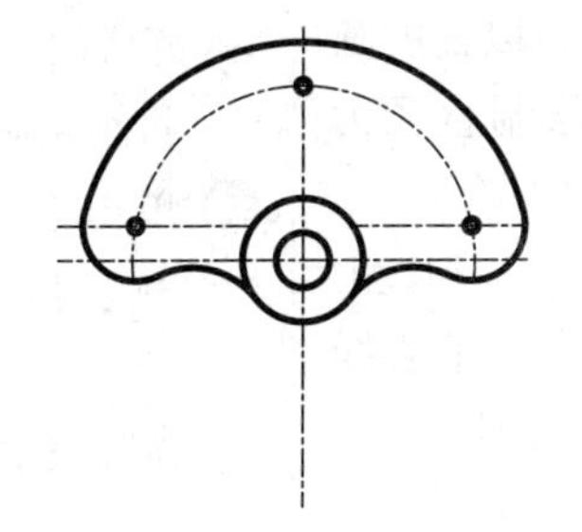

图 3–95　修剪效果

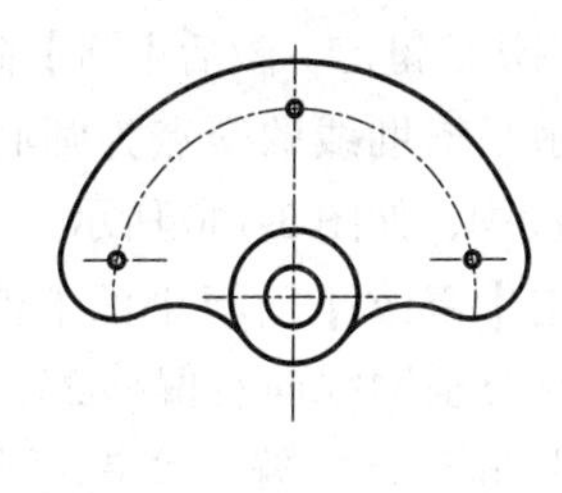

图 3–96　打断

043 绘制面域造型

在AutoCAD 2018中，可以将由某些对象围成的封闭区域转换为面域，这些封闭区域可以是圆、椭圆、封闭的二维多段线，或封闭的样条曲线等对象，也可以是由圆弧、直线、二维多段线、椭圆弧、样条曲线等对象构成的封闭区域。

文件路径：	实例文件\第03章\实例043.dwg
视频文件：	MP4\第03章\实例043.MP4
播放时长：	0:06:55

01 单击快速访问工具栏的【新建】按钮，创建空白文件。

02 单击【图层管理】按钮，弹出【图层特性管理器】对话框。新建图层，如图3-97所示。

03 将【中心线】设置为当前图层，单击【绘图】面板中的【直线】按钮，绘制水平和垂直辅助线。

04 单击【绘图】面板中的【圆】按钮，以辅助线的交点为圆心，绘制直径为75的辅助圆，如图3-98所示。

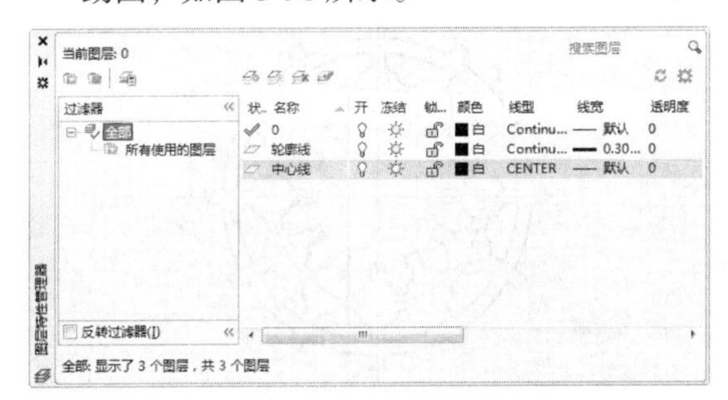

图 3–97　新建图层

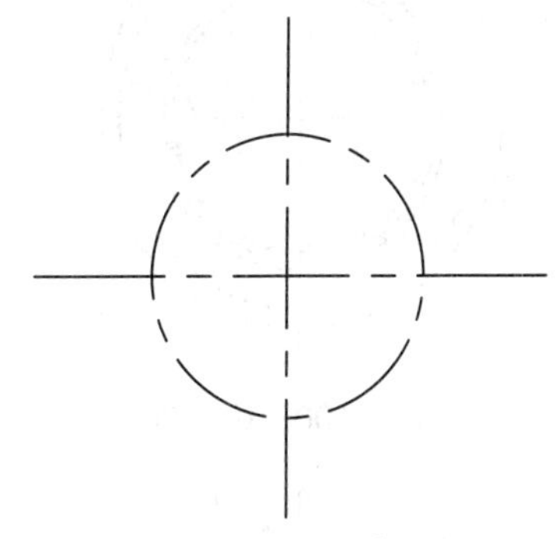

图 3–98　绘制辅助圆

05 将【轮廓线】设置为当前图层，重复执行【圆】命令，以辅助线的交点为圆心，绘制直径分别为110、100、80和70的同心圆，如图3-99所示。

06 单击【绘图】面板中的【面域】按钮，将刚创建的四个同心圆转换为面域。

07 使用快捷键SU，激活【差集】命令，选择直径为110的圆作为要从中减去的面域；然后选择直径为100的圆作为被减去的面域，得到经过差集后的新面域。

08 根据上步操作，将直径为80的圆面域减去直径为70的圆面域。

09 使用快捷键C，激活【圆】命令，以辅助圆与水平辅助线的交点为圆心，绘制直径为16的圆，如图3-100所示。

10 单击【修改】面板中的【偏移】按钮，将垂直辅助线向右偏移23，将水平中心线向上偏移2.5，偏移效果如图3-101所示。

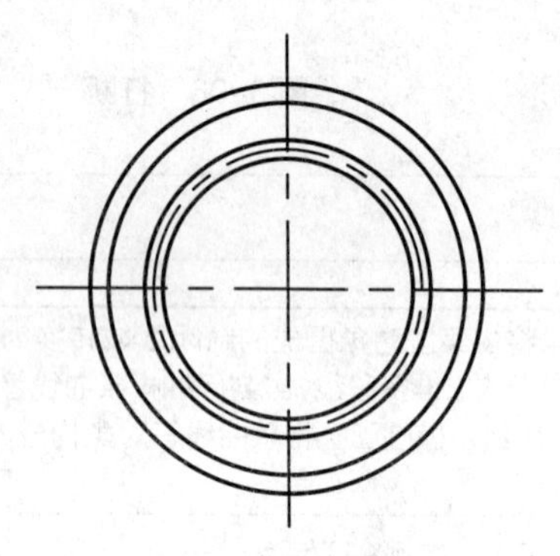

图3-99　绘制同心圆

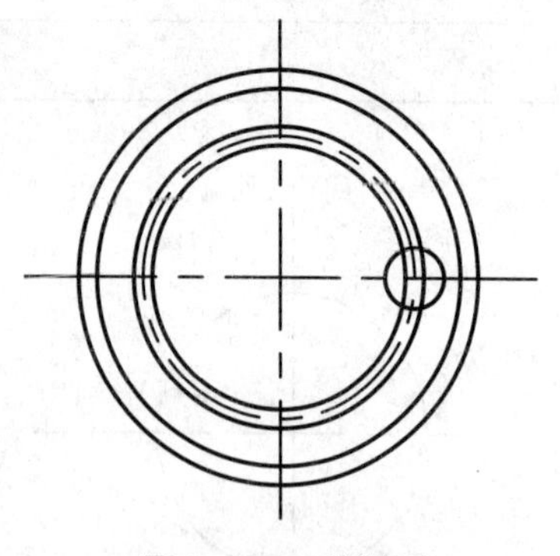

图3-100　绘制圆

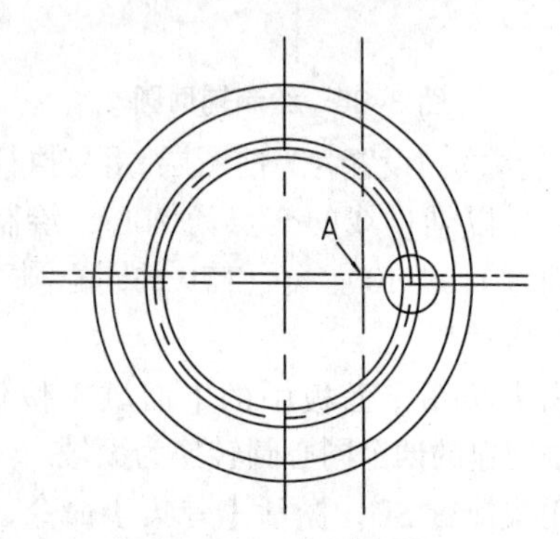

图3-101　偏移效果

11 单击【绘图】面板中的【矩形】按钮，绘制以A点为第一对角点，长和宽分别为37和5的矩形，如图3-102所示。

12 使用【删除】命令，删除图中的辅助线。

13 单击【绘图】面板中的【面域】按钮，将刚绘制的圆和矩形创建为面域。

14 单击【修改】面板中的【环形阵列】按钮，以直径为100的圆的圆心为阵列中心，设置阵列数目为12，角度为360°，对直径为16的圆和矩形进行环形阵列，如图3-103所示。

15 使用快捷键UNI激活【并集】命令，选择所有的面域进行并集处理，最终效果如图3-104所示。

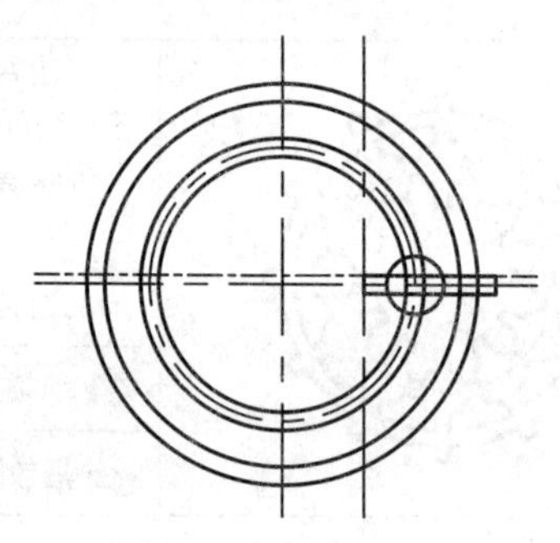

图3-102　绘制矩形

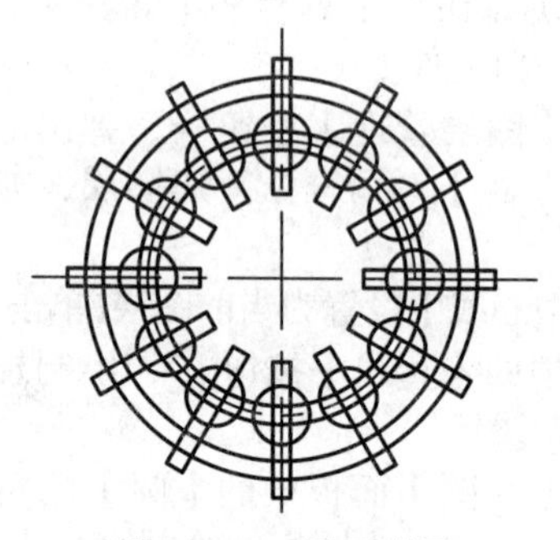

图3-103　阵列效果

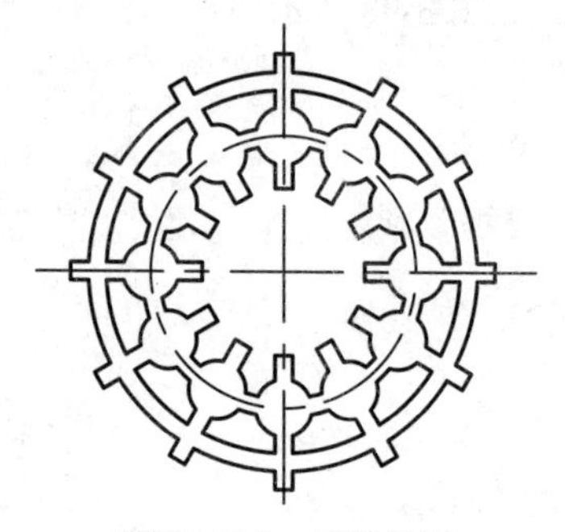

图3-104　最终效果

Chapter

第 4 章

图形的管理、共享与高效组合

通过前几章的实例讲解，我们系统地学习了 AutoCAD 的基本绘图工具、基本修改工具、精确绘图功能和一些辅助绘图功能，本章主要学习图形的高级组织工具和 CAD 资源的高级管理工具；最后通过制作机械绘图样板，对所讲知识进行综合巩固和练习，也为以后绘制专业机械图形做好准备。

044 应用编组管理复杂零件图

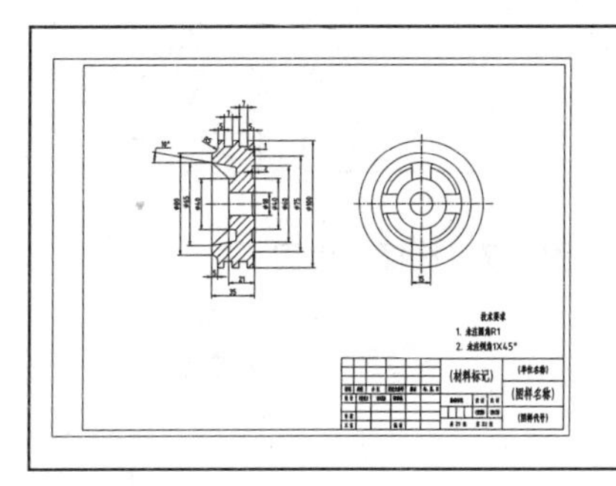

使用【对象编组】命令，可以将众多的图形对象进行分类编组，编辑成多个单一对象组，用户只需将光标放在对象组上，该对象组中的所有对象就会突出显示。单击左键，就可以完全选择该组中的所有图形对象。

文件路径：	实例文件 \ 第 04 章 \ 实例 044.dwg
视频文件：	MP4\ 第 04 章 \ 实例 044.MP4
播放时长：	0:02:38

01 打开“\ 实例文件 \ 第 04 章 \ 实例 044.dwg”文件。

02 在命令行中输入 CLASSICGROUP 后按 Enter 键，执行【对象编组】命令，弹出如图 4-1 所示的【对象编组】对话框。

03 在【编辑名】文本框中输入图标框，作为新组名称，如图 4-2 所示。

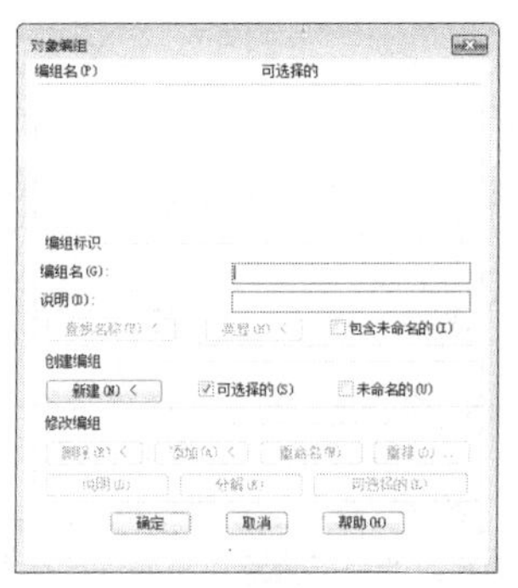

图 4-1 【对象编辑】对话框

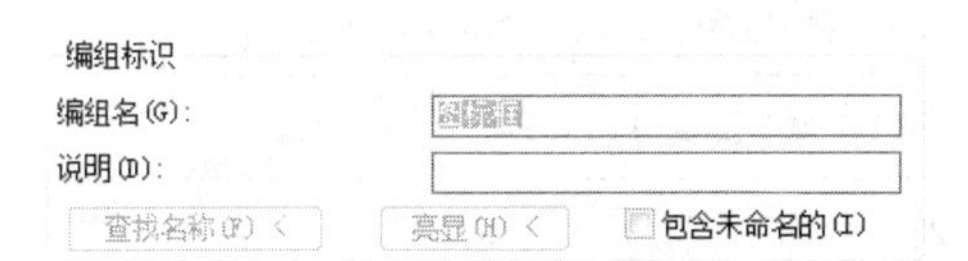

图 4-2 为新组命名

04 单击图 4-1 中的按钮 新建(N) < ，返回绘图区；选择如图 4-3 所示的图框，作为编组对象。

05 按 Enter 键，返回【对象编组】对话框。在对话框中创建一个名为图表框的对象组，如图 4-4 所示。

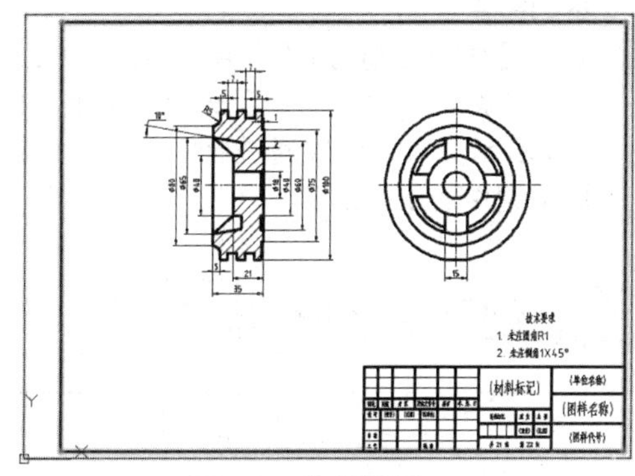

图 4-3 选择图框

编组名(P)	可选择的
图标框	是

图 4-4 创建【图表框】对象组

06 在【编组名】文本框内输入明细栏，然后单击按钮 新建(N) <，返回绘图区。选择如图 4-5 所示的明细栏，将其编辑成单一组。

07 按 Enter 键，返回对话框，创建效果如图 4-6 所示。

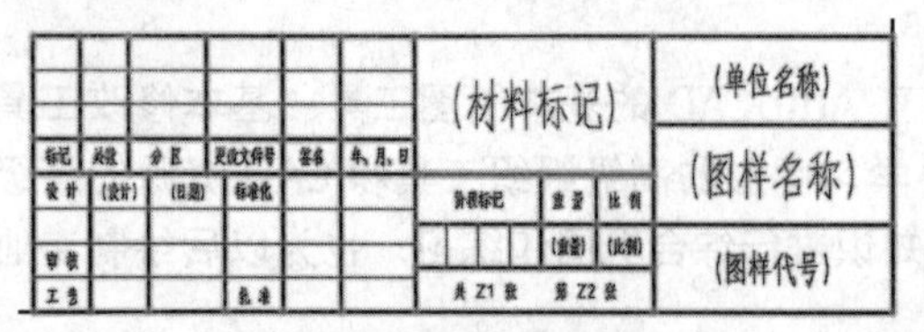

图 4-5　选择明细栏

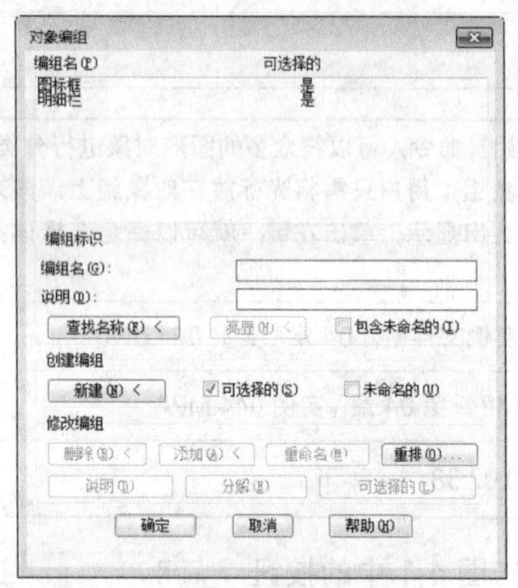

图 4-6　创建效果

08 在【编组名】文本框内输入零件图，然后单击按钮 新建(N) <，返回绘图区；选择如图 4-7 所示的图形，将其编辑成单一对象组。

09 按 Enter 键，返回对话框，创建如图 4-8 所示的结果。

10 单击【对象编组】对话框中的按钮 确定，在当前图形文件中创建了三个对象组，如图 4-8 所示。以后可以通过鼠标单击，同时选择某组中的所有对象。

提示

选择【工具】|【组】选项，或直接在命令行中输入 Group，可以无对话框方式快速创建和管理组。

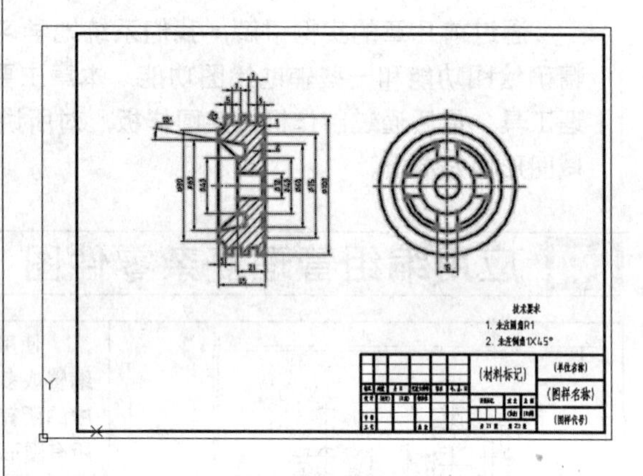

图 4-7　选择零件图

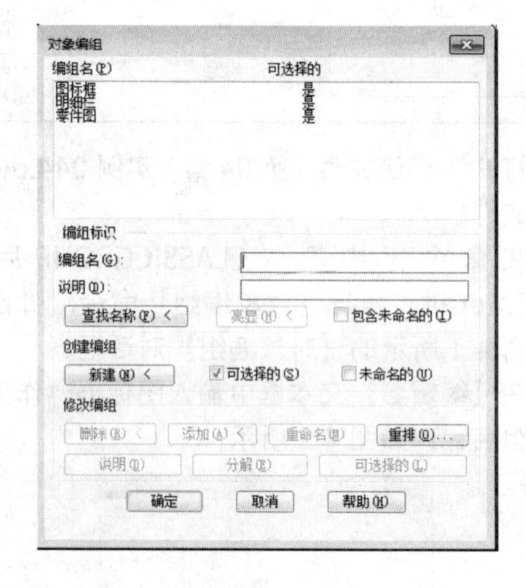

图 4-8　创建效果

045 创建外部资源块

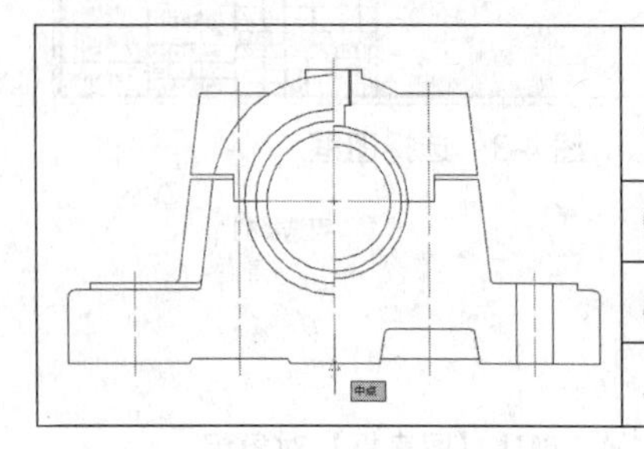

本例主要使用了【写块】和【基点】命令，采用写块、基点存盘两种操作方法，分别将各图形文件创建为高效的外部资源块，并进行存盘。

文件路径：	实例文件 \ 第 04 章 \ 实例 045.dwg
视频文件：	MP4\ 第 04 章 \ 实例 045.MP4
播放时长：	0:02:28

01 选择“\实例文件\第04章”目录下的“螺栓.dwg”“轴承.dwg”和“油杯.dwg”三个图形文件，如图 4-9 所示。

02 选择【选择文件】对话框中的按钮 打开(O)，将三个文件打开。

03 显示菜单栏，选择菜单【窗口】|【层叠】选项，将三个文件进行层叠显示，如图 4-10 所示。

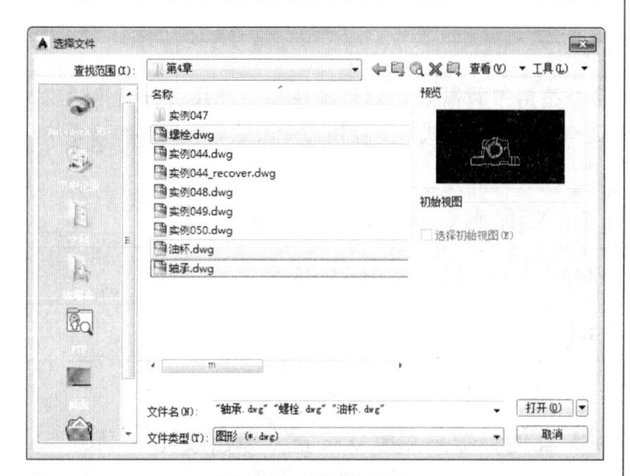

图 4-9 选择文件

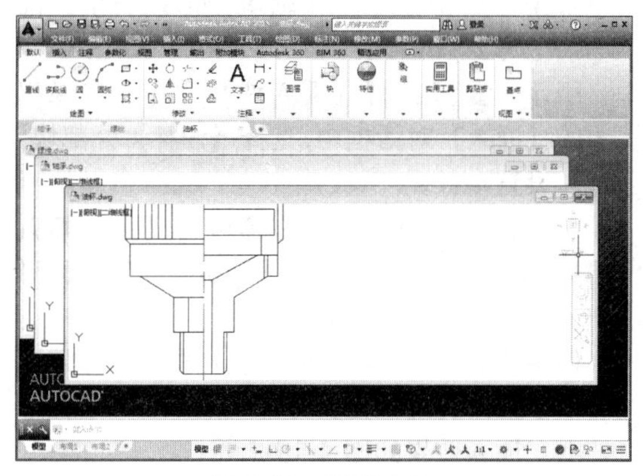

图 4-10 层叠文件

技巧

在打开多个文件时，可配合 Ctrl 键逐个选择需要打开的图形文件。

04 选择菜单【窗口】|【垂直平铺】选项，将三个图形文件垂直平铺，结果如图 4-11 所示。

05 在命令行中输入 wblock 或简写 WBL，激活【写块】命令，弹出如图 4-12 所示的【写块】对话框。

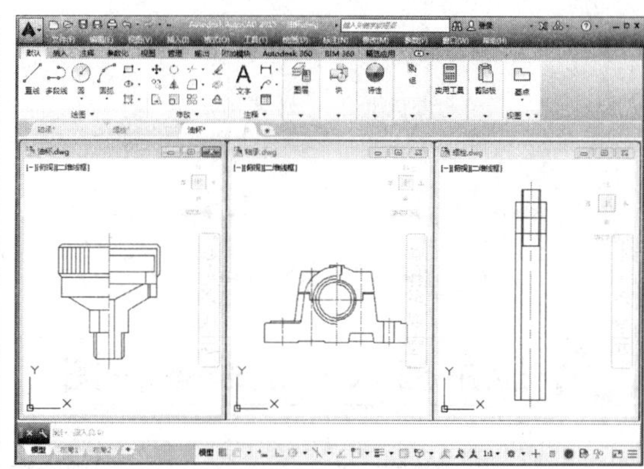

图 4-11 垂直平铺

图 4-12 【写块】对话框

06 单击对话框中的按钮，拾取如图 4-13 所示的中点作为基点。

07 返回【写块】对话框，设置参数和存储位置，如图 4-14 所示。

08 单击【对象】选项组中的按钮，返回绘图区，选择轴承图形。

09 按 Enter 键，返回【写块】对话框，单击按钮 确定 ，所选择的轴承图形被转化为一个高效的外部块，存储在 D 盘目录下。

10 根据以上步骤，将油杯和螺栓转化为高效外部块，保存在 D 盘目录下。

11 选择菜单【窗口】|【全部关闭】选项，将所有图形关闭。

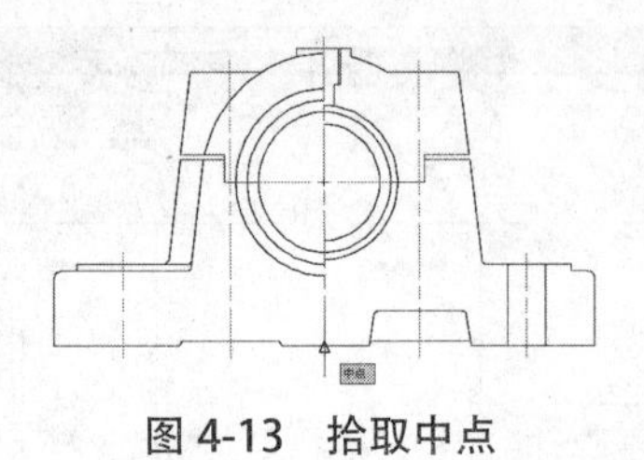

图 4-13　拾取中点

目标

文件名和路径(F):

插入单位(U): 毫米

图 4-14　设置参数

046 应用插入块组装零件图

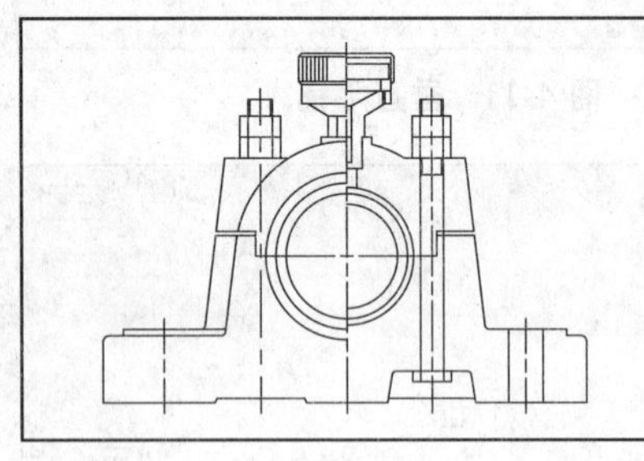

【插入块】命令是用于对高效外部资源块和内部块进行引用的工具。执行该命令还有另外两种方式，即使用命令表达式 Insert 和命令快捷键 I

文件路径：	实例文件 \ 第 04 章 \ 实例 046.dwg
视频文件：	MP4\ 第 04 章 \ 实例 046.MP4
播放时长：	0:02:33

01 执行【新建】命令，创建一个空白文件，并打开【对象捕捉】功能。

02 单击【块】面板中的【插入】按钮，弹出如图 4-15 所示的【插入】块对话框。

03 单击按钮 浏览(B)...，从弹出的【选择图形文件】对话框中选择 045 例创建的【轴承 .dwg】高效外部块，如图 4-16 所示。

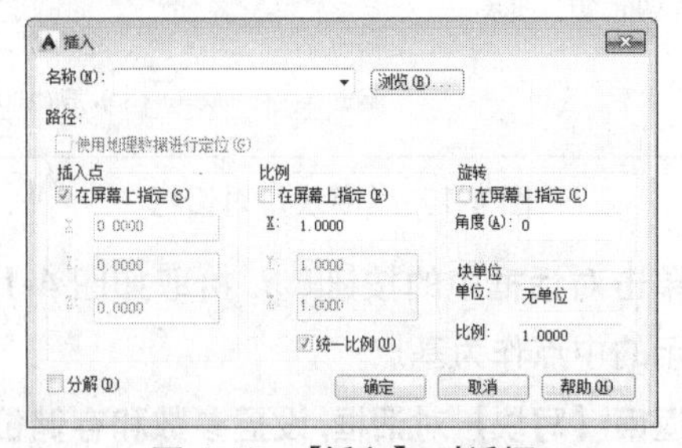

图 4-15　【插入】对话框

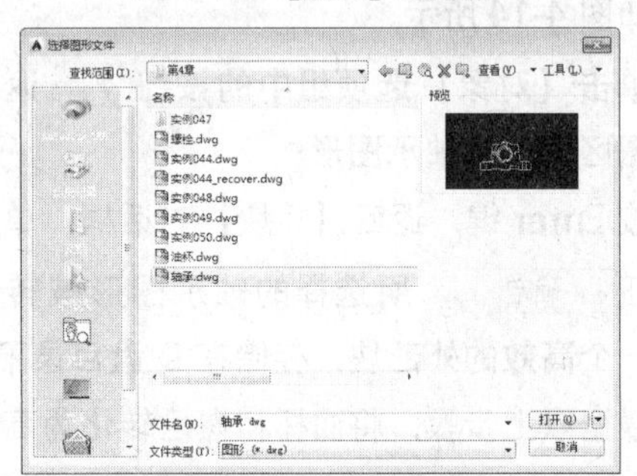

图 4-16　选择外部块

04 单击按钮 打开(O)，所选的【轴承】被引用到【插入】对话框中。选择对话框中的【分解】复选框。

05 其他参数采用默认设置，单击按钮 确定，在命令行【指定块的插入点：】提示下，在绘图区单击左键，将轴承图形以一个外部块的方式，插入到当前文件中，如图 4-17 所示。重复执行【插入块】命令，在弹出的【插入】对话框中，选择【油杯】外部块，并设置参数。

06 单击按钮 确定，在命令行【指写插入点：】提示下，将油杯图形组装到轴承图形上，如图 4-18 所示。

07 使用快捷键 I 激活【插入块】命令，采用默认参数，将【螺栓】外部块插入到轴承图形上，插入效果如图 4-19 所示。

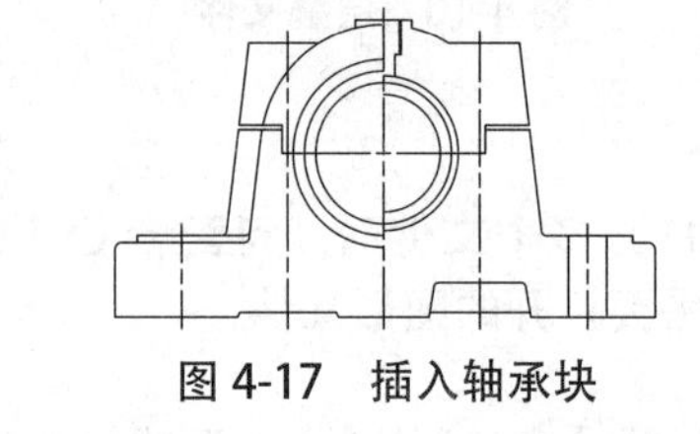

图 4-17　插入轴承块

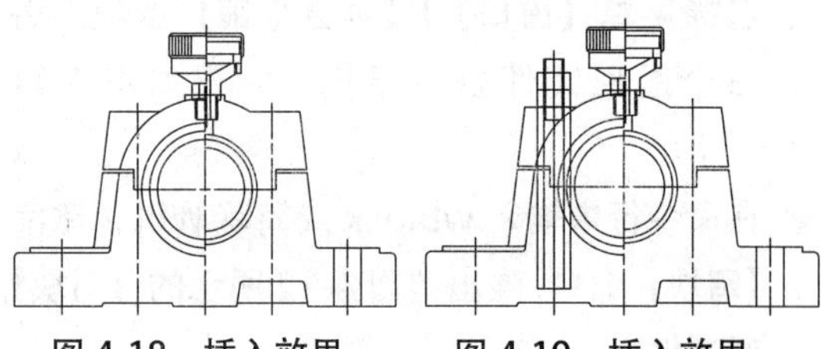

图 4-18　插入效果　　图 4-19　插入效果

08 再次激活【插入块】命令，将【螺栓】块插入到如图 4-20 所示的位置上。

09 使用快捷键 X，激活【分解】命令，选择拼装后的图形，将其图块分解。

10 综合执行【修改】和【删除】命令，对分解的图形进行修剪，最终效果如图 4-21 所示。

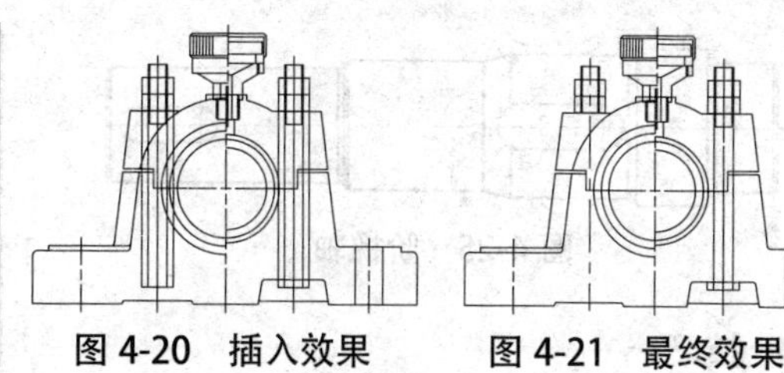

图 4-20　插入效果　　图 4-21　最终效果

047 应用设计中心管理与共享零件图 

<table>
<tr><td rowspan="4">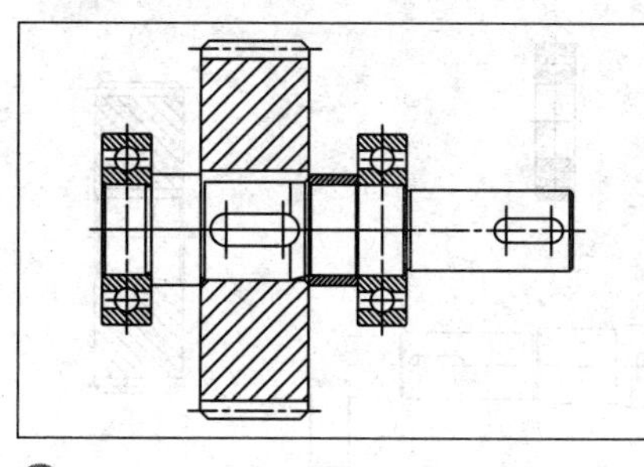</td><td colspan="2">AutoCAD 设计中心是一个直观且高效的工具，它与 windows 资源管理器类似，可以通过访问图形、块、图案填充和其他图形内容，将源图形中的任何内容拖动到当前图形或者工具选项板上。</td></tr>
<tr><td>文件路径：</td><td>实例文件 \ 第 04 章 \ 实例 047.dwg</td></tr>
<tr><td>视频文件：</td><td>MP4\ 第 04 章 \ 实例 047.MP4</td></tr>
<tr><td>播放时长：</td><td>0:04:22</td></tr>
</table>

01 执行【新建】命令，新建空白文件，并打开【对象捕捉】功能。

02 单击【视图】|【选项板】面板中的按钮，弹出如图 4-22 所示的【设计中心】资源管理器。

03 在左侧树状列表内，将光标定位在“\ 实例文件 \ 第 04 章 \ 实例 047”目录下，此文件夹下的所有图形文件都显示在右侧的列表框中。

04 在右侧列表框中找到【阶梯轴 .dwg】文件，如图 4-23 所示。

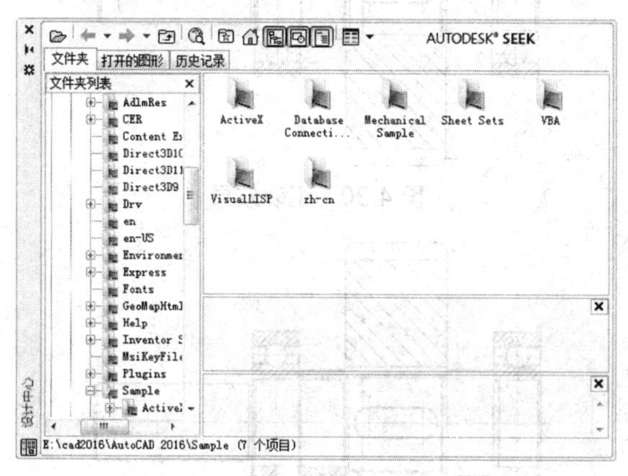

图 4-22 【设计中心】资源管理器

05 在该文件上单击右键，从弹出的快捷菜单中选择【在应用程序窗口中打开】选项，如图 4-24 所示，打开此文件。

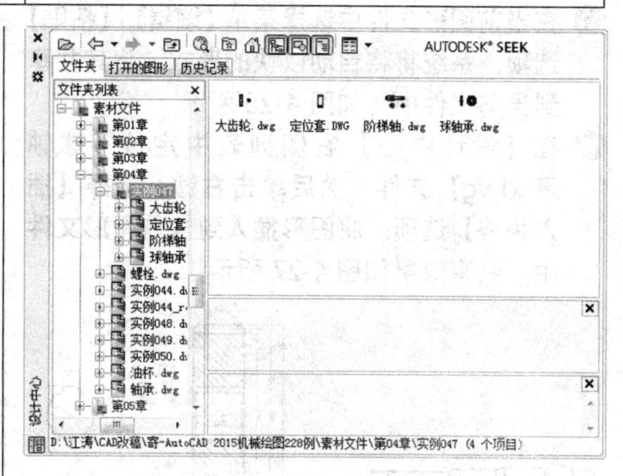

图 4-23　定位文件

06 在打开的阶梯轴文件中，执行【删除】命令，删除其下方的两个视图，如图 4-25 所示。

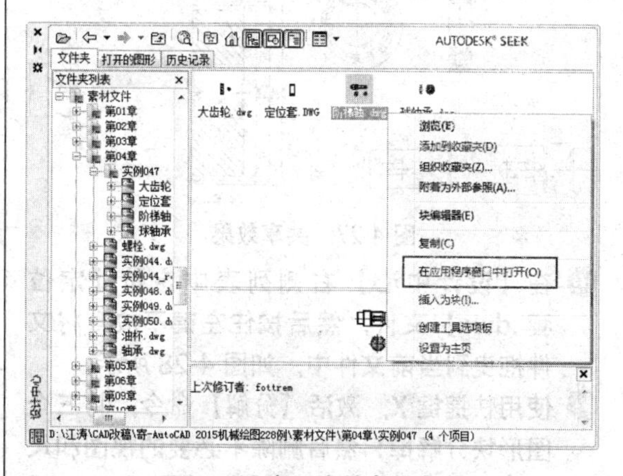

图 4-24　窗口文件右键菜单

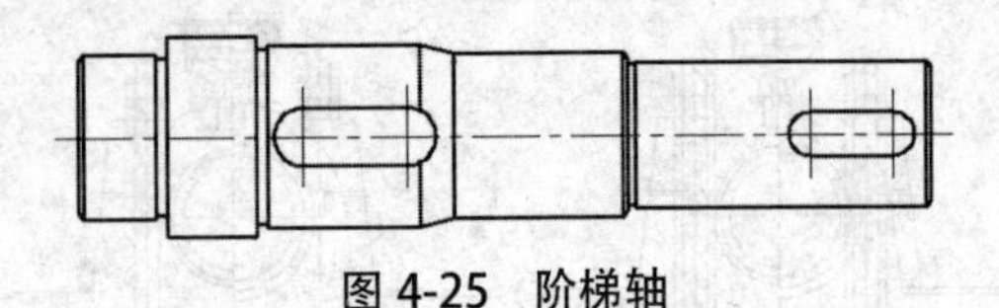

图 4-25　阶梯轴

技巧

【设计中心】类似 Windows 资源管理器，此工具能够管理和再利用 CAD 图形设计及图形标准，是一个直观的图形和文本管理工具。打开该对话框还有另外三种方式，即表达式 ADCENTER、快捷键 ADC 和组合键 Ctrl+2。

07 在右侧列表框中选择【大齿轮 .dwg】文件，单击右键，选择快捷菜单中的【复制】选项，将此文件复制到剪切板上。

08 在当前图形文件中选择菜单【编辑】|【粘贴】选项，系统将将自动以块的形式，将其共享到当前文件中，如图 4-26 所示。

09 在【设计中心】右侧列表中定位【球轴承 .dwg】文件，然后单击右键，选择【插入为块】选项，将图形插入到当前图形文件中，共享效果如图 4-27 所示。

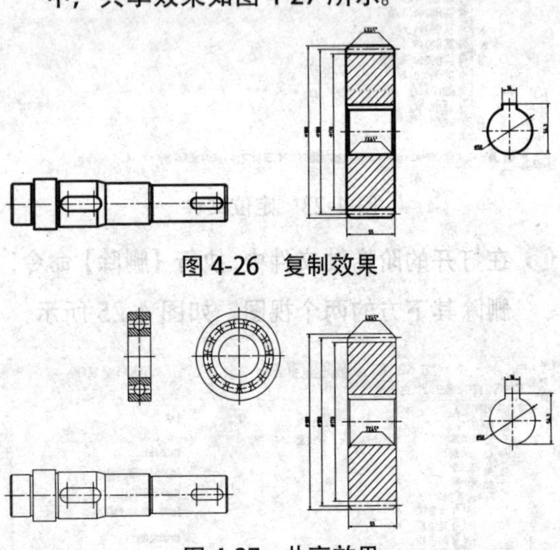

图 4-26　复制效果

图 4-27　共享效果

10 在【设计中心】右侧列表中定位【定位套 .dwg】文件，然后按住左键不放，将文件拖曳到当前文件中，如图 4-28 所示。

11 使用快捷键 X，激活【分解】命令，将三个图形块分解掉；然后删除不必要的视图和尺寸，并关闭状态栏上的【线宽】功能，如图 4-29 所示。

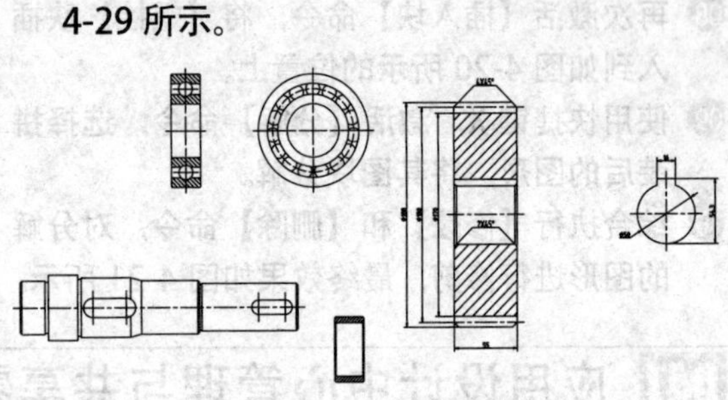

图 4-28　以【拖曳】功能共享图形资源

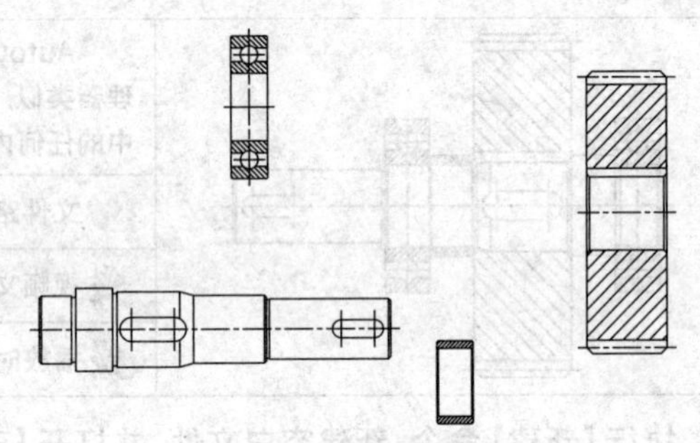

图 4-29　对图形进行完善

12 执行【移动】和【复制】命令，分别将球轴承、定位套和大齿轮三个图形组装到阶梯轴视图上，如图 4-30 所示。

13 综合执行【修剪】和【删除】命令，对装配后的各零件进行修剪，修剪效果如图 4-31 所示。

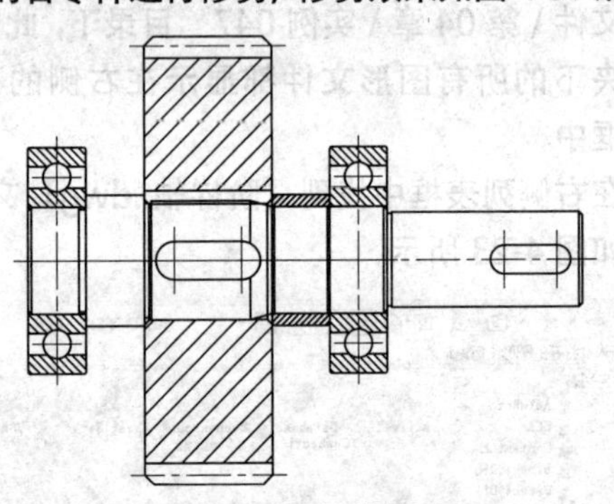

图 4-30　组装效果

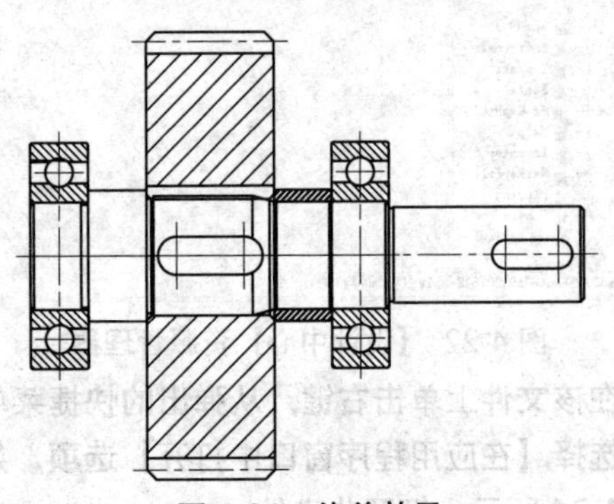

图 4-31　修剪效果

048 应用特性管理与修改零件图

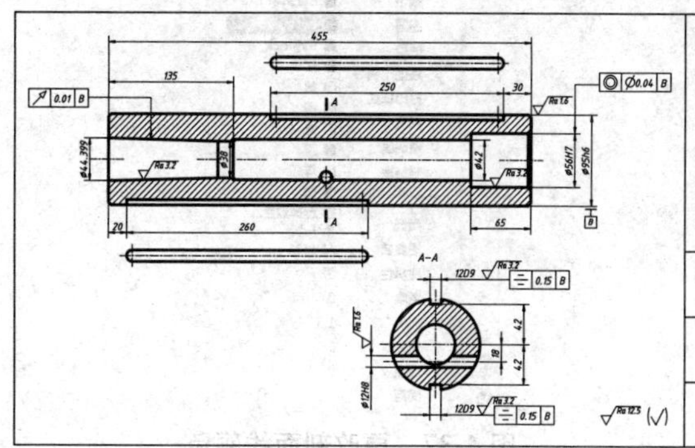

【特性】是一个管理与组织图形内部特性的高级工具。使用该命令还有以下几种快捷方式，即组合键 Ctrl+1、快捷键 PR 和菜单命令【修改】|【特性】。【特性匹配】命令用于将一个对象的内部特性复制给其他对象，使其拥有共同的内部特性。

文件路径：	实例文件 \ 第 04 章 \ 实例 048.dwg
视频文件：	MP4\ 第 04 章 \ 实例 048.MP4
播放时长：	0:02:16

01 按 Ctrl + O 快捷键，打开“\ 实例文件 \ 第 04 章 \ 实例 048.dwg”文件，如图 4-32 所示。

02 在【视图】选项卡中，单击【选项板】面板上的【特性】按钮，弹出如图 4-33 所示的【特性】对话框。

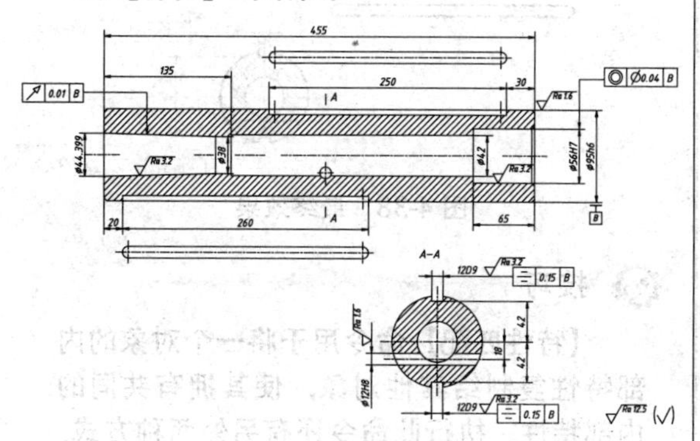

图 4-32 实例文件

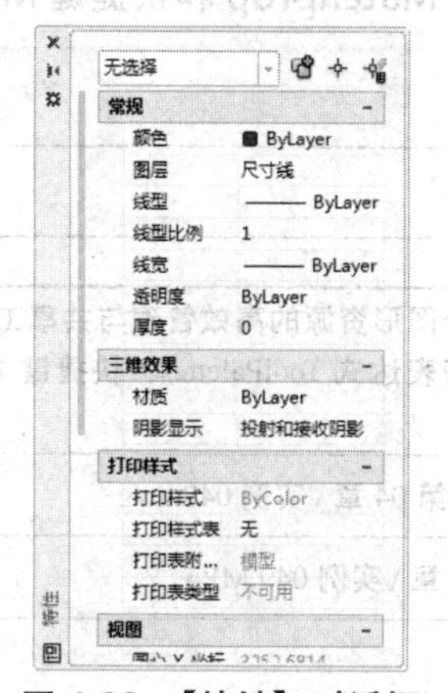

图 4-33 【特性】对话框

03 单击选择标有长度为 455 的尺寸线，此对象内部特性显示在左侧的【特性】对话框内，如图 4-34 所示。

04 在【特性】对话框中，单击【图层】右侧的文本框，此时文本框转化为下拉列表的形式，展开列表；然后选择【尺寸线】，如图 4-35 所示。该对象的图层被更改为【尺寸线】。

05 按 Esc 键，取消对象的显示状态。

06 单击【特性】面板中的【特性匹配】按钮，激活【特性匹配】命令，将标有长度为 455 的尺寸线对象的图层特性匹配给其他所有位置的尺寸线。命令行操作过程如下。

命令：'_matchprop

选择原对象：

// 选择长度为 455 的尺寸线

当前活动设置：颜色 图层 线型 线型比例 线宽 厚度 打印样式 标注 文字 填充图案 多段线 视口 表格材质 阴影显示 多重引线

选择目标对象或 [设置 (S)]:

// 选择所有的尺寸线

选择目标对象或 [设置 (S)]：↙

// 按 Enter 键，匹配效果如图 4-36 所示

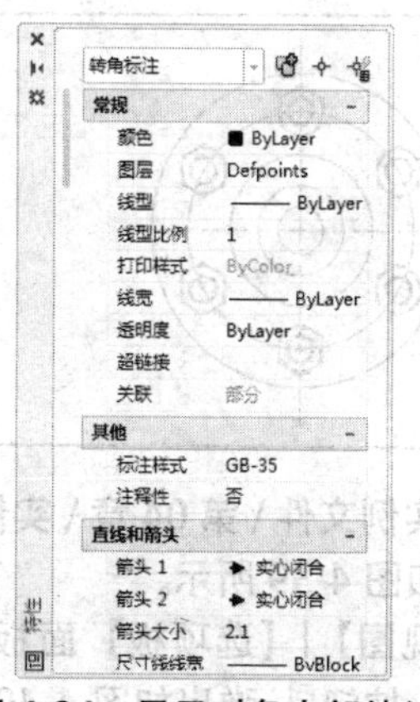

图 4-34 显示对象内部特征

图 4-35　更改对象图层

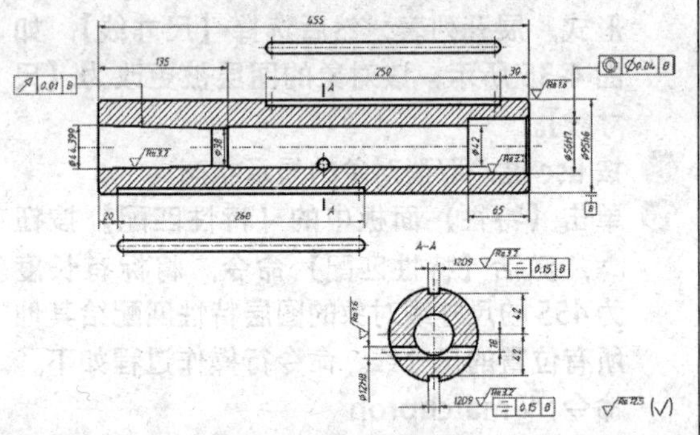

图 4-36　匹配效果

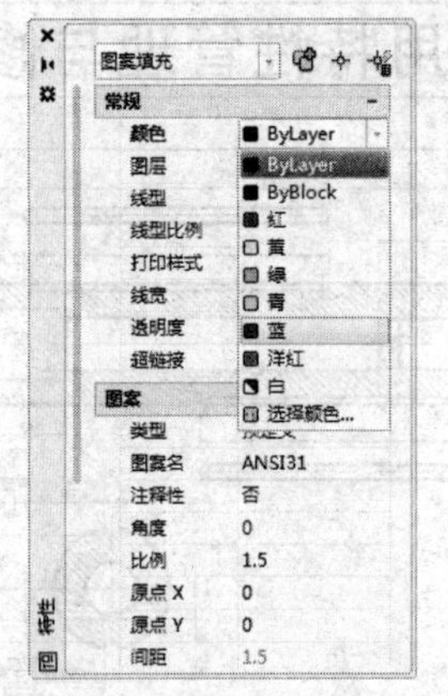

图 4-37　更改剖面线颜色

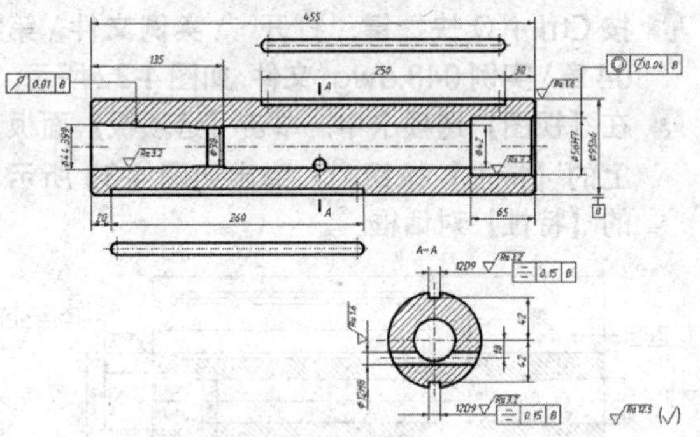

图 4-38　最终效果

07 选择剖面线，使其夹点显示，然后在【特性】对话框中更改剖面线的颜色为蓝色，如图 4-37 所示。

08 按 Esc 键，取消对象夹点显示，最终效果如图 4-38 所示。

技巧

【特性匹配】命令用于将一个对象的内部特性复制给其他对象，使其拥有共同的内部特性。执行此命令还有另外两种方式，即表达式 Matchprop 和快捷键 MA。

049 应用选项板高效引用外部资源

<table>
<tr><td rowspan="4">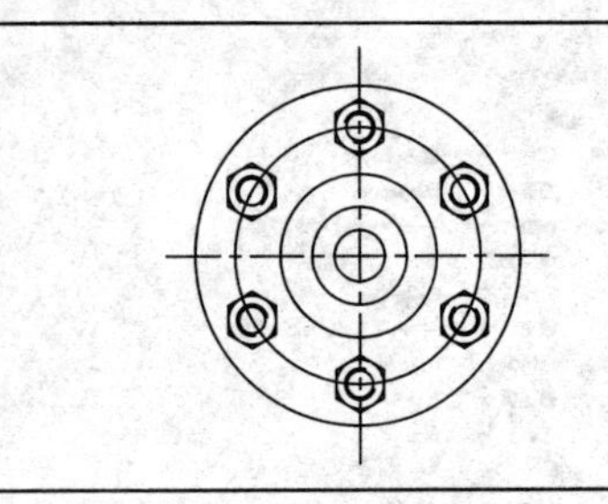</td><td colspan="2">【工具选项板】也是一个图形资源的高效管理与共享工具。调用该选项板有三种快捷方式：即表达式 ToolPalettes、快捷键 TP 和组合键 Ctrl+3。</td></tr>
<tr><td>文件路径：</td><td>实例文件 \ 第 04 章 \ 实例 049.dwg</td></tr>
<tr><td>视频文件：</td><td>MP4\ 第 04 章 \ 实例 049.MP4</td></tr>
<tr><td>播放时长：</td><td>0:03:10</td></tr>
</table>

01 打开“\ 实例文件 \ 第 04 章 \ 实例 049.dwg”文件，如图 4-39 所示。

02 单击【视图】|【选项板】面板上的【工具选项板】按钮，弹出如图 4-40 所示的【工具选项板】窗口。

03 在【工具选项板】窗口中单击【机械】选项卡，使其展开；然后将光标定位到公制单位的【六角螺母】图例上，如图 4-41 所示。

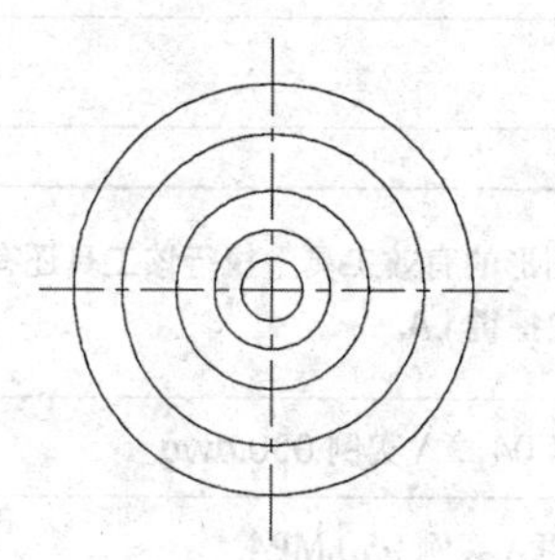

图 4-39　实例文件

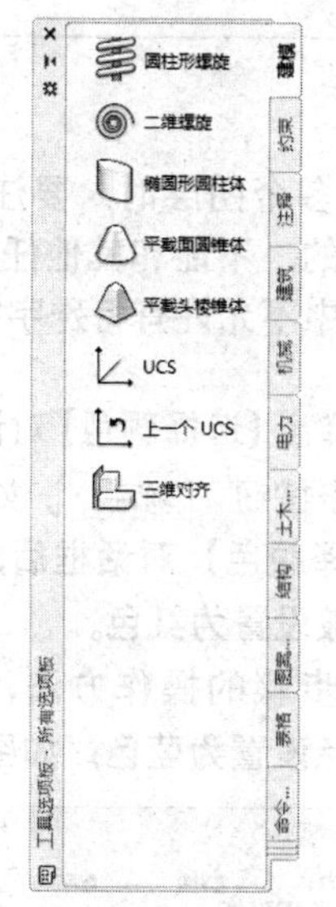

图 4-40　【工具选项板】窗口

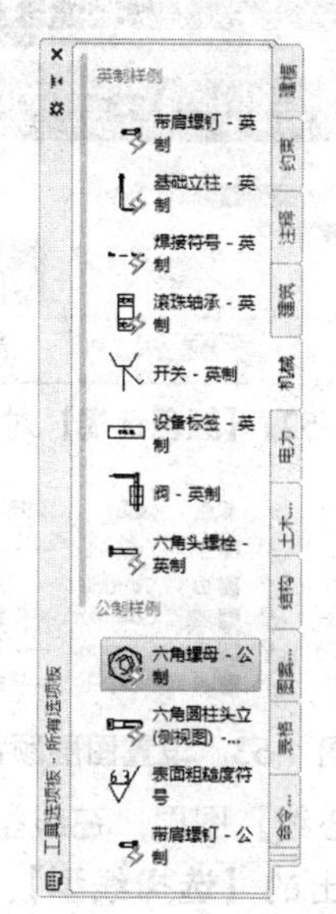

图 4-41　定位【机械】选项卡

04 按住鼠标左键不放，向绘图区拖曳光标，然后捕捉如图 4-42 所示的象限点作为插入点，将此螺母图例插入到图形中，插入效果如图 4-43 所示。

05 单击刚插入的六角螺母图块，该图块显示出动态块三角编辑按钮，如图 4-44 所示。

图 4-42　定位插入点

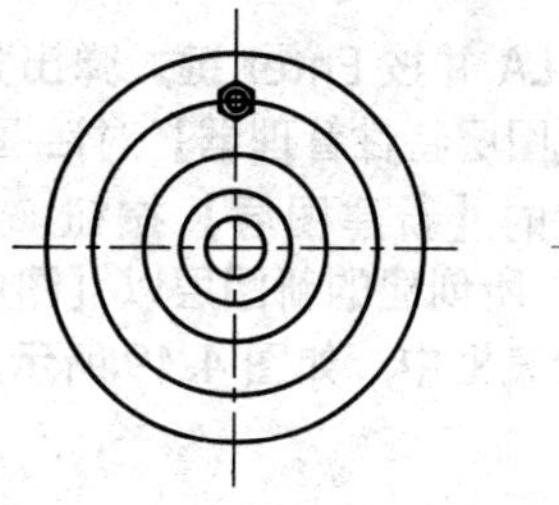

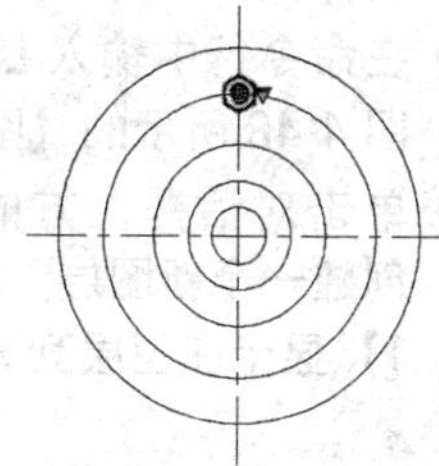

图 4-43　插入效果　　图 4-44　选择动态块

06 在三角编辑按钮上单击左键，系统将弹出如图 4-45 所示的菜单；然后选择【M14】，更改动态块的尺寸，如图 4-46 所示。

07 单击【修改】面板中的【环形阵列】按钮 ，弹出【环形阵列】窗口，然后按照默认参数设置，以同心圆的圆心作为中心点，对六角螺母环形阵列，阵列效果如图 4-47 所示。

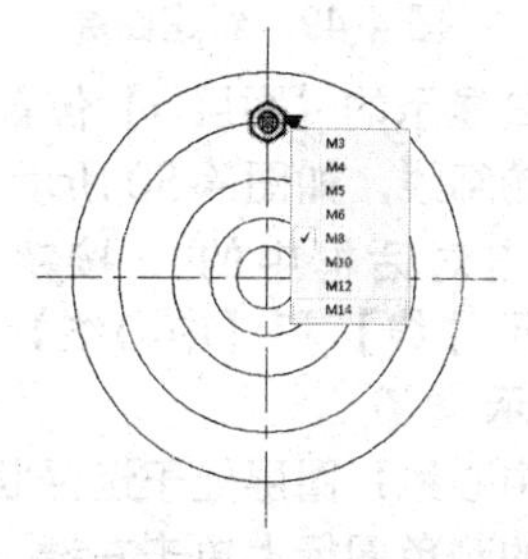

图 4-45　打开动态块按钮菜单

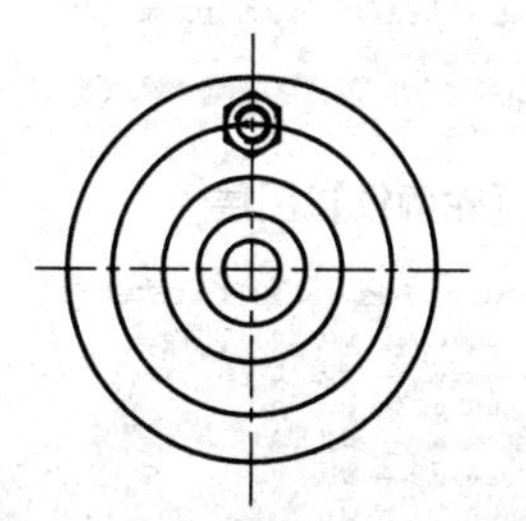

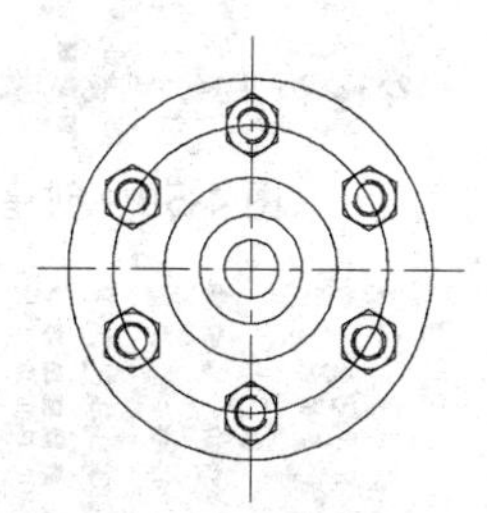

图 4-46　更改动态块尺寸　图 4-47　阵列效果

050 应用图层管理与控制零件图

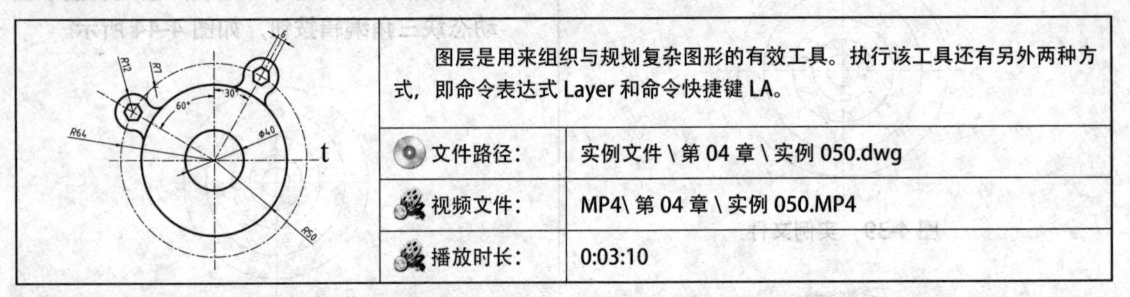

图层是用来组织与规划复杂图形的有效工具。执行该工具还有另外两种方式，即命令表达式 Layer 和命令快捷键 LA。

文件路径：	实例文件 \ 第 04 章 \ 实例 050.dwg
视频文件：	MP4\ 第 04 章 \ 实例 050.MP4
播放时长：	0:03:10

01 打开“\ 实例文件 \ 第 04 章 \ 实例 050.dwg”文件。

02 在命令行中输入 LA 并按 Enter 键，弹出如图 4-48 所示的【图层特性管理器】对话框。

03 单击对话框上方的【新建图层】按钮，创建一个新图层，所创建的新图层以【图层 1】显示在图层列表框中，如图 4-49 所示。

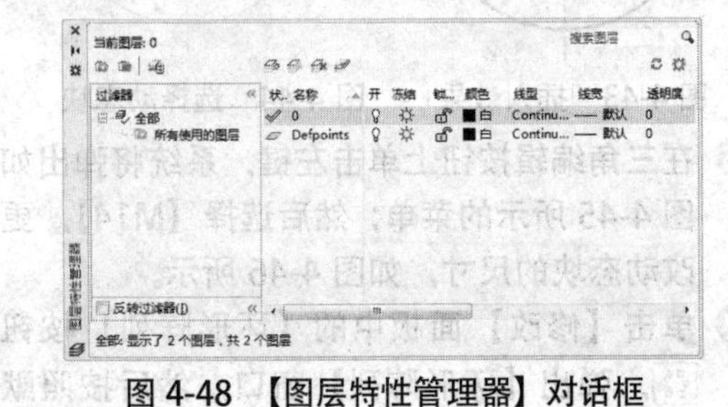

图 4-48 【图层特性管理器】对话框

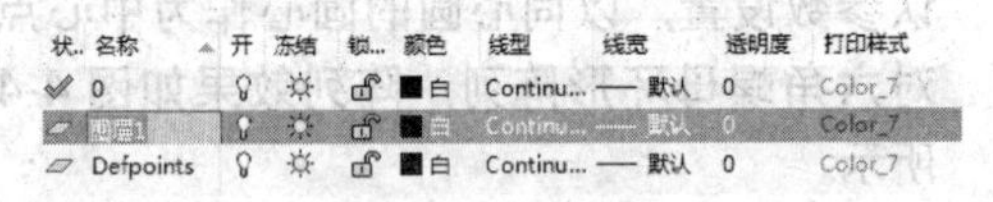

状.	名称	开	冻结	锁...	颜色	线型	线宽	透明度	打印样式
✓	0				白	Continu...	—— 默认	0	Color_7
	图层1				白	Continu...	—— 默认	0	Color_7
	Defpoints				白	Continu...	—— 默认	0	Color_7

图 4-49 新建图层

04 在呈黑白显示的【图层 1】位置上输入新图层名称轮廓线，如图 4-50 所示。

05 再次单击对话框中的按钮，创建两个名为【尺寸线】和【中心线】图层，如图 4-51 所示。

06 确保【中心线】图层处于选择状态，然后在中心线的颜色图标上单击左键。

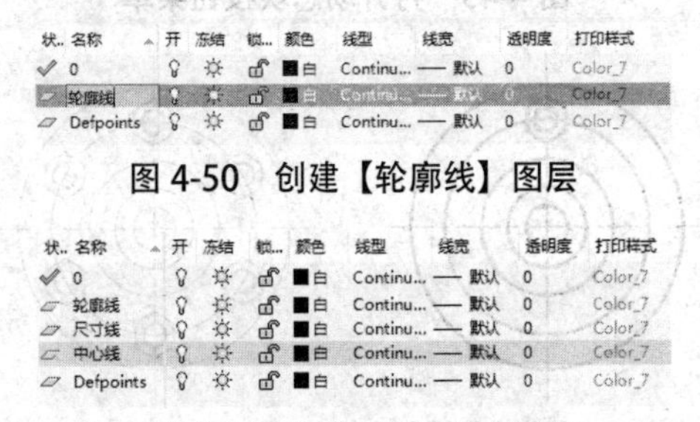

状.	名称	开	冻结	锁...	颜色	线型	线宽	透明度	打印样式
✓	0				白	Continu...	—— 默认	0	Color_7
	轮廓线				白	Continu...	—— 默认	0	Color_7
	Defpoints				白	Continu...	—— 默认	0	Color_7

图 4-50 创建【轮廓线】图层

状.	名称	开	冻结	锁...	颜色	线型	线宽	透明度	打印样式
✓	0				白	Continu...	—— 默认	0	Color_7
	轮廓线				白	Continu...	—— 默认	0	Color_7
	尺寸线				白	Continu...	—— 默认	0	Color_7
	中心线				白	Continu...	—— 默认	0	Color_7
	Defpoints				白	Continu...	—— 默认	0	Color_7

图 4-51 创建另外三个图层

技巧

在创建多个图层时，要注意图层名称必须是唯一的，不能和其他任何图层重名。另外，图层中不允许有特殊字符出现。

07 此时系统弹出【选择颜色】对话框。选择【红色】后单击按钮 确定，如图 4-52 所示。

08 关闭【选择颜色】对话框后，【中心线】图层的颜色被设置为红色。

09 参照以上步骤的操作方法，将【尺寸线】图层的颜色设置为蓝色，如图 4-53 所示。

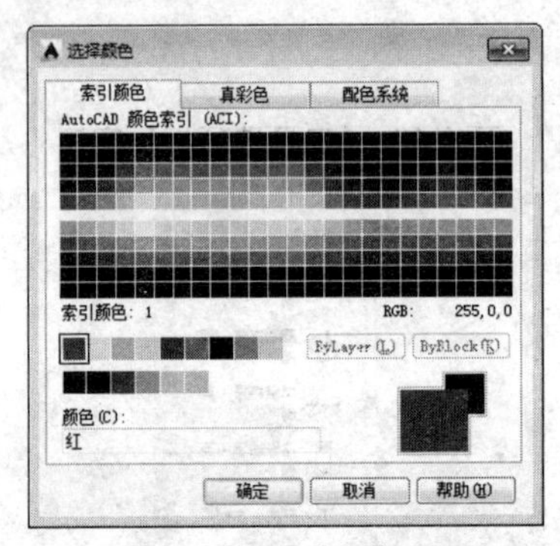

图 4-52 【颜色选择】对话框

状.	名称	开	冻结	锁...	颜色	线型	线宽	透明度	打印样式
✓	0				白	Continu...	—— 默认	0	Color_7
	轮廓线				白	Continu...	—— 默认	0	Color_7
	尺寸线				蓝	Continu...	—— 默认	0	Color_5
	中心线				红	Continu...	—— 默认	0	Color_1
	Defpoints				白	Continu...	—— 默认	0	Color_7

图 4-53 设置图层颜色

10 选择【中心线】图层，在线型位置上单击左键，从弹出的【选择线型】对话框中选择【CENTER】线型，如图 4-54 所示。单击对话框中的按钮 确定，返回【图层特性管理器】对话框，所选择的图层线型被更改，如图 4-55 所示。

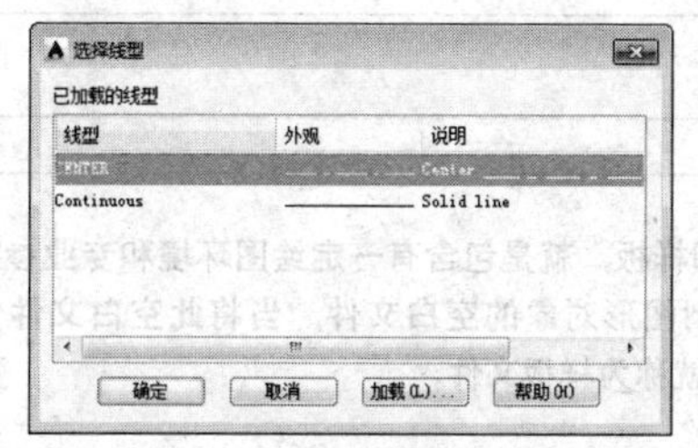

图 4-54 【选择线型】对话框

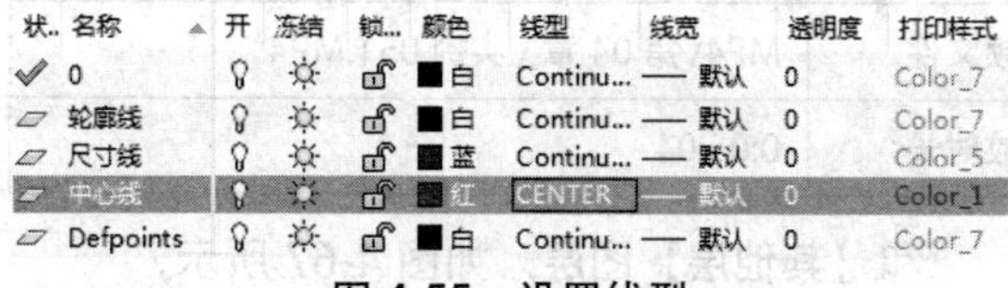

状..	名称	开	冻结	锁...	颜色	线型	线宽	透明度	打印样式
✓	0				白	Continu...	默认	0	Color_7
	轮廓线				白	Continu...	默认	0	Color_7
	尺寸线				蓝	Continu...	默认	0	Color_5
	中心线				红	CENTER	默认	0	Color_1
	Defpoints				白	Continu...	默认	0	Color_7

图 4-55 设置线型

⑪ 选择【轮廓线】图层，然后在线宽上单击左键，弹出【线宽】对话框。

⑫ 从弹出的【线宽】对话框中选择如图 4-56 所示的线宽，为图层设置线宽。

⑬ 在【线宽】对话框中单击按钮 确定 ，图层的线宽被修改，如图 4-57 所示。

⑭ 关闭【图层特性管理器】对话框，结束【图层】命令。

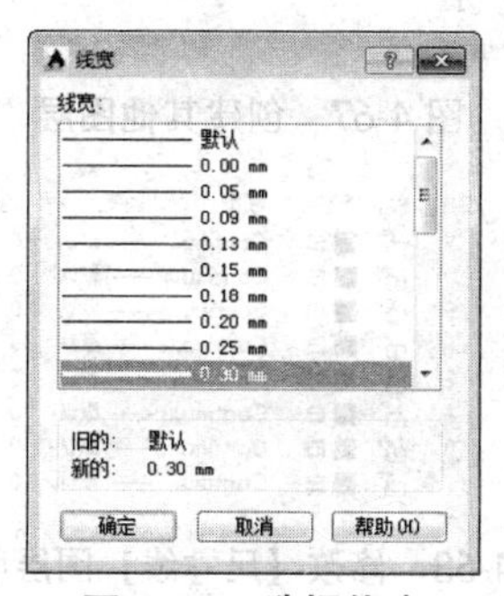

图 4-56 选择线宽

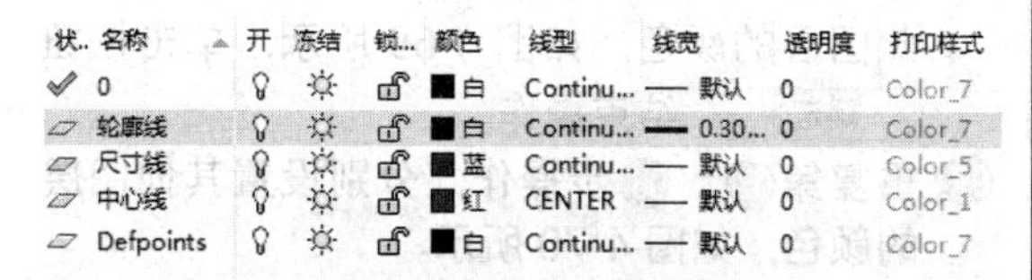

状..	名称	开	冻结	锁...	颜色	线型	线宽	透明度	打印样式
✓	0				白	Continu...	默认	0	Color_7
	轮廓线				白	Continu...	0.30...	0	Color_7
	尺寸线				蓝	Continu...	默认	0	Color_5
	中心线				红	CENTER	默认	0	Color_1
	Defpoints				白	Continu...	默认	0	Color_7

图 4-57 修改线宽

⑮ 在无命令执行的前提下，选择所有的中心线，使其呈夹点显示，如图 4-58 所示。

⑯ 单击【图层】面板中的【图层控制】下三角按钮，在弹出的下拉菜单中选择【中心线】图层，如图 4-59 所示。更改【中心线】图层为【中心线】层。

⑰ 按 Esc 键，取消对象的夹点显示，更改效果如图 4-60 所示。

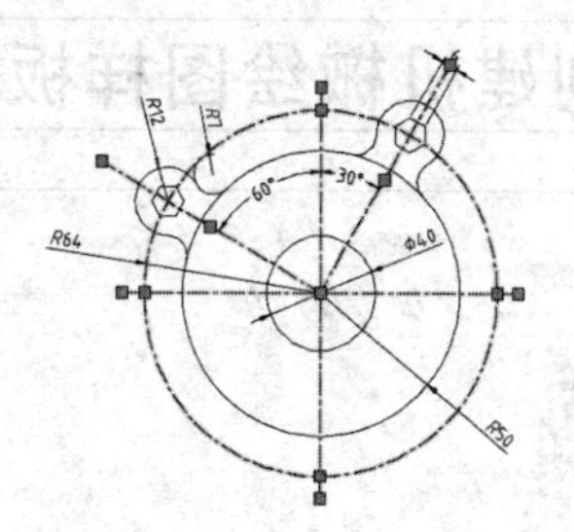

图 4-58 夹点显示中心线

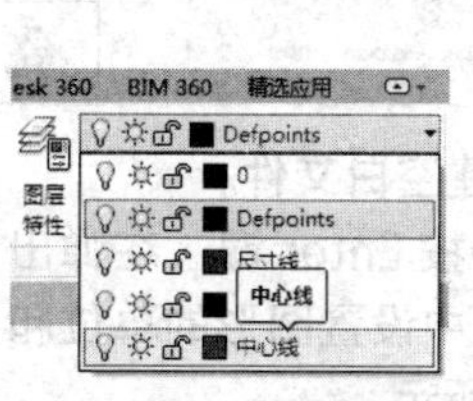

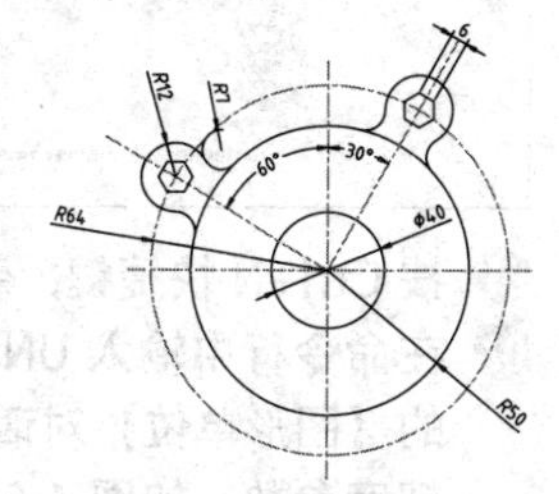

图 4-59 选择图层　　图 4-60 更改效果

⑱ 选择所有位置的尺寸线，然后选择【图层控制】下拉菜单中的【尺寸线】图层，将其放到尺寸线图层，更改效果如图 4-61 所示。

⑲ 在【图层控制】下拉菜单中分别单击【中心线】和【尺寸线】两个图层左端的按钮💡，将两个图层暂时关闭，如图 4-62 所示。

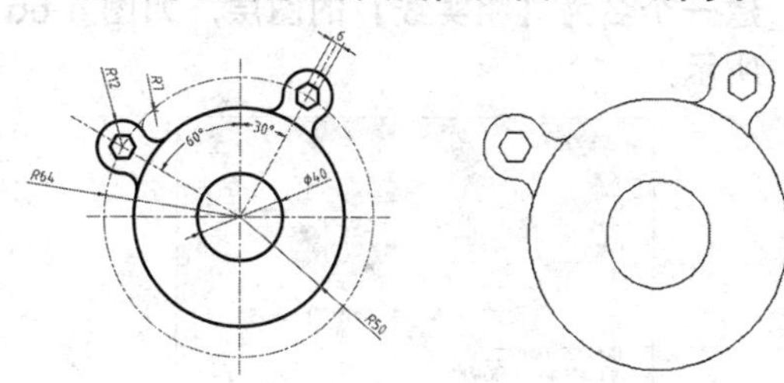

图 4-61 更改效果　图 4-62 关闭图层后显示

⑳ 选择所有图形对象，然后单击【图层控制】下三角按钮，选择【轮廓线】层，将图形对象放到【轮廓线】图层上。单击状态栏上的按钮☰，打开线宽显示功能，显示出对象的线宽特性，如图 4-63 所示。

㉑ 展开【图层控制】列表，打开被隐藏的图形对象，最终效果如图 4-64 所示。

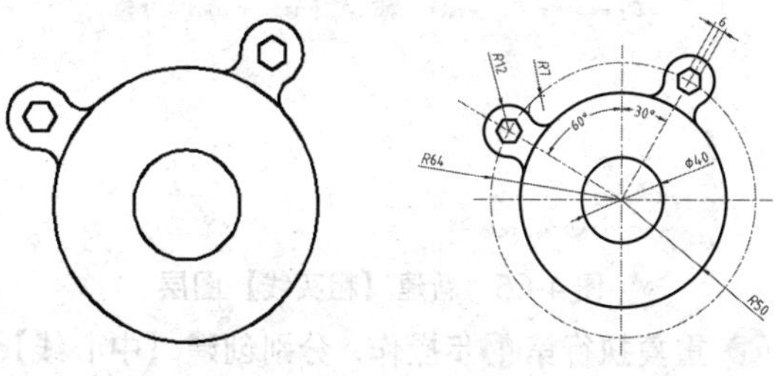

图 4-63 显示对象的线宽　图 4-64 最终效果

051 创建机械绘图样板文件

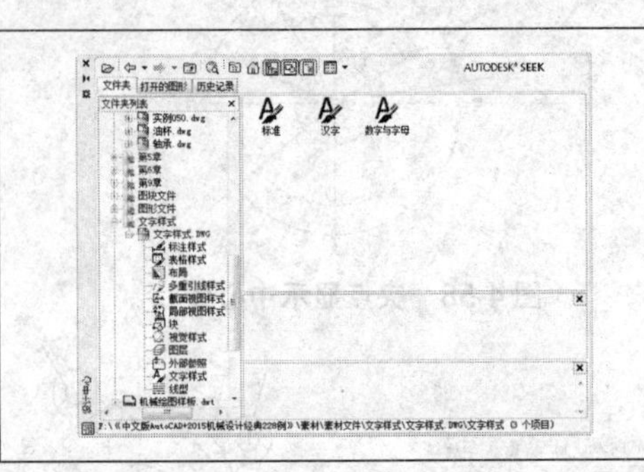

所谓的绘图样板，就是包含有一定绘图环境和专业参数的设置，但并未绘制图形对象的空白文件，当将此空白文件保存为".dwt"格式后就称为样板文件。

文件路径：	实例文件\机械绘图样板.dwt
视频文件：	MP4\第04章\实例051.MP4
播放时长：	0:05:04

01 按Ctrl+N快捷键，新建空白文件。

02 在命令行中输入UN并按Enter键，在弹出的【图形单位】对话框中设置图形的单位和精度参数，如图4-65所示。

03 显示菜单栏，选择菜单【视图】|【缩放】|【全部】选项，将图形界限最大化显示在当前屏幕上。

04 单击【图层】面板中的【图层】按钮，弹出【图层特性管理器】对话框。

05 单击对话框上方【新建图层】按钮，创建一个名为【粗实线】的图层，如图4-66所示。

图4-65 【图形单位】对话框

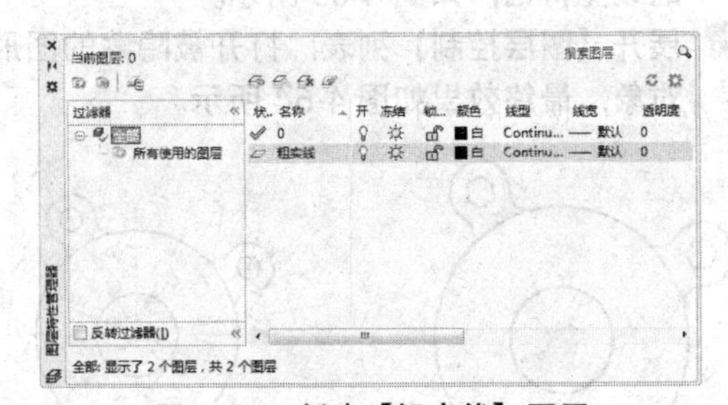

图4-66 新建【粗实线】图层

06 重复执行第05步操作，分别创建【中心线】、【尺寸线】、【虚线】、【剖面线】、【文字层】和【其他层】图层，如图4-67所示。

07 选择刚创建的【尺寸线】将其激活，在如图4-68所示的颜色图标上单击，弹出【选择颜色】对话框。

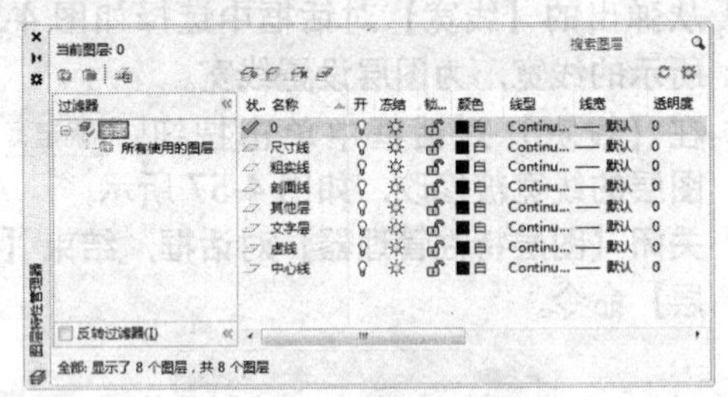

图4-67 创建其他图层

状..	名称	开	冻结	锁...	颜色	线型	线宽	透明度	打印样式
	0				白	Continu...	—— 默认	0	Color_7
	粗实线				白	Continu...	—— 默认	0	Color_7
	中心线				白	Continu...	—— 默认	0	Color_7
	尺寸线				白	Continu...	—— 默认	0	Color_7
	虚线				白	Continu...	—— 默认	0	Color_7
	剖面线				白	Continu...	—— 默认	0	Color_7
	文字层				白	Continu...	—— 默认	0	Color_7
	其他层				白	Continu...	—— 默认	0	Color_7

图4-68 修改【尺寸线】图层颜色

08 在【选择颜色】对话框中选择【红】色作为此图层的颜色，如图4-69所示，单击按钮 确定 ，结束操作。

09 重复第07、08步操作，分别设置其他图层的颜色，如图4-70所示。

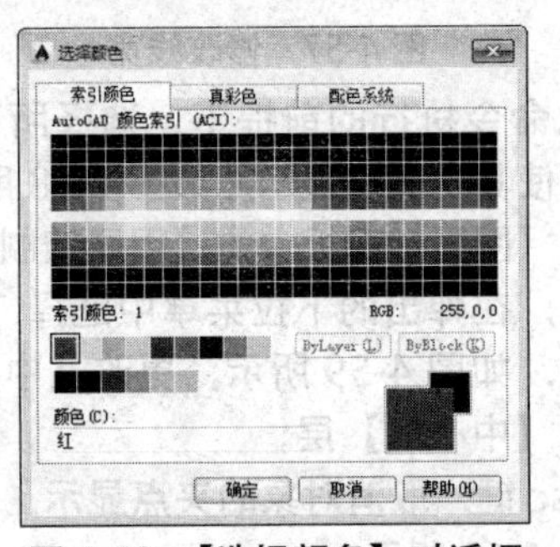

图4-69 【选择颜色】对话框

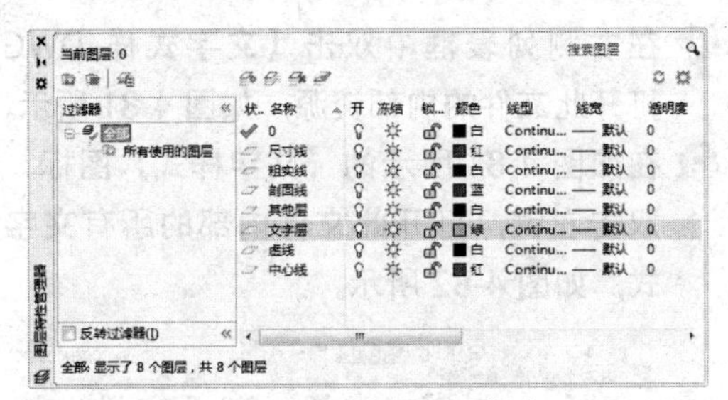

图 4-70 设置其他图层颜色

⑩ 将【中心线】图层激活，在 Continuous 位置上单击左键，弹出如图 4-71 所示的【选择线型】对话框。

⑪ 单击对话框中的按钮 加载(L)... ，在弹出的【加载或重载线型】对话框中选择 CENTER 线型进行加载，如图 4-72 所示。

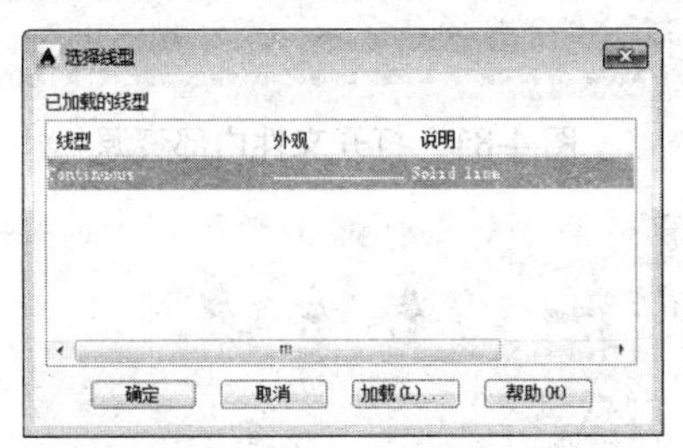

图 4-71 【选择线型】对话框

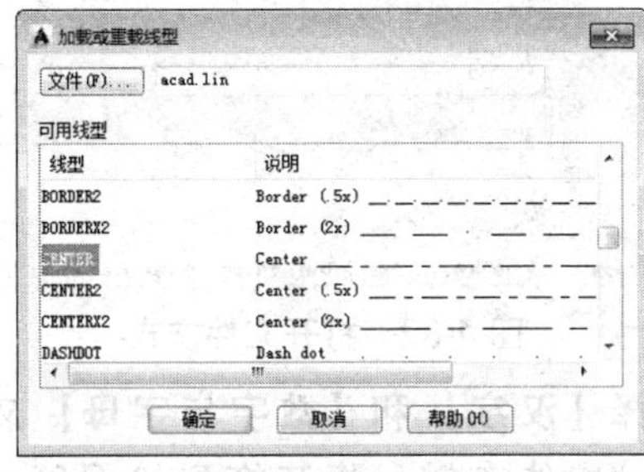

图 4-72 【加载或重载线型】对话框

⑫ 单击按钮 确定 ，则此线型出现在【选择线型】对话框中，如图 4-73 所示。

⑬ 选择所加载的线型，单击【选择线型】对话框中的按钮 确定 ，将此线型赋予【中心线】图层，如图 4-74 所示。

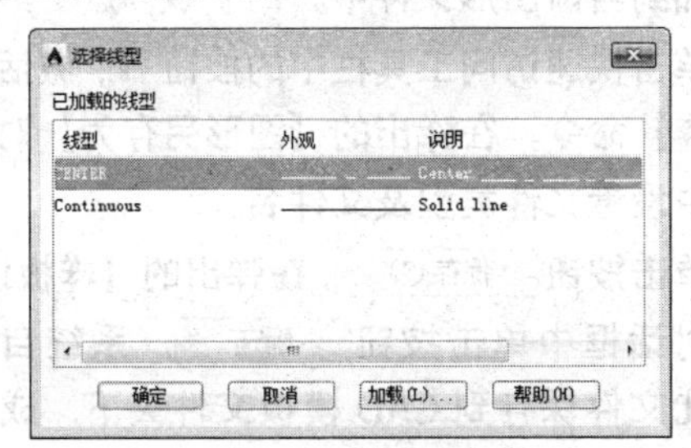

图 4-73 加载线型

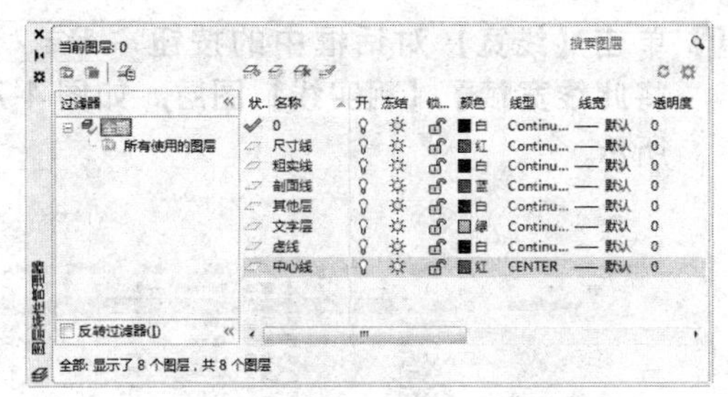

图 4-74 设置【中心线】图层线型

⑭ 重复本例第⑩至第⑬步操作，分别为其他图层设置线型，如图 4-75 所示。

⑮ 选择【粗实线】图层将其激活，在如图 4-76 所示的位置上单击左键，弹出【线宽】对话框。

图 4-75 设置其他图层线型

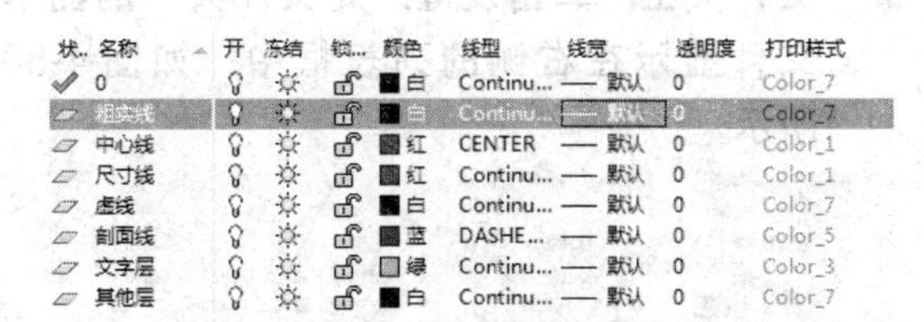

图 4-76 定位单击位置

⑯ 在【线宽】对话框中选择【0.3mm】的线宽，如图 4-77 所示。

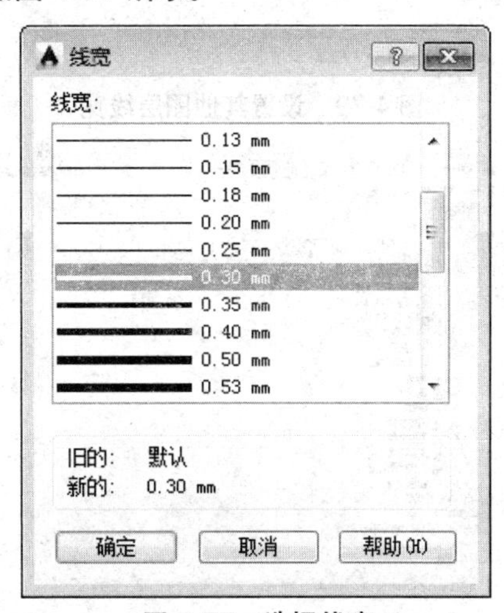

图 4-77 选择线宽

⑰ 单击【线宽】对话框中的按钮 确定 ，将此线宽赋予【粗实线】图层，如图4-78所示。

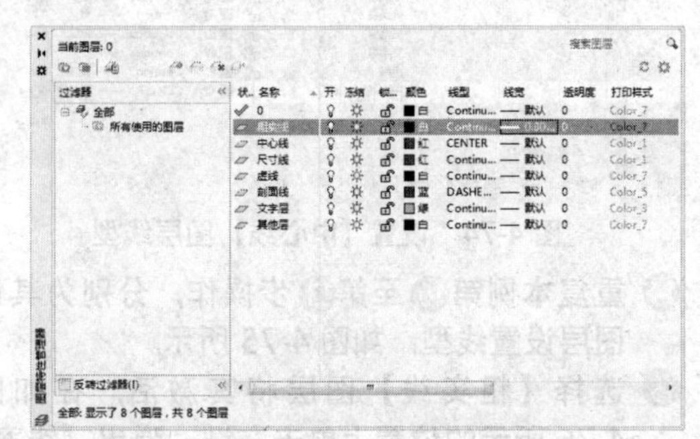

图4-78 设置【粗实线】图层线宽

⑱ 重复本例第⑮～第⑰步操作，分别将【中心线】、【尺寸线】、【虚线】、【剖面线】、【文字层】和【其他层】线宽设置为【0.13mm】，如图4-79所示。

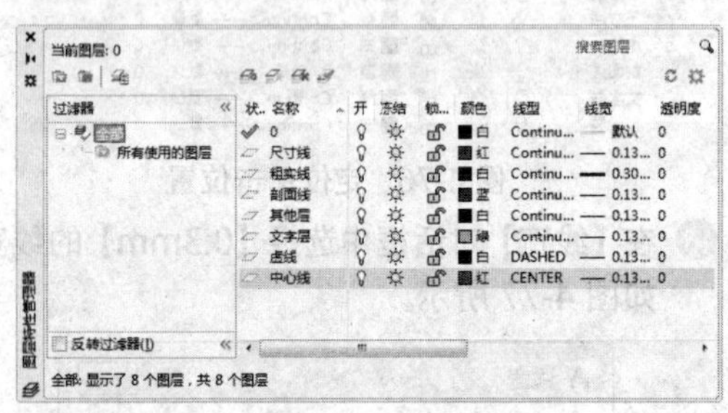

图4-79 设置其他图层线宽

⑲ 单击【选项板】面板中的按钮，激活【设计中心】命令，弹出【设计中心】资源管理器窗口。

⑳ 把光标定位在光盘目录下的【文字样式】文件夹上，单击左键，此文件夹下的图形文件显示在右侧的列表框中，如图4-80所示。

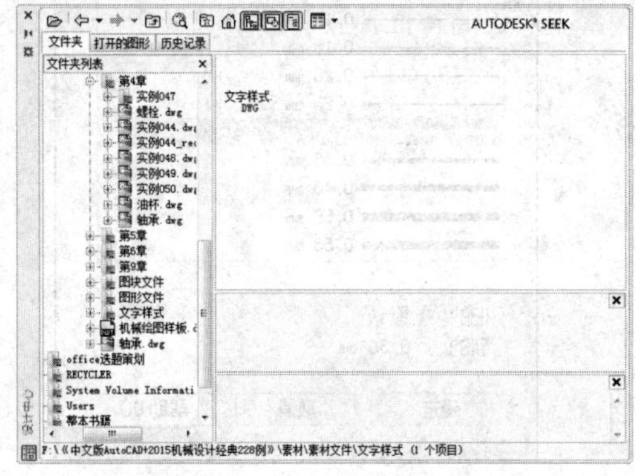

图4-80 展开目标文件夹

㉑ 在右侧列表框中双击【文字式样.DWG】，打开此文件的内部资源，如图4-81所示。

㉒ 在如图4-81所示的【文字样式】图标上双击左键，打开此文件内部的所有文字样式，如图4-82所示。

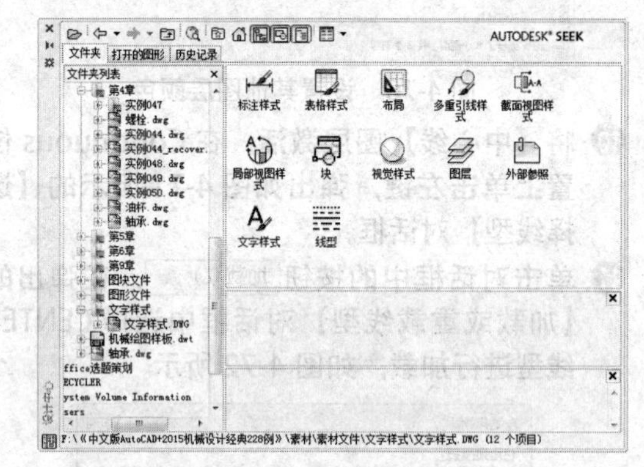

图4-81 打开文件内部资源

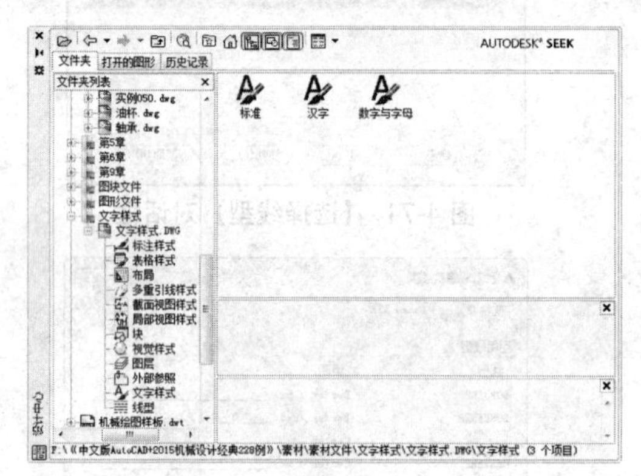

图4-82 打开文件样式

㉓ 选择【汉字】和【数字与字母】文字样式，按住左键，将其拖到绘图区，系统将此文字样式自动添加到当前图形文件内。

㉔ 重复执行本例第⑳～第㉓步操作，把【| 尺寸样式 | 尺寸样式.dwg| 机械标注】样式添加到当前图形文件中。

㉕ 单击快速访问工具栏中的按钮，激活【保存】命令。在弹出的【图形另存为】对话框中设置文件类型及文件名。

㉖ 单击按钮 保存(S) ，在弹出的【样板说明】对话框中单击按钮 确定 ，系统自动将此文件保存到CAD模板文件夹下，成为一个DWT样板文件。

052 创建动态块

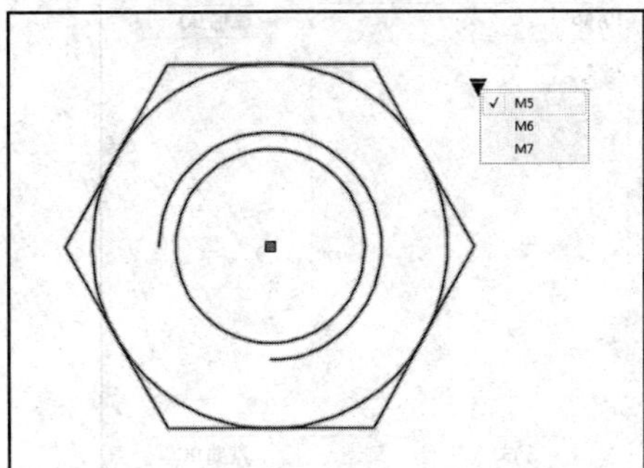

将机械设计中的常用零件制作成图块，在需要使用时直接插入，会节省大量的绘图时间，但对于系列化的零件（如螺栓、轴承），为每一种型号的零件创建一个块也不是高效的办法。AutoCAD 提供的动态块功能，创建可变参数的块，在一个块中就能选择系列零件的不同规格。本例创建六角螺母的俯视图动态块，包含 M5、M6 和 M8 三种规格。

文件路径：	实例文件 \ 第 04 章 \ 实例 052.dwg
视频文件：	MP4\ 第 04 章 \ 实例 052.MP4
播放时长：	0:08:28

01 新建 AutoCAD 文件，在绘图区绘制如图 4-83 所示的 M5 螺母俯视图，注意以原点为中心，且不要标注尺寸。

02 显示菜单栏，选择菜单【绘图】|【块】|【创建】选项，系统弹出【块定义】对话框。选择螺母的圆心为插入基点，选择整个螺母为创建对象，输入块名称为 C 级螺母，块单位设置为【毫米】，然后单击【确定】按钮，创建此块。

03 选择菜单【工具】|【块编辑器】选项，系统弹出【编辑块定义】对话框，如图 4-84 所示。在列表框中选择【C 级螺母】为编辑对象，单击【确定】按钮，系统进入块编辑状态，并弹出【块编写选项】板，如图 4-85 所示。

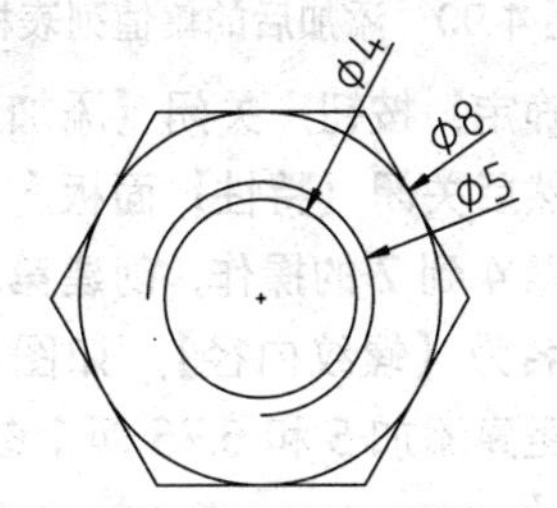

图 4-83 绘制螺母俯视图

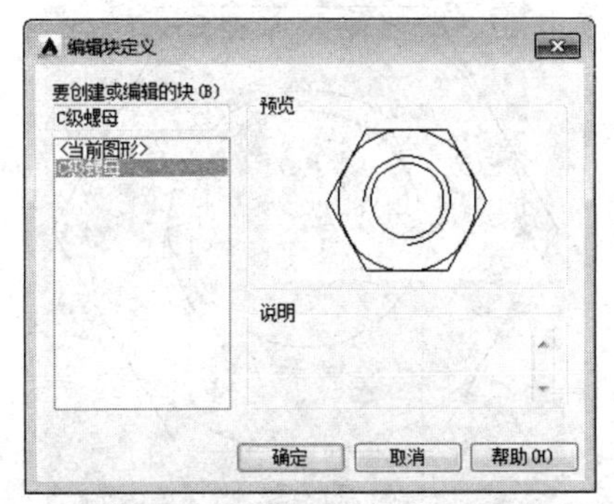

图 4-84 【编辑块定义】对话框

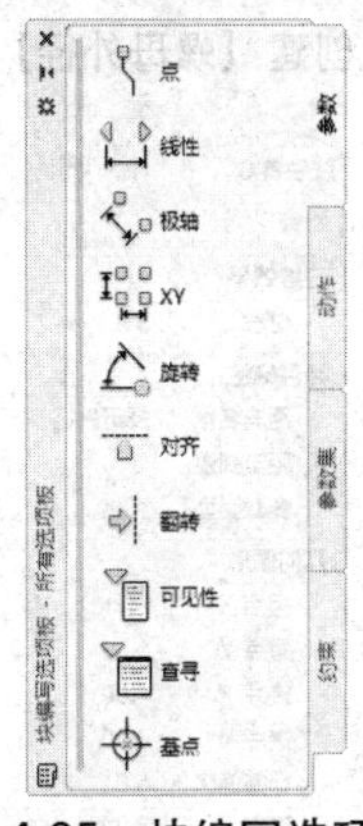

图 4-85 块编写选项板

04 在【块编写选项】板中，选择【参数】选项卡，单击【线性】按钮，在螺母上添加一个线性参数。命令行操作过程如下：

命令：_BParameter 线性
// 调用【线性参数】命令
指定起点或 [名称 (N)/ 标签 (L)/ 链 (C)/ 说明 (D)/ 基点 (B)/ 选项板 (P)/ 值集 (V)]：
↙
// 选择【标签】选项
输入距离特性标签 < 距离 1>：螺母外径
// 将此标签重命名为【螺母外径】
指定起点或 [名称 (N)/ 标签 (L)/ 链 (C)/ 说明 (D)/ 基点 (B)/ 选项板 (P)/ 值集 (V)]:
// 选择 Φ8 圆的左侧象限点
指定端点：
// 选择 Φ8 圆的右侧象限点
指定标签位置：
// 上下拖动标签至合适的位置，创建的参数标签如图 4-86 所示

05 单击该参数标签，按 Ctrl+1 组合键，弹出

该线性参数的【特性】面板。在【值集】栏将【距离类型】设置为【列表】，在【其他】栏将夹点数修改为 0，如图 4-87 所示。

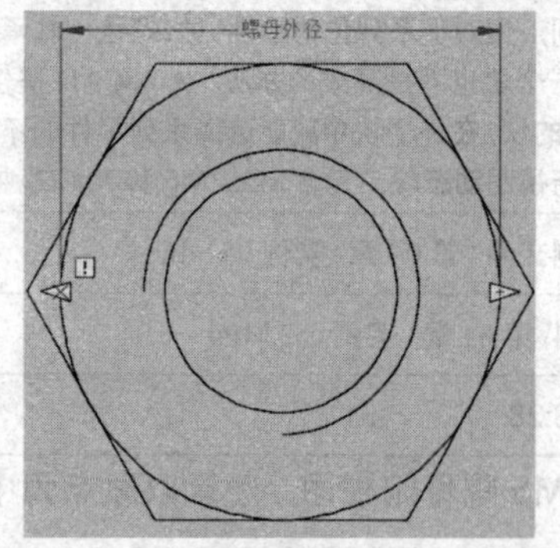

图 4-86　创建【螺母外径】参数标签

图 4-87　编辑参数集值

06 单击距离数值右侧的按钮，系统弹出【添加距离值】对话框，如图 4-88 所示。在【要添加的距离】文本框中输入 10 和 13，并用逗号隔开，如图 4-89 所示。单击【添加】按钮，添加了两个距离参数，如图 4-90 所示。

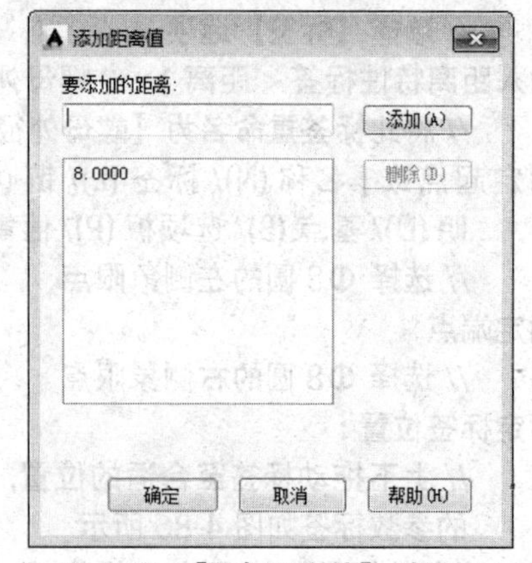

图 4-88　【添加距离值】对话框

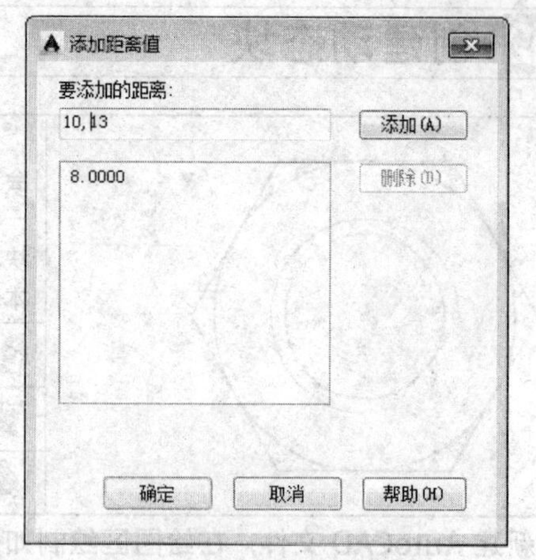

图 4-89　添加距离值

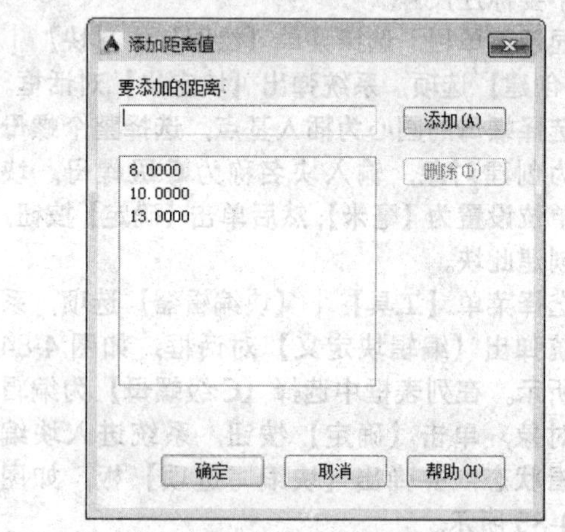

图 4-90　添加后的集值列表框

07 单击【确定】按钮，关闭【添加距离值】对话框，然后关闭【特性】面板。

08 重复步骤 4 到 7 的操作，创建第二个距离参数，命名为【螺纹内径】，如图 4-91 所示。并为此距离添加 5 和 6.75 两个参数值。

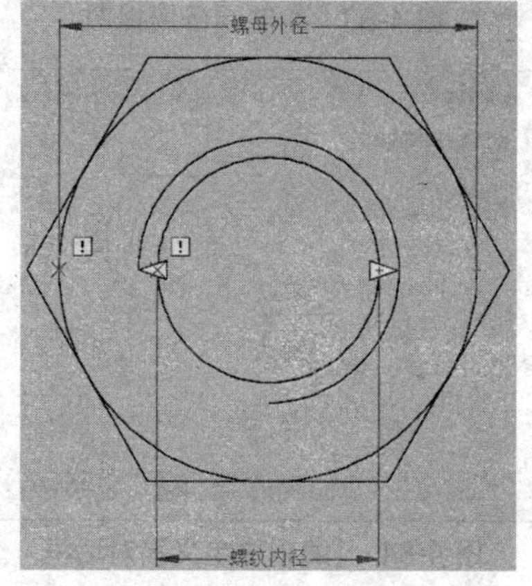

图 4-91　设置螺纹内径线性参数

⑨ 重复步骤 4 到 7 的操作，创建第三个距离参数，命名为【螺母内径】，如图 4-92 所示。并为此距离添加 6 和 8 两个参数值。

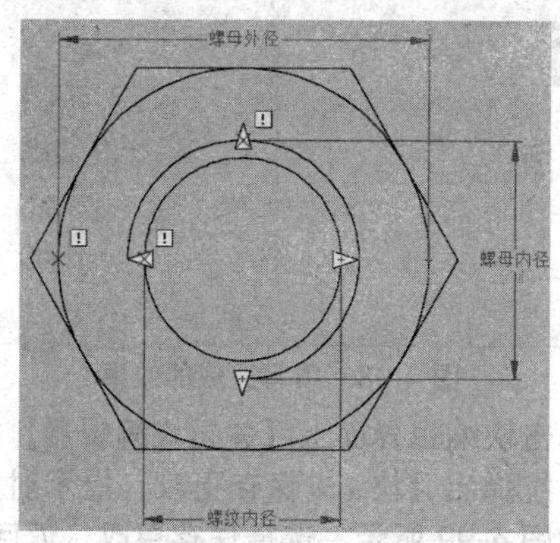

图 4-92　设置螺母内径线性参数

⑩ 在【块编写选项板】中，选择【动作】选项卡，单击【缩放】按钮，为螺母外径添加缩放动作。命令行操作过程如下：

命令：_BActionTool 缩放

选择参数：

// 单击选择【螺母外径】参数

指定动作的选择集

选择对象：找到 1 个

选择对象：找到 1 个，总计 2 个

// 选择正六边形和外圆为缩放的对象

选择对象：↙

// 按 Enter 键完成选择，完成创建。

⑪ 将鼠标移动至缩放动作标签上，如图 4-93 所示。单击即可选中该动作，然后按 Ctrl+1 组合键，弹出该缩放动作的【特性】面板，将缩放【基准类型】修改为【独立】，基准 X、Y 都设为 0，如图 4-94 所示。

⑫ 重复步骤⑩和⑪的操作，为【螺纹内径】添加缩放动作，缩放的对象为内圆。

⑬ 重复步骤⑩和⑪的操作，为【螺母内径】添加缩放动作，缩放对象为中间圆弧。

⑭ 在【块编写选项板】中，选择【参数】选项卡，单击【查寻】按钮，在块中添加一个查寻参数。命令行操作过程如下：

命令：_BParameter 查寻

指定参数位置或 [名称 (N)/ 标签 (L)/ 说明 (D)/ 选项板 (P)]：↙

// 选择【标签】选项

输入查寻特性标签 <查寻 1>：选择螺母规格

// 将参数标签修改为【选择螺母规格】

指定参数位置或 [名称 (N)/ 标签 (L)/ 说明 (D)/ 选项板 (P)]：

// 在螺母附近任意空白位置单击放置查寻标签，如图 4-95 所示。

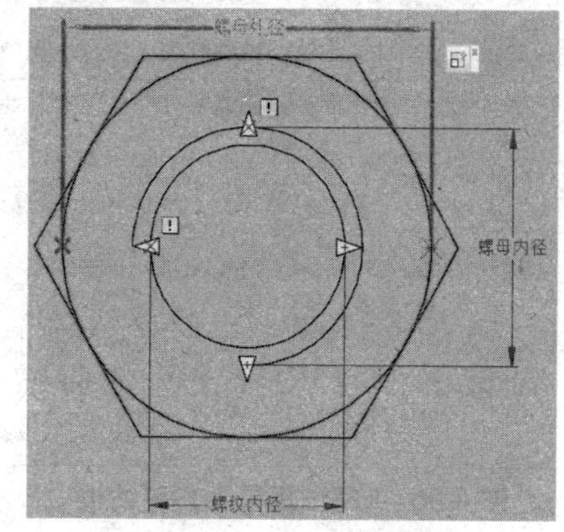

图 4-93　缩放动作标签

图 4-94　修改缩放基准

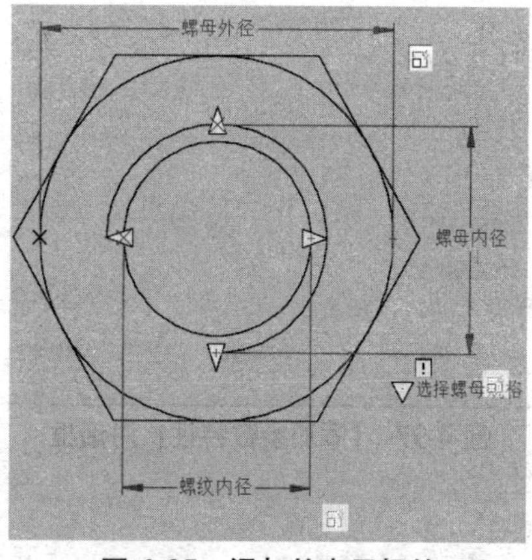

图 4-95　添加的查寻标签

⑮ 在【块编写选项板】中，选择【动作】选项卡，单击【查寻】按钮，命令行提示选择参数。单击【选择螺母规格】参数，弹出【特性查寻表】对话框，如图 4-96 所示。单击【添加特性】按钮，弹出【添加参数特性】对话框，如图 4-97 所示。将三个距离参数都添加到查寻表中。

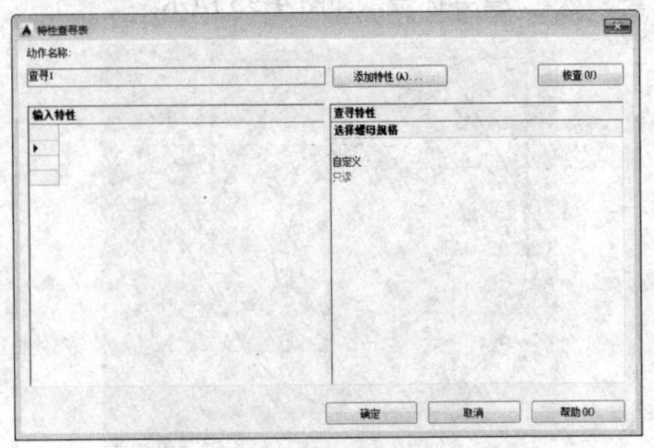

图 4-96 【特性查寻表】对话框

⑯ 返回【特性查寻表】对话框，在【查寻特性】列表框中输入螺母名称 M5、M6 和 M8。在【输入特性】列表框中选择各种规格对应的尺寸参数，填写完成的效果如图 4-98 所示。单击【确定】，关闭【特性查寻表】对话框。

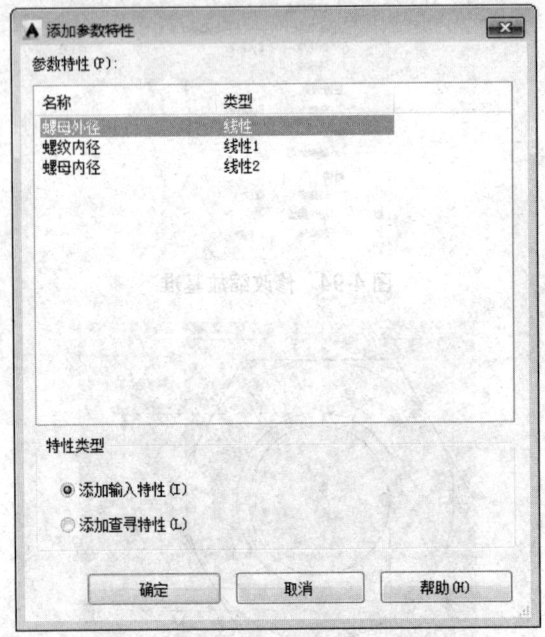

图 4-97 【添加参数特性】对话框

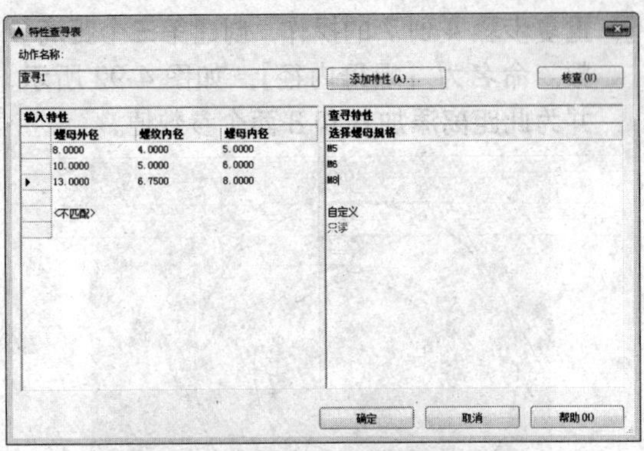

图 4-98 填写完成的效果

⑰ 单击块编辑界面上【关闭块编辑器】按钮，系统弹出【块 - 未保存更改】提示对话框，如图 4-99 所示。选择保存更改，返回到绘图界面。

⑱ 单击螺母块，块上出现三角形查寻夹点；单击该夹点，弹出螺母的规格列表，如图 4-100 所示。选择不同的规格，螺母的尺寸随之变化。

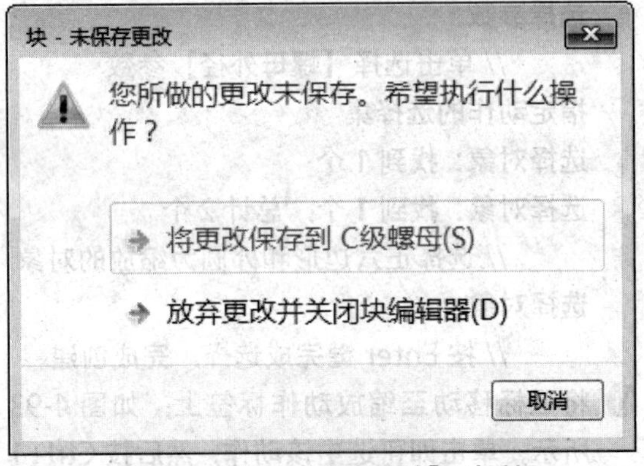

图 4-99 【块 - 未保存更改】对话框

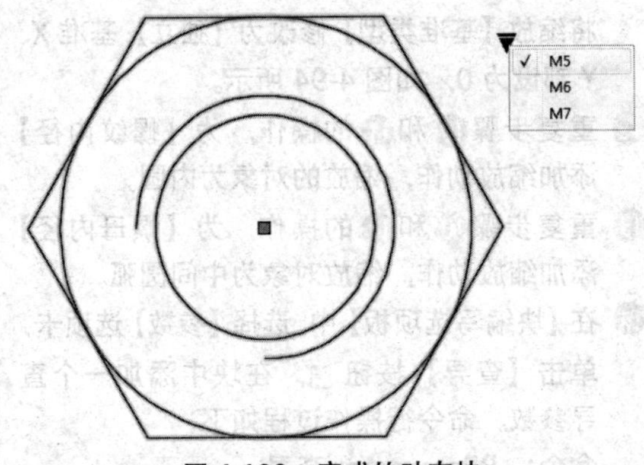

图 4-100 完成的动态块

5 Chapter 第5章

快速创建文字、字符与表格

文字注释也是机械图形的一个组成部分，用于表达几何图形无法表达的内容，例如，零件加工要求、明细栏以及一些特殊符号的注释等。AutoCAD 不仅为用户提供了一些基本的文字标注工具和修改编辑工具，还为用户提供了一些常用符号的转换及表格的创建功能。

本章通过 9 个典型实例，介绍机械制图中常见的文字、表格和注释等内容的创建方法。

053 为零件图标注文字注释

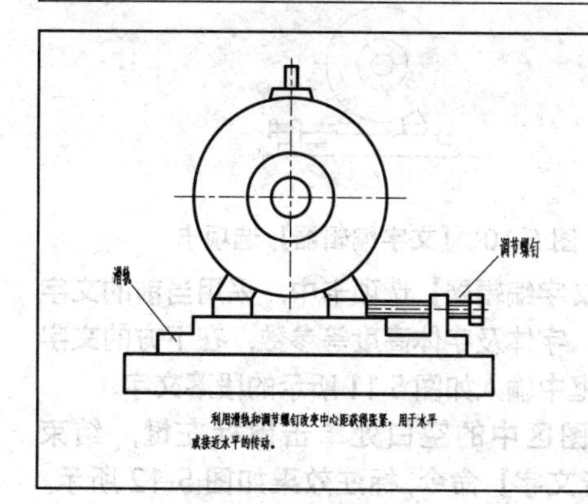

【文字样式】命令用于设置与控制文字的字体、字号、文字效果等外观形式。【单行文字】命令并不是只能创建一行文字对象，该工具也可以创建多行文字对象，只是系统将每行文字看作是一单独的对象。多行文字常用于标注图形的技术要求和说明等，与单行文字不同的是，多行文字整体是一个文字对象，每一单行不再是单独的文字对象，也不能单独编辑。

文件路径：	实例文件 \ 第 05 章 \ 实例 053.dwg
视频文件：	MP4\ 第 05 章 \ 实例 053.MP4
播放时长：	0:03:55

01 打开"\ 实例文件 \ 第 05 章 \ 实例 053.dwg"文件，如图 5-1 所示。

02 单击【注释】面板中的【文字样式】按钮，激活【文字样式】命令，弹出如图 5-2 所示对话框。

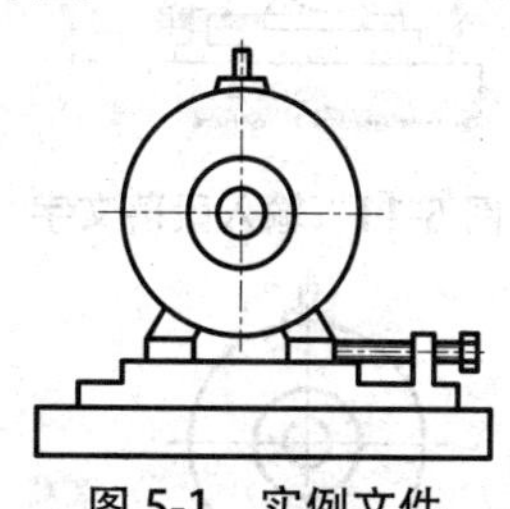

图 5-1　实例文件

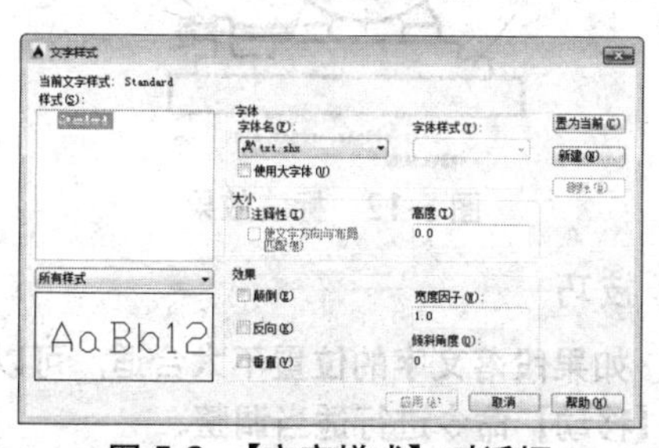

图 5-2　【文字样式】对话框

03 单击按钮 新建(N)...，在弹出【新建文字样式】对话框中输入新样式的名称，如图 5-3 所示。

04 单击按钮 确定 返回【文字样式】对话框，分别设置字体以及宽度比例，如图 5-4 所示。

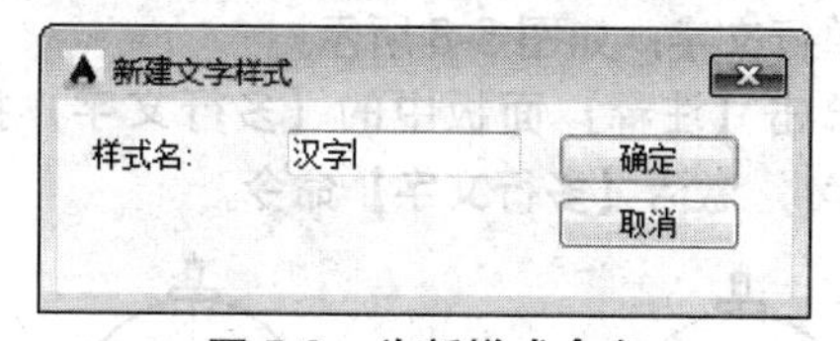

图 5-3　为新样式命名

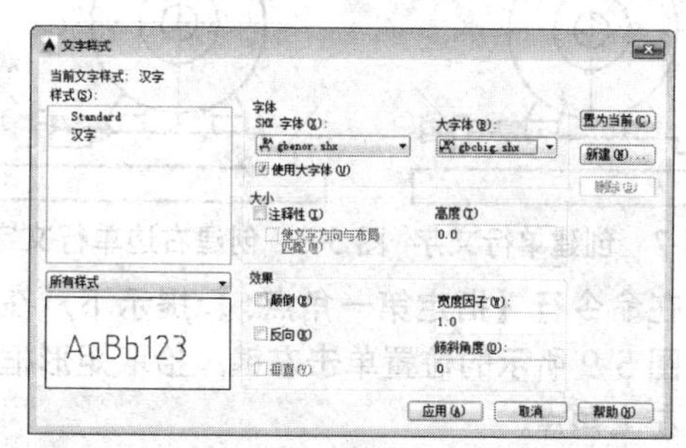

图 5-4　设置字体及宽度

05 单击按钮 应用(A)，在当前文件中创建名为【汉字】的字体样式。

⑥ 单击按钮 关闭(C) ，结束【文字样式】命令。

⑦ 使用快捷键 L 激活【直线】命令，绘制如图 5-5 所示的线段作为文字注释的指示线。

⑧ 单击【注释】面板中的【单行文字】按钮 A ，激活【单行文字】命令，标注单行文字。命令行操作过程如下：

命令：_dtext

当前文字样式："汉字" 文字高度：2.5 注释性：否

指定文字的起点或 [对正 (J)/ 样式 (S)]：// 在左侧指示线的上端拾取文字的起点

指定高度 <2.5>:3.5 ↙ // 设置字体高度为 3.5

指定文字的旋转角度 <0>: // 采用系统默认的角度，此时在绘图区自动出现一个单行文字输入框，然后输入如图 5-6 所示的文字

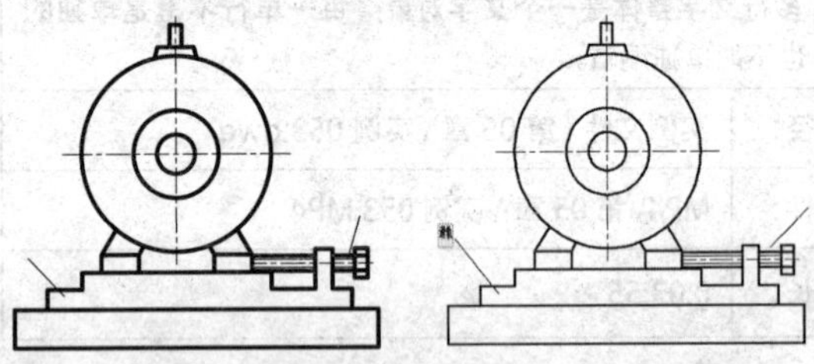

图 5-5 绘制文字指示线 图 5-6 输入单行文字

⑨ 连续两次按 Enter 键，结束【单行文字】命令，创建单行文字如图 5-7 所示。

⑩ 根据第 8 步和第 9 步的操作步骤，标注右边单行文字，如图 5-8 所示。

⑪ 单击【注释】面板中的【多行文字】按钮 A ，激活【多行文字】命令。

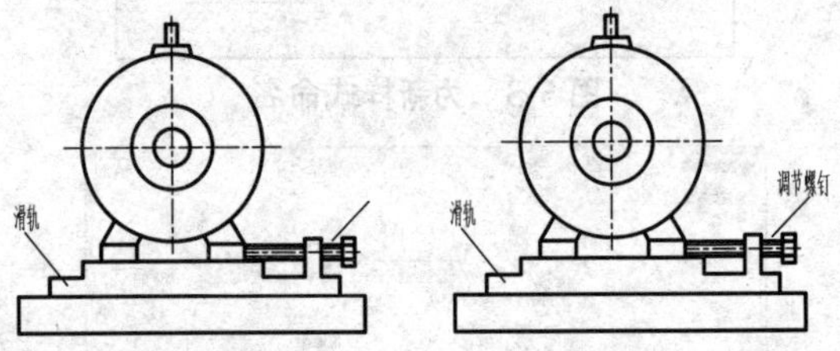

图 5-7 创建单行文字 图 5-8 创建右边单行文字

⑫ 在命令行【指定第一角点：】提示下，在如图 5-9 所示的位置单击左键，拾取矩形框的左上角点。

⑬ 在命令行【指定对角点或：】提示下，在如图 5-9 所示的适当位置单击左键，拾取矩形的右下角点。

⑭ 在指定右下角点后，系统将弹出如图 5-10 所示的【文字编辑器】选项卡。

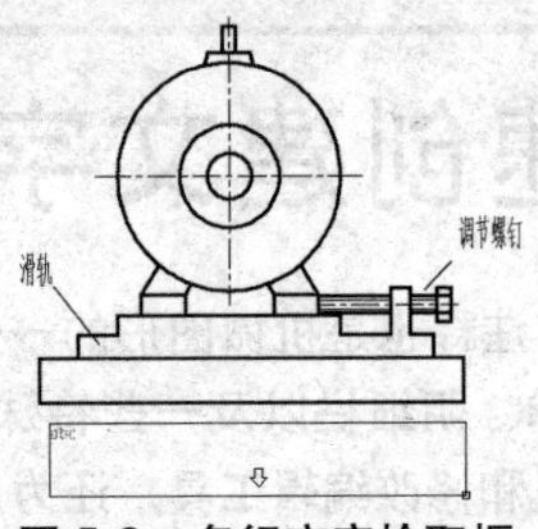

图 5-9 多行文字拾取框

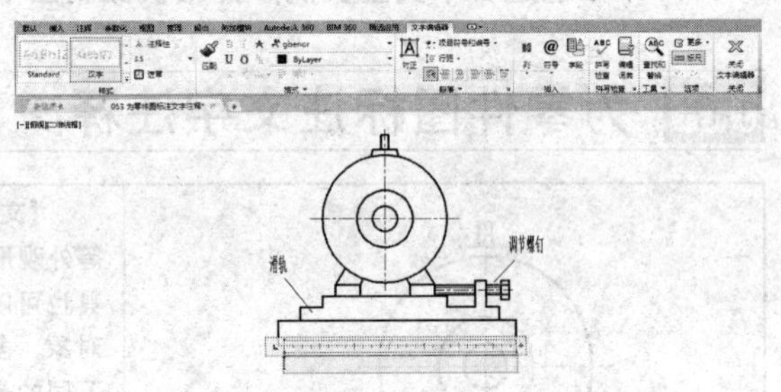

图 5-10 【文字编辑器】选项卡

⑮ 在【文字编辑器】选项卡中，采用当前的文字样式、字体及字体高度等参数，在下方的文字输入框中输入如图 5-11 所示的段落文字。

⑯ 在绘图区中的空白处单击鼠标左键，结束【多行文字】命令，标注效果如图 5-12 所示。

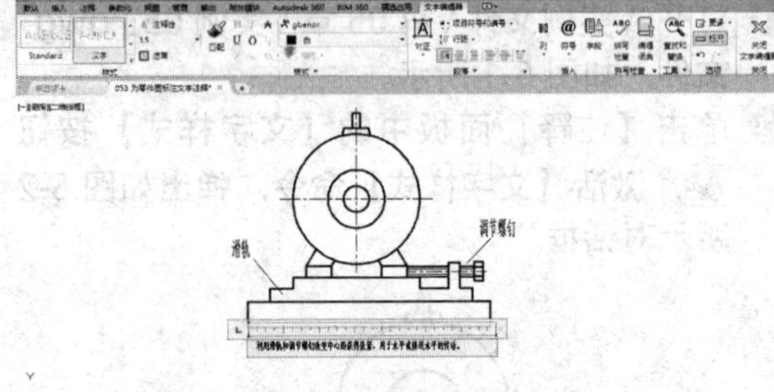

图 5-11 输入段落文字

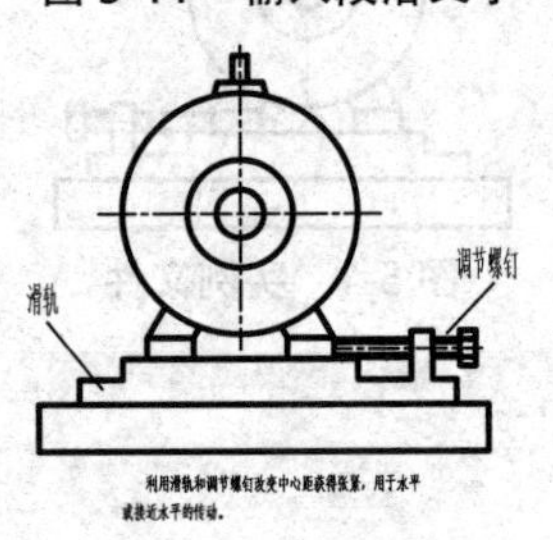

图 5-12 标注效果

技巧

如果段落文字的位置不太合适，可以使用【移动】命令进行适当调整。

054 在单行注释中添加特殊字符

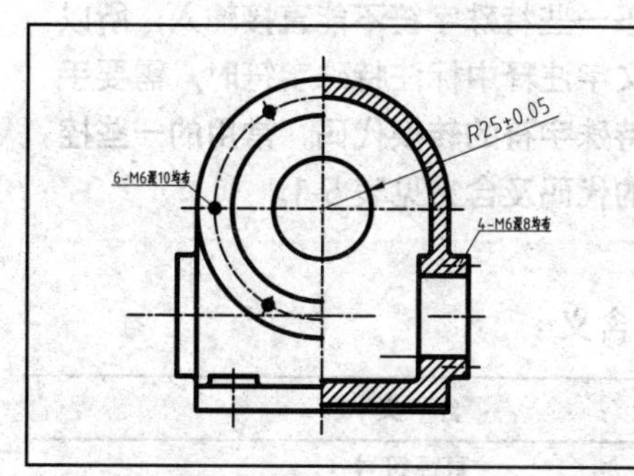

在实际绘图中，往往需要标注一些特殊的字符，如指数、在文字上方或下方添加划线、标注度、正负公差等特殊符号。这些特殊字符不能从键盘上直接输入，因此 AutoCAD 提供了相应的命令操作，以满足这些标注要求。

文件路径：	实例文件 \ 第 05 章 \ 实例 054.dwg
视频文件：	MP4\ 第 05 章 \ 实例 054.MP4
播放时长：	0:03:11

01 打开"\ 实例文件 \ 第 05 章 \ 实例 054.dwg"文件，如图 5-13 所示。

02 单击【注释】面板中的【文字样式】按钮，创建一种名为汉字的字体式样，其参数设置如图 5-14 所示。

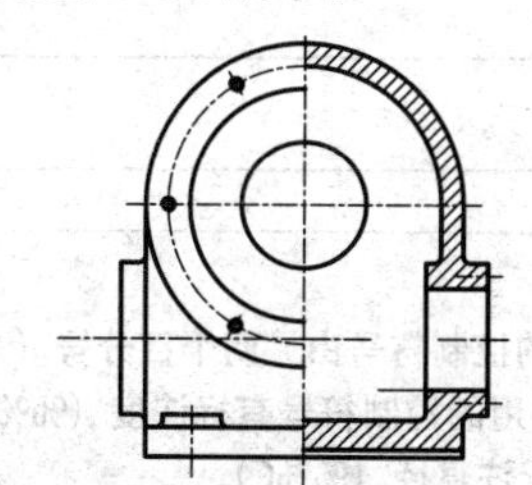

图 5-13　实例文件

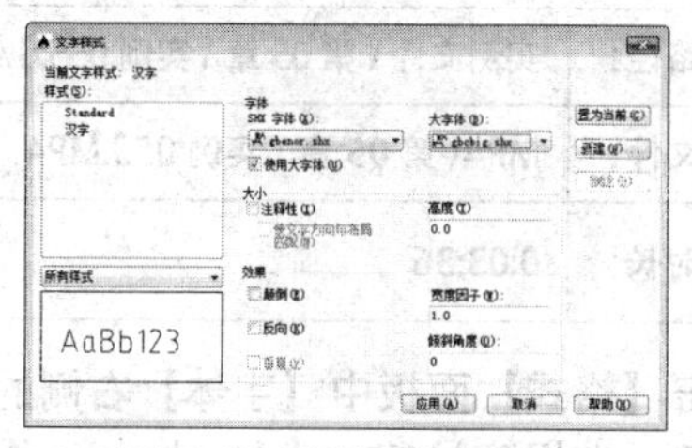

图 5-14　设置文字样式

03 单击【绘图】面板中的【直线】按钮，绘制如图 5-15 所示的指示线，作为文字注释的指示线。

04 单击【注释】面板中【单行文字】按钮，标注单行文字注释。命令行操作过程如下：

命令：_dtext
当前文字样式："汉字" 文字高度：4.1000
　　注释性：否
指定文字的起点或 [对正 (J)/ 样式 (S)]:
　　// 在左侧指示线的上端拾取一点
指定高度 <4.1000>:7 ↙
　　// 设置字体高度为 7
指定文字的旋转角度 <0>: ↙
　　// 按 Enter 键，然后输入 6-M6 深 10 均布，如图 5-16 所示

05 连续按两次 Enter 键，结束【单行文字】命令。

06 重复执行【单行文字】命令，标注右侧的单行文字注释对象，如图 5-17 所示。

07 单击【注释】面板中的【半径】按钮，标注圆的注释对象。命令行操作过程如下：

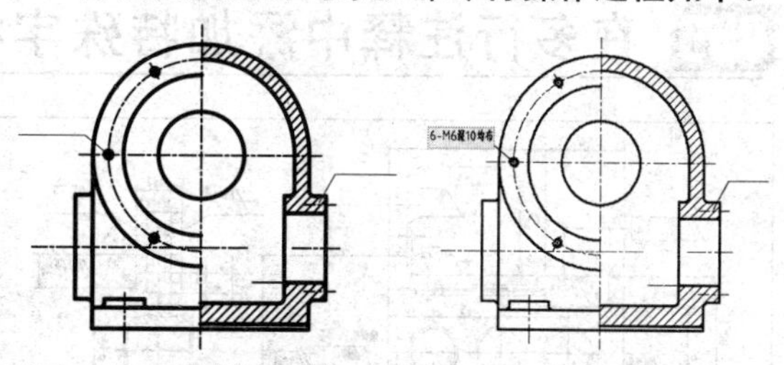

图 5-15　绘制指示线　　图 5-16　标注左侧文字

命令：_dimradius
选择圆弧或圆：
　　// 选择图 5-18 所示的圆
标注文字 = 25
指定尺寸线位置或 [多行文字 (M)/ 文字 (T)/ 角度 (A)]:T ↙
　　// 输入 t，激活【文字】选项
输入标注文字 <25>:R25%%P0.05 ↙
指定尺寸线位置或 [多行文字 (M)/ 文字 (T)/ 角度 (A)]:
　　// 在适当位置拾取一点，标注效果如图 5-19 所示

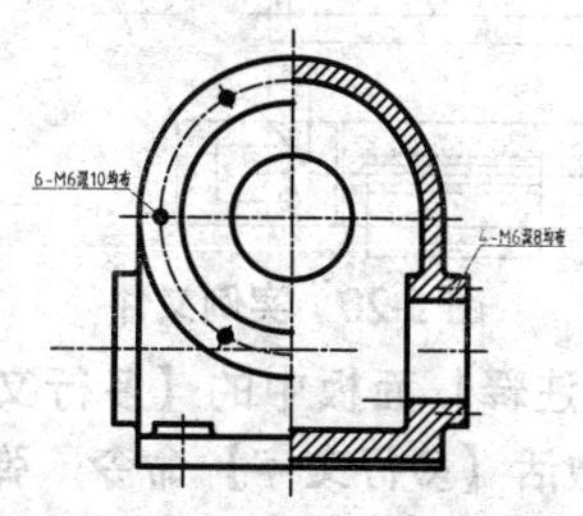

图 5-17　标注右侧文字

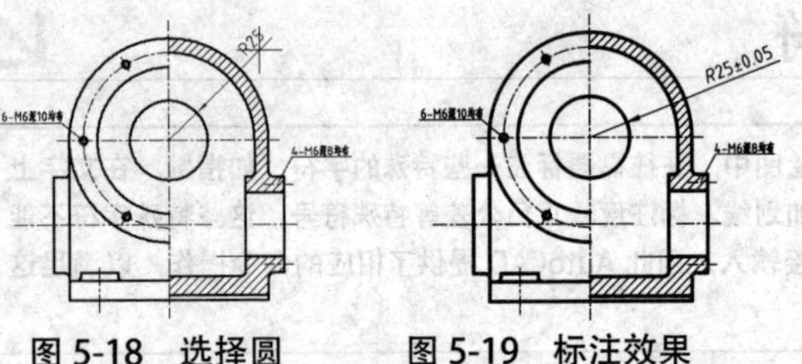
图 5-18　选择圆　　图 5-19　标注效果

技巧

由于一些特殊字符不能直接输入，所以在单行文字注释中标注特殊字符时，需要手动输入特殊字符的转换代码。常用的一些控制符号的代码及含义见表 5-1。

表 5-1　控制符号的代码及含义

控制符号的代码	含　义
%%C	∅直径符号
%%P	± 正负公差符号
%%D	（°）度
%%O	上划线
%%U	下划线

055 在多行注释中添加特殊字符

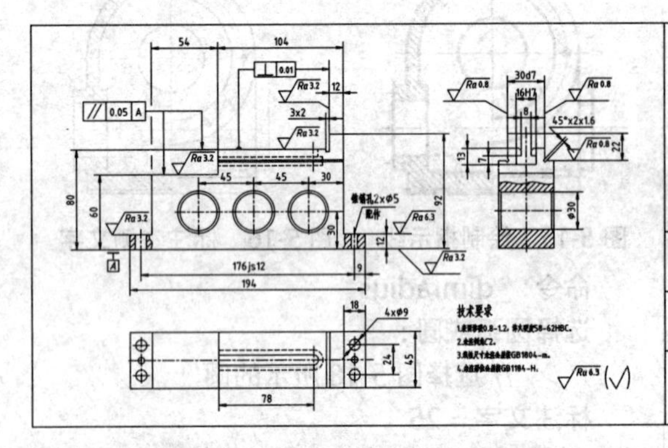

AutoCAD 的控制符号由“两个百分号（%%）+ 一个字符”构成，常用的控制符号有标注度（%%D）、正负公差（%%P）和标注直径（%%C）。

文件路径：	实例文件 \ 第 05 章 \ 实例 055.dwg
视频文件：	MP4\ 第 05 章 \ 实例 055.MP4
播放时长：	0:03:36

01 打开“\ 实例文件 \ 第 05 章 \ 实例 055.dwg”文件，如图 5-20 所示。

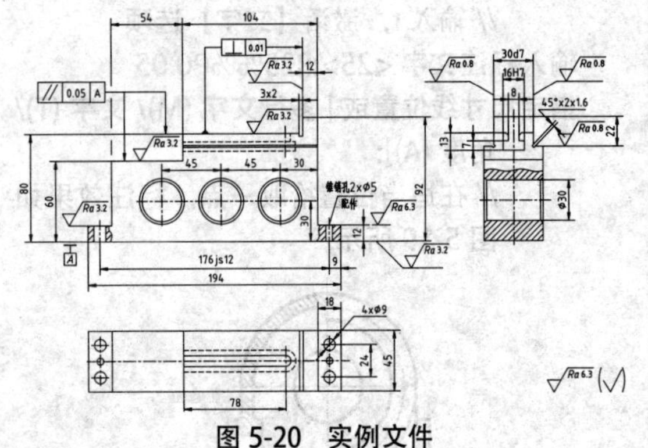
图 5-20　实例文件

02 单击【注释】面板中的【多行文字】按钮 A，激活【多行文字】命令，弹出【文字编辑器】选项卡。

03 单击【格式】面板中【字体】右侧的下三角按钮，选择下拉菜单中的 gbenor 作为当前字体，如图 5-21 所示。

04 在【文字高度】下拉菜单中选择【10】，设置当前的字体高度为 10。

05 在绘图区的文字输入框内单击左键，指定文字的输入位置；然后输入段落标题【技术要求】，如图 5-22 所示。

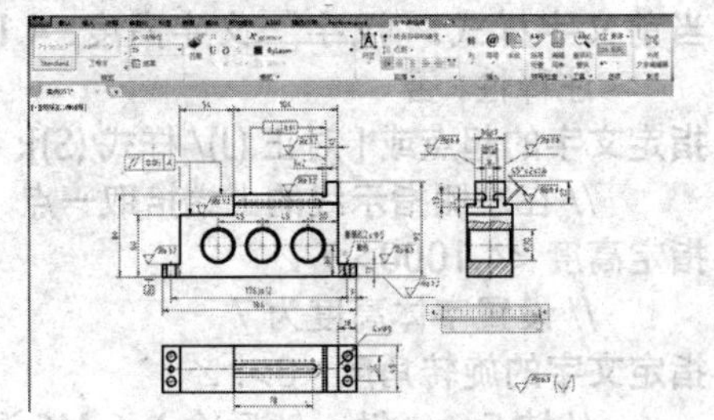
图 5-21　设置当前字体

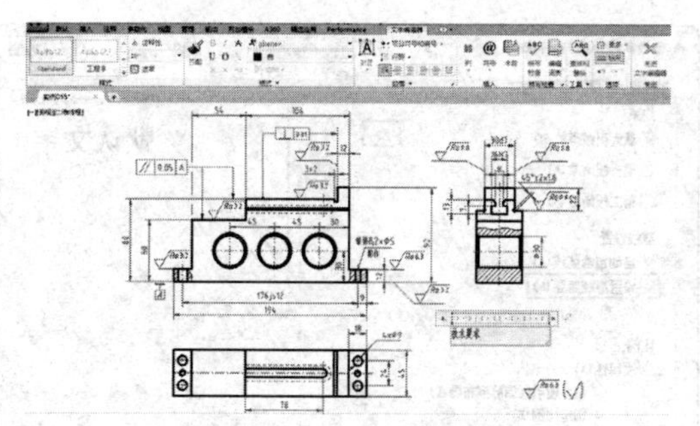

图 5-22 输入段落标题

06 在【文字高度】下拉菜单中，修改当前文字的高度为 6，然后按 Enter 键，输入如图 5-23 所示的段落内容。

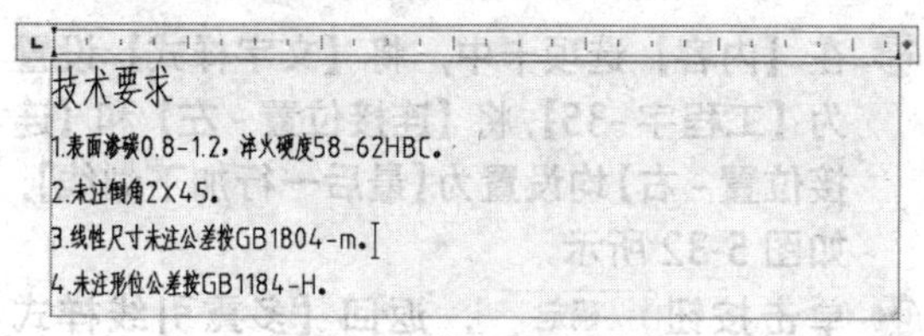

图 5-23 输入段落内容

07 将当前光标定位到【2×45】后，单击【插入】面板中的【符号】按钮@，在弹出的【符号】下拉菜单中选择【度数】选项，如图 5-24 所示。

08 在文字输入框内，度数的代码选项被自动转化为度数符号，如图 5-25 所示。

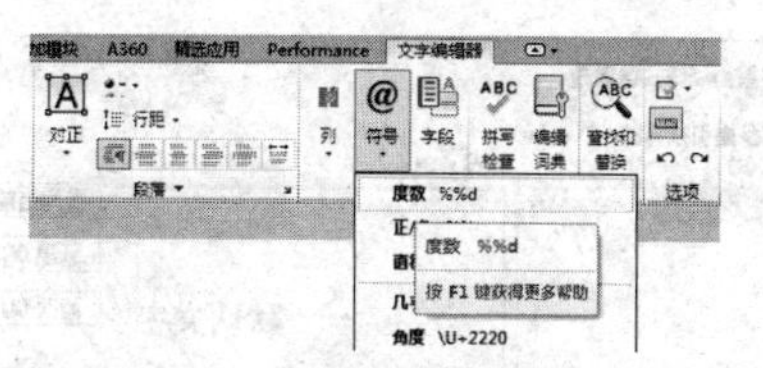

图 5-24 选择【度数】选项

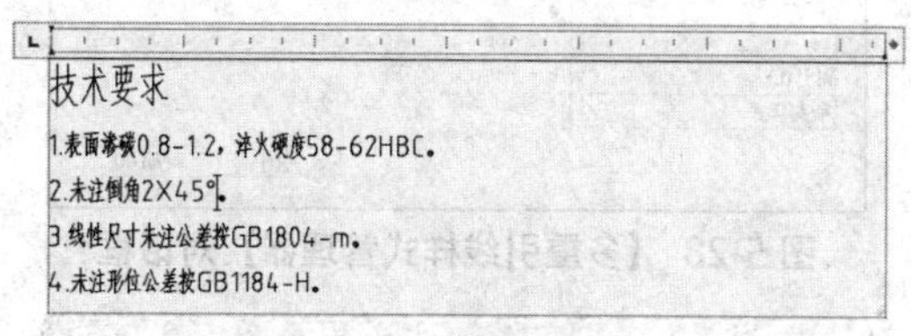

图 5-25 添加度数符号

09 在绘图区空白处单击鼠标左键，结束【多行文字】命令，标注效果如图 5-26 所示。

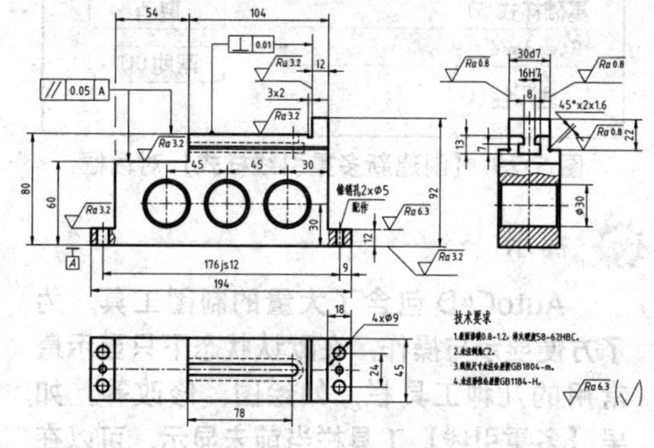

图 5-26 标注效果

056 为零件图标注引线注释

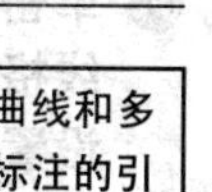

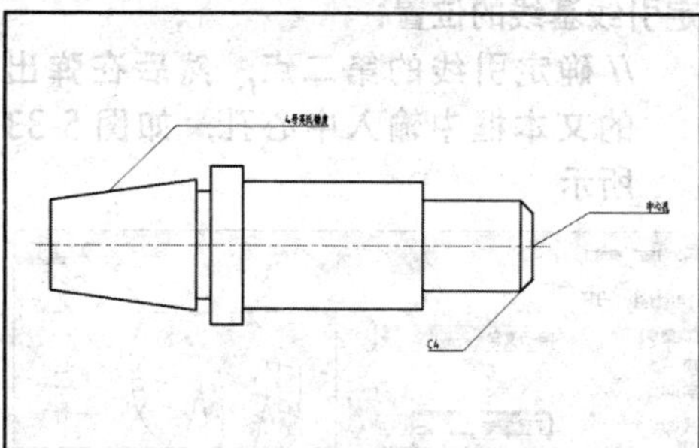

引线对象通常包含箭头、可选的水平基线、引线，或曲线和多行文字对象或块。由于【引线】命令是一个标注工具，所标注的引线注释受当前尺寸样式的限制，所以在使用【引线】命令标注注释对象时，必须适当修改当前的尺寸标注样式。

文件路径：	实例文件 \ 第 05 章 \ 实例 056.dwg
视频文件：	MP4\ 第 05 章 \ 实例 056.MP4
播放时长：	0:02:52

01 打开"\ 实例文件 \ 第 05 章 \ 实例 056.dwg"文件，如图 5-27 所示。

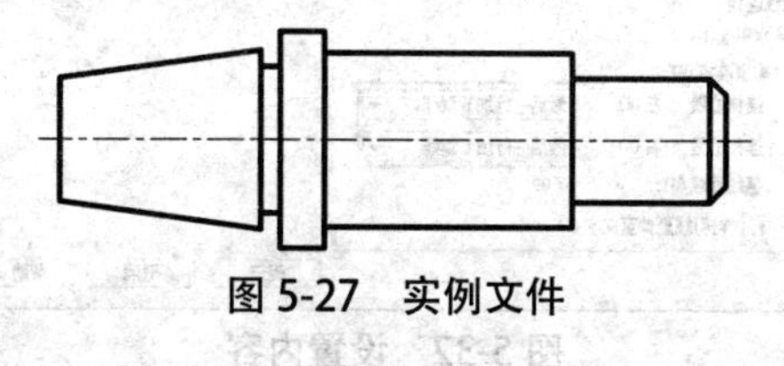

图 5-27 实例文件

02 单击【注释】面板中的【多重引线样式】按钮，弹出【多重引线样式管理器】对话框，如图 5-28 所示。

03 单击对话框中的按钮 新建(N)...，在弹出的【创建新多重引线样式】对话框中的【新样式名】文本框中输入样式 1，其余采用默认设置，如图 5-29 所示。

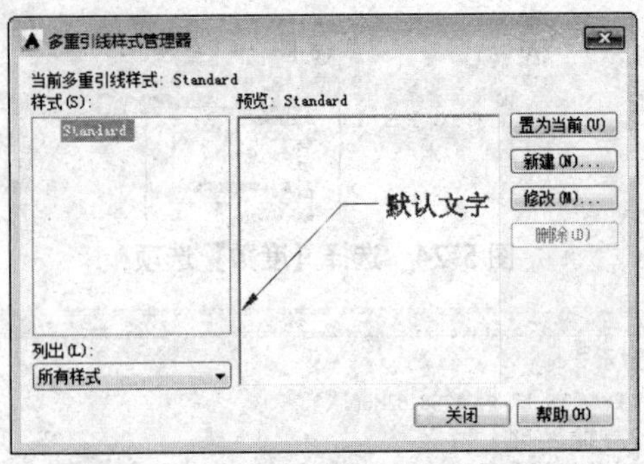

图 5-28 【多重引线样式管理器】对话框

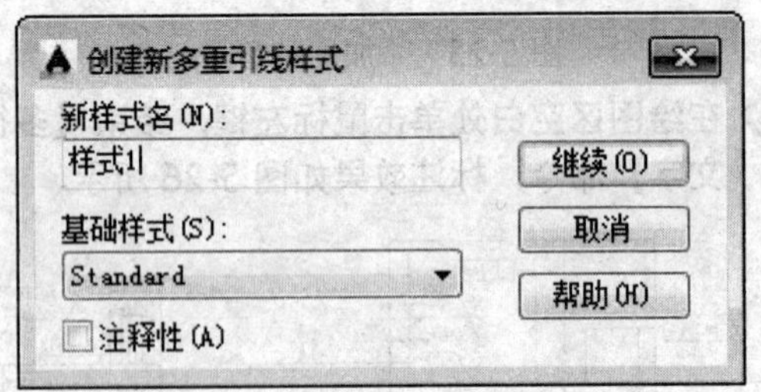

图 5-29 【创建新多重引线样式】对话框

提示

AutoCAD 包含了大量的制图工具，为了方便显示与操作，在默认状态下只显示最常用的几种工具栏，如绘图、修改等。如果【多重引线】工具栏当前未显示，可以在任一工具栏位置右击，在弹出的快捷菜单中进行相应的选择即可。

04 单击按钮 继续(O) ，在弹出对话框的【引线格式】选项卡中，将【箭头】中的【符号】设置为【无】，如图 5-30 所示。

05 在【引线结构】选项卡中，将【最大引线点数】设置为 2，且不使用基线，如图 5-31 所示。

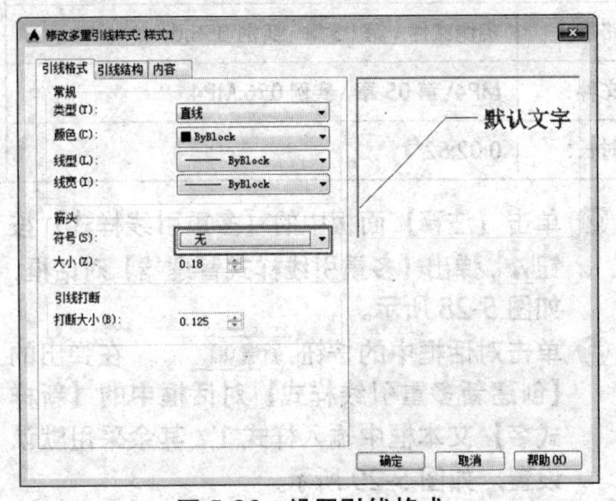

图 5-30 设置引线格式

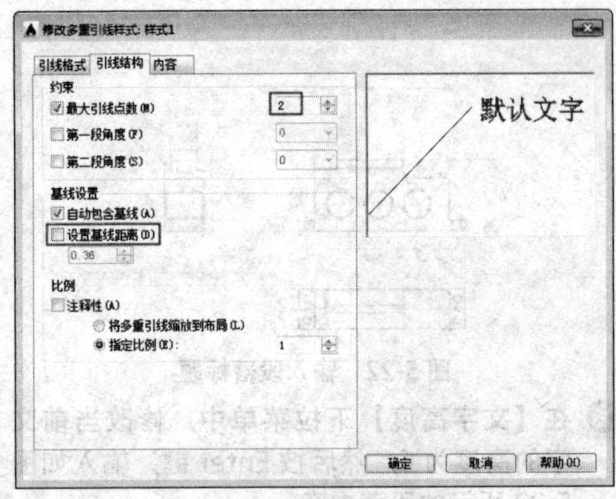

图 5-31 设置引线结构

06 在【内容】选项卡中，将【文字样式】设置为【工程字-35】，将【连接位置 - 左】和【连接位置 - 右】均设置为【最后一行加下划线】，如图 5-32 所示。

07 单击按钮 确定 ，返回【多重引线样式管理器】对话框 . 单击按钮 关闭 ，完成新多重引线标注样式【样式 1】设置，并将其设置为当前样式。

08 标注【中心孔】。单击【注释】面板中的【多重引线】按钮，激活【多重引线】命令。命令行操作过程如下：

命令：_mleader

指定引线箭头的位置或 [引线基线优先 (L)/ 内容优先 (C)/ 选项 (O)] < 选项 >:

// 确定引线的引出点位置

指定引线基线的位置：

// 确定引线的第二点，然后在弹出的文本框中输入中心孔，如图 5-33 所示

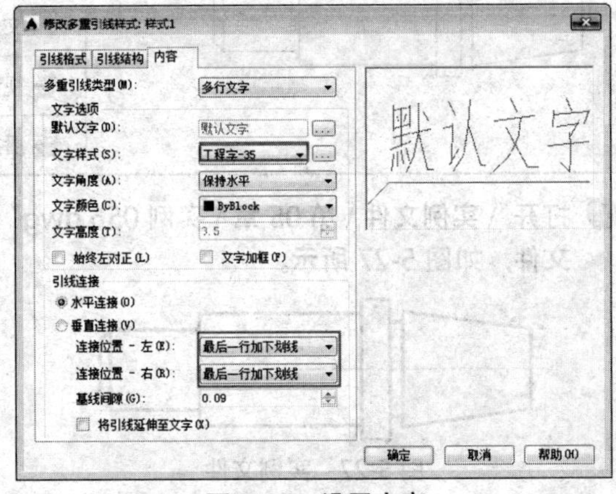

图 5-32 设置内容

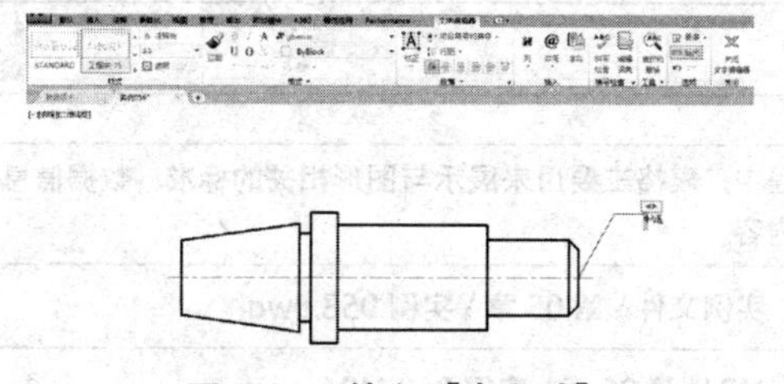

图 5-33　输入【中心孔】

09 在绘图区空白处单击鼠标，即可标注出对应的文字，如图 5-34 所示。

10 根据第 8 步和第 9 步的操作方法，进行引线标注，最终效果如图 5-35 所示。

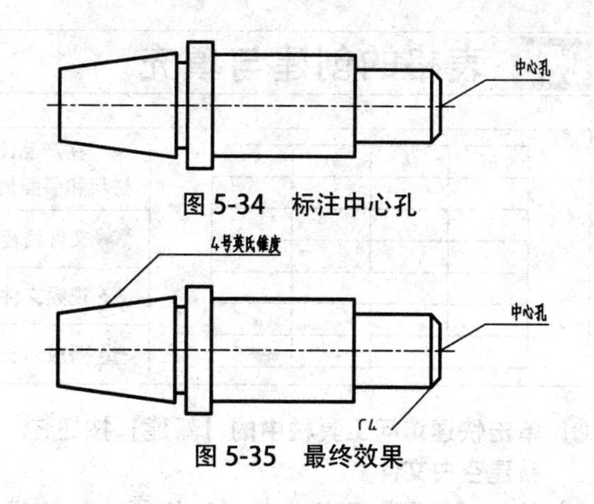

图 5-34　标注中心孔

图 5-35　最终效果

057 文字注释的修改编辑

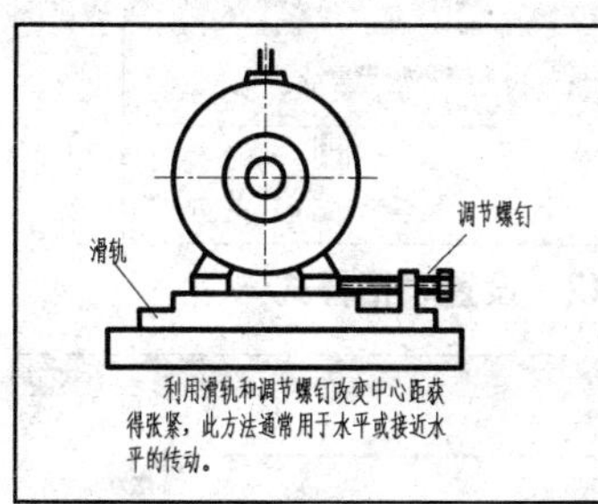

在编辑文字时，如果修改的对象是使用【单行文字】创建的，那么系统将以单行文字输入框的形式进行手动输入，更改内容；如果修改的对象是使用【多行文字】创建的，系统将通过【文字格式】编辑器更直观、方便地更改文字内容。

文件路径：	实例文件 \ 第 05 章 \ 实例 057.dwg
视频文件：	MP4\ 第 05 章 \ 实例 057.MP4
播放时长：	0:00:55

01 打开光盘中的“\ 实例文件 \ 第 05 章 \ 实例 053.dwg”文件，如图 5-36 所示。

02 显示菜单栏，选择菜单【修改】|【对象】|【文字】|【编辑】选项，激活【编辑文字】命令。

03 在命令行【选择注释对象或 [放弃 (U)]:】提示下，选择多行文字，此时该文字反白显示，如图 5-37 所示。

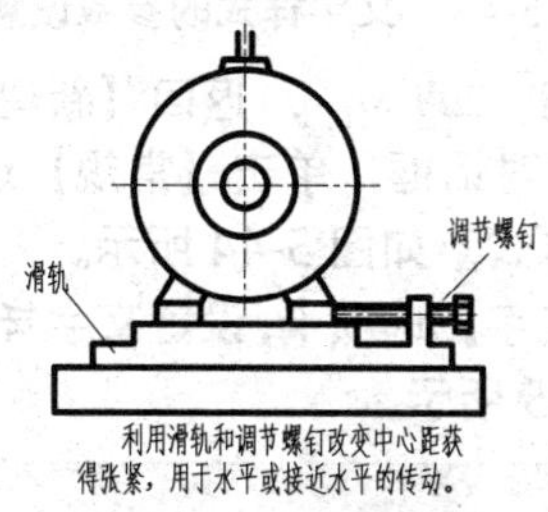

图 5-36　实例文件

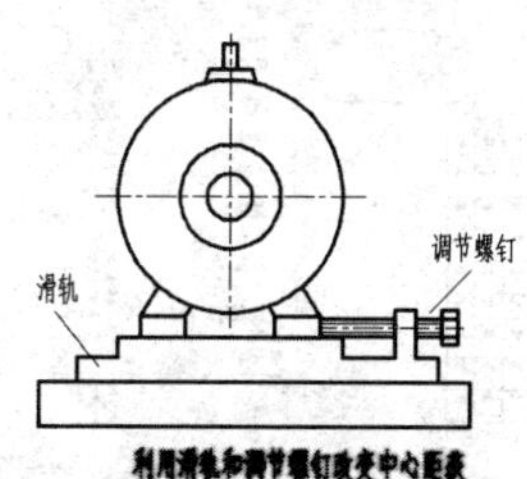

图 5-37　选择需要编辑的对象

04 在反白显示的文本框内单击左键，此时文本转变为文字输入框状态，如图 5-38 所示。

利用滑轨和调节螺钉改变中心距获
得张紧，用于水平或接近水平的传动。

图 5-38　将选择框变为输入框

05 将光标放在【用】字的前面，然后输入新的内容，如图 5-39 所示。

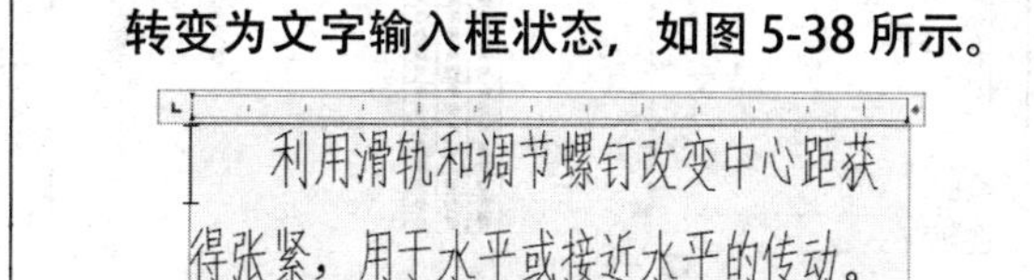

图 5-39　修改文字

06 在绘图区空白处单击鼠标，关闭【文字编辑器】选项卡。

07 继续在命令行【选择注释对象或 [放弃 (U)]:】提示下，按 Enter 键，结束命令。

08 最后选择【文件】|【另存为】选项，将当前图形另存储为“实例 057.dwg”。

058 表格的创建与填充

序号	名称	数量	材料

在产品设计过程中，表格主要用来展示与图形相关的标准、数据信息、材料和装配信息等内容。

文件路径：	实例文件 \ 第 05 章 \ 实例 058.dwg
视频文件：	MP4\ 第 05 章 \ 实例 058.MP4
播放时长：	0:03:18

01 单击快速访问工具栏中的【新建】按钮，新建空白文件。

02 单击【注释】面板中的【表格样式】按钮，激活【表格样式】命令，弹出如图 5-40 所示的【表格样式】对话框。

03 单击按钮 新建(N)... ，弹出【创建新的表格样式】对话框；然后在【新样式名】文本框中输入【表格 1】，作为新表格样式的名称，如图 5-41 所示。

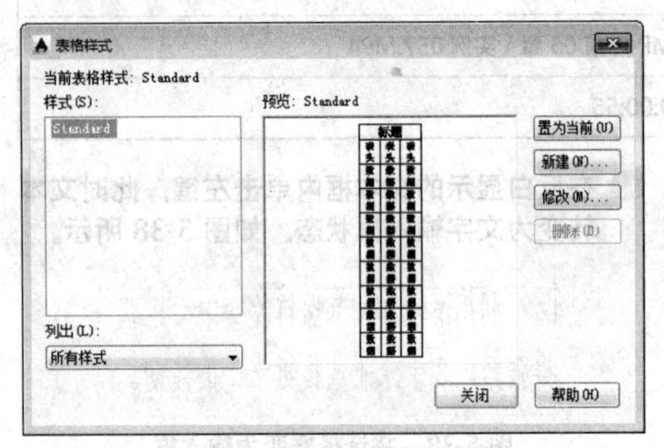

图 5-40 【表格样式】对话框

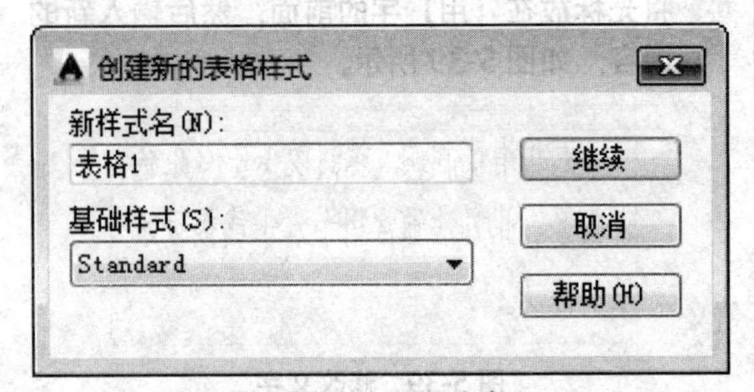

图 5-41 为新样式命名

04 单击按钮 继续(O) ，弹出如图 5-42 所示的【新建表格样式：表格 1】对话框。

05 在【单元特性】选项组中，单击【文字样式】列表框右侧的按钮 ... ，在弹出的对话框中新建【汉字】样式，其参数设置如图 5-43 所示。

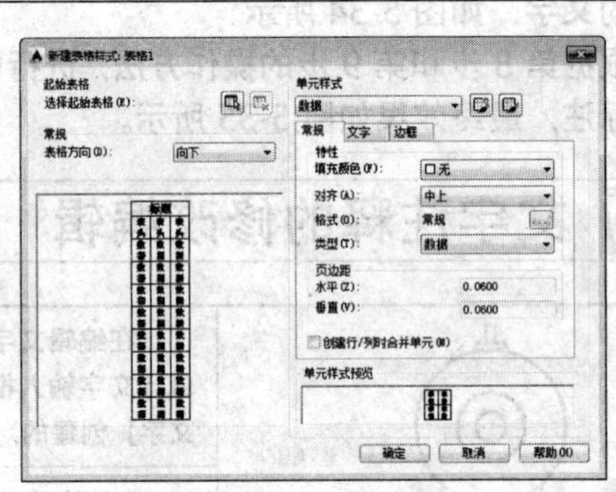

图 5-42 设置表格样式

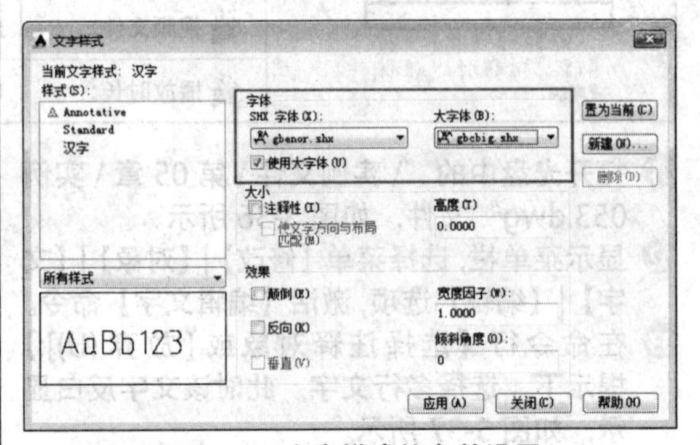

图 5-43 文字样式的参数设置

06 单击按钮 应用(A) ，返回【新建表格样式：表格 1】对话框。单击【常规】选项卡，设置对齐方式，如图 5-44 所示。

07 单击【文字】选项卡，设置文字样式和高度，如图 5-45 所示。

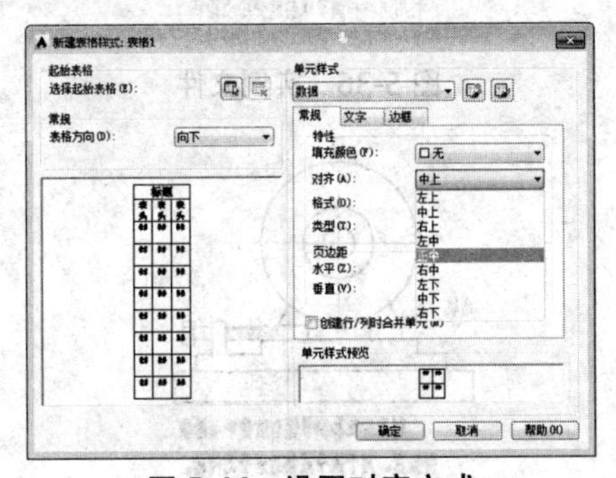

图 5-44 设置对齐方式

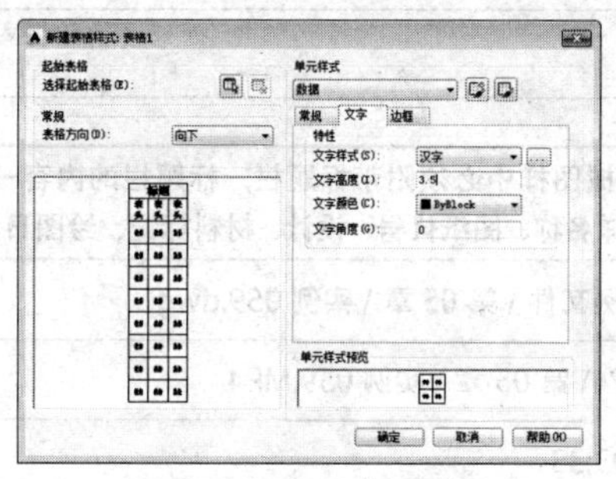

图 5-45　设置文字参数

⑧ 单击【新建表格样式：表格 1】对话框中的按钮 确定 ，返回【表格样式】对话框。设置的【表格 1】样式出现在此对话框内，如图 5-46 所示。

⑨ 选择新设置的【表格 1】样式，单击按钮 置为当前(U) ，将其设置为当前样式。

⑩ 单击【注释】面板中的【表格】按钮，激活【插入表格】命令，弹出如图 5-47 所示的【插入表格】对话框。

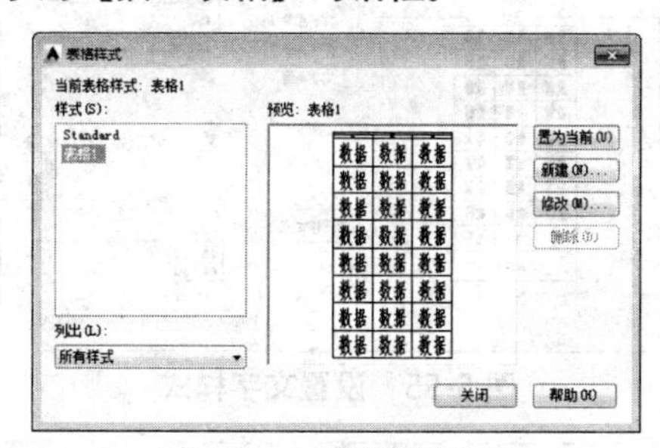

图 5-46　样式设置结果

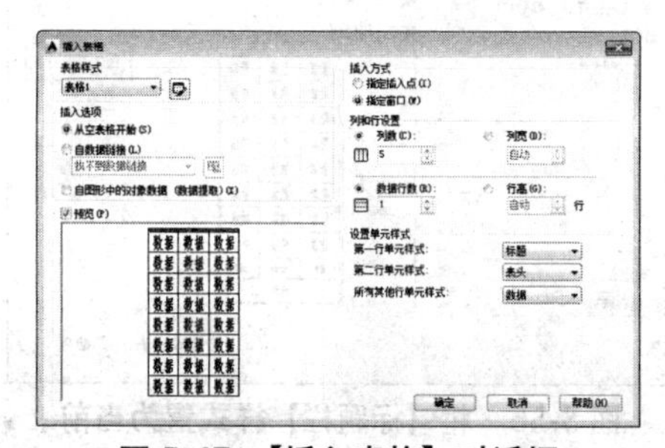

图 5-47　【插入表格】对话框

⑪ 在对话框中设置明细表的列数、数据行数、列宽和行高等参数，如图 5-48 所示。

⑫ 单击按钮 确定 ，在命令行【指定插入点:】提示下，在绘图区拾取一点，插入表格。

⑬ 此时系统弹出如图 5-49 所示的【文字编辑器】选项卡，用于输入表格内容。

⑭ 在反白显示的表格内输入序号，如图 5-50 所示。

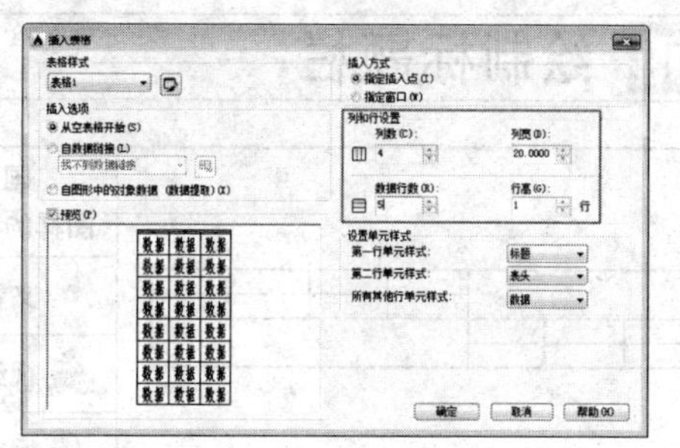

图 5-48　设置表格参数

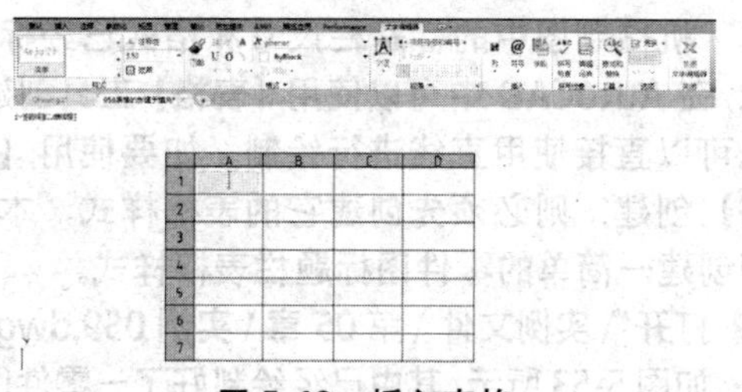

图 5-49　插入表格

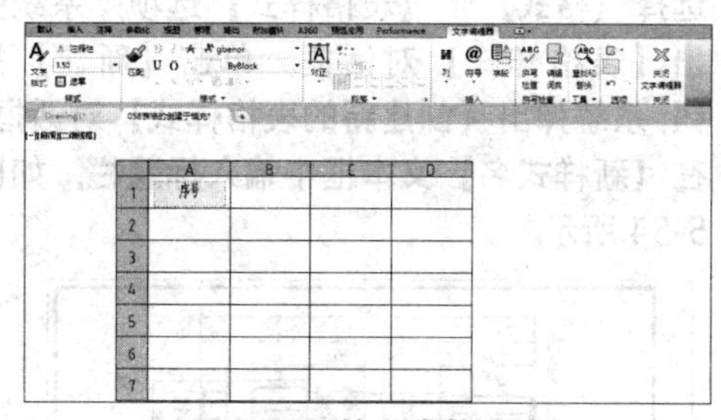

图 5-50　输入表格文字

⑮ 通过按下键盘上的 TAB 键，分别在其他表格内输入文字，如图 5-51 所示。

⑯ 在绘图区空白处单击鼠标，关闭【文字编辑器】选项卡，如图 5-52 所示。

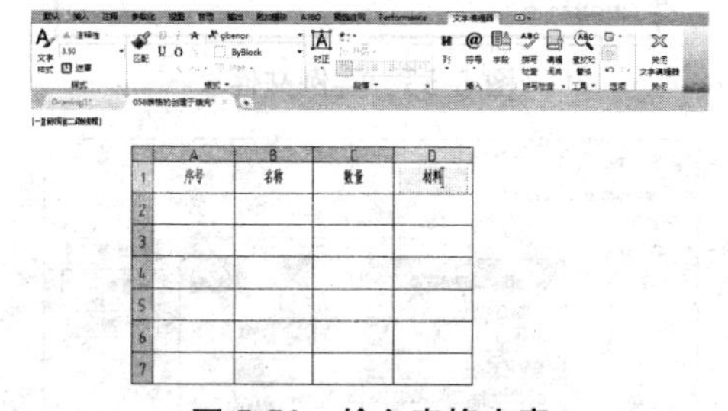

图 5-51　输入表格内容

序号	名称	数量	材料

图 5-52　创建表格 1

059 绘制标题栏

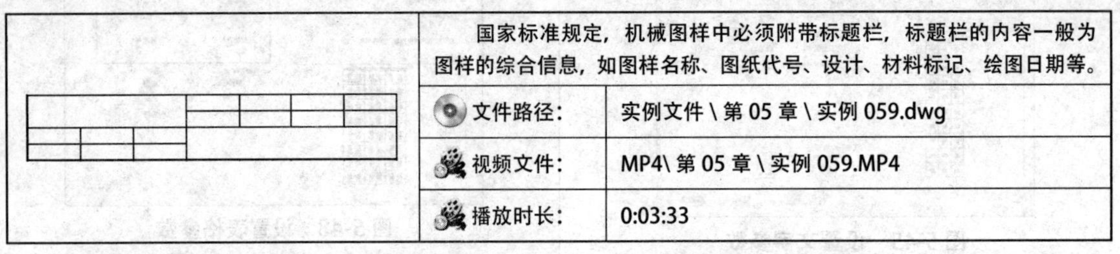

国家标准规定，机械图样中必须附带标题栏，标题栏的内容一般为图样的综合信息，如图样名称、图纸代号、设计、材料标记、绘图日期等。	
文件路径：	实例文件 \ 第 05 章 \ 实例 059.dwg
视频文件：	MP4\ 第 05 章 \ 实例 059.MP4
播放时长：	0:03:33

机械制图中的标题栏尺寸和格式已经标准化，在 AutoCAD 中可以使用【表格】工具创建，也可以直接使用直线进行绘制。如要使用【表格】创建，则必须先创建它的表格样式。本例便创建一简单的零件图标题栏表格样式。

01 打开"\ 实例文件 \ 第 05 章 \ 实例 059.dwg"，如图 5-53 所示，其中已经绘制好了一零件图。

02 选择【格式】｜【表格样式】选项，系统弹出【表格样式】对话框。单击【新建】按钮，系统弹出【创建新的表格样式】对话框；在【新样式名】文本框中输入标题栏，如图 5-54 所示。

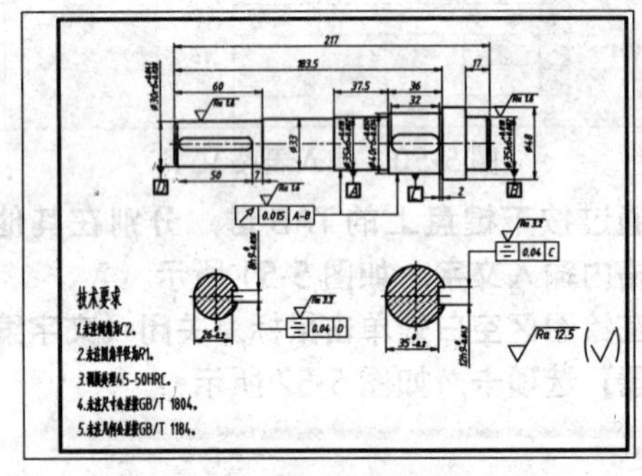

图 5-53 实例文件

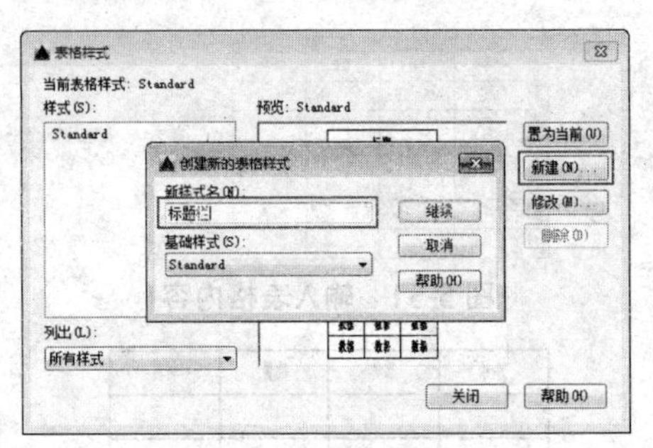

图 5-54 输入表格样式名

03 设置表格样式。单击【继续】按钮，系统弹出【新建新的样式：标题栏】对话框。在【表格方向】下拉列表中选择【向上】，切换为选择【文字】选项卡；在【文字样式】下拉列表中选择【表格文字】选项，并设置【文字高度】为 4，如图 5-55 所示。

04 单击【确定】按钮，返回【表格样式】对话框。选择新创建的【标题栏】样式，然后单击【置为当前】按钮，如图 5-56 所示。单击【关闭】按钮，完成表格样式的创建。

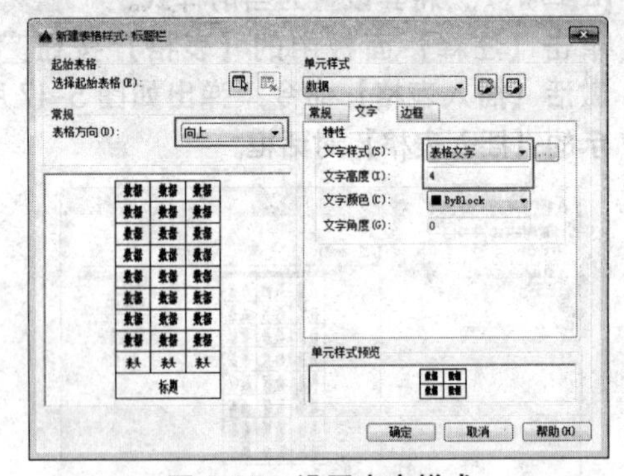

图 5-55 设置文字样式

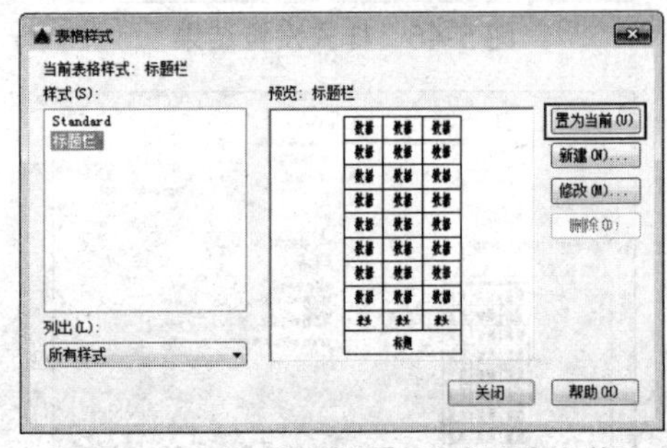

图 5-56 将【标题栏】样式置为当前

05 在命令行中输入 TB 并按 Enter 键，系统弹出【插入表格】对话框。选择【插入方式】为【指定窗口】，然后设置【列数】为 7，【行数】为 2，设置所有行的单元样式均为【数据】，如图 5-57 所示。

06 单击【插入表格】对话框中的【确定】按钮；然后在绘图区单击确定表格左下角点，向上拖动指针，在合适的位置单击，确定表格右下角点，插入的表格如图 5-58 所示。

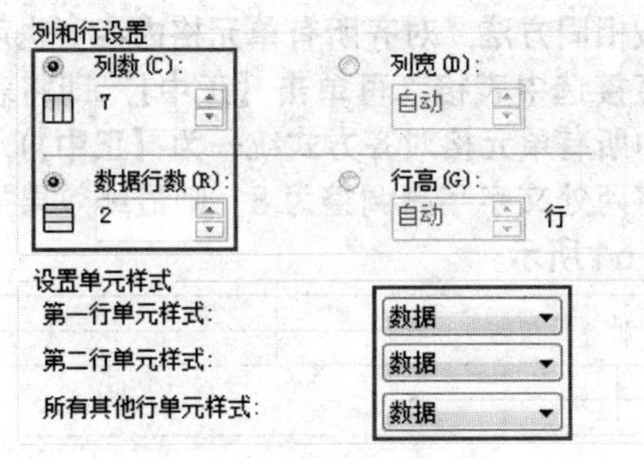

图 5-57　设置表格参数

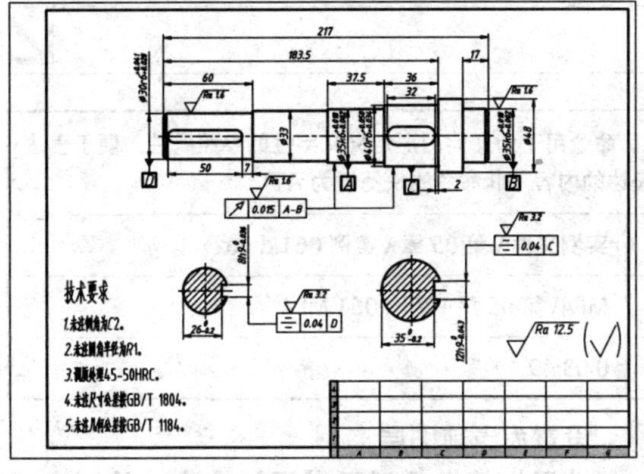

图 5-58　插入的表格

07 编辑标题栏。框选左上方的六个单元格，然后单击【表格单元】选项卡中【合并】面板中的【合并全部】按钮，合并单元格如图 5-59 所示。

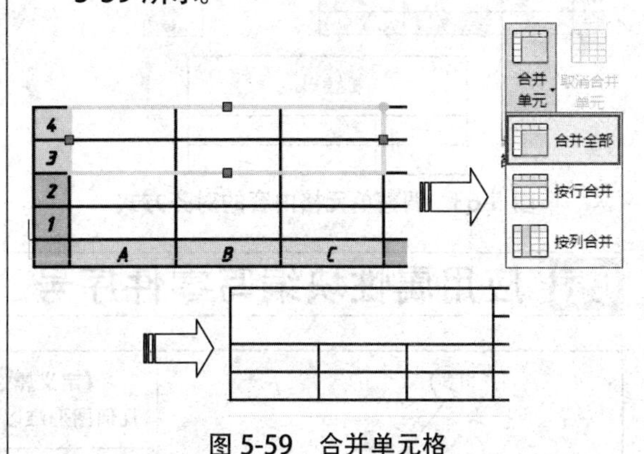

图 5-59　合并单元格

08 合并其余单元格。使用相同的方法，合并其余的单元格，如图 5-60 所示。

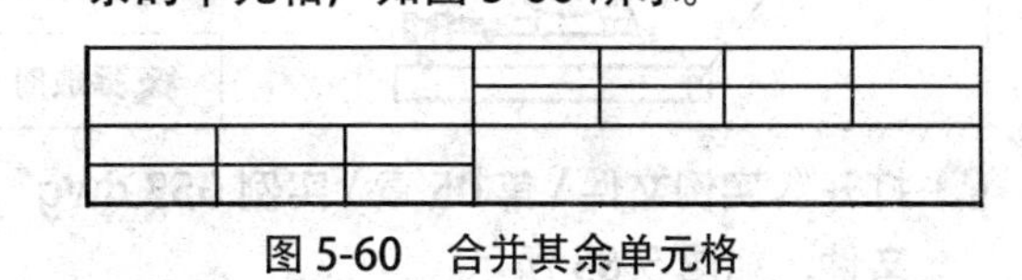

图 5-60　合并其余单元格

060 填写标题栏文字 

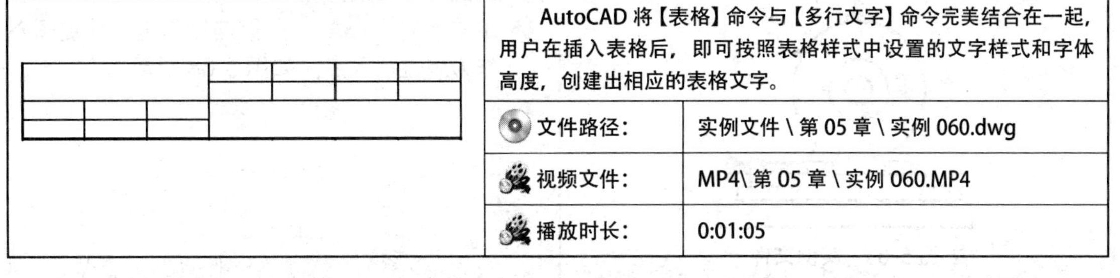

AutoCAD 将【表格】命令与【多行文字】命令完美结合在一起，用户在插入表格后，即可按照表格样式中设置的文字样式和字体高度，创建出相应的表格文字。

文件路径：	实例文件 \ 第 05 章 \ 实例 060.dwg
视频文件：	MP4\ 第 05 章 \ 实例 060.MP4
播放时长：	0:01:05

01 打开“\ 实例文件 \ 第 05 章 \ 实例 060.dwg”，其中已经绘制好了一标题栏，也可以直接延续上例操作。

02 输入文字。双击左上方合并之后的大单元格，输入图形的名称：低速传动轴，如图 5-61 所示。此时输入的文字样式为标题栏表格样式中所设置的样式。

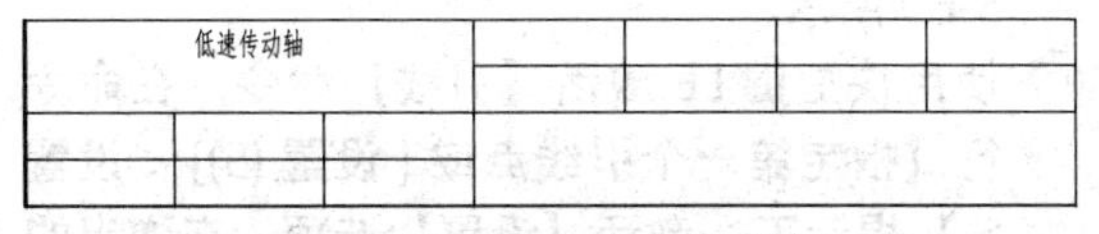

图 5-61　输入单元格文字

03 按相同方法，输入其他文字，如“设计”“审核”等，如图 5-62 所示。

低速传动轴			比例	材料	数量	图号
设计			公司名称			
审核						

图 5-62　在其他单元格中输入文字

04 调整文字内容的对齐方式。单击左上方的大单元格，在【表格单元】选项卡中，选择【单元样式】面板上的【正中】选项，将文字对齐至单元格的中心，如图 5-63 所示。

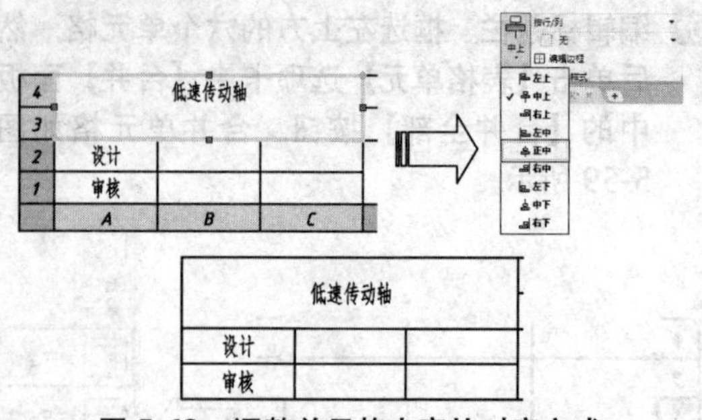

图 5-63　调整单元格内容的对齐方式

05 按相同方法，对齐所有单元格内容（也可以直接选中表格，再单击【正中】，即将表格中所有单元格对齐方式统一为【正中】），再将两处文字字高调整为 8，则最终效果如图 5-64 所示。

低速传动轴		比例	材料	数量	图号
设计		公司名称			
审核					

图 5-64　最终效果

061 应用属性块编写零件序号

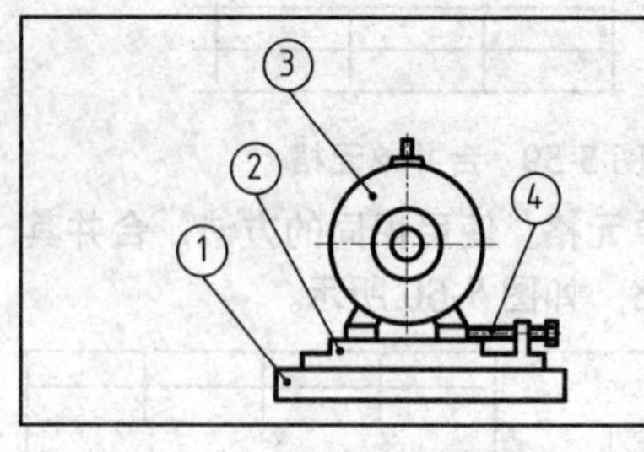

【定义属性】命令用于为几何图形定义文字性的参照属性，便于表达几何图形难以表达的内容，此命令的快捷键为 ATT。

文件路径：	实例文件 \ 第 05 章 \ 实例 061.dwg
视频文件：	MP4\ 第 05 章 \ 实例 061.MP4
播放时长：	0:03:49

01 打开"\ 实例文件 \ 第 05 章 \ 实例 053.dwg"文件，如图 5-65 所示。

02 单击【注释】面板中的【文字样式】按钮，在弹出的对话框中设置新的文字样式，如图 5-66 所示。

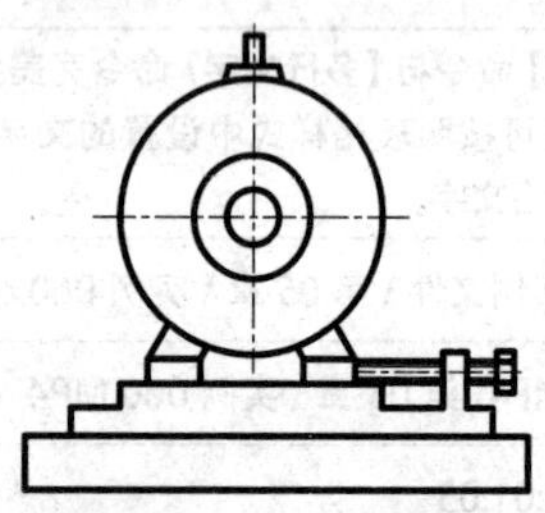

图 5-65　实例文件

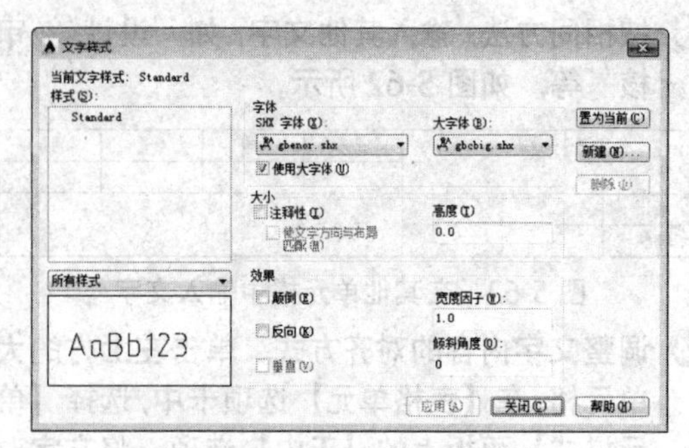

图 5-66　设置新的文字样式

03 使用快捷键 LA 激活【图层】命令，在弹出的【图层特性管理器】对话框中，将【0 图层】设置为当前图层。

04 使用快捷键 C 激活【圆】命令，绘制半径为 8 的圆图形作为序号圆。

05 单击【块】面板中的【属性定义】按钮，在弹出的【属性定义】对话框中设置参数，如图 5-67 所示。

06 单击按钮 确定 ，返回绘图区。捕捉圆心作为属性插入点，如图 5-68 所示。

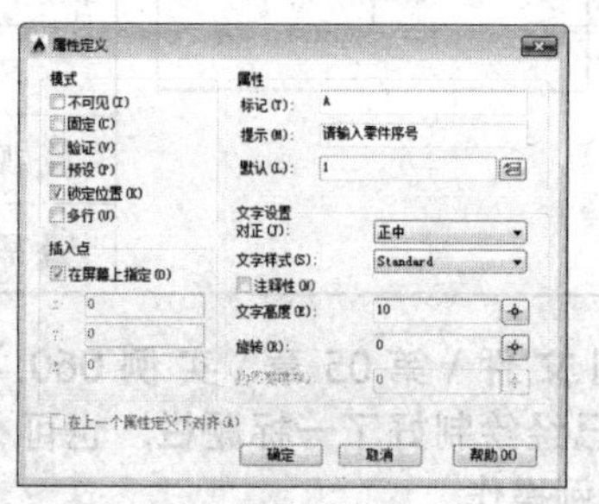

图 5-67　定义属性

图 5-68　捕捉圆心

07 使用快捷键 B 激活【创建块】命令，将定义的属性和序号圆一起创建名为【零件序号】的图块，块的基点为圆下象限点，如图 5-69 所示。

08 使用快捷键 LE 激活【引线】命令，在命令行【指定第一个引线点或 [设置 (S)] < 设置 >:】提示下，激活【设置】选项，在弹出的对话框中分别设置引线参数，如图 5-70 和

图 5-71 所示。

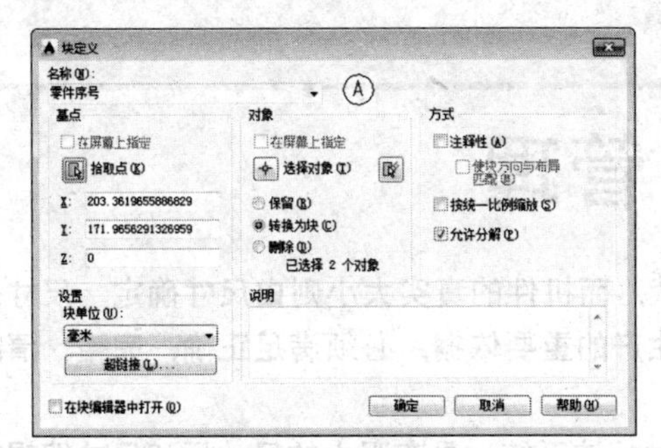

图 5-69 创建图块

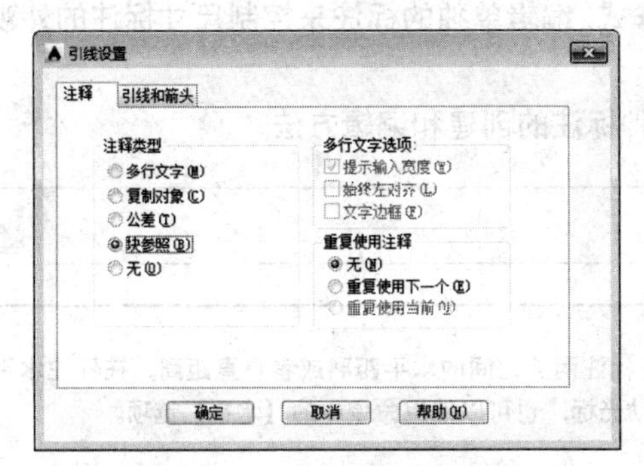

图 5-70 【注释】选项卡

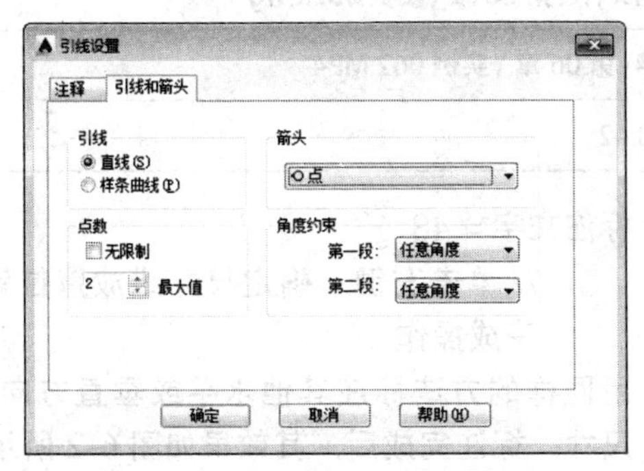

图 5-71 【引线和箭头】选项卡

⑨ 单击按钮 确定 ，根据命令行提示绘制引线，并在引线的一端插入【零件编号】属性块，块的比例为 1，旋转角度为 0，标注序号如图 5-72 所示。

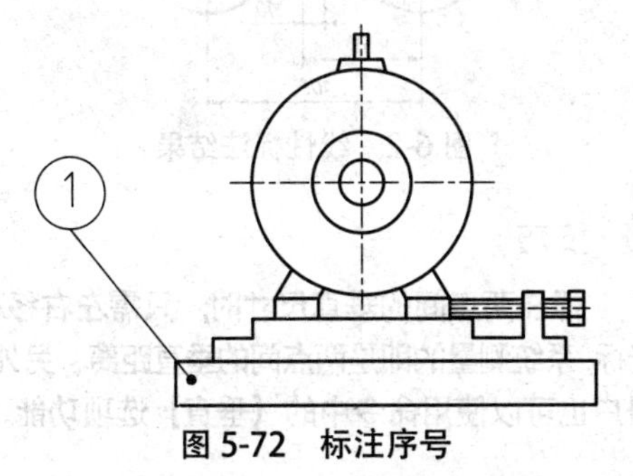

图 5-72 标注序号

⑩ 重复【快速引线】命令，标注其他位置的序号，如图 5-73 所示。

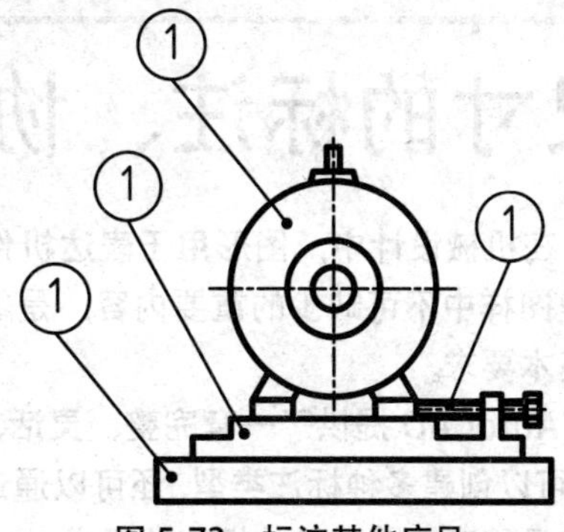

图 5-73 标注其他序号

⑪ 选择菜单【修改】|【对象】|【属性】|【单个】选项，执行【编辑属性】命令，根据命令行的提示，选择刚标注的第二个零件序号。

⑫ 此时系统弹出【增强属性编辑器】对话框，在【属性】选项卡内修改属性值为 2，单击按钮 应用(A) ，修改属性值后的效果如图 5-74 所示。

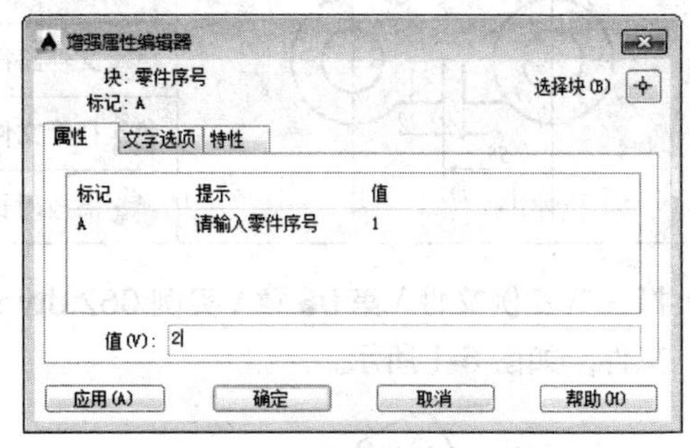

图 5-74 修改属性值后的效果

⑬ 单击【选择块】按钮，返回绘图区。分别选择其他位置的零件序号，修改相应的属性值，如图 5-75 所示。

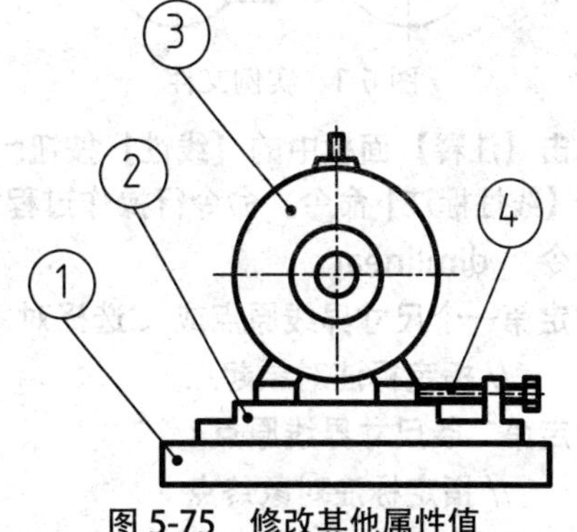

图 5-75 修改其他属性值

6 Chapter 第6章

尺寸的标注、协调与管理

在机械设计中，图形用于表达机件的结构形状，而机件的真实大小则由尺寸确定。尺寸是工程图样中不可缺少的重要内容，是零部件加工生产的重要依据，必须满足正确、完整、清晰的基本要求。

AutoCAD 提供了一套完整、灵活、方便的尺寸标注系统，具有强大的尺寸标和尺寸编辑功能。可以创建多种标注类型，还可以通过设置标注样式，编辑单独的标注来控制尺寸标注的外观，以满足国家标准对尺寸标注的要求。

本章通过 15 个典型实例，介绍机械制图中各种标注的创建和编辑方法。

062 线性尺寸标注

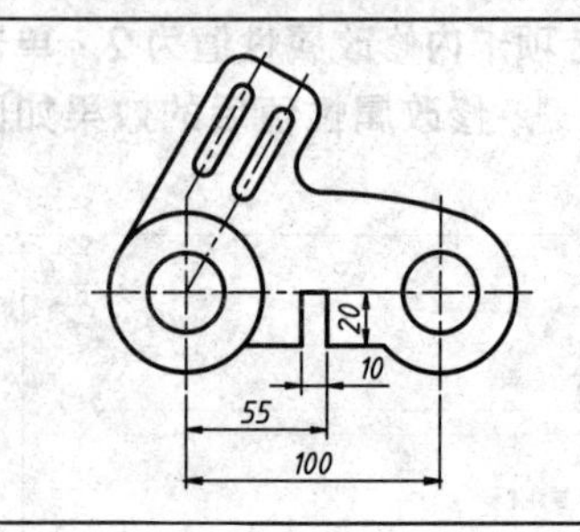

【线性】命令用于标注两点之间的水平距离或者垂直距离。在标注水平距离时，可以上下移动光标，也可以使用命令中的【水平】选项。

文件路径：	实例文件 \ 第 06 章 \ 实例 062.dwg
视频文件：	MP4\ 第 06 章 \ 实例 062.MP4
播放时长：	0:00:42

01 打开"\ 实例文件 \ 第 06 章 \ 实例 062.dwg"文件，如图 6-1 所示。

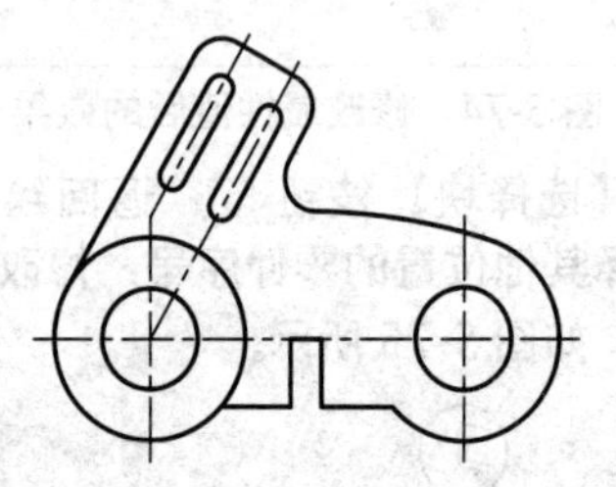

图 6-1　实例文件

02 单击【注释】面板中的【线性】按钮，执行【线性标注】命令。命令行操作过程如下：

命令：_dimlinear

指定第一个尺寸界线原点或 < 选择对象 >:

　　// 指定标注对象起点

指定第二条尺寸界线原点 :

　　// 指定标注对象终点

指定尺寸线位置或 [多行文字 (M)/ 文字 (T)/ 角度 (A)/ 水平 (H)/ 垂直 (V)/ 旋转 (R)]:

标注文字 = 48

　　// 单击左键，确定尺寸线放置位置，完成操作

03 用同样的方法标注其他水平或垂直方向的尺寸，标注完成后，其效果如图 6-2 所示。

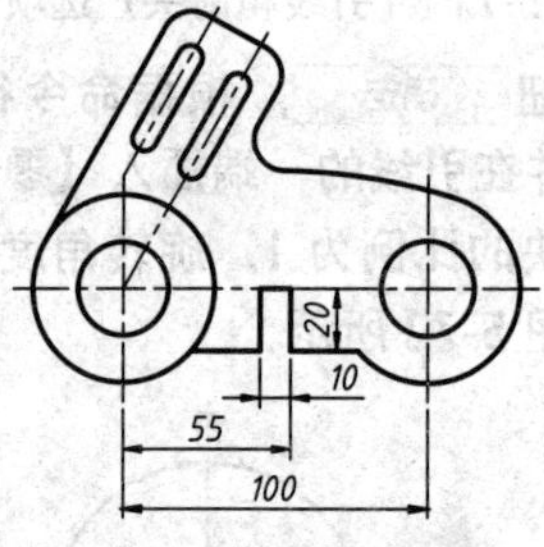

图 6-2　线性标注结果

技巧

标注两点间的垂直尺寸时，只需左右移动光标，系统测量的即是两点间的垂直距离。另外，用户也可以使用命令中的【垂直】选项功能。

063 对齐标注

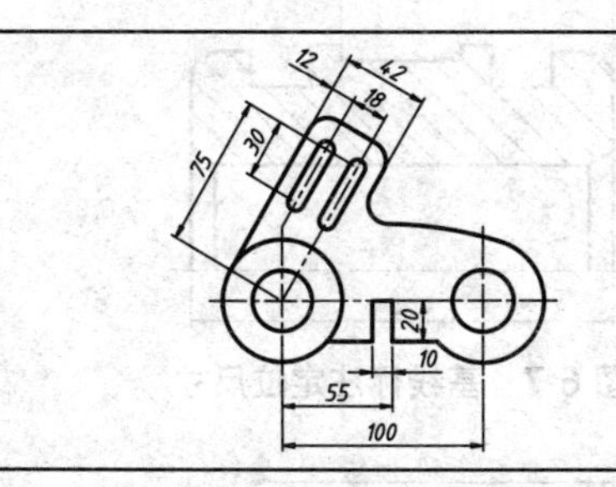

【对齐】命令用于标注对象或两点之间的距离，所标注出的尺寸线始终与对象平行。

文件路径：	实例文件 \ 第 06 章 \ 实例 063.dwg
视频文件：	MP4\ 第 06 章 \ 实例 063.MP4
播放时长：	0:01:22

01 单击快速访问工具栏中的【打开】按钮，打开"\ 实例文件 \ 第 06 章 \ 实例 063.dwg"文件，如图 6-2 所示，也可以直接延续上一例进行操作。

02 在【默认】选项卡中，单击【注释】面板中的【对齐】按钮，执行【对齐标注】命令。命令行操作过程如下：

命令：_dimaligned
指定第一个尺寸界线原点或 < 选择对象 >:
    // 指定横槽的圆心为起点
指定第二条尺寸界线原点：
    // 指定横槽的另一圆心为终点
指定尺寸线位置或
[多行文字 (M)/ 文字 (T)/ 角度 (A)]:
标注文字 = 30
    // 单击左键，确定尺寸线放置位置，完成操作

03 操作完成后，其效果如图 6-3 所示。

04 用同样的方法标注其他非水平、非垂直的线性尺寸，对齐标注完成后，其效果如图 6-4 所示。

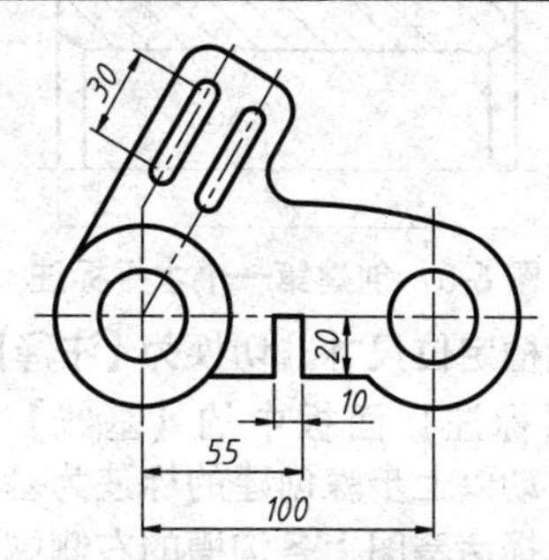

图 6-3　标注第一个对齐尺寸 30 的效果

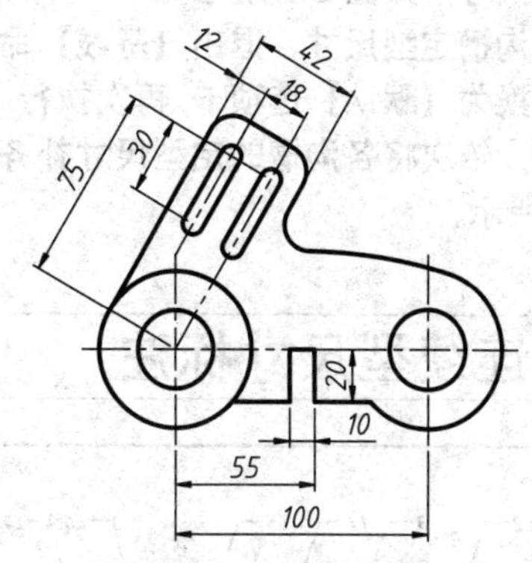

图 6-4　对齐标注效果

064 基线型尺寸标注

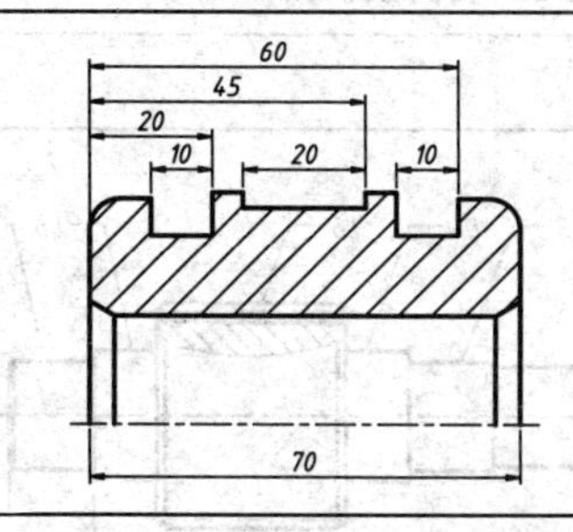

基线标注是多个线性尺寸的另一种组合。基线标注以某一基准尺寸界线为基准位置，按某一方向标注一系列尺寸，所有尺寸共用一条尺寸界线（基线）。

文件路径：	实例文件 \ 第 06 章 \ 实例 064.dwg
视频文件：	MP4\ 第 06 章 \ 实例 064.MP4
播放时长：	0:01:32

01 打开"实例文件 \ 第 06 章 \ 实例 064.dwg"文件，其中已绘制好一活塞的半边剖面图，如图 6-5 所示。

02 标注第一个水平尺寸。单击【注释】面板中的【线性】按钮，在活塞上端添加一个水平标注，如图 6-6 所示。

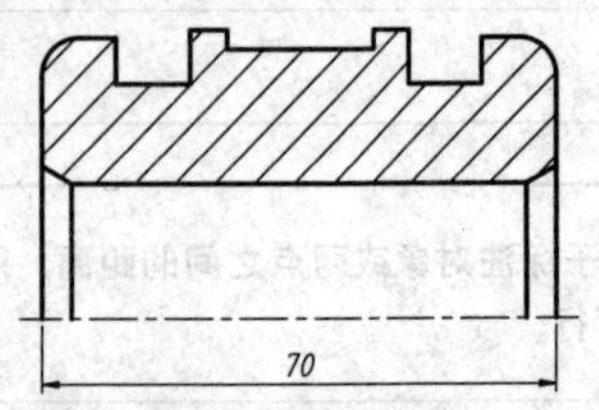

图 6-5　实例文件

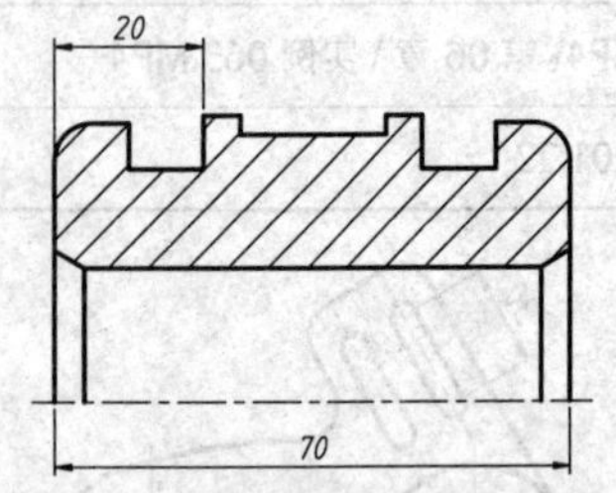

图 6-6　创建第一个水平标注

03 标注沟槽定位尺寸。切换为【注释】选项卡，单击【标注】面板中的【基线】按钮，系统自动以上步骤创建的标注为基准，接着依次选择活塞图上各沟槽的右侧端点，用作定位尺寸，如图 6-7 所示。

04 补充沟槽定型尺寸。退出【基线】命令，重新切换为【默认】选项卡，再次执行【线性】标注，依次将各沟槽的定型尺寸补齐，如图 6-8 所示。

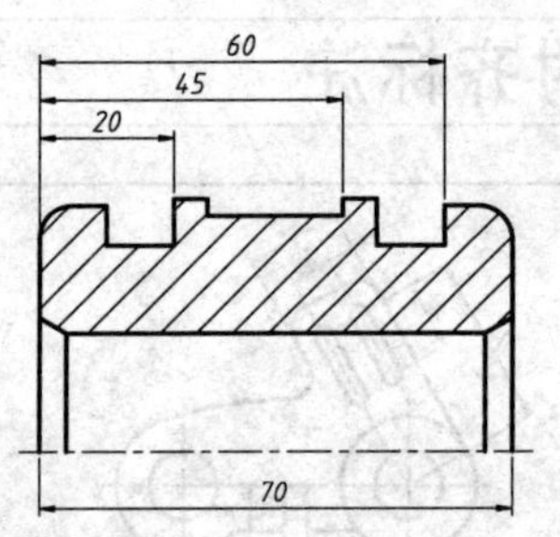

图 6-7　基线标注定位尺寸

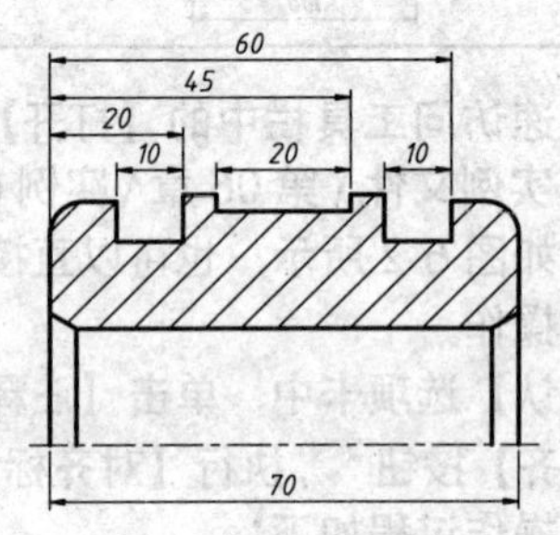

图 6-8　补齐沟槽的定型尺寸

在激活【基线】命令后，系统自动以刚创建的线性尺寸作为基准尺寸，与其共用第一条尺寸界线。

065 连续型尺寸标注

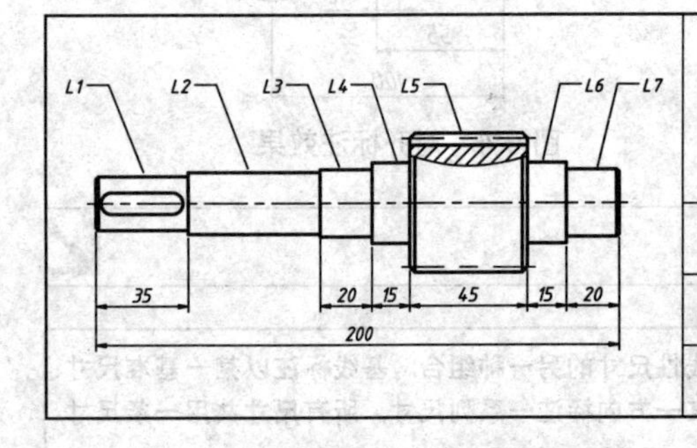

连续标注又称为链式标注或尺寸链，是多个线性尺寸的组合。连续标注是从某一基准尺寸界线开始，按某一方向顺序标注一系列尺寸，相邻的尺寸共用一条尺寸界线，而且所有的尺寸线都在同一直线上。

文件路径：	实例文件 \ 第 06 章 \ 实例 065.dwg
视频文件：	MP4\ 第 06 章 \ 实例 065.MP4
播放时长：	0:01:44

轴类零件通常由多个轴段组合而成，因此使用【连续】命令进行轴段标注极为方便，这样标注出来的图形尺寸完整、外形美观工整。

01 打开“\ 实例文件 \ 第 06 章 \ 实例 065.dwg”文件，其中已绘制好一轴零件图，共七段，并标注了部分长度尺寸，如图 6-9 所示。

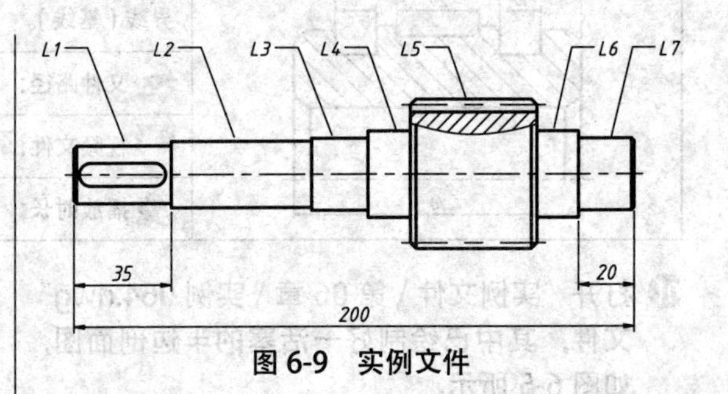

图 6-9　实例文件

02 分析图形可知，L5 段为齿轮段，因此其两侧的 L4、L6 为轴肩，而 L3 和 L7 段则为轴承安装段，这几段长度为重要尺寸，需要标明；而 L2 为伸出段，没有装配关系，因此可不标尺寸，作为补偿环。

03 在【注释】选项卡中，单击【标注】面板中的【连续】按钮，执行【连续标注】命令。命令行操作过程如下：

命令：_DIMCONTINUE
　　// 调用【连续标注】命令
选择连续标注：
　　// 选择 L7 段的标注 20 为起始标注
指定第二条尺寸界线原点或 [放弃 (U)/ 选择 (S)] < 选择 >:
　　// 向左指定 L6 段的左侧端点为尺寸界线原点
标注文字 = 15
指定第二条尺寸界线原点或 [放弃 (U)/ 选择 (S)] < 选择 >:
　　// 向左指定 L5 段的左侧端点为尺寸界线原点
标注文字 = 45
指定第二条尺寸界线原点或 [放弃 (U)/ 选择 (S)] < 选择 >:
　　// 向左指定 L4 段的左侧端点为尺寸界线原点
标注文字 = 15
指定第二条尺寸界线原点或 [放弃 (U)/ 选择 (S)] < 选择 >:
　　// 向左指定 L3 段的左侧端点为尺寸界线原点
标注文字 = 20
　　// 按 Esc 键，退出绘制

04 标注的连续尺寸效果如图 6-10 所示。

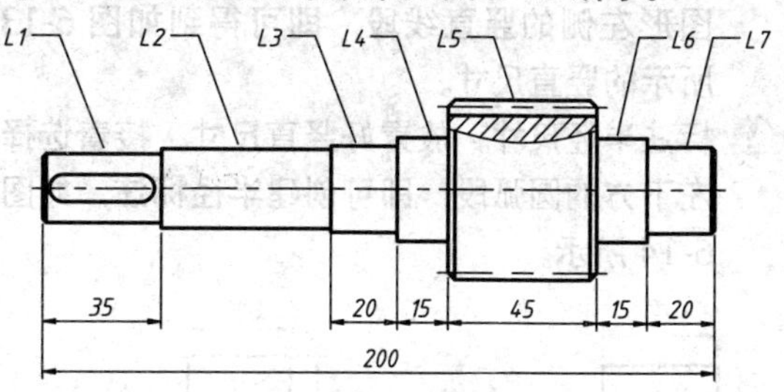

图 6-10　标注的连续尺寸效果

提示

在激活【连续】命令后，系统自动以刚创建的线性尺寸作为基准尺寸，以基准尺寸的第二条尺寸界线作为连续尺寸的第一条尺寸界线。

066 智能标注

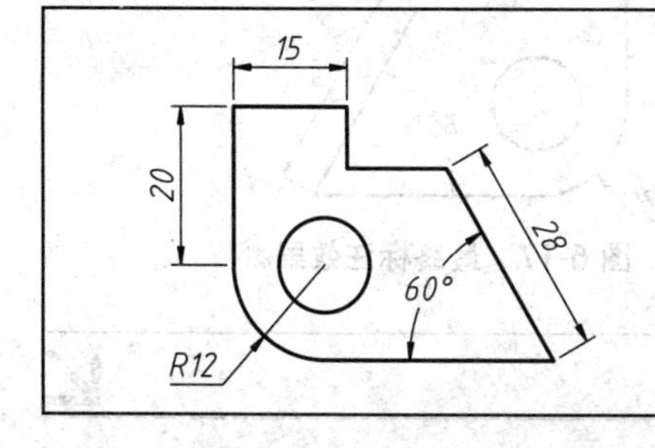

AutoCAD 将常用的标注综合成了一个方便的【快速标注】命令 QDIM。执行该命令时，只需要选择标注的图形对象，AutoCAD 就将按照不同的标注对象自动选择合适的标注类型，并快速标注。

文件路径：	实例文件 \ 第 06 章 \ 实例 066.dwg
视频文件：	MP4\ 第 06 章 \ 实例 066.MP4
播放时长：	0:02:40

如果读者在使用 AutoCAD 2018 之前，使用过 UG、Solidworks 或 PCCAD 等设计软件，那对【智能标注】命令的操作肯定不会感到陌生。传统的 AutoCAD 标注方法需要根据对象的类型来选择不同的标注命令，这种方式效率低，已不合时宜。因此，快速选择对象，实现无差别标注的方法就应运而生。本例便通过【智能标注】对图形添加标注，读者也可以使用传统方法进行标注，以此来比较二者之间的差异。

01 打开"\ 实例文件 \ 第 06 章 \ 实例 066.dwg"文件，其中已绘制好一示例图形，如图 6-11 所示。

02 标注水平尺寸。在【默认】选项卡中，单击【注释】面板中的【标注】按钮，然后移动光标至图形上方的水平线段，系统自动生成线性标注，如图 6-12 所示。

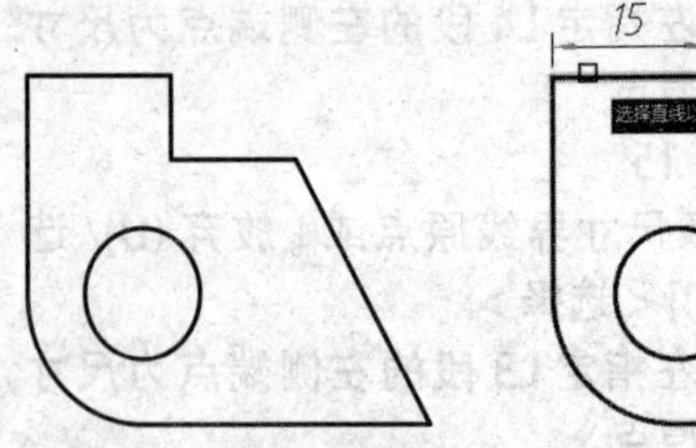

图 6-11　实例文件

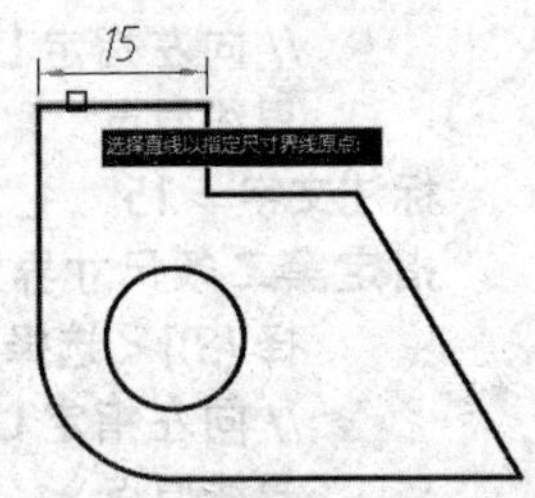

图 6-12　标注水平尺寸

03 标注竖直尺寸。放置好第 2 步创建的尺寸，即可继续执行【智能标注】命令，接着选择图形左侧的竖直线段，即可得到如图 6-13 所示的竖直尺寸。

04 标注半径尺寸。放置好竖直尺寸，接着选择左下方的圆弧段，即可创建半径标注，如图 6-14 所示。

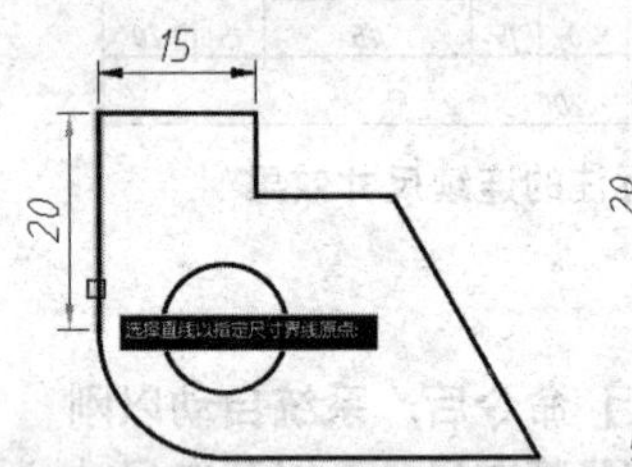

图 6-13　标注竖直尺寸

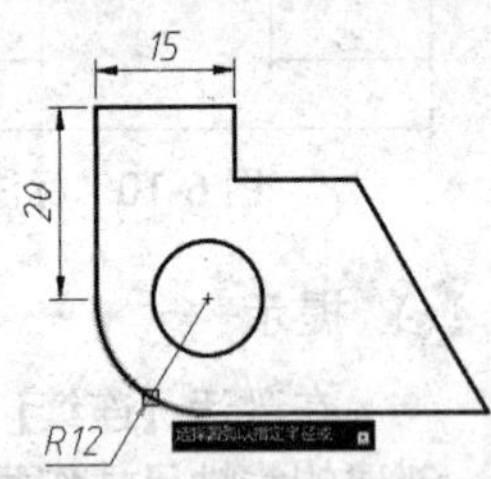

图 6-14　标注半径尺寸

05 标注角度尺寸。放置好半径尺寸，继续执行【智能标注】命令。选择图形底边的水平线，然后不要放置标注，直接选择右侧的斜线，即可创建角度标注，如图 6-15 所示。

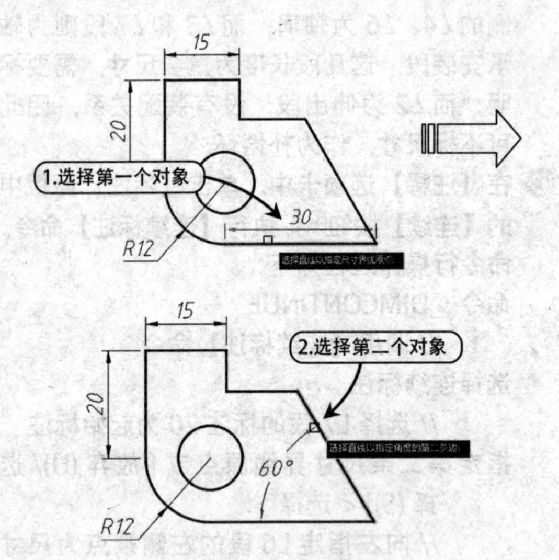

图 6-15　创建角度标注

06 创建对齐标注。放置角度标注之后，移动光标至右侧的斜线，得到如图 6-16 所示的对齐标注。

07 按 Enter 键，结束【智能标注】命令，最终标注效果如图 6-17 所示。读者也可自行使用【线性】、【半径】等传统命令进行标注，以比较两种方法之间的异同，来选择自己所习惯的一种。

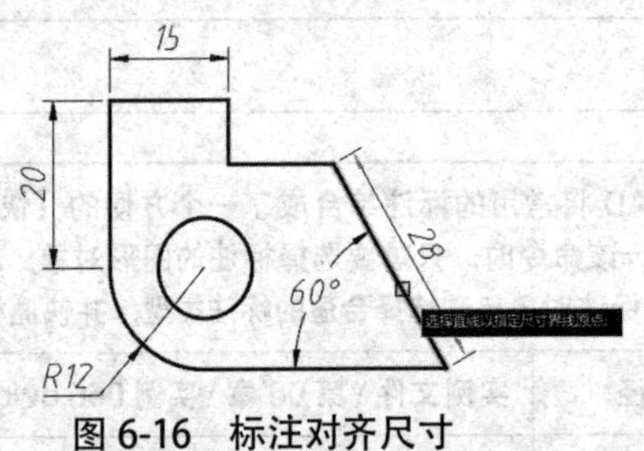

图 6-16　标注对齐尺寸

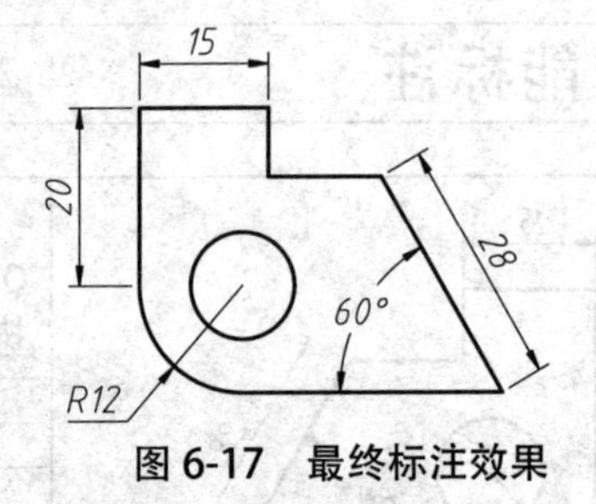

图 6-17　最终标注效果

067 弧长尺寸标注

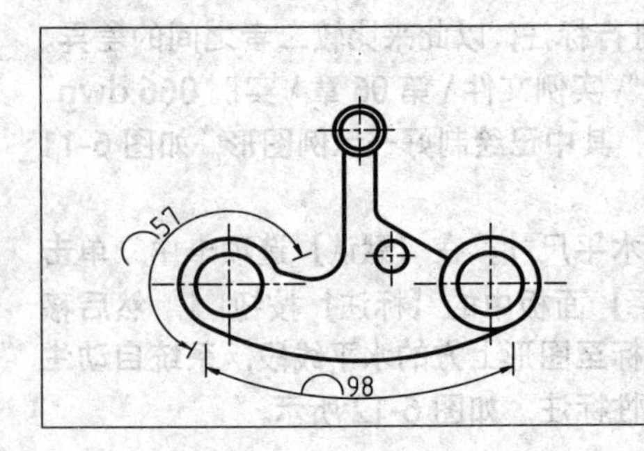

弧长标注用于测量圆弧或多段线圆弧上的距离。在标注文字上方或前面将显示圆弧符号。

文件路径：	实例文件 \ 第 06 章 \ 实例 067.dwg
视频文件：	MP4\ 第 06 章 \ 实例 067.MP4
播放时长：	0:01:38

01 打开"\ 实例文件 \ 第 06 章 \ 实例 067.dwg"文件，如图 6-18 所示。

02 在【注释】选项卡中，单击【标注】面板中的【弧长】按钮，如图 6-19 所示，执行【弧长标注】命令。

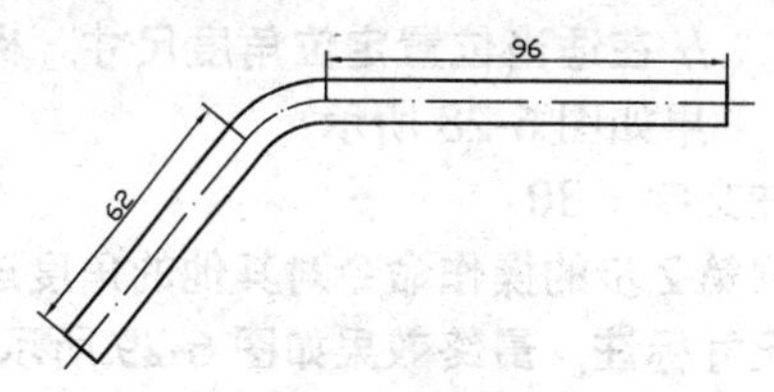

图 6-18 实例文件

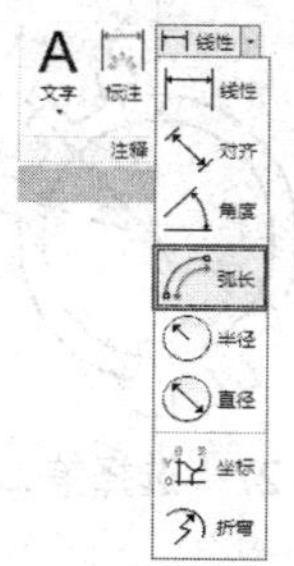

图 6-19 【注释】面板中的【弧长】按钮

03 标注连接处的弧长，如图 6-20 所示。命令行操作过程如下：

命令：_dimarc

//调用【弧长标注】命令

选择弧线段或多段线圆弧段：

//单击选择圆弧 S1

指定弧长标注位置或 [多行文字 (M)/ 文字 (T)/ 角度 (A)/ 部分 (P)/ 引线 (L)]：

//指定尺寸线的位置

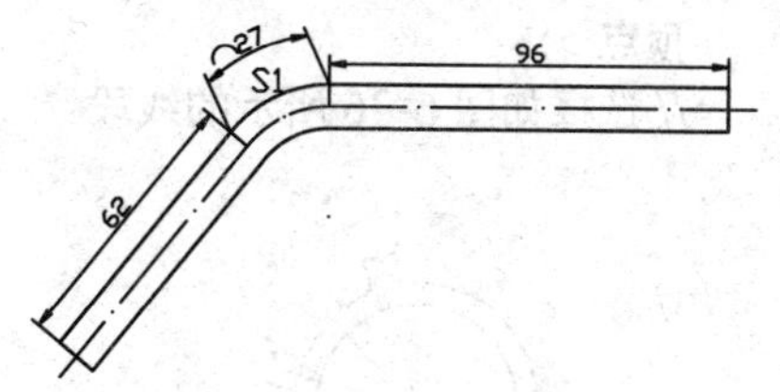

图 6-20 标注连接处的弧长

068 角度尺寸标注

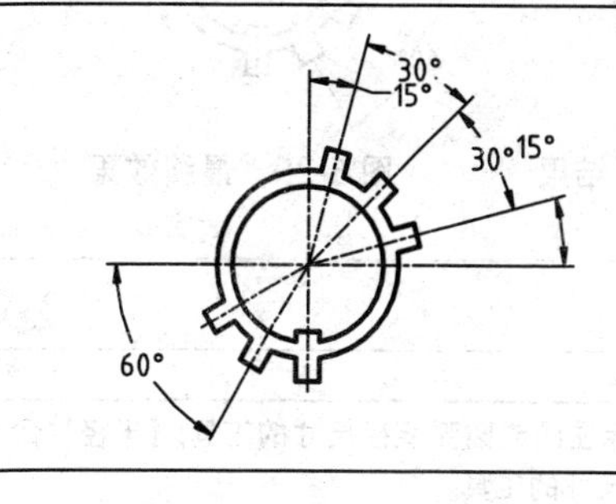

【角度】标注命令用于标注圆弧、圆或直线间的角度。执行此命令还有另外的方式，即表达式 DIMANGULAR。

文件路径：	实例文件 \ 第 06 章 \ 实例 068.dwg
视频文件：	MP4\ 第 06 章 \ 实例 068.MP4
播放时长：	0:01:20

01 打开"\ 实例文件 \ 第 06 章 \ 实例 068.dwg"文件，如图 6-21 所示。

02 单击【标注】面板中的【角度】按钮，激活【角度】标注命令，标注图形的角度尺寸。命令行操作过程如下：

命令：_dimangular

选择圆弧、圆、直线或 <指定顶点>：

//捕捉如图 6-22 所示的线段

选择第二条直线：

//捕捉如图 6-23 所示的线段

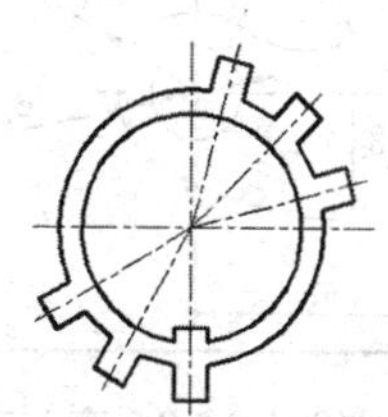

图 6-21 实例文件

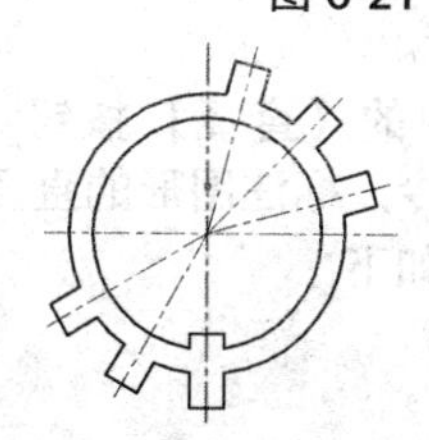

图 6-22 选择第一对象

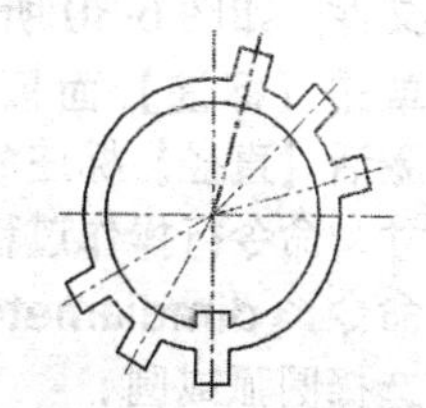

图 6-23 选择第二对象

指定标注弧线位置或 [多行文字 (M)/ 文字 (T)/ 角度 (A)/ 象限点 (Q)]：

// 向上移动光标，系统自动测量出两直线间的实际角度，如图 6-24 所示，在适当位置拾取一点定位角度尺寸的位置，标注效果如图 6-25 所示

命令：↙

// 按 Enter 键，重复命令

_dimangular 选择圆弧、圆、直线或 < 指定顶点 >:

// 选择如图 6-26 所示的线段

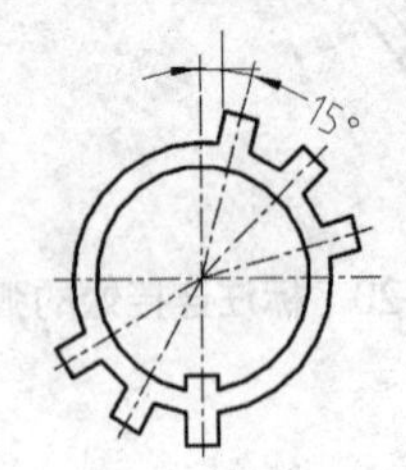

图 6-24　测量角度

选择第二条直线：

// 选择如图 6-27 所示的线段

指定标注弧线位置或 [多行文字 (M)/ 文字 (T)/ 角度 (A)/ 象限点 (Q)]:

// 在适当位置定位角度尺寸，标注效果如图 6-28 所示

标注文字 = 30

03 根据第 2 步的操作命令对其他的角度进行角度尺寸标注，最终效果如图 6-29 所示。

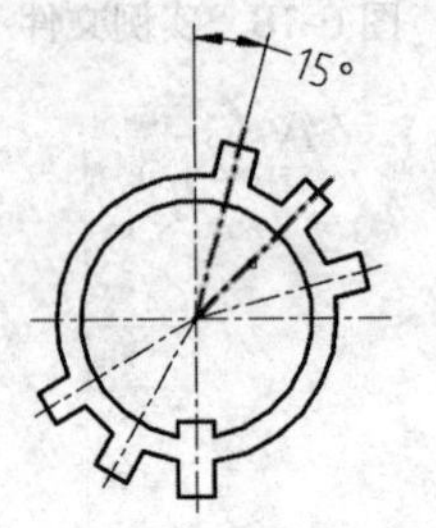

图 6-27　选择第二对象

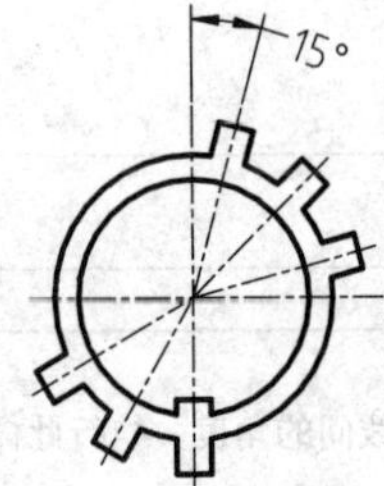

图 6-25　标注结果

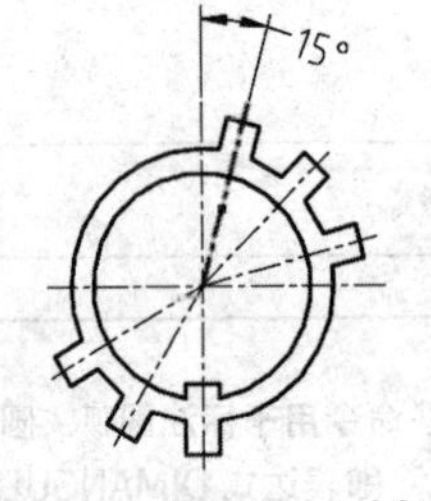

图 6-26　选择第一对象

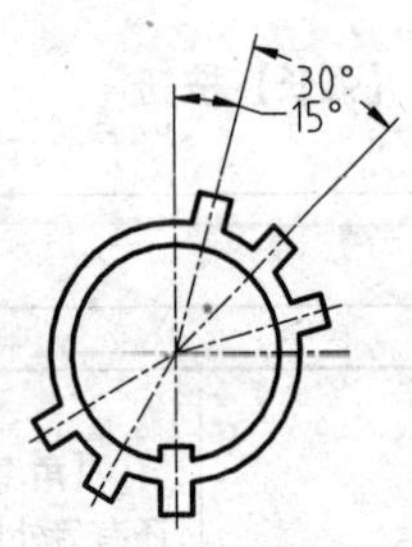

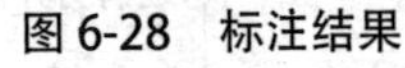

图 6-28　标注结果

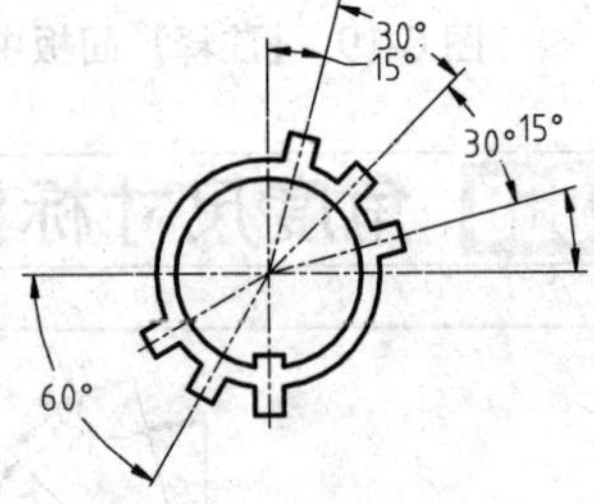

图 6-29　最终效果

069 直径和半径标注

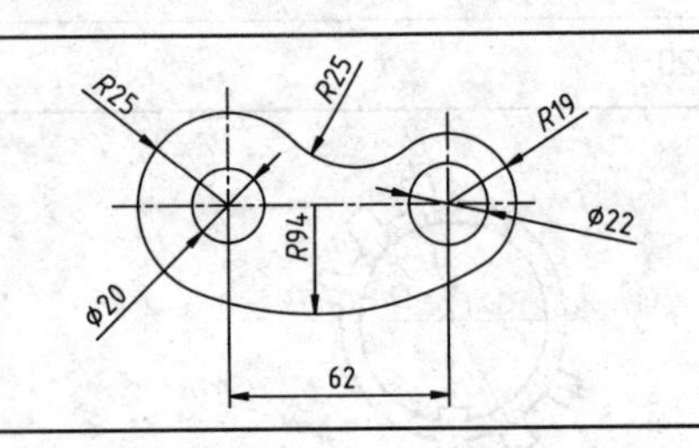

【直径】命令是专用于标注圆或圆弧直径尺寸的工具；【半径】命令是用于标注圆或圆弧半径尺寸的工具。

文件路径：	实例文件 \ 第 06 章 \ 实例 069.dwg
视频文件：	MP4\ 第 06 章 \ 实例 069.MP4
播放时长：	0:01:04

01 打开"\ 实例文件 \ 第 06 章 \ 实例 069.dwg"文件，如图 6-30 所示。

02 单击【标注】面板中的【直径】按钮⃠，激活【直径】标注命令，标注图形的直径尺寸。命令行操作过程如下：

命令：_dimdiameter

选择圆弧或圆：

// 选择如图 6-31 所示的圆图形，移动光标后，系统自动测量出该圆的直径尺寸，如图 6-32 所示

标注文字 = 20

指定尺寸线位置或 [多行文字 (M)/ 文字 (T)/ 角度 (A)]:

// 在适当位置指定尺寸线位置，标注

效果如图 6-33 所示

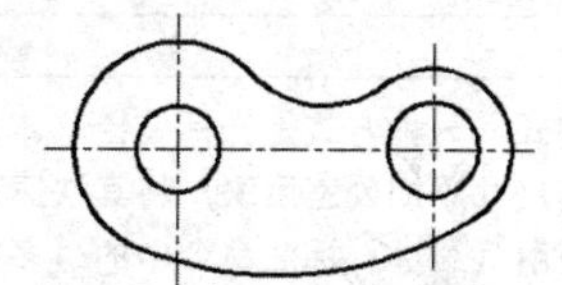
图 6-30　实例文件

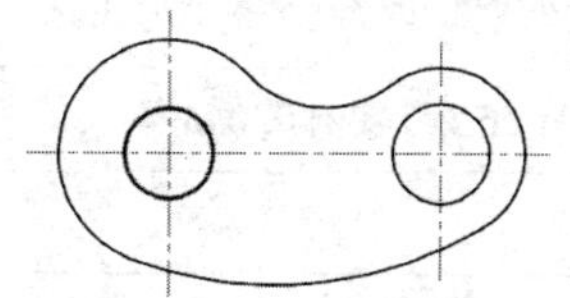
图 6-31　选择标注圆

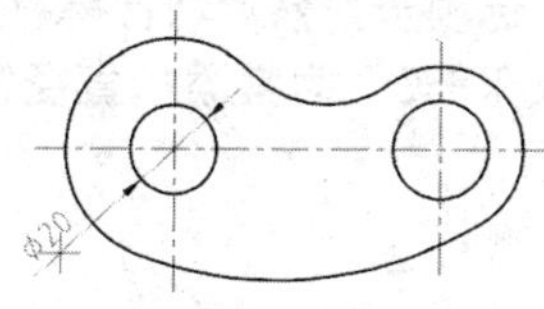

图 6-32　拉出圆的直径尺寸

03 单击右键，在弹出的快捷菜单中选择【重复直径】选项，选择如图 6-34 所示的圆的直径尺寸，标注效果如图 6-35 所示

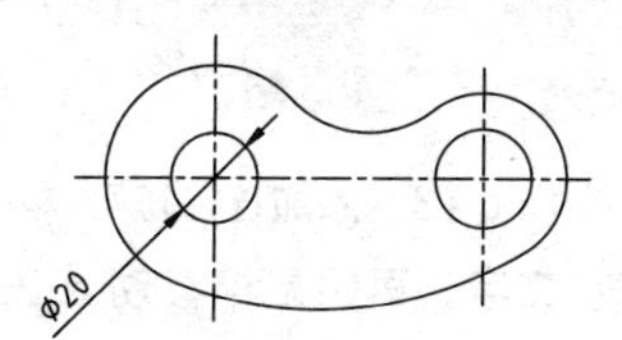

图 6-33　标注效果

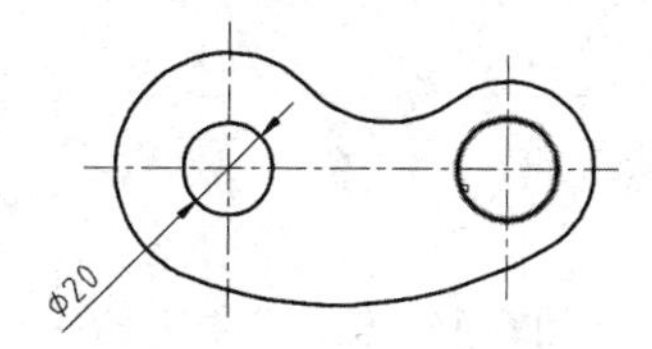

图 6-34　选择标注圆

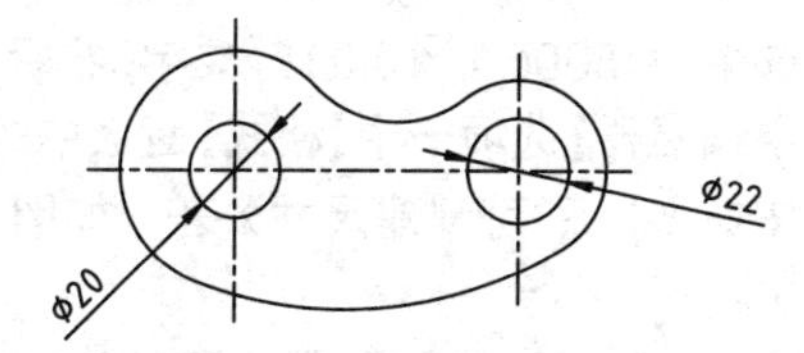

图 6-35　标注效果

04 单击【标注】面板中的【半径】按钮，激活【半径】命令，标注图形的半径尺寸。命令行操作过程如下：

命令：_dimradius

选择圆弧或圆：

// 选择如图 6-36 所示圆弧

标注文字 = 25

指定尺寸线位置或 [多行文字 (M)/ 文字 (T)/ 角度 (A)]：// 指定半径尺寸的位置，标注效果如图 6-37 所示

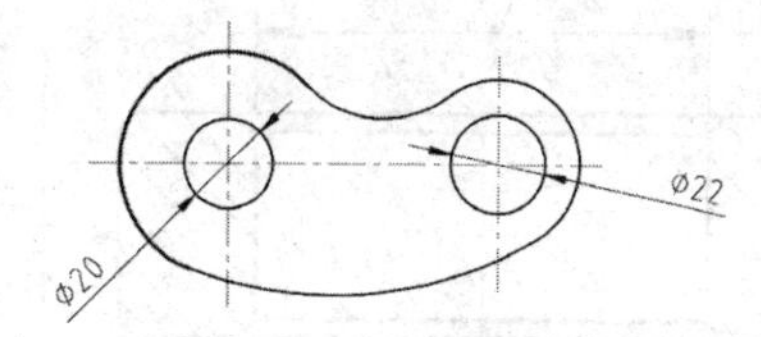

图 6-36　选择圆弧

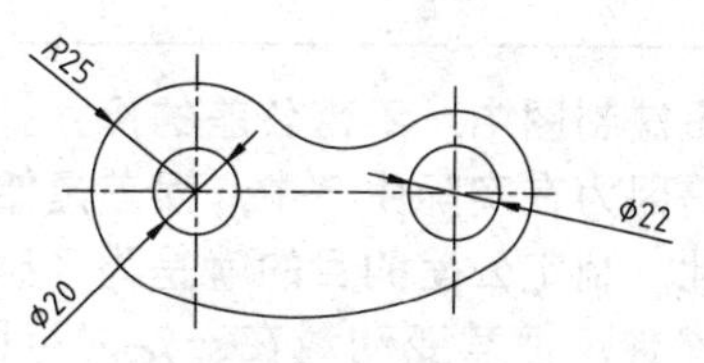

图 6-37　标注效果

05 根据第 4 步的操作，对其他圆弧进行半径尺寸标注，如图 6-38 所示。

06 单击【标注】面板中的【线性】按钮，激活【线性】命令，分别标注两个圆心之间的水平距离。命令行操作过程如下：

命令：_dimlinear

指定第一条延伸线原点或 < 选择对象 >:

// 捕捉左侧同心圆的圆心

指定第二条尺寸界线原点：

// 捕捉右侧同心圆的圆心

指定尺寸线位置或 [多行文字 (M)/ 文字 (T)/ 角度 (A)/ 水平 (H)/ 垂直 (V)/ 旋转 (R)]:

// 在适当位置指定尺寸线位置，标注水平尺寸如图 6-39 所示

标注文字 = 62

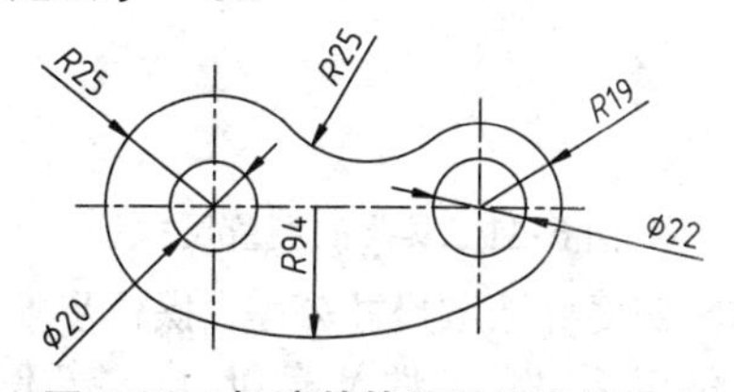

图 6-38　标注其他圆弧的半径尺寸

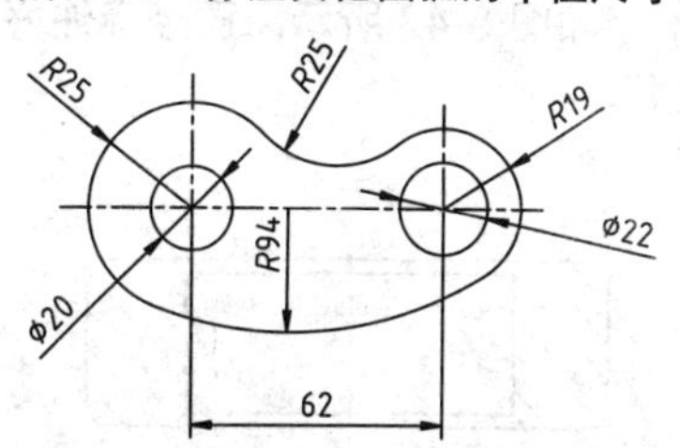

图 6-39　标注水平尺寸

070 尺寸公差标注

<table>
<tr><td rowspan="4">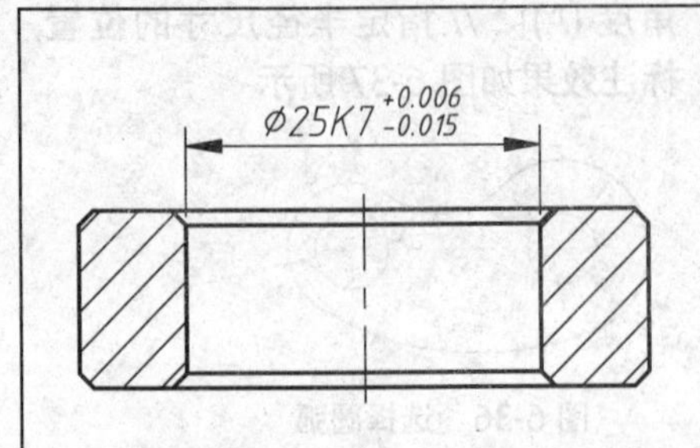</td><td colspan="2">标注尺寸公差有两种方式，一种方式是先标注出基本尺寸，然后使用【编辑文字】命令为其尺寸添加公差后缀，将其快速转化为尺寸公差；另一种方式是直接使用【线性】标注命令中的【多行文字】功能，在标注基本尺寸的同时，为其添加公差后缀。</td></tr>
<tr><td>文件路径：</td><td>实例文件 \ 第 06 章 \ 实例 070.dwg</td></tr>
<tr><td>视频文件：</td><td>MP4\ 第 06 章 \ 实例 070.MP4</td></tr>
<tr><td>播放时长：</td><td>0:01:42</td></tr>
</table>

在机械制图中，不带公差的尺寸是很少见的，这是因为在实际生产中，误差是始终存在的。因此，制定公差的目的就是为了确定产品的几何参数，使其变动量在一定的范围之内，以便达到互换或配合的要求。

如图 6-40 所示的零件图，内孔设计尺寸为 ø25，公差为K7，公差范围在-0.015~+0.006之间，因此最终的内孔尺寸只需在 ø24.985 ~ ø25.006 mm 之间，就可以算作合格。图 6-41 中显示的实际测量值为 24.99mm，在公差范围内，因此可以算合格产品。

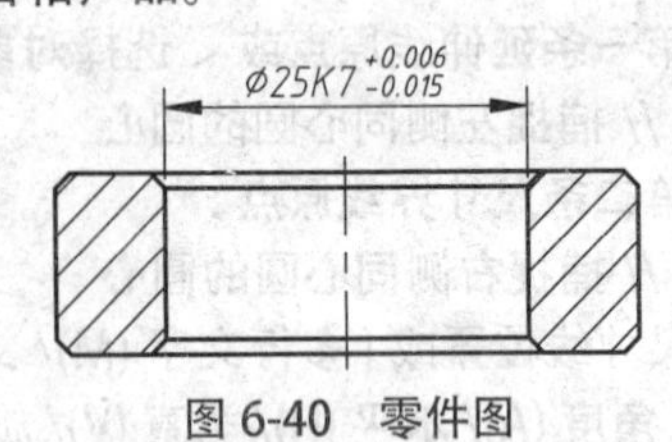

图 6-40　零件图

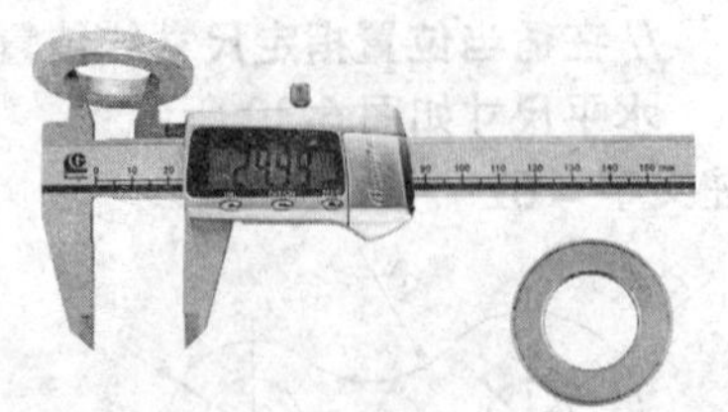

图 6-41　实际的测量尺寸

本案例便标注该尺寸公差，操作步骤如下。

01 打开"\实例文件\第06章\实例070.dwg"，如图 6-42 所示，已经标注好了所需的尺寸。

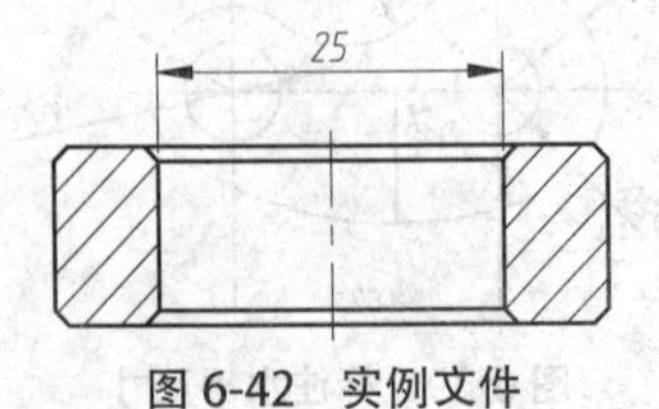

图 6-42　实例文件

02 添加直径符号。双击尺寸 25，弹出【文字编辑器】选项卡；然后将鼠标移动至 25 之前，输入 %%C，为其添加直径符号，如图 6-43 所示。

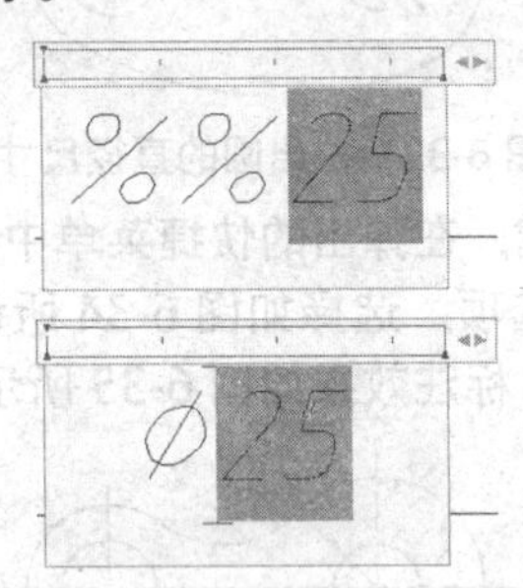

图 6-43　添加直径符号

03 输入公差文字。再将鼠标移动至 25 的后方，依次输入 K7（+0.006^-0.015），如图 6-44 所示。

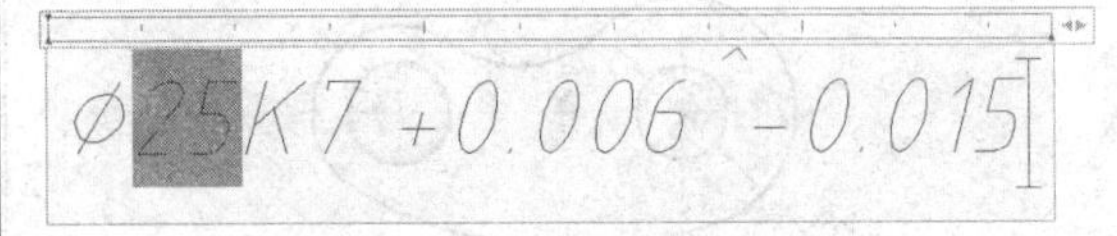

图 6-44　输入公差文字

04 创建尺寸公差。按住鼠标左键，向后拖移，选中"+0.006^☒0.015"文字，然后单击【文字编辑器】选项卡中【格式】面板中的【堆叠】按钮，即可创建尺寸公差，如图 6-45 所示。

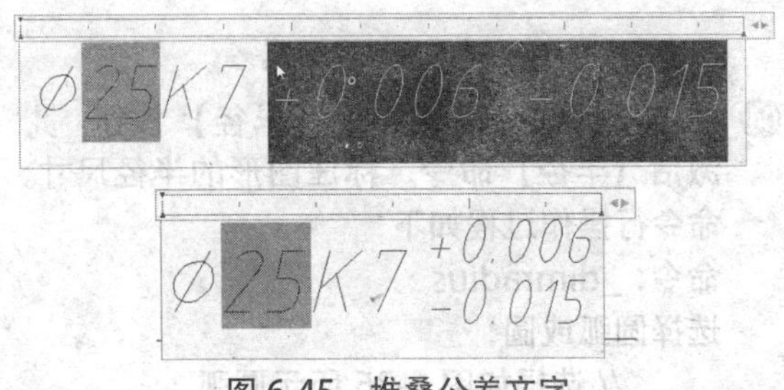

图 6-45　堆叠公差文字

071 几何公差标注

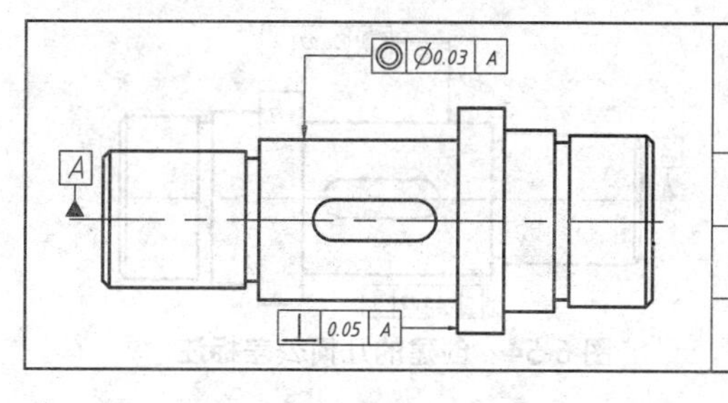

标注几何公差，主要使用【引线】命令中的【公差】注释功能标注零件图的几何公差。

文件路径：	实例文件 \ 第 06 章 \ 实例 071.dwg
视频文件：	MP4\ 第 06 章 \ 实例 071.MP4
播放时长：	0:02:06

01 打开“\ 实例文件 \ 第 06 章 \ 实例 071.dwg”，如图 6-46 所示。

02 单击【绘图】面板中的【矩形】、【直线】按钮，绘制基准符号，并添加文字，如图 6-47 所示。

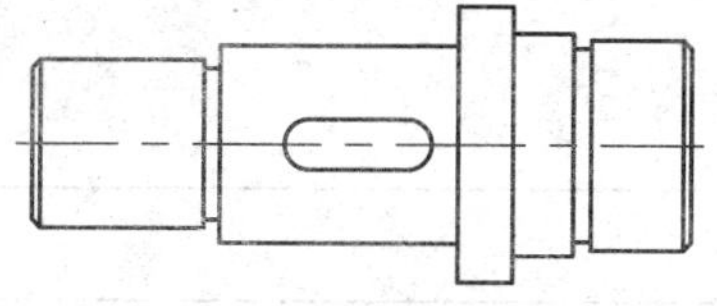

图 6-46　实例文件

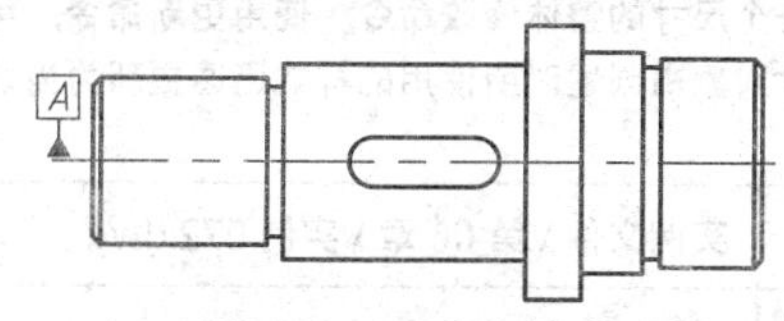

图 6-47　绘制基准符号

03 选择【标注】|【公差】选项，弹出【几何公差】对话框，选择公差类型为【同轴度】，然后输入公差值 ø0.03 和公差基准 A，如图 6-48 所示。

04 单击【确定】按钮，在要标注的位置附近单击，放置该几何公差，如图 6-49 所示。

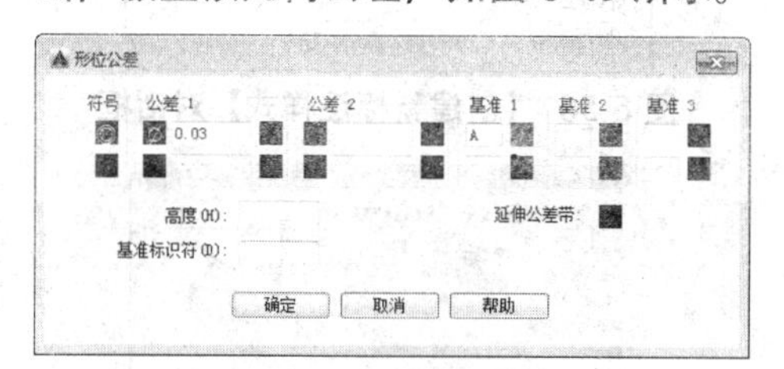

图 6-48　设置公差参数

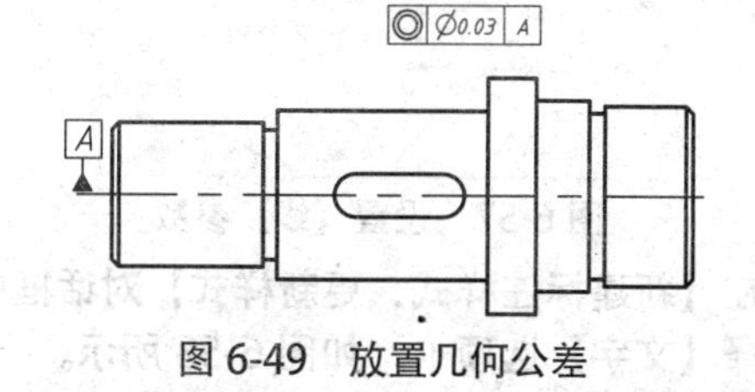

图 6-49　放置几何公差

05 单击【注释】面板中的【多重引线】按钮，绘制多重引线指向公差位置，如图 6-50 所示。

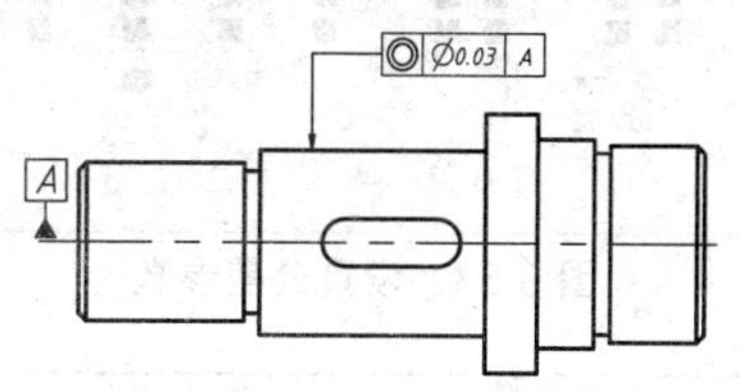

图 6-50　添加多重引线

06 使用【快速引线】命令快速绘制几何公差。在命令行中输入 LE 并按 Enter 键，利用快速引线标注几何公差。命令行操作过程如下：

命令：LE ↙

　　// 调用【快速引线】命令

QLEADER

指定第一个引线点或 [设置 (S)] < 设置 >：

　　// 选择【设置】选项，弹出【引线设置】对话框；设置类型为【公差】，如图 6-51 所示；单击【确定】按钮，继续执行以下命令行操作

指定第一个引线点或 [设置 (S)] < 设置 >：

　　// 在要标注公差的位置单击，指定引线箭头位置

指定下一点：

　　// 指定引线转折点

指定下一点：

　　// 指定引线端点

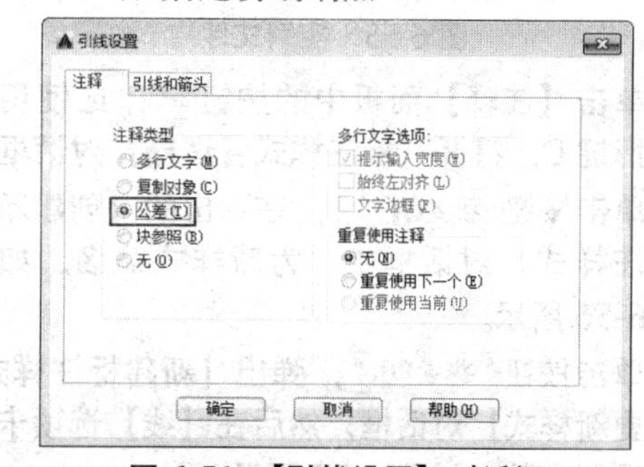

图 6-51　【引线设置】对话框

07 在需要标注几何公差的地方绘制快速引线，如图 6-52 所示。定义之后，弹出【几何公差】对话框，设置公差参数，如图 6-53 所示。

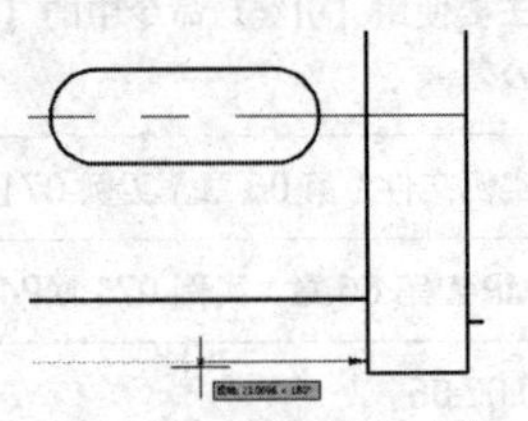

图 6-52　绘制快速引线

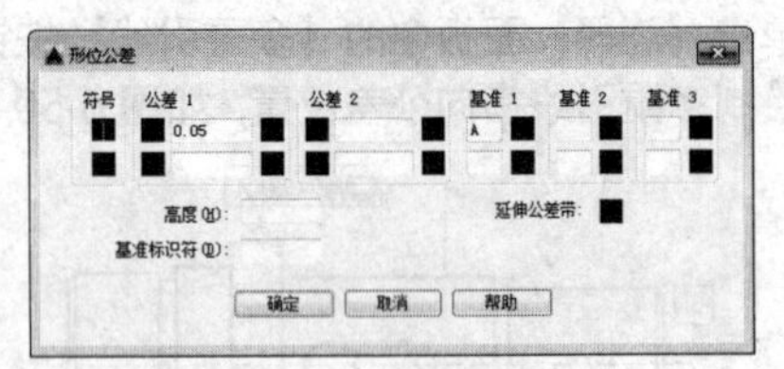

图 6-53　设置公差参数

08 单击【确定】按钮，创建的几何公差标注如图 6-54 所示。

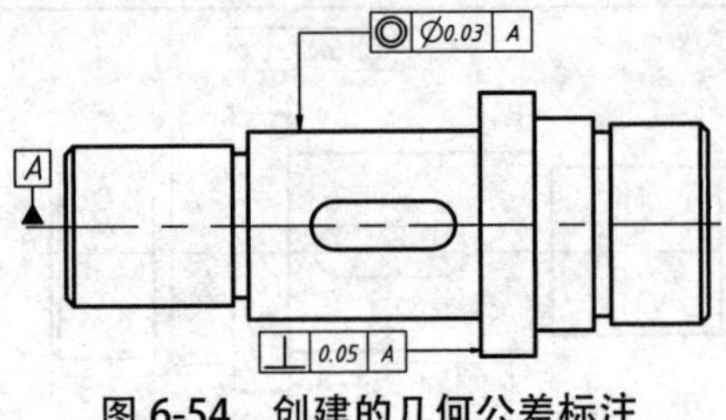

图 6-54　创建的几何公差标注

072 尺寸样式更新

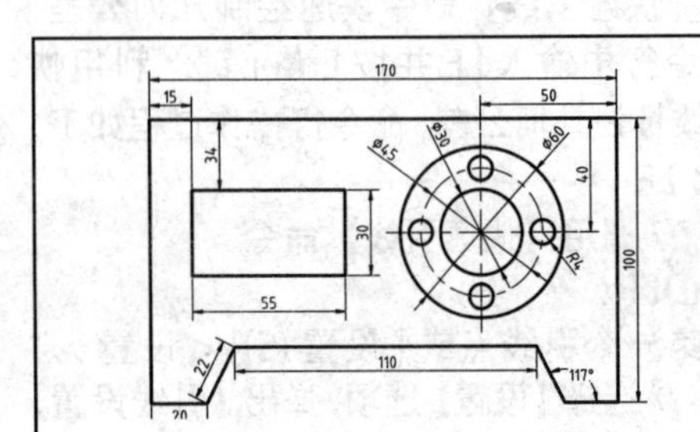

尺寸更新是一个尺寸的整体修改命令。使用更新命令，可以将已经创建好的尺寸对象由创建时所使用的样式迅速更新为当前尺寸样式。

文件路径：	实例文件 \ 第 06 章 \ 实例 072.dwg
视频文件：	MP4\ 第 06 章 \ 实例 072.MP4
播放时长：	0:01:34

01 打开“\ 实例文件 \ 第 06 章 \ 实例 072.dwg”文件，如图 6-55 所示。

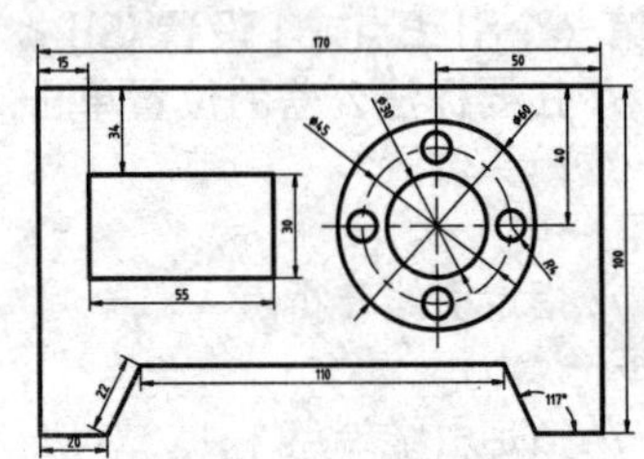

图 6-55　实例文件

02 单击【注释】面板中的按钮，或使用快捷键 D，打开【标注样式管理器】对话框。

03 单击按钮 新建(N)...，在弹出的【创建新标注样式】对话框中，为新样式命名，如图 6-56 所示。

04 单击按钮 继续(O)，弹出【新建标注样式：更新样式】对话框；然后在【线】选项卡中设置参数，如图 6-57 所示。

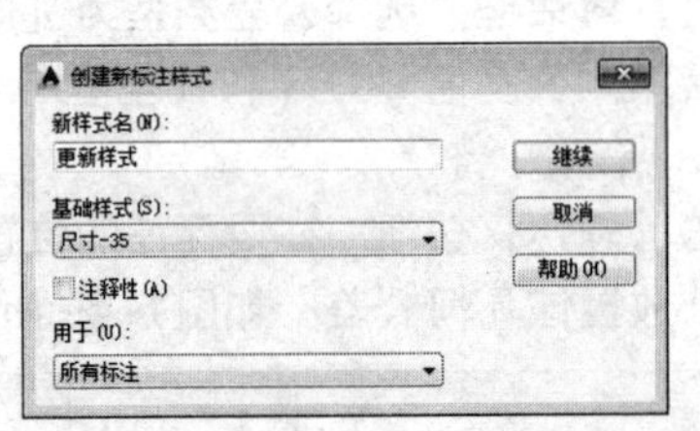

图 6-56　【创建新标注样式】对话框

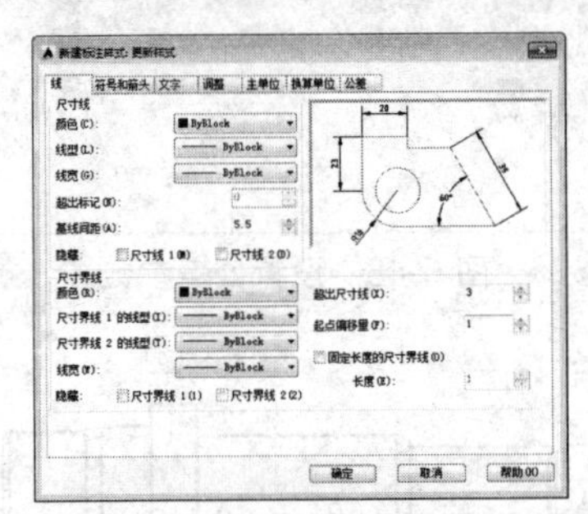

图 6-57　设置【线】参数

05 在【新建标注样式：更新样式】对话框中选择【文字】选项卡，如图 6-58 所示。

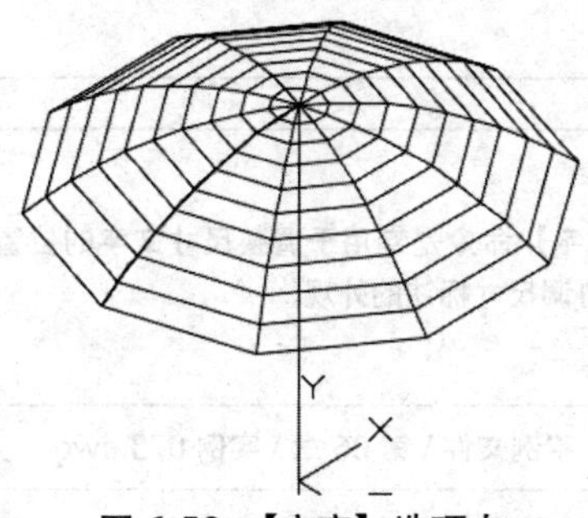

图 6-58 【文字】选项卡

06 单击【文字样式】选项右侧的按钮[...]，在弹出的【文字样式】对话框中设置一种新的文字样式，如图 6-59 所示。单击按钮[应用(A)]，返回【新建标注样式：更新样式】对话框，设置文字的参数，如图 6-60 所示。

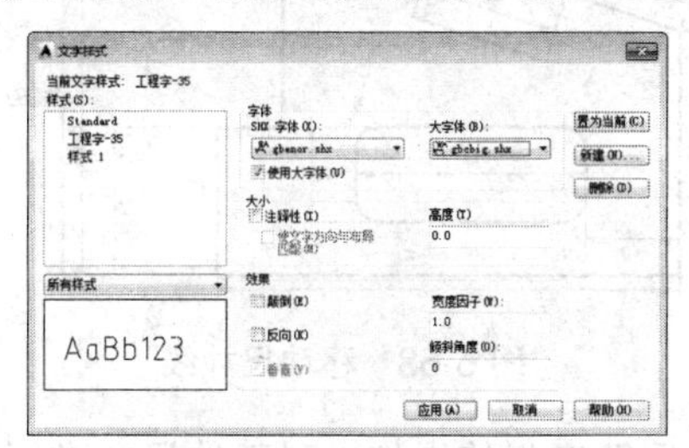

图 6-59 设置字体样式

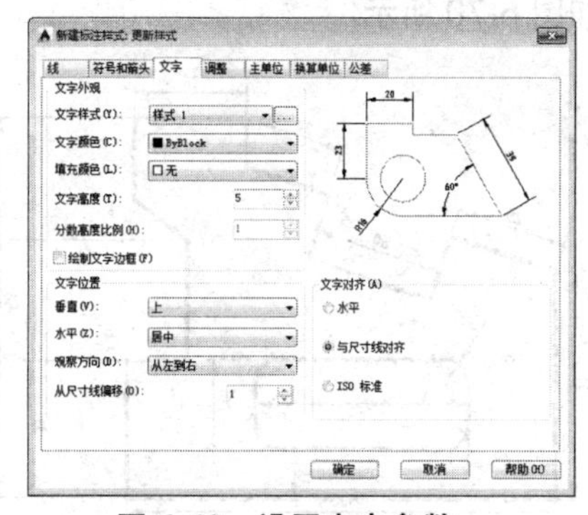

图 6-60 设置文字参数

07 选择【调整】选项卡，设置标注样式的全局比例参数，如图 6-61 所示。

08 单击按钮[确定]返回【标注样式管理器】对话框，确保刚设置的【更新样式】处于选择状态；单击按钮[置为当前(U)]，将其设置为当前样式，如图 6-62 所示。

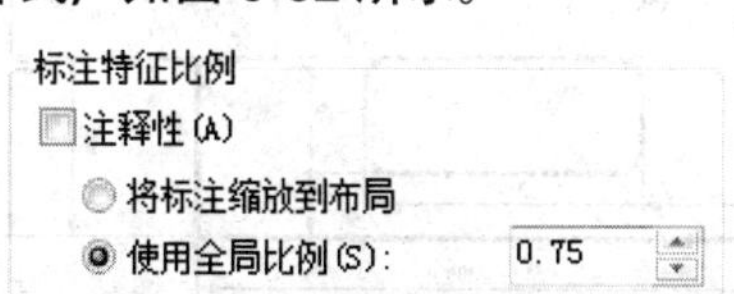

图 6-61 设置比例参数

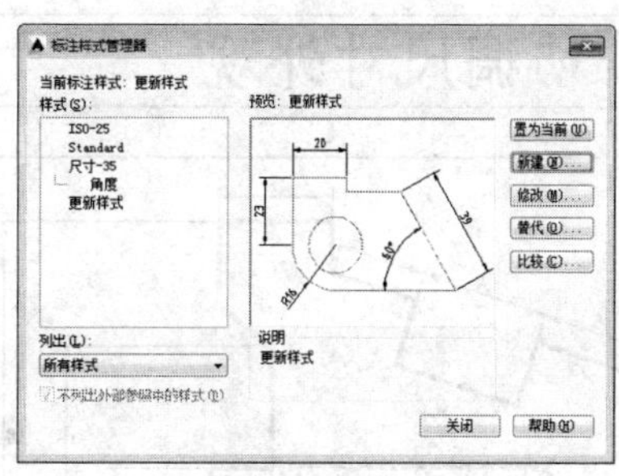

图 6-62 将【更新样式】设置为当前

09 单击按钮[关闭]，在【标注】面板中设置了一个名为【更新样式】的尺寸样式，同时此样式被设置为当前样式，如图 6-63 所示。

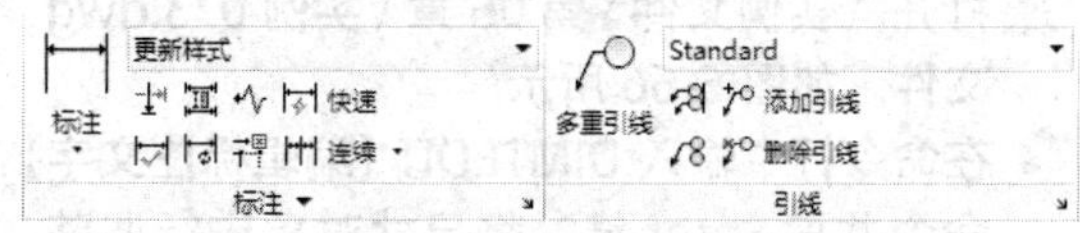

图 6-63 【标注】面板

10 单击【标注】面板中的【标注更新】按钮，激活【标注更新】命令，对尺寸进行更新。命令行操作过程如下：

命令：_-dimstyle

当前标注样式：更新尺寸　注释性：否

输入标注样式选项

[注释性 (AN)/ 保存 (S)/ 恢复 (R)/ 状态 (ST)/ 变量 (V)/ 应用 (A)/?] < 恢复 >：_apply

选择对象：

　　// 选择如图 6-64 所示的尺寸对象

选择对象：↙

　　// 按 Enter 键，此尺寸继承了当前尺寸样式，最终效果如图 6-65 所示

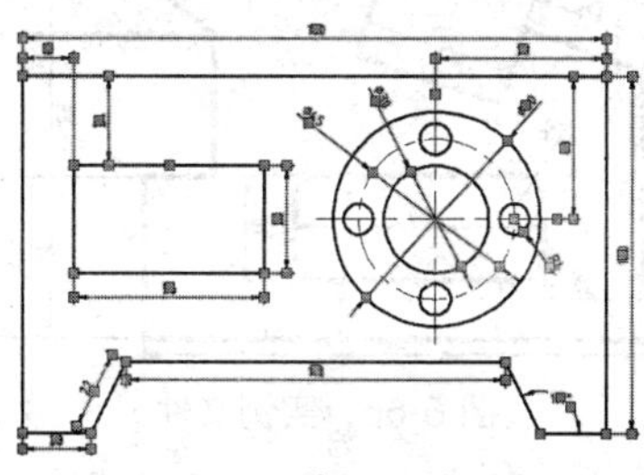

图 6-64 选择尺寸对象

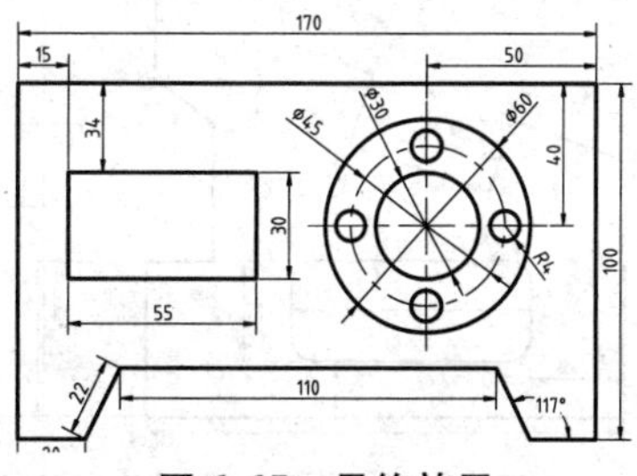

图 6-65 最终效果

073 协调尺寸外观

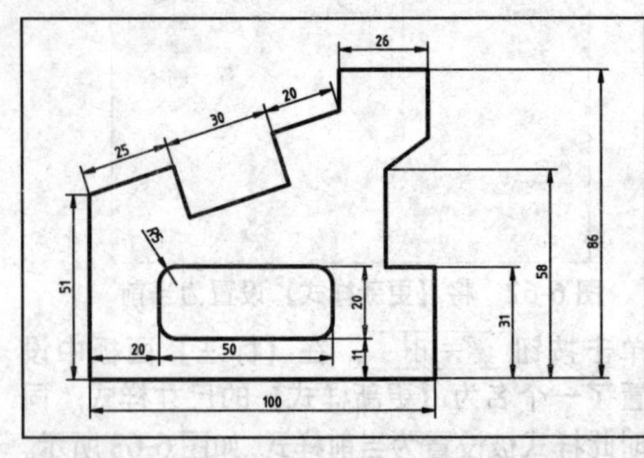

【编辑标注文字】命令是专用于调整尺寸文字的位置及放置角度的工具，以协调尺寸标注的外观。

文件路径：	实例文件 \ 第 06 章 \ 实例 073.dwg
视频文件：	MP4\ 第 06 章 \ 实例 073.MP4
播放时长：	0:00:46

01 打开"\ 实例文件 \ 第 06 章 \ 实例 073.dwg"文件，如图 6-66 所示。

02 在命令行中输入 DIMTEDIT【编辑标注文字】命令并按 Enter 键，将尺寸对象进行调整。命令行操作过程如下：

命令：_dimtedit

选择标注：

　　// 选择尺寸文字为 86 的尺寸对象，此时该尺寸对象处于浮动状态，如图 6-67 所示

为标注文字指定新位置或 [左对齐 (L)/ 右对齐 (R)/ 居中 (C)/ 默认 (H)/ 角度 (A)]：

　　// 移动尺寸线至如图 6-68 所示的位置，单击左键，移动效果如图 6-69 所示

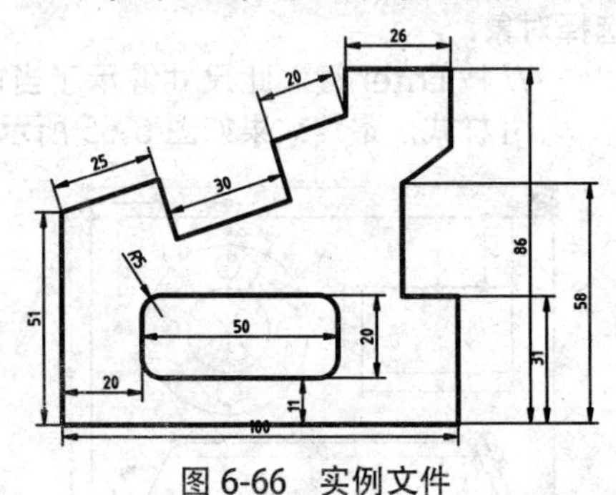

图 6-66　实例文件

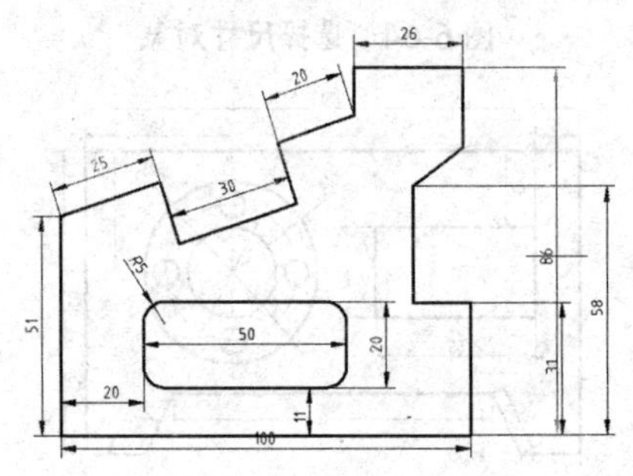

图 6-67　选择尺寸对象

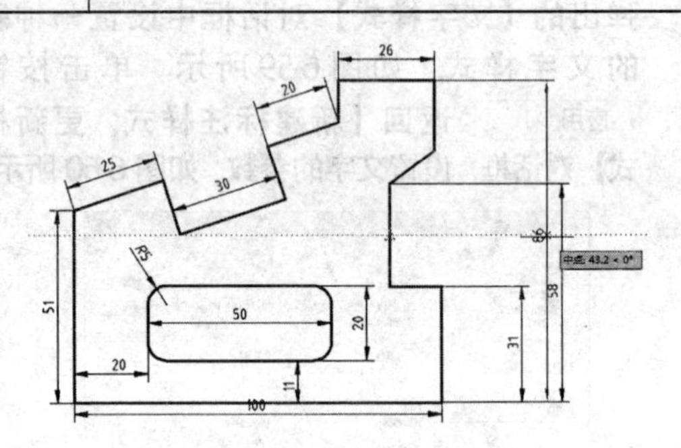

图 6-68　移动尺寸线

03 根据第二步的操作，对其他尺寸进行调整，如图 6-70 所示。

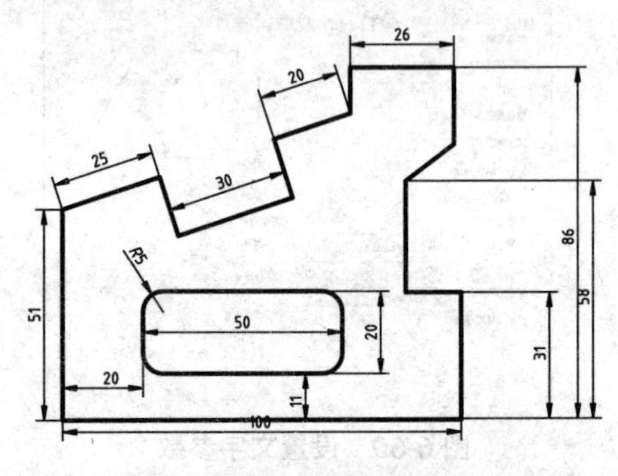

图 6-69　移动效果

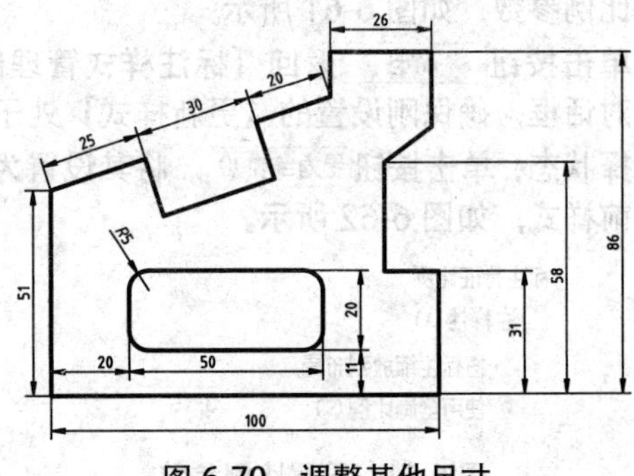

图 6-70　调整其他尺寸

074 标注间距与打断标注

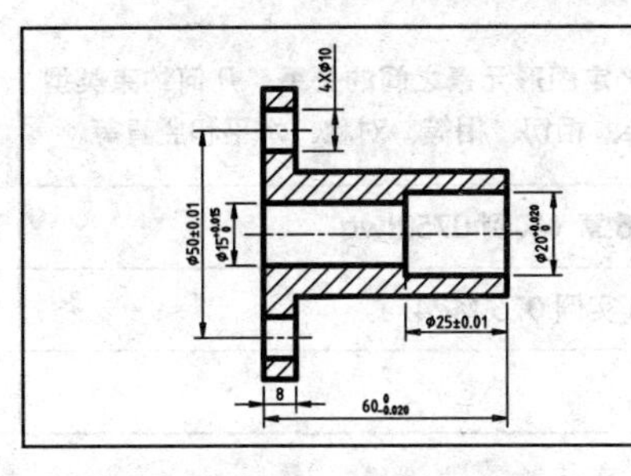

【标注间距】命令，可以自动调整图形中现有的平行线性标注和角度标注，以使其间距相等或在尺寸线处相互对齐。【打断标注】命令，使用折断标注可以使标注、尺寸延伸线或引线不显示。

文件路径：	实例文件 \ 第 06 章 \ 实例 074.dwg
视频文件：	MP4\ 第 06 章 \ 实例 074.MP4
播放时长：	0:01:53

01 打开"\ 实例文件 \ 第 06 章 \ 实例 074.dwg"文件，如图 6-71 所示。

02 单击【标注】面板中的按钮，对图 6-71 所示的 1、2 尺寸调整间距。命令行操作过程如下：

命令：_DIMSPACE
选择基准标注：
　　// 选择如图 6-71 所示的 1 标注线
选择要产生间距的标注：
　　// 选择如图 6-71 所示的 2 标注线
选择要产生间距的标注：
　　// 按 Enter 键，结束标注的选择
输入值或 [自动 (A)] < 自动 >:3.5 ↙
　　// 定义间距为 3.5，如图 6-72 所示

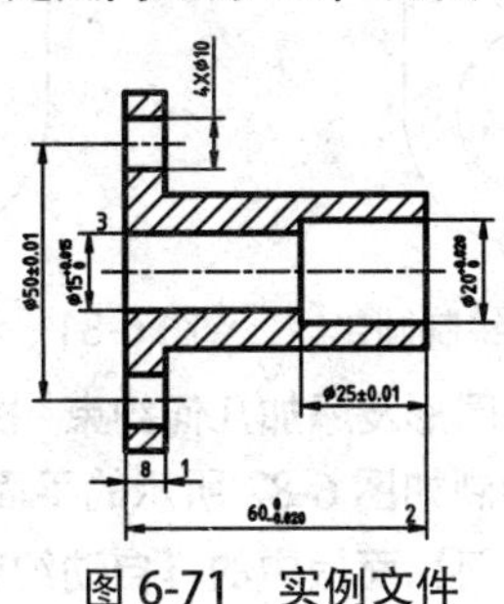

图 6-71　实例文件

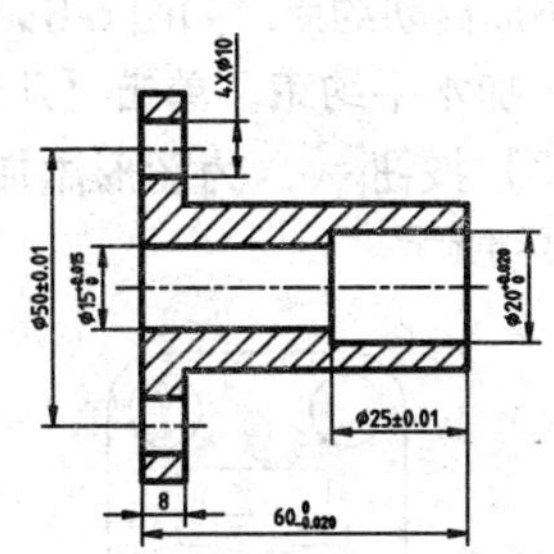

图 6-72　调整标注间距

03 执行【标注打断】命令，对图 6-71 所示的 3 尺寸进行打断。命令行操作过程如下：

命令：_DIMBREAK
选择要添加 / 删除折断的标注或 [多个 (M)]:
　　// 选择图 6-71 所示的 3 标注
选择要折断标注的对象或 [自动 (A)/ 手动 (M)/ 删除 (R)] < 自动 >：// 选择如图 6-73 所示线段
选择要折断标注的对象：↙
　　// 按 Enter 键，结束命令，效果如图 6-74 所示

04 重复执行【标注打断】命令，根据第 3 步的操作方法对其他尺寸进行标注打断，如图 6-75 所示。

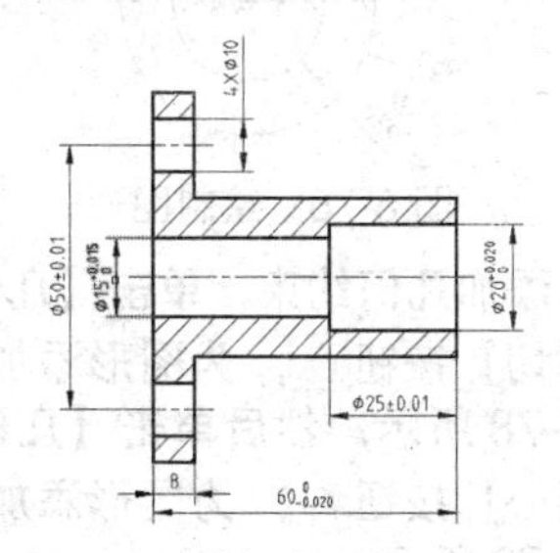

图 6-73　选择折断标注对象

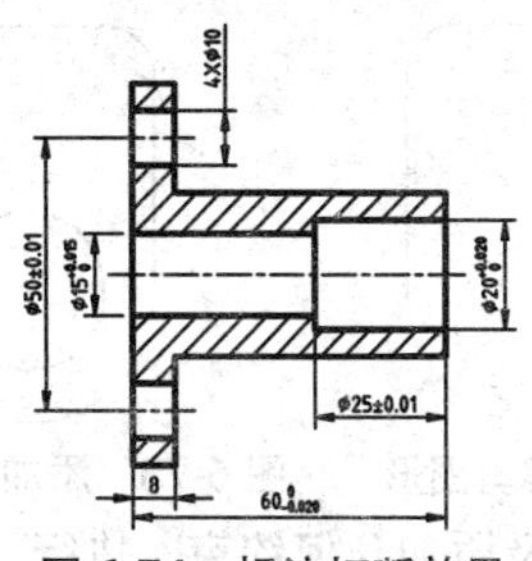

图 6-74　标注打断效果

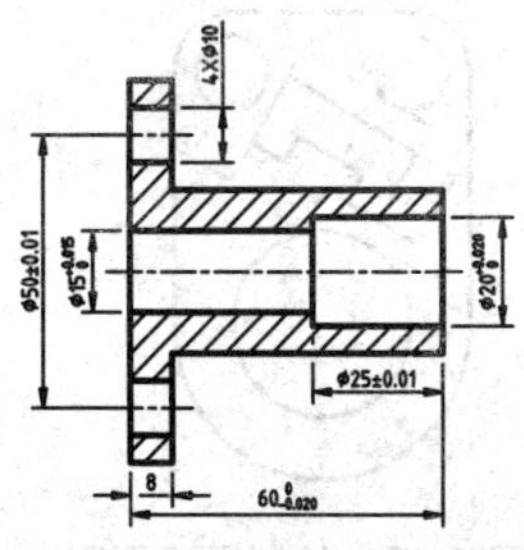

图 6-75　标注打断其他尺寸

075 使用几何约束绘制图形

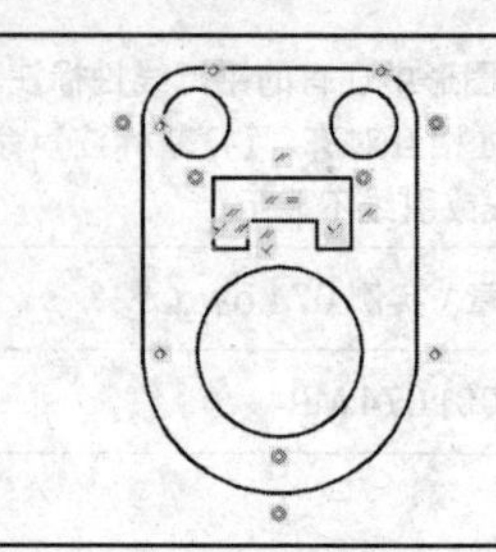

几何约束用来定义图形元素和确定图形元素之间的关系。几何约束类型包括重合、共线、平行、垂直、同心、相切、相等、对称、水平和竖直等。

文件路径：	实例文件 \ 第 06 章 \ 实例 075.dwg
视频文件：	MP4\ 第 06 章 \ 实例 075.MP4
播放时长：	0:04:55

01 设置图形界限。启动 AutoCAD 2018，输入 LIMITS 命令，设置图形界限为 420×297。

02 绘制草图。执行【矩形】和【圆】命令，绘制平面图形，如图 6-76 所示，然后执行【修剪】命令，修剪多余的线条，如图 6-77 所示。

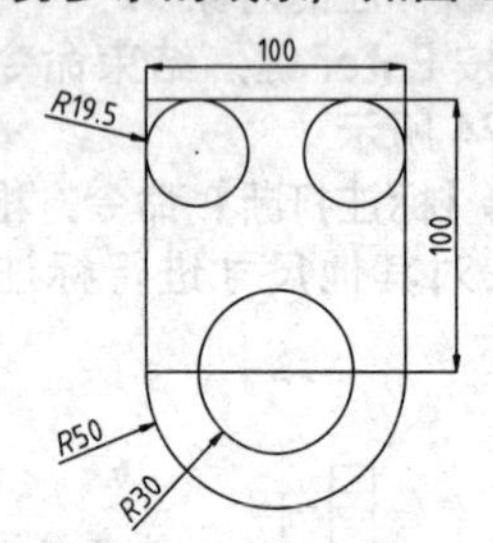

图 6-76　绘制图形

03 为图形添加几何约束。单击【几何】面板中的【相切】按钮，为图形添加相切约束，如图 6-78 所示，然后单击【几何】面板中的【同心】按钮，为图形添加同心约束，如图 6-79 所示。

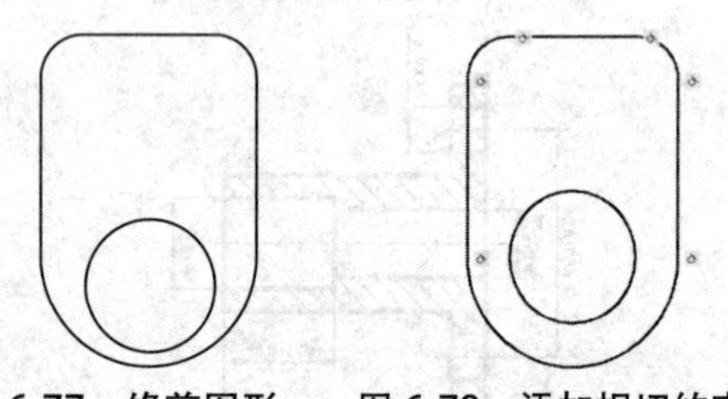

图 6-77　修剪图形　　图 6-78　添加相切约束

04 绘制圆及添加几何约束。执行【圆】命令，绘制两个半径为 12 的圆，如图 6-80 所示；然后单击【几何】面板中的【同心】按钮，为图形添加同心约束，如图 6-81 所示。

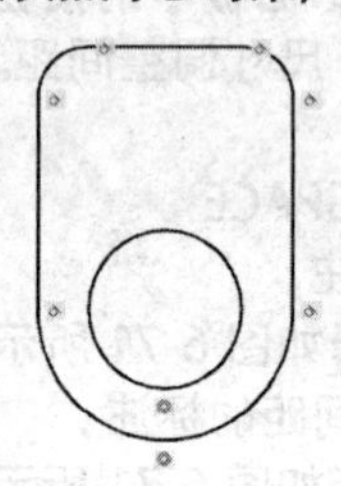

图 6-79　添加同心约束

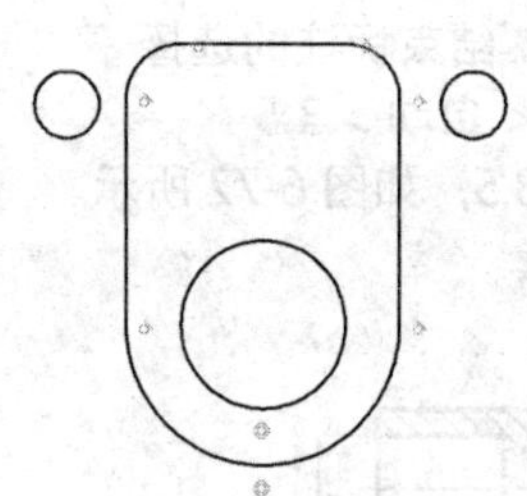

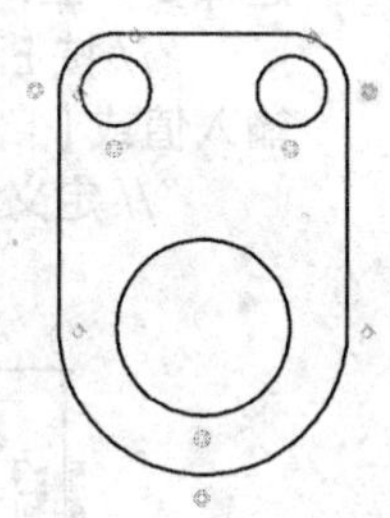

图 6-80　绘制圆　　图 6-81　添加同心约束

05 绘制平面图形及添加几何约束。执行【多段线】命令，绘制如图 6-82 所示的平面图形；然后单击【几何】面板中的【自动约束】按钮，为图形添加自动约束，如图 6-83 所示。

06 为图形添加水平约束。单击【几何】面板中的【水平】按钮，为图形添加水平约束，如图 6-84 所示。

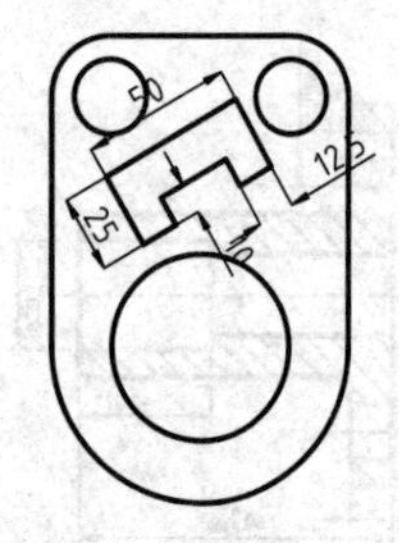

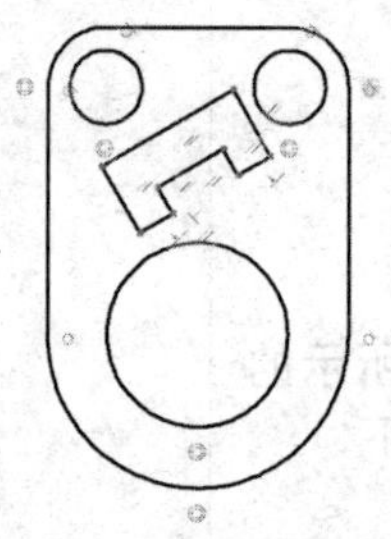

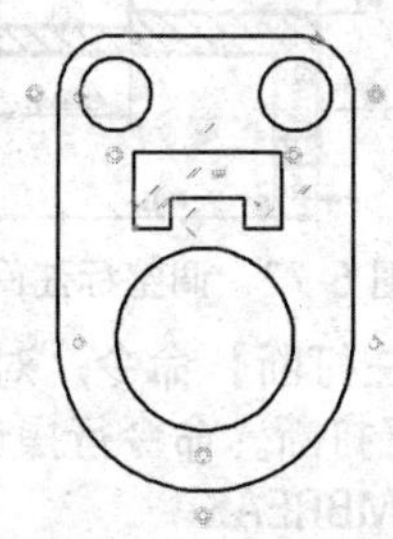

图 6-82　绘制平面图形　　图 6-83　添加自动约束　　图 6-84　添加水平约束

076 使用尺寸约束绘制图形

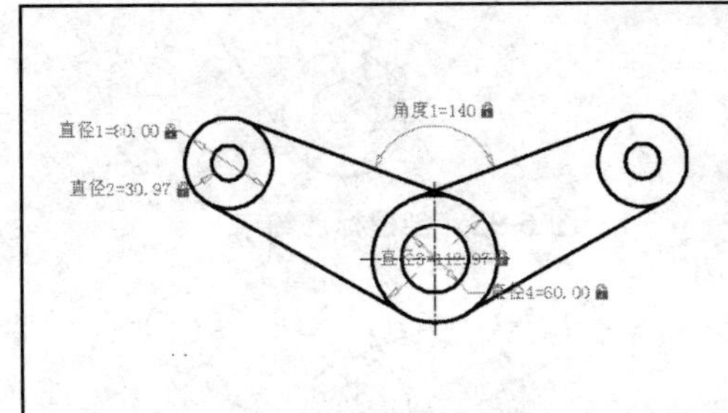

尺寸约束用于控制二维对象的大小、角度以及两点之间的距离，改变尺寸约束将驱动对象发生相应变化。尺寸约束类型包括对齐约束、水平约束、竖直约束、半径约束、直径约束以及角度约束等。

文件路径：	实例文件 \ 第 06 章 \ 实例 076.dwg
视频文件：	MP4\ 第 06 章 \ 实例 076.MP4
播放时长：	0:03:33

01 设置图形界限。启动 AutoCAD 2018，调用 LIMITS 命令，设置图形界限为 420×297。

02 设置图层。单击【图层】面板中的【图层特性管理器】按钮，弹出【图层特性管理器】对话框。单击【新建图层】按钮，新建三个图层，分别命名为【轮廓线】层、【中心线】层和【标注线】层。将【轮廓线】层线宽设置为 0.3，将【中心线】层线型设置为 CENTER，如图 6-85 所示。

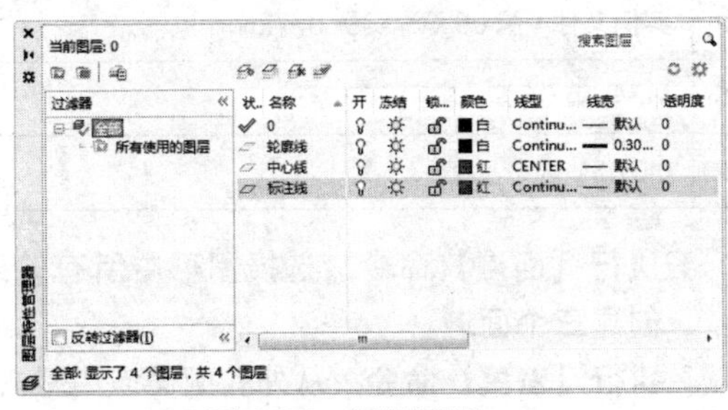

图 6-85 设置图层

03 绘制中心线。将【中心线】图层置为当前图层，执行 LINE 命令，在绘图区绘制两条相互垂直的中心线，如图 6-86 所示。

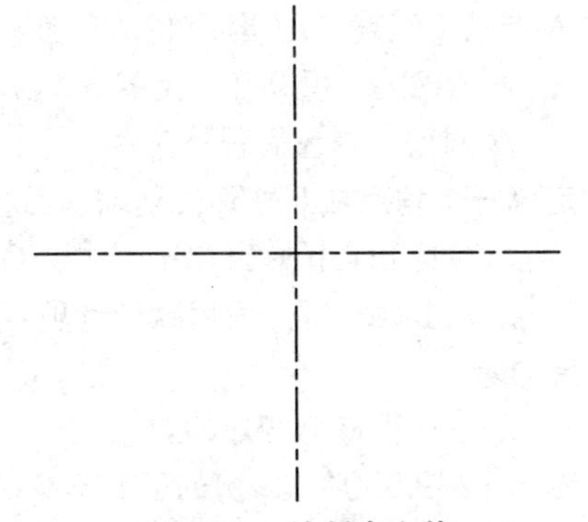

图 6-86 绘制中心线

04 绘制草图。执行【直线】和【圆】命令，绘制图形，如图 6-87 所示。

05 修剪图形。执行【修剪】命令，修剪图形，如图 6-88 所示。

06 创建自动约束。单击【几何】面板中的【自动约束】按钮，创建自动约束，如图 6-89 所示。

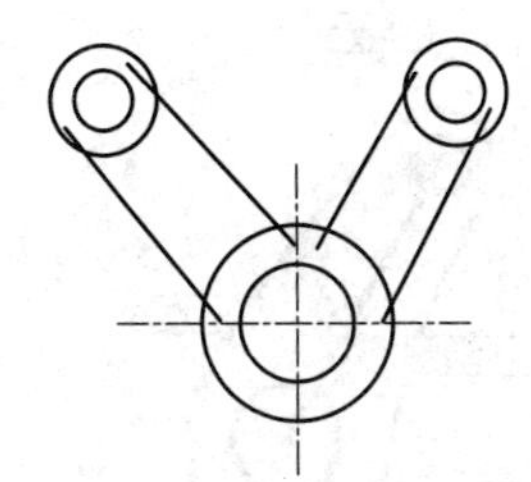

图 6-87 绘制图形

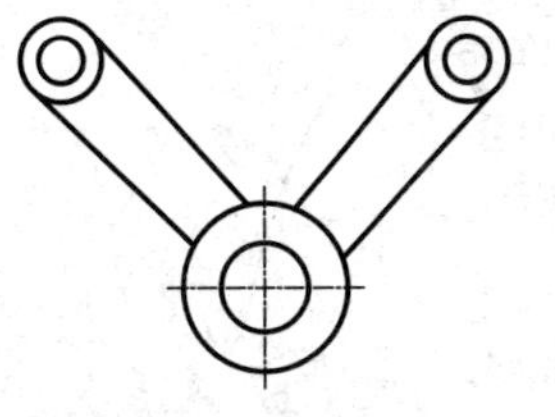

图 6-88 修剪图形

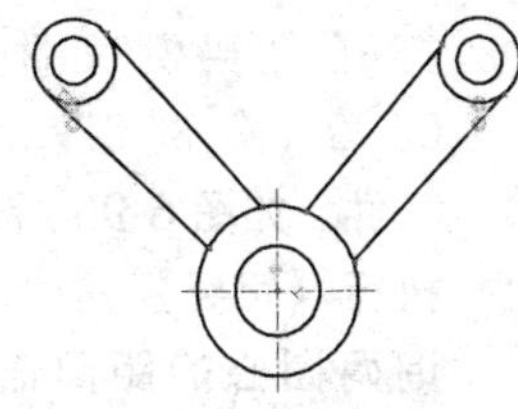

图 6-89 创建自动约束

07 创建相等约束。执行【相等约束】命令，为图形创建相等约束，如图 6-90 所示。

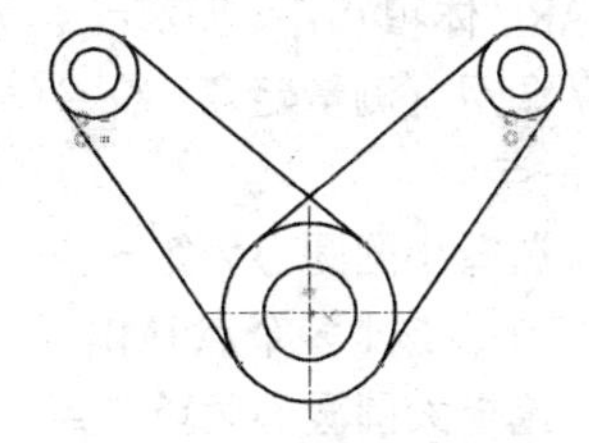

图 6-90 创建相等约束

08 创建相切约束。执行【相切约束】命令，为图形创建相切约束，如图 6-91 所示。

09 创建对称约束。执行【对称约束】命令，为图形创建对称约束，如图 6-92 所示。

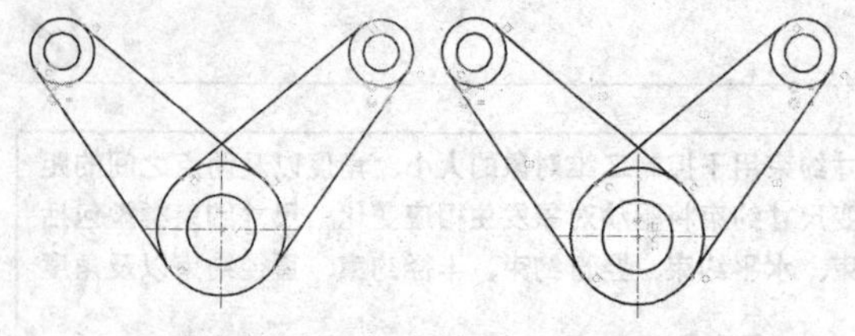

图 6-91　创建相切约束　图 6-92　创建对称约束

⑩ 创建标注约束。执行【标注约束】命令，为图形创建标注约束，如图 6-93 所示。

⑪ 修改标注约束。修改图形的角度以及圆的直径。修改直径 1 时，直径 2 和直径 3 都会随着变化，如图 6-94 所示。

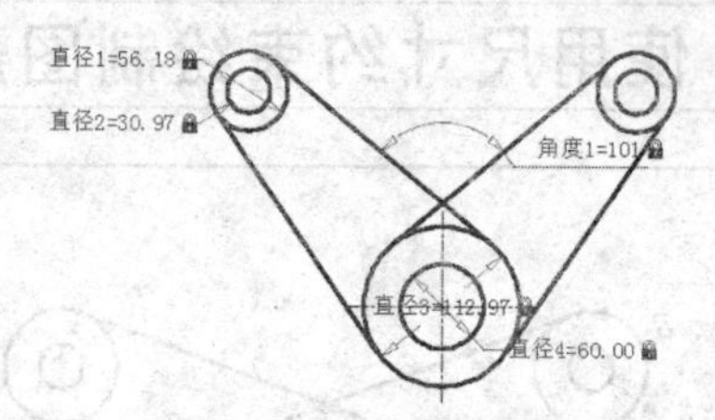

图 6-93　创建标注约束

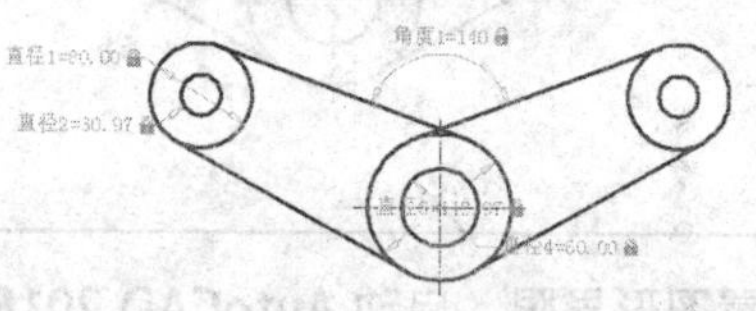

图 6-94　修改标注约束

077 对象的测量

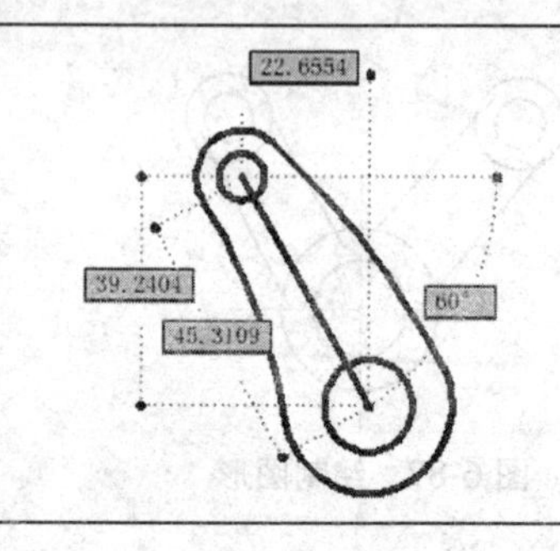

绘图的过程中，需要了解某些尺寸信息，却又不必标注该尺寸，或者对某些无法通过标注得到的尺寸（如多段线、样条曲线的长度），就可以使用 AutoCAD 的测量工具，测量长度。除了长度信息，测量工具还可以测量面域的面积和三维实体的体积。

文件路径：	实例文件 \ 第 06 章 \ 实例 077.dwg
视频文件：	MP4\ 第 06 章 \ 实例 077.MP4
播放时长：	0:01:51

01 打开"\ 实例文件 \ 第 06 章 \ 实例 077.dwg"文件，如图 6-95 所示。

图 6-95　实例文件

02 执行【距离】命令，查询两圆心的距离信息。命令行操作过程如下：

命令：_MEASUREGEOM
输入选项 [距离 (D)/ 半径 (R)/ 角度 (A)/ 面积 (AR)/ 体积 (V)] < 距离 >：_distance
　　// 调用【测量距离】命令
指定第一点：
　　// 选择小圆圆心为第一点
指定第二个点或 [多个点 (M)]:
　　// 选择大圆圆心为第二点
距离 = 45.3109，XY 平面中的倾角 = 300，与 XY 平面的夹角 = 0
X 增量 = 22.6554，Y 增量 = ☒ 39.2404， Z 增量 = 0.0000
// 以上两行为测量结果

03 执行【面域】命令，选择图形中所有轮廓，创建三个面域。

04 执行【差集】命令，从外轮廓面域中减去两个圆形面域。

05 执行【面积】命令，查询轮廓包含的面积。命令行操作过程如下：

命令：_MEASUREGEOM
输入选项 [距离 (D)/ 半径 (R)/ 角度 (A)/ 面积 (AR)/ 体积 (V)] < 距离 >：_AR
　　// 调用【测量面积】命令
指定第一个角点或 [对象 (O)/ 增加面积 (A)/ 减少面积 (S)/ 退出 (X)] < 对象 (O)>: ↙
　　// 按 Enter 键，使用默认选项
选择对象：
　　// 选择面域为测量的对象
区域 = 1249.5504，修剪的区域 = 0.0000，周长 = 239.8640
　　// 以上为测量结果，其中周长包括内部边界（两个圆的周长）

Chapter

第 7 章

零件轮廓图综合练习

轮廓图是一种用于表达零件平面结构的图形，在绘制此类图形结构时，一般需要注意零件各轮廓之间的结构形态和相互衔接关系，以便采用相对应的制图工具和绘制技巧。

本章通过 12 个典型实例，介绍常见零件轮廓图的绘制方法。

078 绘制手柄

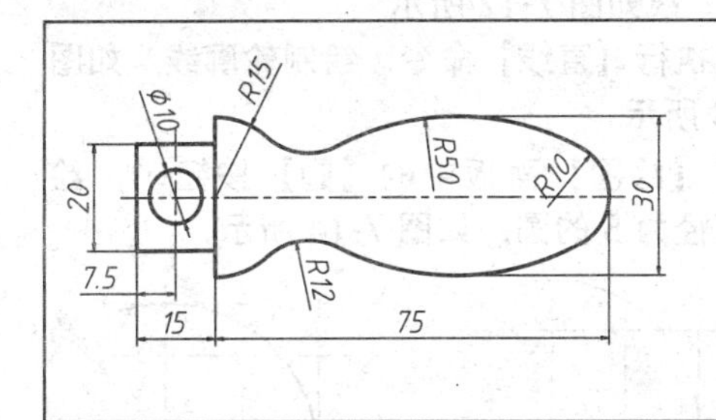

绘制手柄轮廓图，主要综合练习【圆】、【直线】、【复制】、【镜像】和【修剪】命令，其中，【复制】、【修剪】和【镜像】三个命令的综合运用，是快速绘制手柄图形的关键。	
文件路径：	实例文件 \ 第 07 章 \ 实例 078.dwg
视频文件：	MP4\ 第 07 章 \ 实例 078.MP4
播放时长：	0:04:59

01 以【无样板打开—公制】方式快速创建空白文件。

02 单击【图层特性】按钮，激活【图层特性管理器】命令，新建图层，如图 7-1 所示。

03 单击【图层】面板中的下三角按钮，选择【中心线】作为当前图层。

04 单击【绘图】面板中的【直线】按钮，绘制一条长约 100 的水平中心线，如图 7-2 所示。

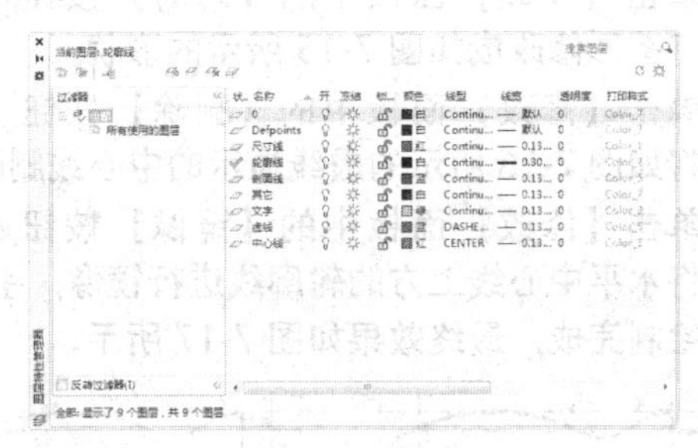

图 7-1 新建图层

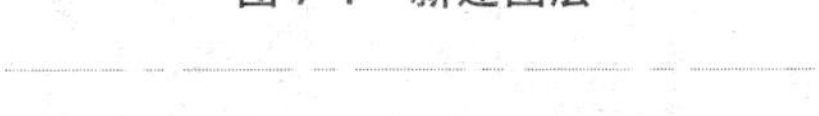

图 7-2 绘制水平中心线

05 使用同样方法绘制一条垂直中心线，如图 7-3 所示

06 单击【修改】面板中的【偏移】按钮，将垂直中心线向左偏移 7.5，并向右分别偏移 7.5 和 82.5，偏移垂直中心线的效果如图 7-4 所示。

07 重复执行【偏移】命令，将最右端的垂直中心线向左偏移 10，如图 7-5 所示。

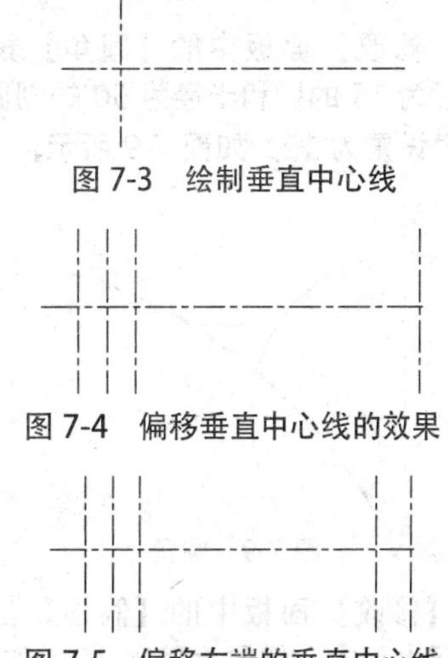

图 7-3 绘制垂直中心线

图 7-4 偏移垂直中心线的效果

图 7-5 偏移右端的垂直中心线

08 单击【图层】面板中的下三角按钮，选择【轮廓线】图层为当前图层。

09 单击【绘图】面板中的【圆】按钮，捕捉中心线的交点，绘制半径为 10 和 15 的圆，如图 7-6 所示。

⑩ 单击【修改】面板中的【偏移】按钮，将水平中心线分别向上和向下偏移15，如图7-7所示。

⑪ 单击【绘图】面板中的【相切，相切，半径】按钮，以半径为10的圆和上方水平中心线为相切对象，绘制半径为50的相切圆，如图7-8所示。

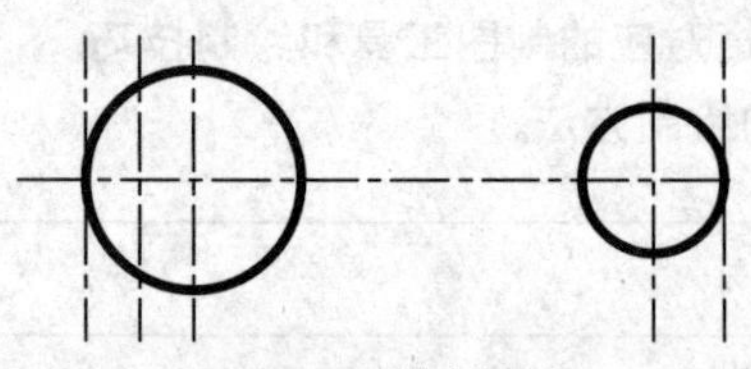
图7-6 绘制圆

图7-7 偏移水平中心线

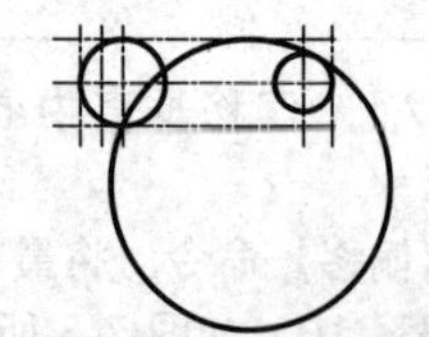
图7-8 绘制相切圆

⑫ 单击【修改】面板中的【圆角】按钮，对半径为15的圆和半径为50的圆圆角，圆角半径设置为12，如图7-9所示。

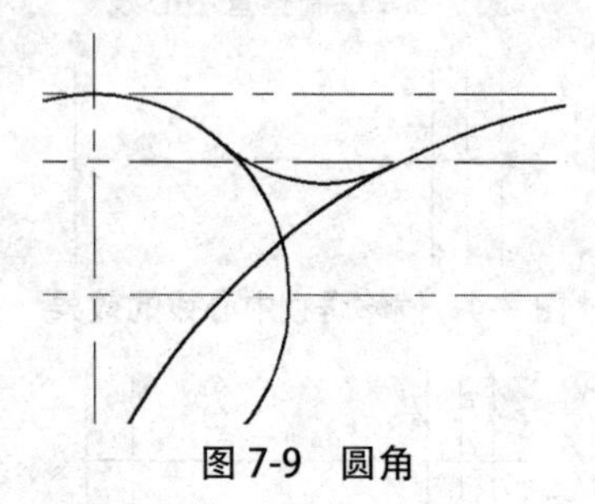
图7-9 圆角

⑬ 单击【修改】面板中的【偏移】按钮，将中间水平中心线向上偏移10，如图7-10所示。

⑭ 单击【绘图】面板中的【直线】按钮，绘制左侧轮廓线。命令行操作过程如下：

命令：l LINE
指定第一点：
//捕捉如图7-11所示的交点

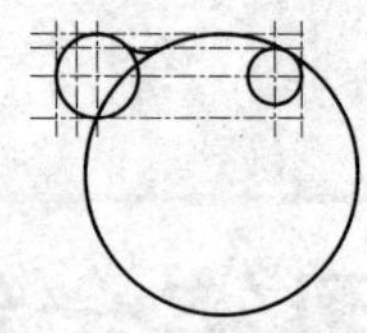
图7-10 偏移中心线

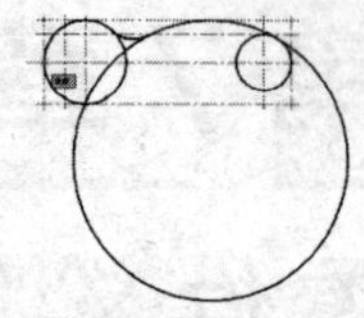
图7-11 指定第一点

指定下一点或[放弃(U)]：@0，10↙
//输入相对直角坐标@0，10
指定下一点或[放弃(U)]：@15，0↙
//输入相对直角坐标@15，0
指定下一点或[闭合(C)/放弃(U)]:↙
//按Enter键，结束绘制，绘制轮廓线如图7-12所示

⑮ 重复执行【直线】命令，绘制轮廓线，如图7-13所示。

⑯ 单击【绘图】面板中的【圆】按钮，绘制直径为5的圆，如图7-14所示。

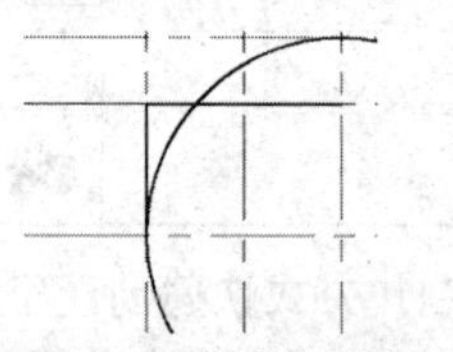
图7-12 绘制轮廓线

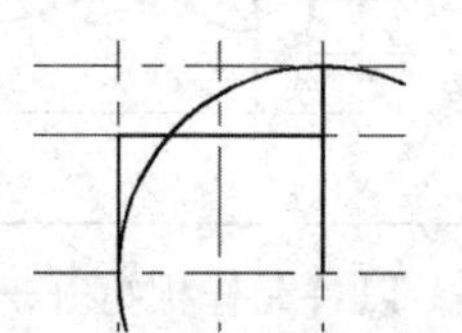
图7-13 绘制轮廓线

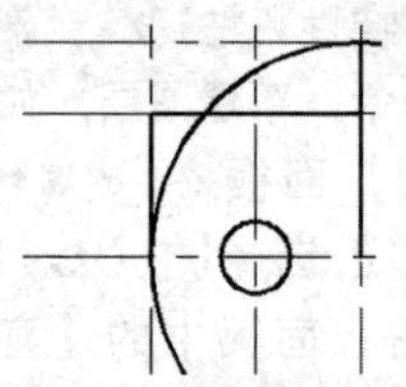
图7-14 绘制直径为5的圆

⑰ 单击【修改】面板中的【修剪】按钮，将图形修改成如图7-15所示的形状。

⑱ 单击【修改】面板中的【删除】按钮，将如图7-16所示的虚线显示的中心线删除。

⑲ 单击【修改】面板中的【镜像】按钮，将水平中心线上方的轮廓线进行镜像，手柄绘制完成，最终效果如图7-17所示。

图7-15 修剪图形

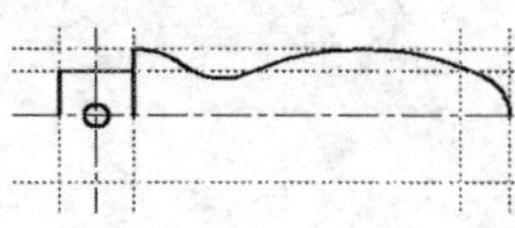
图7-16 删除中心线

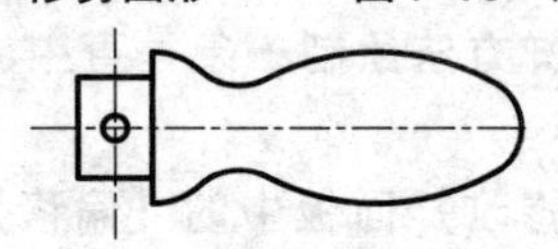
图7-17 最终效果

079 绘制吊钩

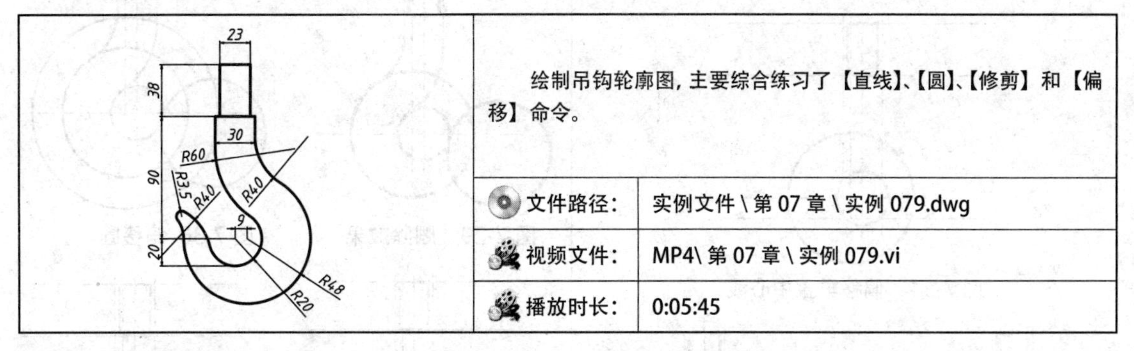

绘制吊钩轮廓图，主要综合练习了【直线】、【圆】、【修剪】和【偏移】命令。

文件路径：	实例文件 \ 第 07 章 \ 实例 079.dwg
视频文件：	MP4\ 第 07 章 \ 实例 079.vi
播放时长：	0:05:45

01 按 Ctrl+N 快捷键，新建新空白文件。

02 单击【图层特性】按钮，激活【图层特性管理器】命令，创建新图层，如图 7-18 所示。

03 单击【图层】面板 中的下三角按钮，选择【中心线】作为当前图层。

04 单击【绘图】面板中的直线按钮，绘制如图 7-19 所示的中心线，作为辅助线。

05 单击【修改】面板中的【偏移】按钮，将水平中心线向上偏移 90 和 128，向下偏移 15，如图 7-20 所示。

06 单击【图层】面板 中的下三角按钮，选择【轮廓线】作为当前图层。

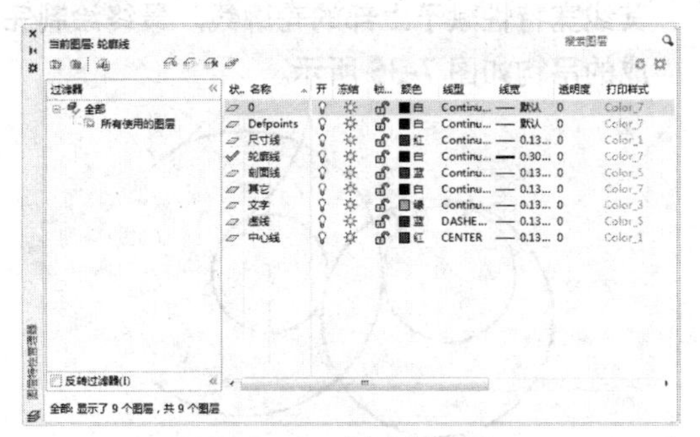

图 7-18 创建新图层

图 7-19 绘制中心线 图 7-20 偏移结果

07 单击【绘图】面板中的【直线】按钮，绘制吊钩柄部的矩形轮廓线，该矩形在垂直中心线两侧，左右对称，大小为 23×38，如图 7-21 所示。

08 单击【修改】面板中的【偏移】按钮，激活【偏移】命令，将垂直中心线向右偏移 9，如图 7-22 所示。

09 单击【绘图】面板中的【圆】按钮，激活【圆】命令，捕捉中心线交点为圆心，绘制半径分别为 20 和 48 的两个圆，如图 7-23 所示。

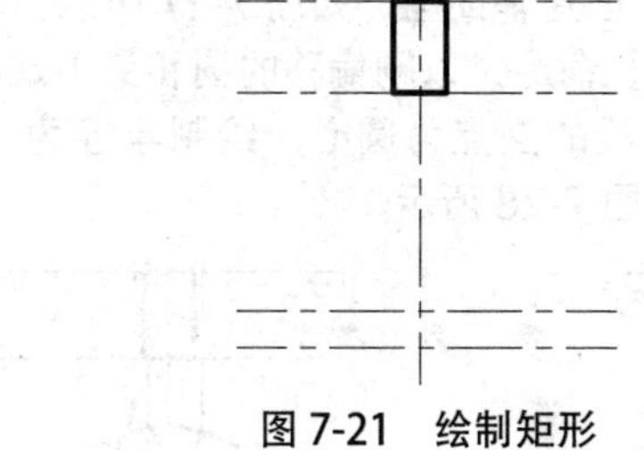

图 7-21 绘制矩形

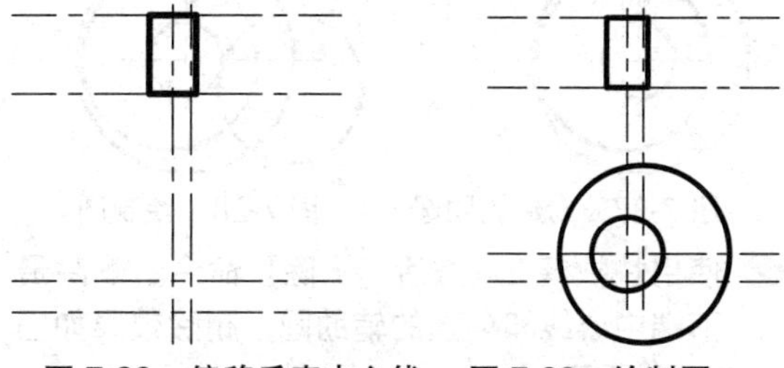

图 7-22 偏移垂直中心线 图 7-23 绘制圆

10 单击【修改】面板中的【偏移】按钮，设置偏移距离为 15，将垂直中心线向两侧偏移，如图 7-24 所示。

11 单击【修改】面板中的【圆角】按钮，设置圆角半径为 40，选择半径为 48 的圆和最右端的垂直中心线为圆角对象，圆角效果如图 7-25 所示。

12 按 Enter 键，再次调用【圆角】命令，设置圆角半径为 60，选择半径为 20 的圆和最左端的垂直中心线为圆角对象，圆角效果如图 7-26 所示。

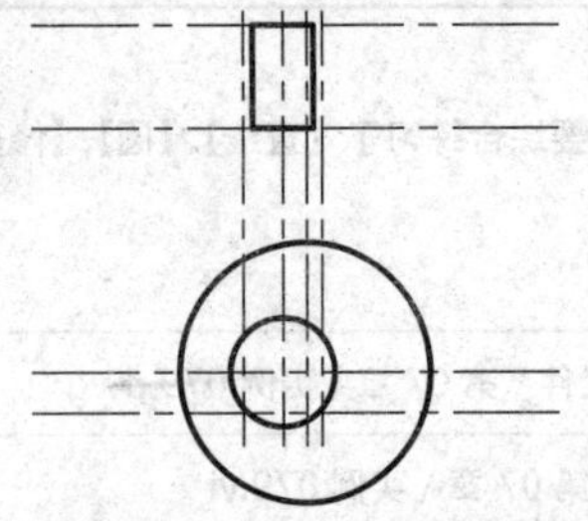

图 7-24　偏移垂直中心线

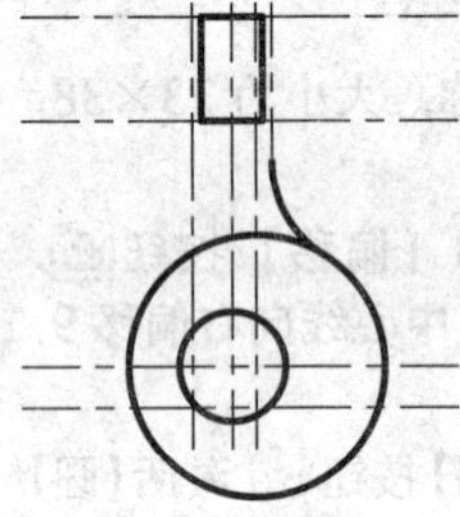

图 7-25　圆角效果

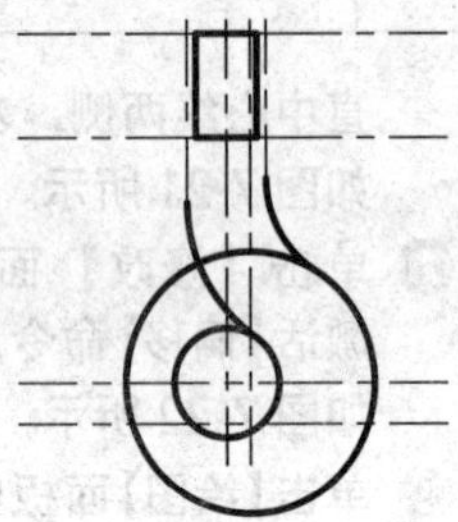

图 7-26　圆角效果

⑬ 执行【偏移】命令，将半径为 20 的圆向外偏移 40，创建辅助圆，如图 7-27 所示。

⑭ 执行【圆】命令，以刚偏移的圆和最下端的水平中心线的交点为圆心，绘制半径为 40 的圆，如图 7-28 所示。

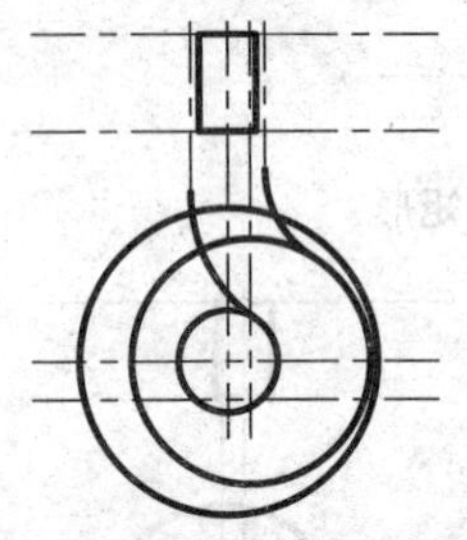

图 7-27　创建辅助圆

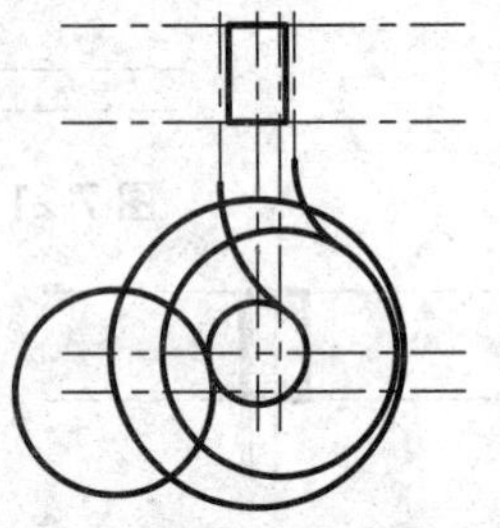

图 7-28　绘制圆

⑮ 使用快捷键 E，激活【删除】命令。删除最下端中心线和创建的辅助圆，删除效果如图 7-29 所示。

⑯ 重复执行【偏移】命令，设置偏移距离为 23，将半径为 48 的圆向外偏移复制，如图 7-30 所示。

⑰ 以上步偏移出的辅助圆和水平中心线的左交点为圆心，绘制半径为 23 的圆，如图 7-31 所示。

⑱ 执行【删除】命令，删除水平中心线和辅助圆，结果如图 7-32 所示。

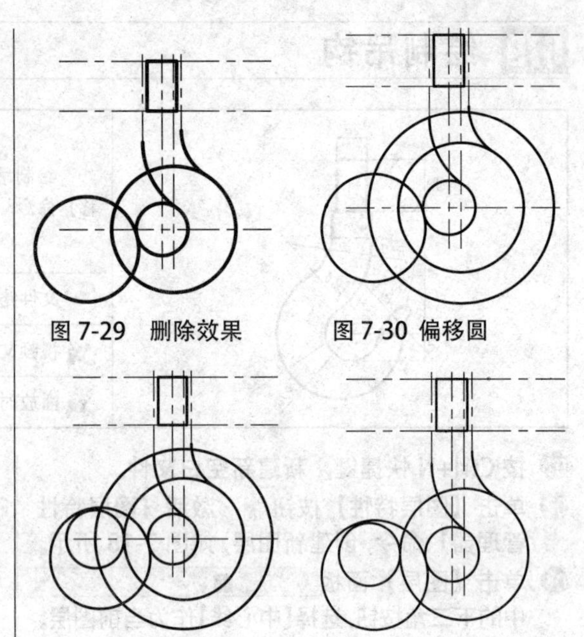

图 7-29　删除效果　图 7-30　偏移圆

图 7-31　绘制半径为 23 的圆　图 7-32　删除效果

⑲ 单击【绘图】面板中的【相切、相切、相切】按钮，绘制如图 7-33 所示的相切圆，

⑳ 执行【修剪】命令，对各图线进行修剪，并删除多余的图线，如图 7-34 所示。

㉑ 单击【特性】面板中的【特性匹配】按钮，选择带有线宽的轮廓线作为原对象，将其线宽特性赋予上部的轮廓线，最终绘制完成的吊钩如图 7-35 所示。

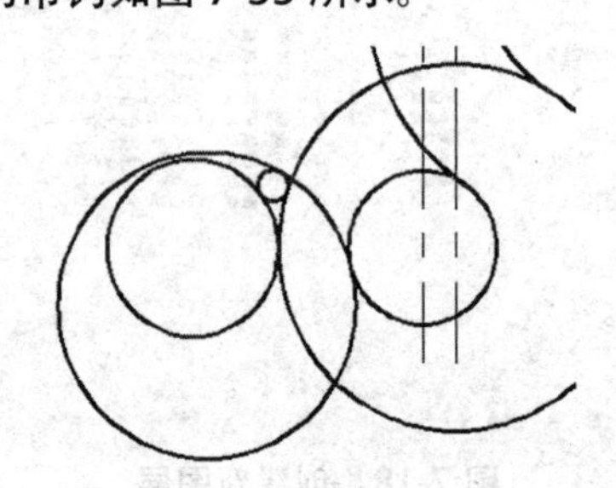

图 7-33　绘制相切圆

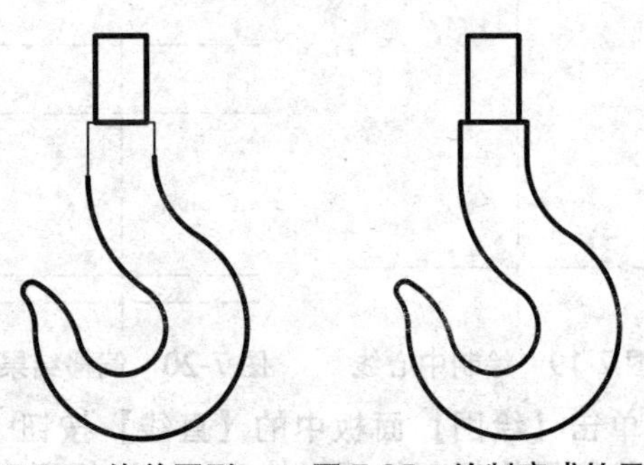

图 7-34　修剪图形　图 7-35　绘制完成的吊钩

080 绘制锁钩

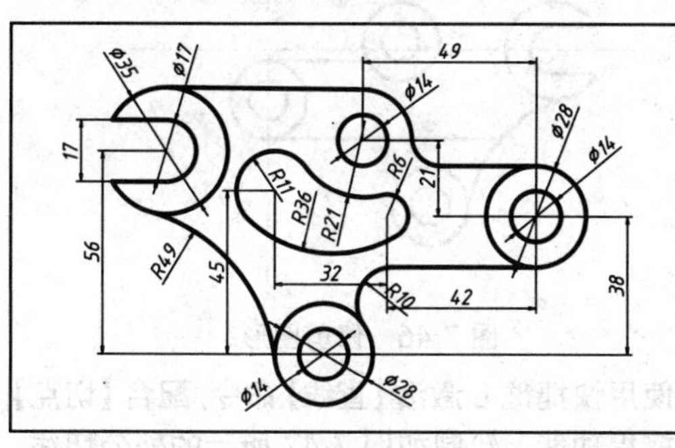

本例绘制锁钩，主要综合练习【圆】、【缩放】、【修剪】和【复制】命令，巧妙配合了【对象捕捉】、【自】捕捉以及相对坐标输入等定位功能。

文件路径：	实例文件 \ 第 07 章 \ 实例 080.dwg
视频文件：	MP4\ 第 07 章 \ 实例 080.MP4
播放时长：	0:05:59

01 新建空白文件，并设置当前的对象捕捉参数，如图 7-36 所示。

02 单击【图层特性】按钮，弹出【图层特性管理器】对话框，新建图层并设置线型，如图 7-37 所示。

03 将【中心线】层设置为当前层。

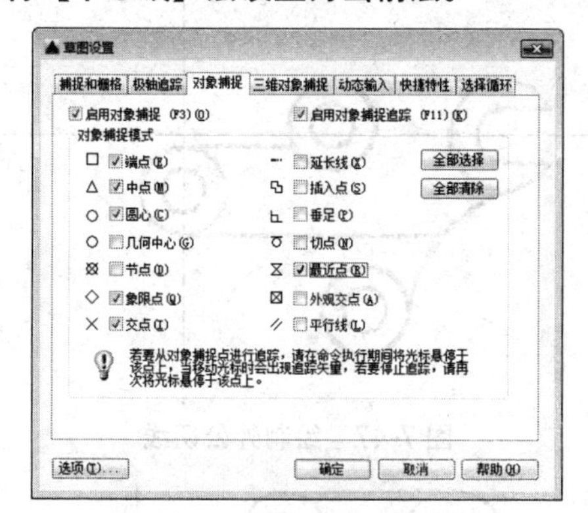

图 7-36 设置对象捕捉参数

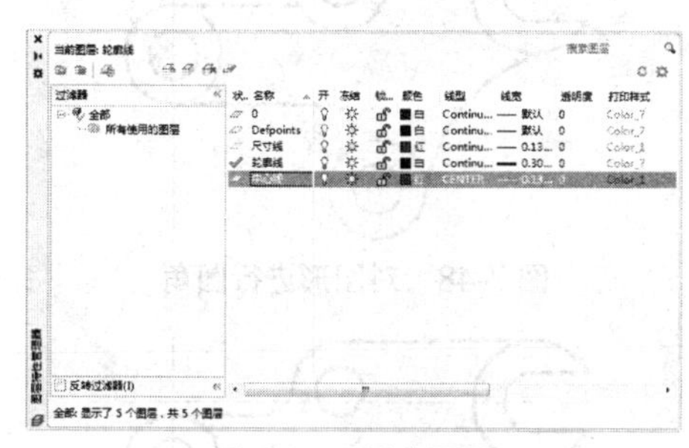

图 7-37 新建图层

04 使用快捷键 L 激活【直线】命令，绘制中心线，如图 7-38 所示。

05 将当前图层设置为【轮廓线】层。

06 使用快捷键 C 激活【圆】命令，绘制直径分别为 14 和 28 的同心圆。

07 单击【修改】面板中的【偏移】按钮，将垂直中心线向左偏移 49 和 60，将水平辅助线向上偏移 21、向下偏移 38，创建辅助线如图 7-39 所示。

08 选择菜单【修改】|【复制】选项，将同心圆多重复制，如图 7-40 所示。

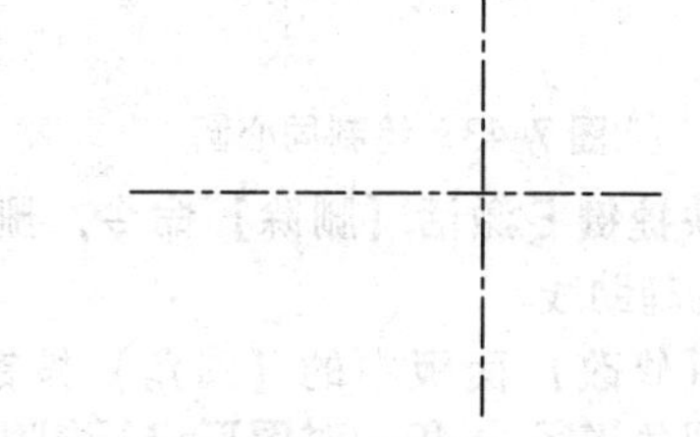

图 7-38 绘制中心线

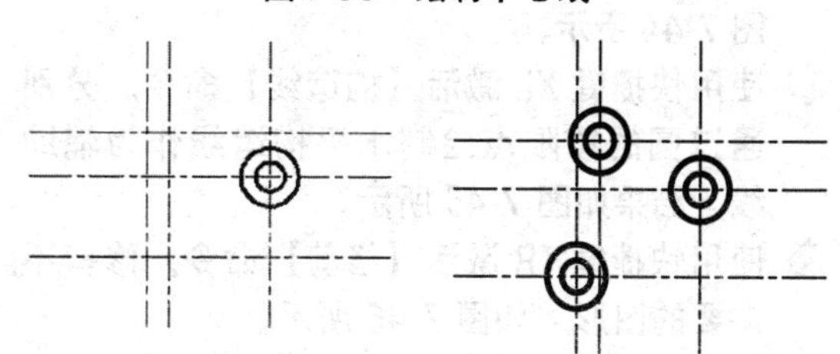

图 7-39 创建辅助线　　图 7-40 复制同心圆

09 使用快捷键 E 激活【删除】命令，删除如图 7-41 所示的辅助线。

10 执行【偏移】命令，将水平中心线向上偏移 18，将垂直中心线向左偏移 105，创建辅助线如图 7-42 所示。

11 使用快捷键 C 激活【圆】命令，绘制直径分别为 17 和 35 的同心圆，如图 7-43 所示。

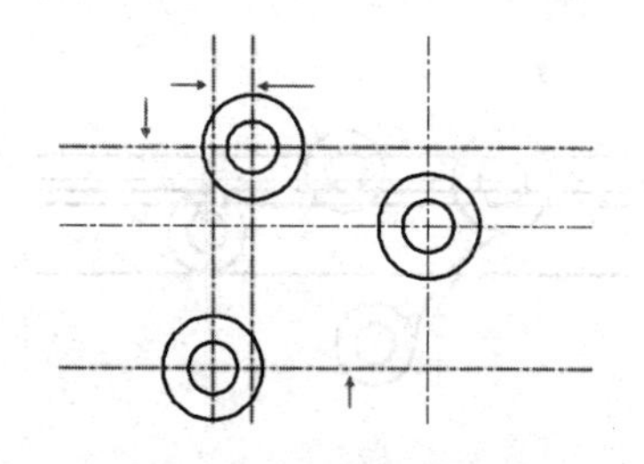

图 7-41 选择删除辅助线

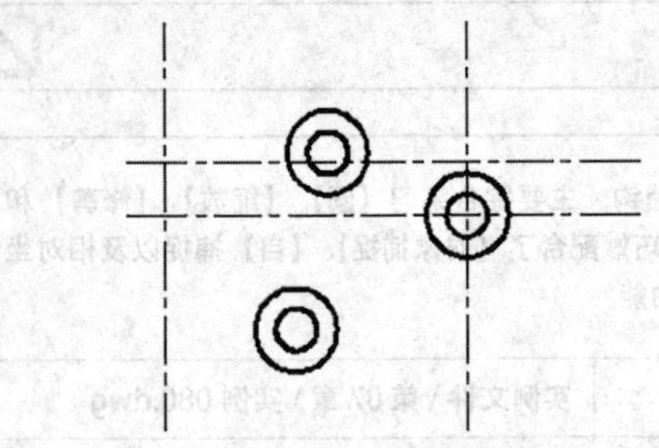
图 7-42　创建辅助线

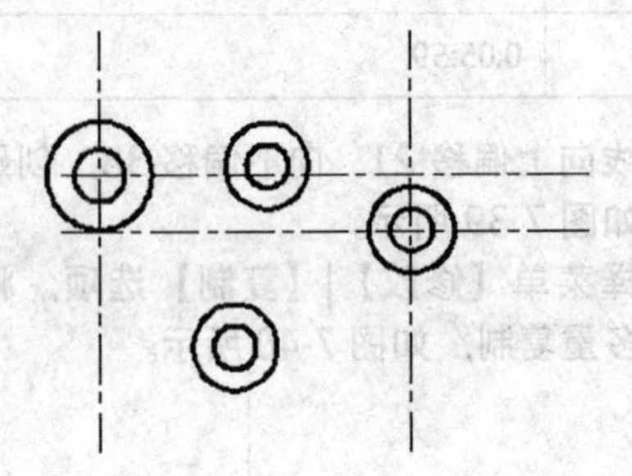
图 7-43　绘制同心圆

⑫ 使用快捷键 E 激活【删除】命令，删除刚创建的辅助线。

⑬ 单击【修改】面板中的【圆角】按钮，设置圆角半径为 49，对图形进行圆角，如图 7-44 所示。

⑭ 使用快捷键 XL 激活【构造线】命令，分别通过圆的象限点绘制水平构造线作为辅助线，结果如图 7-45 所示。

⑮ 使用快捷键 TR 激活【修剪】命令，修剪不需要的图形，如图 7-46 所示。

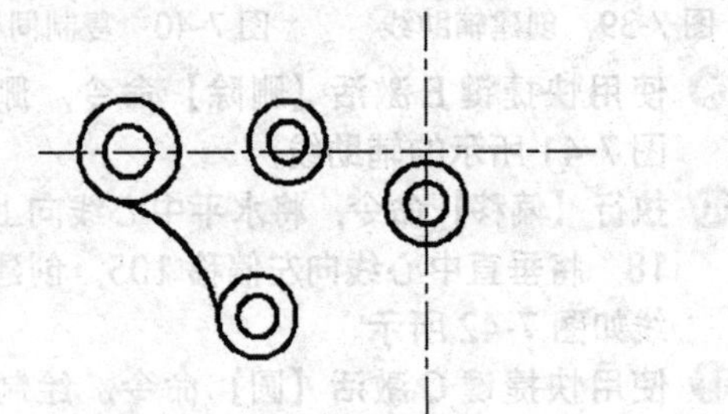
图 7-44　对图形进行圆角

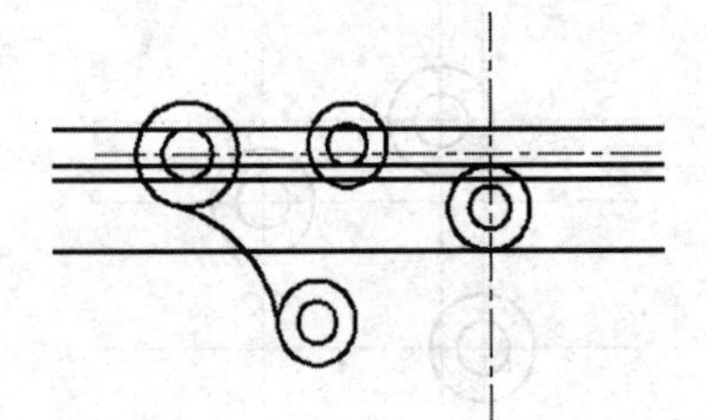
图 7-45　绘制水平构造线

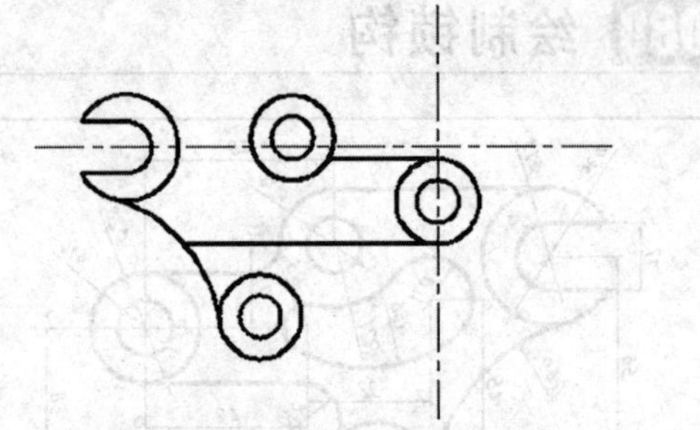
图 7-46　修剪图形

⑯ 使用快捷键 L 激活【直线】命令，配合【切点】捕捉功能，绘制如图 7-47 所示的外公切线。

⑰ 单击【修改】面板中的【圆角】按钮，圆角半径分别为 10 和 8，对图形进行圆角，如图 7-48 所示。

⑱ 执行【修剪】命令，对相切圆和线段进行修剪，如图 7-49 所示。

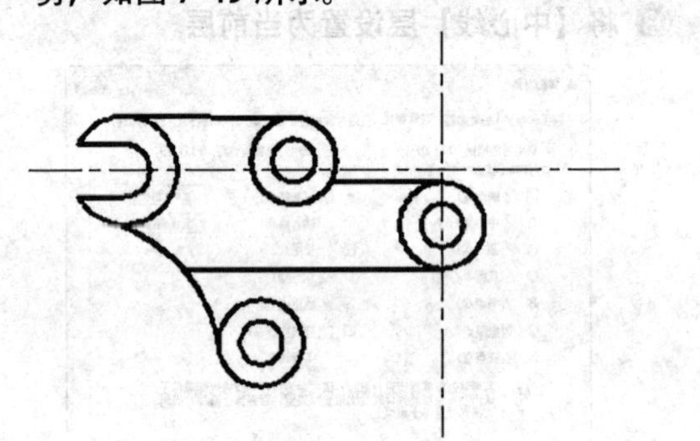
图 7-47　绘制外公切线

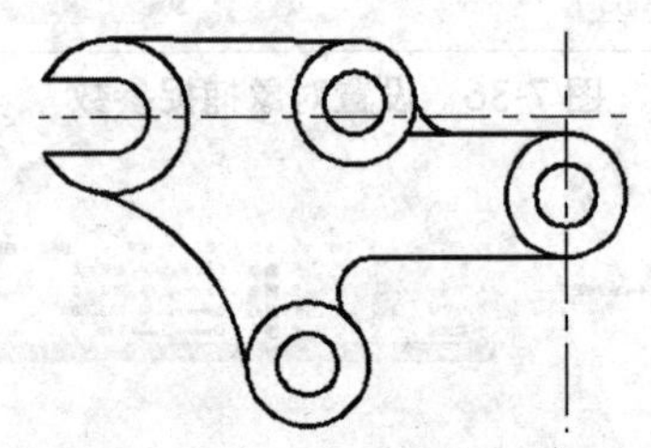
图 7-48　对图形进行圆角

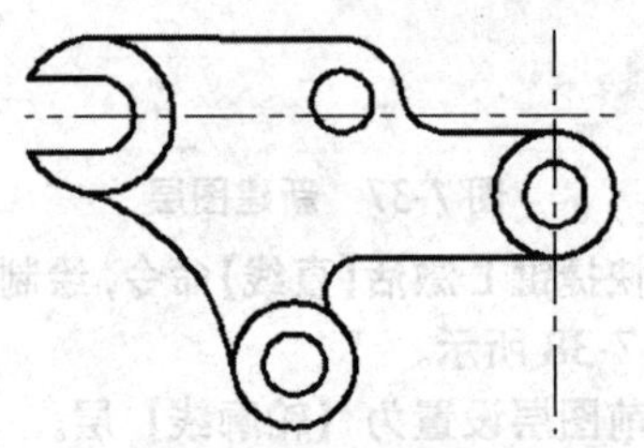
图 7-49　修剪图形

⑲ 单击【绘图】面板中的【圆】按钮，分别绘制半径为 6 和 11 的圆。命令行操作过程如下：

命令：C ↙　CIRCLE
指定圆的圆心或 [三点 (3P)/ 两点 (2P)/ 切点、切点、半径 (T)] :
　　// 按 Shift 键单击鼠标右键，在快捷菜单中选择【自】选项
_from 基点 :
　　// 捕捉最右侧圆的圆心
< 偏移 >:@ ⊠ 42,0 ↙
指定圆的半径或 [直径 (D)]:6 ↙
　　// 设置圆的半径为 6
命令：↙
　　// 按 Enter 键，重复执行【圆】命令
CIRCLE 指定圆的圆心或 [三点 (3P)/ 两点 (2P)/ 切点、切点、半径 (T)]:
　　// 再次激活【自】功能
_from 基点 :
　　// 捕捉最右侧圆的圆心作为偏移的基点
< 偏移 >:@-74，7 ↙
指定圆的半径或 [直径 (D)] <6.0000>:11 ↙
　　// 绘制定位圆如图 7-50 所示

⑳ 单击【绘图】面板中的【相切，相切，半径】按钮，以刚绘制的两个圆作为相切对象，绘制半径分别为 21 和 36 的两个相切圆，如图 7-51 所示。

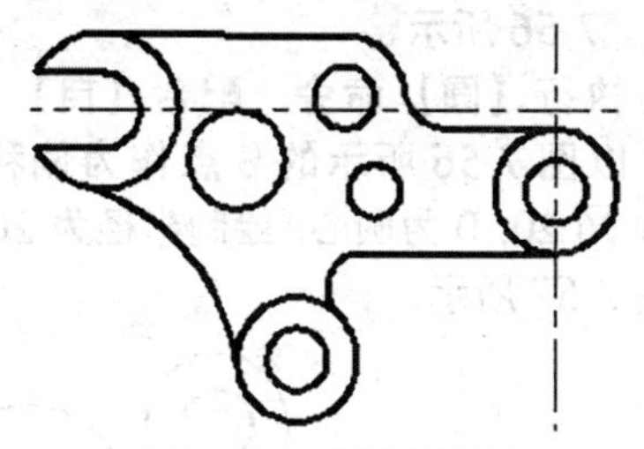
图 7-50　绘制定位圆

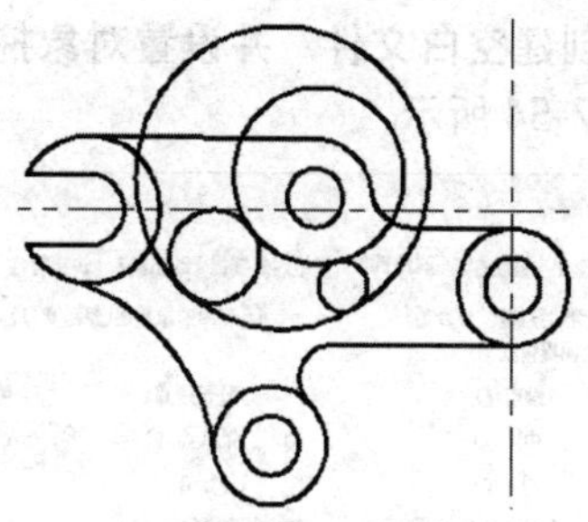
图 7-51　绘制相切圆

㉑ 执行【修剪】命令，修剪绘制的圆，并删除多余图线，如图 7-52 所示。

㉒ 使用快捷键 E 激活【删除】命令，删除两条中心线，最终效果如图 7-53 所示。

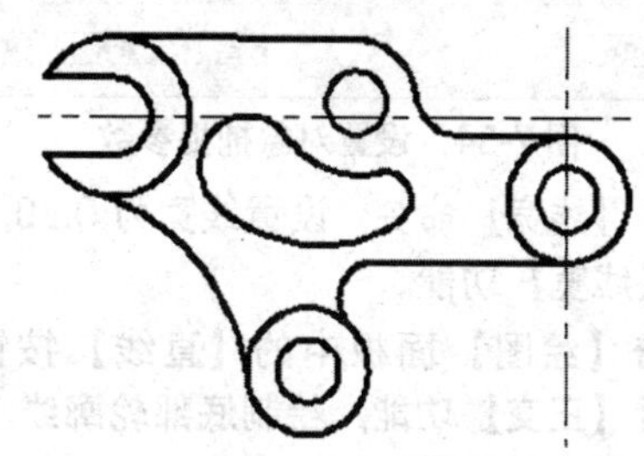
图 7-52　修剪图形

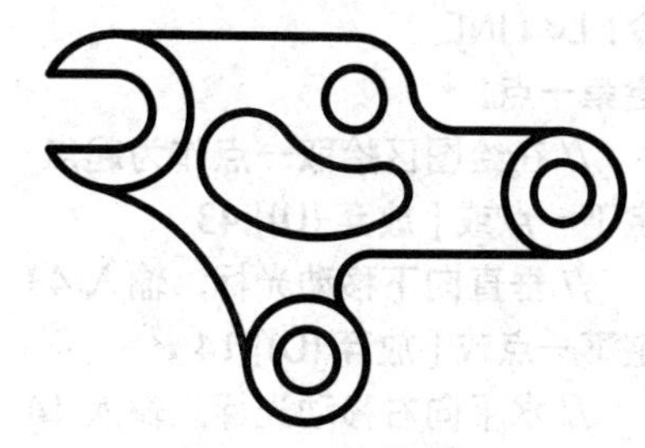
图 7-53　最终效果

081 绘制连杆 

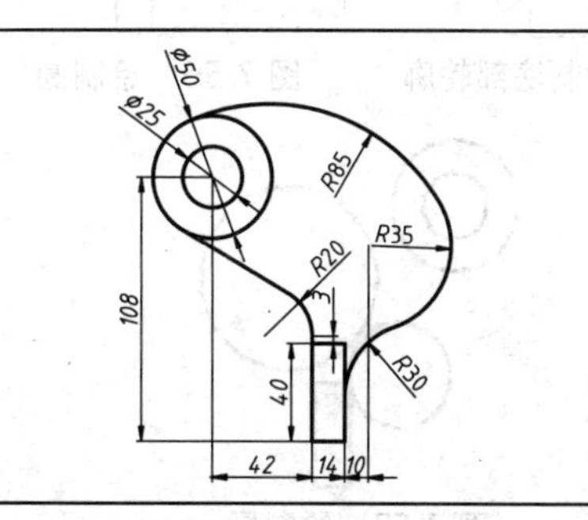

本例绘制连杆轮廓图，主要综合练习【直线】、【修剪】和【圆】的绘制方法，还使用了点的坐标输入法和点的对象捕捉两种功能，进行点的捕捉定位。

文件路径：	实例文件 \ 第 07 章 \ 实例 081.dwg
视频文件：	MP4\ 第 07 章 \ 实例 081.MP4
播放时长：	0:04:22

01 快速创建空白文件，并设置对象捕捉参数，如图 7-54 所示。

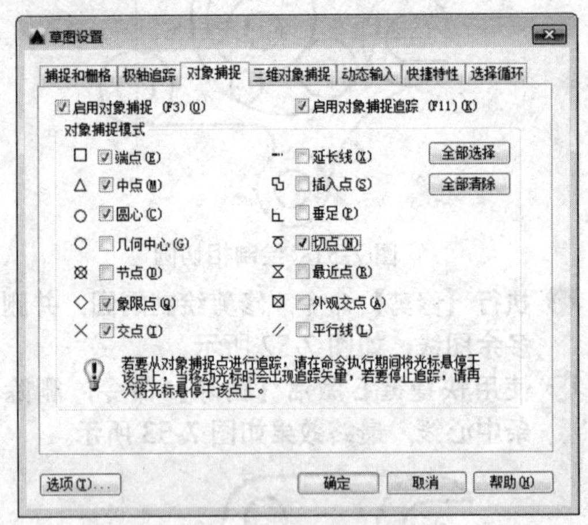

图 7-54　设置对象捕捉参数

02 执行【线宽】命令，设置线宽为 0.30，并激活【线宽】功能。

03 单击【绘图】面板中的【直线】按钮，激活【正交】功能，绘制底部轮廓线。命令行操作过程如下：

命令：L↙ LINE

指定第一点：

　　// 在绘图区拾取一点作为起点

指定下一点或 [放弃 (U)]:43 ↙

　　// 垂直向下移动光标，输入 43

指定下一点或 [放弃 (U)]:14 ↙

　　// 水平向右移动光标，输入 14

指定下一点或 [闭合 (C)/ 放弃 (U)]:40 ↙

　　// 垂直向上移动光标，输入 40

指定下一点或 [闭合 (C)/ 放弃 (U)]:14 ↙

　　// 水平向左移动光标，输入 14

指定下一点或 [闭合 (C)/ 放弃 (U)]: ↙

　　// 按 Enter 键，如图 7-55 所示

04 单击【绘图】面板中的【圆心】按钮，绘制半径为 35、直径分别为 25 和 50 的圆。命令行操作过程如下：

命令：c ↙　CIRCLE

指定圆的圆心或 [三点 (3P)/ 两点 (2P)/ 切点、切点、半径 (T)]：

　　// 激活【自】捕捉功能

_from 基点：

　　// 捕捉图形的左下角点

< 偏移 >:@ ⊠ 42，108 ↙

　　// 输入相对直角坐标

指定圆的半径或 [直径 (D)] _d 指定圆的直径：25 ↙

　　// 设置圆的直径为 25，按 Enter 键

命令：↙

　　// 按 Enter 键，重复执行绘制圆命令

_circle 指定圆的圆心或 [三点 (3P)/ 两点 (2P)/ 切点、切点、半径 (T)]:

　　// 捕捉刚绘制的圆的圆心

指定圆的半径或 [直径 (D)] <12.5>D ↙

　　// 输入 D，激活【直径】选项

d 指定圆的直径 <25>:50 ↙

　　// 设置圆的直径为 50

命令：↙

　　// 按 Enter 键，重复执行命令

c CIRCLE 指定圆的圆心或 [三点 (3P)/ 两点 (2P)/ 切点、切点、半径 (T)]:

　　// 再次激活【自】捕捉功能

_from 基点：

　　// 捕捉刚绘制的图形的右下角点

< 偏移 >:@10，80 ↙

　　// 输入相对直角坐标后按 Enter 键

指定圆的半径或 [直径 (D)] <25>35 ↙

　　// 设置圆的半径为 35，绘制圆如图 7-56 所示

05 重复执行【圆】命令，配合【自】捕捉功能，以图 7-56 所示的 B 点作为偏移基点，以 @ ⊠ 20，0 为圆心，绘制半径为 20 的圆，如图 7-57 所示。

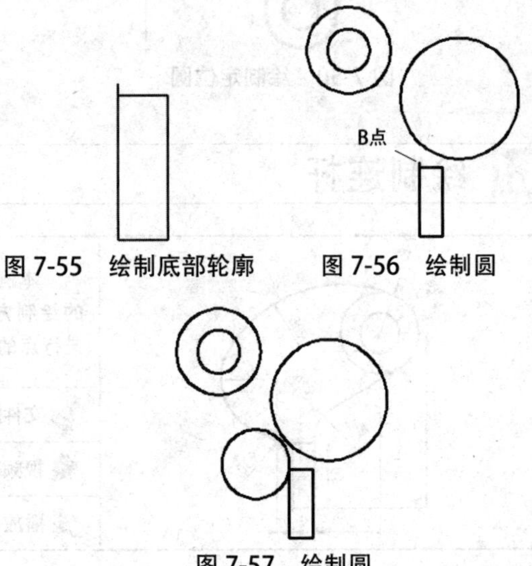

图 7-55　绘制底部轮廓　　图 7-56　绘制圆

图 7-57　绘制圆

用户也可以使用快捷键 DS 快速激活命令，进行捕捉、追踪参数的设置。

06 使用【直线】命令，配合【切点】捕捉功能，绘制圆的内公切线，如图 7-58 所示。

07 单击【绘图】面板中的【相切，相切，半径】按钮，分别绘制半径为 85 和半径为 30 的相切圆，如图 7-59 所示。

08 使用快捷键 TR 激活【修剪】命令，对各位置的圆进行修剪，最终绘制完成的连杆图形如图 7-60 所示。

图 7-58　绘制公切线

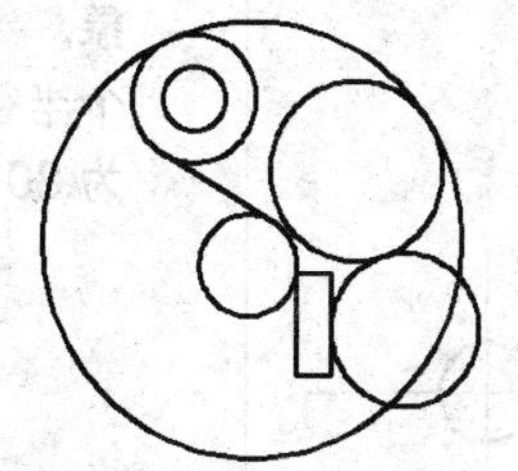

图 7-59　绘制相切圆

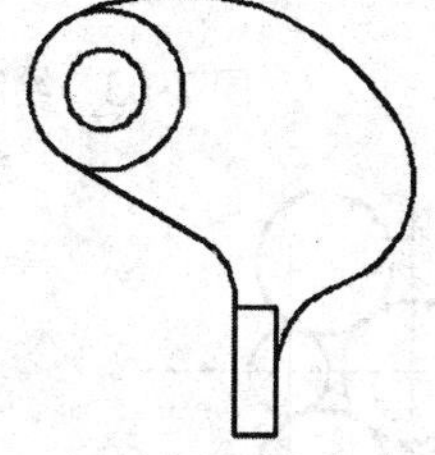

图 7-60　绘制完成的连杆图形

082 绘制摇柄

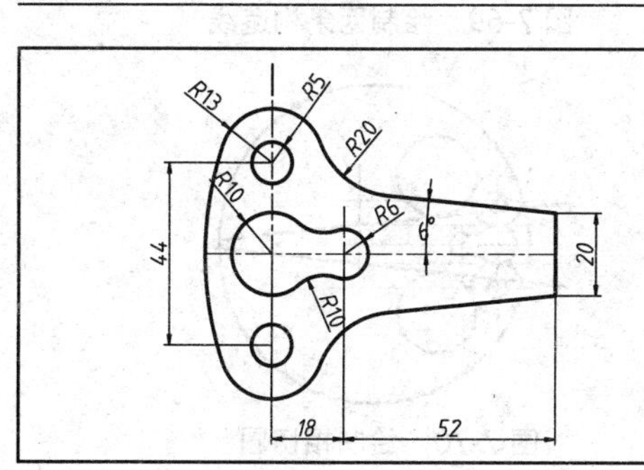

本例绘制摇柄轮廓图，主要综合练习【圆心、半径】和【相切、相切、半径】两种绘制圆的方法，以及【修剪】和【构造线】命令的运用。

文件路径：	实例文件 \ 第 07 章 \ 实例 082.dwg
视频文件：	MP4\ 第 07 章 \ 实例 082.MP4
播放时长：	0:04:26

01 按 Ctrl+N 快捷键，新建空白文件。

02 单击【图层特性】按钮，弹出【图层特性管理器】对话框，新建图层并设置线型和线宽，如图 7-61 所示。

03 打开【图层】面板中的【图层】下拉菜单，选择【中心线】作为当前图层。

04 单击【绘图】面板中的按钮，绘制如图 7-62 所示的中心线和辅助线，两辅助线之间的距离为 18。

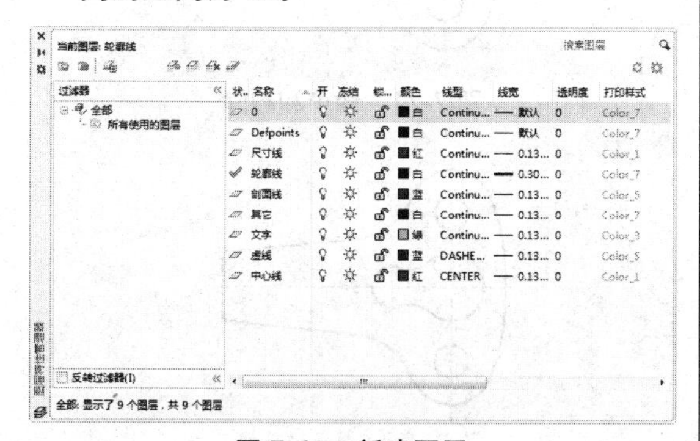

图 7-61　新建图层

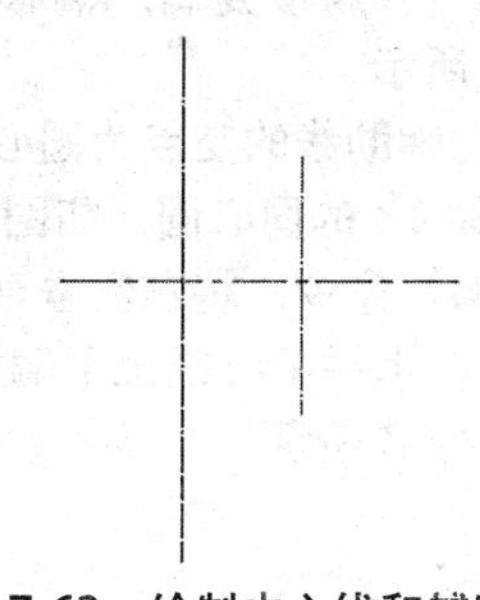

图 7-62　绘制中心线和辅助线

05 设置【轮廓线】为当前图层，单击状态栏上的【线宽】按钮，打开线宽显示功能。

06 单击【绘图】面板中的【圆】按钮，激活【圆】命令。以中心线与辅助线的交点为圆心，分别绘制半径为 10 和 6 的两个圆，如图 7-63 所示。

07 单击【绘图】面板中的【相切，相切，半径】按钮，以刚绘制的圆作为相切对象，绘制半径为 10 的两个相切圆，如图 7-64 所示。

08 单击【修改】面板中【修剪】按钮，激活【修剪】命令，对图形进行修剪，如图 7-65 所示。

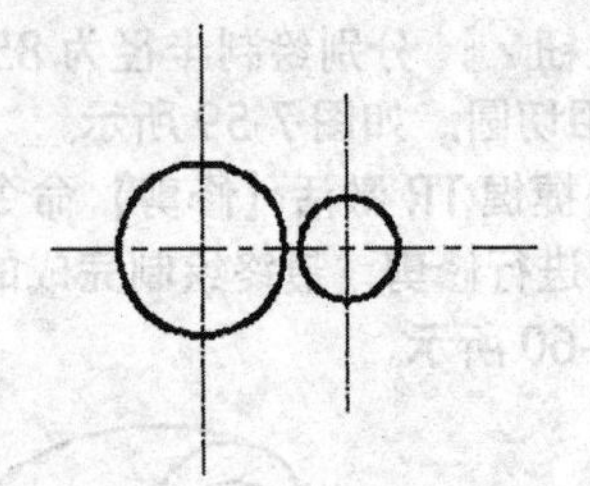

图 7-63　绘制两个圆

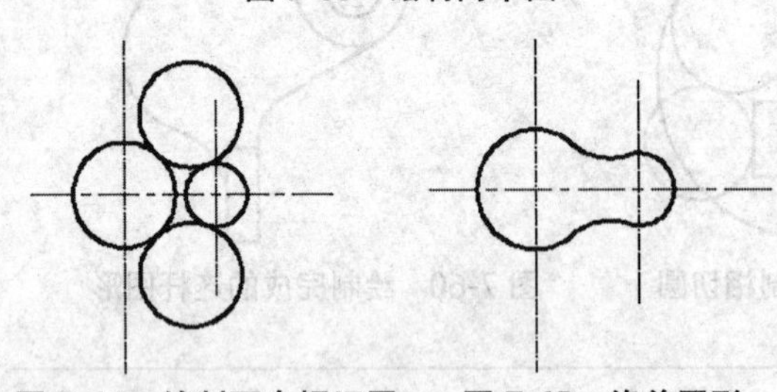

图 7-64　绘制两个相切圆　　图 7-65　修剪图形

技巧

【修剪】命令是以指定的剪切边作为边界，修剪掉对象上的部分图线。在修剪时，需要事先选择边界。如果在命令行提示选择边界时直接按 Enter 键，系统将会以所有图线作为边界。

09 使用快捷键 O 激活【偏移】命令，将水平中心线上、下偏移复制，偏移距离为 22，如图 7-66 所示。

10 以偏移后的辅助线的交点为圆心，绘制半径分别为 5 和 13 的同心圆，如图 7-67 所示。

11 执行【偏移】命令，将左侧垂直辅助线向右偏移 70，将水平中心线上下偏移 10，偏移效果如图 7-68 所示。

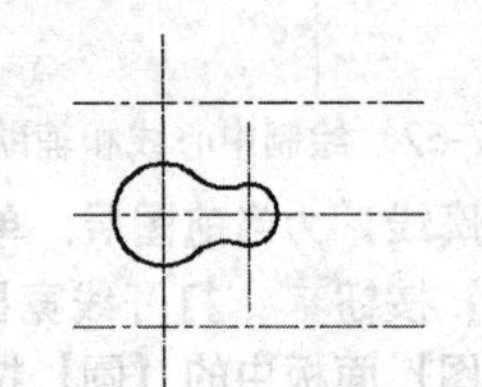

图 7-66　偏移水平中心线

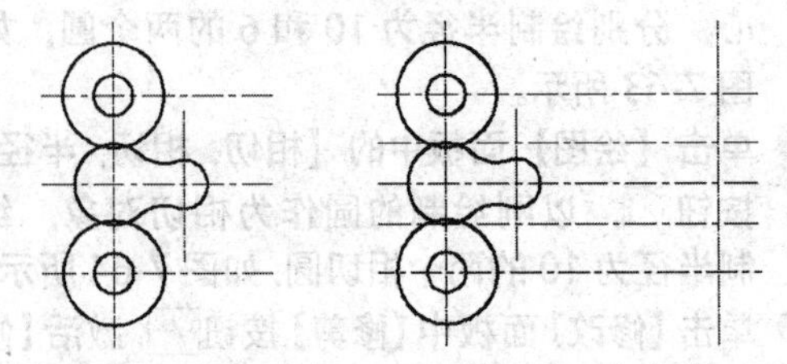

图 7-67　绘制同心圆　　图 7-68　偏移效果

12 单击【绘图】面板中的【构造线】按钮，配合捕捉功能，绘制如图 7-69 所示的两条构造线。

13 重复执行【相切、相切、半径】命令，以刚绘制的构造线和半径为 13 的圆作为相切对象，绘制半径为 20 的相切圆；然后再以两个半径为 13 的圆作为相切对象，绘制半径为 80 的相切圆，如图 7-70 所示。

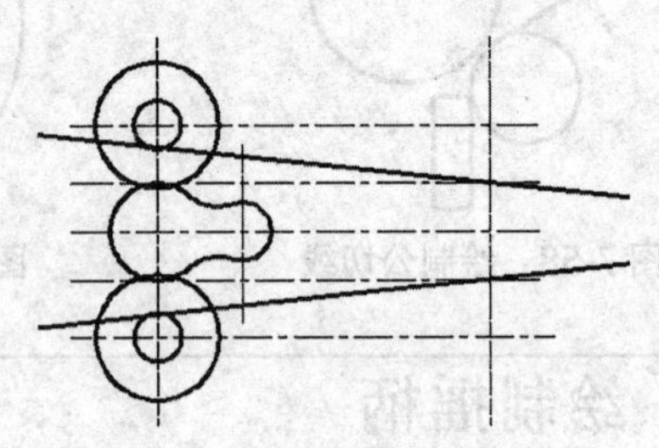

图 7-69　绘制两条构造线

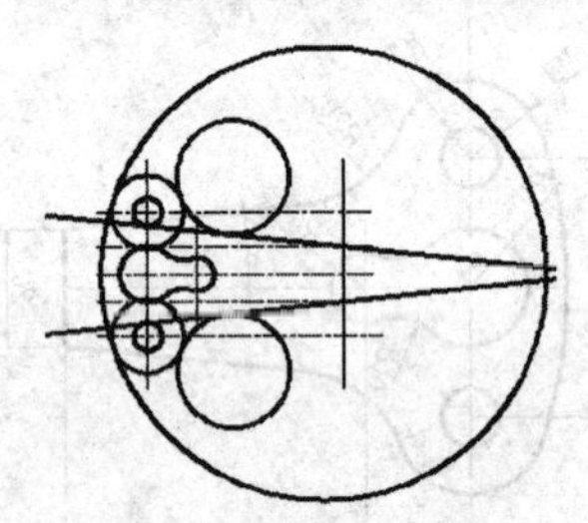

图 7-70　绘制相切圆

14 综合运用【修剪】和【删除】命令，对图形进行修剪和删除操作，如图 7-71 所示。

15 将当前图层设置为【轮廓线】层，执行【直线】命令，将图形闭合，如图 7-72 所示。

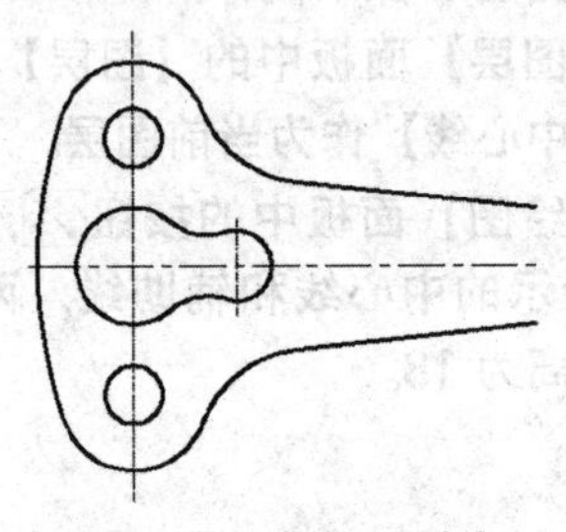

图 7-71　修剪和删除

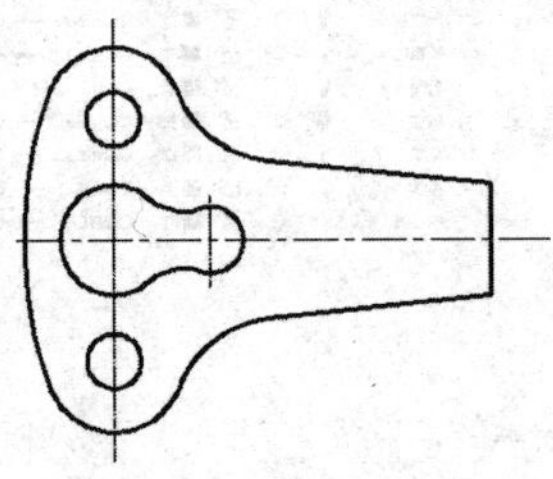

图 7-72　闭合图形

083 绘制椭圆压盖

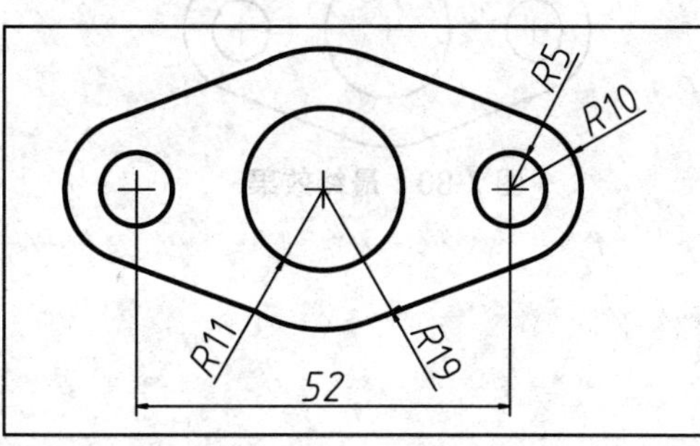

通过绘制压盖轮廓图，主要综合练习【圆】、【直线】和【圆心标记】命令的使用方法。

文件路径：	实例文件 \ 第 07 章 \ 实例 083.dwg
视频文件：	MP4\ 第 07 章 \ 实例 083.MP4
播放时长：	0:02:39

01 按 Ctrl+N 快捷键，新建空白文件。

02 激活【对象捕捉】功能，并设置捕捉模式为【圆心】捕捉和【切点】捕捉。

03 单击【图层特性】按钮，弹出【图层特性管理器】对话框，新建图层并设置线型，如图 7-73 所示。

04 将【中心线】层设置为当前图层，执行【直线】命令，绘制两条相互垂直的中心线，如图 7-74 所示。

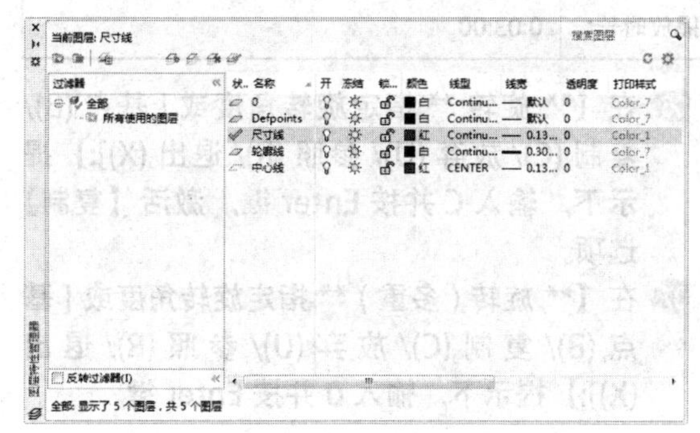

图 7-73　新建图层

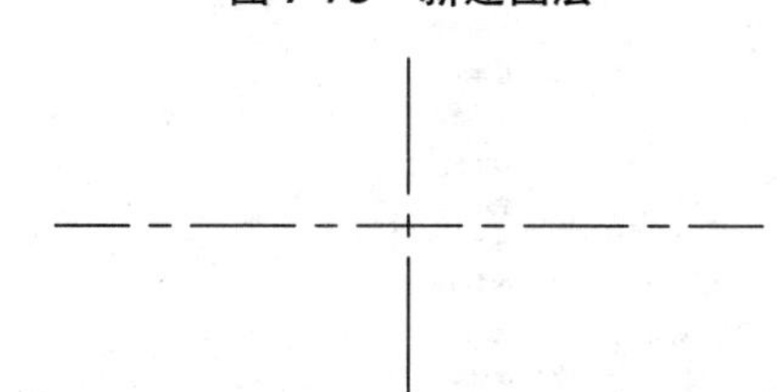

图 7-74　绘制中心线

05 使用快捷键 O 激活【偏移】命令，将垂直中心线分别向左、右两侧偏移 26，创建辅助线，如图 7-75 所示。

06 执行【线宽】命令，并将【轮廓线】设置为当前图层。

07 单击【绘图】面板中的【圆】按钮，绘制半径分别为 11 和 19 的同心圆，如图 7-76 所示。

图 7-75　创建辅助线

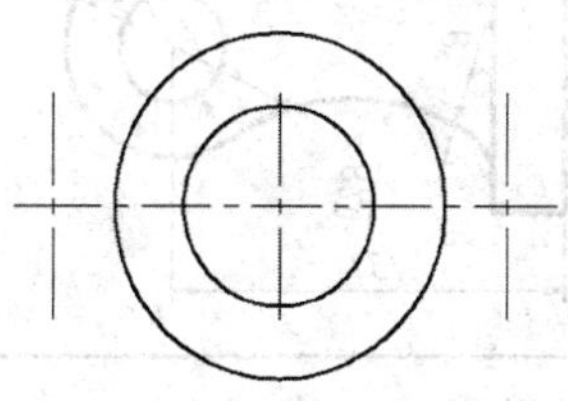

图 7-76　绘制同心圆

08 重复执行【圆】命令，以两辅助线与水平中心线的交点为圆心，在左、右两侧各绘制半径分别为 5 和 10 的同心圆，如图 7-77 所示。

09 使用快捷键 L，激活【直线】命令，配合【切点】捕捉功能，绘制圆的外公切线，如图 7-78 所示。

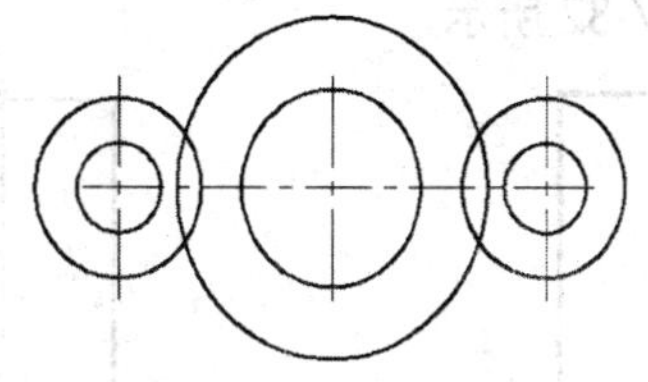

图 7-77　绘制同心圆

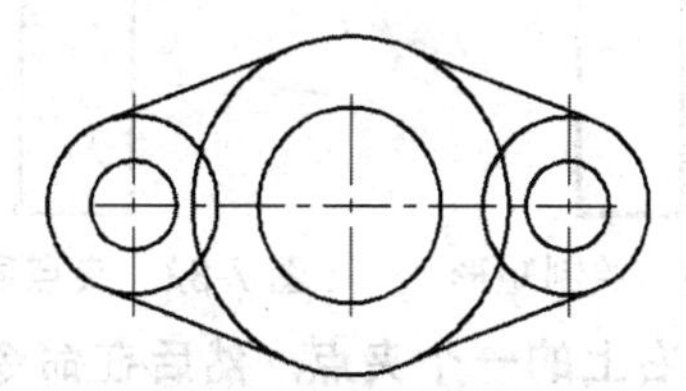

图 7-78　绘制公切线

10 单击【修改】面板中的【修剪】按钮，激活【修剪】命令，对图形进行修剪，如图 7-79 所示。

⑪ 将中心线删除，并且设置【中心线】为当前层；然后单击【标注】面板中的【圆心标记】按钮，选择要标记的圆，最终效果如图7-80所示。

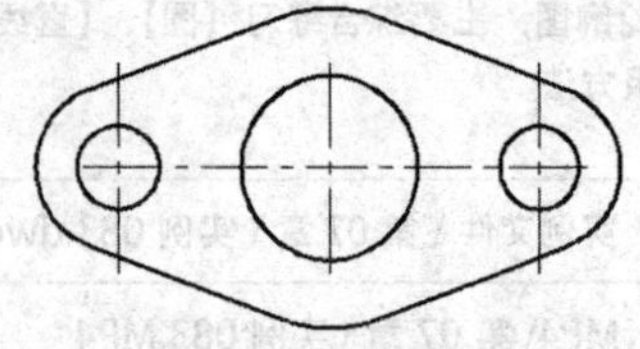

图 7-79　修剪图形

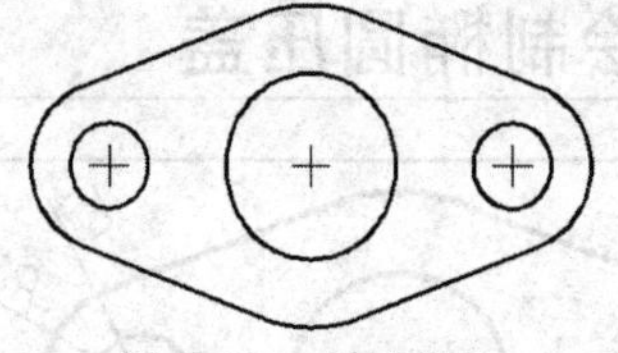

图 7-80　最终效果

084 绘制起重钩

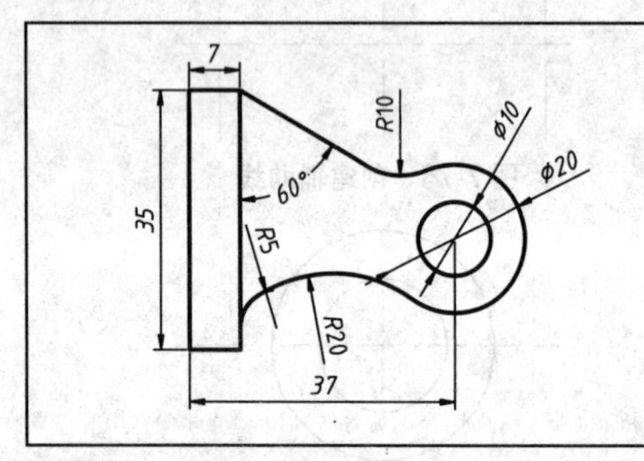

本例绘制起重钩轮廓线，主要综合练习【矩形】、【分解】、【圆】、【修剪】和夹点编辑命令。

文件路径：	实例文件 \ 第 07 章 \ 实例 084.dwg
视频文件：	MP4\ 第 07 章 \ 实例 084.MP4
播放时长：	0:03:00

01 单击快速访问工具栏中的【新建】按钮，新建空白文件。

02 新建【轮廓线】图层。

03 单击【绘图】面板中的【矩形】按钮，以点【100, 100】作为矩形的左下角点，绘制长度为7，宽度为35的矩形，如图7-81所示。

04 将矩形分解，然后夹点显示矩形的右侧边，如图7-82所示。

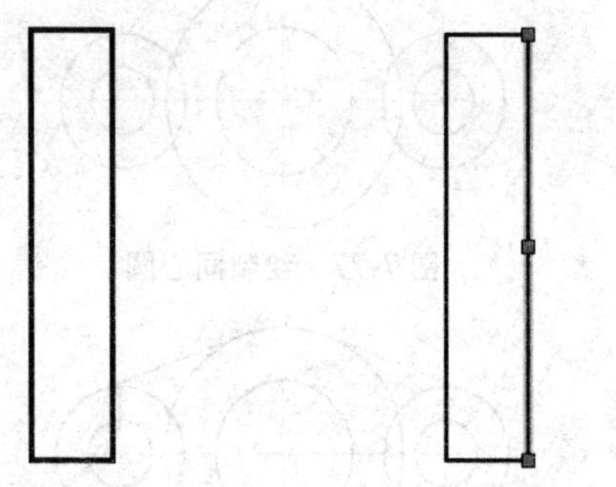

图 7-81　绘制矩形　　图 7-82　夹点显示

05 单击右上的一个夹点，然后在命令行【** 拉伸 ** 指定拉伸点或 [基点 (B)/ 复制 (C)/ 放弃 (U)/ 退出 (X)]:】提示下，单击右键，在弹出的夹点编辑快捷菜单中选择【旋转】选项，如图7-83所示。

06 在【** 旋转 ** 指定旋转角度或 [基点 (B)/ 复制 (C)/ 放弃 (U)/ 参照 (R)/ 退出 (X)]:】提示下，输入C并按Enter键，激活【复制】选项。

07 在【** 旋转 (多重) ** 指定旋转角度或 [基点 (B)/ 复制 (C)/ 放弃 (U)/ 参照 (R)/ 退出 (X)]:】提示下，输入0并按Enter键。

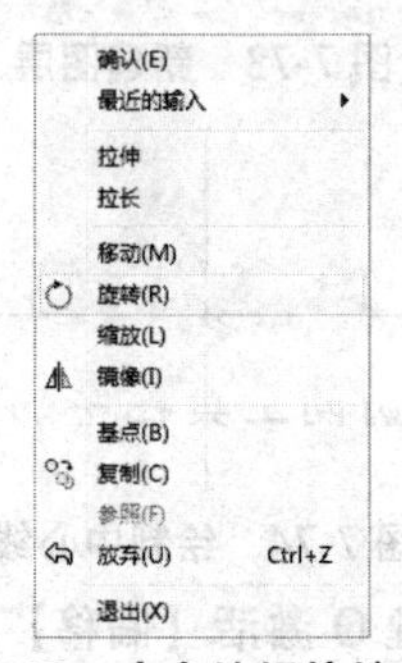

图 7-83　夹点编辑快捷菜单

08 连续按两次Enter键，并取消对象的夹点显示，如图7-84所示。

09 单击【绘图】面板中的【圆】按钮，激活【圆】命令，以点（137, 115）为圆心，绘制直径分别为10和20的同心圆，如图7-85所示。

10 重复执行【圆】命令，以点（112, 103）作为圆心，绘制半径为 5 的圆，如图 7-86 所示。

⑪ 单击【绘图】面板中的【相切，相切，半径】按钮，绘制与直径为 20 和半径为 5 两圆的相切圆，如图 7-87 所示。

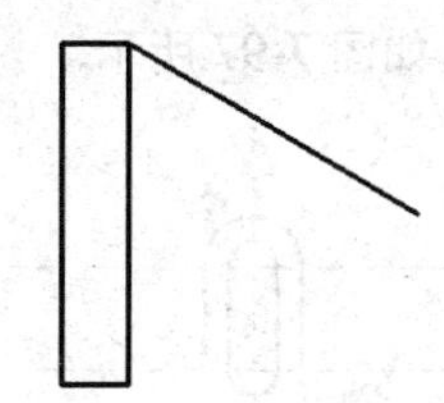

图 7-84　夹点编辑

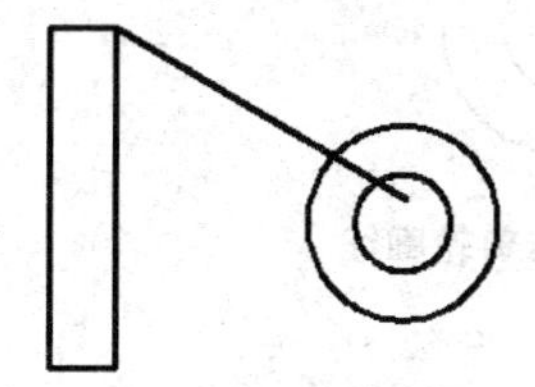

图 7-85　绘制同心圆

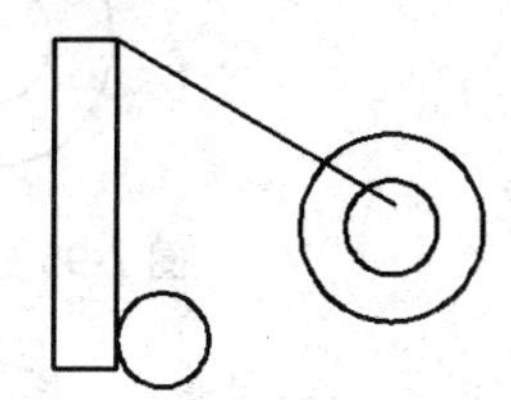

图 7-86　绘制圆

⑫ 单击【修改】面板中的【圆角】按钮，激活【圆角】命令，进行圆角，设置圆角半径为 10，如图 7-88 所示。

⑬ 单击【修改】面板中的【修剪】按钮，对图形进行修剪，如图 7-89 所示。

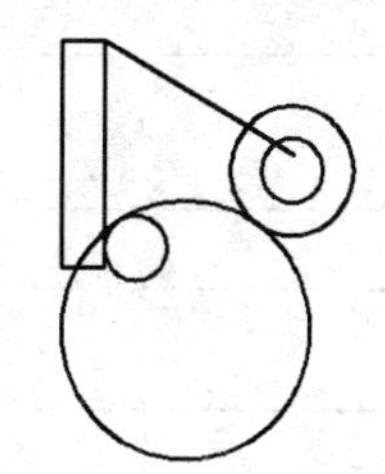

图 7-87　绘制相切圆

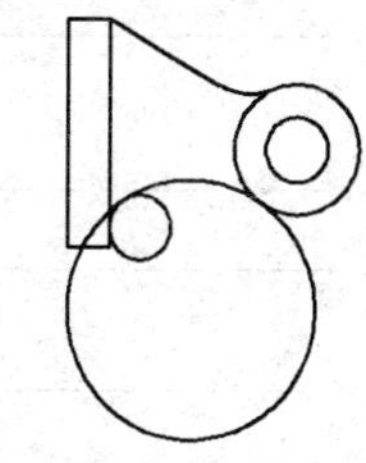

图 7-88　圆角图形

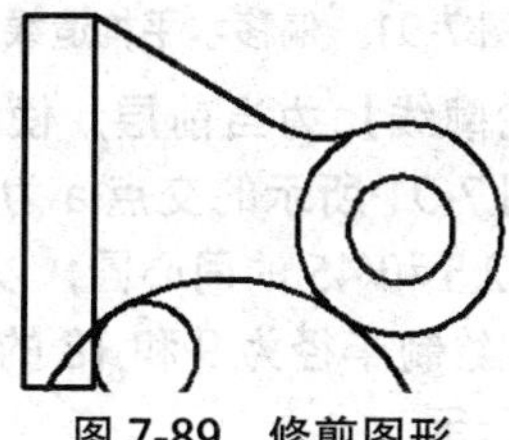

图 7-89　修剪图形

注意

在绘制相切圆时，有时选择的位置不同，所绘制的相切圆的位置也不同，所以要根据相切圆所在的大体位置拾取相切对象。

085 绘制齿轮架

<table>
<tr><td rowspan="4">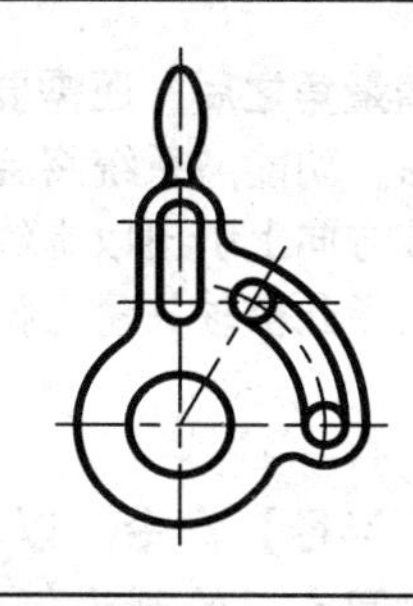</td><td colspan="2">本例绘制齿轮架轮廓图，主要练习【构造线】、【偏移】、【圆】、【图层】和【修剪】命令的使用方式。</td></tr>
<tr><td>文件路径：</td><td>实例文件 \ 第 07 章 \ 实例 085.dwg</td></tr>
<tr><td>视频文件：</td><td>MP4\ 第 07 章 \ 实例 085.MP4</td></tr>
<tr><td>播放时长：</td><td>0:07:00</td></tr>
</table>

01 单击快速访问工具栏中的【新建】按钮，新建空白文件。

02 单击按钮，弹出【图层特性管理器】对话框，新建图层并设置线型，如图 7-90 所示。

03 将【中心线】设置为当前层，并打开【线宽】功能。

04 单击【绘图】面板中的按钮，绘制水平和垂直的中心线，作为定位基准线。

05 单击【修改】面板中的按钮，将水平中心线分别向上偏移 55、91 和 160，如图 7-91 所示。

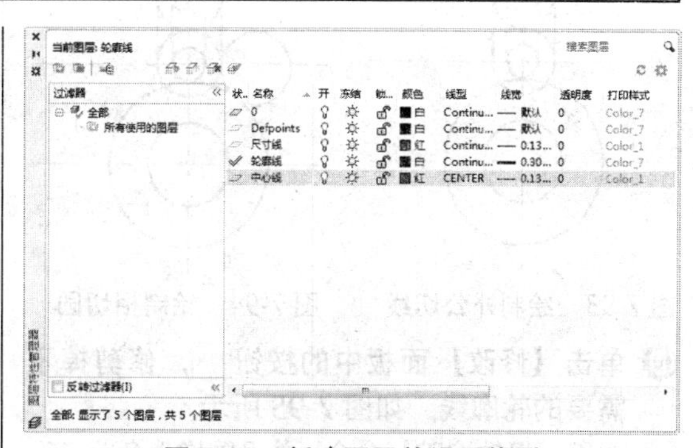

图 7-90　新建图层并设置线型

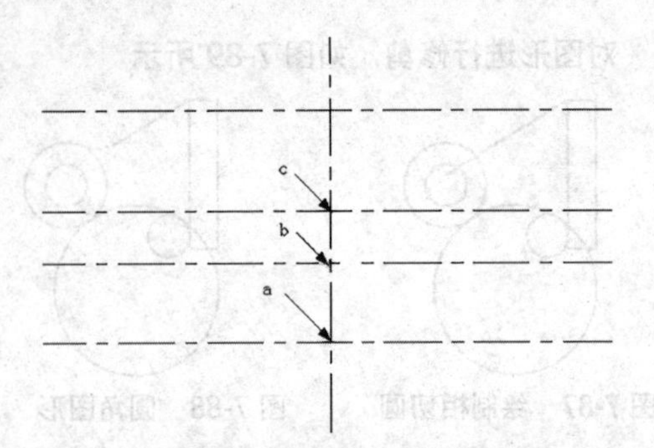

图 7-91　偏移水平构造线

⑥ 设置【轮廓线】为当前层，使用【圆】命令，以图 7-91 所示的交点 a 为圆心，绘制半径为 22.5 和 45 的同心圆；以交点 b 和 c 为圆心，绘制半径为 9 和 18 的同心圆，如图 7-92 所示。

⑦ 使用快捷键 L 激活【直线】命令，配合【切点】捕捉功能，绘制圆的外公切线，如图 7-93 所示。

⑧ 单击【绘图】面板中的【相切，相切，半径】按钮，绘制半径为 20 的相切圆，如图 7-94 所示。

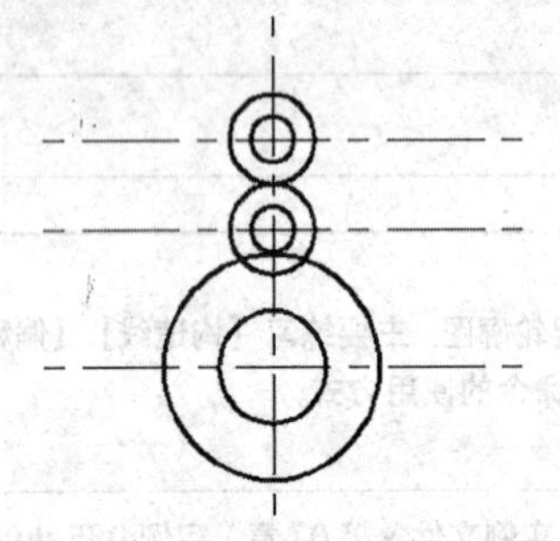

图 7-92　绘制同心圆

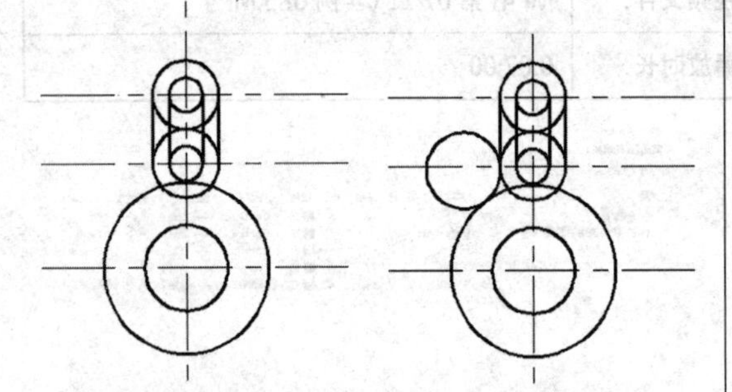

图 7-93　绘制外公切线　　图 7-94　绘制相切圆

⑨ 单击【修改】面板中的按钮，修剪掉不需要的轮廓线，如图 7-95 所示。

⑩ 调用【极轴追踪】命令，并设置增量角为 30。

⑪ 单击【绘图】面板中的按钮，在中心线图层上绘制角度为 60° 的辅助线段，如图 7-96 所示。

⑫ 单击【绘图】面板中的【圆】按钮，以图 7-91 所示的点 a 为圆心，绘制半径为 64 的辅助圆，如图 7-97 所示。

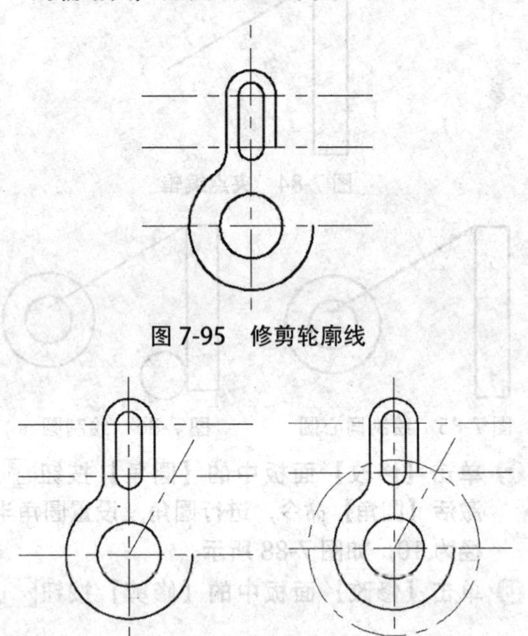

图 7-95　修剪轮廓线

图 7-96　绘制辅助线段　　图 7-97　绘制辅助圆

技巧

当设置了增量角之后，还需要激活【启用对象极轴追踪】功能，系统将会在增量角以及增量角倍数方向上引出以虚线显示的极轴矢量，用户只需此极轴矢量上拾取点或输入距离值即可。

⑬ 执行【圆心、半径】命令，以辅助圆和线 1 的右交点为圆心，绘制半径分别为 9 和 18 的同心圆；以辅助圆与线 2 的交点为圆心，绘制半径为 9 的圆，如图 7-98 所示。

⑭ 单击【绘图】面板中的【相切，相切，半径】按钮，以图 7-98 所示的圆 1 和圆 2 作为相切对象，绘制半径为 10 的相切圆，如图 7-99 所示。

⑮ 执行【圆心、半径】命令，以图 7-99 所示的点 a 为圆心，分别以交点 1、交点 2 和交点 3 为圆上的点，绘制三个同心圆，如图 7-100 所示。

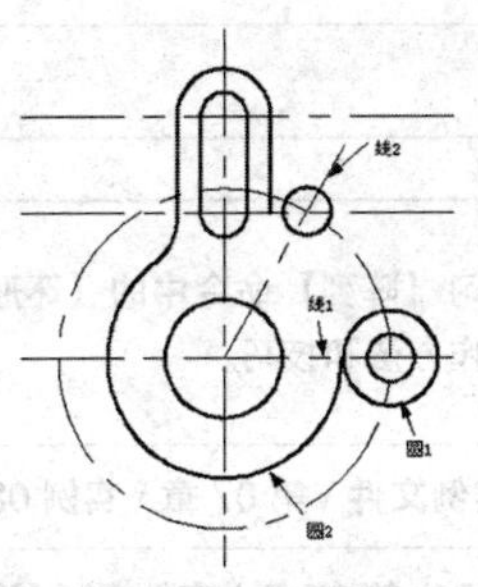

图 7-98　绘制圆

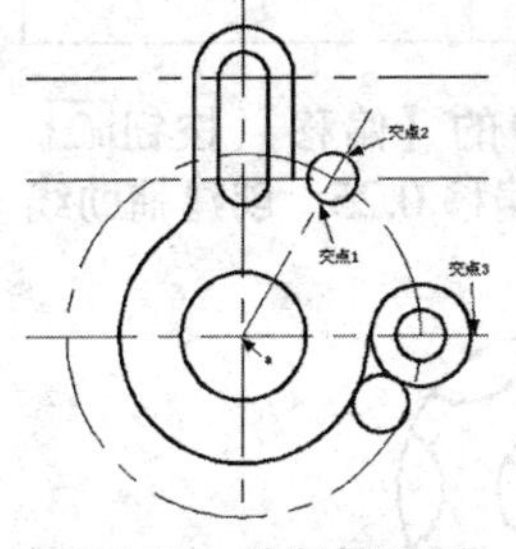

图 7-99　绘制相切圆

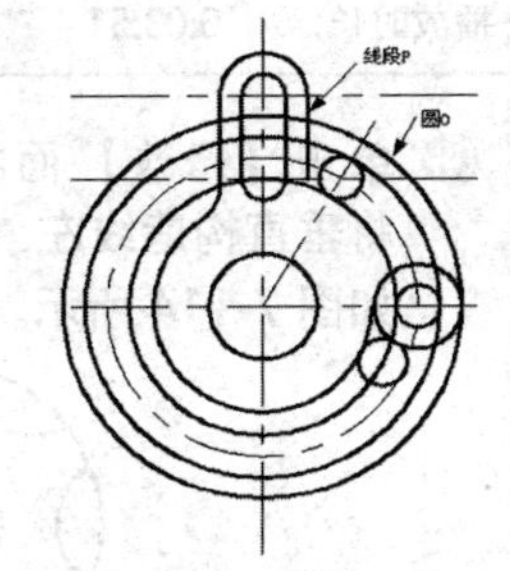

图 7-100　绘制同心圆

⑯ 执行【相切、相切、半径】命令，以图 7-100 所示的圆 O 和线段 P 为相切对象，绘制半径为 10 的相切圆，如图 7-101 所示。

⑰ 单击【修改】面板中的按钮，对轮廓圆及辅助圆进行修剪，如图 7-102 所示。

⑱ 单击【修改】面板中的按钮，将最上方水平辅助线分别向下偏移 5 和 23，如图 7-103 所示。

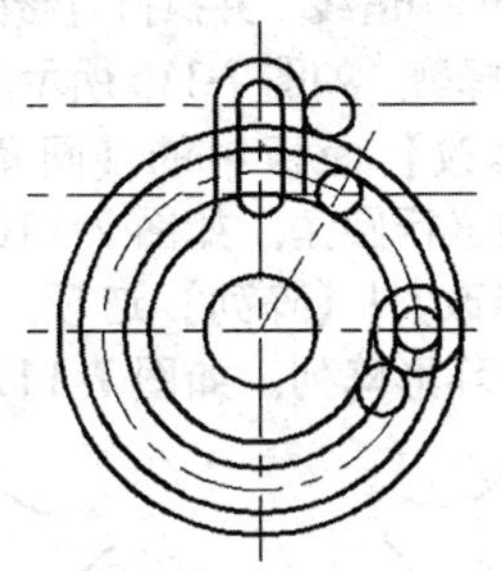
图 7-101　绘制相切圆

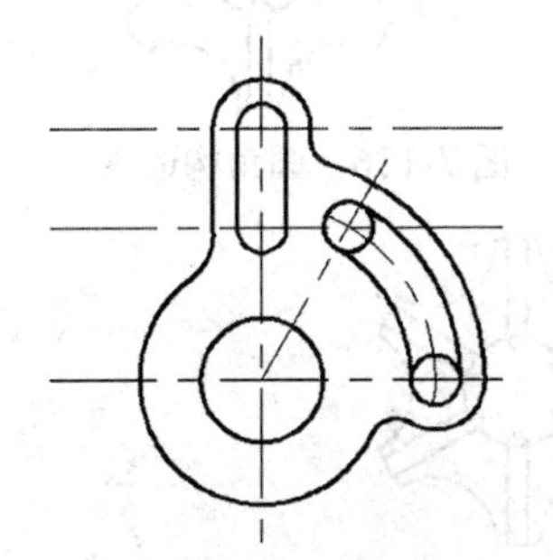
图 7-102　修剪图形

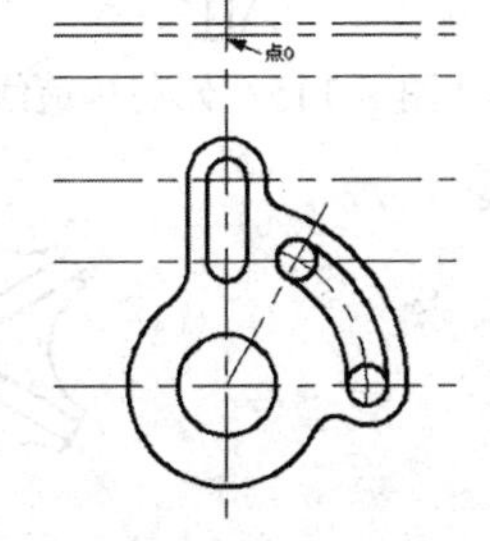

图 7-103　偏移结果

⑲ 执行【圆心、半径】命令，以图 7-103 所示的辅助线交点 O 为圆心，绘制半径分别为 5 和 35 的同心圆，如图 7-104 所示。

⑳ 以图 7-104 所示的交点 1 和交点 2 为圆心，绘制两个半径为 40 的圆，如图 7-105 所示。

㉑ 分别以图 7-105 所示的圆 1 和圆 3、圆 2 和圆 3 作为相切对象，绘制半径为 10 的相切圆，如图 7-106 所示。

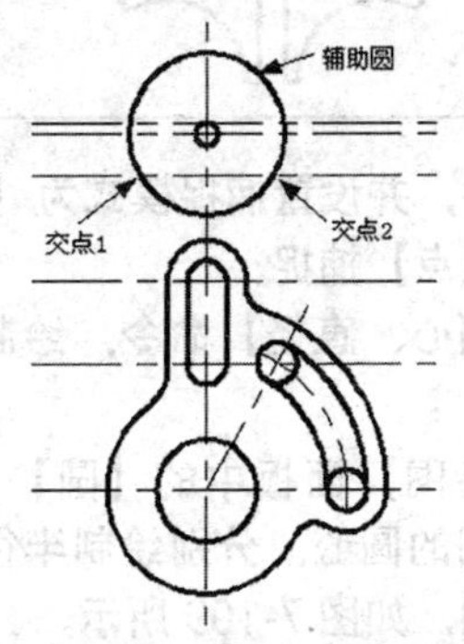

图 7-104　绘制同心圆

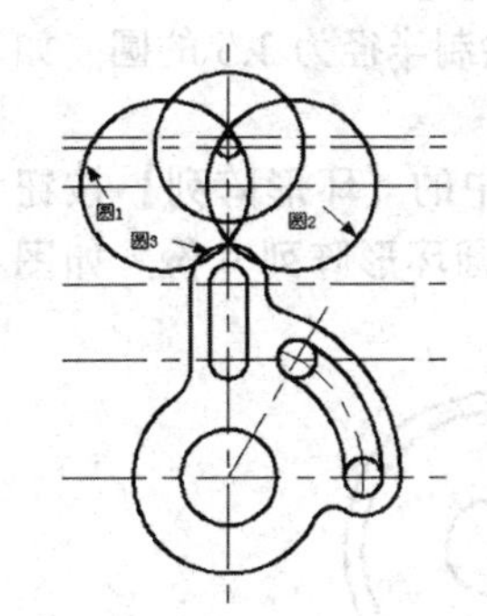

图 7-105　绘制圆

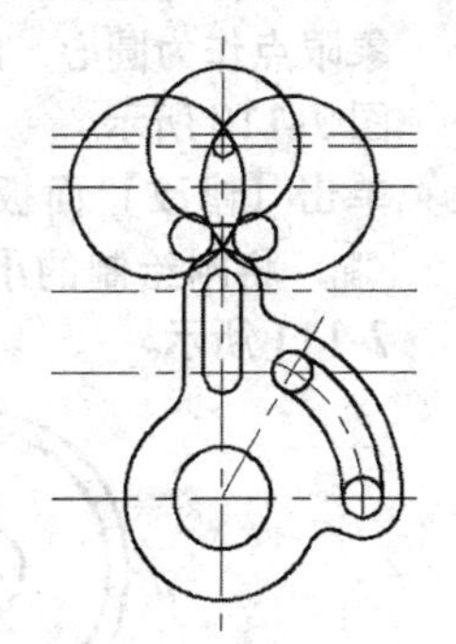
图 7-106　绘制相切圆

㉒ 执行【修剪】和【删除】命令，对手柄及中心线进行编辑完善，删除多余的图线，如图 7-107 所示。

㉓ 单击【修改】面板中的【拉长】按钮，设置长度增量为 9，分别将个别位置的中心线两端拉长，最终效果如图 7-108 所示。

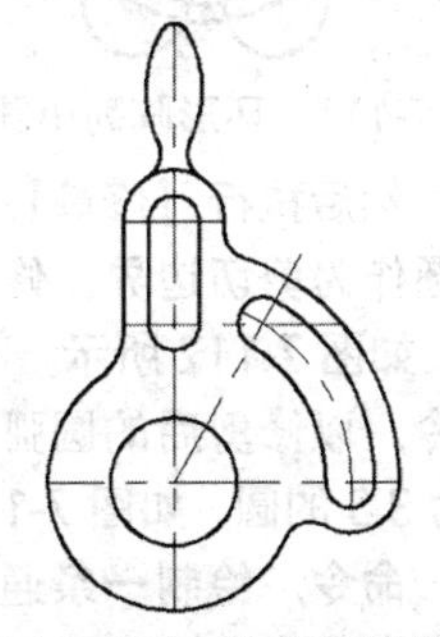
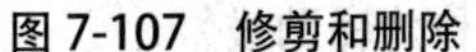
图 7-107　修剪和删除

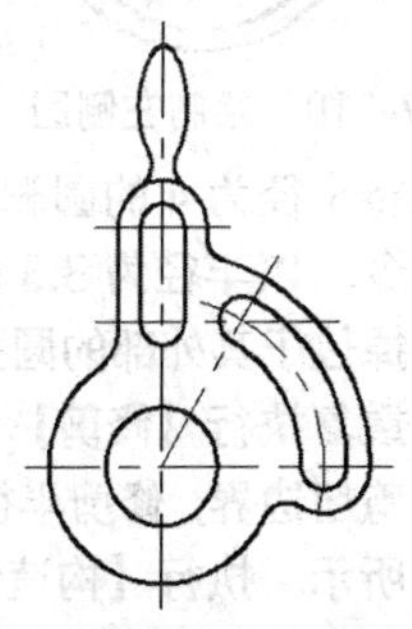
图 7-108　最终效果

086 绘制拨叉轮

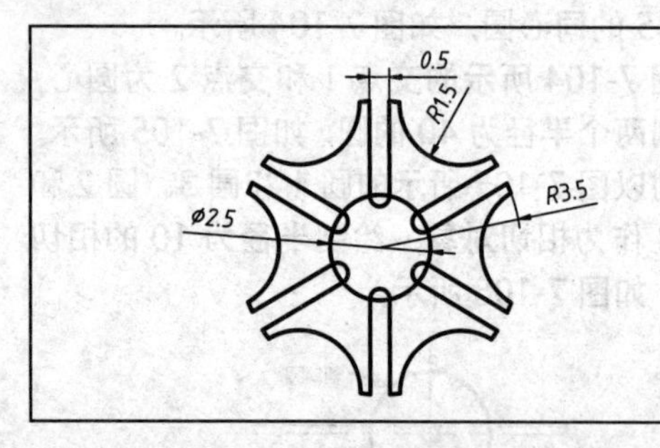

本例当中主要学习【阵列】命令中的【环形阵列】功能以及【圆角】命令的操作方法和技巧。

文件路径：	实例文件 \ 第 07 章 \ 实例 086.dwg
视频文件：	MP4\ 第 07 章 \ 实例 086.MP4
播放时长：	0:03:51

01 创建文件，并设置捕捉模式为【圆心】捕捉和【象限点】捕捉。

02 执行【圆心、直径】命令，绘制直径为 2.5 的圆。

03 单击【绘图】面板中的【圆】按钮，捕捉绘制圆的圆心，分别绘制半径为 3.5 和 4 的同心圆，如图 7-109 所示。

04 重复执行【圆心、半径】命令，以大圆的左象限点作为圆心，绘制半径为 1.5 的圆，如图 7-110 所示。

05 单击【修改】面板中的【环形阵列】按钮，将刚绘制的小圆环形阵列六份，如图 7-111 所示。

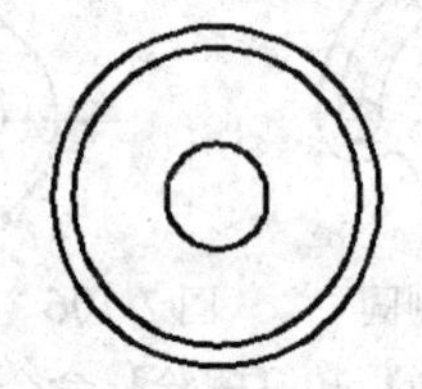

图 7-109 绘制同心圆

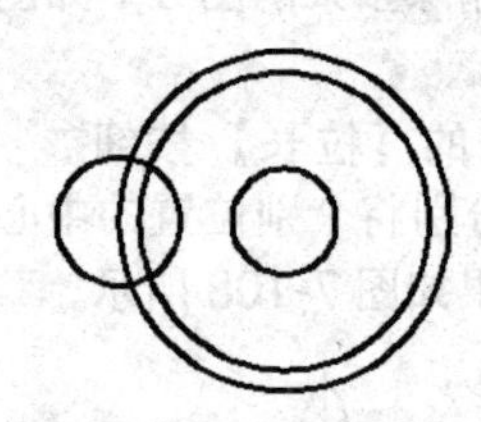

图 7-110 绘制左侧圆

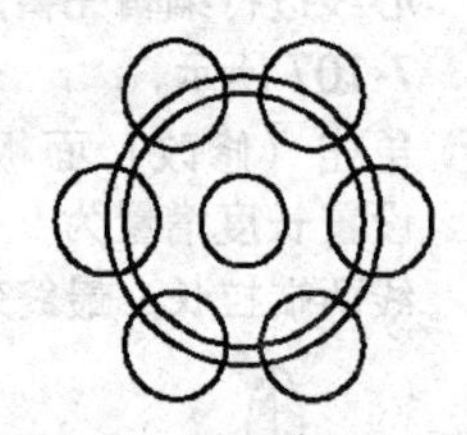

图 7-111 环形阵列小圆

06 将半径为 4 的圆删除，然后执行【修剪】命令，以半径为 3.5 的圆作为剪切边界，修剪掉位于其外部的圆弧，如图 7-112 所示。

07 重复执行【修剪】命令，以修剪后的圆弧为剪切边界，修剪半径为 3.5 的圆，如图 7-113 所示。执行【构造线】命令，绘制一条通过圆心的垂直构造线，作为辅助线。

08 单击【修改】面板中的【偏移】按钮，将垂直构造线左、右偏移 0.25，创建辅助线如图 7-114 所示。

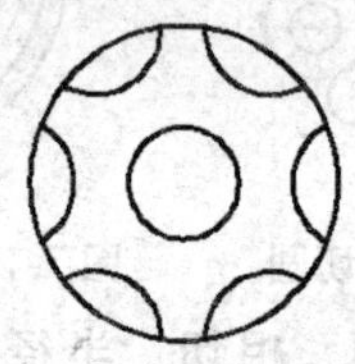

图 7-112 修剪外部的圆弧

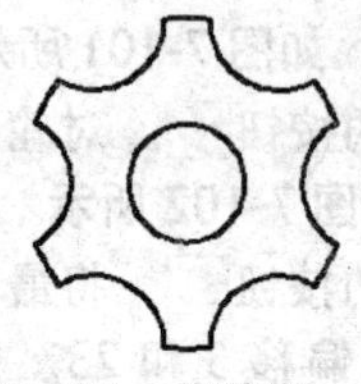

图 7-113 修剪圆

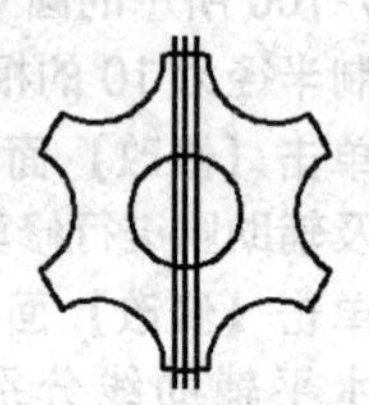

图 7-114 创建辅助线

09 删除中间的构造线，并执行【修剪】命令对构造线进行修剪，如图 7-115 所示。

10 单击【修改】面板中的【圆角】按钮，对构造线进行圆角，如图 7-116 所示。

11 选择【修改】|【阵列】选项，对圆角后的对象进行环形阵列，如图 7-117 所示。

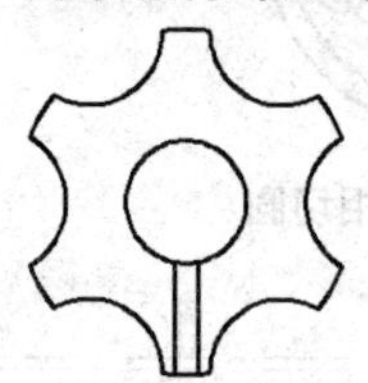

图 7-115 修剪构造线

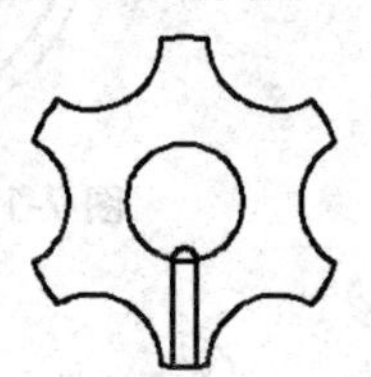

图 7-116 圆角构造线

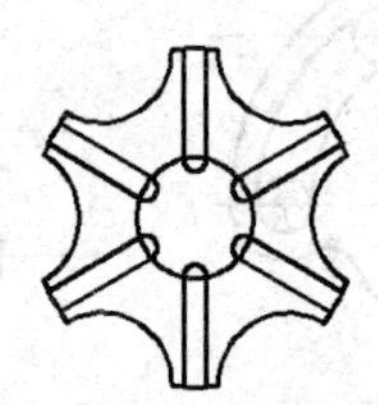

图 7-117 环形阵列

> **提示**
>
> 在对平行线段进行圆角时，圆角结果是使用一个半圆连接两个平行对象，半圆直径为两平行线之间的距离，此操作与当前的圆角半径没有关系。

⑫ 再次执行【修剪】命令，修剪掉位于两平行线之间的圆弧和线段，修剪效果如图7-118所示。

⑬ 执行【线型】命令，加载一种名为CENTER的线型，并设置线型的全局比例因子为0.1。

⑭ 选择直径为2.5的小圆，然后修改其线型为CENTER线型，最终效果如图7-119所示。

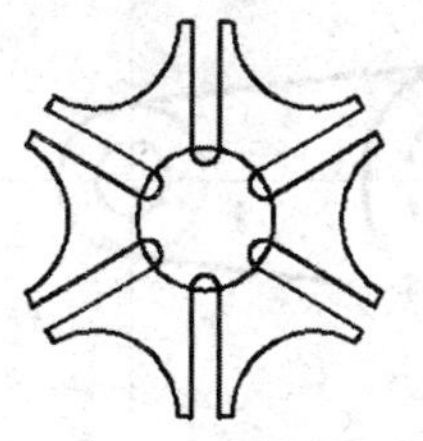

图7-118　修剪效果

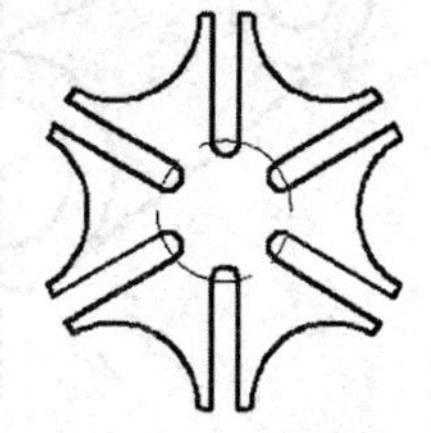

图7-119　最终效果

087 绘制曲柄

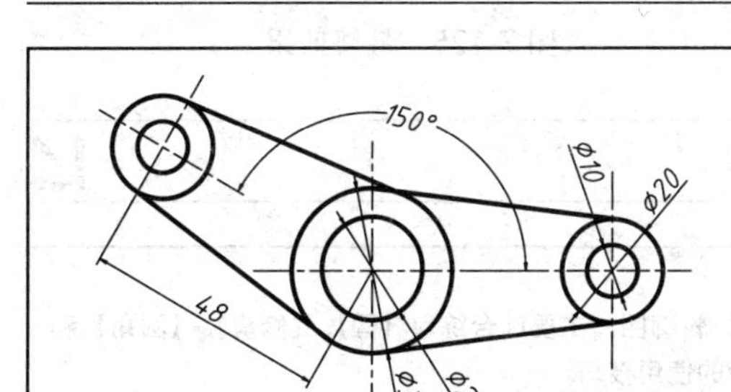

通过绘制曲柄，综合练习【偏移】、【旋转】和【拉长】命令，并使用了【全部缩放】功能来调整视图。

文件路径：	实例文件\第07章\实例087.dwg
视频文件：	MP4\第07章\实例087MP4
播放时长：	0:03:19

01 以光盘中的【素材文件/机械制图模板.dwt】作为样板，新建图形文件。

02 启用【线宽】功能，并执行【全部缩放】命令，调整视图。

03 单击【绘图】面板中的按钮，在【点画线】图层内绘制水平和垂直的中心线。

04 单击【修改】面板中的按钮，将垂直中心线向右偏移48，如图7-120所示。

05 将【轮廓线】图层设置为当前层，然后执行【圆】命令，以左边垂直中心线交点为圆心，以32和20的直径绘制同心圆；以水平中心线与右边垂直中心线交点为圆心，以20和10为直径绘制同心圆，如图7-121所示。

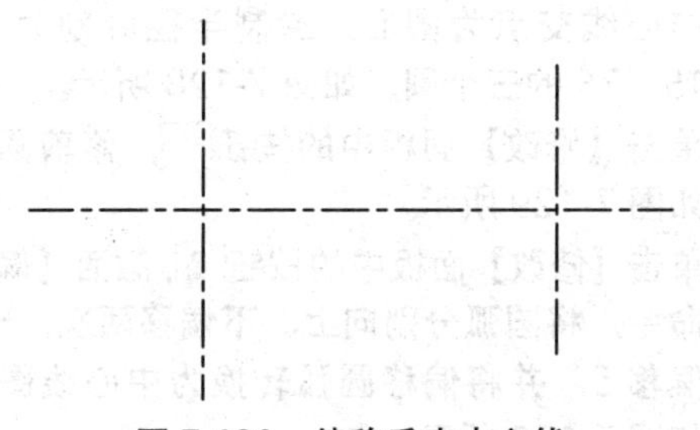

图7-120　偏移垂直中心线

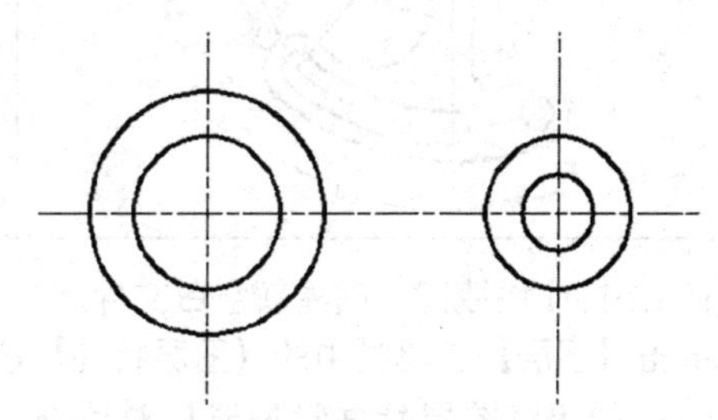

图7-121　绘制两个同心圆

06 单击【绘图】面板中的【直线】按钮，配合【切点】捕捉功能，分别绘制上、下公切线，如图7-122所示。

07 单击【修改】面板中的【旋转】按钮，将所绘制的图形复制旋转150°，如图7-123所示。

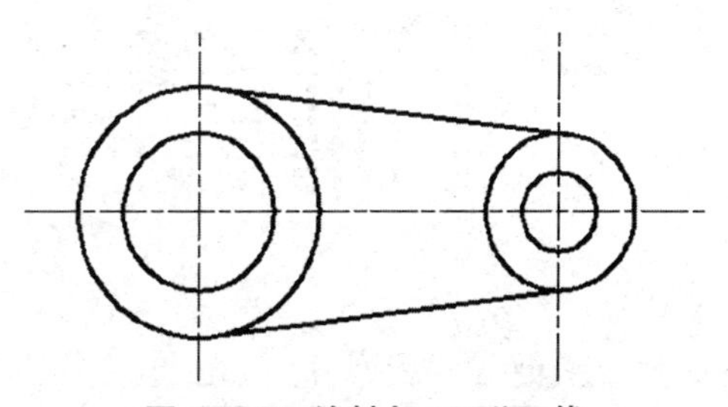

图7-122　绘制上、下公切线

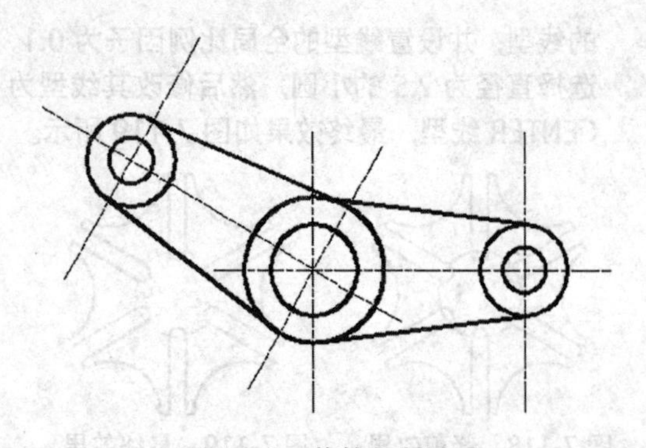

图 7-123　旋转复制图形

⑧ 执行【修剪】和【删除】命令，对图形进行修剪和删除操作，如图 7-124 所示。

⑨ 执行【拉长】命令，设置长度增量为 9，将圆中心线拉长，最终效果如图 7-125 所示。

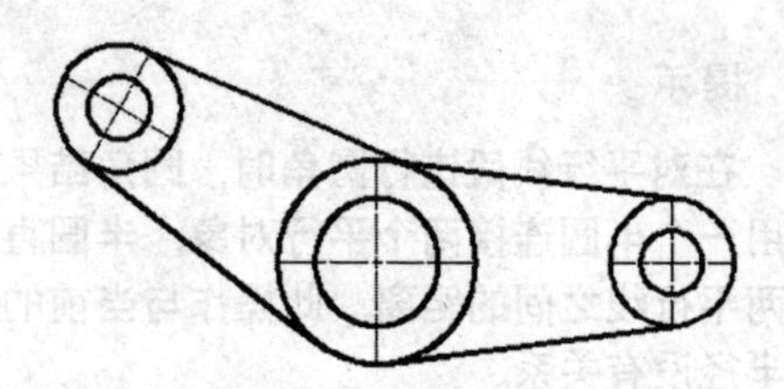

图 7-124　修剪和删除图形

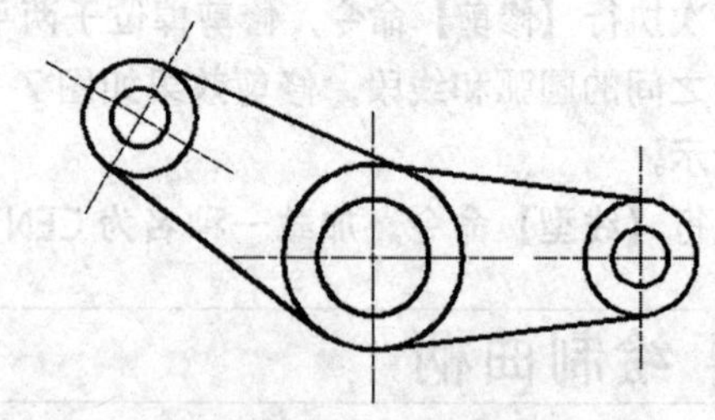

图 7-125　最终效果

088 绘制滑杆

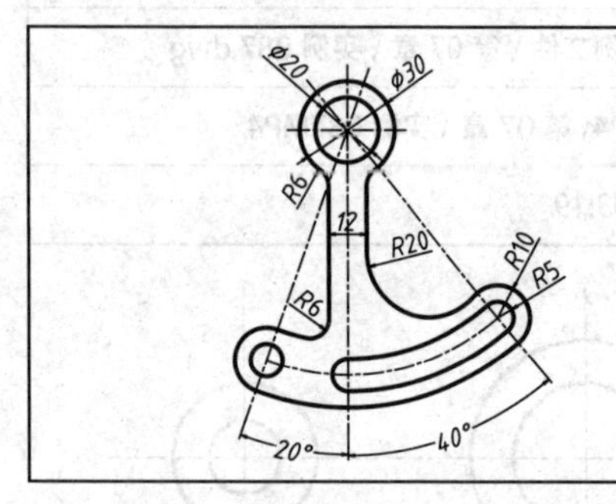

绘制滑杆轮廓图，主要综合练习【圆】、【修剪】、【圆角】和【偏移】命令的使用技巧。

文件路径：	实例文件 \ 第 07 章 \ 实例 088.dwg
视频文件：	MP4\ 第 07 章 \ 实例 088.vi
播放时长：	0:05:10

① 按 Ctrl+N 快捷键，创建新空白文件。

② 单击【图层】工具栏中的【图层特性】按钮，弹出【图层特性管理器】对话框，新建图层，如图 7-126 所示。

③ 单击【图层】面板中图层列表下三角按钮，选择【中心线】作为当前图层。

④ 单击【绘图】面板中的【直线】按钮，绘制如图 7-127 所示的中心线，作为辅助线。

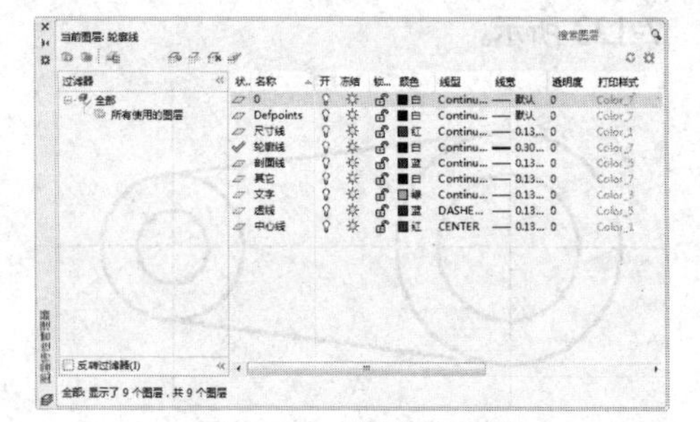

图 7-126　创建新图层

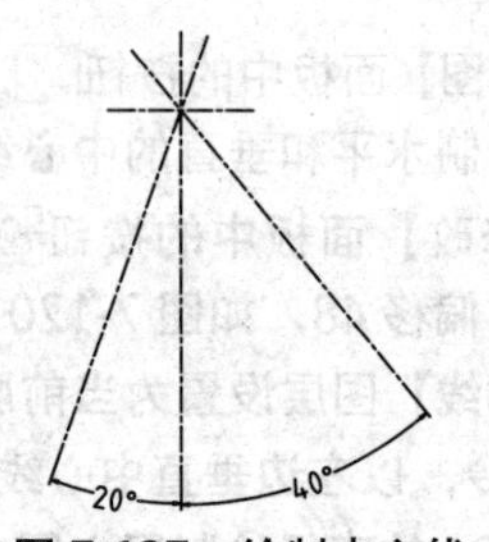

图 7-127　绘制中心线

⑤ 选择【轮廓线】为当前图层，单击【绘图】面板中的按钮，激活【圆】命令，捕捉中心线交点为圆心，绘制半径分别为 10、15、75 的三个圆，如图 7-128 所示。

⑥ 单击【修改】面板中的按钮，修剪圆弧，如图 7-129 所示。

⑦ 单击【修改】面板中的按钮，激活【偏移】命令，将圆弧分别向上、下偏移两次，一次偏移 5，并将偏移圆弧转换为中心线图层，如图 7-130 所示。

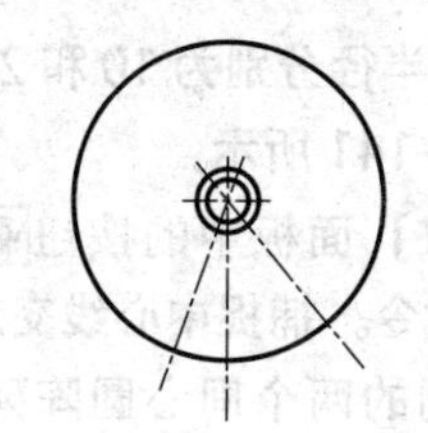

图 7-128　绘制圆

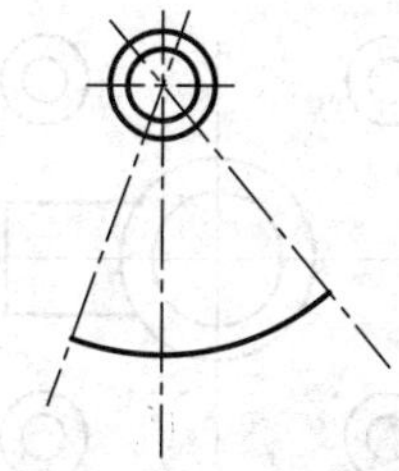

图 7-129　修剪圆弧

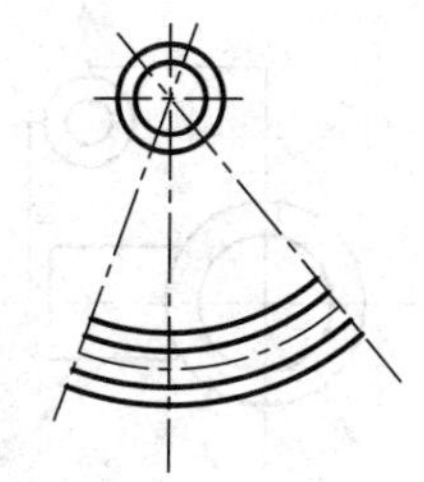

图 7-130　偏移弧线

⑧ 单击【绘图】面板中的按钮，激活【圆】命令。捕捉圆弧中心线端点为圆心，绘制半径分别为 5 和 10 的两个圆；以圆弧中心线与垂直中心线交点为圆心，绘制半径为 5 的圆，如图 7-131 所示。

⑨ 单击【修改】面板中的按钮，修剪绘制的圆，如图 7-132 所示。

⑩ 单击【修改】面板中的按钮，设置偏移距离为 6，选择垂直中心线为偏移对象，分别向左、右偏移，如图 7-133 所示。

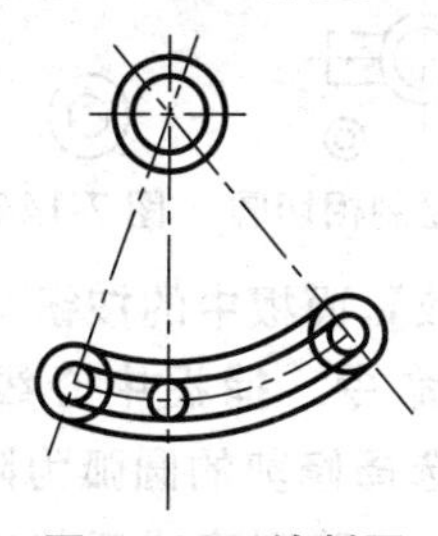

图 7-131　绘制圆

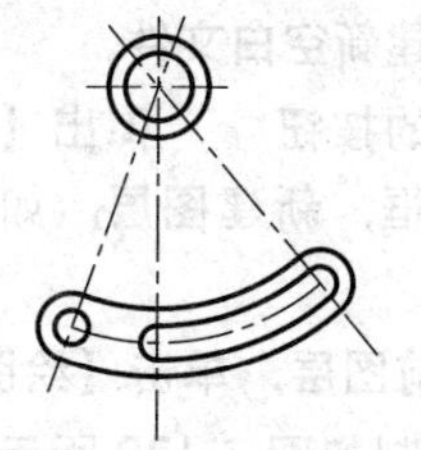

图 7-132　修剪圆

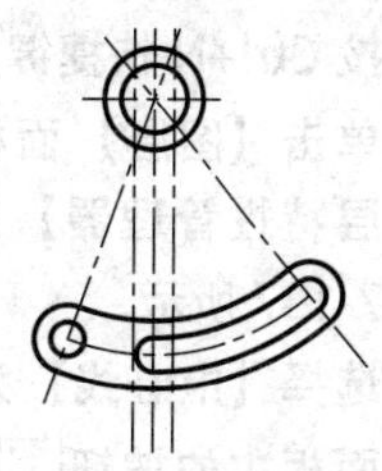

图 7-133　偏移中心线

⑪ 单击【修改】面板中的按钮，设置圆角半径为 6，选择半径为 15 的圆和偏移得到的垂直中心线与偏移得到的圆弧和左侧垂直中心线为圆角对象，圆角效果如图 7-134 所示。

⑫ 重复执行【圆角】命令，设置圆角半径为 20，选择偏移得到的圆弧和右侧垂直中心线为圆角对象，并将圆角后的中心线转换为轮廓线，如图 7-135 所示。

⑬ 调用 TRIM【修剪】命令，对图形进行修剪，最终结果如图 7-136 所示。

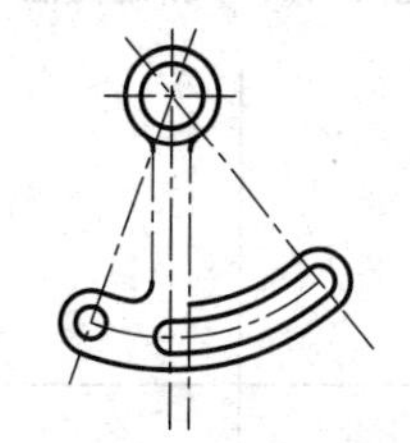

图 7-134　圆角效果

图 7-135　圆角及转换

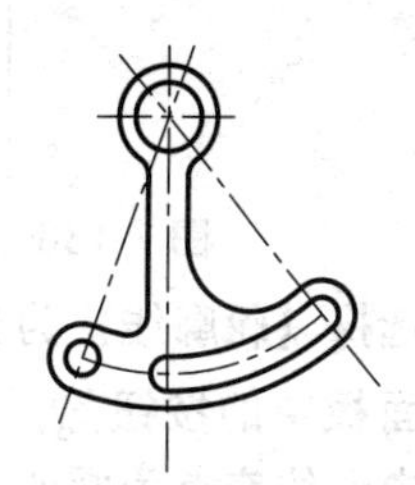

图 7-136　最终效果

089 绘制量规支座

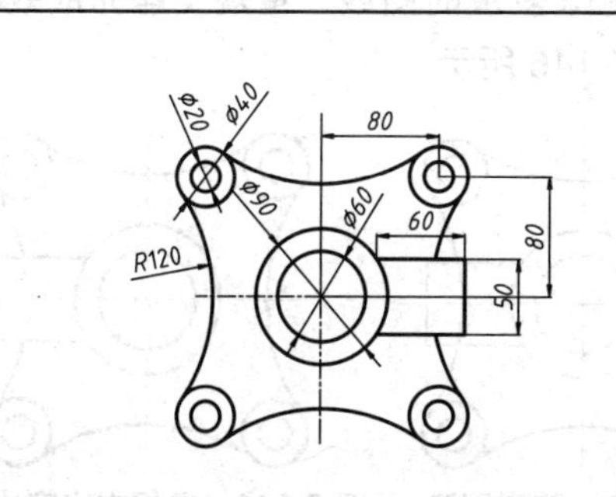

绘制量规支座轮廓图，主要综合练习【阵列】、【圆】、【修剪】和【偏移】命令的使用技巧。

文件路径：	实例文件 \ 第 07 章 \ 实例 089.dwg
视频文件：	MP4\ 第 07 章 \ 实例 089.vi
播放时长：	0:03:50

01 按 Ctrl+N 快捷键，创建新空白文件。

02 单击【图层】面板中的按钮，弹出【图层特性管理器】对话框，新建图层，如图 7-137 所示。

03 选择【中心线】为当前图层，单击【绘图】面板中的按钮，绘制如图 7-138 所示的水平和垂直中心线，作为辅助线。

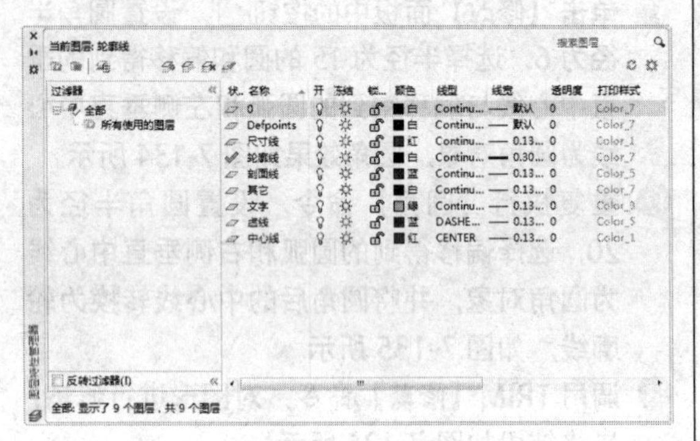

图 7-137 新建图层

图 7-138 绘制辅助线

04 选择【轮廓线】为当前图层，单击【绘图】面板中的按钮，激活【圆】命令，捕捉中心线交点为圆心，绘制半径分别为 30 和 45 的两个同心圆，如图 7-139 所示。

05 单击【绘图】面板中的【直线】按钮，绘制如图 7-140 所示的水平和垂直线段。

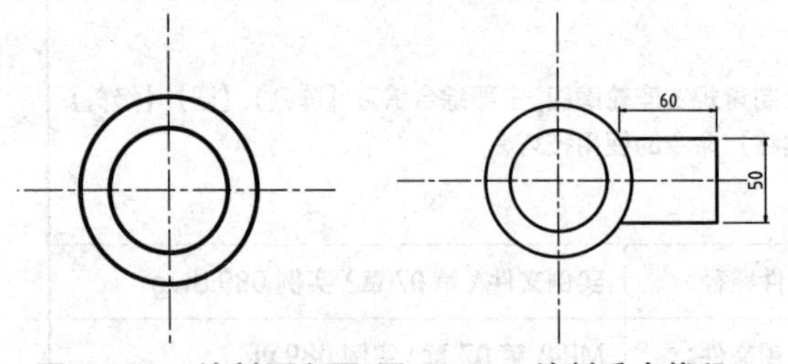

图 7-139 绘制同心圆 图 7-140 绘制垂直线段

06 单击【绘图】面板中的按钮，激活【圆】命令。绘制半径分别为 10 和 20 的两个同心圆，如图 7-141 所示。

07 单击【修改】面板中的按钮，激活【环形阵列】命令。捕捉中心线交点为阵列中心点，将绘制的两个同心圆阵列，数目为 4，阵列完成后将其分解，如图 7-142 所示。

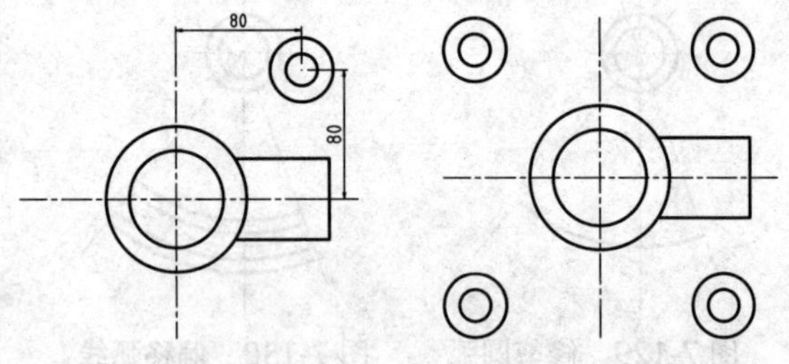

图 7-141 绘制同心圆 图 7-142 阵列同心圆

08 单击【绘图】面板中的【相切，相切，半径】按钮，设置半径为 120，绘制如图 7-143 所示的相切圆。

09 调用 TRIM【修剪】命令，修剪掉大圆多余圆弧，如图 7-144 所示。

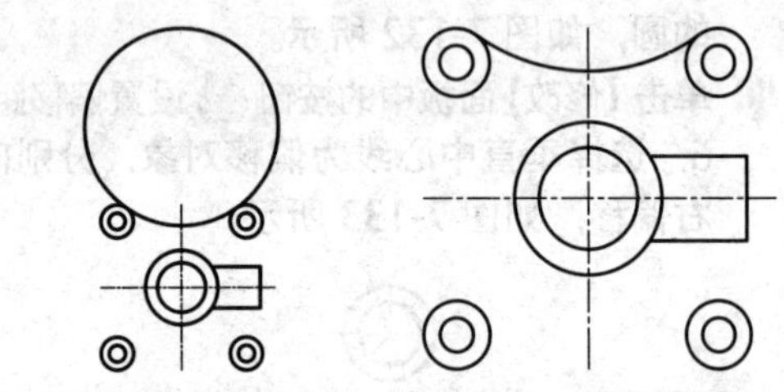

图 7-143 绘制相切圆 图 7-144 修剪圆弧

10 单击【修改】面板中的按钮，激活【环形阵列】命令，捕捉中心线交点为阵列中心点，选择修剪的圆弧为阵列对象，阵列数目为 4，阵列完成后将其分解，如图 7-145 所示。

11 调用 TRIM【修剪】命令，对圆弧进行修剪，并删除多余的图线，量规支座完成效果如图 7-146 所示。

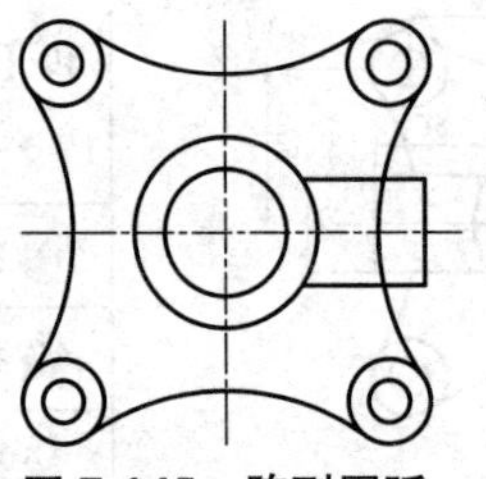

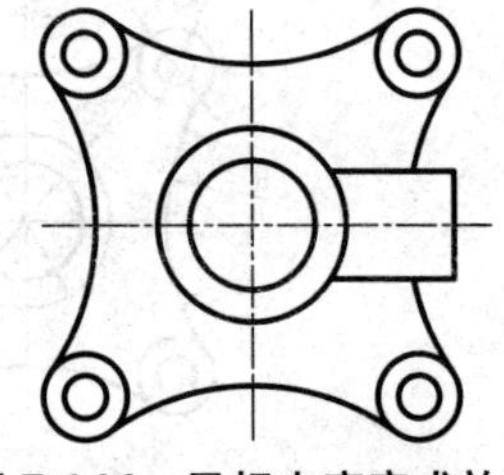

图 7-145 阵列圆弧 图 7-146 量规支座完成效果

8 Chapter 第 8 章

常用件与标准件绘制

常用件指应用广泛，某些部分的结构形状和尺寸等已有统一标准的零件，这些零件在制图中都有规定的表示法，如齿轮、轴承和弹簧等；标准件指结构形式。尺寸大小、表面质量和表示方法等均已标准化的零件，如螺母、螺钉、垫圈和键等。

绘制常用件和标准件是机电行业中比较重要的内容，是绘制的关键。本章将通过 20 个典型实例的绘制，主要学习各类常用件和标准件的绘制方法和技巧。

090 绘制螺母

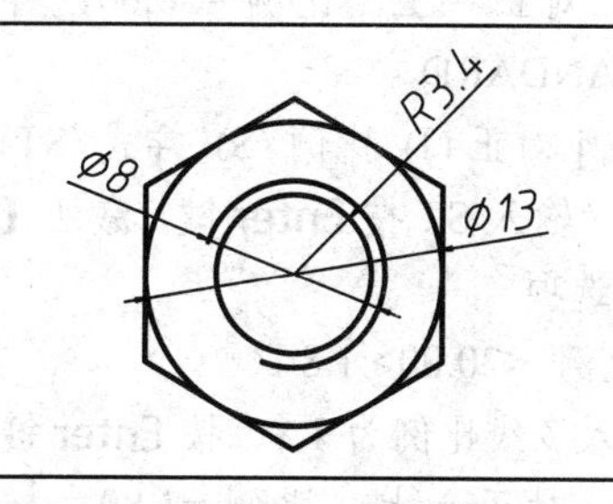

通过螺母的绘制，主要练习【圆】、【正多边形】、【打断】和【旋转】命令，在具体的操作过程中充分配合了【圆心】捕捉和【象限点】捕捉功能。

文件路径：	实例文件 \ 第 08 章 \ 实例 090.dwg
视频文件：	MP4\ 第 08 章 \ 实例 090.MP4
播放时长：	0:01:43

新建空白文件，并将捕捉模式设置为【圆心】捕捉和【象限点】捕捉。

单击【绘图】面板中的【圆心，半径】按钮 ，绘制半径分别为 3.4、4 和 6.5 的同心圆，如图 8-1 所示。

使用【正多边形】命令，绘制与外圆相切的正六边形，结果如图 8-2 所示。

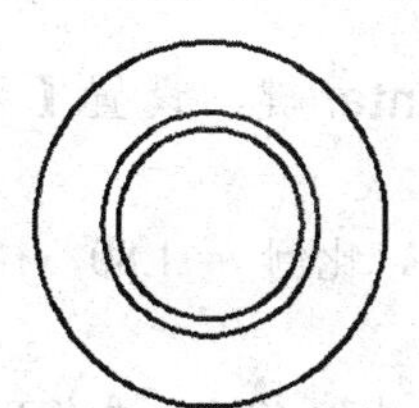

图 8-1　绘制同心圆

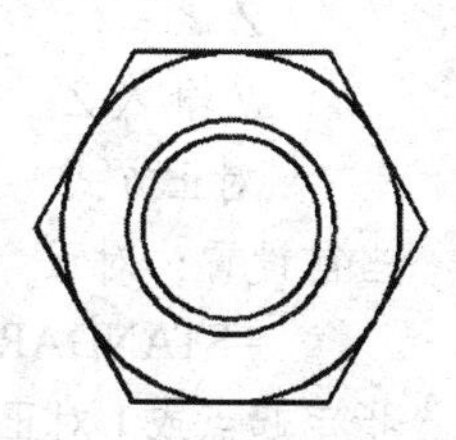

图 8-2　绘制正六边形

单击【修改】面板中的【打断】 按钮，对中间的圆进行打断。命令行操作过程如下：

命令：_break 选择对象：
　　// 选择中间的圆图形
指定第二个打断点 或 [第一点 (F)]:F ↙
　　// 选择【第一点 (F)】选项
指定第一个打断点：
　　// 捕捉圆左侧的象限点
指定第二个打断点：
　　// 捕捉圆下方的象限点，打断效果如图 8-3 所示

选择菜单【修改】|【旋转】选项，将打断后的圆图形旋转 -20°，将外侧的正六边形旋转 90°，最终效果如图 8-4 所示。

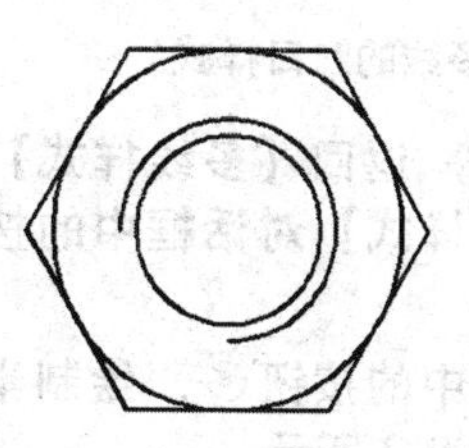

图 8-3　打断效果

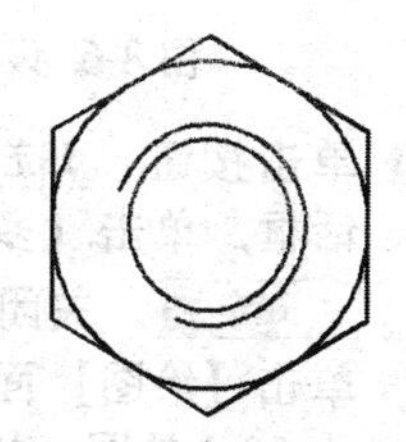

图 8-4　最终效果

提示

在执行打断操作时，一定要逆时针定位打断点，否则会得到相反的打断结果。

091 绘制螺钉

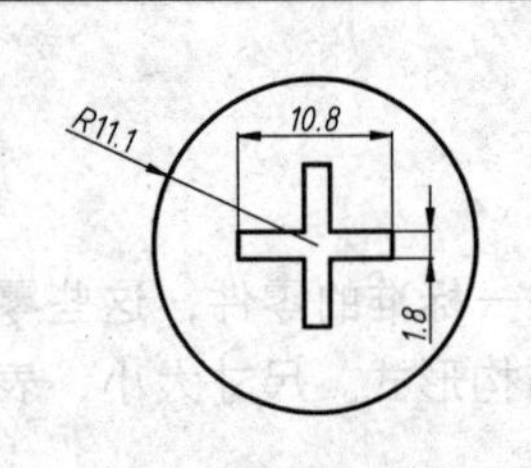

通过螺钉俯视图的绘制，主要综合练习【多线样式】、【多线】、【多线编辑】和【圆】命令的使用技巧。

文件路径：	实例文件 \ 第 08 章 \ 实例 091.dwg
视频文件：	MP4\ 第 08 章 \ 实例 091.MP4
播放时长：	0:02:21

01 单击快速访问工具栏中的【新建】按钮，新建空白文件，并设置捕捉模式。

02 显示菜单栏，选择【格式】|【多线样式】选项，在弹出的【多线样式】对话框中单击按钮 修改(M)...，如图 8-5 所示。

03 在弹出的【修改多线样式：STANDARD】对话框中设置多线的封口样式，如图 8-6 所示。

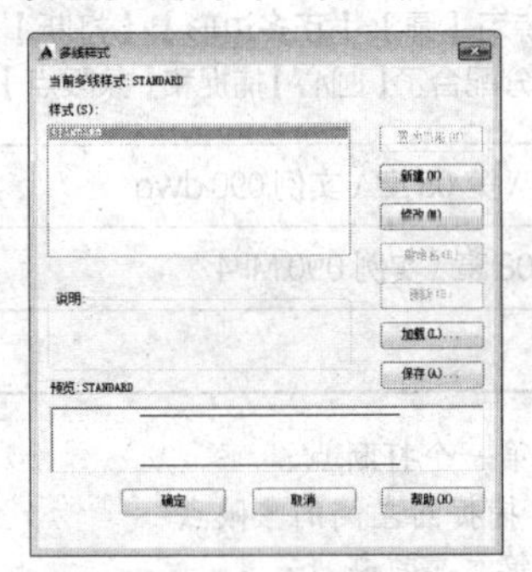

图 8-5 【多线样式】对话框

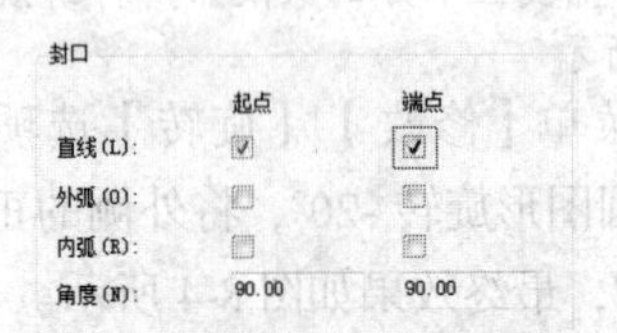

图 8-6 设置多线的封口样式

04 单击按钮 确定，返回【多线样式】对话框，单击【多线样式】对话框中的按钮 确定，关闭。

05 单击【绘图】面板中的按钮，绘制半径为 11.1 的圆，如图 8-7 所示。

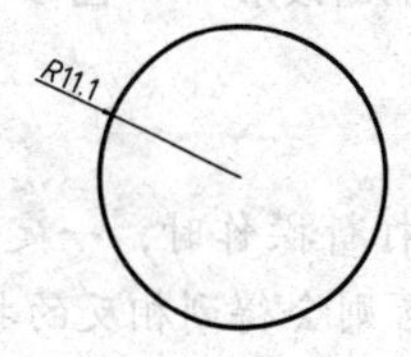

图 8-7 绘制圆

06 在命令行中输入 ML 命令并按 Enter 键，配合【圆心】捕捉和【对象捕捉追踪】功能，绘制内部结构。命令行操作过程如下：

命令: _mline

当前设置：对正 = 上，比例 =20.00，样式 = STANDARD

指定起点或 [对正 (J)/ 比例 (S)/ 样式 (ST)] : S ↙ // 输入 S，按 Enter 键，激活【比例】选项

输入多线比例 <20.00>:1.8 ↙

// 输入多线比例为 1.8，按 Enter 键

当前设置：对正 = 上，比例 =1.80，样式 =STANDARD

指定起点或 [对正 (J)/ 比例 (S)/ 样式 (ST)] : J ↙

// 输入 J，按 Enter 键，激活【对正】选项

输入对正类型 [上 (T)/ 无 (Z)/ 下 (B)] < 上 >: Z ↙

// 输入 Z，按 Enter 键，设置【无】对正方式

当前设置：对正 = 无，比例 = 1.80，样式 =STANDARD

指定起点或 [对正 (J)/ 比例 (S)/ 样式 (ST)] : 5.4 ↙

// 通过圆心向下引出如图 8-8 所示的追踪虚线，然后输入 5.4，按 Enter 键

指定下一点 : @0,10.8 ↙

// 输入相对直角坐标，按 Enter 键

指定下一点或 [放弃 (U)]: ↙

// 按 Enter 键，结果如图 8-9 所示

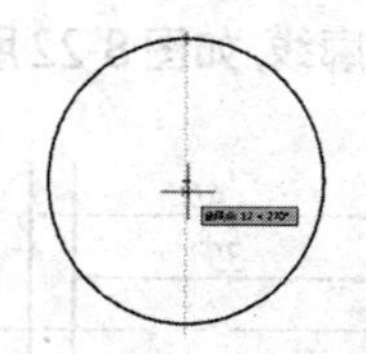
图 8-8 引出垂直追踪虚线

图 8-9 绘制效果

07 快捷键 ML 再次激活【多线】命令，绘制水平的多线，如图 8-10 所示。

08 显示菜单栏，选择菜单【修改】|【对象】|【多线】选项，在弹出的【多线编辑工具】对话框中激活【十字合并】功能，如图 8-11 所示。

09 此时根据命令行的操作提示，对两条多线进行十字合并，最终效果如图 8-12 所示。

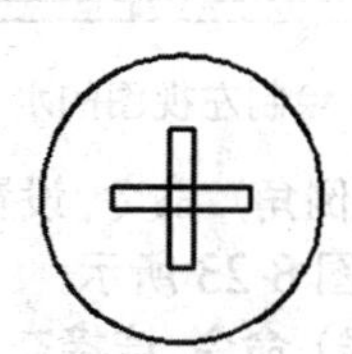
图 8-10 绘制水平多线

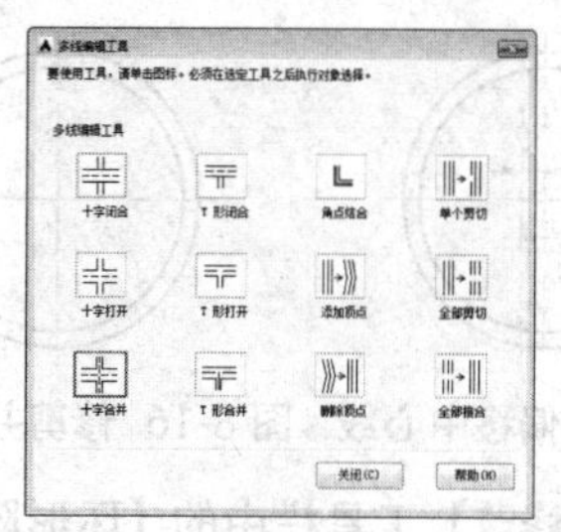
图 8-11 【多线编辑工具】对话框

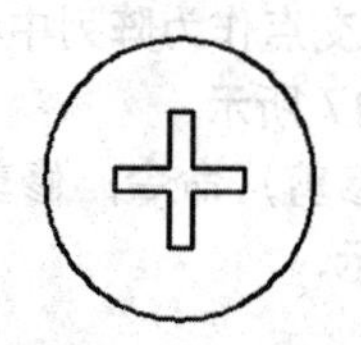
图 8-12 最终效果

提示

使用 ML 命令绘制的多线，不能进行修剪、延伸、打断和圆角等编辑，只有先将多线分解后才可以进行编辑。

092 绘制花键

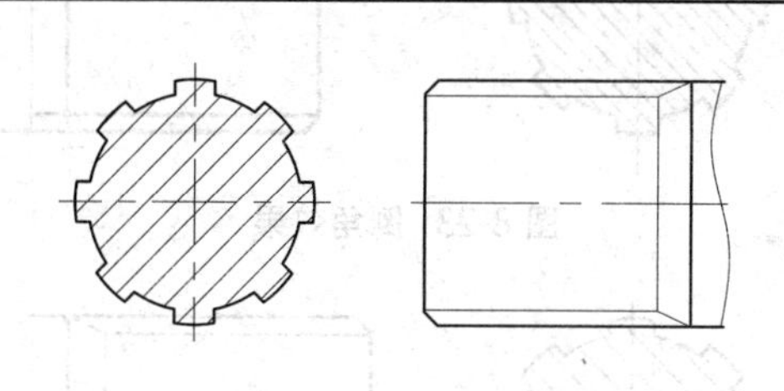

通过绘制花键，主要对【圆】、【修剪】和【阵列】命令进行综合练习，在操作过程中还充分使用了【图层特性】命令。	
文件路径：	实例文件 \ 第 08 章 \ 实例 092.dwg
视频文件：	MP4\ 第 08 章 \ 实例 092.MP4
播放时长：	0:02:50

01 新建空白文件，并设置对象捕捉参数。

02 将【点画线】设置为当前图层，单击【绘图】面板中的按钮，绘制垂直和水平两条辅助线，如图 8-13 所示。

03 将【轮廓线】图层设置为当前图层。执行 C（圆）命令，以交叉的中心线的交点为圆心，绘制半径为 16、18 的两个圆，如图 8-14 所示。

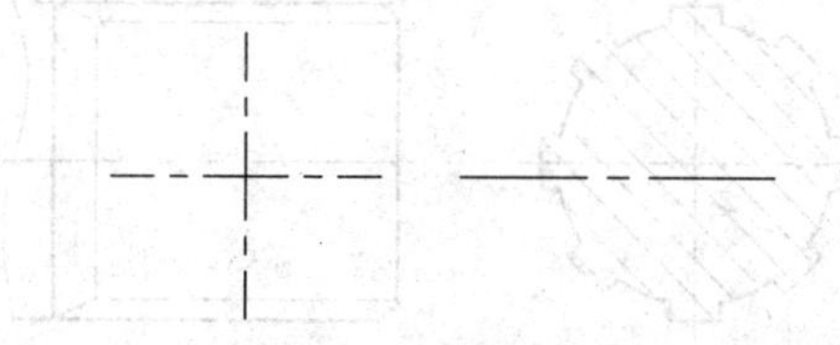
图 8-13 绘制辅助线

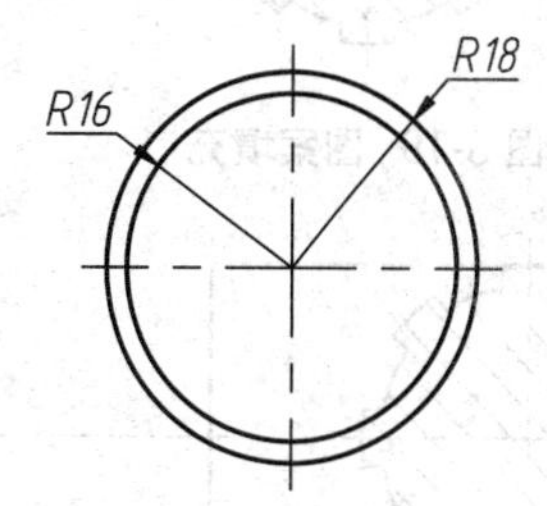

图 8-14 绘制两个圆

04 执行 O（偏移）命令，将垂直中心线向左、右偏移 3，如图 8-15 所示。

05 执行 TR（修剪）命令，修剪多余偏移线，并将修剪后的偏移线转换为轮廓线图层，如图 8-16 所示。

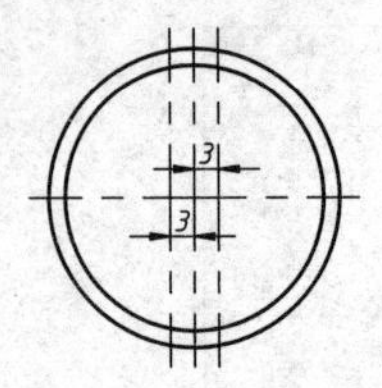

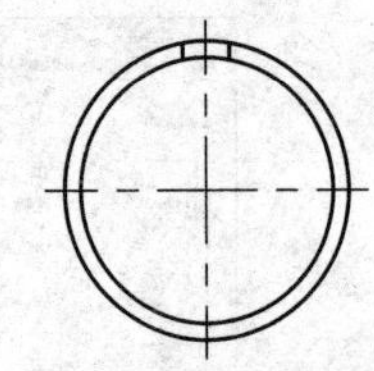

图 8-15 偏移中心线 图 8-16 修剪并转换图层

⑥ 单击【修改】工具栏中的【环形阵列】按钮，选择上一步修剪出的直线作为阵列对象，选择中心线的交点作为阵列中心点，项目数为8，如图 8-17 所示。

⑦ 执行 TR（修剪）命令，修剪多余圆弧，如图 8-18 所示。

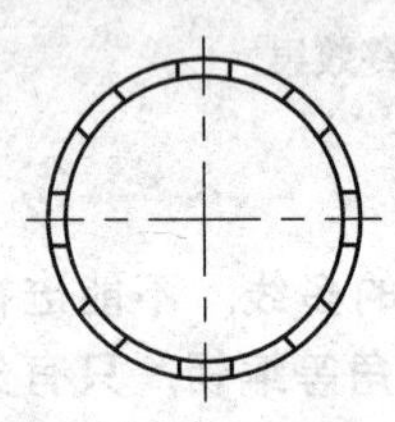

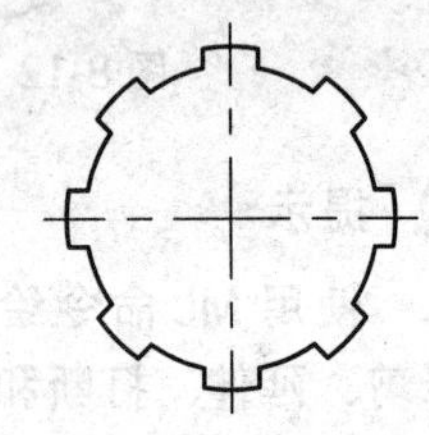

图 8-17 环形阵列 图 8-18 修剪圆弧

⑧ 执行 H（图案填充）命令，选择图案为 ANSI31，比例为 1，角度为 0°，填充图案，如图 8-19 所示。

⑨ 执行 L（直线）命令，绘制左视图中心线，并根据“高平齐”的原则绘制左视图边线，如图 8-20 所示。

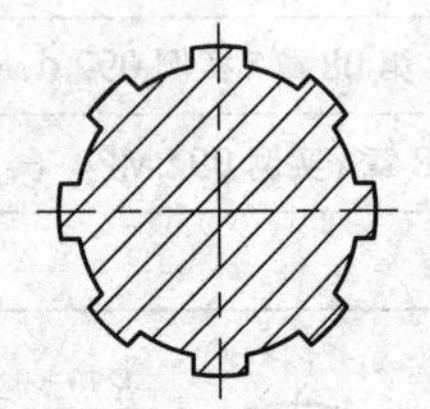

图 8-19 图案填充

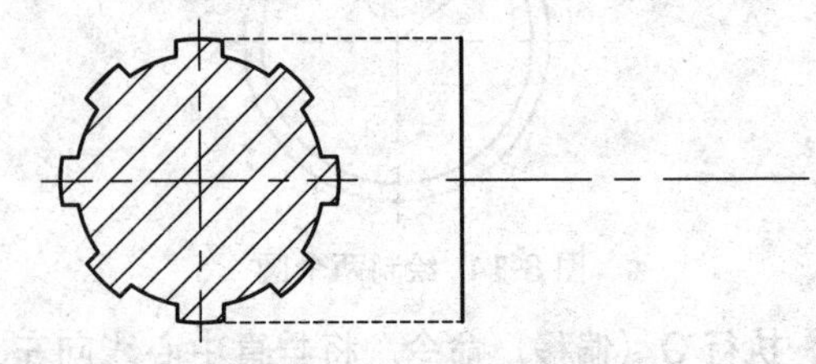

图 8-20 绘制左视图边线

⑩ 执行 O（偏移）命令，将左视图边线向右分别偏移 35、40，如图 8-21 所示。

⑪ 执行 L（直线）命令，根据“高平齐”的原则绘制左视图的水平轮廓线，如图 8-22 所示。

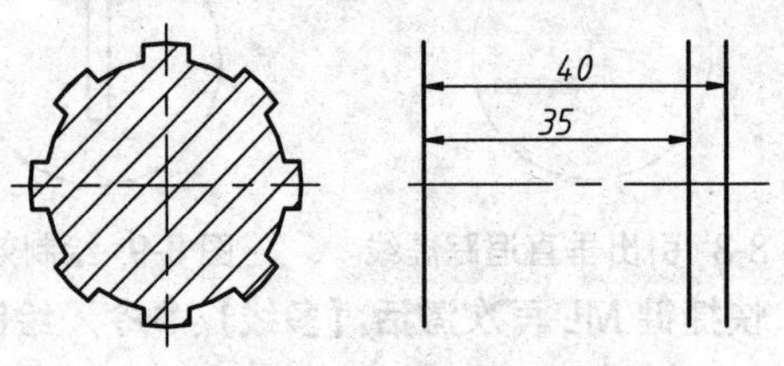

图 8-21 偏移直线

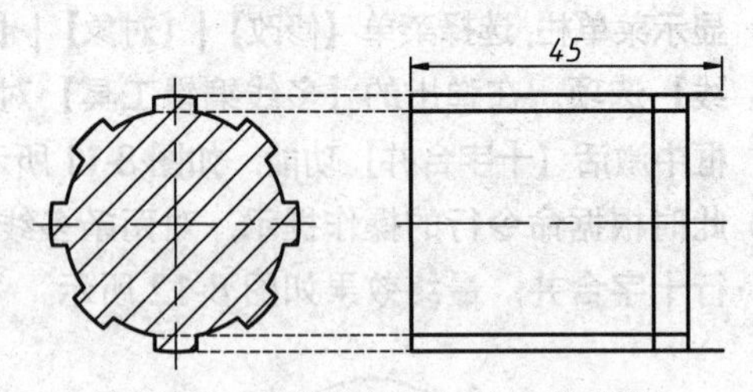

图 8-22 绘制左视图的水平轮廓线

⑫ 执行 CHA（倒角）命令，设置倒角距离为 2，倒角效果如图 8-23 所示。

⑬ 执行 L（直线）命令，连接交点；执行 TR（修剪）命令，修剪图形，将内部线条转换为细实线，如图 8-24 所示。

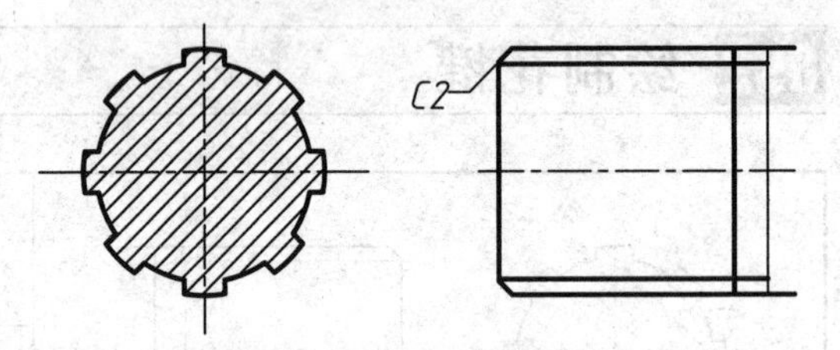

图 8-23 倒角效果

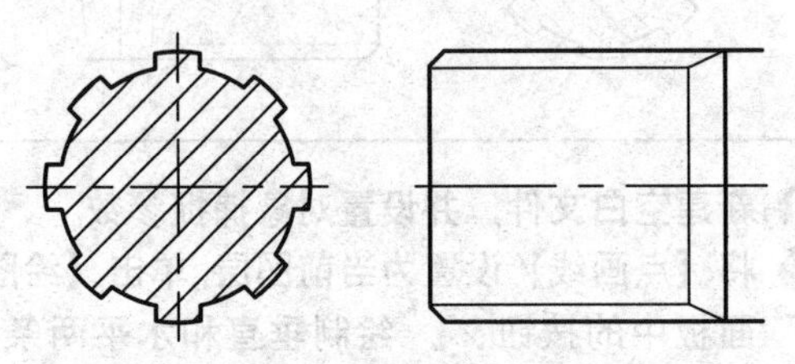

图 8-24 修剪转换图层

⑭ 执行 SPL(样条曲线拟合）命令，绘制断面边界，最终效果如图 8-25 所示。

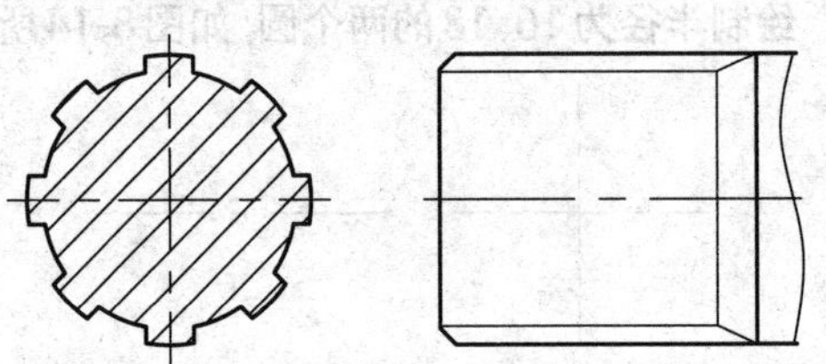

图 8-25 最终效果

093 绘制平键

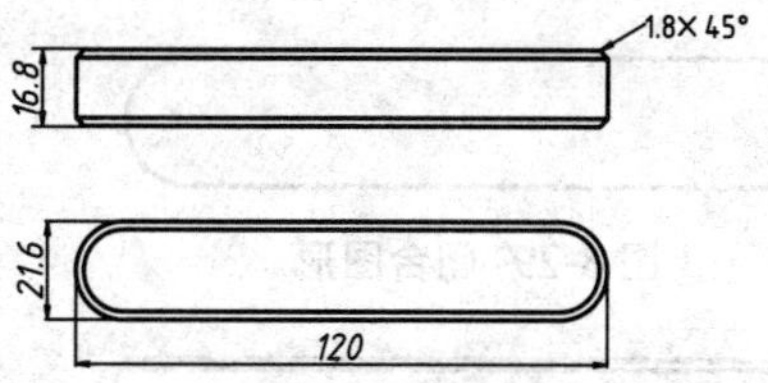

1.8×45° / 16.8 / 21.6 / 120	通过平键两视图的绘制，主要综合练习【矩形】命令中的倒角功能和【多段线】命令中的画线、画弧功能。
文件路径：	实例文件 \ 第 08 章 \ 实例 093.dwg
视频文件：	MP4\ 第 08 章 \ 实例 093.MP4
播放时长：	0:02:46

01 新建空白文件，并设置对象捕捉追踪功能。

02 单击【绘图】面板中的【矩形】按钮，绘制长度为 120，宽度为 16.8，倒角距离为 1.8 的倒角矩形，作为平键主视图外轮廓。命令行操作过程如下：

命令：_rectang

指定第一个角点或 [倒角 (C)/ 标高 (E)/ 圆角 (F)/ 厚度 (T)/ 宽度 (W)]:C ↙

//选择【倒角 (C)】选项

指定矩形的第一个倒角距离 <0.0000>:1.8 ↙

//设置倒角距离为 1.8

指定矩形的第二个倒角距离 <1.8000>: ↙

//默认当前设置

指定第一个角点或 [倒角 (C)/ 标高 (E)/ 圆角 (F)/ 厚度 (T)/ 宽度 (W)]:

//在适当位置拾取一点作为起点

指定另一个角点或 [面积 (A)/ 尺寸 (D)/ 旋转 (R)]:D ↙

//选择【尺寸 (D)】选项

指定矩形的长度 <10.0000>:120 ↙

//设置矩形长度为 120

指定矩形的宽度 <10.0000>:16.8 ↙

//设置矩形宽度为 16.8

指定另一个角点或 [面积 (A)/ 尺寸 (D)/ 旋转 (R)]: ↙

//单击左键，绘制结果如图 8-26 所示

03 使用快捷键 L 激活【直线】命令，配合【端点】捕捉功能，绘制如图 8-27 所示的轮廓线。

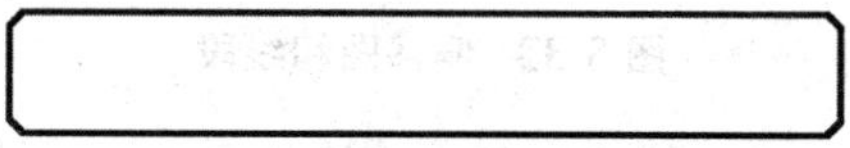

图 8-26 绘制矩形

图 8-27 绘制轮廓线

04 单击【绘图】面板中的【多段线】按钮，配合【中点】捕捉和【对象捕捉追踪】功能，绘制俯视图外轮廓。命令行操作过程如下：

命令：_pline

指定起点：

//配合中点捕捉和对象捕捉追踪功能，引出图 8-28 所示的追踪虚线，在此方向矢量拾取一点作为起点，当前线宽为 0.0000

指定下一个点或 [圆弧 (A)/ 半宽 (H)/ 长度 (L)/ 放弃 (U)/ 宽度 (W)]: @49.2,0 ↙

//输入相对直角坐标，按 Enter 键确定第二点

指定下一点或 [圆弧 (A)/ 闭合 (C)/ 半宽 (H)/ 长度 (L)/ 放弃 (U)/ 宽度 (W)]:A ↙

指定圆弧的端点或 [角度 (A)/ 圆心 (CE)/ 闭合 (CL)/ 方向 (D)/ 半宽 (H)/ 直线 (L)/ 半径 (R)/ 第二个点 (S)/ 放弃 (U)/ 宽度 (W)]: @0, ☒ 21.6 ↙

指定圆弧的端点或 [角度 (A)/ 圆心 (CE)/ 闭合 (CL)/ 方向 (D)/ 半宽 (H)/ 直线 (L)/ 半径 (R)/ 第二个点 (S)/ 放弃 (U)/ 宽度 (W)]: L ↙

//选择【直线 (L)】选项

指定下一点或 [圆弧 (A)/ 闭合 (C)/ 半宽 (H)/ 长度 (L)/ 放弃 (U)/ 宽度 (W)]: @-98.4,0 ↙

//输入相对直角坐标，按 Enter 键

指定下一点或 [圆弧 (A)/ 闭合 (C)/ 半宽 (H)/ 长度 (L)/ 放弃 (U)/ 宽度 (W)]:A ↙

//选择【圆弧】选项，按 Enter 键

指定圆弧的端点或 [角度 (A)/ 圆心 (CE)/ 闭合 (CL)/ 方向 (D)/ 半宽 (H)/ 直线 (L)/ 半径 (R)/ 第二个点 (S)/ 放弃 (U)/ 宽度 (W)]: @0，21.6 ↙

//输入圆弧另一端点相对坐标

指定圆弧的端点或 [角度 (A)/ 圆心 (CE)/ 闭

合 (CL)/ 方向 (D)/ 半宽 (H)/ 直线 (L)/ 半径 (R)/ 第二个点 (S)/ 放弃 (U)/ 宽度 (W)]:CL ↙

//选择闭合选项，闭合图形如图8-29所示

05 单击【修改】面板中的【偏移】按钮，将刚绘制的多段线向内偏移1.8，平键绘制完成，如图8-30所示。

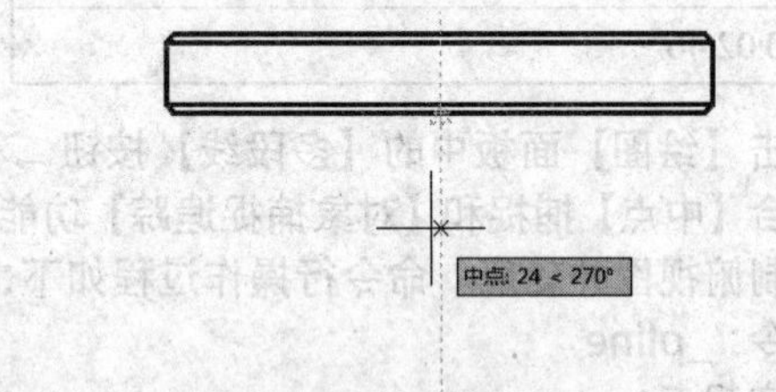

图 8-28 指定起点

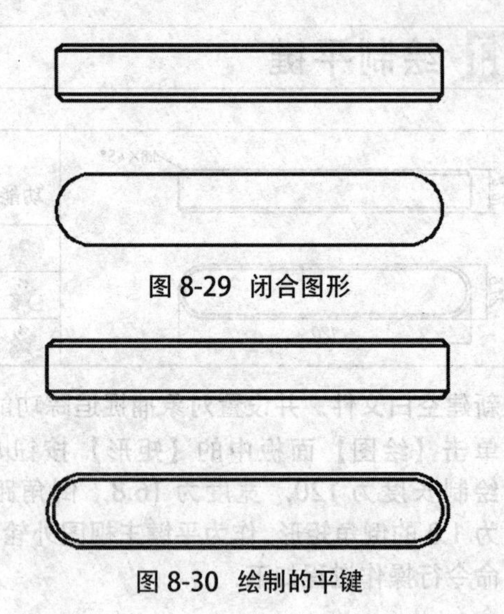

图 8-29 闭合图形

图 8-30 绘制的平键

094 绘制开口销

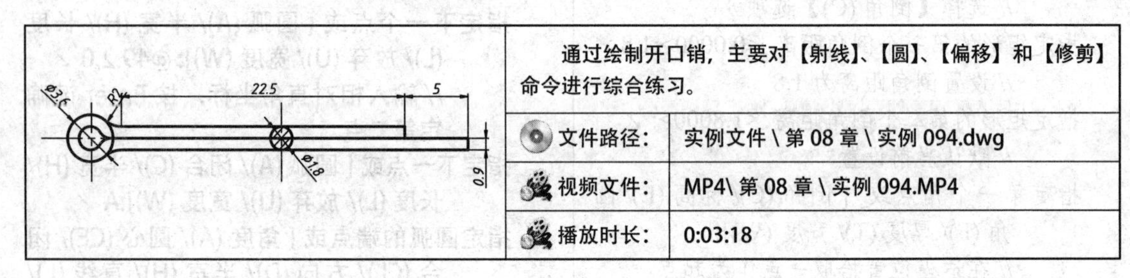

通过绘制开口销，主要对【射线】、【圆】、【偏移】和【修剪】命令进行综合练习。

文件路径：	实例文件 \ 第 08 章 \ 实例 094.dwg
视频文件：	MP4\ 第 08 章 \ 实例 094.MP4
播放时长：	0:03:18

01 按Ctrl+N快捷键，创建空白文件。

02 单击【图层】面板中的按钮，弹出【图层特性管理器】对话框。新建【轮廓线】、【中心线】、【标注】和【细实线】四个图层，如图8-31所示。

03 设置【轮廓线】为当前图层。

04 执行【圆】命令，绘制半径为1.8的圆，并执行【直线】命令，配合【正交】功能，以圆心为左端点绘制长为30的线段，如图8-32所示。

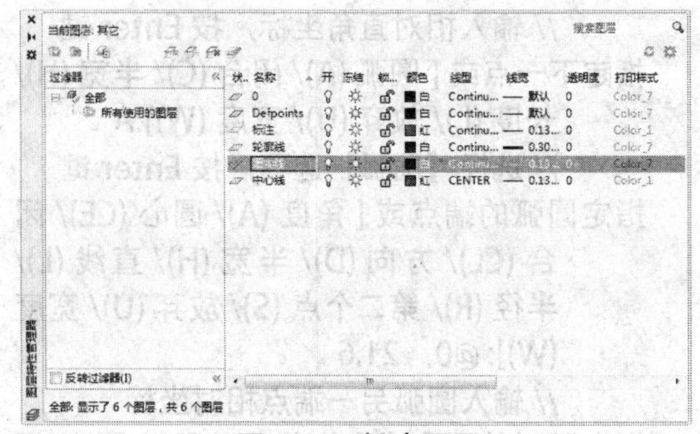

图 8-31 新建图层

图 8-32 绘制圆和线段

05 单击【修改】面板中的按钮，激活【偏移】命令，将圆向内偏移0.9，线段分别向上、下偏移0.9，如图8-33所示。

06 单击【修改】面板中的按钮，分别设置圆角半径为2和1，将大圆与外侧直线，以及小圆与中间直线进行圆角，如图8-34所示。

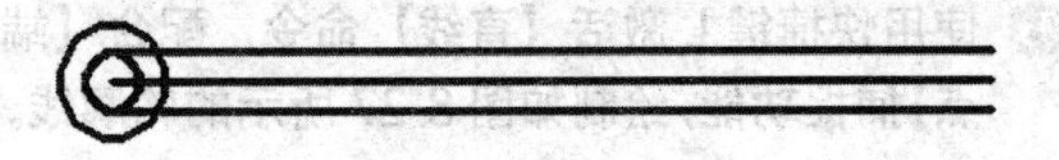

图 8-33 偏移图和线段

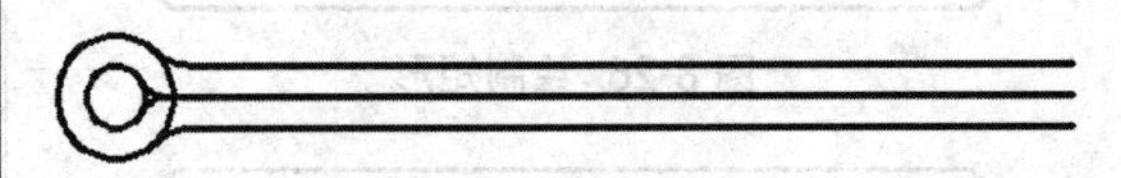

图 8-34 圆角图形

07 执行【拉长】命令，将图形拉长。命令行操

作过程如下：

命令：_lengthen

选择对象或 [增量 (DE)/ 百分数 (P)/ 全部 (T)/ 动态 (DY)]:T ↙ // 输入 T，按 Enter 键

指定总长度或 [角度 (A)] <1.0000)>:22.5 ↙ // 设置长度为 22.5 ↙

选择要修改的对象或 [放弃 (U)]: // 单击选择上端直线右侧

选择要修改的对象或 [放弃 (U)]: ↙ // 按 Enter 键，如图 8-35 所示

08 使用快捷键 L，激活【直线】命令，过线段端点绘制垂线段，如图 8-36 所示。

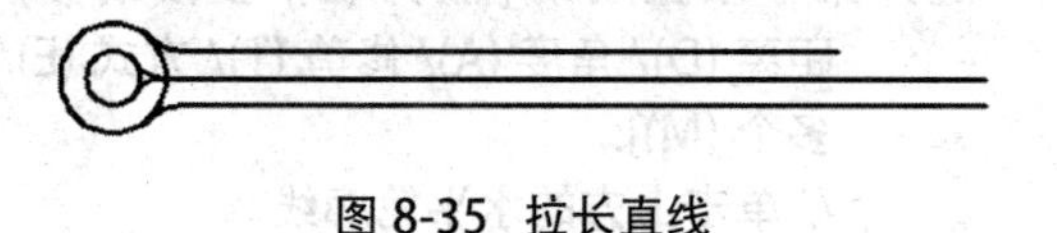

图 8-35 拉长直线

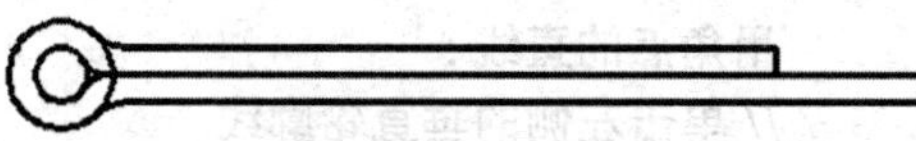

图 8-36 绘制垂直线

09 将【中心线】设置为当前图层，重复执行【直线】命令，绘制圆中心线，如图 8-37 所示。

10 单击【修改】面板中的按钮，激活【偏移】命令，将垂直中心线向右偏移 15，如图 8-38 所示。

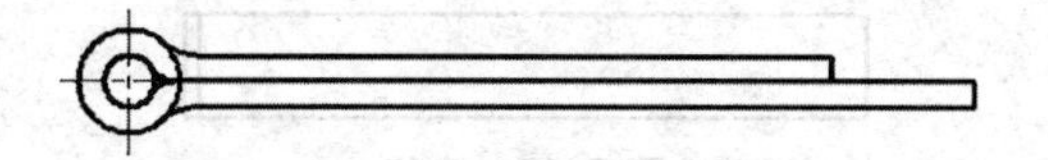

图 8-37 绘制中心线

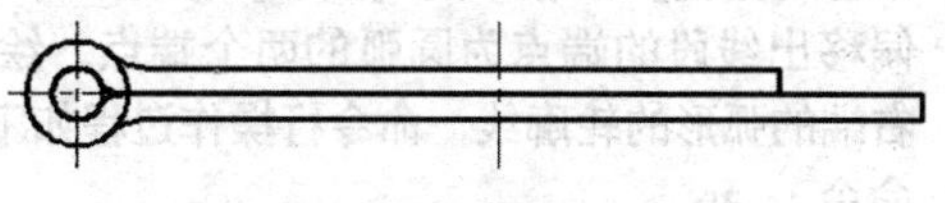

图 8-38 偏移中心线

11 单击【修改】面板中的按钮，激活【修剪】命令，修剪多余的线，如图 8-39 所示。

12 设置【轮廓线】为当前图层，执行【圆】命令绘制半径为 0.9 的断面圆，如图 8-40 所示。

图 8-39 修剪图形

图 8-40 绘制断面圆

13 将【细实线】设置为当前图层，单击【绘图】面板中的按钮填充图案，选择 ANSI31 填充图案，比例为 0.1，如图 8-41 所示。

图 8-41 填充图案

095 绘制圆柱销

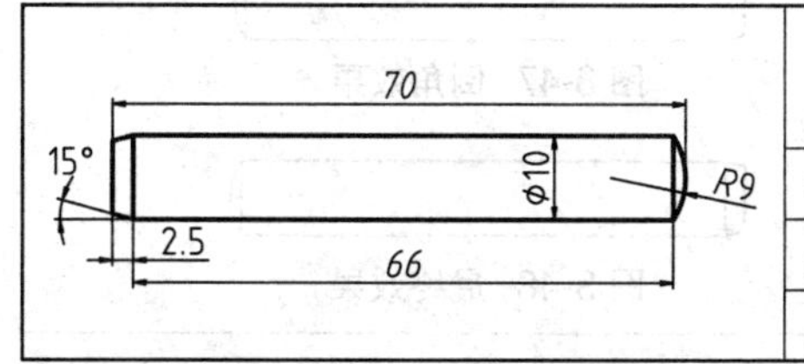

通过绘制圆柱销，主要对【矩形】、【圆弧】、【分解】、【复制】和【倒角】命令进行综合练习。

文件路径：	实例文件 \ 第 08 章 \ 实例 095.dwg
视频文件：	MP4\ 第 08 章 \ 实例 095.MP4
播放时长：	0:02:21

01 创建空白文件，并设置捕捉模式为【端点】捕捉和【中点】捕捉。

02 单击【绘图】面板中的按钮，绘制 70×10 的矩形，作为圆柱销的主轮廓线，如图 8-42 所示。

03 单击【修改】面板中的按钮，将矩形进行分解。

04 单击【修改】面板中的按钮，将最右侧的垂直轮廓线向左偏移 1.5，如图 8-43 所示。

图 8-42 绘制矩形

图 8-43 偏移

05 单击【绘图】面板中的【圆弧】按钮，以偏移出线段的端点为圆弧的两个端点，绘制右端的弧形的轮廓线。命令行操作过程如下：

命令：_arc
指定圆弧的起点或 [圆心 (C)]:
// 捕捉刚偏移出的线段的上端点
指定圆弧的第二个点或 [圆心 (C)/ 端点 (E)]:
// 捕捉如图 8-44 所示的中点
指定圆弧的端点：// 捕捉偏移出的线段下端点，绘制圆弧如图 8-45 所示

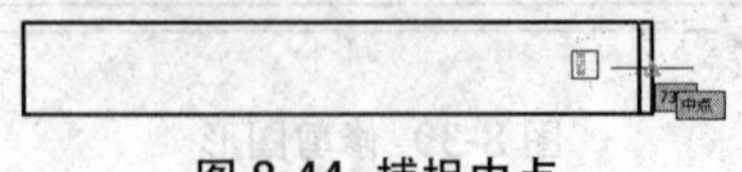

图 8-44 捕捉中点

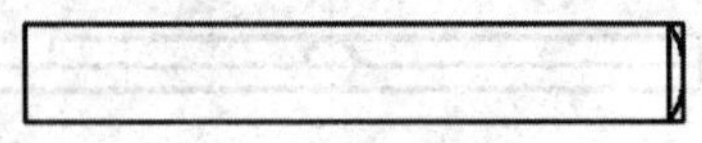

图 8-45 绘制圆弧

06 将最右侧的垂直边删除，然后使用【修剪】命令修剪多余的线，如图 8-46 所示。

07 单击【修改】面板中的按钮，激活【倒角】命令，对矩形左侧的边进行倒角。命令行操作过程如下：

命令：_chamfer
（"修剪"模式）当前倒角距离 1 = 0.0000，距离 2 = 0.0000
选择第一条直线或 [放弃 (U)/ 多段线 (P)/ 距离 (D)/ 角度 (A)/ 修剪 (T)/ 方式 (E)/ 多个 (M)]:M ↙
// 输入 M，按 Enter 键，激活【多个】选项
选择第一条直线或 [放弃 (U)/ 多段线 (P)/ 距离 (D)/ 角度 (A)/ 修剪 (T)/ 方式 (E)/ 多个 (M)]:A ↙
// 输入 A，按 Enter 键，激活【角度】选项
指定第一条直线的倒角长度 <0.0000>:2.5 ↙
// 设置倒角长度为 2.5
指定第一条直线的倒角角度 <0>:15 ↙
// 设置倒角角度为 15
选择第一条直线或 [放弃 (U)/ 多段线 (P)/ 距离 (D)/ 角度 (A)/ 修剪 (T)/ 方式 (E)/ 多个 (M)]:
// 单击下方水平轮廓线
选择第二条直线，或按住 Shift 键选择要应用角点的直线：
// 单击左侧的垂直轮廓线
选择第一条直线或 [放弃 (U)/ 多段线 (P)/ 距离 (D)/ 角度 (A)/ 修剪 (T)/ 方式 (E)/ 多个 (M)]:
// 单击上方的水平轮廓线
选择第二条直线，或按住 Shift 键选择要应用角点的直线：
// 单击左侧的垂直轮廓线
选择第一条直线或 [放弃 (U)/ 多段线 (P)/ 距离 (D)/ 角度 (A)/ 修剪 (T)/ 方式 (E)/ 多个 (M)]: ↙
// 按 Enter 键，结束命令，效果如图 8-47 所示

08 执行【直线】命令，绘制倒角位置的垂直轮廓线，最终效果如图 8-48 所示。

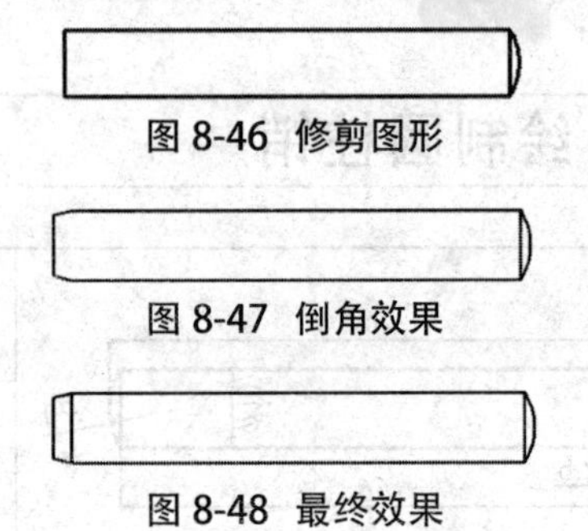

图 8-46 修剪图形

图 8-47 倒角效果

图 8-48 最终效果

096 绘制 O 形圈

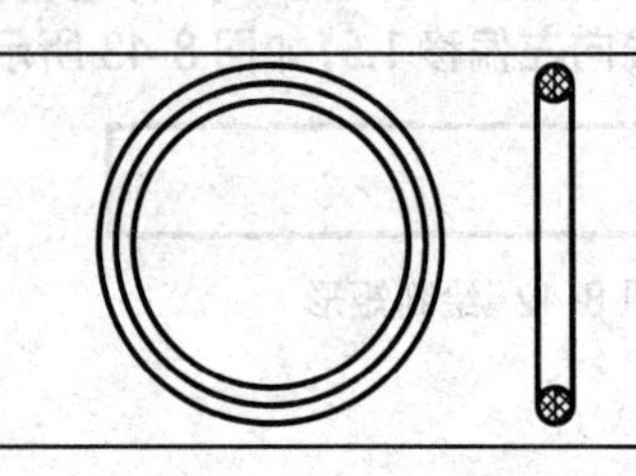

通过 O 形圈的绘制，主要对【圆】、【移动】、【图案填充】命令进行综合练习。	
文件路径：	实例文件 \ 第 08 章 \ 实例 096.dwg
视频文件：	MP4\ 第 08 章 \ 实例 096.MP4
播放时长：	0:01:59

01 建空白文件，并设置捕捉模式为【圆心】捕捉和【象限点】捕捉。

02 单击【绘图】面板中的按钮，分别绘制直径为20、22.5和25的同心圆，如图8-49所示。

03 重复执行【圆】命令，配合捕捉功能，绘制如图8-50所示的两个小圆。

04 单击【修改】面板中的按钮，激活【移动】命令，将两个小圆向右移动，如图8-51所示。

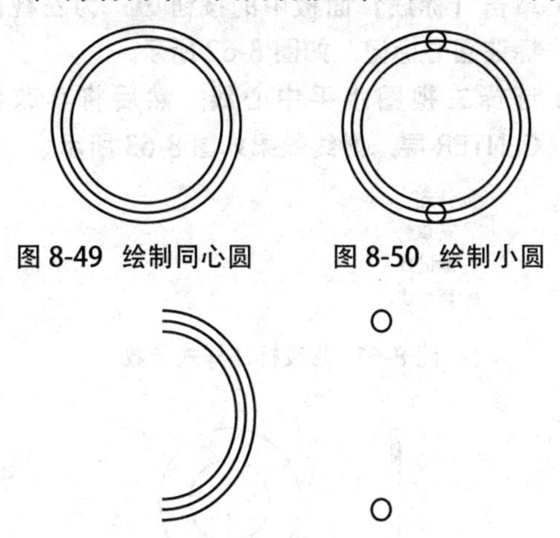
图8-49 绘制同心圆　　图8-50 绘制小圆

图8-51 移动两个小圆

05 单击【绘图】面板中的按钮，激活【直线】命令，捕捉象限点，绘制直线，如图8-52所示。

06 单击【绘图】面板中的按钮，设置填充图案以及填充参数，如图8-53所示。填充如图8-54所示的图案，O形圈零件图绘制完成。

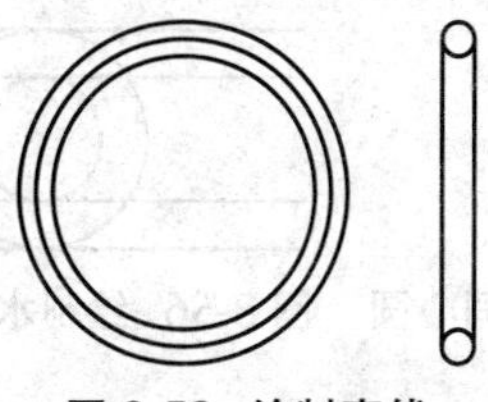
图8-52 绘制直线

图8-53 设置填充参数

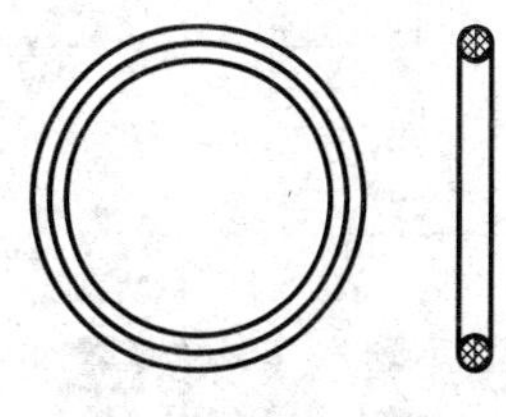
图8-54 填充图案

097 绘制圆形垫圈

通过圆形垫圈的绘制，主要对【圆】、【构造线】、【修剪】、【图案填充】和【圆心标记】命令进行综合练习。

文件路径：	实例文件\第08章\实例097.dwg
视频文件：	MP4\第08章\实例097.MP4
播放时长：	0:02:36

01 新建空白文件，并设置捕捉模式为【圆心】捕捉和【象限点】捕捉。

02 单击【绘图】面板中的按钮，绘制直径分别为30和17的同心圆，如图8-55所示。

03 单击【绘图】面板中的按钮，配合捕捉功能，绘制如图8-56所示的水平构造线。

04 重复执行【构造线】命令，在图的左侧绘制一条垂直的构造线，然后向右偏移4，如图8-57所示。

05 单击【修改】面板中的按钮，激活【修剪】命令，将图形修剪成如图8-58所示效果。

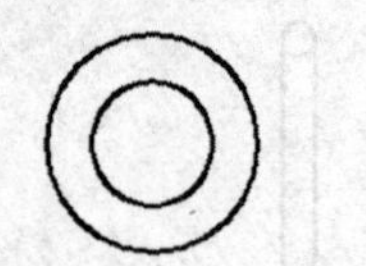

图 8-55 绘制同心圆

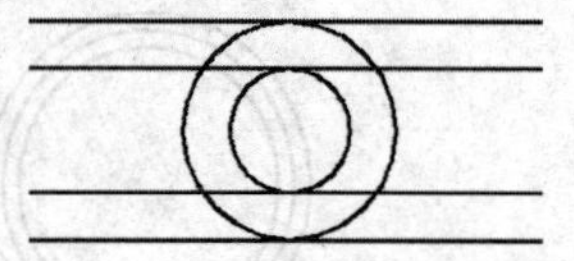

图 8-56 绘制水平构造线

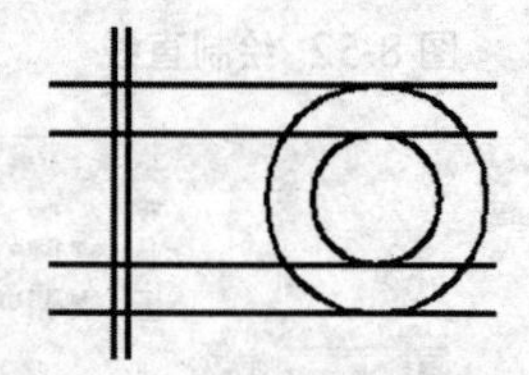

图 8-57 绘制垂直构造线

06 单击【绘图】面板按钮▦，设置填充图案以及填充参数，如图 8-59 所示。为主视图填充如图 8-60 所示的图案。

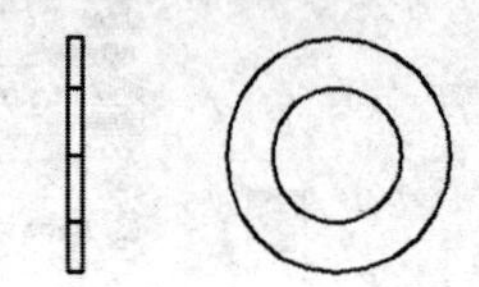

图 8-58 修剪效果

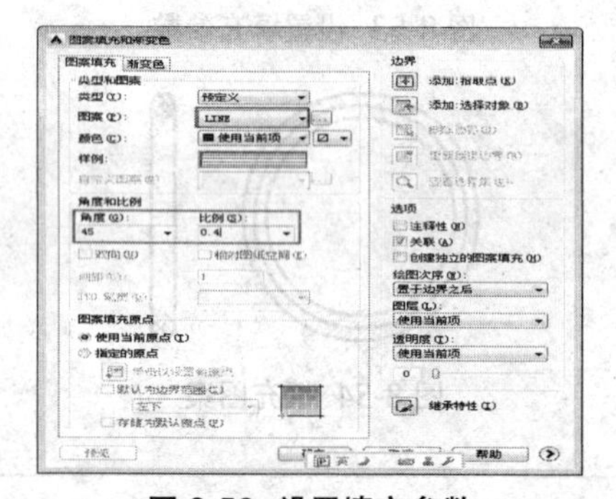

图 8-59 设置填充参数

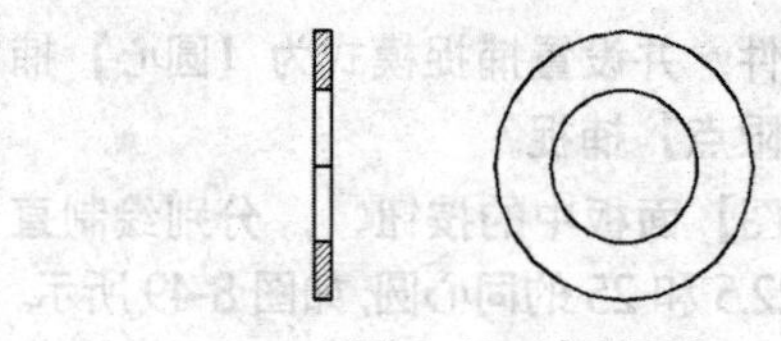

图 8-60 填充图案

07 执行【标注样式】命令，对当前标注样式进行参数修改，如图 8-61 所示。

08 单击【标注】面板中的按钮⊙，为左视图标注圆心标记，如图 8-62 所示。

09 选择主视图水平中心线，然后将其改为 CENTER 层，最终效果如图 8-63 所示。

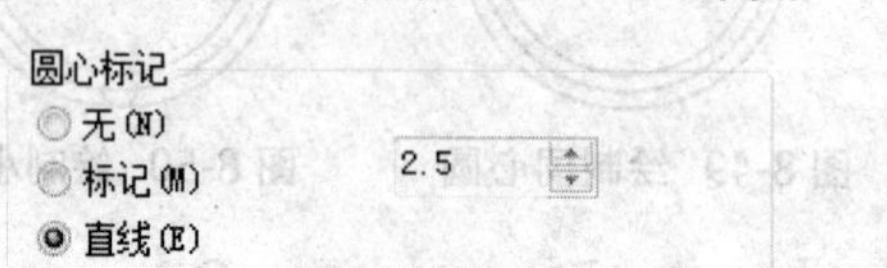

图 8-61 修改标注样式参数

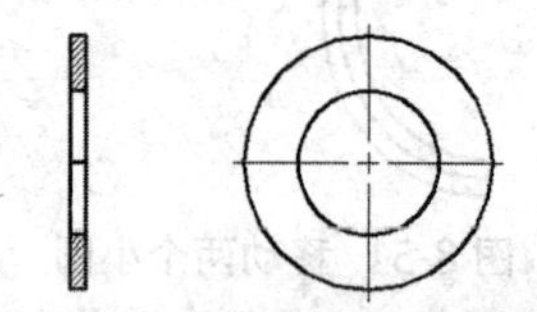

图 8-62 标注圆心标记

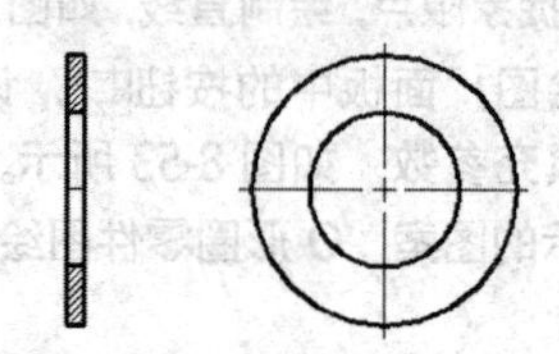

图 8-63 最终效果

098 绘制齿轮

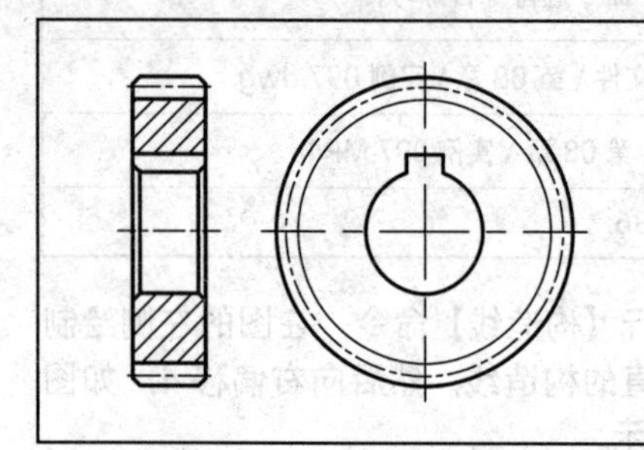	通过齿轮的绘制，主要综合练习【矩形】、【圆】、【构造线】、【修剪】和【图案填充】命令。	
	文件路径：	实例文件 \ 第 08 章 \ 实例 098.dwg
	视频文件：	MP4\ 第 08 章 \ 实例 098.MP4
	播放时长：	0:05:44

齿轮的绘制一般需要先根据齿轮参数表来确定尺寸。这些参数取决于设计人员的具体计算与实际的设计要求。本案例将根据图 8-64 所示的参数表来绘制一直齿圆柱齿轮。

01 新建空白文件，然后绘制如图 8-65 所示的中心线，尺寸任意。

齿廓	渐开线		齿顶高系数		ha	1
齿数	z	29	顶隙系数		c	0.25
模数	m	2	齿宽		b	15
螺旋角	β	0°	中心距		a	87±0.027
螺旋角方向	–		配对齿轮	图号		
压力角	α	20°		齿数	z	58
齿厚	公法线长度尺寸 W		$21.48^{-0.105}_{-0.155}$		跨齿数 K	3
	跨球（圆柱）尺寸 M				球（圆柱）尺寸 Dm	

图 8-64 齿轮参数表

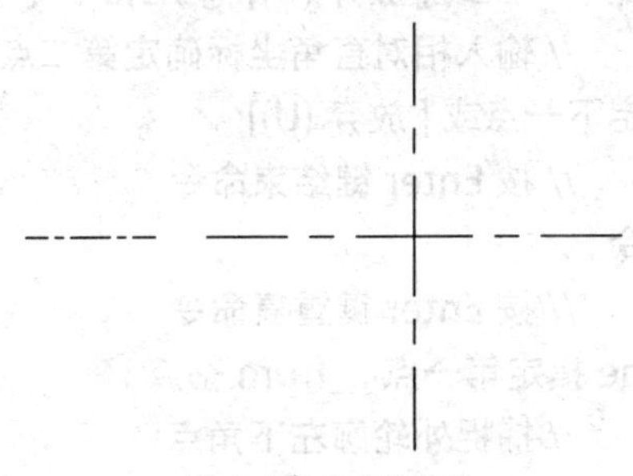

图 8-65 素材图形

02 绘制左视图。切换为【中心线】图层，在交叉的中心线交点处绘制分度圆，尺寸可以根据参数表中的数据算得：“分度圆直径 = 模数 × 齿数”，即 ø58mm，如图 8-66 所示。

03 绘制齿顶圆。切换为【轮廓线】图层，在分度圆圆心处绘制齿顶圆，尺寸同样可以根据参数表中的数据算得：“齿顶圆直径 = 分度圆直径 +2× 齿轮模数”，即 ø62mm，如图 8-67 所示。

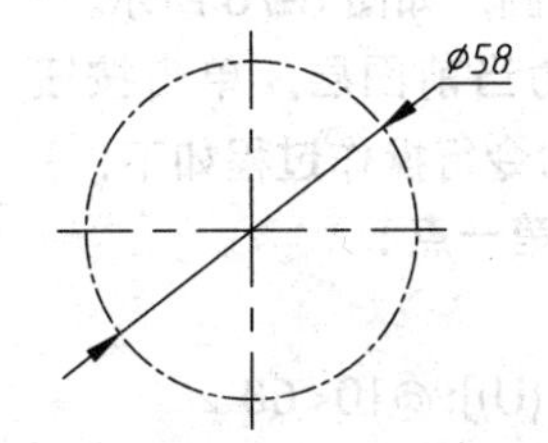

图 8-66 绘制分度圆

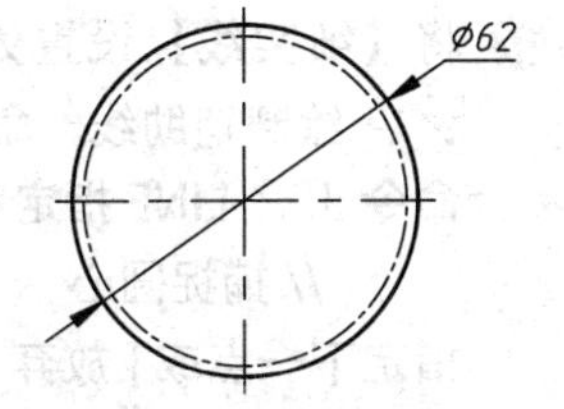

图 8-67 绘制齿顶圆

04 绘制齿根圆。切换为【细实线】图层，在分度圆圆心处绘制齿根圆，尺寸同样根据参数表中的数据算得：“齿根圆直径 = 分度圆直径 -2×1.25× 齿轮模数”，即 ø53mm，如图 8-68 所示。

05 根据三视图“长对正，高平齐，宽相等”基本准则绘制齿轮主视图轮廓线，齿宽根据参数表可知为 15mm，如图 8-69 所示。要注意主视图中齿顶圆、齿根圆与分度圆的线型。

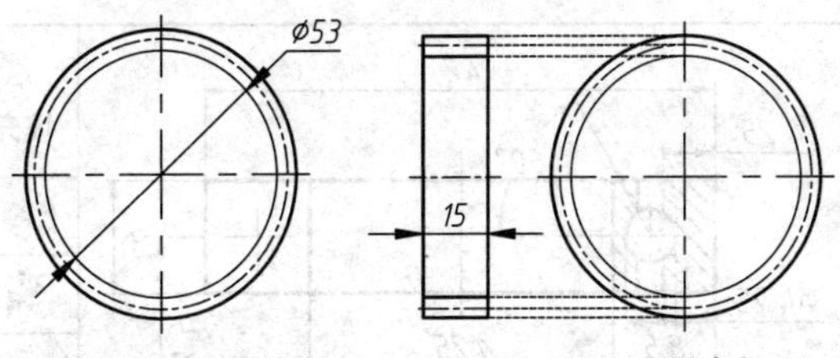

图 8-68 绘制齿根圆　　图 8-69 绘制主视图

06 根据齿轮参数表可以绘制出上述图形，接着需要根据装配的轴与键来绘制轮毂部分，绘制的具体尺寸如图 8-70 所示。

07 根据三视图“长对正，高平齐，宽相等”基本准则绘制主视图中轮毂的轮廓线，如图 8-71 所示。

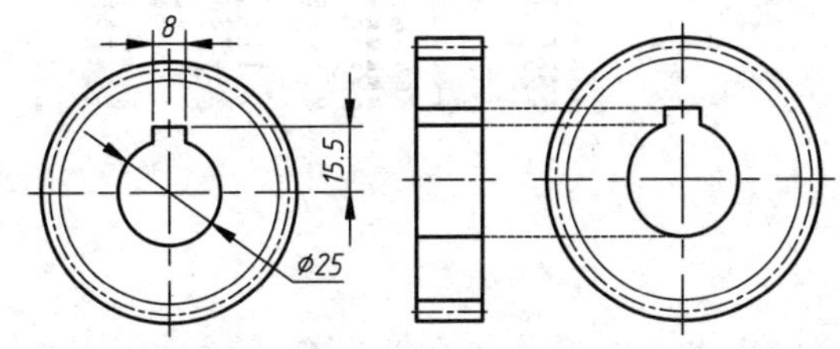

图 8-70 绘制轮毂部分　图 8-71 绘制主视图中轮毂的轮廓线

08 执行 CHA（倒角）命令，为主视图添加倒角，如图 8-72 所示。

09 执行【图案填充】命令，选择图案为 ANSI31，比例为 0.8，角度为 0°，添加剖面线如图 8-73 所示。

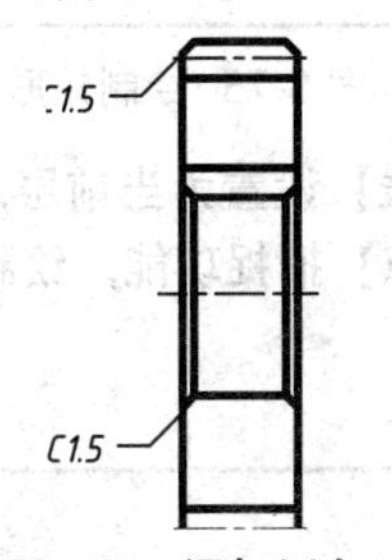

图 8-72 添加倒角

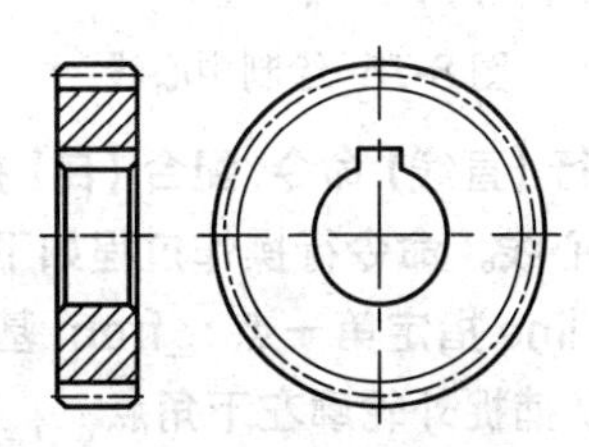

图 8-73 添加剖面线

099 绘制轴承

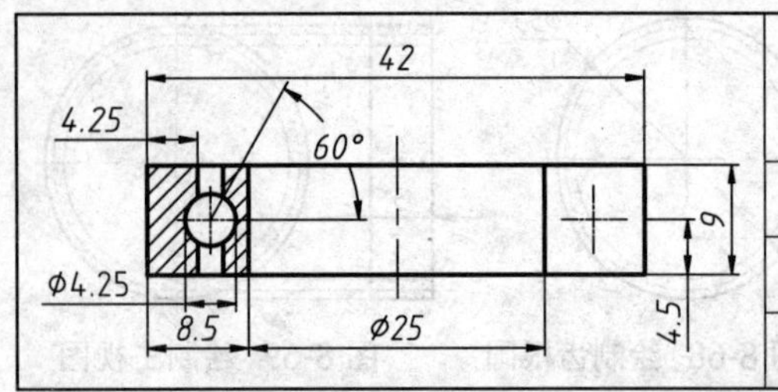

通过绘制轴承，主要对【矩形】、【偏移】、【镜像】和【图案填充】命令进行综合练习。

文件路径：	实例文件 \ 第 08 章 \ 实例 099.dwg
视频文件：	MP4\ 第 08 章 \ 实例 099.MP4
播放时长：	0:04:11

01 按 Ctrl+N 快捷键，新建一个空白文件。

02 单击【图层】面板中的按钮，弹出【图层特性管理器】对话框，建立【轮廓线】、【中心线】和【细实线】三个图层，如图 8-74 所示。

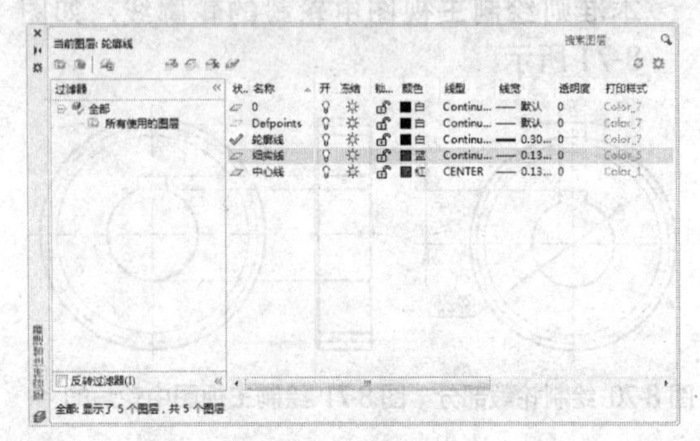

图 8-74 新建图层

03 将【轮廓线】设置为当前层，单击【绘图】面板中的按钮，绘制 42×9 大小的矩形，如图 8-75 所示。

图 8-75 绘制矩形

04 将【中心线】设置为当前层，单击按钮，配合【中点】捕捉功能，绘制中心线，如图 8-76 所示。

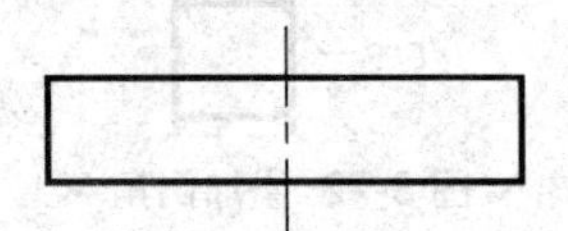

图 8-76 绘制中心线

05 重复执行【直线】命令，配合【自】捕捉功能，绘制中心线。命令行操作过程如下：

命令 : _line 指定第一点 : _from 基点 :

// 捕捉外轮廓左下角点

< 偏移 >:@1.5,4.5 ↙

// 输入相对直角坐标确定第一点

指定下一点或 [放弃 (U)]: @5.5,0 ↙

// 输入相对直角坐标确定第二点

指定下一点或 [放弃 (U)]: ↙

// 按 Enter 键结束命令

命令 : ↙

// 按 Enter 键重复命令

_line 指定第一点 : _from 基点 :

// 捕捉外轮廓左下角点

< 偏移 >:@4.25，1.75 ↙

// 输入相对直角坐标确定第一点

指定下一点或 [放弃 (U)]: @0，5.51 ↙

// 输入相对直角坐标确定第二点

指定下一点或 [放弃 (U)]: ↙

// 按 Enter 键，绘制中心线如图 8-77 所示

06 将【轮廓线】设置为当前层，单击【绘图】面板中的按钮，以中心点交点为圆心，绘制半径为 2.125 的圆，如图 8-78 所示。

07 将【细实线】设置为当前图层，单击按钮，绘制辅助线。命令行操作过程如下：

命令 :L ↙ LINE 指定第一点 :

// 捕捉圆心

指定下一点或 [放弃 (U)]: @10<60 ↙

// 输入相对极坐标

指定下一点或 [放弃 (U)]: ↙

// 按 Enter 键，结束命令，绘制辅助线如图 8-79 所示

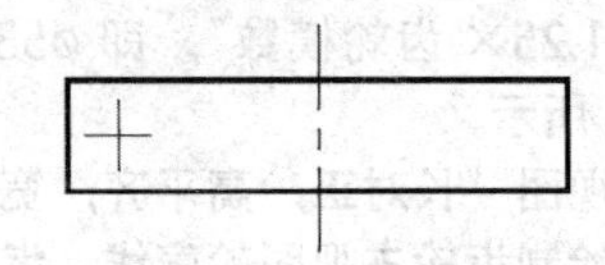

图 8-77 绘制中心线

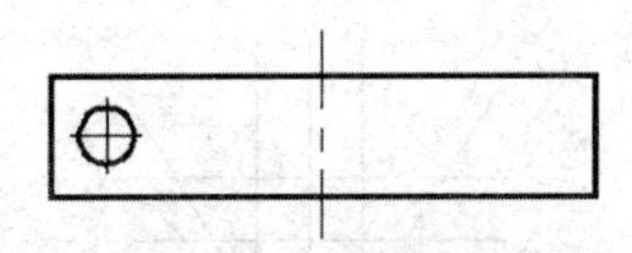

图 8-78 绘制圆

08 将【轮廓线】设置为当前图层，单击按钮，以辅助线和圆的交点为起点绘制轮廓线，如图 8-80 所示。

09 单击【修改】面板中的按钮，激活【镜像】命令，将步骤 8 中绘制的直线分别沿圆的两条中心线镜像复制，如图 8-81 所示。

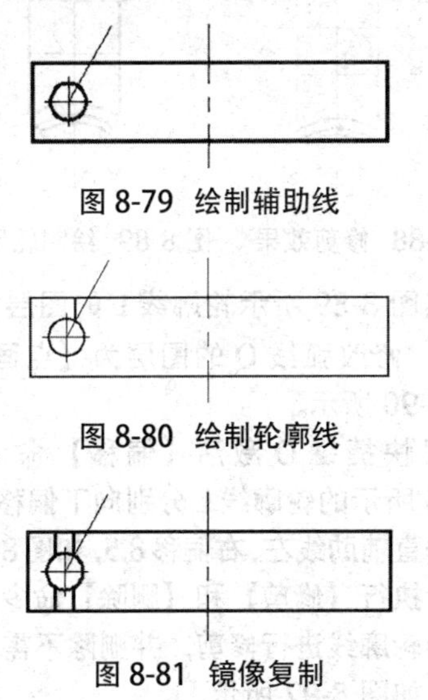

图 8-79 绘制辅助线

图 8-80 绘制轮廓线

图 8-81 镜像复制

10 将【轮廓线】设置为当前图层，执行【直线】命令，配合【自】捕捉功能，以右侧垂直线段上端点为基点，以【@-33.5, 0】为目标点，绘制内轮廓线，如图 8-82 所示。

11 重复执行【直线】命令，配合【自】捕捉功能绘制另一端的结构，如图 8-83 所示。

12 将【细实线】设置为当前图层，单击【绘图】面板中的按钮填充图案，选择 ANSI31 图案，填充比例为 0.4，填充效果如图 8-84 所示。

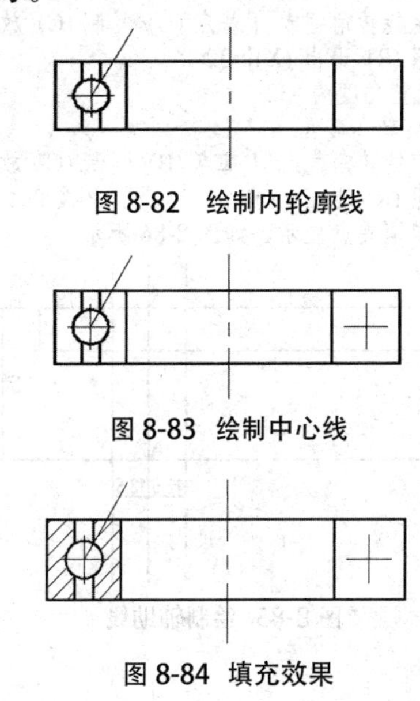

图 8-82 绘制内轮廓线

图 8-83 绘制中心线

图 8-84 填充效果

100 绘制蜗轮

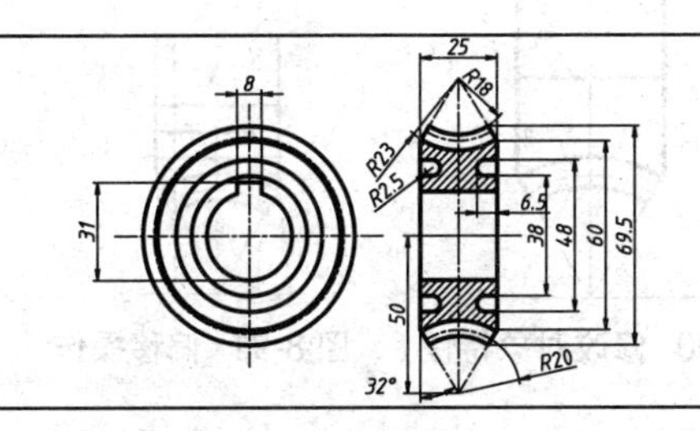

通过蜗轮的绘制，主要综合练习【多段线】、【圆】、【修剪】、【偏移】和【图案填充】命令。

文件路径：	实例文件 \ 第 08 章 \ 实例 0100.dwg
视频文件：	MP4\ 第 08 章 \ 实例 0100.MP4
播放时长：	0:09:18

01 以附赠文件【机械制图模板 .dwt】作为基础样板，新建空白文件。

02 将【点画线】设置为当前层，然后执行【构造线】和【偏移】命令，绘制如图 8-85 所示的辅助线。

03 在无命令执行的前提下，选择图 8-85 所示的定位线进行夹点编辑。命令行操作过程如下：

```
命令
    // 单击其中的一个夹点，进入夹点编辑模式
** 拉伸 **
指定拉伸点或 [基点 (B)/ 复制 (C)/ 放弃 (U)/ 退出 (X)]: ↙
    // 按 Enter 键，进入夹点移动模式
** 移动 **
指定移动点或 [基点 (B)/ 复制 (C)/ 放弃 (U)/ 退出 (X)]: ↙
    // 按 Enter 键，进入夹点旋转模式
** 旋转 **
```

指定旋转角度或 [基点 (B)/ 复制 (C)/ 放弃 (U)/ 参照 (R)/ 退出 (X)]:C ↙
** 旋转 (多重) **
指定旋转角度或 [基点 (B)/ 复制 (C)/ 放弃 (U)/ 参照 (R)/ 退出 (X)]:B ↙
指定基点 :
// 捕捉图 8-85 所示的 A 点
** 旋转 (多重) **
指定旋转角度或 [基点 (B)/ 复制 (C)/ 放弃 (U)/ 参照 (R)/ 退出 (X)]:32 ↙
// 设置角度为 32
** 旋转 (多重) **
指定旋转角度或 [基点 (B)/ 复制 (C)/ 放弃 (U)/ 参照 (R)/ 退出 (X)]:-32 ↙
// 设置角度为 -32
** 旋转 (多重) **
指定旋转角度或 [基点 (B)/ 复制 (C)/ 放弃 (U)/ 参照 (R)/ 退出 (X)]: ↙ // 按 Enter 键，并取消夹点显示，如图 8-86 所示

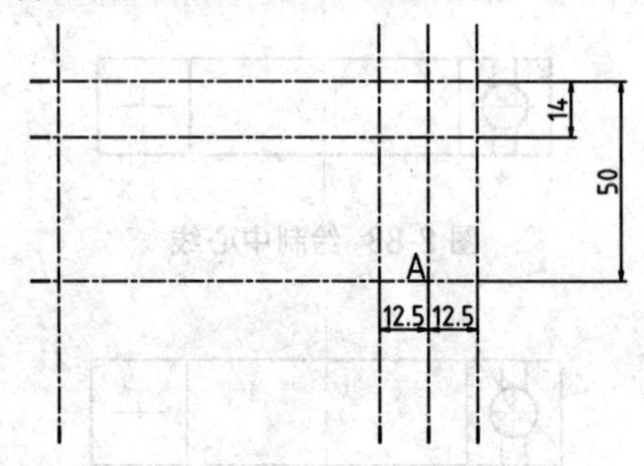

图 8-85 绘制辅助线

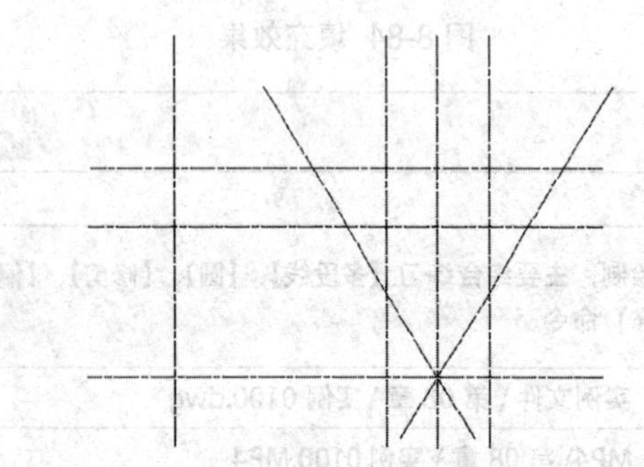
图 8-86 夹点编辑

04 将【轮廓线】设置为当前图层，打开线宽功能。单击【绘图】面板中的按钮，绘制半径分别为 18、20 和 23 的同心圆，如图 8-87 所示。

05 单击【修改】面板中的【修剪】按钮，对辅助线和同心圆进行修剪，修剪效果如图 8-88 所示。

06 执行【直线】命令，配合【对象捕捉】功能，绘制如图 8-89 所示的轮廓线。

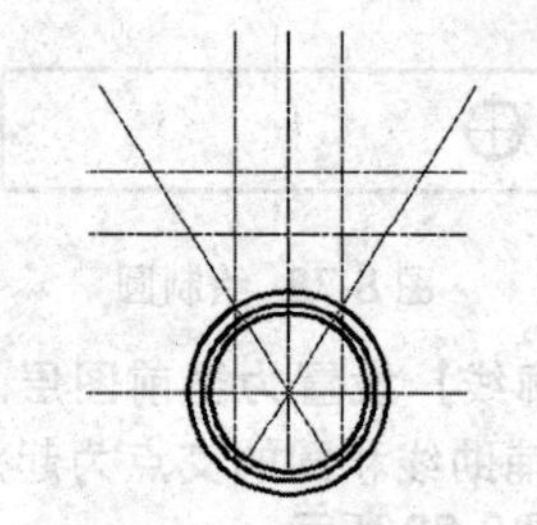
图 8-87 绘制同心圆

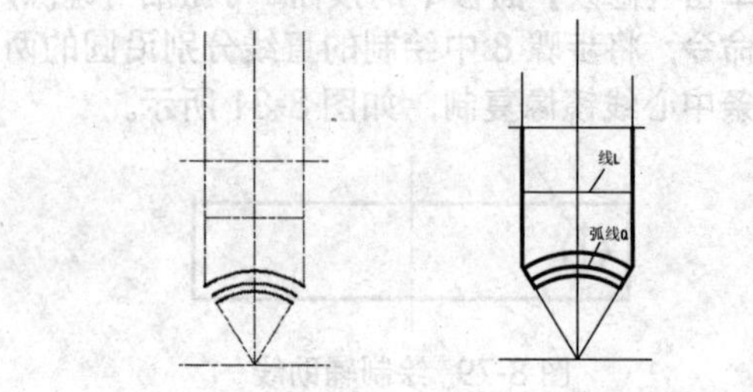

图 8-88 修剪效果　图 8-89 绘制轮廓线

07 修改图 8-89 所示轮廓线 L 的图层为【轮廓线】，修改弧线 Q 的图层为【点画线】，如图 8-90 所示。

08 使用快捷键 O 激活【偏移】命令，将图 8-90 所示的轮廓线 L 分别向下偏移 5 和 10，将垂直辅助线左、右偏移 8.5，如图 8-91 所示。

09 综合执行【修剪】和【删除】命令，对偏移后的轮廓线进行修剪，并删除不需要的辅助线，如图 8-92 所示。

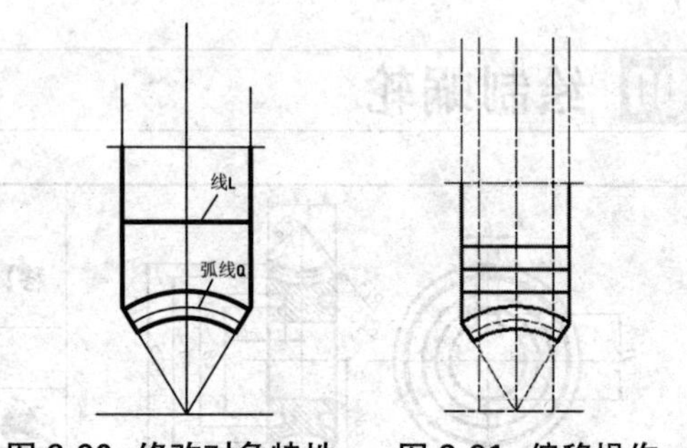

图 8-90 修改对象特性　图 8-91 偏移操作

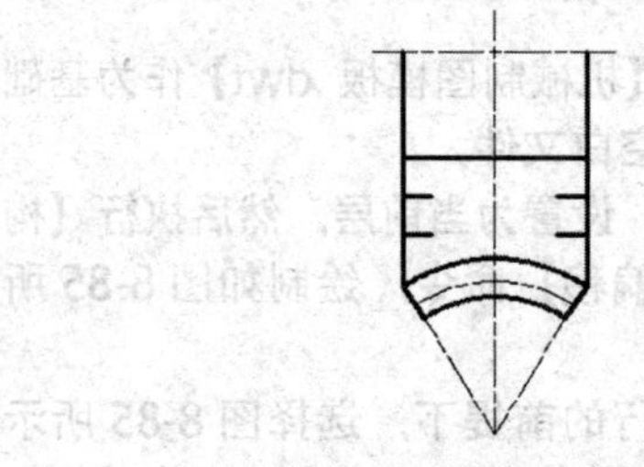
图 8-92 修剪和删除操作

10 将修剪后的四条水平轮廓线进行分解，然后

对其两两圆角，半径为2.5，圆角效果如图8-93所示。

⑪ 单击【修改】面板中的【镜像】按钮，将下方的图形镜像复制，创建出左视图的上半部分，如图8-94所示。

⑫ 执行【构造线】命令，分别通过左视图特征点绘制水平辅助线，如图8-95所示。

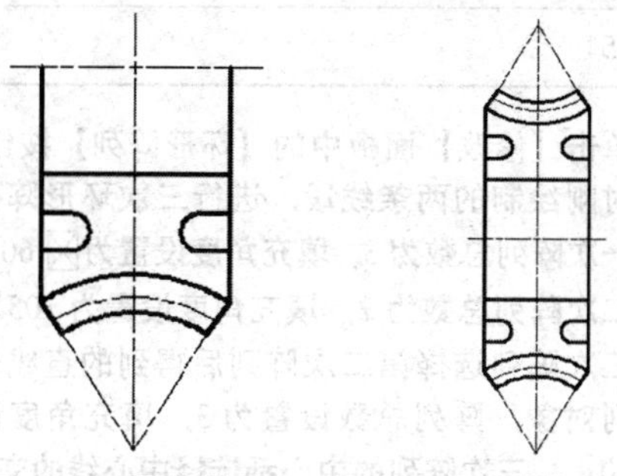

图8-93 圆角效果　　图8-94 镜像复制

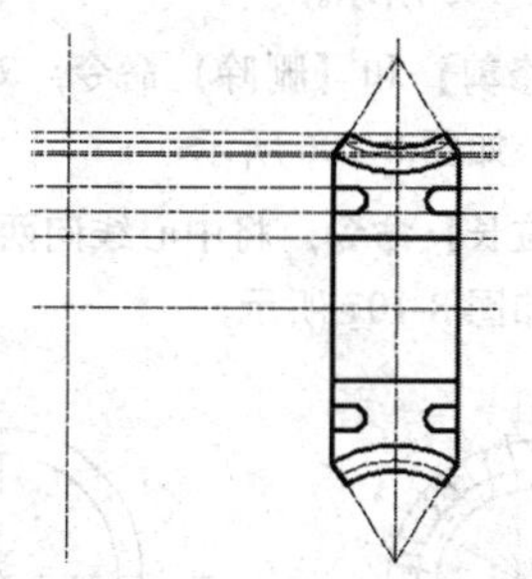

图8-95 绘制水平辅助线

⑬ 以左下方辅助线交点为圆心，以其他交点作为圆半径的另一端点，绘制如图8-96所示的同心圆。

⑭ 执行【偏移】命令，将最下方水平辅助线向上偏移17，将垂直辅助线对称偏移4，如图8-97所示。

⑮ 综合使用【修剪】和【删除】命令，对各辅助线进行修剪，删除不需要的辅助线，如图8-98所示。

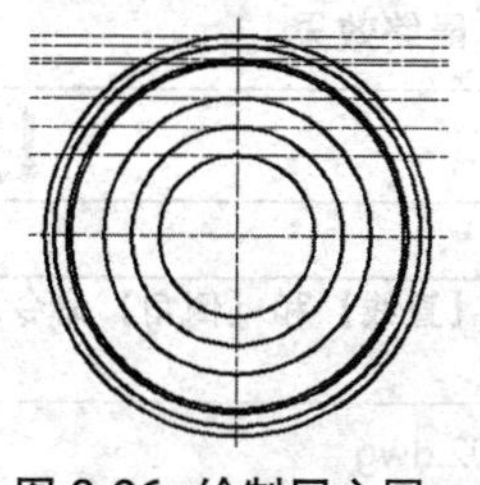

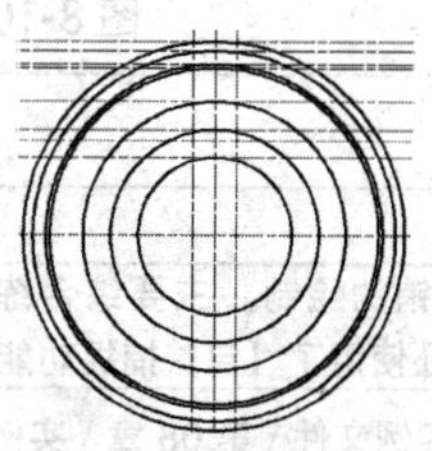

图8-96 绘制同心圆　　图8-97 偏移辅助线

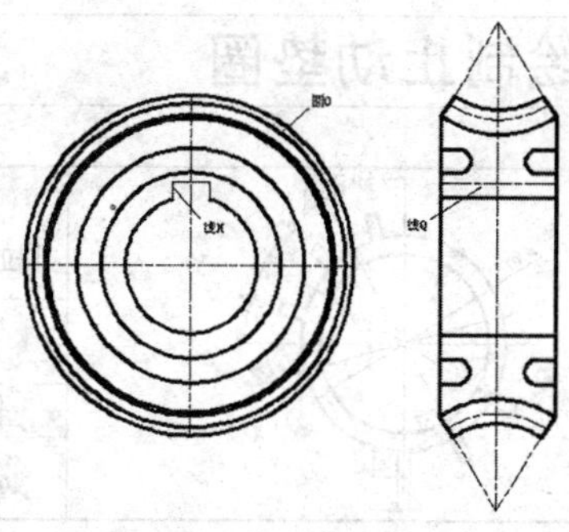

图8-98 修剪和删除操作

⑯ 修改图8-98所示线W和Q的图层为【轮廓线】，圆O的图层为【点画线】。

⑰ 单击【绘图】面板中的【图案填充】按钮，设置填充参数及填充图案，如图8-99所示．对左视图填充剖面线图案，如图8-100所示。

⑱ 执行【拉长】命令，将中心线向两端拉长3，最终效果如图8-101所示。

图8-99 设置填充参数

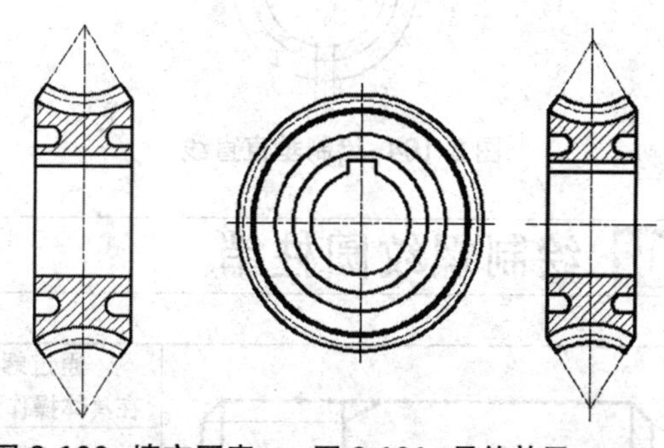

图8-100 填充图案　　图8-101 最终效果

101 绘制止动垫圈

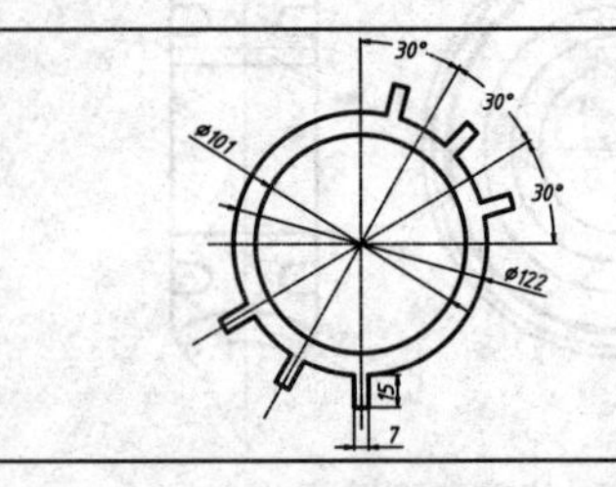

通过绘制螺母止动垫圈，主要对【直线】、【圆】、【偏移】、【阵列】和【拉长】命令进行综合练习。

文件路径：	实例文件 \ 第 08 章 \ 实例 101.dwg
视频文件：	MP4\ 第 08 章 \ 实例 101.MP4
播放时长：	0:03:51

01 以附赠文件【机械制图模板 .dwt】作为基础样板，新建空白文件。

02 将【点画线】设置为当前图层，执行【直线】命令，绘制中心线。

03 使用快捷键 O 激活【偏移】命令，将垂直中心线，分别向左、右偏移 3.5，如图 8-102 所示。

04 将【轮廓线】设置为当前层，执行【圆】命令，以中间中心线与水平中心线交点为圆心，绘制半径分别为 50.5、61 和 76 的同心圆，如图 8-103 所示。

05 执行【直线】命令，绘制如图 8-104 所示的垂直直线。

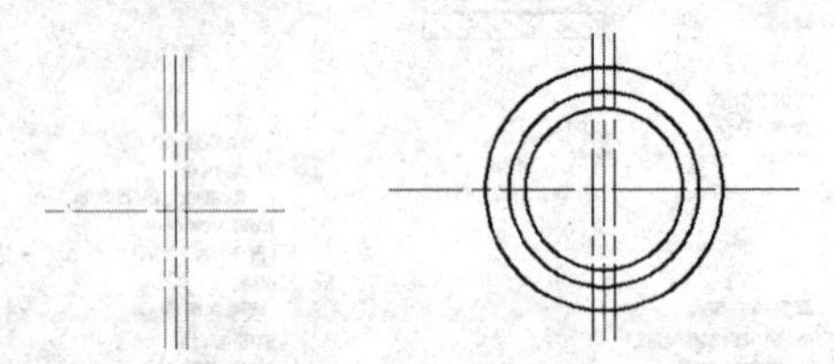

图 8-102 偏移垂直中心线 图 8-103 绘制同心圆

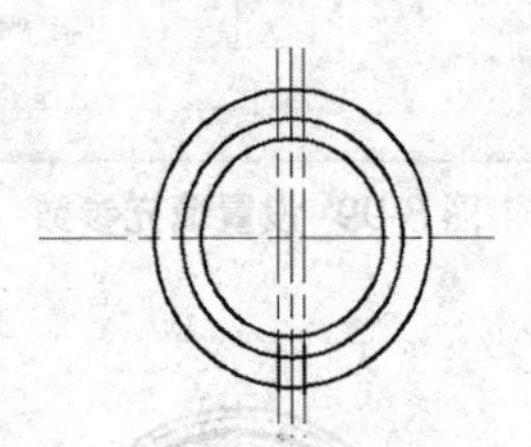

图 8-104 绘制垂直直线

06 单击【修改】面板中的【环形阵列】按钮，对刚绘制的两条线段，进行三次环形阵列，第一次阵列总数为 3，填充角度设置为 60°；第二次阵列总数为 2，填充角度设置为 105°；第三次阵列选择第二次阵列后得到的直线作为阵列对象，阵列总数设置为 3，填充角度设置为 60°；三次阵列的中心都选择中心线的交点，效果如图 8-105 所示。

07 执行【修剪】和【删除】命令，对图形进行修剪操作，如图 8-106 所示。

08 执行【拉长】命令，将中心线向两端拉长 3，最终效果如图 8-107 所示。

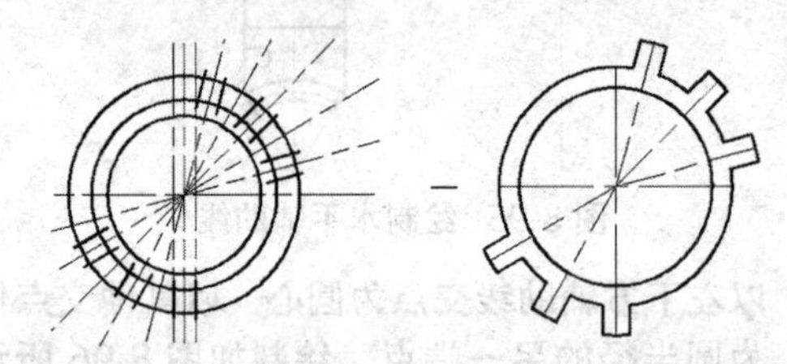

图 8-105 阵列效果 图 8-106 修剪和删除操作

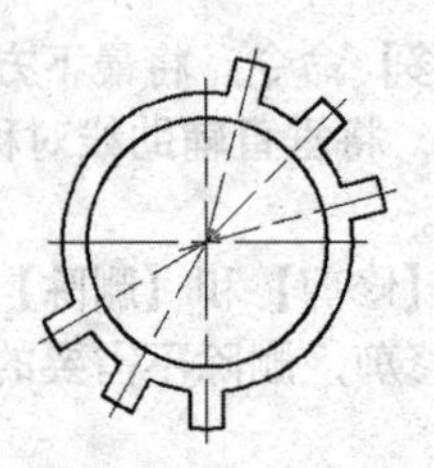

图 8-107 最终效果

102 绘制螺纹圆柱销

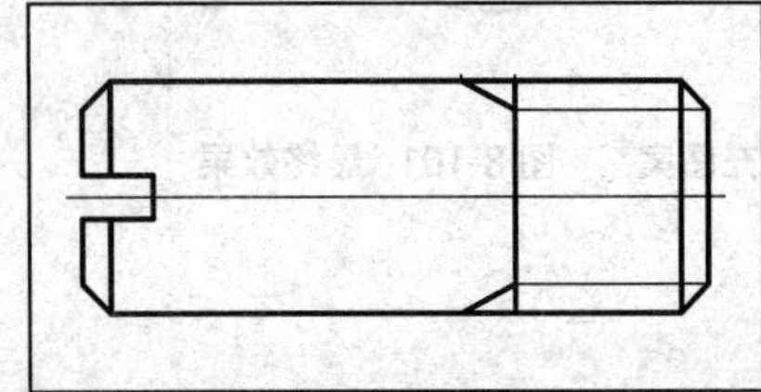

通过螺纹圆柱销的绘制，主要综合练习【直线】和【倒角】命令，在具体操作过程中还使用了【自】捕捉功能。

文件路径：	实例文件 \ 第 08 章 \ 实例 102.dwg
视频文件：	MP4\ 第 08 章 \ 实例 102.MP4
播放时长：	0:04:10

01 以附赠文件【机械制图模板 .dwt】作为基础样板，新建空白文件。

02 切换为【轮廓线】图层，执行 L（直线）命令，绘制外轮廓，如图 8-108 所示。

03 执行 CHA（倒角）命令，为图形倒角 2×45°，如图 8-109 所示。

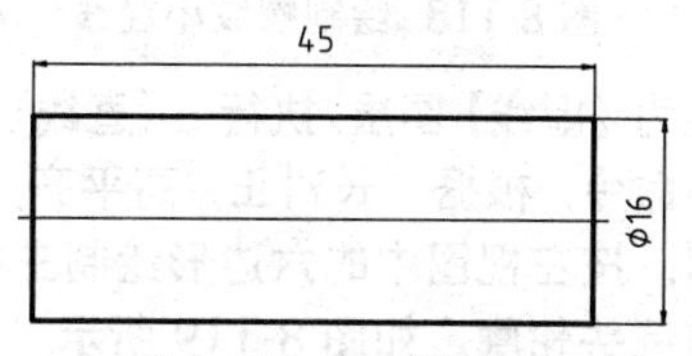

图 8-108 绘制外轮廓

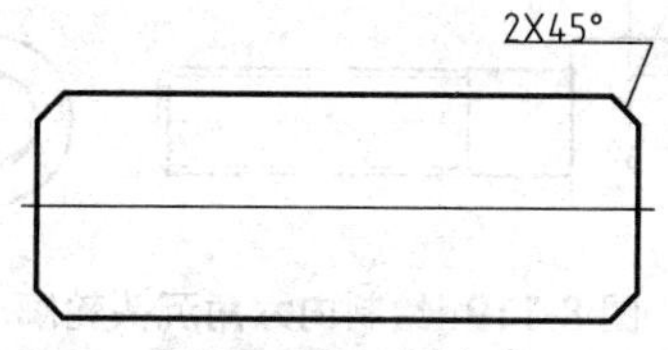

图 8-109 倒角

04 执行 L（直线）命令，绘制连接线，如图 8-110 所示。

05 执行 L（直线）命令，绘制螺纹以及圆柱销顶端，将螺纹线转换为细实线图层，如图 8-111 所示。

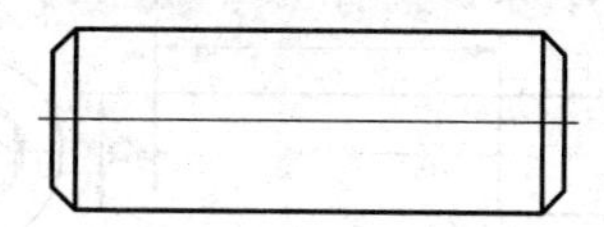
图 8-110 绘制连接线

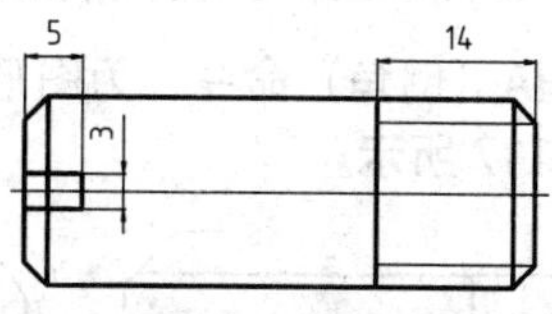

图 8-111 绘制螺纹

06 执行 L（直线）命令，执行临时【自】捕捉命令，捕捉距离为 4 的点，绘制直线，如图 8-112 所示。

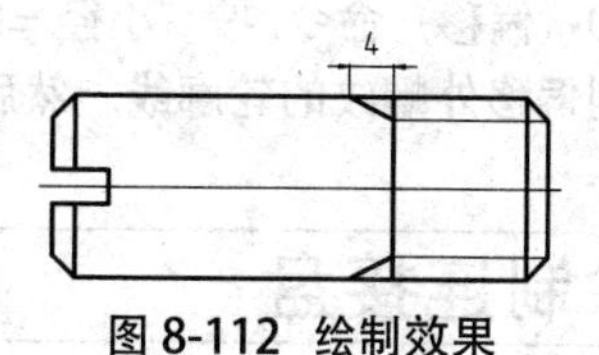

图 8-112 绘制效果

103 绘制轴承挡环

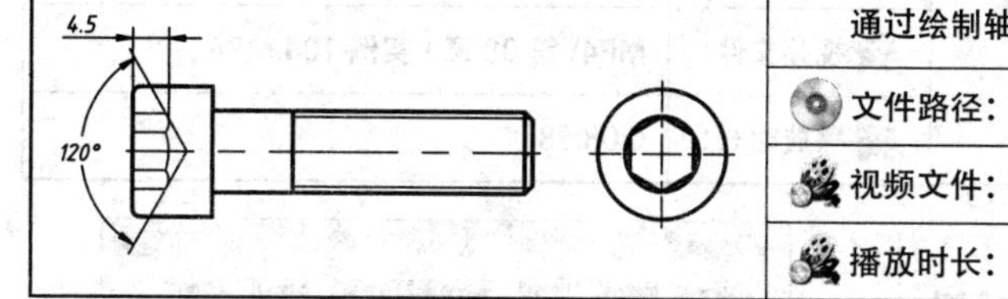

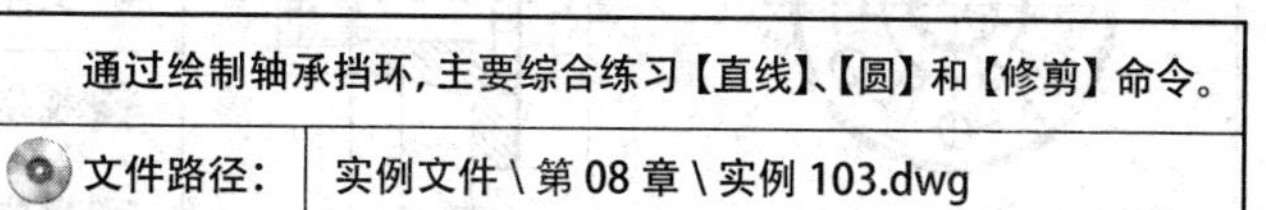

通过绘制轴承挡环，主要综合练习【直线】、【圆】和【修剪】命令。

文件路径：	实例文件 \ 第 08 章 \ 实例 103.dwg
视频文件：	MP4\ 第 08 章 \ 实例 103.MP4
播放时长：	0:04:25

01 以附赠文件【机械制图模板 .dwt】作为基础样板，新建空白文件。

02 将【点画线】设置为当前层，单击【绘图】面板中的按钮，绘制垂直和水平两条中心线，如图 8-113 所示，尺寸可任意。

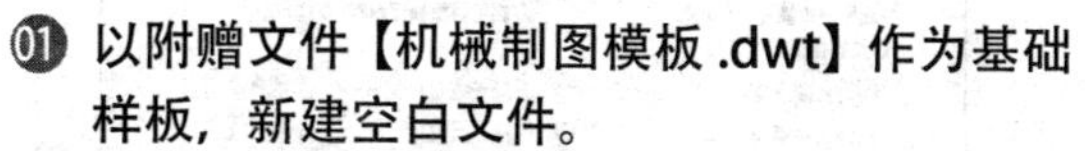

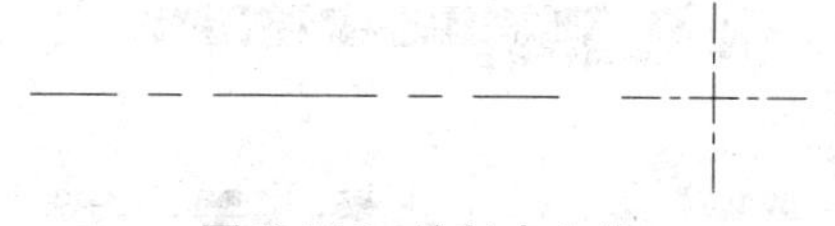
图 8-113 绘制中心线

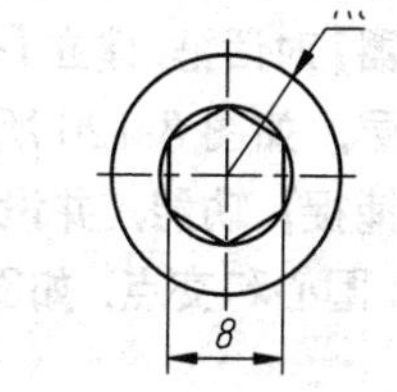

图 8-114 绘制左视图

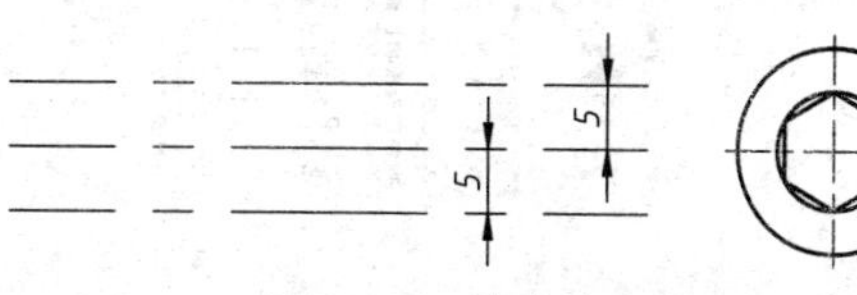

图 8-115 偏移中心线

03 切换为【轮廓线】图层，执行 C（圆）命令和 POL（正多边形）命令，在交叉的中心线上绘制左视图，如图 8-114 所示。

04 执行【偏移】命令，将主视图的中心线分别向上、下各偏移 5，如图 8-115 所示。

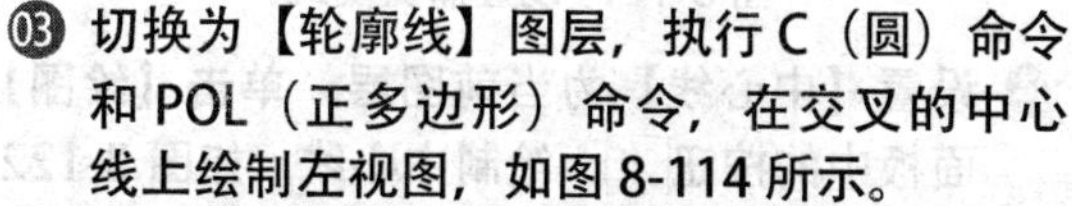

05 根据“长对正，高平齐，宽相等”原则与外螺纹的表达方法，绘制主视图的轮廓线，如

图 8-116 所示。可知螺钉长度 40，指的是螺钉头至螺纹末端的长度。

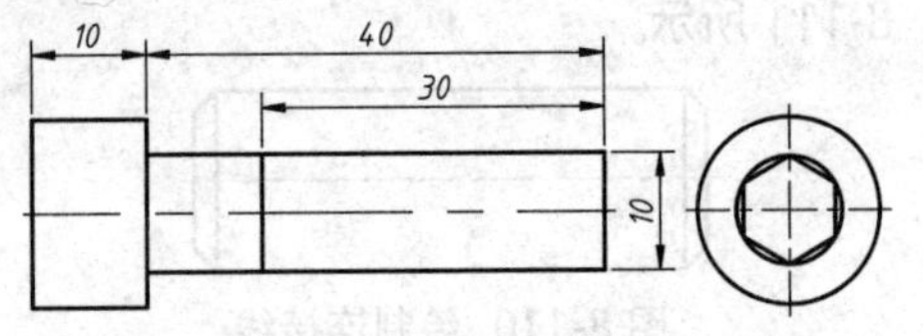

图 8-116 绘制主视图的轮廓线

⑥ 执行 CHA（倒角）命令，为图形添加倒角，如图 8-117 所示。

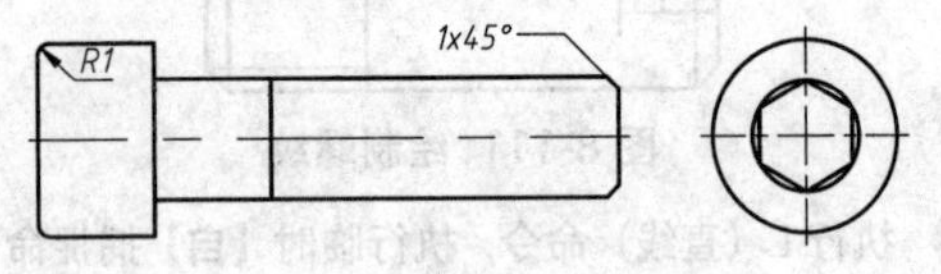

图 8-117 为图形添加倒角

⑦ 执行 O（偏移）命令，按“小径 =0.85 大径”的原则偏移外螺纹的轮廓线，然后修剪，从而绘制出主视图上的螺纹小径线，结果如图 8-118 所示。

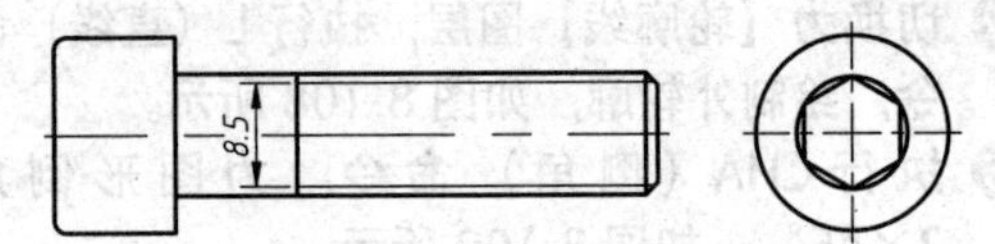

图 8-118 绘制螺纹小径线

⑧ 切换为【虚线】图层，执行 L（直线）与 A（圆弧）命令，根据“长对正，高平齐，宽相等”原则，按左视图中的六边形绘制主视图上内六角沉头轮廓，如图 8-119 所示。

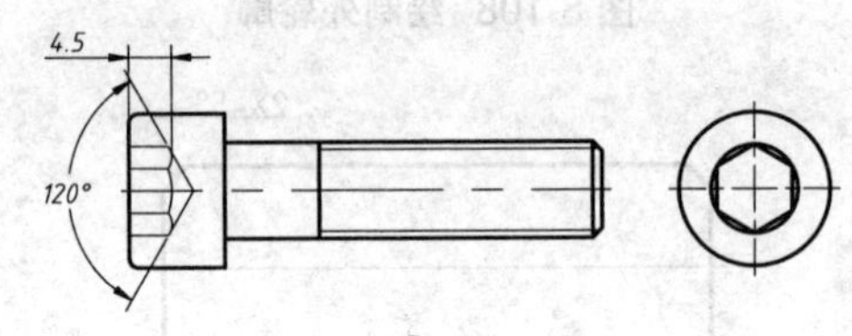

图 8-119 绘制内六角沉头轮廓

104 绘制连接盘

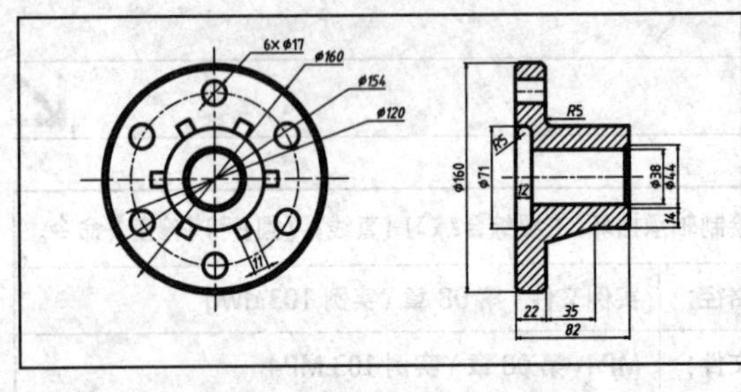

通过连接盘的绘制，主要综合练习【直线】、【圆】、【构造线】、【修剪】和【图案填充】命令。

文件路径：	实例文件 \ 第 08 章 \ 实例 104.dwg
视频文件：	MP4\ 第 08 章 \ 实例 104.MP4
播放时长：	0:08:58

① 按 Ctrl+N 快捷键，新建一个空白文件。

② 单击【图层】面板中的按钮，弹出【图层特性管理器】对话框，建立【轮廓线】和【中心线】等图层，如图 8-120 所示。

③ 激活【对象捕捉】功能，并设置捕捉模式为端点、中点、圆心和交点，如图 8-121 所示。

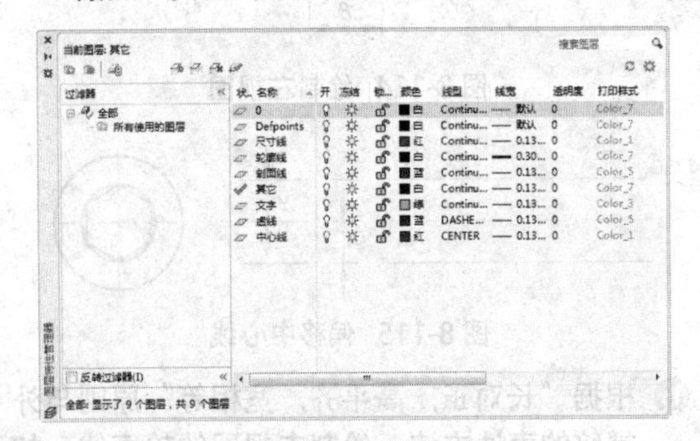

图 8-120 新建图层

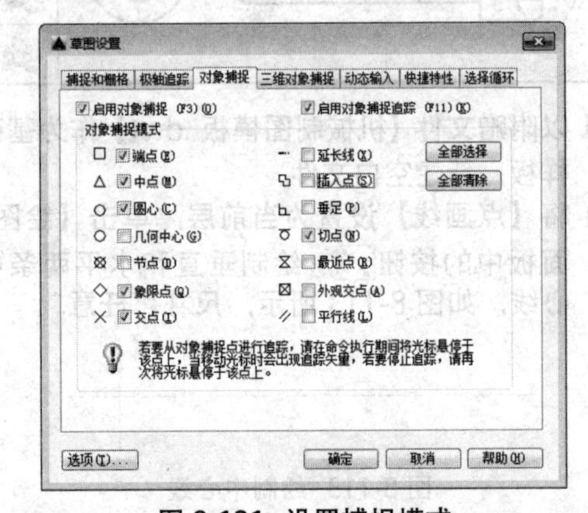

图 8-121 设置捕捉模式

④ 设置【中心线】为当前图层，单击【绘图】面板中的按钮，绘制中心线，如图 8-122 所示。

⑤ 设置【轮廓线】为当前图层，使用快捷键 C

激活【圆】命令，配合【交点】捕捉功能，绘制如图 8-123 所示的同心圆。

⑥ 将直径为 120 的圆转换为中心线图层，如图 8-124 所示。

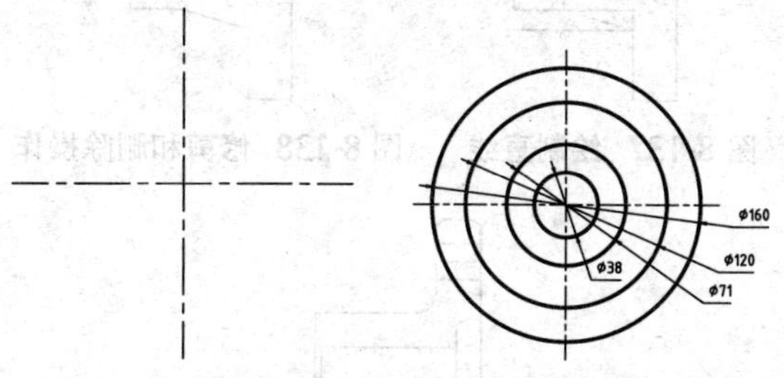

图 8-122 绘制中心线　图 8-123 绘制同心圆

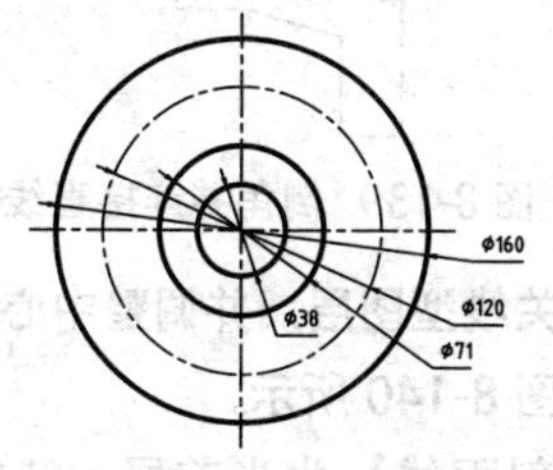

图 8-124 转换图层

⑦ 单击【修改】面板中的【偏移】按钮，分别将水平中心线向上、下偏移 5，再选择直径为 71 的圆向外偏移 10，如图 8-125 所示。

⑧ 执行【修剪】命令，将上一步偏移出来的圆和直线进行修剪，如图 8-126 所示。

⑨ 使用快捷键 C 激活【圆】命令，配合【交点】捕捉功能，绘制如图 8-127 所示圆。

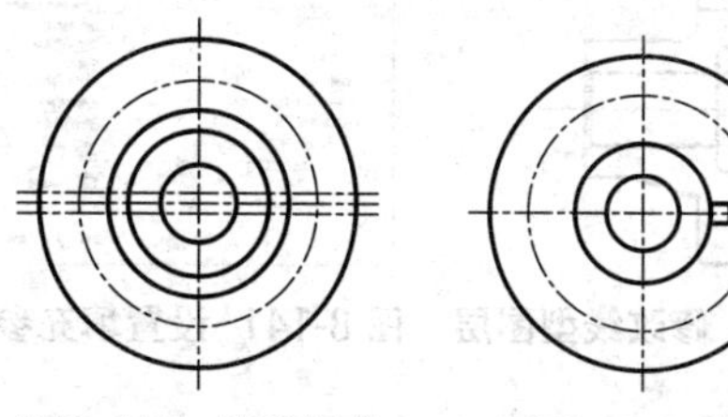

图 8-125 偏移操作　图 8-126 修剪操作

图 8-127 绘制圆

⑩ 使用快捷键 AR，激活【阵列】命令，选择【极轴】阵列方式，选择绘制的小圆及修剪对象为阵列对象，以中心线交点为中心进行阵列，项目数为 6，如图 8-128 所示。

⑪ 单击【修改】面板中的【偏移】按钮，选择直径为 38 的圆向外偏移 3，再选择直径为 160 的圆向内偏移 3，如图 8-129 所示。

⑫ 单击【绘图】面板中的【构造线】按钮，配合【对象捕捉】功能，绘制如图 8-130 所示的水平和垂直构造线，作为定位辅助线。

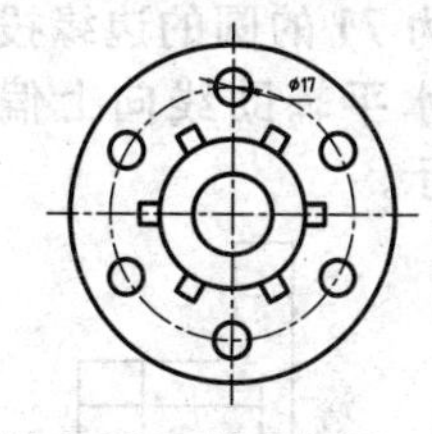

图 8-128 阵列图形　图 8-129 偏移圆

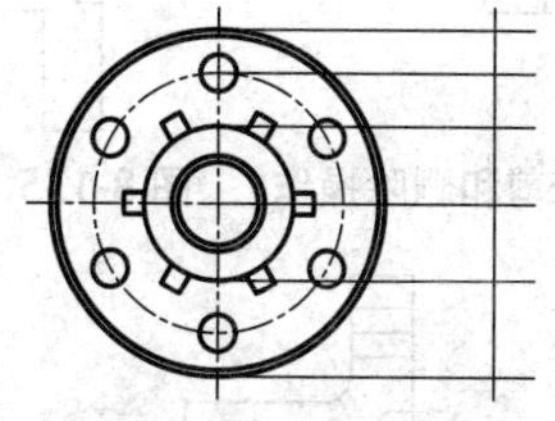

图 8-130 绘制构造线

⑬ 单击【修改】面板中的【偏移】按钮，将垂直构造线分别向右偏移 12、22、57、82，如图 8-131 所示。

⑭ 综合执行【修剪】和【删除】命令，对辅助线进行修剪和清理，如图 8-132 所示。

⑮ 使用快捷键 O 激活【偏移】命令，将左视图中心位置的水平中心线分别向上、向下偏移 19、32.5，如图 8-133 所示。

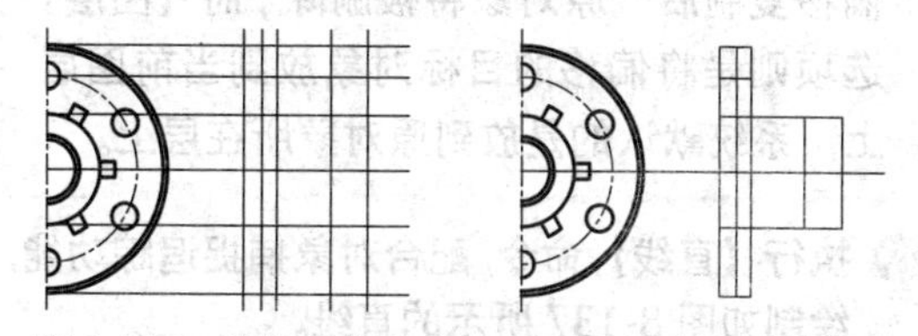

图 8-131 偏移操作　图 8-132 修剪和删除操作

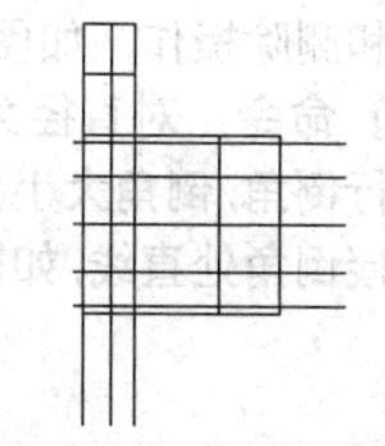

图 8-133 偏移水平中心线

⑯ 综合执行【修剪】和【删除】命令，对左视

图进行修剪和删除，如图 8-134 所示。

⑰ 使用快捷键 F 激活【圆角】命令，将沉孔部位进行圆角，圆角大小为 *R*5；再将左视图右上角进行圆角，圆角效果如图 8-135 所示。

⑱ 使用快捷键 O 激活【偏移】命令，将左视图中直径为 17 的圆的中心线分别向上、下偏移 8.5，再将直径为 71 的圆的边缘投影直线向下偏移 10，水平辅助线向上偏移 10.5，如图 8-136 所示。

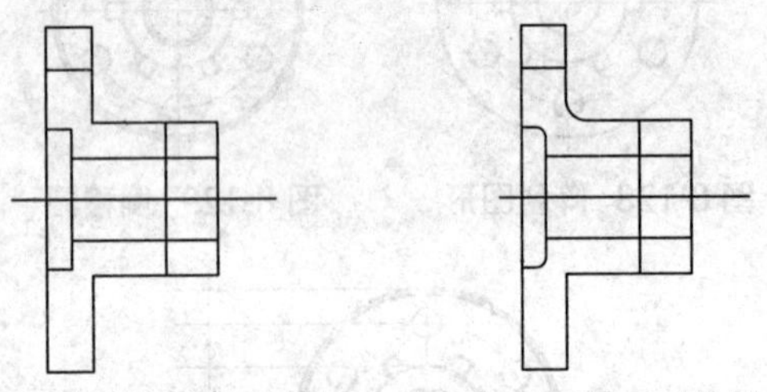

图 8-134 修剪和删除操作　图 8-135 圆角效果

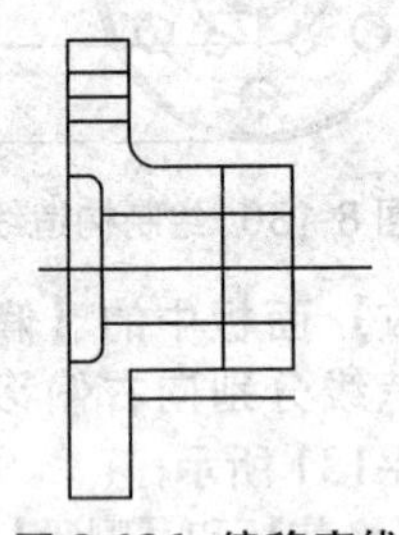

图 8-136 偏移直线

提示

【偏移】命令中的【删除】选项将对象偏移复制后，原对象将被删除；而【图层】选项则是将偏移的目标对象放到当前图层上，系统默认的是放到原对象所在层上。

⑲ 执行【直线】命令，配合对象捕捉追踪功能，绘制如图 8-137 所示的直线。

⑳ 综合执行【修剪】和【删除】命令，对左视图进行修剪和删除操作，如图 8-138 所示。

㉑ 执行【倒角】命令，对直径为 38 的圆的左视图直角进行倒角，倒角大小为 3。执行【直线】命令，连接倒角处直线，如图 8-139 所示。

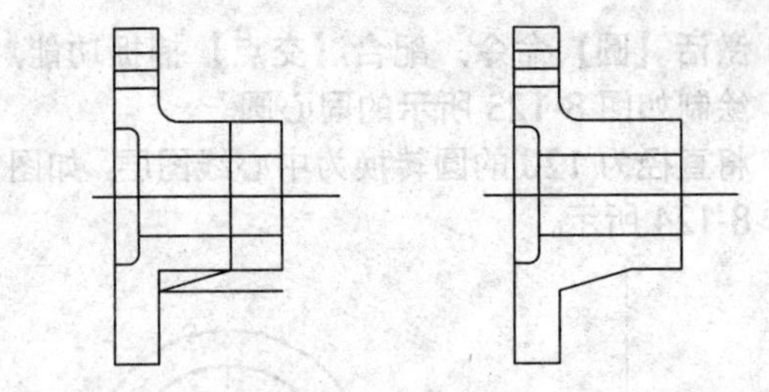

图 8-137 绘制直线　图 8-138 修剪和删除操作

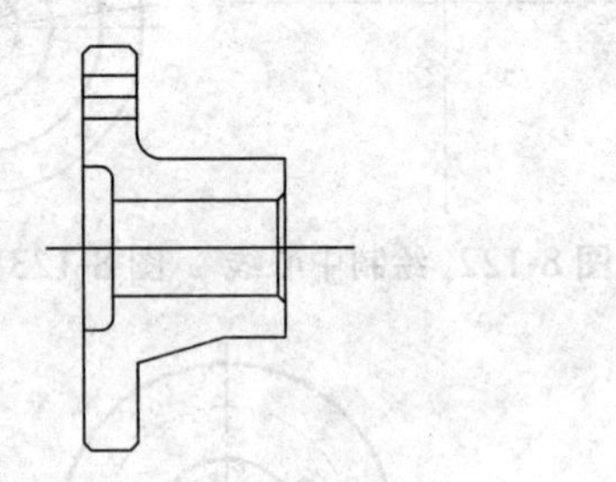

图 8-139 倒角并连接直线

㉒ 改变相关线型图层，并调整中心线到适合长度，如图 8-140 所示。

㉓ 设置【剖面线】为当前层，执行【图案填充】命令，设置图案类型和填充比例，如图 8-141 所示。对左视图进行填充，效果如图 8-142 所示。

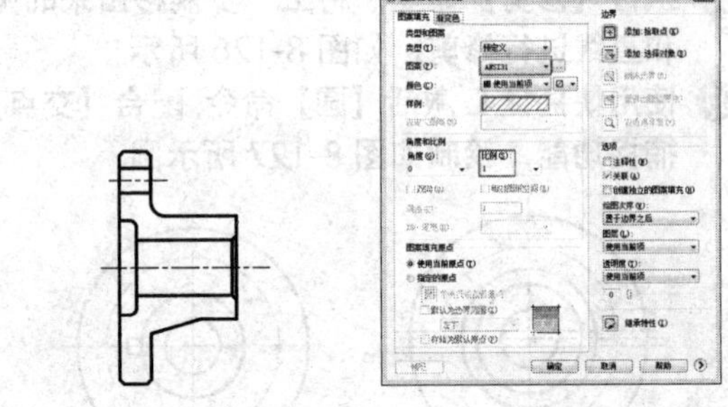

图 8-140 修改线型图层　图 8-141 设置填充参数

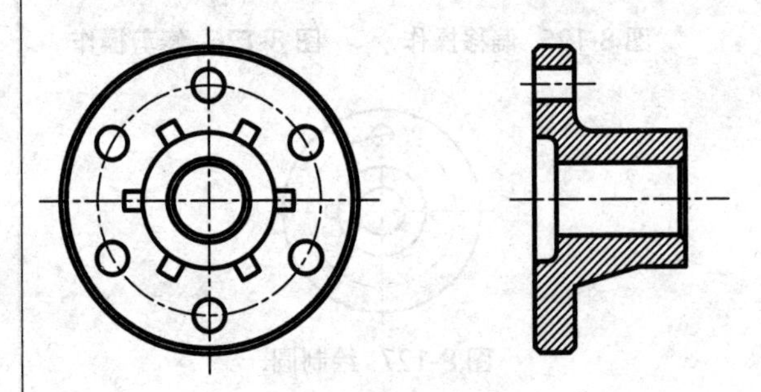

图 8-142 填充效果

105 绘制型钢

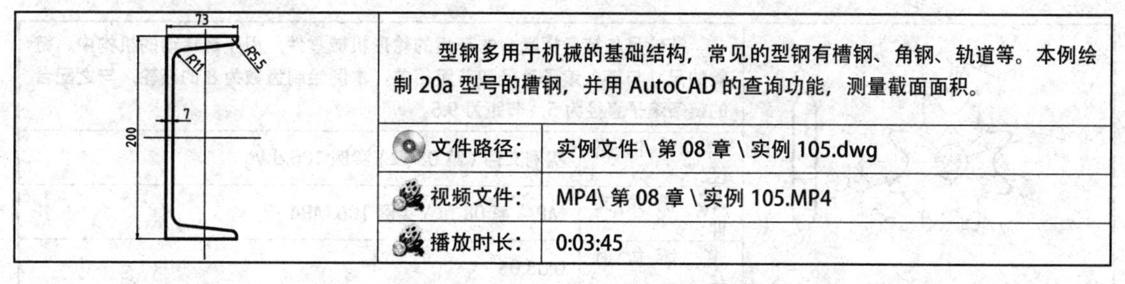

型钢多用于机械的基础结构，常见的型钢有槽钢、角钢、轨道等。本例绘制 20a 型号的槽钢，并用 AutoCAD 的查询功能，测量截面面积。

文件路径：	实例文件 \ 第 08 章 \ 实例 105.dwg
视频文件：	MP4\ 第 08 章 \ 实例 105.MP4
播放时长：	0:03:45

01 以附赠文件【机械制图模板 .dwt】为样板，新建 AutoCAD 文件，将【点画线】设置为当前图层，绘制两条正交中心线，如图 8-143 所示。

02 将水平中心线向上、下各偏移 100，将垂直中心线向左偏移 40，向右偏移 33，并将偏移出的直线转换为轮廓线，如图 8-144 所示。

03 将上轮廓线向下偏移 11，将下轮廓线向上偏移 11，将左轮廓线向右偏移 7，如图 8-145 所示。

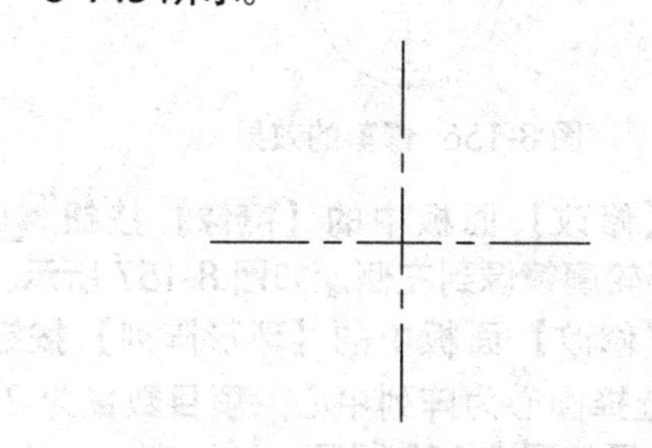

图 8-143 绘制中心线

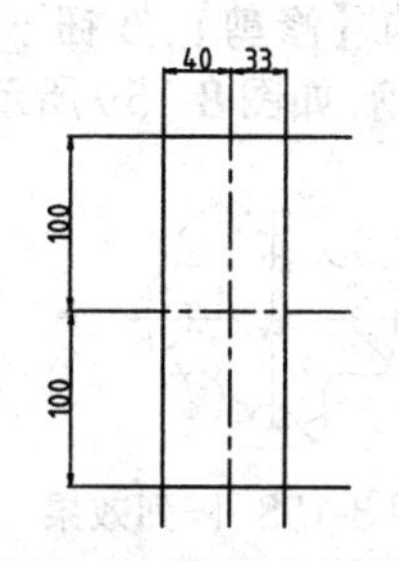

图 8-144 偏移中心线

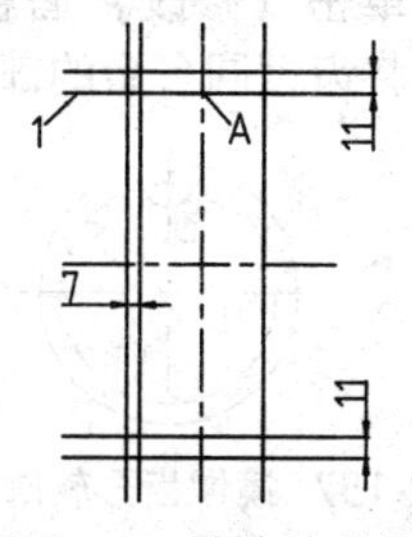

图 8-145 偏移轮廓线

04 选择直线 1，单击鼠标右键，在弹出快捷菜单中选择【旋转】选项，以 A 点为基点，旋转角度为 6°，如图 8-146 所示。

05 用同样的方法旋转对称侧的另一条水平线，旋转角度为 -6°，如图 8-147 所示。

06 单击【修改】面板中的【修剪】按钮，将多余的线条修剪，效果如图 8-148 所示。

07 单击【修改】面板中的【圆角】按钮，创建如图 8-149 所示的圆角。

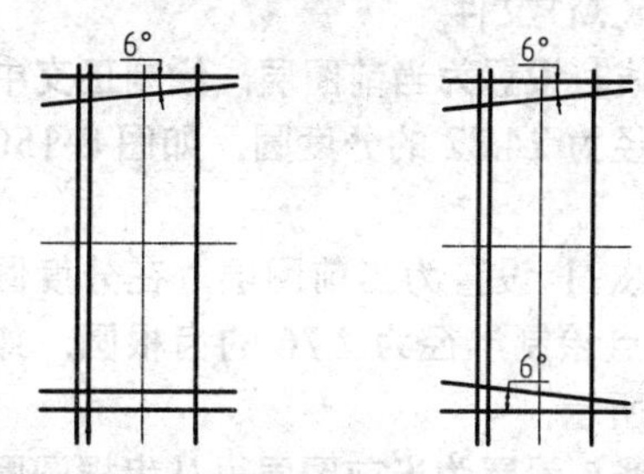

图 8-146 旋转直线　图 8-147 旋转另一条直线

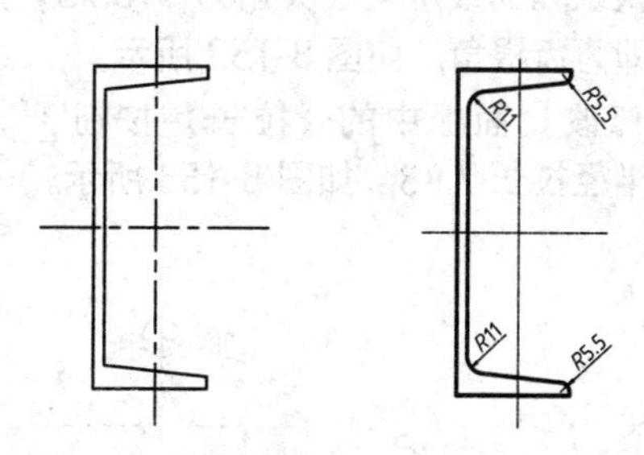

图 8-148 修剪的效果　图 8-149 创建圆角

08 显示菜单栏，选择菜单【绘图】|【面域】选项，由槽钢截面创建一个面域；然后选择菜单【工具】|【查询】|【面积】选项，测量截面面积，命令行操作过程如下：

命令 : _MEASUREGEOM

输入选项 [距离 (D)/ 半径 (R)/ 角度 (A)/ 面积 (AR)/ 体积 (V)] < 距离 >: _AR

指定第一个角点或 [对象 (O)/ 增加面积 (A)/ 减少面积 (S)/ 退出 (X)] < 对象 (O)>: O

// 选择【对象】选项

选择对象 :

// 选择截面面域为测量对象

区域 = 2882.3769，修剪的区域 = 0.0000，周长 = 653.8072 // 测量结果

106 绘制链轮

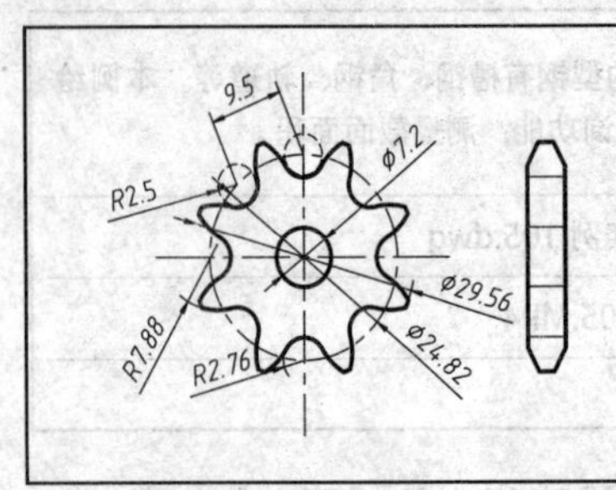

链轮是与链条相啮合的带齿的轮形机械零件，用于链传动的机构中。链轮的尺寸与链条滚子直径和节距相关。本例绘制齿数为 8 的链轮，与之配合的链条滚子直径为 5，节距为 9.5。

文件路径：	实例文件 \ 第 08 章 \ 实例 106.dwg
视频文件：	MP4\ 第 08 章 \ 实例 106.MP4
播放时长：	0:08:05

01 以附赠文件【机械制图模板 .dwt】为样板，新建 AutoCAD 文件。

02 将【中心线】设置为当前图层，绘制正交中心线和直径为 24.82 的分度圆，如图 8-150 所示。

03 将【轮廓线 】设置为当前图层，在分度圆的上象限点绘制半径为 2.76 的齿根圆，如图 8-151 所示。

04 将【细实线】设置为当前图层，从齿根圆圆心绘制两条辅助线，两线夹角为 118.75°，此角度即为齿根角，如图 8-152 所示。

05 单击【修改】面板中的【拉长】按钮，将右侧半径拉长 7.88，如图 8-153 所示。

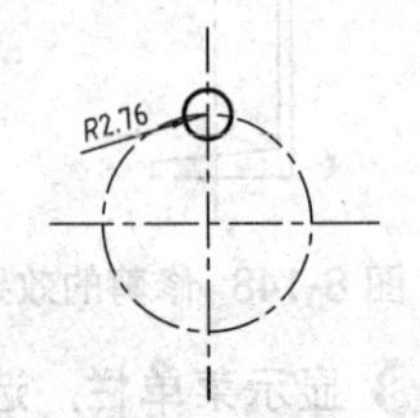

图 8-150 绘制中心线和分度圆 图 8-151 绘制齿根圆

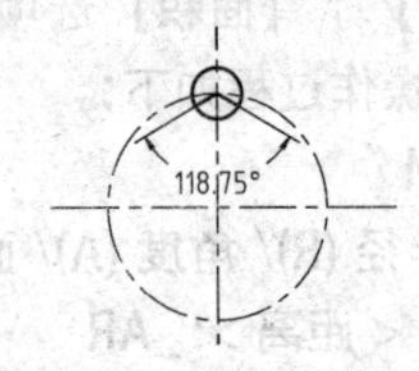

图 8-152 绘制辅助线 图 8-153 拉长线段

06 将【轮廓线】设置为当前图层，以拉长后的线段端点为圆心，绘制半径为 7.88 的齿面圆，如图 8-154 所示。

07 以中心线的交点为圆心，绘制直径为 29.56 的齿顶圆，如图 8-155 所示。

08 单击【修改】面板中的【修剪】按钮，将多余的线条修剪，效果如图 8-156 所示。

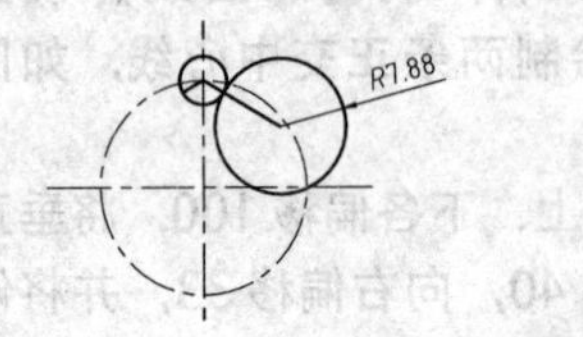

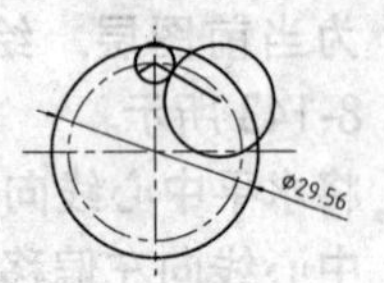

图 8-154 绘制齿面圆 图 8-155 绘制齿顶圆

图 8-156 修剪的效果

09 单击【修改】面板中的【镜像】按钮，将齿形轮廓镜像到左侧，如图 8-157 所示。

10 单击【修改】面板中的【环形阵列】按钮，选择圆心为阵列中心，项目数量为 8，阵列效果如图 8-158 所示。

11 单击【修改】面板中的【修剪】按钮，将齿顶圆多余的部分修剪，如图 8-159 所示。

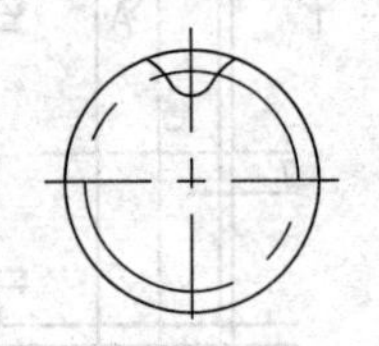

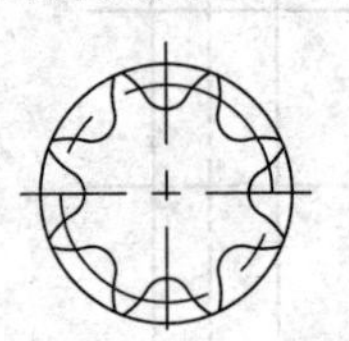

图 8-157 镜像齿形轮廓 图 8-158 阵列效果

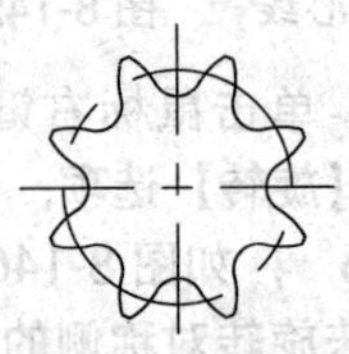

图 8-159 修剪齿顶圆

12 以中心线交点为圆心，绘制半径为 3.6 的圆，如图 8-160 所示，完成链轮的主视图。

⑬ 将【细实线】设置为当前图层，单击【绘图】面板中的【射线】中的按钮，从主视图向右引出水平射线，并绘制竖直直线 1，如图 8-161 所示。

⑭ 将直线 1 向左偏移 2.5 和 1，向右偏移同样的距离，如图 8-162 所示。

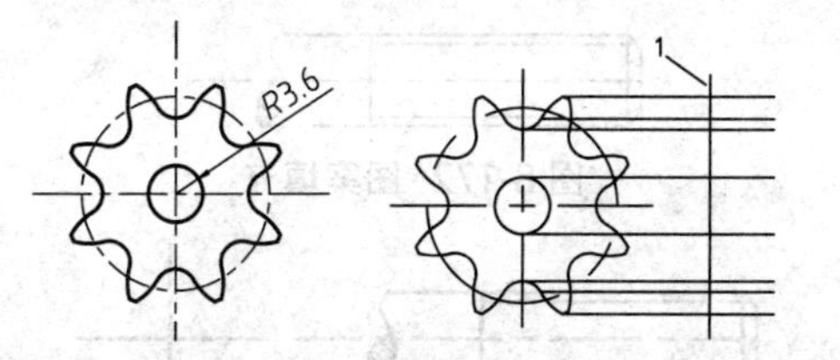

图 8-160 绘制的圆　图 8-161 绘制构造竖直线 1

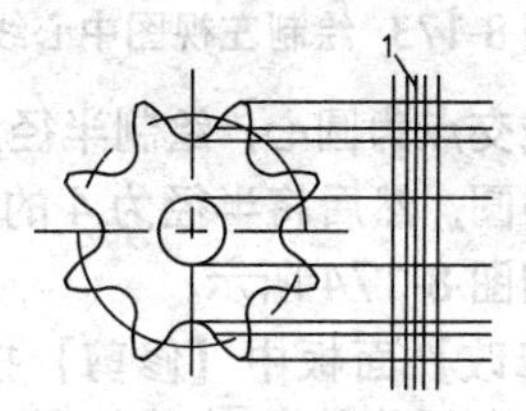

图 8-162 偏移竖直线 1

⑮ 由构造线交点绘制直线，并连接线段如图 8-163 所示。然后裁剪直线并设置线条的图层，结果如图 8-164 所示。

⑯ 将【虚线】设置为当前图层，在齿根圆圆心绘制半径为 2.5 的滚子，并标注滚子间距，此距离即为链条的节距，最终效果如图 8-165 所示。

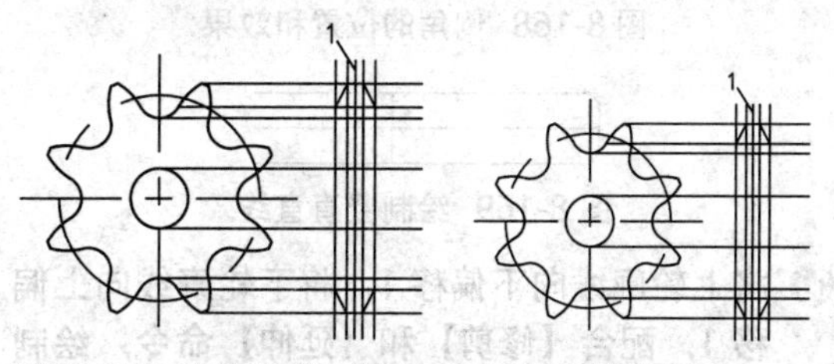

图 8-163 连接线段　图 8-164 裁剪的结果

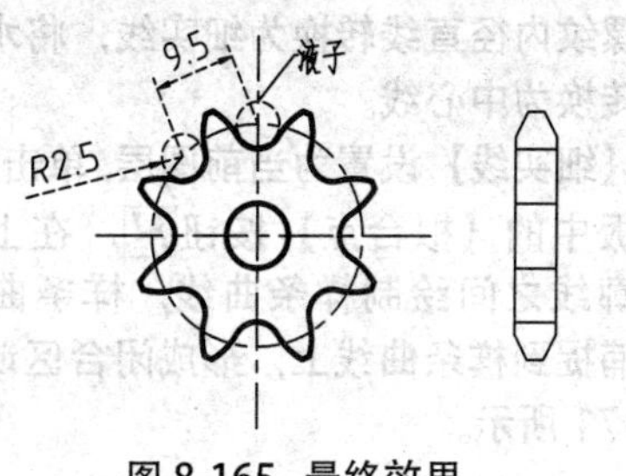

图 8-165 最终效果

107 绘制螺杆

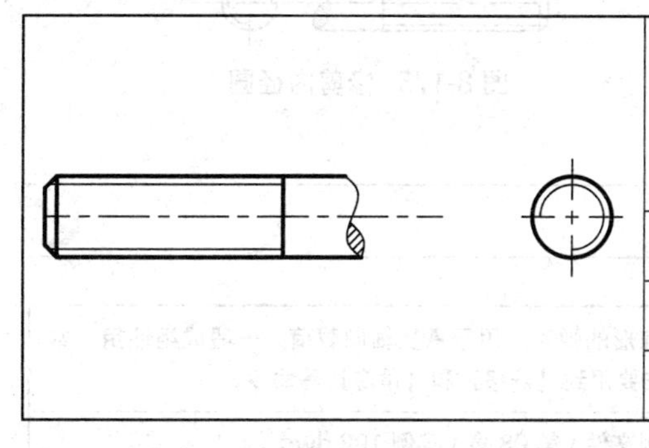

对于长径比很大的零件，以实际的长度表示零件不太方便，一般用打断视图来表示，将零件中间部分截去。本例综合运用了【直线】、【样条曲线】、【倒角】和【填充】等命令，绘制螺杆的打断视图，并演示了机械螺纹的画法。

文件路径：	实例文件 \ 第 08 章 \ 实例 107.dwg
视频文件：	MP4\ 第 08 章 \ 实例 107.MP4
播放时长：	0:04:05

01 以附赠的【机械制图模板 .dwt】样板文件为绘图样板，新建 AutoCAD 文件。

02 将【轮廓线】设置为当前图层，绘制一条长为 50 的水平直线，并向上、下各偏移 5，如图 8-166 所示。

03 在上、下两直线的左端点绘制一条竖直直线，并将该直线向右偏移 30，如图 8-167 所示。

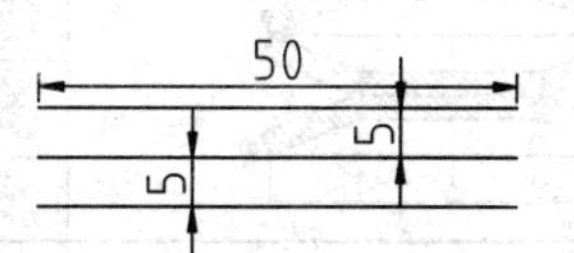

图 8-166 绘制并偏移直线

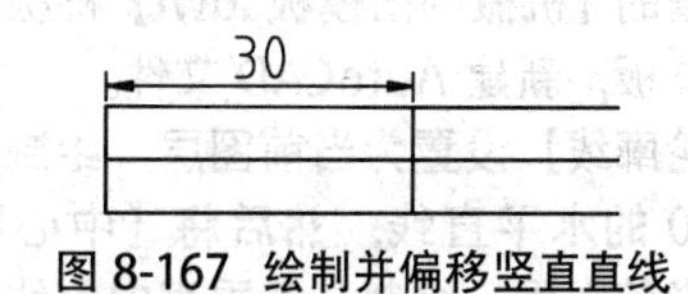

图 8-167 绘制并偏移竖直直线

04 单击【修改】面板中的【倒角】按钮，两个倒角距离均为1.5，倒角位置和结果图8-168图所示。

05 由倒角的端点绘制竖直直线如图8-169所示。

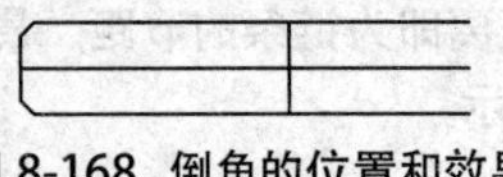

图 8-168 倒角的位置和效果

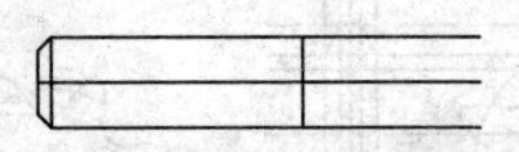

图 8-169 绘制竖直直线

06 将上轮廓线向下偏移1，将下轮廓线向上偏移1，配合【修剪】和【延伸】命令，绘制螺纹的内径，如图8-170所示。

07 将螺纹内径直线转换为细实线，将水平中心线转换为中心线。

08 将【细实线】设置为当前图层，单击【绘图】面板中的【拟合点】按钮，在上、下两轮廓线之间绘制样条曲线，样条曲线的终点捕捉到样条曲线上，形成闭合区域，如图8-171所示。

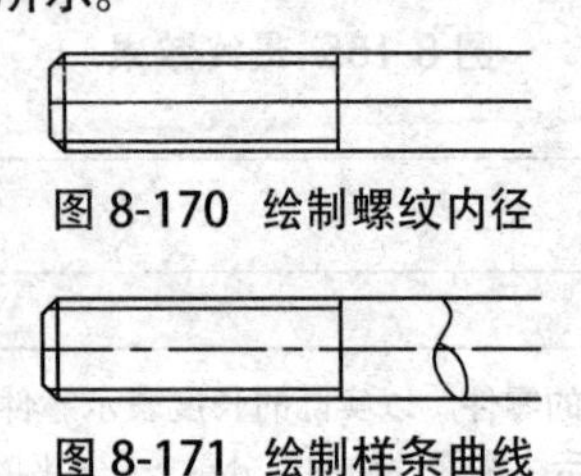

图 8-170 绘制螺纹内径

图 8-171 绘制样条曲线

09 裁剪上、下轮廓线的多余部分，然后单击【绘图】面板中的【图案填充】按钮，将样条曲线的封闭区域填充，图案类型为ANSI31，填充比例为0.2，如图8-172所示。

10 将【中心线】设置为当前图层，在螺杆的右侧绘制正交中心线，如图8-173所示。

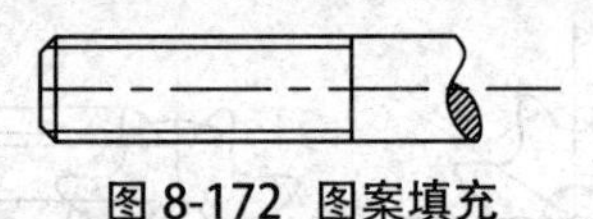

图 8-172 图案填充

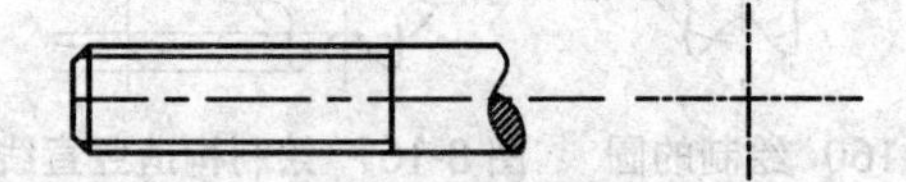

图 8-173 绘制左视图中心线

11 以中心线交点为圆心，绘制半径为4和5的两个同心圆，然后将半径为4的圆转换为细实线，如图8-174所示。

12 单击【修改】面板中【修剪】按钮，将半径为4的圆修剪1 ⊠ 4，如图8-175所示。

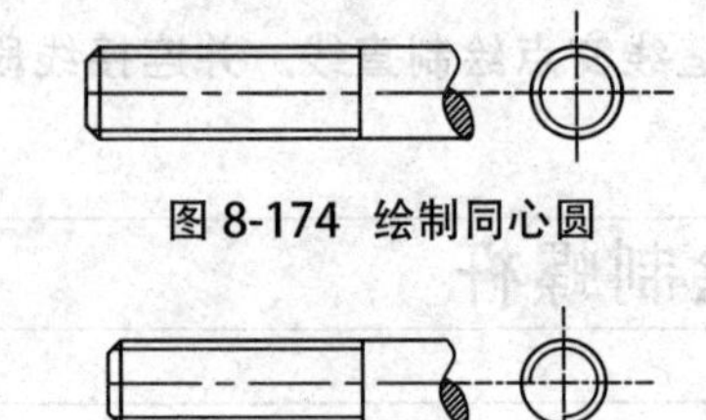

图 8-174 绘制同心圆

图 8-175 修剪内径圆

108 绘制碟形弹簧

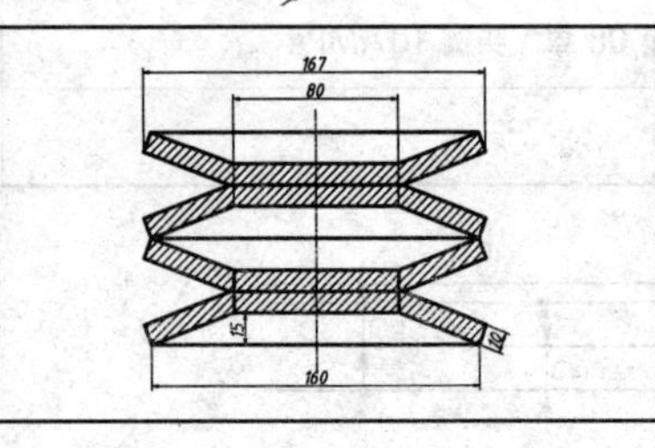

	碟形弹簧是形状如碟形的弹簧，用于承受轴向载荷，一般成组使用。本例绘制一组碟形弹簧，主要用到【偏移】和【镜像】等命令。	
	文件路径：	实例文件\第08章\实例108.dwg
	视频文件：	MP4\第08章\实例108.MP4
	播放时长：	0:03:31

01 以附赠的【机械制图模板.dwt】样板文件为绘图样板，新建AutoCAD文件。

02 将【轮廓线】设置为当前图层，绘制一条长为160的水平直线，然后将【中心线】设置为当前图层，绘制一条垂直中心线，如图8-176所示。

03 将水平直线向上偏移15，将垂直中心线向两侧各偏移40，如图8-177所示。

04 将【轮廓线】设置为当前图层，使用快捷键命令L，绘制直线，如图8-178所示。

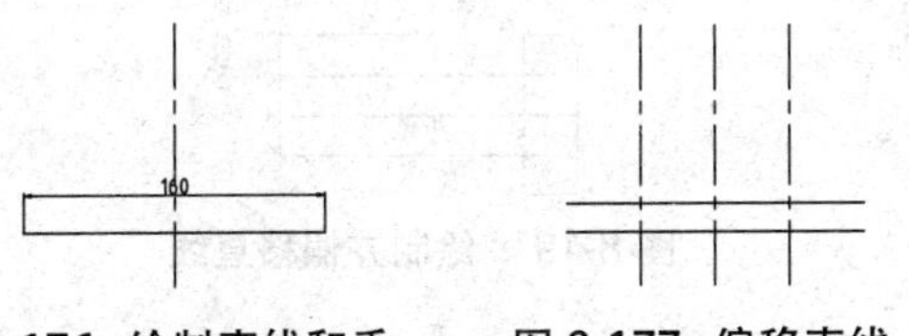

图 8-176 绘制直线和垂直中心线　　图 8-177 偏移直线

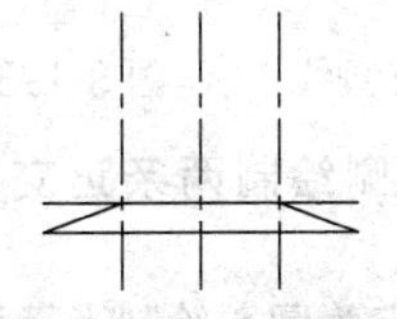

图 8-178 绘制直线

05 在命令行中输入 TR，激活【修剪】命令，如图 8-179 所示。

06 单击【修改】面板中的【合并】按钮，或在命令行中输入 J 快捷命令，选择梯形的顶边和两腰为合并对象，将其合并为一条多段线。

07 将合并后的多段线向上偏移 10，如图 8-180 所示。

08 绘制连接直线，将直线两端封闭，如图 8-181 所示。

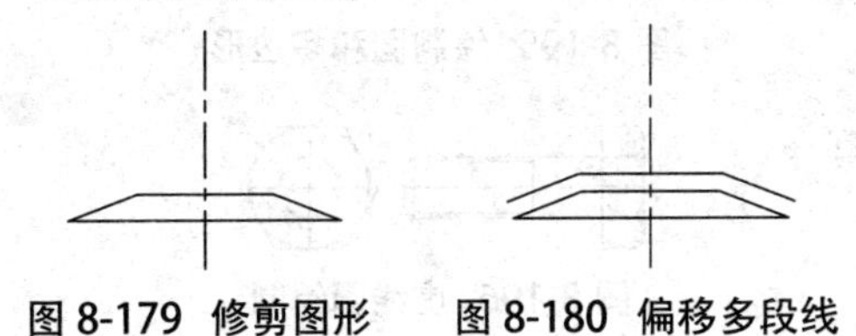

图 8-179 修剪图形　　图 8-180 偏移多段线

图 8-181 绘制连接线

09 将【细实线】设置为当前图层，单击【绘图】面板中的【图案填充】按钮，或在命令行中输入 H 快捷命令，选择 ANSI31 图案，图案填充效果如图 8-182 所示。

10 单击【修改】面板中的【镜像】按钮，将单片弹簧镜像，如图 8-183 所示。

11 重复执行【镜像】命令，创建蝶形弹簧，如图 8-184 所示。

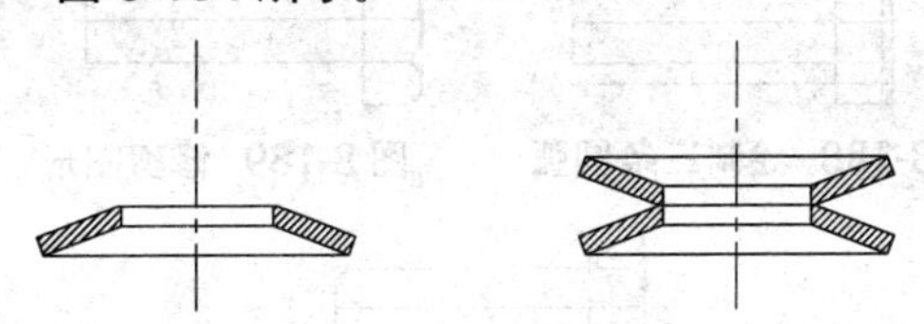

图 8-182 图案填充效果　　图 8-183 镜像单片弹簧

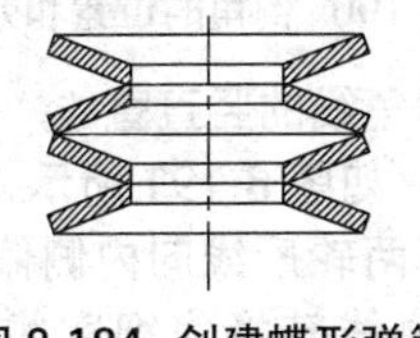

图 8-184 创建蝶形弹簧

109 绘制螺栓

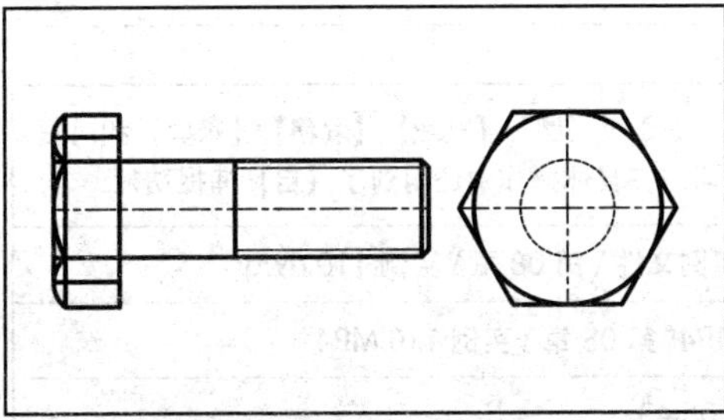

螺栓是机械中重要的紧固件，常与螺母和垫圈配套使用。本例主要运用【直线】、【圆弧】、【偏移】和【倒角】等命令，绘制螺栓的两个视图。

文件路径：	实例文件 \ 第 08 章 \ 实例 109.dwg
视频文件：	MP4\ 第 08 章 \ 实例 109.MP4
播放时长：	0:05:04

01 以附赠的【机械制图模板 .dwt】样板文件为绘图样板，新建 AutoCAD 文件。

02 将【轮廓线】设置为当前图层，绘制定长的竖直直线和水平直线，如图 8-185 所示。

03 将水平直线向上偏移 10 和 15 个，向下偏移同样的距离；将竖直直线向右偏移 2.5 和 14，如图 8-186 所示。

04 绘制直线，封闭螺栓轮廓，如图 8-187 所示。

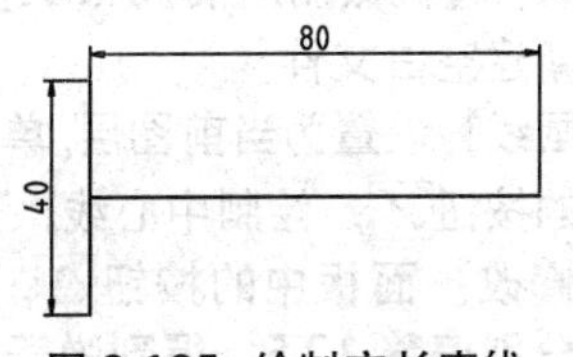

图 8-185 绘制定长直线

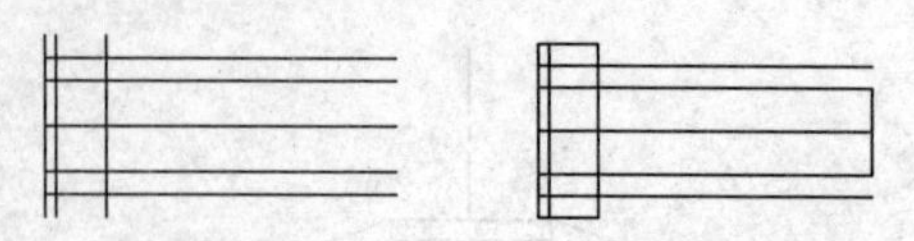

图 8-186 偏移直线　　图 8-187 封闭轮廓

05 单击【绘图】面板中的【圆弧】按钮，以辅助线为参考，绘制三条圆弧，如图 8-188 所示。

06 删除多余的辅助线并进行修剪，如图 8-189 所示。

07 单击【绘图】面板中的【倒角】按钮，两个倒角距离均为 1.5，倒角的位置和效果如图 8-190 所示。

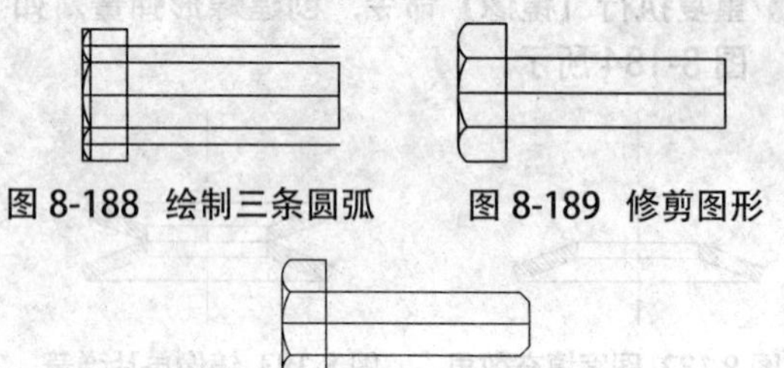

图 8-188 绘制三条圆弧　　图 8-189 修剪图形

图 8-190 倒角的位置和效果

08 绘制连接倒角线的竖直直线，并将其向左方向偏移 40，如图 8-191 所示。

09 将螺杆上下两轮廓线向内侧偏移 1.5，并将偏移出的直线转换为细实线，如图 8-192 所示。

10 修剪图形，并将水平中心线转换为中心线，完成螺栓主视图的绘制，如图 8-193 所示。

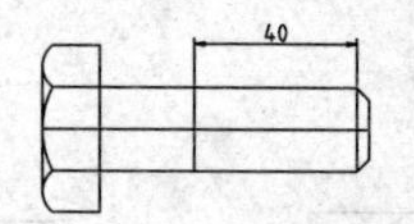

图 8-191 绘制并偏移直线

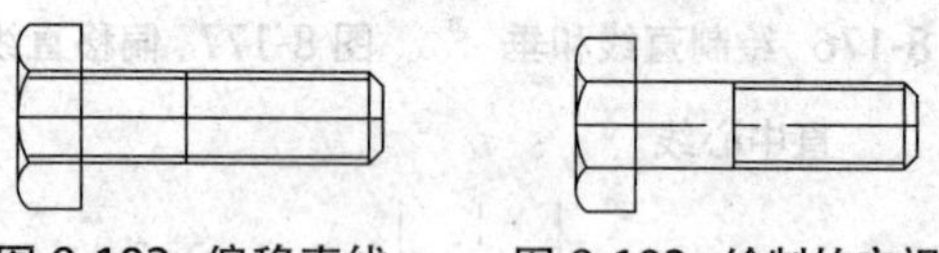

图 8-192 偏移直线　　图 8-193 绘制的主视图

11 在主视图右侧绘制两条正交中心线，如图 8-194 所示。

12 以中心线交点为圆心绘制半径为 20 的圆，并绘制与之相切的正六边形，如图 8-195 所示。

13 将【虚线】设置为当前图层，在中心线交点绘制半径为 10 的圆，如图 8-196 所示。

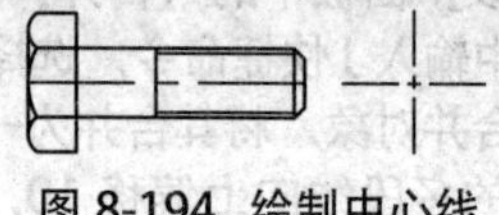

图 8-194 绘制中心线

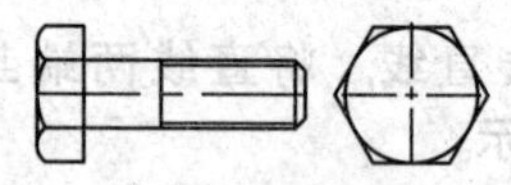

图 8-195 绘制圆和多边形

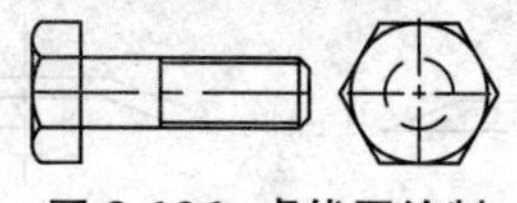

图 8-196 虚线圆绘制

110 绘制压缩弹簧

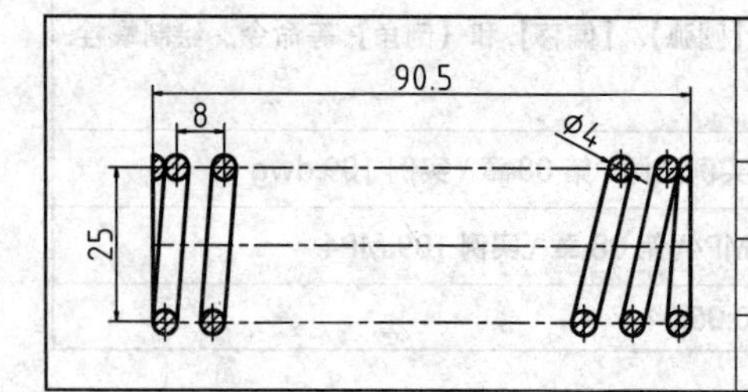

通过弹簧的绘制，主要对【圆】、【直线】、【偏移】、【修剪】和【复制】命令进行综合练习，在具体操作中还用到了【自】捕捉功能。

文件路径：	实例文件 \ 第 08 章 \ 实例 110.dwg
视频文件：	MP4\ 第 08 章 \ 实例 110.MP4
播放时长：	0:05:43

01 以附赠文件【机械制图模板 .dwt】作为基础样板，新建空白文件。

02 将【点画线】设置为当前图层，单击【绘图】面板中的按钮，绘制中心线。

03 单击【修改】面板中的按钮，将中心线向上下分别偏移 12.5，得到弹簧的中径距，如图 8-197 所示。

04 将【轮廓线】设置为当前层，单击【绘图】面板中的按钮，绘制垂直直线，并将其向右偏移 90.5，如图 8-198 所示。

05 将【点画线】设置为当前图层，执行【直线】命令，配合【自】捕捉功能，绘制中心线。

命令行操作过程如下：

命令：↙ LINE 指定第一点：_from 基点：

// 单击图 8-198 所示的 C 点

< 偏移 >:@2,-3 ↙

指定下一点或 [放弃 (U)]:@0，6 ↙

指定下一点或 [放弃 (U)]: ↙

// 按 Enter 键，结束命令

命令：↙

// 按 Enter 键，重复 [直线] 命令

LINE 指定第一点：_from 基点：

// 单击图 8-198 所示的 D 点

< 偏移 >:@4,3 ↙

指定下一点或 [放弃 (U)]:@0,-6 ↙

指定下一点或 [放弃 (U)]: ↙

// 按 Enter 键，结束命令，绘制的中心线如图 8-199 所示

图 8-197 偏移中心线

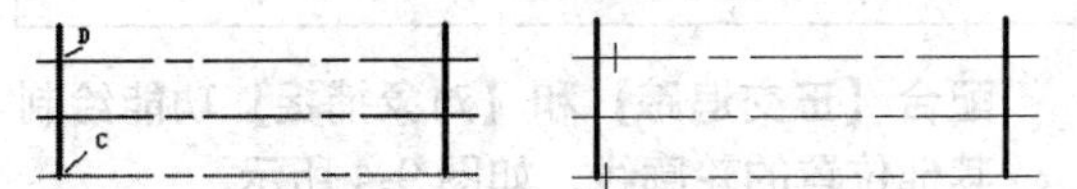

图 8-198 绘制并偏移　　图 8-199 绘制的中心线

06 将【轮廓线】设置为当前层，单击【绘图】面板中的按钮，绘制半径为 2 的圆，如图 8-200 所示。

07 单击【修改】面板中的按钮，修剪多余的圆弧，如图 8-201 所示。

08 单击【修改】面板中的按钮，激活【镜像】命令，将步骤 5 和 7 中绘制的中心线和图形相对于水平中心线中点水平镜像，如图 8-202 所示。

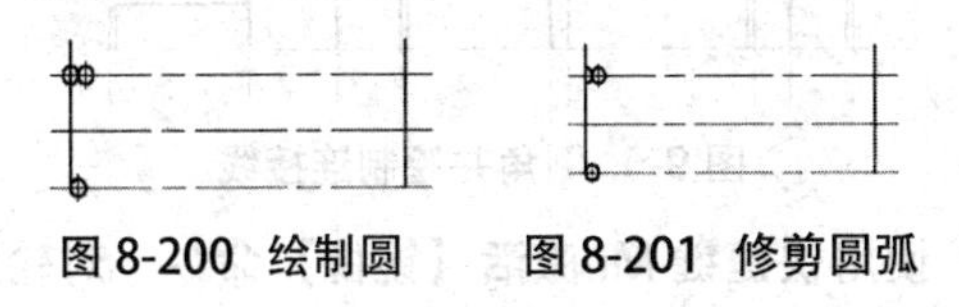

图 8-200 绘制圆　　图 8-201 修剪圆弧

图 8-202 镜像复制

09 单击【修改】面板中的【复制】按钮，选择图 8-203 所示的左侧两个圆作为复制对象，向右水平复制 8，如图 8-204 所示。

10 重复步骤 9，复制右侧的圆，如图 8-205 所示。

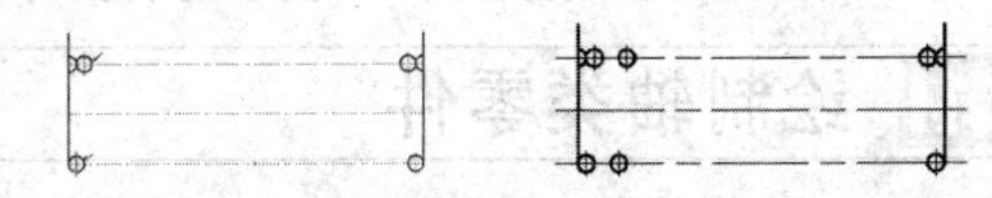

图 8-203 选择复制对象　　图 8-204 复制对象

图 8-205 复制右侧圆

11 执行【修剪】命令，修剪图形，并执行【直线】命令，绘制切线，将弹簧的轮廓连接起来，如图 8-206 所示。

12 将【剖面线】图层设置为当前图层，单击按钮，填充图案；选择 ANSI31 图案，比例为 0.2，如图 8-207 所示。至此，弹簧图形绘制完成。

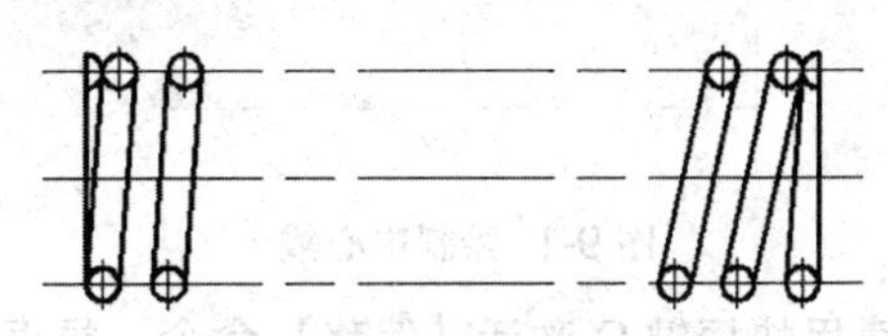

图 8-206 绘制切线

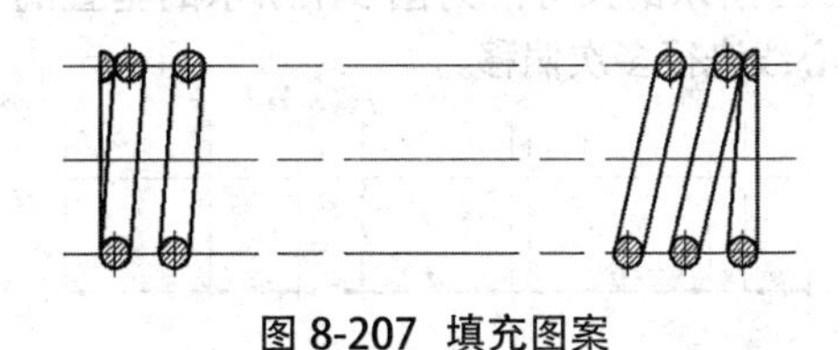

图 8-207 填充图案

9 Chapter

第9章

零件视图与辅助视图绘制

本章通过轴类、杆类、盘类、盖类、座体类、阀体类和壳类等典型零件实例的绘制，在巩固相关知识的前提下，主要学习各类零件视图与辅助视图的绘制方法和技巧。

111 绘制轴类零件

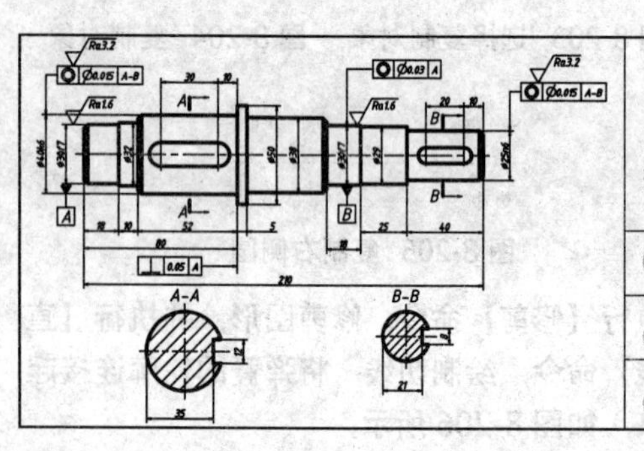

通过绘制轴类零件，主要综合练习【直线】、【偏移】、【倒角】、【圆角】、【镜像】和【构造线】命令，在具体操作过程中还使用了【切点】捕捉和【图案填充】功能。

文件路径：	实例文件 \ 第 09 章 \ 实例 111.dwg
视频文件：	MP4\ 第 09 章 \ 实例 111.MP4
播放时长：	0:11:56

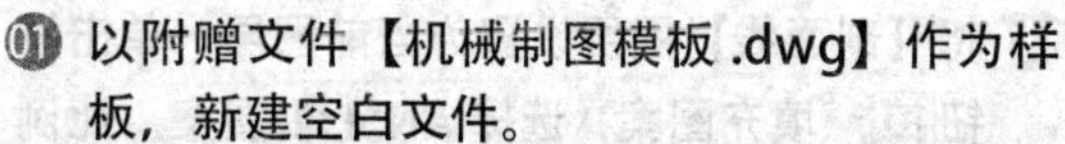

01 以附赠文件【机械制图模板 .dwg】作为样板，新建空白文件。

02 将图层切换为【中心线】，然后执行【直线】命令，绘制中心线如图 9-1 所示，尺寸可任意。

图 9-1 绘制中心线

03 使用快捷键 O 激活【偏移】命令，根据图 9-2 所示的尺寸，对图 9-1 所示的垂直的中心线进行多次偏移。

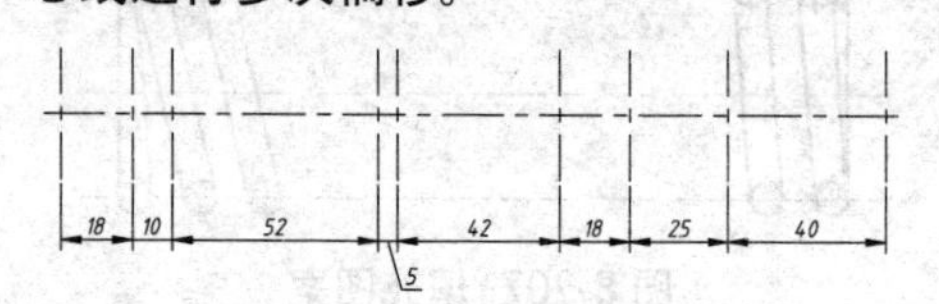

图 9-2 偏移中心线

04 将【轮廓线】设置为当前图层，执行 L【直线】命令，绘制如图 9-3 所示轮廓线（尺寸见效果图）。

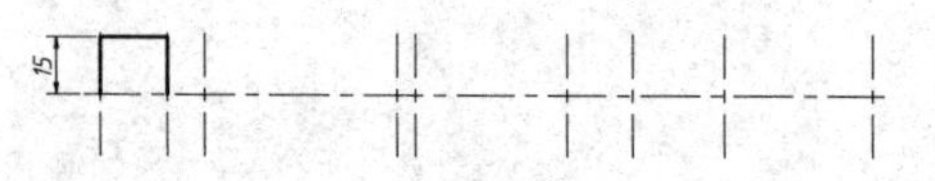

图 9-3 绘制轮廓线

05 根据第 4 步的操作，执行 L【直线】命令，配合【正交追踪】和【对象捕捉】功能绘制其他位置的轮廓线，如图 9-4 所示。

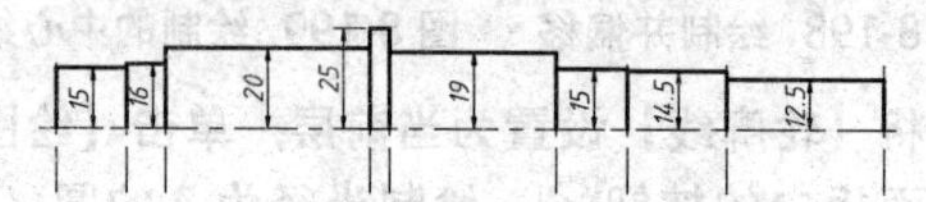

图 9-4 绘制其他轮廓线

06 单击【修改】面板中的按钮，激活【倒角】命令，对轮廓线进行倒角，倒角尺寸为 C2；然后执行【直线】命令，配合【对象捕捉】与【正交追踪】功能，绘制倒角的连接线，如图 9-5 所示。

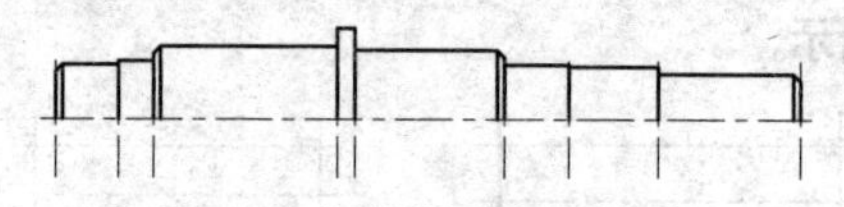

图 9-5 倒角并绘制连接线

07 使用快捷键 MI 激活【镜像】命令，对轮廓线进行镜像复制，如图 9-6 所示。

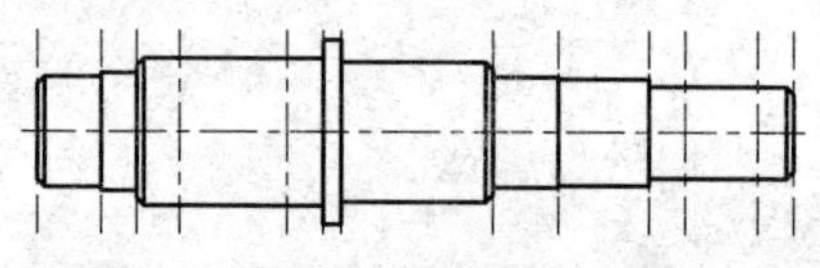

图 9-6 镜像图形

08 绘制键槽。使用快捷键 O 激活【偏移】命令，创建如图 9-7 所示的垂直辅助线。

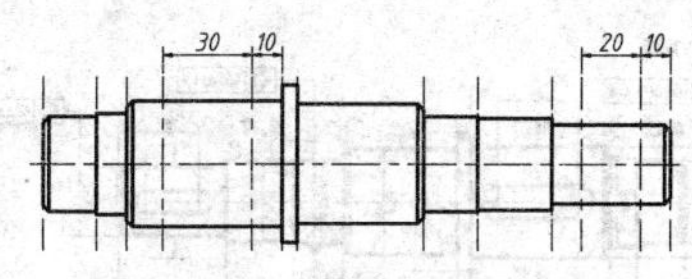

图 9-7 创建垂直辅助线

⑨ 将【轮廓线】设置为当前图层，执行 C【圆】命令，以刚偏移的垂直辅助线与水平中心线的交点为圆心，绘制直径为 12 和 8 的圆，如图 9-8 所示。

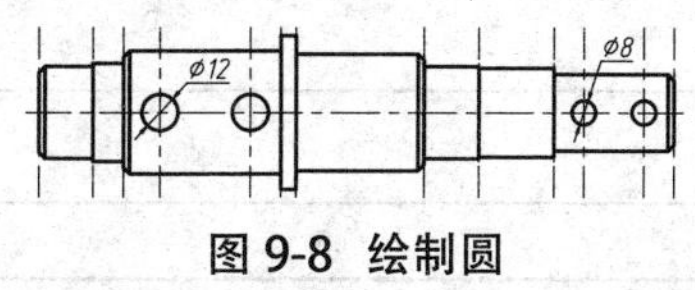

图 9-8 绘制圆

⑩ 执行 L【直线】命令，配合【切点】捕捉功能，绘制键槽轮廓，如图 9-9 所示。

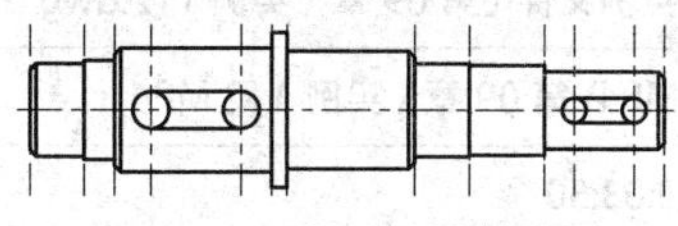

图 9-9 绘制键槽轮廓

⑪ 执行 TR【修剪】命令，对键槽轮廓进行修剪，并删除多余的辅助线，如图 9-10 所示。

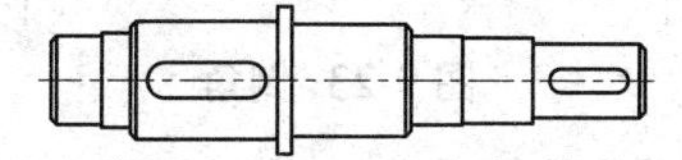

图 9-10 修剪和删除多余图形

⑫ 将【中心线】设置为当前层，使用快捷键 XL 激活【构造线】命令，绘制如图 9-11 所示的水平和垂直构造线，作为移出断面图的定位辅助线。

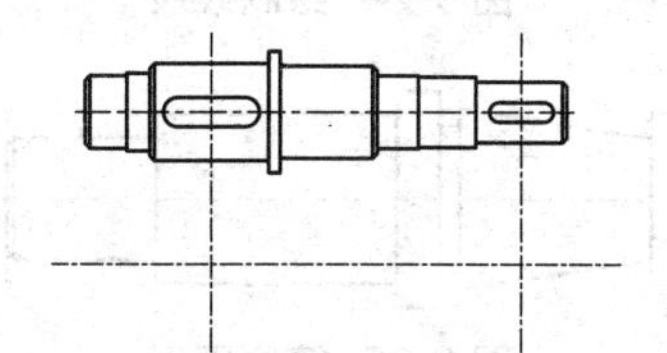

图 9-11 绘制构造线

⑬ 将【轮廓线】设置为当前图层，执行 C【圆】命令，以构造线的交点为圆心，分别绘制直径为 40 和 25 的圆，如图 9-12 所示。

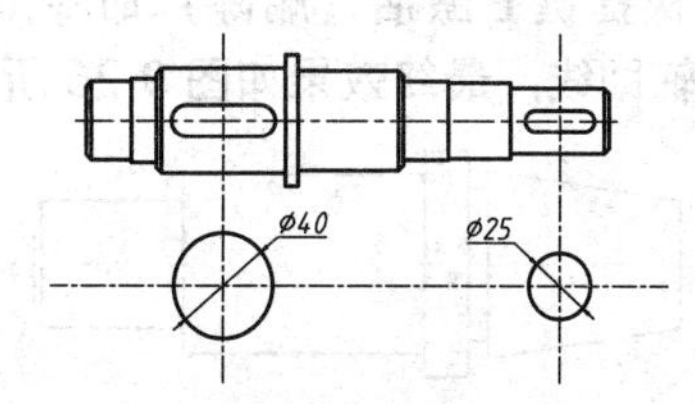

图 9-12 绘制两个圆

⑭ 单击【修改】面板中的【偏移】按钮，对Ø40 圆的水平和垂直构造线进行偏移，得到辅助线，如图 9-13 所示。

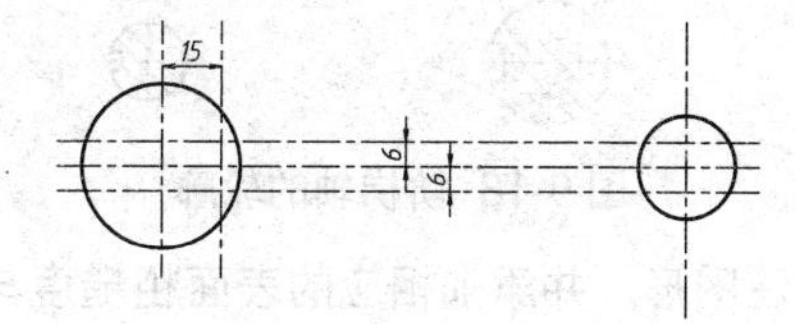

图 9-13 偏移中心线得到辅助线

⑮ 将【轮廓线】设置为当前图层，执行 L【直线】命令，绘制Ø40 圆的键槽轮廓，如图 9-14 所示。

⑯ 综合执行 E【删除】和 TR【修剪】命令，去掉不需要的构造线和轮廓线，修剪Ø40 圆的键槽如图 9-15 所示。

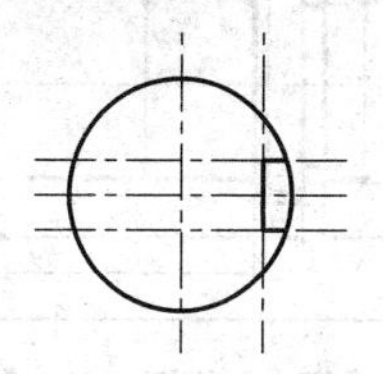

图 9-14 绘制 Ø40 圆的键槽轮廓

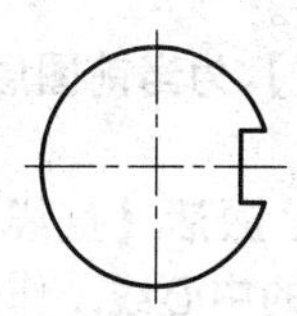

图 9-15 修剪 Ø40 圆的键槽

⑰ 按相同方法绘制Ø25 圆的键槽，如图 9-16 所示。

⑱ 将【剖面线】设置为当前图层，单击【绘图】面板中的【图案填充】按钮，为此剖面图填充 ANSI31 图案，填充比例为 1.5，角度为 0，如图 9-17 所示。

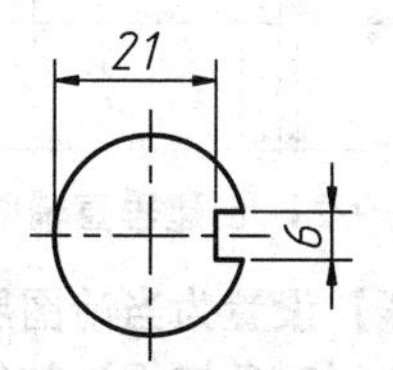

图 9-16 绘制 Ø25 圆的键槽

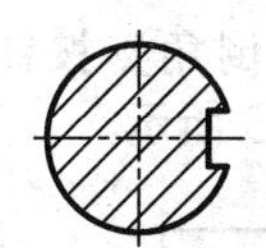

图 9-17 填充剖面线

⑲ 绘制完的阶梯轴的轮廓如图 9-18 所示。

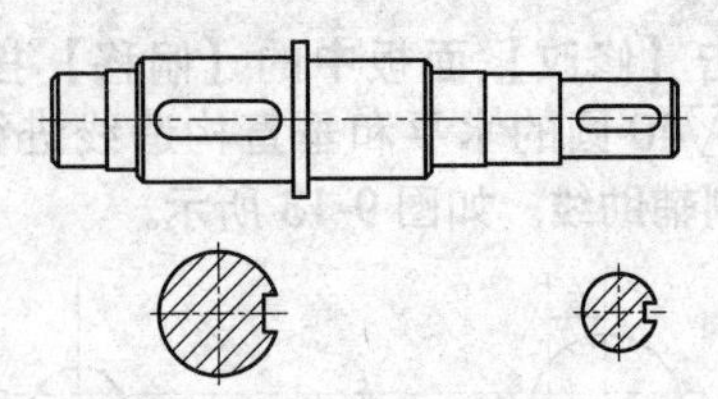

图 9-18 阶梯轴的轮廓

⑳ 标注图形，并添加相应的表面粗糙度与几何公差，最终的零件图如图 9-19 所示。

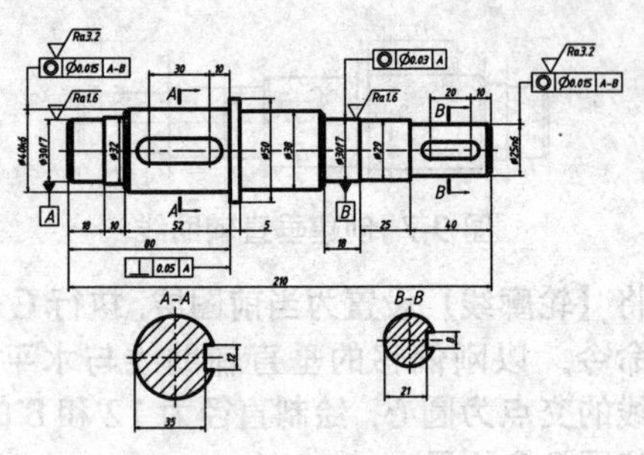

图 9-19 最终的零件图

112 绘制杆类零件

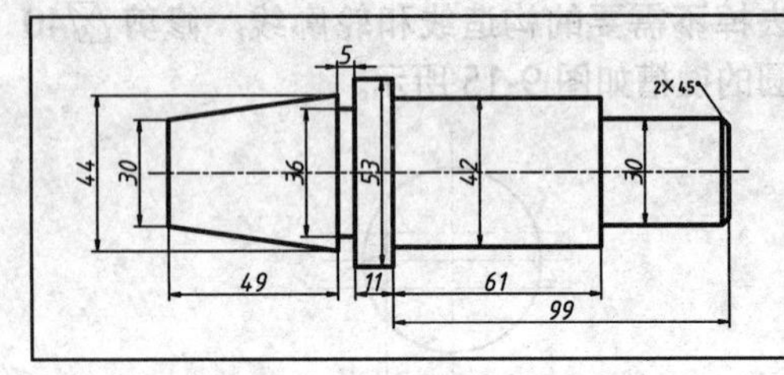

通过杆类零件的绘制，主要综合练习【直线】、【偏移】、【倒角】和【镜像】命令，在具体操作过程中还使用了【对象捕捉】功能。	
文件路径：	实例文件 \ 第 09 章 \ 实例 112.dwg
视频文件：	MP4\ 第 09 章 \ 实例 112.MP4
播放时长：	0:03:50

01 以附赠文件【机械样板 .dwt】作为基础样板，新建空白文件。

02 设置【点画线】为当前图层，并启用【线宽】功能。

03 使用快捷键 L 激活【直线】命令，绘制如图 9-20 所示的中心线，作为定位辅助线。

04 使用快捷键 O，激活【偏移】命令，创建如图 9-21 所示的垂直辅助线。

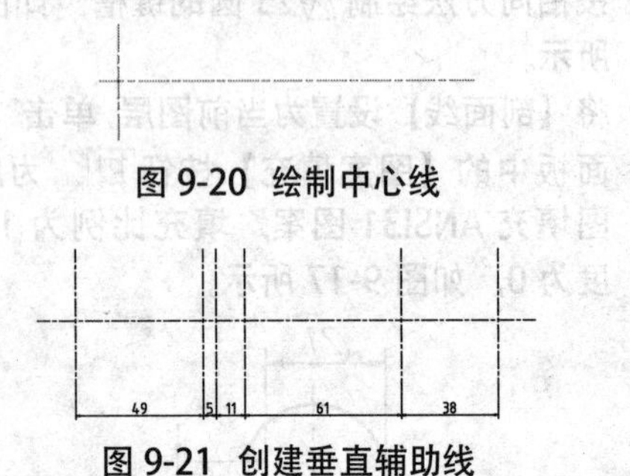

图 9-20 绘制中心线

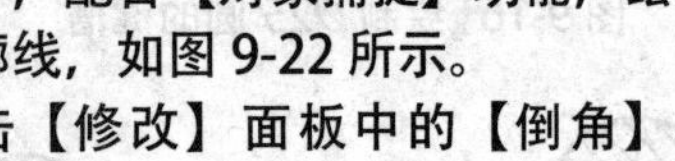

图 9-21 创建垂直辅助线

05 将【轮廓线】设置为当前图层，执行【直线】命令，配合【对象捕捉】功能，绘制图形的轮廓线，如图 9-22 所示。

06 单击【修改】面板中的【倒角】按钮，对图形进行倒角，如图 9-23 所示。

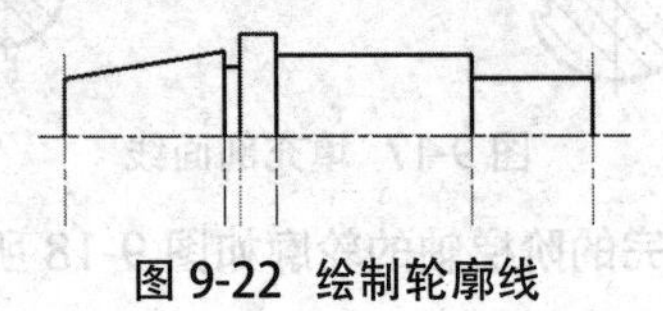

图 9-22 绘制轮廓线

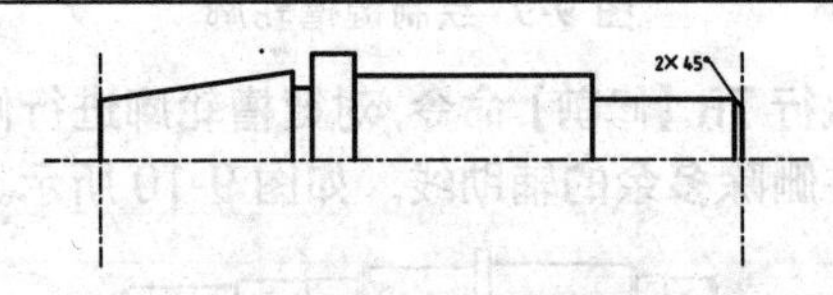

图 9-23 倒角

07 执行【直线】命令，绘制如图 9-24 所示的线段。

08 单击【修改】面板中的【镜像】按钮，以水平辅助线作为镜像轴，对图 9-24 中的所有图形进行镜像，如图 9-25 所示。

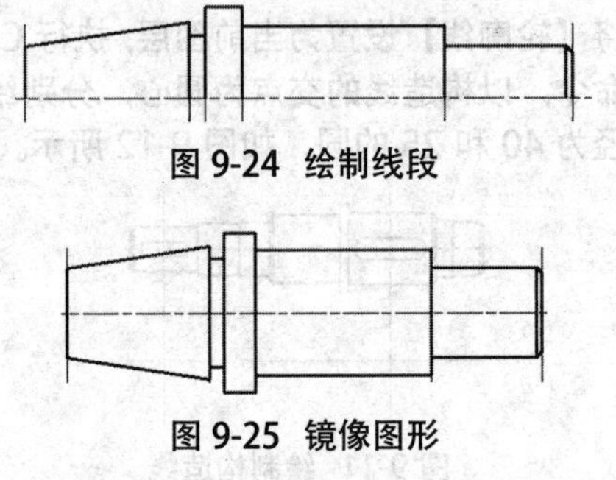

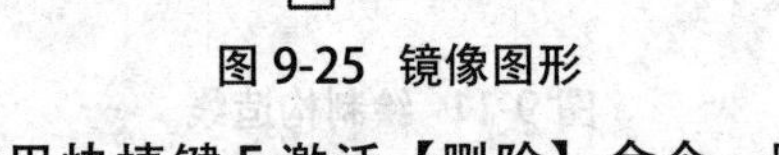

图 9-24 绘制线段

图 9-25 镜像图形

09 使用快捷键 E 激活【删除】命令，删除多余的辅助线，最终效果如图 9-26 所示。

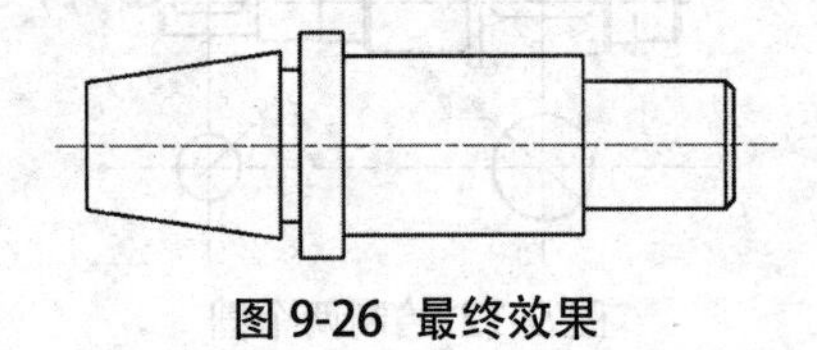

图 9-26 最终效果

113 绘制紧固件类零件

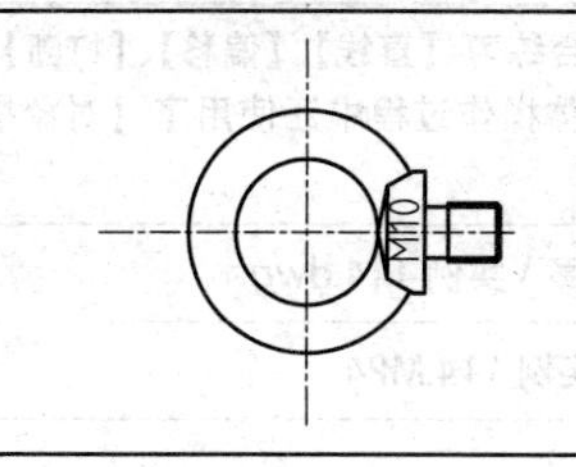

通过紧固件类零件的绘制，主要综合练习【直线】、【偏移】、【倒角】和【矩形】命令，在具体操作过程中还使用了【对象捕捉】功能。	
文件路径：	实例文件 \ 第 09 章 \ 实例 113.dwg
视频文件：	MP4\ 第 09 章 \ 实例 113.MP4
播放时长：	0:04:29

01 以附赠文件【机械样板 .dwt】作为基础样板，新建空白文件。

02 设置【点画线】为当前图层，并启用【线宽】功能。

03 使用快捷键 L 激活【直线】命令，绘制如图 9-27 所示的中心线，作为定位辅助线。

04 设置【轮廓线】为当前图层。

05 使用快捷键 C 激活【圆】命令，绘制如图 9-28 所示半径分别为 15 和 25 的同心圆。

06 执行【偏移】命令，将水平中心线分别向上、下偏移 12.5，再将垂直中心线向右偏移 22.5、25，如图 9-29 所示。

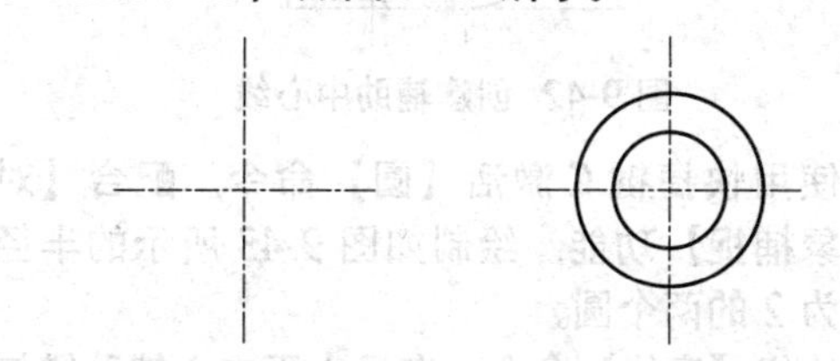

图 9-27 绘制中心线　图 9-28 绘制同心圆

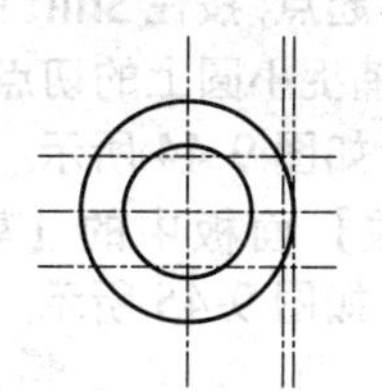

图 9-29 偏移中心线

07 单击【修改】面板中的【修剪】按钮，对图形进行修剪，并将其转换为轮廓线，如图 9-30 所示。执行【直线】命令，绘制如图 9-31 所示的线段。

08 单击【修改】面板中的【倒角】按钮，设置第一个倒角距离为 5.5，第二个倒角距离为 3，对图形进行倒角，如图 9-32 所示。

09 执行【直线】命令，捕捉端点和象限点，绘制吊环连体辅助轮廓线，如图 9-33 所示。

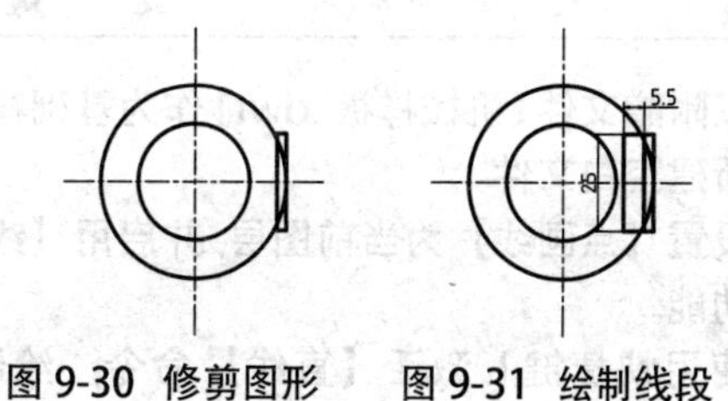

图 9-30 修剪图形　图 9-31 绘制线段

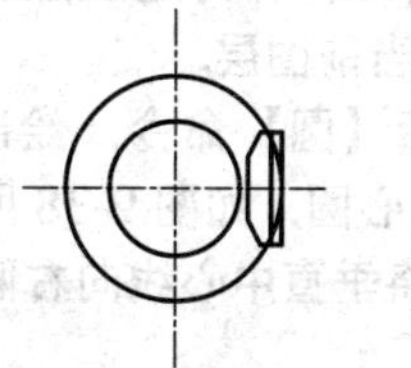

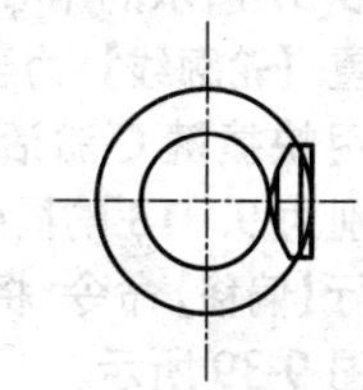

图 9-32 倒角图形　图 9-33 绘制辅助轮廓线

10 执行【圆角】命令，设置圆角半径为 0.5，将吊环与连体之间进行圆角处理，并修剪删除多余线段，如图 9-34 所示。

11 执行【矩形】命令，绘制长为 16、宽为 10.5 和长为 11、宽为 12 的两个矩形，如图 9-35 所示。

12 执行【倒角】命令，设置距离为 0.75，将螺纹头进行倒角处理，最终效果如图 9-36 所示。

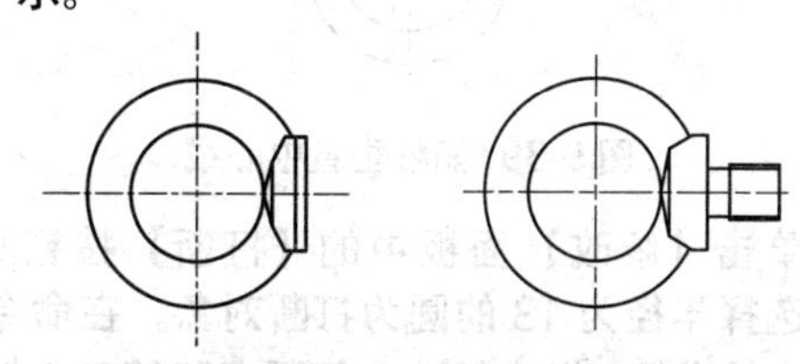

图 9-34 圆角和修剪　图 9-35 绘制矩形

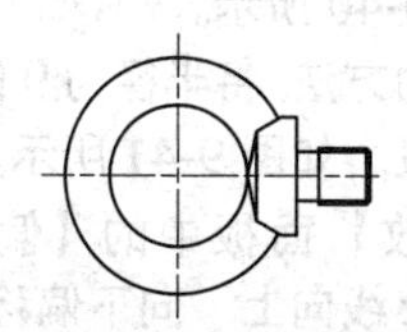

图 9-36 最终效果

114 绘制弹簧类零件

	通过弹簧类零件的绘制，主要综合练习【直线】、【偏移】、【打断】、【图案填充】和【镜像】命令，在具体操作过程中还使用了【对象捕捉】功能。
文件路径：	实例文件 \ 第 09 章 \ 实例 114.dwg
视频文件：	MP4\ 第 09 章 \ 实例 114.MP4
播放时长：	0:05:25

01 以附赠文件【机械样板 .dwt】作为基础样板，新建空白文件。

02 设置【点画线】为当前图层，并启用【线宽】功能。

03 使用快捷键 L 激活【直线】命令，绘制如图 9-37 所示的中心线，作为定位辅助线。

04 设置【轮廓线】为当前图层。

05 使用快捷键 C 激活【圆】命令，绘制半径分别为 9、13 的同心圆，如图 9-38 所示。

06 执行【偏移】命令，将垂直中心线向右偏移 2，如图 9-39 所示。

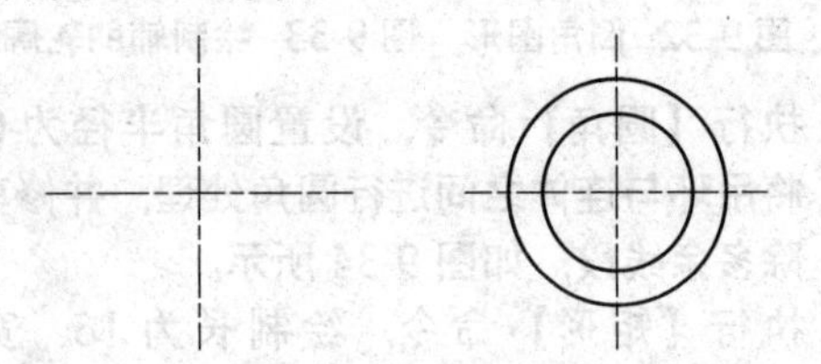

图 9-37 绘制中心线　　图 9-38 绘制同心圆

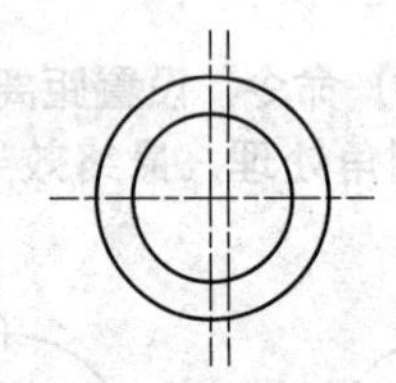

图 9-39 偏移垂直中心线

07 单击【修改】面板中的【打断】按钮，选择半径为 13 的圆为打断对象。在命令行中输入 F，指定第一个打断点和第二个打断点，如图 9-40 所示。

08 使用同样的方法，将半径为 9 的圆进行打断，并闭合线段，如图 9-41 所示。

09 单击【修改】面板中的【偏移】按钮，将水平中心线向上、向下偏移，再将垂直中心线向右偏移，创建辅助中心线如图 9-42 所示。

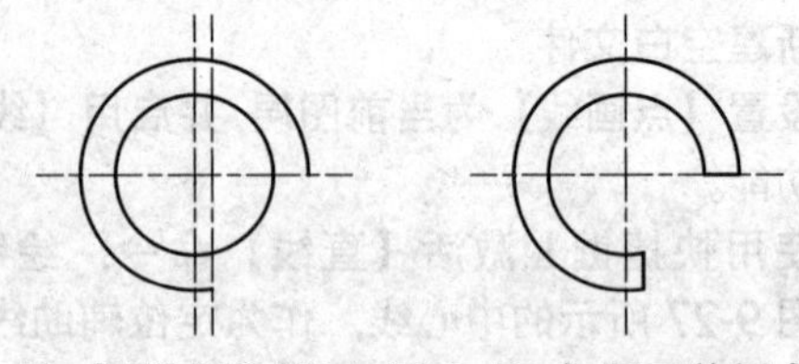

图 9-40 打断 R13 的圆　图 9-41 打断圆并闭合线段

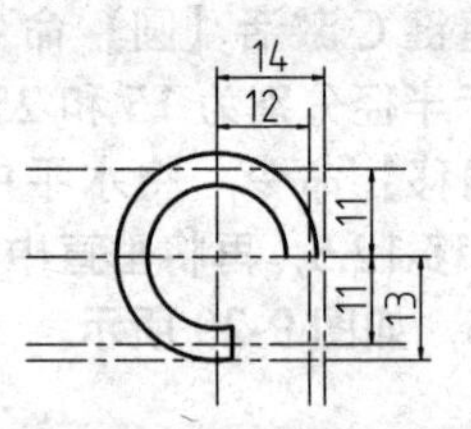

图 9-42 创建辅助中心线

10 使用快捷键 C 激活【圆】命令，配合【对象捕捉】功能，绘制如图 9-43 所示的半径为 2 的两个圆。

11 执行【直线】命令，选择水平中心辅助线与圆的交点为起点，按住 Shift 键右击，选择【切点】选项，捕捉小圆上的切点为直线的端点，绘制切线，如图 9-44 所示。

12 单击【修改】面板中的【复制】按钮，复制小圆，如图 9-45 所示。

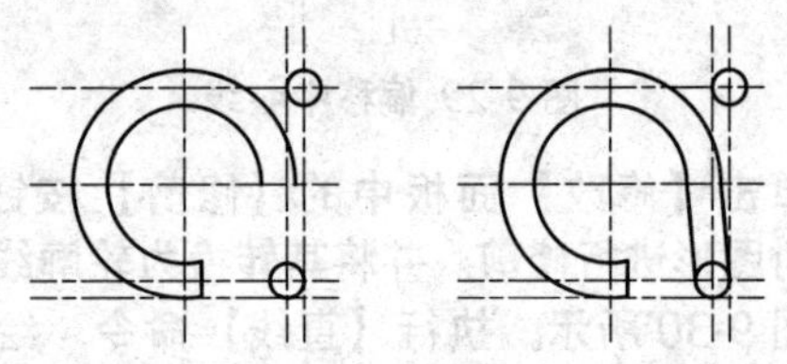

图 9-43 绘制圆　　图 9-44 绘制切线

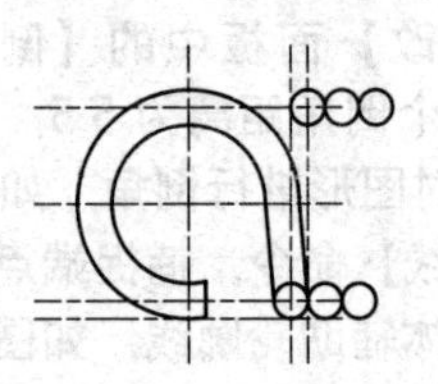

图 9-45 复制小圆

⑬ 执行【直线】命令，使用与步骤 11 相同的方法，绘制其余切线，如图 9-46 所示。

⑭ 使用快捷键 TR 激活【修剪】命令，修剪并删除多余线段，如图 9-47 所示。

⑮ 单击【修改】面板中的【偏移】按钮，选择垂直中心线，将其向右偏移 33，如图 9-48 所示。

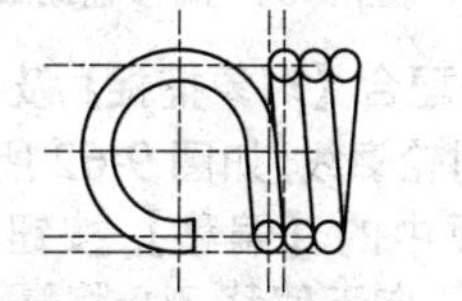
图 9-46 绘制其余切线

图 9-47 修剪线段

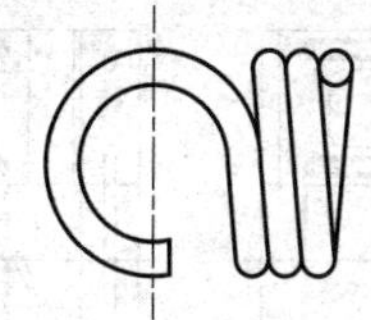
图 9-48 偏移垂直中心线

⑯ 使用快捷键 MI 激活【镜像】命令，以偏移得到的垂直中心线为对称轴，进行镜像，如图 9-49 所示。

⑰ 重复使用【镜像】命令，将右侧弹簧沿水平中心线进行镜像，并删除原对象，如图 9-50 所示。

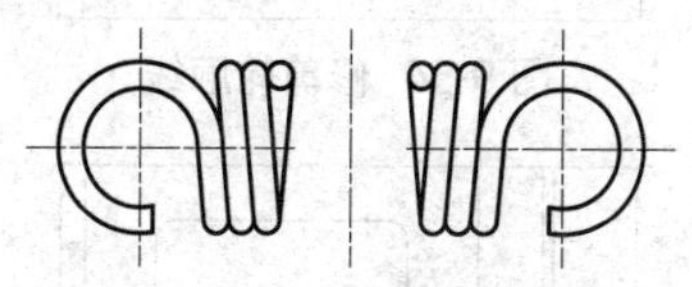
图 9-49 镜像左侧图形

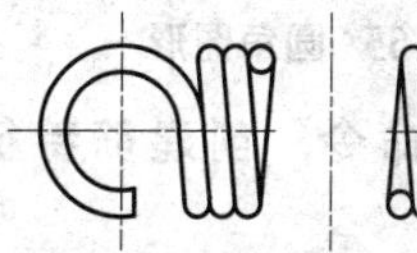

图 9-50 镜像右侧弹簧

⑱ 设置【剖面线】为当前图层，单击【绘图】面板中的【图案填充】按钮，对弹簧的剖切截面进行图案填充，最终效果如图 9-51 所示。至此，弹簧零件图绘制完成。

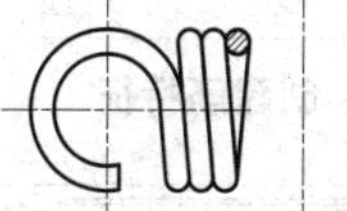

图 9-51 最终效果

115 绘制钣金类零件

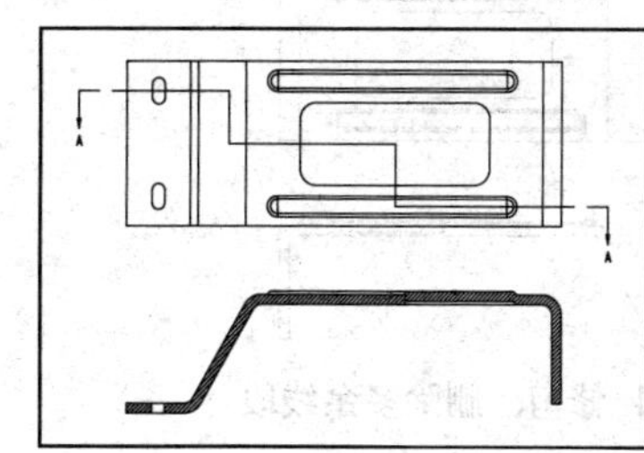

通过钣金类零件的绘制，主要综合练习【直线】、【偏移】、【圆角】和【图案填充】命令，在具体操作过程中还使用了【对象捕捉】功能。

文件路径：	实例文件 \ 第 09 章 \ 实例 115.dwg
视频文件：	MP4\ 第 09 章 \ 实例 115.MP4
播放时长：	0:13:14

01 以附赠文件【机械样板 .dwt】作为基础样板，新建空白文件。

02 设置【轮廓线】为当前图层，并启用【线宽】功能。

03 使用快捷键 L 激活【直线】命令，绘制一个长为 137.5、宽为 50 的矩形，如图 9-52 所示。

04 使用快捷键 O 激活【偏移】命令，创建如图 9-53 所示的水平和垂直辅助线。

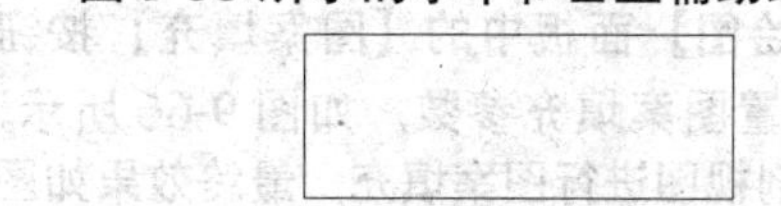
图 9-52 绘制矩形

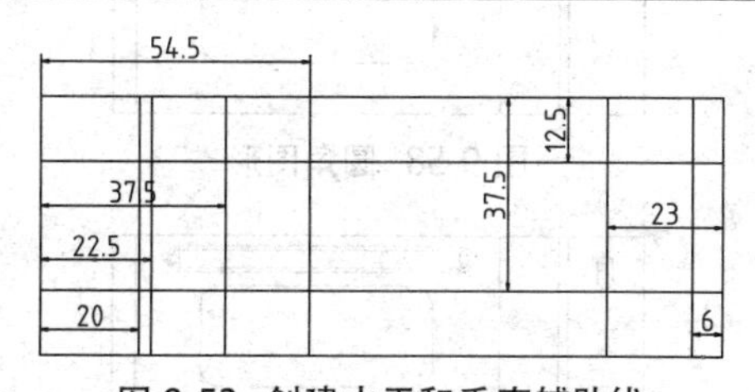

图 9-53 创建水平和垂直辅助线

05 执行【修剪】命令，修剪轮廓线，如图 9-54 所示。

06 单击【修改】面板中的【圆角】按钮，对图形进行圆角，圆角半径为 5，如图 9-55 所示。

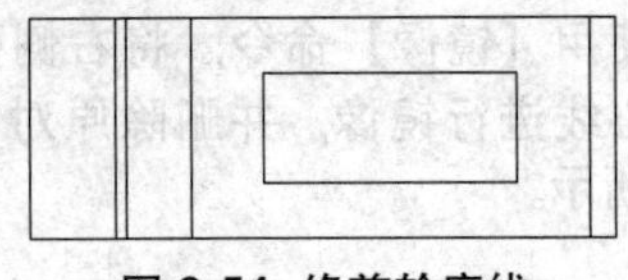
图 9-54 修剪轮廓线

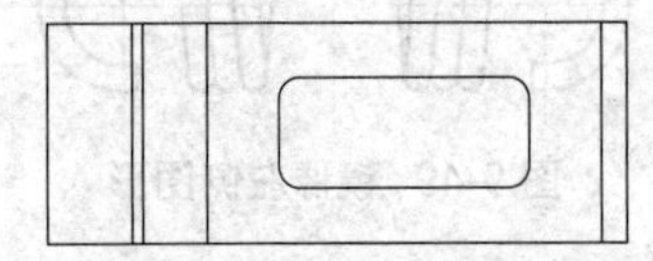
图 9-55 圆角图形

07 执行【偏移】命令，创建筋特征，如图 9-56 所示。

08 单击【修改】面板中的【修剪】按钮，对偏移后的轮廓线进行修剪，如图 9-57 所示。

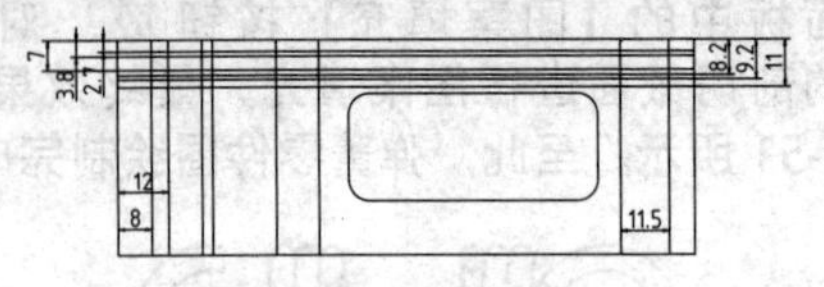

图 9-56 创建筋特征

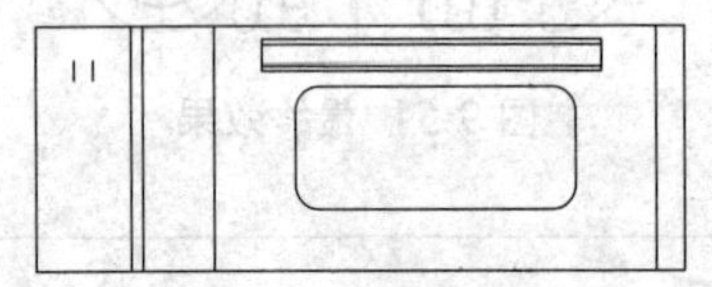
图 9-57 修剪图形

09 使用快捷键 F 激活【圆角】命令，分别选择两条平行线创建圆角，圆角半径为 4。继续对筋特征进行圆角，如图 9-58 所示。

10 单击【修改】面板中的【镜像】按钮，镜像复制孔和筋特征，如图 9-59 所示。

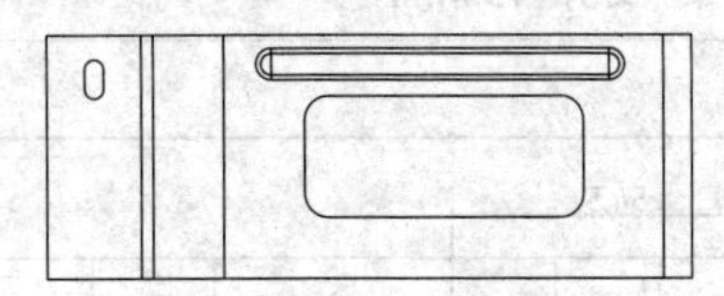
图 9-58 圆角图形

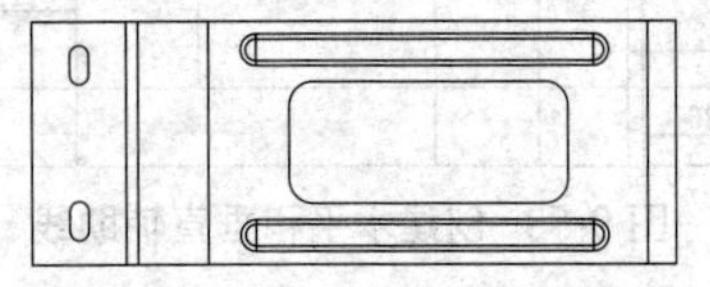
图 9-59 镜像复制孔和筋特征

11 执行 RAY【射线】命令，绘制垂直辅助线；使用【直线】命令，绘制水平辅助线，如图 9-60 所示。

12 执行 O【偏移】命令，将水平辅助线向下偏移 33，如图 9-61 所示。

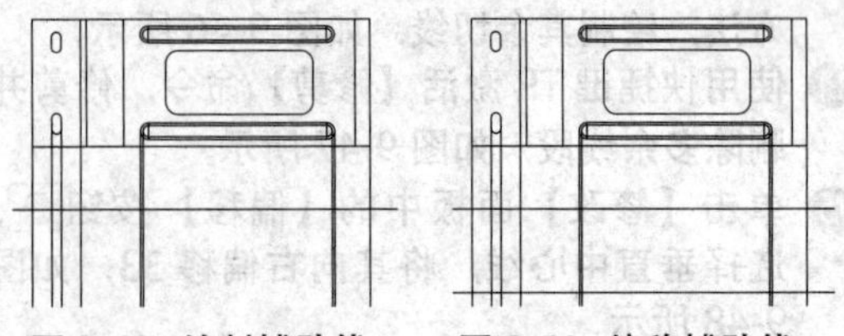
图 9-60 绘制辅助线　　图 9-61 偏移辅助线

13 执行【直线】命令，配合【对象捕捉】及【极轴追踪】功能，绘制轮廓线，如图 9-62 所示。

14 单击【修改】面板中的【偏移】按钮，选择绘制的轮廓线，向下偏移 3；将最上面轮廓线及其偏移后的直线向上偏移 1，如图 9-63 所示。

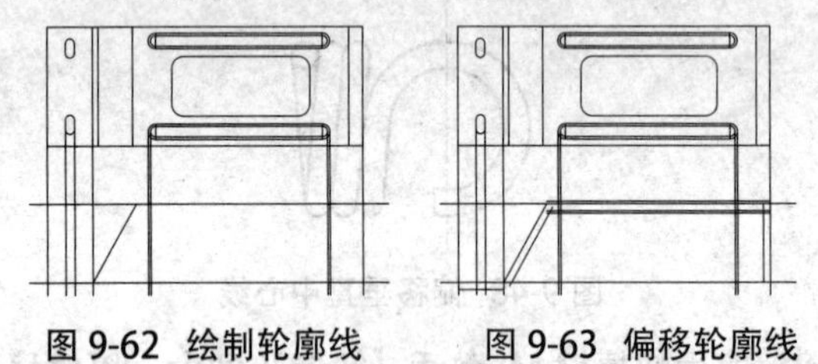
图 9-62 绘制轮廓线　　图 9-63 偏移轮廓线

15 执行【修剪】、【删除】命令，修剪、删除多余的线段，如图 9-64 所示。

16 单击【修改】面板中的【圆角】按钮，对剖视图进行圆角处理，如图 9-65 所示。

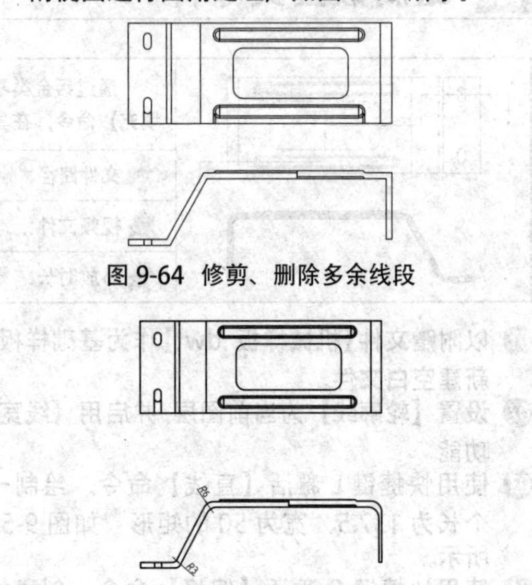
图 9-64 修剪、删除多余线段

图 9-65 圆角图形

17 单击【绘图】面板中的【图案填充】按钮，设置图案填充参数，如图 9-66 所示。对钣金剖视图进行图案填充，最终效果如图 9-67 所示。

图 9-66 设置图案填充参数

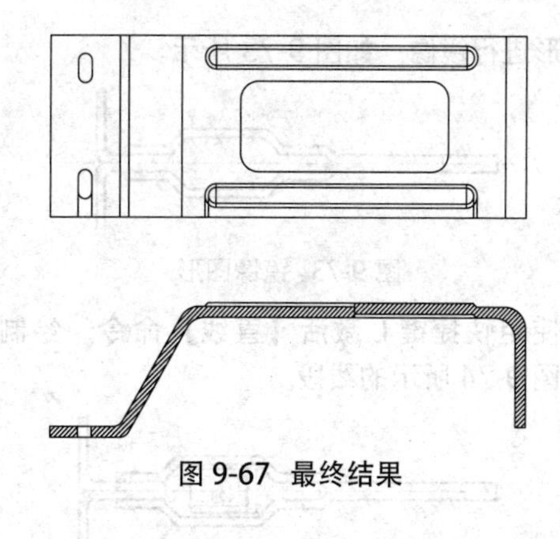

图 9-67 最终结果

116 绘制夹钳类零件

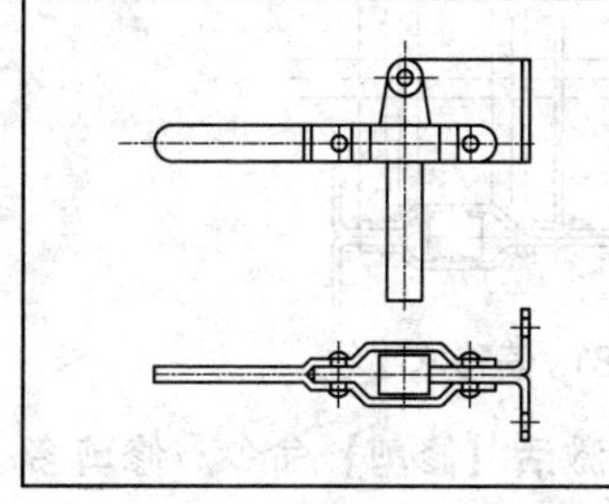

通过夹钳类零件的绘制，主要综合练习【直线】、【偏移】、【倒角】和【镜像】命令，在具体操作过程中还使用了【对象捕捉】功能。

文件路径：	实例文件 \ 第 09 章 \ 实例 116.dwg
视频文件：	MP4\ 第 09 章 \ 实例 116.MP4
播放时长：	0:14:33

01 以附赠文件【机械样板 .dwt】作为基础样板，新建空白文件。

02 设置【点画线】为当前图层，并启用【线宽】功能。

03 使用快捷键 L 激活【直线】命令，绘制如图 9-68 所示的中心线，作为定位辅助线。

图 9-68 绘制中心线

04 将【轮廓线】设置为当前图层，执行【直线】命令，配合【对象捕捉】功能，绘制图形的轮廓，如图 9-69 所示。

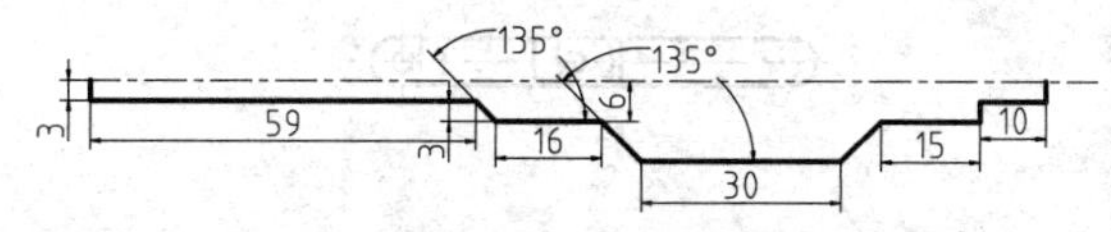

图 9-69 绘制图形轮廓

05 执行【直线】命令，绘制如图 9-70 所示的直线。

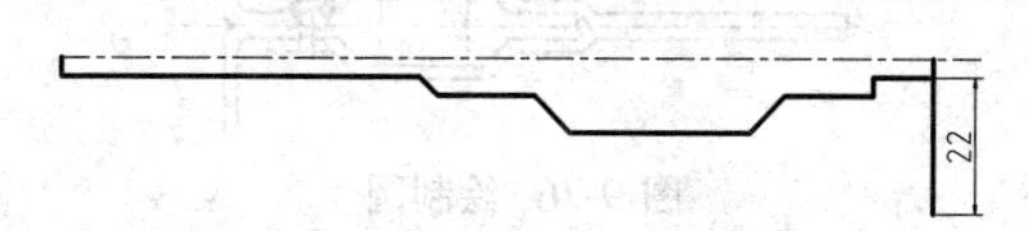

图 9-70 绘制直线

06 执行【偏移】命令，偏移廓线，向上偏移 3，如图 9-71 所示。

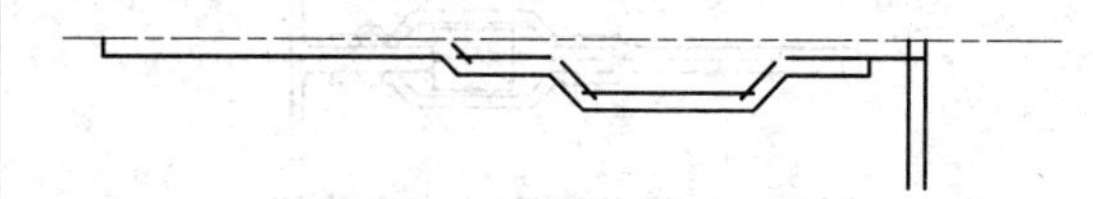

图 9-71 偏移轮廓线

07 使用快捷键 F 激活【圆角】命令，设置圆角半径为 3，对轮廓线进行圆角处理，如图 9-72 所示。

图 9-72 圆角轮廓线

08 单击【修改】面板中的【镜像】按钮，以水平辅助线作为镜像轴，对下方的所有图

形进行镜像，如图 9-73 所示。

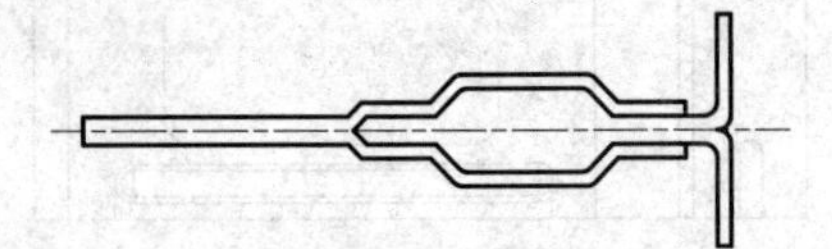

图 9-73 镜像图形

09 使用快捷键 L 激活【直线】命令，绘制如图 9-74 所示的线段。

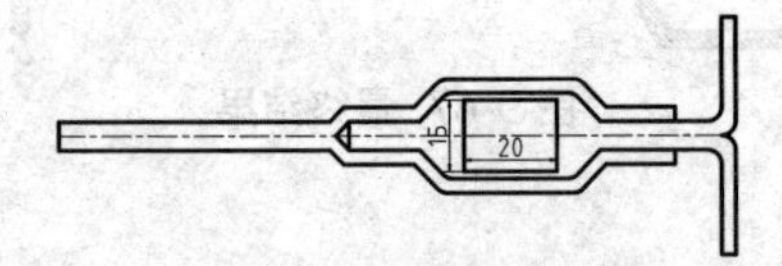

图 9-74 绘制线段

10 执行【偏移】命令，偏移轮廓线，如图 9-75 所示。

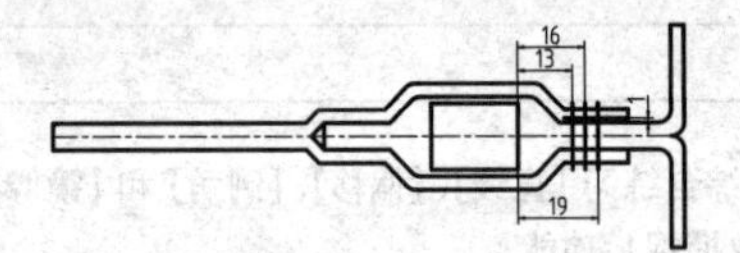

图 9-75 偏移轮廓线

11 执行【圆】命令，配合【对象捕捉】功能，绘制如图 9-76 所示的半径为 4.5 的圆。

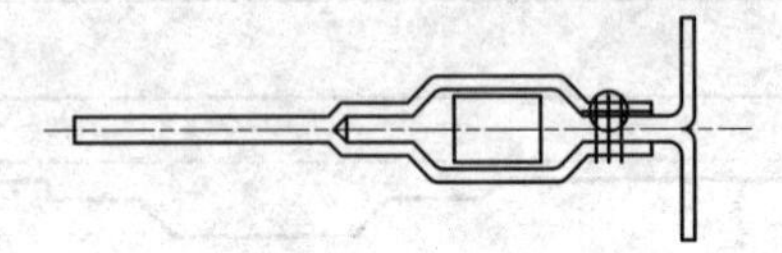

图 9-76 绘制圆

12 执行【修剪】命令，修剪延伸线段，并删除掉多余线段，如图 9-77 所示。

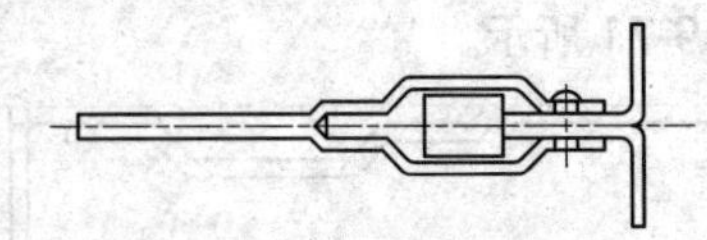

图 9-77 修剪和删除多余线段

13 使用快捷键【MI】，激活【镜像】命令，镜像出螺钉头效果，如图 9-78 所示。

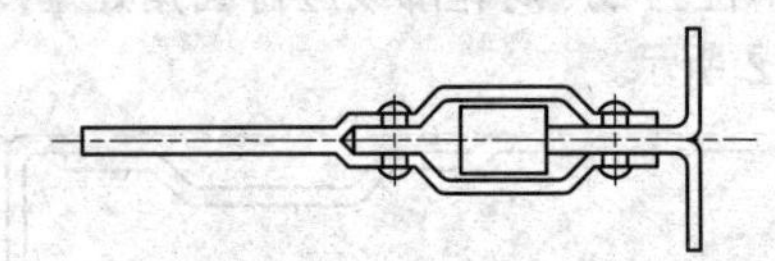

图 9-78 镜像螺钉头

14 单击【修改】面板中的【偏移】按钮，偏移轮廓线，创建装配孔效果，并调整其所在图层，如图 9-79 所示。

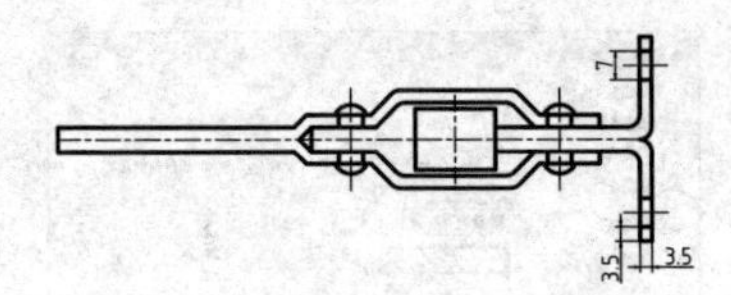

图 9-79 偏移轮廓线

15 使用快捷键 RAY 激活【射线】命令，绘制垂直辅助线，执行【直线】命令，绘制水平线，如图 9-80 所示。

16 执行【偏移】命令，将水平线分别向上偏移 7、14，如图 9-81 所示。

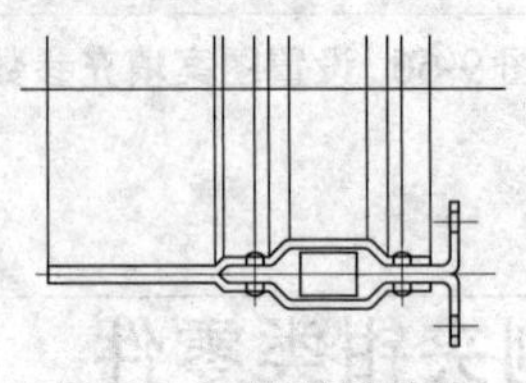

图 9-80 绘制辅助线

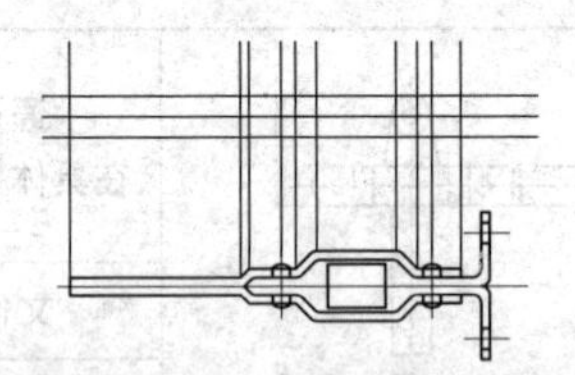

图 9-81 偏移水平线

17 使用快捷键 TR 激活【修剪】命令，修剪多余的线段，并改变其所在图层，如图 9-82 所示。

18 执行【圆】命令，绘制圆孔及圆角效果，其中小圆半径为 3，大圆采用【相切、相切、相切】的方式绘制，并修剪多余线段及圆弧，如图 9-83 所示。

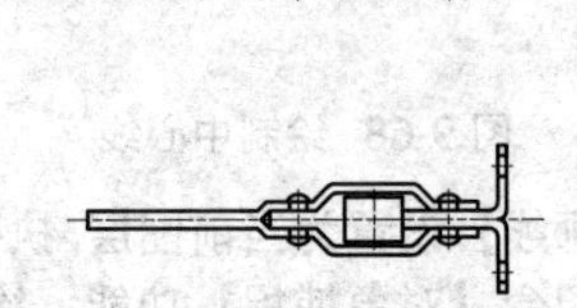

图 9-82 修剪多余线段

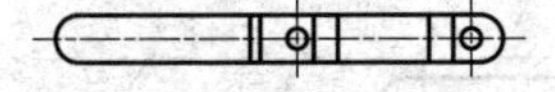

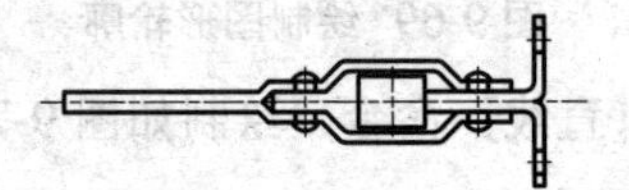

图 9-83 绘制圆

⑲ 使用快捷键 O 激活【偏移】命令，将水平中心线分别向上偏移 25、向下偏移 60，向左右偏移 7，并改变其所在图层，如图 9-84 所示。

⑳ 执行【圆】命令，绘制半径为 3、7 的两个同心圆，如图 9-85 所示。

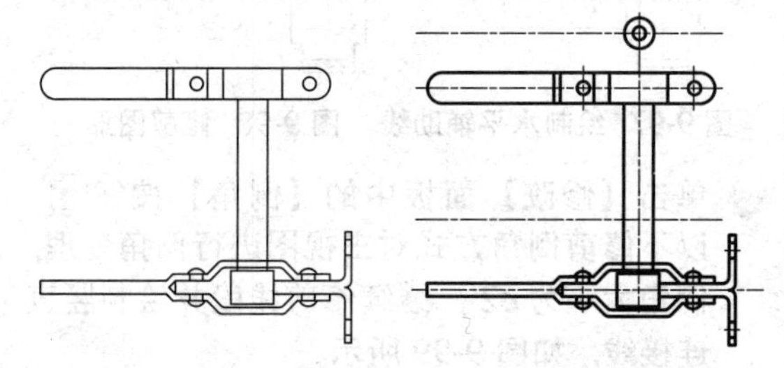

图 9-84 偏移水平中心线　图 9-85 绘制同心圆

㉑ 使用快捷键 RAY 激活【射线】命令，绘制垂直辅助线；执行【直线】命令，连接轮廓线，如图 9-86 所示。

㉒ 执行【修剪】命令，修剪多余的线段，如图 9-87 所示。

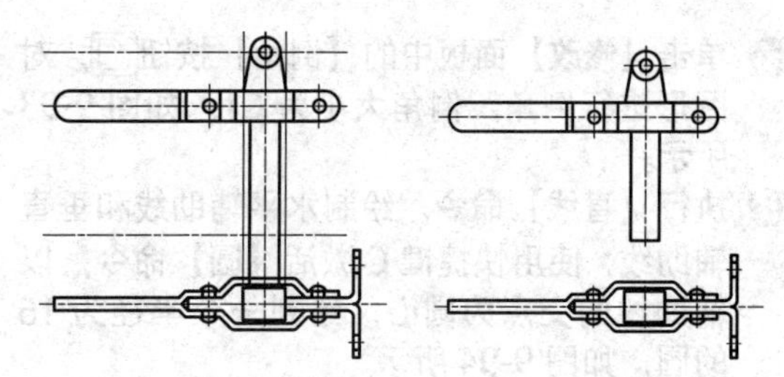

图 9-86 绘制连接线　图 9-87 修剪多余线段

㉓ 使用快捷键 RAY】激活【射线】命令，绘制垂直辅助线；执行【直线】命令，连接轮廓线，绘制连接头，如图 9-88 所示。

㉔ 执行 TR【修剪】命令，修剪删除多余的线段，并改变线型图层，最终效果如图 9-89 所示。

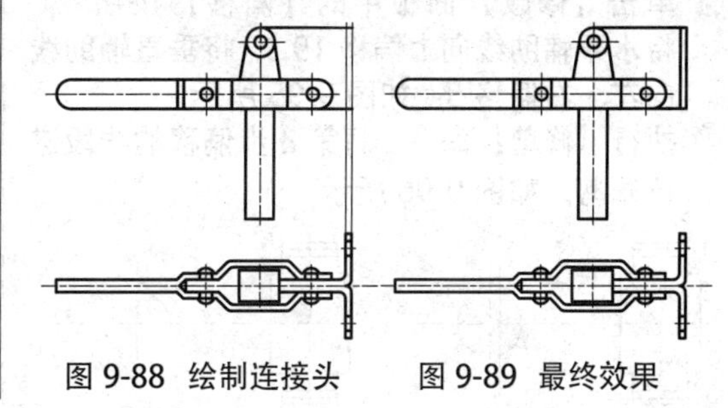

图 9-88 绘制连接头　图 9-89 最终效果

117 绘制齿轮类零件

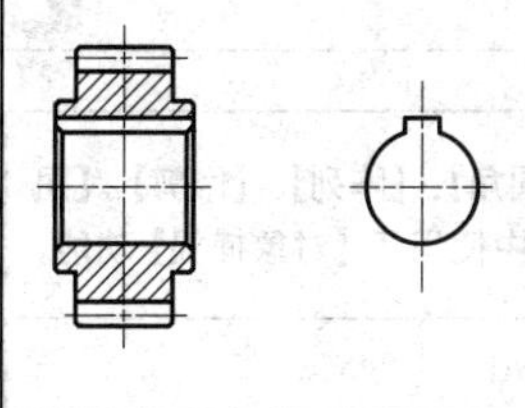

通过齿轮类零件的绘制，主要综合练习【直线】、【偏移】、【倒角】和【图案填充】命令，在具体操作过程中还使用了【对象捕捉】功能。

文件路径：	实例文件 \ 第 09 章 \ 实例 117.dwg
视频文件：	MP4\ 第 09 章 \ 实例 117.MP4
播放时长：	0:06:36

01 以附赠文件【机械样板 .dwt】作为基础样板，新建空白文件。

02 设置【点画线】为当前图层，并启用【线宽】功能。

03 使用快捷键 L 激活【直线】命令，绘制如图 9-90 所示的水平中心线和垂直中心线，作为定位辅助线。

04 使用快捷键 O 激活【偏移】命令，选择水平中心线，向上、向下分别对称偏移 24、32.25、36、39；选择垂直中心线，向左、右分别对称偏移 14、20，如图 9-91 所示。

05 执行 TR【修剪】命令，对其进行修剪，并设置偏移线为【轮廓线】图层，如图 9-92 所示。

图 9-90 绘制辅助线　图 9-91 偏移辅助线

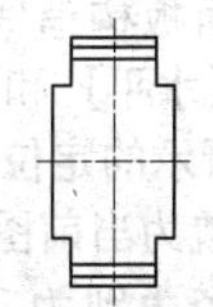

图 9-92 修剪图形并设置图层

06 单击【修改】面板中的【倒角】按钮，对图形进行倒角，倒角大小为C1，如图9-93所示。

07 执行【直线】命令，绘制水平辅助线和垂直辅助线；使用快捷键C激活【圆】命令，以辅助线的交点为圆心，绘制一个半径为16的圆，如图9-94所示。

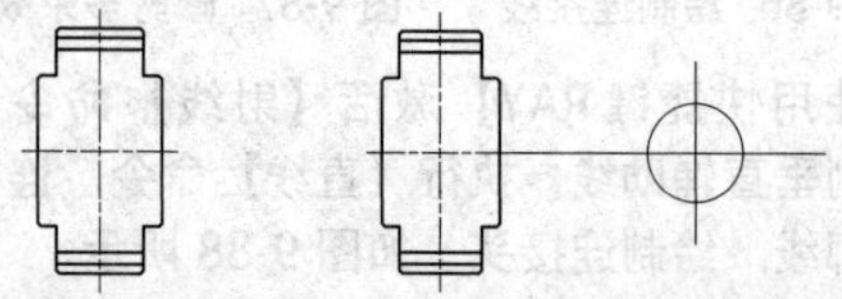

图9-93 倒角图形　图9-94 绘制辅助线和圆

08 单击【修改】面板中的【偏移】按钮，将水平辅助线向上偏移19.3，将垂直辅助线向左、右偏移5，如图9-95所示。

09 执行【修剪】命令，将第8步偏移的线段进行修剪，如图9-96所示。

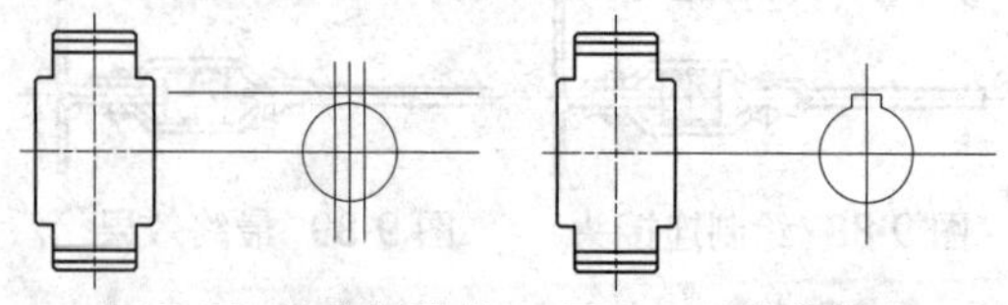

图9-95 偏移辅助线　图9-96 修剪线段

10 单击【绘图】面板中的【射线】按钮，绘制水平辅助线，如图9-97所示。

11 使用快捷键TR激活【修剪】命令，对图形进行修剪，如图9-98所示。

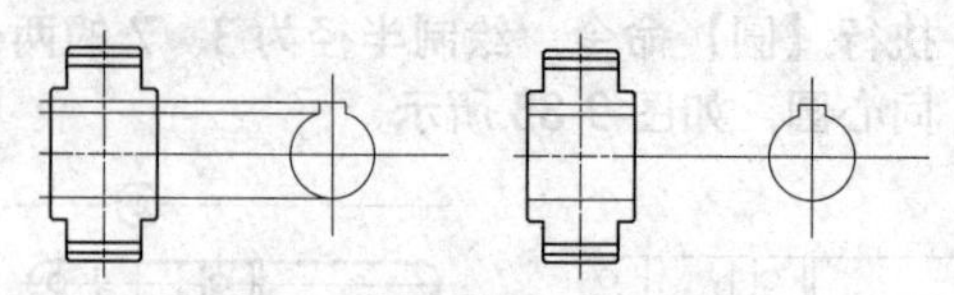

图9-97 绘制水平辅助线　图9-98 修剪图形

12 单击【修改】面板中的【倒角】按钮，以不修剪倒角方式对主视图进行倒角处理，倒角大小为$c2$；继续修剪线段并绘制竖直连接线，如图9-99所示。

13 使用快捷键H激活【图案填充】命令，对主视图进行图案填充，并调整线型图层及长度，最终效果如图9-100所示。

图9-99 倒角、修剪并绘制连接线　图9-100 最终效果

118 绘制盘类零件

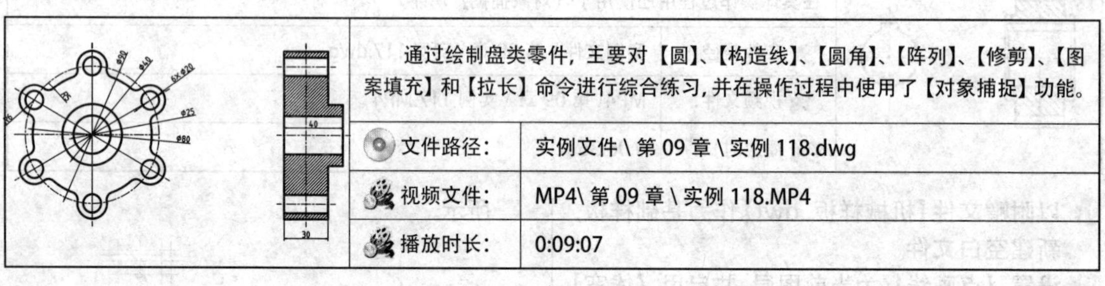

通过绘制盘类零件，主要对【圆】、【构造线】、【圆角】、【阵列】、【修剪】、【图案填充】和【拉长】命令进行综合练习，并在操作过程中使用了【对象捕捉】功能。

文件路径：	实例文件\第09章\实例118.dwg
视频文件：	MP4\第09章\实例118.MP4
播放时长：	0:09:07

01 以附赠文件【机械样板.dwt】作为基础样板，新建空白文件。

02 将【点画线】设置为当前图层，并启用【线宽】功能。

03 单击【绘图】面板构造线按钮，启用命令行参数中的【水平】和【垂直】功能，绘制如图9-101所示的定位辅助线。

04 将【轮廓线】设置为当前图层，然后执行【圆】命令，绘制直径为别为25、40和80的同心圆，如图9-102所示。

05 将【点画线】设置为当前层，重复执行【圆】命令，绘制直径为90的圆，如图9-103所示。

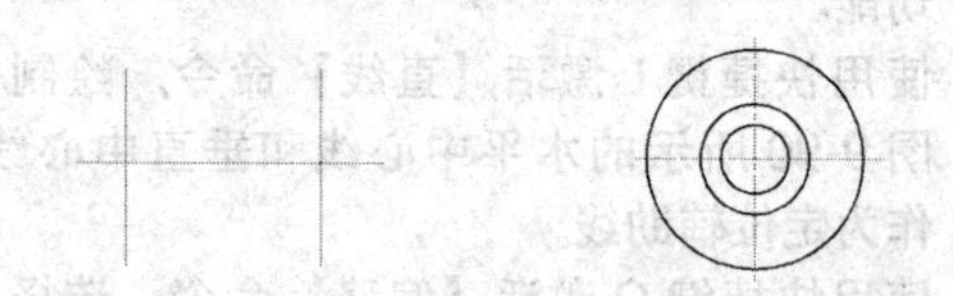

图9-101 绘制定位辅助线　图9-102 绘制同心圆

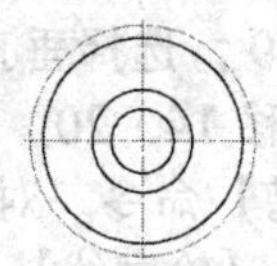

图9-103 绘制直径为90的圆

06 将【轮廓线】设置为当前层，继续执行【圆】命令，在垂直辅助线与直径为 90 的圆的交点处绘制直径分别为 12 和 20 的同心圆，如图 9-104 所示。

07 单击【修改】面板中的【修剪】按钮，在直径为 80 的圆与直径为 20 的圆的相交处进行修剪，如图 9-105 所示。

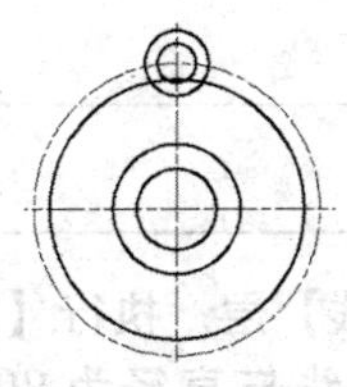

图 9-104 绘制同心圆

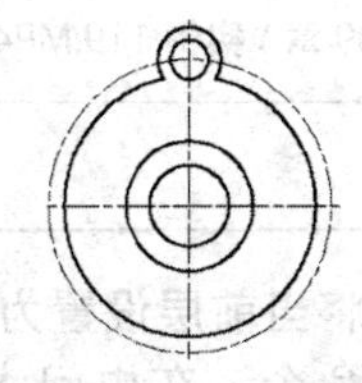

图 9-105 修剪圆相交处

08 单击【修改】面板中的【圆角】按钮，激活【圆角】命令，在图形中两弧相交处创建半径为 5 的圆角，如图 9-106 所示。

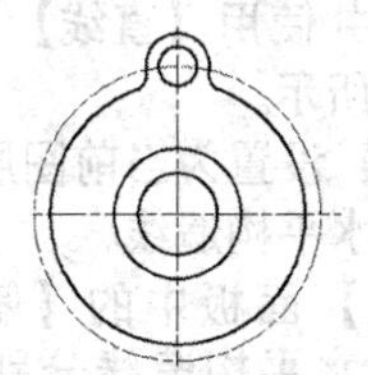

图 9-106 创建圆角

09 单击【修改】面板中的按钮，将图 9-106 中上方的圆弧、圆角、小圆以及垂直中心线环形阵列 6 份，如图 9-107 所示。

10 使用快捷键 TR 激活【修剪】命令，对图形进行修剪，如图 9-108 所示。

11 执行【偏移】命令，将图 9-101 右侧的垂直构造线向左偏移 15，并且向右分别偏移 15 和 25，如图 9-109 所示。

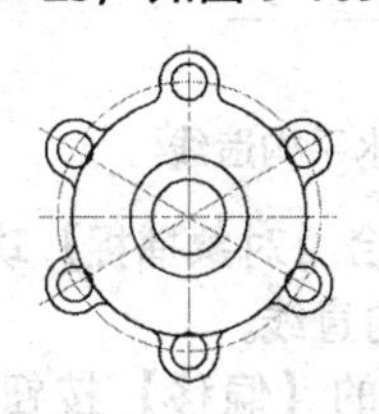

图 9-107 环形阵列

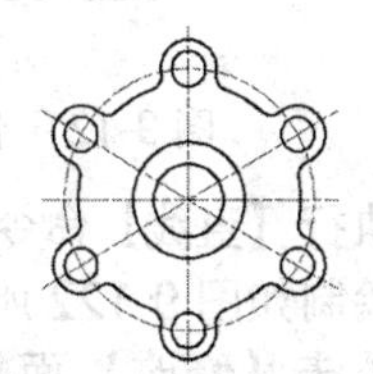

图 9-108 修剪图形

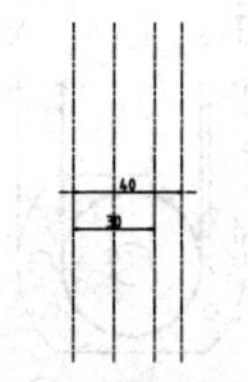

图 9-109 偏移垂构造线

提示

在偏移垂直构造线之前，需要激活命令中的【图层】选项功能，然后设置偏移对象的所在图层为【当前】，这样可以在偏移对象的过程中，修改其图层特性。

12 执行【直线】命令，配合【对象捕捉】功能，绘制如图 9-110 所示的直线。

13 执行【修剪】命令，对图形进行修剪完善，并绘制轮廓线，如图 9-111 所示。

14 将【点画线】设置为当前层，绘制中心线，并删除多余的辅助线，如图 9-112 所示。

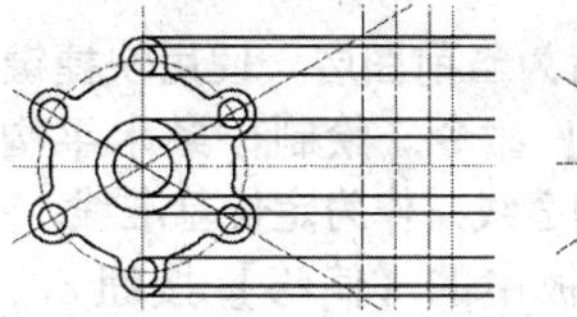

图 9-110 绘制直线

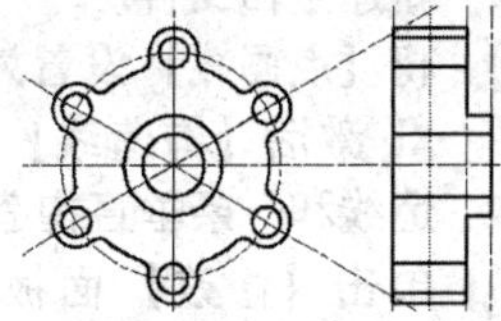

图 9-111 修剪图形

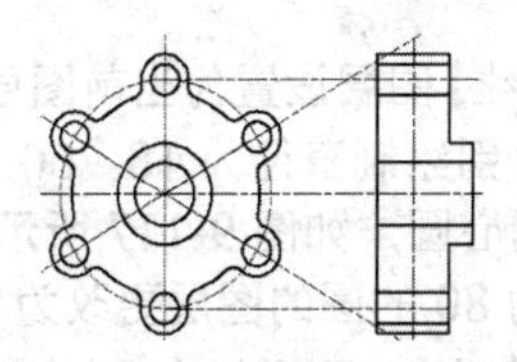

图 9-112 绘制中心线

15 执行【修剪】命令，对辅助线进行修剪，如图 9-113 所示。

16 设置【剖面线】为当前图层，然后执行【图案填充】命令，为此剖面图填充 ANSI31 图案，填充比例为 1.5，角度为 0，效果如图 9-114 所示。

17 使用快捷键 LEN 激活【拉长】命令，将两视图中心线向两端拉长 5，最终效果如图 9-115 所示。

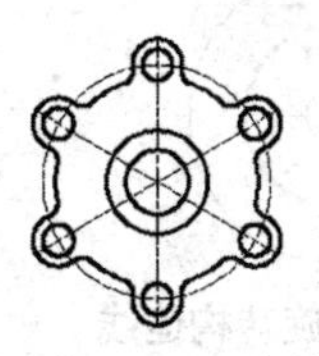
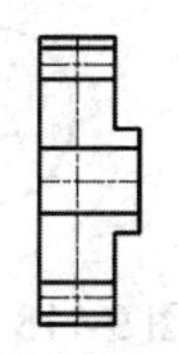

图 9-113 修剪辅助线

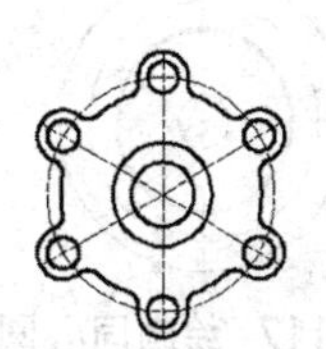
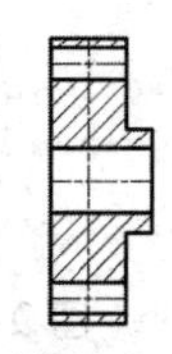

图 9-114 填充效果

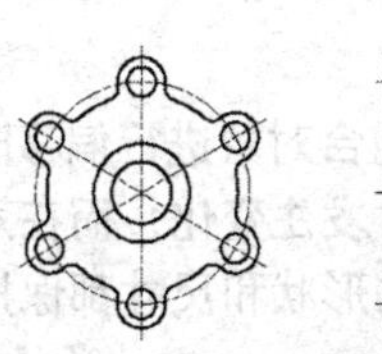

图 9-115 最终效果

119 绘制盖类零件

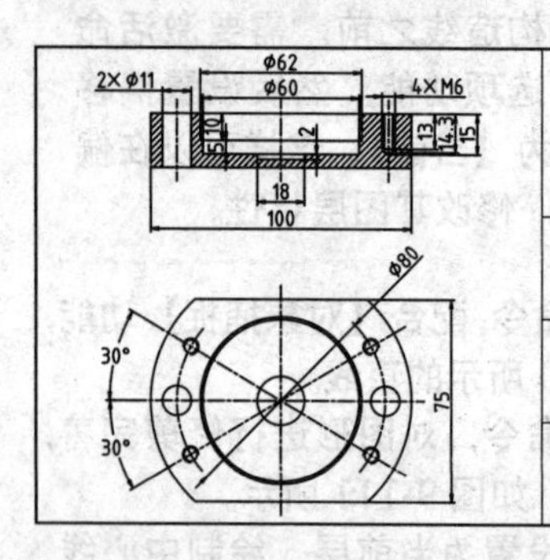

通过盖类零件的绘制，主要综合练习【圆】、【构造线】、【偏移】、【修剪】、【图案填充】和【拉长】命令。	
文件路径：	实例文件\第09章\实例119.dwg
视频文件：	MP4\第09章\实例119.MP4
播放时长：	0:11:20

01 以附赠文件【机械制图模板.dwt】作为样板，新建空白文件。

02 将【点画线】设置为当前图层。使用快捷键XL激活【构造线】命令，绘制一条水平构造线和一条垂直构造线，作为定位基准线。

03 单击【修改】面板中的【偏移】按钮，将水平构造线进行偏移复制，如图9-116所示。

04 将【轮廓线】图层设置为当前图层，执行【圆】命令，分别绘制直径为18、60、62、80和100的同心圆，如图9-117所示。

05 将直径为80的圆的图层更改为【点画线】。

06 单击【修改】面板中的【旋转】按钮，将垂直构造线分别向左、右两侧旋转复制60°，如图9-118所示。

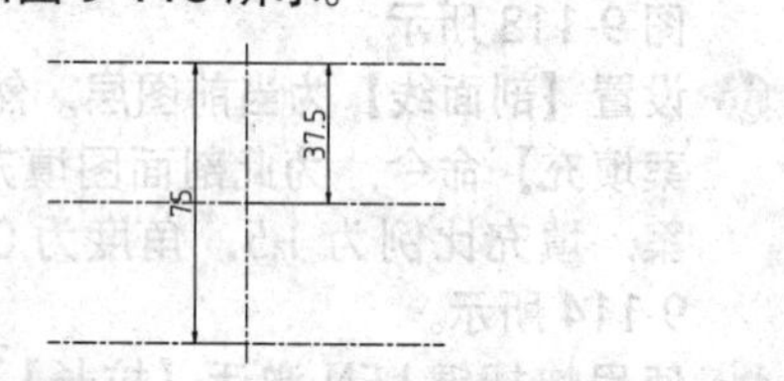

图9-116 偏移水平构造线

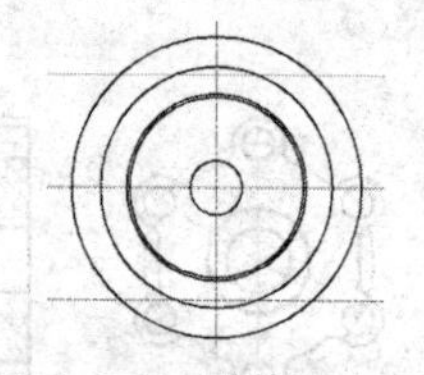

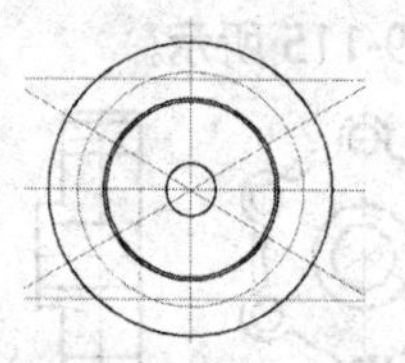

图9-117 绘制同心圆 图9-118 旋转构造线

提示

在对单个闭合对象进行偏移时，对象的形状不变，尺寸发生变化；而在对线段进行偏移时，线段的形状和尺寸都保持不变。

07 将当前层设置为【轮廓线】层，执行【圆】命令，在中间水平构造线与直径为80的圆的交点处，绘制直径为11的圆；在旋转的构造线与直径为80的圆的交点处，绘制M6的螺母，如图9-119所示。

08 使用快捷键TR激活【修剪】命令，将图形进行修剪，并使用【直线】命令绘制轮廓，如图9-120所示。

09 将【点画线】设置为当前图层，执行【直线】命令，绘制水平构造线。

10 单击【修改】面板中的【偏移】按钮，将刚绘制的水平构造线分别向上、下偏移10，如图9-121所示。

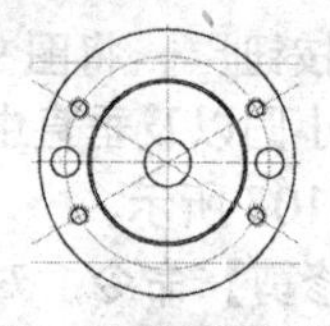

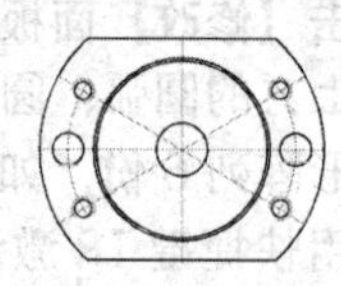

图9-119 绘制圆和螺母 图9-120 修剪并绘制轮廓

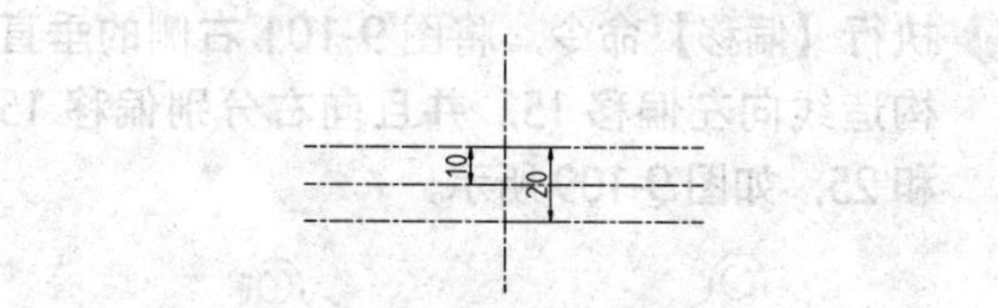

图9-121 偏移水平构造线

11 执行【直线】命令，配合【对象捕捉】功能，绘制如图9-122所示的直线。

12 单击【修改】面板中的【偏移】按钮，将最上方的水平构造线向下偏移15和17，如图9-123所示。

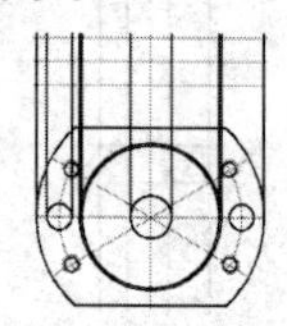

图9-122 绘制直线

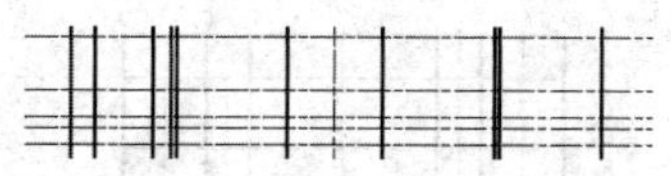

图 9-123 偏移最上方的水平构造线

⑬ 使用快捷键 TR 激活【修剪】命令，对图形进行修剪，并执行【直线】命令，绘制轮廓，如图 9-124 所示。

⑭ 删除多余的构造线，并绘制螺钉，如图 9-125 所示。

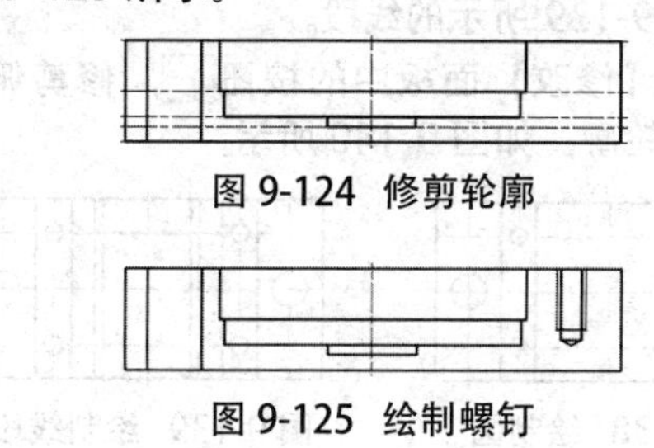

图 9-124 修剪轮廓

图 9-125 绘制螺钉

⑮ 执行【直线】命令，绘制中心线并修剪，如图 9-126 所示。

⑯ 将【剖面线】设置为当前图层，使用快捷键【H】激活【图案填充】命令，采用默认填充比例，为图形填充 ANSI31 图案。

⑰ 使用快捷键【LEN】激活【拉长】命令，将辅助线拉长 5，最终效果如图 9-127 所示。

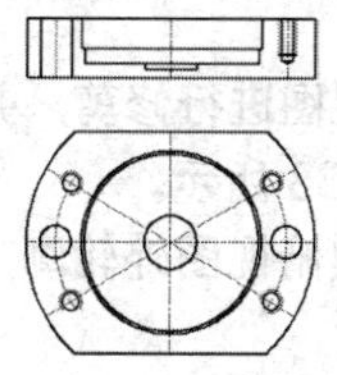

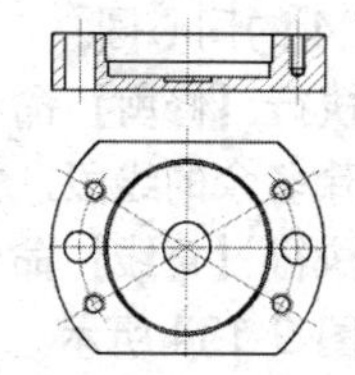

图 9-126 绘制中心线并修剪　图 9-127 最终效果

120 绘制座体类零件

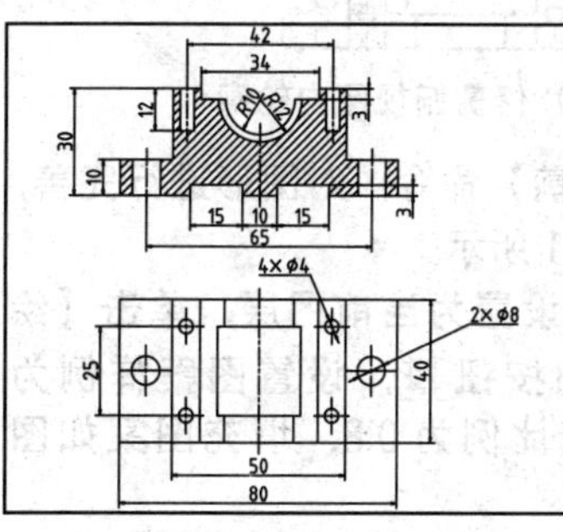

通过座体类零件的绘制，主要对【圆】、【直线】、【偏移】、【修剪】、【图案填充】和【拉长】命令进行综合练习，在具体操作过程中还使用了【极轴追踪】和【图层特性】功能。

文件路径：	实例文件 \ 第 09 章 \ 实例 120.dwg
视频文件：	MP4\ 第 09 章 \ 实例 120.MP4
播放时长：	0:11:34

01 以附赠文件【机械样板 .dwt】作为基础样板，新建空白文件。

02 启用【对象捕捉】、【极轴追踪】和【线宽】功能。

03 使用快捷键【XL】激活【构造线】命令，在【点画线】图层内绘制一条垂直构造线和水平构造线。

04 使用快捷键【L】激活【直线】命令，在【轮廓线】图层上绘制主视图的外轮廓，如图 9-128 所示（尺寸见效果图）。

05 单击【修改】面板中的按钮，将垂直构造线分别向左、右两边偏移 21 和 32.5，如图 9-129 所示。

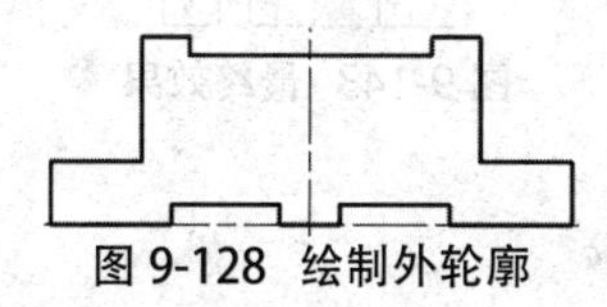

图 9-128 绘制外轮廓

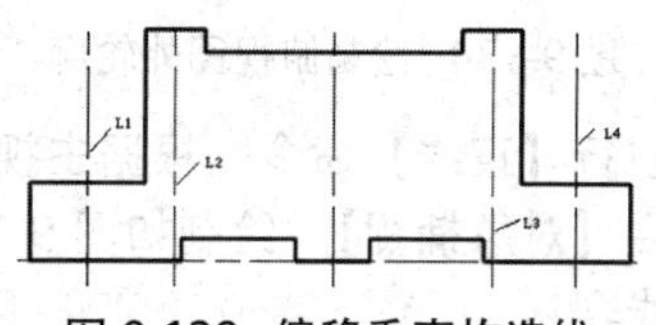

图 9-129 偏移垂直构造线

06 重复执行【偏移】命令，将图 9-129 所示的 L1 和 L4 分别向左、右两边偏移 4，将 L2 和 L3 分别向左、右两边偏移 2，将水平中心线向上偏移 18，如图 9-130 所示。

07 将部分构造线的图层特性更改为【轮廓线】，并执行【修剪】命令，修剪图形，如图 9-131 所示。

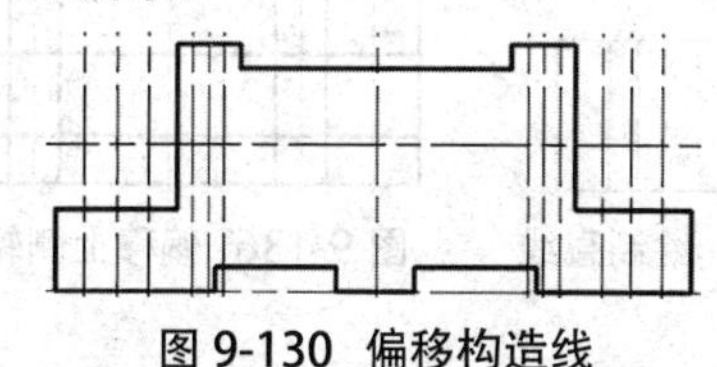

图 9-130 偏移构造线

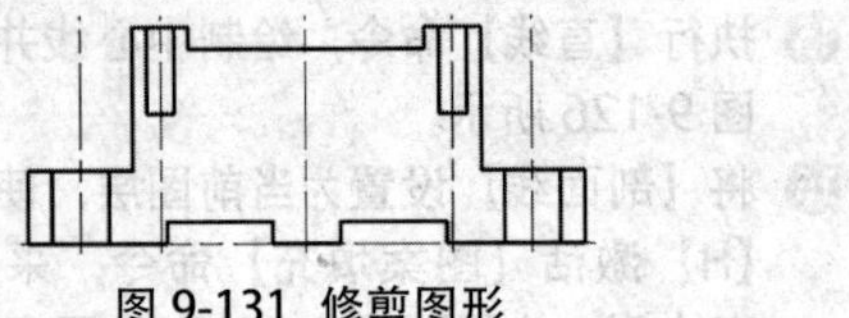

图 9-131 修剪图形

08 将【轮廓线】设置为当前图层，执行【圆】命令，绘制如图 9-132 所示的直径为 20 和 24 的同心圆。

09 执行【修剪】命令，对视图进行修剪，并删除多余的线段，如图 9-133 所示。

10 执行【直线】命令，绘制俯视图外轮廓，如图 9-134 所示。

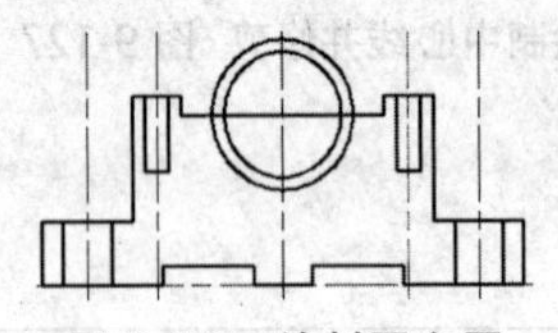

图 9-132 绘制同心圆

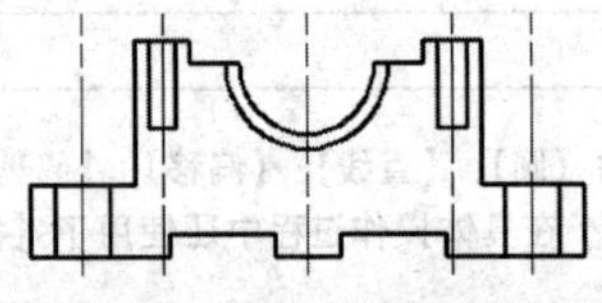

图 9-133 修剪、删除多余线段

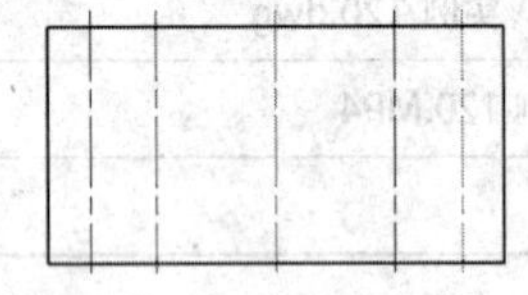

图 9-134 绘制俯视图外轮廓

11 继续执行【直线】命令，根据主视图轮廓，并配合【对象捕捉】，绘制如图 9-135 所示的直线。

12 执行【偏移】命令，将俯视图中的上方轮廓线，分别向下偏移 7.5、32.5 和 20，如图 9-136 所示。

13 将刚偏移的水平线段的图层特性更改为【点画线】，如图 9-137 所示。

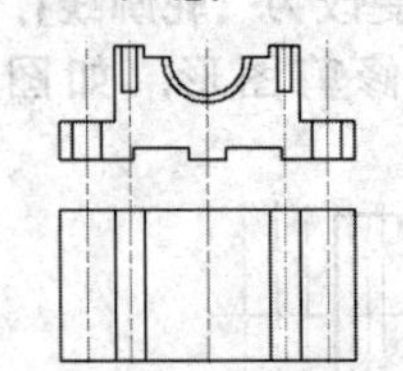

图 9-135 绘制直线　图 9-136 偏移上侧轮廓线

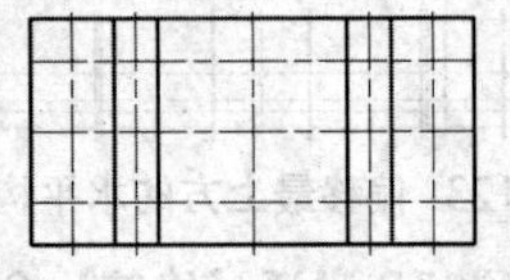

图 9-137 更改图层特性

14 单击【绘图】面板中的按钮，绘制如图 9-138 所示的直径分别为 4 和 8 的圆。

15 根据主视图轮廓，执行【直线】命令，绘制如图 9-139 所示的线段。

16 单击【修改】面板中的按钮，修剪俯视图内轮廓，如图 9-140 所示。

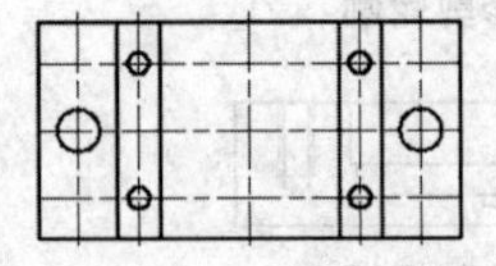

图 9-138 绘制圆

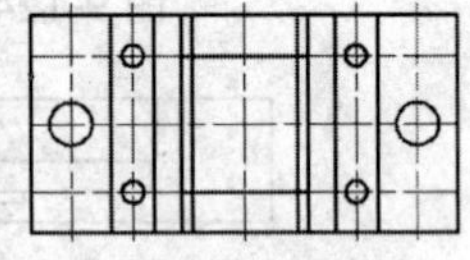

图 9-139 绘制线段

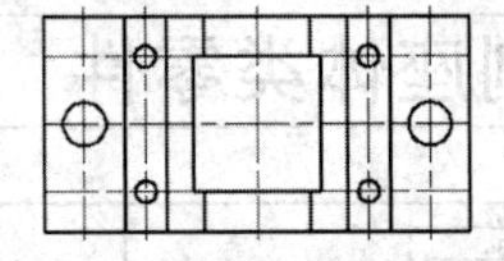

图 9-140 修剪俯视图内轮廓

17 继续执行【修剪】命令，对图形进行完善，效果如图 9-141 所示。

18 将【剖面线】设置为当前图层，单击【绘图】面板中的按钮，设置图案样例为 ANSI31，填充比例为 0.8，填充图案如图 9-142 所示。

19 使用快捷键 LEN 激活【拉长】命令，将辅助线拉长 3，最终效果如图 9-143 所示。

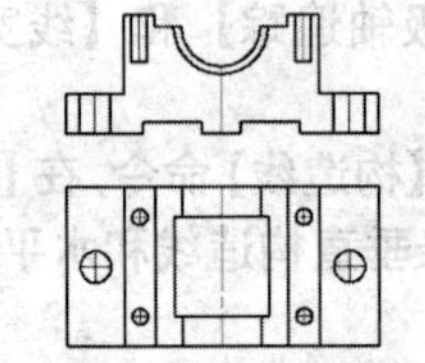

图 9-141 修剪效果

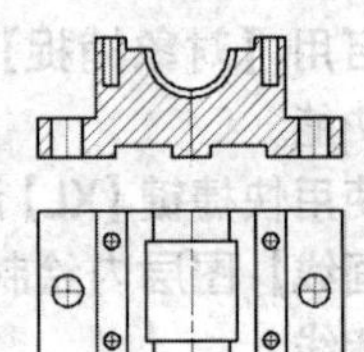

图 9-142 填充图案

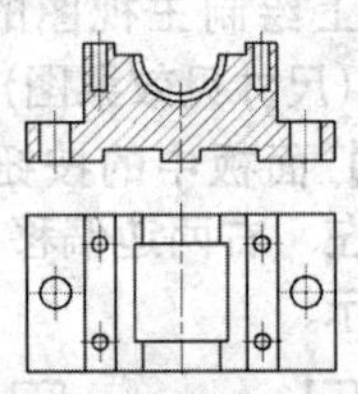

图 9-143 最终效果

121 绘制阀体类零件

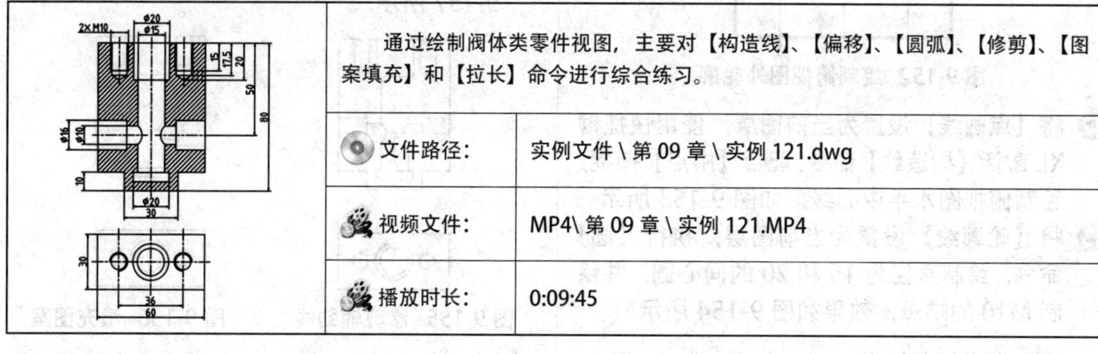

通过绘制阀体类零件视图，主要对【构造线】、【偏移】、【圆弧】、【修剪】、【图案填充】和【拉长】命令进行综合练习。

文件路径：	实例文件 \ 第 09 章 \ 实例 121.dwg
视频文件：	MP4\ 第 09 章 \ 实例 121.MP4
播放时长：	0:09:45

01 以附赠文件【机械样板 .dwt】作为基础样板，新建空白文件，并设置对象捕捉。

02 设置【点画线】为当前图层，然后使用快捷键 XL 激活【构造线】命令，绘制如图 9-144 所示的构造线，作为定位辅助线。

03 执行【偏移】命令，将水平构造线向上偏移 30，如图 9-145 所示。

04 将【轮廓线】设置为当前层，然后执行【直线】命令，绘制外轮廓，如图 9-146 所示（具体尺寸参照效果图）。

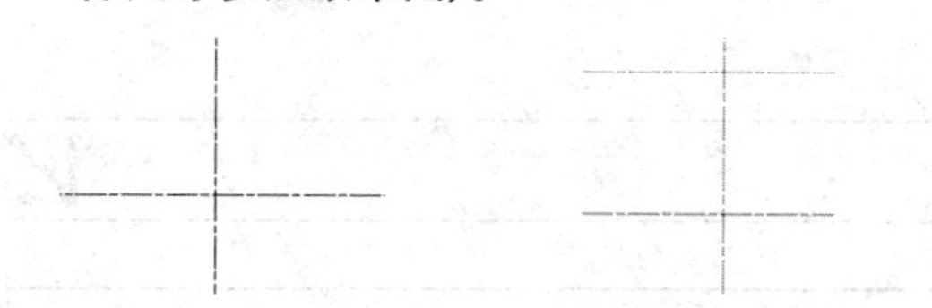

图 9-144 绘制构造线　图 9-145 偏移水平构造线

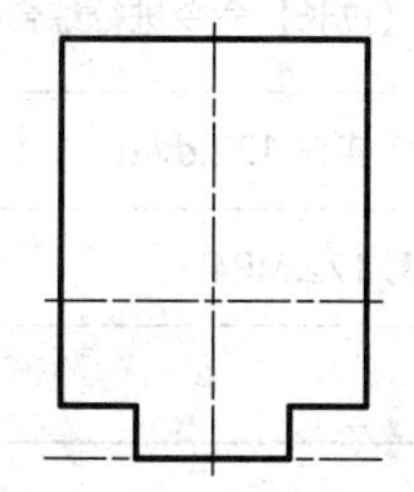

图 9-146 绘制外轮廓

05 单击【修改】面板中的【偏移】按钮，将垂直构造线分别向左偏移 7.5、10 和 18，将下方水平构造线分别向上下偏移 5 和 8，如图 9-147 所示。

06 执行【直线】命令，配合【对象捕捉】功能，绘制视图左边部分的内轮廓和螺钉，如图 9-148 所示。

07 执行【偏移】命令，将视图外轮廓最上方的线段向下偏移 20。

08 单击【修改】面板中的按钮，对视图内轮廓进行修剪，并删除多余的辅助线，如图 9-149 所示。

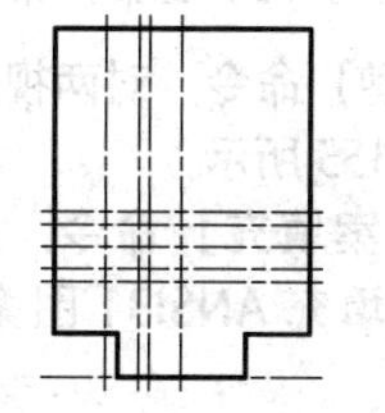

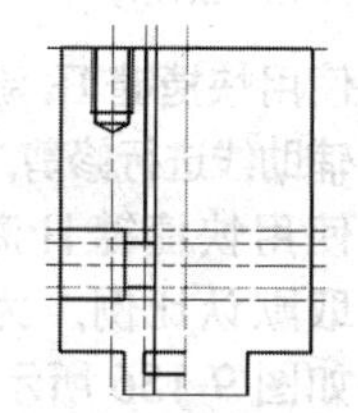

图 9-147 偏移构造线　图 9-148 绘制内轮廓和螺钉

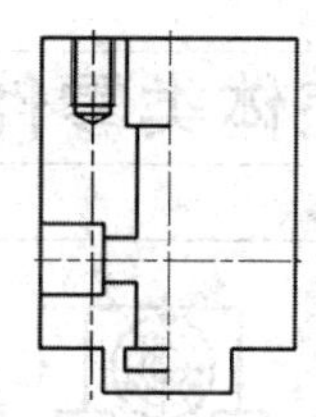

图 9-149 修剪、删除多余的辅助线

09 单击【绘图】面板中的【圆弧】按钮，绘制如图 9-150 所示的圆弧。

10 单击【修改】面板中的【镜像】按钮，对内轮廓和螺钉镜像，如图 9-151 所示。

11 执行【直线】命令，根据主视图轮廓，配合【对象捕捉】功能绘制俯视图外轮廓，如图 9-152 所示（尺寸请参照效果图）。

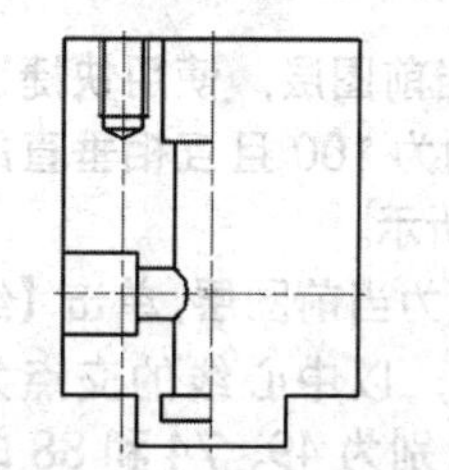

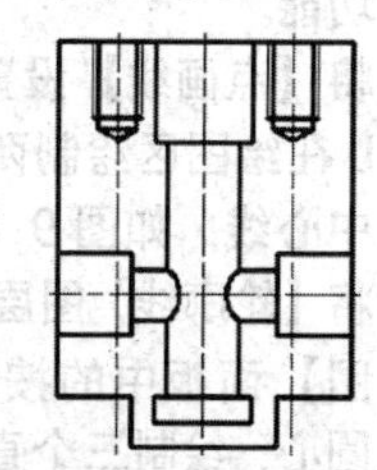

图 9-150 绘制圆弧　图 9-151 镜像内轮廓和螺钉

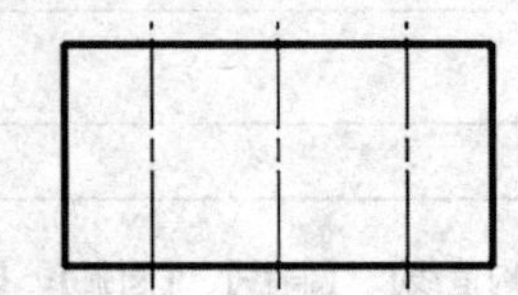

图 9-152 绘制俯视图外轮廓

⑫ 将【点画线】设置为当前图层，使用快捷键 XL 激活【构造线】命令，配合【中点】捕捉，绘制俯视图水平中心线，如图 9-153 所示。

⑬ 将【轮廓线】设置为当前图层，执行【圆】命令，绘制直径为 15 和 20 的同心圆，并绘制 M10 的螺母，效果如图 9-154 所示。

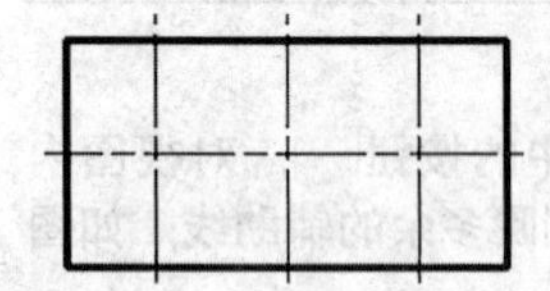

图 9-153 绘制水平中心线

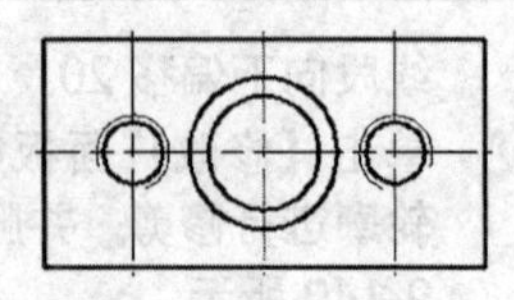

图 9-154 绘制效果

⑭ 使用快捷键 TR 激活【修剪】命令，对两视图辅助线进行修剪，如图 9-155 所示。

⑮ 使用快捷键 H 激活【图案填充】命令，采取默认比例，为主视图填充 ANSI31 图案，如图 9-156 所示。

⑯ 使用快捷键 LEN 激活【拉长】命令，将两视图中心线两端拉长 3，最终效果如图 9-157 所示。

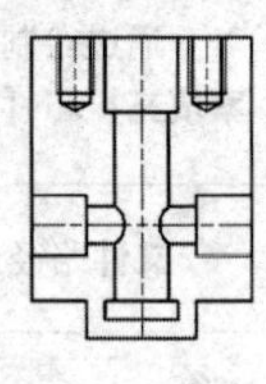

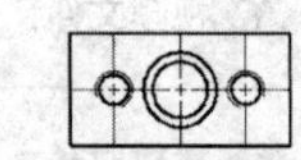

图 9-155 修剪辅助线

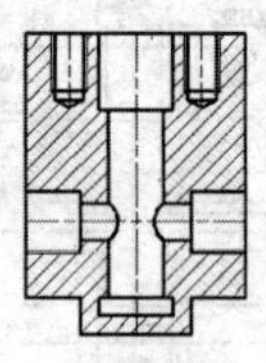

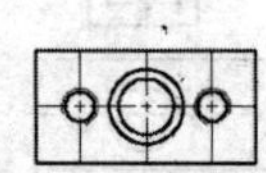

图 9-156 填充图案

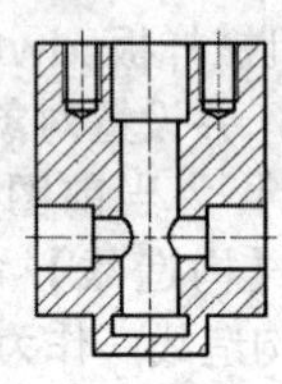

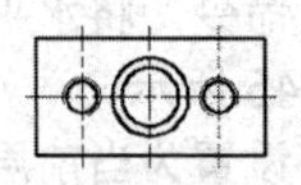

图 9-157 最终效果

122 绘制壳体类零件 

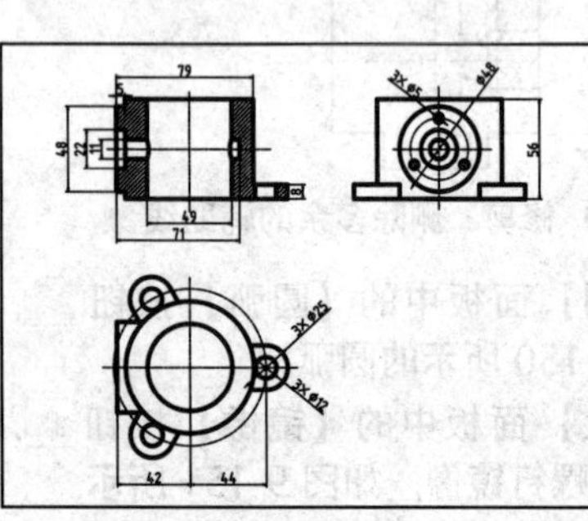

通过绘制壳体类零件视图，主要对【圆】、【构造线】、【偏移】、【修剪】、【阵列】、【复制】、【矩形】、【图案填充】和【拉长】命令进行综合练习。	
文件路径：	实例文件 \ 第 09 章 \ 实例 122.dwg
视频文件：	MP4\ 第 09 章 \ 实例 122.MP4
播放时长：	0:14:53

01 以附赠文件【机械样板 .dwt】作为基础样板，新建文件，并启用【线宽】和【对象捕捉】功能。

02 将【点画线】设置为当前图层，使用快捷键 L 在绘图区绘制两条均为 100 且互相垂直的中心线，如图 9-158 所示。

03 将【轮廓线】图层设置为当前图层，单击【绘图】面板中的按钮，以中心线的交点为圆心，绘制三个直径分别为 49、74 和 88 的同心圆，如图 9-159 所示。

04 将最外侧的圆的图层特性更改为【点画线】，并执行【圆】命令，绘制如图 9-160 所示的两个直径分别为 12 和 25 的同心圆。

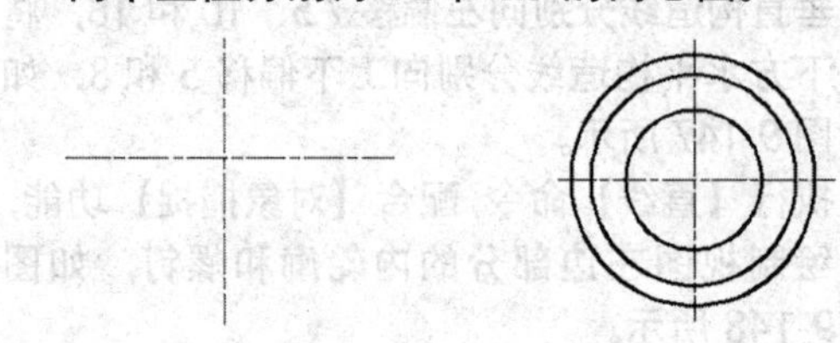

图 9-158 绘制中心线　　图 9-159 绘制同心圆

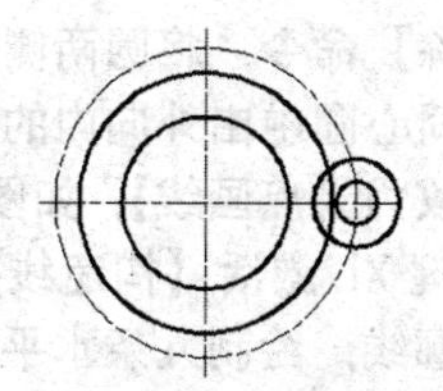
图 9-160　绘制同心圆

05 使用快捷键 L 激活【直线】命令，并配合【对象捕捉追踪】功能，过直径为 25 的圆的上、下两象限点分别向左画两条水平直线与直径为 74 的圆相交，如图 9-161 所示。

06 使用快捷键 TR 将图形进行修剪完善，如图 9-162 所示。

07 单击【修改】面板中的【环形阵列】按钮，以套壳所在同心圆的圆心为中心点，对图形进行环形阵列，设置项目总数为 3，填充角度为 360°，如图 9-163 所示。

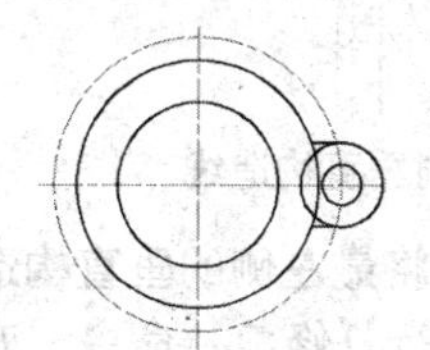
图 9-161　绘制直线

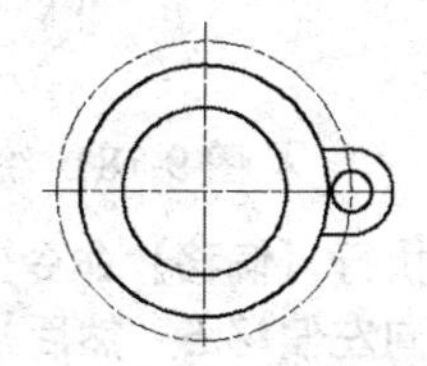
图 9-162　修剪完善图形

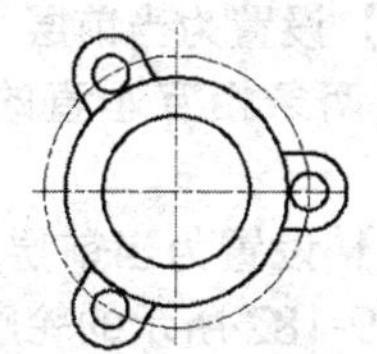
图 9-163　环形阵列

08 单击【修改】面板中的【偏移】按钮，将水平中心线分别向上和向下偏移 25.5，将垂直中心线向左偏移 42，创建辅助线如图 9-164 所示。

09 执行【直线】命令，过辅助线及其与套壳外轮廓的交点绘制直线，如图 9-165 所示。

10 单击【修改】面板中的【修剪】按钮，修剪多余的线条，并删除辅助线，修剪、删除效果如图 9-166 所示。

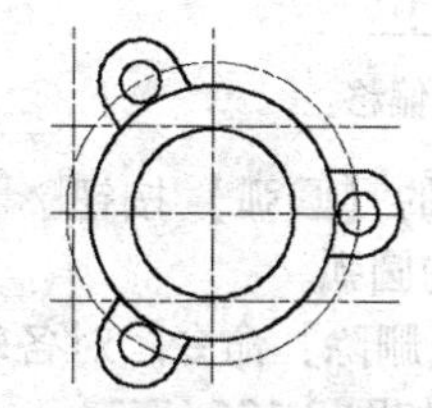
图 9-164　创建辅助线

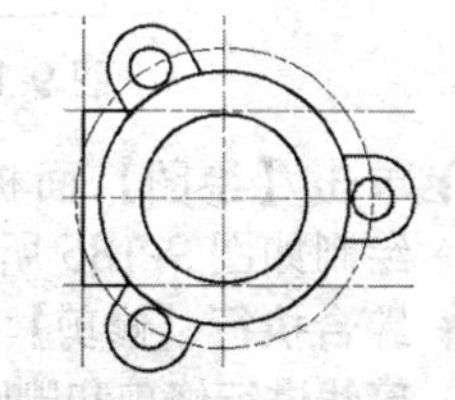
图 9-165　绘制直线

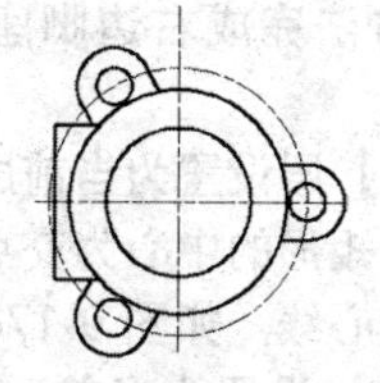
图 9-166　修剪、删除效果

11 单击【修改】面板中的【复制】按钮，将视图复制一份至绘图区域空白处。

12 执行【旋转】命令，将复制的视图旋转 90°，如图 9-167 所示。

13 执行【构造线】命令，根据视图的轮廓线，绘制如图 9-168 所示的六条构造线，从而定位主视图的大体轮廓。

14 在视图的下方绘制一条水平直线，并使用【偏移】命令，将其向下偏移 56，如图 9-169 所示。

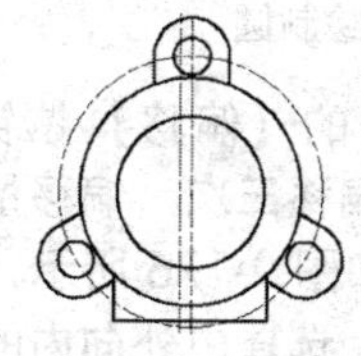
图 9-167　旋转视图

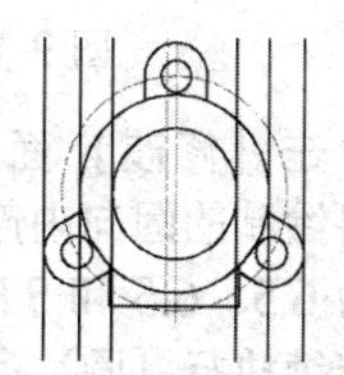
图 9-168　绘制构造线

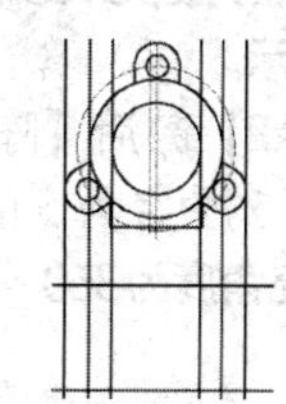
图 9-169　绘制直线并偏移

15 执行【修剪】命令，对图形进行修剪，如图 9-170 所示。

16 单击【绘图】面板中的按钮，绘制如图 9-171 所示的矩形。

17 执行【修剪】命令，对图形进行修剪完善，如图 9-172 所示。

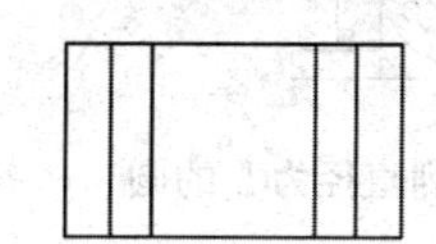
图 9-170　修剪图形

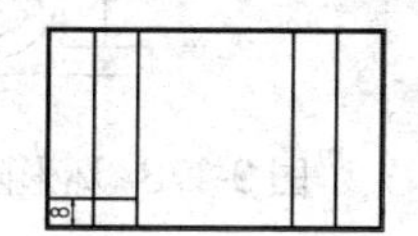
图 9-171　绘制矩形

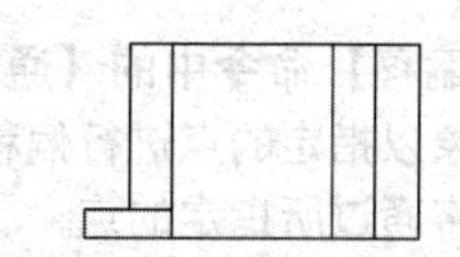
图 9-172　修剪完善图形

⑱ 以同样的方法完成右边脚座的绘制，如图 9-173 所示。

⑲ 将【点画线】层设置为当前层，执行【直线】命令，以内矩形的中心为交点，绘制两条相互垂直的中心线，如图 9-174 所示。

⑳ 将【轮廓线】设置为当前图层，执行【圆】命令，配合【对象捕捉】功能，绘制如图 9-175 所示的圆。

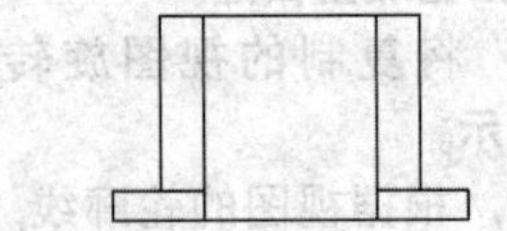

图 9-173 绘制右边脚座

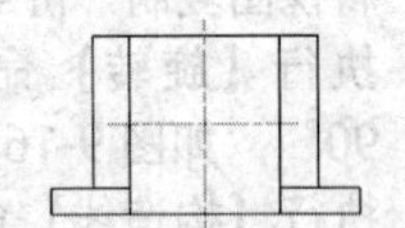

图 9-174 绘制中心线

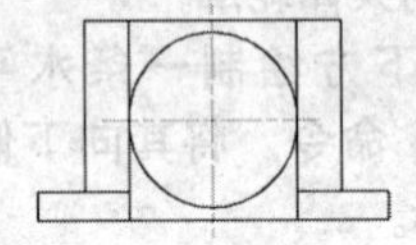

图 9-175 绘制圆

㉑ 单击【修改】面板中的【偏移】按钮，将绘制的圆向内连续偏移三次，偏移量分别为 6.5、6.5 和 5.5，如图 9-176 所示。

㉒ 继续执行【圆】命令，选择由外向内的第二个圆的上象限点为圆心，绘制直径为 5 的圆，如图 9-177 所示。

㉓ 使用快捷键【AR】激活【阵列】命令，以大圆的圆为中心，对直径为 5 的圆环形阵列，项目总数为 3，填充角度为 360°，如图 9-178 所示。

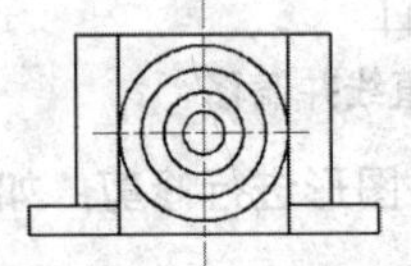

图 9-176 偏移圆

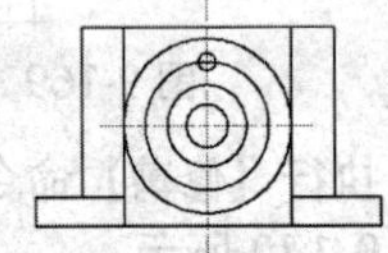

图 9-177 绘制直径为 5 的圆

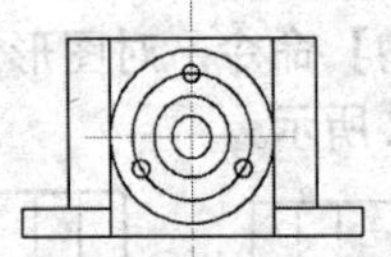

图 9-178 环形阵列直径为 5 的圆

提示

使用【偏移】命令中的【通过】选项，可以将原对象以指定的点进行偏移复制，复制出的对象将通过所指定的点。

㉔ 执行【删除】命令，将圆两侧多余的线条删除，并将同心圆中由外向内的第二个圆的图层特性更改为【点画线】，如图 9-179 所示。

㉕ 使用快捷键 XL 激活【构造线】命令，根据主视图轮廓线，绘制九条水平构造线，如图 9-180 所示。

㉖ 重复执行【构造线】命令，根据顶视图轮廓绘制七条垂直构造线，如图 9-181 所示。

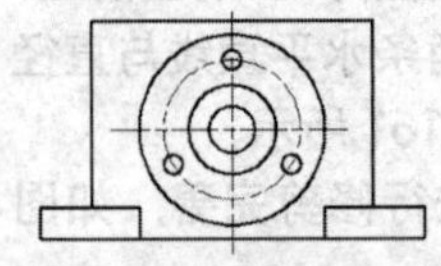

图 9-179 删除并更改图层特征

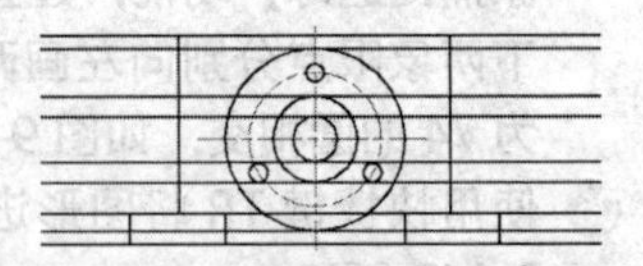

图 9-180 绘制水平构造线

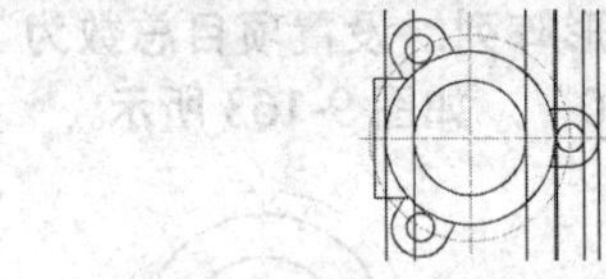

图 9-181 绘制垂直构造线

㉗ 执行【偏移】命令，将最左侧的垂直构造线向左偏移 5，然后执行【修剪】命令，对各构造线进行修剪编辑，如图 9-182 所示。

㉘ 将【点画线】设置为当前层，以矩形中心为交点，绘制两条相互垂直的中心线，如图 9-183 所示。

㉙ 将【轮廓线】设置为当前层，执行【偏移】命令，将图 9-182 所示的轮廓线 1 向右偏移 71，将轮廓线 2 和 3 分别向内偏移 1，如图 9-184 所示。

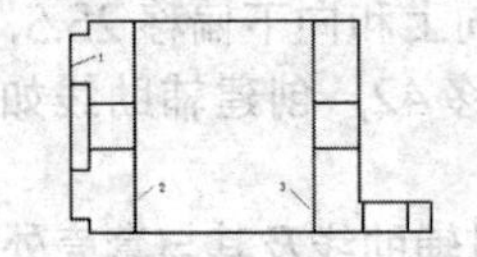

图 9-182 偏移并修剪构造线

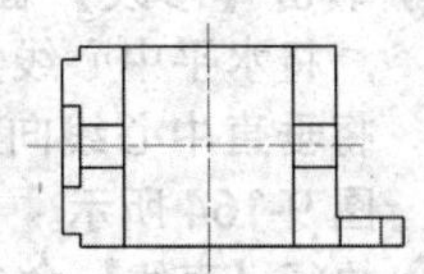

图 9-183 绘制中心线

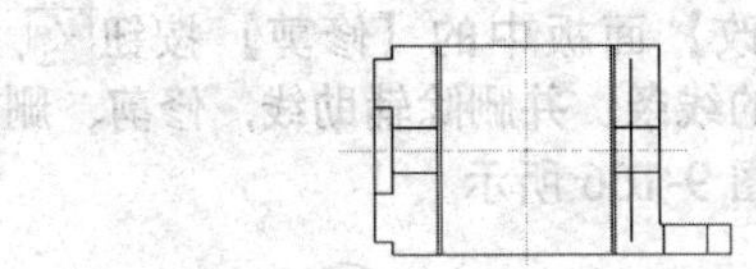

图 9-184 偏移

㉚ 单击【绘图】面板中的【圆弧】按钮，绘制如图 9-185 所示的圆弧。

㉛ 综合执行【修剪】和【删除】命令，对各轮廓线进行修剪和删除，如图 9-186 所示。

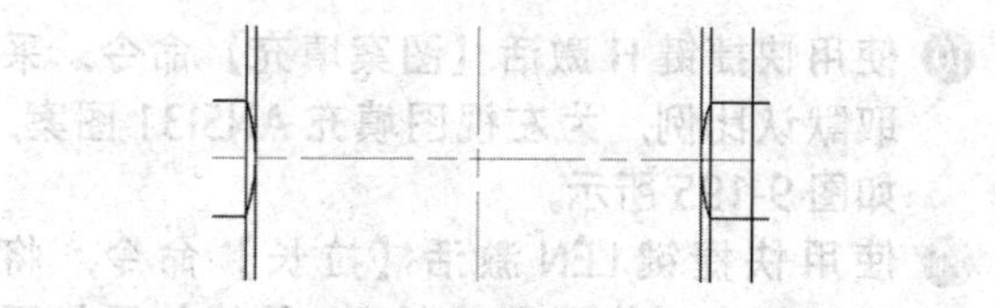

图 9-185 绘制圆弧

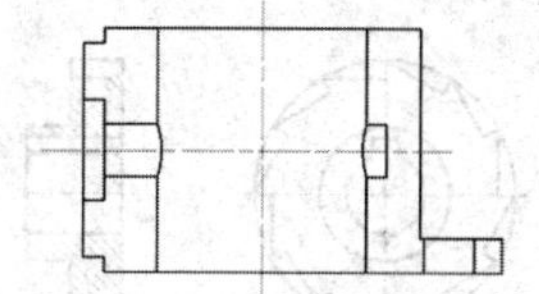

图 9-186 修剪和删除轮廓线

㉜ 将【剖面线】设置为当前层，单击【绘图】面板中的按钮，采取默认比例，为视图填充 ANSI31 图案，如图 9-187 所示。

㉝ 最终效果如图 9-188 所示。

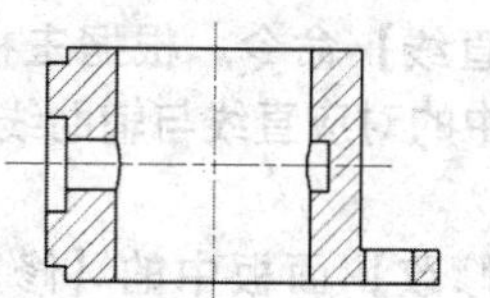

图 9-187 填充图案

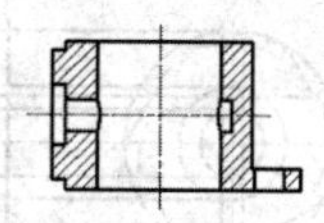

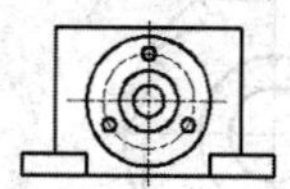

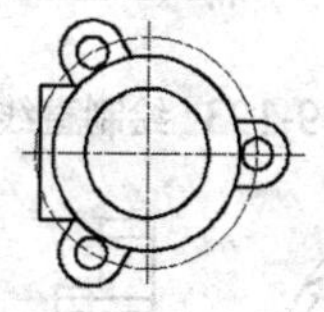

图 9-188 最终效果

123 绘制棘轮零件

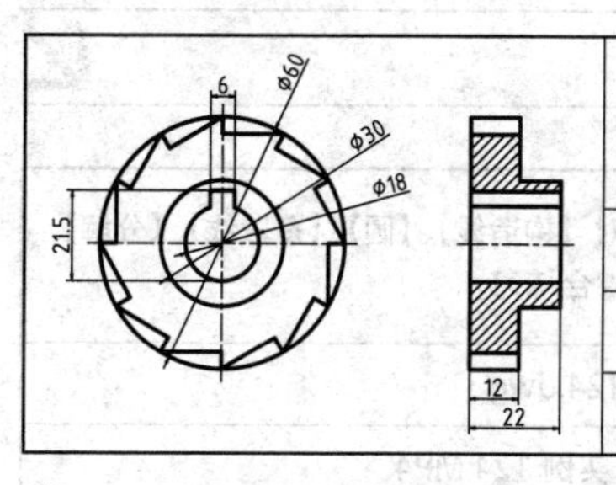

通过棘轮零件视图的绘制，主要对【圆】、【直线】、【修剪】、【偏移】、【旋转】、【阵列】、【图案填充】和【拉长】命令的综合练习，在操作过程中还使用了【图层特性】和【对象捕捉】功能。

文件路径：	实例文件 \ 第 09 章 \ 实例 123.dwg
视频文件：	MP4\ 第 09 章 \ 实例 123.MP4
播放时长：	0:07:12

01 以附赠文件【机械样板 .dwt】作为基础样板，新建空白文件。

02 将【点画线】设置为当前图层，并启用【线宽】功能。

03 执行【直线】和【圆】命令，绘制如图 9-189 所示的中心线和圆。

04 执行【旋转】命令，将垂直中心线旋转 -30°，并将【轮廓线】设置为当前层，执行【直线】命令，绘制如图 9-190 所示的直线。

05 使用快捷键 TR 激活【修剪】命令，并删除角度为 30° 的斜线，执行【直线】命令，绘制短直线，如图 9-191 所示。

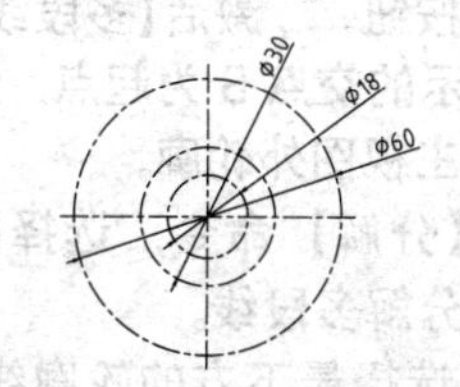

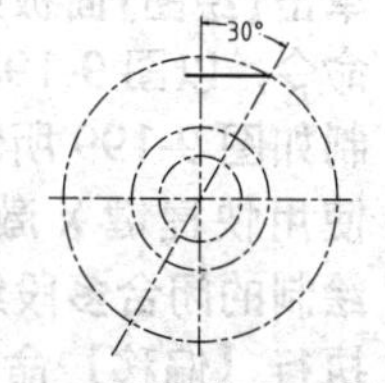

图 9-189 绘制中心线和圆　图 9-190 旋转并绘制直线

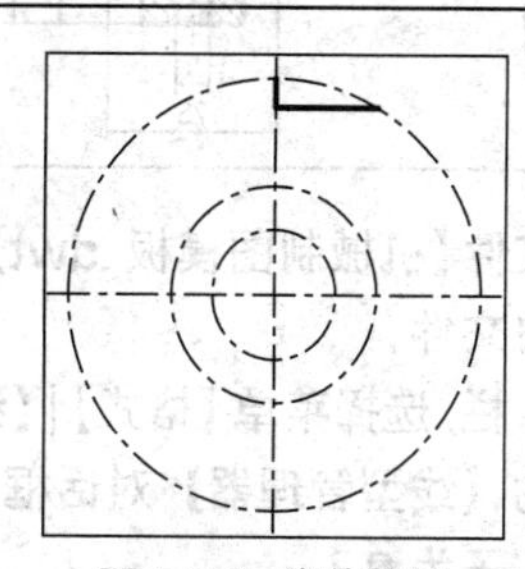

图 9-191 修剪整理

06 执行【图层特性】命令，将圆设置为【轮廓线】层，并单击【修改】面板中的按钮，执行【阵列】命令，进行环形阵列。阵列中心为圆心，项目总数为 12，项目间填充角度设置为 360°，如图 9-192 所示。

07 单击【修改】面板中的【偏移】按钮，将垂直中心线向左、右分别偏移 3，将水平中心线向上偏移 12.5，并将偏移的中心线更改为【轮廓线】。

⑧ 执行【直线】命令，根据主视图轮廓绘制左视图中的对应直线与辅助线，如图 9-193 所示。

⑨ 单击【修改】面板中的【修剪】按钮，对图形进行修剪，如图 9-194 所示。

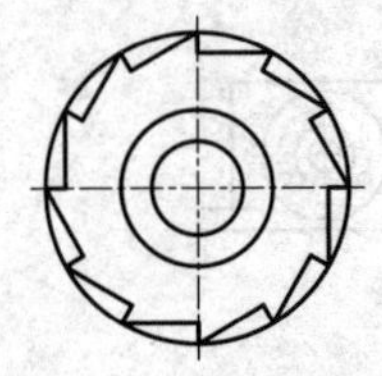

图 9-192　环形阵列

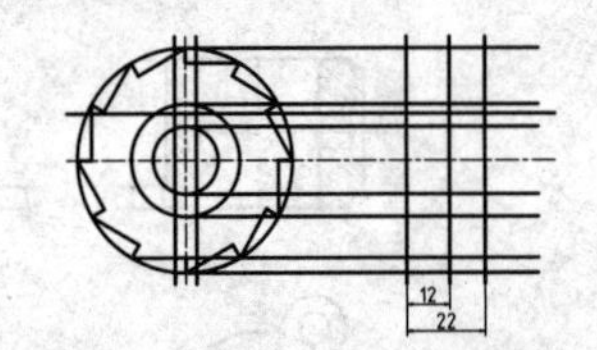

图 9-193　绘制直线和辅助线

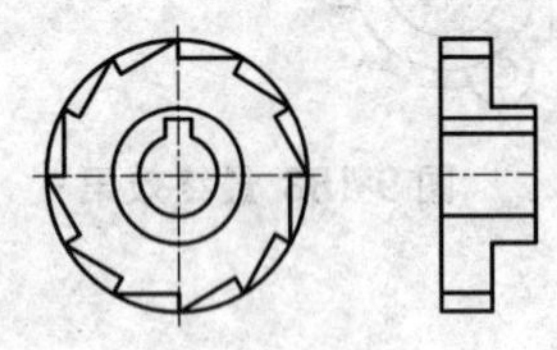

图 9-194　修剪图形

⑩ 使用快捷键 H 激活【图案填充】命令，采取默认比例，为左视图填充 ANSI31 图案，如图 9-195 所示。

⑪ 使用快捷键 LEN 激活【拉长】命令，将两视图中心线两端拉长 3，最终效果如图 9-196 所示。

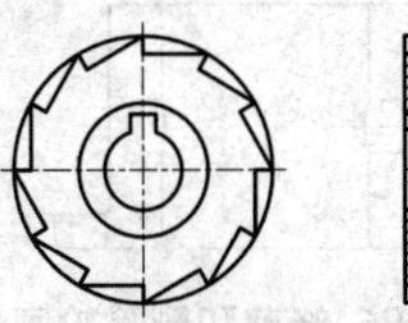
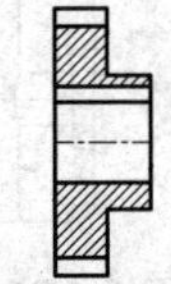

图 9-195　填充图案

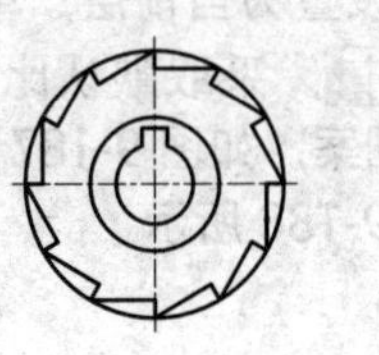

图 9-196　最终效果

124 绘制导向块

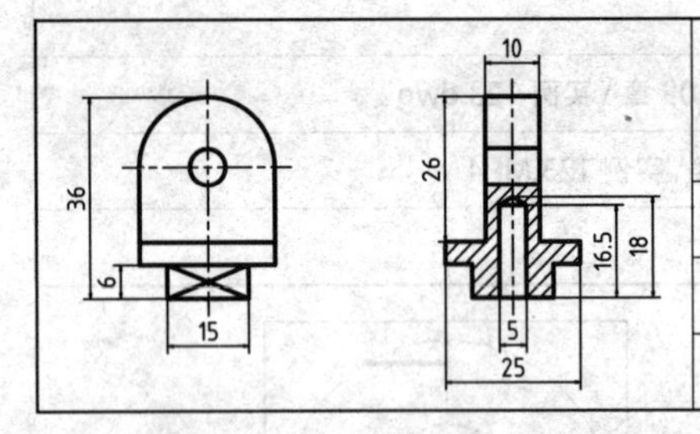

通过导向块视图的绘制，主要对【构造线】、【圆】、【多段线】、【分解】、【偏移】和【图案填充】命令进行综合练习。

文件路径：	第 09 章 \ 实例 124.dwg
视频文件：	MP4\ 第 09 章 \ 实例 124.MP4
播放时长：	0:05:54

① 以附赠文件【机械制图模板 .dwt】作为样板，新建空白文件。

② 显示菜单栏，选择菜单【格式】|【线型】选项，在弹出的【线型管理器】对话框内设置线型的比例因子为 0.3。

③ 单击【图层】面板中【图层控制】下三角按钮，在弹出的下拉菜单中选择【点画线】作为当前层。

④ 使用快捷键 XL 激活【构造线】命令，绘制如图 9-197 所示的构造线作为定位辅助线。

⑤ 单击【修改】面板中的【偏移】按钮，将左侧的垂直构造线向左偏移 7.5 和 12.5，如图 9-198 所示。

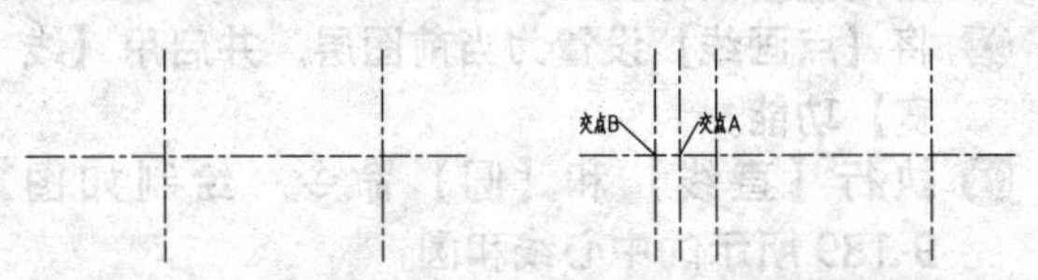

图 9-197　绘制辅助线　图 9-198　偏移构造线

⑥ 将【轮廓线】设置为当前层，选择状态栏上的【线宽】选项，执行【圆】命令，以图 9-198 所示的辅助线交点 A 为圆心，绘制直径为 6.5 的圆。

⑦ 单击【绘图】面板中的按钮，激活【多段线】命令，以图 9-198 所示的交点 B 为起点，绘制如图 9-199 所示的主视图外轮廓。

⑧ 使用快捷键 X 激活【分解】命令，选择刚绘制的闭合多段线，分解多段线。

⑨ 执行【偏移】命令，选择最下方的轮廓线，

将其向上偏移 4。

⑩ 使用快捷键 L 激活【直线】命令，绘制如图 9-200 所示的主视图下方轮廓。

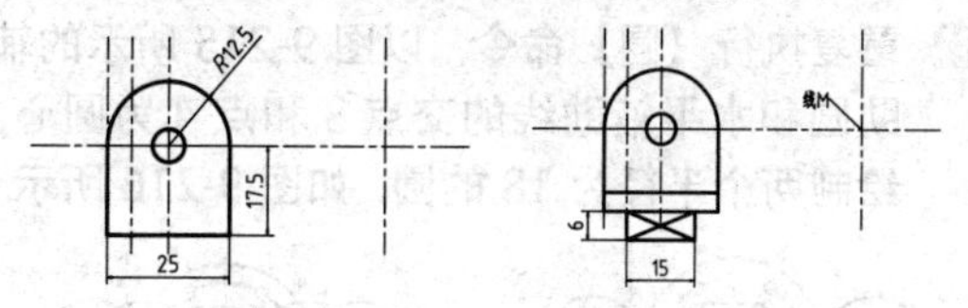

图 9-199 绘制外轮廓　图 9-200 绘制下方轮廓线

⑪ 单击【绘图】面板中的按钮，激活【构造线】命令，分别通过主视图各特征点，绘制水平构造线，如图 9-201 所示。

⑫ 执行【直线】命令，绘制如图 9-202 所示的左视图轮廓。

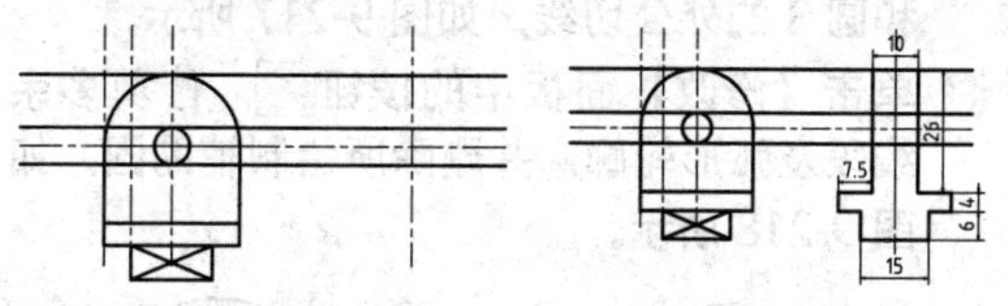

图 9-201 绘制水平构造线　图 9-202 绘制左视图轮廓

提示

无论绘制的多段线中含有几条直线或圆弧，AutoCAD 都把它们作为一个单一的对象。

⑬ 执行【修剪】和【删除】命令，对各构造线进行修剪，删除多余的部分，将其编辑为左视图轮廓，如图 9-203 所示。

⑭ 执行【偏移】命令，将左视图中的垂直辅助线向左偏移 2.5，如图 9-204 所示。

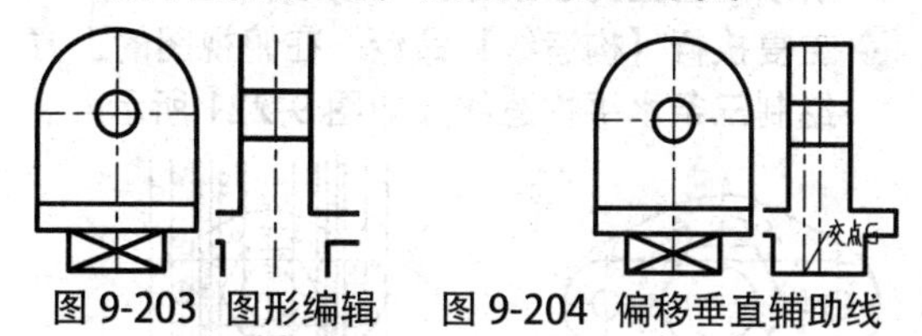

图 9-203 图形编辑　图 9-204 偏移垂直辅助线

⑮ 执行【直线】命令，以图 9-204 所示的点 G 作为起点，配合相对坐标输入法绘制左视图内轮廓线。命令行操作过程如下：

令：_line
指定第一点：
　　// 捕捉图 9-204 所示的点 G
指定下一点或 [放弃 (U)]:@16.5<90 ↙
指定下一点或 [放弃 (U)]:@2.5,1.5 ↙
指定下一点或 [闭合 (C)/ 放弃 (U)]:@2.5，-1.5 ↙
指定下一点或 [闭合 (C)/ 放弃 (U)]:@16.5<270 ↙
指定下一点或 [闭合 (C)/ 放弃 (U)]: ↙
　　// 按 Enter 键，绘制内部轮廓如图 9-205 所示

⑯ 重复执行【直线】命令，以图 9-205 所示的点 1 和点 2 作为起点和端点，绘制线段，并删除多余的辅助线，如图 9-206 所示。

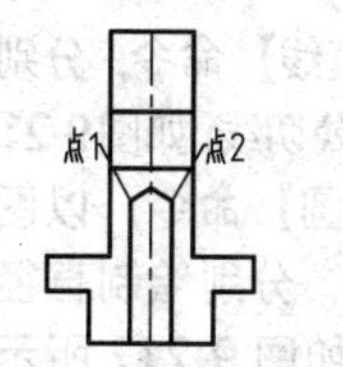

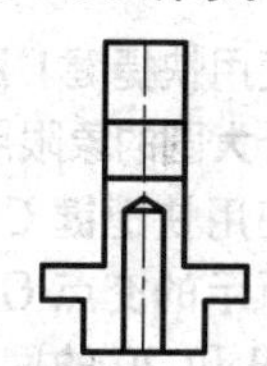

图 9-205 绘制内部轮廓　图 9-206 绘制线段

⑰ 使用快捷键 H 激活【图案填充】命令，设置图案为 ANS31 比例为 0.3，对左视图填充剖面线图案，如图 9-207 所示。

⑱ 执行【拉长】命令，将两视图的中心线向两端拉长 3，最终效果如图 9-208 所示。

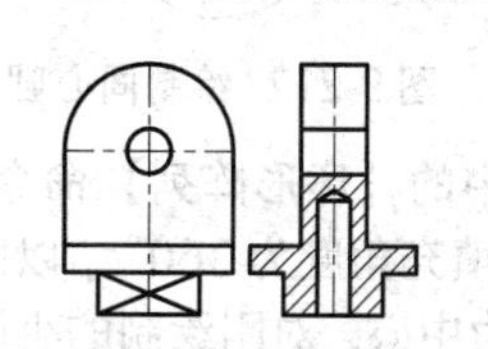

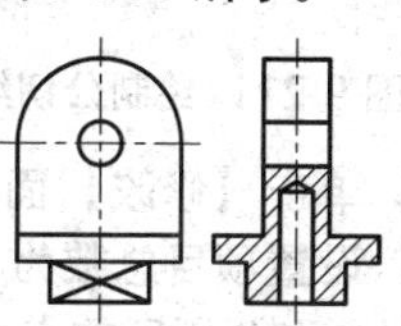

图 9-207 填充剖面线图案　图 9-208 最终效果

125 绘制基板

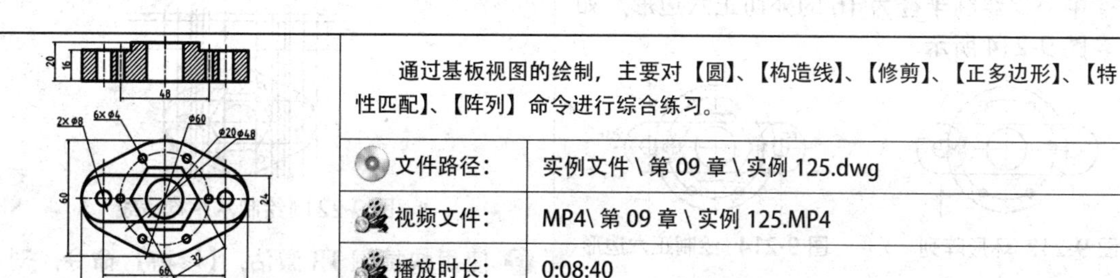

通过基板视图的绘制，主要对【圆】、【构造线】、【修剪】、【正多边形】、【特性匹配】、【阵列】命令进行综合练习。

文件路径：	实例文件 \ 第 09 章 \ 实例 125.dwg
视频文件：	MP4\ 第 09 章 \ 实例 125.MP4
播放时长：	0:08:40

01 以附赠文件【机械制图模板 .dwt】作为样板，新建空白文件。

02 单击【图层】面板中【图层控制】下三角按钮，在弹出的下拉菜单中选择【点画线】为当前图层。

03 使用快捷键 XL 激活【构造线】命令，参照各位置尺寸，绘制如图 9-209 所示的构造线作为定位辅助线。

04 将【轮廓线】设置为当前图层，并单击【绘图】面板中的按钮，分别以图 9-209 所示的辅助线左右两侧交点为圆心，绘制直径为 8 和 24 的同心圆，如图 9-210 所示。

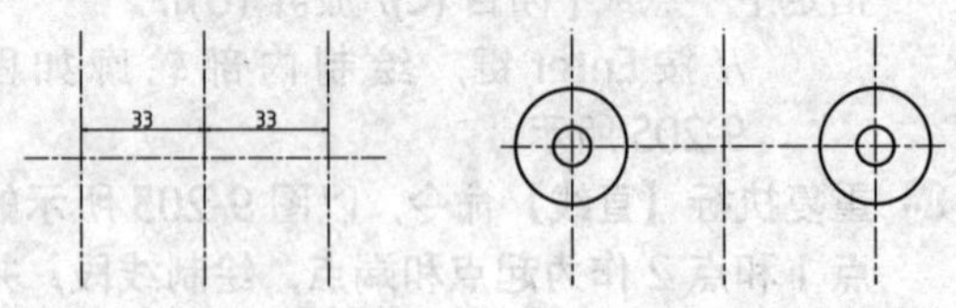

图 9-209 绘制构造线　图 9-210 绘制同心圆

05 使用快捷键 L 激活【直线】命令，分别连接两个大圆的象限点，绘制公切线，如图9-211所示。

06 使用快捷键 C 激活【圆】命令，以图 9-211 所示的交点 O 为圆心，分别绘制直径为 60、48 和 20 的同心圆，如图 9-212 所示。

07 再次执行【圆】命令，以图 9-212 所示的点 Q 作为圆心，绘制直径为 4 的小圆。

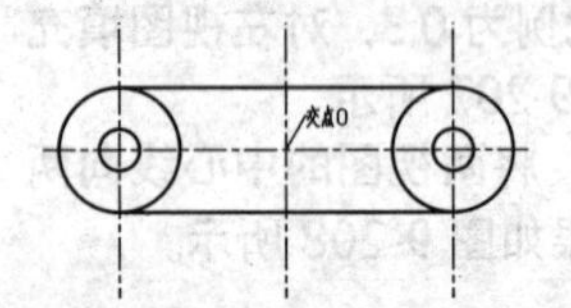

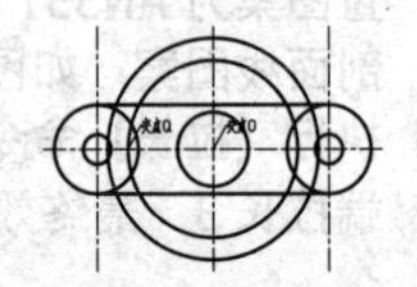

图 9-211 绘制公切线　图 9-212 绘制同心圆

08 单击【修改】面板中的【环形阵列】命令，设置项目总数为 6，填充角度为 360°，以图 9-212 所示的点 O 为中心，对刚绘制的小圆进行环形阵列，如图 9-213 所示。

09 单击【绘图】面板中的按钮，激活【正多边形】命令，以图 9-212 所示的点 O 为中心，绘制半径为 16 的外切正六边形，如图 9-214 所示。

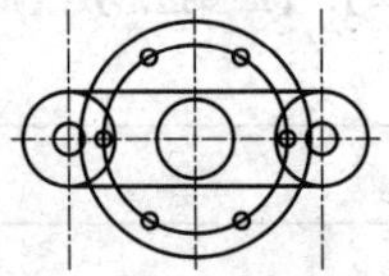

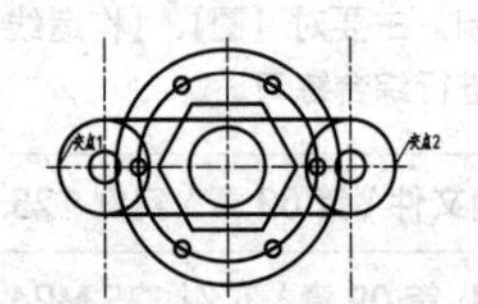

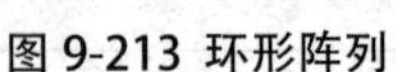

图 9-213 环形阵列　图 9-214 绘制正六边形

10 单击【绘图】面板中的按钮，分别以图 9-214 所示的交点 1 和交点 2 为圆心，绘制半径为 18 的圆作为辅助圆，如图 9-215 所示。

11 重复执行【圆】命令，以图 9-215 所示的辅助圆和水平辅助线的交点 3 和点 4 为圆心，绘制两个半径为 18 的圆，如图 9-216 所示。

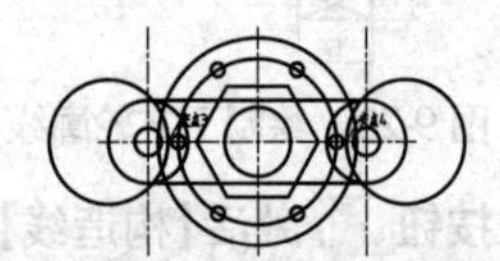

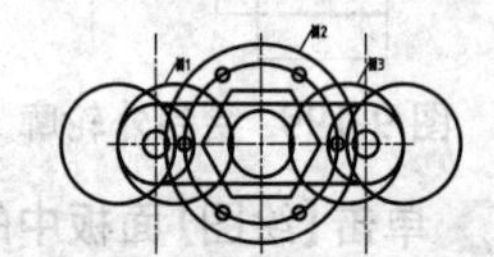

图 9-215 绘制辅助圆　图 9-216 绘制圆

12 使用快捷键 L 激活【直线】命令，配合【切点】捕捉功能，绘制图 9-216 所示的圆 1、圆 2 和圆 3 的外公切线，如图 9-217 所示。

13 单击【修改】面板中的按钮，修剪多余线段及弧形轮廓，并删除所绘制辅助圆，如图 9-218 所示。

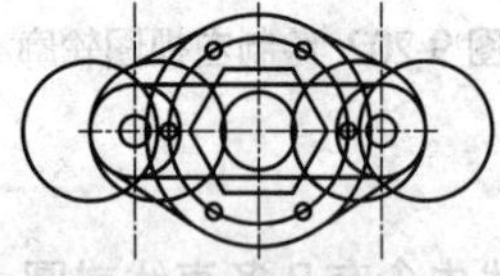

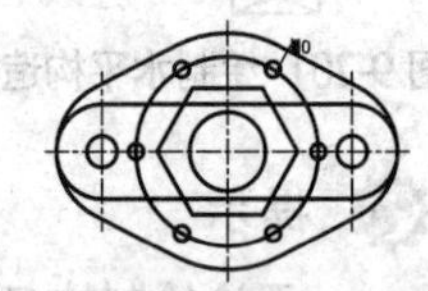

图 9-217 绘制外公切线 图 9-218 修剪和删除操作

14 使用快捷键 MA 激活【特性匹配】命令，以辅助线作为原对象，将其图层特性匹配给图 9-218 所示的圆 O，如图 9-219 所示。

15 执行【构造线】命令，分别通过俯视图中各定位圆及正多边形特征点，绘制如图 9-220 所示的垂直构造线作为辅助线。

16 重复执行【构造线】命令，在俯视图的上方绘制三条水平构造线，如图 9-221 所示。

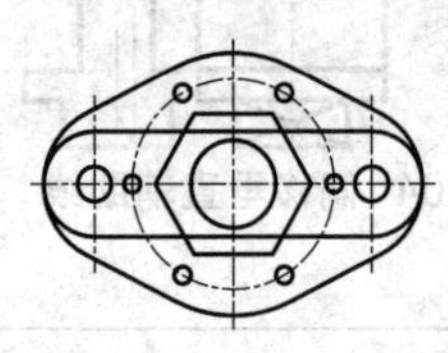

图 9-219 特性匹配　图 9-220 绘制垂直构造线

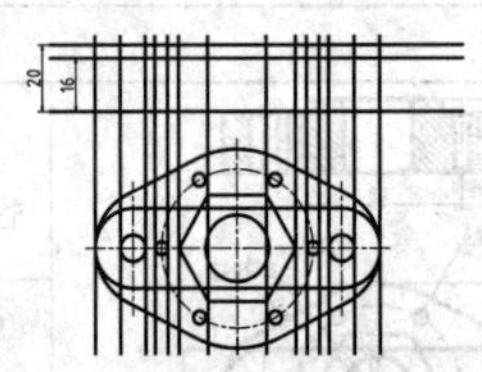

图 9-221 绘制水平构造线

17 使用快捷键 TR 激活，【修剪】命令，对各构造线进行修剪，如图 9-222 所示。

⑱ 执行【特性匹配】命令，以修剪后的辅助线为原对象，将其图层特性匹配给图图 9-222 所示的线段 L 和线段 M，如图 9-223 所示。

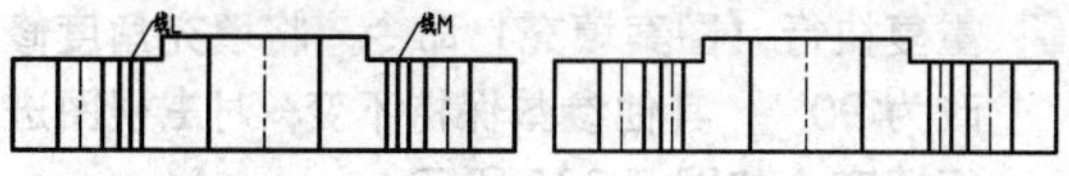

图 9-222 修剪构造线　　图 9-223 特性匹配

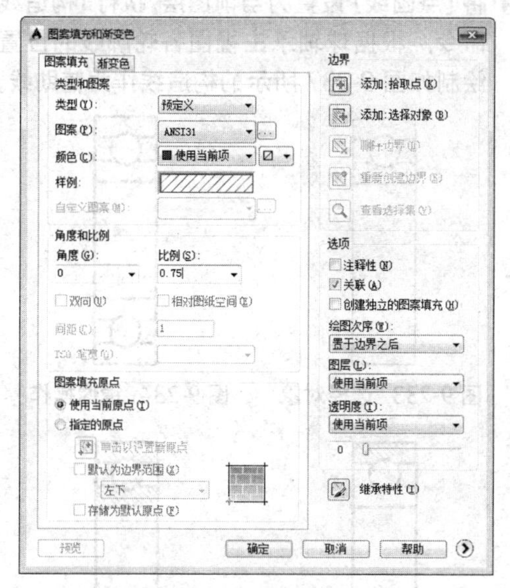

图 9-224 设置图案填充参数

⑲ 使用快捷键 H 激活，【图案填充】命令，设置图案填充参数，如图 9-224 所示。对基板主视图填充图案，如图 9-225 所示。

⑳ 重复执行【图案填充】命令，将填充角度设置为 90°，其他参数保持不变，对主视图左侧轮廓进行同一图案填充。

㉑ 执行【拉长】命令，将个别位置的中心线向两端拉长 3，最终效果如图 9-226 所示。

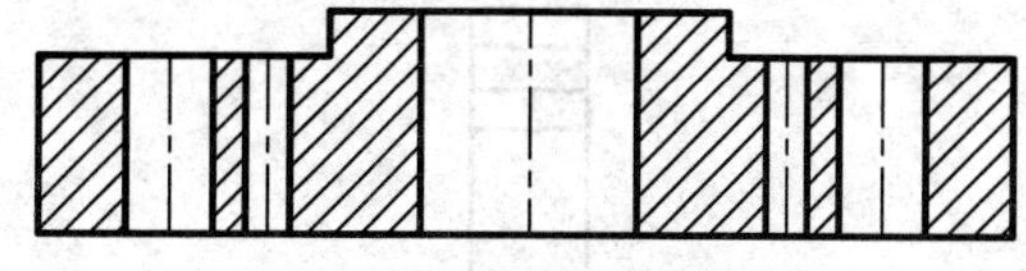

图 9-225 填充图案

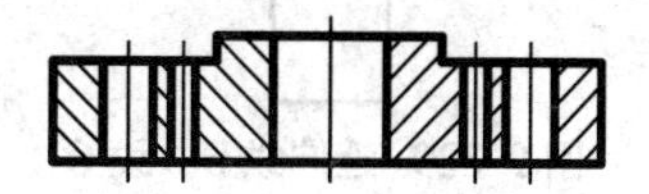

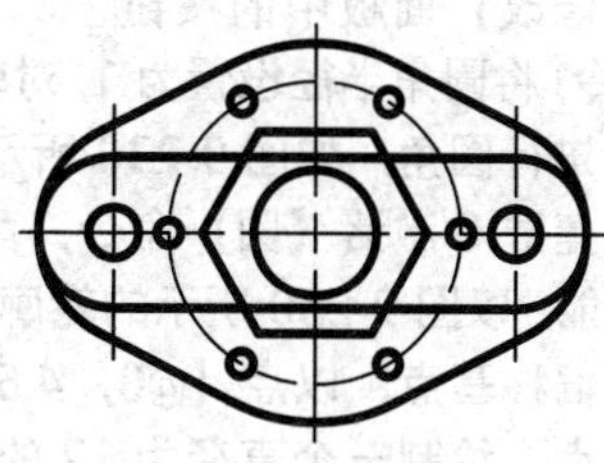

图 9-226 最终效果

126 绘制球轴承

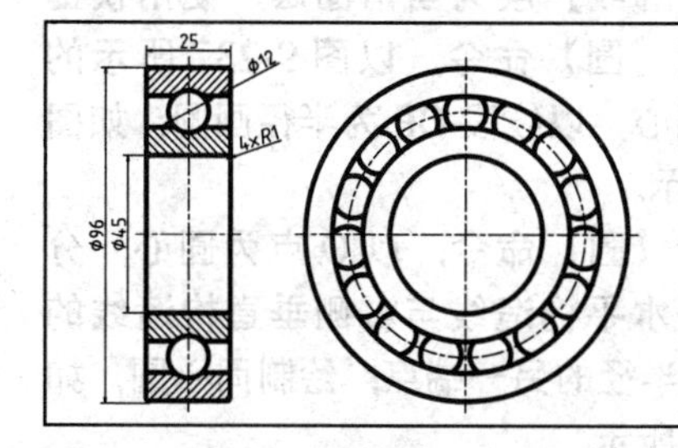

通过球轴承的绘制，主要对【分解】、【偏移】、【阵列】、【修剪】命令综合运用和练习，在具体的操作过程中还使用了【图层特性】功能。

文件路径：	实例文件 \ 第 09 章 \ 实例 126.dwg
视频文件：	MP4\ 第 09 章 \ 实例 126.MP4
播放时长：	0:05:39

01 以附赠文件【机械制图模板 .dwt】作为样板，新建空白文件。

02 将【轮廓线】设置为当前图层，使用快捷 REC 激活【矩形】命令，绘制长度为 25，宽度为 95，圆角为 1 的圆角矩形，作为主视图外轮廓线，如图 9-227 所示。

03 使用快捷键 X 激活【分解】命令，选择所绘制的圆角矩形，将其分解为各个单独的对象。

04 使用快捷键 O 激活【偏移】命令，分别将偏移距离设置为 8、17 和 25，对矩形上方的边向下偏移，如图 9-228 所示。

05 单击【修改】面板中的按钮，激活【延伸】命令，以图 9-228 所示的边 L 和边 M 作为延伸边界，对偏移出的线 B 和线 C 进行延伸操作，如图 9-229 所示。×

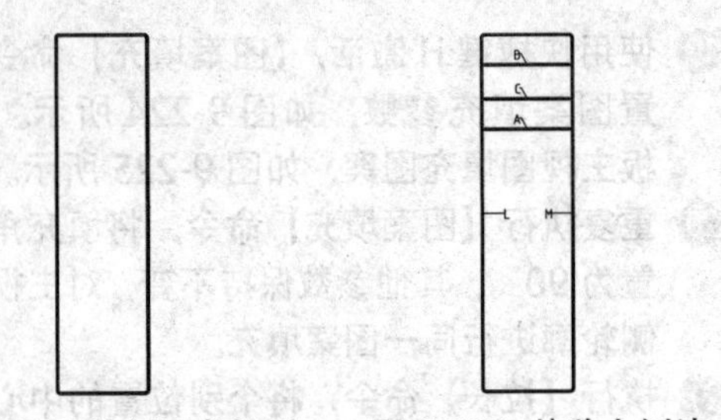

图 9-227 绘制圆角矩形　　图 9-228 偏移上侧边

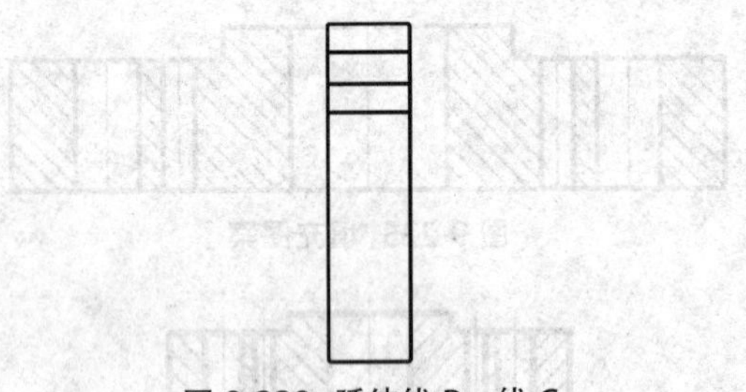

图 9-229 延伸线 B、线 C

06 单击【修改】面板中的按钮，激活【圆角】命令，将圆角半径设置为 1，对轮廓线 A、L 和 M 进行圆角，如图 9-230 所示。

07 使用快捷键 C 激活【圆】命令，配合【自】捕捉功能，以图 9-230 所示的轮廓线 B 的中点作为偏移基点，以点【@0，4.5】作为偏移目标点，绘制一个直径为 12 的圆，如图 9-231 所示。

08 使用快捷键 TR 激活【修剪】命令，以所绘制的圆作为剪切边界，修剪圆的内部的轮廓线，如图 9-232 所示。

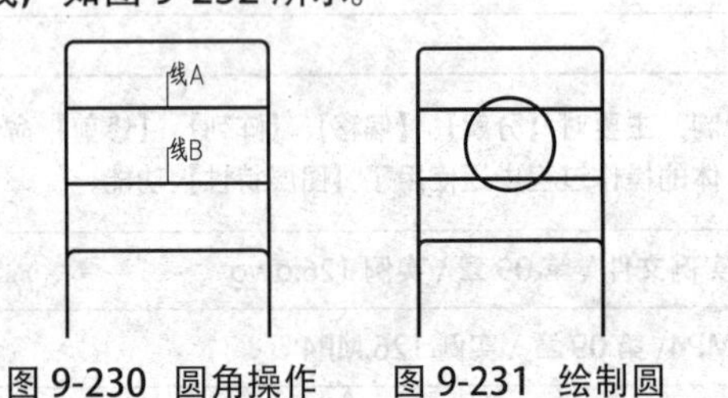

图 9-230 圆角操作　　图 9-231 绘制圆

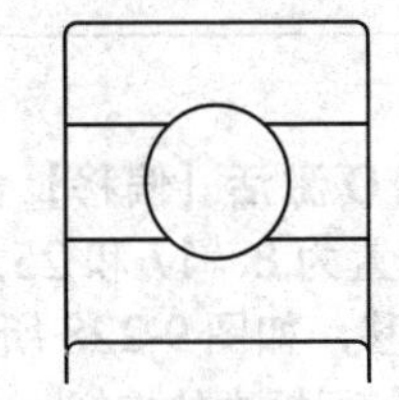

图 9-232 修剪圆的内部轮廓线

09 单击【修改】面板中的按钮，选择图 9-233 所示的显示的对象进行镜像操作，如图 9-234 所示。

10 将【剖面线】设置为当前层，使用快捷 H 激活【图案填充】命令，设置图案为 ANSI31，比例设置为 0.8，对主视图填充图案，如图 9-235 所示。

11 重复执行【图案填充】命令，将填充角度修改为 90°，其他参数保持不变，对主视图进行填充，如图 9-236 所示。

12 将【点画线】设置为当前图层，执行【构造线】命令，根据球轴承主视图各轮廓线的位置，绘制如图 9-237 所示的构造线作为辅助线。

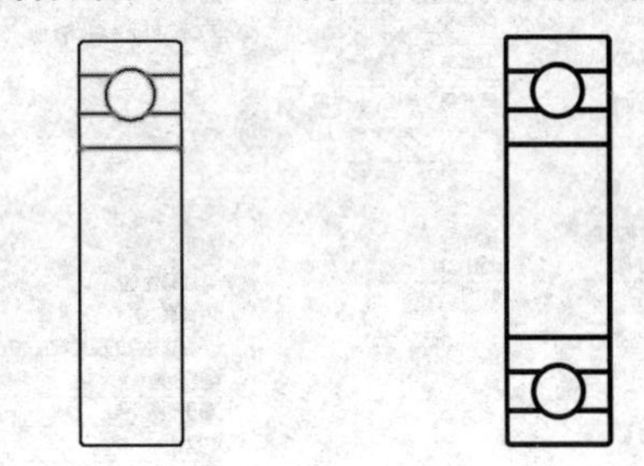

图 9-233 选择对象　　图 9-234 镜像操作

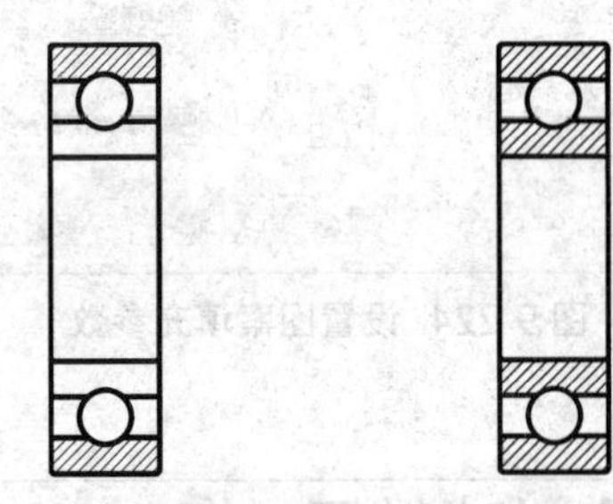

图 9-235 填充图案　　图 9-236 填充图案

13 设置【轮廓线】层为当前图层，使用快捷键 C 激活【圆】命令，以图 9-237 所示的点 O 为圆心，以线段 OP 为半径画圆，如图 9-238 所示。

14 重复执行【圆】命令，以 O 点为圆心，分别捕捉各水平构造线与右侧垂直构造线的交点作为半径的另一端点，绘制同心圆，如图 9-239 所示。

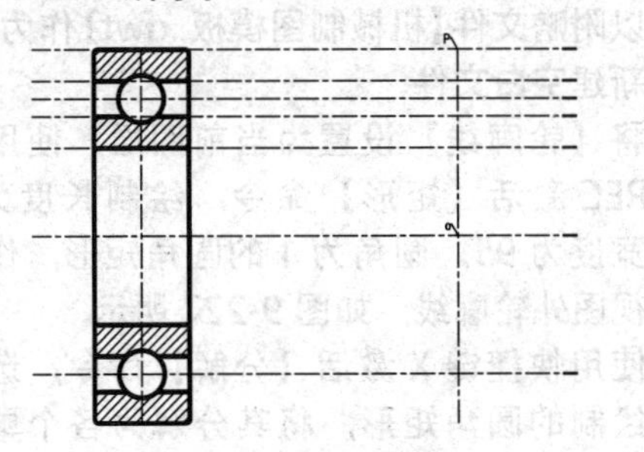

图 9-237 绘制辅助线

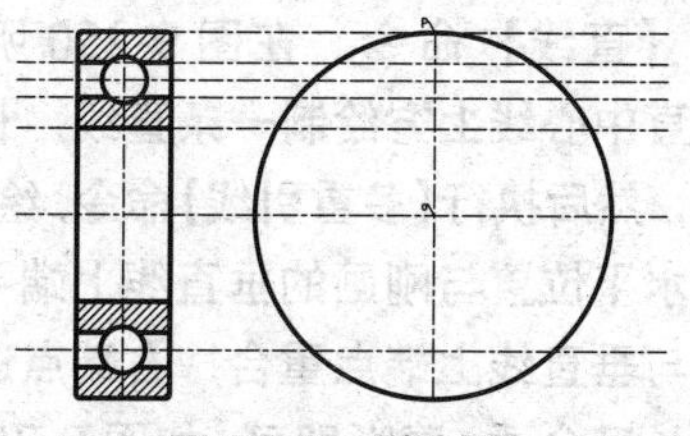

图 9-238 绘制圆

⑮ 单击【绘图】面板中的按钮，激活【圆】命令，以图 9-239 所示的圆 3 与垂直构造线的交点 W 作为圆心，绘制 ø12 的圆，作为滚珠轮廓线，如图 9-240 所示。

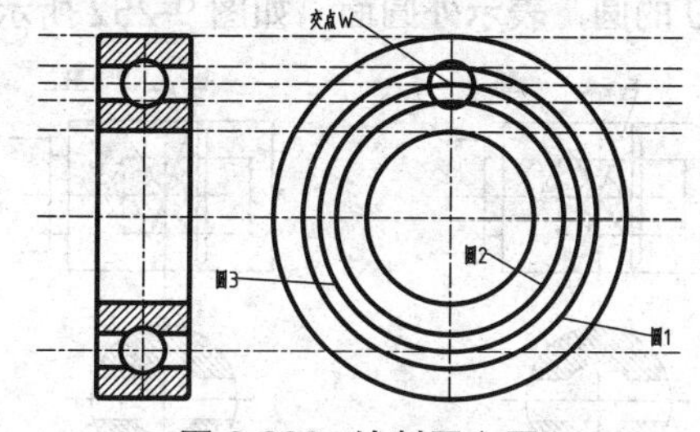

图 9-239 绘制同心圆

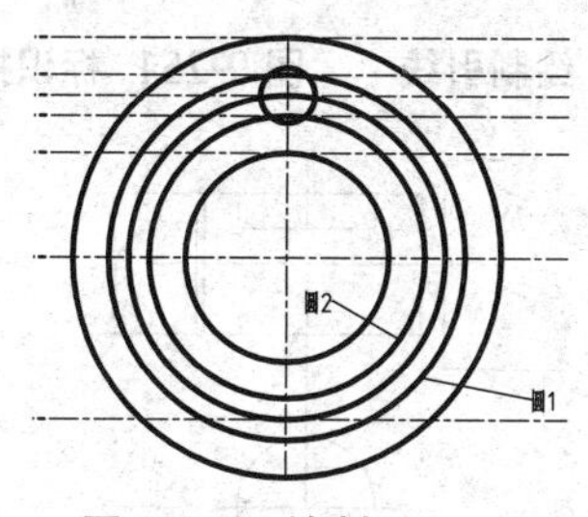

图 9-240 绘制 ø12 圆

⑯ 使用快捷键 TR 激活【修剪】命令，以图 9-240 所示的圆 1 和圆 2 为修剪边界，对 ø12 的圆进行修剪，如图 9-241 所示。

⑰ 单击【修改】面板中的【环形阵列】按钮，设置项目总数为 15，角度为 360°，选择修剪后的两段圆弧，以大圆的圆心为中心点，进行环形阵列，如图 9-242 所示。

⑱ 选择图 9-242 所示的圆 4，使其夹点显示，单击【图层】面板中的【图层控制】列表，在展开的下拉列表中选择【点画线】，修改其图层特性。

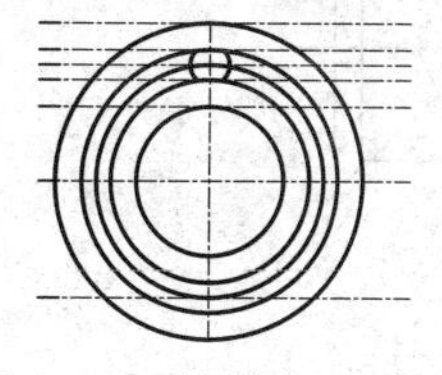

图 9-241 修剪 ø12 圆

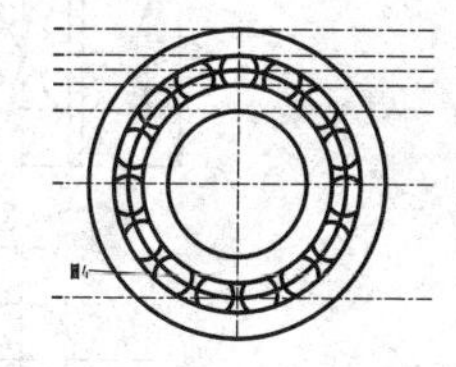

图 9-242 环形阵列圆弧

⑲ 综合执行【删除】和【修剪】命令，删除和修剪不需要的辅助线，如图 9-243 所示。

⑳ 执行【拉长】命令，将所有位置的中心线的两端拉长 4.5，最终效果如图 9-244 所示。

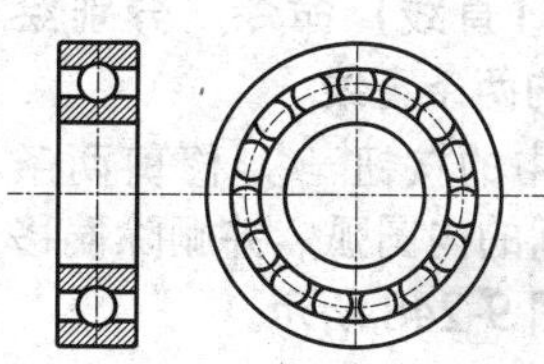

图 9-243 删除和修剪操作

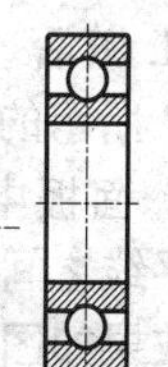

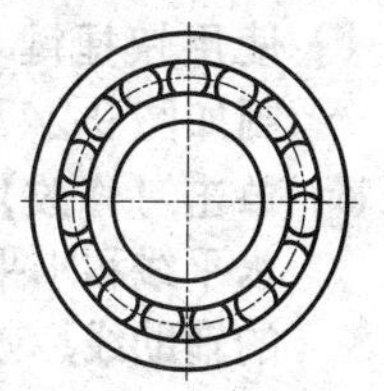

图 9-244 最终效果

127 绘制断面图

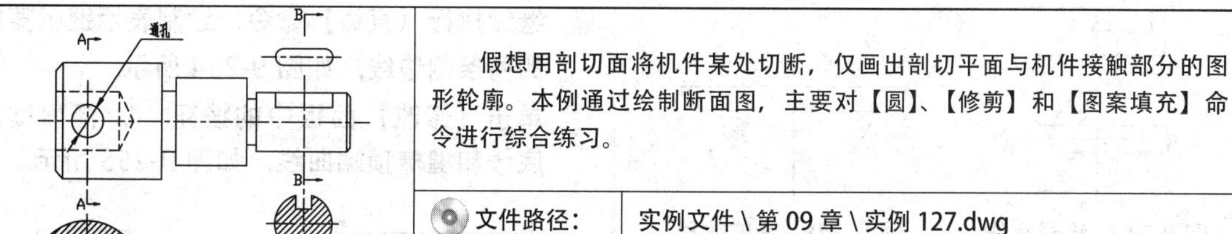

假想用剖切面将机件某处切断，仅画出剖切平面与机件接触部分的图形轮廓。本例通过绘制断面图，主要对【圆】、【修剪】和【图案填充】命令进行综合练习。

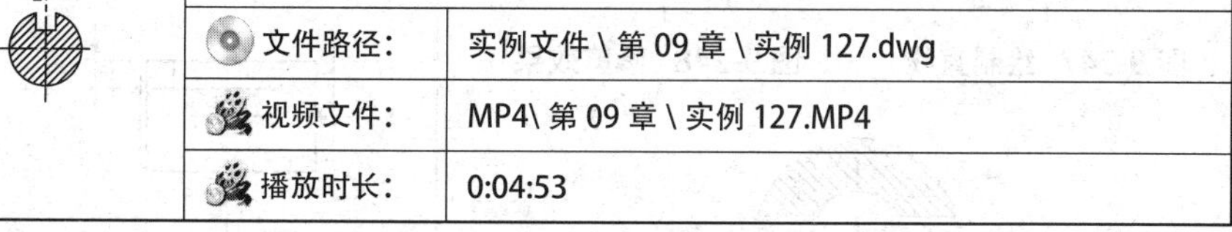

文件路径：	实例文件 \ 第 09 章 \ 实例 127.dwg
视频文件：	MP4\ 第 09 章 \ 实例 127.MP4
播放时长：	0:04:53

01 打开【实例文件 \ 第 09 章 \ 实例 127.dwg】文件，如图 9-245 所示。

02 单击【绘图】面板中的按钮，在左侧辅助线的交点处绘制直径分别为 40 和 70 的两个同心圆，表示外圆和内圆孔，如图 9-246 所示。

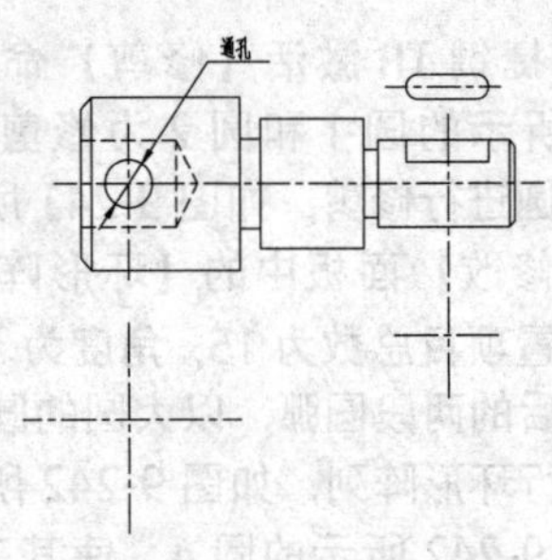

图 9-245 实例文件

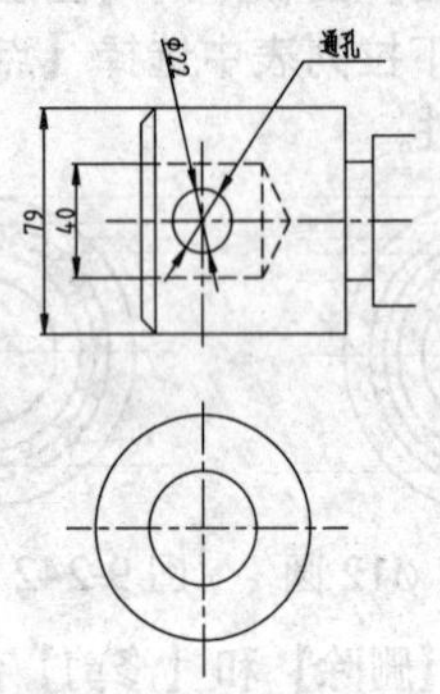

图 9-246 绘制同心圆

03 执行【偏移】命令，将左侧水平中心线分别向上、下偏移 11。

04 使用快捷键 L 激活【直线】命令，分别绘制如图 9-247 所示的两条直线。

05 单击【修改】面板中的按钮，修剪两条水平线和水平线之间的内圆弧，并删除偏移的辅助线，效果如图 9-248 所示。

06 单击【绘图】面板中的按钮，选择合适的填充参数，对图案进行填充，如图 9-249 所示。

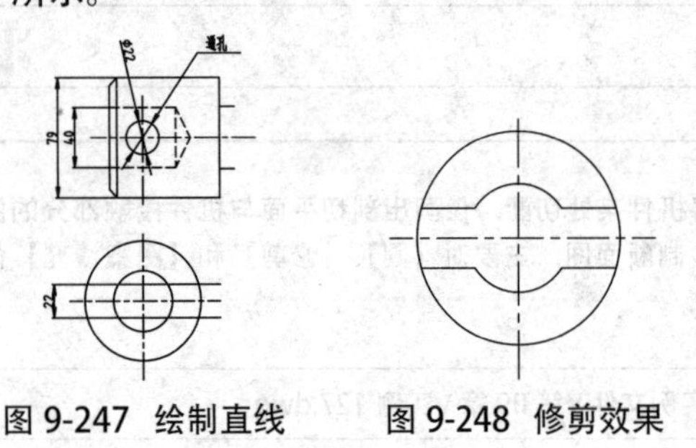

图 9-247 绘制直线　　图 9-248 修剪效果

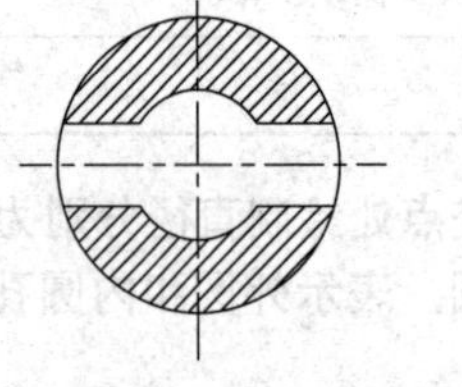

图 9-249 填充图案

07 执行【直线】命令，在图 9-250 所示的圆孔垂直中心线上方绘制一条直线，长度适当即可；然后执行【多重引线】命令，绘制引线，引线水平位置与刚画的垂直线上端平齐，左端点与垂直线上端点重合，右端点适当放置保证长度合适、清晰即可，如图 9-250 所示。

08 根据上步操作的方法绘制零件下方的引线，标识投影方向，如图 9-251 所示。

09 使用快捷键 C 激活【圆】命令，以图 9-245 中右侧中心线的交点为圆心，绘制直径为 40 的圆，表示外圆面，如图 9-252 所示。

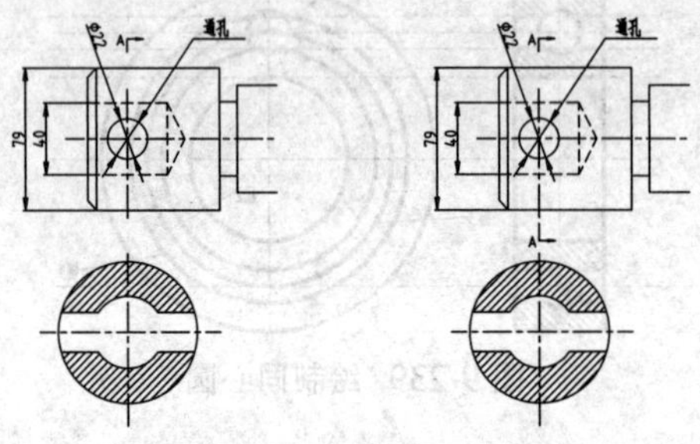

图 9-250 绘制引线　　图 9-251 标识投影方向

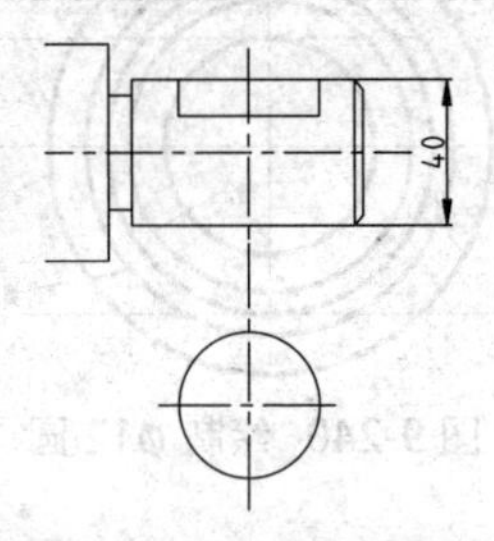

图 9-252 绘制外圆面

10 执行【直线】命令，绘制表示键槽深度的底线，如图 9-253 所示。

11 继续执行【直线】命令，绘制表示键槽宽度的两条侧边线，如图 9-254 所示。

12 单击【修改】面板中的按钮，修剪键槽底线和键槽顶端曲线，如图 9-255 所示。

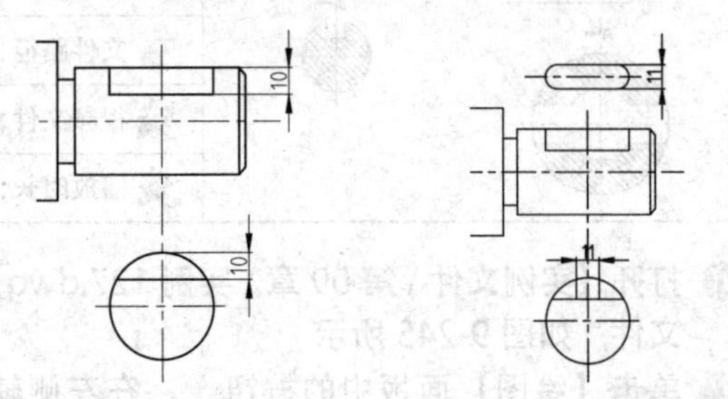

图 9-253 绘制键槽底线　　图 9-254 绘制键槽侧边线

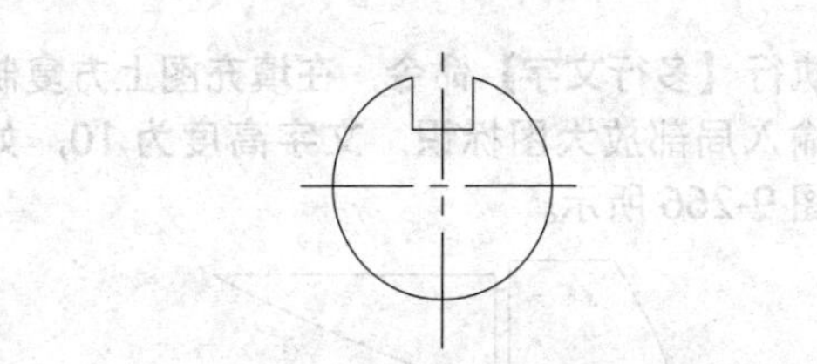

图 9-255 修剪键槽底线和顶端曲线

⑬ 单击【绘图】面板中的按钮，选择合适的填充参数，对图形进行填充，填充效果如图 9-256 所示。

⑭ 执行【多重引线】命令，根据第 7 步的操作方法绘制多重引线，表示投影方向，最终效果如图 9-257 所示。

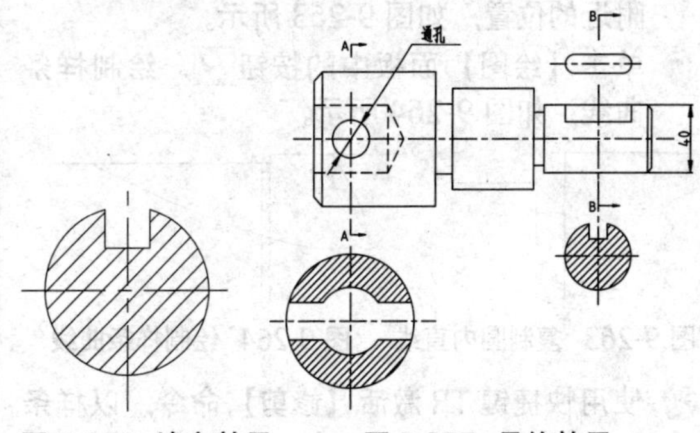

图 9-256 填充效果 图 9-257 最终效果

128 绘制局部放大图

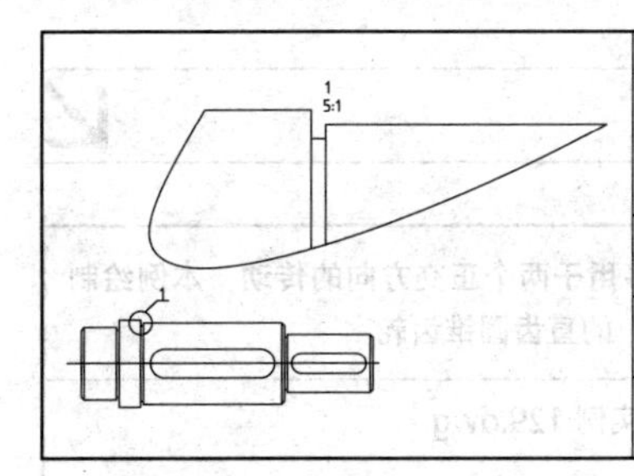

为了清楚地表达机件上的某些细小结构，将这部分结构按照一定的比例画出，称为局部放大图。本例通过局部放大图的绘制，主要对【多重引线】、【圆】、【复制】和【缩放】功能进行综合练习。

文件路径：	实例文件 \ 第 09 章 \ 实例 128.dwg
视频文件：	MP4\ 第 09 章 \ 实例 128.MP4
播放时长：	0:02:53

01 启动 AutoCAD 2018，打开【实例文件 \ 第 09 章 \ 实例 128.dwg】文件，如图 9-258 所示。

02 将【轮廓线】图层设置为当前图层，单击【绘图】面板中的按钮，以（142，228）为圆心，绘制半径为 8 的圆，如图 9-259 所示。

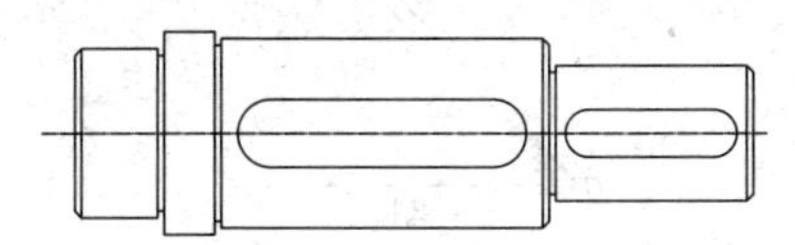

图 9-258 素材文件

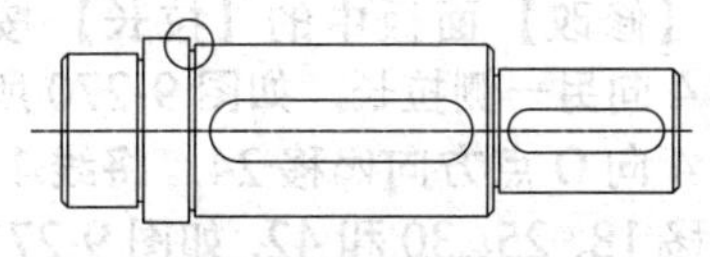

图 9-259 绘制圆

03 将【引线】设置为当前层，显示菜单栏，选择菜单【标注】|【多重引线】选项，绘制多重引线，如图 9-260 所示。

04 选择绘制的引线，单击【选项板】面板中的按钮，在弹出的【特性面板】对话框中设置参数，如图 9-261 所示。

05 显示菜单栏，选择菜单【绘图】|【文字】|【多行文字】选项，输入 1，指示局部放大位置如图 9-262 所示。

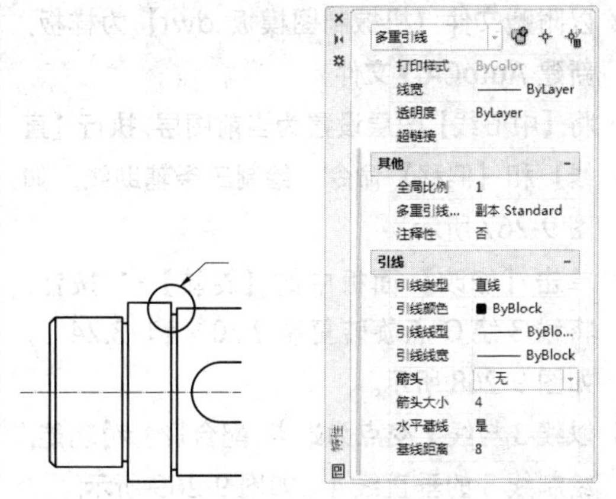

图 9-260 绘制引线 图 9-261 【特性面板】对话框

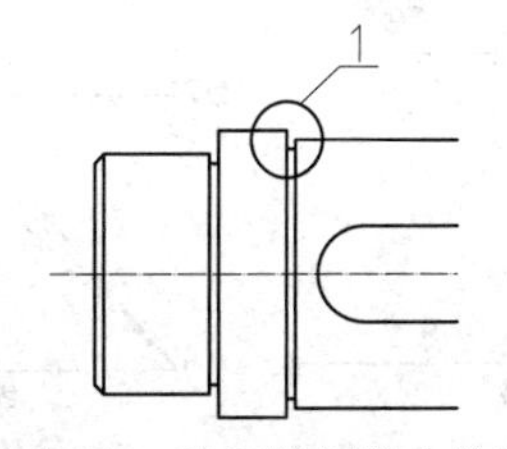

图 9-262 指示局部放大位置

06 执行【复制】命令，复制圆内的直线到图形附近的位置，如图 9-263 所示。

07 单击【绘图】面板中的按钮，绘制样条曲线，如图 9-264 所示。

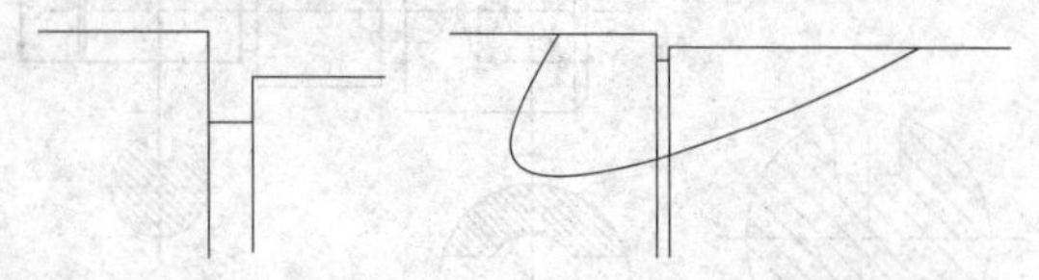

图 9-263 复制圆内直线　图 9-264 绘制样条曲线

08 使用快捷键 TR 激活【修剪】命令，以样条曲线之外的直线为修剪对象，修剪多余轮廓，如图 9-265 所示。

09 执行【缩放】命令，以阶梯槽左侧竖直短线段的中心为放大基点，对图形放大 5 倍。

10 执行【多行文字】命令，在填充图上方复制输入局部放大图标识，文字高度为 10，如图 9-266 所示。

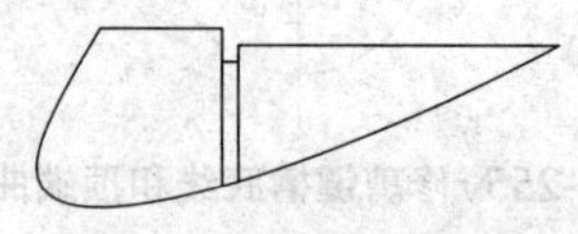

图 9-265 修剪多余轮廓

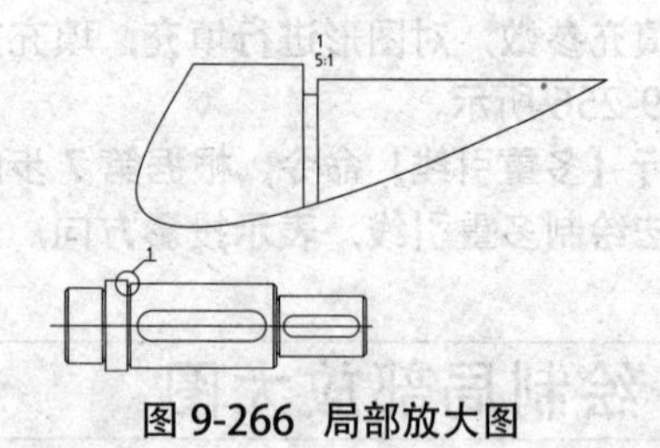

图 9-266 局部放大图

129 绘制锥齿轮

<table>
<tr><td rowspan="4">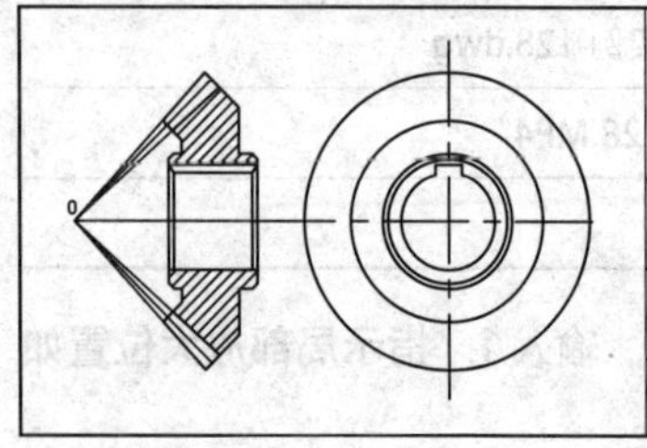</td><td colspan="2">锥齿轮是分度曲面为圆锥面的齿轮，多用于两个正交方向的传动。本例绘制大端模数为 3.5、齿数为 30、节锥角为 45° 的直齿圆锥齿轮。</td></tr>
<tr><td>文件路径：</td><td>实例文件 \ 第 09 章 \ 实例 129.dwg</td></tr>
<tr><td>视频文件：</td><td>MP4\ 第 09 章 \ 实例 129.MP4</td></tr>
<tr><td>播放时长：</td><td>0:08:45</td></tr>
</table>

01 以附赠文件【机械制图模板 .dwt】为样板，新建 AutoCAD 文件。

02 将【中心线】图层设置为当前图层，执行【直线】和【偏移】命令，绘制三条辅助线，如图 9-267 所示。

03 单击【修改】面板中的【旋转】按钮，将线 3 绕 O 点旋转复制 2.70° 和 -3.24°，如图 9-268 所示。

04 以线 3 与线 2 交点为端点，配合【约束】功能，绘制线 3 的垂直线 4，如图 9-269 所示。

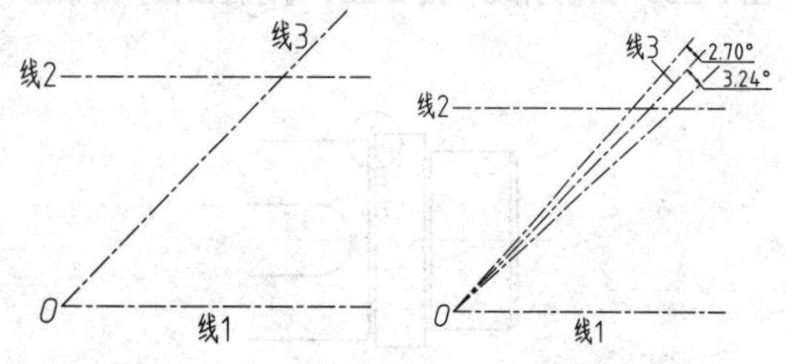

图 9-267 三条辅助线　图 9-268 旋转复制线 3

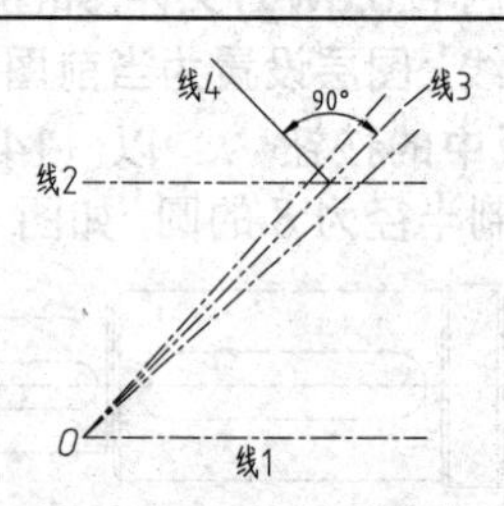

图 9-269 绘制垂直线

05 单击【修改】面板中的【拉长】按钮，将线 4 向另一侧拉长，如图 9-270 所示。

06 将线 4 向 O 点方向偏移 24，将线 1 向上分别偏移 18、25、30 和 42，如图 9-271 所示。

07 将【轮廓线】设置为当前图层，绘制齿轮轮廓，如图 9-272 所示。

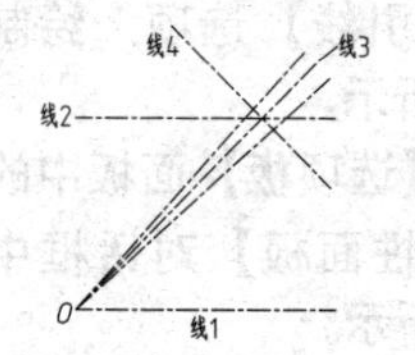

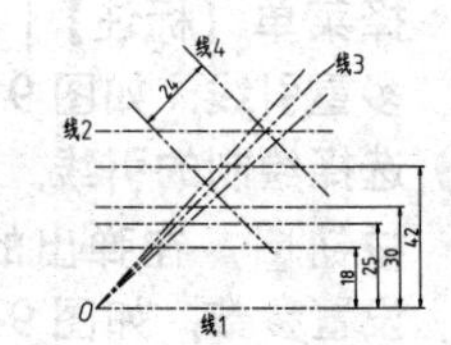

图 9-270 拉长线 4　图 9-271 偏移线 4 和线 1

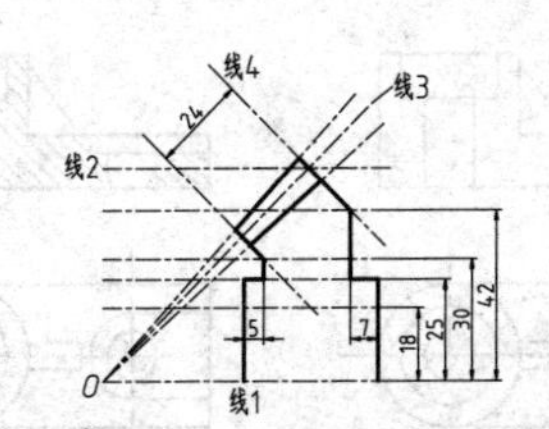

图 9-272 绘制齿轮轮廓

⑧ 执行【修剪】命令，修剪多余的线条，并根据实际情况转换线条图层，如图 9-273 所示。

⑨ 执行【倒角】命令，对图形倒角，如图 9-274 所示。

⑩ 执行【镜像】命令，将齿轮图形镜像到水平线以下，如图 9-275 所示。

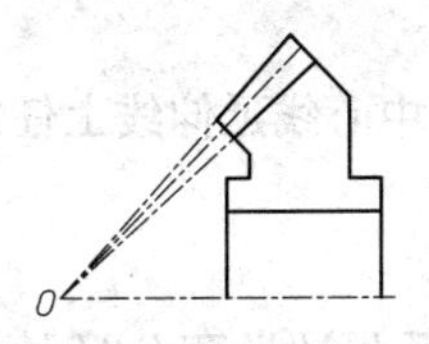

图 9-273 修剪线条　图 9-274 倒角图形

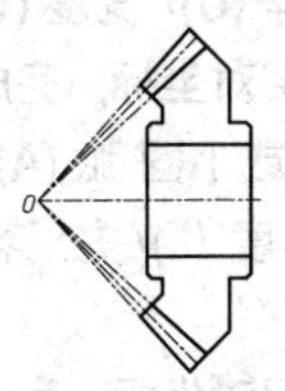

图 9-275 镜像齿轮图形

⑪ 执行【偏移】命令，配合【延伸】和【修剪】命令，绘制键槽结构，如图 9-276 所示。

⑫ 将【细实线】设置为当前图层，执行【图案填充】命令，选择 ANSI31 图案，填充图案如图 9-277 所示。

⑬ 执行【射线】命令，从主视图向右引出水平射线，如图 9-278 所示。

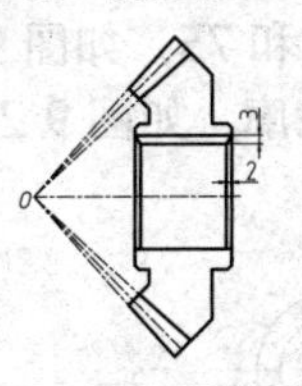

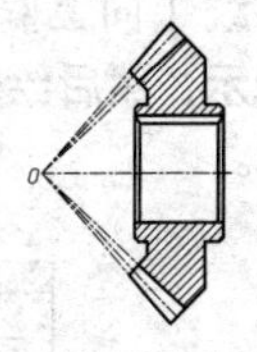

图 9-276 绘制键槽结构　图 9-277 填充图案

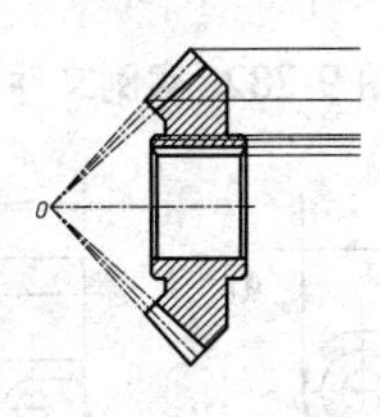

图 9-278 绘制水平射线

⑭ 以最下方射线上任意一点为圆心，绘制与构造线相切的同心圆，如图 9-279 所示。注意，键槽引出的射线位置不绘圆。

⑮ 删除不需要的构造线，绘制过圆心的垂直直线，并向两侧偏移 5，如图 9-280 所示。

⑯ 修剪出键槽轮廓，并将构造线转换到中心线层，如图 9-281 所示。

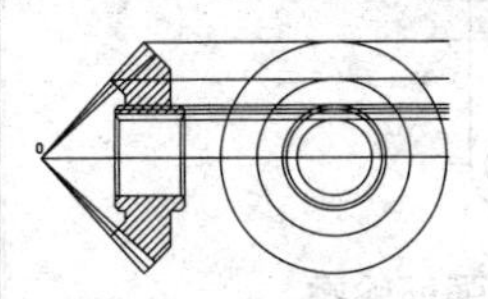

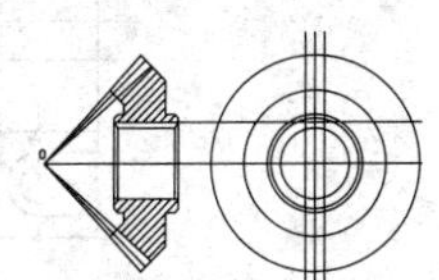

图 9-279 绘制圆　图 9-280 绘制和偏移直线

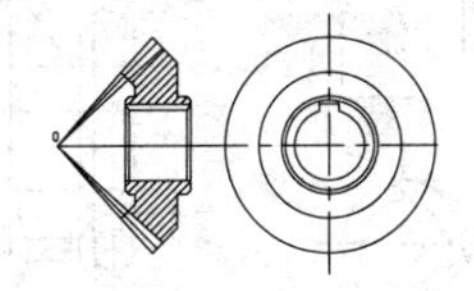

图 9-281 修剪出键槽

130 绘制剖视图

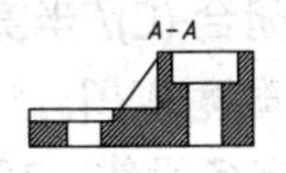

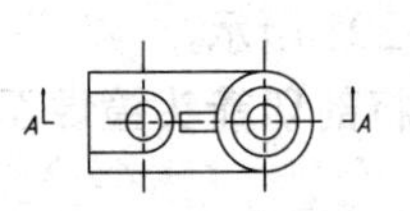

剖视图是用假象的剖切面将零件切开，观察者由剩余部分观察零件的视图，用于表达零件的内部结构，剖切到的零件部分用图案填充表示。本例绘制座体零件的剖视图。

文件路径：	实例文件 \ 第 09 章 \ 实例 130.dwg
视频文件：	MP4\ 第 09 章 \ 实例 130.MP4
播放时长：	0:06:26

① 打开中的【\ 实例文件 \ 第 9 章 \ 实例 130.dwg】文件，如图 9-282 所示。

② 将【轮廓线层】设置为当前图层，在命令行中输入 RAY 由俯视图向上绘制射线，并绘

制一条水平直线 1，如图 9-283 所示。

03 将线 1 向上偏移 30、70 和 75，如图 9-284 所示；然后绘制加强筋轮廓，如图 9-285 所示。

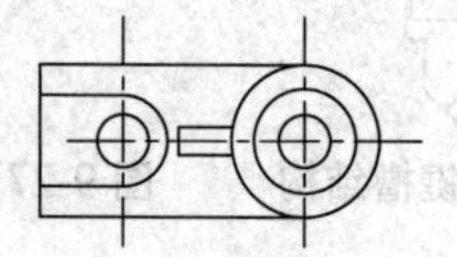

图 9-282 实例文件

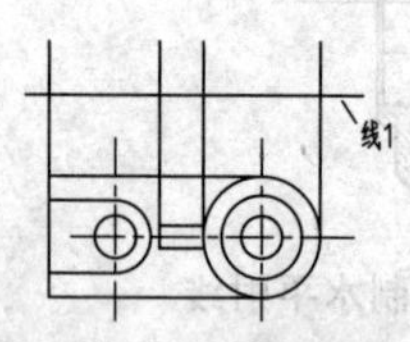

图 9-283 绘制射线

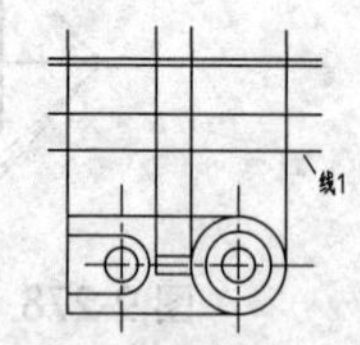

图 9-284 偏移线 1

04 在命令行中输入 TR，修剪主视图轮廓，如图 9-286 所示。

05 再次执行【射线】命令，由俯视图向上引出射线，如图 9-287 所示。

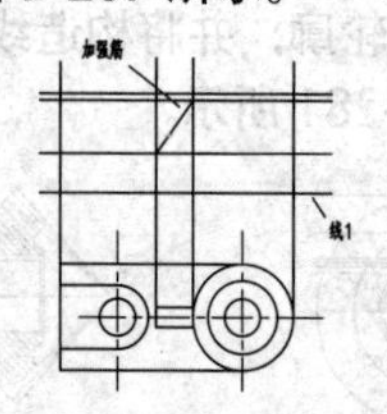

图 9-285 绘制加强筋轮廓

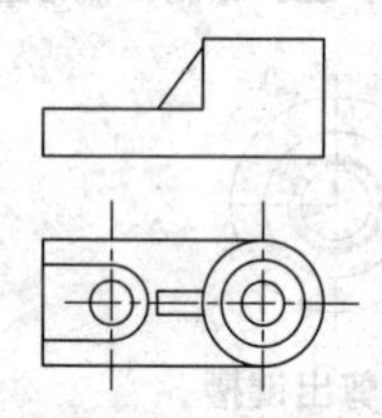

图 9-286 修剪主视图轮廓

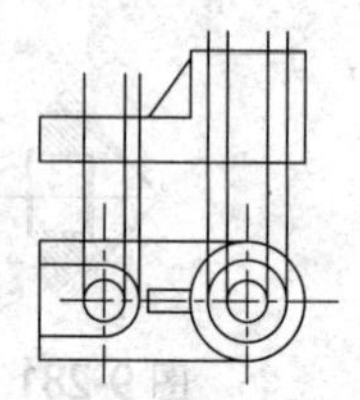

图 9-287 绘制射线

06 将主视图底线分别向上偏移 20 和 50，如图 9-288 所示；然后修剪孔轮廓，如图 9-289 所示。

07 将【细实线】设置为当前图层，单击【绘图】面板中的【图案填充】按钮，选择 ANSI31 图案，图案填充效果如图 9-290 所示。

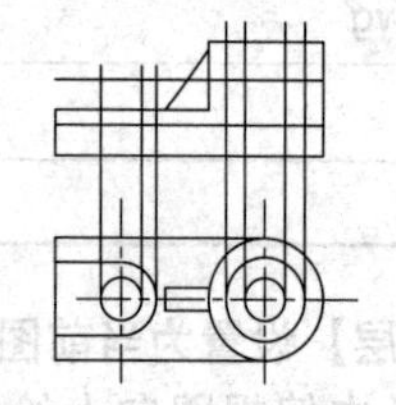

图 9-288 偏移主视图底线

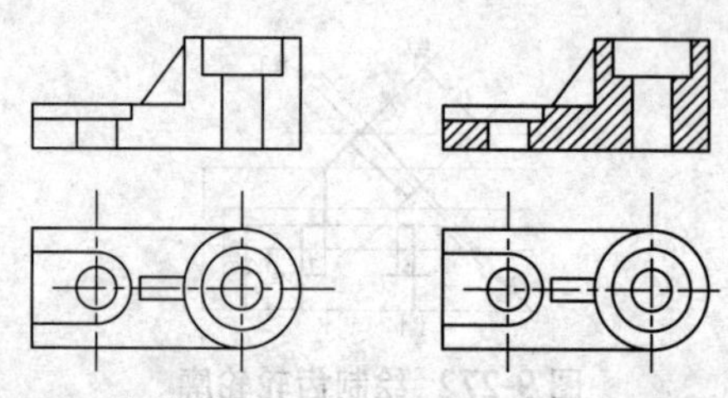

图 9-289 修剪孔轮廓　　图 9-290 图案填充效果

08 单击【绘图】面板中的【多段线】按钮，或者在命令行中输入 PL，绘制剖切符号箭头。命令行操作过程如下：

命令：PL↙

PLINE

指定起点：

// 在俯视图水平中心线延伸线上任意位置指定起点

当前线宽为 0.0000

指定下一个点或 [圆弧 (A)/ 半宽 (H)/ 长度 (L)/ 放弃 (U)/ 宽度 (W)]: @20,0↙

// 输入相对坐标，完成样条曲线第一段

指定下一点或 [圆弧 (A)/ 闭合 (C)/ 半宽 (H)/ 长度 (L)/ 放弃 (U)/ 宽度 (W)]: @0,15↙

// 输入相对坐标，完成样条曲线第二段

指定下一点或 [圆弧 (A)/ 闭合 (C)/ 半宽 (H)/ 长度 (L)/ 放弃 (U)/ 宽度 (W)]: H

// 选择【宽度】选项

指定起点半宽 <0.0000>:4↙

// 设置起点宽度为 4

指定端点半宽 <2.0000>:0↙

// 设置终点宽度为 0

指定下一点或 [圆弧 (A)/ 闭合 (C)/ 半宽 (H)/ 长度 (L)/ 放弃 (U)/ 宽度 (W)]: @0,12

// 输入相对坐标，确定箭头长度

指定下一点或 [圆弧 (A)/ 闭合 (C)/ 半宽 (H)/ 长度 (L)/ 放弃 (U)/ 宽度 (W)]: ↙

// 按 Enter 键，结束多段线，绘制的剖切箭头如图 9-291 所示。

09 在命令行中输入 MI，将剖切箭头镜像至左侧，如图 9-292 所示。

10 显示菜单栏，选择菜单【绘图】|【文字】|【单行文字】选项，为剖切视图添加文字注释，如图 9-293 所示。

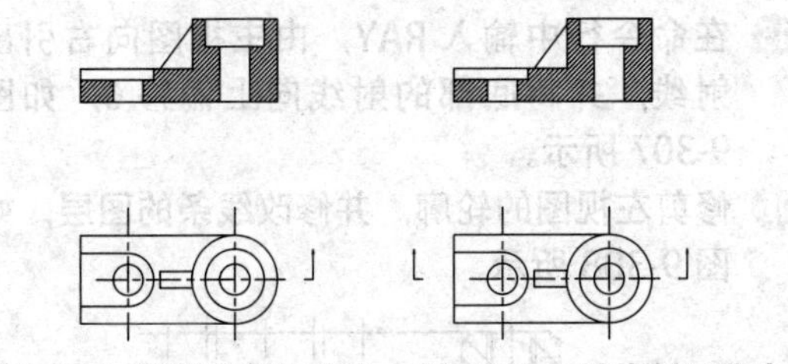

图 9-291 绘制的剖切箭头　图 9-292 镜像剖切箭头

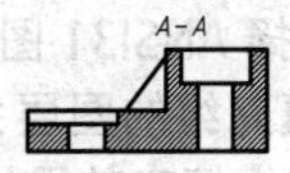

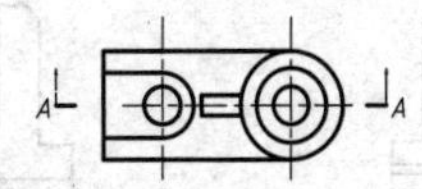

图 9-293 添加文字注释

131 绘制方块螺母

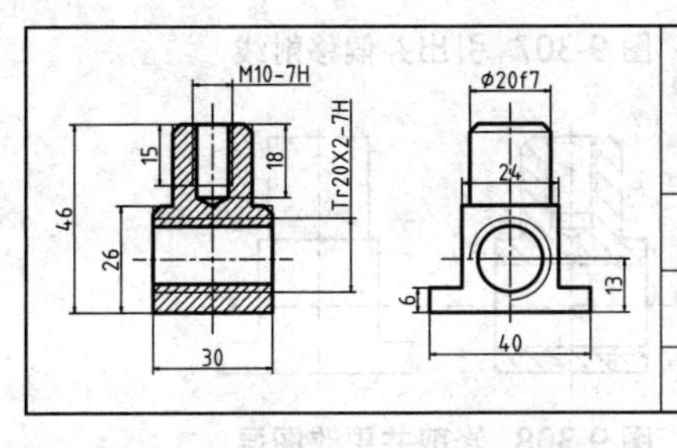

本例绘制方块螺母的两个视图，重点介绍内螺纹的画法，综合运用了【偏移】、【倒角】、【填充】等命令，填充图案之前，还巧妙利用了【对象隐藏】功能。

文件路径：	实例文件 \ 第 09 章 \ 实例 131.dwg
视频文件：	MP4\ 第 09 章 \ 实例 131.MP4
播放时长：	0:11:17

01 以附赠文件【机械制图模板 .dwt】为样板，新建 AutoCAD 文件。

02 将【中心线】设置为当前图层，绘制两条正交中心线，如图 9-294 所示。

03 将水平中心线向上偏移 8、13 和 33，向下偏移 8 和 13；将垂直中心线向左偏移 10 和 15，向右偏移同样的距离，如图 9-295 所示。

04 在命令行中输入 TR 快捷命令，将偏移出的辅助线进行修剪，并将辅助线转换为【轮廓线】，如图 9-296 所示。

05 将垂直中心线向左偏移 4 和 5，向右偏移同样的距离。将顶部轮廓线向下偏移 15、18 和 20，如图 9-297 所示。

图 9-294 绘制正交中心线　图 9-295 偏移中心线

图 9-296 修剪出的轮廓　图 9-297 偏移线条

06 将【轮廓线】设置为当前图层，绘制两条倾斜轮廓线，如图 9-298 所示。

07 修剪螺纹孔的轮廓，并将螺纹内径边线转换为【轮廓线】，将螺纹大径边线转换为【细实线】，如图 9-299 所示。

08 将水平孔的两条边线向外偏移 2，并将偏移出的直线转换为【细实线】，如图 9-300 所示。

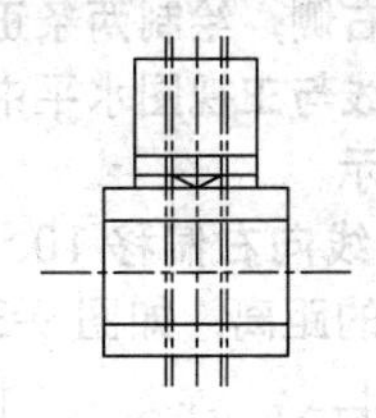

图 9-298 绘制倾斜轮廓线

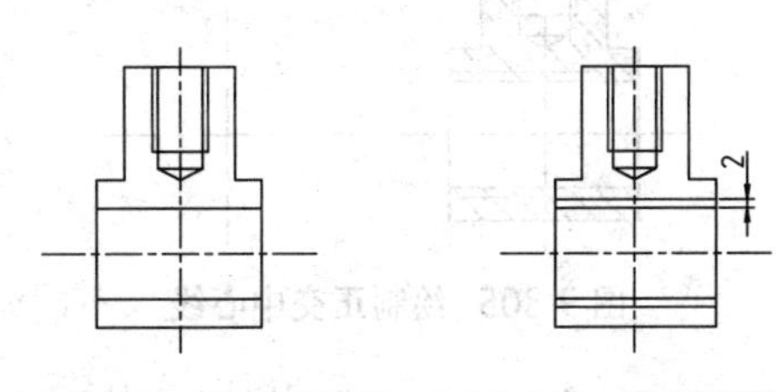

图 9-299 修剪螺纹孔　图 9-300 偏移直线

09 在命令行中输入 CHA，两个倒角距离均为 2，倒角效果如图 9-301 所示。

10 在绘图区空白位置单击右键，在快捷菜单中选择【隔离】|【隐藏对象】选项，隐藏相关线条，如图 9-302 所示。

11 在命令行中输入 H，在【图案填充和渐变色】

对话框中，选择 ANSI31 图案，并在【选项】选项组设置填充线的图层为【细实线】，如图 9-303 所示。填充效果如图 9-304 所示。

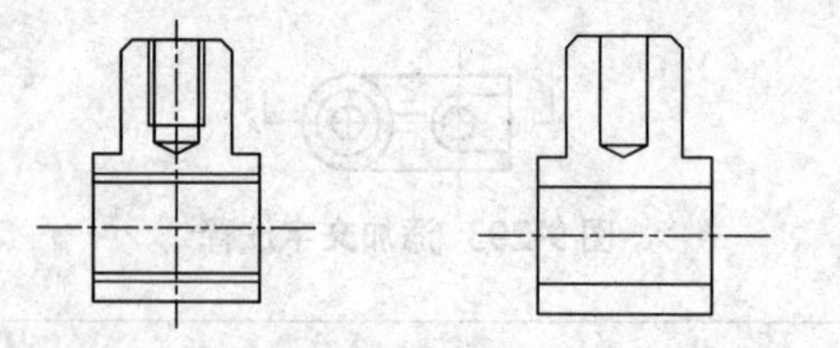

图 9-301 倒角效果　图 9-302 隐藏相关线条

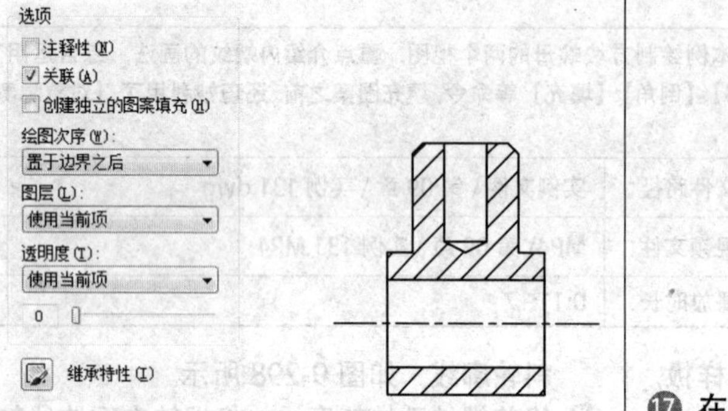

图 9-303 设置填充线的图层　图 9-304 填充效果

⑫ 在绘图区空白位置单击右键，在快捷菜单中选择【隔离】｜【结束对象隔离】选项，将隐藏的对象重新显示。

⑬ 在主视图的右侧，绘制两条正交中心线，其中水平中心线与主视图水平中心线对齐，如图 9-305 所示。

⑭ 将垂直中心线向右偏移 10、12 和 20，向左偏移同样的距离，如图 9-306 所示。

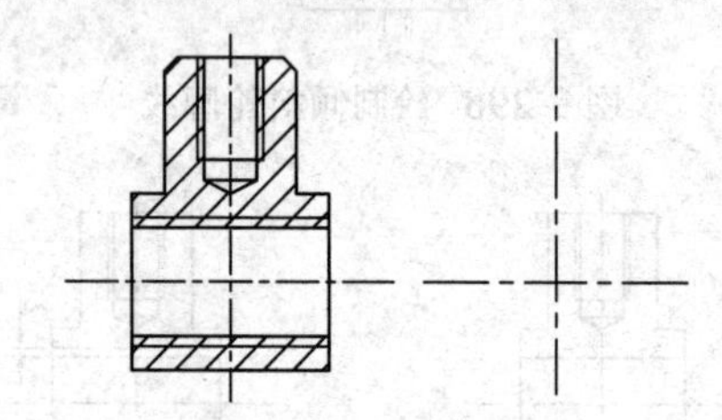

图 9-305 绘制正交中心线

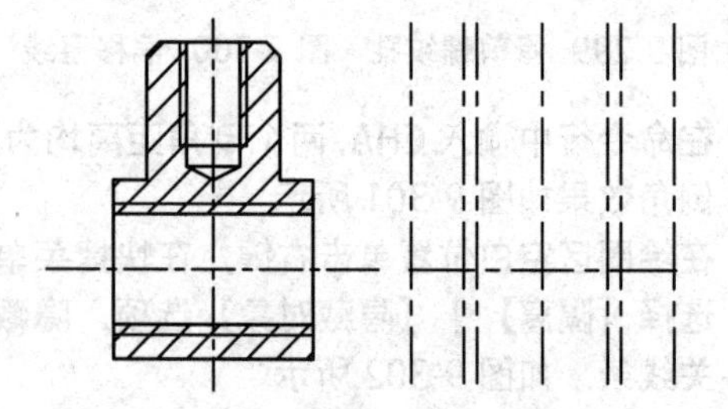

图 9-306 偏移垂直中心线

⑮ 在命令行中输入 RAY，由主视图向右引出射线，并将底部的射线向上偏移 6，如图 9-307 所示。

⑯ 修剪左视图的轮廓，并修改线条的图层，如图 9-308 所示。

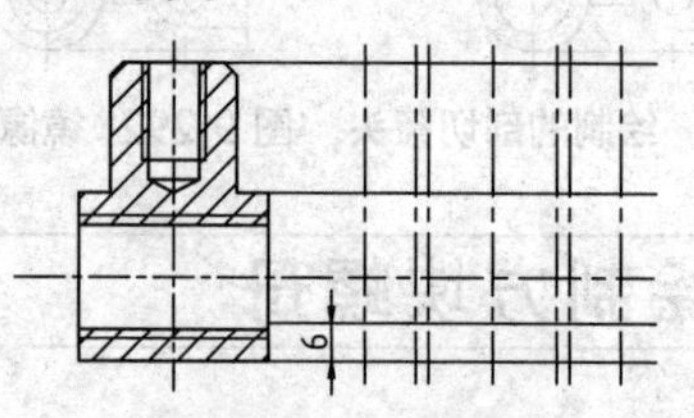

图 9-307 引出并偏移射线

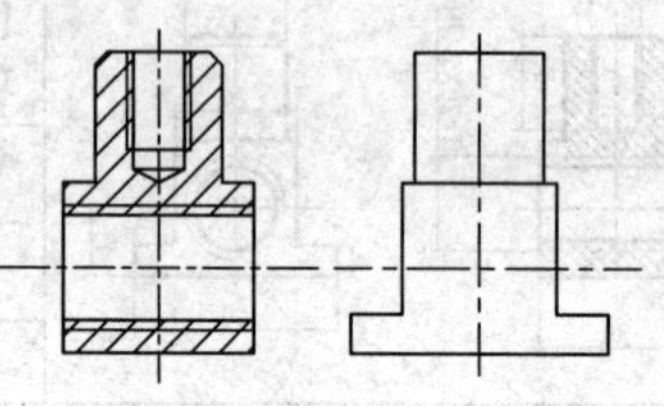

图 9-308 修剪并更改图层

⑰ 在中心线交点处绘制直径为 16 和 20 的圆，如图 9-309 所示。

⑱ 将 ø20 的圆修剪 1/4，将 ø16 的圆转换为【轮廓线】，如图 9-310 所示。

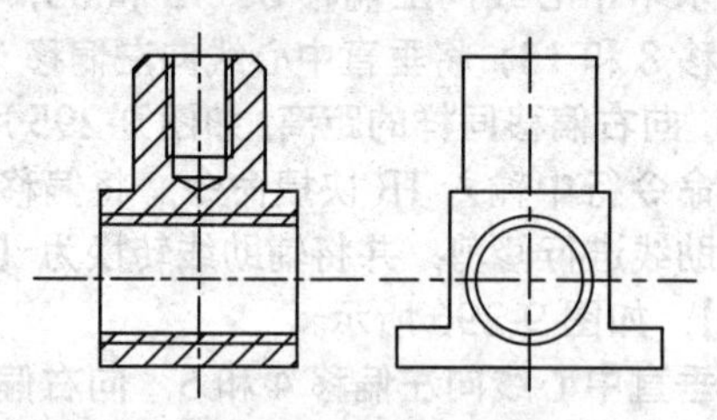

图 9-309 绘制同心圆

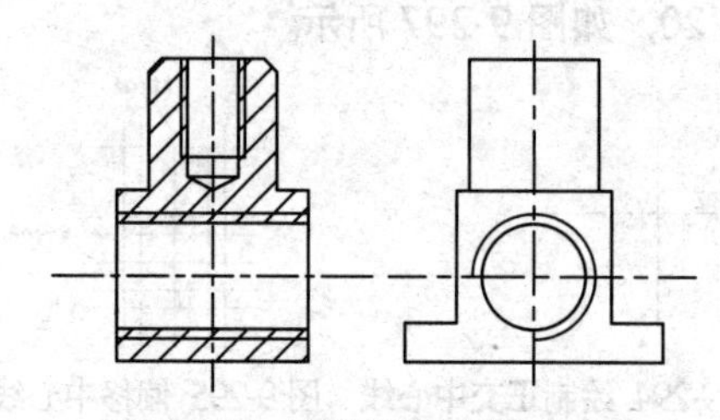

图 9-310 修剪外圆并修改图层

⑲ 为顶边与垂直边线倒角，两个倒角距离均为 2，然后用直线连接倒角点，倒角的效果如图 9-311 所示。

⑳ 将【标注层】设置为当前图层，选择菜单【标注】｜【线性】选项，为方块螺母标注尺寸，如图 9-312 所示。

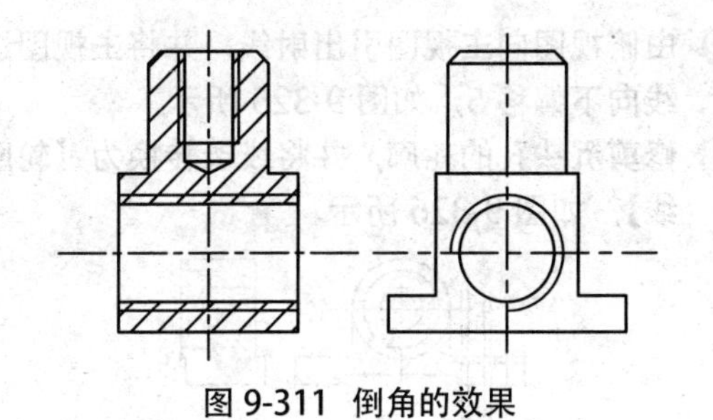
图 9-311 倒角的效果

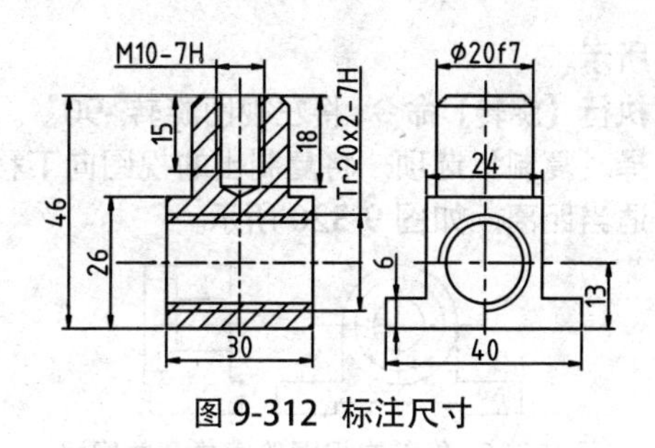

图 9-312 标注尺寸

132 绘制轴承座

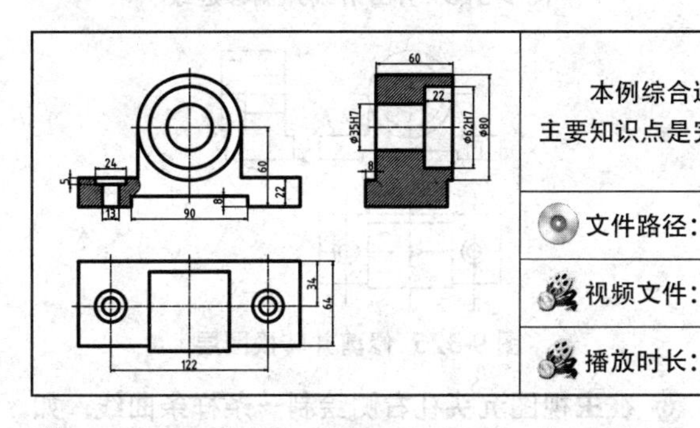

本例综合运用【偏移】、【圆角】、【填充】等命令，绘制轴承座的三视图，主要知识点是完全剖切和局部剖切的表示方法。

文件路径：	实例文件 \ 第 09 章 \ 实例 132.dwg
视频文件：	MP4\ 第 09 章 \ 实例 132.MP4
播放时长：	0:09:38

01 以附赠文件【机械制图模板 .dwt】为样板，新建 AutoCAD 文件。

02 将【中心线】设置为当前图层，绘制两条正交中心线，如图 9-313 所示。

03 将水平中心线向下偏移 38、52 和 60，将垂直中心线向两侧偏移 40、45 和 86，如图 9-314 所示。

04 执行【修剪】命令，修剪主视图的轮廓，并将线条图层转换为【轮廓线】，如图 9-315 所示。

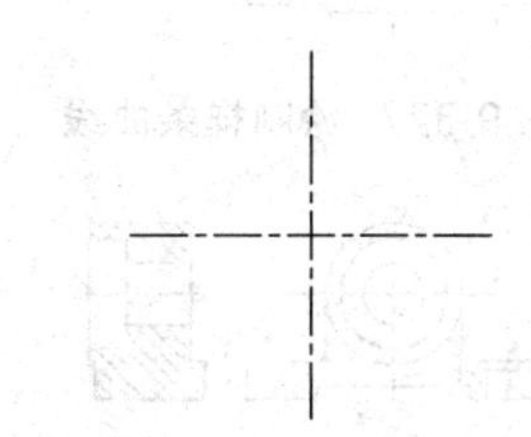
图 9-313 绘制正交中心线

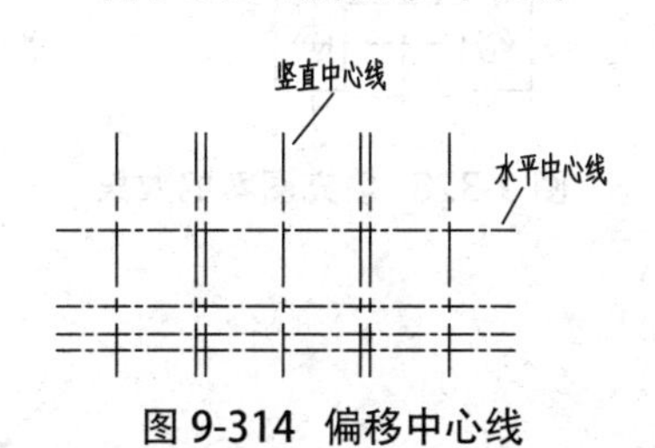

图 9-314 偏移中心线

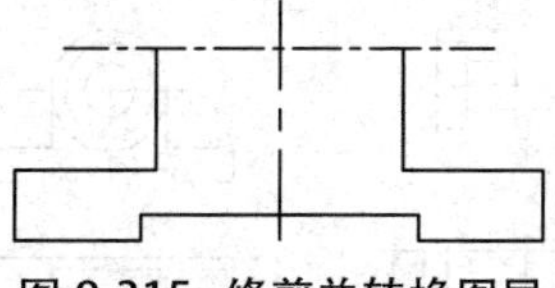
图 9-315 修剪并转换图层

05 以两中心线的交点为圆心，绘制直径为 35、62 和 80 的同心圆，如图 9-316 所示。

06 执行【射线】命令，由主视图向右引出射线，如图 9-317 所示。

07 绘制一条垂直直线，并向右偏移 8、46、64 和 68，如图 9-318 所示。

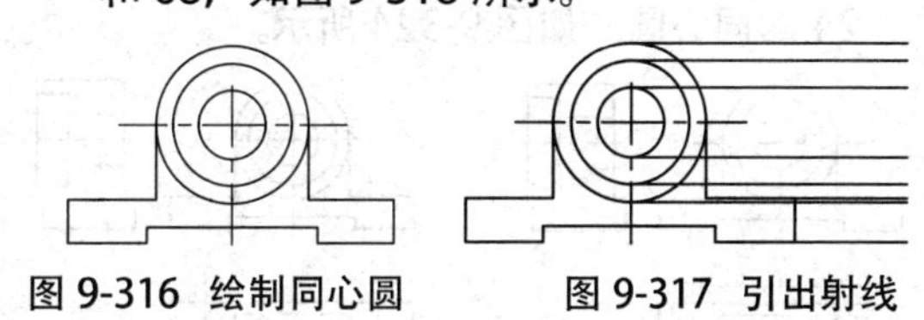
图 9-316 绘制同心圆　　图 9-317 引出射线

图 9-318 绘制并偏移直线

08 执行【修剪】命令，修剪左视图的轮廓，并将线条图层转换为【轮廓线】，如图 9-319

所示。

⑨ 执行【旋转】命令，将左视图旋转 -90°。选择【复制】选项，将复制出的视图向下移动适当距离，如图 9-320 所示。

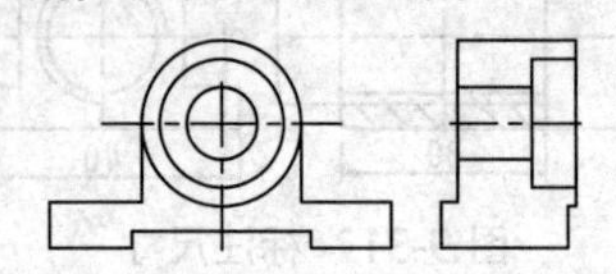

图 9-319 修剪左视图轮廓并合并图层

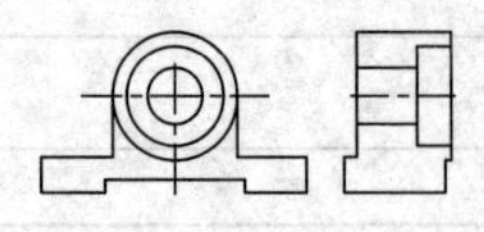

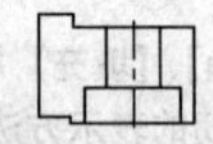

图 9-320 旋转、复制和移动左视图

⑩ 再次执行【射线】命令，由主视图向下引出射线，由旋转的左视图向左引出射线，如图 9-321 所示。

⑪ 修剪俯视图的轮廓，并将线条图层转换为【轮廓线】，如图 9-322 所示。

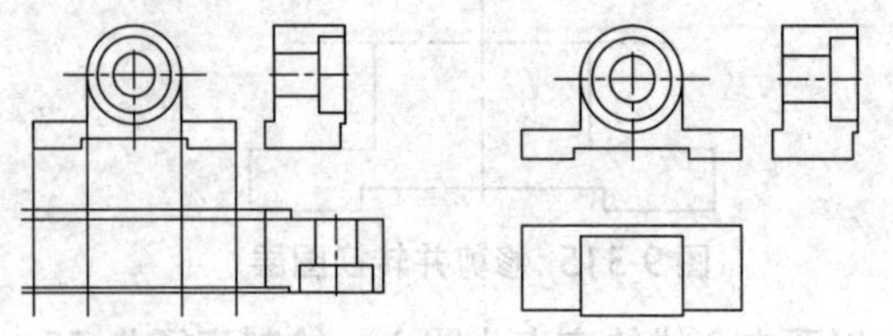

图 9-321 引出射线　图 9-322 修剪俯视图轮廓

⑫ 将俯视图上边线向下偏移 34，将偏移出的直线修改为【中心线】图层；然后绘制垂直中心线，并向两侧偏移 61，如图 9-323 所示。

⑬ 在俯视图中心线的交点处绘制直径为 13 和 24 的同心圆，如图 9-324 所示。

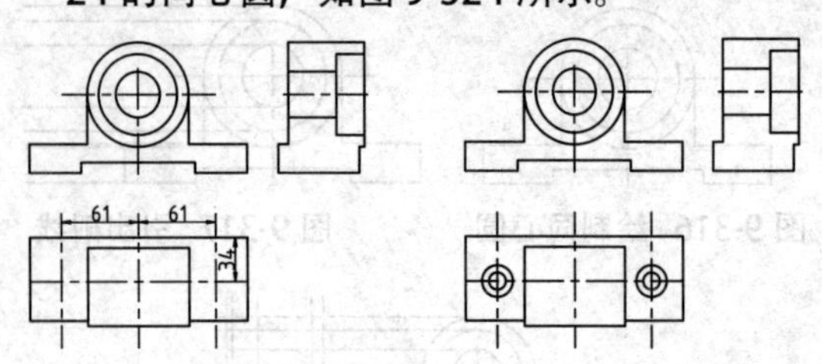

图 9-323 绘制并偏移中心线　图 9-324 绘制同心圆

⑭ 由俯视图向主视图引出射线，并将主视图边线向下偏移 5，如图 9-325 所示。

⑮ 修剪沉头孔的轮廓，并将线条转换为【轮廓线】，如图 9-326 所示。

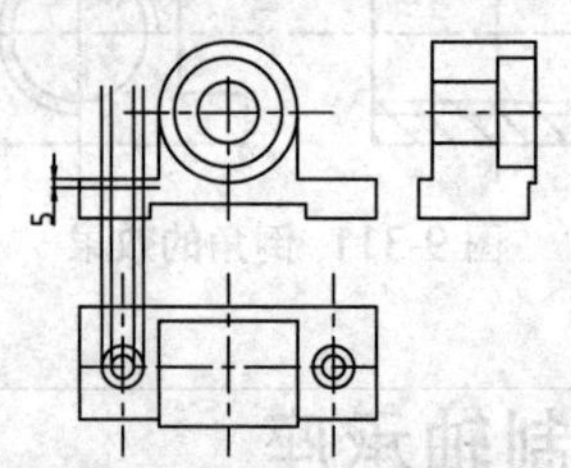

图 9-325 引出射线并偏移边线

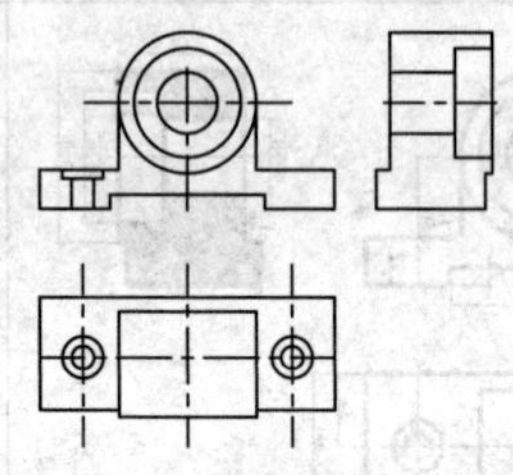

图 9-326 修剪并转换图层

⑯ 在主视图沉头孔右侧绘制一条样条曲线，如图 9-327 所示。

⑰ 执行【图案填充】命令，填充左视图的区域和沉头孔的区域，填充图案的效果如图 9-328 所示。

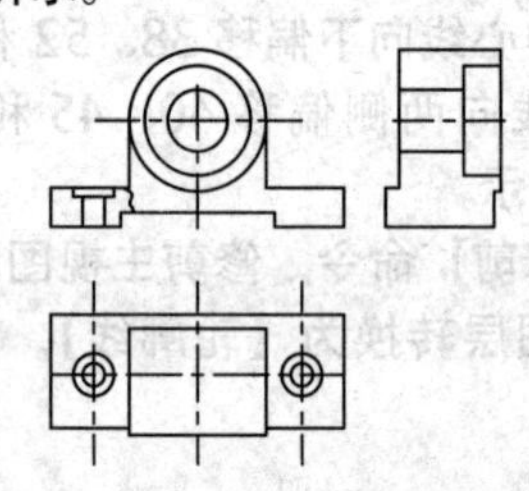

图 9-327 绘制样条曲线

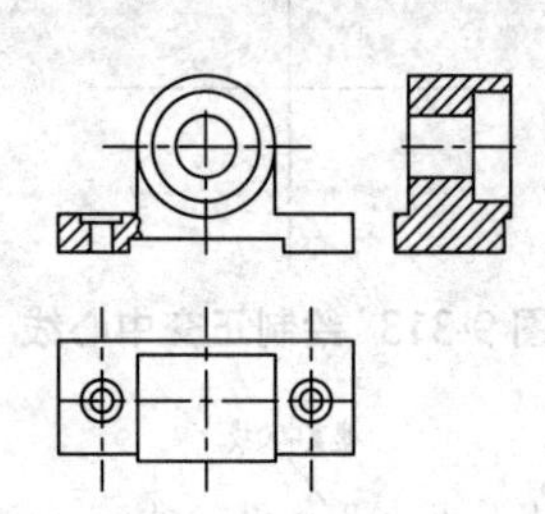

图 9-328 填充图案的效果

零件图的装配、分解、标注与输出

本章通过二维零件图的装配、二维零件图的分解、二维零件图的标注以及二维零件图的输出等 8 个典型实例，在综合巩固相关知识的前提下，主要学习二维零件图的装配、分解、标注和输出技巧。

133 二维零件图的装配

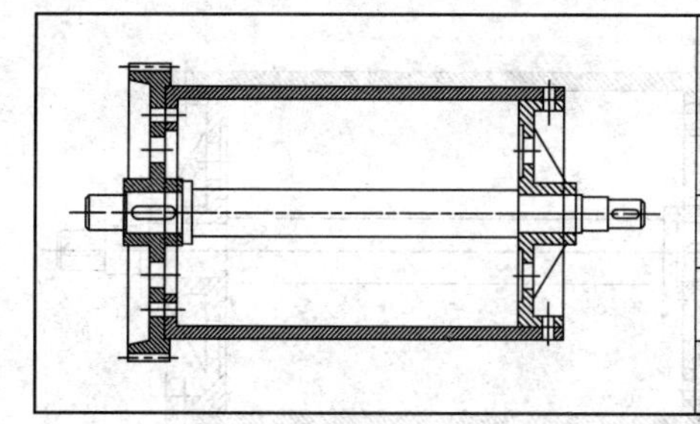

本例通过将各散装零件图组装在一起，主要综合练习【打开】、【垂直平铺】、【移动】、【修剪】等命令，以及多文档之间的数据共享等功能。其中，文档间的数据共享功能是本例操作的关键。

文件路径：	实例文件 \ 第 10 章 \ 实例 133.dwg
视频文件：	MP4\ 第 10 章 \ 实例 133.MP4
播放时长：	0:03:20

01 单击快速访问工具栏中的【新建】按钮，创建空白文件。

02 单击快速访问工具栏中的【打开】按钮，在“\ 实例文件 \ 第 10 章 \ 实例 133”目录中选择并打开如图 10-1 所示的四个素材文件。

03 显示菜单栏，选择菜单【窗口】|【垂直平铺】选项，将打开的四个文件进行平铺，如图 10-2 所示。

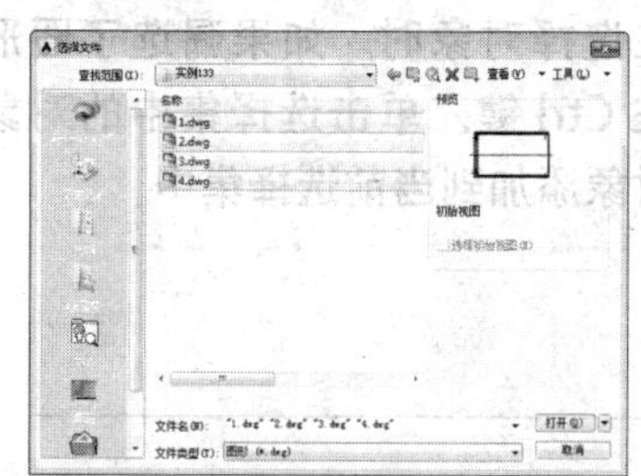

图 10-1 选择并打开素材文件

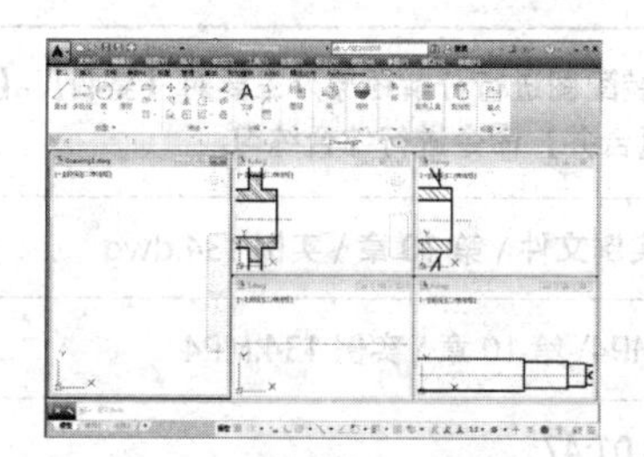

图 10-2 平铺显示文件

04 综合执行【实时缩放】和【实时平移】命令，调整文件中的图形，使各源图形完全显示在各自文件窗口内。

05 在无命令执行的前提下，使用窗交选择方式，拉出如图 10-3 所示的选择框，选择该图形。

06 按住右键不放，将其拖曳，此时被选择的图形处在虚拟共享状态下，如图 10-4 所示。

07 继续按住右键不放，将光标拖至空白文件内，然后松开右键，在弹出的快捷菜单中选择【粘贴为块】选项，如图 10-5 所示。

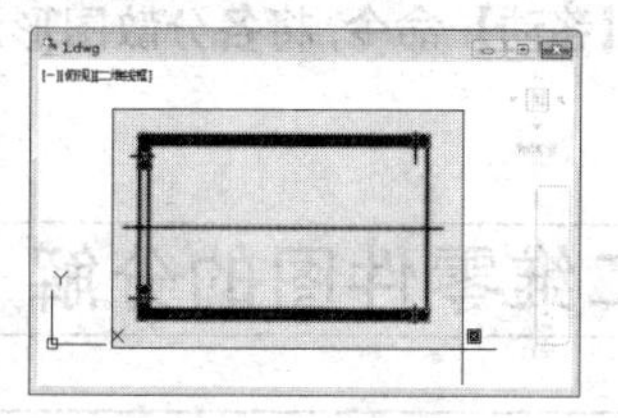

图 10-3 窗交选择

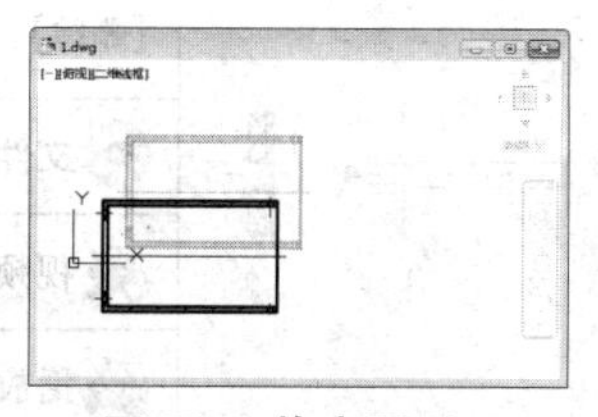

图 10-4 拖曳图形

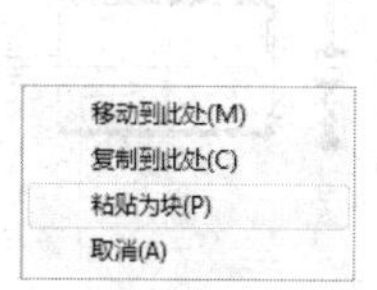

图 10-5 快捷键菜单

08 将图形以块的形式共享到空白文件中，同时调整视图以完全显示共享图形，如图 10-6 所示。

09 根据以上步骤，分别将其他 3 个文件中的零件图，以块的形式共享到空白文件中，共享效果如图 10-7 所示。

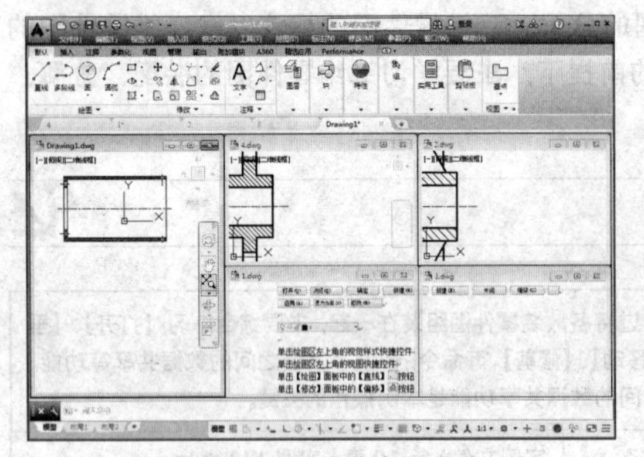

图 10-6 创建共享图形

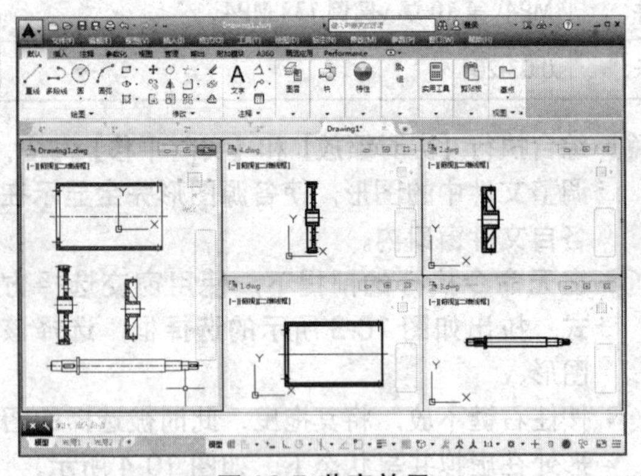

图 10-7 共享效果

10 将共享后的文件最大化显示，并对视图进行放大显示。

11 执行【移动】命令，将各分散图形进行组合，基点分别为 A、B、C，目标点分别为 a、b、c，如图 10-8 所示，组合效果如图 10-9 所示。

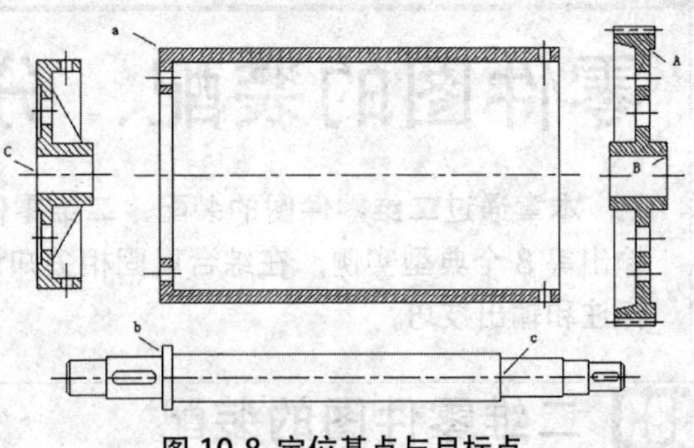

图 10-8 定位基点与目标点

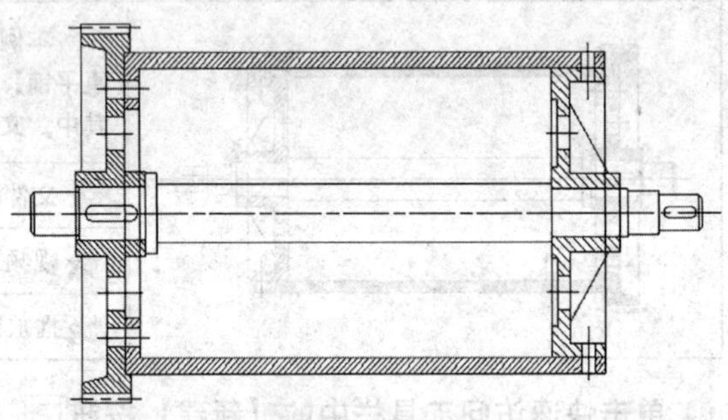

图 10-9 组合效果

12 使用快捷键 X 激活【分解】命令，将组合后的装配图进行分解。

13 综合执行【修剪】和【删除】命令，对装配图进行完善。

提示

在选择对象时，如果漏选了图形，可以按住 Ctrl 键，单击选择集中的对象，即可将对象添加到当前选择集中。

134 二维零件图的分解

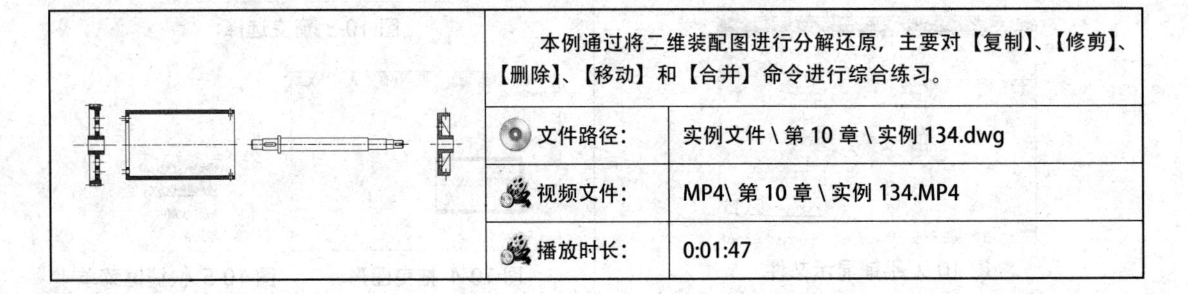

本例通过将二维装配图进行分解还原，主要对【复制】、【修剪】、【删除】、【移动】和【合并】命令进行综合练习。

文件路径：	实例文件 \ 第 10 章 \ 实例 134.dwg
视频文件：	MP4\ 第 10 章 \ 实例 134.MP4
播放时长：	0:01:47

01 打开“\实例文件\第10章\实例133.dwg”文件。

02 单击【修改】面板中的【复制】按钮，对图形进行复制，如图10-10所示。

03 重复执行【复制】命令，对其他图形进行复制，如图10-11所示。

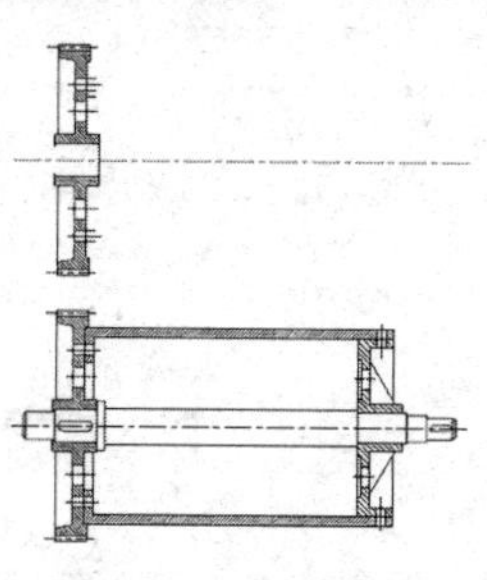

图 10-10 复制图形

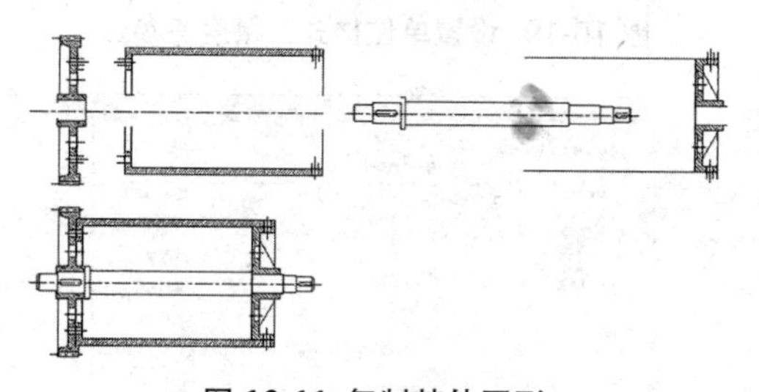

图 10-11 复制其他图形

提示

在分解装配图时，为了避免不必要的麻烦，可以事先使用【复制】命令，将各零部件提取出来，然后再进行完善。

04 综合执行【修剪】、【删除】和【合并】命令，对分解后的图形进行编辑完善，如图10-12所示。

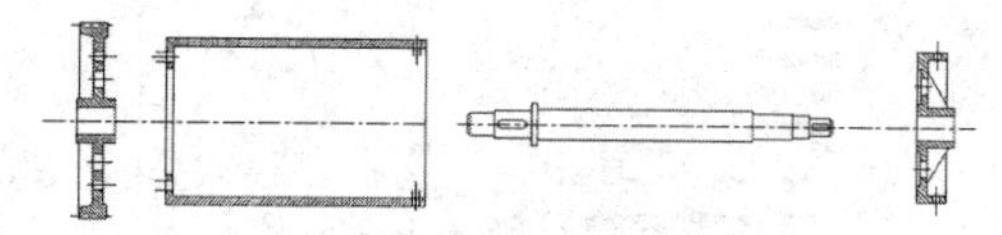

图 10-12 编辑完善图形

05 执行【拉长】和【打断】命令，对各图形中心线进行编辑完善，最终效果如图10-13所示。

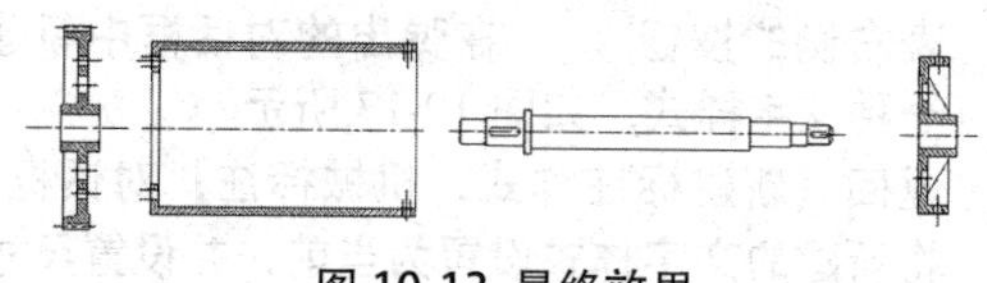

图 10-13 最终效果

135 为二维零件图标注尺寸

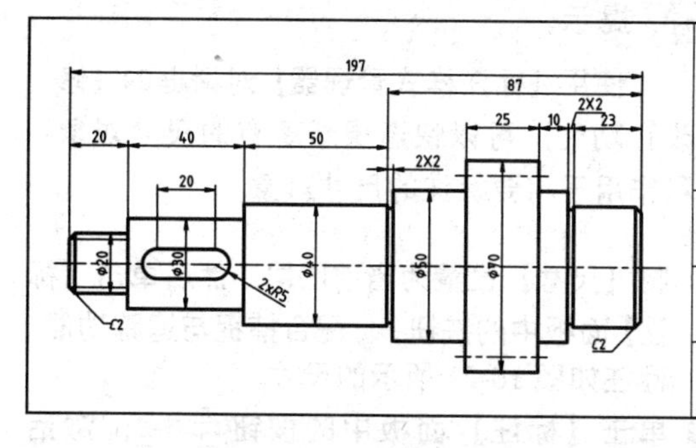

本例通过轴零件的标注，主要对【标注样式】、【线性】、【连续】、【引线】、【半径】和【编辑标注文字】命令进行综合练习。

文件路径：	实例文件\第10章\实例135.dwg
视频文件：	MP4\第10章\实例135.MP4
播放时长：	0:06:36

01 打开“\实例文件\第10章\实例135.dwg”文件，如图10-14所示。

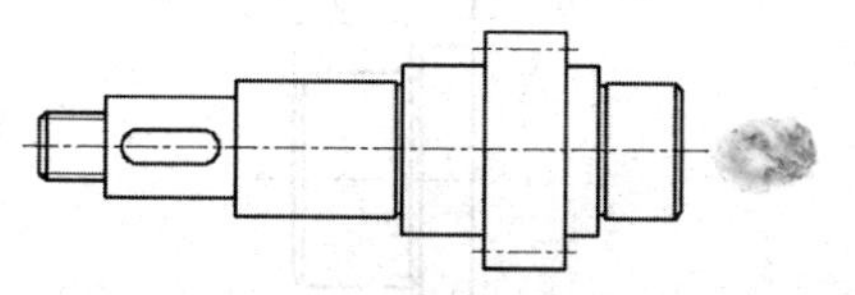

图 10-14 实例文件

02 激活状态栏上的【对象捕捉】、【对象捕捉追踪】和【线宽】功能。

03 单击【注释】面板中的【标注样式】按钮，在弹出的对话框中单击按钮 新建(N)...，创建名为【机械标注】的新样式，如图10-15所示。

04 单击按钮 继续(O)，弹出【新建标注样式：机械标注】对话框。在【线】选项卡中设置相关参数，如图10-16所示。

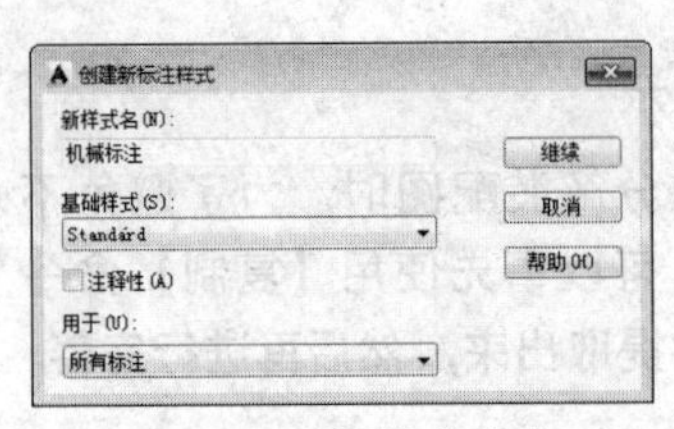

图 10-15 新样式命名

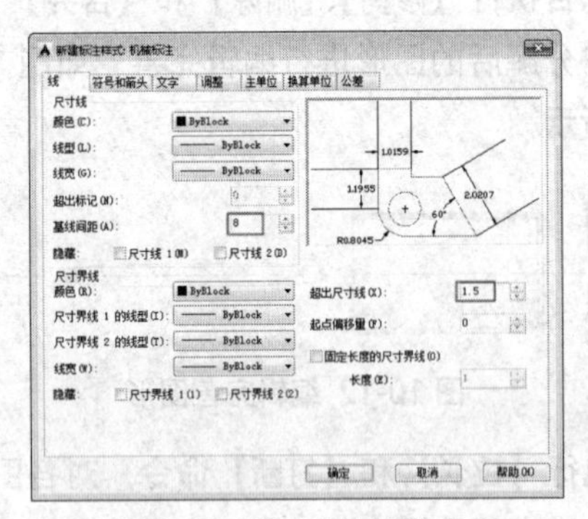

图 10-16 设置线的相关参数

05 选择【文字】选项卡，单击【文字样式】列表右侧的按钮[...]，在弹出的对话框中新建一种文字样式，如图 10-17 所示。

06 返回【新建标注样式：机械标注】对话框，将新建的文字样式设置为当前，并设置尺寸文字的高度、颜色以及偏移量等参数，如图 10-18 所示。

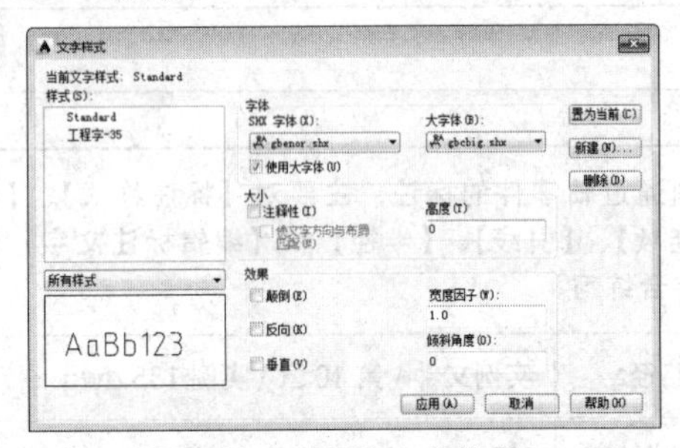

图 10-17 新建文字样式

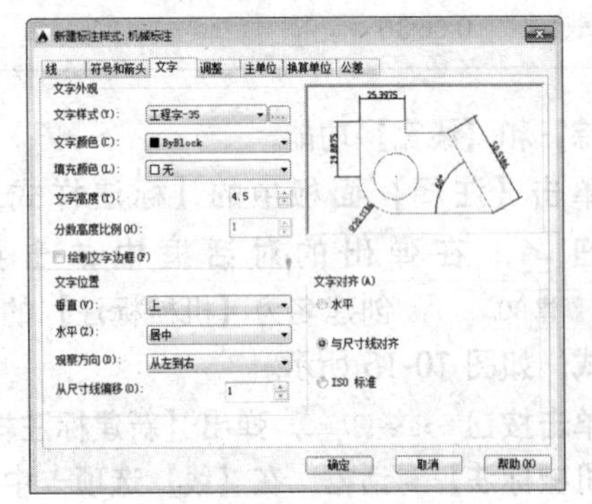

图 10-18 设置尺寸文字的参数

07 选择【主单位】选项卡，设置单位格式、精度等参数，如图 10-19 所示。

08 单击按钮[确定]返回【标注样式管理器】对话框，将刚设置的【机械标注】尺寸样式设置为当前样式，如图 10-20 所示。

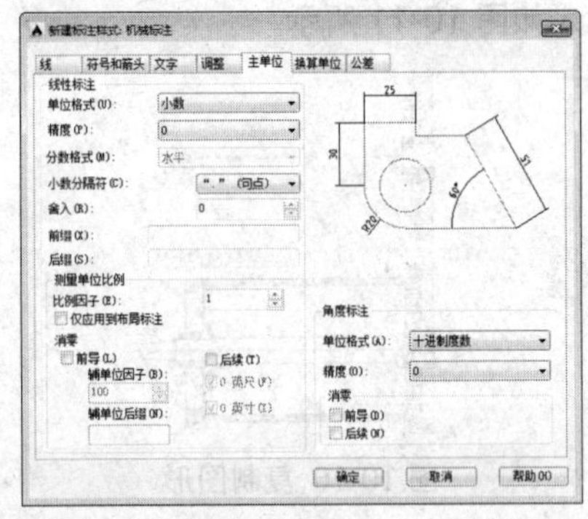

图 10-19 设置单位格式、精度等参数

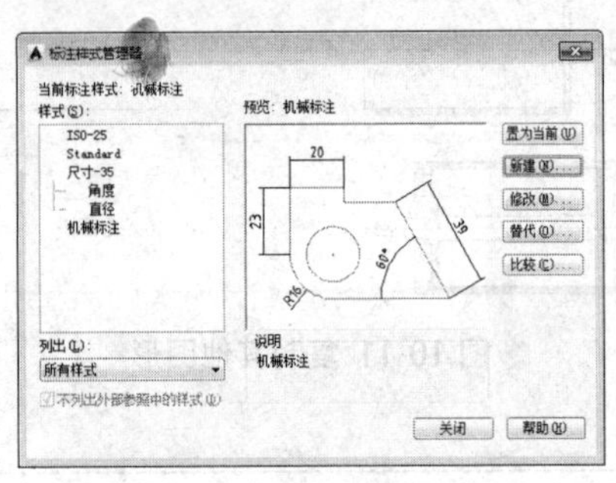

图 10-20 设置当前样式

提示

使用【标注样式管理器】对话框的【修改】功能，可以快速更新现有的尺寸对象和作用于将要标注的尺寸对象。

09 将【尺寸】设置为当前图层，然后单击【标注】面板中的按钮[⊢]，配合捕捉与追踪功能，标注如图 10-21 所示的尺寸。

10 单击【标注】面板中的按钮[基线]，激活【基线】命令，继续标注零件图尺寸，如图 10-22 所示。

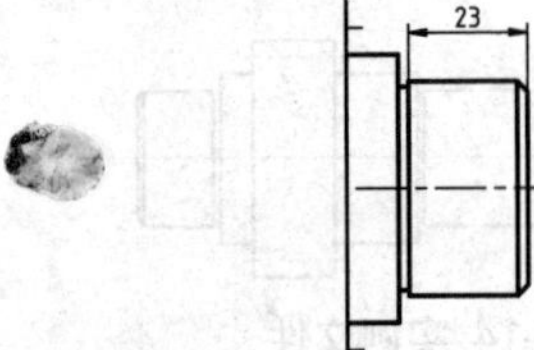

图 10-21 标注尺寸

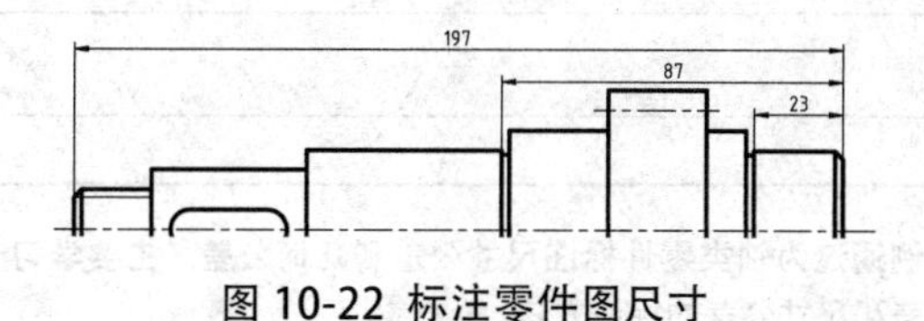

图 10-22 标注零件图尺寸

⑪ 单击【标注】面板中的按钮 连续，激活【连续】标注命令，继续为零件标注尺寸，如图 10-23 所示。

⑫ 重复执行【线性】命令，配合【对象捕捉】功能，标注其他位置的水平尺寸，如图 10-24 所示。

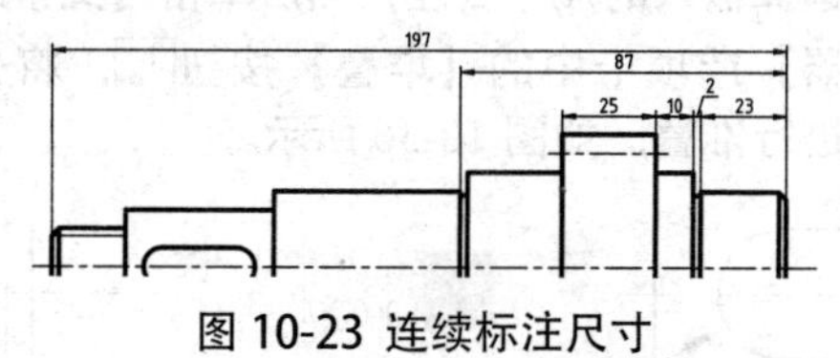

图 10-23 连续标注尺寸

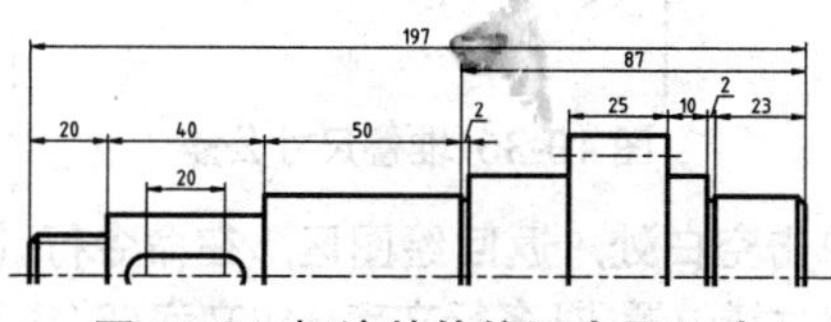

图 10-24 标注其他位置水平尺寸

⑬ 双击绘图区中标注为 2 的尺寸对象，对相关尺寸进行编辑。命令行操作过程如下：

命令：_dimedit

输入标注编辑类型 [默认 (H)/ 新建 (N)/ 旋转 (R)/ 倾斜 (O)] < 默认 >:

// 输入 N，打开【文字格式】编辑器，修改尺寸内容，如图 10-25 所示

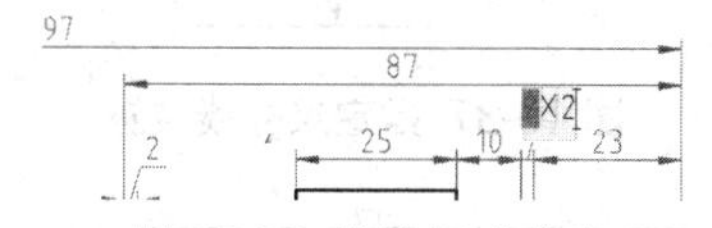

图 10-25 修改尺寸内容

⑭ 单击空白处返回绘图区，在【选择对象：】提示下，选择尺寸文字为 2 的尺寸对象，修改效果如图 10-26 所示。

⑮ 执行【编辑标注文字】命令，对尺寸文字的位置进行调整，如图 10-27 所示。

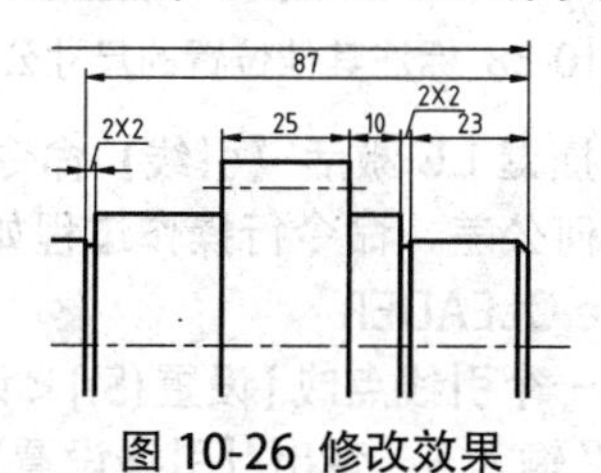

图 10-26 修改效果

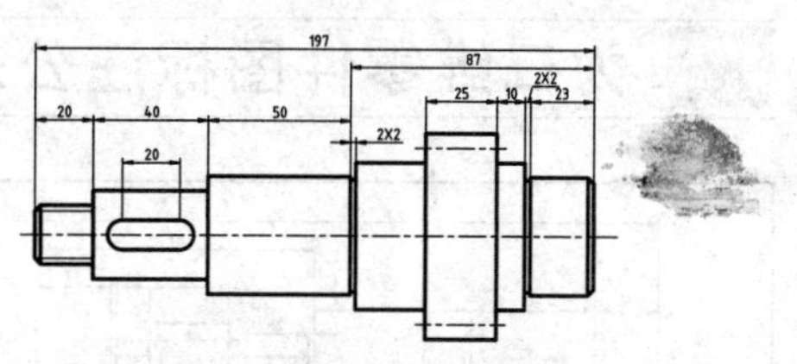

图 10-27 调整尺寸文字的位置

⑯ 继续执行【线性】命令，标注图形的垂直尺寸，如图 10-28 所示。

⑰ 单击【标注】面板中的按钮，标注半径尺寸，并对文字进行编辑，如图 10-29 所示。

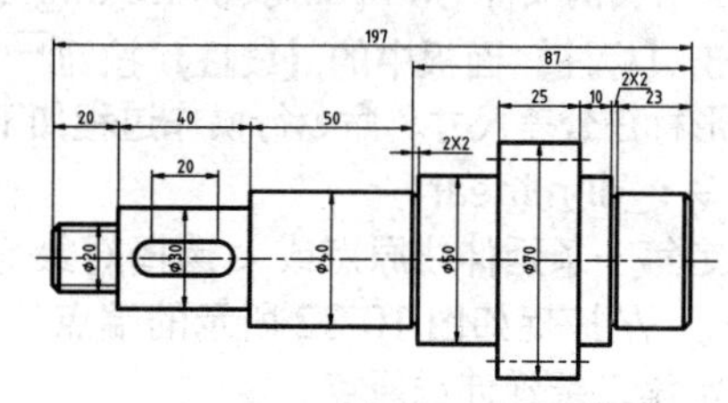

图 10-28 标注垂直尺寸

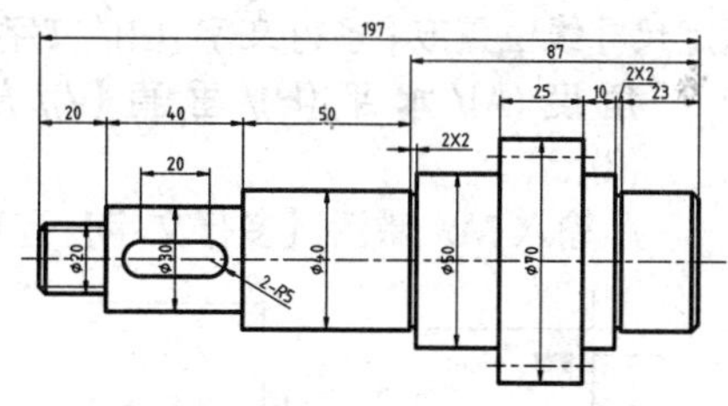

图 10-29 标注并编辑半径尺寸

⑱ 单击【标注】面板中的按钮，配合【最近点】捕捉功能标注引线尺寸，如图 10-30 所示。

⑲ 重复执行【多重引线】命令，标注其他位置的引线尺寸，如图 10-31 所示。

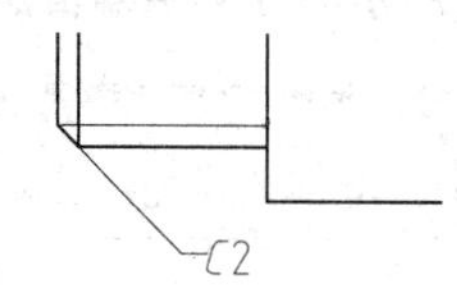

图 10-30 标注引线尺寸

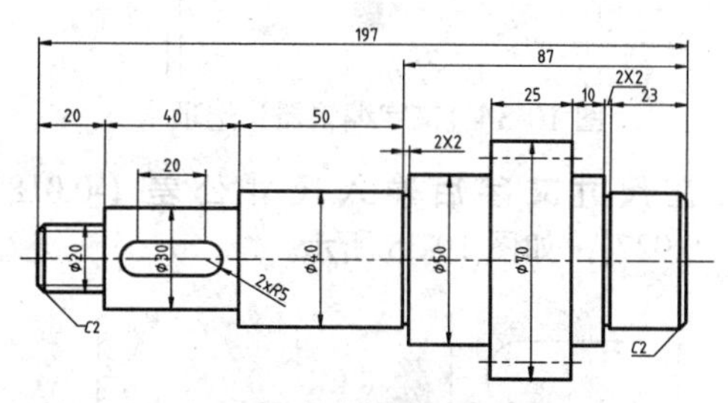

图 10-31 标注其他位置的引线尺寸

136 为二维零件图标注公差

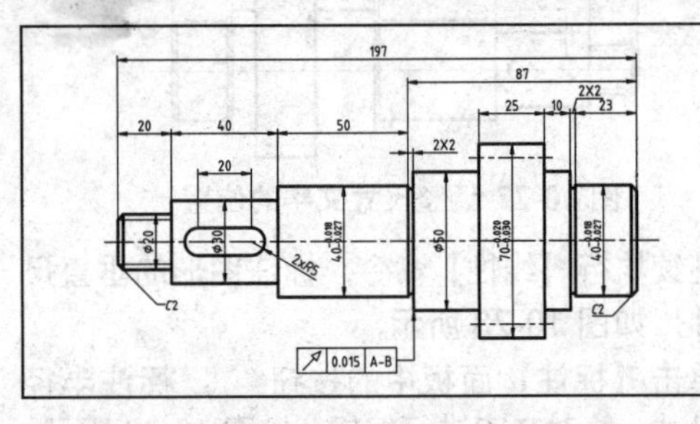

本例通过为轴类零件标注尺寸公差和几何公差，主要学习几何公差和尺寸公差的标注方法。

文件路径：	实例文件 \ 第 10 章 \ 实例 136.dwg
视频文件：	MP4\ 第 10 章 \ 实例 136.MP4
播放时长：	0:02:55

01 打开"\ 实例文件 \ 第 10 章 \ 实例 135.dwg"文件。

02 单击【标注】面板中的【线性】按钮，为图形标注公差尺寸。命令行操作过程如下：

命令 : _dimlinear
指定第一条延伸线原点或 < 选择对象 >:
　　// 捕捉如图 10-32 所示的端点
指定第二条延伸线原点 :
　　// 捕捉如图 10-33 所示的端点
指定尺寸线位置或 [多行文字 (M)/ 文字 (T)/ 角度 (A)/ 水平 (H)/ 垂直 (V)/ 旋转 (R)]:M ↙
　　// 输入 M，激活【多行文字】选项

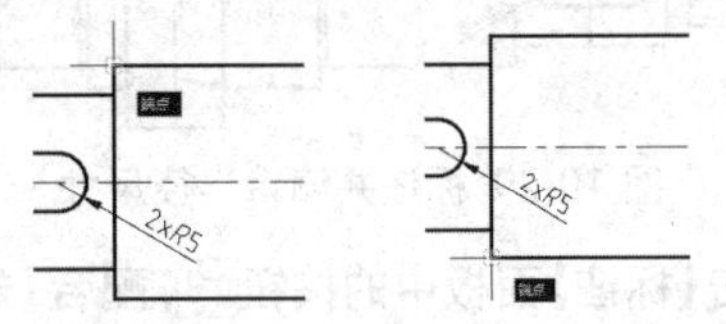

图 10-32 定位第一原点　　图 10-33 定位第二原点

03 当激活【多行文字】选项后，系统自动弹出如图 10-34 所示的【文字编辑器】选项卡。

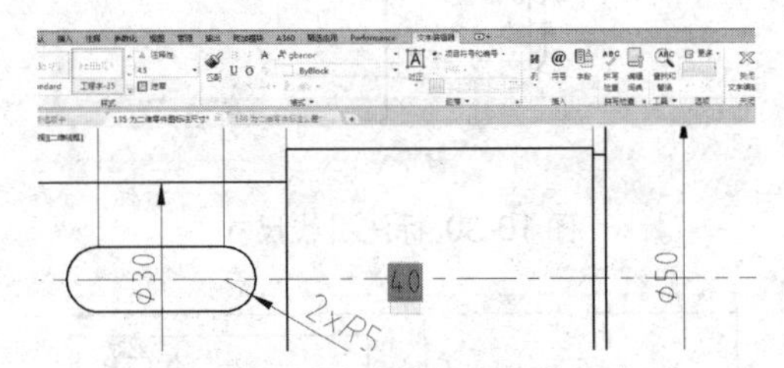

图 10-34【文字编辑器】选项卡

04 在尺寸文字后输入尺寸公差【-0.018^-0.027】，如图 10-35 所示。

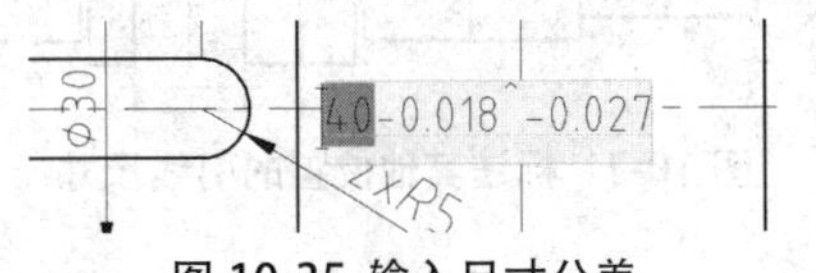

图 10-35 输入尺寸公差

05 选择输入的尺寸公差，然后单击【文字编辑器】选项卡中的【堆叠】按钮，将公差进行堆叠，如图 10-36 所示。

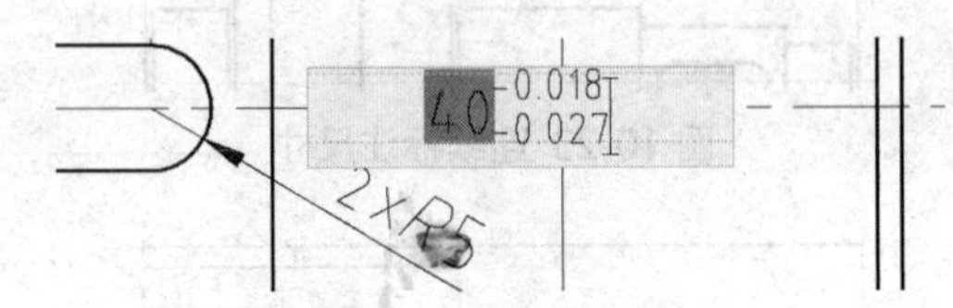

图 10-36 堆叠尺寸公差

06 单击空白处，返回绘图区，在命令行【指定尺寸线位置或 [多行文字 (M)/ 文字 (T)/ 角度 (A)/ 水平 (H)/ 垂直 (V)/ 旋转 (R)]:】提示下，在适当位置指定尺寸线位置，如图 10-37 所示。

07 分别按照上述方法，标注其他位置的尺寸公差，如图 10-38 所示。

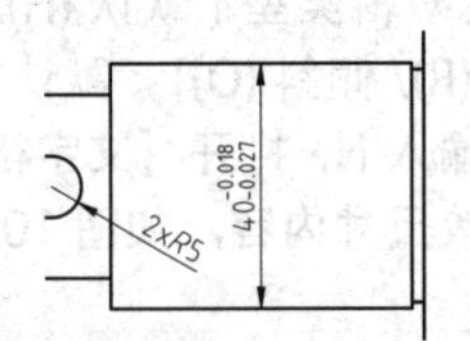

图 10-37 指定尺寸线位置

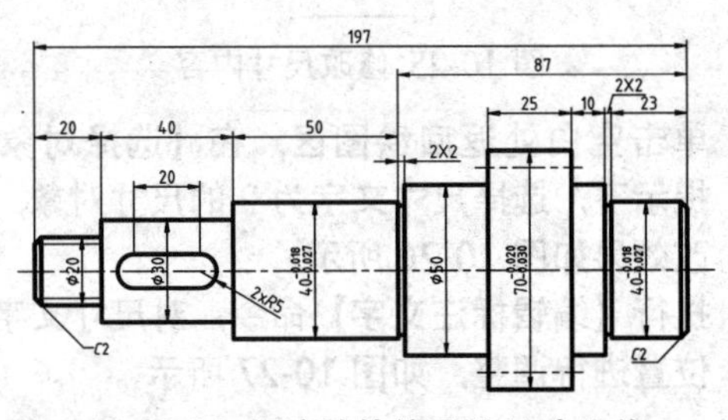

图 10-38 标注其他位置的尺寸公差

08 使用快捷键 LE 激活【引线】命令，标注零件的几何公差。命令行操作过程如下：

命令 : le QLEADER
指定第一个引线点或 [设置 (S)] < 设置 >:S ↙
　　// 输入 S，弹出【引线设置】对话框，

设置参数如图10-39所示和图10-40所示

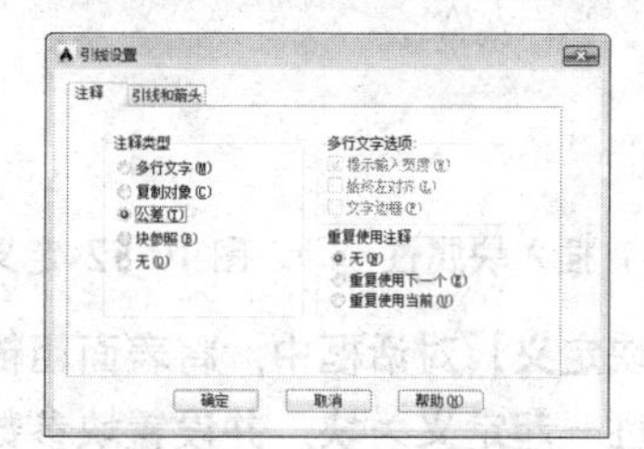

图 10-39 设置注释参数

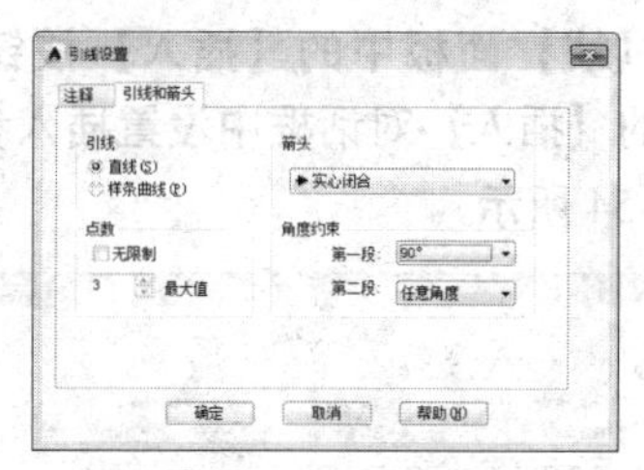

图 10-40 设置引线和箭头

09 单击按钮 确定 ，然后根据命令行的操作提示标注几何公差。命令行操作过程如下：

指定第一个引线点或 [设置 (S)] < 设置 >:

// 捕捉如图 10-41 所示的端点

指定下一点：

// 在下方适当位置定位第二点引线点

指定下一点：

// 在左侧适当位置定位第三点引线点，此时系统弹出如图 10-42 所示的对话框

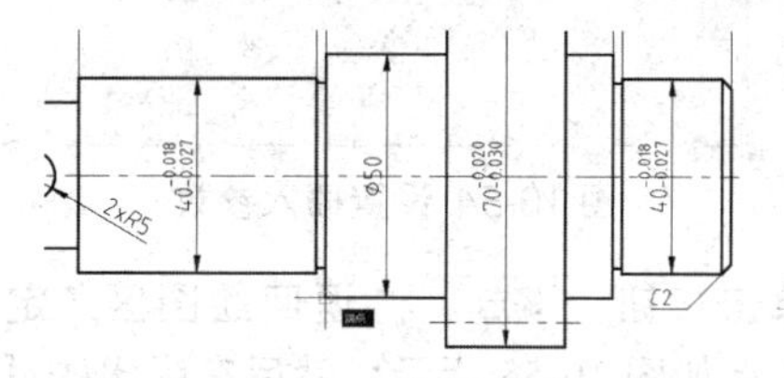

图 10-41 定位第一引线点

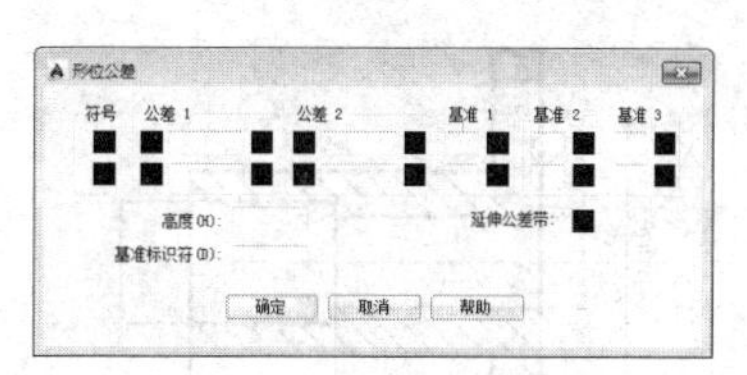

图 10-42【形位公差】对话框

10 单击【符号】颜色块，从如图 10-43 所示的【特征符号】对话框中选择对应的公差符号。

11 返回【形位公差】对话框，在【公差 1】选项组中输入 0.015，在【公差 2】选项组中输入 A-B，如图 10-44 所示。

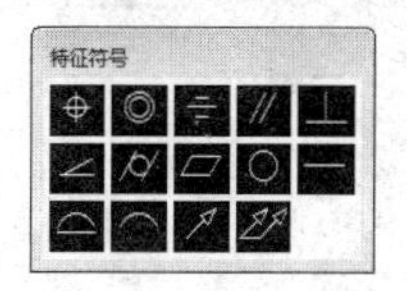

图 10-43【特征符号】对话框

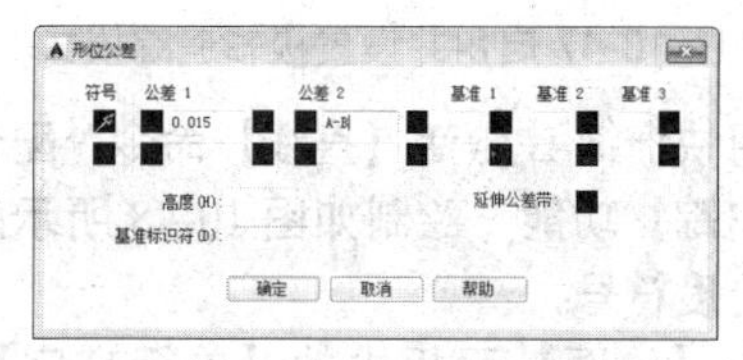

图 10-44【形位公差】对话框

12 单击 确定 按钮，最终标注效果如图 10-45 所示。

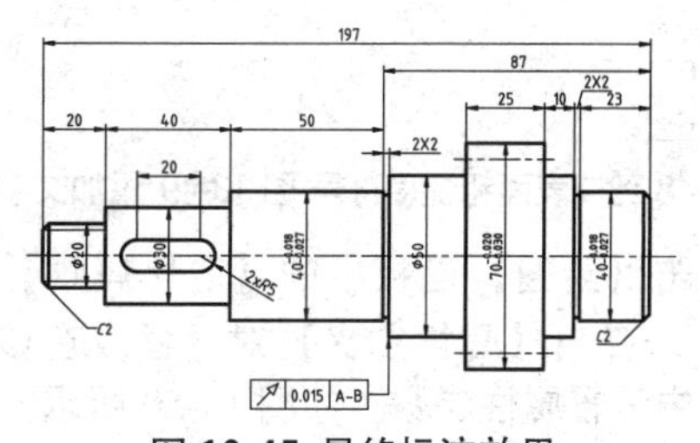

图 10-45 最终标注效果

137 为二维零件图标注表面粗糙度

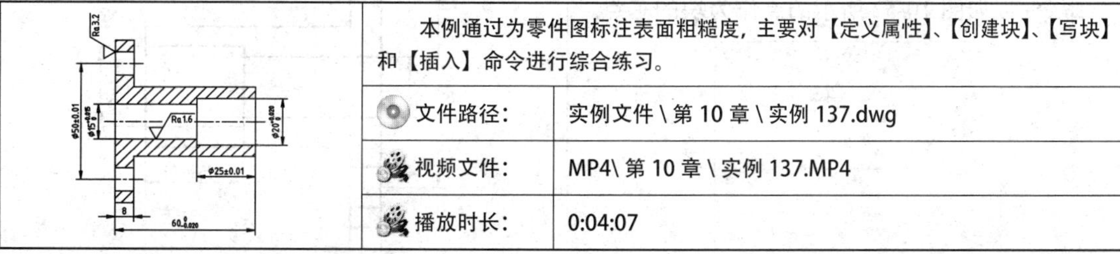

本例通过为零件图标注表面粗糙度，主要对【定义属性】、【创建块】、【写块】和【插入】命令进行综合练习。

文件路径：	实例文件 \ 第 10 章 \ 实例 137.dwg
视频文件：	MP4\ 第 10 章 \ 实例 137.MP4
播放时长：	0:04:07

01 打开"\ 实例文件 \ 第 10 章 \ 实例 137.dwg"文件，如图 10-46 所示。

02 执行【草图设置】命令，启用并设置极轴追踪模式，如图 10-47 所示。

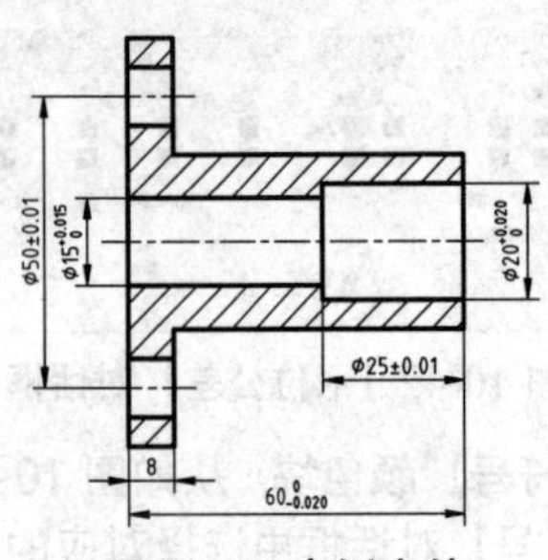

图 10-46 实例文件

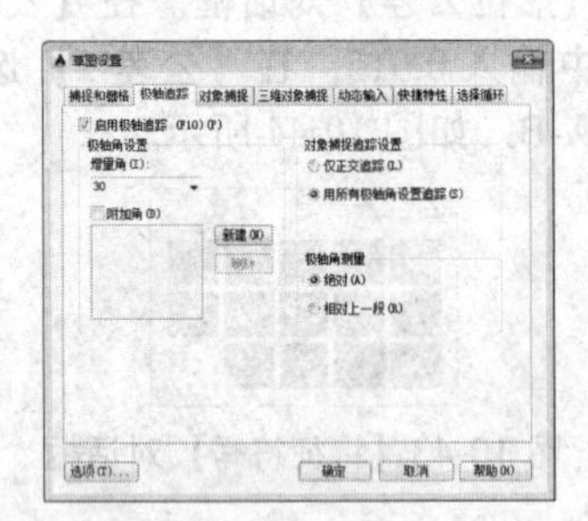

图 10-47 启用并设置极轴追踪模式

03 使用快捷键 L 激活【直线】命令，配合【极轴追踪】功能，绘制如图 10-48 所示的表面粗糙度符号。

04 单击【绘图】面板中的【单行文字】按钮 A，设置文字高度为 3.5，在粗糙度符号下插入文字注释，如图 10-49 所示。

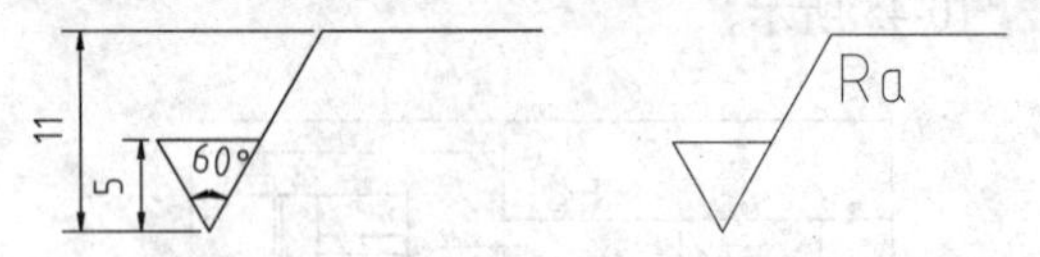

图 10-48 绘制表面粗糙度符号 图 10-49 添加文字注释

05 单击【绘图】面板中的【定义属性】按钮，弹出【属性定义】对话框，在该对话框中设置属性参数，如图 10-50 所示。

06 单击按钮 确定 ，在命令行【指定起点 :】提示下单击粗糙度数值位置作为属性插入点，如图 10-51 所示。

07 单击【块】面板中的按钮，激活【创建块】命令，以如图 10-52 所示的点作为块的基点。

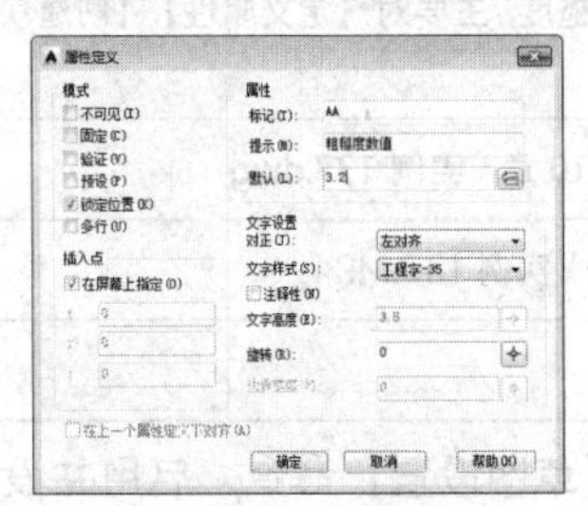

图 10-50 设置属性参数

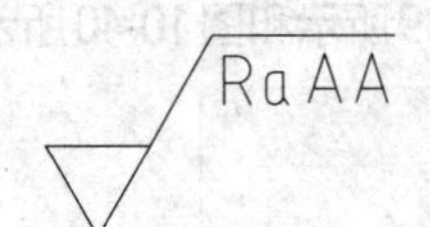

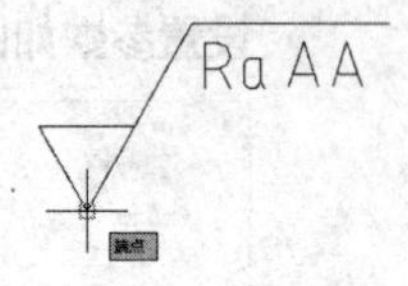

图 10-51 插入块属性　　图 10-52 定义基点

08 在【块定义】对话框中，将表面粗糙度符号和属性一起定义为块，并设置块参数，如图 10-53 所示。

09 单击【块】面板中的【插入】按钮，在弹出的【插入】对话框中设置插入参数，如图 10-54 所示。

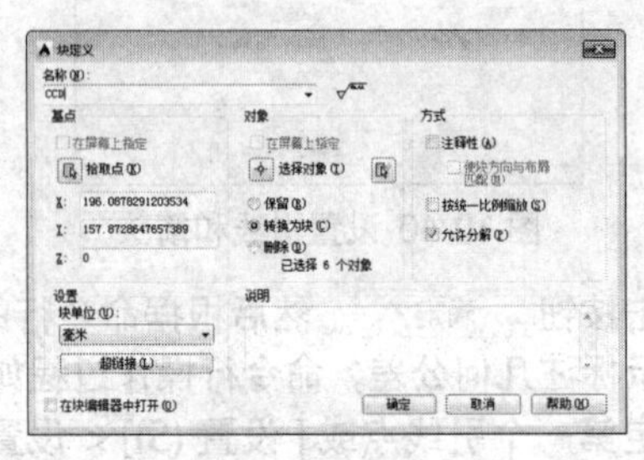

图 10-53 设置块参数

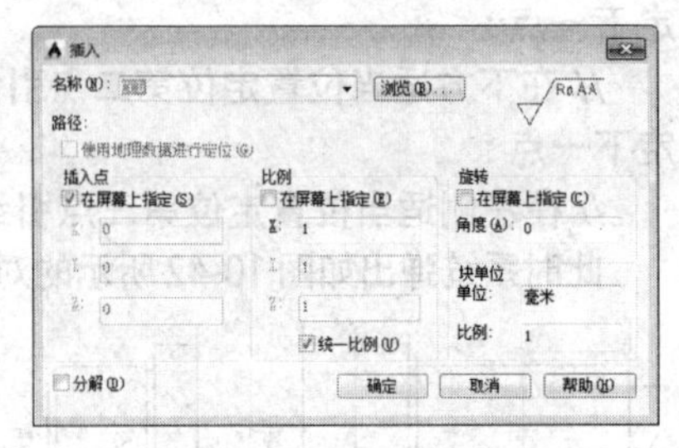

图 10-54 设置插入参数

10 单击按钮 确定 ，返回绘图区，定位插入点如图 10-55 所示；然后在弹出的【编辑属性】对话框中，修改表面粗糙度数值为 1.6，插入效果如图 10-56 所示。

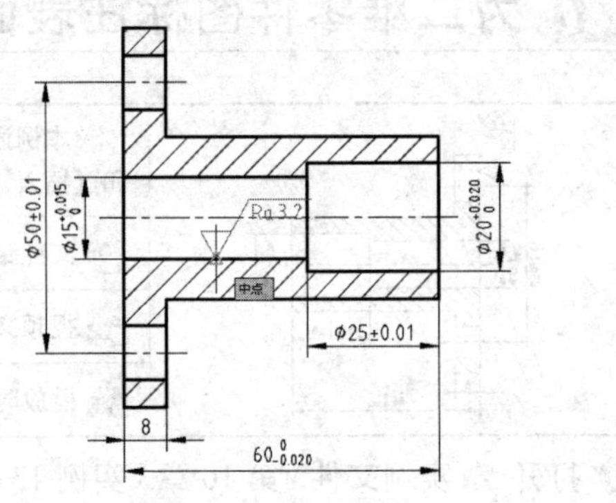

图 10-55 定位插入点

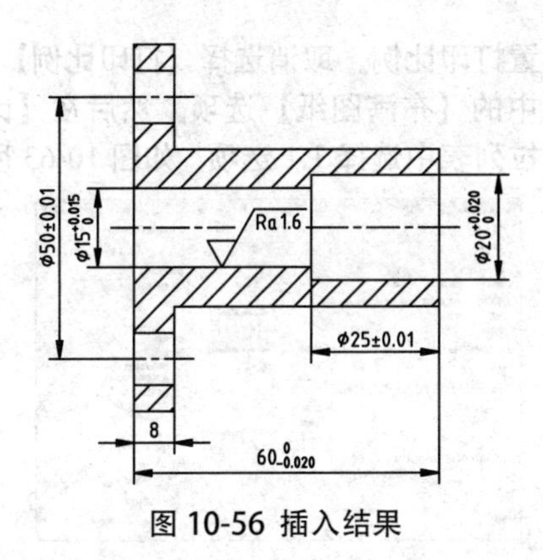

图 10-56 插入结果

> **提示**
>
> 由于内部图块仅能供当前图形文件所引用，如果要在其他的图形文件内使用此图块的话，必须使用【写块】命令将此内部块转换为外部资源。

⑪ 使用快捷键 I 激活【插入块】命令，在弹出的【插入】对话框中，设置块的旋转角度为 90°，如图 10-57 所示。单击【确定】按钮返回绘图区，插入表面粗糙度符号，最终效果如图 10-58 所示。

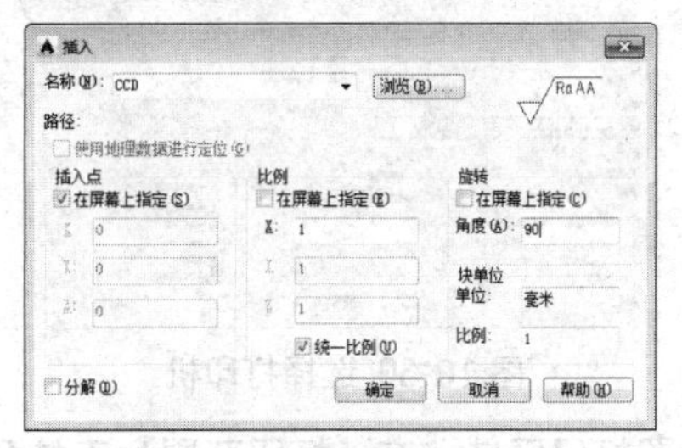

图 10-57 设置块的旋转角度

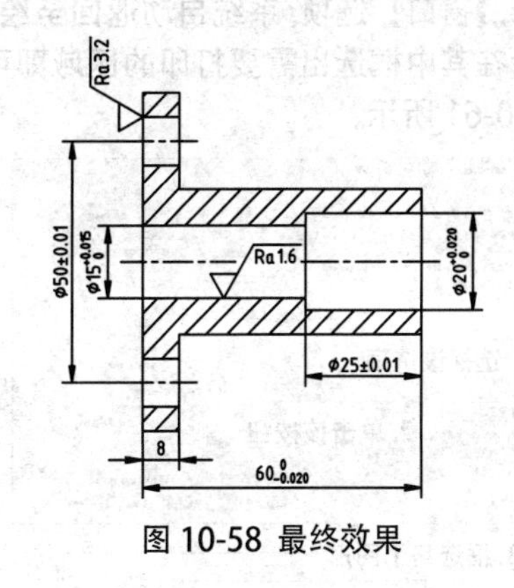

图 10-58 最终效果

138 零件图的快速打印

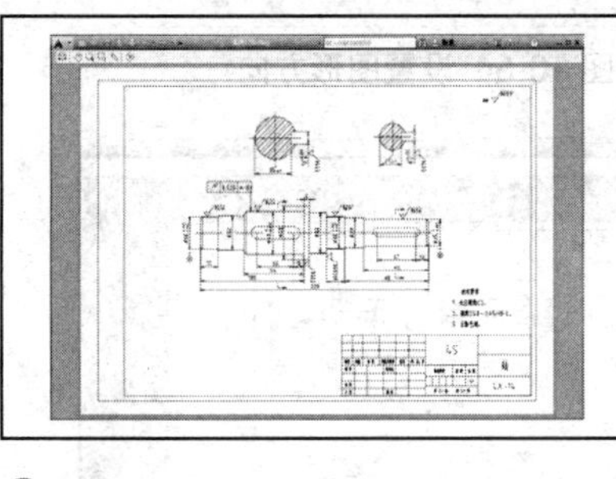

本例通过在模型空间内打印零件图，主要对【绘图仪管理器】、【页面设置管理器】和【打印预览】命令进行综合练习。	
文件路径：	实例文件 \ 第 10 章 \ 实例 138.dwg
视频文件：	MP4\ 第 10 章 \ 实例 138.MP4
播放时长：	0:02:38

① 打开“\ 实例文件 \ 第 10 章 \ 实例 138.dwg”文件，如图 10-59 所示。

② 按 Ctrl+P 组合键，弹出【打印 - 模型】对话框。在【名称】下拉列表中选择所需的打印机。本例以 DWG To PDF.pc3 打印机为例，该打印机可以打印出 PDF 格式的图形。

③ 设置图纸尺寸。在【图纸尺寸】下拉列表框中选择【ISO full bleed A3（420.00 x 297.00 毫米）】选项，如图 10-60 所示。

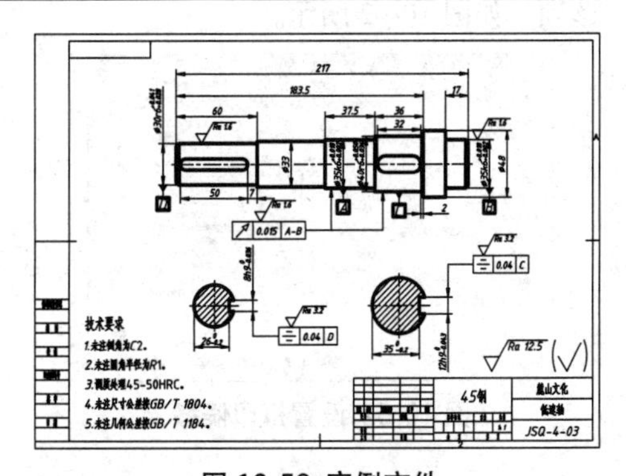

图 10-59 实例文件

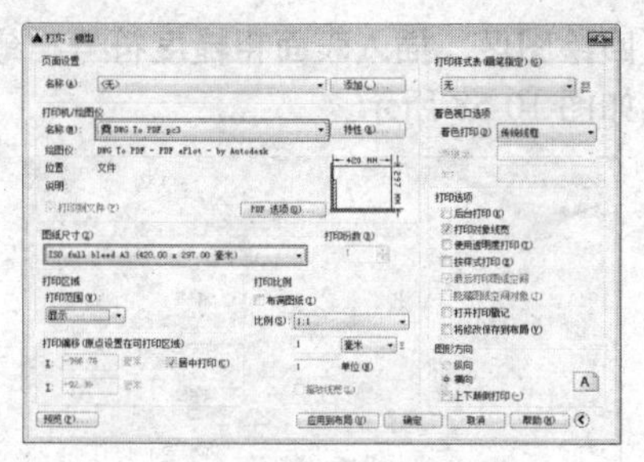

图 10-60 选择打印机

04 设置打印区域。在【打印范围】下拉列表中选择【窗口】选项，系统自动返回至绘图区；然后在其中框选出需要打印的区域即可，如图 10-61 所示。

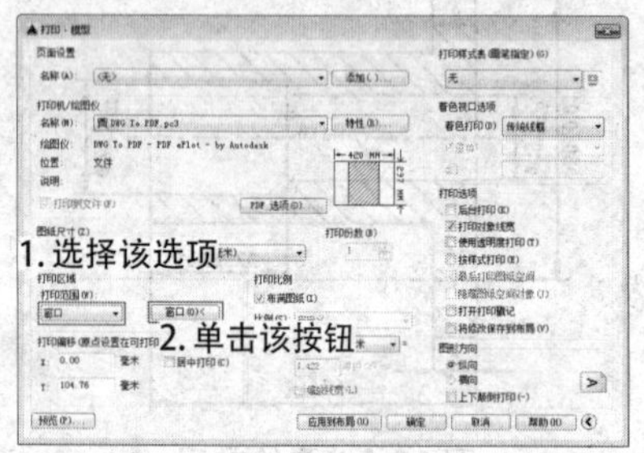

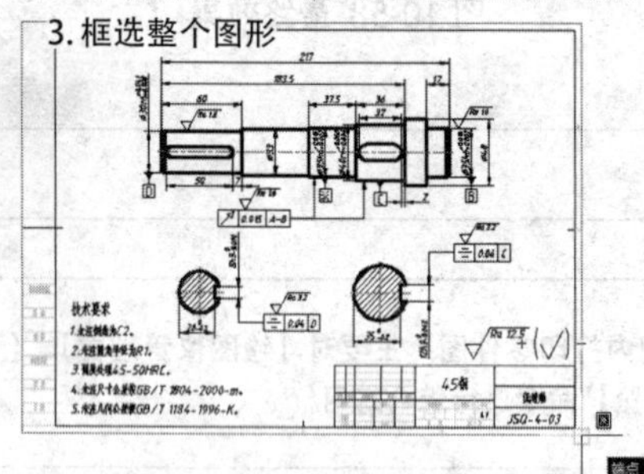

图 10-61 设置打印区域

05 设置打印偏移。返回【打印 - 模型】对话框后，选择【打印偏移】选项组中的【居中打印】选项，如图 10-62 所示。

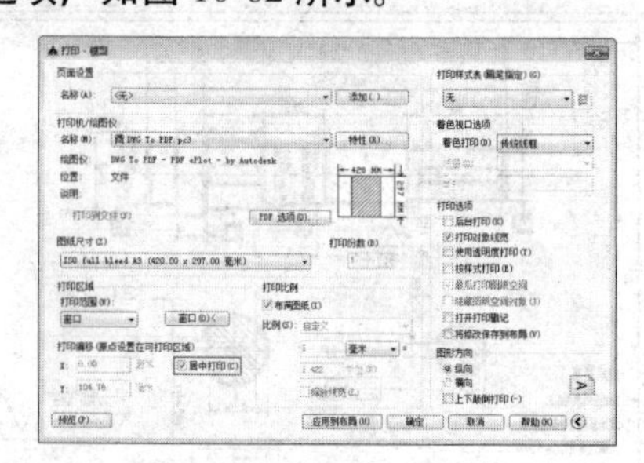

图 10-62 设置打印偏移

06 设置打印比例。取消选择【打印比例】选项组中的【布满图纸】选项，然后在【比例】下拉列表中选择 1:1 选项，如图 10-63 所示。

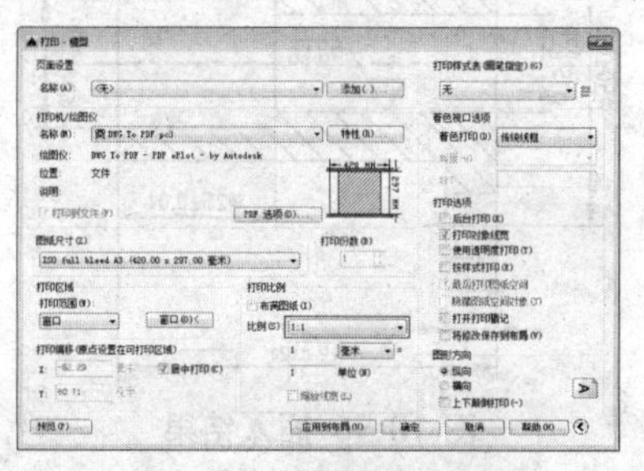

图 10-63 设置打印比例

07 设置图形方向。本例图框为横向放置，因此在【图形方向】选项组中选择打印方向为【横向】，如图 10-64 所示。

08 打印预览。所有参数设置完成后，单击【打印 - 模型】对话框左下方的【预览】按钮，进行打印预览，如图 10-65 所示。

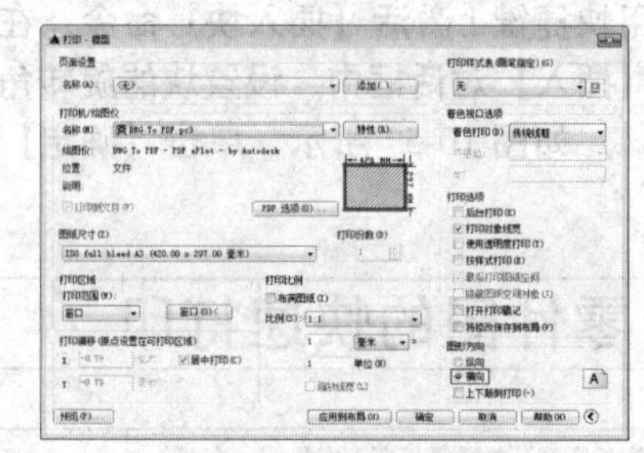

图 10-64 设置图形方向

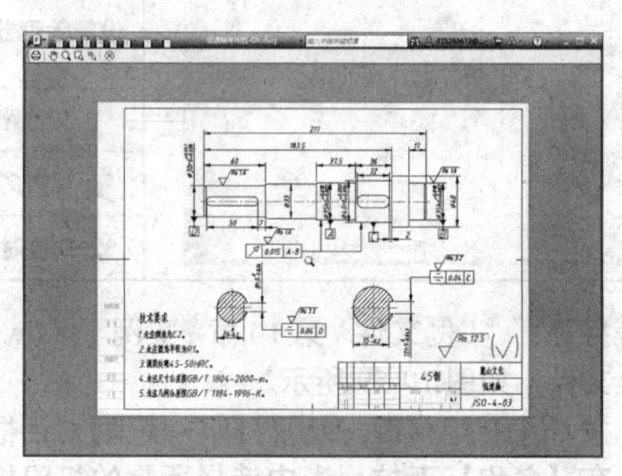

图 10-65 打印预览

09 打印图形。图形显示无误后，便可以在预览窗口中单击鼠标右键，在弹出的快捷菜单中选择【打印】选项，即可输出打印。

139 零件图的布局打印

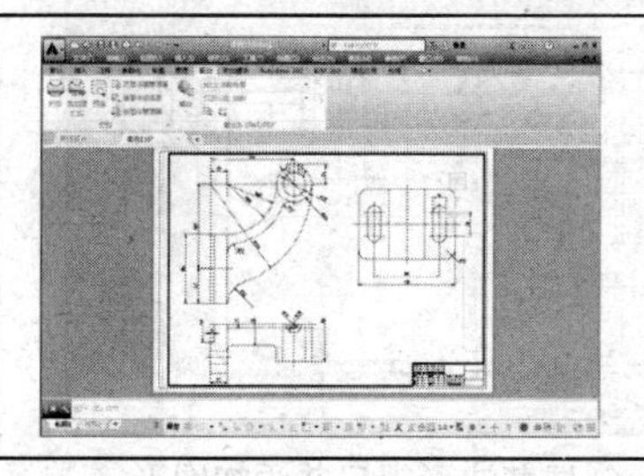

本例通过某零件图打印到1号图纸上，主要学习视口的创建、图形的布局、出图比例的调整，以及图形的打印等操作技能。

文件路径：	实例文件\第10章\实例139.dwg
视频文件：	MP4\第10章\实例139.MP4
播放时长：	0:02:36

01 打开“\实例文件\第10章\实例139.dwg”文件。

02 单击绘图区左下方标签 布局1 ，进入如图10-66所示的【布局1】空间。

03 使用快捷键E激活【删除】命令，删除系统自动产生的矩形视口，如图10-67所示。

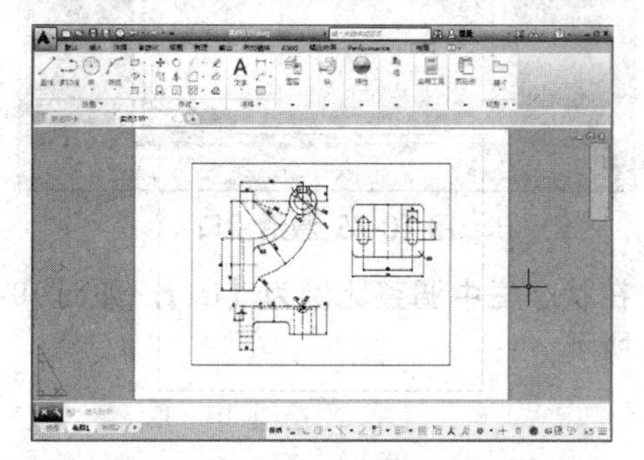

图10-66 进入【布局1】空间

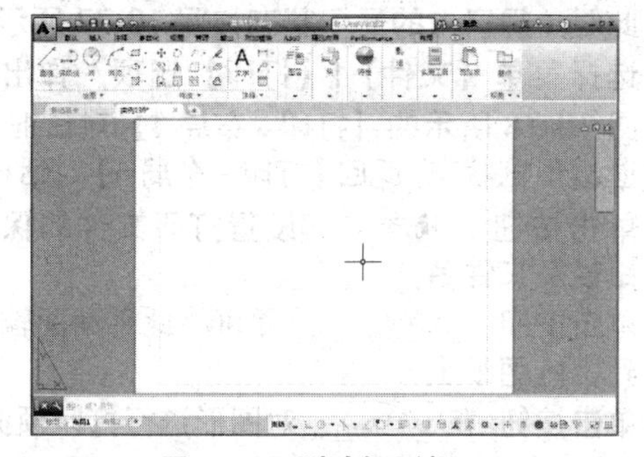

图10-67 删除矩形视口

04 单击【打印】面板中的按钮 页面设置管理器 ，在弹出的对话框中单击按钮 新建(N)... ，弹出【新建页面设置】对话框，为新页面命名，如图10-68所示。

05 单击按钮 确定(O) ，弹出【页面设置-布局1】对话框。在该对话框中设置打印设备、图纸尺寸、打印比例和图形方向等参数，如图10-69所示。

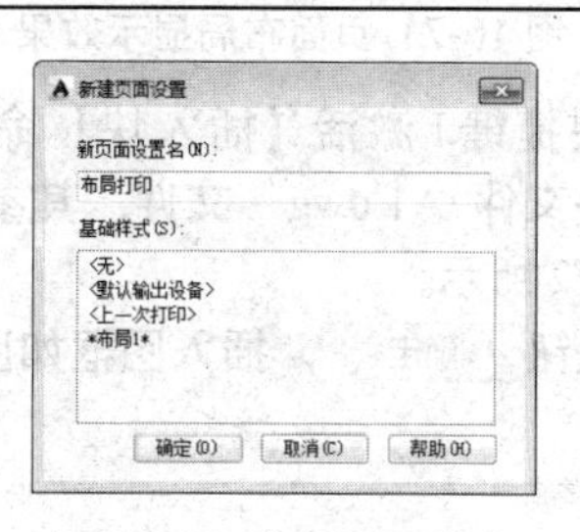

图10-68 为新页面命名

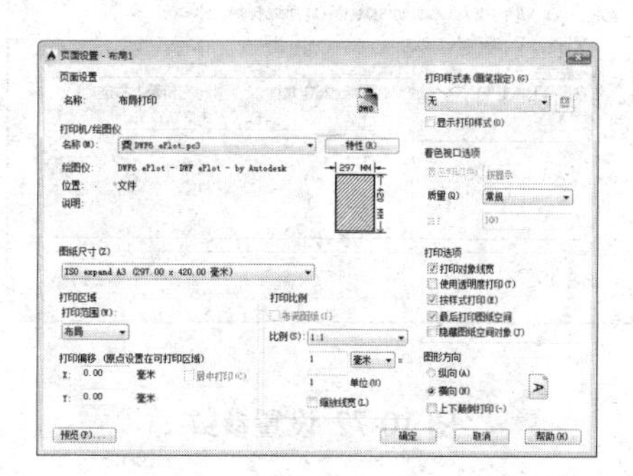

图10-69 设置打印页面参数

06 单击按钮 确定 ，返回【页面设置管理器】对话框，将创建的新页面置为当前，如图10-70所示。

07 单击按钮 关闭 ，结束命令。页面设置后的布局显示效果如图10-71所示。

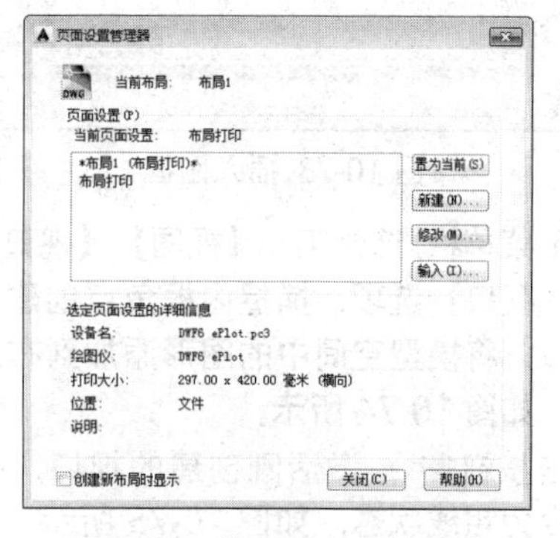

图10-70 将新页面置为当前

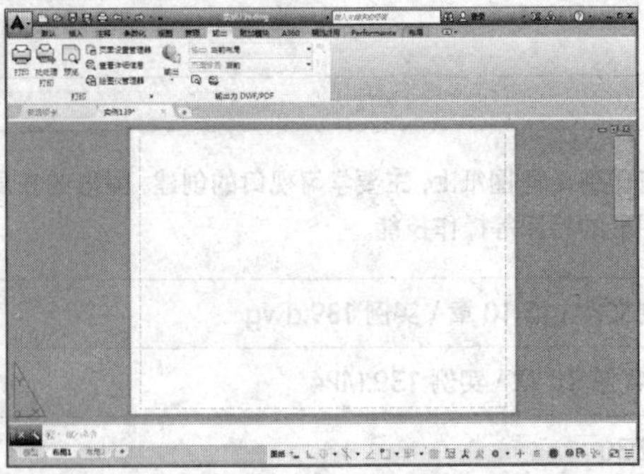

图 10-71 页面布局显示效果

⑧ 使用快捷键 I 激活【插入块】命令，插入“\图块文件\A1.dwg”文件，其参数设置如图 10-72 所示。

⑨ 单击按钮 确定 ，插入图框如图 10-73 所示。

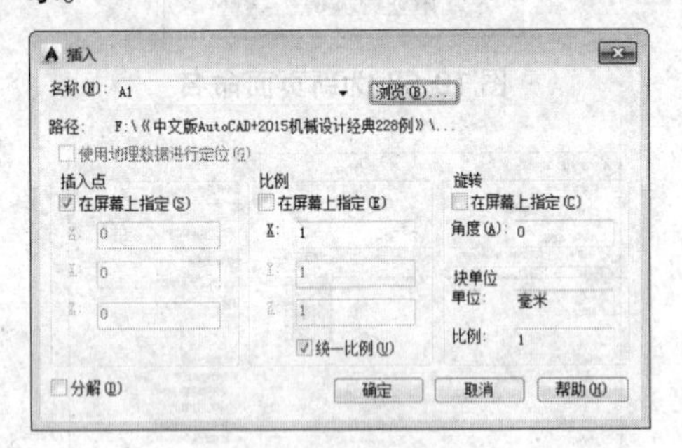

图 10-72 设置参数

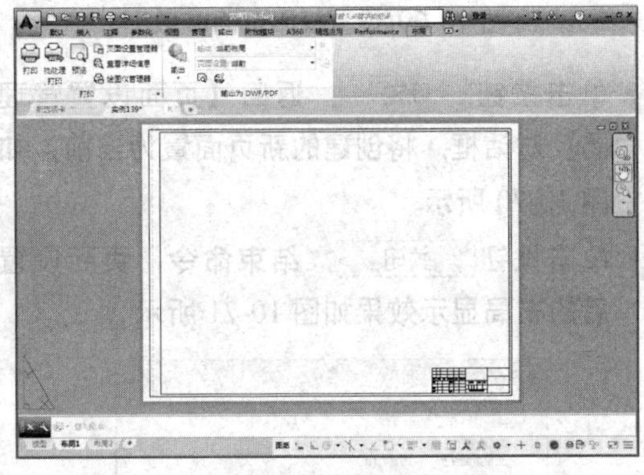

图 10-73 插入图框

⑩ 显示菜单栏，选择菜单【视图】|【视口】|【多边形视口】选项，捕捉内框角点创建多边形视口，将模型空间中的图形添加到布局空间内，如图 10-74 所示。

⑪ 单击按钮 图纸 ，激活刚创建的视口，视口边框变为粗线状态，如图 10-75 所示。

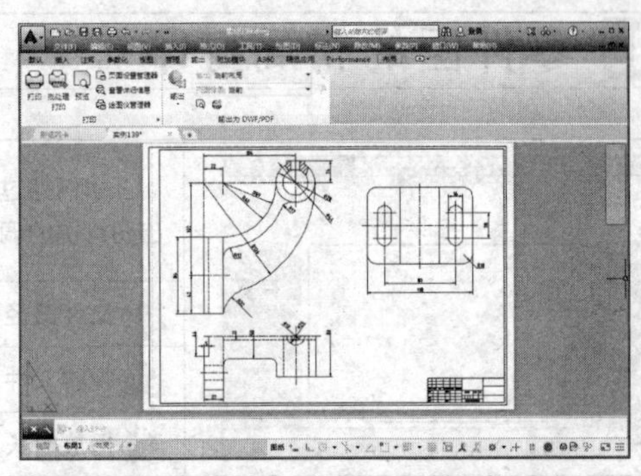

图 10-74 创建多边形视口并添加图形

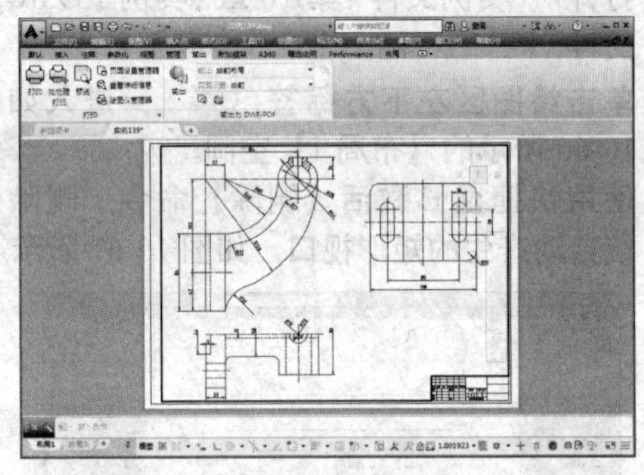

图 10-75 激活视口

⑫ 在状态栏中调整比例为【1:1】，如图 10-76 所示。

1:1

图 10-76 调整比例

⑬ 此时，视口内的显示状态如图 10-77 所示。

⑭ 选择菜单【文件】|【打印】选项，弹出如图 10-78 所示的【打印 - 布局 1】对话框。

⑮ 退出预览状态，返回【打印 - 布局 1】对话框。单击按钮 确定 ，设置打印文件的保存路径及文件名。

⑯ 单击按钮 保存(S) ，即可将此平面图输出到相应图纸上。

⑰ 单击按钮 预览(P)... ，对图形进行打印预览。

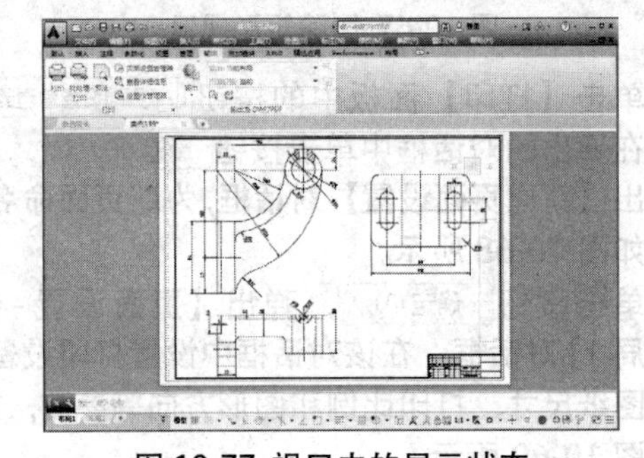

图 10-77 视口内的显示状态

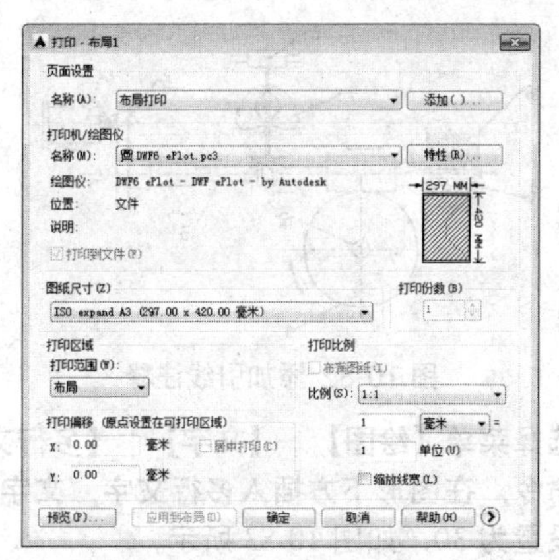

图 10-78【打印】对话框

> **提示**
>
> 使用组合键 Ctrl+P，可以快速激活【打印】命令。

140 蜗轮蜗杆传动原理图

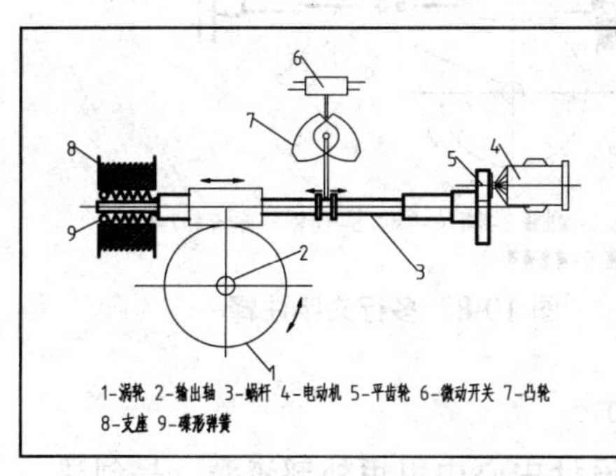

机械原理图是一类特殊的二维图形，其作用是表达机械系统的工作原理，只起示意的作用，因此具体尺寸不做精确要求，且零部件多为简化表示。本例利用设计中心的文件管理功能，装配蜗轮蜗杆变速机构的原理图。

文件路径：	实例文件 \ 第 10 章 \ 实例 140.dwg
视频文件：	MP4\ 第 10 章 \ 实例 140.MP4
播放时长：	0:04:28

01 打开 AutoCAD2018，新建空白文件。

02 按组合键 Ctrl+2，打开【设计中心】面板，选择【文件夹】选项卡，并单击选项板中的【树状图切换】按钮，将文件夹列表树状显示，如图 10-79 所示。

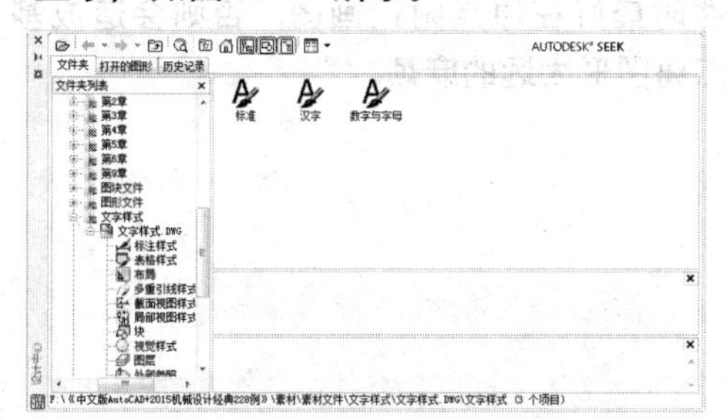

图 10-79【设计中心】面板

03 在文件夹树中浏览到光盘“\ 素材文件 \ 第 10 章 \ 实例 140 蜗轮蜗杆”文件夹，双击文件夹图标，该文件夹中的四个文件加载到设计中心，如图 10-80 所示。

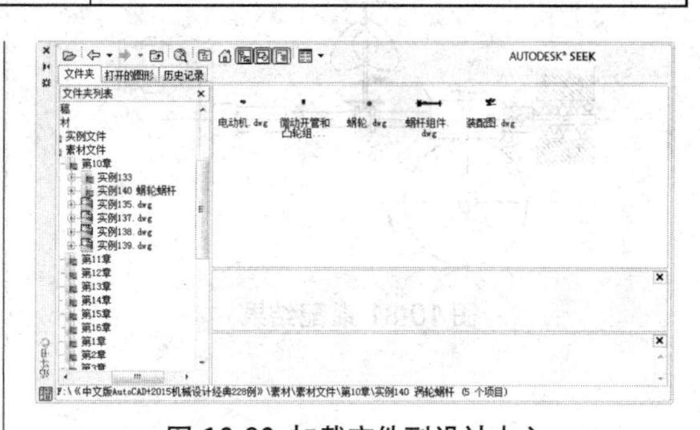

图 10-80 加载文件到设计中心

04 选择【蜗轮】文件图标，将其拖动至绘图区。命令行操作过程如下：

命令：_-INSERT 输入块名或 [?]:"蜗轮 .dwg"

单位：毫米 转换： 1

指定插入点或 [基点 (B)/ 比例 (S)/X/Y/Z/ 旋转 (R)]: 0,0 ↙

// 指定插入到原点

输入 X 比例因子，指定对角点，或 [角点 (C)/ XYZ(XYZ)] <1>: ↙

// 按默认比例 1，即 X 方向比例不变

输入 Y 比例因子或 <使用 X 比例因子>: ↙

// 使用 X 的比例 1，Y 方向比例也不变

指定旋转角度 <0>: ↙

// 使用默认旋转角度，不旋转

提示

在设计中心插入的引用文件，即使该文件不是块，插入到当前文件之后将成为一个内部块。如果引用文件的单位与当前文件单位不同，系统会以一定的比例将其转换为当前文件单位。例如，引用文件绘图单位为英寸，当前文件绘图单位为毫米，则转换比例为 2.54。

05 使用同样的方法将其他部件添加到当前文件中，单击【修改】面板中的【移动】按钮，将各组件移动至如图 10-81 所示的位置，完成装配。

06 单击【注释】面板的【多重引线】按钮，将多重引线文字高度修改为 30。

07 单击【注释】面板的【多重引线】按钮，为各部件添加引线注释，如图 10-82 所示。

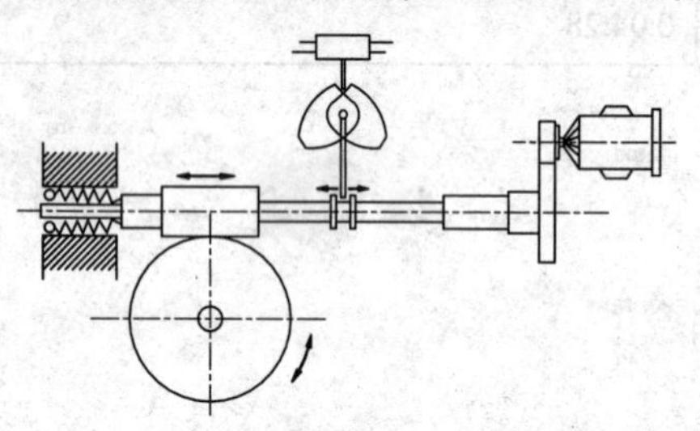

图 10-81 装配结果

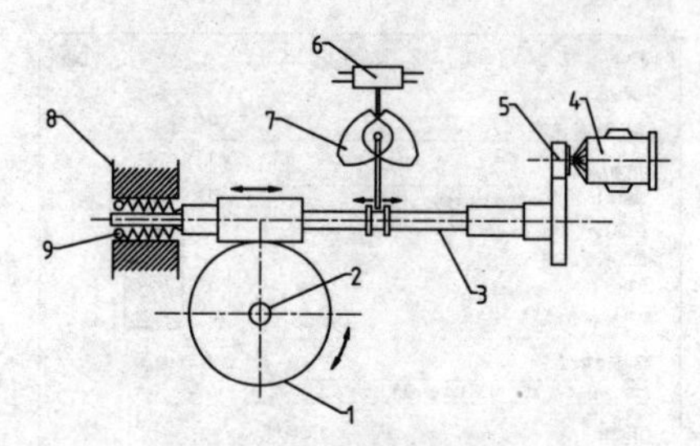

图 10-82 添加引线注释

08 选择菜单【绘图】|【文字】|【多行文字】命令，在图形下方插入多行文字，文字高度设置为 30，如图 10-83 所示。

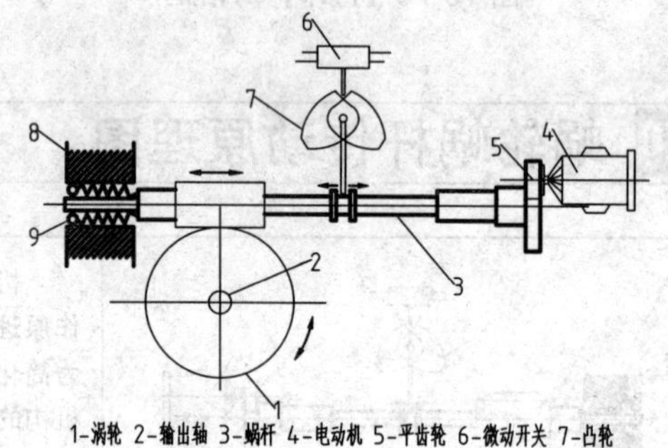

图 10-83 多行文字注释

提示

在设计中心中引用外部资源，是创建装配图的高效方法，省去了打开多个文件窗口和复制粘贴的繁杂操作。如果引用的外部资源不是块，那么插入块的基点默认为该图形的坐标原点，因此在绘制各零部件时最好在原点附近画图，否则会造成基点离图形太远的麻烦。

Chapter

第 11 章

零件轴测图绘制

轴测图是一种在二维绘图空间内表达三维形体最简单的方法，它能同时反映出物体长、宽、高三方向的尺度，立体感觉强，能够以人们习惯的方式，比较完整清晰地表达出产品的形状特征，从而帮助用户以及技术人员了解产品的设计。工程上常采用轴测图作为辅助图样，进一步说明被表达物体的结构、设计思想和工作原理等。

本章通过 13 个实例，介绍各类型零件轴测图的画法和相关技巧。

141 在等轴测面内画平行线

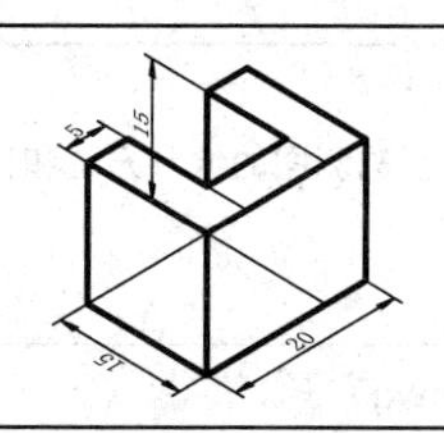	本例通过在等轴测面内画平行线，主要学习平行线轴测投影图的绘制方法和绘制技巧。	
	文件路径：	实例文件 \ 第 11 章 \ 实例 141.dwg
	视频文件：	MP4\ 第 11 章 \ 实例 141.MP4
	播放时长：	0:02:44

01 按 Ctrl+N 快捷键，快速创建空白文件。

02 使用快捷键 DS 激活【草图设置】命令，在弹出的对话框中选择【等轴测捕捉】单选按钮，设置轴测图绘图环境，如图 11-1 所示。

03 按 F5 功能键，将等轴测平面切换为【< 俯视 >】等轴测平面。

04 使用快捷键 L 激活【直线】命令，配合【正交】功能，绘制如图 11-2 所示的轮廓。

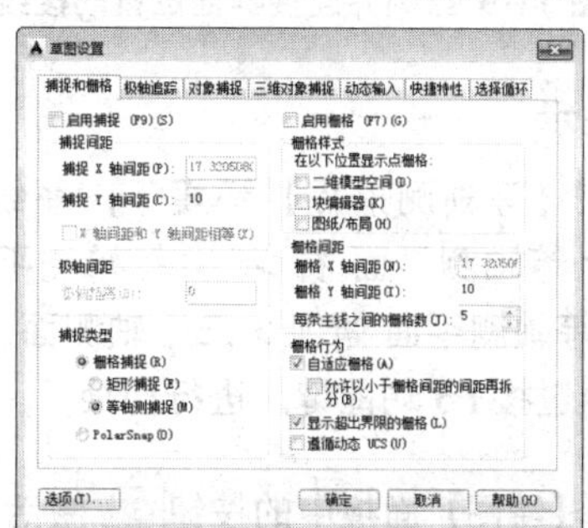

图 11-1 设置轴测图绘图环境

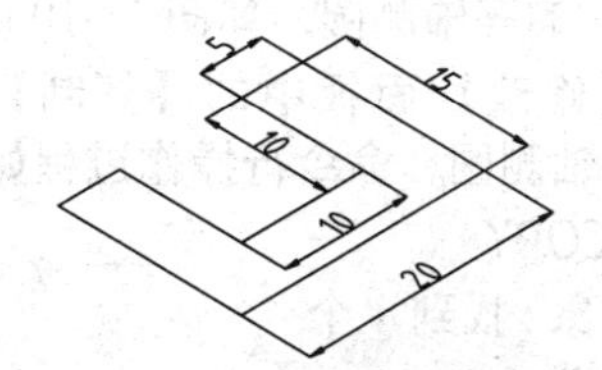

图 11-2 绘制轮廓

05 单击【修改】面板中的【复制】按钮，选择刚绘制的闭合轮廓线进行复制。命令行操作过程如下：

命令：_copy
选择对象：
　　// 选择刚绘制的闭合轮廓
选择对象：↙
　　// 按 Enter 键，结束对象的选择
指定基点或 [位移 (D)/ 模式 (O)] < 位移 >:
　　// 拾取任一点作为基点
指定第二个点或 < 使用第一个点作为位移 >:@15<90l ↙
　　// 输入相对极坐标
指定第二个点或 [退出 (E)/ 放弃 (U)] < 退出 >:l ↙
　　// 按 Enter 键，如图 11-3 所示

06 使用快捷键 L 激活【直线】命令，配合【端点】捕捉功能，绘制如图 11-4 所示的垂直轮廓线。

07 单击【修改】面板中的【删除】按钮，删除多余线段，如图 11-5 所示。

08 执行【修剪】命令，以闭合轮廓顶部作为边界，修剪掉被遮挡的垂直轮廓边，最终效果如图 11-6 所示。

图 11-3 复制图形

图 11-4 绘制垂直轮廓线

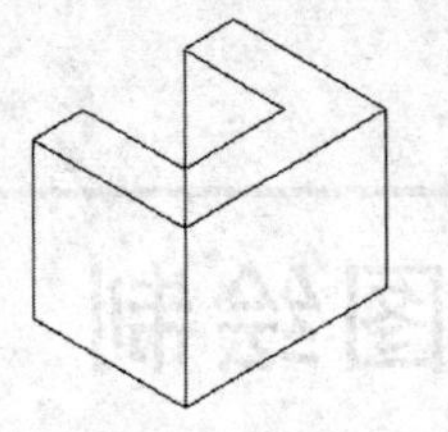

图 11-5 删除多余线段

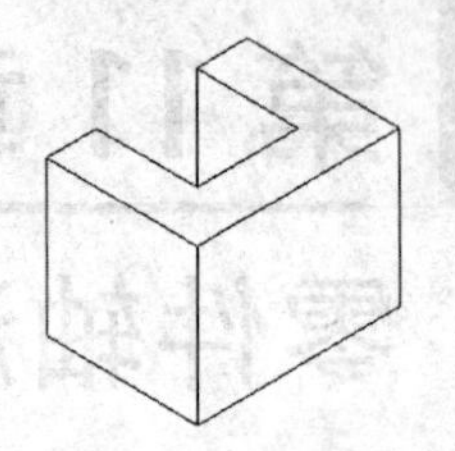

图 11-6 最终效果

提示

在绘制轴测图之前，需要将绘图环境设置为【等轴测捕捉】模式。

142 在等轴测面内画圆和弧

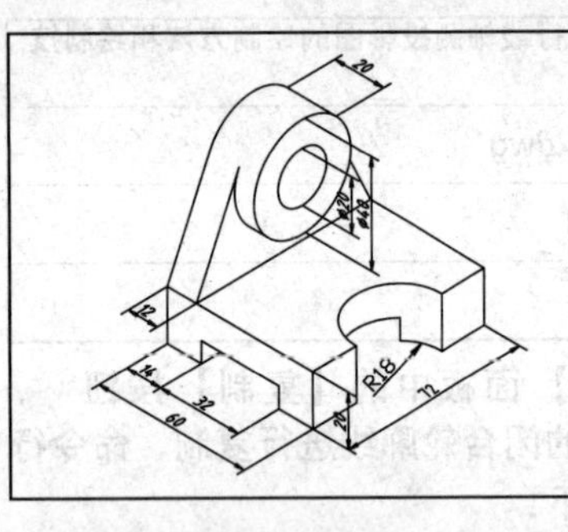

本例通过绘制零件的正等轴测图，主要学习圆与弧轴测图的绘制方法和技巧。

文件路径：	实例文件 \ 第 11 章 \ 实例 142.dwg
视频文件：	MP4\ 第 11 章 \ 实例 142.MP4
播放时长：	0:08:15

01 以附赠文件【机械样板 .dwt】为基础样板，新建空白文件。

02 将【轮廓线】设置为当前层。

03 设置等轴测绘图环境，并按 F5 功能键，将等轴测平面切换为【< 等轴测平面 左视 >】。

04 单击【绘图】面板中的按钮，绘制如图 11-7 所示的轮廓。

05 按 F5 功能键，将等轴测平面切换为【< 等轴测平面 俯视 >】。继续执行【直线】命令，利用捕捉功能，捕捉凹字形轮廓线的一个端点，向右上方绘制一条长为 72 的棱线，如图 11-8 所示。

06 重复执行【直线】命令，绘制其他位置的棱线，并连接起来，如图 11-9 所示。

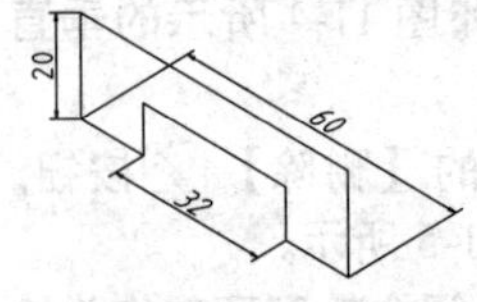

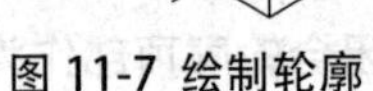

图 11-7 绘制轮廓

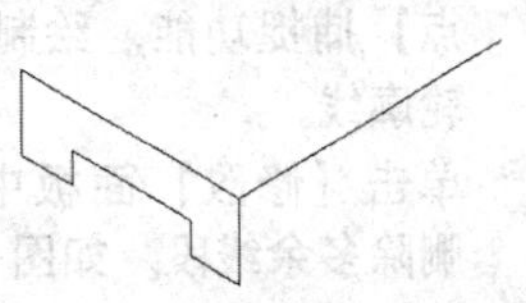

图 11-8 绘制棱线

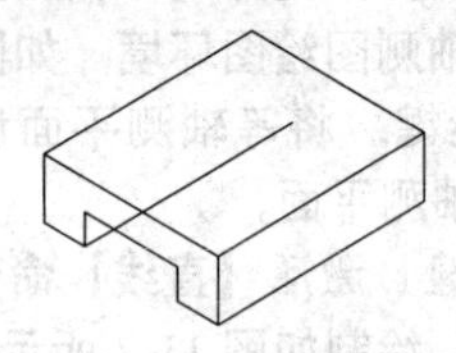

图 11-9 绘制并连接其他位置的棱线

提示

在【等轴测捕捉】环境下，系统共提供了 < 等轴测平面 右 >、< 等轴测平面 左 >、< 等轴测平面 俯视 > 三个轴测面，用户可以通过按 F5 功能键，进行切换。

07 单击【绘图】面板中的按钮，激活【椭圆】命令，以下方水平线的中点为圆心，绘制半径为 18 的等轴测圆，如图 11-10 所示。

08 单击【修改】面板中的【复制】按钮，复制等轴测圆。命令行操作过程如下：

命令 : COPY
选择对象 : 找到 1 个
选择对象 :

//选择圆作为复制对象
当前设置：复制模式 = 多个
指定基点或 [位移 (D)/ 模式 (O)] < 位移 >:
//捕捉点轴测圆圆心作为基点
指定第二个点或 < 使用第一个点作为位移 >:
//指定点上方直线中点作为基点
指定第二个点或 [退出 (E)/ 放弃 (U)] < 退出 >: ↙
//按 Enter 键，结束命令，效果如图 11-11 所示

⑨ 单击【修改】面板中的按钮，修剪多余图线，如图 11-12 所示。

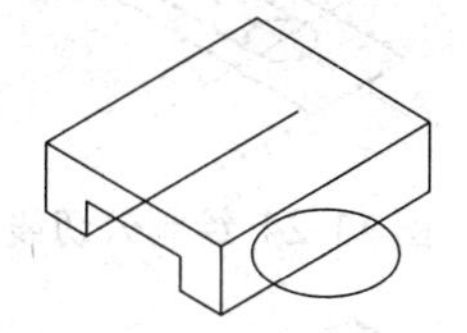
图 11-10 绘制等轴测圆

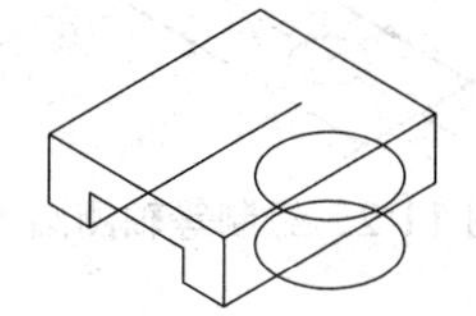
图 11-11 复制效果

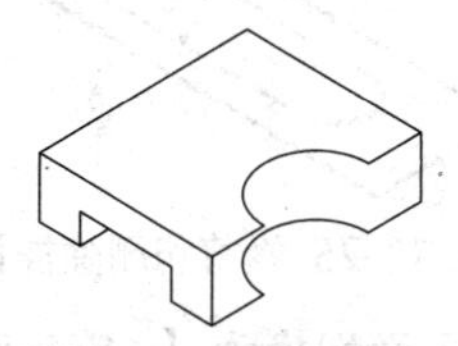
图 11-12 修剪图线

⑩ 执行【直线】和【复制】命令，创建图形，然后执行【修剪】命令，修剪多余的图线，如图 11-13 所示。

⑪ 修剪其他部分多余的图线，如图 11-14 所示。

⑫ 单击【绘图】面板中的按钮，绘制支撑板的辅助线；然后执行【复制】命令，绘制右侧的图线，并将它们连接起来。命令行操作过程如下：

命令：_line 指定第一点：
//捕捉点 C
指定下一点或 [放弃 (U)]:
//捕捉点 J
指定下一点或 [放弃 (U)]:
//捕捉点 K
指定下一点或 [闭合 (C)/ 放弃 (U)]:
//捕捉点↙
指定下一点或 [闭合 (C)/ 放弃 (U)]:
//捕捉线 CL 的中点 N
指定下一点或 [闭合 (C)/ 放弃 (U)]:
//捕捉线 JK 的中点 M
指定下一点或 [闭合 (C)/ 放弃 (U)]: ↙
//按 Enter 键，效果如图 11-15 所示

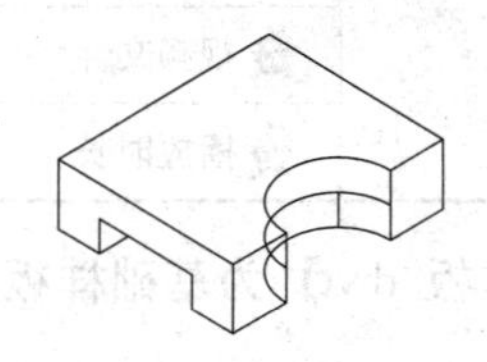
图 11-13 绘制并修剪图线

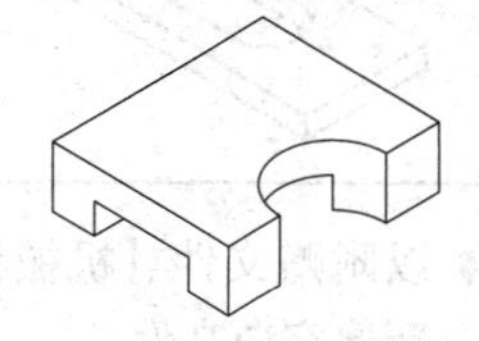
图 11-14 修剪其他部分

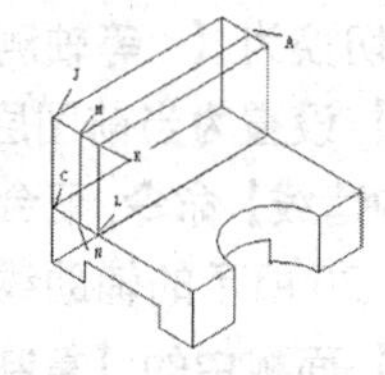
图 11-15 绘制、复制并连接图线后的效果

⑬ 单击【绘图】面板中的【圆】按钮，以线 AM 的中点为圆心，绘制半径为 20 和 10 的圆，并将视图切换为【前视】，如图 11-16 所示。

⑭ 执行【复制】命令，绘制后侧面的等轴测圆，如图 11-17 所示。

⑮ 执行【直线】命令，绘制切线，完成肋板和圆通孔的绘制，如图 11-18 所示。

⑯ 执行【修剪】和【删除】命令，修剪和删除多余的图线，最终效果如图 11-19 所示。

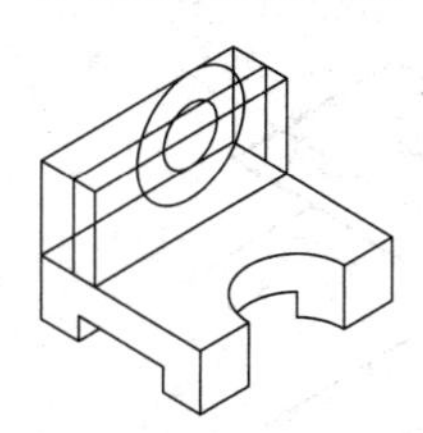
图 11-16 绘制并切换圆图层

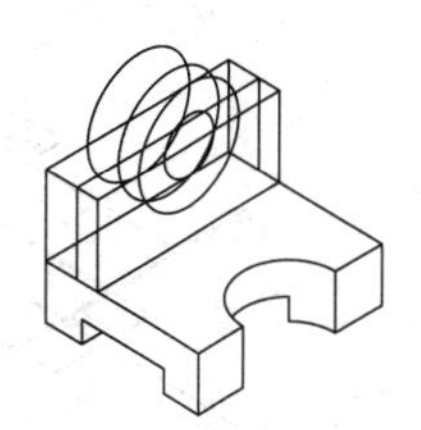
图 11-17 复制等轴测圆

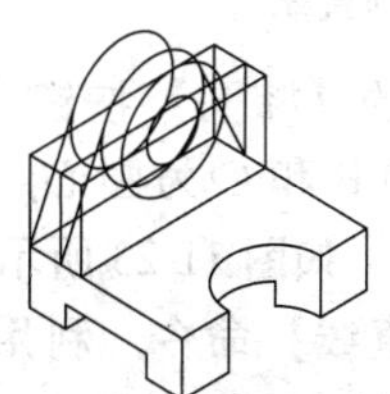
图 11-18 绘制切线

图 11-19 最终效果

143 绘制正等测图

<table>
<tr><td rowspan="4">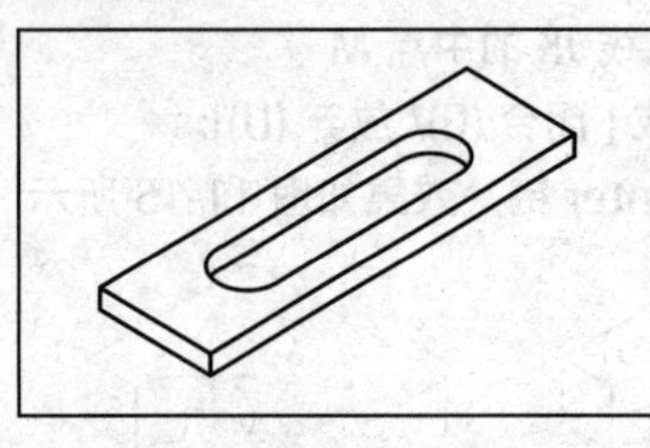</td><td colspan="2">本例通过绘制正等测图，主要综合练习【椭圆】、【直线】、【复制】和【修剪】命令。</td></tr>
<tr><td>文件路径：</td><td>实例文件 \ 第 11 章 \ 实例 143.dwg</td></tr>
<tr><td>视频文件：</td><td>MP4\ 第 11 章 \ 实例 143.MP4</td></tr>
<tr><td>播放时长：</td><td>0:04:19</td></tr>
</table>

01 以附赠文件【机械样板 .dwt】为基础样板，新建空白文件。

02 启用等轴测模式，并按【F5】功能键，将等轴测平面切换为【< 等轴测平面 俯视 >】。

03 将【点画线】设置为当前图层，使用快捷键 XL 激活【构造线】命令，配合【正交】功能，绘制如图 11-20 所示的辅助线。

04 单击【修改】面板中的【复制】按钮，以刚绘制的辅助线的交点为基点，将图 11-20 所示的线 L 向右复制，目标点为【@25<30】、【@75<30】，如图 11-21 所示。

05 将【轮廓线】设置为当前层，使用快捷键 L 激活【直线】命令，绘制如图 11-22 所示的直线。

图 11-20 绘制辅助线　　图 11-21 复制线 L

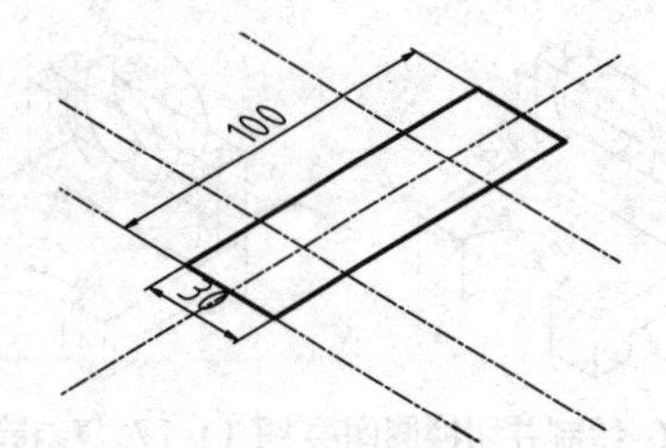

图 11-22 绘制直线

06 单击【绘图】面板中的【椭圆】按钮，分别以图 11-21 所示的 B 和 C 为圆心，绘制半径为 8 的等轴测圆，如图 11-23 所示。

07 使用快捷键 L 激活【直线】命令，利用捕捉功能绘制公切线，如图 11-24 所示。

08 综合执行【修剪】和【删除】命令，对刚绘制的等轴测圆和公切线进行修剪，并删除辅助线，如图 11-25 所示。

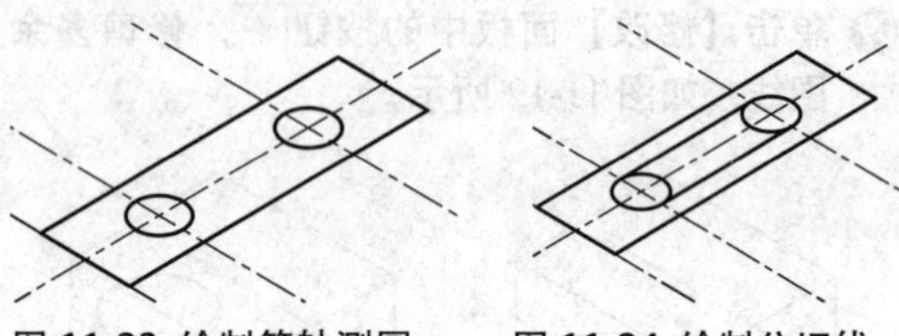

图 11-23 绘制等轴测圆　　图 11-24 绘制公切线

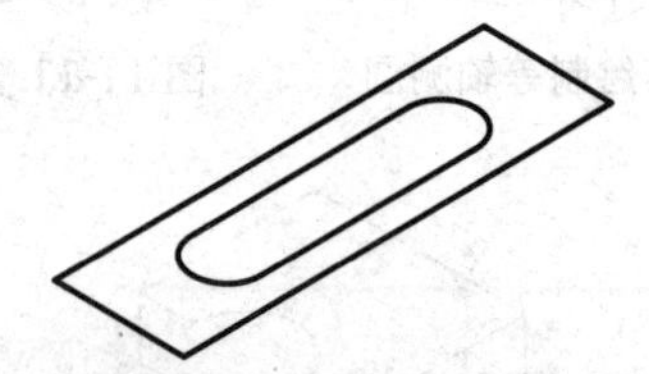

图 11-25 修剪和删除操作

09 将等轴测平面切换为【< 等轴测平面 右 >】，并使用快捷键 CO 激活【复制】命令，将图中所有对象以任意基点，以点【@0, -2】为目标点进行复制操作，如图 11-26 所示。

10 执行【直线】命令，绘制如图 11-27 所示的直线。

11 执行【修剪】和【删除】命令，对图元进行修剪和删除操作，最终效果如图 11-28 所示。

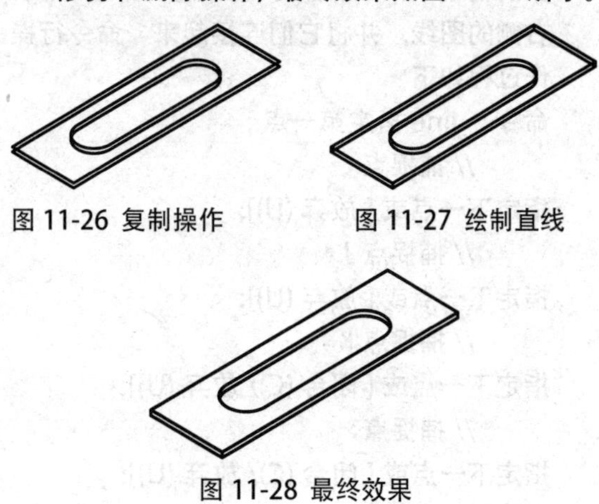

图 11-26 复制操作　　图 11-27 绘制直线

图 11-28 最终效果

144 根据二视图绘制轴测图

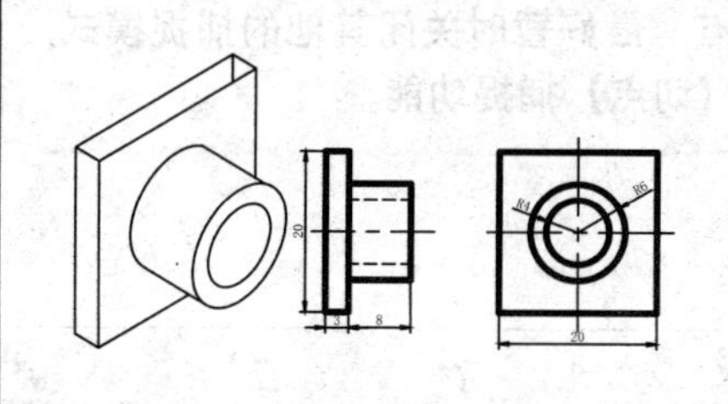

本例根据零件的二视图绘制零件的正等轴测投影图，主要综合练习【椭圆】、【直线】、【复制】、【修剪】命令。	
文件路径：	实例文件 \ 第 11 章 \ 实例 144.dwg
视频文件：	MP4\ 第 11 章 \ 实例 144.MP4
播放时长：	0:04:31

01 打开随书光盘中的"\ 实例文件 \ 第 11 章 \ 实例 144.dwg"文件，如图 11-29 所示。

02 设置等轴测图绘图环境，并设置【对象捕捉】模式为圆心、交点和端点捕捉。

03 将【轮廓线】设置为当前图层，单击【绘图】面板中的【多段线】按钮，配合【正交】功能，在等轴测平面内绘制如图 11-30 所示的矩形。

04 使用快捷键 CO 激活【复制】命令，对刚绘制的矩形进行复制，基点为任意基点，如图 11-31 所示。

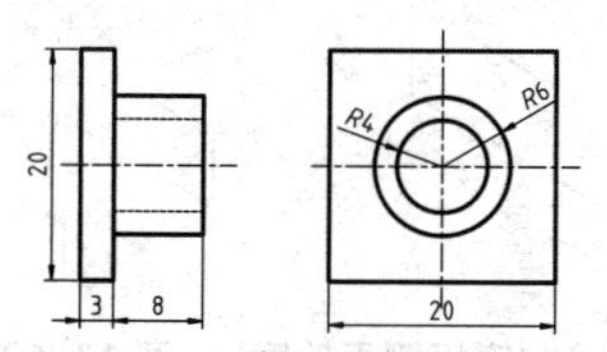

图 11-29 实例文件

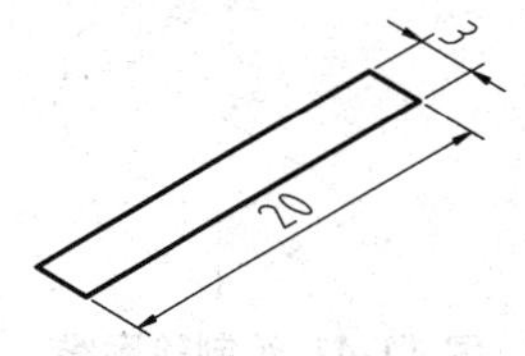

图 11-30 绘制矩形

05 执行【直线】命令，配合【端点】捕捉功能，绘制如图 11-32 所示的轮廓线。

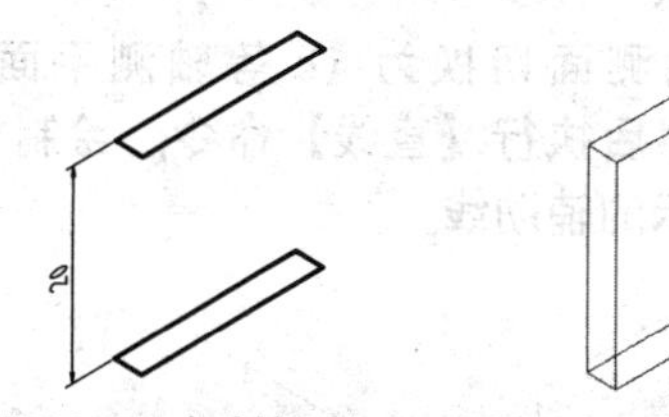

图 11-31 复制矩形　图 11-32 绘制轮廓线

06 将【中心线】设置为当前层，继续执行【直线】命令，配合【中点】捕捉功能，绘制如图 11-33 所示的两条辅助线。

07 将【轮廓线】设置为当前图层，执行【椭圆】命令，以两辅助线的交点为圆心，绘制半径分别为 4 和 6 的同心等轴测圆，如图 11-34 所示。

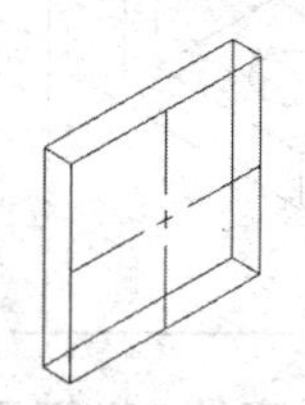
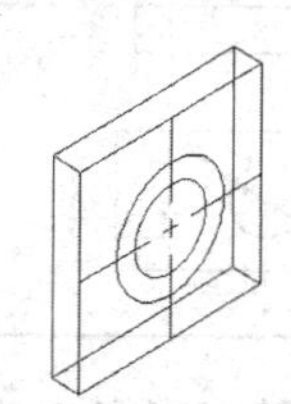
图 11-33 绘制辅助线　图 11-34 绘制同心等轴测圆

提示

【椭圆】命令用于绘制由两条轴进行控制的闭合曲线，用户也可以选择【绘图】|【椭圆】|级联菜单命令启动。在轴测图模式下，可以绘制等轴测圆。

08 执行【修剪】命令，对图线进行修剪，并删除多余的线，如图 11-35 所示。

09 执行【复制】命令，对图形中绘制的同心等轴测圆进行复制，如图 11-36 所示。

10 执行【直线】令，配合【切点】捕捉功能，绘制如图 11-37 所示的轮廓线。

11 执行【修剪】命令，对图线进行修剪，最终效果如图 11-38 所示。

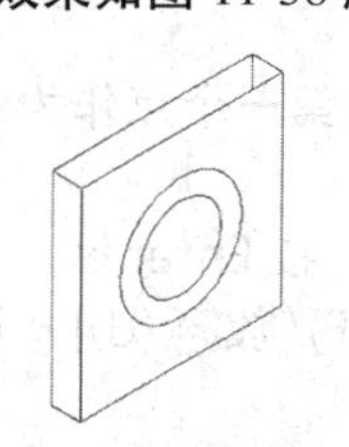
图 11-35 修剪和删除操作

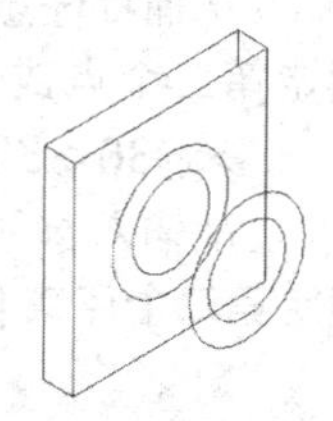
图 11-36 复制同心等轴测圆

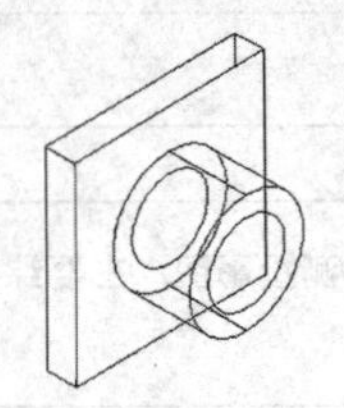
图 11-37 绘制轮廓线

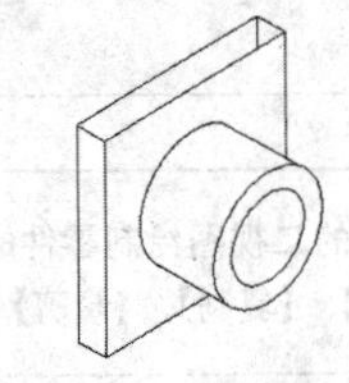
图 11-38 最终效果

提示

在绘制公切线时，为了方便捕捉到轴测圆切点，最好暂时关闭其他的捕捉模式，仅开启【切点】捕捉功能。

145 根据三视图绘制轴测视图

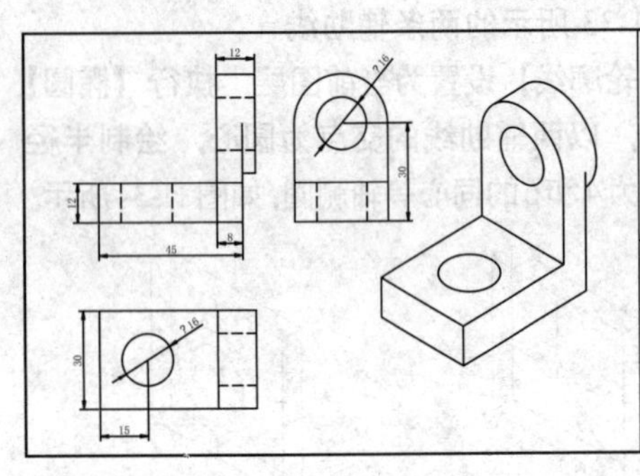

本例通过零件三视图绘制其正等轴测图，使用【复制】命令和捕捉功能，事先定位出各圆的实际位置；然后再通过【椭圆】、【复制】和【修剪】命令的组合，绘制轴测图轮廓。

文件路径：	实例文件 \ 第 11 章 \ 实例 145.dwg
视频文件：	MP4\ 第 11 章 \ 实例 145.MP4
播放时长：	0:04:45

01 以随书光盘中的【样板文件 \ 机械制图模板 .dwt】为基础样板，新建文件。

02 设置等轴测捕捉环境，启用【对象捕捉】功能。

03 设置【轮廓线】为当前层，并打开状态栏中的【正交】功能。

04 按 F5 功能键，将等轴测平面切换为【< 等轴测平面右 >】，然后执行【直线】命令，绘制底板侧面轮廓，如图 11-39 所示。

05 单击【修改】面板中的按钮，将刚绘制的闭合轮廓进行复制。命令行操作过程如下：

选择对象：指定对角点：找到 4 个
选择对象：↙
// 按 Enter 键，结束选择
当前设置：复制模式 = 多个
指定基点或 [位移 (D)/ 模式 (O)] < 位移 >:
// 捕捉任意一点
指定第二个点或 < 使用第一个点作为位移 >:@30<-30 ↙
// 输入 @30<-30，按 Enter 键
指定第二个点或 [退出 (E)/ 放弃 (U)] < 退出 >: ↙
// 按 Enter 键，复制效果如图 11-40 所示

06 单击【绘图】面板中的按钮，配合【端点】捕捉功能，绘制如图 11-41 所示的三条轮廓线。

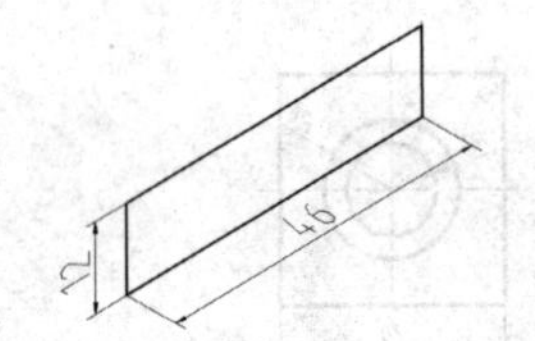

图 11-39 绘制底板侧面轮廓

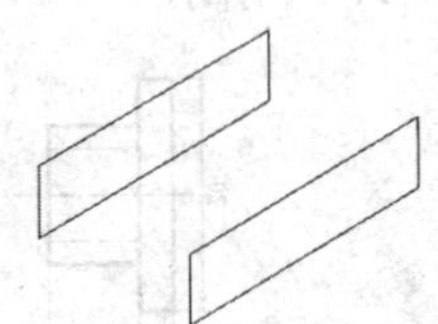
图 11-40 复制效果

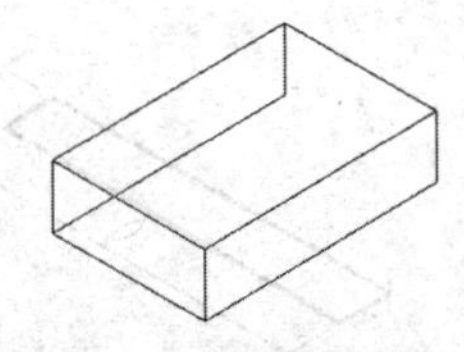
图 11-41 绘制轮廓线

07 夹点显示图 11-42 所示的两条图线，然后执行【删除】命令，进行删除操作，如图 11-43 所示。

08 将当前轴测面切换为【< 等轴测平面 俯视 >】，然后执行【直线】命令，绘制如图 11-44 所示的辅助线。

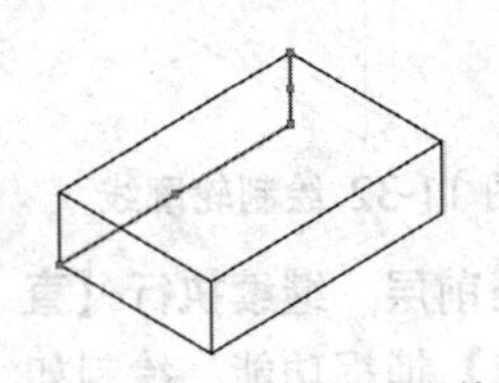
图 11-42 夹点显示图线

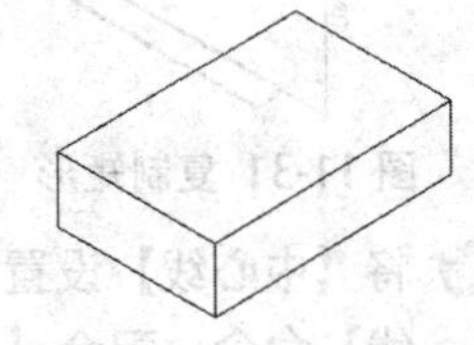
图 11-43 删除操作

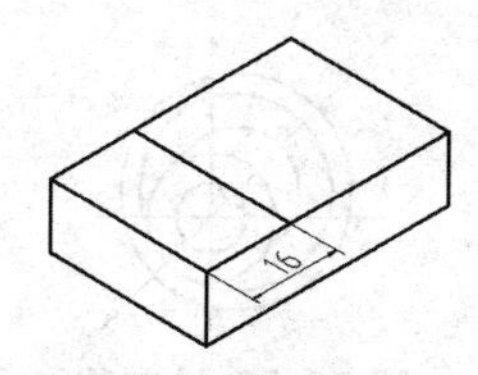

图 11-44 绘制辅助线

⑨ 单击【绘图】面板中的按钮，配合【中点】捕捉和【圆心】捕捉功能，绘制半径为 8 的等轴测圆，如图 11-45 所示。

⑩ 执行【删除】命令，将绘制的辅助线删除。

⑪ 将轴测面切换为【< 等轴测平面　左 >】，然后执行【直线】命令，配合【正交】和【延伸】捕捉功能，绘制支架轮廓，如图 11-46 所示。

⑫ 单击【绘图】面板中的按钮，配合【中点】捕捉和【圆心】捕捉功能，绘制半径为 15 和半径为 8 的等轴测圆，如图 11-47 所示。

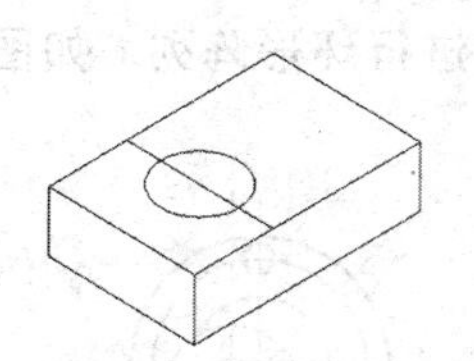

图 11-45 绘制等轴测圆

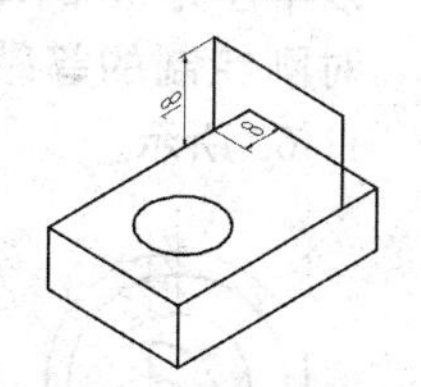

图 11-46 绘制支架轮廓

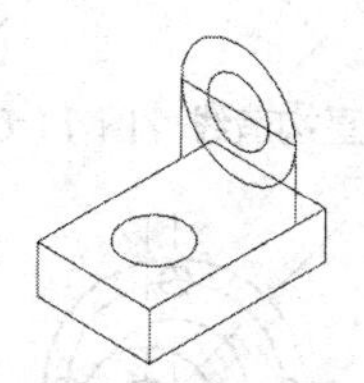

图 11-47 绘制同心等轴测圆

⑬ 对支架轮廓进行修剪，并删除多余图线，如图 11-48 所示。

⑭ 使用快捷键 CO 激活【复制】命令，对弧形轮廓进行复制，如图 11-49 所示。

⑮ 单击【修改】面板中的按钮，拉长如图 11-50 所示的垂直轮廓线，设置拉长增量为 14。

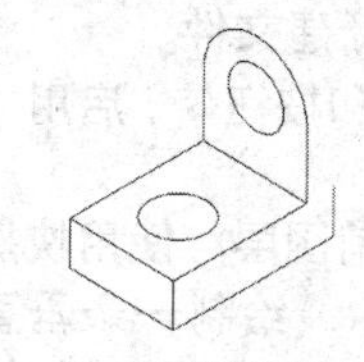

图 11-48 修剪和删除图线

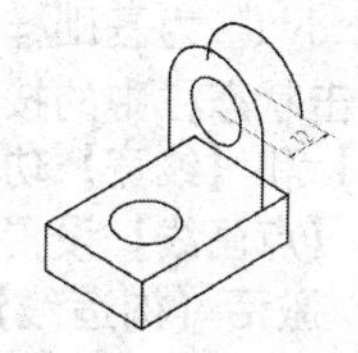

图 11-49 复制弧形轮廓

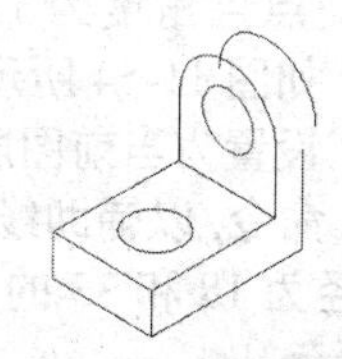

图 11-50 拉长垂直轮廓线

⑯ 单击【修改】面板中的按钮，激活【延伸】命令，对复制出的圆弧进行延伸，如图 11-51 所示。

⑰ 执行【直线】命令，配合【切点】捕捉功能，绘制如图 11-52 所示的公切线。

⑱ 单击【修改】面板中的按钮，以公切线作为边界，对圆弧进行修剪，最终效果如图 11-53 所示。

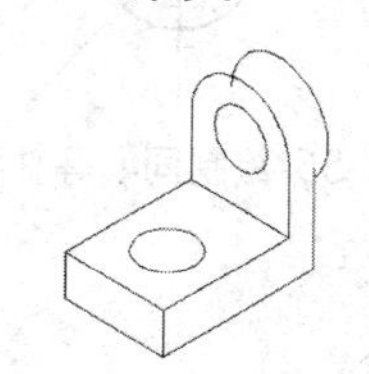

图 11-51 延伸圆弧

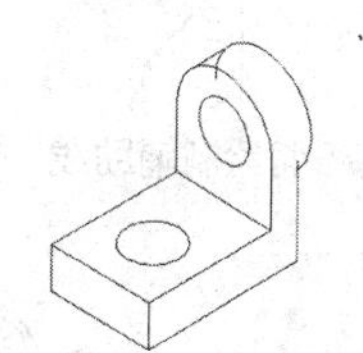

图 11-52 绘制公切线

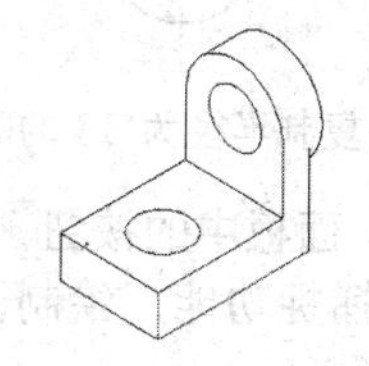

图 11-53 最终效果

146 绘制端盖斜二测图

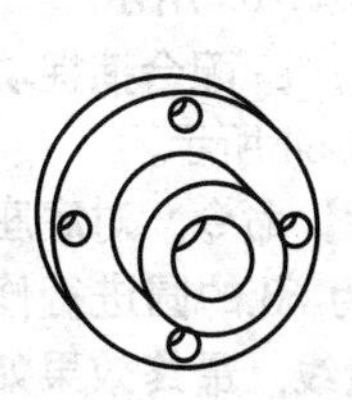

斜二测图与正等测图的主要区别在与轴间角和轴向伸缩系数不同，而在绘图方法上与正等测的画法类似。本例通过绘制斜二测图，主要对【圆】、【构造线】、【复制】、【修剪】和【阵列】命令进行综合练习。	
文件路径：	实例文件 \ 第 11 章 \ 实例 146.dwg
视频文件：	MP4\ 第 11 章 \ 实例 146.MP4
播放时长：	0:05:57

01 以随书光盘中的“\样板文件\机械制图模板.dwt”为基础样板，新建文件。

02 单击状态栏中的按钮 和按钮 ，启用【正交】和【线宽】功能。

03 将【点画线】设置为当前图层，使用快捷键XL激活【构造线】命令，绘制一条垂直构造线、一条水平构造线，以及一条过垂直、水平构造线交点且角度为135°的构造线，作为辅助线，如图11-54所示。

04 将【轮廓线】设置为当前图层，使用快捷键C激活【圆】命令，以辅助线的交点为圆心，分别绘制半径为18和33的同心等轴测圆，如图11-55所示。

05 单击【修改】面板中的【复制】按钮 ，以辅助线交点为基点，以【@30<135】为目标点，将半径为18的等轴测圆进行复制。

06 重复执行【复制】命令，以辅助线交点为基点，以【@18<135】为目标点，将半径为33的等轴测圆进行复制，如图11-56所示。

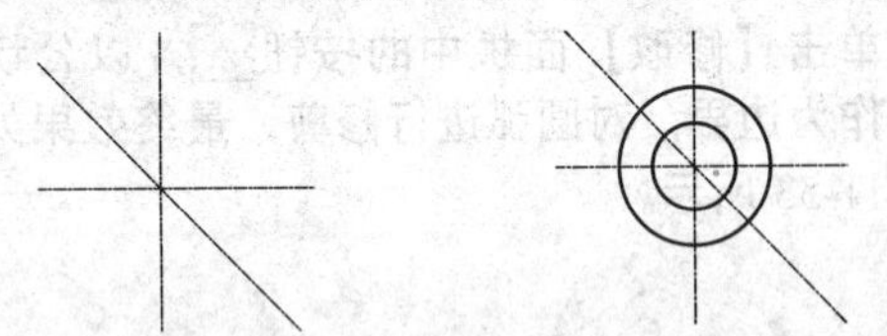

图11-54 绘制辅助线　图11-55 绘制同心等轴测圆

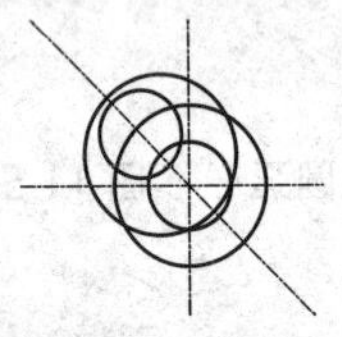

图11-56 复制半径为33的等轴测圆

07 单击【绘图】面板中的按钮 ，激活【直线】命令，配合捕捉功能，绘制圆柱筒的切线，如图11-57所示。

08 单击【修改】面板中的【修剪】按钮 ，对图形进行修剪操作，以创建圆柱筒，如图11-58所示。

09 单击【绘图】面板中按钮 ，以复制的半径为33的等轴测圆的圆心为圆心，分别绘制半径为50和60的等轴测圆，结果如图11-59所示。

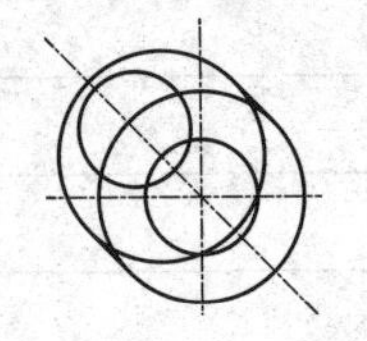

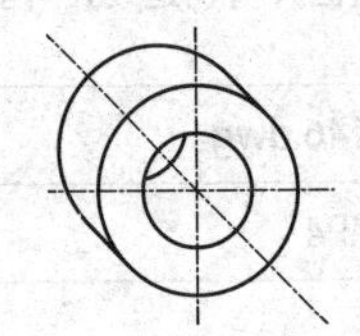

图11-57 绘制切线　图11-58 修剪操作

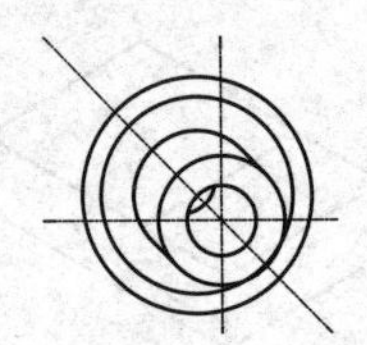

图11-59 绘制圆

10 使用快捷键CO激活【复制】命令，配合捕捉功能，对图形中的垂直构造线进行复制，以辅助线的交点为基点，半径为33的复制等轴测圆的圆心为目标点，如图11-60所示。

11 单击【绘图】面板中按钮 ，以复制的垂直构造线与半径为50的圆的顶部交点为圆心，绘制半径为7的等轴测圆，如图11-61所示。

12 单击【修改】面板中的【环形阵列】按钮 ，设置阵列数目为4，填充角度为360°，以半径为50的等轴测圆的圆心为阵列中心，对刚绘制的等轴测圆进行环形阵列，如图11-62所示。

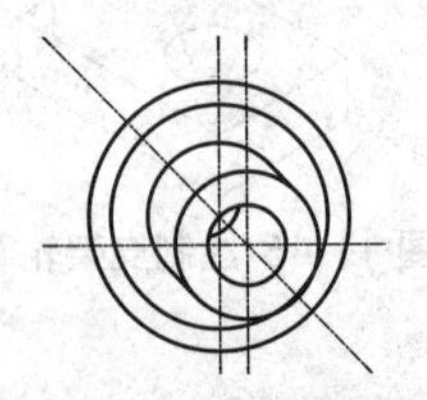

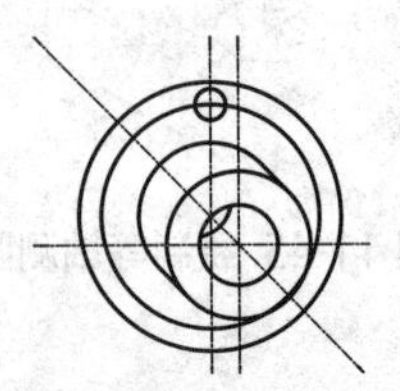

图11-60 复制垂直构造线　图11-61 绘制等轴测圆

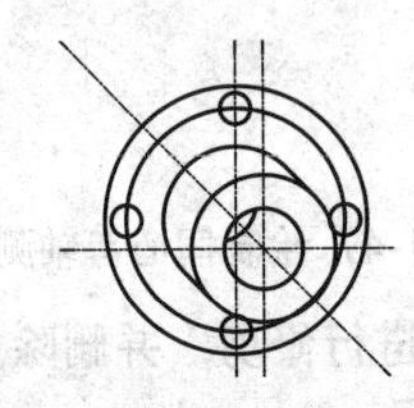

图11-62 阵列等轴测圆

13 执行【删除】命令，将半径为50的定位等轴测圆删除。

14 单击【修改】面板中【复制】按钮 ，配合捕捉功能，对刚阵列的等轴测圆和半径为60的等轴测圆进行复制，以半径为60的等轴测圆的圆心为基点，目标点为【@10<135】，复制效果如图11-63所示。

15 单击【绘图】面板中的按钮 ，配合捕捉功能，绘制底座切线，如图11-64所示。

16 综合执行【修剪】和【删除】命令，对底座中不可见的轮廓线和半径为60的圆进行修剪操作，并删除所有的构造线，最终效果如图11-65所示。

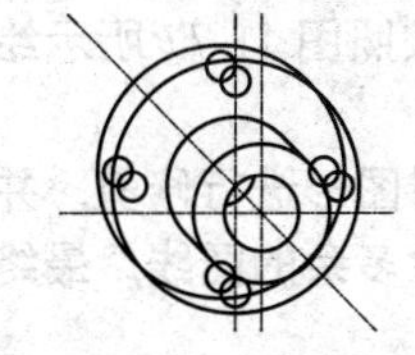
图 11-63 复制效果

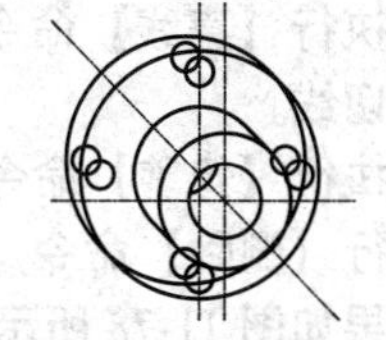
图 11-64 绘制底座切线

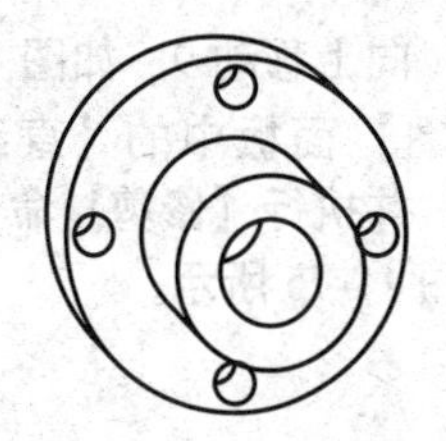
图 11-65 最终效果

147 绘制复杂零件轴测图（一）

<table>
<tr><td rowspan="4">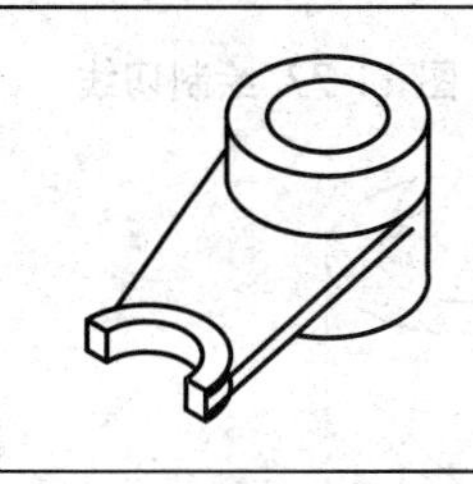</td><td colspan="2">本例通过绘制复杂零件轴测图，主要对【草图设置】、【直线】、【椭圆】和【修剪】命令进行综合练习。</td></tr>
<tr><td>文件路径：</td><td>实例文件 \ 第 11 章 \ 实例 147.dwg</td></tr>
<tr><td>视频文件：</td><td>MP4\ 第 11 章 \ 实例 147.MP4</td></tr>
<tr><td>播放时长：</td><td>0:06:57</td></tr>
</table>

01 以随书光盘中的“\ 样板文件 \ 机械制图模板 .dwt”为基础样板，新建文件。

02 设置【等轴测捕捉】绘图环境，并启用【正交】功能。

03 将【点画线】层设置为当前层，单击按钮，绘制中心线作为辅助线，如图 11-66 所示。

04 切换图层为【轮廓线】，然后执行【椭圆】命令，以辅助线的交点为圆心，绘制半径 25、15 的两个等轴测圆，如图 11-67 所示。

05 执行【复制】命令，复制两个等轴测圆并平移至顶部 48 处，如图 11-68 所示。

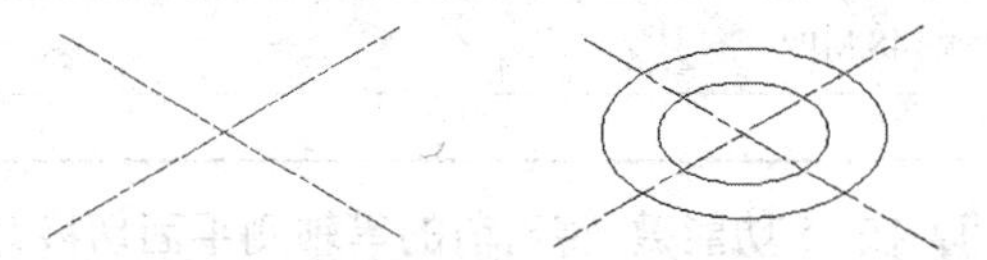
图 11-66 绘制辅助线　　图 11-67 绘制等轴测圆

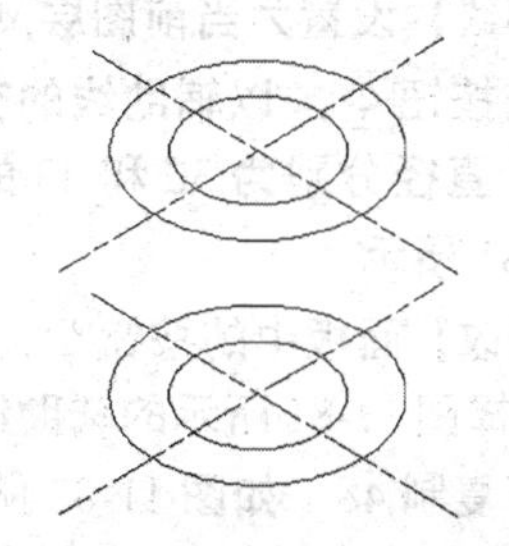
图 11-68 复制并平移等轴测圆

06 执行【直线】命令，配合【切点】捕捉功能，绘制外圆的两条公切线，如图 11-69 所示。

07 执行【偏移】命令，将最下方辅助线向左偏移复制 55，创建如图 11-70 所示的辅助线。

08 执行【椭圆】命令，绘制半径为 21 和 14 的两个等轴测圆，圆心为刚创建的辅助线的交点，如图 11-71 所示。

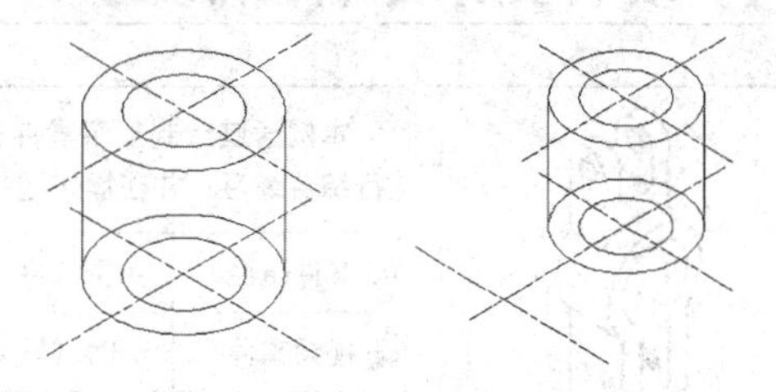
图 11-69 绘制公切线　　图 11-70 创建辅助线

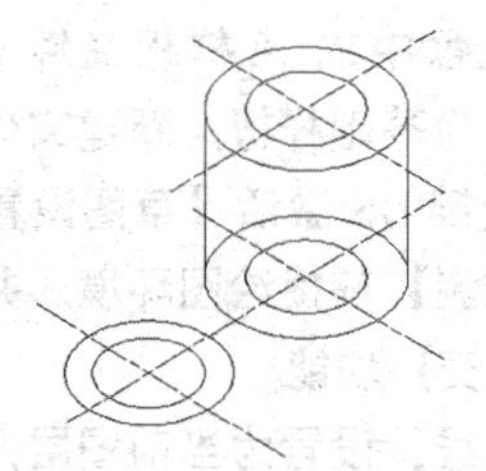
图 11-71 绘制等轴测圆

09 单击【修改】面板中的按钮，对图形进行修剪，并删除多余线段，如图 11-72 所示。

10 单击【直线】按钮，并按照图 11-73 所示绘制线段；然后执行【复制】按钮，选取复制对象，向上移动 9，如图 11-74 所示。

⑪ 单击【绘图】面板中的【直线】按钮，绘制棱线，并执行【修剪】命令，修剪多余线段，如图 11-75 所示。

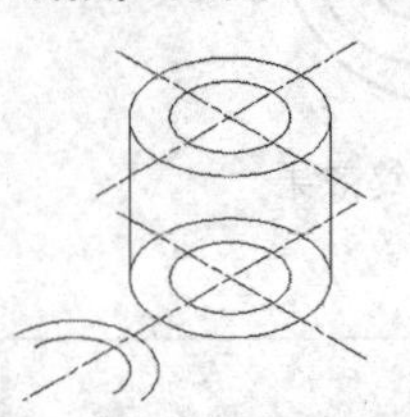

图 11-72 修剪并删除图形

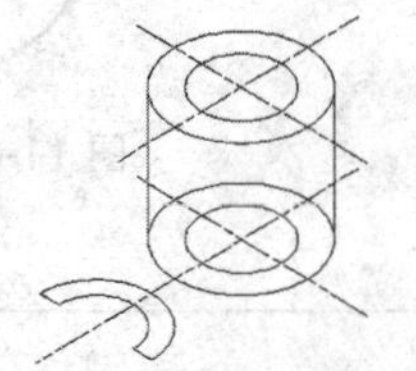

图 11-73 绘制线段

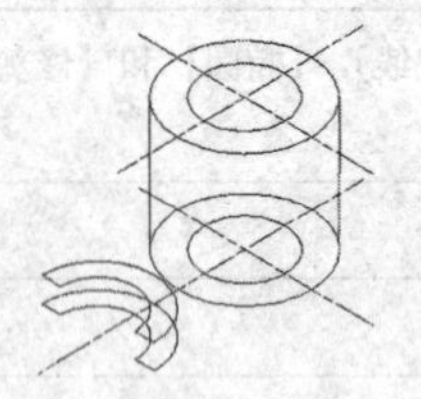

图 11-74 复制并平移对象

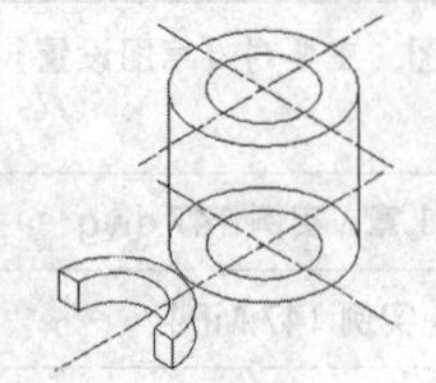

图 11-75 绘制并修剪棱线

⑫ 单击【修改】面板中的按钮，分别选取圆弧 a 和 b，按照图 11-76 所示的尺寸进行复制。

⑬ 执行【直线】命令，按照图 11-77 所示绘制切线。

⑭ 执行【修剪】命令，对图形进行修剪，并执行【删除】命令，删除多余的图线，最终效果如图 11-78 所示。

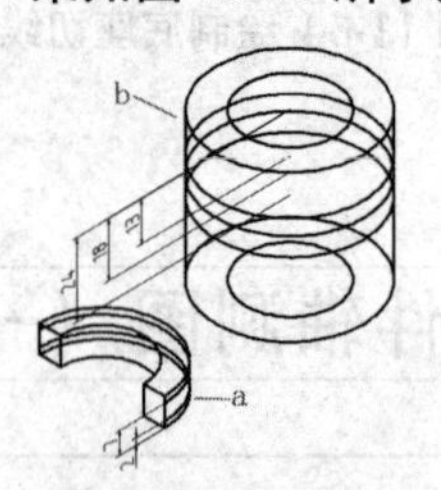

图 11-76 复制圆弧

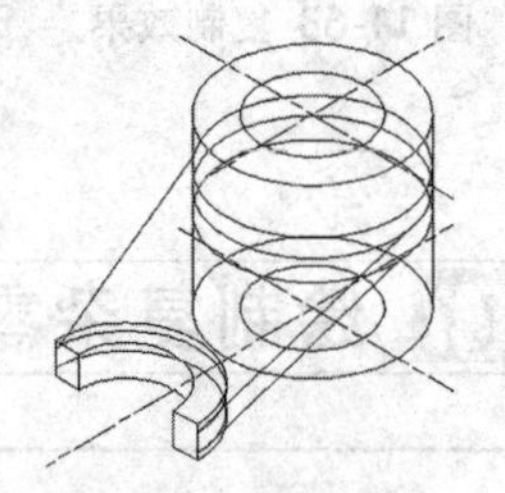

图 11-77 绘制切线

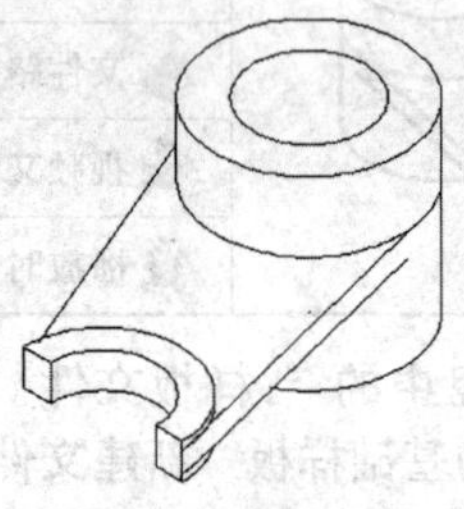

图 11-78 最终效果

148 绘制复杂零件轴测图（二）

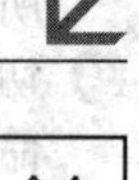

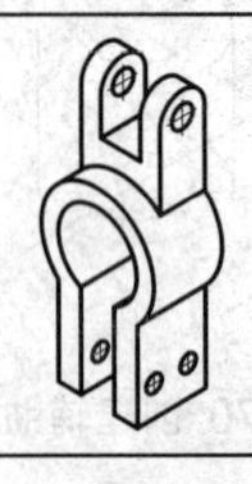

本例通过绘制复杂零件轴测图，主要对【草图设置】、【直线】、【椭圆】和【修剪】命令进行综合练习，并在操作过程中使用了【对象捕捉】功能。

文件路径：	实例文件 \ 第 11 章 \ 实例 148.dwg
视频文件：	MP4\ 第 11 章 \ 实例 148.MP4
播放时长：	0:13:36

01 以随书光盘中的"\ 样板文件 \ 机械制图模板 .dwt"为基础样板，新建文件。

02 使用快捷键 DS 激活【草图设置】命令，设置【等轴测】捕捉绘图环境，并启用状态栏中的【正交】功能。

03 将【点画线】设置为当前图层，执行【直线】命令，配合【正交】功能，绘制如图 11-79 所示的定位辅助线。

04 按 F5 功能键，将当前的等轴测平面设置为【< 等轴测平面 俯视 >】，通过捕捉辅助线的交点绘制另一条辅助线，如图 11-80 所示。

05 按 F5 功能键，将当前的等轴测平面切换为【< 等轴测平面 左 >】。

06 将【轮廓线】设置为当前图层，单击【绘图】面板中的按钮，以辅助线的交点为圆心，绘制两个直径分别为 30 和 43 的等轴测圆，如图 11-81 所示。

07 单击【修改】面板中的按钮，激活【复制】命令。选择图 11-81 所示的辅助线 L 和线 M，垂直向下复制 48，如图 11-82 所示。

图 11-79 绘制定位辅助线　图 11-80 绘制辅助线

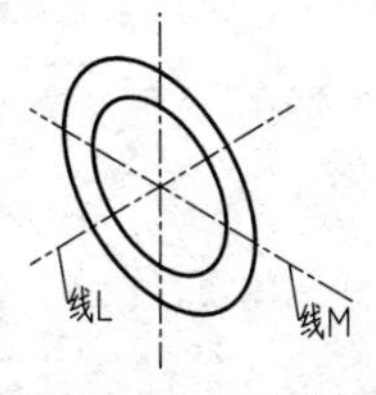

图 11-81 绘制等轴测圆

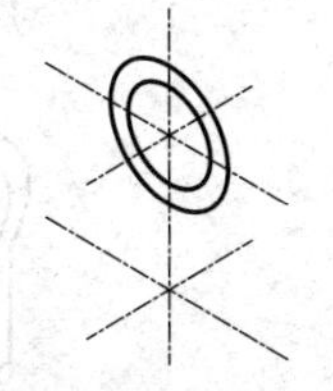

图 11-82 复制辅助线

⑧ 在无任何命令执行的前提下，选择垂直辅助线，对其进行夹点复制，复制距离分别为5.5、-5.5、15 和 -15，如图 11-83 所示。

⑨ 使用快捷键 L 激活【直线】命令，分别连接辅助线与等轴测圆各交点，绘制如图 11-84 所示的下端轮廓。

⑩ 单击【修改】面板中的按钮，激活【复制】命令。选择所绘制的所有轮廓线，复制距离为 26，如图 11-85 所示。

⑪ 执行【直线】命令，配合【交点】和【切点】捕捉功能，绘制如图 11-86 所示的轮廓线。

⑫ 单击【修改】面板中的按钮，对图形的轮廓线进行修剪操作，并删除被遮住的轮廓线和不需要的辅助线，如图 11-87 所示。

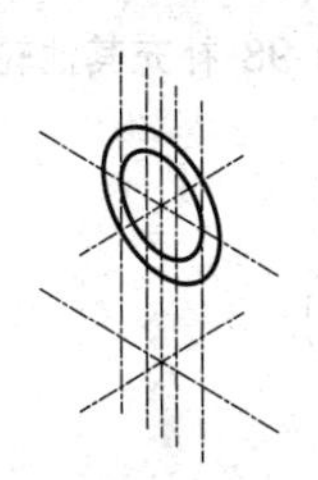

图 11-83 夹点复制

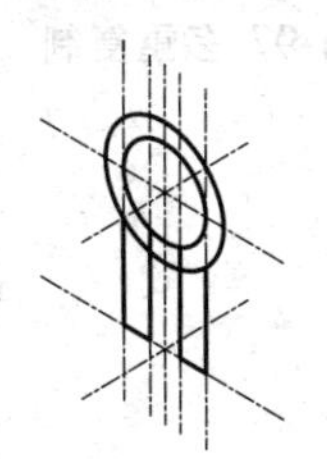

图 11-84 绘制下端轮廓

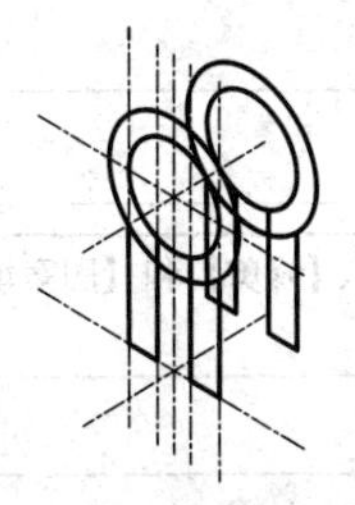

图 11-85 复制轮廓线

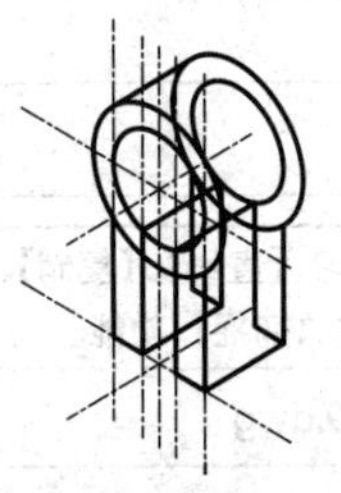

图 11-86 绘制轮廓线

⑬ 使用快捷键 CO 激活【复制】命令。选择图 11-87 所示的辅助线 1 和 2 进行复制，基点为其交点，目标点为【@15<-30】。

⑭ 使用快捷键 M 激活【移动】命令。选择刚复制出的辅助线进行移动，基点为其交点，目标点为【@6.5<30】。

⑮ 重复执行【移动】命令，选择位移后的辅助线进行第二次位移，基点为其交点，目标点为【@11<90】，创建辅助线如图 11-88 所示。

⑯ 按 F5 功能键，将当前的等轴测平面切换为【<等轴测平面 右>】。

⑰ 使用快捷键 EL 激活【椭圆】命令，以刚创建的辅助线交点为圆心，绘制直径为 6 的等轴测圆，并将此位置的辅助线编辑为圆的中心线，如图 11-89 所示。

⑱ 单击【修改】面板中的按钮，激活【复制】命令。将刚绘制的等轴测圆进行多重复制，基点为圆心，目标点分别为【@13<30】和【@20.5<150】，如图 11-90 所示。

⑲ 继续执行【复制】命令，选择图 11-90 所示的辅助线 1 和 2 进行复制，基点为辅助线交点，目标点为【@17.5<30】。

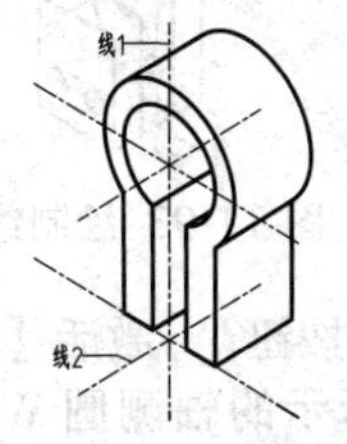

图 11-87 修剪和删除操作

图 11-88 创建辅助线

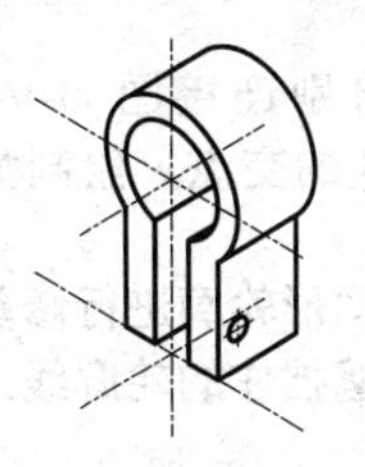

图 11-89 绘制等轴测圆

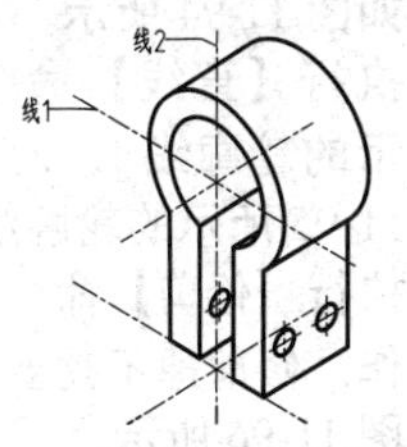

图 11-90 复制等轴测圆

提示

在捕捉轴测圆上的切点时，可能不容易找到，此时可以在距离对象最近点的地方拾取点，然后再反复捕捉切点，即可绘制出公切线，最后删除参照线。

⑳ 执行【移动】命令，对选择复制出的辅助线进行位移，基点为其交点，目标点为【@43<90】。

㉑ 重复执行【移动】命令，选择位移后的辅助线进行第二次位移，基点为其交点，目标点为【@15<-30】，创建辅助线如图 11-91 所示。

㉒ 使用快捷键 EL 激活【椭圆】命令，以刚创建的辅助线交点为圆心，绘制两个直径分别为 8 和 17 的等轴测圆，如图 11-92 所示。

㉓ 使用快捷键 L 激活【直线】命令，分别以直径为 17 的等轴测圆与辅助线的交点为起点，绘制如图 11-93 所示的线段。

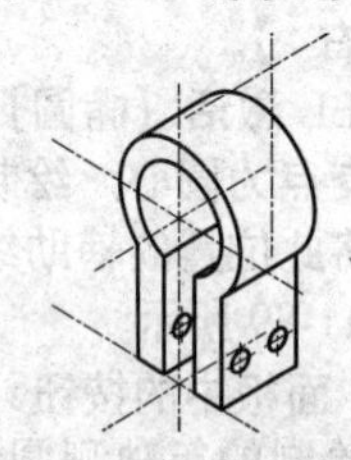

图 11-91 创建辅助线

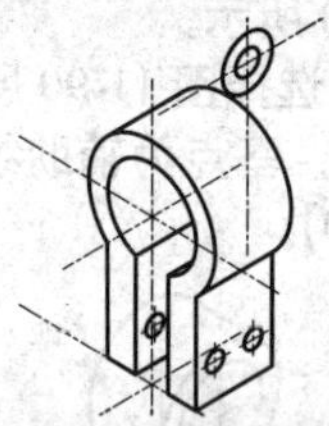

图 11-92 绘制等轴测圆

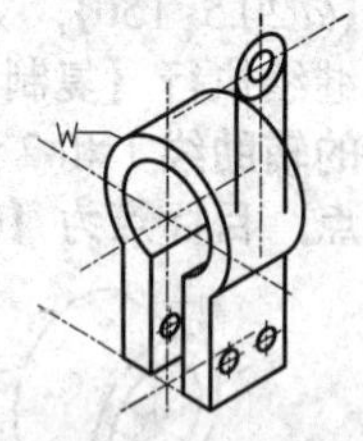

图 11-93 绘制线段

㉔ 单击【修改】面板中的按钮，激活【复制】命令。选择图 11-93 所示的轴测圆 W 进行复制，基点为其圆心，目标点为【@9<30】，如图 11-94 所示。

㉕ 执行【直线】命令，分别连接图 11-94 所示的轮廓线 1、2、2、4 的交点，绘制如图 11-95 所示的轮廓线。

㉖ 执行【修剪】命令，对图形轮廓进行修剪操作，修剪掉不需要及被遮挡住的轮廓线，如图 11-96 所示。

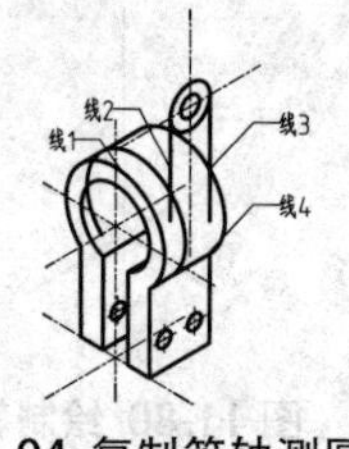

图 11-94 复制等轴测圆

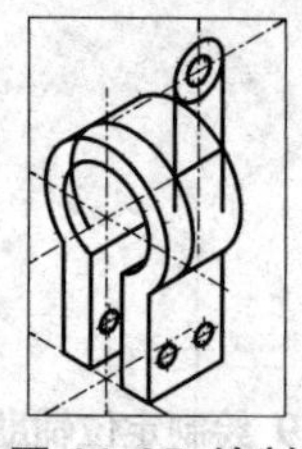

图 11-95 绘制轮廓线

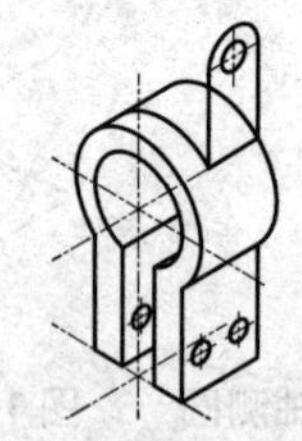

图 11-96 修剪圆形轮廓线

㉗ 执行【复制】命令，选择上方图形进行多重复制。基点为任一点，目标点分别为【@7.5<150】、【@22.5<150】和【30<150】，如图 11-97 所示。

㉘ 执行【直线】命令，补充图形其他轮廓线，如图 11-98 所示。

㉙ 综合执行【修剪】和【删除】命令，对图形进行修剪编辑，最终效果如图 11-99 所示。

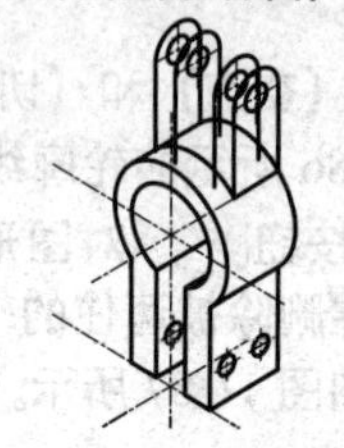

图 11-97 多重复制

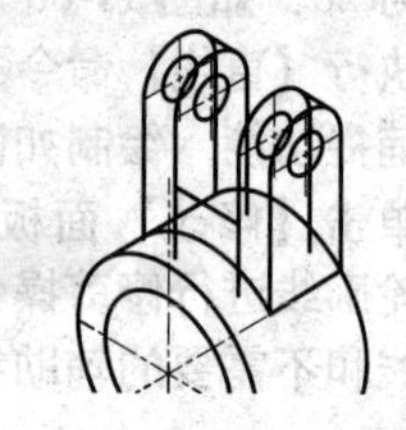

图 11-98 补充其他轮廓线

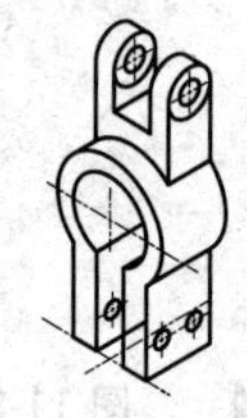

图 11-99 最终效果

149 绘制简单轴测剖视图

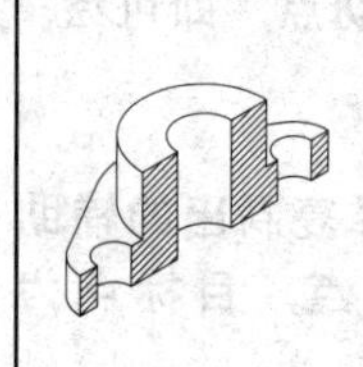

本例通过绘制简单轴测剖视图，主要综合练习【直线】、【复制】、【拉长】、【修剪】和【图案填充】命令。在具体操作过程中使用了【正交】和【对象捕捉】功能。

文件路径：	实例文件 \ 第 11 章 \ 实例 149.dwg
视频文件：	MP4\ 第 11 章 \ 实例 149.MP4
播放时长：	0:07:25

01 打开随书光盘中的"\实例文件\第11章\实例149.dwg"文件。

02 将【点画线】设置为当前图层，执行【直线】命令，绘制如图11-100所示的辅助线。

03 单击【修改】面板中的按钮，对轴测图辅助线进行多重复制。命令行操作过程如下：

命令：co COPY
选择对象：
　　// 选择30°方向辅助线
选择对象：↙
　　// 按Enter键，结束对象的选择
当前设置：复制模式 = 多个
指定基点或 [位移 (D)/ 模式 (O)] < 位移 >:
　　// 捕捉辅助线端点
指定第二个点或 < 使用第一个点作为位移 >:@25<-90 ↙
指定第二个点或 < 使用第一个点作为位移 >:@40.7<-90 ↙
指定第二个点或 [退出 (E)/ 放弃 (U)] < 退出 >: ↙
　　// 按Enter键，如图11-101所示

04 将当前轴测面切换为【< 等轴测平面 右 >】，并启用【正交】功能；然后执行【直线】命令，配合【对象捕捉】功能，绘制如图11-102所示切面轮廓。

05 单击【修改】面板中的按钮，对个别轮廓线进行复制，如图11-103所示。

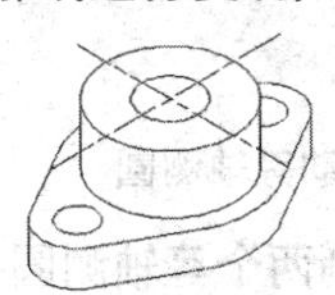

图11-100 绘制辅助线

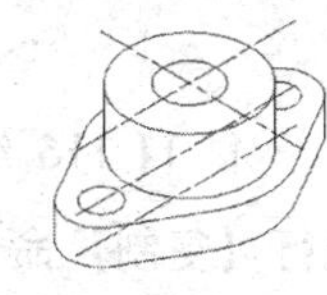

图11-101 复制辅助线

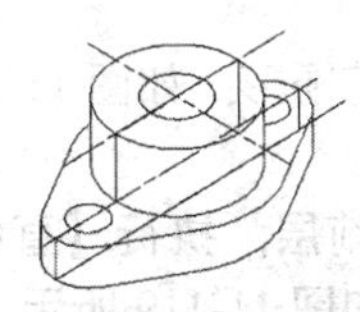

图11-102 绘制切面轮廓

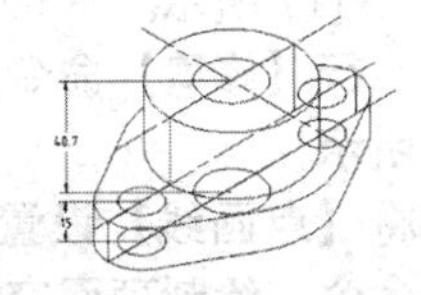

图11-103 复制个别轮廓

06 执行【修剪】和【删除】命令，对图形进行完善，去掉不需要的轮廓线及辅助线，并使用【延伸】命令将两小圆弧进行延伸，如图11-104所示。

07 使用快捷键LEN激活【拉长】命令，将图11-104所示的对象Q和R进行拉长。命令行操作过程如下：

命令：len
选择对象或 [增量 (DE)/ 百分数 (P)/ 全部 (T)/ 动态 (DY)]:T ↙ // 输入t，按Enter键
指定总长度或 [角度 (A)] <1.0)>:A ↙
　　// 输入a，按Enter键
指定总角度 <57.3>:150 ↙
　　// 输入总角度
选择要修改的对象或 [放弃 (U)]:
　　// 选择图11-104所示的对象Q
选择要修改的对象或 [放弃 (U)]:
　　// 选择图11-104所示的对象R
选择要修改的对象或 [放弃 (U)]: ↙
　　// 按Enter键，拉长效果如图11-105所示

08 执行【直线】命令，配合【切点】捕捉功能，绘制图11-104所示的等轴测圆Q和R的公切线，如图11-106所示。

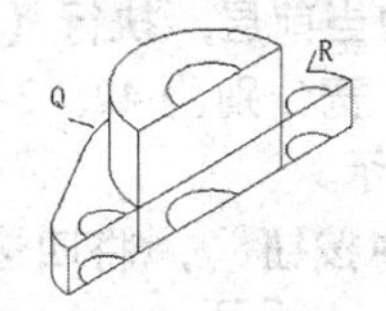

图11-104 完善图形

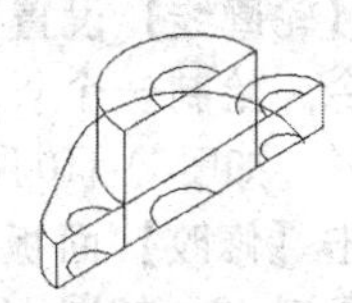

图11-105 拉长效果

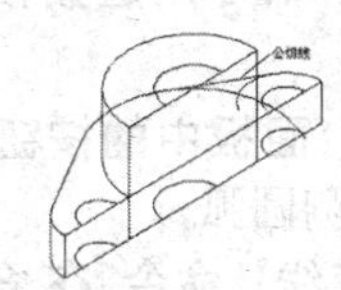

图11-106 绘制公切线

09 执行【修剪】命令，对轴测图轮廓进行修剪，如图11-107所示。

10 执行【直线】和【修剪】命令，对切面轮廓进行完善，如图11-108所示。

11 将【剖面线】设置为当前图层，使用快捷键H激活【图案填充】命令，对轴测剖视图填充ANSI31图案，填充比例为0.65，最终效果如图11-109所示。

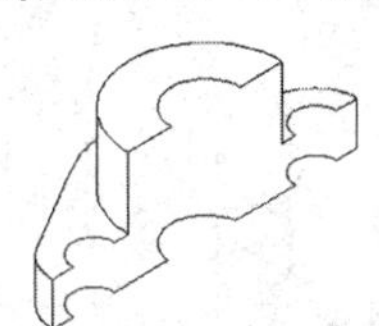

图11-107 修剪轮廓

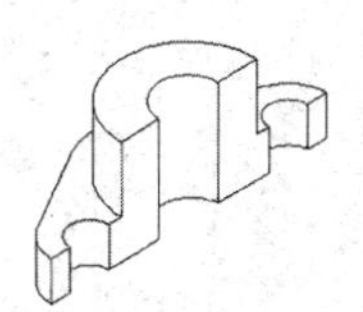

图11-108 完善切面轮廓

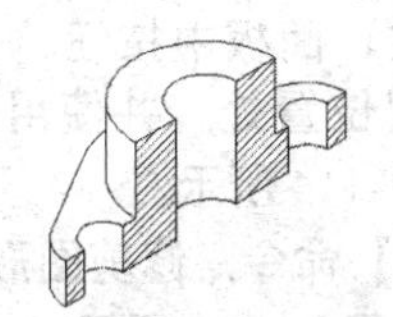

图11-109 最终效果

150 绘制复杂轴测剖视图（一）

<table>
<tr><td rowspan="4"></td><td colspan="2">本例通过复杂轴测剖视图的绘制，主要综合练习【直线】、【复制】、【修剪】、【圆角】、【圆弧】和【图案填充】命令。</td></tr>
<tr><td>文件路径：</td><td>实例文件 \ 第 11 章 \ 实例 150.dwg</td></tr>
<tr><td>视频文件：</td><td>MP4\ 第 11 章 \ 实例 150.MP4</td></tr>
<tr><td>播放时长：</td><td>0:12:17</td></tr>
</table>

01 打开随书光盘中的“\ 样板文件 \ 机械制图模板 .dwt”，作为基础样板，新建文件。

02 启用【对象捕捉】和【正交】功能，然后按 F5 功能键，将当前轴测面切换为【< 等轴测平面 俯视 >】。

03 将【轮廓线】设置为当前层，执行【直线】命令，绘制一个长、宽分别为 42、24 的四边形，如图 11-110 所示。

04 单击【修改】面板中按钮，将四边形向上复制 49，如图 11-111 所示。

05 执行【直线】命令，连接相应图形，如图 11-112 所示。

06 单击【绘图】面板中的按钮，绘制半径为 15 的等轴测圆弧。

07 继续执行【直线】命令，在长方体左下边角，绘制距边角 15 的横竖两条辅助直线，作为绘制半径为 15 的等轴测圆弧的辅助线，如图 11-113 所示。

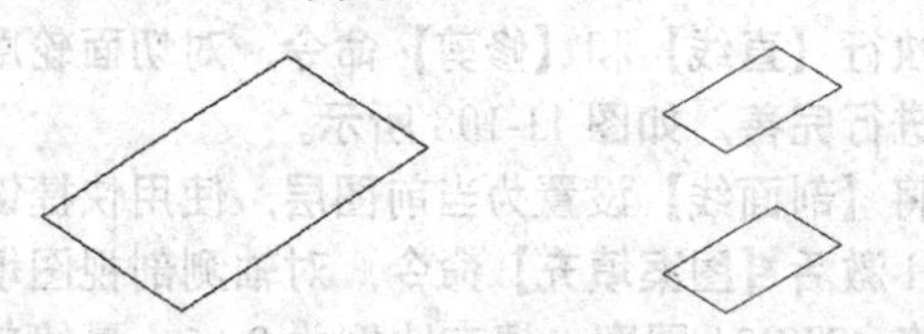

图 11-110 绘制四边形　图 11-111 复制四边形

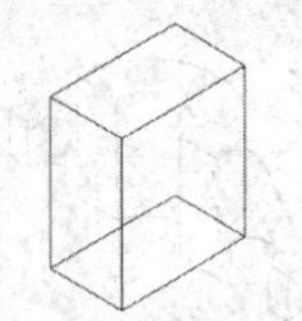

图 11-112 连接图形

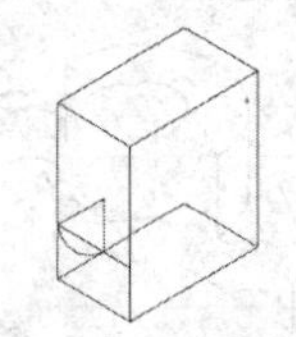

图 11-113 绘制圆弧辅助

08 单击【修改】面板中按钮，复制圆弧到右侧的相同位置处，并使用直线连接两圆弧，如图 11-114 所示。

09 执行【修剪】命令，修剪图形，并删除多余的线条，如图 11-115 所示。

10 将【点画线】设置为当前图层，执行【直线】命令，绘制辅助线。

11 按 F5 键，将视图切换为【< 等轴测平面 右 >】，以辅助线的交点为圆心，绘制两个半径为 16、8 的等轴测圆，圆心底部中心向上移动 25，如图 11-116 所示。

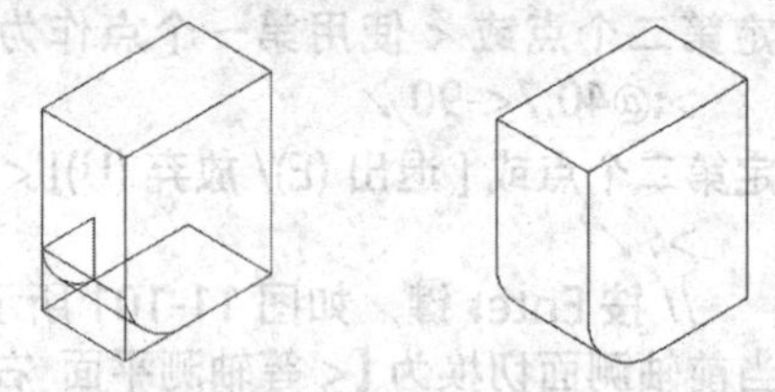

图 11-114 复制并连接圆弧　图 11-115 修剪图形

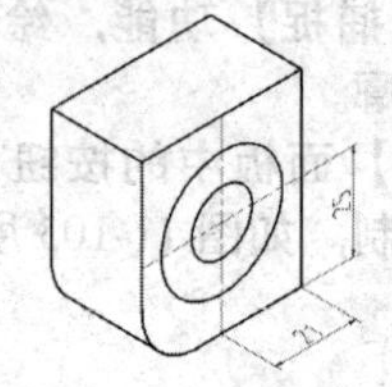

图 11-116 绘制并移动等轴测圆

12 执行【复制】命令，复制两个等轴测圆并向右下方移动 20，然后使用直线连接，如图 11-117 所示。

13 执行【修剪】命令，修剪图形，如图 11-118 所示。

14 将【点画线】设置为当前层，执行【直线】命令，绘制顶面交线，如图 11-119 所示。

15 执行【直线】命令，绘制长、宽分别为 30、12 和长、宽分别为 24、6 的四边形，如图 11-120 所示。

16 执行【复制】命令，向上 10 位置处复制上表面绘制的两个四边形，并用直线连接，如图 11-121 所示。

17 执行【修剪】命令，对图形进行修剪，并删除多余的线段，如图 11-122 所示。

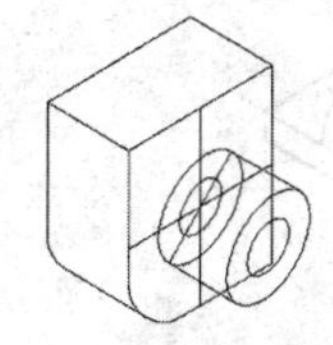

图 11-117 复制并连接

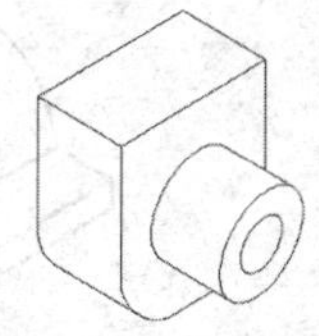

图 11-118 修剪图形

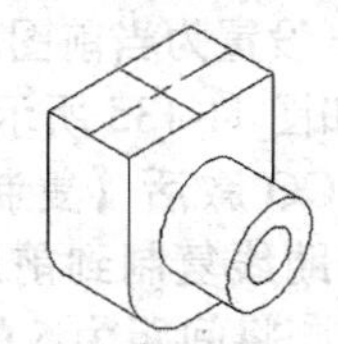

图 11-119 绘制顶面交线

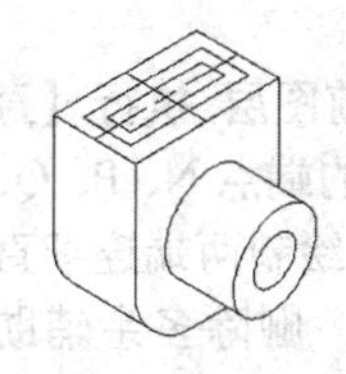

图 11-120 绘制四边形

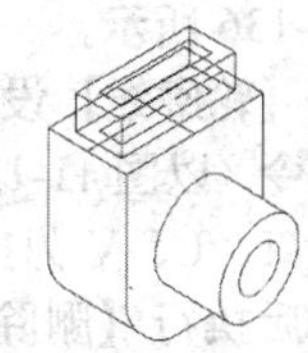

图 11-121 复制并连接

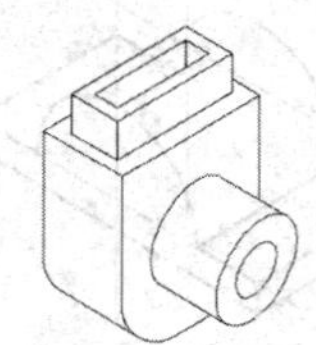

图 11-122 修剪图形

18 单击【修改】面板中的按钮，对图形圆角，半径为 2.5，如图 11-123 所示。

19 执行【修剪】和【删除】命令，修剪与删除多余的线条，如图 11-124 所示。

20 执行【直线】命令，选择两个互相垂直的剖切平面把形体切开，一平面是沿着前后对称线切，一平面沿着左右对称线切开，把形体的四分之一剖去，剖切面的位置如图 11-125 所示。

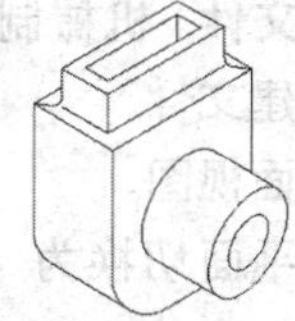

图 11-123 对图形圆角

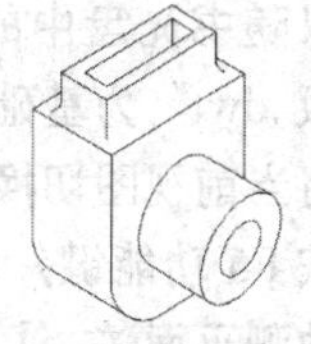

图 11-124 修剪与删除

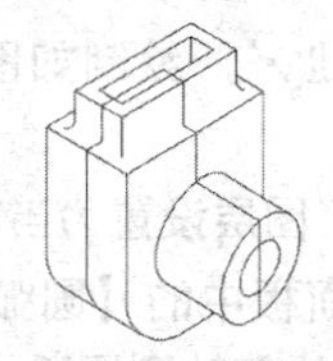

图 11-125 绘制剖切平面

21 执行【修剪】和【删除】命令，修剪和删除多余的线条，如图 11-126 所示。

22 执行【直线】和【圆弧】命令，绘制出内部结构的可见轮廓线，并修剪和删除多余的线条，操作效果如图 11-127 所示。

23 单击【绘图】面板中的按钮，激活【图案填充】命令，对图形进行图案填充。设置填充图案为 ANSI31，填充比例为 0.8，填充效果如图 11-128 所示。

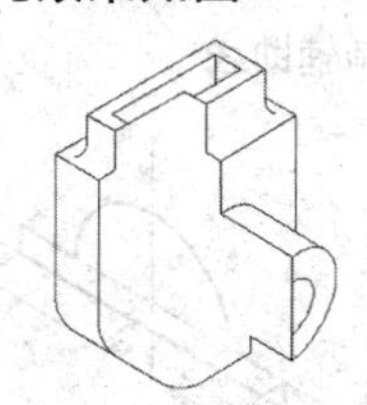

图 11-126 修剪图形

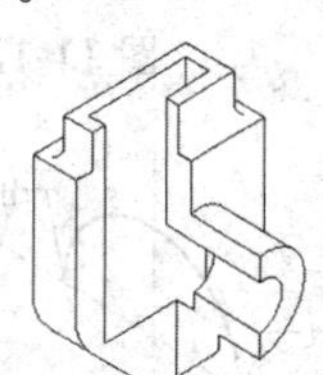

图 11-127 操作效果

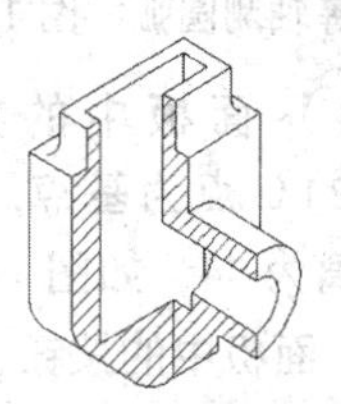

图 11-128 填充效果

151 绘制复杂轴测剖视图（二）

<table>
<tr><td rowspan="4">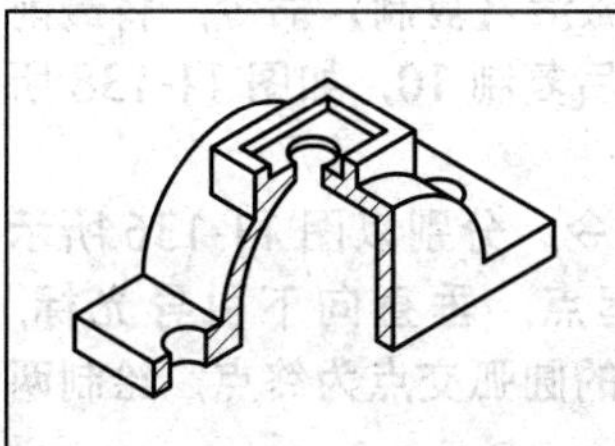</td><td colspan="2">本例通过绘制复杂轴测剖视图，主要综合练习【构造线】、【椭圆】、【复制】、【修剪】和【图案填充】命令。</td></tr>
<tr><td>文件路径：</td><td>实例文件 \ 第 11 章 \ 实例 151.dwg</td></tr>
<tr><td>视频文件：</td><td>MP4\ 第 11 章 \ 实例 151.MP4</td></tr>
<tr><td>播放时长：</td><td>0:11:29</td></tr>
</table>

01 以随书光盘中的“\样板文件\机械制图模板.dwt”为基础样板，新建文件。

02 将当前视图切换至轴测平面视图。

03 按F5功能键，将等轴测平面切换为【<等轴测平面 右>】。

04 将【点画线】设置为当前层，单击【绘图】面板中的按钮，绘制如图11-129所示的辅助线。

05 将【轮廓线】图层设置为当前图层，然后单击【绘图】面板中的【圆弧】按钮，绘制半径为25的等轴测圆弧，如图11-130所示。

06 执行【直线】命令，以图11-130所示的B点为起点，C点为端点，绘制如图11-131所示的线段。

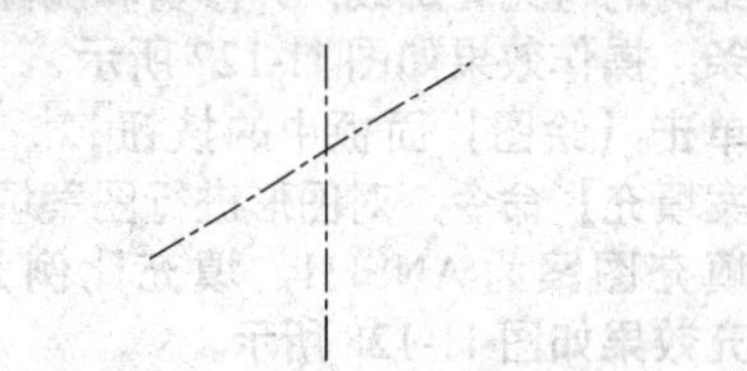

图11-129 绘制辅助线

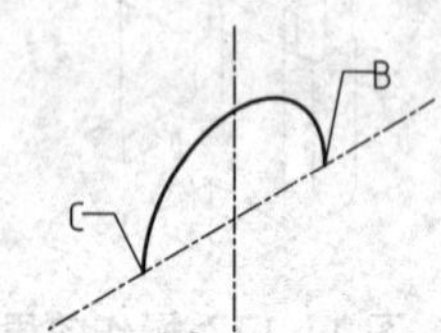

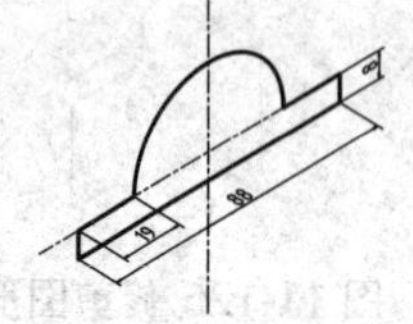

图11-130 绘制等轴测圆弧　图11-131 绘制线段

07 单击【修改】面板中的按钮，以图11-130所示的C点为基点，对所有图形进行复制，距离为44，如图11-132所示。

08 单击【绘图】面板中的按钮，配合【捕捉】功能，绘制如图11-133所示的直线。

09 综合执行【修剪】和【删除】命令，对图形进行修剪，并删除隐藏的线段和多余辅助线，如图11-134所示。

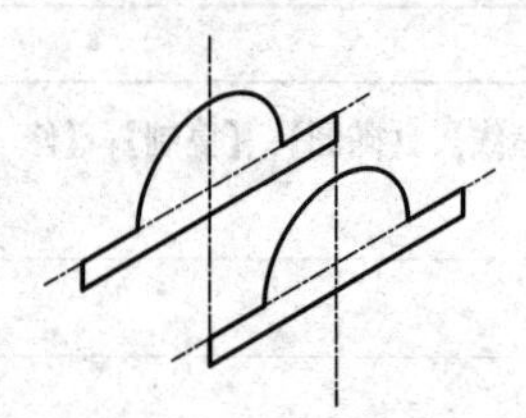

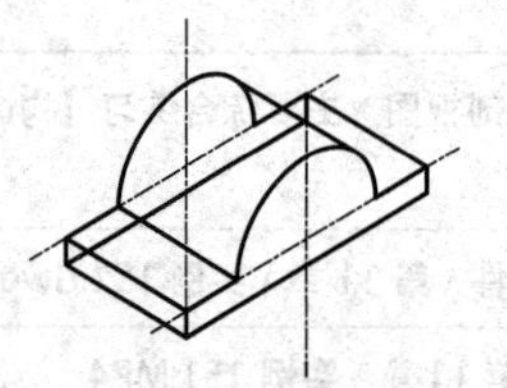

图11-132 复制结果　图11-133 绘制直线

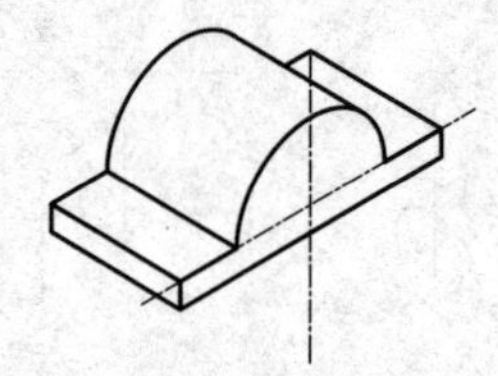

图11-134 修剪和删除多余图线

10 将【点画线】设置为当前图层，执行【直线】命令，绘制如图11-135所示的辅助线。

11 使用快捷键CO激活【复制】命令，将间距为22的辅助线复制到前后两侧距离为8和12的位置，将间距为5的辅助线复制到其左右两侧距离为12和16的位置，如图11-136所示。

12 将【轮廓线】设置为当前图层，执行【直线】命令，以图11-136所示的端点N、P、Q、R、S、T、U、V为捕捉点，绘制两端连续直线；然后执行【删除】命令，删除多余辅助线，如图11-137所示。

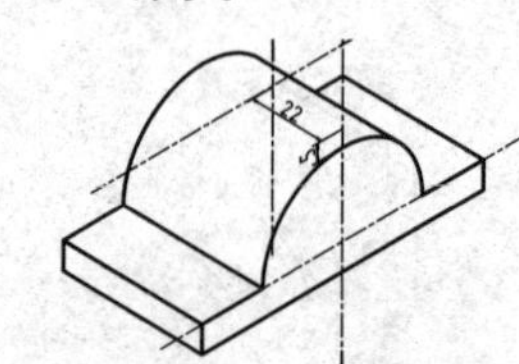

图11-135 绘制辅助线

图11-136 复制辅助线

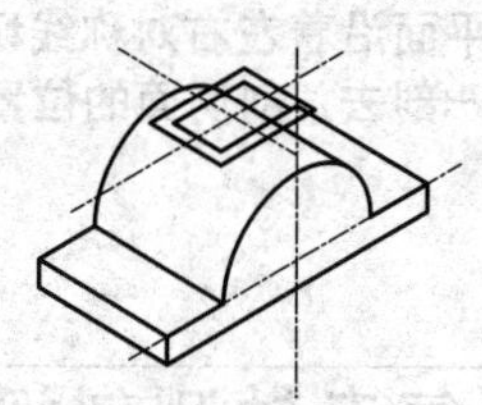

图11-137 绘制直线并删除多余辅助线

13 使用快捷键CO激活【复制】命令，将最前端等轴测圆弧向后复制10，如图11-138所示。

14 执行【直线】命令，分别以图11-136所示的点T和U为起点，垂直向下引导光标，以光标与复制后的圆弧交点为终点，绘制两条直线，如图 11-139 所示。

⑮ 使用快捷键 CO 激活【复制】命令，将以点 T 为起点的直线复制到图 11-136 所示的 S 点的位置，然后以复制前后的两条直线下端点为直线的起点和端点绘制直线，如图 11-140 所示。

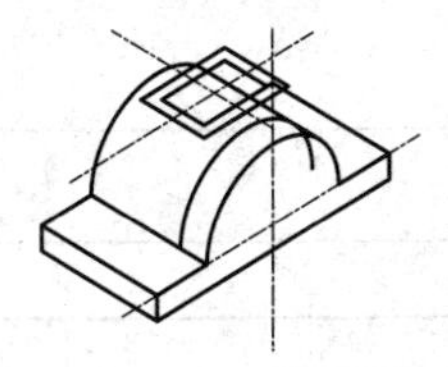

图 11-138 复制圆弧

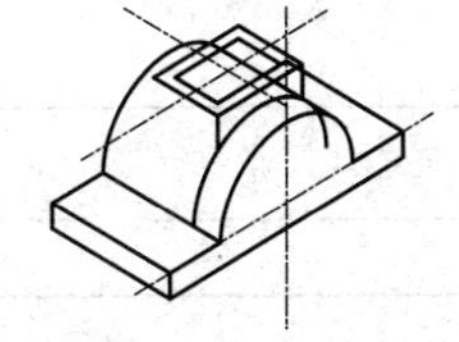

图 11-139 绘制直线

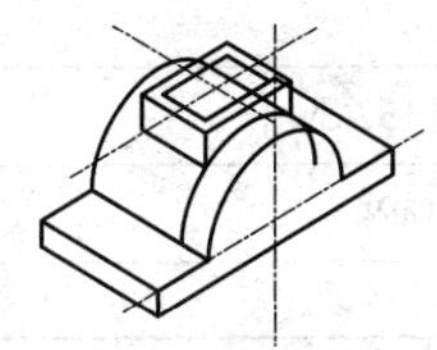

图 11-140 复制并绘制直线

⑯ 单击【修改】面板中的按钮，对图形进行修剪操作，如图 11-141 所示。

⑰ 将【点画线】设置为当前图层，执行【直线】命令，绘制如图 11-142 所示的辅助线。

⑱ 将【轮廓线】设置为当前图层，单击【绘图】面板中的按钮，以图 11-142 所示的点 Q 和点 P 为圆心，绘制半径为 5 的等轴测圆，如图 11-143 所示。

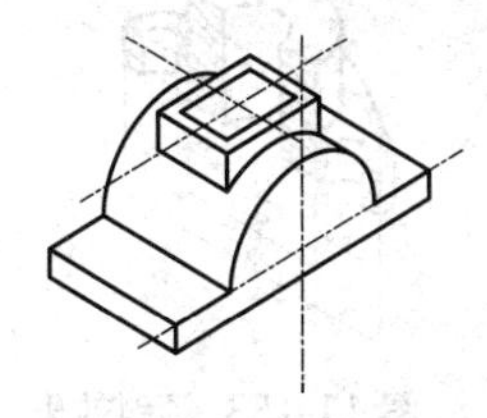

图 11-141 修剪操作

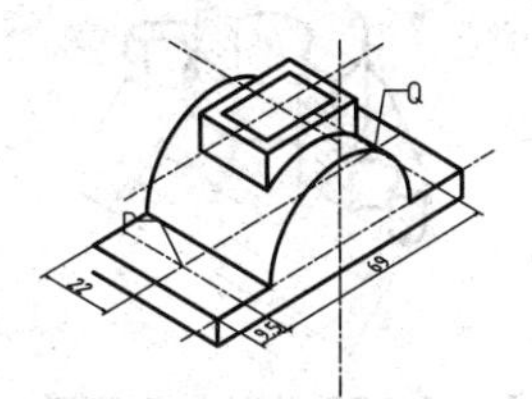

图 11-142 绘制辅助线

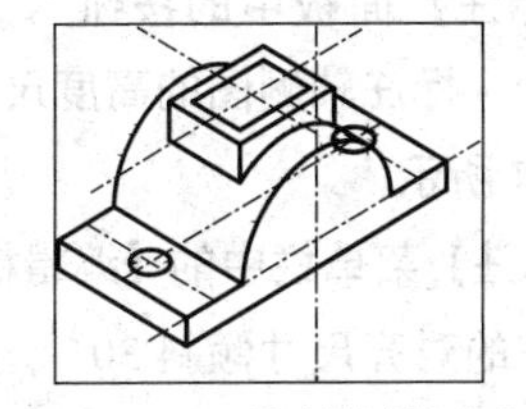

图 11-143 绘制等轴测圆

⑲ 执行【修剪】命令，对刚绘制的等轴测圆进行修剪操作，如图 11-144 所示。

⑳ 单击【修改】面板中的按钮，将图 11-144 所示的线 Q 和线 M 以其交点为起点，向下移动 3；复制完成后，以新的直线交点和线 Q 和线 M 的交点为端点绘制直线，如图 11-145 所示。

㉑ 将【其他层】设置为当前层，然后执行【直线】命令，绘制如图 11-146 所示的轴测剖切线。

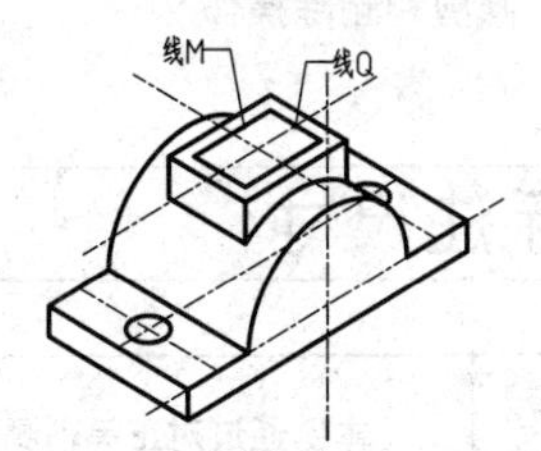

图 11-144 修剪等轴测圆

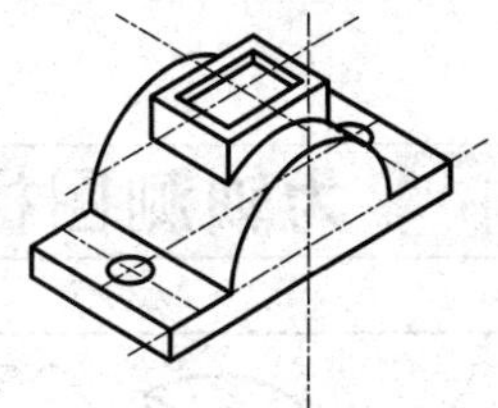

图 11-145 绘制直线

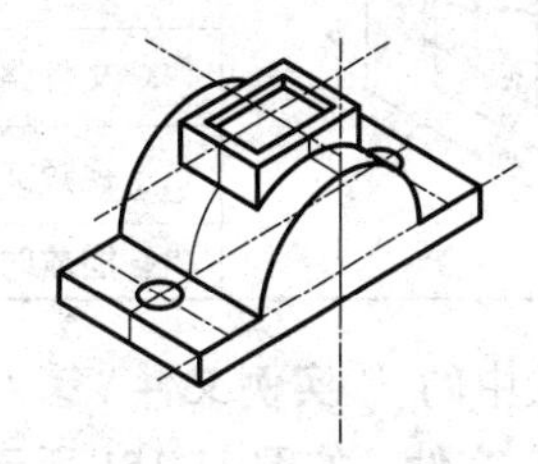

图 11-146 绘制剖切线

㉒ 单击【修改】面板中的按钮，以图 11-146 所示的剖切线作为修剪参照，对多余的图元进行修剪和删除操作，如图 11-147 所示。

㉓ 修剪和删除图元结束后，按图 11-148 所示补全内部可见的轮廓线。

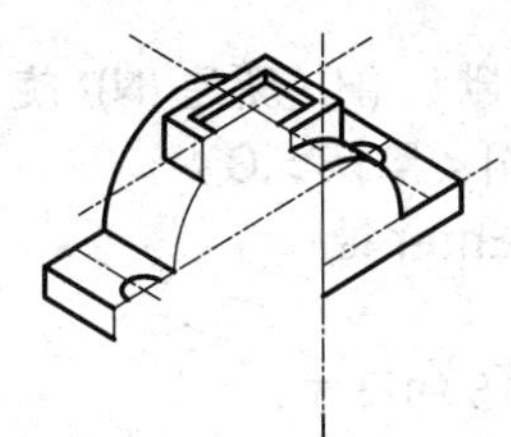

图 11-147 修剪和删除图元

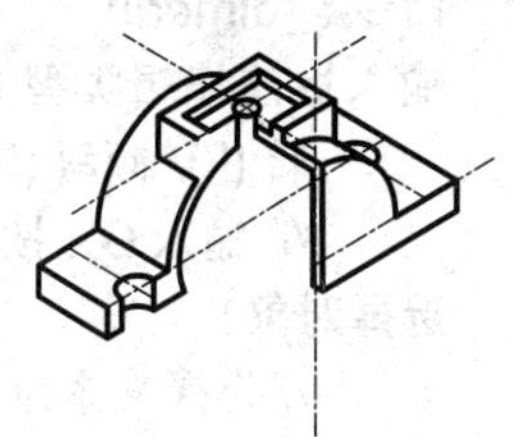

图 11-148 补全可见轮廓线

㉔ 单击【修改】面板中的按钮，分别将左侧的等轴测圆弧和中心等轴测圆复制到如图 11-149 所示的位置，然后对其进行修剪和删除操作。

㉕ 将【剖面线】设置为当前图层，单击【绘图】面板中的按钮，对图形的剖面轮廓进行填充，填充参数为默认，最终效果如图 11-150 所示。

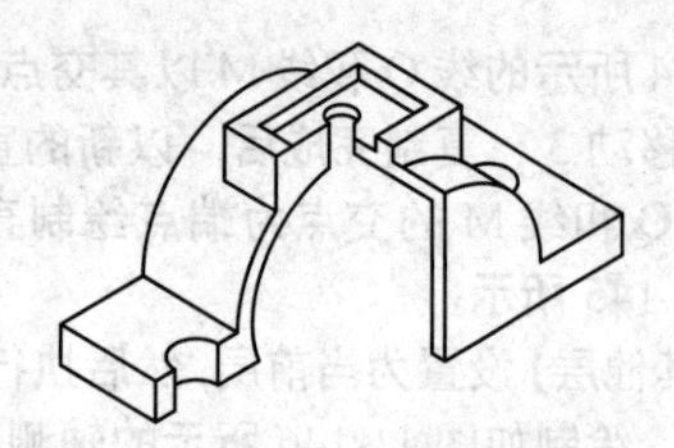

图 11-149 复制、修剪和删除操作

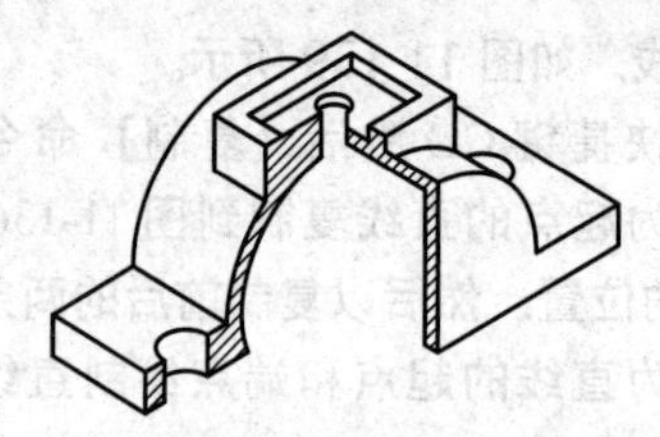

图 11-150 最终效果

152 为轴测图标注尺寸

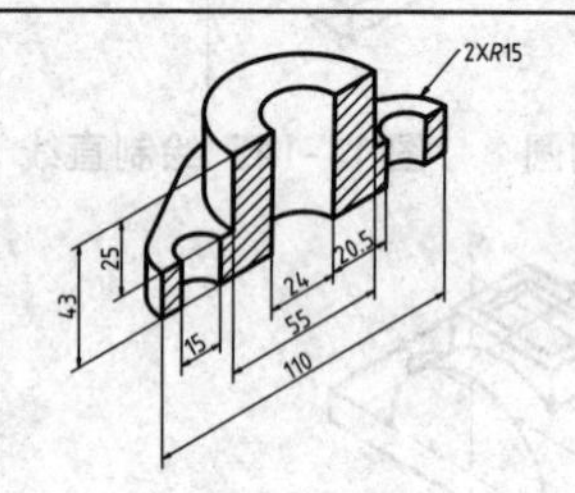

本例通过对正等轴测图标注尺寸，主要综合练习【对齐】、【快速引线】和【编辑标注】命令。

文件路径：	实例文件 \ 第 11 章 \ 实例 152.dwg
视频文件：	MP4\ 第 11 章 \ 实例 152.MP4
播放时长：	0:02:08

01 打开光盘中的“\ 实例文件 \ 第 11 章 \ 实例 149.dwg”文件，如图 11-151 所示。

02 将【尺寸层】设置为当前图层，单击【标注】面板中的按钮，激活【对齐】标注命令，标注轴测面尺寸，如图 11-152 所示。

03 显示菜单栏，选择【标注】菜单栏中的【编辑标注】选项，将刚标注的对齐尺寸倾斜 90°。命令行操作过程如下：

命令：_dimedit
输入标注编辑类型 [默认 (H)/ 新建 (N)/ 旋转 (R)/ 倾斜 (O)] < 默认 >:O ↙
// 输入 O，按 Enter 键
选择对象：
// 选择文本为 15 的尺寸
选择对象：
// 选择文本为 24 的尺寸
选择对象：
// 选择文本为 20.5 的尺寸
选择对象：
// 选择文本为 55 的尺寸
选择对象：
// 选择文本为 110 的尺寸
选择对象：
// 按 Enter 键，结束选择
输入倾斜角度 (按 ENTER 表示无):90 ↙
// 输入 90，按 Enter 键，倾斜效果如图 11-153 所示

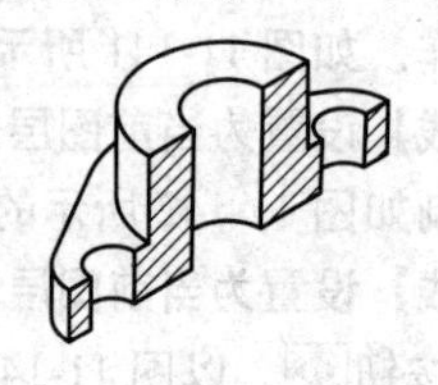

图 11-151 实例文件

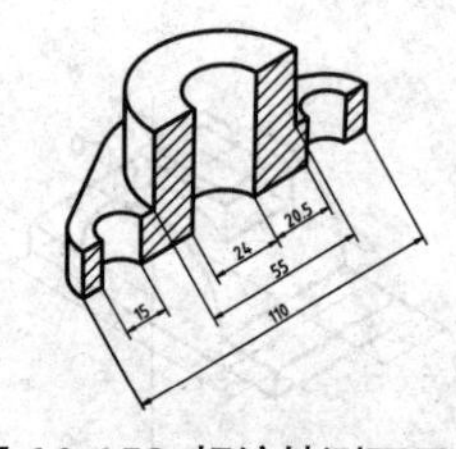

图 11-152 标注轴测面尺寸

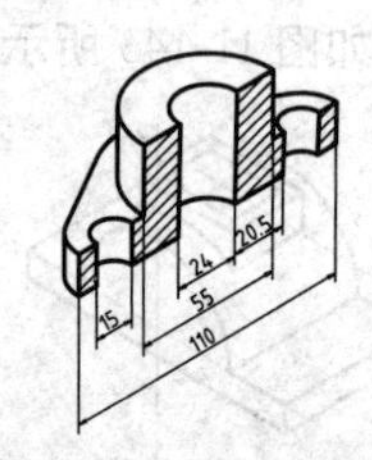

图 11-153 倾斜效果

04 单击【标注】面板中的按钮，激活【对齐】命令。标注轴测图的高度尺寸，结果如图 11-154 所示。

05 选择【标注】菜单栏中的【编辑标注】命令，将刚标注的对齐尺寸倾斜 30°，如图 11-155 所示。

06 显示菜单栏，选择菜单【标注】|【多重引线】选项，标注轴测图引线尺寸，如图 11-156 所示。

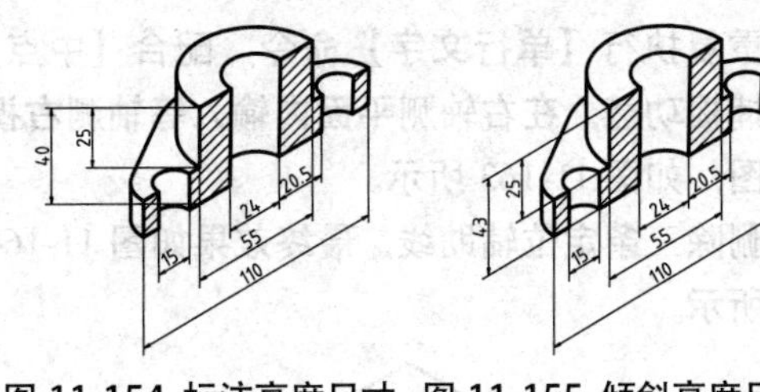

图 11-154 标注高度尺寸 图 11-155 倾斜高度尺寸

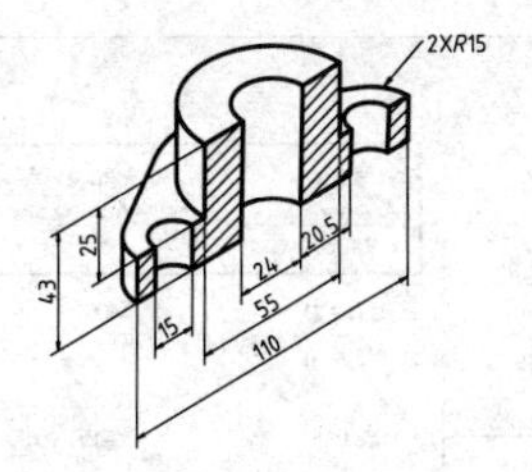

图 11-156 标注引线尺寸

153 为轴测图标注文字

	本例主要通过为等轴测图标注文字，主要综合练习【文字样式】和【单行文字】两个命令，学习了在等轴测平面内，投影文字的标注方法和标注技巧。	
	文件路径：	实例文件 \ 第 11 章 \ 实例 153.dwg
	视频文件：	MP4\ 第 11 章 \ 实例 153.MP4
	播放时长：	0:04:12

01 按 Ctrl+N 快捷键，新建空白文件。

02 使用快捷键 L 激活【直线】命令，在等轴测绘图环境中绘制边长为 100 的正立方体轴测图，如图 11-157 所示。

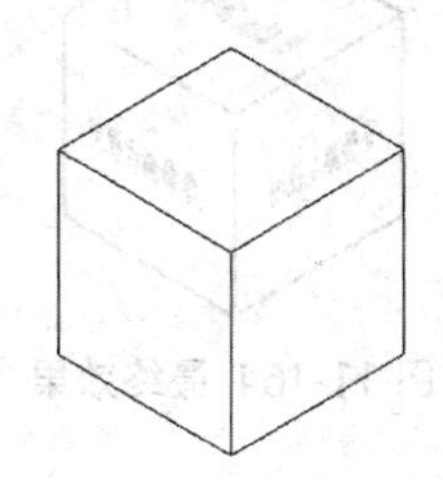

图 11-157 绘制正立方体轴测图

03 使用快捷键 ST 激活【文字样式】命令，设置名为 30 和☒ 30 的文字样式，参数设置如图 11-158 所示和图 11-159 所示，并将☒ 30 设置为当前文字样式。

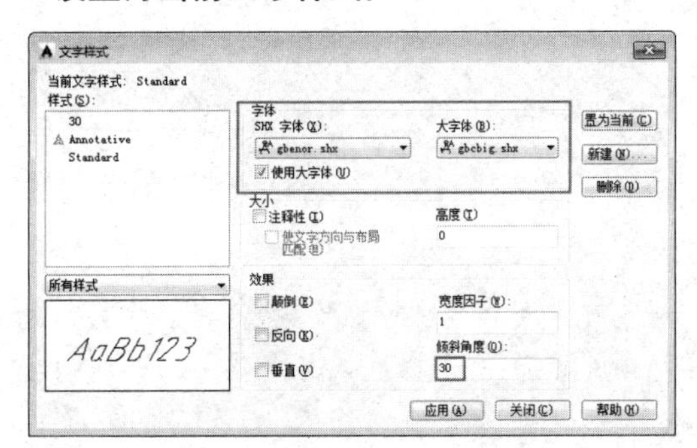

图 11-158 设置 30 文字样式

04 执行【直线】命令，配合【中点】捕捉功能，绘制如图 11-160 所示的中线，作为辅助线。

05 单击【注释】面板中的【单行文字】按钮 A，在左轴测平面内输入等轴测左视图。命令行操作过程如下：

命令：dt TEXT

当前文字样式："-30" 文字高度：0.0 注释性：否

指定文字的起点或 [对正 (J)/ 样式 (S)]:J ↙

// 输入 J，激活【对正】选项

输入选项 [对齐 (A)/ 布满 (F)/ 居中 (C)/ 中间 (M)/ 右对齐 (R)/ 左上 (TL)/ 中上 (TC)/ 右上 (TR)/ 左中 (ML)/ 正中 (MC)/ 右中 (MR)/ 左下 (BL)/ 中下 (BC)/ 右下 (BR)]:MI // 输入 M，设置【中间】对正方式

指定文字的中间点：

// 捕捉左侧视图辅助线的中点

指定高度 <0.0>:8 ↙

// 输入 8

指定文字的旋转角度 <30>:-30 ↙

// 输入 -30，连续按两次 Enter 键，如图 11-161 所示

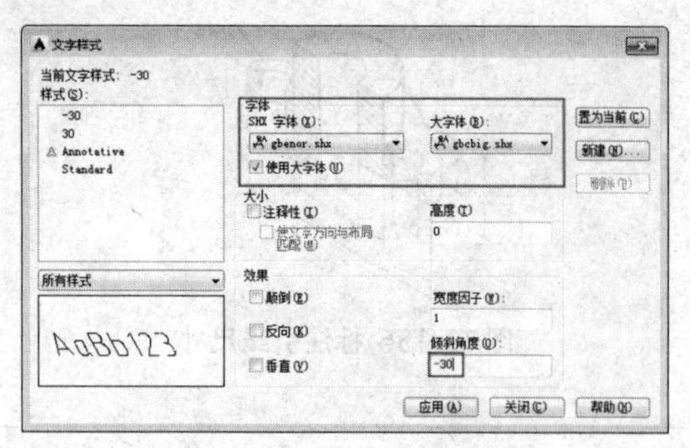

图 11-159 设置 -30 文字样式

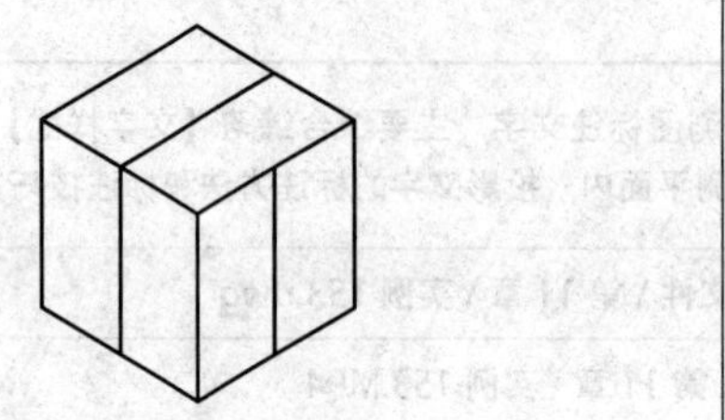

图 11-160 绘制中线

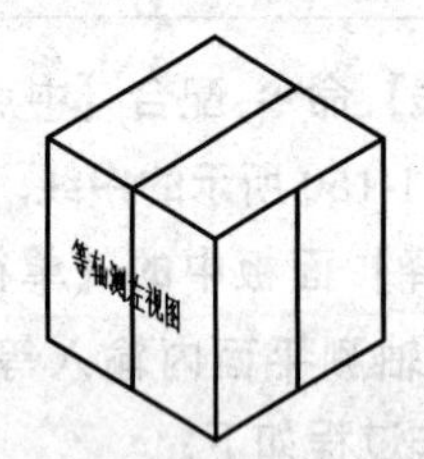

图 11-161 创建左轴测文字

06 重复执行【单行文字】命令，配合【中点】捕捉功能，在上轴测平面内输入等轴测俯视图，如图 11-162 所示。

07 重复执行【单行文字】命令，配合【中点】捕捉功能，在右轴测平面内输入等轴测右视图，如图 11-163 所示。

08 删除三条定位辅助线，最终效果如图 11-164 所示。

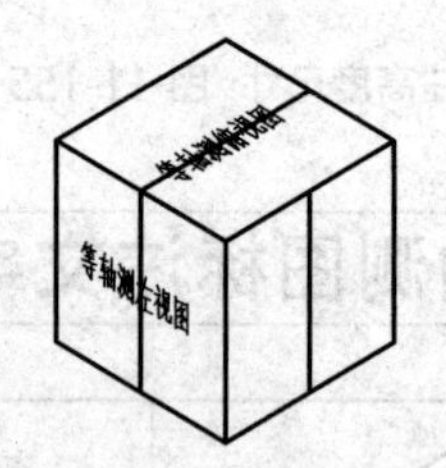

图 11-162 建上轴测创文字

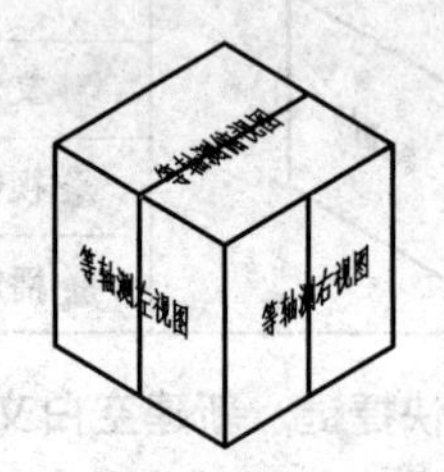

图 11-163 创建右轴测文字

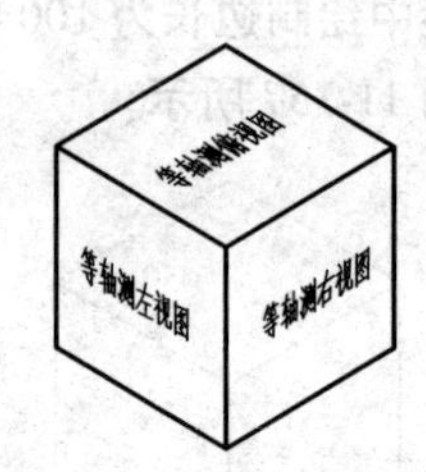

图 11-164 最终效果

12 Chapter

第12章

零件网格模型绘制

AutoCAD 为用户提供了四种类型的模型，分别为线框模型、曲面模型、网格模型和实体模型。线框模型是由三维对象的点和线组成的，它仅能表现物体的轮廓框架，可视性较差；曲面模型是由表面的集合来定义三维物体，它是在线框模型的基础上增加了面边信息和表面特征信息等，不仅能着色，还可以对其进行渲染，能更形象逼真地表现物体的真实形态；三维网格是由若干个按行 (M 方向)、列 (N 方向) 排列的微小四边形拟合而成的网格状曲面；实体模型则是实实在在的物体，它除了包含线框模型和曲面模型的所有特点外，还具备实物的一切特性。

本章通过 10 个典型实例，介绍使用 AutoCAD 绘制零件网格模型的各种方法和相关技巧。

154 视图的切换与坐标系

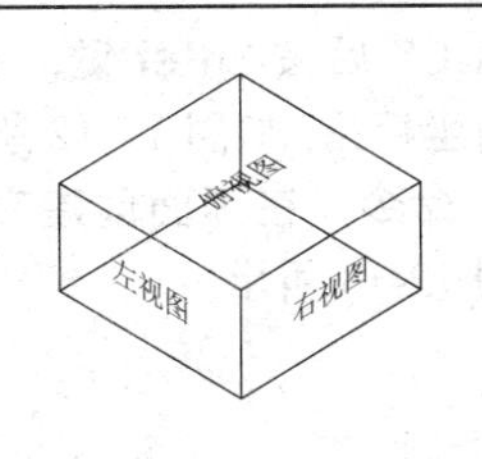

本例通过在正方体各侧面上标注单行文字，主要学习视图的转化技巧，以及坐标系的创建、存储和应用。

文件路径：	实例文件 \ 第 12 章 \ 实例 154.dwg
视频文件：	MP4\ 第 12 章 \ 实例 154.MP4
播放时长：	0:03:45

01 单击快速访问工具栏中的按钮，新建空白文件。

02 使用快捷键 REC 激活【矩形】命令，绘制长、宽分别为 100 的矩形，如图 12-1 所示。

03 显示菜单栏，选择菜单【视图】|【三维视图】|【西南等轴测】选项，将当前视图切换为西南等轴测视图，如图 12-2 所示。

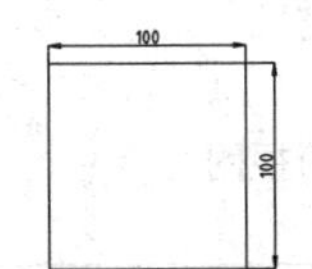

图 12-1 绘制矩形

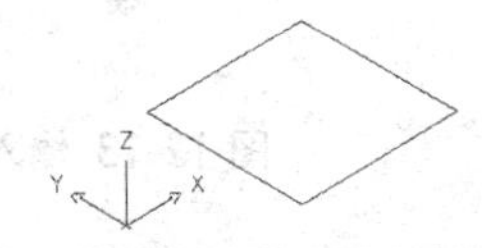

图 12-2 切换视图

04 单击【建模】面板中的按钮，激活【拉伸】命令，将矩形拉伸 50，如图 12-3 所示。

05 在命令行中输入 UCS 后按 Enter 键，启用【三点】功能，重新定义坐标系。命令行操作过程如下：

命令 : ucs

当前 UCS 名称 : * 世界 *

指定 UCS 的原点或 [面 (F)/ 命名 (NA)/ 对象 (OB)/ 上一个 (P)/ 视图 (V)/ 世界 (W)/X/Y/Z/Z 轴 (ZA)] < 世界 >:N ↙

// 输入 N，激活【新建】选项

指定新 UCS 的原点或 [Z 轴 (ZA)/ 三点 (3)/ 对象 (OB)/ 面 (F)/ 视图 (V)/X/Y/Z] <0,0,0>:3 ↙

// 输入 3，激活【三点】功能

指定新原点 <0,0,0>:

// 捕捉如图 12-4 所示的端点作为坐标原点

在正 X 轴范围上指定点 <1.0000,0.0000,0.0000>:

// 捕捉如图 12-5 所示的端点，定义 X 轴正方向

在 UCS XY 平面的正 Y 轴范围上指定点 <0.0000,1.0000,0.0000>:

// 捕捉如图 12-6 所示的端点，定义 Y 轴正方向，如图 12-7 所示。

06 按 Enter 键，重复执行 UCS 命令，将刚定义的用户坐标系命名为 right 并存储。

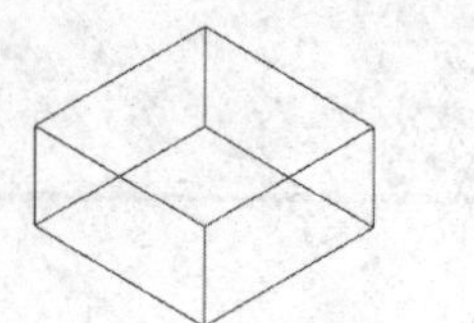

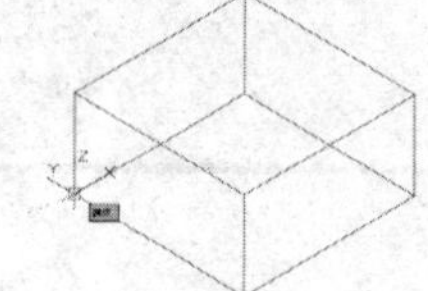

图 12-3 拉伸矩形　图 12-4 定义新坐标系原点

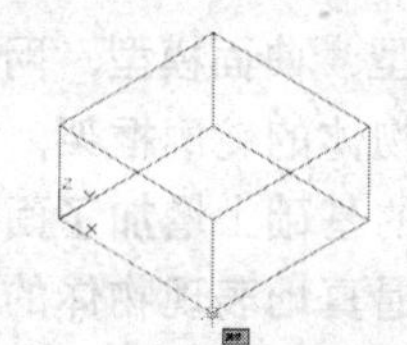

图 12-5 定义 X 轴正方向

07 重复执行 UCS 命令，将当前坐标沿 Y 轴旋转 90°，命名为 left 并存储，如图 12-8 所示。

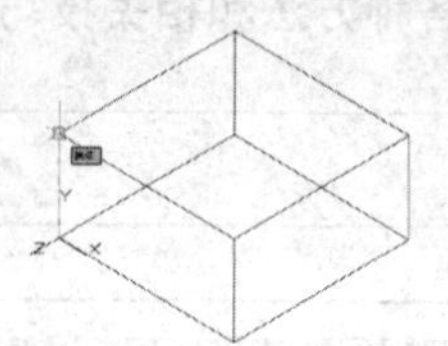

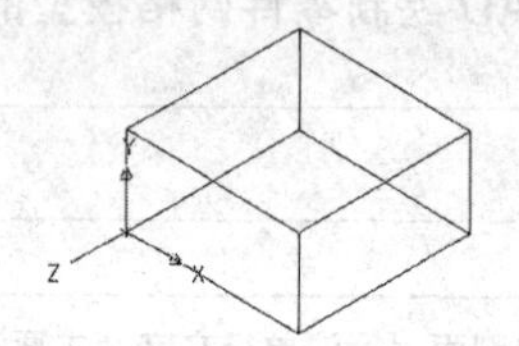

图 12-6 捕捉端点　图 12-7 定义 Y 轴正方向

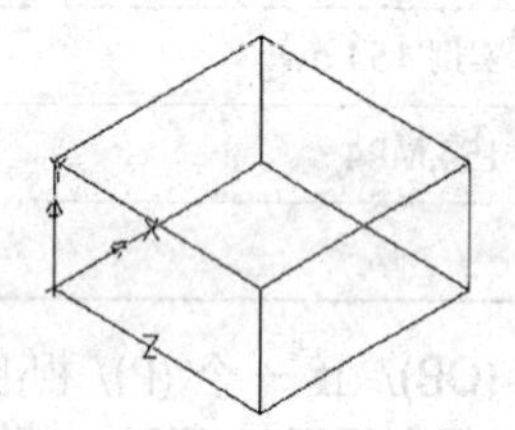

图 12-8 旋转坐标系

提示

用户还可以使用【面】选项功能，以立方体的侧面作为 UCS 的平面，进行快速创建 UCS。

08 单击【注释】面板中的【单行文字】按钮 A，以长方体右侧面的中心点作为文字的插入点，进行标注单行文字，输入右视图，如图 12-9 所示。

09 显示菜单栏，选择菜单【工具】|【命名 UCS】选项，在弹出的对话框中选择如图 12-10 所示的 left 坐标系，并将此坐标系设置为当前。

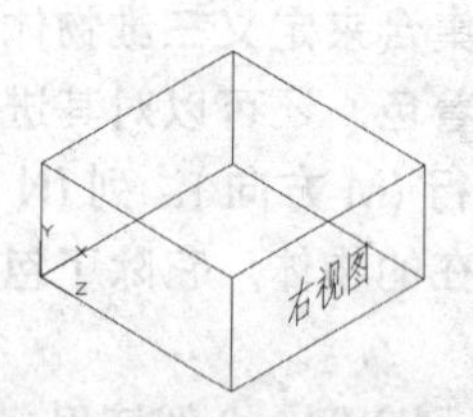

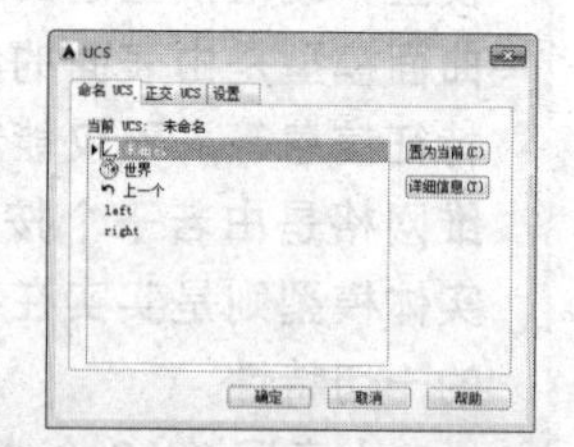

图 12-9 输入右视图　图 12-10 UCS 对话框

10 重复执行【单行文字】命令，在左侧面创建单行文字，其中文字高度为 10，输入左视图，如图 12-11 所示。

11 在命令行中输入 UCS 后按 Enter 键，将世界坐标设置为当前坐标系，如图 12-12 所示。

12 执行【单行文字】命令，在顶面创建文字，输入俯视图，如图 12-13 所示。

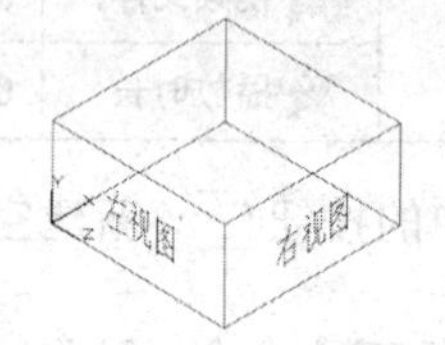

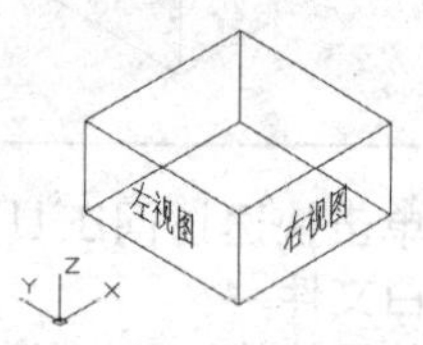

图 12-11 输入左视图　图 12-12 设置坐标系为当前

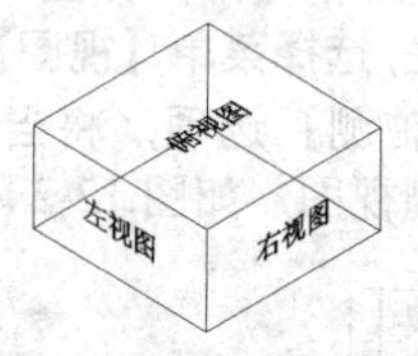

图 12-13 输入俯视图

155 ViewCube 工具

<table>
<tr><td rowspan="4">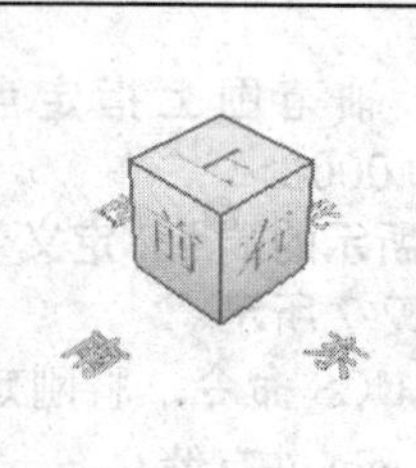</td><td colspan="2">ViewCube 工具是在二维或三维模型空间中调整视图的导航工具。使用 ViewCube 工具，可以在各个标准视图和等轴测视图间切换，比使用菜单栏操作更方便快捷。本例利用一个三维模型，演示 ViewCube 的使用方法。</td></tr>
<tr><td>文件路径：</td><td>实例文件 \ 第 12 章 \ 实例 155.dwg</td></tr>
<tr><td>视频文件：</td><td>MP4\ 第 12 章 \ 实例 155.MP4</td></tr>
<tr><td>播放时长：</td><td>0:01:35</td></tr>
</table>

01 打开随书光盘中的"\实例文件\第12章\实例155.dwg"文件，如图12-14所示。

02 显示菜单栏，选择菜单【视图】|【显示】|ViewCube|【设置】选项，系统弹出【ViewCube设置】对话框，如图12-15所示。将【ViewCube大小】设置为最大，并选择【将ViewCube设置为当前UCS方向】，单击【确定】按钮。

03 选择ViewCube的【上】平面，如图12-16所示。模型的视图方向调整为俯视的方向，如图12-17所示。

图12-14 实例文件

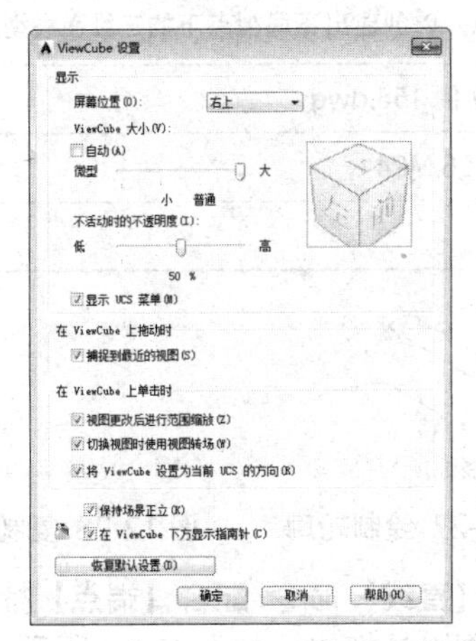

图12-15【ViewCube设置】对话框

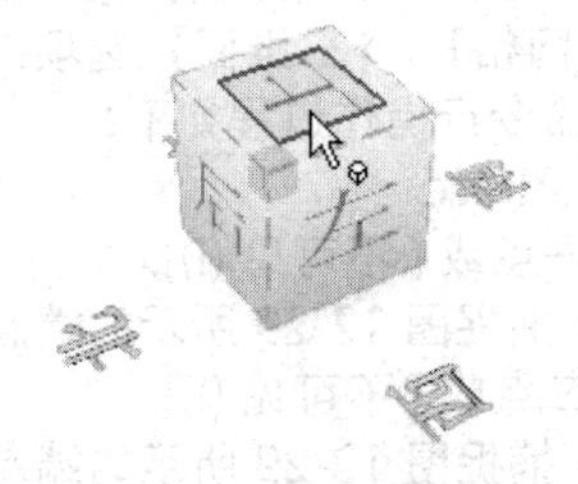

图12-16 选择ViewCube的【上】平面

04 将鼠标指针移到到ViewCube右上方，出现旋转箭头，如图12-18所示。单击并顺时针旋转箭头，使视图旋转90°，如图12-19所示。

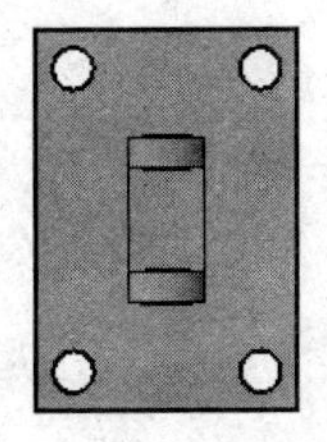

图12-17 俯视效果

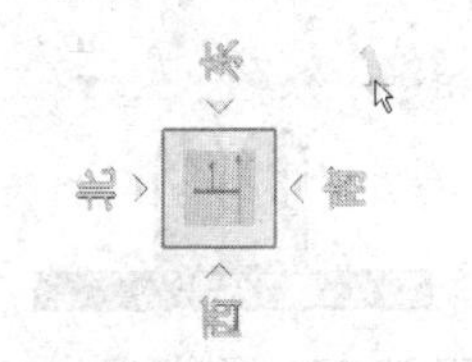

图12-18 显示旋转箭头

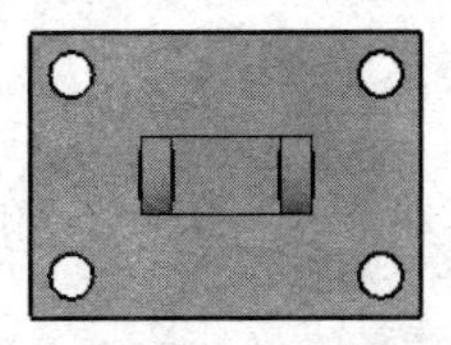

图12-19 旋转视图

提示

旋转控制箭头只有在视图为正视某个平面时才能使用。

05 在ViewCube上，单击【上】平面东南方向的角点，如图12-20所示。模型视图调整为东南等轴测视图，如图12-21所示。

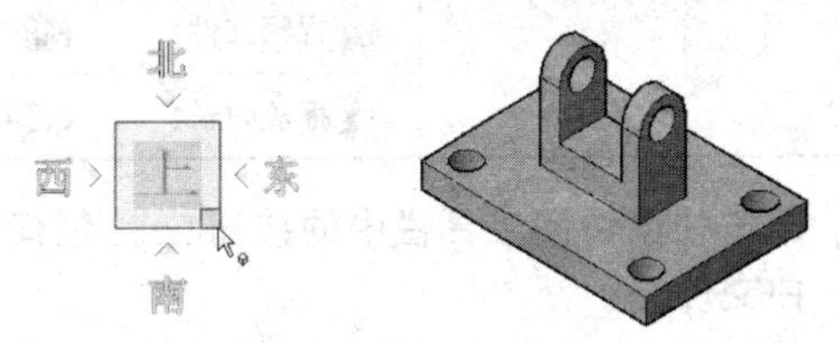

图12-20 选择东南角点　图12-21 东南等轴测视图

图12-22 选择边线

06 在ViewCube上，单击【前】与【右】两平面相交边线，如图12-22所示。模型视图调整为如图12-23所示的视图方向。

07 单击ViewCube下方WCS右侧的下三角按钮，弹出坐标系菜单，如图12-24所示。选择【新UCS】，按命令行提示创建新UCS。将X轴旋转90°，新建UCS之后，ViewCube的方向变换为新UCS的方向，如图12-25所示。

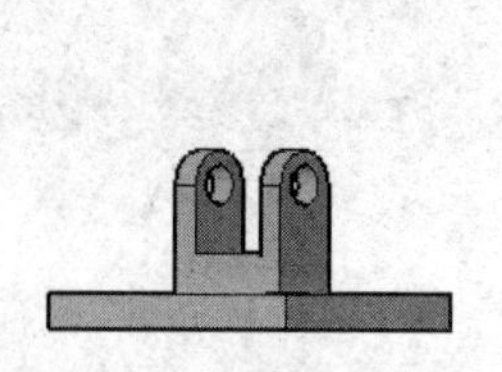

图 12-23 边线视图

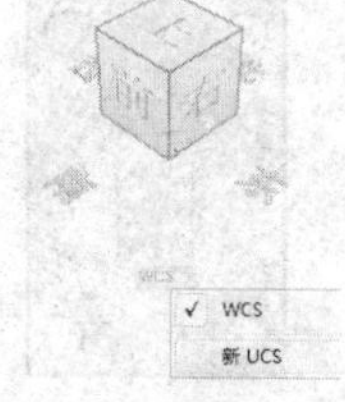

图 12-24 坐标系菜单

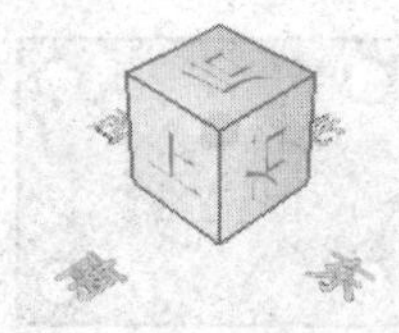

图 12-25 新 UCS 下的 ViewCube

提示

新建 UCS 之后，ViewCube 各表面的方向也随之变化，以保持【上】表面与 UCS 的 XY 平面平行（这是步骤 2 中设置的结果）。因此，UCS 变化之后，单击【上】表面，模型的视图就不一定是俯视方向，但可以看到新建 UCS 不会影响东南西北四个方向的位置，因为这四个方位始终与世界坐标系 (WCS) 保持一致。

156 绘制三维面网格模型

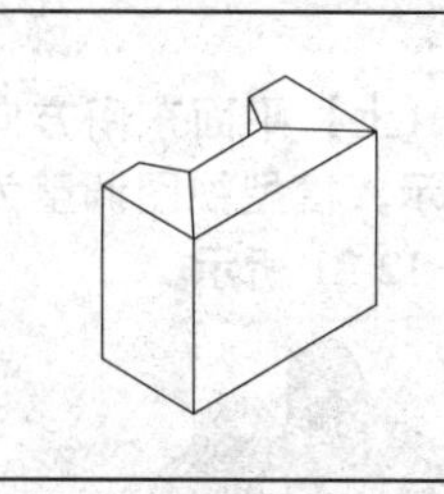	本例通过创建立体面模型，主要学习【三维面】命令的操作方法和技巧。在具体的操作过程中，使用了三维视图工具转换视点，以创建出不同视点下的三维面模型。	
	文件路径：	实例文件 \ 第 12 章 \ 实例 156.dwg
	视频文件：	MP4\ 第 12 章 \ 实例 156.MP4
	播放时长：	0:04:50

01 单击快速访问工具栏中的按钮，创建空白文件。

02 单击绘图区左上方的视图快捷控件，将视图切换为西南等轴测视图，并在【UCS II】工具栏中将视图切换为 Top，如图 12-26 所示。

03 选择菜单【绘图】|【多段线】选项，绘制模型底面轮廓（其余尺寸自行设置），如图 12-27 所示。

04 选择菜单【修改】|【复制】选项，将绘制的闭合轮廓沿 Z 方向复制 80，如图 12-28 所示。

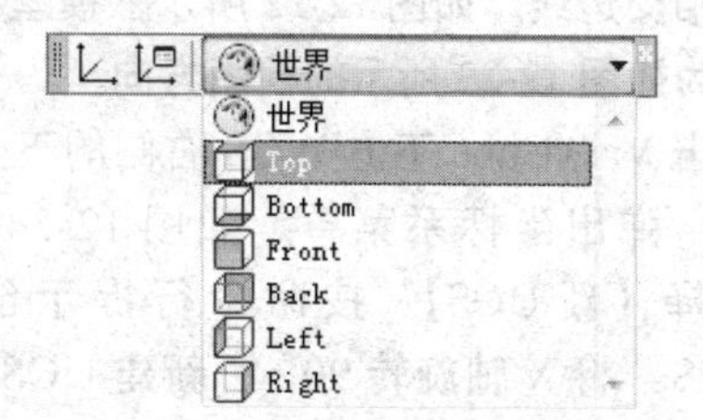

图 12-26【UCS II】工具栏

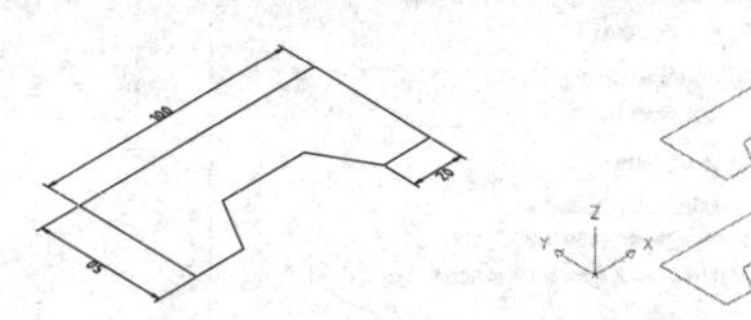

图 12-27 绘制轮廓　　图 12-28 复制轮廓

05 执行【直线】命令，配合【端点】捕捉功能，绘制图形的棱边，如图 12-29 所示。

06 显示菜单栏，选择【绘图】菜单栏中的【建模】|【网格】|【三维面】选项，创建三维模型。命令行操作过程如下：

命令：_3dface
指定第一点或 [不可见 (I)]:
　　// 捕捉图 12-29 所示的端点 1
指定第二点或 [不可见 (I)]:
　　// 捕捉图 12-29 所示的端点 2
指定第三点或 [不可见 (I)] < 退出 >:
　　// 捕捉图 12-29 所示的端点 3
指定第四点或 [不可见 (I)] < 创建三侧面 >:
　　// 捕捉图 12-29 所示的端点 4
指定第三点或 [不可见 (I)] < 退出 >: ↙
　　// 按 Enter 键，结束命令

> **提示**
>
> 【三维面】命令主要用于构建物体的表面，在创建物体表面模型之前，一般需要将物体的轮廓画出来。

07 在命令行中输入 SHADE，为面模型着色，如图 12-30 所示。

08 再次执行【三维面】命令，继续创建其他侧面模型，如图 12-31 所示。

09 按 Enter 键，重复执行【三维面】命令，配合【端点】捕捉功能，捕捉如图 12-31 所示的端点 1、2、3、4、5、6、7 和 8，绘制顶面模型，如图 12-32 所示。

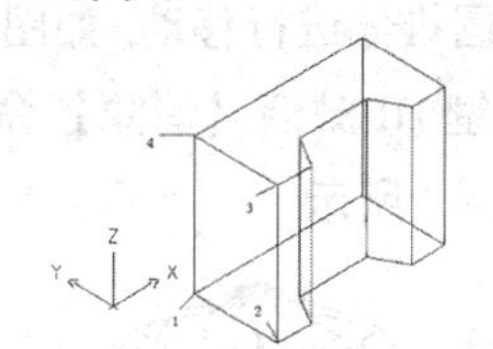

图 12-29 绘制棱边

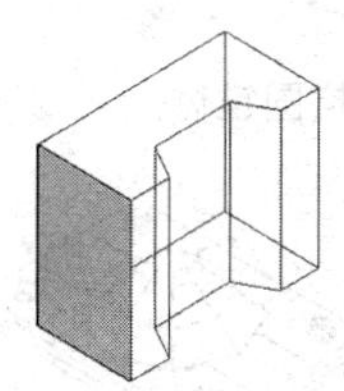

图 12-30 面模型着色

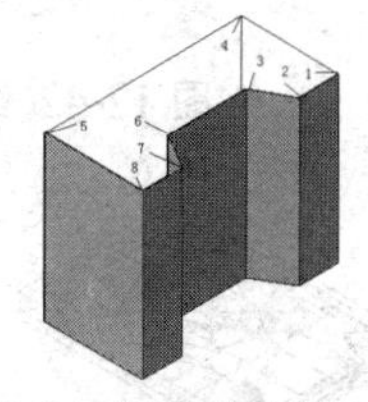

图 12-31 创建其他侧面模型

> **提示**
>
> 巧妙使用面着色功能为创建的表面进行着色显示，可以非常直观地观察所创建的表面。

10 单击绘图区左上方的视图快捷控件，将当前视图切换为东北等轴测视图，如图 12-33 所示。

11 执行【三维面】命令，继续创建其他侧面模型，最终效果如图 12-34 所示。

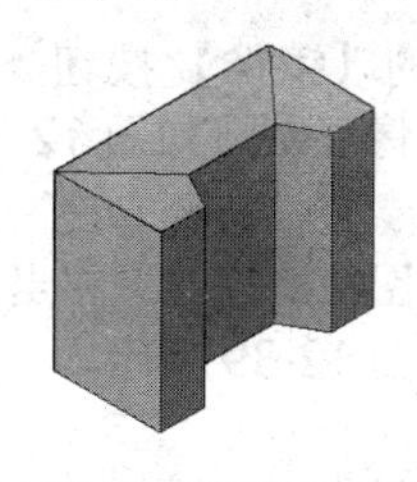

图 12-32 绘制顶面模型

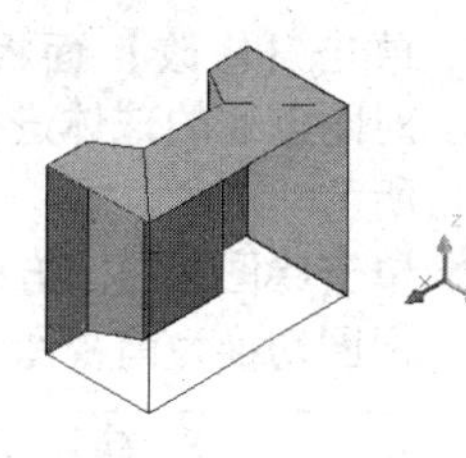

图 12-33 切换视图

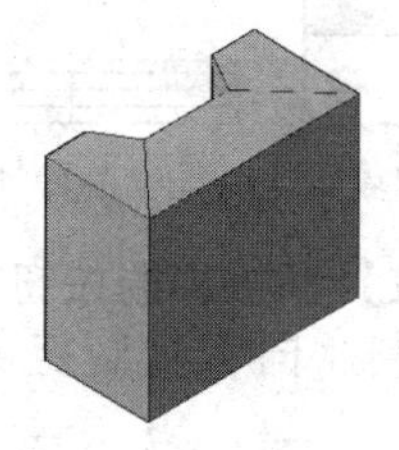

图 12-34 最终效果

157 绘制基本三维网格

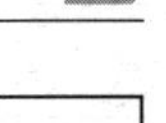

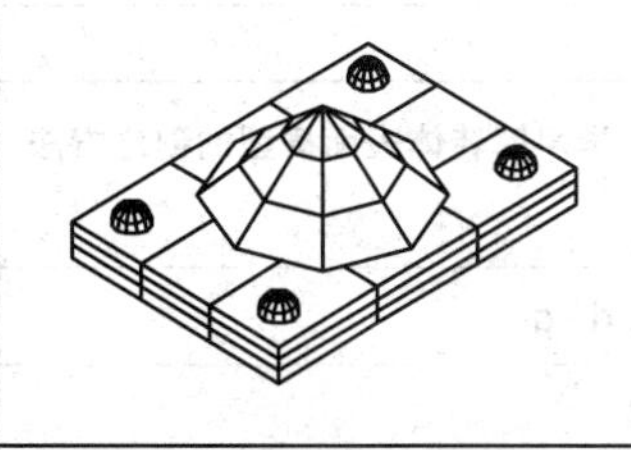	本例通过制作基本体三维面模型，主要综合练习【消隐】、【三维视图】，以及【MESH】命令中的长方体、球体和锥体网格模型的创建方法。	
	文件路径：	实例文件 \ 第 12 章 \ 实例 157.dwg
	视频文件：	MP4\ 第 12 章 \ 实例 157.MP4
	播放时长：	0:03:13

01 快速创建空白文件，并启用【对象捕捉】和【对象追踪】功能。

02 单击绘图区左上方的视图快捷控件，将视图切换为西南等轴测视图，并在【UCS II】工具栏中将视图切换为【Top】。

03 在命令行中输入 MESH 并按 Enter 键，执行【长方体】命令，创建长、宽、高分别为 100、70、10 的网格长方体，如图 12-35 所示。

04 重复执行 MESH 命令，配合【自】捕捉功能，以长方体上表面左下方端点为基点，以【@10,10】为目标点，绘制半径为 5 的球体，如图 12-36 所示。

05 将当前视图切换为正交俯视图，如图 12-37 所示。

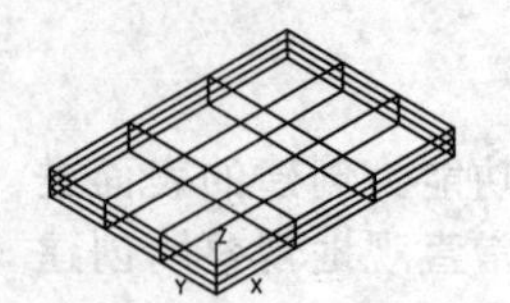

图 12-35 绘制网格长方体

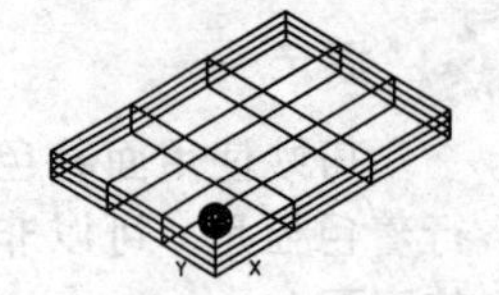

图 12-36 绘制球体

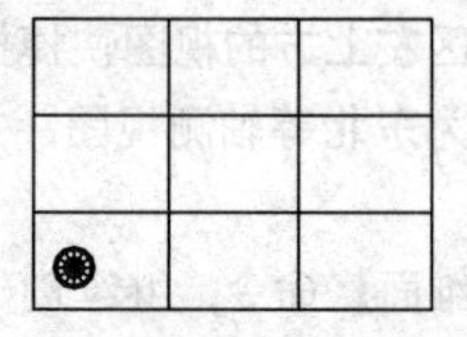

图 12-37 切换视图

06 单击【修改】面板中的【镜像】按钮，对刚创建的球体进行镜像复制，如图 12-38 所示。

07 单击绘图区左上方的视图快捷控件，将当前视图切换为前视图，如图 12-39 所示。

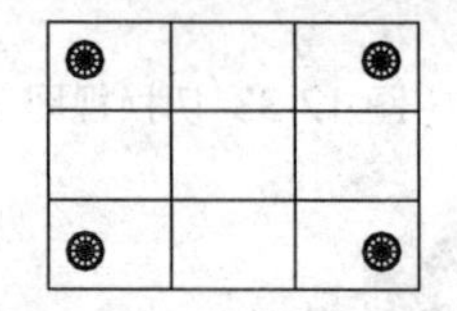

图 12-38 镜像复制

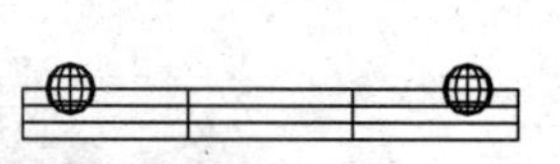

图 12-39 切换视图

08 单击【修改】面板中的按钮，将四个球体进行复制，向下复制距离为 10，如图 12-40 所示。

09 将当前视图切换为西南等轴测视图，如图 12-41 所示。

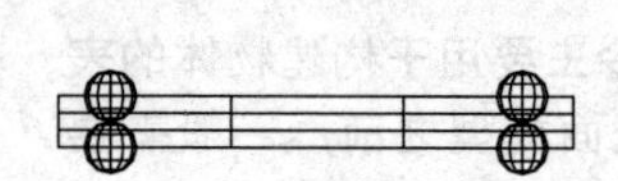

图 12-40 复制并位移

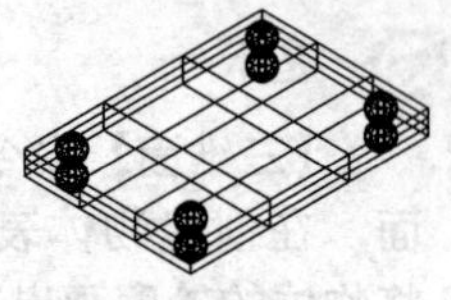

图 12-41 切换视图

10 单击【坐标】面板中的【世界】按钮，将当前坐标系恢复为世界坐标系。

11 重复执行【MESH】命令，绘制网格圆锥体，底面半径为 30，高度为 25，如图 12-42 所示。

12 使用快捷键 M 激活【移动】命令，配合【中点】捕捉功能和【对象】捕捉追踪功能，将刚创建的圆锥体进行移动，如图 12-43 所示。

13 使用快捷键 HI 激活【消隐】命令，最终效果如图 12-44 所示。

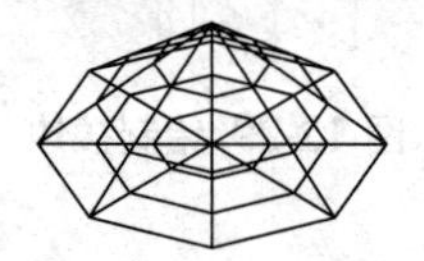

图 12-42 绘制网格圆锥体

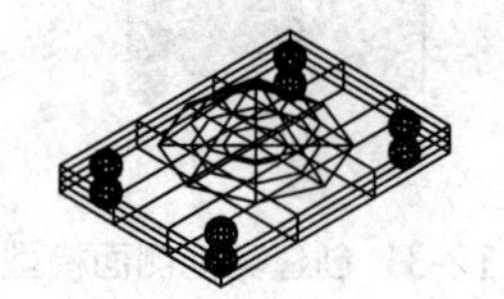

图 12-43 位移网格圆锥面

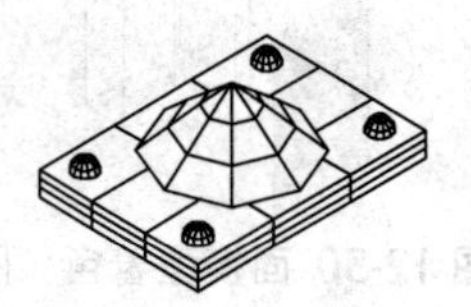

图 12-44 最终效果

158 绘制旋转网格

	本例主要使用【旋转网格】和【消隐】命令，学习回转体表面模型的创建方法和技巧。	
	文件路径：	实例文件 \ 第 12 章 \ 实例 158.dwg
	视频文件：	MP4\ 第 12 章 \ 实例 158.MP4
	播放时长：	0:02:50

01 执行【新建】命令，创建空白文件，并启用【极轴追踪】功能。

02 单击【绘图】面板中的【多段线】按钮，配合【极轴追踪】功能，绘制截面轮廓（其余尺寸自行设置），如图 12-45 所示。

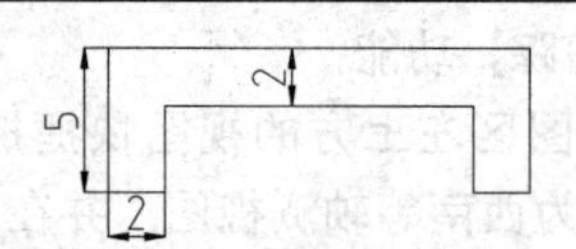

图 12-45 绘制截面轮廓

03 单击【修改】面板中的【圆角】按钮，对轮廓边进行圆角，圆角半径为 0.5，如图

12-46 所示。

04 单击【绘图】面板中的【直线】按钮，绘制如图 12-47 所示的水平线段。

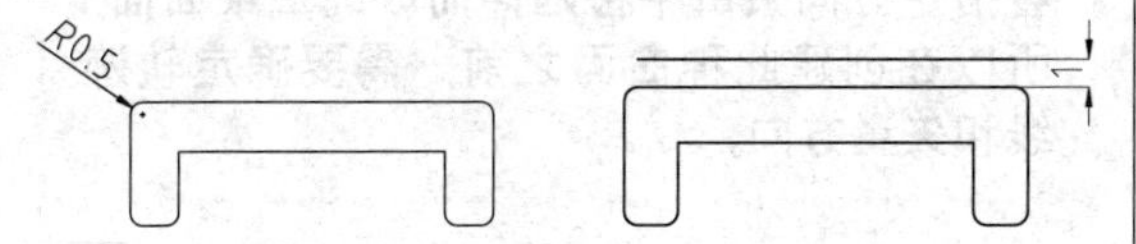

图 12-46 圆角轮廓边 图 12-47 绘制水平线段

提示

【多段线】选项是一个便捷的倒角选项，用于为多段线的所有相邻边同时进行圆角操作。

05 使用系统变量设置曲面模型的表面线框的密度。命令行操作过程如下：

命令：surftab ↙

　　// 按 Enter 键，进入系统变量设置

输入 SURFTAB1 的新值 <6>:24 ↙

　　// 输入 24，重新设置变量值

命令：SURFTAB2

　　// 按 Enter 键，激活该系统变量

输入 SURFTAB2 的新值 <6>:24 ↙

　　// 输入 24，重新设置变量值

06 在命令行中输入 REVSURF，激活【旋转网格】命令，将截面轮廓创建为三维模型。命令行操作过程如下：

命令：_revsurf

当前线框密度: SURFTAB1=24 SURFTAB2=24

选择要旋转的对象：

　　// 选择如图 12-48 所示的截面轮廓

选择定义旋转轴的对象：

　　// 选择如图 12-49 所示的线段定义方向矢量

指定起点角度 <0>: ↙

　　// 按 Enter 键，指定起始角度

指定包含角 (+= 逆时针，-= 顺时针) <360>: ↙

　　// 按 Enter 键，旋转效果如图 12-50 所示

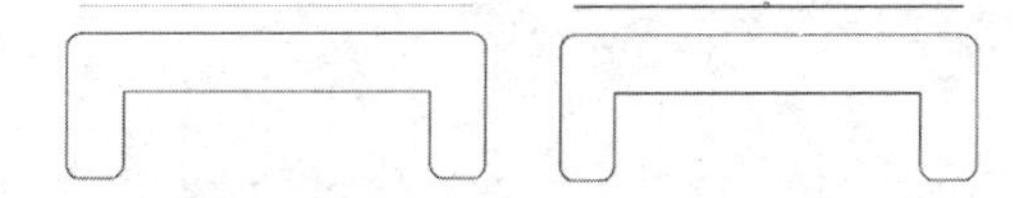

图 12-48 选择截面轮廓 图 12-49 定义方向矢量

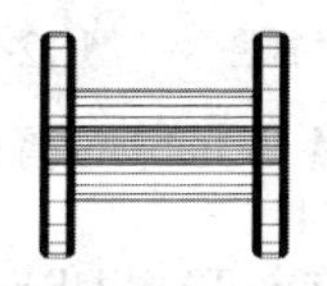

图 12-50 旋转效果

07 单击绘图区左上方的视图快捷控件，将当前视图切换为西南等轴测视图，如图 12-51 所示。

08 使用快捷键 HI 激活【消隐】命令，对模型进行消隐着色，最终效果如图 12-52 所示。

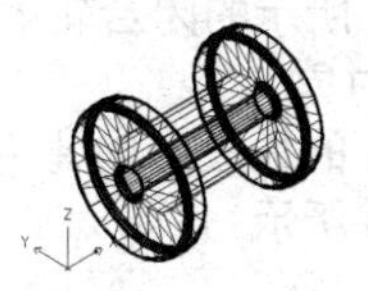

图 12-51 切换视图 图 12-52 最终效果

159 绘制平移网格

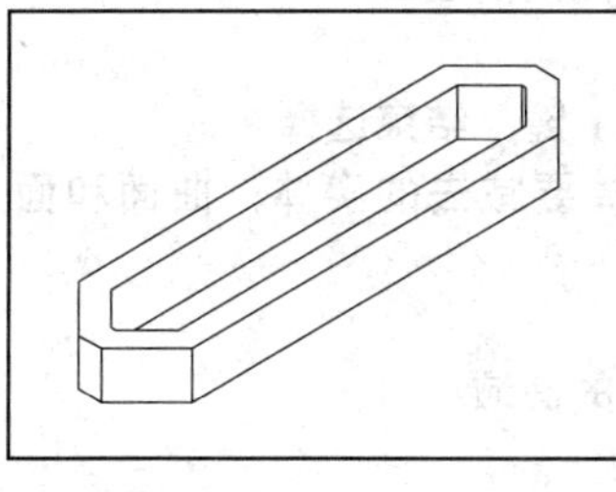

本例主要根据平移曲面的特点创建出实物的三维模型。在具体的操作过程中，首先绘制出内外轮廓线作为轨迹线，然后定义矢量方向，最后创建出平移曲面模型。

文件路径：	实例文件 \ 第 12 章 \ 实例 159.dwg
视频文件：	MP4\ 第 12 章 \ 实例 159.MP4
播放时长：	0:03:13

01 单击快速访问工具栏中的按钮，新建空白文件。

02 单击【绘图】面板中的【矩形】按钮，绘制如图 12-53 所示的外侧闭合倒角矩形。

03 单击【修改】面板中【偏移】按钮，将绘制的外侧轮廓线向内偏移 1，如图 12-54 所示。

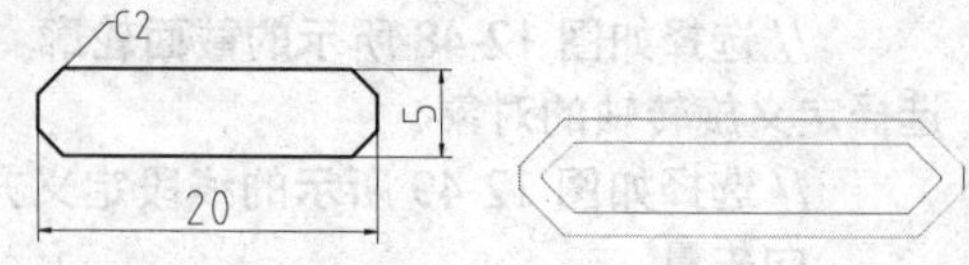

图 12-53 绘制倒角矩形　　图 12-54 偏移轮廓线

04 单击绘图区左上方的视图快捷控件，将当前视图切换为西南等轴测视图，如图 12-55 所示。

05 执行【直线】命令，配合【对象捕捉】功能，沿 z 轴正方向，绘制高度为 3 的线段，如图 12-56 所示。

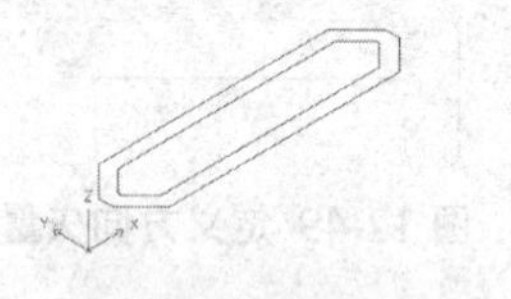
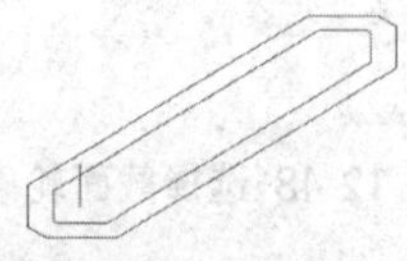

图 12-55 切换视图　　图 12-56 绘制线段

06 使用系统变量 surftab1 设置曲面模型的表面线框密度为 24。

07 在命令行中输入 TABSURF，激活【平移网格】命令，创建平移网格。命令行操作过程如下：

命令：_tabsurf
当前线框密度：SURFTAB1=24
选择用作轮廓曲线的对象：
　　// 选择图 12-57 所示的闭合轮廓线
选择用作方向矢量的对象：
　　// 选择高度为 3 的线段，创建平移网格，如图 12-58 所示
命令：↙
　　// 按 Enter 键，重复执行【平移网格】命令
TABSURF 当前线框密度：SURFTAB1=24
选择用作轮廓曲线的对象：
　　// 选择如图 12-59 所示的闭合轮廓线
选择用作方向矢量的对象：
　　// 选择高度为 3 的线段，继续创建平移网格，如图 12-60 所示

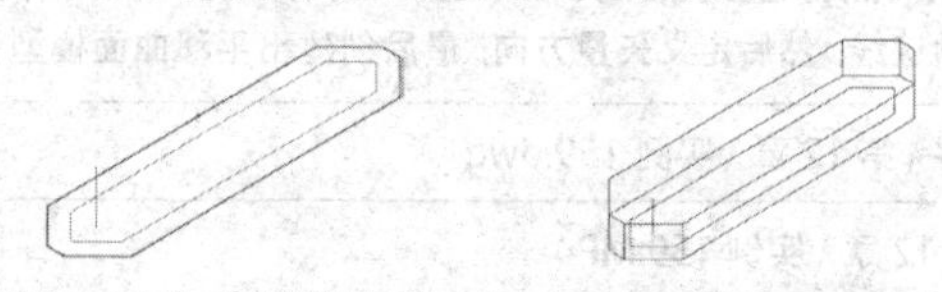

图 12-57 选择轮廓线　图 12-58 创建平移网格

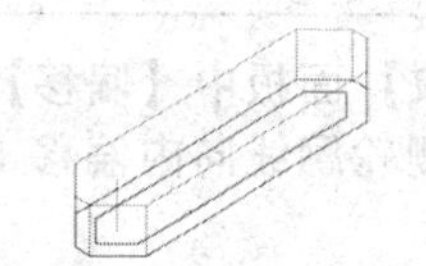

图 12-59 选择另一轮廓线

提示

【平移网格】命令是由一条轨迹线沿着指定方向矢量平移延伸而成的三维曲面，所以在创建此种曲面之前，需要确定轨迹线和矢量方向。

08 单击【修改】面板中的【移动】按钮，将刚创建的两个平移网格进行外移，如图 12-61 所示。

09 单击【绘图】面板中的【边界】按钮，弹出【边界创建】对话框。在该对话框中设置边界参数，如图 12-62 所示。

10 单击【边界创建】对话框中的按钮，返回绘图区。在图 12-63 所示的区域内拾取一点 A，指定面域范围。结果系统创建两个面域。

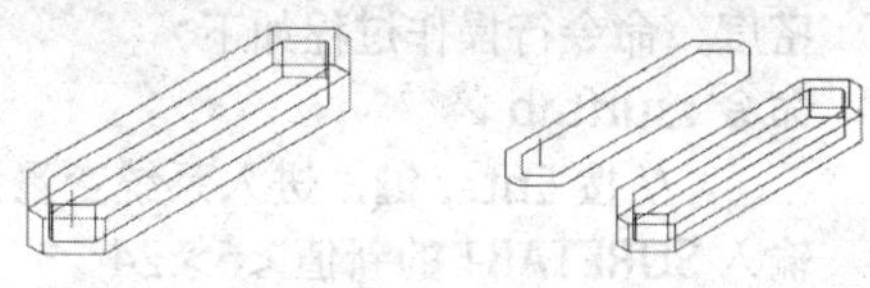

图 12-60 继续创建平移网格 图 12-61 移动平移网格

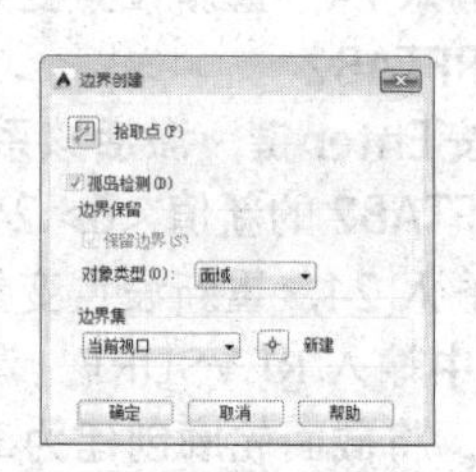

图 12-62 设置边界参数

11 使用快捷键 SU 激活【差集】命令，用外侧的大面域减掉内部的小面域。命令行操作过程如下：

命令：_subtract
选择要从中减去的实体、曲面和面域 ...
选择对象：
　　// 选择外侧大的面域
选择对象：↙
　　// 按 Enter 键，结束选择
选择对象：选择要减去的实体、曲面和面域 ...
选择对象：
　　// 选择小的面域
选择对象：↙
　　// 按 Enter 键，结束命令

12 单击【修改】面板中的【移动】按钮，选择刚创建的差集面域，配合【中点】捕捉功能，对齐进行位移，效果如图 12-64 所示。

⑬ 使用快捷键 HI 激活【消隐】命令，对模型进行消隐着色，最终效果如图 12-65 所示。

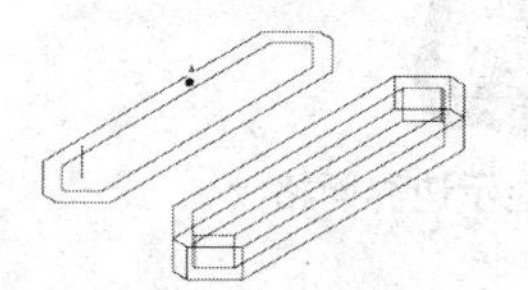
图 12-63 指定面域范围

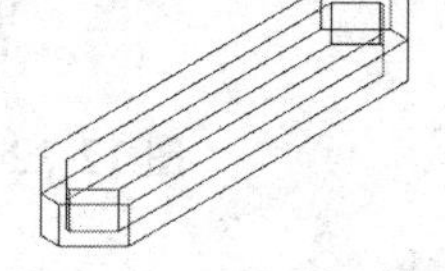
图 12-64 位移效果

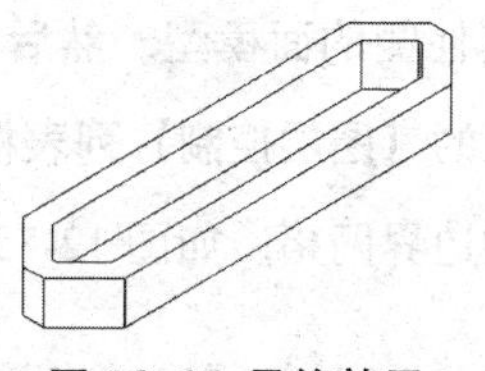
图 12-65 最终效果

160 绘制边界网格

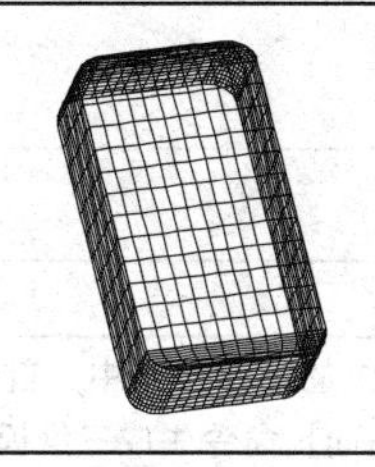

本例主要利用边界曲面的建模功能制作出三维模型。在具体的操作过程中，巧妙使用了【特性】和【图层】工具栏，以更改曲面所在的图层。	
文件路径：	实例文件 \ 第 12 章 \ 实例 160.dwg
视频文件：	MP4\ 第 12 章 \ 实例 160.MP4
播放时长：	0:02:54

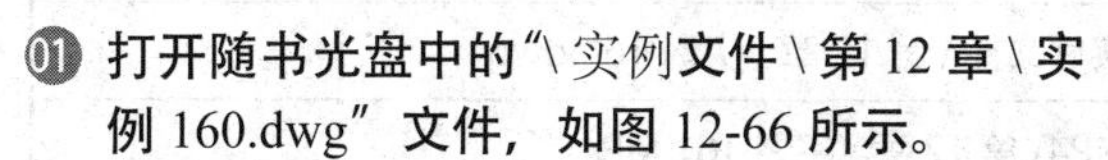

01 打开随书光盘中的"\ 实例文件 \ 第 12 章 \ 实例 160.dwg"文件，如图 12-66 所示。

02 启用【图层】命令，创建名为【边界网格】的图层，并将此图层关闭。

03 在命令行中设置曲面的表面线框密度都为 12。

04 在命令行中输入 EDGESURF，激活【边界网格】命令，创建左、右两侧的面模型。命令行操作过程如下：

命令：_edgesurf
当前线框密度：SURFTAB1=12 SURFTAB2=12
选择用作曲面边界的对象 1:
　　// 单击如图 12-67 所示的轮廓边 1
选择用作曲面边界的对象 2:
　　// 单击如图 12-67 所示的轮廓边 2
选择用作曲面边界的对象 3:
　　// 单击如图 12-67 所示的轮廓边 3
选择用作曲面边界的对象 4:
　　// 单击如图 12-67 所示的轮廓边 4，如图 12-68 所示
命令：
　　// 按 Enter 键，重复执行命令
_edgesurf 当前线框密度：SURFTAB1=12 SURFTAB2=12
选择用作曲面边界的对象 1:
　　// 单击如图 12-67 所示的轮廓边 5
选择用作曲面边界的对象 2:
　　// 单击如图 12-67 所示的轮廓边 6
选择用作曲面边界的对象 3:
　　// 单击如图 12-67 所示的轮廓边 7
选择用作曲面边界的对象 4:
　　// 单击如图 12-67 所示的轮廓边 8，效果如图 12-69 所示

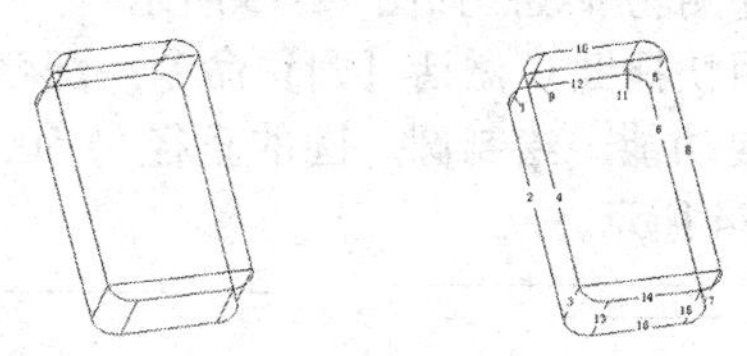
图 12-66 实例文件　图 12-67 定位边界线

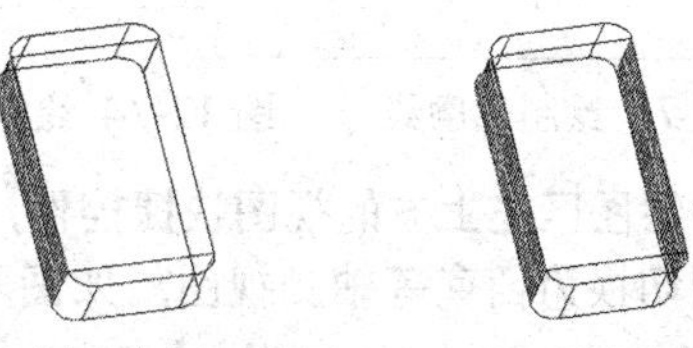
图 12-68 创建左侧面模型 图 12-69 创建右侧面模型

05 按 Enter 键，重复执行【边界网格】命令，创建上、下两侧的面模型，轮廓边分别为图 12-67 所示的 9、10、11、12、13、14、15 和 16，如图 12-70 所示。

06 夹点显示四个边界网格，然后打开【特性】对话框，修改对象图层为【边界网格】层，所选对象被隐藏，如图 12-71 所示。

⑦ 根据以上步骤，执行【边界网格】命令，继续创建其他侧的面模型，然后单击【图层】工具栏上的【图层控制】列表框，打开所有被隐藏的边界网格，如图 12-72 所示。

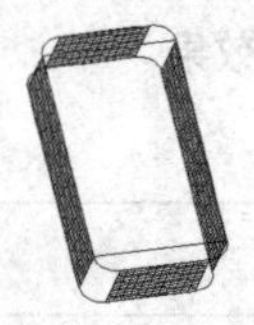
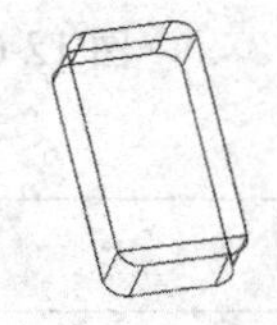

图 12-70 创建上、下两侧面模型　图 12-71 隐藏对象

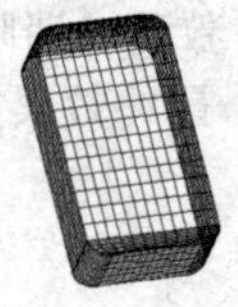

图 12-72 显示边界网格

提示

【边界网格】命令用于将 4 条首尾相连的空间直线或曲线作为边界，创建成空间模型。在执行此命令前，必须要定义出 4 条首尾相连的空间直线或曲线。

161 绘制直纹网格

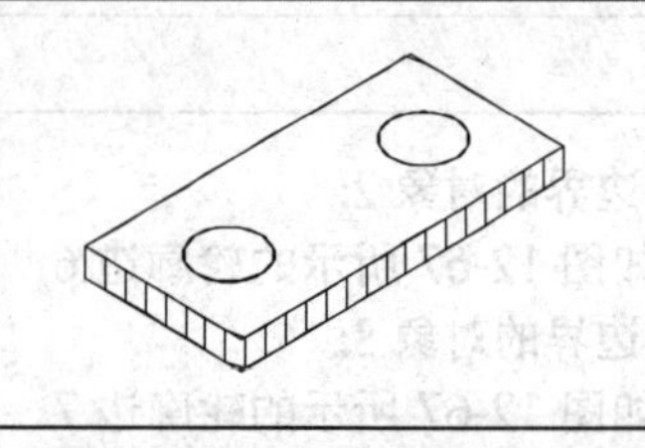

本例主要根据直纹曲面特点创建实物模型。在具体的操作过程中，首先绘制出底面和顶面轮廓线作为轨迹线，然后使用【直纹曲面】命令生成三维模型。	
文件路径：	实例文件 \ 第 12 章 \ 实例 161.dwg
视频文件：	MP4\ 第 12 章 \ 实例 161.MP4
播放时长：	0:02:40

① 新建文件，并激活状态栏上的【正交】功能。

② 单击【绘图】面板【多段线】按钮，绘制外侧轮廓线，如图 12-73 所示。

③ 使用快捷键 C 激活【圆】命令，配合【自】捕捉功能，绘制圆，圆的直径为 50，如图 12-74 所示。

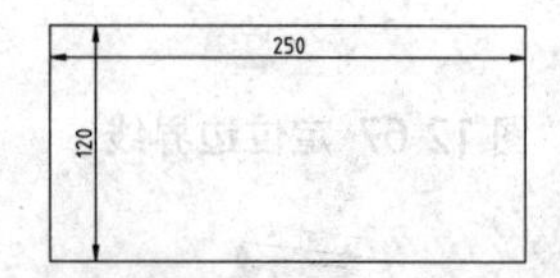

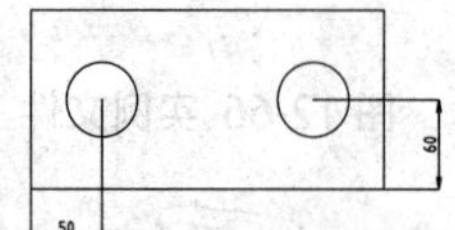

图 12-73 绘制轮廓线　图 12-74 绘制圆

④ 单击绘图区左上方的视图快捷控件，将当前视图切换为西南等轴测视图，如图 12-75 所示。

⑤ 单击【修改】面板中的【复制】按钮，选择外侧轮廓线和两个圆孔图形，沿 z 轴复制 20 和 100，如图 12-76 所示。

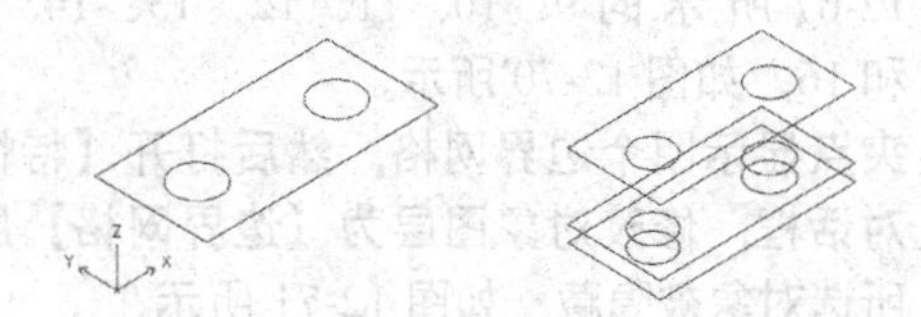

图 12-75 切换视图　图 12-76 复制图形

⑥ 使用系统变量 surftab，在命令行中设置曲面模型的表面线框密度为 48。

⑦ 在命令行中输入 RULESURE，激活【直纹网格】命令，创建内部的圆孔模型。命令行操作过程如下：

命令：_rulesurf
当前线框密度：SURFTAB1=48
选择第一条定义曲线：
　　// 选择如图 12-77 所示的圆
选择第二条定义曲线：
　　// 选择如图 12-78 所示的圆，创建直纹网格如图 12-79 所示

⑧ 重复执行【直纹网格】命令，创建其他轮廓的面模型，如图 12-80 所示。

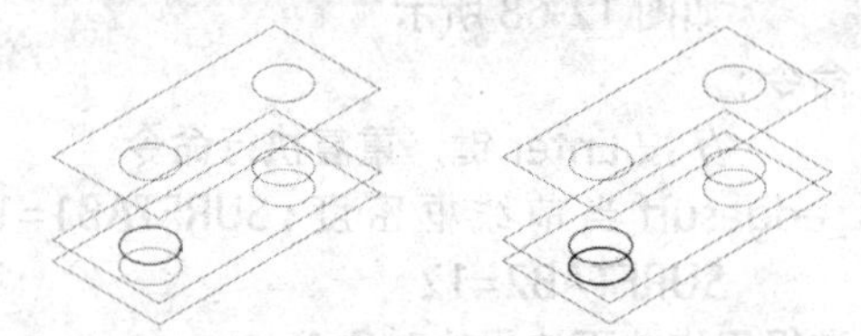

图 12-77 选择圆　图 12-78 选择圆

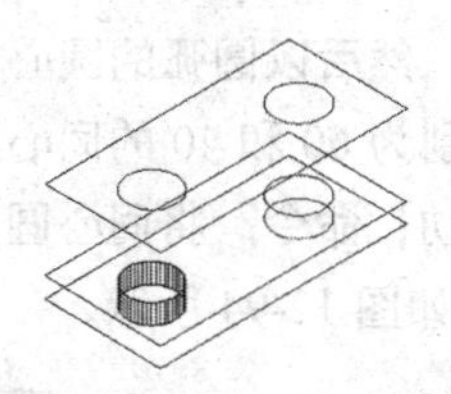

图 12-79 创建直纹网格

⓽ 使用快捷键 REG 激活【面域】命令，选择如图 12-81 所示的三个闭合图形，将其转化为三个面域。

⓾ 使用快捷键 SU 激活【差集】命令，对刚创建的三个面域进行差集运算。

⑪ 单击【修改】面板中的【移动】按钮，将差集后的面域沿 z 轴负方向移动 80，位移效果如图 12-82 所示。

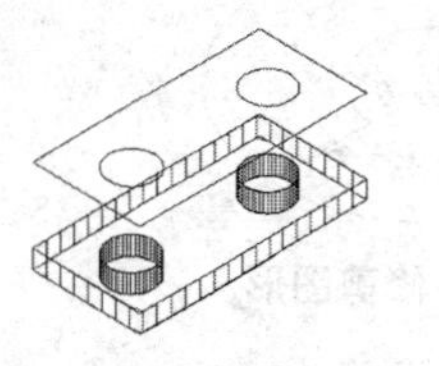

图 12-80 创建其他面模型

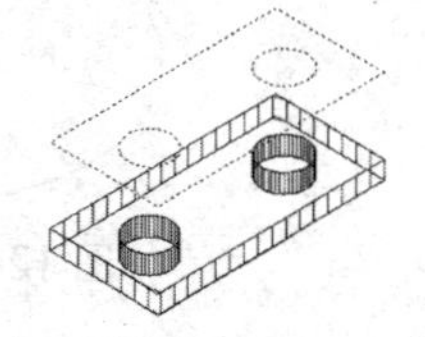

图 12-81 转换为面域

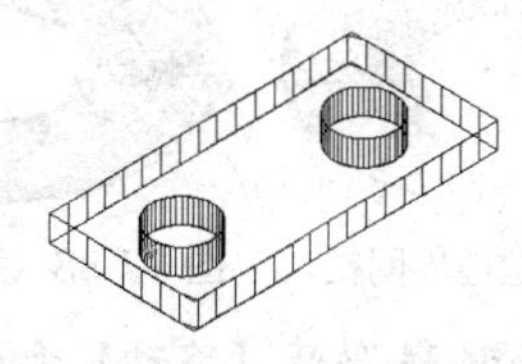

图 12-82 位移效果

162 创建底座网格模型

<table>
<tr><td rowspan="4">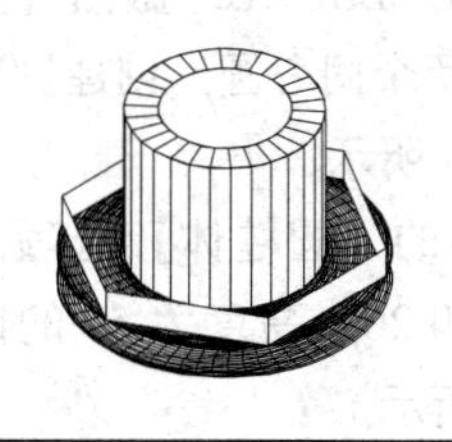</td><td colspan="2">本例通过制作底座立体模型，主要综合练习【平移网格】、【边界网格】、【直纹网格】等三维网格功能，以及一些二维制图工具的使用方法和技巧。</td></tr>
<tr><td>文件路径：</td><td>实例文件 \ 第 12 章 \ 实例 162.dwg</td></tr>
<tr><td>视频文件：</td><td>MP4\ 第 12 章 \ 实例 162.MP4</td></tr>
<tr><td>播放时长：</td><td>0:07:02</td></tr>
</table>

⓵ 新建文件，并将当前视图切换为西南等轴测视图。

⓶ 创建【座侧面】、【座底面】、【座顶面】和【圆筒面】四个图层，并把这四个图层关闭。

⓷ 使用快捷键 C 激活【圆】命令，绘制半径为 50 的圆。

⓸ 执行【直线】命令，以圆的圆心为起点，以相对坐标“@0，0，10”为目标点，绘制长度为 10 的线段，如图 12-83 所示。

⓹ 在命令行中输入 TABSURF，激活【平移网格】命令，以圆作为平移对象，以线段作为方向矢量，创建底座侧面，如图 12-84 所示。

⓺ 修改平移网格的图层为【座侧面】图层，然后执行【直线】命令，绘制圆的一条中心线。

⓻ 使用快捷键 C 激活【圆】命令，绘制半径为 20 的圆，如图 12-85 所示。

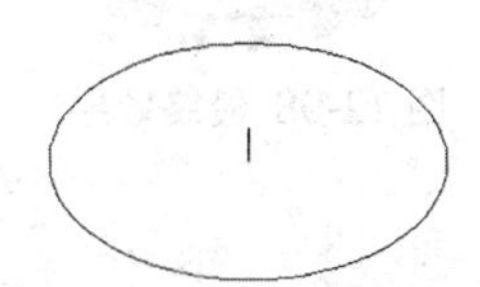

图 12-83 绘制线段

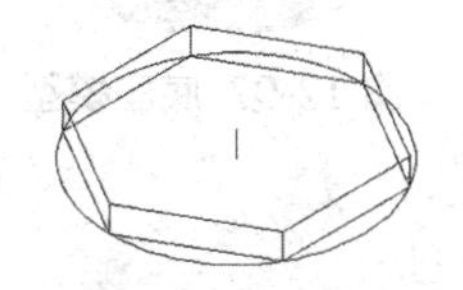

图 12-84 创建底座侧面

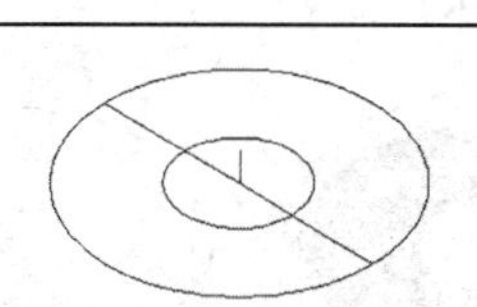

图 12-85 绘制半径为 20 的圆

⓼ 单击【修改】面板中的【修剪】按钮，对圆图形和对角线进行修剪，如图 12-86 所示。

⓽ 显示菜单栏，选择菜单【绘图】|【圆弧】|【起点、圆心、端点】选项，以图 12-86 所示的点 2 为起点，点 1 为端点，绘制圆弧。

⓾ 使用变量【SURFTAB1】和【SURFTAB2】，设置曲面模型的线框密度为 30。

⑪ 在命令行中输入 EDGESURF，激活【边界网格】命令，以刚绘制的圆弧和图 12-86 所示的线段 A、弧 B 和线段 C 作为边界，创建如图 12-87 所示的边界网格。

⑫ 执行【镜像】命令，选择刚创建的边界网格进行镜像，如图 12-88 所示。

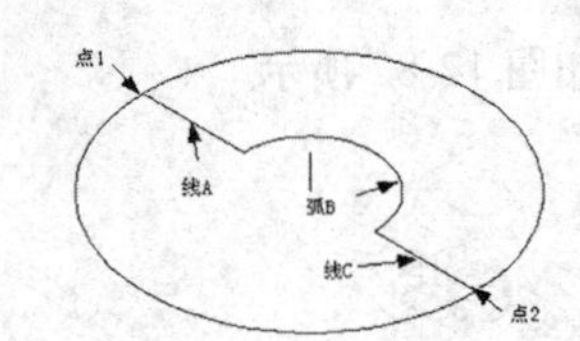

图 12-86 修剪图形

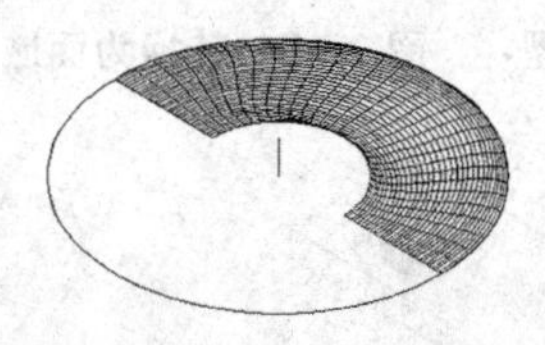

图 12-87 创建边界网格

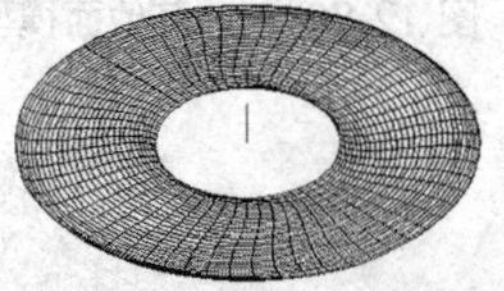

图 12-88 镜像边界网格

⑬ 使用快捷键 M 激活【移动】命令，选择两个边界网格进行位移，基点为任意一点，目标点为【@0，0，-10】，如图 12-89 所示。

⑭ 选择移动后的底面模型，将图层修改为【座底面】层，将两个对象隐藏。

⑮ 单击【修改】面板中的【缩放】按钮，选择圆弧进行缩放。基点为原点，比例因子为 1.5，如图 12-90 所示。

⑯ 执行【修剪】命令，以缩放后的圆弧作为剪切边界，将边界内的线段修剪掉，如图 12-91 所示。

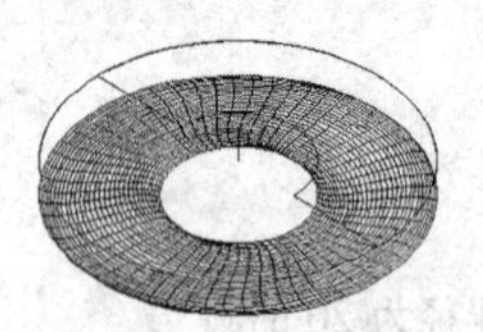

图 12-89 位移边界网格

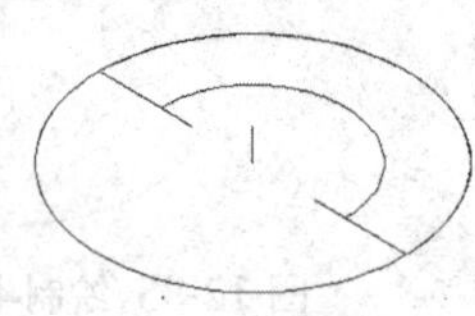

图 12-90 缩放圆弧

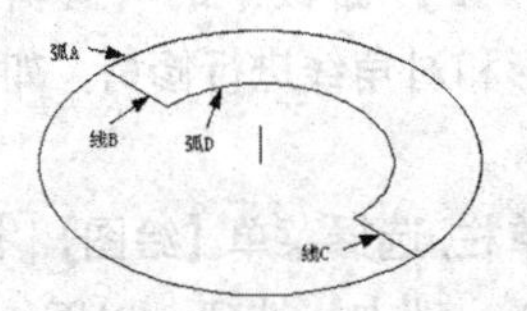

图 12-91 修剪图形

⑰ 继续执行【边界网格】命令，以图 12-91 所示的弧 A 和线 B、弧 D 和线 C 作为边界，创建如图 12-92 所示的顶面模型。

⑱ 执行【镜像】命令，选择刚创建的边界网格进行镜像，如图 12-93 所示。

⑲ 选择刚创建的顶面模型，修改其图层为【座顶面】层，然后以圆弧的圆心作为圆心，绘制直径分别为 60 和 40 的同心圆。

⑳ 执行【移动】命令，将同心圆沿 z 轴正方向移动 50，如图 12-94 所示。

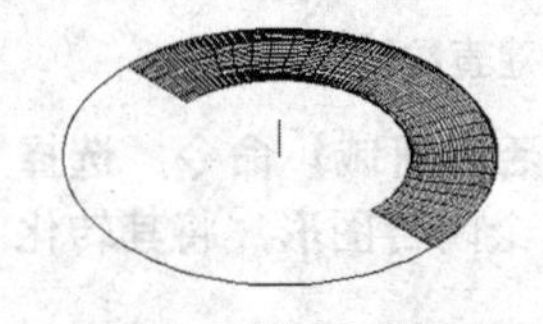

图 12-92 创建顶面模型

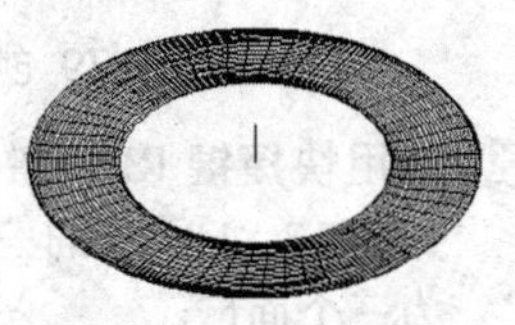

图 12-93 镜像边界网格

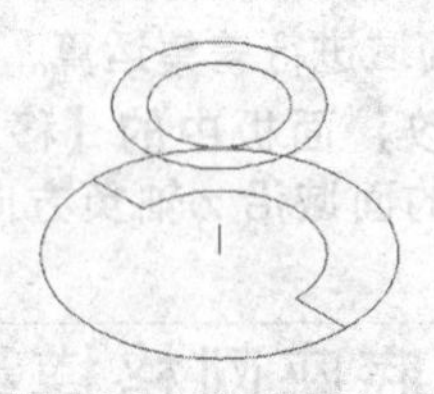

图 12-94 移动同心圆

㉑ 在命令行中输入 RULESURE，激活【直纹网格】命令，选择两个同心圆，创建圆筒顶面模型，如图 12-95 所示。

㉒ 选择 MESH 命令中的【圆柱体】选项，创建半径分别为 30 和 20，高度为 50 的圆筒模型，如图 12-96 所示。

㉓ 打开所有关闭的图层，底座模型如图 12-97 所示。

㉔ 使用快捷键 HI 激活【消隐】命令，对模型进行消隐，最终效果如图 12-98 所示。

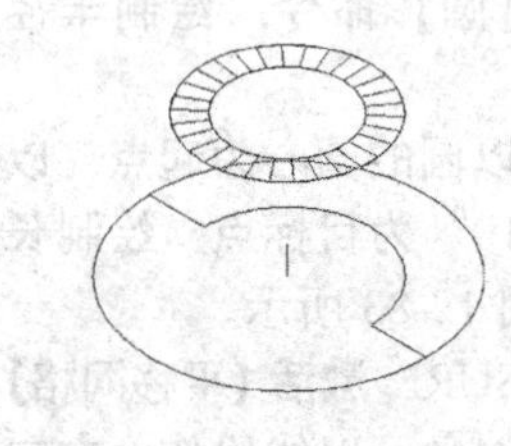

图 12-95 创建顶面模型

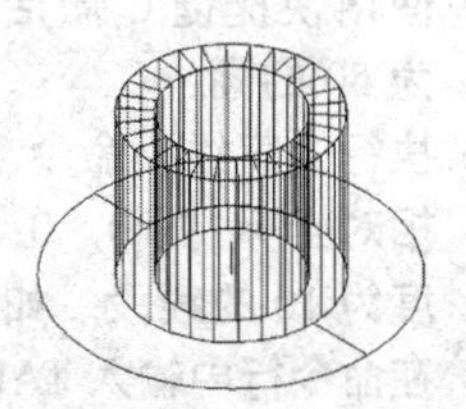

图 12-96 创建圆筒模型

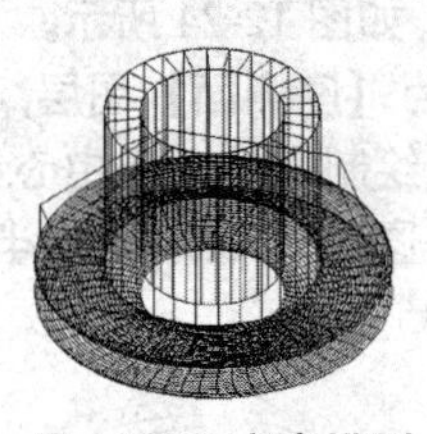

图 12-97 底座模型

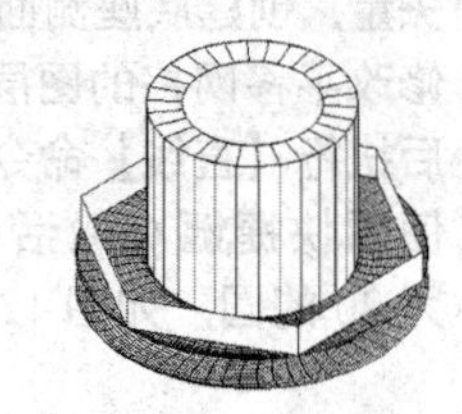

图 12-98 最终效果

163 创建斜齿轮网格模型

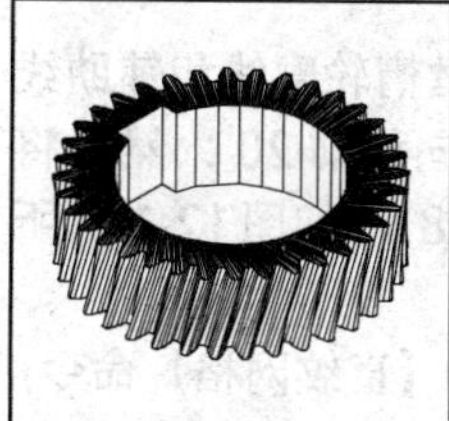

本例通过制作斜齿轮网格模型，主要综合练习【编辑多段线】、【平移网格】和【直纹网格】命令。	
文件路径：	实例文件\第12章\实例163.dwg
视频文件：	MP4\第12章\实例163.MP4
播放时长：	0:11:10

01 单击快速访问工具栏中的按钮，快速新建空白文件。

02 单击【绘图】面板中的按钮，绘制半径分别为38、35.8、33.5和25的同心圆，如图12-99所示。

03 执行【构造线】命令，配合【圆心】捕捉功能，绘制构造线，作为辅助线。

04 单击【修改】面板中的【偏移】按钮，将垂直构造线分别向左偏移0.6、1.6和2，如图12-100所示。

05 单击【绘图】面板中的【圆弧】按钮，分别捕捉图12-100所示的点1、点2和点3，绘制如图12-101所示的圆弧。

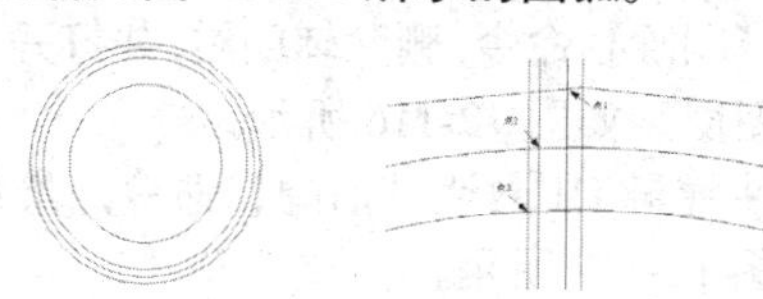

图12-99 绘制同心圆　图12-100 偏移垂直构造线

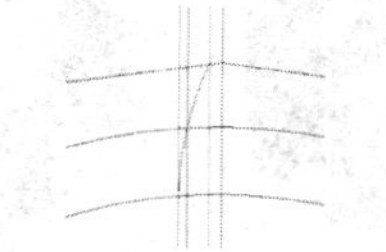

图12-101 绘制圆弧

06 执行【镜像】命令，对刚绘制的圆弧进行镜像，并删除和修剪辅助线，如图12-102所示。

07 单击【修改】面板中的【环形阵列】按钮，将刚绘制的齿形环形阵列36份，中心点为圆心，如图12-103所示。

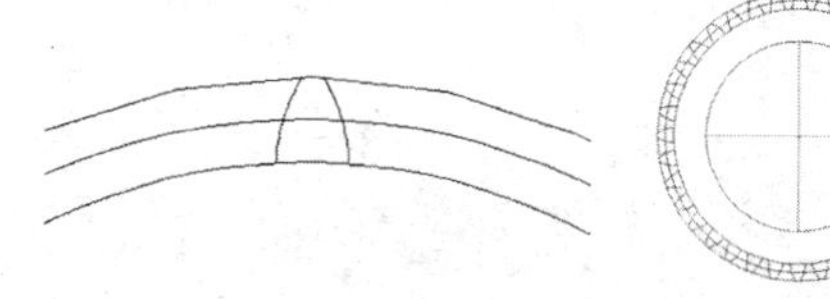

图12-102 镜像圆弧并删除和修剪辅助线　图12-103 环形阵列齿形

08 执行【修剪】和【删除】命令，对阵列后的图形进行编辑，如图12-104所示。

09 综合执行【偏移】、【修剪】和【删除】命令，绘制如图12-105所示的键槽轮廓。

10 执行【合并】命令，将所示的轮廓创建为两条闭合的多段线，并将当前视图切换为西南等轴测视图，如图12-106所示。

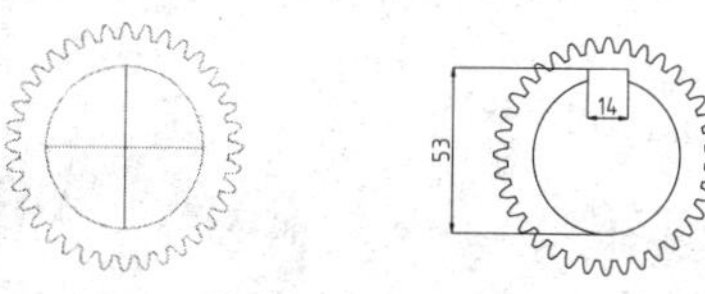

图12-104 修剪和删除编辑　图12-105 绘制键槽轮廓

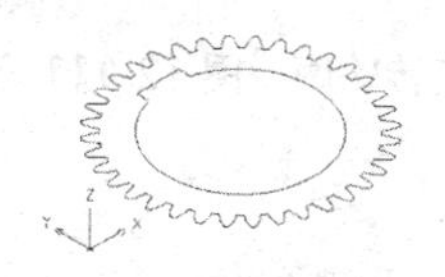

图12-106 切换视图

11 执行【直线】命令，以圆的圆心为起点，绘制长度为20的垂直线段，如图12-107所示。

12 在命令行中输入surftab1和surftab2，将其值设置为30。

13 在命令行中输入TABSURF，激活【平移网格】命令，创建如图12-108所示的齿轮中心孔模型。

14 创建名为【曲面】的图层，把刚创建的曲面放在此图层，并关闭此图层。

15 执行【复制】命令，选择外侧的闭合轮廓进行复制，基点为任意一点，目标点为【@0，0，20】，如图12-109所示。

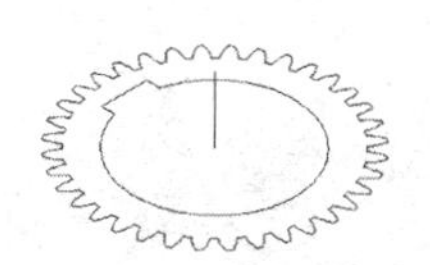

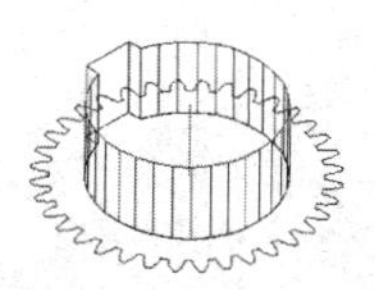

图12-107 绘制线段　图12-108 创建齿轮中心孔模型

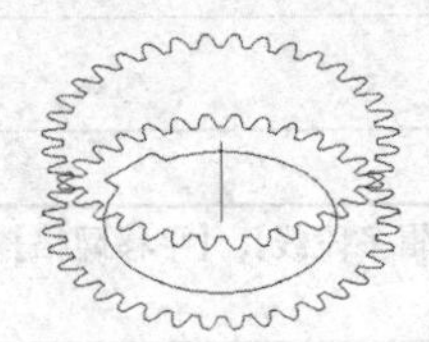

图 12-109 复制轮廓

⑯ 单击【修改】面板中的【旋转】按钮，将复制后的轮廓旋转 6.78°，基点为垂直辅助线上端点，如图 12-110 所示。

⑰ 在命令行中输入 surftab1 后按 Enter 键，修改变量值为 360。

⑱ 在命令行中输入 RULESURE，激活【直纹网格】命令，创建如图 12-111 所示的直纹网格，并修改其图层为【曲面】。

⑲ 使用快捷键 XL 激活【构造线】命令，通过圆心绘制一条如图 12-112 所示的垂直辅助线。

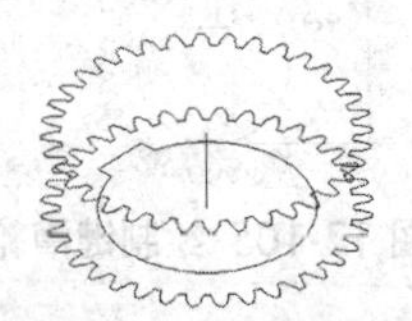

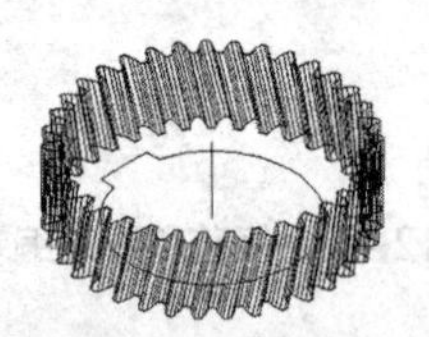

图 12-110 旋转轮廓　图 12-111 创建直纹网格

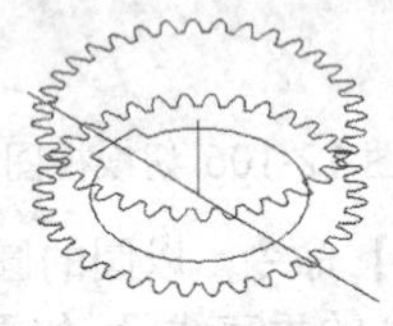

图 12-112 绘制垂直辅助线

⑳ 单击【修改】面板中的【打断于点】按钮，以辅助线与内外轮廓线交点作为断点，分别将内外轮廓线创建为两条多段线。

㉑ 重复执行【直纹网格】命令，创建如图 12-113 所示的直纹网格，并修改其图层为【曲面】。

㉒ 执行【移动】命令，将键槽轮廓线和辅助线沿当前坐标系 z 轴正方向移动 20；然后将移动后的辅助线旋转 6.78°，如图 12-114 所示。

㉓ 重复上述操作步骤，执行【直纹网格】命令，创建如图 12-115 所示的直纹网格。

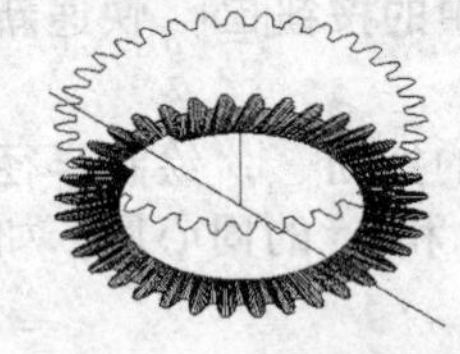

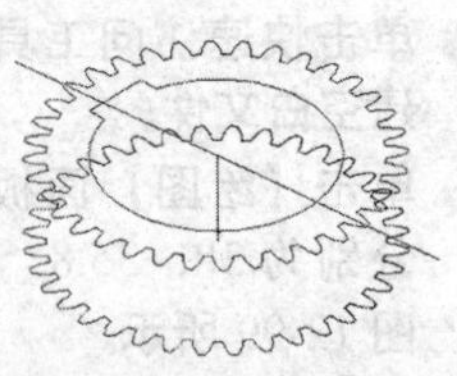

图 12-113 创建直纹网格　图 12-114 移动并旋转

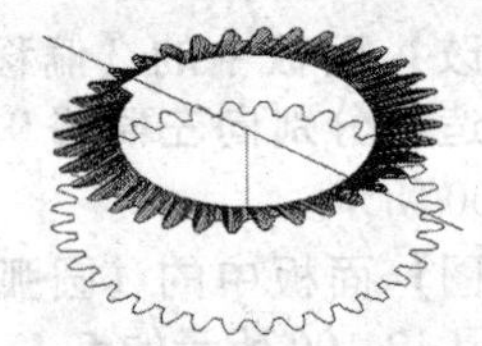

图 12-115 创建直纹网格

㉔ 执行【删除】命令，删除辅助线，并打开【曲面】图层，如图 12-116 所示。

㉕ 使用快捷键 HI 激活【消隐】命令，最终效果如图 12-117 所示。

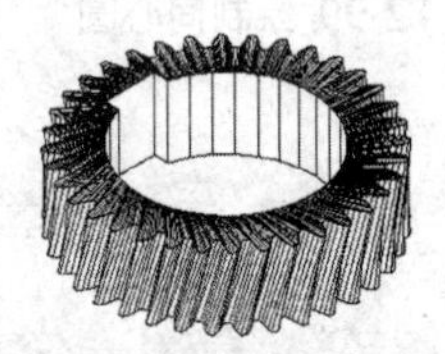

图 12-116 删除辅助线　图 12-117 最终效果

13 Chapter
第 13 章

零件实心体模型创建

实体模型是三维造型技术中比较完善且常用的一种形式，它包含了绘制线框模型和曲面模型的各种功能，不但包含构成物体边棱和不透明的表面，还包含体积、质心等特性，是一个实实在在的实心体，可以进行布尔运算、切割、贴图、消隐、着色和渲染等各种操作。

树立正确的空间观念，灵活建立和使用三维坐标系，准确地在三维空间中设置视点，既是整个三维绘图的基础，同时也是三维绘图的难点所在。

本章通过 11 个实例，详细讲解了三维实心体模型创建的基本方法。

164 绘制基本实心体

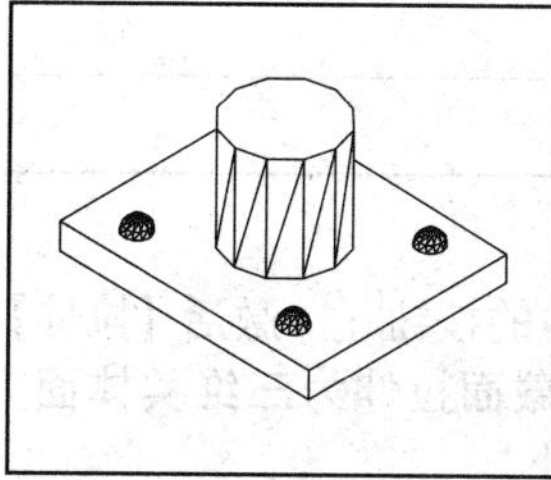

本例主要综合练习使用【长方体】、【圆柱体】和【球体】命令创建长方体、圆柱体和球体基本几何实体的方法和技巧。

文件路径：	实例文件 \ 第 13 章 \ 实例 164.dwg
视频文件：	MP4\ 第 13 章 \ 实例 164.MP4
播放时长：	0:02:17

01 新建空白文件，并设置捕捉追踪功能。

02 单击绘图区左上方的视图快捷控件，将当前视图切换为西南等轴测视图。

03 单击【建模】面板中【长方体】按钮，创建底板模型。命令行操作过程如下：

命令：_box
指定第一个角点或 [中心 (C)]:
// 在绘图区拾取一点
指定其他角点或 [立方体 (C)/ 长度 (L)]:L ↙
// 输入 L，激活【长度】选项
指定长度 <50.0000>:80 ↙
// 输入 80
指定宽度 <25.0000>:100 ↙
// 输入 100
指定高度或 [两点 (2P)] <10.0000>:10 ↙
// 输入 10，创建长方体，如图 13-1 所示

04 单击【建模】面板中的【圆柱体】按钮，配合【自】捕捉功能，以长方体的中心为圆心，绘制半径为 20，高度为 40 的圆柱体，如图 13-2 所示。

05 使用系统变量 ISOLINES，设置实体线框密度为 12。

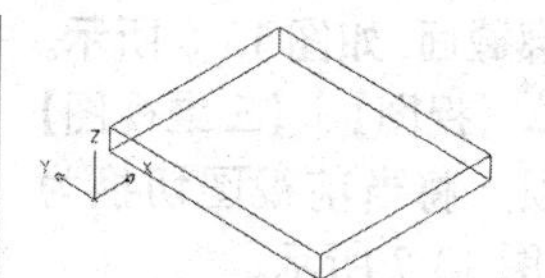

图 13-1 创建长方体

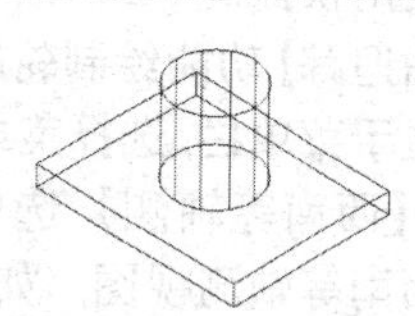

图 13-2 绘制圆柱体

06 单击【建模】面板中的【球体】按钮，配合【端点】捕捉和【自】捕捉功能，创建球体模型。命令行操作过程如下：

命令：_sphere
指定中心点或 [三点 (3P)/ 两点 (2P)/ 切点、切点、半径 (T)]:
// 激活【自】捕捉功能
_from 基点：
// 捕捉长方体上表面左上方端点
< 偏移 >:@10，-20 ↙
指定半径或 [直径 (D)] <0.000> : 5 ↙
// 输入球体半径，创建球体，如图 13-3 所示

07 单击绘图区左上方的视图快捷控件，将视图切换为俯视图，然后执行【镜像】命令，配合【中点】捕捉功能，对球体镜像，如图 13-4 所示。

08 将当前视图切换为西南等轴测视图，并单击

绘图区左上方的视觉样式快捷控件，对模型进行着色显示，最终效果如图 13-5 所示。

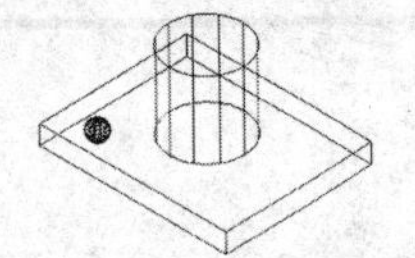

图 13-3 创建球体

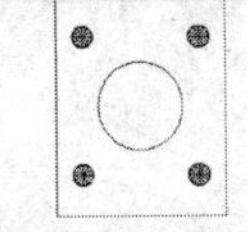

图 13-4 镜像球体

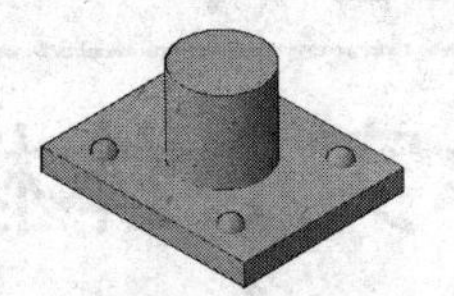

图 13-5 最终效果

165 绘制拉伸实体

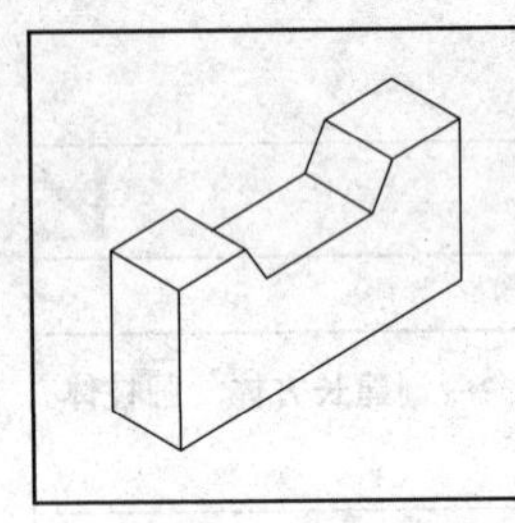	本例主要练习拉伸实体建模的方法和技巧。在具体的操作过程中，首先执行【多段线】命令，绘制出模型的轮廓截面，然后将闭合截面拉伸为三维实体，并对其进行着色。	
	文件路径：	实例文件 \ 第 13 章 \ 实例 165.dwg
	视频文件：	MP4\ 第 13 章 \ 实例 165.MP4
	播放时长：	0:01:49

01 新建文件，并设置对象捕捉和追踪参数。

02 启用【极轴追踪】功能，然后将视图切换为主视图。

03 使用快捷键 PL 激活【多段线】命令，配合【极轴追踪】功能绘制轮廓截面，如图 13-6 所示。

04 显示菜单栏，选择菜单【视图】|【三维视图】|【西南等轴测】选项，将当前视图切换为西南等轴测视图，如图 13-7 所示。

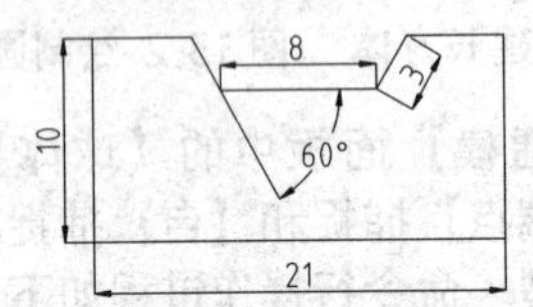

图 13-6 绘制轮廓截面

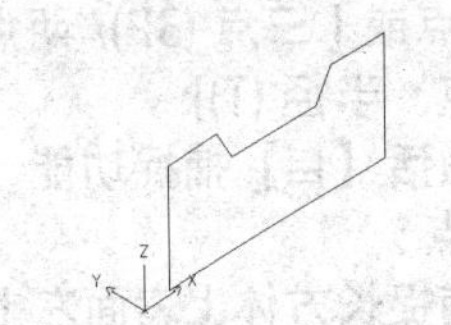

图 13-7 切换视图

提示

【拉伸】命令用于将闭合的单个图形对象创建为三维实体。执行该命令还有另外两种方式，即 Extrude 和快捷键 EXT。

05 使用系统变量 ISOLINES，设置实体线框密度为 20。

06 单击【建模】面板中的按钮，激活【拉伸】命令，将刚绘制的截面拉伸为三维实体面。命令行操作过程如下：

```
命令：_extrude
当前线框密度：ISOLINES=20
选择要拉伸的对象：
        // 选择图 13-8 所示的轮廓截面
```

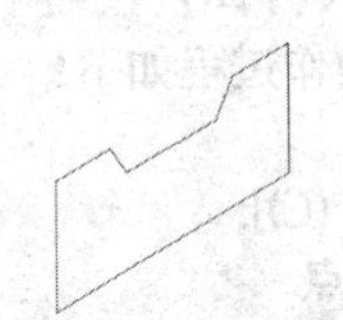

图 13-8 选择轮廓截面

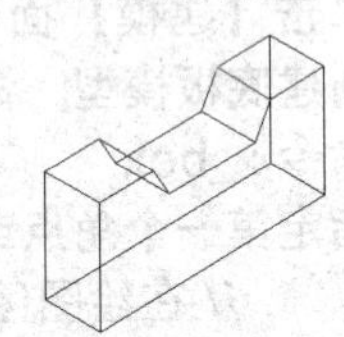

图 13-9 拉伸效果

```
指定拉伸的高度或 [ 方向 (D)/ 路径 (P)/ 倾
    斜角 (T)] <20.0000>:5 ↙
        // 输入 5，拉伸效果如图 13-9 所示
```

07 使用快捷键 HI 激活【消隐】命令，消隐效果如图 13-10 所示。

08 单击绘图区左上方的视觉样式快捷控件，对模型进行着色，最终效果如图 13-11 所示。

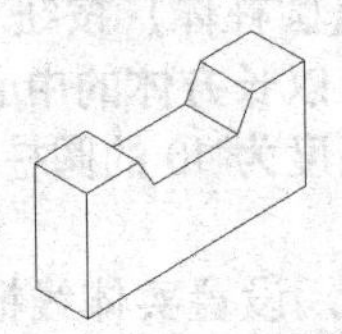

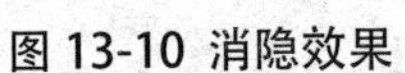

图 13-10 消隐效果

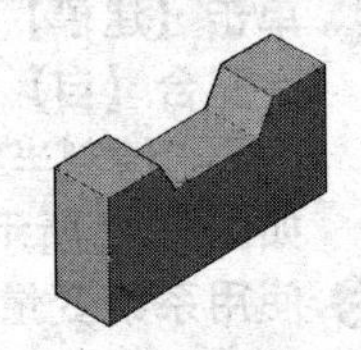

图 13-11 最终效果

166 按住并拖动

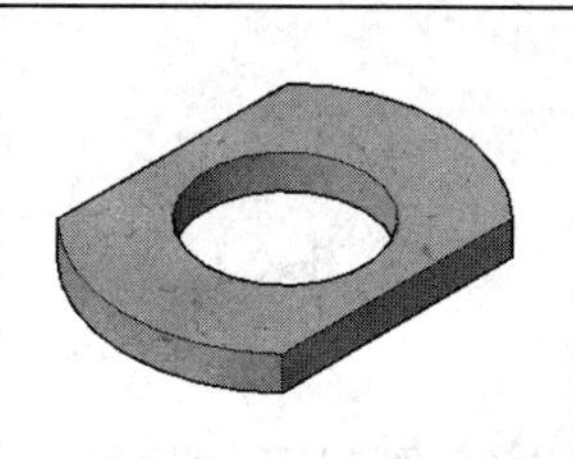

按住并拖动是AutoCAD中一个简单有用的操作，可由有限、有边界区域或闭合区域创建拉伸，可从实体上的有限、有边界区域或闭合区域中创建拉伸	
文件路径：	实例文件\第13章\实例166.dwg
视频文件：	MP4\第13章\实例166.MP4
播放时长：	0:01:37

01 按Ctrl+N快捷键，新建图形文件，并启用对象捕捉和追踪功能。

02 执行C【圆】命令，绘制一个R50和一个R25的圆；执行L【直线】命令，捕捉象限点，绘制大圆直径线，如图13-12所示。

03 单击【修改】面板中的【偏移】按钮，将直径分别向上、下偏移35，如图13-13所示。

04 单击绘图区左上方的视图快捷控件，将当前视图切换为西南等轴测视图，删除大圆直径线，如图13-14所示。

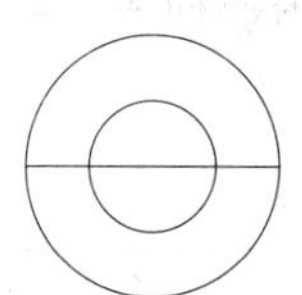

图13-12 绘制圆和直线

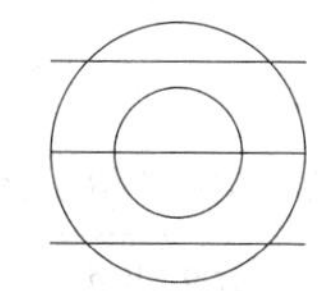

图13-13 偏移直径

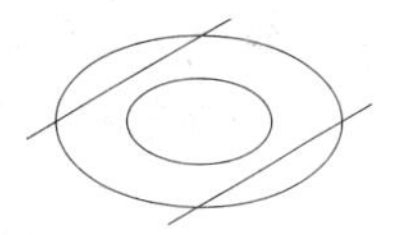

图13-14 切换视图

05 使用系统变量ISOLINES，设置实体线框密度为20。

06 单击【建模】面板中的按钮，激活【按住并拖动】命令，选择圆与直线之间的位置，输入高度为10，拉伸效果如图13-15所示。

07 使用快捷键【E】，激活【删除】命令，删除辅助直线及圆。

08 单击绘图区左上方的视觉样式快捷控件，对模型进行着色，最终效果如图13-16所示。

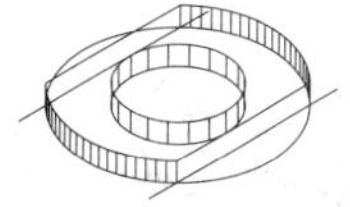

图13-15 拉伸效果

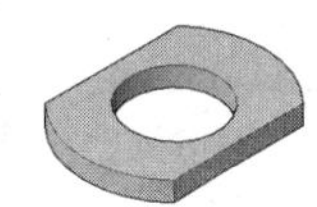

图13-16 最终效果

167 绘制放样实体 

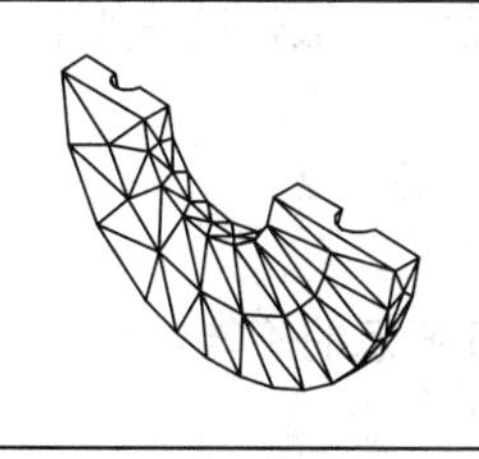

放样是由多个二维轮廓创建截面沿路径渐变的实体。创建放样之前，要创建两个或两个以上的截面，可以选择用导向线和放样路径更精确地控制放样形状	
文件路径：	实例文件\第13章\实例167.dwg
视频文件：	MP4\第13章\实例167.MP4
播放时长：	0:01:36

01 新建文件，同时激活【极轴追踪】功能。

02 使用快捷键PL激活【多段线】命令，配合【极轴追踪】功能绘制如图13-17所示的多段线轮廓。

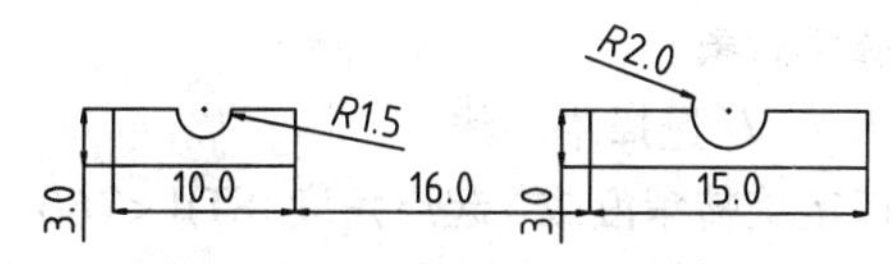

图13-17 绘制多段线轮廓

03 使用UCS命令中的【新建】功能，重新定义用户坐标系，如图13-18所示。

04 单击【绘图】面板中的【两点】按钮，绘制半径为8的圆，如图13-19所示。

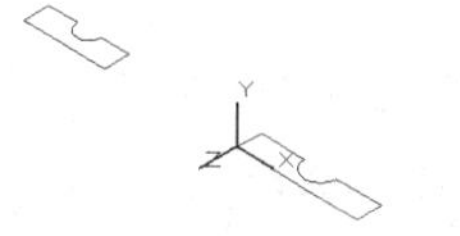

图13-18 定义坐标系

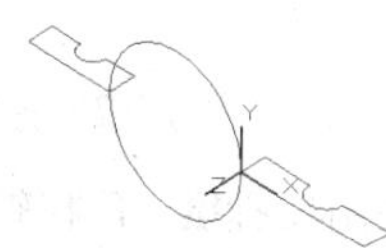

图13-19 绘制圆

05 使用快捷键 BR 激活【打断】命令，对刚绘制的圆进行打断操作，如图 13-20 所示。

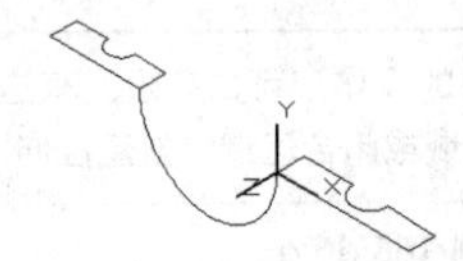

图 13-20 打断圆

06 设置变量 ISOLINESDE 的值为 12。

07 单击【建模】面板中的【放样】按钮，依次选择两个多段线为放样截面，选择圆弧作为放样路径，创建放样实体，如图 13-21 所示。

08 使用快捷键 HI 激活【消隐】命令，对放样后的实体模型进行消隐显示，如图 13-22 所示。

09 单击绘图区左上方的视觉样式快捷控件，对模型进行【概念】着色，最终效果如图 13-23 所示。

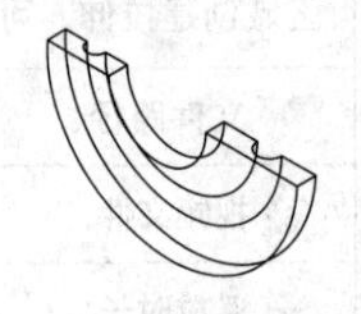

图 13-21 创建放样实体

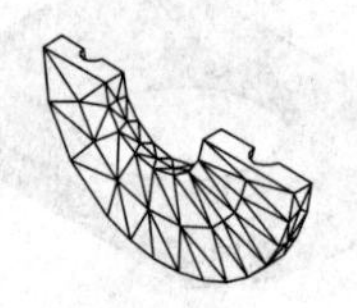

图 13-22 消隐显示

图 13-23 最终效果

168 绘制旋转实体

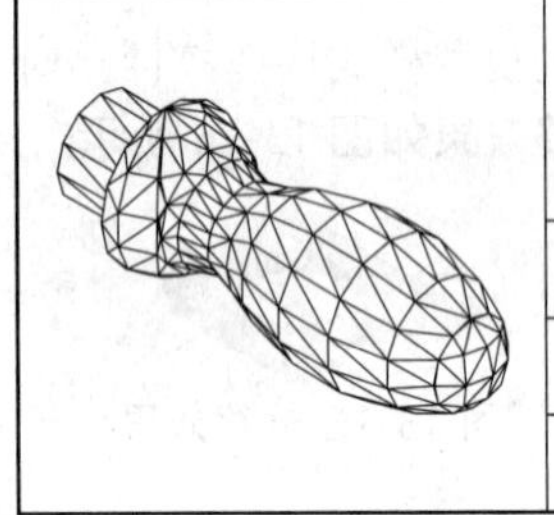

本例主要针对回转体的内部特征，使用旋转实体功能，根据零件的平面图形快速创建出三维实体模型。

文件路径：	实例文件 \ 第 13 章 \ 实例 168.dwg
视频文件：	MP4\ 第 13 章 \ 实例 168.MP4
播放时长：	0:01:24

01 打开随书光盘中的"\ 实例文件 \ 第 07 章 \ 实例 078.dwg"，如图 13-24 所示。

02 单击【修改】面板中的【修剪】按钮，对图形的轮廓线进行修剪，并删除多余的线段，如图 13-25 所示。

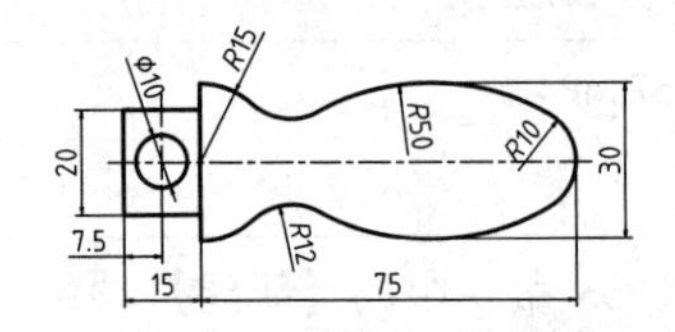

图 13-24 实例文件

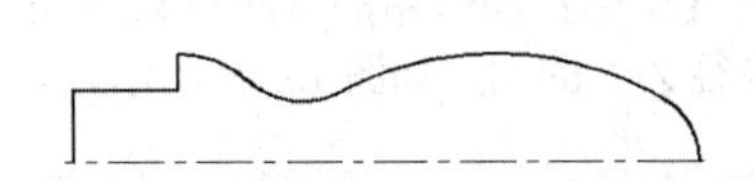

图 13-25 修剪并删除图形

03 使用快捷键 PE 将轮廓线合并。

04 使用系统变量 ISOLINES，设置实体表面的线框密度为 12。

05 单击【建模】面板中的【旋转】按钮，创建三维回转实体。命令行操作过程如下：

```
命令：_revolve
当前线框密度：ISOLINES=12
选择要旋转的对象：↙
        // 选择图 13-26 所示的旋转对象
选择要旋转的对象：↙
        // 按 Enter 键，结束选择
指定轴起点或根据以下选项之一定义轴 [ 对象 (O)/X/Y/Z] < 对象 >: ↙
        // 按 Enter 键
选择对象：
        // 选择中心线
指定旋转角度或 [ 起点角度 (ST)] <360> ↙
        // 按 Enter 键，旋转效果如图 13-27 所示
```

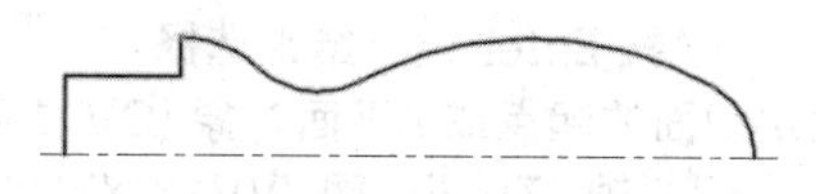

图 13-26 选择旋转对象

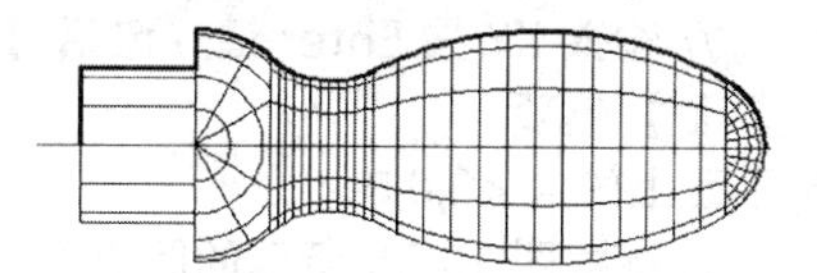

图 13-27 旋转结果

06 单击绘图区左上方的视图快捷控件，将当前视图切换为东北等轴测视图，如图 13-28 所示。

07 使用快捷键 HI 激活【消隐】命令，对当前模型进行消隐显示，如图 13-29 所示。

08 单击绘图区左上方的视觉样式快捷控件，对模型进行【概念】着色，最终效果如图 13-30 所示。

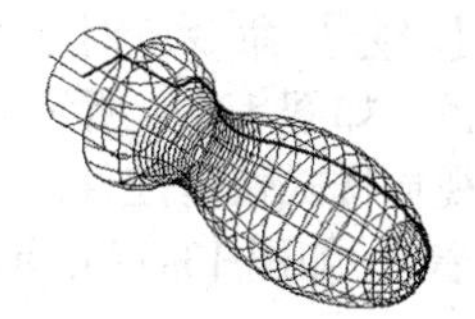

图 13-28 切换视图

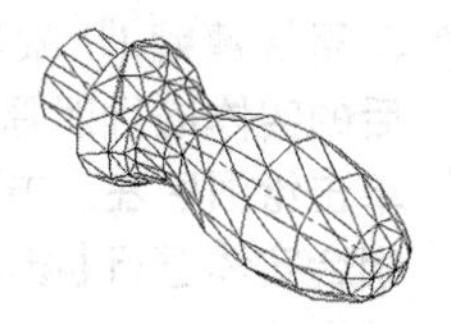

图 13-29 消隐显示

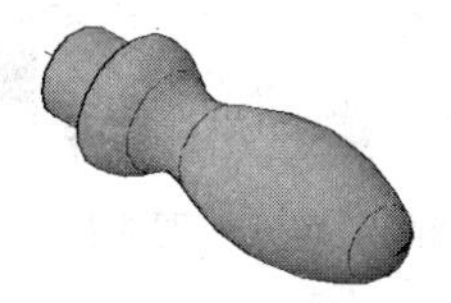

图 13-30 最终效果

提示

【旋转】命令可以将一个闭合对象绕当前 UCS 的 x 轴或 y 轴旋转一定的角度生成旋转实体，也可以绕直线、多段线或两个指定的点旋转对象。

169 绘制剖切实体

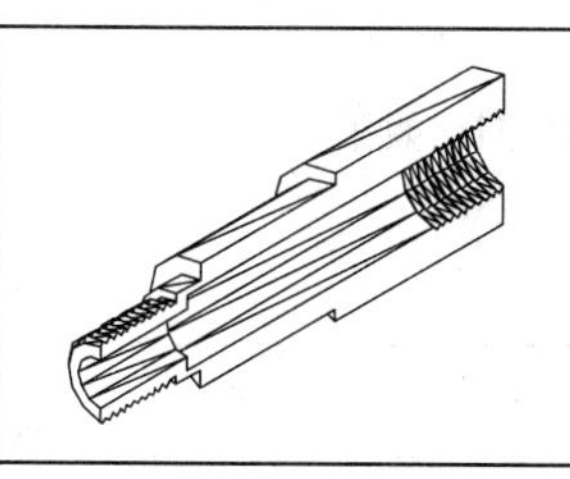

本例主要使用【剖切】命令创建剖切实体，以便于观察实体内部结构。【剖切】命令用于切开现有实体，移去不需要的部分，保留指定的部分实体。

文件路径：	实例文件 \ 第 13 章 \ 实例 169.dwg
视频文件：	MP4\ 第 13 章 \ 实例 169.MP4
播放时长：	0:01:22

01 打开随书光盘中的"\ 实例文件 \ 第 13 章 \ 实例 169.dwg"，如图 13-31 所示。

02 单击绘图区左上方的视觉样式快捷控件，对当前模型进行【线框】着色，如图 13-32 所示。

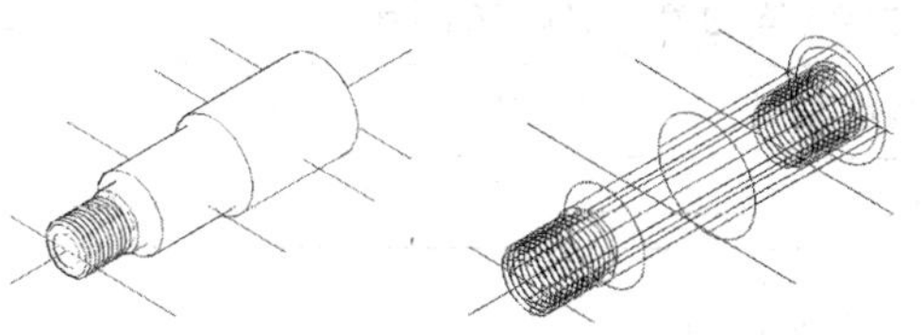

图 13-31 实例文件　　图 13-32 线框着色

03 使用快捷键 UNI 激活【并集】命令，创建外部组合柱体结构，如图 13-33 所示。

04 单击【实体编辑】面板中的按钮，再次激活【并集】命令，创建内部组合柱体结果，如图 13-34 所示。

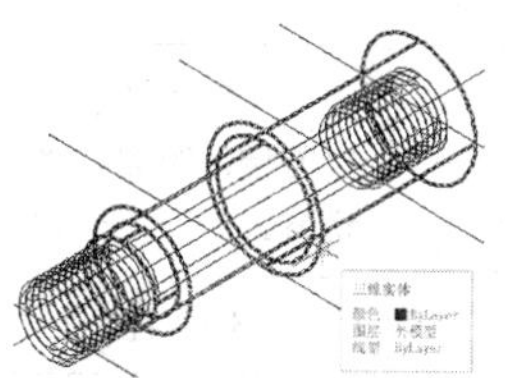

图 13-33 创建外部组合柱体结构

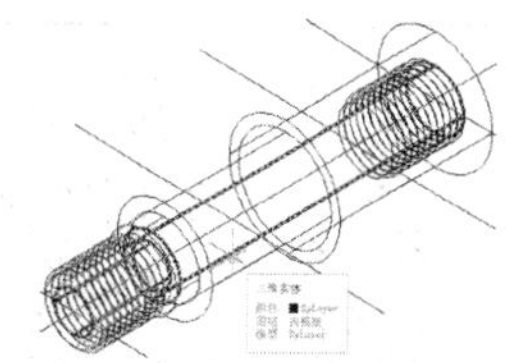

图 13-34 创建内部组合柱体结构

05 单击【实体编辑】面板中的按钮，激活【差集】命令，创建内部孔洞，如图 13-35 所示。

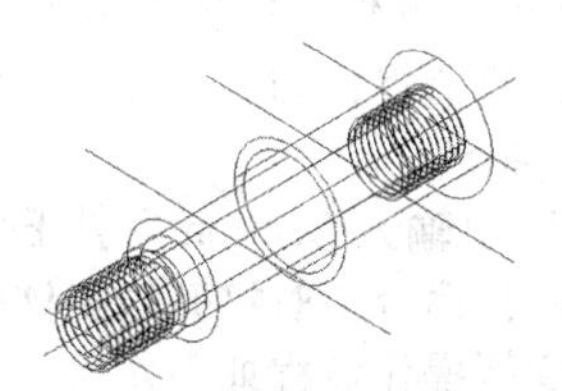

图 13-35 创建内部孔洞

06 使用快捷键 HI 激活【消隐】命令，对差集后的实体进行消隐着色，如图 13-36 所示。

07 单击绘图区左上方的视觉样式快捷控件，对组合实体进行【概念】着色，如图 13-37 所示。

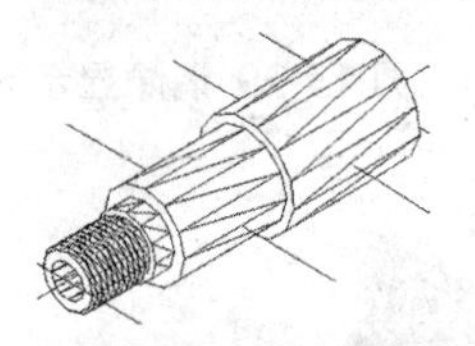
图 13-36 消隐着色

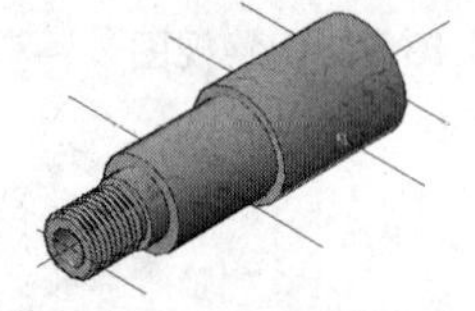
图 13-37 概念着色

08 单击【实体编辑】面板中的【剖切】按钮，对差集后的组合实体进行剖切，并使用【删除】命令将剖切实体右边部分删除。命令行操作过程如下：

命令：_slice

选择要剖切的对象：

// 选择图 13-38 所示的组合实体

选择要剖切的对象：↙

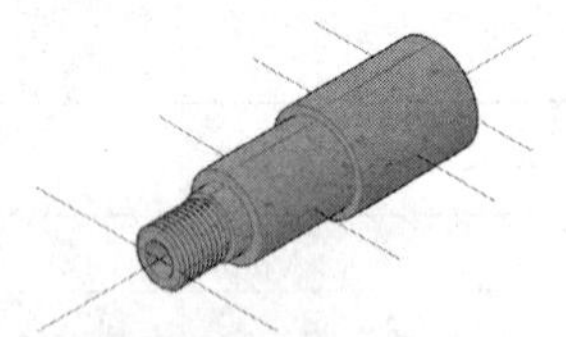
图 13-38 选择组合实体

// 按 Enter 键，结束选择

指定切面的起点或 [平面对象 (O)/ 曲面 (S)/ Z 轴 (Z)/ 视图 (V)/XY(XY)/YZ(YZ)/ ZX(ZX)/ 三点 (3)] < 三点 >:XY ↙

// 输入 XY 按 Enter 键，激活【XY 平面】选项

XY 平面上的点 <0,0,0>:

// 捕捉图 13-39 所示的圆心

在所需的侧面上指定点或 [保留两个侧面 (B)] < 保留两个侧面 >:

// 捕捉图 13-40 所示的中点，剖切效果如图 13-41 所示

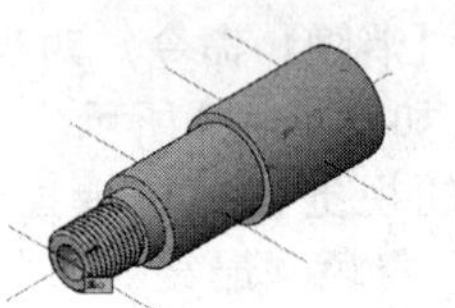
图 13-39 捕捉圆心

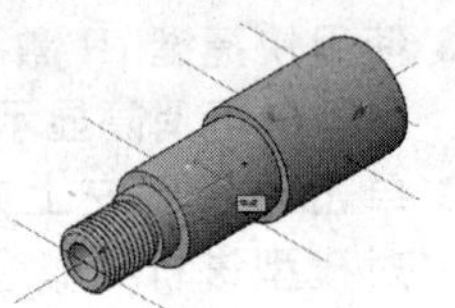
图 13-40 捕捉中点

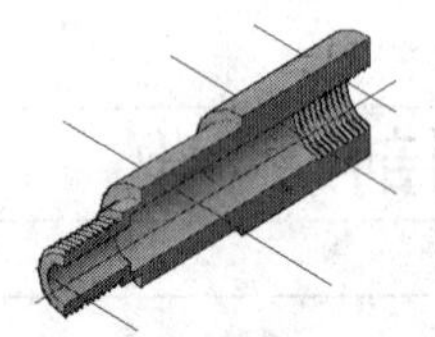
图 13-41 剖切效果

170 绘制实体剖面

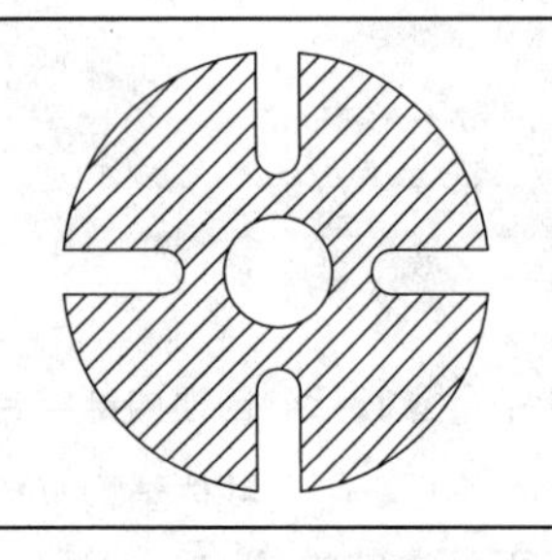

本例主要使用【切割】命令，将三维实心体进行切割，创建出实心体的剖面结果，以方便观察物体的内部结构。【切割】命令用于创建实体内部的剖切面，其默认剖切方式为三点剖切，即以指定的三个点所定义的平面作为剖切面。

文件路径：	实例文件 \ 第 13 章 \ 实例 170.dwg
视频文件：	MP4\ 第 13 章 \ 实例 170.MP4
播放时长：	0:01:30

01 打开随书光盘中的"\ 实例文件 \ 第 13 章 \ 实例 170.dwg"文件，如图 13-42 所示。

02 启用【对象捕捉】功能，并设置捕捉模式为【中点】捕捉。

03 在命令行中输入 Section 后按 Enter 键，激活【切割】命令，对打开的实体模型进行切割。命令行操作过程如下：

命令：section

选择对象：

// 选择如图 13-43 所示的对象

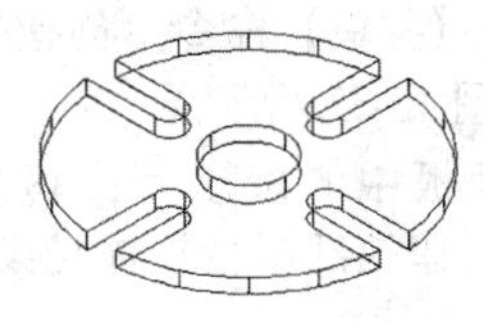
图 13-42 实例文件

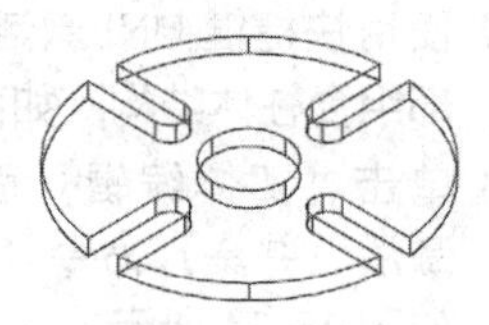
图 13-43 选择对象

选择对象：↙

// 按 Enter 键，结束选择

指定截面上的第一个点，依照 [对象 (O)/Z 轴 (Z)/ 视图 (V)/XY(XY)/YZ(YZ)/ZX(ZX)/ 三点 (3)] < 三点 >:xy ↙

// 激活【XY 平面】选项

指定 XY 平面上的点 <0,0,0>:

// 捕捉图 13-44 所示的中点，切割效果如图 13-45 所示

04 选择菜单【修改】|【移动】选项，对切割后产生的截面进行位移，如图 13-46 所示。

05 使用快捷键 X 激活【分解】命令，对剖切截面进行分解。

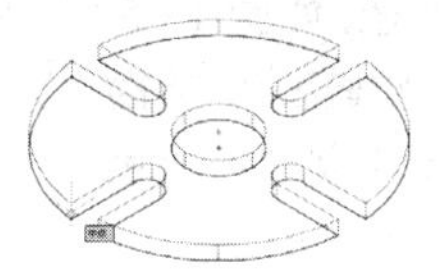

图 13-44 捕捉中点

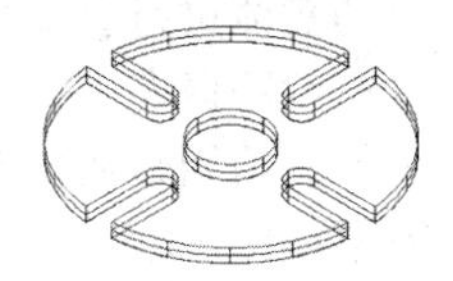

图 13-45 切割效果

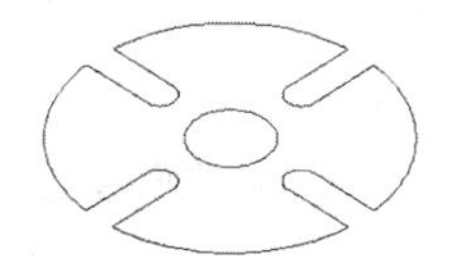

图 13-46 位移截面

06 在命令行中输入 UCS，重新定位坐标原点，如图 13-47 所示。

07 执行【图案填充】命令，将剖切截面进行图案填充，填充的图案类型为 ANSI31，比例为 0.5，如图 13-48 所示。

08 单击绘图区左上方的视图快捷控件，将当前视图切换为俯视图，如图 13-49 所示。

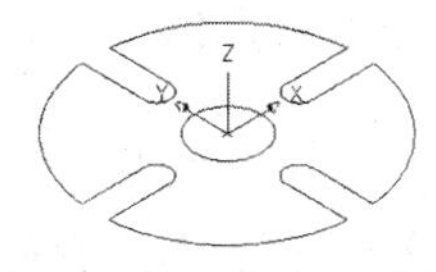

图 13-47 定位坐标原点

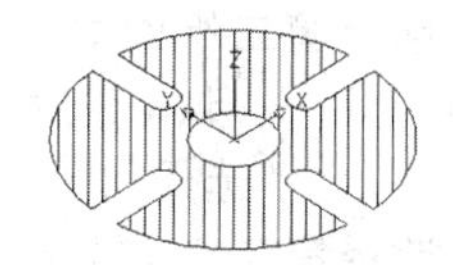

图 13-48 填充图案

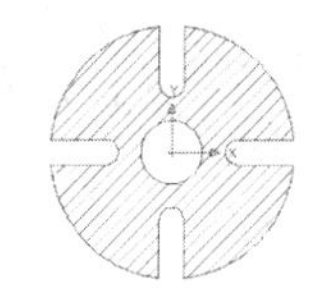

图 13-49 切换视图

提示

由于切割后生成的是一个没有厚度的面域，要想为其填充剖面线，就必须将其分解二维图形。

171 绘制干涉实体

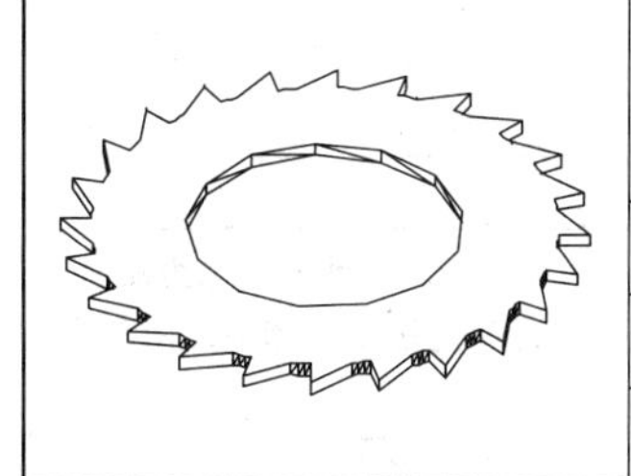

本例主要使用【干涉检查】命令，将两个三维实体的公共部分提取为一个单独的干涉实体模型。【干涉】命令主要用于检测多个实体之间是否存在干涉现象，并且将实体的干涉部分提取出来，自动创建一个新的干涉实体。	
文件路径：	实例文件 \ 第 13 章 \ 实例 171.dwg
视频文件：	MP4\ 第 13 章 \ 实例 171.MP4
播放时长：	0:01:48

01 打开随书光盘中的"\ 实例文件 \ 第 13 章 \ 实例 171.dwg"，如图 13-50 所示。

02 启用【对象捕捉】功能，并设置捕捉模式为【圆心】模式。

03 单击【修改】面板中的【移动】按钮，对两个图形的源文件进行位移，如图 13-51 所示。

04 单击【实体编辑】面板中的【干涉】按钮，对位移后两个实体模型进行干涉。命令行操作过程如下：

命令： _interfere

选择第一组对象或 [嵌套选择 (N)/ 设置 (S)]： // 选择图 13-52 所示的对象

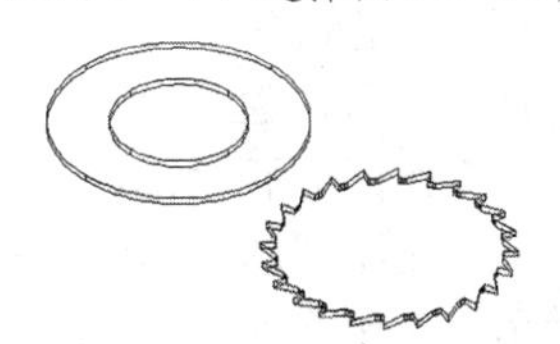

图 13-50 实例文件

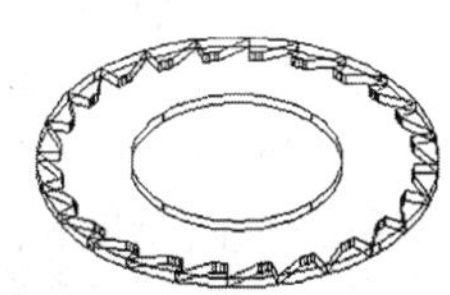

图 13-51 位移源文件

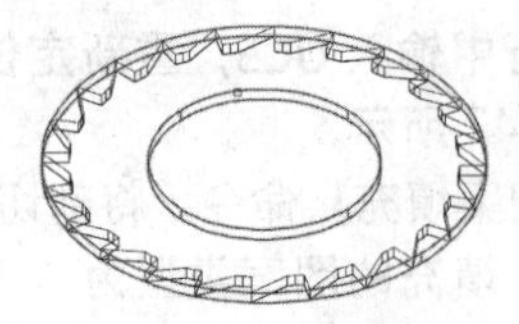

图 13-52 选择对象

选择第一组对象或 [嵌套选择 (N)/ 设置 (S)]: ↙

// 按 Enter 键，结束对象的选择

选择第二组对象或 [嵌套选择 (N)/ 检查第一组 (K)] < 检查 >:

// 选择如图 13-53 所示的对象

选择第二组对象或 [嵌套选择 (N)/ 检查第一组 (K)] < 检查 >: ↙

// 按 Enter 键，结束选择，此时系统高亮显示干涉实体，如图 13-54 所示，同时弹出如图 13-55 所示的【干涉检查】对话框

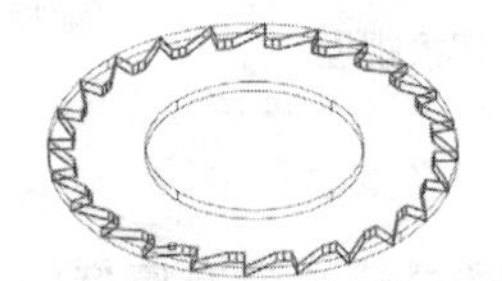

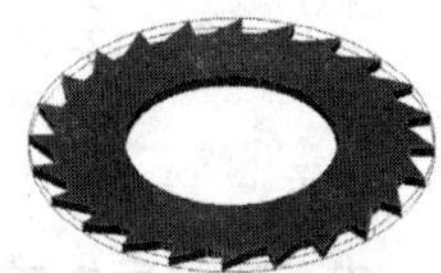

图 13-53 选择对象　图 13-54 亮显干涉实体

05 在【干涉检查】对话框中选择【关闭时删除已创建的干涉对象】复选项，然后单击按钮 关闭 ，结束命令。单击【修改】面板中的【移动】按钮，将干涉后产生的实体进行位移，位移效果如图 13-56 所示。

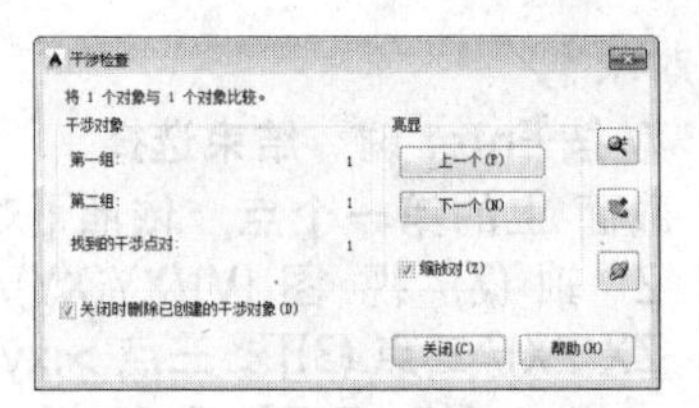

图 13-55【干涉检查】对话框

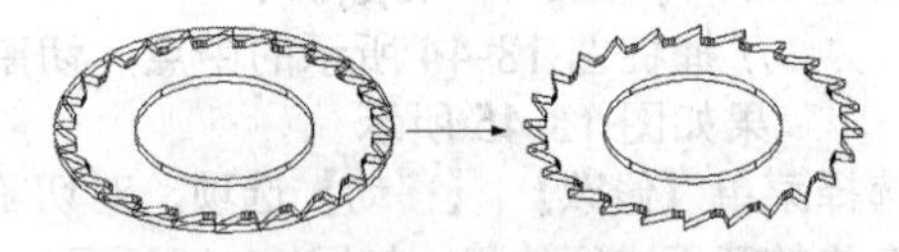

图 13-56 位移效果

06 使用快捷键 HI 激活【消隐】命令，对干涉后的实体进行【消隐】着色，如图 13-57 所示。

07 单击绘图区左上方的视觉样式快捷控件，对差集后的组合实体进行【概念】着色，最终效果如图 13-58 所示。

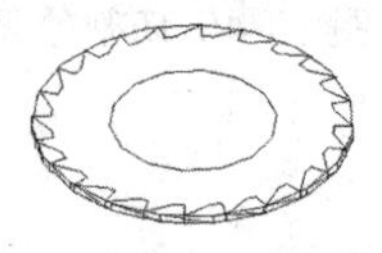

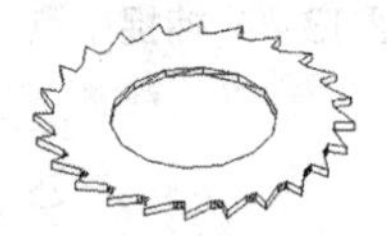

图 13-57 消隐着色

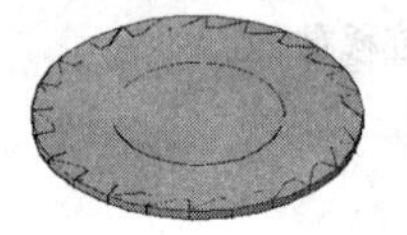

图 13-58 最终效果

172 绘制扫掠实体

【扫掠】命令主要用于将闭合二维边界扫掠为三维实体，将非闭合二维图形扫掠为曲面，【扫掠】命令的表达式为 Sweep。本例通过【扫掠】命令，并选择【扭曲】选项，由二维轮廓生成方形螺杆的实体模型。

文件路径:	实例文件 \ 第 13 章 \ 实例 172.dwg
视频文件:	MP4\ 第 13 章 \ 实例 172.MP4
播放时长:	0:01:15

钻头，又称为麻花钻，是机械加工行业中应用最广的孔加工工具，通常直径范围为 0.25 ～ 80mm。它主要由工作部分和柄部构成，工作部分有两条螺旋形的沟槽，形似麻花，因而得名，如图 13-59 所示。本例将通过【扫掠】命令来创建该模型。

图 13-59 麻花钻

01 单击快速访问工具栏中的【打开】按钮，打开“第 13 章 \ 实例 172.dwg”文件，如图

13-60 所示。

02 单击【建模】面板中【扫掠】按钮，选择图中底部的圆形面域为扫掠对象，然后以圆柱体上的螺旋线为扫掠路径，创建第一个扫掠体，如图 13-61 所示。命令行操作过程如下：

命令：_sweep
　　// 调用【扫掠】命令
当前线框密度：ISOLINES=4，闭合轮廓创建模式 = 实体
选择要扫掠的对象或 [模式 (MO)]:
　　_MO 闭合轮廓创建模式 [实体 (SO)/ 曲面 (SU)] < 实体 >: _SO
选择要扫掠的对象或 [模式 (MO)]: 找到 1 个
　　// 选择底部的圆形面域为扫掠对象。
选择扫掠路径或 [对齐 (A)/ 基点 (B)/ 比例 (S)/ 扭曲 (T)]:
　　// 选择圆柱体上对应的螺旋线为扫掠路径

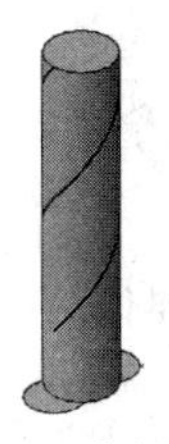

图 13-60 实例文件

图 13-61 创建第一个扫掠体

03 通过以上的操作完成第一个扫掠体的创建，接着创建第二个扫掠体。再次单击【建模】面板中【扫掠】按钮，选择另一个底部圆形面域，选择剩下的螺旋线作为扫描路径，如图 13-62 所示。

04 单击【实体编辑】面板中的【差集】按钮，选择本体圆柱作为被减的对象，然后依次选择两个扫掠体，得到差集效果如图 13-63 所示。

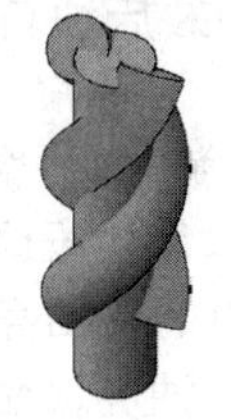

图 13-62 创建第二个扫掠体

图 13-63 差集效果

05 单击【建模】面板中的【球体】按钮，分别以缺口外圆的中点为圆心、圆心至缺口的最大距离为半径，以此绘制两个辅助球体，如图 13-64 所示。

06 再次执行【差集】命令，减去该两个辅助球体，得到钻头模型如图 13-65 所示。待学习了【剖切】命令后，可以将钻头进一步修改为如图 13-66 所示的模型。

图 13-64 绘制辅助球体

图 13-65 钻头模型

图 13-66 创建完成的钻头模型

173 绘制抽壳实体

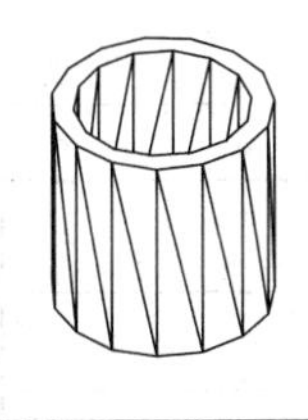

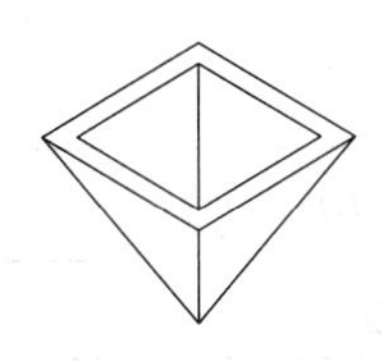

本例主要综合练习【抽壳】命令，以及【概念视觉样式】、【二维线框】、【消隐】和【渲染】等视图显示工具的使用方法和操作技巧。

文件路径：	实例文件 \ 第 13 章 \ 实例 173.dwg
视频文件：	MP4\ 第 13 章 \ 实例 173.MP4
播放时长：	0:01:40

01 执行【新建】命令，快速创建空白文件。

02 单击绘图区左上方的视图快捷控件，将当前视图切换为东南等轴测视图。

03 单击绘图区左上方的视觉样式快捷控件，对

当前视图进行【概念】着色显示。

04 在命令行中输入 ISOLINES 后按 Enter 键，设置此变量的值为 25。

05 在命令行中输入 FACETRES 后按 Enter 键，设置此变量的值为 10。

06 分别执行【圆柱体】和【棱椎体】命令，绘制如图 13-67 所示的圆柱体和棱椎体。

07 单击【实体编辑】面板中的【抽壳】按钮，对创建的几何体进行抽壳。命令行操作过程如下：

命令：_solidedit
实体编辑自动检查：SOLIDCHECK=1
输入实体编辑选项 [面 (F)/ 边 (E)/ 体 (B)/ 放弃 (U)/ 退出 (X)] < 退出 >: _body
输入体编辑选项
[压印 (I)/ 分割实体 (P)/ 抽壳 (S)/ 清除 (L)/ 检查 (C)/ 放弃 (U)/ 退出 (X)] < 退出 >: _shel ↙
选择三维实体：
　　// 选择圆柱体模型
删除面或 [放弃 (U)/ 添加 (A)/ 全部 (ALL)]:
　　// 选择圆柱体上表面
删除面或 [放弃 (U)/ 添加 (A)/ 全部 (ALL)]: ↙
　　// 按 Enter 键，结束面的选择
输入抽壳偏移距离 :5 ↙
　　// 输入 5，设置抽壳距离
已开始实体校验
已完成实体校验
输入体编辑选项 [压印 (I)/ 分割实体 (P)/ 抽壳 (S)/ 清除 (L)/ 检查 (C)/ 放弃 (U)/ 退出 (X)] < 退出 >:S
　　// 激活【抽壳】选项
选择三维实体：
　　// 选择棱椎体
删除面或 [放弃 (U)/ 添加 (A)/ 全部 (ALL)]:
　　// 选择棱椎体底面
删除面或 [放弃 (U)/ 添加 (A)/ 全部 (ALL)]: ↙
　　// 按 Enter 键，结束面的选择
输入抽壳偏移距离 :5 ↙
　　// 设置抽壳距离
已开始实体校验
已完成实体校验
输入体编辑选项 [压印 (I)/ 分割实体 (P)/ 抽壳 (S)/ 清除 (L)/ 检查 (C)/ 放弃 (U)/ 退出 (X)] < 退出 >: ↙
　　// 按 Enter 键，退出实体编辑模式
实体编辑自动检查： SOLIDCHECK=1
输入实体编辑选项 [面 (F) / 边 (E) / 体 (B) / 放弃 (U) / 退出 (X)] < 退出 >: ↙
　　// 按 Enter 键，抽壳效果如图 13-68 所示

08 使用快捷键 HI 激活【消隐】命令，对抽壳实体进行消隐显示，如图 13-69 所示。

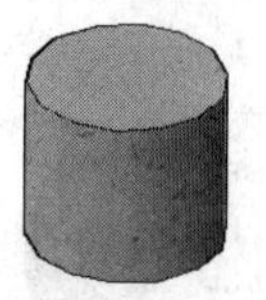
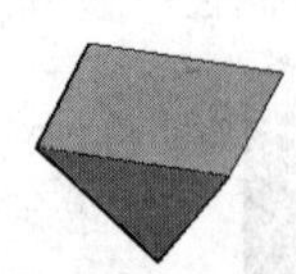

图 13-67 绘制圆柱体和棱锥体

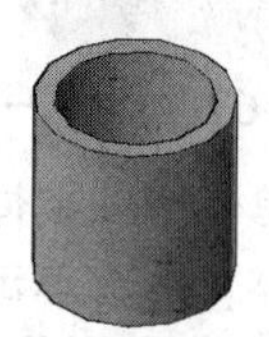
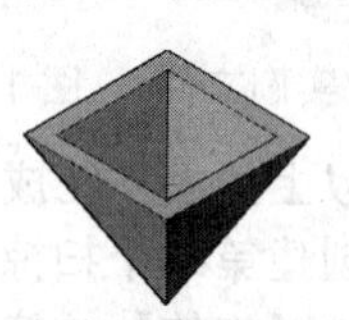

图 13-68 抽壳效果

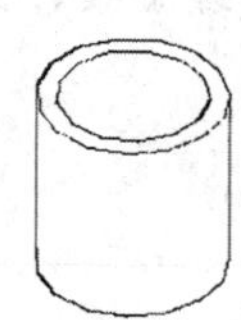
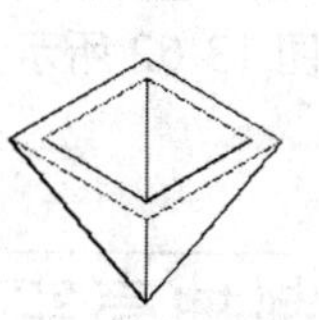

图 13-69 消隐显示

174 绘制加厚实体

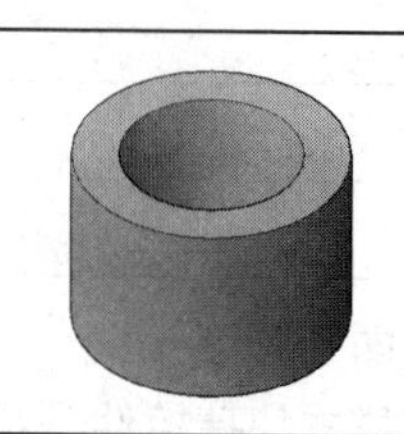

本例主要练习使用【加厚】命令来创建三维实体的方法。	
文件路径：	实例文件 \ 第 13 章 \ 实例 174.dwg
视频文件：	MP4\ 第 13 章 \ 实例 174.MP4
播放时长：	0:01:22

01 调用 NEW【新建】命令，快速创建空白文件。

02 单击绘图区左上角的视图快捷控件，将当前视图切换为西南等轴测视图。

03 在命令行中输入 ISOLINES 后按 Enter 键，设置此变量的值为 20。

04 执行【圆】命令，绘制一个半径为 30 的圆，如图 13-70 所示。

05 使用快捷键 EXT 激活【拉伸】命令，将圆拉伸为曲面，设置拉伸高度为 40，如图 13-71 所示。

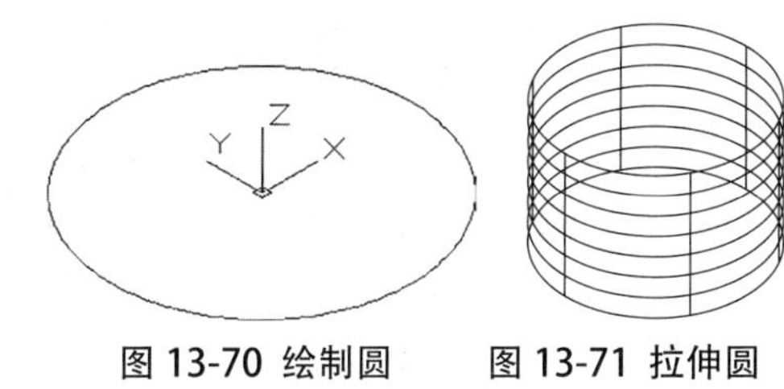

图 13-70 绘制圆　　图 13-71 拉伸圆

06 单击【实体编辑】面板中的【加厚】按钮，选择拉伸得到的曲面，进行加厚，设置拉伸厚度为☒ 10，如图 13-72 所示。

07 单击绘图区左上方的视觉样式快捷控件，对模型进行【概念】着色，最终效果如图 13-73 所示。

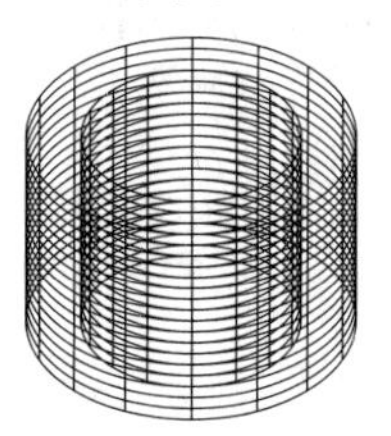

图 13-72 加厚曲面

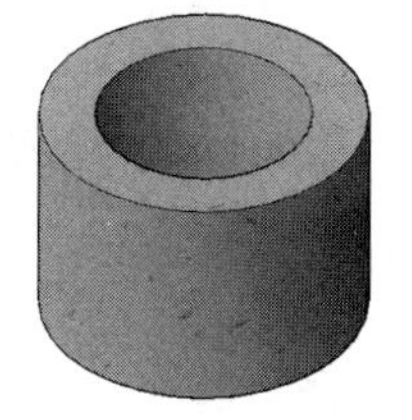

图 13-73 最终效果

175 绘制三维弹簧

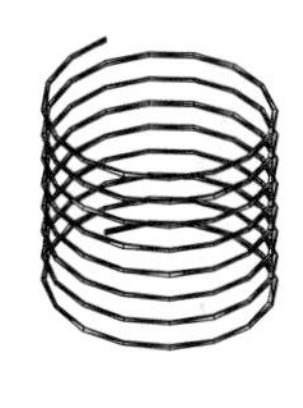

通过绘制三维弹簧，主要练习【扫掠】和【螺旋】命令，并对【消隐】和【视觉样式】工具进行了综合练习。

文件路径：	实例文件 \ 第 13 章 \ 实例 175.dwg
视频文件：	MP4\ 第 13 章 \ 实例 175.MP4
播放时长：	0:02:07

01 调用 NEW（新建）命令，快速创建空白文件。

02 单击绘图区左上方的视图快捷控件，将视图切换为东南等轴测视图。

03 单击【绘图】面板中的【螺旋】按钮，绘制顶面和底面半径分别为 100，高度为 200，顺时针旋转 8 圈的螺旋线。命令行操作过程如下：

命令 : _Helix
圈数 = 3.0000　扭曲 =CCW
指定底面的中心点 : // 选取一点
指定底面半径或 [直径 (D)] <1.0000>:100 ↙
// 指定螺旋线底面半径
指定顶面半径或 [直径 (D)] <100.0000>:100 ↙
// 指定螺旋线顶面半径
指定螺旋高度或 [轴端点 (A)/ 圈数 (T)/ 圈高 (H)/ 扭曲 (W)] <1.0000>:t ↙
// 设置螺旋线圈数
输入圈数 <3.0000>:8 ↙
// 指定螺旋线圈数
指定螺旋高度或 [轴端点 (A)/ 圈数 (T)/ 圈高 (H)/ 扭曲 (W)] <1.0000>:w ↙
// 设置螺旋线的扭曲方向
输入螺旋的扭曲方向 [顺时针 (CW)/ 逆时针 (CCW)] <CCW>:cw ↙ // 指定螺旋线扭转方向为顺时针
指定螺旋高度或 [轴端点 (A)/ 圈数 (T)/ 圈高 (H)/ 扭曲 (W)] <1.0000>:200 ↙
// 输入 200，指定螺旋线高度，绘制效果如图 13-74 所示

04 将视图切换为前视图，绘制半径为 2 的圆，

并将其创建为面域，如图 13-75 所示。

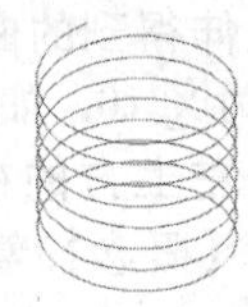

图 13-74 绘制结果

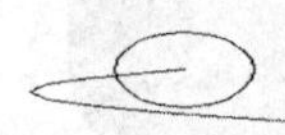

图 13-75 绘制圆并创建面域

05 单击【建模】面板中的【扫掠】按钮，将创建的圆面域以螺旋线路径进行扫掠，扫掠效果如图 13-76 所示。

06 使用快捷键 HI 激活【消隐】命令，消隐效果如图 13-77 所示。

07 单击绘图区左上方的视觉样式快捷控件，对模型进行【概念】着色，最终效果如图 13-78 所示。

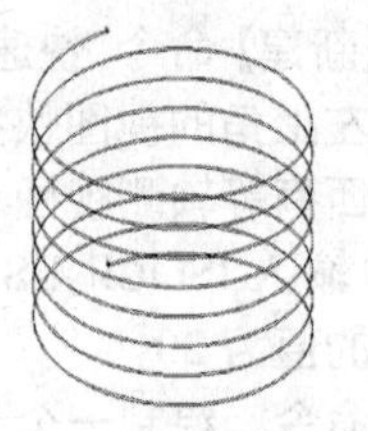

图 13-76 扫掠效果

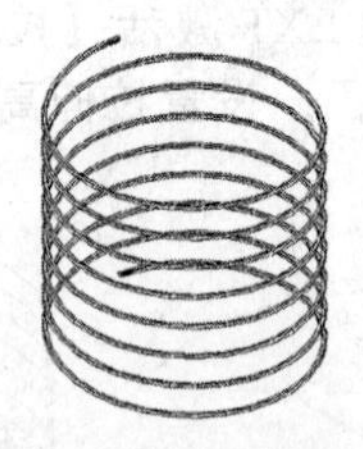

图 13-77 消隐效果

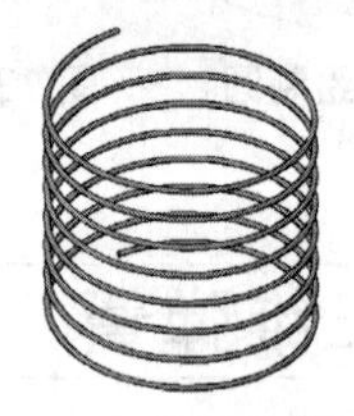

图 13-78 最终效果

14 Chapter

第 14 章

零件实心体模型编辑

在 AutoCAD 2018 建模环境中，利用基本的实体工具只能创建模型的大体轮廓，为了修改模型的细节特征，还需要通过实体编辑工具对创建的实体进行辅助操作，实体编辑工具可以修改实体顶点、边线、面的位置，从而修改实体的几何形状。

176 实体环形阵列

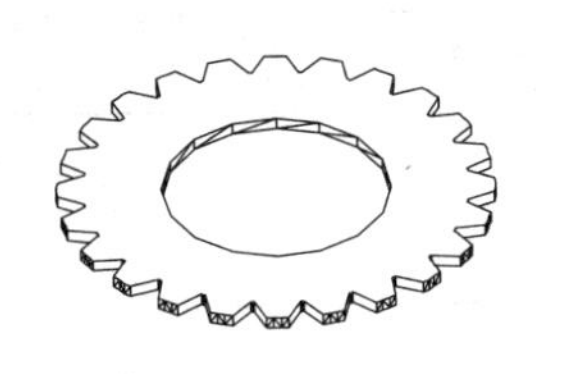

三维阵列的环形阵列可以选择空间任一旋转轴来定义阵列中心，因此可以生成实体的空间分布。在二维环形阵列中只能将对象在 *XY* 平面内阵列。	
文件路径：	实例文件 \ 第 14 章 \ 实例 176.dwg
视频文件：	MP4\ 第 14 章 \ 实例 176.MP4
播放时长：	0:01:07

01 打开随书光盘中的"\ 实例文件 \ 第 14 章 \ 实例 176.dwg"，如图 14-1 所示。

02 在命令行中输入表达式 3Darray 后按 Enter 键，激活【三维阵列】命令，对拉伸实体进行阵列。命令行操作过程如下：

命令：_3darray

正在初始化 ... 已加载 3DARRAY。

选择对象：

  // 选择图 14-2 所示的对象

选择对象：↙

  // 按 Enter 键，结束选择过程

输入阵列类型 [矩形 (R)/ 环形 (P)] < 矩形 >:p ↙ // 激活【环形】选项

输入阵列中的项目数目 :24 ↙

  // 输入阵列数目

指定要填充的角度 (+= 逆时针 , -= 顺时针) <360>: ↙

  // 按 Enter 键，设置阵列角度

旋转阵列对象？ [是 (Y)/ 否 (N)] <Y>: ↙

  // 按 Enter 键，选择旋转对象选项

指定阵列的中心点：

  // 捕捉圆的圆心

指定旋转轴上的第二点：

  // 将光标沿 Z 轴正方向移动并任取一点，三维阵列效果如图 14-3 所示

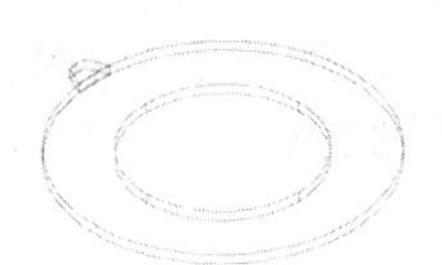

图 14-1 实例文件

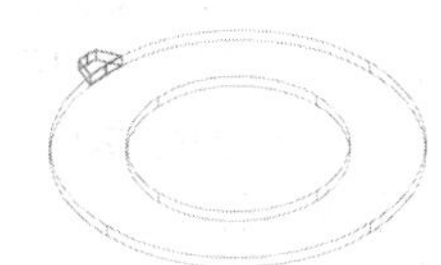

图 14-2 选择对象

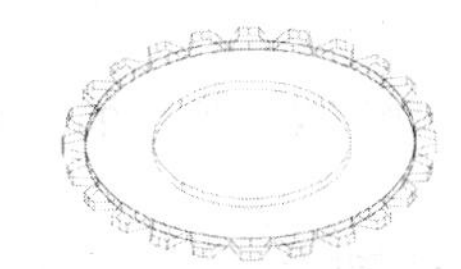

图 14-3 三维阵列效果

03 单击【实体编辑】面板中的【并集】按钮 ，或使用 SU 激活【并集】命令，将图形中的轮齿进行合并，如图 14-4 所示。

04 使用快捷键 HI 激活【消隐】命令，对并集后的实体模型进行消隐着色，着色效果如图 14-5 所示。

05 单击绘图区左上方的视觉样式快捷控件，对并集后的实体模型进行【概念】着色，最终效果如图 14-6 所示。

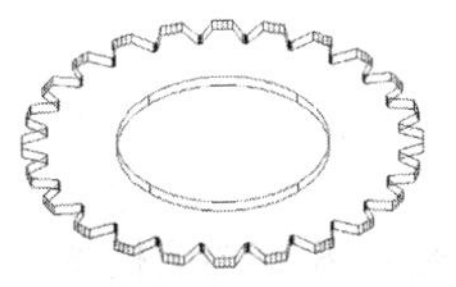

图 14-4 合并轮齿

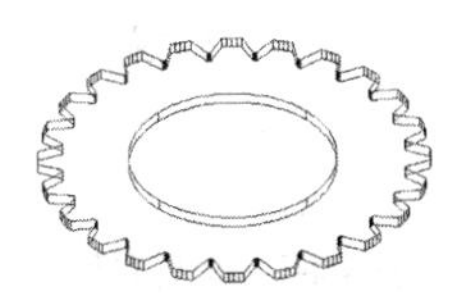

图 14-5 消隐效果

图 14-6 最终效果

提示

【三维阵列】命令用于创建三维空间中的矩形和环形阵列。与二维阵列相比，在三维矩形阵列中，增加了沿 z 轴方向的层数和层间距。

177 实体矩形阵列

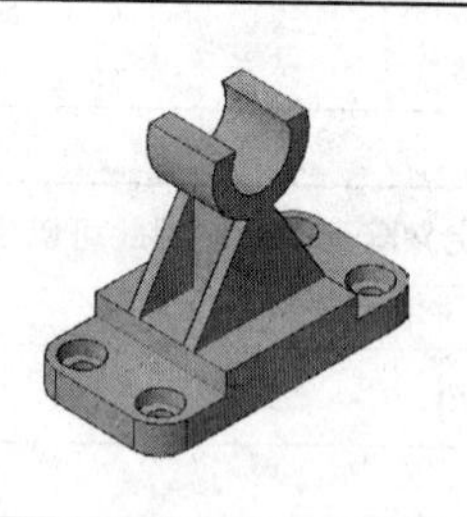

本例主要使用了【三维阵列】命令中的【矩形阵列】功能。三维矩形阵列除了指定行数和列数外，还需要指定层数，行数和列数的定义与二维阵列相同，层数指在 Z 方向上的实例数量。	
文件路径：	实例文件 \ 第 14 章 \ 实例 177.dwg
视频文件：	MP4\ 第 14 章 \ 实例 177.MP4
播放时长：	0:00:54

01 打开随书光盘中的“\ 实例文件 \ 第 14 章 \ 实例 177.dwg”文件，如图 14-7 所示。

02 在命令行中输入 3Darray，激活【三维阵列】命令，将圆柱体进行阵列复制。命令行操作过程如下：

命令 : _3darray
正在初始化 ... 已加载 3DARRAY。
选择对象 :
// 选择图 14-8 所示的圆柱体
选择对象 : ↙
// 按 Enter 键，结束选择
输入阵列类型 [矩形 (R)/ 环形 (P)] < 矩形 >: ↙
// 按 Enter 键，采用默认设置
输入行数 (---) <1>: 2 ↙
输入列数 (|||) <1>: 2 ↙
输入层数 (...) <1>: 1 ↙
指定行间距 (---):60 ↙
指定列间距 (|||):160 ↙
// 阵列效果如图 14-9 所示

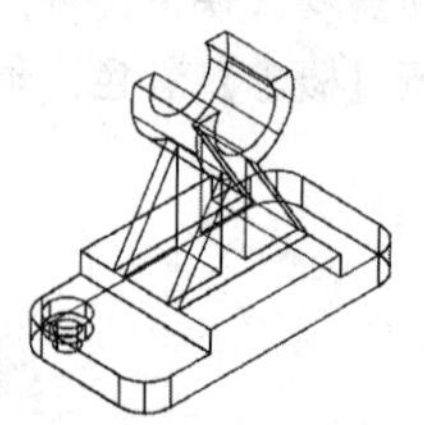

图 14-7 实例文件

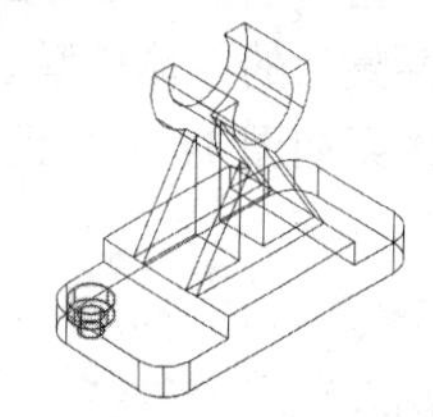

图 14-8 选择圆柱体

03 执行【差集】命令，将阵列后的实体进行差集处理。

04 使用快捷键 HI 激活【消隐】命令，对差集后的实体模型进行消隐，消隐效果如图 14-10 所示。

05 单击绘图区左上方的视图快捷控件，对实体模型进行【概念】着色，最终效果如图 14-11 所示。

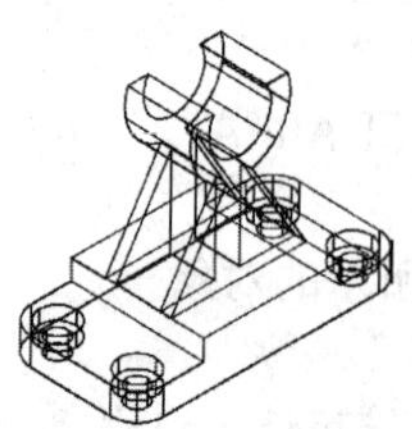

图 14-9 阵列效果

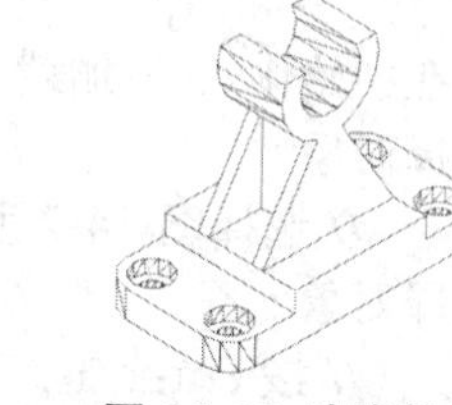

图 14-10 消隐效果

图 14-11 最终效果

提示

【三维阵列】命令用于在三维操作空间内复制对象，当将三维轴测视图切换为正交视图或平面视图，就可以使用二维阵列工具对二维图形或三维图形进行阵列复制。

178 实体三维镜像

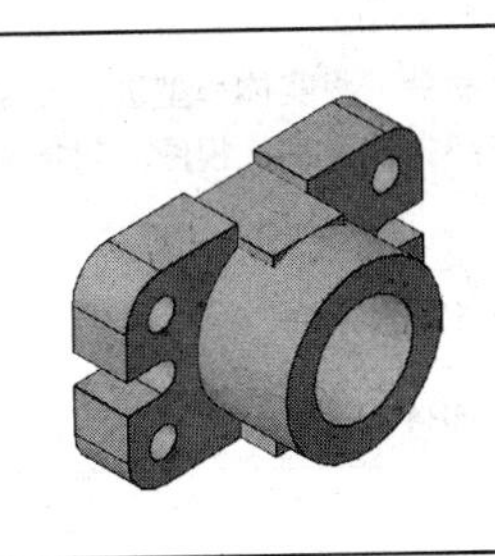

【三维镜像】命令用于在三维空间内，将三维模型关于某一平面进行对称复制。与二维镜像不同，它需要指定镜像平面，默认定义镜像面的方式为为选取三点定义一个平面。

文件路径：	实例文件 \ 第 14 章 \ 实例 178.dwg
视频文件：	MP4\ 第 14 章 \ 实例 178.MP4
播放时长：	0:00:50

01 打开随书光盘中的"\ 实例文件 \ 第 14 章 \ 实例 178.dwg"文件，如图 14-12 所示。

02 按 F3 功能键，激活状态栏中的【对象捕捉】功能。

03 单击【修改】面板中的【三维镜像】按钮 ，将实体模型镜像。命令行操作过程如下：

```
命令：_mirror3d
选择对象：
    // 选择如图 14-13 所示的对象
选择对象：↙
    // 按 Enter 键，结束选择
指定镜像平面 ( 三点 ) 的第一个点或 [ 对
    象 (O)/ 最近的 (L)/Z 轴 (Z)/ 视图 (V)/
    XY 平面 (XY)/YZ 平面 (YZ)/ZX 平面
    (ZX)/ 三点 (3)] < 三点 >:XY ↙
    // 激活【xy 平面】功能
指定 XY 平面上的点 <0,0,0>:
    // 选择如图 14-14 所示的端点
是否删除原对象？ [ 是 (Y)/ 否 (N)] < 否
    >:N ↙
    // 输入 N，镜像效果如图 14-15 所示
```

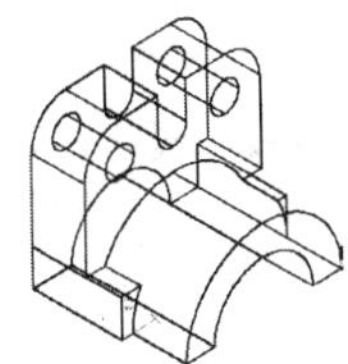

图 14-12 实例文件

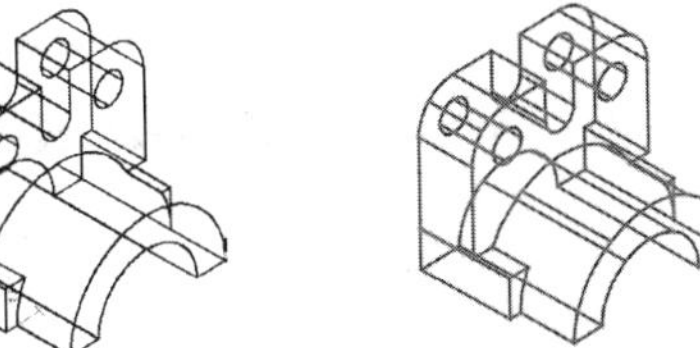

图 14-13 选择对象

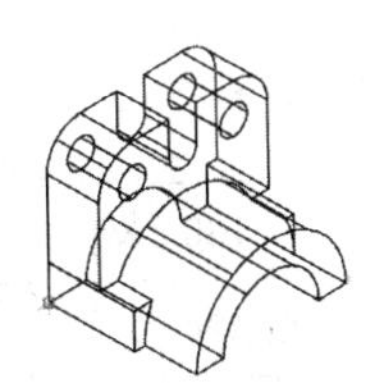

图 14-14 选择端点

04 执行【并集】命令，将镜像后的实体进行并集处理。

05 使用快捷键 HI 激活【消隐】命令，对实体模型进行消隐，如图 14-16 所示。

06 单击绘图区左上方的视觉样式快捷控件，对实体模型进行【概念】着色，最终效果如图 14-17 所示。

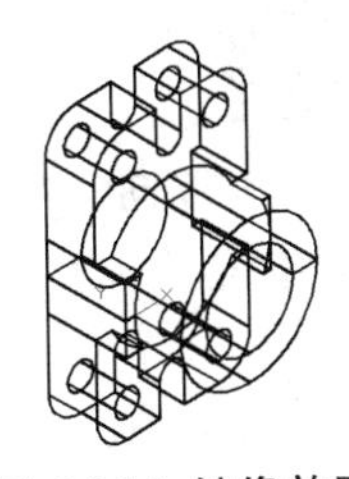

图 14-15 镜像效果

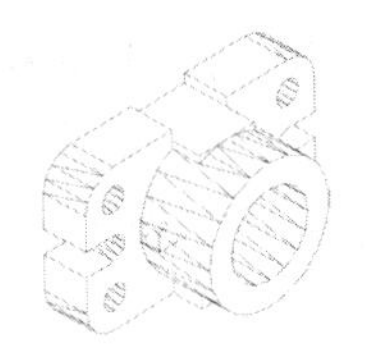

图 14-16 消隐效果

图 14-17 最终效果

提示

用户不仅可以选取三点定义镜像面，还可以选择现有的标准平面 *XY*、*YZ*、*ZX* 平面作为参考面，然后指定镜像面上一点，使镜像面经过该点且与选择的标准平面平行。

179 实体三维旋转

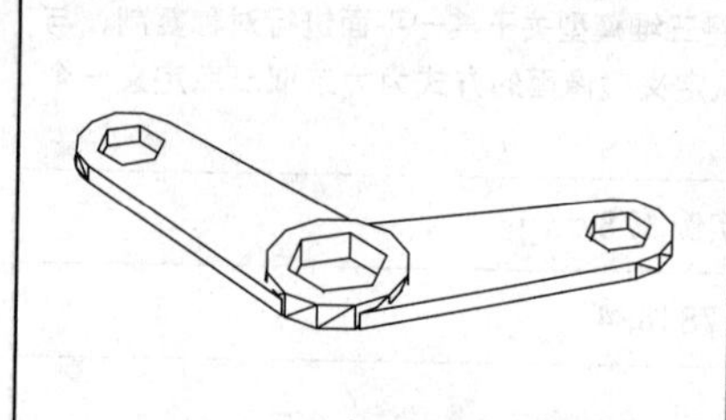

本例主要使用【复制】和【三维旋转】等命令，将实体模型进行复制旋转。三维模型的旋转指将三维对象绕三维空间中任意轴、视图、对象或两点旋转。	
文件路径：	实例文件 \ 第 14 章 \ 实例 179.dwg
视频文件：	MP4\ 第 14 章 \ 实例 179.MP4
播放时长：	0:01:06

01 打开随书光盘“\ 实例文件 \ 第 14 章 \ 实例 179.dwg”文件，如图 14-18 所示。

02 单击【修改】面板中的【复制】按钮，选择要旋转的实体部分原位置复制。

03 单击【修改】面板中的【三维旋转】按钮，将复制后的实体模型进行旋转。命令行操作过程如下：

命令：3DROTATE
UCS 当前的正角方向：ANGDIR= 逆时针 ANGBASE=0
选择对象：
// 选择如图 14-19 所示的对象
选择对象：
// 按 Enter 键，结束选择
指定基点：
// 选择如图 14-20 所示的圆心

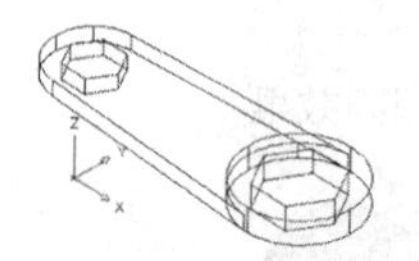

图 14-18 实例文件

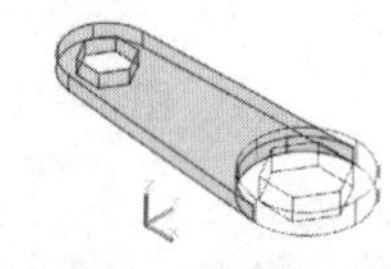

图 14-19 选择对象

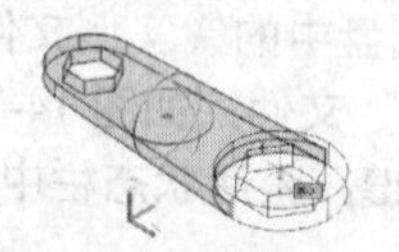

图 14-20 选择圆心

拾取旋转轴：
// 拾取 Z 轴，如图 14-21 所示
指定角的起点或键入角度：-120↙
// 输入旋转角度，旋转效果如图 14-22 所示

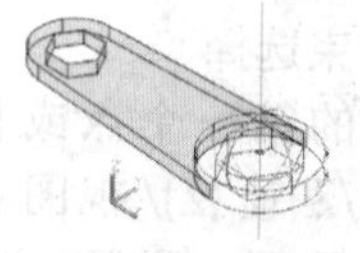

图 14-21 拾取 Z 轴

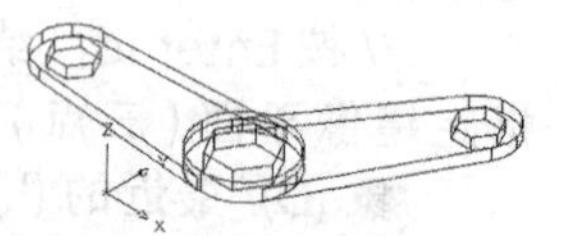

图 14-22 旋转效果

04 使用快捷键 HI 激活【消隐】命令，对实体模型进行【消隐】，效果如图 14-23 所示。

05 单击绘图区左上方的视觉样式快捷控件，将实体模型进行【概念】着色，最终效果如图 14-24 所示。

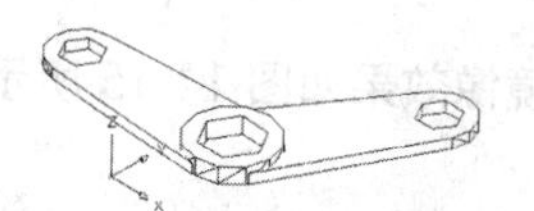

图 14-23 消隐效果

图 14-24 最终效果

180 实体圆角边

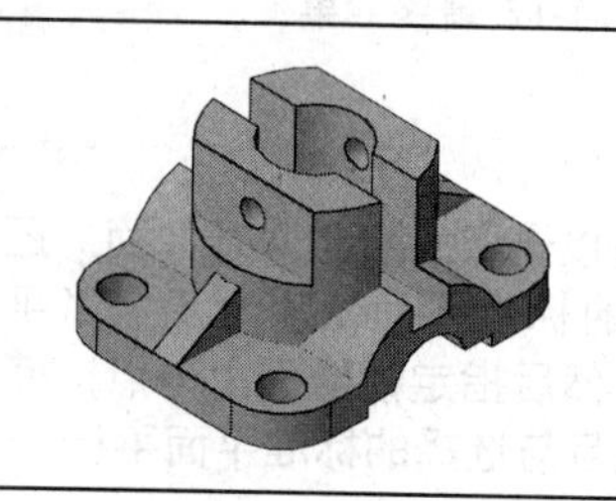

本例主要使用【圆角】命令，对三维实体模型进行了圆角细化。	
文件路径：	实例文件 \ 第 14 章 \ 实例 180.dwg
视频文件：	MP4\ 第 14 章 \ 实例 180.MP4
播放时长：	0:01:08

01 打开随书光盘中的“\实例文件\第14章\实例180.dwg”。

02 显示菜单栏，选择菜单【视图】|【视觉样式】|【二维线框】选项，将模型的着色方式设置为二维线框着色，如图14-25所示。

03 单击【修改】面板中的【圆角】按钮，对模型进行圆角，半径为20，效果如图14-26所示。

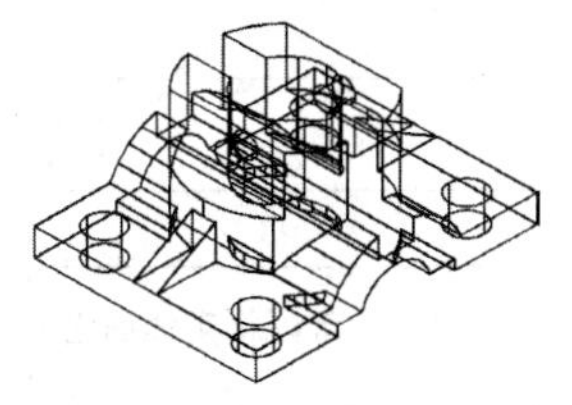
图 14-25 二维线框着色

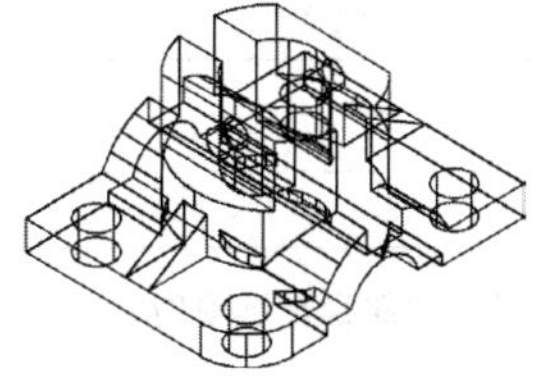
图 14-26 圆角效果

04 按 Enter 键，重复执行【圆角】命令，采用当前的圆角半径，继续对实体模型的其他边进行圆角，如图14-27所示。

05 选择菜单【视图】|【视觉样式】|【概念】选项，对实体模型进行着色，最终效果如图14-28所示。

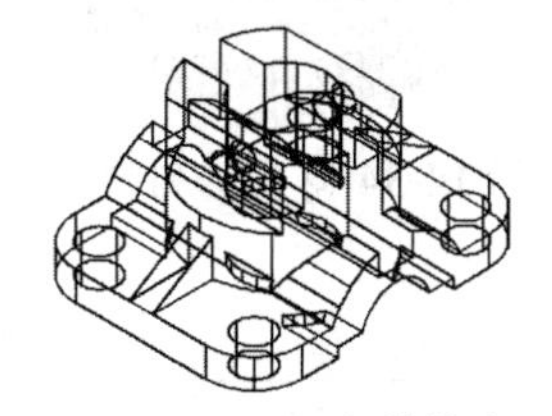
图 14-27 圆角其他边

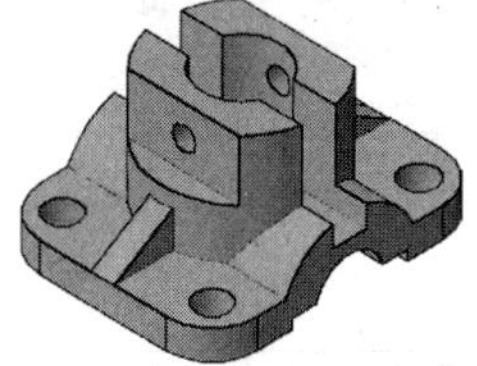
图 14-28 最终效果

【圆角】命令不仅能对二维图形进行圆角，也可以对三维实体的棱边进行圆角细化，使三维实体的棱角边圆滑过渡。

181 实体综合建模

<table>
<tr><td rowspan="4">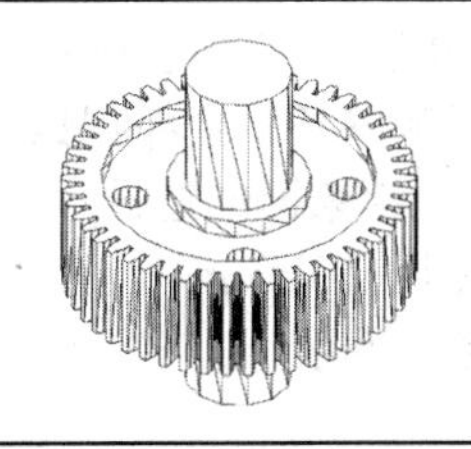</td><td colspan="2">本例综合练习【拉伸】、【差集】、【三维阵列】、【三维镜像】和【消隐】命令。在操作过程中，巧妙使用了【边界】创建面域等命令，来创建实体模型。</td></tr>
<tr><td>文件路径：</td><td>实例文件\第14章\实例181.dwg</td></tr>
<tr><td>视频文件：</td><td>MP4\第14章\实例181.MP4</td></tr>
<tr><td>播放时长：</td><td>0:05:04</td></tr>
</table>

01 启动 AutoCAD 2018，单击快速访问工具栏中的【新建】按钮，在【选择样板】对话框中选择 acad.dwt 模板，单击【打开】按钮，创建一个图形文件。

02 绘制齿轮廓线。将视图切换为【主视图】方向，执行【圆弧】和【直线】命令，绘制轮廓线，如图14-29所示。单击【修改】面板【镜像】按钮，选取轮廓线进行镜像操作；执行【面域】命令，将其创建为面域，如图14-30所示。

03 绘制轮廓线。执行【圆】命令按图14-31所示尺寸绘制轮廓线；执行【面域】和【差集】命令，创建面域，如图14-32所示。

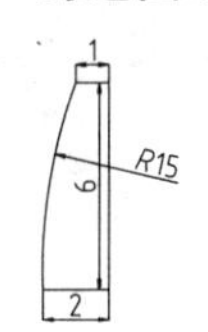

图 14-29 绘制轮廓线

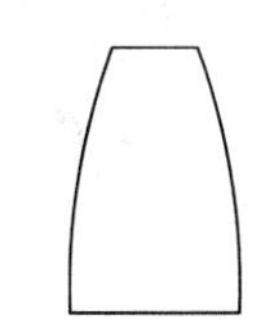
图 14-30 镜像并创建面域

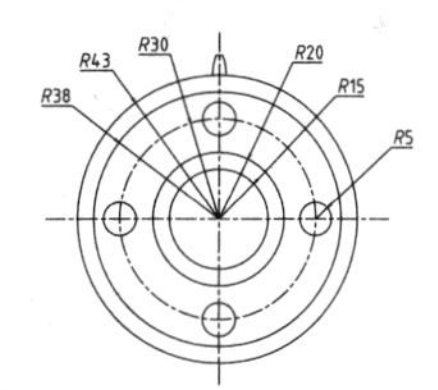

图 14-31 绘制轮廓线

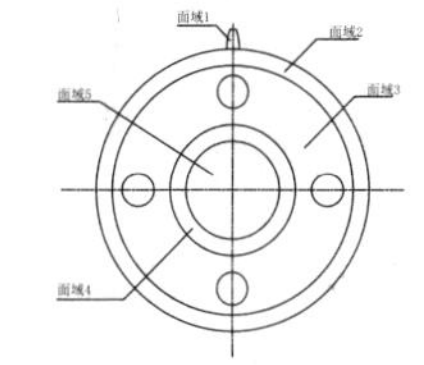
图 14-32 创建面域

04 创建实体。将视图切换为西南等轴测视图。单击【建模】面板中的【拉伸】按钮，将面域1、面域2和面域4拉伸15，面域3拉伸10，面域5拉伸50，如图14-33所示。

05 阵列轮齿。在命令行中输入3Darray，激活【三维阵列】命令，选取轮齿为阵列对象，设置环形阵列，阵列数目为50，进行阵列操作，如图14-34所示。

06 单击【修改】面板中的【三维镜像】按钮，将所创建的齿轮实体进行镜像操作；执行【并集】命令，将各实体部分合并为一个整体；使用快捷键HI激活【消隐】命令，最终效果如

图 14-35 所示。

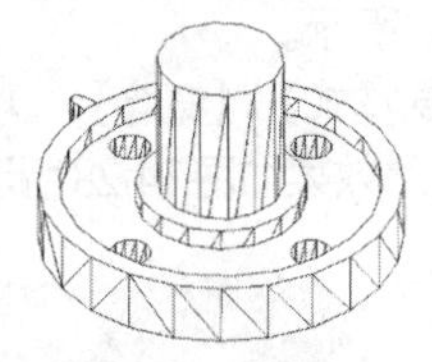

图 14-33 拉伸面域

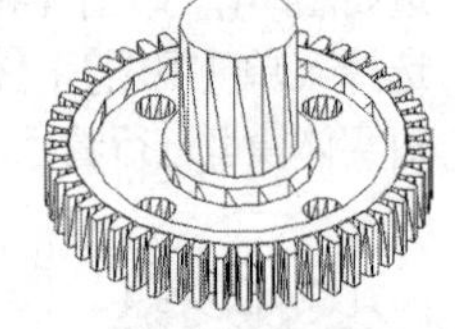

图 14-34 环形阵列轮齿

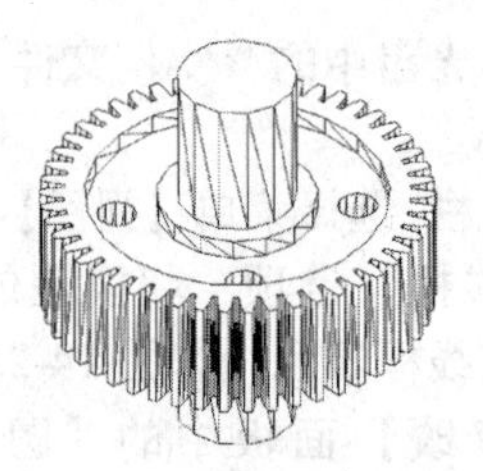

图 14-35 最终效果

182 拉伸实体面

<table>
<tr><td rowspan="4">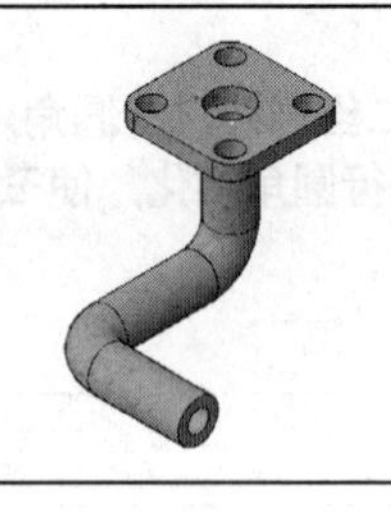</td><td colspan="2">本例主要练习【拉伸面】命令中的【路径】选项功能。使用此项功能，可以将实体面沿着指定的路径进行拉伸。</td></tr>
<tr><td>文件路径：</td><td>实例文件 \ 第 14 章 \ 实例 182.dwg</td></tr>
<tr><td>视频文件：</td><td>MP4\ 第 14 章 \ 实例 182.MP4</td></tr>
<tr><td>播放时长：</td><td>0:01:03</td></tr>
</table>

01 打开随书光盘中的"\ 实例文件 \ 第 14 章 \ 实例 182.dwg"，如图 14-36 所示。

02 单击【绘图】面板中的【多段线】按钮，配合【中点】捕捉功能，绘制如图 14-37 所示的多段线。

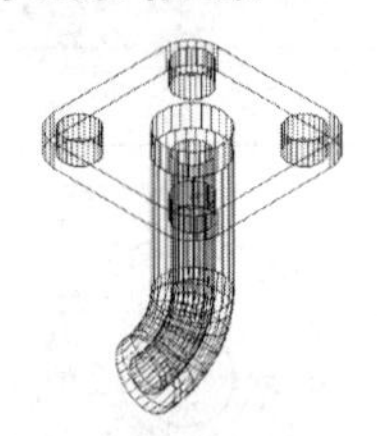

图 14-36 实例文件

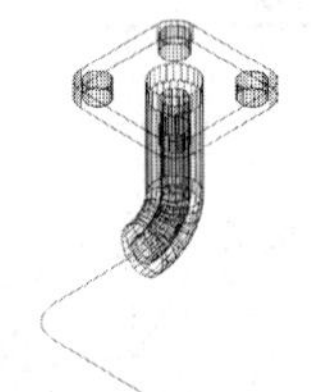

图 14-37 绘制多段线

03 显示菜单栏，选择【视图】|【视觉样式】|【概念】选项，修改视觉样式，如图 14-38 所示。

04 单击【实体编辑】面板中的按钮，激活【拉伸面】命令，根据命令行提示操作放样面。命令行操作过程如下：

命令：_solidedit

实体编辑自动检查：SOLIDCHECK=1

输入实体编辑选项 [面 (F)/ 边 (E)/ 体 (B)/ 放弃 (U)/ 退出 (X)] < 退出 >: _face

输入面编辑选项 [拉伸 (E)/ 移动 (M)/ 旋转 (R)/ 偏移 (O)/ 倾斜 (T)/ 删除 (D)/ 复制 (C)/ 颜色 (L)/ 材质 (A)/ 放弃 (U)/ 退出 (X)] < 退出 >:_extrude

选择面或 [放弃 (U)/ 删除 (R)]:

// 选择如图 14-39 所示的实体面

选择面或 [放弃 (U)/ 删除 (R)/ 全部 (ALL)]: ↙

// 按 Enter 键，结束面的选择

指定拉伸高度或 [路径 (P)]:p ↙

// 激活"路径"选项

p 选择拉伸路径：

// 选择多段线路径

已开始实体校验。

已完成实体校验。

输入面编辑选项 [拉伸 (E)/ 移动 (M)/ 旋转 (R)/ 偏移 (O)/ 倾斜 (T)/ 删除 (D)/ 复制 (C)/ 颜色 (L)/ 材质 (A)/ 放弃 (U)/ 退出 (X)] < 退出 >: ↙

// 按 Enter 键，退出实体编辑模式

实体编辑自动检查：SOLIDCHECK=1

输入实体编辑选项 [面 (F)/ 边 (E)/ 体 (B)/ 放弃 (U)/ 退出 (X)] < 退出 >: ↙

// 按 Enter 键，最终效果如图 14-40 所示

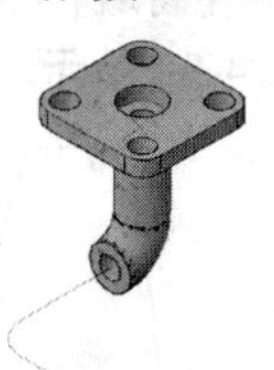

图 14-38 修改视觉样式

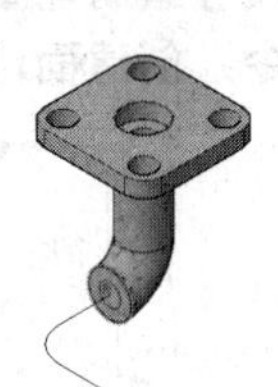

图 14-39 选择实体面

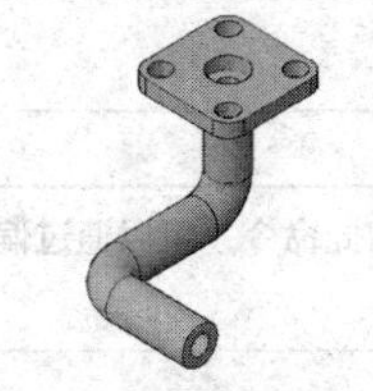

图 14-40 最终效果

提示

拉伸路径的一个端点一般定位在拉伸的面内，否则，CAD 将把路径移至到面的轮廓的中心。在拉伸面时，面从初始位置开始沿路径拉伸，直至路径的终点结束。

183 移动实体面

<table>
<tr><td rowspan="4">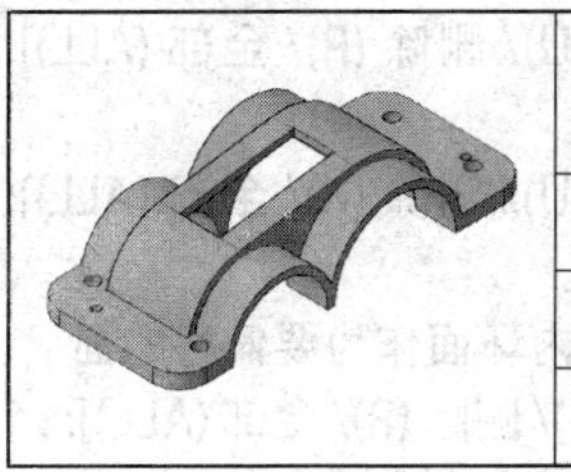</td><td colspan="2">【移动面】命令可以通过移动实体的表面，修改实体的尺寸或改变孔和槽的位置，在移动面的过程中将保持面的法线方向不变。</td></tr>
<tr><td>文件路径：</td><td>实例文件 \ 第 14 章 \ 实例 183.dwg</td></tr>
<tr><td>视频文件：</td><td>MP4\ 第 14 章 \ 实例 183.MP4</td></tr>
<tr><td>播放时长：</td><td>0:00:31</td></tr>
</table>

01 打开随书光盘中的"\ 实例文件 \ 第 14 章 \ 实例 183.dwg"，如图 14-41 所示。

02 单击绘图区左上方的视觉样式快捷控件，对模型进行【概念】着色显示，如图 14-42 所示。

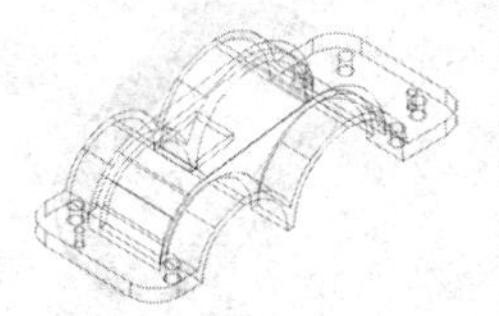

图 14-41 实例文件

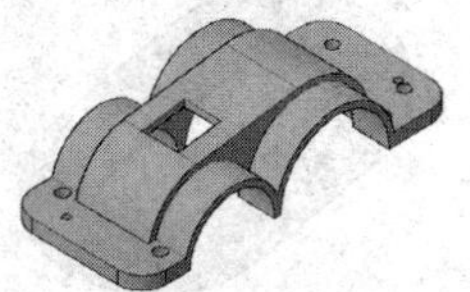

图 14-42 概念着色显示

03 单击【实体编辑】面板中的按钮，激活【移动面】命令，进行实体面移动。命令行操作过程如下：

命令：_solidedit

实体编辑自动检查：SOLIDCHECK=1

输入实体编辑选项 [面 (F)/ 边 (E)/ 体 (B)/ 放弃 (U)/ 退出 (X)] < 退出 >: _face

输入面编辑选项

[拉伸 (E)/ 移动 (M)/ 旋转 (R)/ 偏移 (O)/ 倾斜 (T)/ 删除 (D)/ 复制 (C)/ 颜色 (L)/ 材质 (A)/ 放弃 (U)/ 退出 (X)] < 退出 >: _move

选择面或 [放弃 (U)/ 删除 (R)]: 找到 1 个面。

// 选择要移动的面，如图 14-43 所示。

选择面或 [放弃 (U)/ 删除 (R)/ 全部 (ALL)]: ↙

// 按 Enter 键，结束选择

指定基点或位移：

// 选择基点，如图 14-44 所示。

指定位移的第二点：@-50,0 ↙

// 指定位移第二点

已开始实体校验。

已完成实体校验。

输入面编辑选项 [拉伸 (E)/ 移动 (M)/ 旋转 (R)/ 偏移 (O)/ 倾斜 (T)/ 删除 (D)/ 复制 (C)/ 颜色 (L)/ 材质 (A)/ 放弃 (U)/ 退出 (X)] < 退出 >: * 取消 *

// 按 Esc 键，结束命令，最终效果如图 14-45 所示。

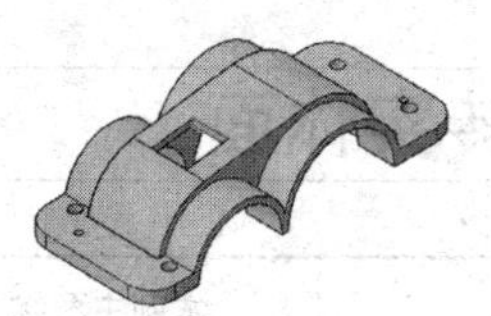

图 14-43 选择面

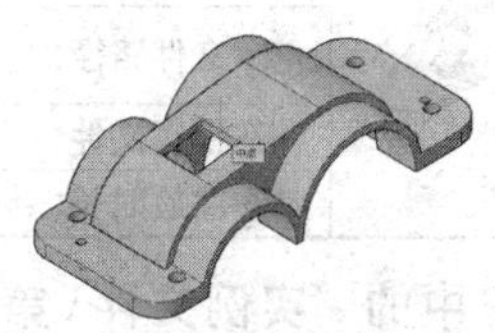

图 14-44 选择基点

图 14-45 最终效果

184 偏移实体面

本例主要练习实体编辑中的【偏移面】命令。使用此命令，可以通过偏移实体的表面来改变实体及孔、槽等特征的大小。

文件路径：	实例文件 \ 第 14 章 \ 实例 184.dwg
视频文件：	MP4\ 第 14 章 \ 实例 184.MP4
播放时长：	0:00:41

01 打开光盘中的“实例文件 \ 第 14 章 \ 实例 184.dwg”文件，如图 14-46 所示。

02 单击【实体编辑】面板中的【偏移面】按钮，将法兰内环面向外偏移，命令行操作过程如下：

命令：_solidedit
实体编辑自动检查：SOLIDCHECK=1
输入实体编辑选项 [面 (F)/ 边 (E)/ 体 (B)/ 放弃 (U)/ 退出 (X)] < 退出 >: _face
输入面编辑选项
[拉伸 (E)/ 移动 (M)/ 旋转 (R)/ 偏移 (O)/ 倾斜 (T)/ 删除 (D)/ 复制 (C)/ 颜色 (L)/ 材质 (A)/ 放弃 (U)/ 退出 (X)] < 退出 >: _offset
// 调用【偏移面】命令
选择面或 [放弃 (U)/ 删除 (R)]: 找到一个面。
选择面或 [放弃 (U)/ 删除 (R)/ 全部 (ALL)]: 找到一个面。
选择面或 [放弃 (U)/ 删除 (R)/ 全部 (ALL)]: 找到一个面。
选择面或 [放弃 (U)/ 删除 (R)/ 全部 (ALL)]: 找到一个面。
// 选择法兰内环面作为要偏移的面
选择面或 [放弃 (U)/ 删除 (R)/ 全部 (ALL)]: ↙
// 按 Enter 键完成选择
指定偏移距离 : -30
// 输入偏移距离，完成偏移面，效果如图 14-47 所示。

图 14-46 实例文件　图 14-47 偏移面的效果

185 旋转实体面

本例主要练习实体编辑中的【旋转面】命令。使用此命令，可以通过旋转实体的表面来改变实体面的倾斜角度，或将一些孔、槽等旋转到新位置。

文件路径：	实例文件 \ 第 14 章 \ 实例 185.dwg
视频文件：	MP4\ 第 14 章 \ 实例 185.MP4
播放时长：	0:01:05

01 打开光盘中的“实例文件 \ 第 14 章 \ 实例 185.dwg”文件，如图 14-48 所示。

02 单击【实体编辑】面板中的【旋转面】按钮，将 U 形缺口的两侧面旋转。命令行操作过程如下：

命令：_solidedit
实体编辑自动检查：SOLIDCHECK=1
输入实体编辑选项 [面 (F)/ 边 (E)/ 体 (B)/ 放弃 (U)/ 退出 (X)] < 退出 >: _face
输入面编辑选项
[拉伸 (E)/ 移动 (M)/ 旋转 (R)/ 偏移 (O)/ 倾斜 (T)/ 删除 (D)/ 复制 (C)/ 颜色 (L)/ 材质 (A)/ 放弃 (U)/ 退出 (X)] < 退出 >: _rotate
// 调用【旋转面】命令
选择面或 [放弃 (U)/ 删除 (R)]: 找到一个面。

//选择如图 14-49 所示的内侧面作为旋转对象

选择面或 [放弃 (U)/ 删除 (R)/ 全部 (ALL)]:

//按 Enter 键完成选择

指定轴点或 [经过对象的轴 (A)/ 视图 (V)/ X 轴 (X)/Y 轴 (Y)/Z 轴 (Z)] <两点>:

在旋转轴上指定第二个点：

//捕捉到如图 14-50 所示边线的两个端点，定义旋转轴

指定旋转角度或 [参照 (R)]:15 ↙

//输入旋转角度，完成面的旋转。

03 重复上述操作，完成另一侧面的旋转，旋转面的效果如图 14-51 所示。

图 14-48 实例文件

图 14-49 选择旋转对象

图 14-50 定义旋转轴

图 14-51 旋转面的效果

186 倾斜实体面

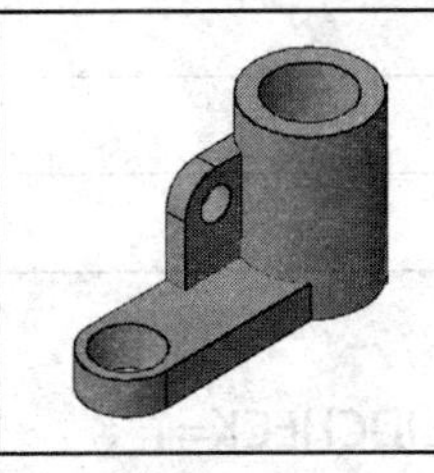

本例主要练习实体编辑中的【倾斜面】命令。使用此命令，可以通过倾斜实体的表面，使实体表面产生一定的锥度。	
文件路径：	实例文件 \ 第 14 章 \ 实例 186.dwg
视频文件：	MP4\ 第 14 章 \ 实例 186.MP4
播放时长：	0:00:35

01 打开随书光盘中的"\ 实例文件 \ 第 14 章 \ 实例 186.dwg"文件，如图 14-52 所示。

02 单击【实体编辑】面板中的【倾斜面】按钮，激活【倾斜面】命令，对实体表面进行倾斜。命令行操作过程如下：

命令：_solidedit

实体编辑自动检查：SOLIDCHECK=1

输入实体编辑选项 [面 (F)/ 边 (E)/ 体 (B)/ 放弃 (U)/ 退出 (X)] < 退出 >:_face

输入面编辑选项 [拉伸 (E)/ 移动 (M)/ 旋转 (R)/ 偏移 (O)/ 倾斜 (T)/ 删除 (D)/ 复制 (C)/ 颜色 (L)/ 材质 (A)/ 放弃 (U)/ 退出 (X)] < 退出 >: _taper

选择面或 [放弃 (U)/ 删除 (R)]:

//选择如图 14-53 所示的面

选择面或 [放弃 (U)/ 删除 (R)/ 全部 (ALL)]:

//按 Enter 键，结束选择

指定基点：

//捕捉如图 14-54 所示的圆心

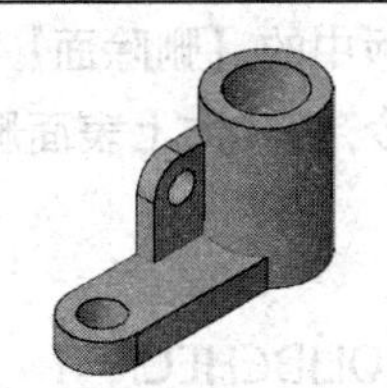
图 14-52 实例文件

图 14-53 选择面

图 14-54 捕捉圆心

指定沿倾斜轴的另一个点：

//捕捉如图 14-55 所示的圆心

指定倾斜角度 :15 ↙

已开始实体校验。

已完成实体校验。

输入面编辑选项 [拉伸 (E)/ 移动 (M)/ 旋转 (R)/ 偏移 (O)/ 倾斜 (T)/ 删除 (D)/ 复制 (C)/ 颜色 (L)/ 材质 (A)/ 放弃 (U)/ 退出 (X)] <退出>:

实体编辑自动检查：SOLIDCHECK=1

输入实体编辑选项 [面 (F)/ 边 (E)/ 体

(B)/ 放弃 (U)/ 退出 (X)] < 退出 >: ↙
　　// 按 Enter 键，效果如图 14-56 所示

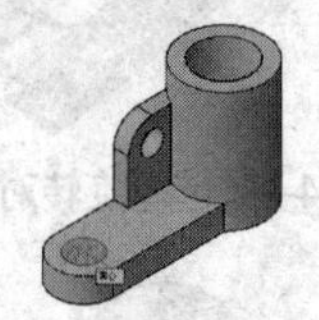

图 14-55 捕捉圆心

图 14-56 倾斜效果

> **提示**
>
> 在进行面的倾斜操作时，倾斜的方向是由锥角的正负号及定义矢量时的基点决定的。如果输入的倾角为正值，则 CAD 将已定义的矢量绕基点向实体内部倾斜面，反之，向实体外部倾斜。

187 删除实体面

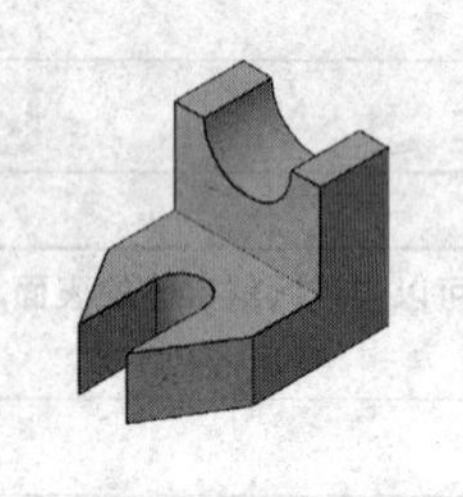	本例主要练习实体编辑中的【删除面】命令。使用此命令，可以在实体表面上删除某些特征面，如倒角和倒角时形成的面。删除某个面之后，产生的缺口由实体上其他面延伸之后填补。	
	文件路径：	实例文件 \ 第 14 章 \ 实例 187.dwg
	视频文件：	MP4\ 第 14 章 \ 实例 187.MP4
	播放时长：	0:00:26

01 打开随书光盘“\ 实例文件 \ 第 14 章 \ 实例 187.dwg”，如图 14-57 所示。

02 单击【实体编辑】面板中的【删除面】按钮，激活【删除面】命令，将实体上表面删除。命令行操作过程如下：

命令 : _solidedit
实体编辑自动检查 : SOLIDCHECK=1
输入实体编辑选项 [面 (F)/ 边 (E)/ 体 (B)/ 放弃 (U)/ 退出 (X)] < 退出 >: _face
输入面编辑选项 [拉伸 (E)/ 移动 (M)/ 旋转 (R)/ 偏移 (O)/ 倾斜 (T)/ 删除 (D)/ 复制 (C)/ 颜色 (L)/ 材质 (A)/ 放弃 (U)/ 退出 (X)] < 退出 >: _delete
选择面或 [放弃 (U)/ 删除 (R)]:
　　// 选择实体面
选择面或 [放弃 (U)/ 删除 (R)]:
　　// 选择如图 14-58 所示的实体面
选择面或 [放弃 (U)/ 删除 (R)/ 全部 (ALL)]: ↙
　　// 按 Enter 键，结束选择
已开始实体校验。
已完成实体校验。
输入面编辑选项 [拉伸 (E)/ 移动 (M)/ 旋转 (R)/ 偏移 (O)/ 倾斜 (T)/ 删除 (D)/ 复制 (C)/ 颜色 (L)/ 材质 (A)/ 放弃 (U)/ 退出 (X)] < 退出 >:
实体编辑自动检查 : SOLIDCHECK=1
输入实体编辑选项 [面 (F)/ 边 (E)/ 体 (B)/ 放弃 (U)/ 退出 (X)] < 退出 >: ↙
　　// 按 Enter 键，效果如图 14-59 所示

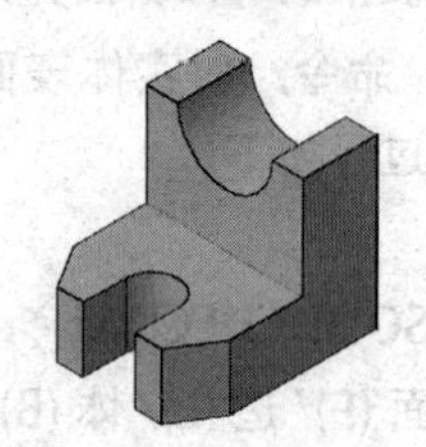

图 14-57 实例文件

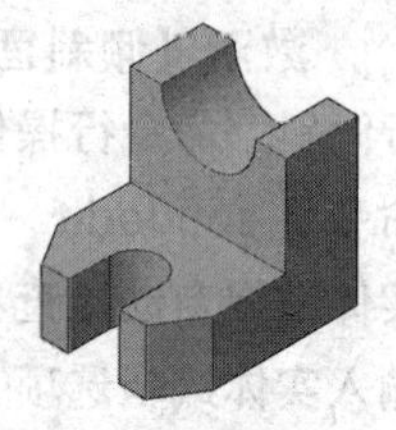

图 14-58 选择实体面

图 14-59 删除效果

> **提示**
>
> 如果删除面会导致其他面不能闭合生成实体，则该面不能被删除。例如，一个长方体的任意一个面都不能被删除。

188 编辑实体历史记录

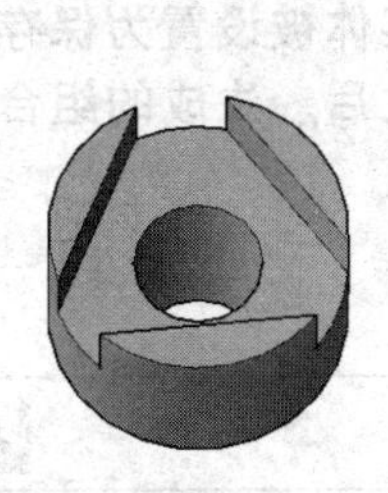

利用布尔操作创建组合实体之后，原实体就消失了，且新生成的特征位置完全固定，如果想再次修改就会变得十分困难，例如利用差集在实体上创建孔，孔的大小和位置就只能用偏移面和移动面来修改；而将两个实体进行并集之后，其相对位置就不能再修改。AutoCAD提供的实体历史记录功能，可以解决这一难题。	
文件路径：	实例文件\第14章\实例188.dwg
视频文件：	MP4\第14章\实例188.MP4
播放时长：	0:02:30

01 打开随书光盘“\实例文件\第14章\实例188.dwg”，如图14-60所示。

02 单击【坐标】面板中的【原点】按钮，然后捕捉圆柱顶面的中心点，放置原点，如图14-61所示。

03 显示菜单栏，选择菜单【视图】|【三维视图】|【俯视】选项，将视图调整到俯视的方向；然后在XY平面内绘制一个矩形多段线轮廓，如图14-62所示。

04 选择菜单【绘图】|【建模】|【拉伸】选项，选择矩形多段线为拉伸的对象，拉伸方向向圆柱体内部，输入拉伸高度为14，创建的长方体如图14-63所示。

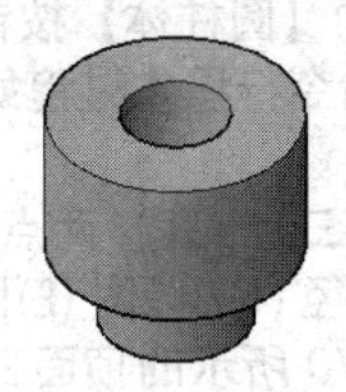

图14-60 实例文件　图14-61 捕捉圆心

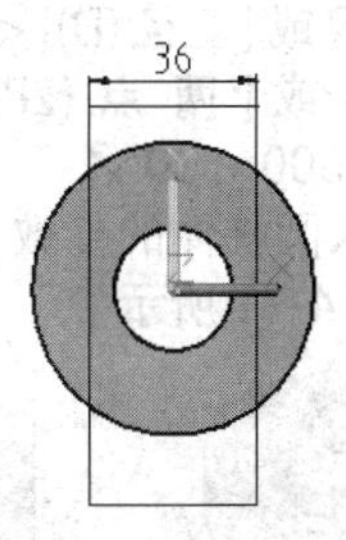

图14-62 绘制矩形多段线轮廓

05 选择拉伸创建的长方体，然后单击右键，在快捷菜单中选择【特性】选项，弹出该实体的【特性】选项板。在选项板中，将【历史记录】修改为【记录】，并选择【显示历史记录】，如图14-64所示。

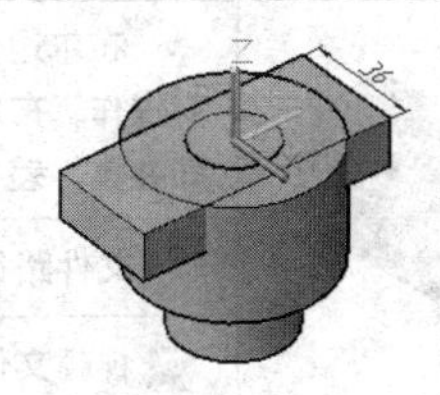

图14-63 创建的长方体

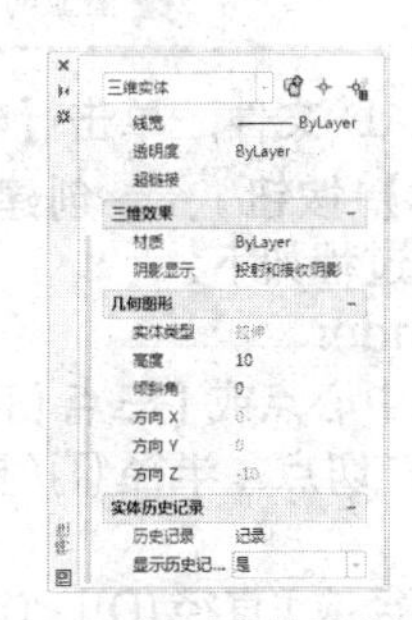

图14-64 设置实体历史记录

06 单击【实体编辑】面板中的【差集】按钮，从圆柱体中减去长方体，效果如图14-65所示。以线框显示的即为长方体的历史记录。

07 按住Ctrl键，选择线框长方体，该历史记录呈夹点显示状态。将长方体两个顶点夹点合并，修改为三棱柱的形状，拖动夹点适当调整三角形形状，效果如图14-66所示。

08 选择圆柱体，用步骤5的方法打开实体的【特性】选项板，将【显示历史记录】选项修改为【否】，隐藏历史记录，最终效果如图14-67所示。

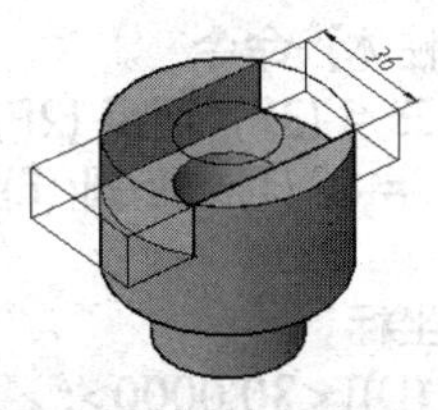

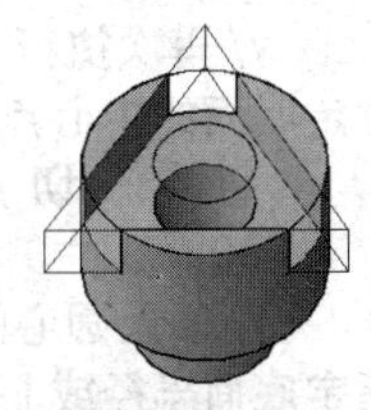

图14-65 求差集的效果　图14-66 编辑历史记录的效果

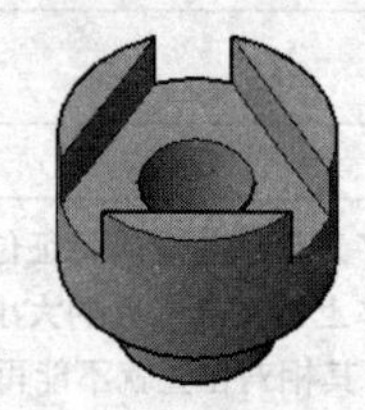

图 14-67 最终效果

> **提示**
>
> 记录实体的历史记录需要在实体布尔操作之前。如果某一个实体被设置为保存历史记录，则布尔操作之后，生成的组合体也默认为保存历史记录。

189 布尔运算

布尔运算是将面域或三维对象作为运算对象，在对象间进行类似于数学集合的并、差、交操作。布尔运算是创建实体上各种特征的最主要工具，本例使用了布尔运算的所有方式，即并集、差集和交集，创建一个凸轮的模型。

文件路径：	实例文件 \ 第 14 章 \ 实例 189.dwg
视频文件：	MP4\ 第 14 章 \ 实例 189.MP4
播放时长：	0:02:40

01 新建 AutoCAD 文件，单击【建模】面板中的【圆柱体】按钮，创建三个圆柱体。命令行操作过程如下：

命令：_cylinder
指定底面的中心点或 [三点 (3P)/ 两点 (2P)/ 切点、切点、半径 (T)/ 椭圆 (E)]: 30,0 ↙
指定底面半径或 [直径 (D)] <0.2891>: 30 ↙
指定高度或 [两点 (2P)/ 轴端点 (A)] <-14.0000>: 15 ↙
// 创建第一个圆柱体，半径为 30，高度为 15
命令：_cylinder
// 再次执行【圆柱体】命令
指定底面的中心点或 [三点 (3P)/ 两点 (2P)/ 切点、切点、半径 (T)/ 椭圆 (E)]: 0,0,0 ↙
指定底面半径或 [直径 (D)] <30.0000>: ↙
指定高度或 [两点 (2P)/ 轴端点 (A)] <15.0000>: ↙
// 创建第二个圆柱体
命令：_cylinder
// 再次执行【圆柱体】命令
指定底面的中心点或 [三点 (3P)/ 两点 (2P)/ 切点、切点、半径 (T)/ 椭圆 (E)]: 30<60
// 输入圆心的极坐标
指定底面半径或 [直径 (D)] <30.0000>: ↙
指定高度或 [两点 (2P)/ 轴端点 (A)] <15.0000>: ↙
// 创建第三个圆柱体，创建的三个圆柱体如图 14-68 所示。

02 单击【实体编辑】面板中的【交集】按钮，选择三个圆柱体为对象，求交集的效果如图 14-69 所示。

03 单击【建模】面板中的【圆柱体】按钮，再次创建圆柱体。命令行操作过程如下：

命令：_cylinder
指定底面的中心点或 [三点 (3P)/ 两点 (2P)/ 切点、切点、半径 (T)/ 椭圆 (E)]:
// 捕捉如图 14-70 所示的顶面三维中心点
指定底面半径或 [直径 (D)] <30.0000>: 10 ↙
指定高度或 [两点 (2P)/ 轴端点 (A)] <15.0000>: 30 ↙
// 输入圆柱体的参数，创建的圆柱体如图 14-71 所示

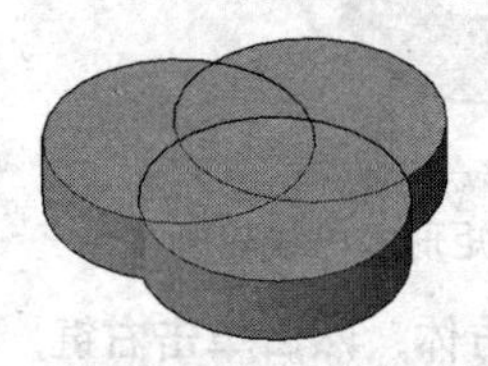

图 14-68 创建的三个圆柱体

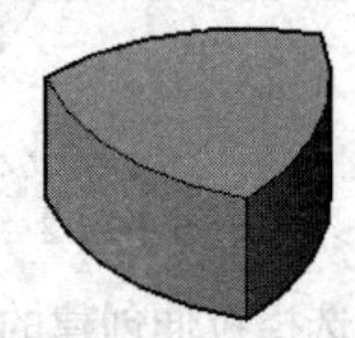

图 14-69 求交集的效果

04 单击【实体编辑】面板中的【并集】按钮，将凸轮和圆柱体合并为单一实体。

05 单击【建模】面板中的【圆柱体】按钮，

再次创建圆柱体。命令行操作过程如下：

命令：_cylinder

指定底面的中心点或 [三点 (3P)/ 两点 (2P)/ 切点、切点、半径 (T)/ 椭圆 (E)]:

// 捕捉如图 14-72 所示圆柱体顶面的三维中心点

指定底面半径或 [直径 (D)] <30.0000>: 8

指定高度或 [两点 (2P)/ 轴端点 (A)] <15.0000>: -70

// 输入圆柱体的参数，创建的圆柱体如图 14-73 所示

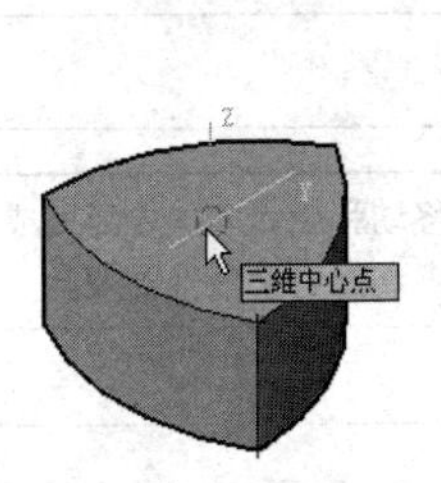

图 14-70 捕捉三维中心点

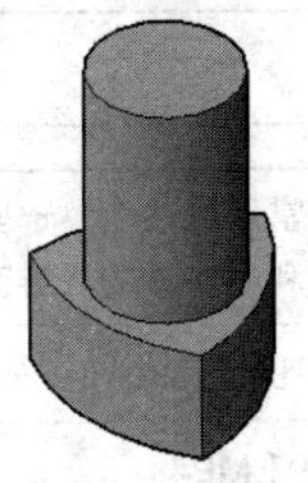

图 14-71 创建的圆柱体

提示

指定圆柱体高度的时候，如果动态输入功能是打开的，则高度的正负是相对于用户拉伸的方向而言的，即正值的高度与拉伸方向相同，负值相反。如果动态输入功能是关闭的，则高度的正负是相对于坐标系 Z 轴而言的，即正值的高度沿 Z 轴正向，负值相反。

06 单击【实体编辑】面板中的【差集】按钮，从组合实体中减去圆柱体。命令行操作过程如下：

命令：_subtract 选择要从中减去的实体、曲面和面域 ...

选择对象：找到 1 个

// 选择组合实体

选择对象：选择要减去的实体、曲面和面域 ...

选择对象：找到 1 个

// 选择中间圆柱体

选择对象：↙

// 按 Enter 键完成差集操作，效果如图 14-74 所示。

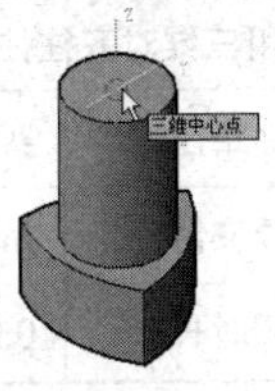

图 14-72 捕捉三维中心点

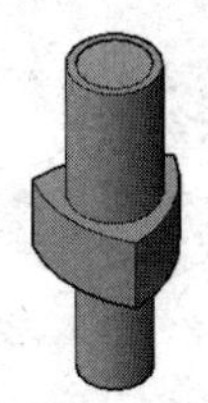

图 14-73 创建的圆柱体

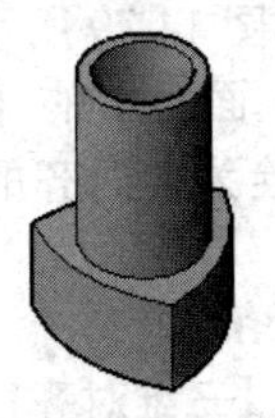

图 14-74 求差集的效果

190 倒角实体边

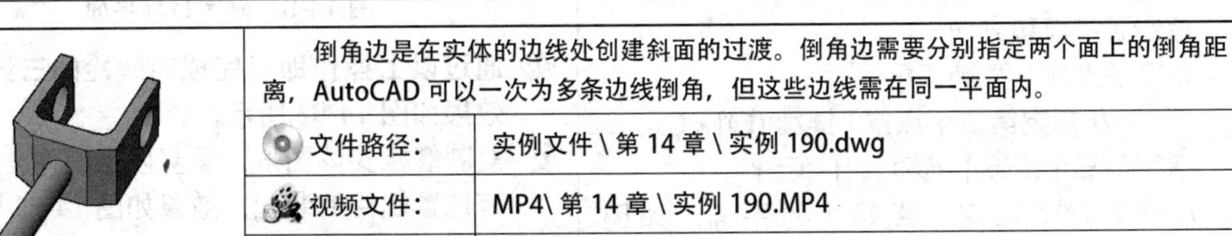

倒角边是在实体的边线处创建斜面的过渡。倒角边需要分别指定两个面上的倒角距离，AutoCAD 可以一次为多条边线倒角，但这些边线需在同一平面内。	
文件路径：	实例文件 \ 第 14 章 \ 实例 190.dwg
视频文件：	MP4\ 第 14 章 \ 实例 190.MP4
播放时长：	0:00:43

01 打开随书光盘“\ 实例文件 \ 第 14 章 \ 实例 190.dwg”，如图 14-75 所示。

02 显示菜单栏，选择菜单【修改】|【实体编辑】|【倒角边】选项，命令行操作过程如下：

命令：_CHAMFEREDGE 距离 1 = 1.0000，距离 2 = 1.0000

选择一条边或 [环 (L)/ 距离 (D)]: D ↙

指定距离 1 <1.0000>: 30 ↙

指定距离 2 <1.0000>: 15 ↙

选择一条边或 [环 (L)/ 距离 (D)]:

选择同一个面上的其他边或 [环 (L)/ 距离 (D)]:

// 选择如图 14-76 所示的两条边线为倒角对象

图 14-75 实例文件

图 14-76 选择倒角对象

选择同一个面上的其他边或 [环 (L)/ 距离 (D)]: ↙

// 按 Enter 键结束选择，生成倒角预览如图 14-77 所示

按 Enter 键接受倒角或 [距离 (D)]: ↙

// 按 Enter 键接受倒角，创建的倒角如图 14-78 所示

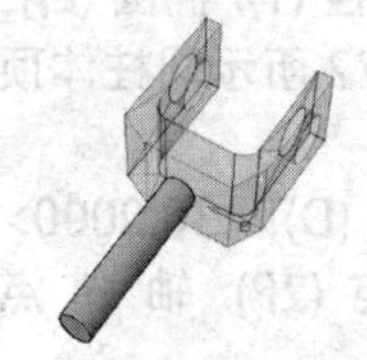

图 14-77 倒角预览

图 14-78 创建的倒角

191 实体三维对齐

<table>
<tr><td rowspan="4">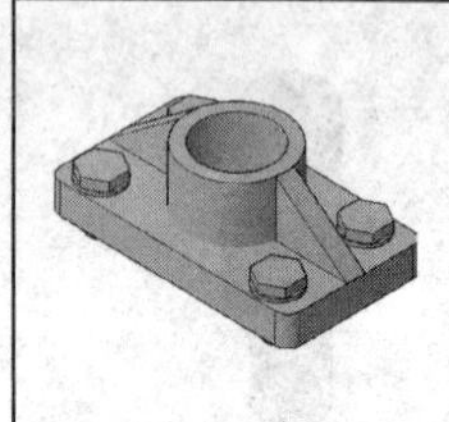</td><td colspan="2">在实体装配组合的过程中，三维对齐是常用的功能，一些需移动和旋转多次才能完成的配合，利用三维对齐往往能够一步到位。本例利用实体的三维对齐，将螺钉装配到支座上。</td></tr>
<tr><td>文件路径：</td><td>实例文件 \ 第 14 章 \ 实例 191.dwg</td></tr>
<tr><td>视频文件：</td><td>MP4\ 第 14 章 \ 实例 191.MP4</td></tr>
<tr><td>播放时长：</td><td>0:01:00</td></tr>
</table>

01 打开随书光盘“\ 实例文件 \ 第 14 章 \ 实例 191.dwg”，如图 14-79 所示。

02 单击【修改】面板中的【三维对齐】按钮，选择螺栓为要对齐的对象，此时命令行提示如下：

命令 : _3dalign

// 调用【三维对齐】命令

选择对象 : 找到 1 个

// 选择螺栓为要对齐对象

选择对象 :

// 右键单击结束对象选择

指定源平面和方向 ...

指定基点或 [复制 (C)]:

// 指定第二个点或 [继续 (C)] <C>:

指定第三个点或 [继续 (C)] <C>:

// 在螺栓上指定三点确定源平面，如图 14-80 所示 A′、B′、C′ 三点，指定目标平面和方向

指定第一个目标点 :

指定第二个目标点或 [退出 (X)] <X>:

指定第三个目标点或 [退出 (X)] <X>:

// 在底座上指定三个点确定目标平面，如图 14-81 所示 A、B、C 三点，完成三维对齐操作

图 14-79 实例文件　图 14-80 确定源平面

图 14-81 确定目标平面

03 通过以上操作即可完成对螺栓的三维对齐，效果如图 14-82 所示。

04 复制螺栓实体图形，重复以上操作，完成所有位置螺栓的装配，效果如图 14-83 所示。

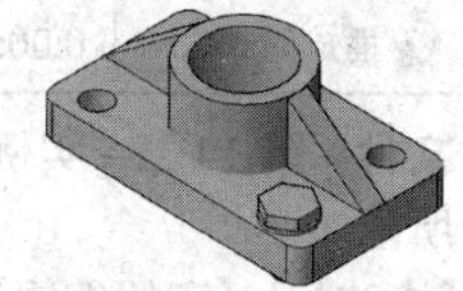

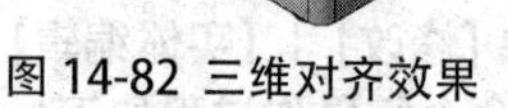

图 14-82 三维对齐效果

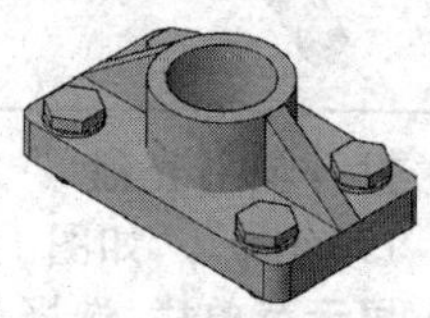

图 14-83 装配效果

15 Chapter

第 15 章

各类零件模型创建

通过前面几章的学习，我们对实体三维操作功能以及实体面、边的编辑功能有了一定的了解。本章我们结合机械零件实例，对之前学习的知识进行综合运用，以掌握常见零件模型的创建方法和编辑技巧。

192 绘制平键模型

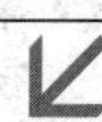

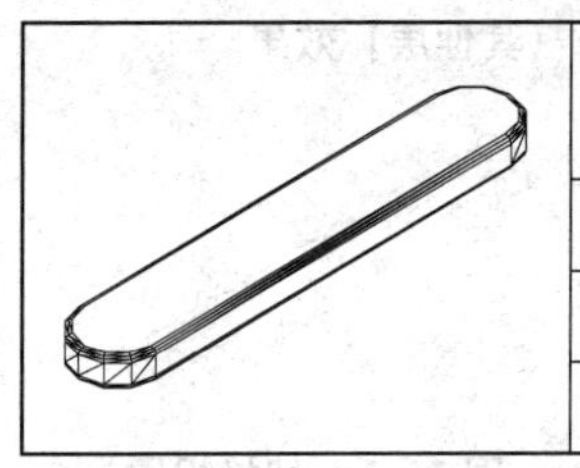

本例通过绘制平键模型，主要练习【拉伸】、【圆角】和【消隐】等命令。在具体操作过程中，巧妙使用【圆角】命令中的【链】功能，可以一次性快速选择需要圆角的边。

文件路径：	实例文件 \ 第 15 章 \ 实例 192.dwg
视频文件：	MP4\ 第 15 章 \ 实例 192.MP4
播放时长：	00:01:06

01 打开"\ 实例文件 \ 第 8 章 \ 实例 093.dwg"文件，如图 15-1 所示。

02 显示菜单栏，选择【视图】菜单中的【三维视图】|【西南等轴测】选项，将当前视图切换为西南等轴测视图，同时删除主视图和俯视图的内部轮廓线，如图 15-2 所示。

03 单击【建模】面板中的按钮，激活【拉伸】命令，将图形拉伸为三维实体，其拉伸的高度为 8，如图 15-3 所示。

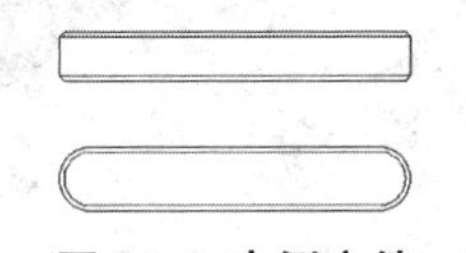

图 15-1 实例文件

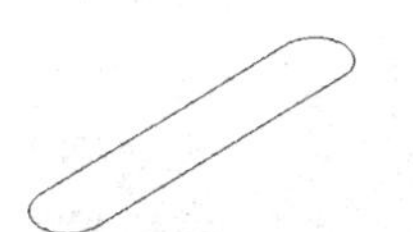

图 15-2 切换视图

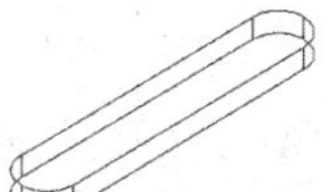

图 15-3 拉伸图形

04 执行【圆角】命令，对拉伸的实体进行圆角，其圆角半径为 1.5，如图 15-4 所示。

05 使用快捷键 HI 激活【消隐】命令，对模型进行消隐显示，如图 15-5 所示。

06 单击绘图区左上方的视觉样式快捷控件，对模型进行【概念】着色，最终效果如图 15-6 所示。

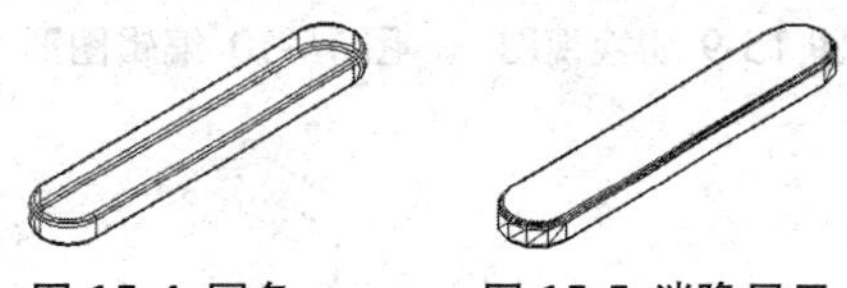

图 15-4 圆角　　图 15-5 消隐显示

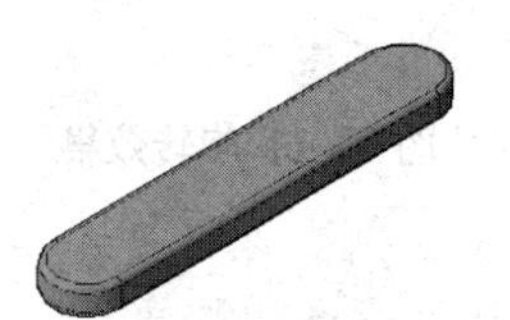

图 15-6 最终效果

193 绘制转轴模型

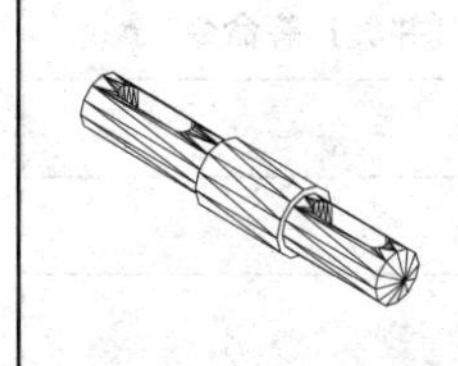

本例通过绘制轴零件立体模型，主要练习【实体旋转】、【差集】和【概念视觉样式】等命令的使用方法和技巧。

文件路径：	实例文件 \ 第 15 章 \ 实例 193.dwg
视频文件：	MP4\ 第 15 章 \ 实例 193.MP4
播放时长：	0:04:02

01 打开“\实例文件\第15章\实例193.dwg”文件，如图15-7所示。

02 执行【图层】命令，关闭【点画线】图层。

03 单击【绘图】面板中的按钮，分别在图15-8所示的区域内拾取一点，创建两条闭合边界。

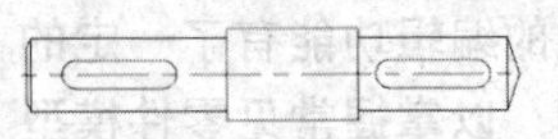

图 15-7 实例文件

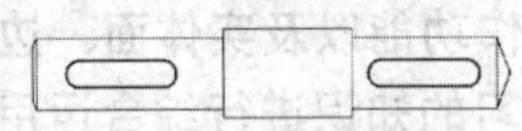

图 15-8 创建边界

04 单击绘图区左上方的视图快捷控件，将当前视图切换为西南等轴测视图，如图15-9所示。

05 执行【拉伸】命令，将刚创建的两条闭合边界拉伸20；然后将拉伸实体的图层修改为【其他层】，并把此图层关闭。

06 选择【点画线】图层，并执行【修剪】和【删除】命令，将图形编辑为如图15-10所示的状态。

07 使用快捷键BO激活【边界】命令，在闭合的区域内拾取一点，创建闭合的边界。

08 单击【建模】面板中的【旋转】按钮，将刚创建的闭合多段线旋转为三维实体，效果如图15-11所示。

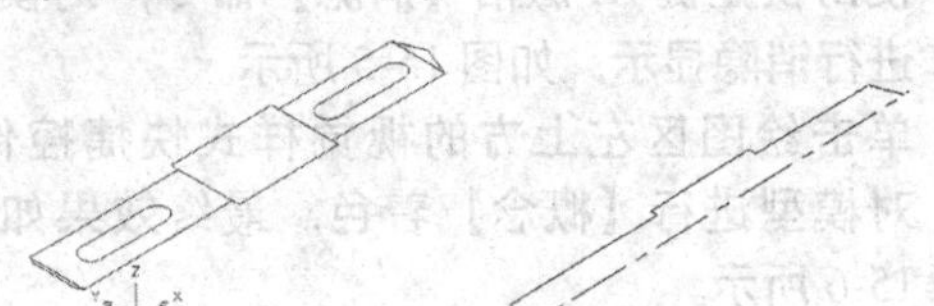

图 15-9 切换视图　　图 15-10 编辑图形

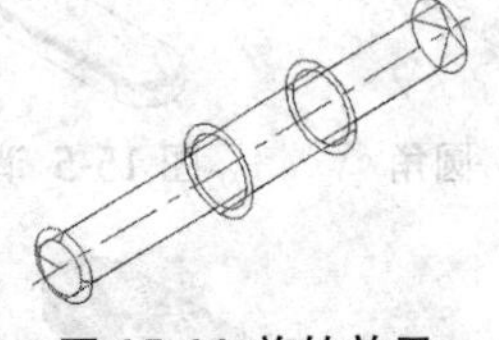

图 15-11 旋转效果

09 打开【图层】面板中的【图层控制】下拉菜单，然后选择被关闭的【其他层】，效果如图15-12所示。

10 使用快捷键SU，激活【差集】命令，对三个实体模型进行差集运算，如图15-13所示。

11 删除内部的中心及轮廓线，然后将视图切换为东南等轴测视图，如图15-14所示。

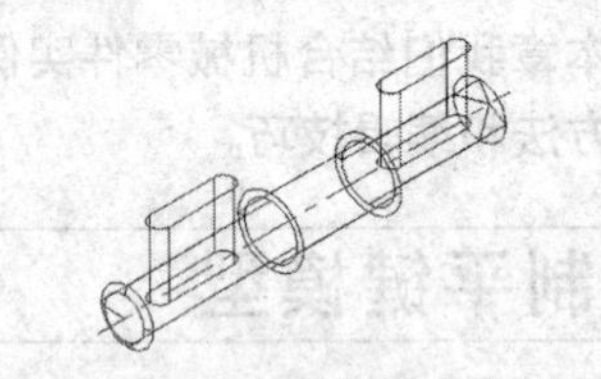

图 15-12 选择【其他层】效果

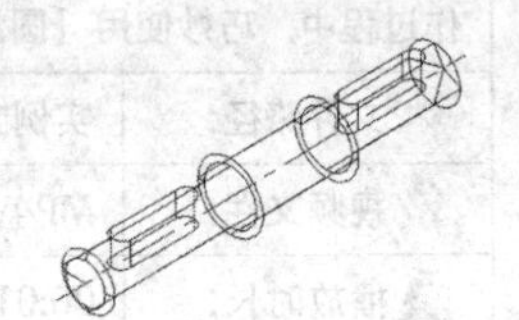

图 15-13 差集运算

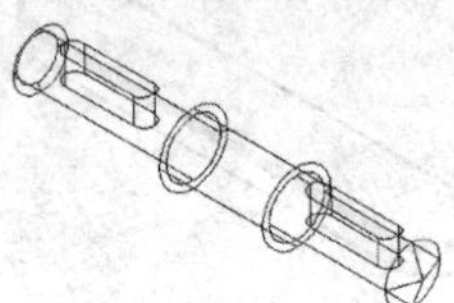

图 15-14 切换视图

12 设置系统变量FACETRES的值为5。

13 使用快捷键HI激活【消隐】命令，对模型消隐显示，如图15-15所示。

14 单击绘图区左上方的视觉样式快捷控件，对模型进行【概念】着色显示，最终效果如图15-16所示。

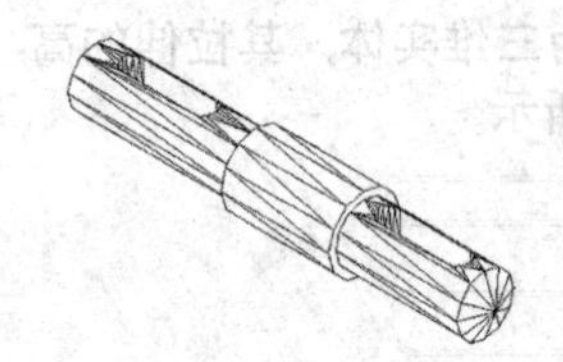

图 15-15 消隐显示

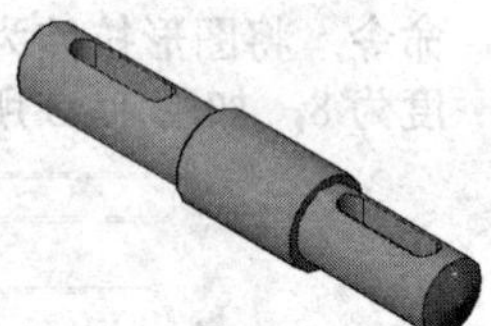

图 15-16 最终效果

194 绘制吊环螺钉模型

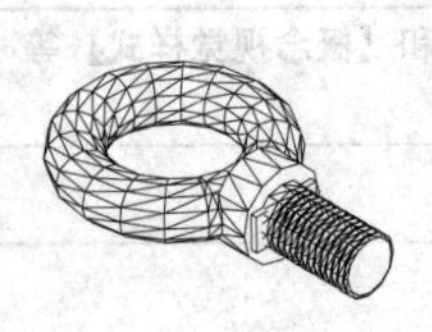	本例通过绘制吊环螺钉模型，主要练习【图层】、【UCS】、【多段线】、【圆柱体】、【圆锥体】、【阵列】和【旋转】命令。在具体操作过程中还综合运用了【边界】和【并集】等命令。	
	文件路径：	实例文件\第15章\实例194.dwg
	视频文件：	MP4\第15章\实例194.MP4
	播放时长：	0:07:37

01 执行【新建】命令，创建一个空白文件。

02 单击【建模】面板中的按钮，以（0, 0, 0）为中心，创建圆环半径为 28，圆管半径为 8.7 的圆环体，如图 15-17 所示。

03 单击绘图区左上方的视图快捷控件，将当前视图切换为西南等轴测视图。

04 单击【坐标】面板中的【原点】按钮，以（0, -36, 0）为新的坐标原点。

05 单击【坐标】面板中的按钮，将 X 轴旋转 90°。

06 单击【图层】面板中的按钮，新建名为【裙部】的图层，并将上一个图层关闭。

07 单击【建模】面板中的按钮，以（0, 0, 6）为底面中心，创建半径为 15，高度为 -12 的圆柱体。

08 单击【建模】面板中的按钮，以（0, 0, -6）为底面中心，创建半径为 12，高度为 -6 的圆锥体，如图 15-18 所示。

09 使用快捷键 UNI 激活【并集】命令，将创建的圆锥体和圆柱体进行合并。

10 单击【建模】面板中的按钮，创建第一个角点为（-12, -6, 8），第二个角点为（12, 6, -8）的长方体；然后执行【并集】命令将其与刚创建的合并实体进行并集处理，如图 15-19 所示。

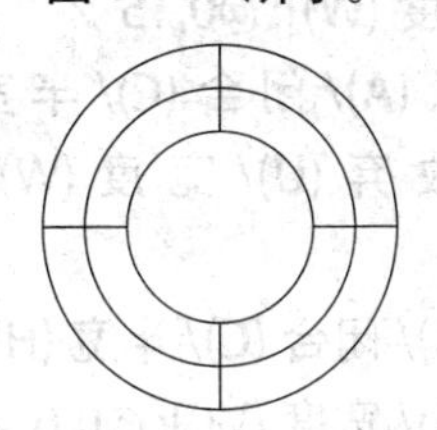

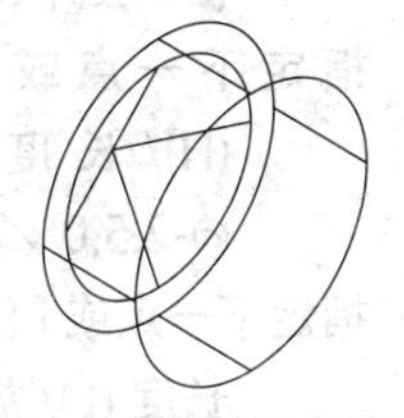

图 15-17 创建圆环体　图 15-18 创建圆锥体模型

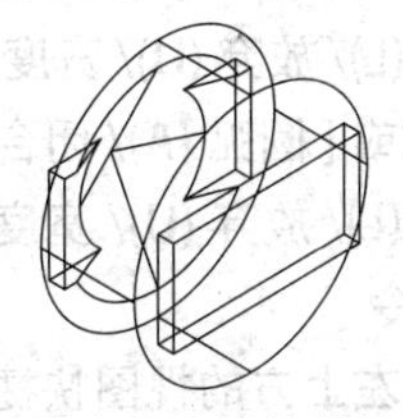

图 15-19 创建长方体并进行并集处理

11 单击【图层】面板中的按钮，将关闭的图层打开，并将其与另一实体进行合集处理并消隐显示如图 15-20 所示。

12 单击【坐标】面板中的【原点】按钮，指定新的原点为（0, 0, 6），并将 X 轴旋转 90°。

13 执行【图层】命令，新建名为【螺杆】的图层，将此图层设置为当前层，并将上面两个图层关闭。

14 单击【绘图】面板中的按钮，以（0, 0, 0）为起点、（0, 35, 0）为终点绘制一条直线，作为螺杆中心轴线。

15 重复执行【直线】命令，以（0, 0, 0）为起点、（10, 0, 0）为终点绘制第二条直线；以（0, 35, 0）为起点、（10, 35, 0）为终点绘制第三条直线；以（10, 0, 0）为起点、（10, 4, 0）为终点绘制第四条直线，如图 15-21 所示。

16 单击【绘图】面板中的按钮，绘制多段线。命令行操作过程如下：

```
命令： _pline
指定起点：
    //10,4
当前线宽为 0.0000
指定下一个点或 [ 圆弧 (A)/ 半宽 (H)/ 长度
    (L)/ 放弃 (U)/ 宽度 (W)]:@-1.5,0.67 ↙
指定下一点或 [ 圆弧 (A)/ 闭合 (C)/ 半宽 (H)/
    长度 (L)/ 放弃 (U)/ 宽度 (W)]:@0,0.5 ↙
指定下一点或 [ 圆弧 (A)/ 闭合 (C)/ 半
    宽 (H)/ 长度 (L)/ 放弃 (U)/ 宽度
    (W)]:@1.5,0.67 ↙
指定下一点或 [ 圆弧 (A)/ 闭合 (C)/ 半宽 (H)/
    长度 (L)/ 放弃 (U)/ 宽度 (W)]:@0,0.5 ↙
指定下一点或 [ 圆弧 (A)/ 闭合 (C)/ 半宽 (H)/
    长度 (L)/ 放弃 (U)/ 宽度 (W)]: ↙
  // 按 Enter 键，结束命令，如图 15-22
    所示。
```

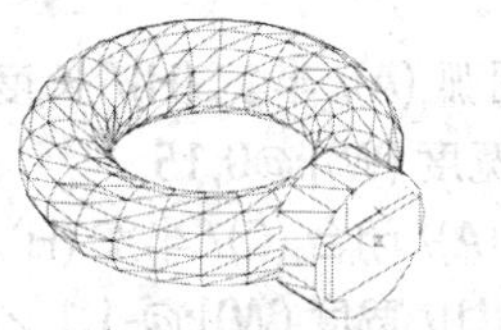

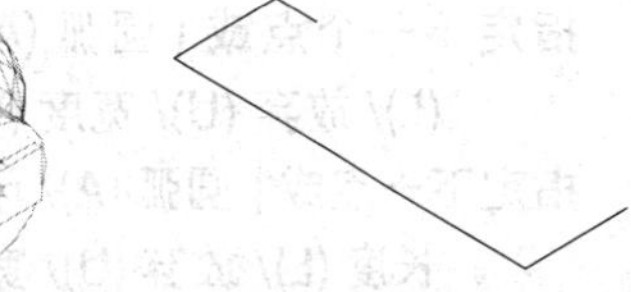

图 15-20 并集并消隐显示　图 15-21 绘制直线

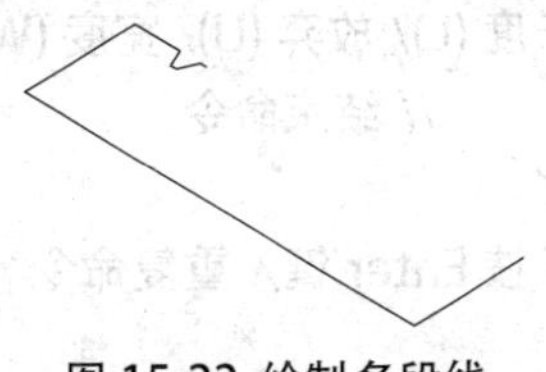

图 15-22 绘制多段线

17 单击【修改】面板中的按钮，设置行数为 14、列数为 1、行偏移为 2.34、列偏移为 0、阵列角度为 0，然后选择第 16 步绘制的多段线进行矩形阵列，最后执行【修剪】命令将螺旋线最下面多余部分修剪掉，如图 15-23 所示。

⑱ 单击【建模】面板中的按钮 ，将封闭的轮廓曲线沿 Y 轴旋转 360°，效果如图 15-24 所示。

⑲ 单击【图层】面板中的按钮，将关闭的图层打开，然后单击绘图区左上方的视觉样式快捷控件，将图形进行【概念】着色，最终效果如图 15-25 所示。

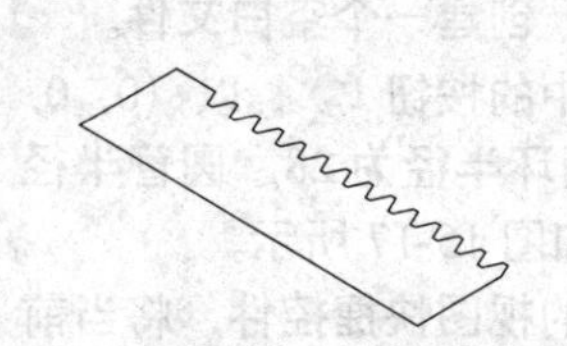

图 15-23 绘制并修剪螺旋线

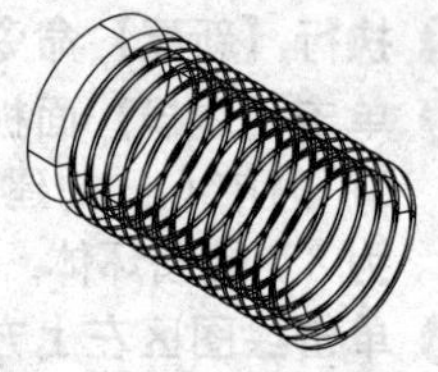

图 15-24 旋转效果

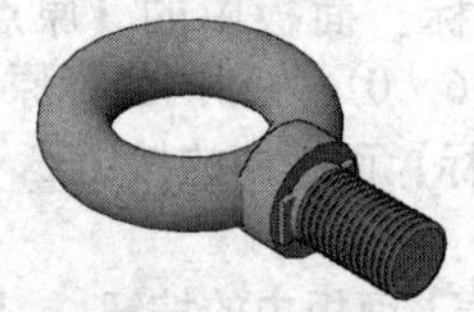

图 15-25 最终效果

195 绘制锥齿轮模型

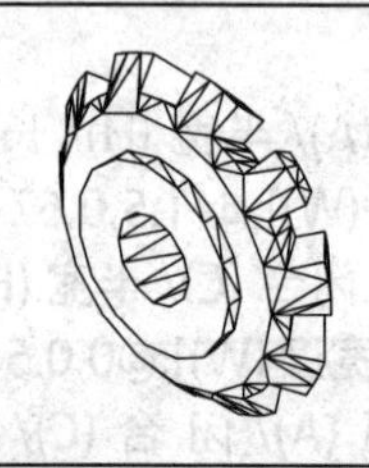	通过绘制锥齿轮模型，主要练习【多段线】、【圆椎体】和【旋转】命令，在具体操作过程中还使用了【视图】等命令。	
	文件路径：	实例文件 \ 第 15 章 \ 实例 195.dwg
	视频文件：	MP4\ 第 15 章 \ 实例 195.MP4
	播放时长：	0:04:27

01 执行【新建】命令，快速创建空白文件。

02 设置 ISOLINES 的值设置为 12。

03 单击【绘图】面板中的【多段线】按钮，绘制如图 15-26 所示的轮廓线。命令行操作过程如下：

命令 : _pline
指定起点 : 0,0
当前线宽为 0.0000
指定下一个点或 [圆弧 (A)/ 半宽 (H)/ 长度 (L)/ 放弃 (U)/ 宽度 (W)]:@0,15 ↙
指定下一点或 [圆弧 (A)/ 闭合 (C)/ 半宽 (H)/ 长度 (L)/ 放弃 (U)/ 宽度 (W)]:@-1,1 ↙
指定下一点或 [圆弧 (A)/ 闭合 (C)/ 半宽 (H)/ 长度 (L)/ 放弃 (U)/ 宽度 (W)]: ↙ // 结束命令
命令 : ↙ // 按 Enter 键，重复命令
PLINE
指定起点 : 12,0 ↙
当前线宽为 0.0000
指定下一个点或 [圆弧 (A)/ 半宽 (H)/ 长度 (L)/ 放弃 (U)/ 宽度 (W)]: @0,15 ↙
指定下一点或 [圆弧 (A)/ 闭合 (C)/ 半宽 (H)/ 长度 (L)/ 放弃 (U)/ 宽度 (W)]: @-2.5,0 ↙
指定下一点或 [圆弧 (A)/ 闭合 (C)/ 半宽 (H)/ 长度 (L)/ 放弃 (U)/ 宽度 (W)]: @0,6 ↙
指定下一点或 [圆弧 (A)/ 闭合 (C)/ 半宽 (H)/ 长度 (L)/ 放弃 (U)/ 宽度 (W)]: @-2,2 ↙
指定下一点或 [圆弧 (A)/ 闭合 (C)/ 半宽 (H)/ 长度 (L)/ 放弃 (U)/ 宽度 (W)]: ↙ // 结束命令

04 单击绘图区左上方的视图快捷控件，将当前视图切换为西南等轴测视图，并使用快捷键 PE，激活【编辑多段线】命令，对其进行并集处理，如图 15-27 所示。

05 单击【建模】面板中的【旋转】按钮，将创建的闭合多段线进行旋转，效果如图 15-28 所示。

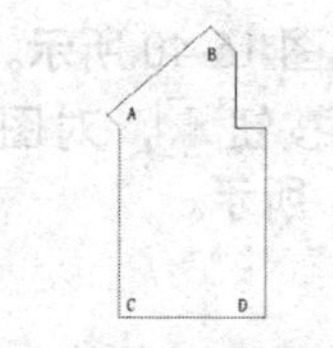
图 15-26 绘制轮廓线

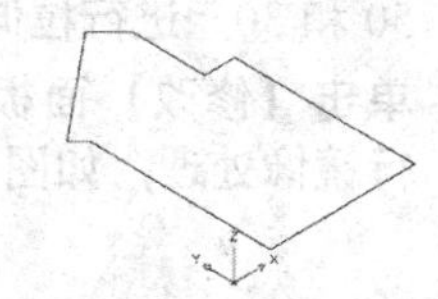
图 15-27 切换视图

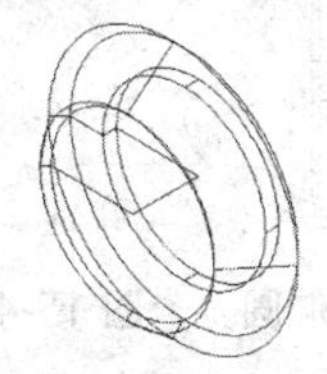
图 15-28 旋转效果

06 将视图切换为主视图，并执行【多段线】命令，配合点的精确输入功能，绘制如图 15-29 所示的多段线，并将其合并。

07 单击绘图区左上方的视图快捷控件，将视图切换为西南等轴测视图。

08 单击【建模】面板中的【旋转】按钮，将刚绘制的闭合多段线绕 X 轴旋转 18°，效果如图 15-30 所示。

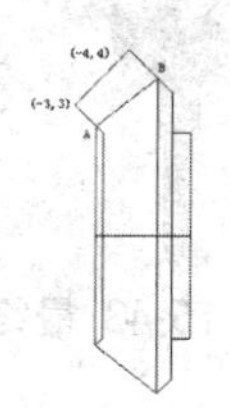
图 15-29 绘制多段线

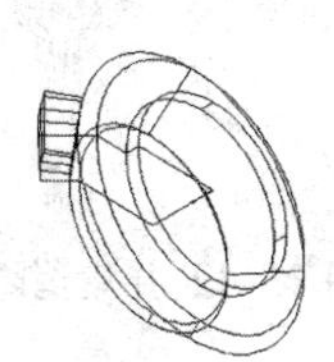
图 15-30 旋转效果

09 使用快捷键 HI 激活【消隐】命令，对实体进行消隐着色，如图 15-31 所示。

10 使用快捷键 3A 激活【三维阵列】命令，将刚旋转的实体以圆心为阵列中心，阵列数目为 10，进行环形阵列，如图 15-32 所示。

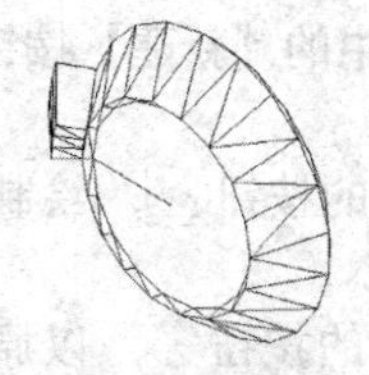
图 15-31 消隐着色

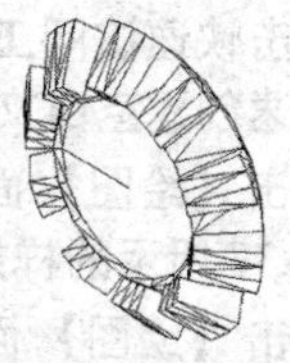
图 15-32 环形阵列

11 单击【实体编辑】面板中的按钮，对视图中所有的图形进行并集处理。

12 单击【建模】面板中的按钮，绘制半径为 7，高度为 -12 的圆柱体，如图 15-33 所示。

13 单击【实体编辑】面板中的按钮，分别对绘制的齿轮与圆柱体进行差集处理并消隐显示，如图 15-34 所示。

14 删除内部轮廓线，并将视图切换为东北等轴测视图，如图 15-35 所示。

15 单击绘图区左上方的视觉样式快捷控件，对模型进行【概念】着色，最终效果如图 15-36 所示。

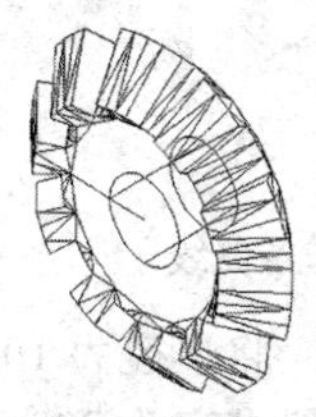
图 15-33 绘制圆柱体

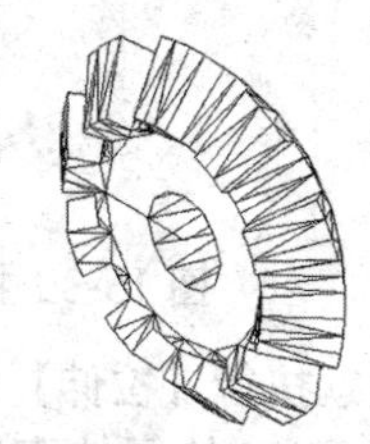
图 15-34 差集并消隐显示

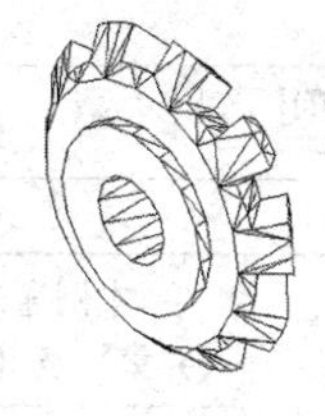
图 15-35 切换视图

图 15-36 最终效果

196 盘形凸轮建模

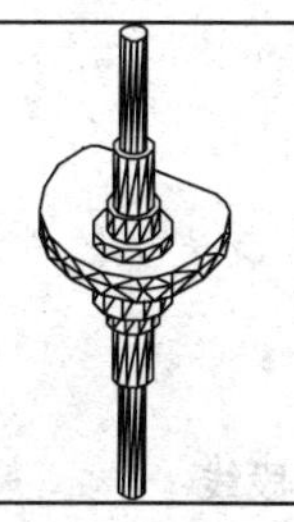

通过创建盘形凸轮模型，主要练习【样条曲线】、【圆】、【拉伸】和【镜像】命令，在操作过程中还综合使用了【消隐】和【并集】等命令。

文件路径：	实例文件 \ 第 15 章 \ 实例 196.dwg
视频文件：	MP4\ 第 15 章 \ 实例 196.MP4
播放时长：	0:02:30

01 单击快速访问工具栏中的【新建】按钮，快速创建空白文件。

02 单击【绘图】面板中的按钮，绘制如图15-37所示的样条曲线。

03 单击【绘图】面板中的按钮，以原点为圆心，绘制半径分别为10、15、20和30的圆，如图15-38所示。

04 执行【视图】命令，将当前视图切换为西南等轴侧视图；然后单击【建模】面板中的按钮，将闭合的样条曲线拉伸20，如图15-39所示。

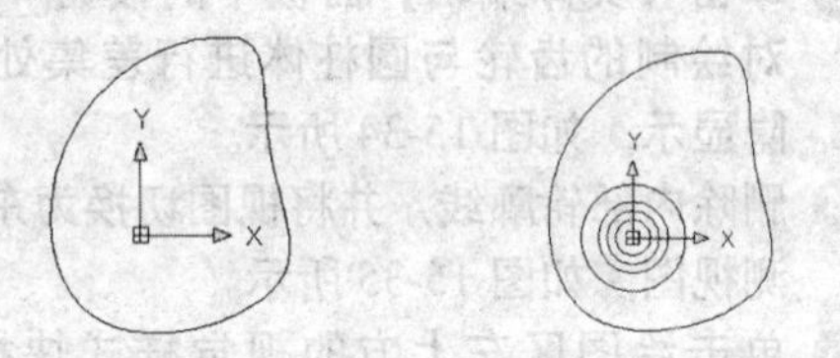

图 15-37 绘制样条曲线　　图 15-38 绘制同心圆

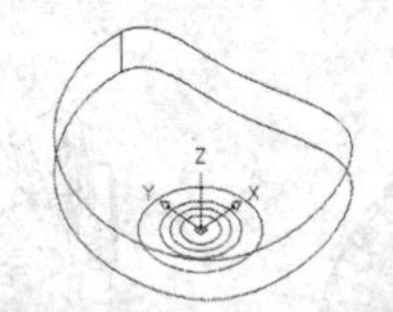

图 15-39 拉伸样条曲线

05 继续执行【拉伸】命令，将半径为10、15、20和30的圆的高度分别设定为200、100、50和30，进行拉伸，如图15-40所示。

06 单击【修改】面板中的按钮，对图形进行镜像处理，如图15-41所示。

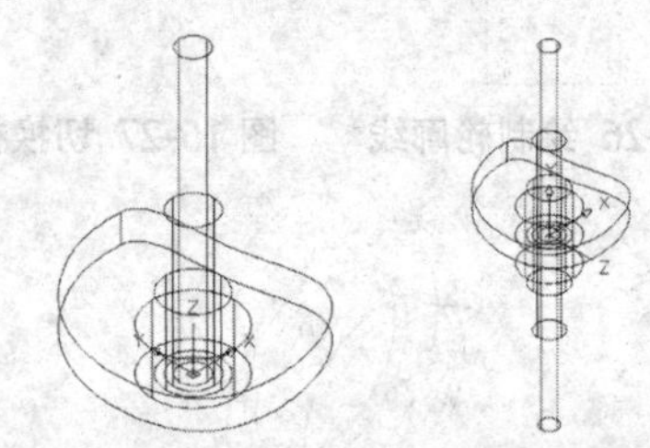

图 15-40 拉伸圆　　图 15-41 镜像图形

07 单击【实体编辑】面板中的按钮，将所有拉伸实体进行并集处理并消隐显示，如图15-42所示。

08 单击绘图区左上方的视觉样式快捷控件，对模型进行【概念】着色，最终效果如图15-43所示。

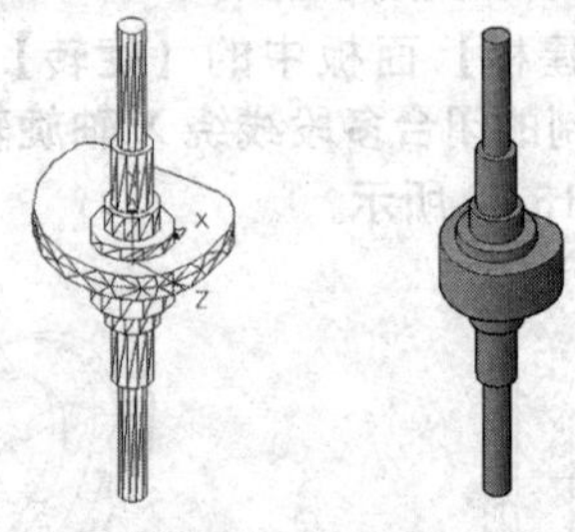

图 15-42 并集消隐显示　　图 15-43 最终效果

197 绘制曲杆模型 

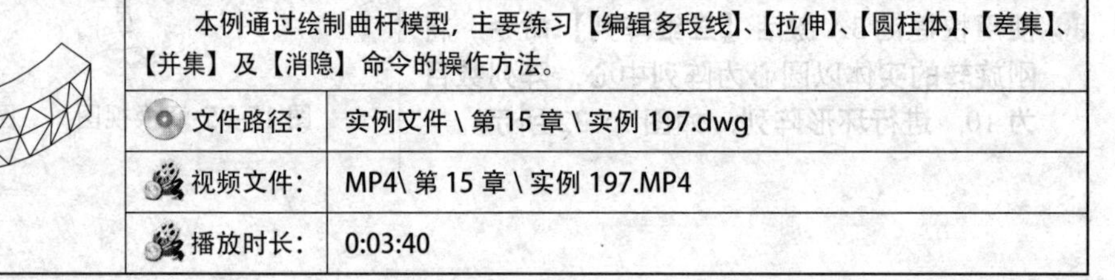

本例通过绘制曲杆模型，主要练习【编辑多段线】、【拉伸】、【圆柱体】、【差集】、【并集】及【消隐】命令的操作方法。

文件路径：	实例文件 \ 第 15 章 \ 实例 197.dwg
视频文件：	MP4\ 第 15 章 \ 实例 197.MP4
播放时长：	0:03:40

01 执行【新建】命令，新建空白文件。

02 单击绘图区左上方的视图快捷控件，将视图切换为西南等轴测视图。

03 使用快捷键PL激活【多段线】命令，配合坐标输入功能，绘制如图15-44所示的多段线。

04 单击【修改】面板中的按钮，对刚绘制的多段线进行编辑，效果如图15-45所示。

05 在命令行中输入UCS，将当前坐标系统绕Y轴旋转270°，创建如图15-46所示的新坐标系。

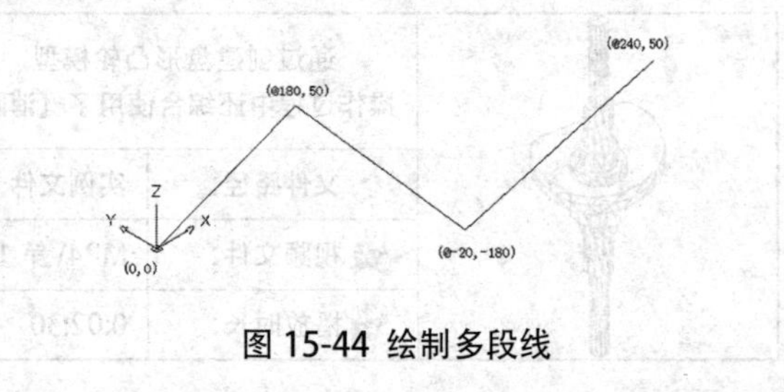

图 15-44 绘制多段线

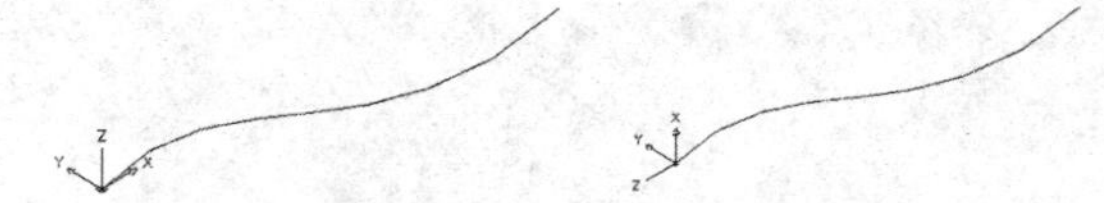

图 15-45 编辑结果　　图 15-46 创建新坐标系

⑥ 执行【矩形】命令，以当前坐标系的原点为中心点，绘制长为74、宽为56的矩形，如图15-47所示。

⑦ 单击【建模】面板中的【拉伸】按钮，将矩形拉伸放样为如图15-48所示的三维实体。

⑧ 执行UCS命令，将系统坐标绕Y旋转90°，如图15-49所示。

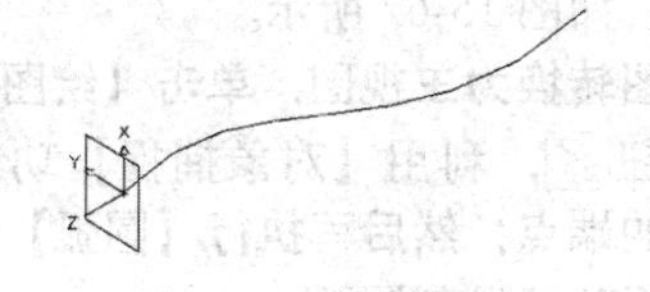

图 15-47 绘制矩形

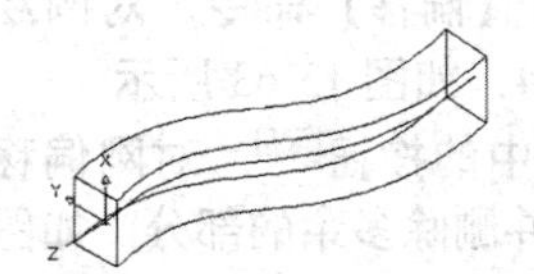

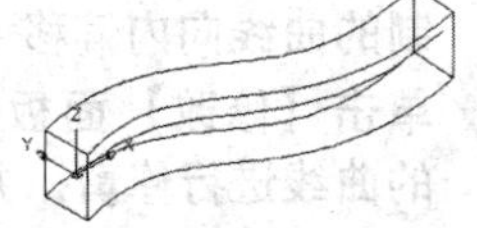

图 15-48 拉伸放样　　图 15-49 旋转坐标系

提示

对矩形进行路径拉伸时，所选择的路径必须与选择的矩形截面垂直。

⑨ 单击【建模】面板中的【圆柱体】按钮，分别在矩形实体上创建半径为70、高度为90的圆柱体，如图15-50所示。

⑩ 单击【绘图】面板中的按钮，以圆柱体上表面圆心为中心，绘制半径为55的正六边形，如图15-51所示。

⑪ 单击【建模】面板中的按钮，将六边形拉伸成实体，高度为-90，如图15-52所示。

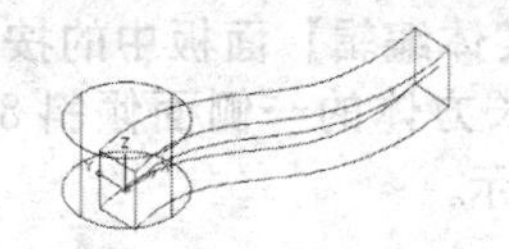

图 15-50 创建圆柱体

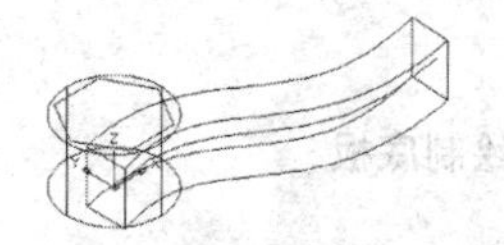

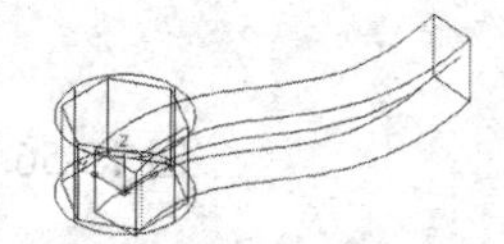

图 15-51 绘制六边形　　图 15-52 拉伸六边形

⑫ 使用快捷键HI激活【消隐】命令，对实体进行消隐着色，如图15-53所示。

⑬ 执行【差集】和【并集】命令，对图形进行布尔运算，如图15-54所示。

⑭ 单击绘图区左上方的视觉样式快捷控件，对模型进行【概念】着色，如图15-55所示。

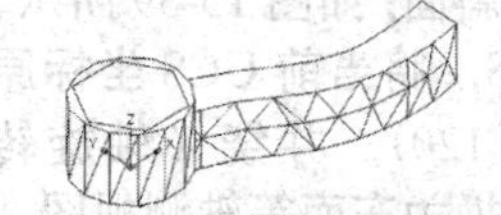

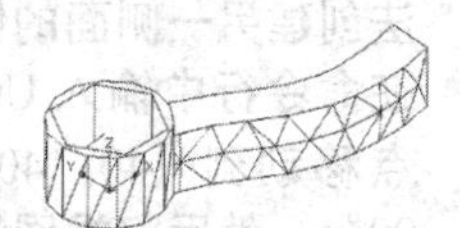

图 15-53 消隐着色　　图 15-54 布尔运算

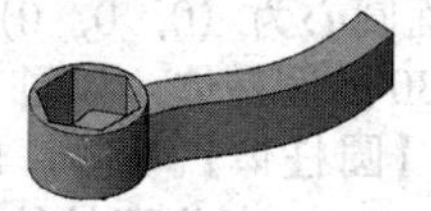

图 15-55 概念着色

198 创建支架模型 

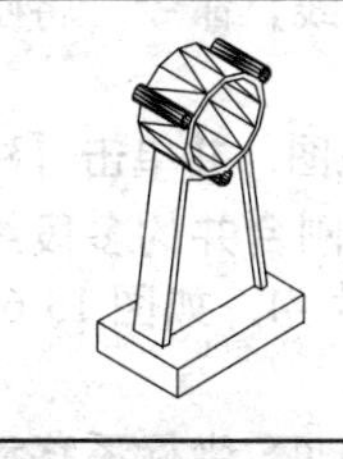	本例主要综合练习使用【长方体】、【倾斜面】、【多段线】、【偏移】、【修剪】和【三维阵列】等命令创建支架模型的方法和技巧。	
	文件路径：	实例文件\第15章\实例198.dwg
	视频文件：	MP4\第15章\实例198.MP4
	播放时长：	0:07:42

① 执行【新建】命令，创建空白文件。

② 单击绘图区左上方的视图快捷控件，将视图转换为西南等轴测视图。

③ 在命令行中输入ISOLINES，将当前实体线框密度设置为12。

④ 单击【建模】面板中的按钮，绘制支架

的底板，第一角点（0，0，0），另一个角点（@80，50，15），如图 15-56 所示。

05 继续执行【长方体】命令，绘制支架的支撑体。第一个角点(5,16,0)，另一个角点(@70，18，120)，如图 15-57 所示。

06 单击【实体编辑】面板中的按钮，将刚创建的长方体的一侧面倾斜 8，效果如图 15-58 所示。

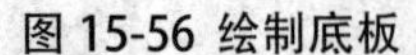

图 15-56 绘制底板

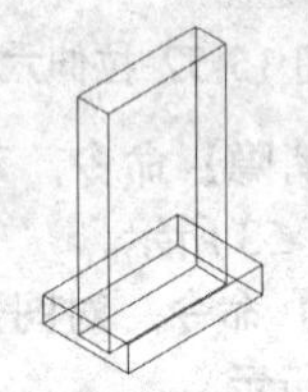

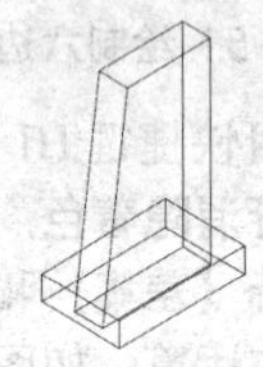

图 15-57 绘制支撑体　图 15-58 倾斜面效果

07 继续执行【倾斜面】命令，根据第 6 步的方法创建另一侧面的倾斜面，如图 15-59 所示。

08 在命令行中输入 UCS，将当前 UCS 坐标原点移动到（40，40，120），并绕 X 轴旋转 90°，然后将视图切换为东南等轴测视图。

09 单击【建模】面板中的【圆柱体】按钮，创建底面圆心为（0，0，0）、底面半径为 25、高为 30 的圆柱体，如图 15-60 所示。

10 继续执行【圆柱体】命令，以当前坐标系下的（0，0，0）点为圆柱体底面圆心，半径为 22、高为 35，创建轴孔圆柱体，如图 15-61 所示。

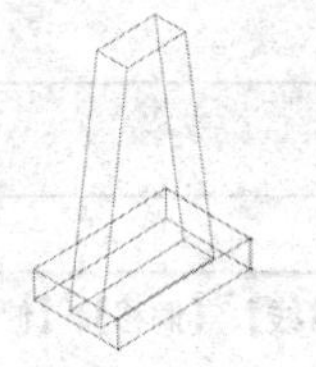

图 15-59 创建另一倾斜面

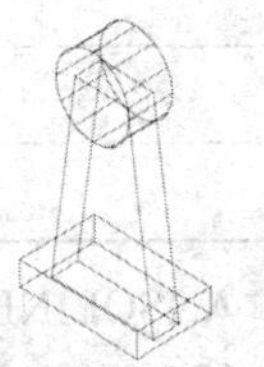

图 15-60 创建半径为 25 的圆柱体

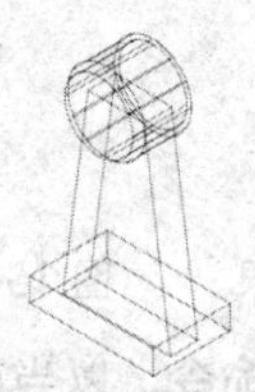

图 15-61 绘制半径 22 的圆柱体

11 单击【实体编辑】面板中的按钮，将上面所创建的长方体、斜面体、半径为 25 的圆柱体合并。

12 单击【实体编辑】面板中的按钮，将刚合并的实体和半径为 22 的圆柱体进行差集运算，如图 15-62 所示。

13 将视图转换为主视图，单击【绘图】面板中的按钮，利用【对象捕捉】功能捕捉支撑体的端点；然后再执行【圆弧】命令，利用捕捉功能绘制圆弧。

14 使用快捷键 O 激活【偏移】命令，对刚绘制的曲线向内偏移 4，如图 15-63 所示。

15 单击【修改】面板中的按钮，对刚偏移的曲线进行修剪，并删除多余的部分，如图 15-64 所示。

图 15-62 差集运算

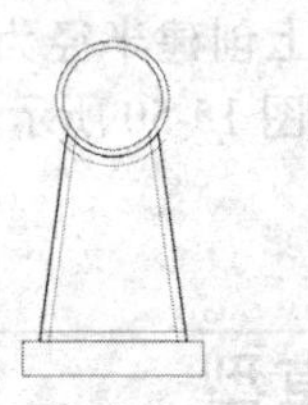

图 15-63 偏移曲线　图 15-64 修剪并删除

16 使用快捷键 PE 激活【多段线】命令，将刚修剪的轮廓进行合并。

17 将视图切换为西南等轴测视图，并单击【建模】面板中的按钮，对刚合并的多段线进行拉伸操作，拉伸高度为 -4，如图 15-65 所示。

18 在命令行中输入 UCS，将 UCS 坐标系移动到当前坐标系下的（0，0，-25）点。

19 单击【修改】面板中的【三维镜像】按钮，将刚创建的拉伸实体沿 XY 平面镜像，效果如图 15-66 所示。

⑳ 单击【实体编辑】面板中的按钮，将创建的实体模型进行差集运算并消隐显示，结果如图 15-67 所示。

㉑ 在命令行中输入 UCS，将坐标系移至轴孔圆柱体侧面的中心点处。

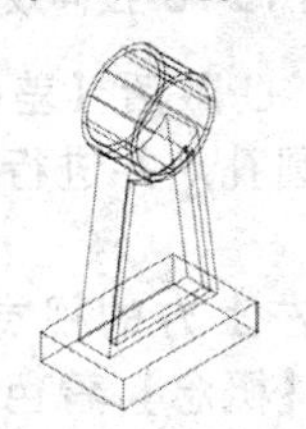

图 15-65 拉伸多段线

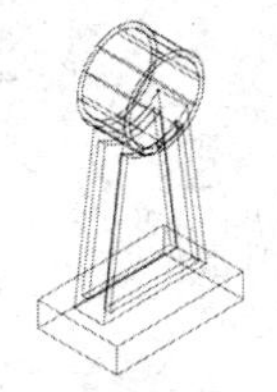

图 15-66 镜像效果

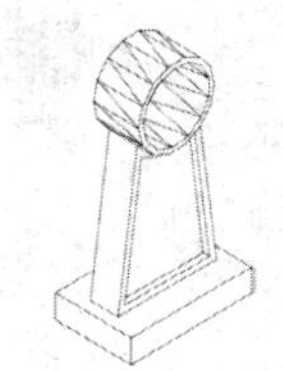

图 15-67 差集并消隐显示

提示

巧妙使用【移动 UCS】命令更换当前坐标系的原点位置，可以避免点的错误定位，这种技巧无论是在三维空间或是在二维操作空间内，都非常有用。

㉒ 单击【建模】面板中的【圆柱体】按钮，以当前坐标系下（0，-28，0）为圆柱体底面圆心，创建半径分别为 4 和 3、高为 -30 的两个圆柱体，如图 15-68 所示。

㉓ 使用快捷键 3A 激活【三维阵列】命令，将刚创建的圆柱体进行环形阵列。设置阵列数目为 3，角度为 360°，中心点为（0，0，0），第二点为（0，0，5），如图 15-69 所示。

㉔ 单击【实体编辑】面板中的按钮，将主体部分与半径为 4 的三个圆柱体进行并集处理。

㉕ 单击【实体编辑】面板中的按钮，将主体部分与半径 3 的三个圆柱体进行差集处理并消隐显示，如图 15-70 所示。

㉖ 单击绘图区左上方的视觉样式快捷控件，对实体模型进行【概念】着色，最终效果如图 15-71 所示。

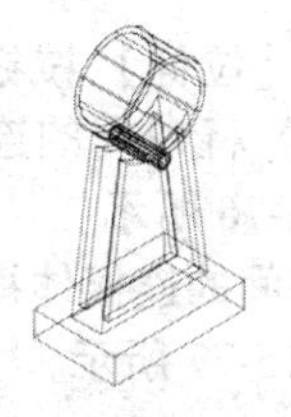

图 15-68 创建圆柱体

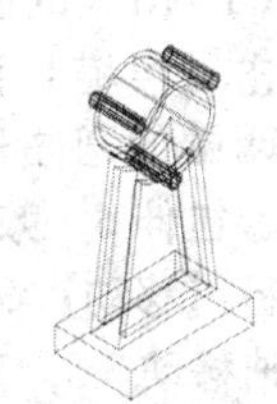

图 15-69 阵列圆柱体

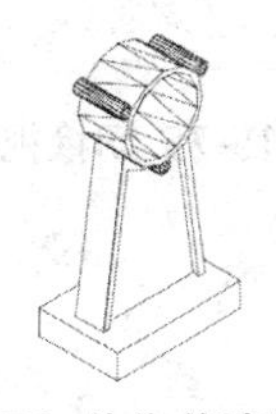

图 15-70 差集并消隐显示

图 15-71 最终效果

199 绘制连杆模型

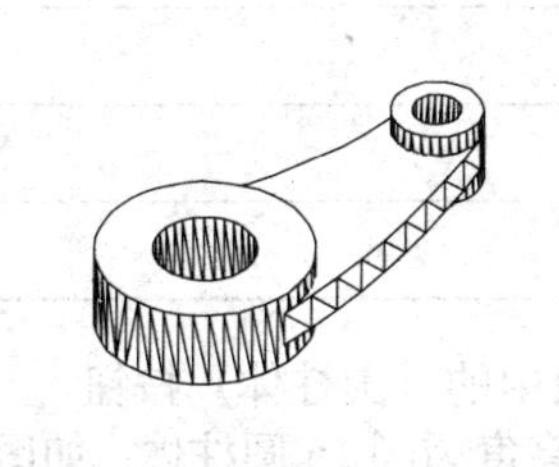

本例主要综合练习使用【面域】、【拉伸】和【差集】等命令绘制连杆立体模型的方法和技巧。在具体操作过程中使用了先平面后立体的建模方法。

文件路径：	实例文件 \ 第 15 章 \ 实例 199.dwg
视频文件：	MP4\ 第 15 章 \ 实例 199.MP4
播放时长：	0:03:33

01 执行【新建】命令，创建空白文件。

02 使用快捷键 C 激活【圆】命令，配合【自】捕捉和【圆心】捕捉功能，绘制如图 15-72 所示的两组同心圆。

03 单击【绘图】面板中的【相切，相切，半径】按钮，绘制外切圆和内接圆，并执行【修剪】命令，修剪多余的线段，如图 15-73 所示。

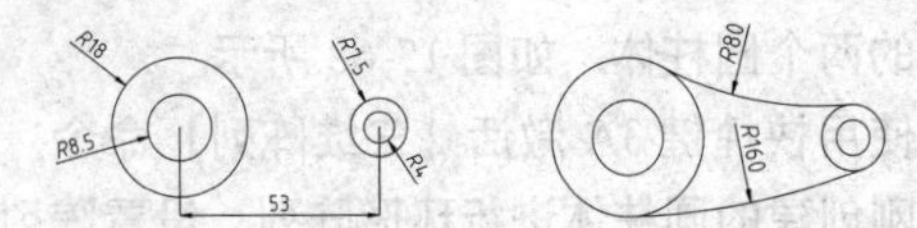

图 15-72 绘制同心圆　图 15-73 绘制相切圆

提示

用户可按住 Ctrl 键单击右键，从弹出的对象临时捕捉快捷菜单中选择相应的选项。

04 单击【绘图】面板中【边界】按钮，在如图 15-74 所示的 A 点里取一点，创建一个闭合的面域。

05 单击绘图区左上方的视图快捷控件，将视图切换为西南等轴测视图，如图 15-75 所示。

06 设置变量 ISOLINES 的值为 20，设置变量 FACETRES 的值为 6。

07 单击【建模】面板中的【拉伸】按钮，将两端的圆图形拉伸 13，将中间的连接体面域拉伸 6，效果如图 15-76 所示。

08 执行【移动】命令，将中间的连接体模型沿 Z 轴移动 3.5，效果如图 15-77 所示。

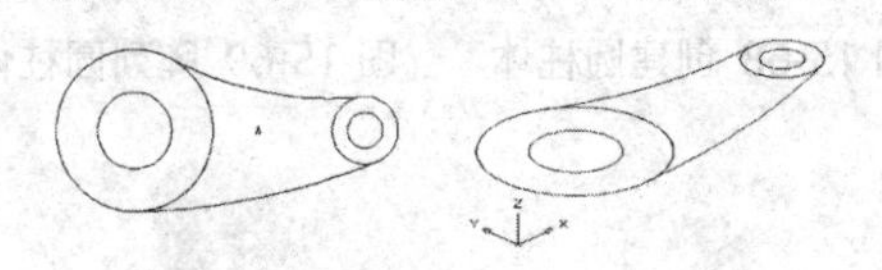

图 15-74 指定位置　图 15-75 切换视图

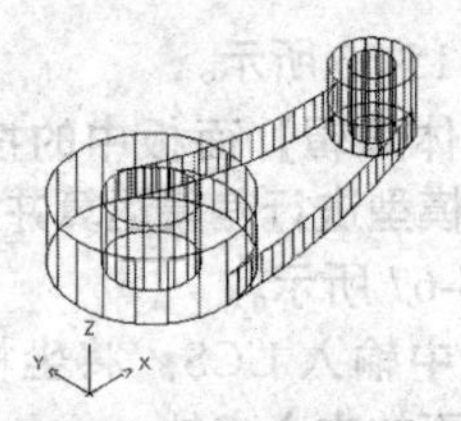

图 15-76 拉伸效果

09 使用快捷键 SU 激活【差集】命令，创建连杆两端的圆孔，并进行消隐显示，如图 15-78 所示。

10 单击绘图区左上方的视觉样式快捷控件，对模型进行【概念】着色，最终效果如图 15-79 所示。

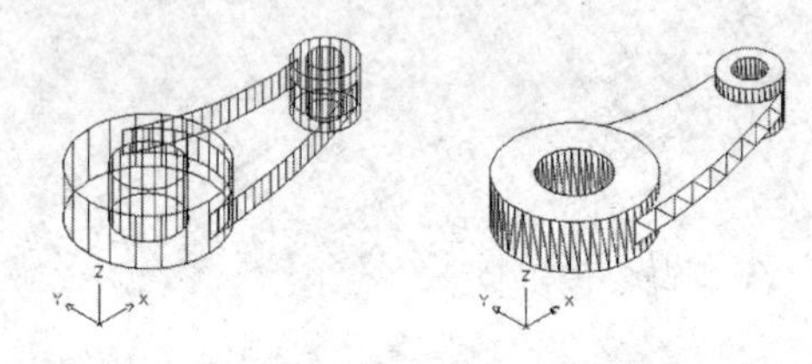

图 15-77 位移效果 图 15-78 差集并消隐显示

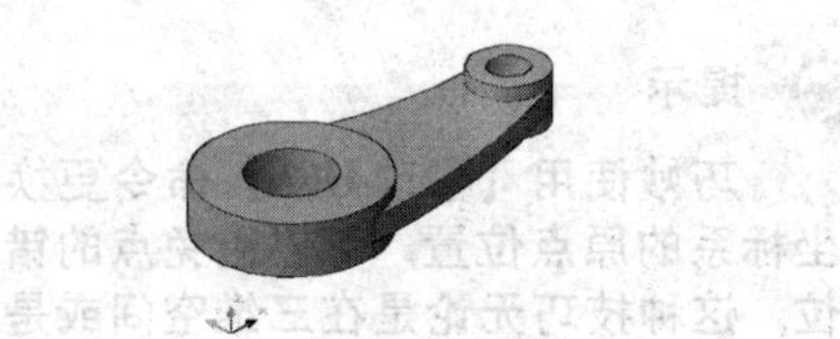

图 15-79 最终效果

200 绘制底座模型

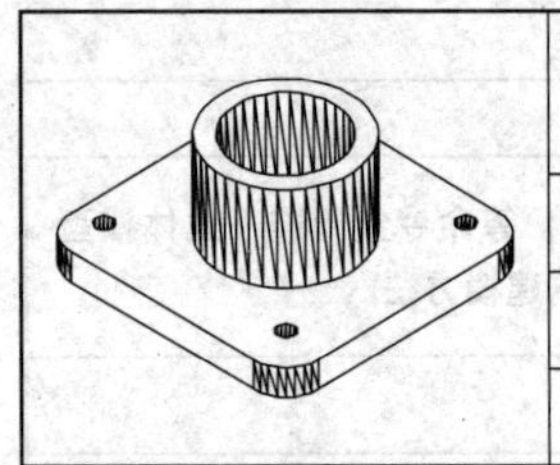	本例主要练习使用【长方体】、【圆柱体】、【差集】、【三维阵列】以及【消隐】等命令绘制底座立体模型的方法和技巧。而且，使用【圆角】命令为三维实体进行边角细化。	
	文件路径：	实例文件 \ 第 15 章 \ 实例 200.dwg
	视频文件：	MP4\ 第 15 章 \ 实例 200.MP4
	播放时长：	0:03:20

01 新建空白文件，并启用【对象捕捉】和【对象捕捉追踪】功能。

02 将当前视图切换到西南等轴测视图，然后执行【长方体】命令，以坐标（0, 0, 0）为中心，创建长、宽分别为 150，高为 15 的长方体，如图 15-80 所示。

03 单击【建模】面板中的【圆柱体】按钮，创建半径为 5、高度为 15 圆柱体，如图 15-81 所示。

04 使用快捷键 3A 激活【三维阵列】命令，对圆柱体进行矩形阵列，行数和列数为 2，层数为 1，行间距和列间距分别为 110，效果如图 15-82 所示。

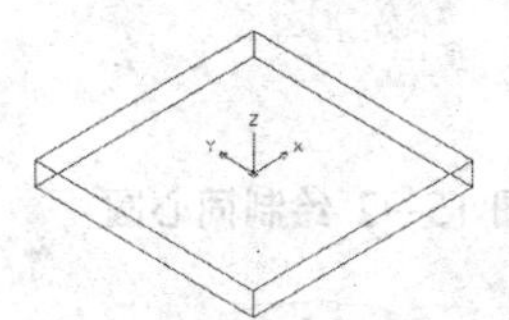

图 15-80 创建长方体

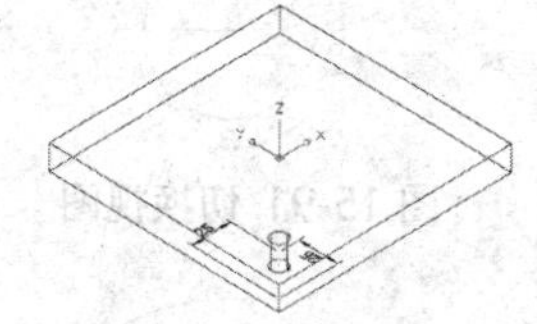

图 15-81 创建圆柱体

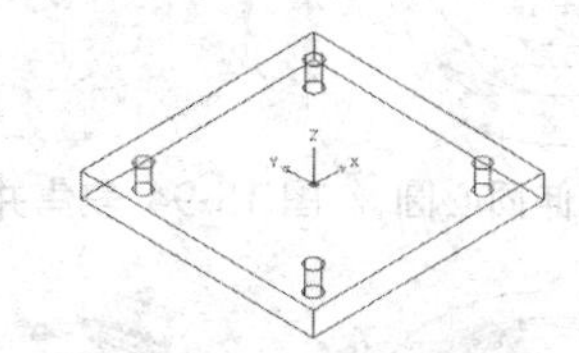

图 15-82 三维阵列效果

05 单击【建模】面板中的按钮，以长方体上表面中心为圆心，分别创建半径为 40 和 30，高度为 50 的圆柱体，如图 15-83 所示。

06 使用快捷键 SU 激活【差集】命令，对实体进行差集运算并消隐显示如图 15-84 所示。

07 使用快捷键 F 激活【圆角】命令，将圆角半径设置为 20，分别对长方体的四个角进行圆角，效果如图 15-85 所示。

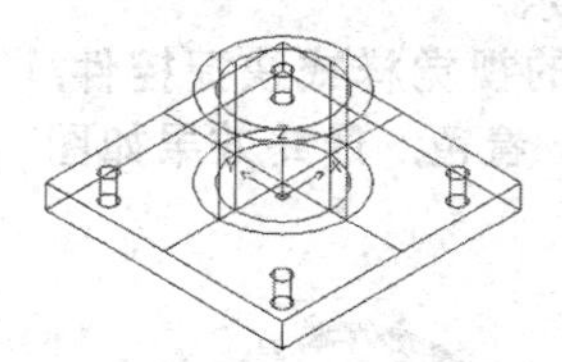

图 15-83 创建圆柱体

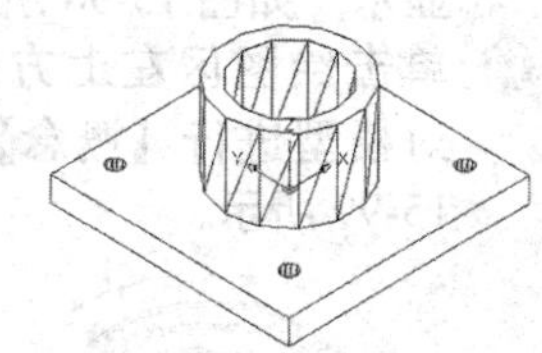

图 15-84 差集并消隐显示

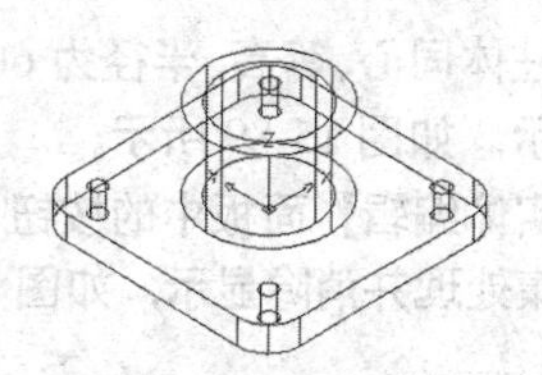

图 15-85 圆角效果

提示

巧妙使用【圆角】命令中的【修剪】选项，可以将圆角的修剪模式更改为【不修剪】，以确保圆角对象不发生变化。

08 在命令行中输入系统变量 FACETRES，设置值为 5。

09 使用快捷键 HI 激活【消隐】命令，效果如图 15-86 所示。

10 单击绘图区左上方的视觉样式快捷控件，对模型进行【概念】着色，效果如图 15-87 所示。

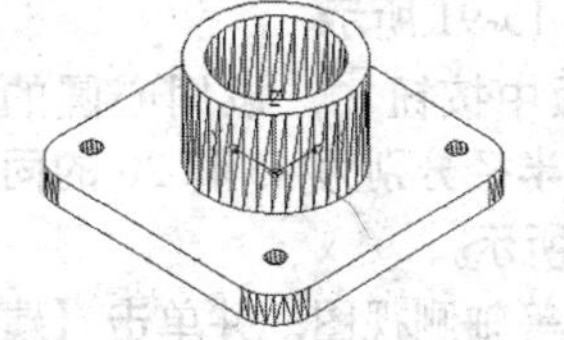

图 15-86 消隐效果

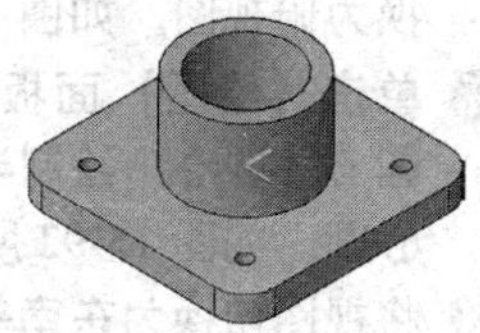

图 15-87 概念着色效果

201 绘制轴承圈模型

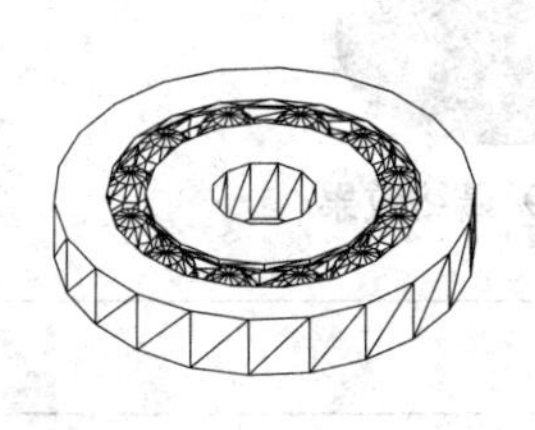

本例主要练习使用【圆柱体】、【圆环体】、【球体】和【拉伸】等命令绘制轴承圈模型。在操作过程中综合使用了【视图】、【差集】和【三维阵列】等命令。

文件路径：	实例文件 \ 第 15 章 \ 实例 201.dwg
视频文件：	MP4\ 第 15 章 \ 实例 201.MP4
播放时长：	0:04:07

01 单击快速访问工具栏中的【新建】按钮，创建空白文件。

02 使用快捷键 LA 激活【图层】命令，新建【滚子】、【轴承内圈】和【轴承外圈】三个图层，并将【轴承外圈】设置为当前图层。

03 将当前视图切换为东南等轴测视图，然后单击【建模】面板中的按钮，创建以坐标原点为底面中心，半径为 80，高度为 25 的圆柱体，如图 15-88 所示。

04 继续执行【圆柱体】命令，创建一个与刚绘制的圆柱体同心、等高、半径为 60 的圆柱体，消隐显示，如图 15-89 所示。

05 单击【实体编辑】面板中的按钮，对实体进行差集处理并消隐显示，如图 15-90 所示。

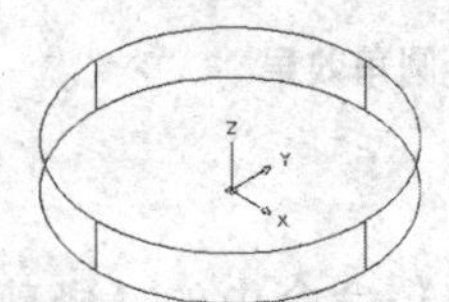

图 15-88 创建圆柱体

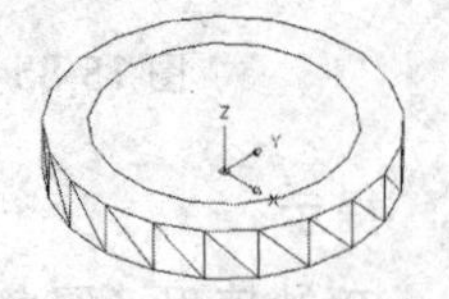

图 15-89 创建圆柱体并消隐显示

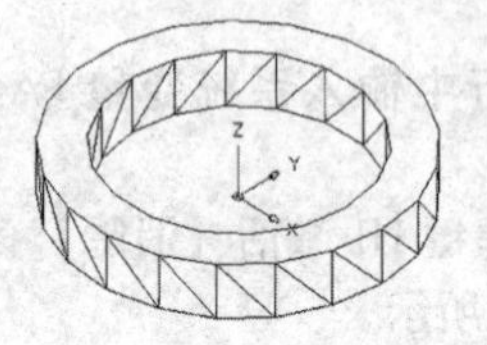

图 15-90 差集并消隐显示

06 将【轴承内圈】设置为当前层，并将视图切换为俯视图，如图 15-91 所示。

07 单击【绘图】面板中按钮，以同心圆的圆心为圆心，绘制半径分别为 45 和 20 的同心圆，如图 15-92 所示。

08 将视图切换为东南等轴测视图，并单击【建模】面板中的按钮，对刚绘制的同心圆进行拉伸，高度为 25，如图 15-93 所示。

09 单击【实体编辑】面板的按钮，对刚拉伸的圆柱体进行差集处理并消隐显示，如图 15-94 所示。

10 单击【建模】面板上的按钮，配合【自】捕捉功能，以圆柱体下表面圆心为基点，偏移坐标为（0，0，12.5）为中心点，创建圆环内侧半径为 52.5，圆管半径为 12.5 的圆环体并消隐显示，如图 15-95 所示。

11 综合执行【差集】和【并集】命令，对实体进行布尔运算并消隐显示，如图 15-96 所示。

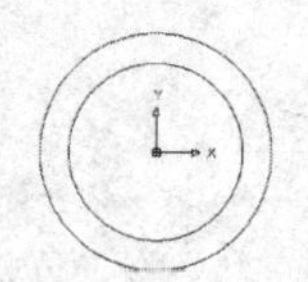

图 15-91 切换视图

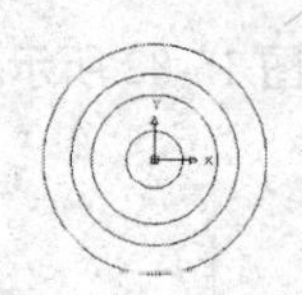

图 15-92 绘制同心圆

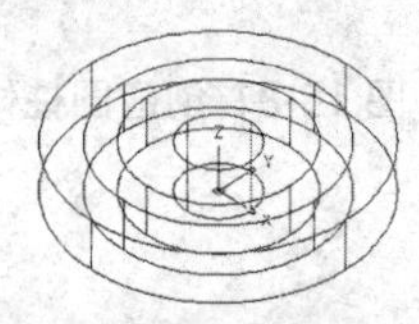

图 15-93 拉伸同心圆

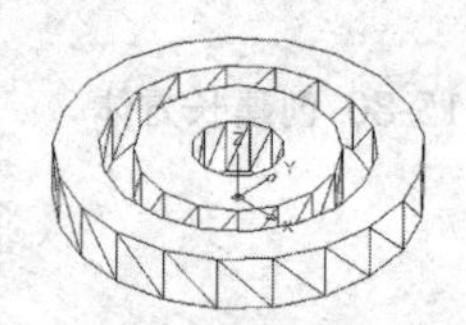

图 15-94 差集并消隐显示

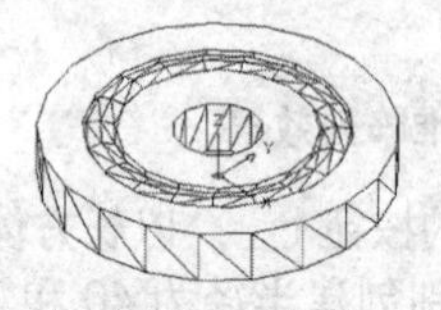

图 15-95 创建圆环体

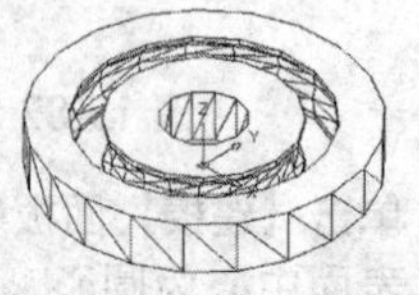

图 15-96 布尔运算并消隐显示

12 单击【建模】面板中的按钮，以坐标（52.5，0，12.5）为中心，创建半径为 12.5 的球体，如图 15-97 所示。

13 使用快捷键 3A 激活【三维阵列】命令，对球体进行环形阵列，阵列数目为 12，消隐显示，如图 15-98 所示。

14 单击绘图区左上方的视觉样式快捷控件，对模型进行【概念】着色，最终效果如图 15-99 所示。

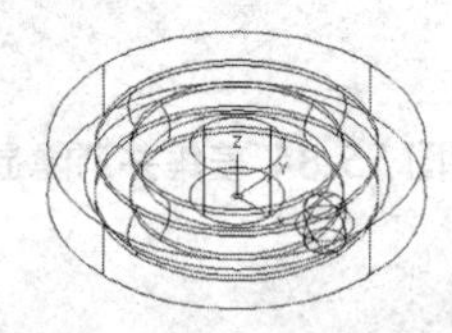

图 15-97 创建球体

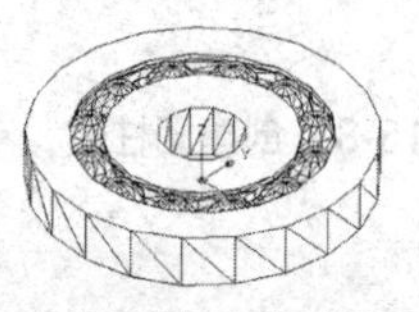

图 15-98 环形阵列并消隐显示

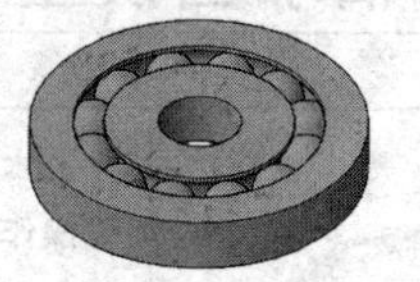

图 15-99 最终效果

202 创建法兰轴模型

<table>
<tr><td rowspan="4">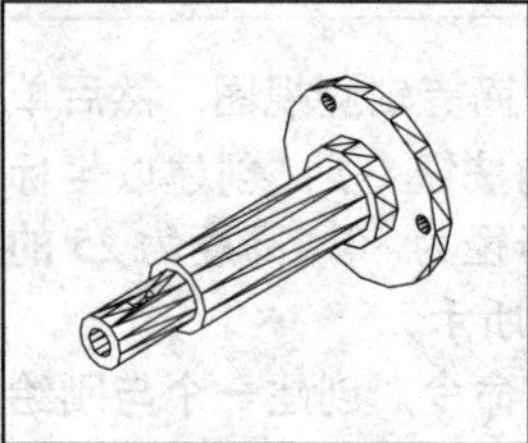</td><td colspan="2">本例主要练习使用【多段线】、【圆】、【旋转】、【三维阵列】等命令创建法兰轴。在具体的操作中还使用了【修剪】、【移动】和【拉伸】功能。</td></tr>
<tr><td>文件路径：</td><td>实例文件 \ 第 15 章 \ 实例 202.dwg</td></tr>
<tr><td>视频文件：</td><td>MP4\ 第 15 章 \ 实例 202.MP4</td></tr>
<tr><td>播放时长：</td><td>0:04:49</td></tr>
</table>

01 单击快速访问工具栏中的【新建】按钮，创建空白文件。

02 执行【多段线】命令，配合【正交】功能，绘制如图 15-100 所示的多段线轮廓。

03 将视图切换为西南等轴测视图，然后单击【建模】面板中的按钮，对闭合多段线轮廓进行旋转，如图 15-101 所示。

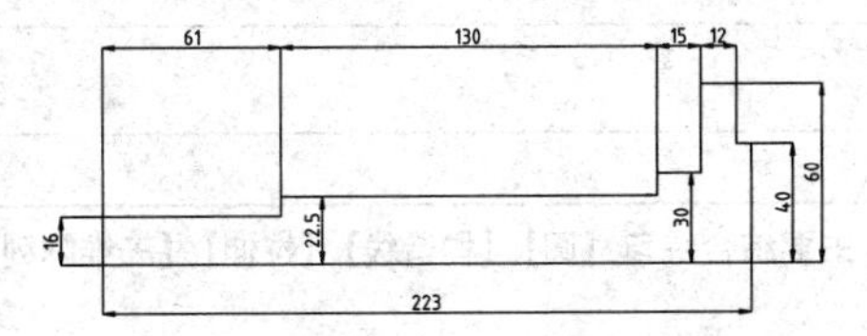

图 15-100 绘制多段线轮廓线

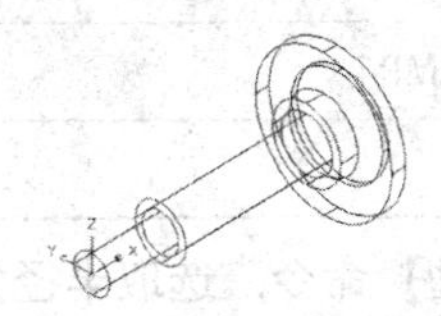

图 15-101 旋转多段线轮廓

04 将视图切换为左视图，然后执行【圆】命令，配合【象限点】捕捉和【圆心】捕捉功能，绘制如图 15-102 所示的圆。

05 将视图切换为西南等轴测视图，并单击【建模】面板中的按钮，对刚绘制的小圆进行拉伸，高度为 -30，如图 15-103 所示。

06 使用快捷键 3A 激活【三维阵列】命令，对刚拉伸的实体进行环形阵列，阵列数目为 3，如图 15-104 所示。

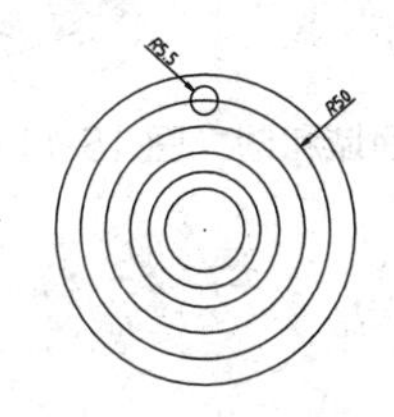

图 15-102 绘制圆

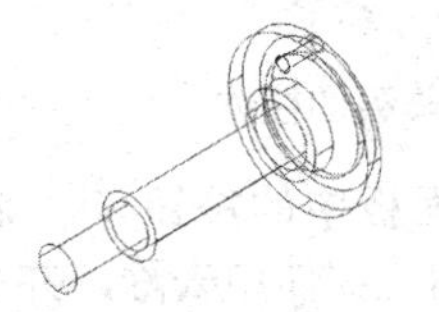

图 15-103 拉伸圆

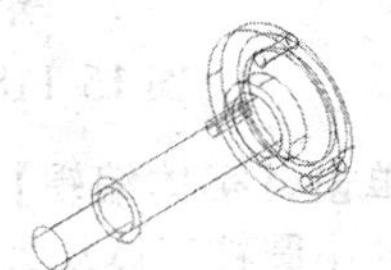

图 15-104 环形阵列

07 单击【实体编辑】面板中的按钮，对图形进行差集处理并消隐显示，如图 15-105 所示。

08 将视图切换为俯视图，执行【直线】、【圆】和【修剪】命令，创建如图 15-106 所示的半圆键槽，并将其创建为面域。

09 将视图切换为西南等轴测图，并执行【拉伸】命令，对刚创建的面域沿 z 轴方向拉伸 6，如图 15-107 所示。

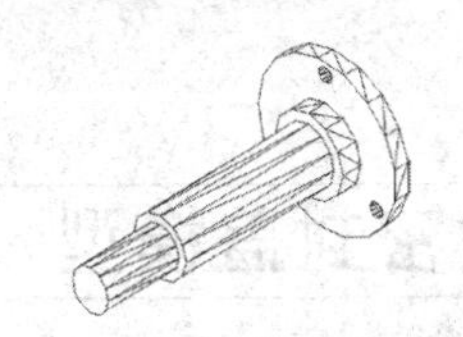

图 15-105 差集并消隐显示

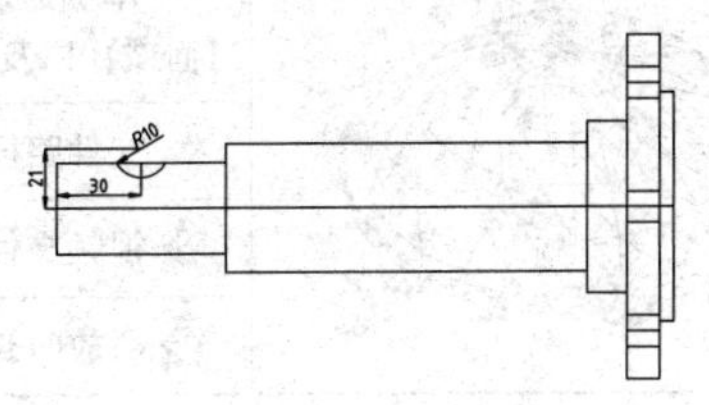

图 15-106 创建半圆键槽和面域

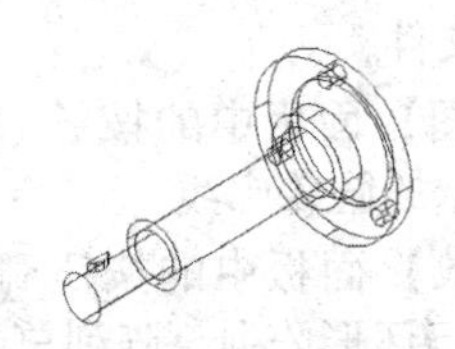

图 15-107 拉伸面域

10 执行【移动】命令，将键槽实体向下移动 3 个绘图单位，并单击【实体编辑】面板中的按钮，创建出键槽特征。

11 执行【三维旋转】命令，将轴体旋转 90° 并消隐显示，如图 15-108 所示。

12 将视图切换为左视图，执行【圆】命令，绘制如图 15-109 所示的圆。

13 将视图切换为西南等轴测视图，并执行【拉伸】命令，将刚绘制的圆沿 z 轴反方向拉伸 223，如图 15-110 所示。

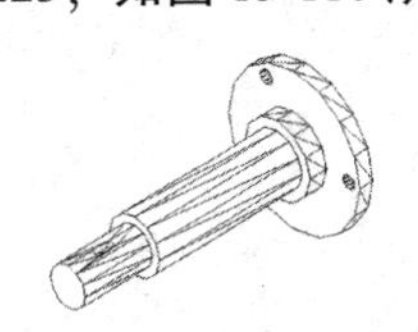

图 15-108 旋转并消隐显示

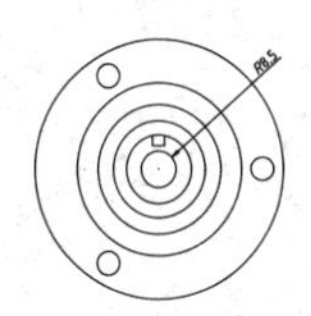

图 15-109 绘制圆

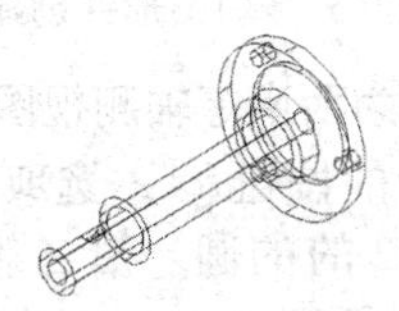

图 15-110 拉伸圆

⑭ 单击【实体编辑】面板中的按钮，对实体进行差集处理并消隐显示，如图 15-111 所示。

⑮ 使用快捷键 HI 激活【消隐】命令，并对模型进行【概念】着色，最终效果如图 15-112 所示。

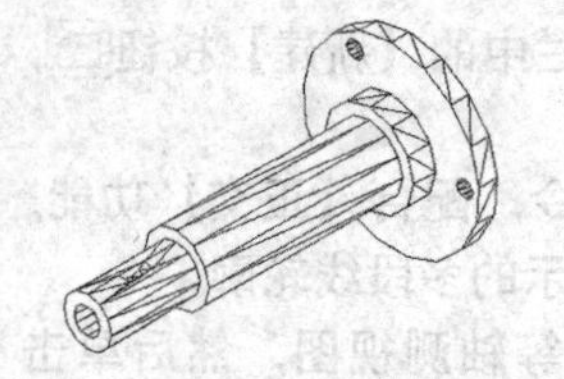

图 15-111 差集并消隐显示

图 15-112 最终效果

203 创建密封盖模型

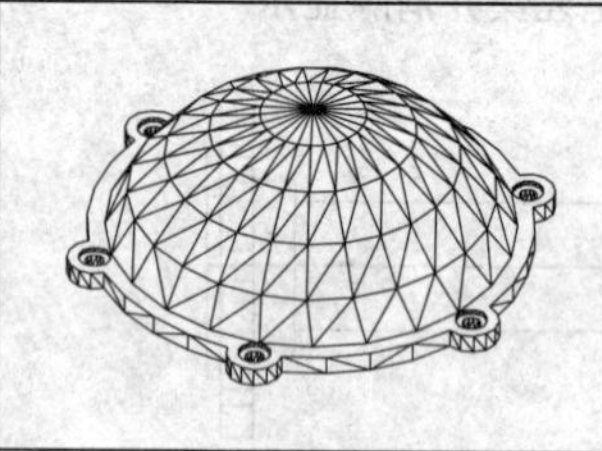	本例通过创建密封盖模型，主要综合练习【圆】、【构造线】、【拉伸】、【三维阵列】、【面域】以及【旋转】等命令。	
	文件路径：	实例文件 \ 第 15 章 \ 实例 203.dwg
	视频文件：	MP4\ 第 15 章 \ 实例 203.MP4
	播放时长：	0:06:35

01 单击快速访问工具栏中的【新建】按钮，创建空白文件。

02 单击【绘图】面板中的按钮，绘制如图 15-113 所示的圆轮廓线。

03 单击【修改】面板中的按钮，将半径为 12 的圆进行环形阵列，阵列总数为 6，如图 15-114 所示。

04 执行【修剪】命令，修剪图形中多余的线段，并执行【面域】命令，创建外轮廓面域，如图 15-115 所示。

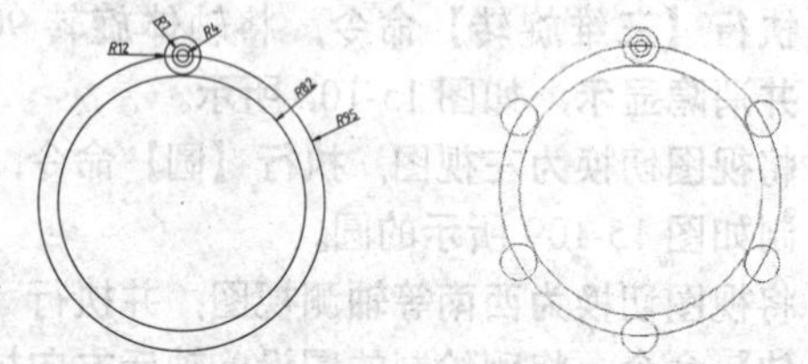

图 15-113 绘制圆轮廓线　　图 15-114 环形阵列圆

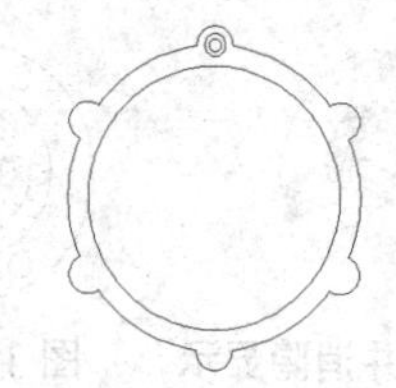

图 15-115 修剪图形并创建面域

05 将视图切换为西南等轴测视图，并单击【建模】面板中的按钮，选取刚创建的面域和半径为 82 的的圆，沿 Z 轴方向拉伸 8，如图 15-116 所示。

06 执行【移动】命令，选取半径为 7 的圆轮廓线向上移动 6；然后执行【拉伸】命令，选取半径为 4 的圆为拉伸对象，沿 Z 轴正方向拉伸 6；选取移动后的圆为拉伸对象，沿同方向拉伸 2，如图 15-117 所示。

07 使用快捷键 3A 激活【三维阵列】命令，分别将半径为 4 和 7 的圆柱体绕中心点进行环形阵列操作，阵列数为 6，如图 15-118 所示。

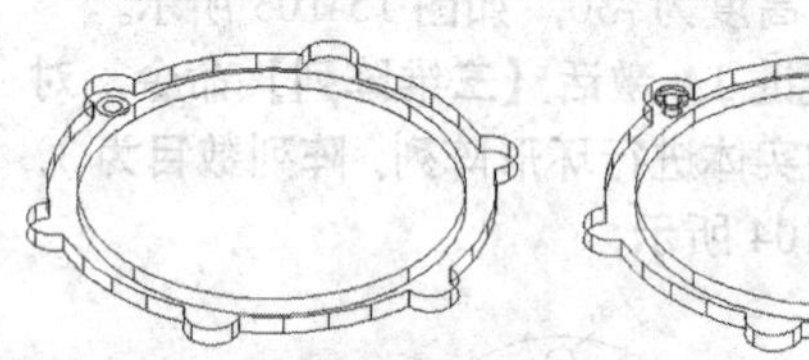

图 15-116 拉伸面域和圆　图 15-117 移动并拉伸圆

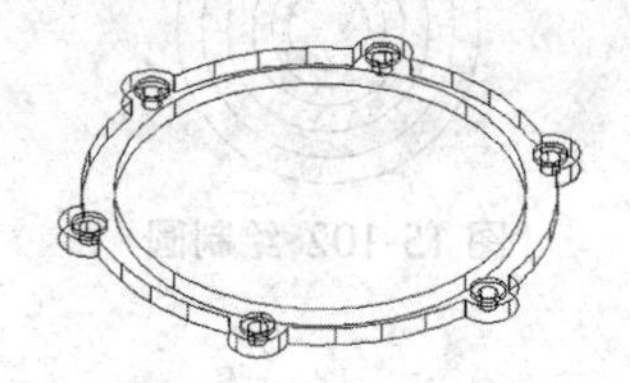

图 15-118 阵列圆柱体

08 单击【实体编辑】面板中的按钮，将其他小圆柱实体从大圆柱实体中去除，并将实体进行消隐处理，如图 15-119 所示。

09 执行【构造线】命令，绘制如图 15-120 所示的中心线。

10 执行【直线】命令，沿中心交点向下绘制长度为 37.08 的线段；然后执行【圆】命令，以该线段中点为圆心，分别绘制半径为95和90的圆轮廓线，如图15-121所示。

图15-119 差集运算　图15-120 绘制中心线

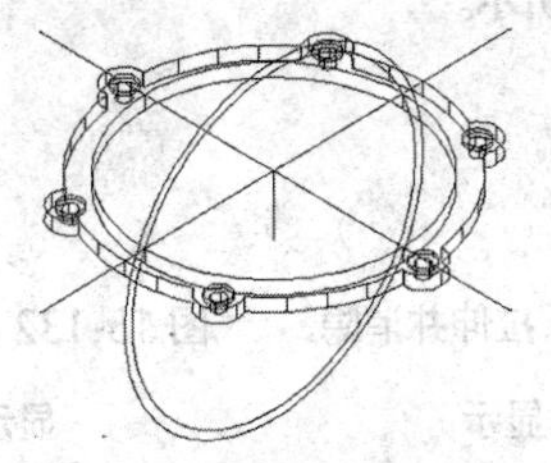

图15-121 绘制圆轮廓线

⑪ 执行【修剪】和【删除】命令，修剪和删除多余线段，并执行【直线】命令，连接两圆弧线，效果如图15-122所示。

⑫ 执行【面域】命令，将刚绘制的圆弧线和连接线创建为面域。

⑬ 单击【建模】面板中的按钮，对刚创建的面域进行旋转，创建出球面实体，并将其进行并集处理和消隐显示，如图15-123所示。

⑭ 单击绘图区左上方的视觉样式快捷控件，对实体模型进行【概念】着色，最终效果如图15-124所示。

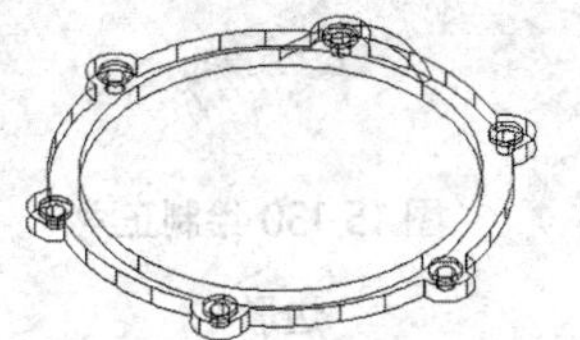

图15-122 操作效果

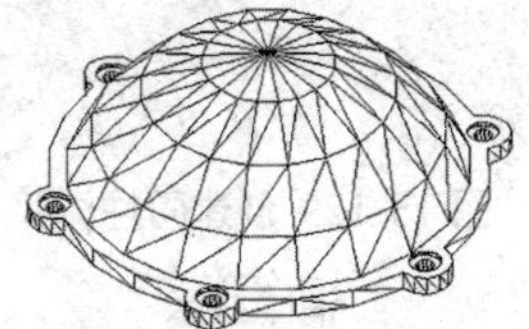

图15-123 旋转、并集和消隐显示面域

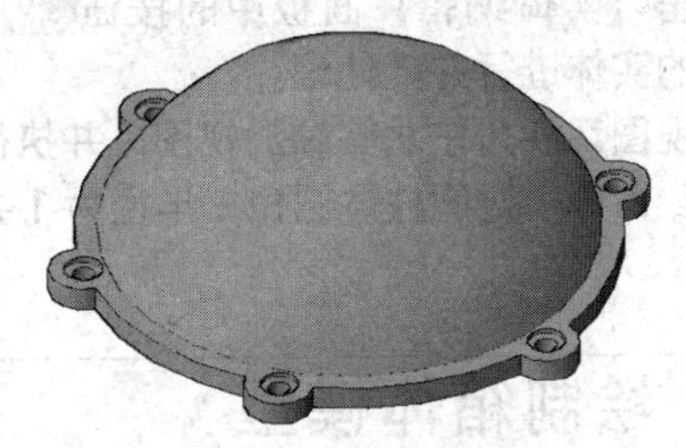

图15-124 最终效果

204 创建螺栓模型

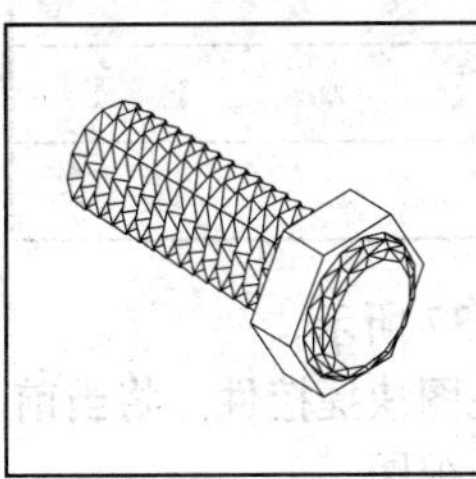	本例通过创建螺栓模型，主要练习【多段线】、【旋转】、【三维阵列】、【圆柱体】和【多边形】等命令。在具体操作中还灵活运用了布尔运算。	
	文件路径：	实例文件\第15章\实例204.dwg
	视频文件：	MP4\第15章\实例204.MP4
	播放时长：	0:03:31

01 执行【新建】命令，创建空白文件。

02 执行【多段线】命令，根据坐标点的输入功能，绘制如图15-125所示的多段线，如图15-125所示。

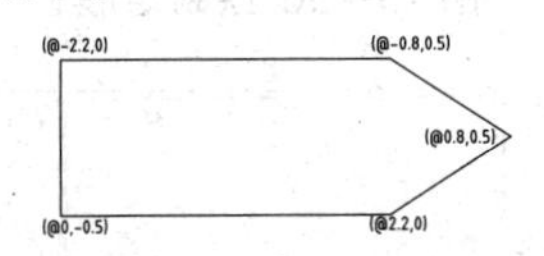

图15-125 绘制多段线

03 将视图切换为西南等轴测视图，并单击【建模】面板中的按钮，以Y轴为旋转轴，对刚绘制的闭合多段线进行旋转，如图15-126所示。

04 使用快捷键3A激活【三维阵列】命令，对刚旋转的实体进行矩形阵列，行数为16，其他为默认并消隐显示，如图15-127所示。

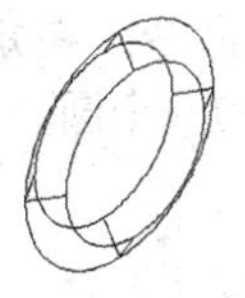

图15-126 旋转多段线

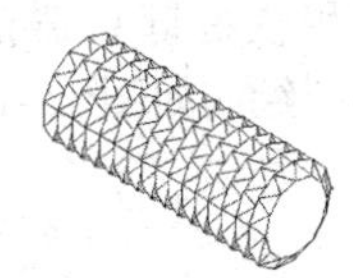

图15-127 阵列并消隐显示

05 单击【实体编辑】面板中的按钮，对图中所有的图形作并集处理。

06 单击【建模】面板中的按钮，以图15-128所示的圆心为中心，绘制半径为4、高度为☒4的圆柱体并消隐显示，如图15-129所示。

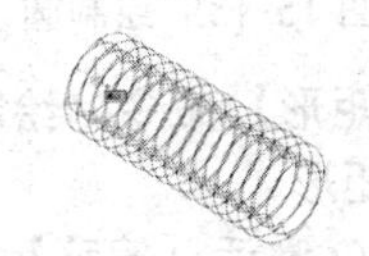

图15-128 指定圆心

07 单击【绘图】面板中的按钮，以刚绘制的圆柱体底面圆心为中心，绘制半径为5的正六边形，如图15-130所示。

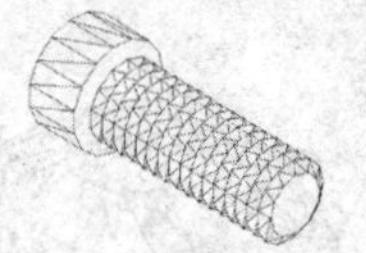

图 15-129 创建圆柱体并消隐显示

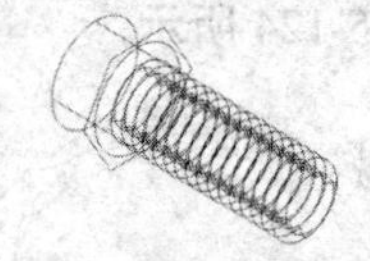

图 15-130 绘制正六边形

08 单击【建模】面板中的按钮，对刚绘制的正六边形拉伸3并消隐显示，如图15-131所示。

09 单击【实体编辑】面板中的按钮，将图中的实体进行并集处理。

10 将视图切换为东北等轴测视图，并执行【圆角】命令，对圆柱体圆角，半径为1并消隐显示，如图15-132所示。

11 单击绘图区左上方的视觉样式快捷控件，对实体模型进行【概念】着色，最终效果如图15-133所示。

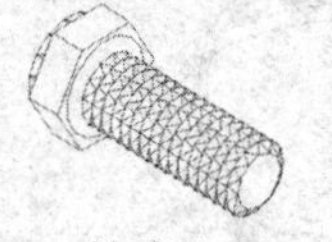

图 15-131 拉伸并消隐显示

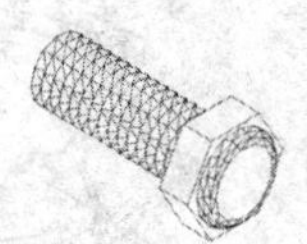

图 15-132 圆角并消隐显示

图 15-133 最终效果

205 绘制箱体模型

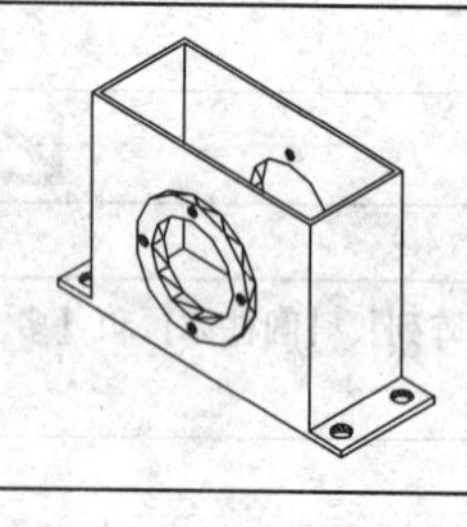

本例通过绘制箱体模型，主要练习【矩形】、【圆】、【移动】、【拉伸】、【阵列】、【三维镜像】等命令。在操作过程中还灵活使用了【对象捕捉】功能。

文件路径：	实例文件\第15章\实例205.dwg
视频文件：	MP4\第15章\实例205.MP4
播放时长：	0:07:28

01 新建文件，并启用【对象捕捉】功能。

02 单击【绘图】面板中的【矩形】按钮，绘制长为350、宽度为115的矩形，如图15-134所示。

03 使用快捷键C激活【圆】命令，在矩形上分别绘制如图15-135所示的四个圆。

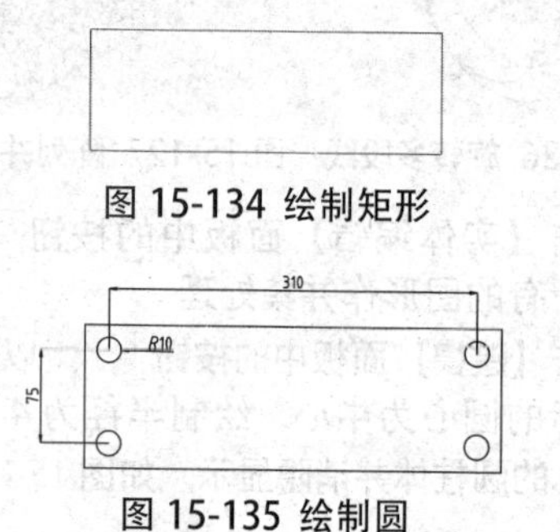

图 15-134 绘制矩形

图 15-135 绘制圆

04 继续执行【矩形】命令，绘制如图15-136所示的内部矩形。

05 使用快捷键O激活【偏移】命令，将矩形向内偏移5，如图15-137所示。

06 单击绘图区左上方的视图快捷控件，将当前视图切换为东南等轴测视图。

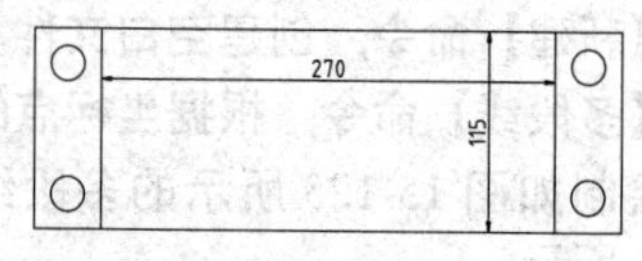

图 15-136 绘制矩形

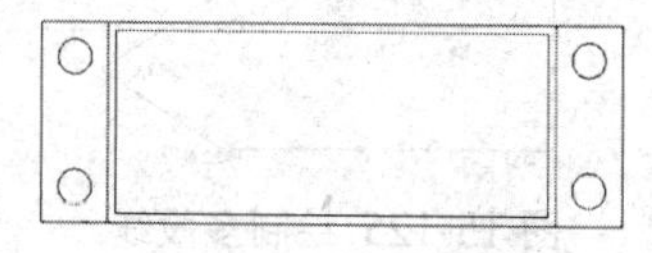

图 15-137 偏移矩形

07 在命令行中设置系统变量ISOLINES的值为30。

08 使用快捷键EXT激活【拉伸】命令，将内侧的两个矩形拉伸220，如图15-138所示。

09 使用快捷键SU激活【差集】命令，将两个拉伸实体进行差集运算，然后对其消隐显示，如图15-139所示。

⑩ 使用快捷键L激活【直线】命令，配合【中点】捕捉功能，绘制如图15-140所示的辅助线。

⑪ 使用快捷键C激活【圆】命令，配合捕捉功能，绘制半径分别为70、50和5的圆，并删除辅助线，如图15-141所示。

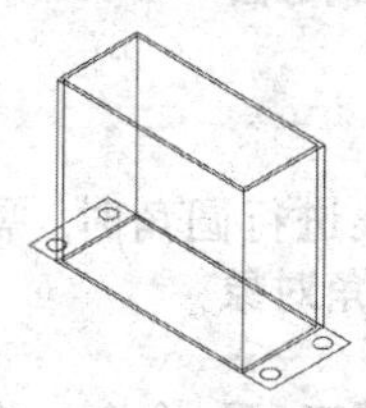

图15-138 拉伸矩形

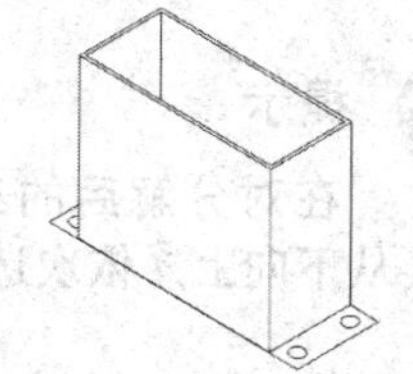

图15-139 差集并消隐显示

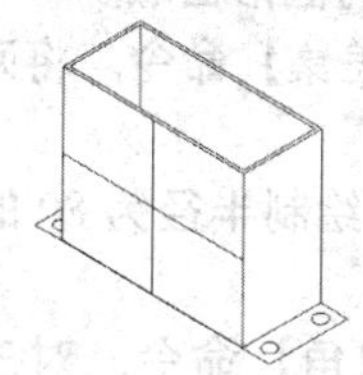

图15-140 绘制辅助线

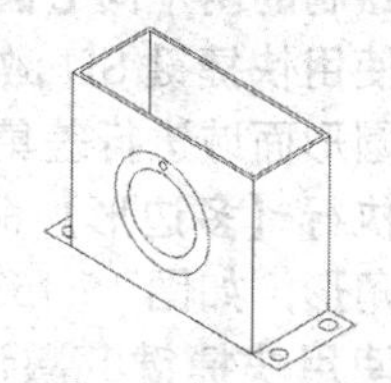

图15-141 绘制圆

⑫ 单击【修改】面板中的【环形阵列】按钮，以刚绘制的同心圆作为中心点，将半径为5的圆环形阵列4，如图15-142所示。

⑬ 使用快捷键EXT激活【拉伸】命令，分别将6个圆形拉伸15，如图15-143所示。

⑭ 执行【移动】命令，将拉伸后的圆柱体模型沿Y轴移动5。

⑮ 单击【修改】面板中的【三维阵列】按钮，将移动后的模型镜像复制，镜像面为当前ZX坐标平面，镜像效果如图15-144所示。

⑯ 综合执行【并集】和【差集】命令，对个别实体模型进行布尔运算并消隐显示，如图15-145所示。

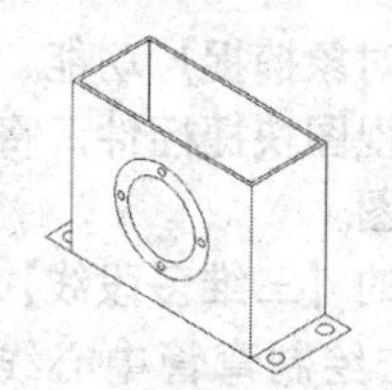

图15-142 环形阵列圆

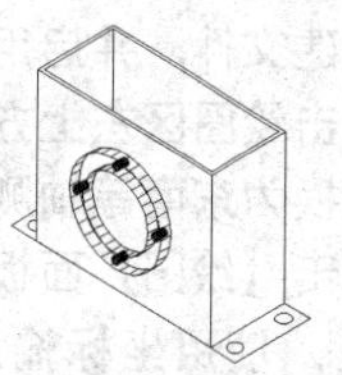

图15-143 拉伸圆

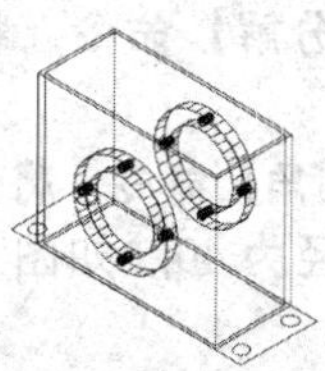

图15-144 镜像效果

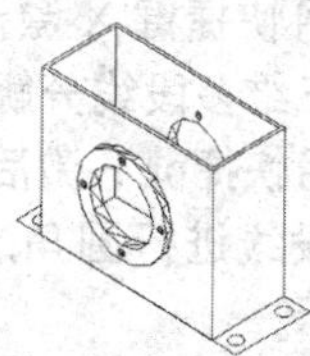

图15-145 布尔运算并消隐显示

⑰ 将当前视图恢复为二维线框着色，然后使用快捷键EXT激活【拉伸】命令，将底板矩形和圆拉伸7，如图15-146所示。

⑱ 执行【并集】和【差集】命令，对实体模型进行布尔运算，然后对其消隐显示，操作效果如图15-147所示。

⑲ 单击绘图区左上方的视觉样式快捷控件，对实体模型进行【概念】着色，最终效果如图15-148所示。

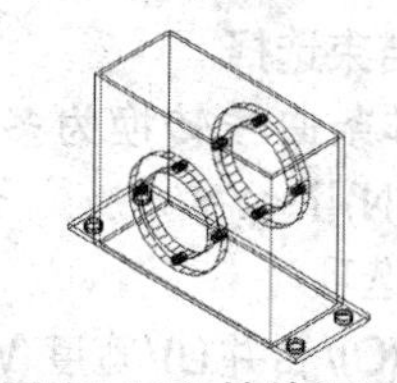

图15-146 拉伸矩形和圆

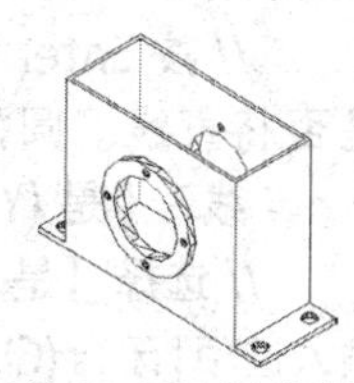

图15-147 操作效果

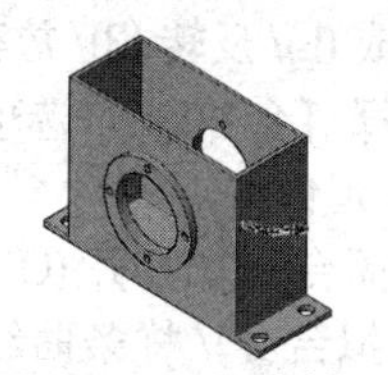

图15-148 最终效果

206 绘制弯管模型

<table>
<tr><td rowspan="4">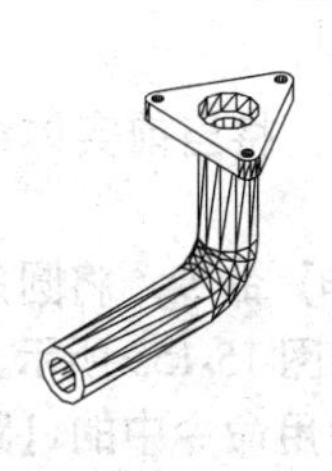</td><td colspan="2">本例主要练习使用【三维多段线】、【分解】、【编辑多段线】、【拉伸】和【视觉样式】等多种命令，绘制弯管零件立体模型的方法和技巧。在建模过程中，使用【拉伸】和【拉伸面】命令中的【路径】功能创建三维模型。</td></tr>
<tr><td>文件路径：</td><td>实例文件\第15章\实例206.dwg</td></tr>
<tr><td>视频文件：</td><td>MP4\第15章\实例206MP4</td></tr>
<tr><td>播放时长：</td><td>0:04:29</td></tr>
</table>

01 新建文件，并启用【对象捕捉】功能。

02 单击绘图区左上方的视图快捷控件，将视图切换为东南等轴测视图。

03 单击【绘图】面板中的【三维多段线】按钮 ，使用坐标输入法绘制弯管中心线，如图 15-149 所示。

04 使用快捷键 X 激活【分解】命令，将绘制的三维多段线分解。

05 使用快捷键 F 激活【圆角】命令，将分解的多段线进行圆角，半径为 40，如图 15-150 所示。

06 使用快捷键 PE 激活【编辑多段线】命令，将图 15-150 所示的各对象编辑为多段线。命令行操作过程如下：

命令 : Pe PEDIT
// 调用【编辑多段线】命令
选择多段线或 [多条 (M)]: M ↙
// 输入【M】选项
选择对象 : 指定对角点 : 找到 3 个
// 选择直线和圆弧对象
选择对象 : ↙
// 按 Enter 键，结束选择
是否将直线、圆弧和样条曲线转换为多段线？ [是 (Y)/ 否 (N)]? <Y> ↙
// 选择【是 (Y)】选项
输入选项 [闭合 (C)/ 打开 (O)/ 合并 (J)/ 宽度 (W)/ 拟合 (F)/ 样条曲线 (S)/ 非曲线化 (D)/ 线型生成 (L)/ 反转 (R)/ 放弃 (U)]: J ↙
// 选择【合并 (J)】选项
合并类型 = 延伸
输入选项 [闭合 (C)/ 打开 (O)/ 合并 (J)/ 宽度 (W)/ 拟合 (F)/ 样条曲线 (S)/ 非曲线化 (D)/ 线型生成 (L)/ 反转 (R)/ 放弃 (U)]:
// 按 Enter 键，退出命令

07 使用快捷键 C 激活【圆】命令，以中心线最上方的端点为圆心，绘制半径为 15 和 25 的同心圆，如图 15-151 所示。

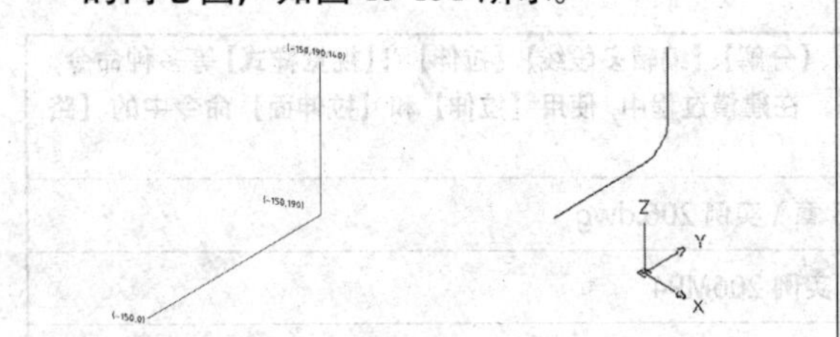
图 15-149 绘制弯管中心线　图 15-150 圆角多段线

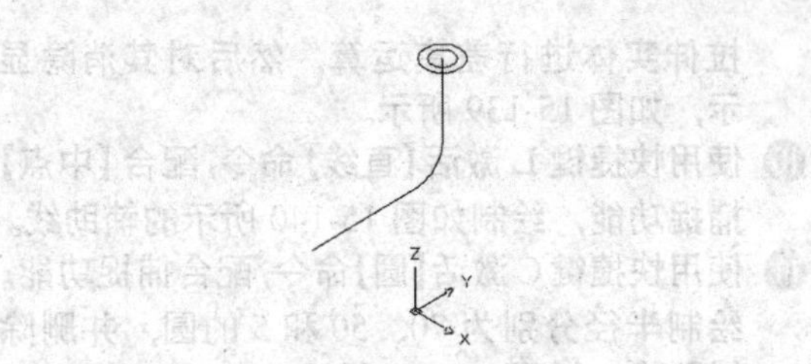
图 15-151 绘制同心圆

提示

在对分解后的三段线进行圆角时，需要从下向上，依次选择圆角对象。

08 使用快捷键 REG 激活【面域】命令，将刚绘制的两个同心圆转化为圆形面域。

09 使用快捷键 SU 激活【差集】命令，将两个圆形面域进行差集运算。

10 执行【多边形】命令，绘制半径为 80 的三角形，如图 15-152 所示。

11 使用快捷键 F 激活【圆角】命令，对三角形进行圆角，半径为 10，如图 15-153 所示。

12 使用快捷键 C 激活【圆】命令，在三角形各角绘制半径为 5 的圆，如图 15-154 所示。

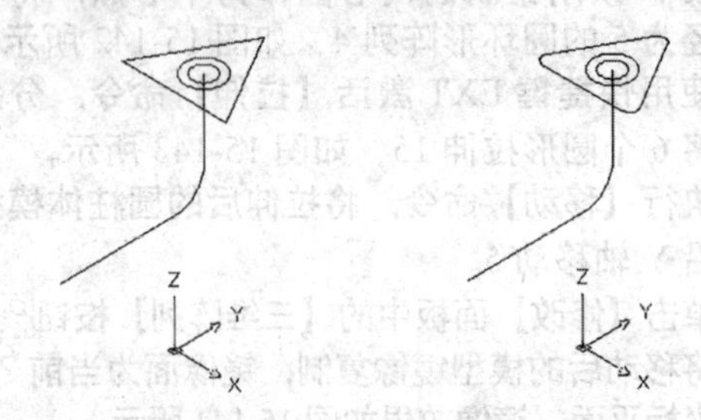
图 15-152 绘制三角形　图 15-153 圆角三角形

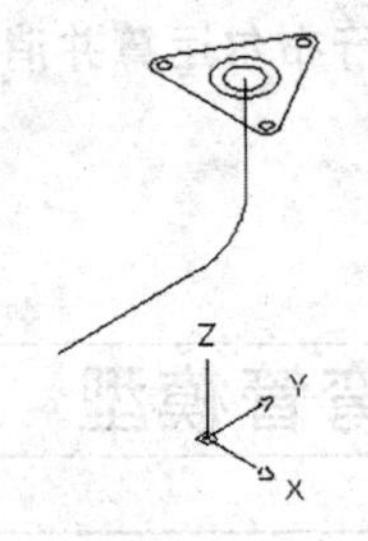
图 15-154 绘制圆

13 在命令行中输入 ISOLINES，将当前实体线框密度设置为 25。

14 使用快捷键 EXT 激活【拉伸】命令，将圆角三角形和三个圆拉伸 18，如图 15-155 所示。

15 继续执行【拉伸】命令，使用命令中的【路径】功能，将弯曲截面沿路径进行拉伸并消隐显示，如图 15-40 所示。

⑯ 单击【实体编辑】面板中【拉伸面】按钮，继续创建弯管的实体模型，如图 15-157 所示。

⑰ 执行【构造线】命令，绘制如图 15-158 所示的辅助线。

图 15-155 拉伸三角形和圆

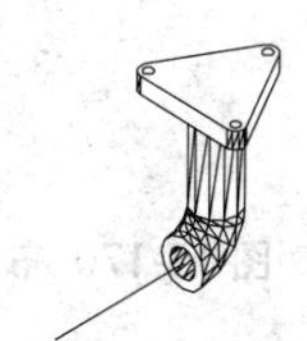

图 15-156 沿路径拉伸并消隐显示

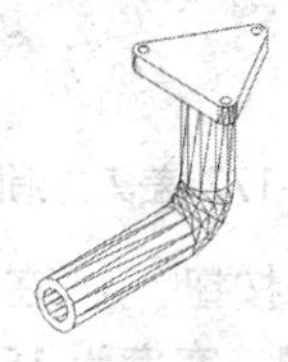

图 15-157 创建弯管实体模型

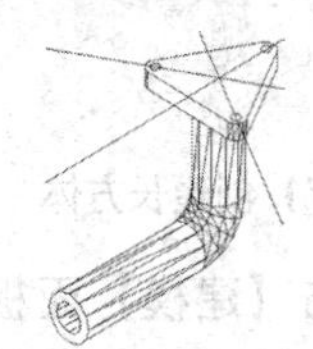

图 15-158 绘制辅助线

⑱ 使用快捷键 CYL 激活【圆柱体】命令，以刚绘制的辅助线的交点为圆心，创建底面半径为 25，高度为⊠ 18 的圆柱体并消隐显示，如图 15-159 所示。

⑲ 执行【删除】命令，将辅助线删除，并执行【差集】命令，对个别实体进行差集处理并消隐显示，如图 15-160 所示。

⑳ 单击绘图区左上方的视觉样式快捷控件，对实体模型进行【概念】着色，最终效果如图 15-161 所示。

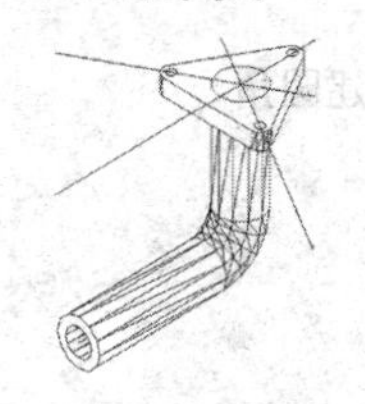

图 15-159 创建圆柱体并消隐显示

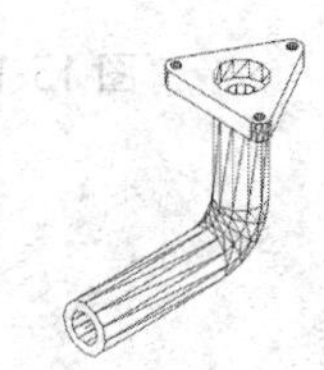

图 15-160 删除、差集和消隐操作

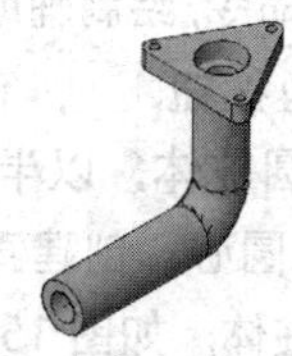

图 15-161 最终效果

207 创建定位支座

<table>
<tr><td rowspan="4">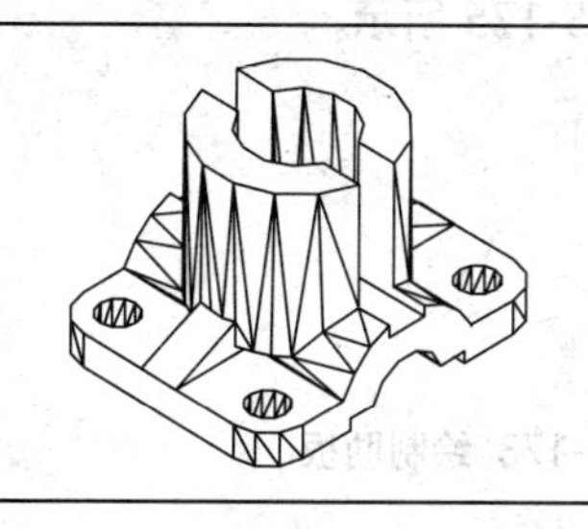</td><td colspan="2">本例主要练习使用【圆】、【直线】、【面域】、【拉伸】、【圆柱体】、【锲体】、【差集】、【并集】和【三维镜像】等命令绘制定位支座立体模型的方法和技巧。</td></tr>
<tr><td>文件路径：</td><td>实例文件 \ 第 15 章 \ 实例 207.dwg</td></tr>
<tr><td>视频文件：</td><td>MP4\ 第 15 章 \ 实例 207.MP4</td></tr>
<tr><td>播放时长：</td><td>0:06:07</td></tr>
</table>

01 执行【新建】命令，创建空白文件。

02 将视图切换为前视图，执行【直线】和【圆】命令，绘制轮廓线；并执行【修剪】命令，修剪多余的线段，如图 15-162 所示，并将其切换为西南等轴测视图。

03 单击【绘图】面板中的按钮，将所有的轮廓线创建为面域。

04 单击【建模】面板中的按钮，选择刚创建的面域，沿 Z 轴方向拉伸 95，如图 15-163 所示。

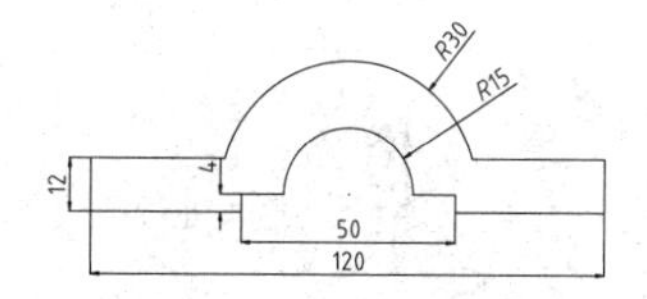

图 15-162 绘制轮廓线

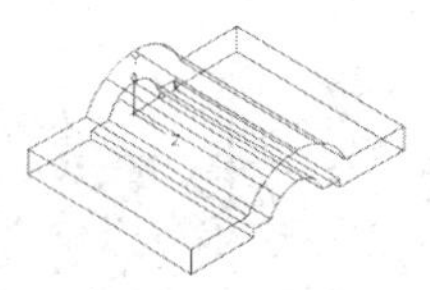

图 15-163 拉伸面域

05 单击【修改】面板中的按钮，将实体的各棱边创建半径为 15 的圆角，如图 15-164 所示。

06 切换俯视图为当前视图方向，单击【建模】面板中的按钮，在实体上连续创建四个直径为15、高度为☒ 12的圆柱体，如图15-165所示。

07 单击【实体编辑】面板中的按钮，将实体进行差集运算，如图15-166所示。

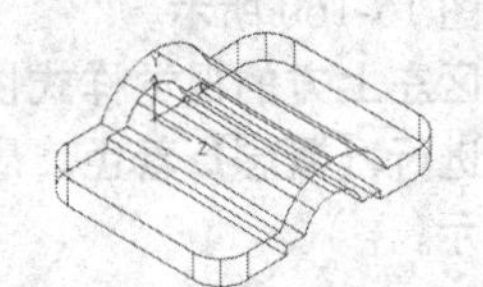

图15-164 创建圆角

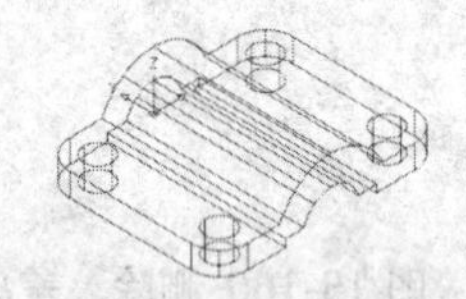

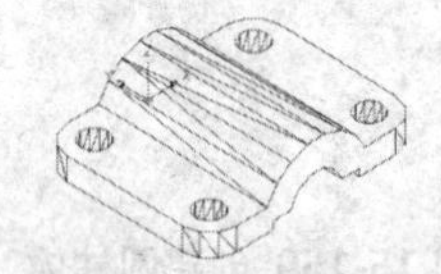

图15-165 创建圆柱体　图15-166 差集运算

08 执行【直线】命令，绘制辅助线，并单击【建模】面板中的按钮，创建半径为35、高度为58的圆柱体；以半径为15的半圆弧圆心为底圆圆心，创建直径为30、高度为☒ 95的圆柱体，如图15-167所示。

09 单击【实体编辑】面板中的按钮，将第8步创建的圆柱体从与之相交的实体中去除并消隐显示，如图15-168所示。

10 单击【建模】面板中的【圆柱体】按钮，创建底面半径为20，高度为☒ 70的圆柱体，如图15-169所示。

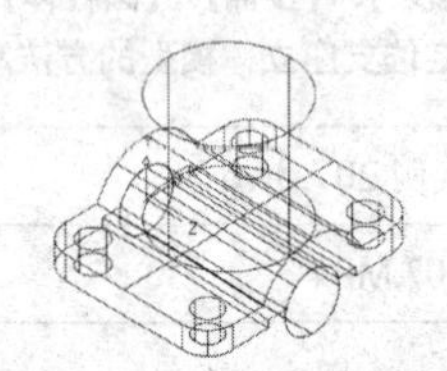

图15-167 创建圆柱体

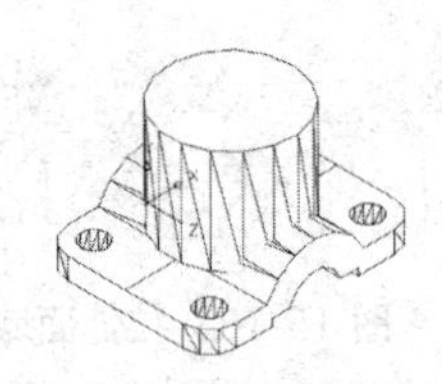

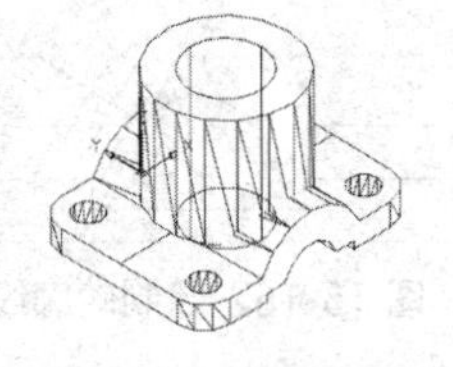

图15-168 差集运算并消隐显示　图15-169 创建圆柱体

11 综合执行【差集】和【并集】命令，对实体进行布尔运算并消隐显示，如图15-170所示。

12 单击【建模】面板中的按钮，创建长为95、宽为15、高为96的长方体，如图15-171所示。

13 执行【差集】命令，将实体进行差集处理并消隐显示，如图15-172所示。

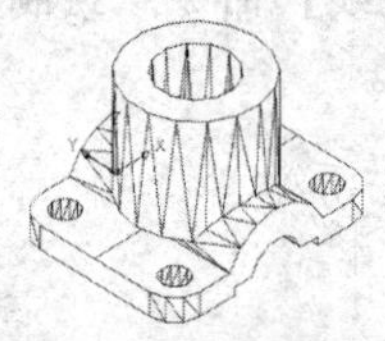

图15-170 布尔运算并消隐显示

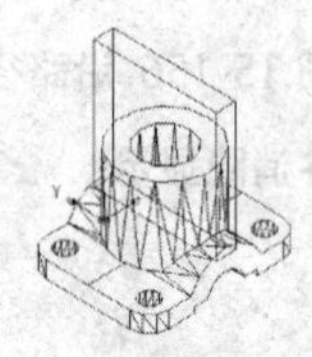

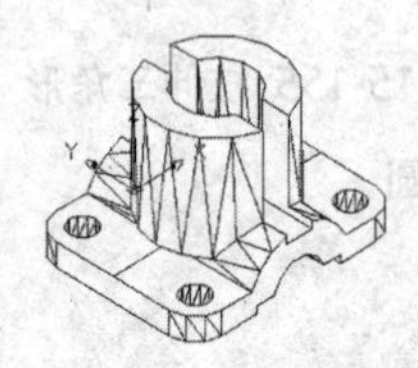

图15-171 创建长方体　图15-172 差集并消隐显示

14 单击【建模】面板中的按钮，在绘图区空白处，绘制长度为24、宽度为15、厚度为10的肋板，如图15-173所示。

15 将【视觉样式】切换为二维线框，并使用快捷键M将刚创建的肋板移至如图15-174所示的位置。

16 单击【修改】面板中的【三维镜像】按钮，将刚移动的肋板在YZ平面中镜像并消隐显示，如图15-175所示。

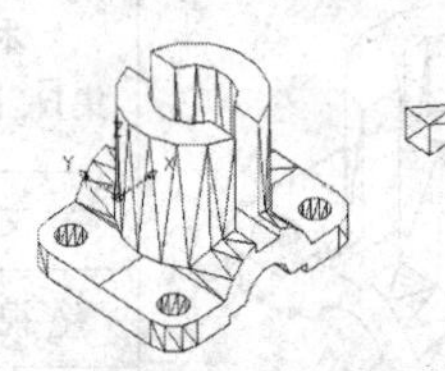

图15-173 绘制肋板

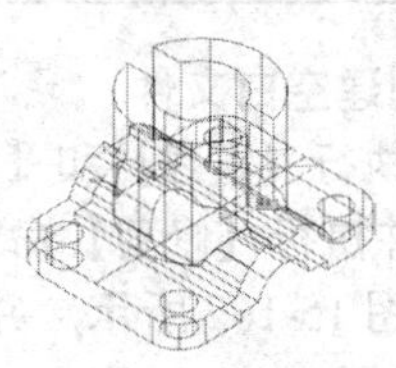

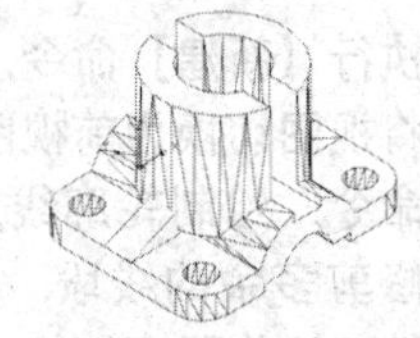

图15-174 移动肋板 图15-175 三维镜像并消隐显示

17 执行【并集】命令，对实体进行并集处理并消隐显示，如图15-176所示。

18 单击绘图区左上方的视觉样式快捷控件，对实体模型进行【概念】着色，最终效果如图15-177所示。

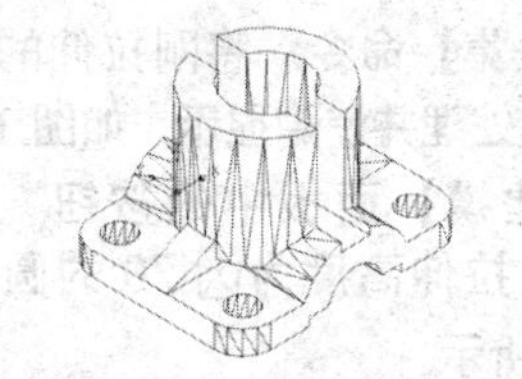
图 15-176 并集并消隐显示

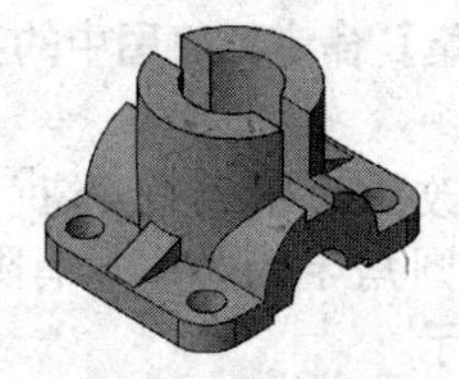
图 15-177 最终效果

208 绘制泵体模型

<table>
<tr><td rowspan="4">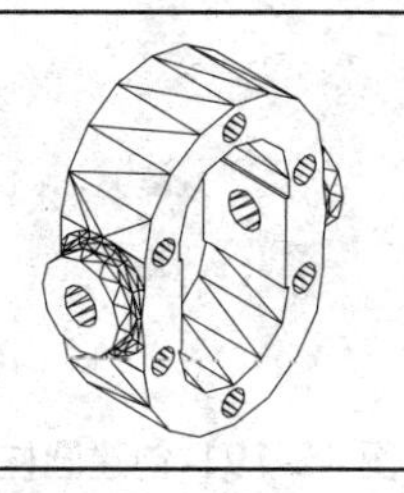</td><td colspan="2">本例主要练习使用【圆】、【圆柱体】、【面域】、【拉伸】、【修剪】、【复制】和【圆角】等命令创建泵体模型的方法和技巧。</td></tr>
<tr><td>文件路径：</td><td>实例文件 \ 第 15 章 \ 实例 208.dwg</td></tr>
<tr><td>视频文件：</td><td>MP4\ 第 15 章 \ 实例 208.MP4</td></tr>
<tr><td>播放时长：</td><td>0:04:49</td></tr>
</table>

01 执行【新建】命令，创建空白文件。

02 在命令行中输入 SOLINES，将当前实体线框密度设置为 10。

03 单击绘图区左上方的视图快捷控件，将当前视图设置为前视图方向。

04 执行【直线】和【圆】命令，绘制轮廓线，并执行【修剪】命令，对图形进行修剪，如图 15-178 所示。

05 单击【绘图】面板中的按钮，将刚绘制的闭合轮廓创建为一个面域。

06 将视图切换为西南等轴测视图，并单击【建模】面板中的按钮，将面域拉伸 26，如图 15-179 所示。

07 将视图切换为前视图，并执行【直线】和【圆】命令，绘制如图 15-180 所示的内部轮廓线。

08 将视图切换为西南等轴测视图，并执行【面域】命令，将刚绘制的轮廓创建为面域。

09 单击【建模】面板中的按钮，将刚绘制的轮廓面域拉伸 26，如图 15-181 所示。

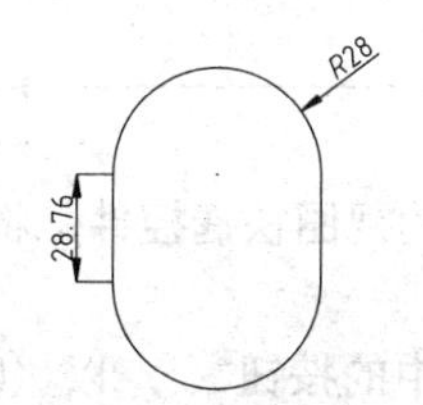

图 15-178 绘制轮廓线

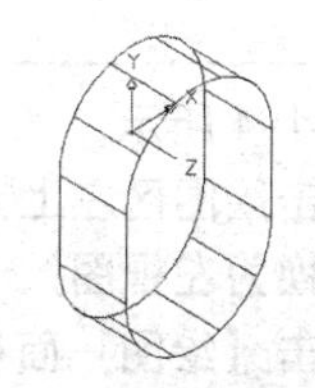
图 15-179 拉伸面域

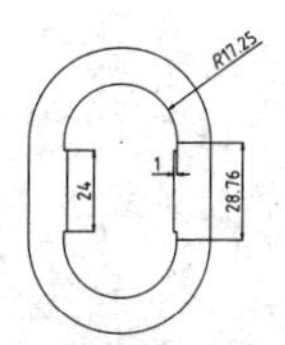

图 15-180 绘制内部轮廓线

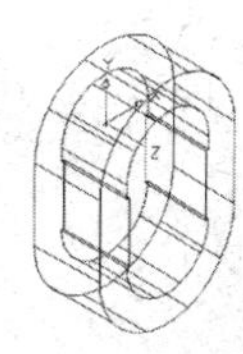
图 15-181 拉伸面域

10 使用快捷键 SU 激活【差集】命令，对实体进行差集处理并消隐显示，如图 15-182 所示。

11 单击【建模】面板中的按钮，以图 15-183 所示的交点为底面中心，绘制底面半径为 12、高度为⊠ 7 的圆柱体，如图 15-184 所示。

12 重复执行【圆柱体】命令，根据以上步骤，绘制底面半径为 12、高度为 7 的圆柱体，如图 15-185 所示。

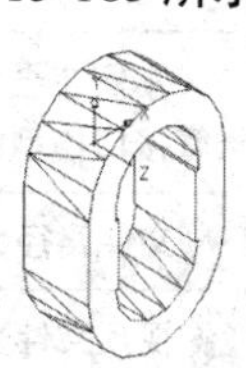
图 15-182 差集运算并消隐显示

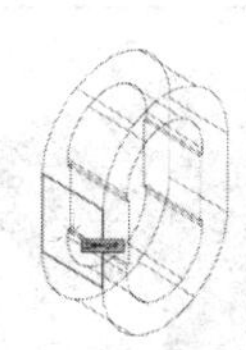
图 15-183 指定中心

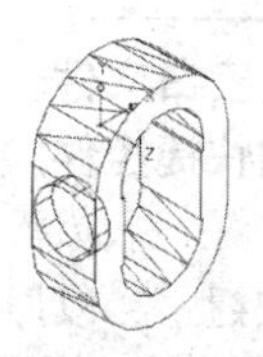
图 15-184 绘制圆柱体

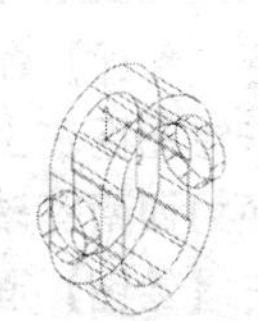
图 15-185 绘制圆柱体

⑬ 执行【并集】命令，将图中的实体进行并集处理。

⑭ 单击【修改】面板中的按钮，对图形进行圆角，圆角半径为3并消隐显示，如图15-186所示。

⑮ 将视图切换为主视图，单击【绘图】面板中的按钮，绘制圆心为（-22，0）、半径为3.5的圆，如图15-187所示。

⑯ 单击【修改】面板中的【复制】按钮，以刚绘制的圆的圆心为基点，复制圆至坐标（0，-28.76）、（0，-50.76）、（22，-28.76）、（22，0）和（0，22）的点，如图15-188所示。

⑰ 将当前视图切换为西南等轴测视图，并单击【建模】面板中的按钮，对上步的六个圆进行拉伸处理，拉伸高度为26并消隐显示，如图15-189所示。

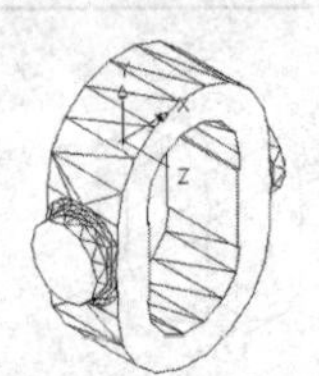
图 15-186 圆角图形

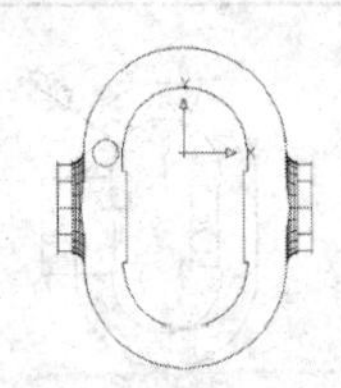
图 15-187 绘制图

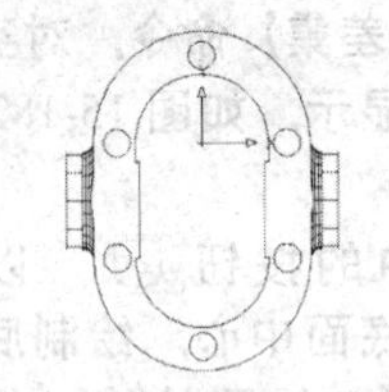
图 15-188 复制图

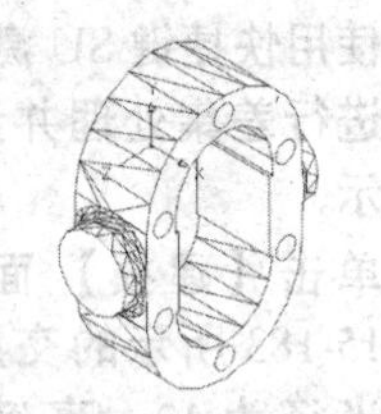
图 15-189 拉伸圆并消隐显示

⑱ 执行【差集】命令，将刚拉伸的六个圆柱体进行差集处理并消隐显示，如图15-190所示。

⑲ 单击【建模】面板中的按钮，创建半径为5、拉伸高度为☒70的圆柱体，如图15-191所示。

⑳ 执行【差集】命令，对刚创建的圆柱体进行差集处理并消隐显示，如图15-192所示。

㉑ 选择菜单【视图】|【视图样式】|【概念】选项，对实体模型进行【概念】着色，最终效果如图15-193所示。

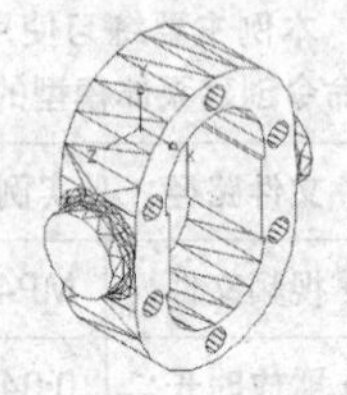
图 15-190 差集并消隐显示

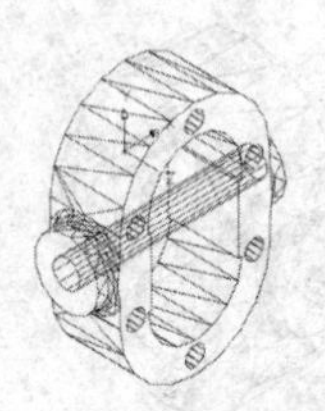
图 15-191 创建圆柱体

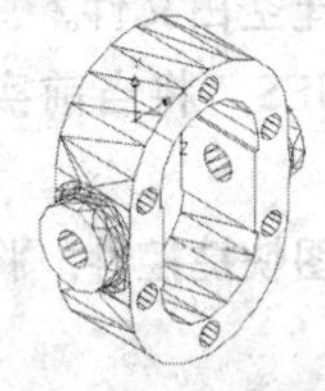
图 15-192 差集并消隐显示

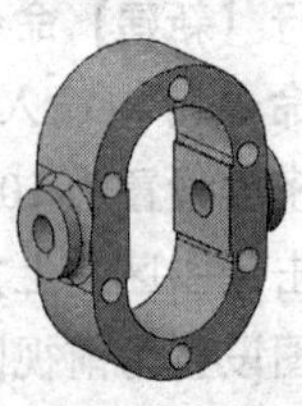
图 15-193 最终效果

209 创建管接头模型

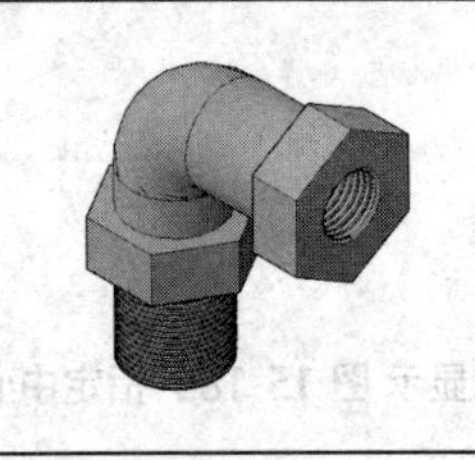

本例主要练习使用【拉伸】、【螺旋】、【扫掠】、【差集】和【并集】等命令创建三维管接口模型的方法和技巧。

文件路径：	实例文件\第15章\实例209.dwg
视频文件：	MP4\第15章\实例209.MP4
播放时长：	0:06:56

01 执行【新建】命令，创建空白文件。

02 单击绘图区左上方的视图快捷控件，将视图切换为西南等轴测视图。

03 单击【绘图】面板中的按钮，以原点（0，0，0）为圆心，绘制半径为8的圆，如图15-194所示。

04 单击绘图区左上方的视图快捷控件，将视图切换为左视图。

05 单击【绘图】面板中的按钮，以（0，0）为起始端点，绘制多段线创建拉伸路径，如

图 15-195 所示。

⑥ 将视图切换回西南等轴测视图，单击【建模】面板中的按钮，选择圆为拉伸对象，选择多段线为拉伸路径，拉伸圆，如图 15-196 所示。

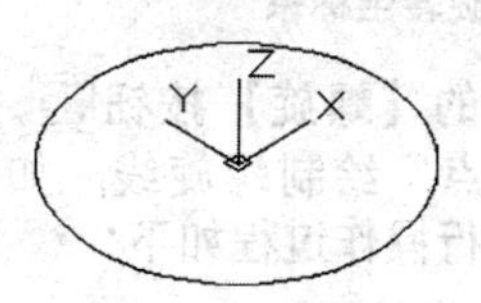

图 15-194 绘制圆

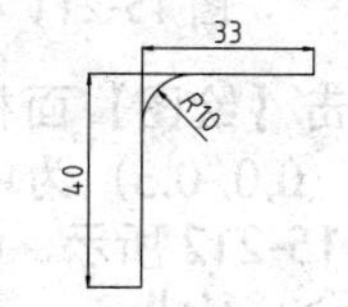

图 15-195 绘制拉伸路径

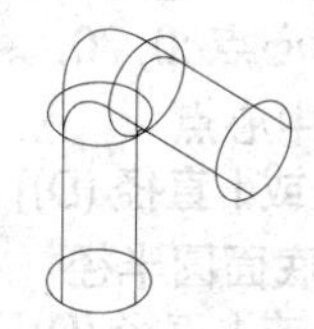
图 15-196 拉伸圆

⑦ 单击【实体编辑】面板中的按钮，删除两个端面，设置抽壳距离为 3，对图形进行抽壳并消隐显示，如图 15-197 所示。

⑧ 以管道端面圆心为坐标系原点，移动旋转坐标系，如图 15-198 所示。

⑨ 单击【绘图】面板中的【多边形】按钮，以原点（0，0，0）为中心点，绘制内接圆半径为 12 的正六边形，如图 15-199 所示。

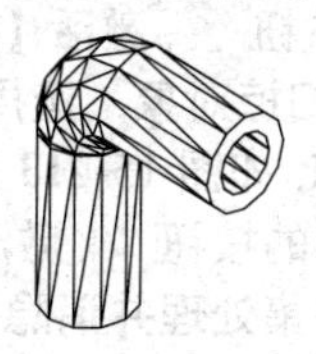
图 15-197 抽壳并消隐显示

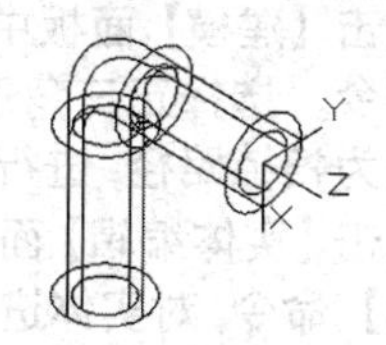

图 15-198 移动并旋转坐标系

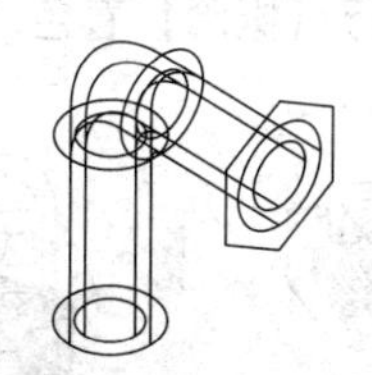
图 15-199 绘制正六边形

⑩ 单击【建模】面板中的按钮，激活【按住并拖动】命令，对六边形与管体之间的部位进行拉伸处理，拉伸高度为⊠ 8，如图 15-200 所示。

⑪ 单击【实体编辑】面板中的按钮，激活【并集】命令，将两个图形合并一起，并删除正六边形，且消隐显示，如图 15-201 所示。

⑫ 移动旋转坐标系，如图 15-202 所示。

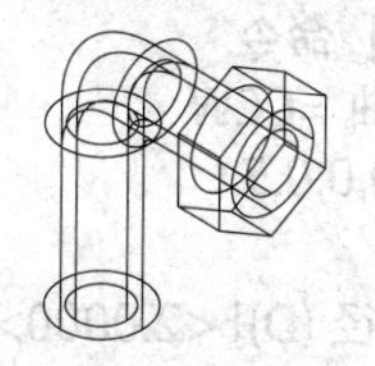
图 15-200 按住并拖动

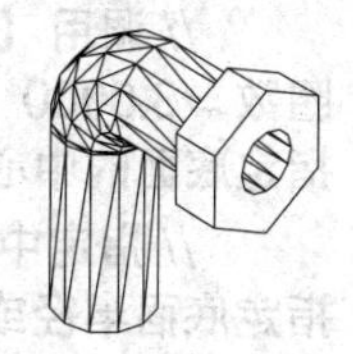
图 15-201 并集、删除并消隐显示

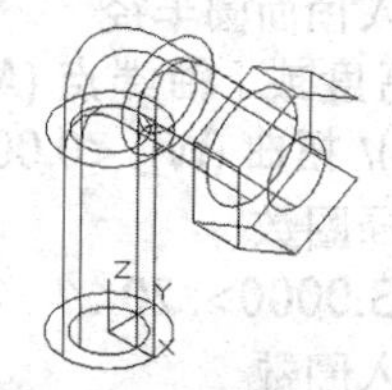

图 15-202 移动坐标系

⑬ 单击【绘图】面板中的【多边形】按钮，以原点（0,0,0）为中心点，绘制内接圆半径为 12 的正六边形，如图 15-203 所示。

⑭ 单击【建模】面板中的按钮，激活【按住并拖动】命令，对六边形与管体之间的部位进行拉伸处理，拉伸高度为 8，如图 15-204 所示。

⑮ 调用 M【移动】命令，将拉伸的图形向上移动 16；选择菜单【修改】|【实体编辑】|【并集】选项，合并图形并消隐显示，如图 15-205 所示。

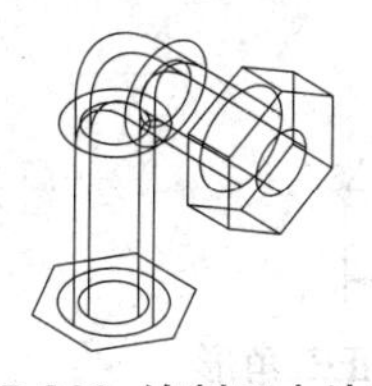
图 15-203 绘制正六边形

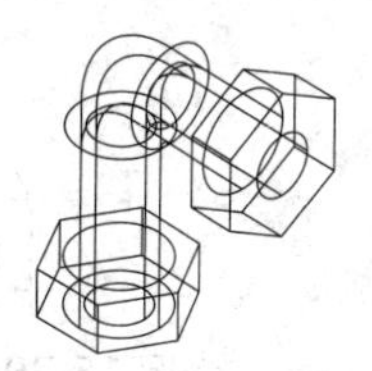
图 15-204 按住并拖动

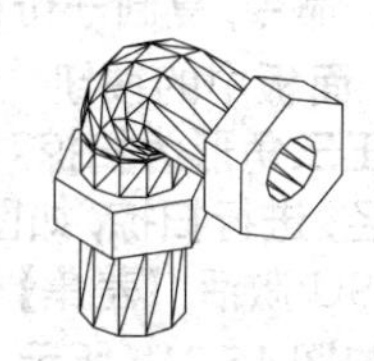
图 15-205 并集并消隐显示

⑯ 单击【实体编辑】面板中的【倒角边】按钮，对实体模型进行倒角边处理，倒角距离为 0.5，如图 15-206 所示。

⑰ 单击【绘图】面板中的【螺旋】按钮，以（0,0,0.5）为中心点，绘制螺旋线，如图 15-207 所示。命令行操作过程如下：

命令：_Helix

// 调用【螺旋】命令

圈数 = 3.0000　扭曲 =CCW

指定底面的中心点 :0,0,0.5 ↙

// 指定中心点

指定底面半径或 [直径 (D)] <2.0000>: 8 ↙

// 输入底面圆半径

指定顶面半径或 [直径 (D)] <2.0000>: 8 ↙

// 输入顶面圆半径

指定螺旋高度或 [轴端点 (A)/ 圈数 (T)/ 圈高 (H)/ 扭曲 (W)] <0.0000>: T ↙

// 选择圈数

输入圈数 <3.0000>: 20 ↙

// 输入圈数

指定螺旋高度或 [轴端点 (A)/ 圈数 (T)/ 圈高 (H)/ 扭曲 (W)] <0.0000>:18 ↙

// 输入高度，按 Enter 键

⑱ 单击【绘图】面板中的【多边形】按钮，绘制内接圆半径为 0.375 的正三角形，如图 15-208 所示。

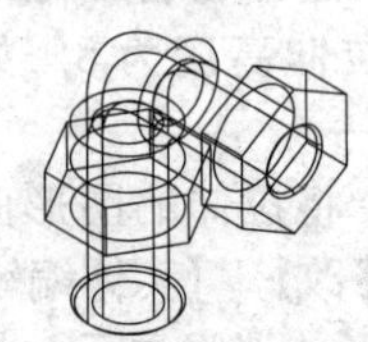

图 15-206 倒角边

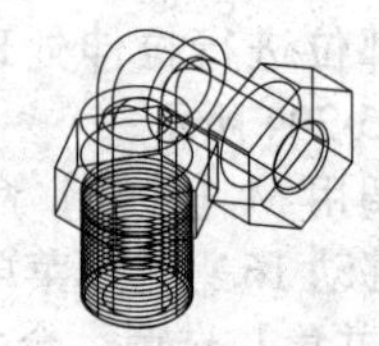

图 15-207 绘制螺旋线

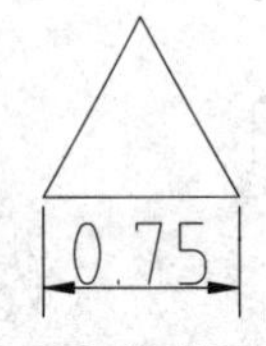

图 15-208 绘制正三角形

⑲ 执行【复制】命令，复制一份正三角形备用；单击【建模】面板中的按钮，激活【扫掠】命令。选择正三角形为扫掠对象，选择螺旋线为扫掠路径，进行扫掠，如图 15-209 所示。

⑳ 使用快捷键 SU 激活【差集】命令，绘制出螺纹效果，如图 15-210 所示。

㉑ 移动旋转坐标系，如图 15-211 所示。

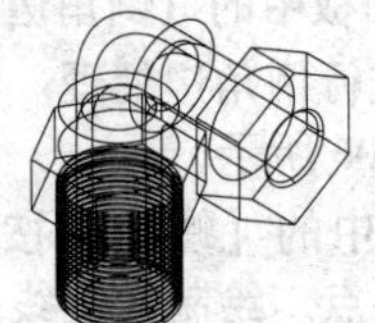

图 15-209 扫掠图形

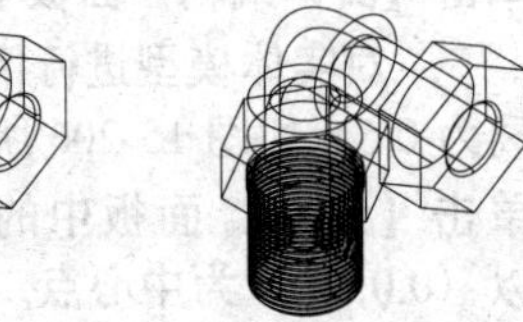

图 15-210 差集

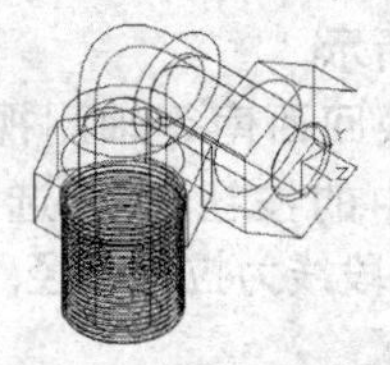

图 15-211 移动旋转坐标系

㉒ 单击【绘图】面板中的【螺旋】按钮，以（0,0,-0.5）为中心点，绘制螺旋线，如图 15-212 所示。命令行操作过程如下：

命令：_Helix

圈数 = 20.0000　扭曲 =CCW

指定底面的中心点 :0，0，-0.5 ↙

// 指定中心点

指定底面半径或 [直径 (D)] <8.0000>: 5 ↙

// 输入底面圆半径

指定顶面半径或 [直径 (D)] <8.0000>: 5 ↙

// 输入顶面圆半径

指定螺旋高度或 [轴端点 (A)/ 圈数 (T)/ 圈高 (H)/ 扭曲 (W)] <18.0000>: T ↙

// 选择圈数

输入圈数 <20.0000>: 7 ↙

// 输入圈数

指定螺旋高度或 [轴端点 (A)/ 圈数 (T)/ 圈高 (H)/ 扭曲 (W)] <18.0000>:-8 ↙

// 输入高度，按 Enter 键

㉓ 单击【建模】面板中的按钮，激活【扫掠】命令。选择正三角形为扫掠对象，选择螺旋线为扫掠路径，进行扫掠，如图 15-213 所示。

㉔ 单击【实体编辑】面板中的按钮，激活【差集】命令，对实体进行差集处理并消隐显示，如图 15-214 所示。

㉕ 单击绘图区左上方的视觉样式快捷控件，对实体模型进行【概念】着色，最终效果如图 15-215 所示。

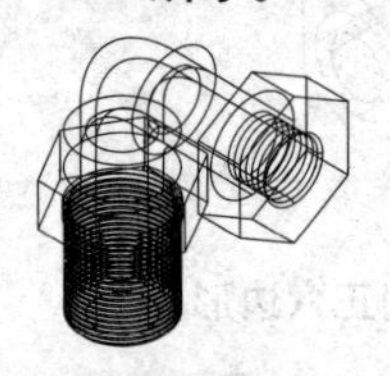

图 15-212 绘制螺旋线

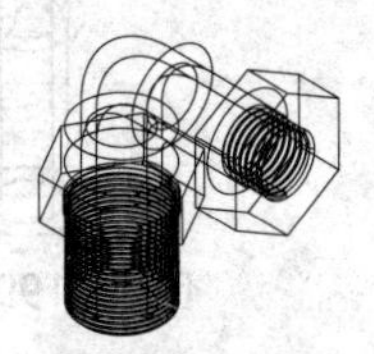

图 15-213 扫掠图形

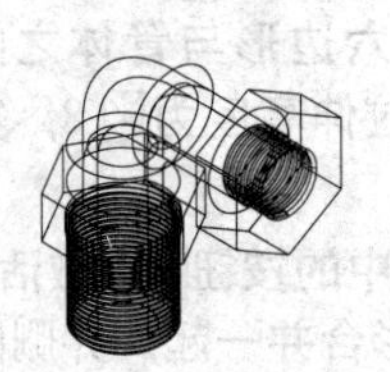

图 15-214 差集并消隐显示

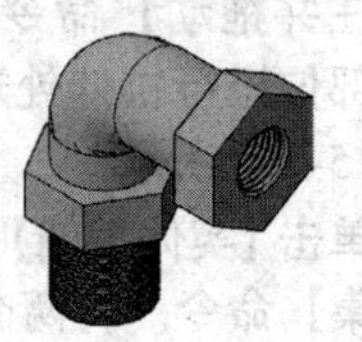

图 15-215 最终效果

210 创建风扇叶片模型

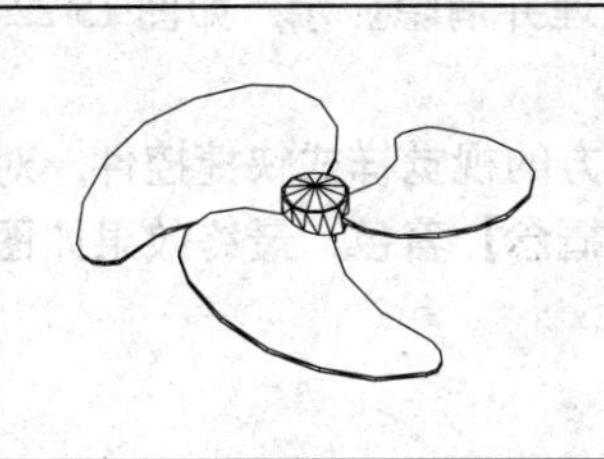	本例主要练习使用【图层】、【圆柱体】、【球体】、【多段线】、【拉伸】、【三维旋转】和【三维阵列】等命令创建风扇叶片模型的方法和技巧。	
	文件路径：	实例文件 \ 第 15 章 \ 实例 210.dwg
	视频文件：	MP4\ 第 15 章 \ 实例 210.MP4
	播放时长：	0:03:56

01 执行【新建】命令，创建空白文件。

02 使用快捷键 LA 调用【图层】命令，新建【转轴】和【叶片】两个图层，并将【转轴】设置为当前图层。

03 单击绘图区左上方的视图快捷控件，将视图切换为西南等轴测视图。

04 在命令行中输入 ISOLINES，将当前实体线框密度设置为 8。

05 单击【建模】面板中的按钮，以（0, 0, 0）为底面中心，创建半径为 80、高度为 200 的圆柱体，如图 15-216 所示。

06 单击【建模】面板中的按钮，以（0, 0, -50）为中心点，创建半径为 150 的球体，如图 15-217 所示。

07 单击【实体编辑】面板中的按钮，对创建的实体进行交集处理并消隐显示，如图 15-218 所示。

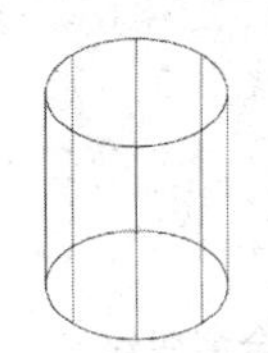

图 15-216 创建圆柱体

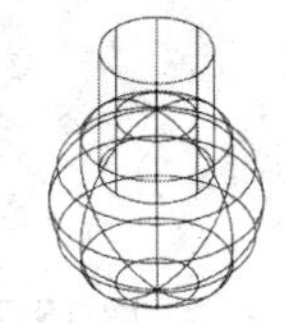

图 15-217 创建球体

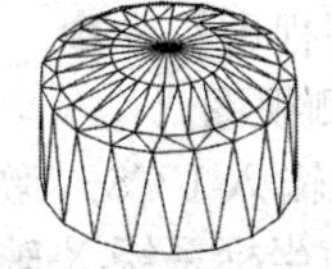

图 15-218 交集并消隐显示

08 单击【建模】面板中的按钮，以（0, 0, 0）为底面中心，创建半径为 50、高度为 50 的圆柱体并消隐显示，如图 15-219 所示。

09 将【叶片】图层设置为当前图层，单击【绘图】面板中的按钮，绘制多段线。命令行操作过程如下：

命令 : _pline
指定起点 : -50,50 ↙
当前线宽为 0.0000
指定下一个点或 [圆弧 (A)/ 半宽 (H)/ 长度 (L)/ 放弃 (U)/ 宽度 (W)]:@100，0 ↙
指定下一点或 [圆弧 (A)/ 闭合 (C)/ 半宽 (H)/ 长度 (L)/ 放弃 (U)/ 宽度 (W)]:A ↙
指定圆弧的端点或 [角度 (A)/ 圆心 (CE)/ 闭合 (CL)/ 方向 (D)/ 半宽 (H)/ 直线 (L)/ 半径 (R)/ 第二个点 (S)/ 放弃 (U)/ 宽度 (W)]: @160,360 ↙
指定圆弧的端点或 [角度 (A)/ 圆心 (CE)/ 闭合 (CL)/ 方向 (D)/ 半宽 (H)/ 直线 (L)/ 半径 (R)/ 第二个点 (S)/ 放弃 (U)/ 宽度 (W)]: @-600,0 ↙
指定圆弧的端点或 [角度 (A)/ 圆心 (CE)/ 闭合 (CL)/ 方向 (D)/ 半宽 (H)/ 直线 (L)/ 半径 (R)/ 第二个点 (S)/ 放弃 (U)/ 宽度 (W)]: @20,-120 ↙
指定圆弧的端点或 [角度 (A)/ 圆心 (CE)/ 闭合 (CL)/ 方向 (D)/ 半宽 (H)/ 直线 (L)/ 半径 (R)/ 第二个点 (S)/ 放弃 (U)/ 宽度 (W)]:D ↙
指定圆弧的起点切向 : @1,0 ↙
指定圆弧的端点 : -50,50 ↙
指定圆弧的端点或 [角度 (A)/ 圆心 (CE)/ 闭合 (CL)/ 方向 (D)/ 半宽 (H)/ 直线 (L)/ 半径 (R)/ 第二个点 (S)/ 放弃 (U)/ 宽度 (W)] ↙
// 按 Enter 键，如图 15-220 所示

10 单击【建模】面板中的按钮，对刚绘制的多段线拉伸 10，如图 15-221 所示。

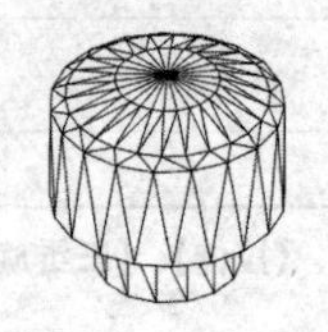
图 15-219 创建圆柱体并消隐显示

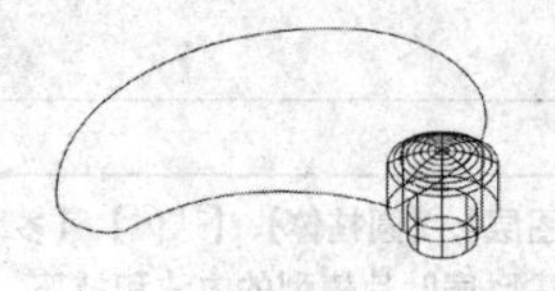
图 15-220 绘制多段线

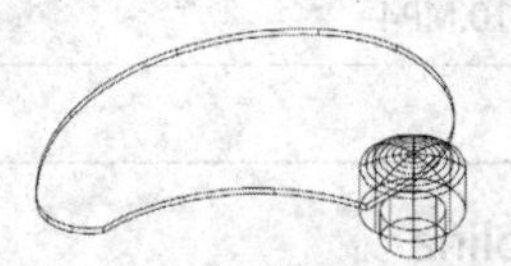
图 15-221 拉伸多段线

⑪ 使用快捷键 3R 激活【三维旋转】命令，以 (-50，50，0) 为基点，将多段线沿 y 轴旋转 15°，如图 15-222 所示。

⑫ 使用快捷键 3A 激活【三维阵列】命令，以 (0，0，0) 为中心点，项目总数为 3，对多段线进行环形阵列，如图 15-223 所示。

⑬ 单击【实体编辑】面板中的按钮，将所有实体进行合并处理并消隐显示，如图 15-224 所示。

⑭ 单击绘图区左上方的视觉样式快捷控件，对实体模型进行【概念】着色，最终效果如图 15-225 所示。

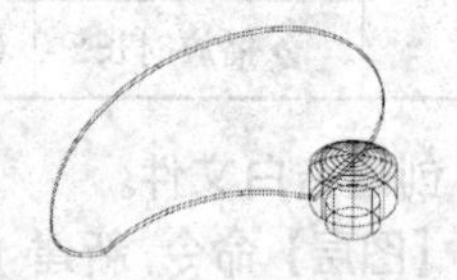
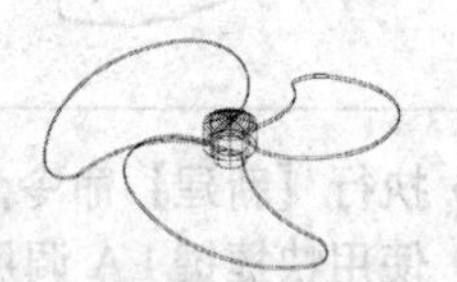
图 15-222 旋转多段线　图 15-223 环形阵列多段线

图 15-224 并集并消隐显示　图 15-225 最终效果

211 创建十字旋具柄模型

	本例通过使用【圆】、【多段线】、【环形阵列】、【旋转】和【边界】等命令创建十字旋具柄模型。在具体的操作过程中还使用了【视图】和【新建 UCS】命令。
文件路径：	实例文件 \ 第 15 章 \ 实例 211.dwg
视频文件：	MP4\ 第 15 章 \ 实例 211.MP4
播放时长：	0:03:53

⓵ 执行【新建】命令，创建空白文件。

⓶ 单击【绘图】面板中的按钮，绘制直径为 180 的大圆，然后再以大圆的象限点为圆心，绘制一个直径为 40 的小圆，如图 15-226 所示。单击【修改】面板中的【环形阵列】按钮，以大圆的圆心作为中心点，将小圆阵列复制 8 份，如图 15-227 所示。

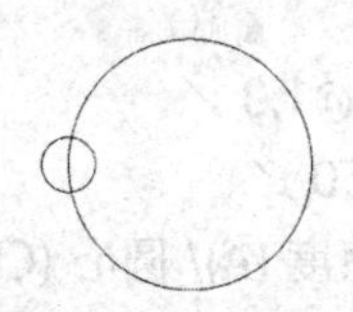
图 15-226 绘制圆

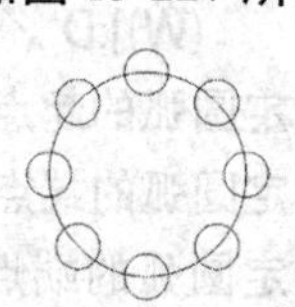
图 15-227 环形阵列

⓷ 单击【绘图】面板中的【边界】按钮，在【边界创建】对话框中设置对象类型为【多段线】，创建如图 15-228 所示的闭合多段线。

⓸ 使用快捷键 M 激活【移动】命令，将创建的闭合多段线进行位移，如图 15-229 所示。

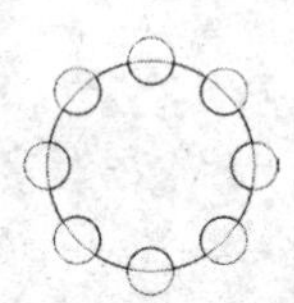
图 15-228 创建闭合多段线

⓹ 单击绘图区左上方的视图快捷控件，激活【西南等轴测视图】命令，将当前视图切换为西南等轴测视图。

⓺ 在命令行中输入 UCS，激活【新建 UCS】命令，将当前坐标系绕 X 轴旋转 90°，如图 15-230 所示。

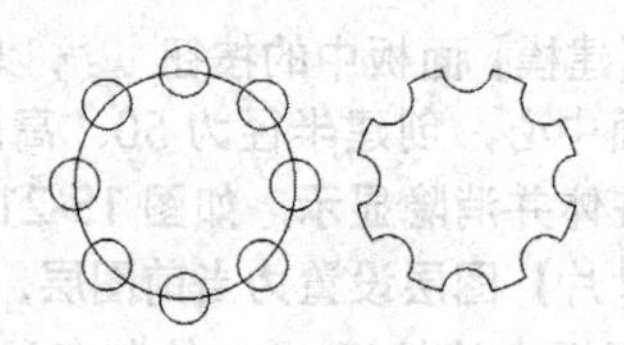
图 15-229 位移闭合多段线

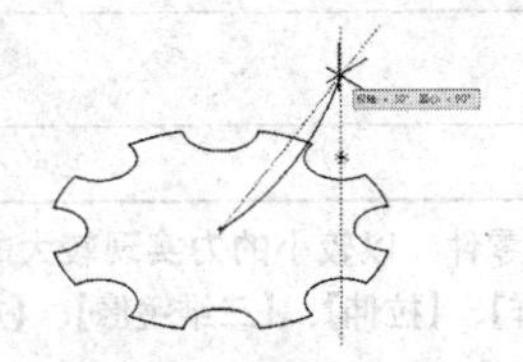

图 15-230 旋转坐标系

⑦ 激活状态栏上的【对象追踪】和【极轴追踪】功能，并设置极轴角为 30°。

⑧ 使用快捷键 PL 激活【多段线】命令，以大圆的圆心为起点，绘制螺丝刀柄的侧面轮廓线。命令行操作过程如下：

命令 :_pline

指定起点 :

// 捕捉大圆的圆心

当前线宽为 0.0000

指定下一个点或 [圆弧 (A)/ 半宽 (H)/ 长度 (L)/ 放弃 (U)/ 宽度 (W)]:A ↙

// 输入 a，激活【圆弧】选项

指定圆弧的端点或 [角度 (A)/ 圆心 (CE)/ 方向 (D)/ 半宽 (H)/ 直线 (L)/ 半径 (R)/ 第二个点 (S)/ 放弃 (U)/ 宽度 (W)]:

// 捕捉如图 15-231 所示的追踪虚线的交点

图 15-231 捕捉追踪虚线的交点

指定圆弧的端点或 [角度 (A)/ 圆心 (CE)/ 闭合 (CL)/ 方向 (D)/ 半宽 (H)/ 直线 (L)/ 半径 (R)/ 第二个点 (S)/ 放弃 (U)/ 宽度 (W)]:L ↙

// 输入 L，激活【直线】选项

指定下一点或 [圆弧 (A)/ 闭合 (C)/ 半宽 (H)/ 长度 (L)/ 放弃 (U)/ 宽度 (W)]:@0,300 ↙

指定下一点或 [圆弧 (A)/ 闭合 (C)/ 半宽 (H)/ 长度 (L)/ 放弃 (U)/ 宽度 (W)]:

// 捕捉如图 15-232 所示的追踪虚线交点

指定下一点或 [圆弧 (A)/ 闭合 (C)/ 半宽 (H)/ 长度 (L)/ 放弃 (U)/ 宽度 (W)]:C ↙

// 输入 C，闭合对象，绘制效果如图 15-233 所示

⑨ 单击【建模】面板中的【旋转】按钮，将刚绘制的轮廓线旋转 360°，创建为实体，如图 15-234 所示。

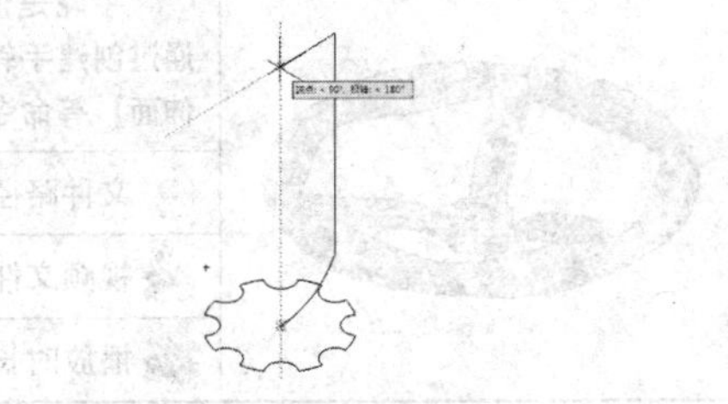

图 15-232 捕捉追踪虚线的交点

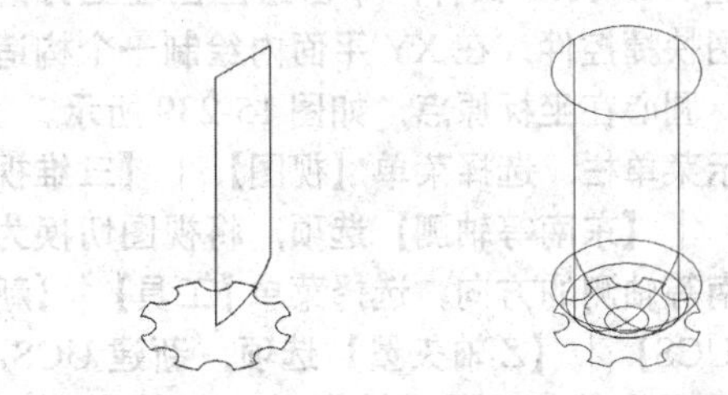

图 15-233 绘制效果　图 15-234 旋转多段线

⑩ 使用快捷键 EXT 激活【拉伸】命令，选择俯视图轮廓线，将其拉伸至旋转实体上顶面圆心，如图 15-235 所示。

⑪ 单击【实体编辑】面板中的按钮，激活【交集】命令，将所创建的两个实体模型进行交集运算，创建如图 15-236 所示的组合对象。

⑫ 使用快捷键 F 激活【圆角】命令，将圆角半径设置为 10，对交集后的实体进行圆角并消隐显示，如图 15-237 所示。

⑬ 单击绘图区左上方的视觉样式快捷控件，对实体模型进行【概念】着色，最终效果如图 15-238 所示。

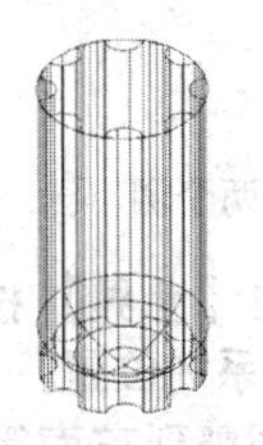

图 15-235 拉伸轮廓线

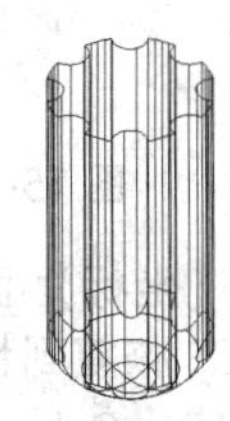

图 15-236 创建组合对象

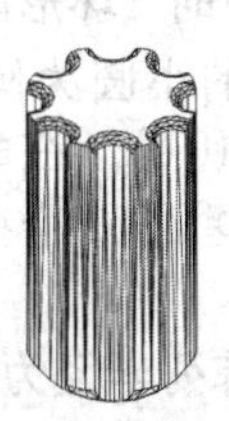

图 15-237 圆角并消隐显示

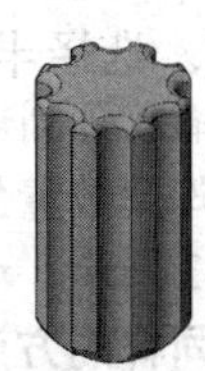

图 15-238 最终效果

212 创建手轮模型

手轮是使用人力控制各种阀门开关的零件，以较小的力实现较大的转矩。本例通过创建手轮模型，对【环形阵列】、【放样】、【拉伸】、【三维镜像】、【加厚】和【拉伸面】等命令进行综合练习。

文件路径：	实例文件 \ 第 15 章 \ 实例 212.dwg
视频文件：	MP4\ 第 15 章 \ 实例 212.MP4
播放时长：	0:07:38

01 新建 AutoCAD 文件，单击绘图区左上方的视图快捷控件，在 XY 平面内绘制一个构造圆，圆心在坐标原点，如图 15-239 所示。

02 显示菜单栏，选择菜单【视图】|【三维视图】|【东南等轴测】选项，将视图切换为东南等轴测的方向。选择菜单【工具】|【新建 UCS】|【Z 轴矢量】选项，新建 UCS。坐标原点捕捉到圆的象限点，Z 轴方向沿圆的切线方向，X 轴方向指向圆心，如图 15-240 所示。

03 使用 ViewCube 将视图调整到上视的方向，在 XY 平面内绘制两个圆，如图 15-241 所示。

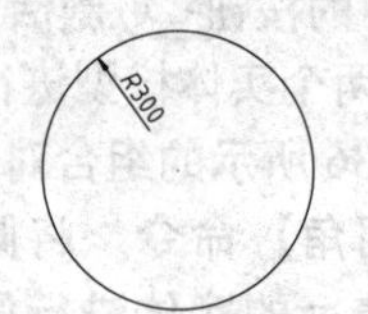

图 15-239 绘制构造圆

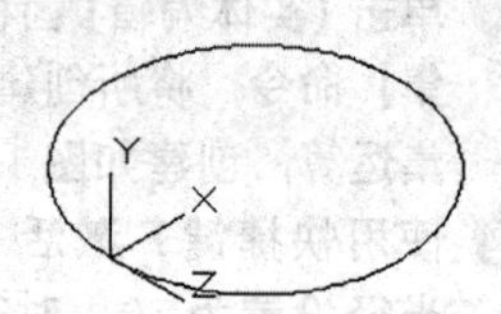

图 15-240 新建 UCS

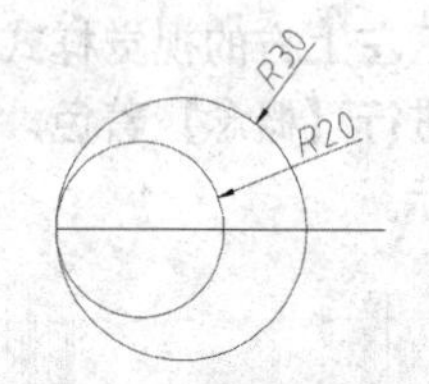

图 15-241 绘制两个圆

04 单击【坐标】面板中的【世界】按钮，将 UCS 恢复到世界坐标系的位置。

05 使用 ViewCube 将视图调整到东南等轴测方向。单击【修改】面板中的【环形阵列】按钮，选择半径为 20 的小圆为阵列的对象，输入阵列中心坐标（0,0），在命令行中修改阵列数量为 12，创建的 12 个小圆如图 15-242 所示。

06 采用同样的方法，环形阵列半径为 30 的大圆，阵列数量为 6，阵列大圆的效果如图 15-243 所示。

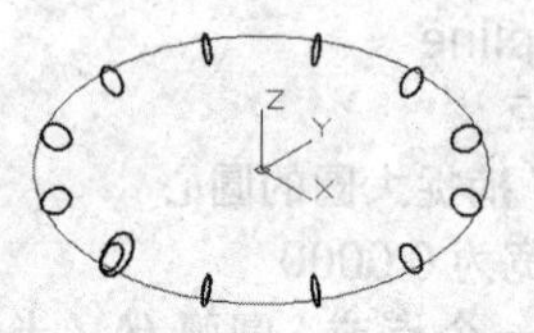

图 15-242 创建的 12 个小圆

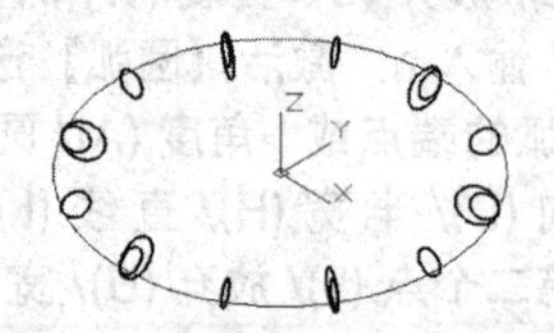

图 15-243 阵列大圆的效果

07 将大圆内的小圆删除，结果是大小圆在圆周上交替分布，如图 15-244 所示。

08 单击【建模】面板中的【放样】按钮，或者在命令行中输入 LOF，选择与 X 轴正向正对的圆作为第一个放样轮廓，然后依次选则环形路径上的各个圆形轮廓，如图 15-245 所示。选择【导向】选项，拾取圆周构造线为导向线，完成放样。

09 单击绘图区左上方的视觉样式快捷控件，概念视觉样式如图 15-246 所示。

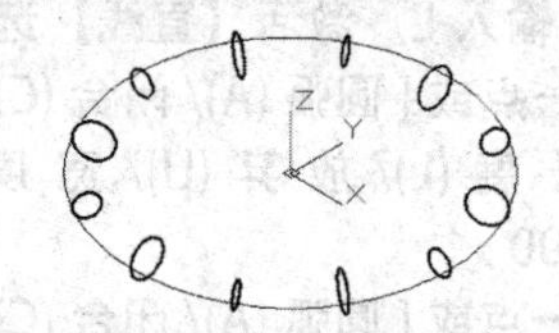

图 15-244 删除大圆内的小圆

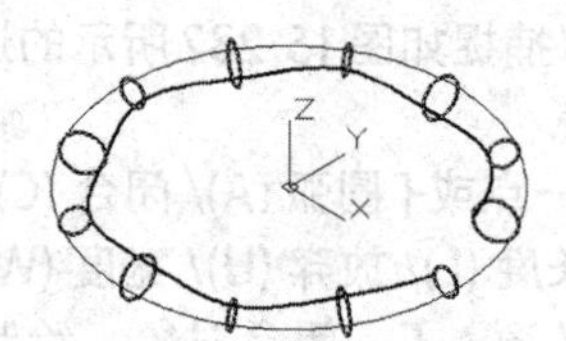

图 15-245 选择放样轮廓

⑩ 单击【建模】面板中的【圆柱体】按钮，输入底面中心坐标为（0,0,0），圆柱体半径为45，圆柱体高度为90，向Z轴负向拉伸圆柱体，创建的圆柱体如图15-247所示。

⑪ 单击【坐标】面板中的【Z轴矢量】按钮，新建UCS。坐标系原点位置不变，使Y轴方向垂直于圆柱端面，新建UCS如图15-248所示。

图15-246 概念视觉样式

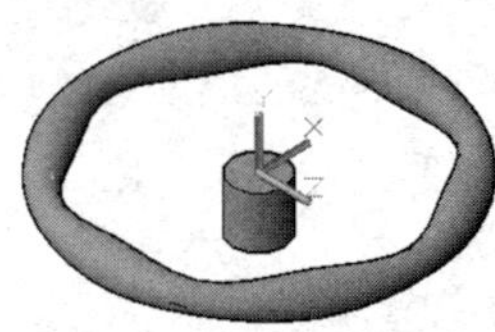

图15-247 创建的圆柱体　图15-248 新建UCS

⑫ 在绘图区空白位置单击右键，在快捷菜单中选择【隔离】|【隐藏对象】选项，选择已有实体，将其隐藏。

⑬ 使用ViewCube将视图调整到上视方向，然后在XY平面内绘制一段样条曲线，如图15-249所示。

⑭ 单击【建模】面板中的【拉伸】按钮，选择样条曲线为拉伸的对象，输入拉伸高度为25，创建的拉伸曲面如图15-250所示。

⑮ 单击【修改】面板中的【三维镜像】按钮，选择拉伸曲面为镜像的对象，选择XY平面为镜像平面，镜像曲面的效果如图15-251所示。

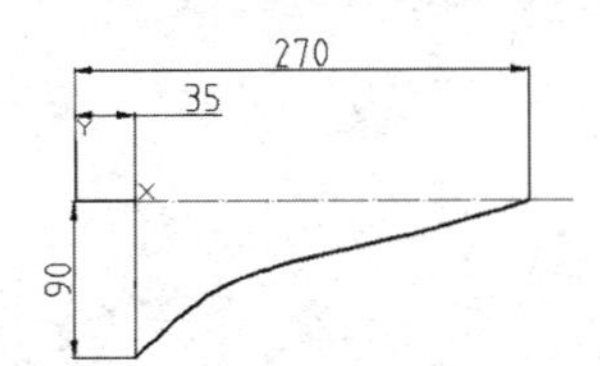

图15-249 绘制样条曲线

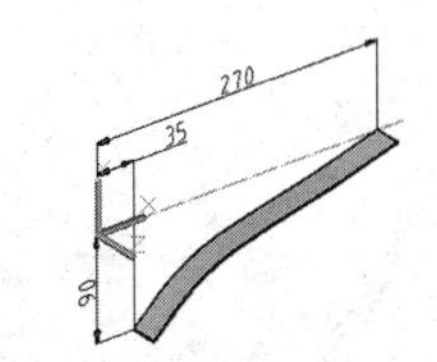

图15-250 创建的拉伸曲面

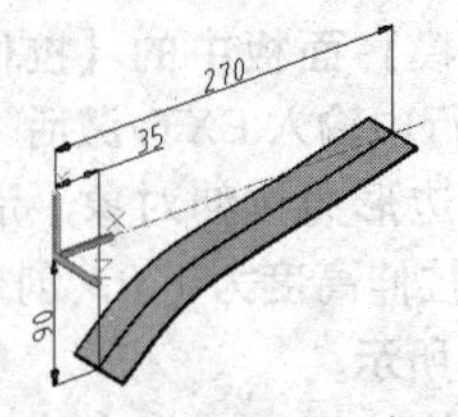

图15-251 镜像曲面的效果

⑯ 单击【实体编辑】面板中的【并集】按钮，将镜像曲面和源曲面合并。

⑰ 单击【实体编辑】面板中的【加厚】按钮，选择曲面为加厚的对象，输入加厚的厚度为16，创建的加厚实体如图15-252所示。

⑱ 在绘图区空白位置单击右键，在快捷菜单中选择【隔离】|【结束对象隔离】选项，将隐藏的对象恢复显示。

⑲ 单击【坐标】面板中的【世界】按钮，将UCS恢复到世界坐标系的位置。

⑳ 单击【修改】面板中的【环形阵列】按钮，选择加厚的实体为阵列的对象，输入阵列中心坐标为（0，0，0），设置阵列项目数为3，阵列的效果如图15-253所示。

㉑ 使用ViewCube将视图调整到上视方向，在XY平面内绘制一个正六边形，如图15-254所示。

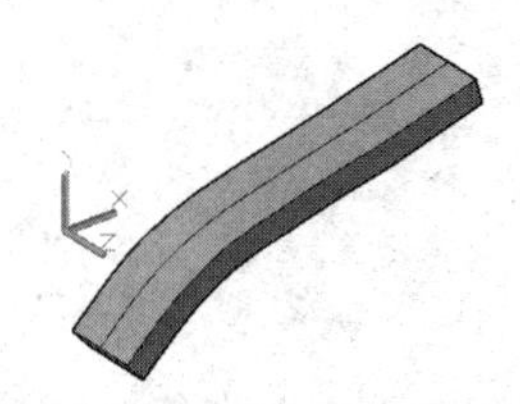

图15-252 创建的加厚实体

图15-253 阵列的效果

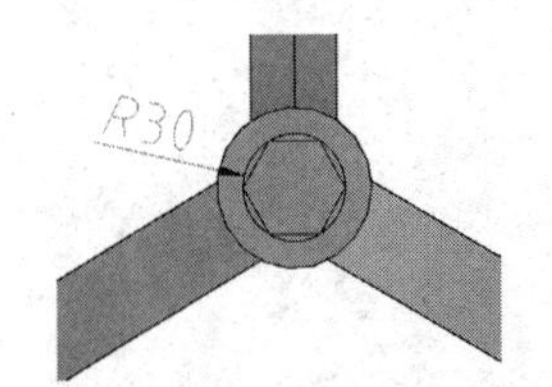

图15-254 绘制正六边形

㉒ 单击【建模】面板中的【拉伸】按钮，或在命令行中输入 EXT，激活【拉伸】命令。选择正六边形为拉伸对象，沿 Z 轴负向拉伸，输入拉伸高度为 170，创建的拉伸体如图 15-255 所示。

㉓ 单击【实体编辑】面板中的【差集】按钮，选择中间圆柱体为被减的实体，选择六棱柱为减去的实体，求差集的效果如图 15-256 所示。

㉔ 单击【实体编辑】面板中的【拉伸面】按钮，选择圆柱顶面为拉伸的面，输入拉伸高度为 -50，拉伸面的效果如图 15-257 所示。

图 15-255 创建的拉伸体

图 15-256 求差集的效果

图 15-257 拉伸面的效果

16 Chapter 第16章

零件模型的装配、分解与标注

由于三维立体图比二维平面图更加形象和直观，因此三维绘制和装配在机械设计领域的应用越来越广泛。比较复杂的实体可以通过先绘制三维实体再转换为二维工程图，这种绘制工程图的方式可以减少工作量、提高绘图速度与精度。

本章介绍零件模型的装配、分解与标注的方法。

213 齿轮泵模型的装配

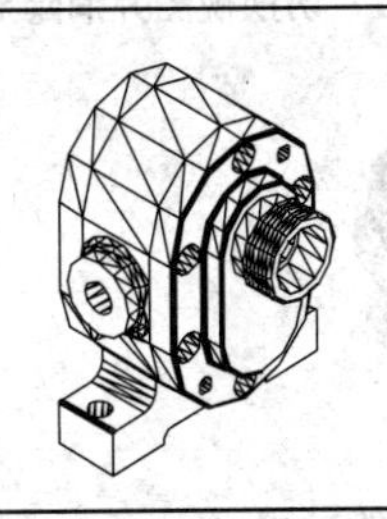

本例通过齿轮泵模型的装配，对【设计中心】、【插入为块】、【旋转】、【移动】以及【概念】着色等命令进行综合练习。

文件路径：	素材 \ 第 16 章 \ 实例 213.dwg
视频文件：	MP4\ 第 16 章 \ 实例 213.MP4
播放时长：	0:02:33

01 新建文件，并启用【对象捕捉】功能。

02 使用快捷键 Ctrl+2 激活【设计中心】命令，在弹出的【设计中心】对话框中定位"\ 素材 \ 第 16 章 \ 实例 213"文件夹，如图 16-1 所示。

03 在【设计中心】的【文件夹】选项卡中定位【泵体 .dwg】文件；然后单击鼠标右键，选择快捷键菜单中的【插入为块】选项，如图 16-2 所示。

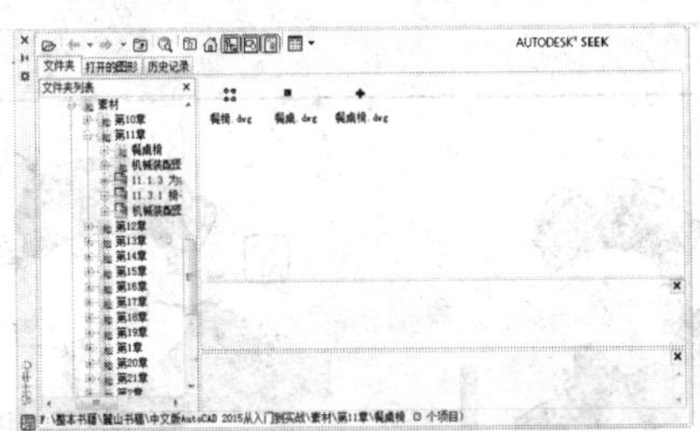

图 16-1 【设计中心】对话框

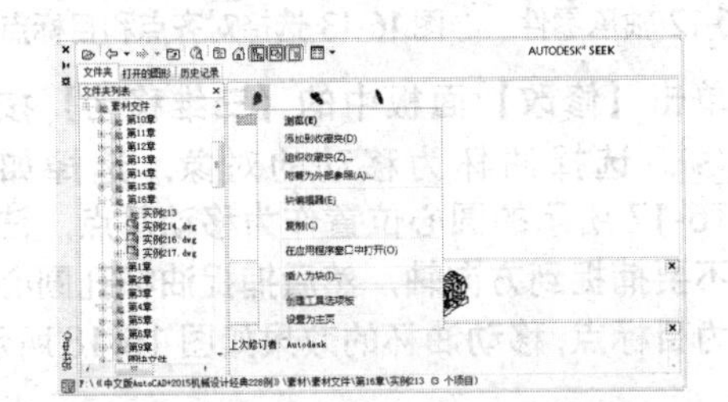

图 16-2 选择【插入为块】选项

04 在弹出的【插入】对话框中，采用默认参数设置，将图形以块的形式插入到当前文档中，如图 16-3 所示。

05 参照第 3 步和第 4 步操作，分别将左端盖、右端盖文件，以块的形式插入到当前文档中，并将视图切换为西南等轴测视图，如图 16-4 所示。

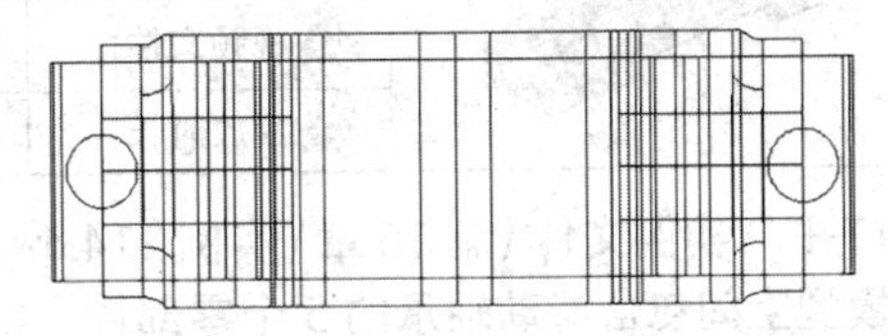

图 16-3 插入泵体块

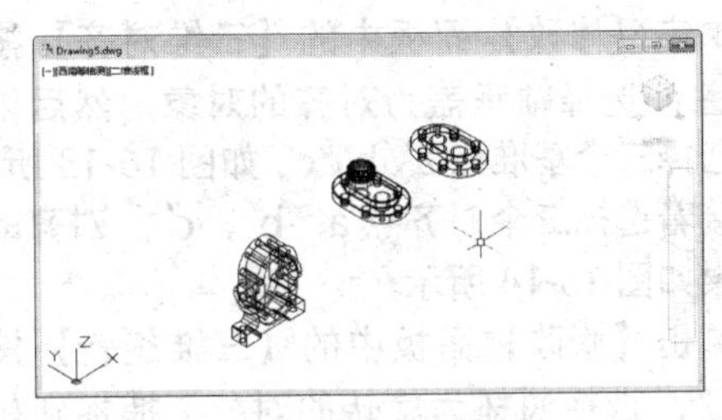

图 16-4 切换视图

06 单击绘图区左上方的视图快捷控件，将当前视图切换为左视图方向。

07 单击【修改】面板中的【旋转】按钮，

将右端盖旋转⊠ 90°，如图 16-5 所示。

08 执行【移动】命令，将右端盖移动到如图 16-6 所示的指定位置，并将装配后的图形切换为西南等测轴视图且消隐显示，如图 16-7 所示。

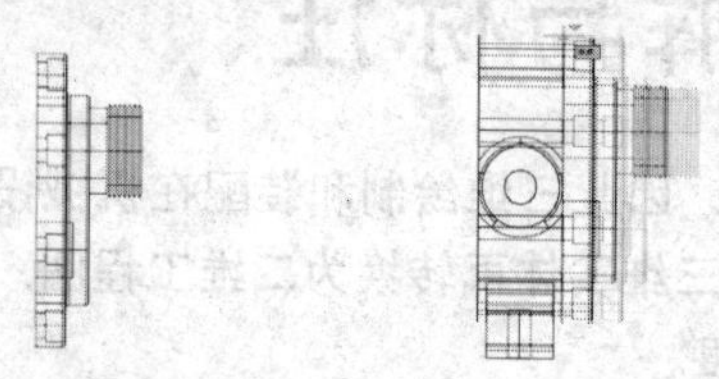

图 16-5 旋转右端盖　图 16-6 指定位置

09 单击绘图区左上方的视图快捷控件，将当前视图切换为左视图方向。

10 单击【修改】面板中的【旋转】按钮，将左端盖旋转 90°，如图 16-8 所示。

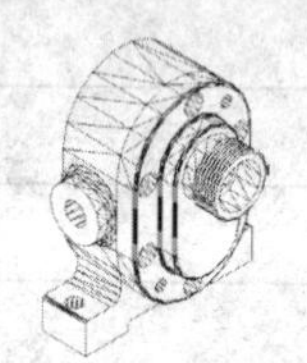
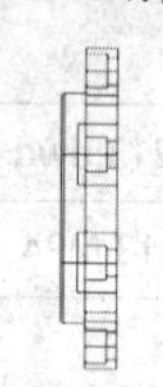

图 16-7 切换视图并消隐显示　图 16-8 旋转左端盖

11 执行【移动】命令，将左端盖移动到如图 16-9 所示的指定位置，并将装配后的图形切换为西南等测轴视图且消隐显示，如图 16-10 所示。

12 单击绘图区左上方的视觉样式快捷控件，对模型进行【概念】着色显示，最终效果如图 16-11 所示。

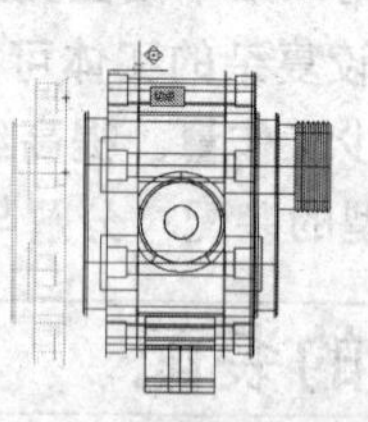
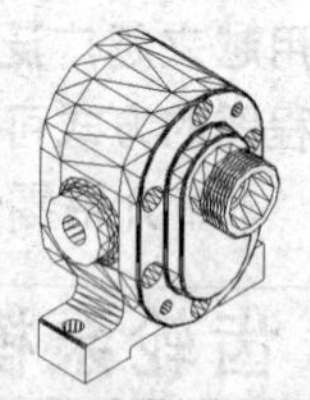

图 16-9 指定位置　图 16-10 切换视图并消隐显示

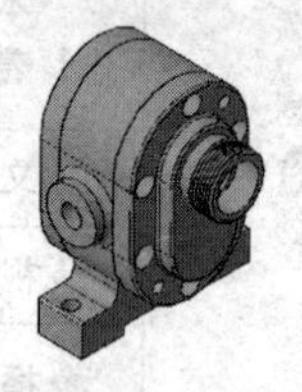

图 16-11 最终效果

214 轴承模型的装配

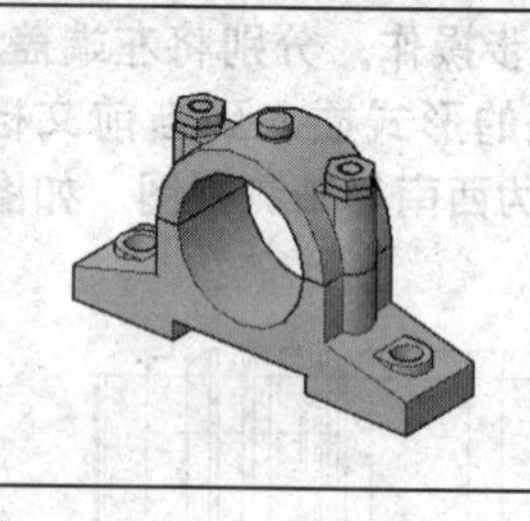	在 AutoCAD 中，装配零件需要使用【三维移动】、【三维旋转】、【三维对齐】等命令。本例装配一个轴承组件，除了以上操作命令，还灵活运用了【三维镜像】和【矩形阵列】命令，快速生成相同的零部件。	
	文件路径：	实例文件 \ 第 16 章 \ 实例 214.dwg
	视频文件：	MP4\ 第 16 章 \ 实例 214.MP4
	播放时长：	0:03:47

01 打开“\ 实例文件 \ 第 16 章 \ 实例 214.dwg”，模型空间包含滑动轴承的 5 个零部件，如图 16-12 所示。

02 单击【修改】面板中的【三维对齐】按钮，选择轴承盖为对齐的对象，然后依次选择三个基准点 a′、b′、c′，如图 16-13 所示。接着选择三个对齐点 a、b′、c′，对齐的效果如图 16-14 所示。

03 单击【修改】面板中的【三维旋转】按钮，选择油杯为旋转的对象，捕捉到如图 16-15 所示的圆心为旋转基点，旋转控件移动到该点；然后选择控件上的 X 轴（红色）为旋转轴，输入旋转角度 180°，旋转油杯的效果如图 16-16 所示。

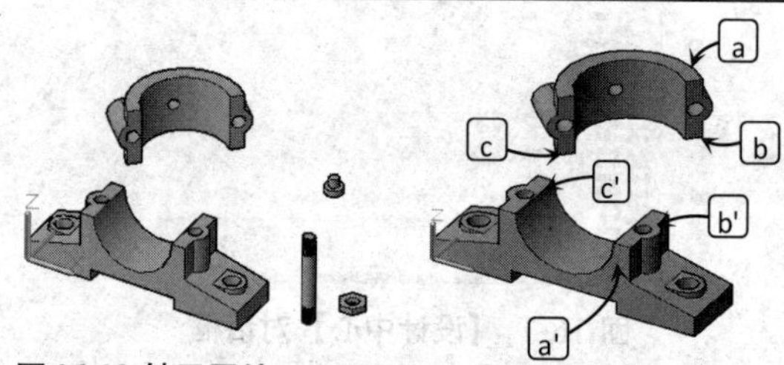

图 16-12 轴承零件　图 16-13 选择对齐点和目标点

04 单击【修改】面板中的【三维移动】按钮，选择油杯为移动的对象，选择如图 16-17 所示的圆心位置作为移动基点，注意不要捕捉到方向轴，然后捕捉油杯孔圆心作为目标点，移动油杯的效果如图 16-18 所示。

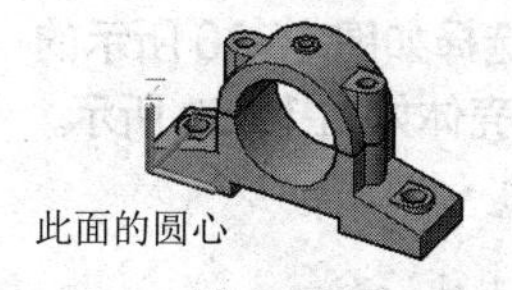

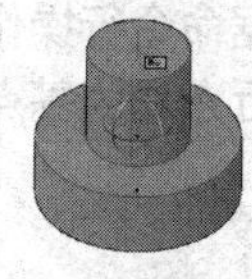

图 16-14 对齐的效果　图 16-15 选择旋转基点

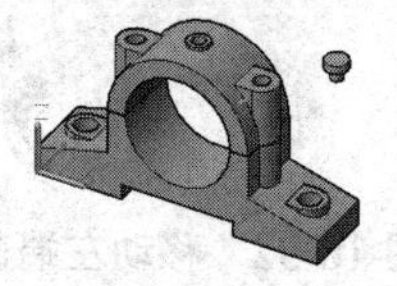

图 16-16 旋转油杯的结果　图 16-17 选择移动基点

05 将模型的视觉样式修改为【二维线框】样式。单击【修改】面板中的【三维移动】按钮，选择螺柱为移动的对象，捕捉螺柱底面圆心为移动基点；然后捕捉圆柱孔的底面圆心，作为移动目标点，如图 16-19 所示。移动螺柱的效果如图 16-20 所示。

06 再次执行【三维移动】命令，选择六角螺母为移动的对象，捕捉到螺母底面圆心为移动基点；然后捕捉到螺柱顶面圆心为目标点，移动螺母的效果如图 16-21 所示。

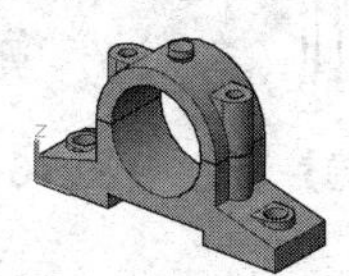

图 16-18 移动油杯的效果

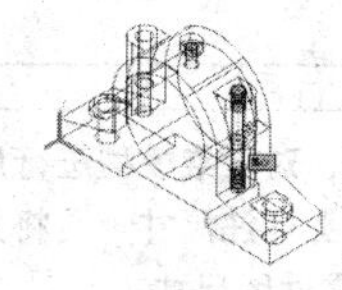

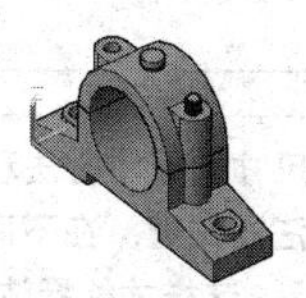

图 16-19 捕捉移动目标点　图 16-20 移动螺柱的效果

07 再次执行【三维移动】命令，选择六角螺母为移动的对象，捕捉到螺母底面一个顶点为移动基点，然后捕捉到如图 16-22 所示的圆弧中点作为移动目标点，再次移动螺母的效果如图 16-23 所示。

08 单击【坐标】面板中的【Z 轴矢量】按钮，在轴承座圆心位置新建 UCS，使 Z 轴方向沿轴向，如图 16-24 所示.

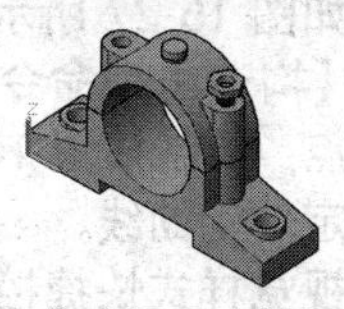

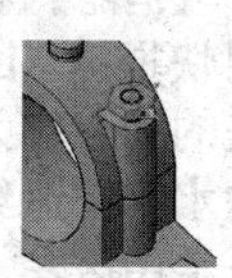

图 16-21 移动螺母的效果　图 16-22 捕捉移动目标点

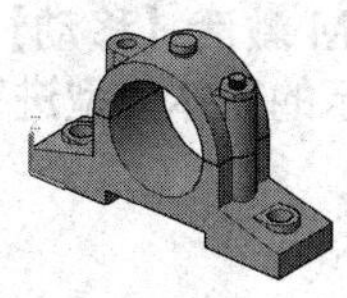

图 16-23 再次移动螺母的效果

09 单击【修改】面板中的【三维镜像】按钮，选择螺柱为镜像对象，在命令行中选择 YZ 平面为镜像平面，然后输入镜像平面上点的坐标为(0,0,0)，镜像螺柱的效果如图 16-25 所示。

10 单击【修改】面板中的【矩形阵列】按钮，选择六角螺母为阵列对象，将列数设置为 2，列间距设置为⊠ 90，将行数设置为 2，行间距为 5，阵列螺母的效果如图 16-26 所示。

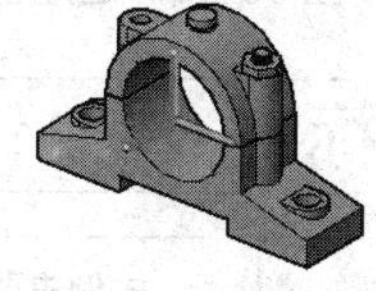

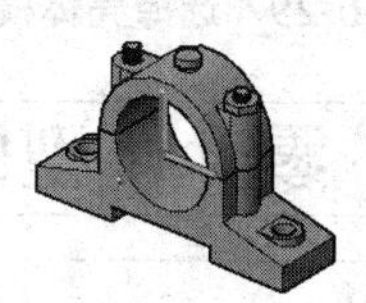

图 16-24 新建 UCS　图 16-25 镜像螺柱的效果

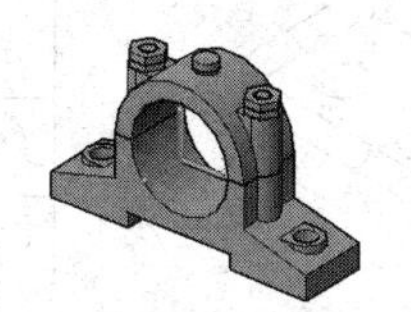

图 16-26 阵列螺母的效果

215 零件模型的分解 

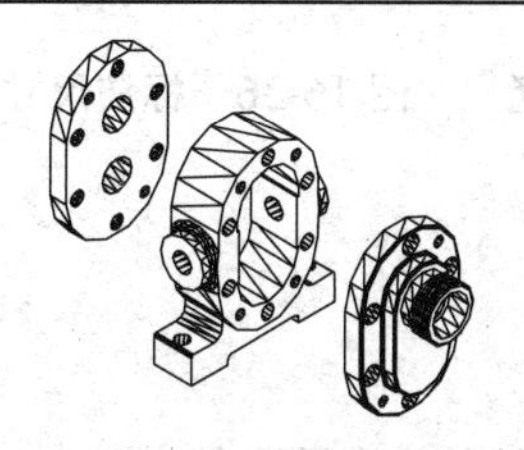

本例主要练习使用【构造线】、【移动】、【消隐】和【体着色】等命令分解三维装配图的方法和技巧。

文件路径：	实例文件 \ 第 16 章 \ 实例 215.dwg
视频文件：	MP4\ 第 16 章 \ 实例 215.MP4
播放时长：	0:01:10

01 打开"\实例文件\第16章\实例213.dwg"文件。

02 单击绘图区左上方的视觉样式快捷控件，对模型进行【二维线框】着色。

03 使用快捷键HI激活【消隐】命令，对模型进行【消隐】着色，如图16-27所示。

04 使用快捷键XL激活【构造线】命令，以右端盖的圆心作为通过点，绘制如图16-28所示的水平构造线作为定位辅助线。

05 单击绘图区左上方的视觉样式快捷控件，对模型进行【二维线框】着色。

06 使用快捷键M激活【移动】命令，选择如图16-29所示的壳体模型进行外移。

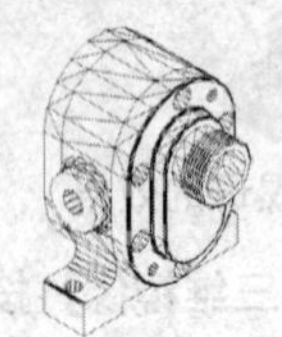

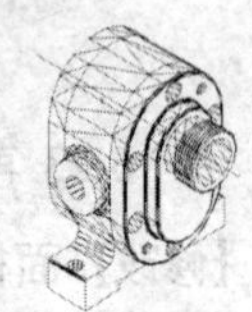

图16-27 【消隐】着色 图16-28 绘制水平构造线

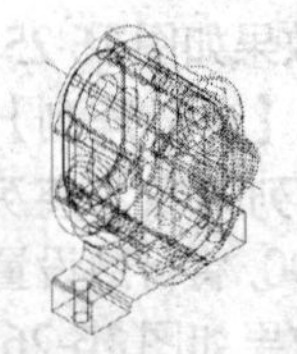

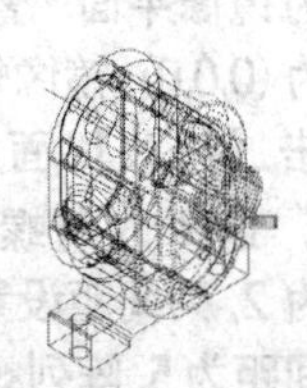

图16-29 选择壳体模型 图16-30 选定基点

07 根据命令行操作提示，选择如图16-30所示的最近点作为基点，移动壳体如图16-31所示。

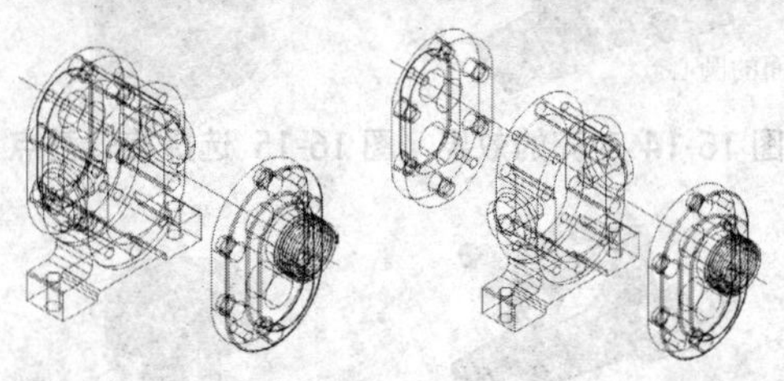

图16-31 移动壳体 图16-32 移动左端盖

08 使用快捷键M激活【移动】命令，对左端盖进行外移，如图16-32所示。

09 使用快捷键HI激活【消隐】命令，对分解的模型进行【消隐】着色，如图16-33所示。

10 单击绘图区左上方的视觉样式快捷控件，对分解的模型进行【概念】着色，最终效果如图16-34所示。

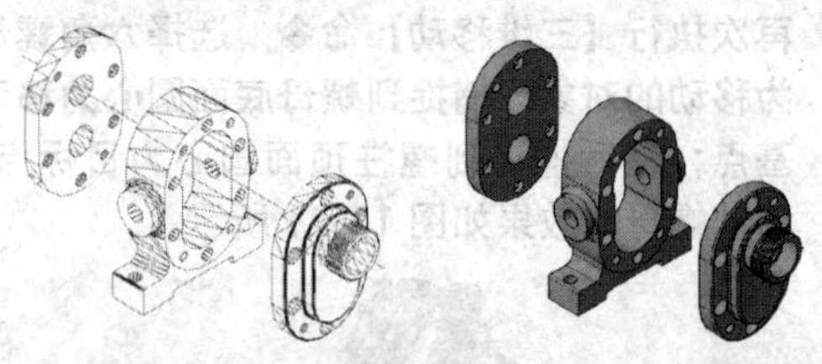

图16-33 【消隐】着色 图16-34 最终效果

216 零件模型的标注

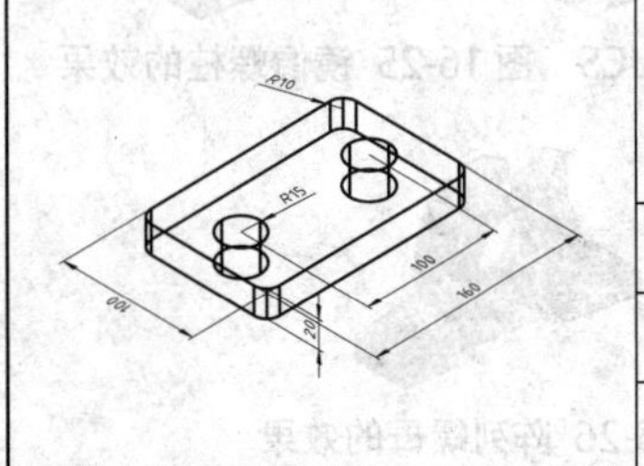

本例主要练习零件立体图尺寸的标注方法和标注技巧。对三维模型进行尺寸标注时，UCS命令的应用是标注的关键，在不同的三维面上标注尺寸，要将坐标系的*XY*平面调整到与该面平行，这样才能标注出正确的零件图尺寸。

文件路径：	实例文件\第16章\实例216.dwg
视频文件：	MP4\第16章\实例216.MP4
播放时长：	0:01:15

01 打开"\实例文件\第16章\实例216.dwg"文件，对图形进行【二维线框】着色，如图16-35所示。

02 将defpoints设置为当前层，然后单击【标注】面板中的按钮，标注如图16-36所示的尺寸。

03 重复执行【线性标注】命令，配合【端点】和【圆心】捕捉功能，标注其他位置的尺寸，结果如图16-37所示。

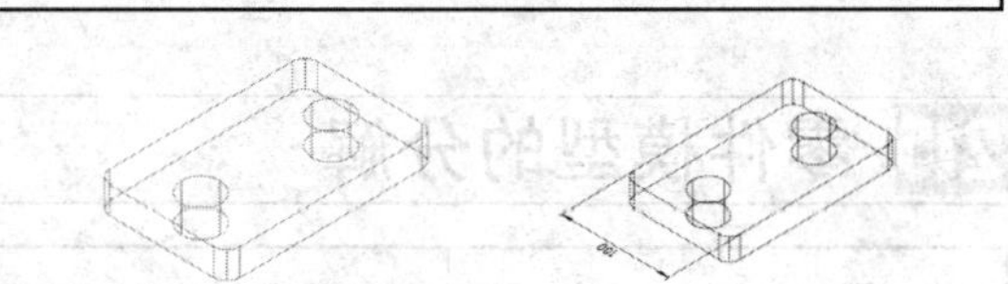

图16-35 二维线框着色 图16-36 标注尺寸

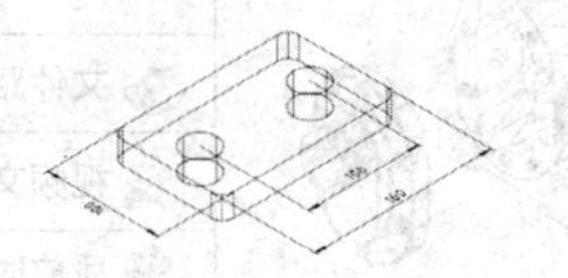

图16-37 标注其他位置尺寸

04 单击【标注】面板中的按钮，激活【半径】命令，标注圆孔半径和圆角半径尺寸，如图16-38所示。

05 使用UCS命令中的【三点】功能，创建如图16-39所示的坐标系。

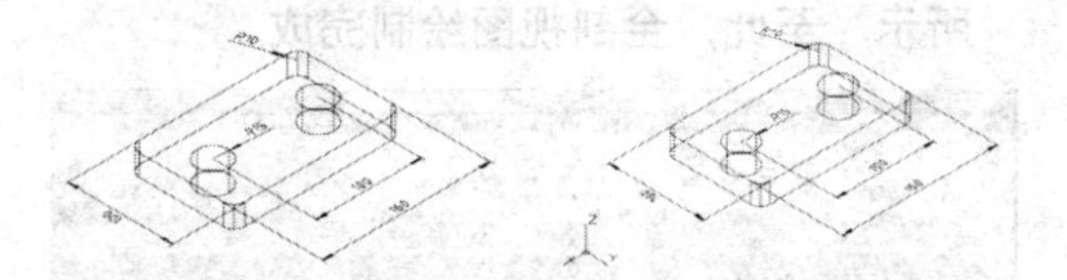

图16-38 标注半径尺寸　图16-39 创建坐标系

06 执行【线性】命令，配合【端点】捕捉功能，标注模型的厚度，如图16-40所示。

07 将世界坐标系设置为当前坐标系，然后使用快捷键HI激活【消隐】命令，进行【消隐】着色，如图16-41所示。

图16-40 标注厚度　图16-41 【消隐】着色

217 零件模型的剖视图

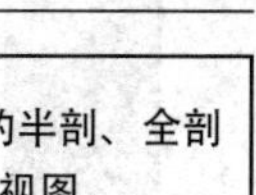

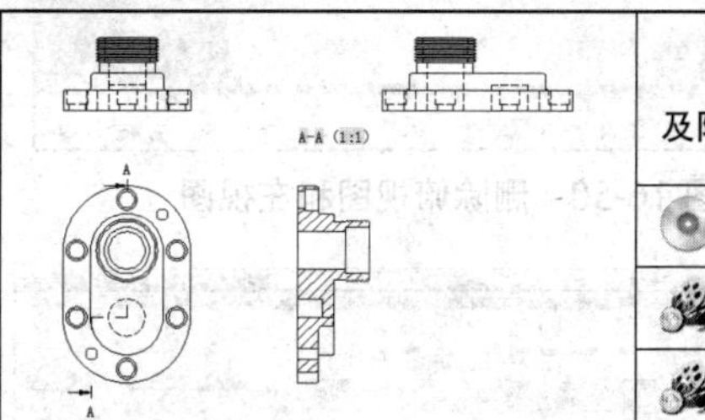

AutoCAD具有三维剖切功能，可以灵活地绘制出三维实体的半剖、全剖及阶梯剖等剖视图。本例将在草图与注释空间来生成三维实体剖视图。	
文件路径：	实例文件\第16章\实例217.dwg
视频文件：	MP4\第16章\实例217.MP4
播放时长：	0:05:56

01 打开随书光盘“\实例文件\第16章\实例217.dwg”，如图16-42所示。

02 右键单击绘图区左下方标签 布局1 ，在弹出的如图16-43所示的快捷菜单中选择【新建布局】，新建三个布局空间。

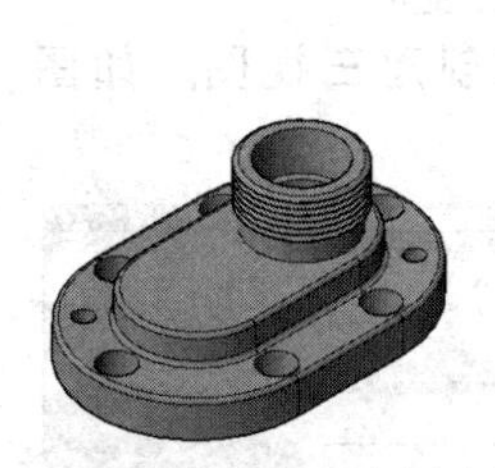

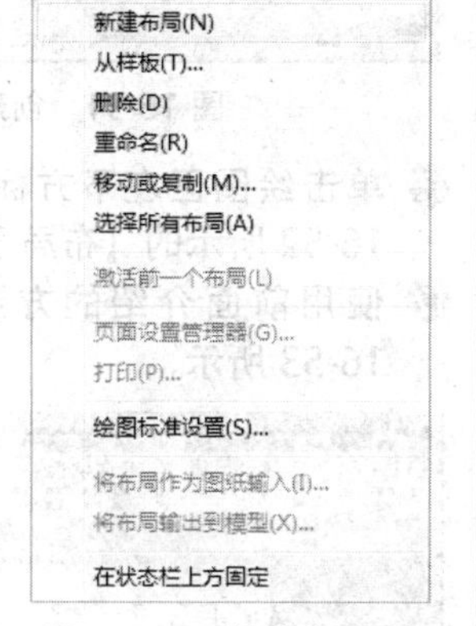

图16-42 实例文件　图16-43 新建布局

03 单击绘图区左下方标签 布局1 ，进入图16-44所示的【布局1】空间。

04 使用快捷键E激活【删除】命令，删除系统自动产生的矩形视口，如图16-45所示。

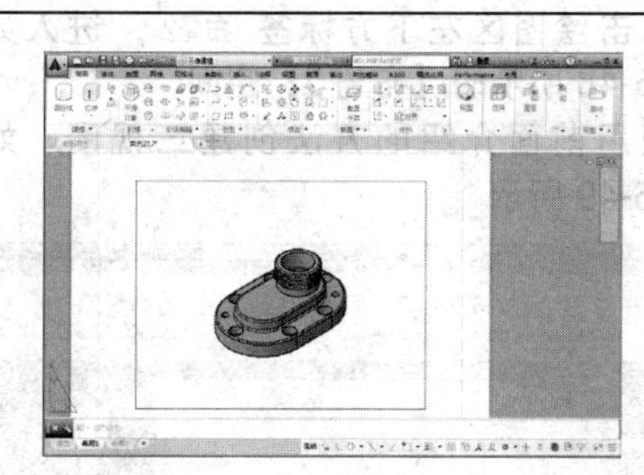

图16-44 进入【布局1】空间

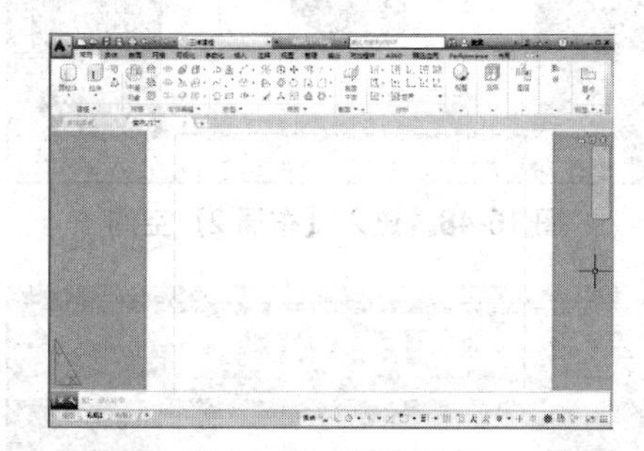

图16-45 删除视口

05 在【创建视图】面板中单击【基点】下三角按钮，选择【从模型空间】，如图16-46所示。

06 此时可以向【布局】窗口中插入三维图形的三视图，如图16-47所示。

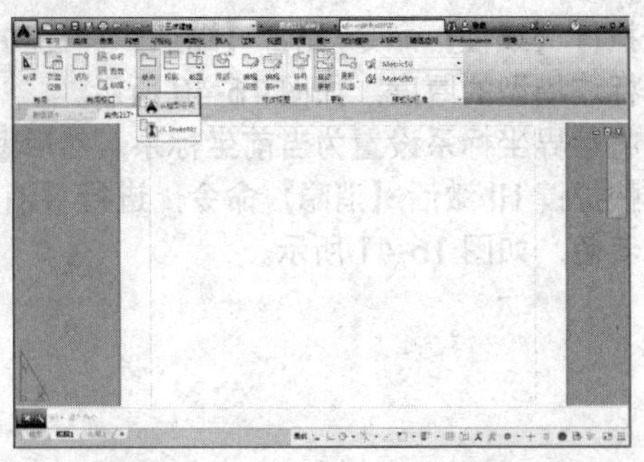

图 16-46　选择【从模型空间】

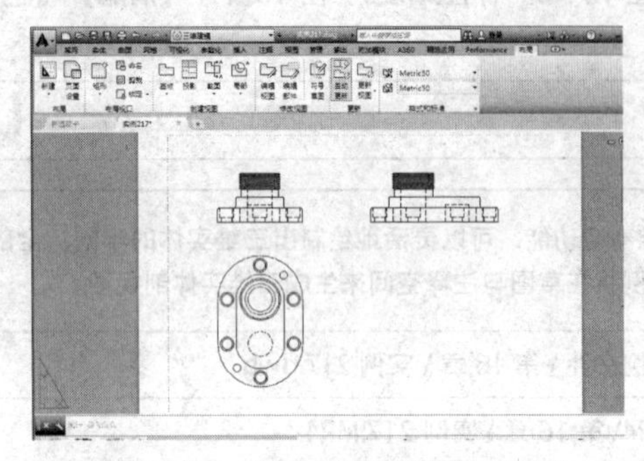

图 16-47　插入三维图形的三视图

07 单击绘图区左下方标签 布局2 ，进入如图 16-48 所示的【布局 2】空间。

08 使用前面介绍的方法创建三视图，如图 16-49 所示。

图 16-48　进入【布局 2】空间

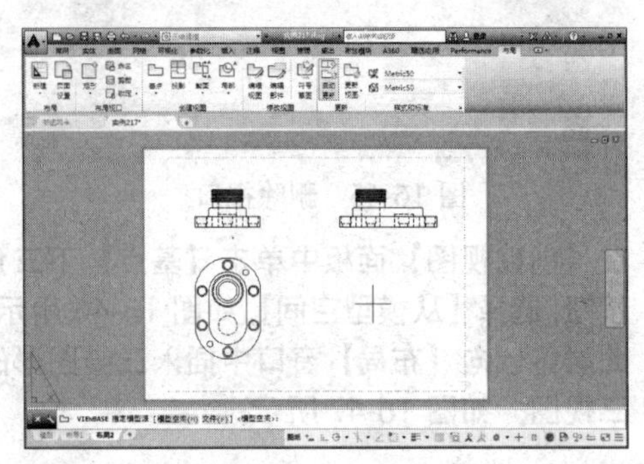

图 16-49　创建三视图

09 使用快捷键 E 激活【删除】命令，删除俯视图和左视图，如图 16-50 所示。

10 在【创建视图】面板中单击【截面】下三角按钮，选择【全剖】，结合【对象捕捉】功能，对图形进行剖切，创建全部视图如图 16-51 所示。至此，全剖视图绘制完成。

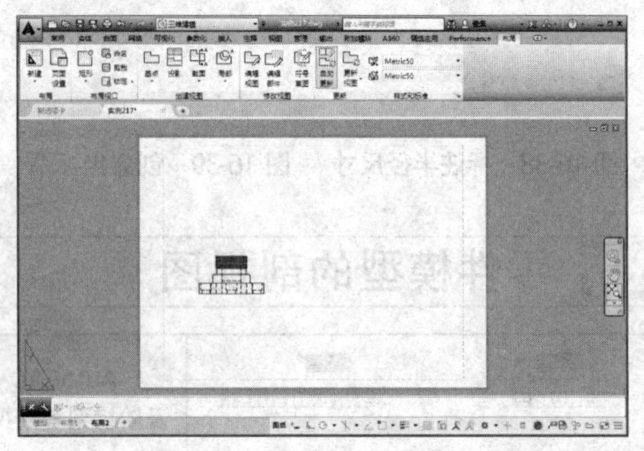

图 16-50　删除俯视图和左视图

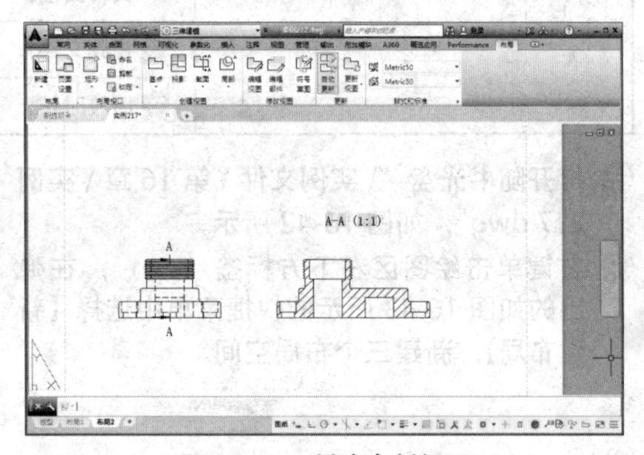

图 16-51　创建全剖视图

11 单击绘图区左下方标签 布局3 ，进入如图 16-52 所示的【布局 3】空间。

12 使用前面介绍的方法创建三视图，如图 16-53 所示。

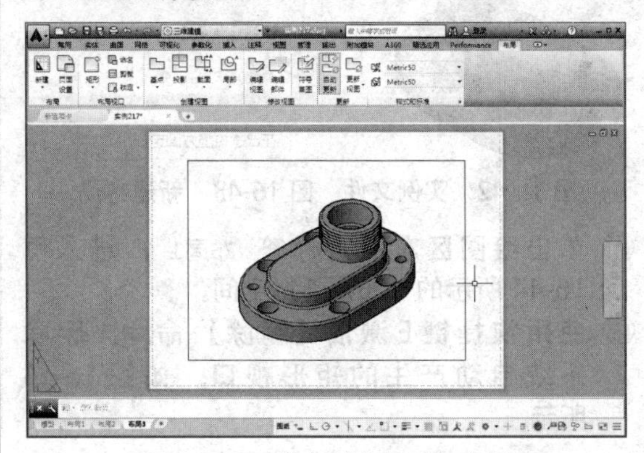

图 16-52　进入【布局 3】空间

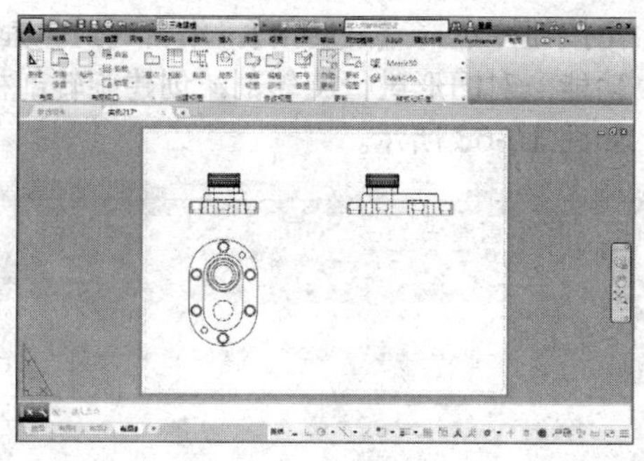

图 16-53　创建三视图

⑬ 使用快捷键 E 激活【删除】命令，删除主视图和俯视图，如图 16-54 所示。

⑭ 在【创建视图】面板中单击【截面】下三角按钮，选择【半剖】，结合【对象捕捉】功能，对图形进行剖切，创建半剖视图。如图 16-55 所示。

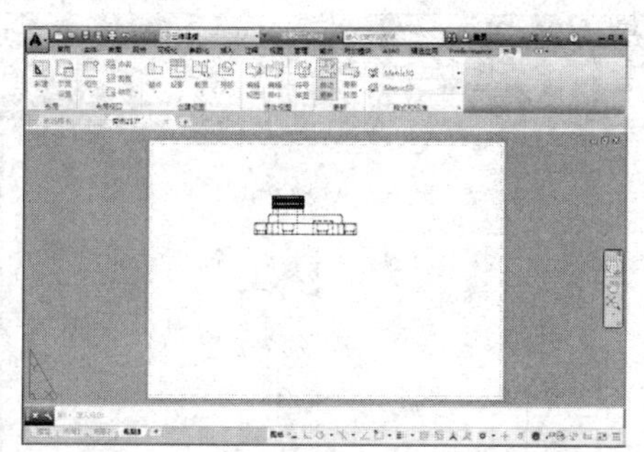

图 16-54　删除主视图和俯视图

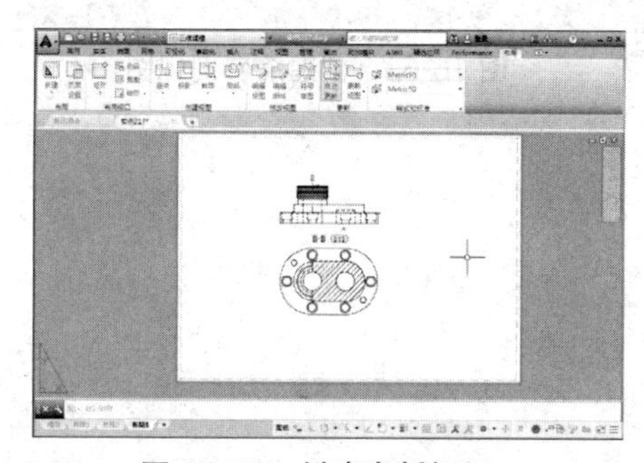

图 16-55　创建半剖视图

⑮ 单击绘图区左下方标签 布局4 ，进入如图 16-56 所示的【布局 4】空间。

⑯ 使用前面介绍的方法创建三视图，如图 16-57 所示。

⑰ 使用快捷键 E 激活【删除】命令，删除主视图和左视图，如图 16-58 所示。

⑱ 在【创建视图】面板中单击【截面】下三按钮，选择【阶梯剖】结合【对象捕 捉】功能对图形进行阶梯剖切，创建阶梯剖剖图如图 16-59 所示。

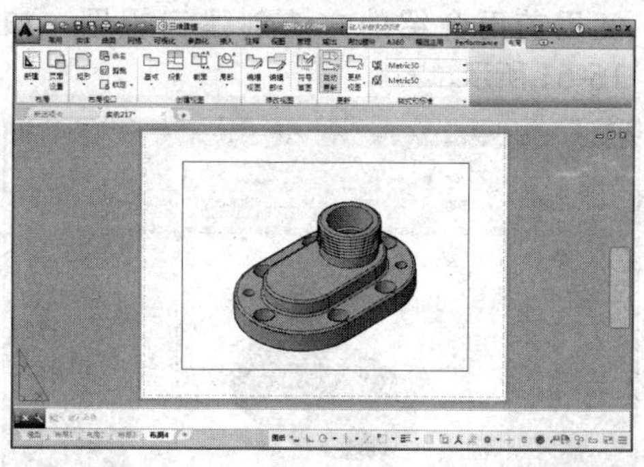

图 16-56　进入【布局 4】空间

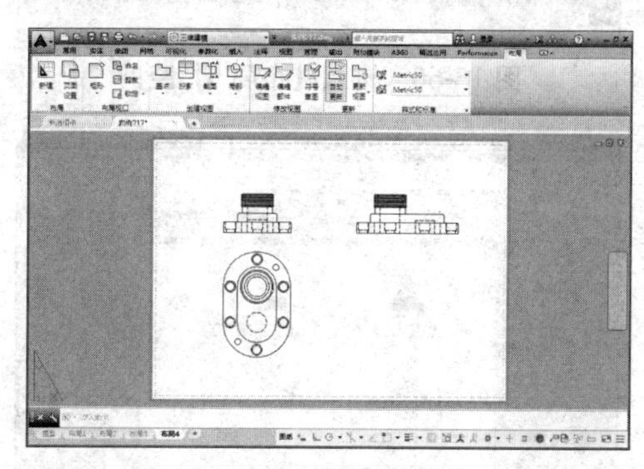

图 16-57　创建三视图

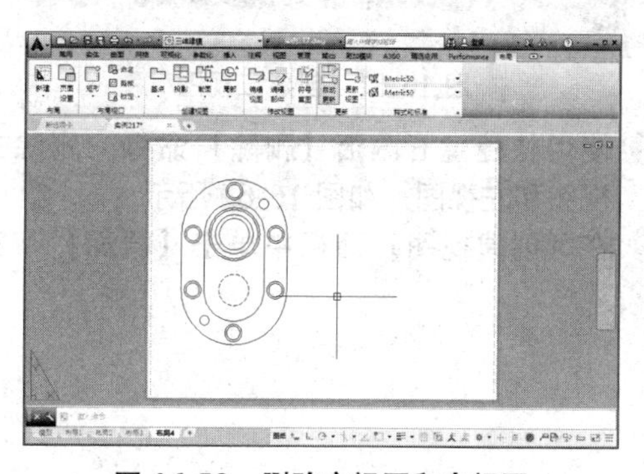

图 16-58　删除主视图和左视图

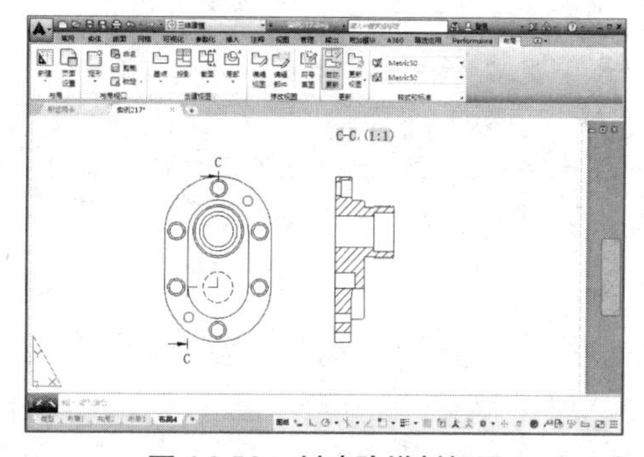

图 16-59　创建阶梯剖视图

⑲ 单击绘图区左下方标签 布局5 ，进入如图16-60 所示的【布局 5】空间。

⑳ 使用前面介绍的方法创建三视图，如图16-61 所示。

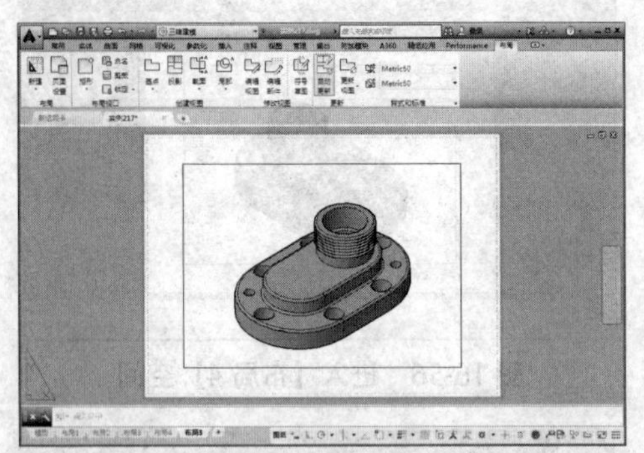

图 16-60　进入【布局 5】空间

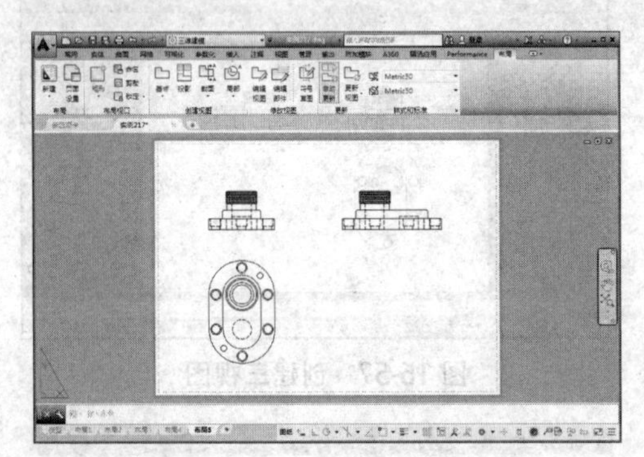

图 16-61　创建三视图

㉑ 使用快捷键 E 激活【删除】命令，删除主视图和左视图，如图 16-62 所示。

㉒ 在【创建视图】面板中单击【截面】下三角按钮，选择【旋转剖】，结合【对象捕捉】功能，对图形进行旋转剖，创建旋转剖视图如图 16-63 所示。

图 16-62　删除主视图和左视图

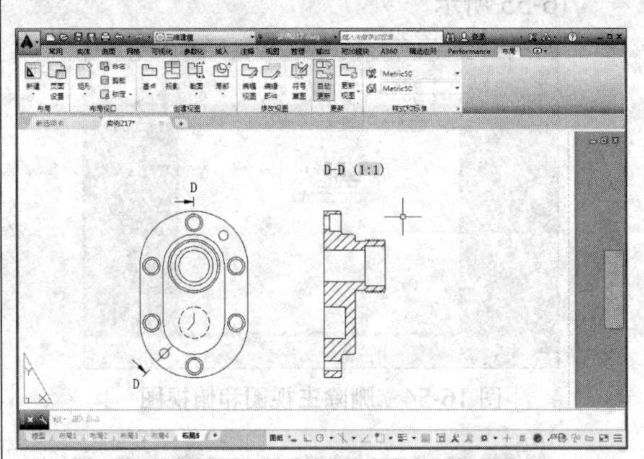

图 16-63　创建旋转剖视图

Chapter
17 第 17 章

曲面模型与工业产品设计

通过前面几章的学习，我们对三维模型的创建和编辑功能有了一定的了解。本章以常见的生活用品、工业产品造型建模为例，实战演练 AutoCAD 的三维曲面建模功能，以掌握常见曲面模型的创建方法和编辑技巧。

218 创建手柄网格曲面

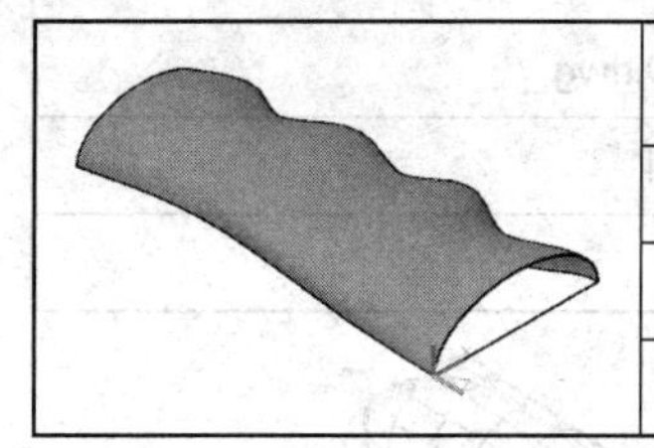

本例通过创建手柄曲面，对【样条曲线】、【椭圆】和【网格】等命令进行了重点练习。	
文件路径：	实例文件 \ 第 17 章 \ 实例 218.dwg
视频文件：	MP4\ 第 17 章 \ 实例 218.MP4
播放时长：	0:02:43

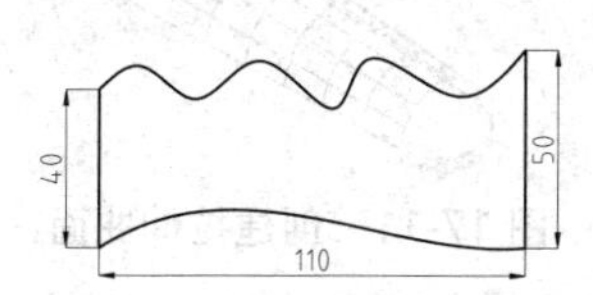

图 17-1 绘制二维轮廓曲线

01 按 Ctrl+N 键，新建文件。执行【直线】和【样条曲线】命令，在 XY 平面上绘制如图 17-1 所示的二维轮廓曲线。

02 将视图切换为东南等轴测视图。显示菜单栏，选择菜单【工具】|【新建 UCS】|X 选项，将坐标系统绕 X 轴旋转 90°。

03 单击【绘图】面板中的按钮，激活【椭圆】命令。在绘图区指定椭圆轴的端点，绘制样条曲线两端的椭圆。命令操作过程如下：

命令：_ellipse
指定椭圆的轴端点或 [圆弧 (A)/ 中心点 (C)]:
　　// 选择长度 50 直线的端点
指定轴的端点：
　　// 选择长度 50 直线的另一端点
指定另一条半轴长度或 [旋转 (R)]：20 ↙
　　// 绘制椭圆 1 如图 17-2 所示
命令：ellipse
　　// 按 Enter 键，再次调用【椭圆】命令
指定椭圆的轴端点或 [圆弧 (A)/ 中心点 (C)]:
　　// 选择长度 40 直线的端点
指定轴的端点：
　　// 选择该直线另一段点
指定另一条半轴长度或 [旋转 (R)]：15 ↙
　　// 绘制椭圆 2 如图 17-3 所示

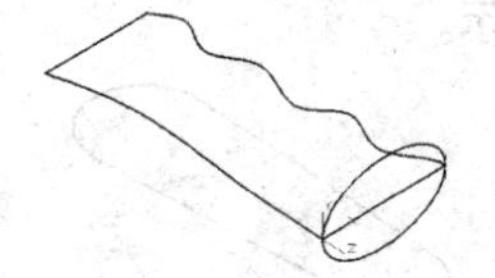

图 17-2 绘制椭圆 1　　图 17-3 绘制椭圆 2

04 单击【修改】面板中的按钮，激活【修剪】命令。在绘图区将两个椭圆的下半部分修剪掉，如图 17-4 所示。

05 显示菜单栏，选择菜单【绘图】|【建模】|【曲面】|【网络】选项，在绘图区选择两个椭圆弧为第一个方向的曲线，选择两条样条曲线为第二个方向的曲线。命令操作过程如下：

命令：_SURFNETWORK
沿第一个方向选择曲线或曲面边：找到 1 个，总计 2 个
沿第一个方向选择曲线或曲面边：↙
　　// 选择两个椭圆弧，按 Enter 键确定
沿第二个方向选择曲线或曲面边：找到 1 个，总计 2 个
沿第二个方向选择曲线或曲面边：↙
　　// 选择两条曲线，按 Enter 键确定，创建网格曲面如图 17-5 所示

06 图 17-6 所示为手柄曲面模型概念视觉样式显示效果。

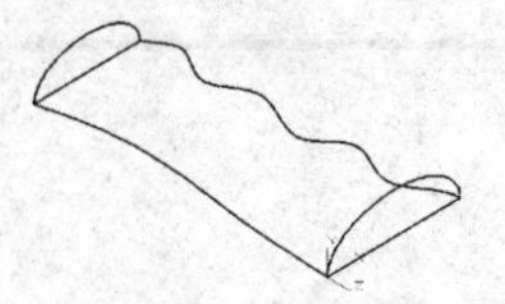

图 17-4 修剪椭圆

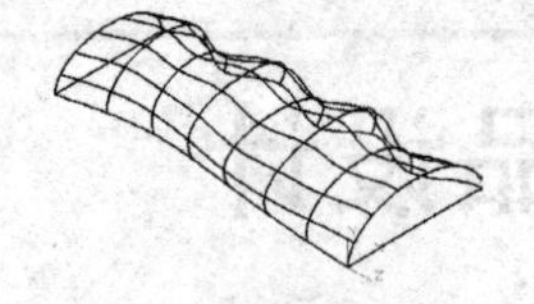

图 17-5 创建网格曲面

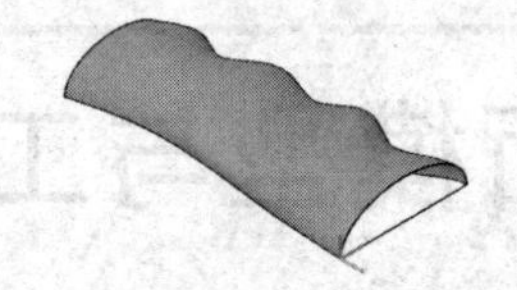

图 17-6 手柄曲面模型概念视觉样式显示效果

219 创建圆锥过渡曲面

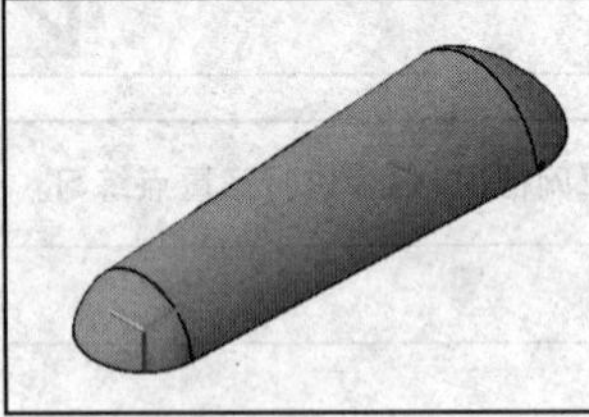

本例通过创建圆锥过渡曲面，对【圆】、【网络】和【过渡】等命令进行了重点练习。	
文件路径：	实例文件 \ 第 17 章 \ 实例 219.dwg
视频文件：	MP4\ 第 17 章 \ 实例 219.MP4
播放时长：	0:03:58

01 新建文件，执行【直线】和【圆】命令，在 XY 平面上绘制如图 17-7 所示的二维轮廓曲线。

02 将视图切换为西南等轴测视图。单击【坐标】面板中的按钮 Y，将坐标系统绕 Y 轴旋转 90°，如图 17-8 所示。

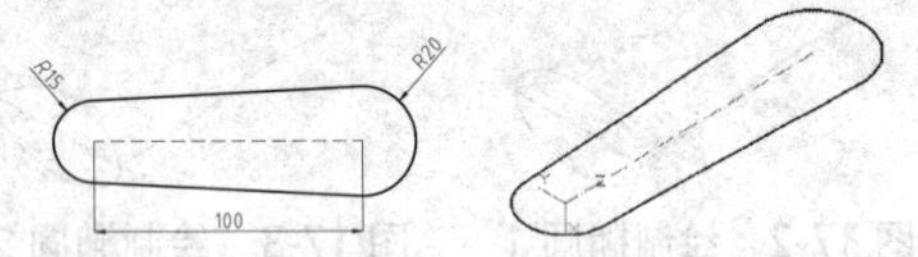

图 17-7 绘制二维轮廓线　图 17-8 旋转坐标系

03 单击【绘图】面板中的【起点，端点，半径】按钮，在绘图区绘制两个半径分别为 15 和 20 的圆弧，如图 17-9 所示。

04 显示菜单栏，选择菜单【绘图】|【建模】|【曲面】|【网络】选项，在绘图区选择两条圆弧为第一个方向的曲线，选择两根直线为第二个方向的曲线，创建网格曲面如图 17-10 所示。

05 单击【建模】面板中的【拉伸】按钮，在绘图区选择底端的两个圆弧，创建拉伸距离为 5 的曲面，如图 17-11 所示。

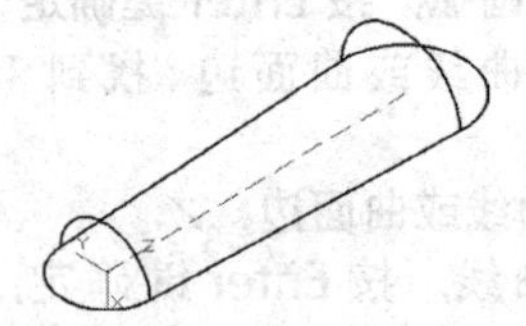

图 17-9 绘制圆弧

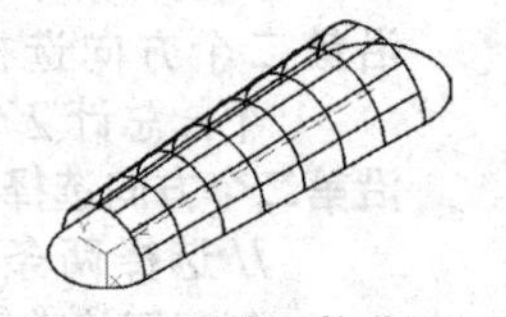

图 17-10 创建网格曲面

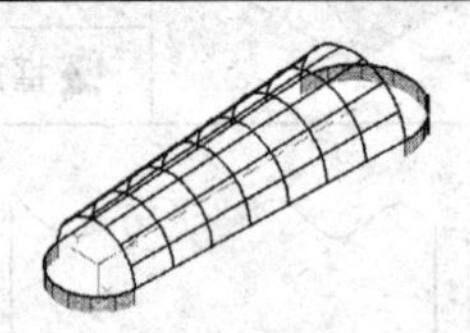

图 17-11 创建拉伸曲面

06 单击【创建】面板中的【过渡】按钮，在绘图区分别选择两个过渡曲面的边缘线，并设置与相邻曲线的连续性为 G2。命令行操作过程如下：

命令：_SURFBLEND
连续性 = G1 - 相切，凸度幅值 = 0.5
选择要过渡的第一个曲面的边：找到 1 个
选择要过渡的第一个曲面的边：↙
// 选择网格曲面的圆弧线，按 Enter 键确定
选择要过渡的第二个曲面的边：找到 1 个
选择要过渡的第二个曲面的边：↙
// 选择拉伸曲面的圆弧线，按 Enter 键确定
按 Enter 键接受过渡曲面或 [连续性 (CON)/凸度幅值 (B)]：CON ↙
第一条边的连续性 [G0(G0)/G1(G1)/G2(G2)] <G1>：G2 ↙
第二条边的连续性 [G0(G0)/G1(G1)/G2(G2)] <G1>：G2 ↙
按 Enter 键接受过渡曲面或 [连续性 (CON)/凸度幅值 (B)]：↙// 按 Enter 键确定，如图 17-12 所示。按同样方法创建另一端过渡曲面，如图 17-13 所示

07 隐藏两个拉伸曲面，单击【实体编辑】面板

中的【并集】按钮，将绘图区的全部曲面合并为一个曲面。

08 圆锥过渡曲面概念视觉样式显示效果如图 17-14 所示。

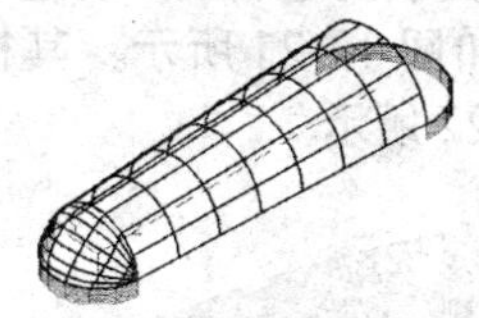

图 17-12 创建过渡曲面 1

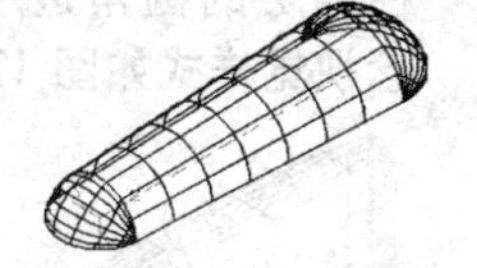

图 17-13 创建过渡曲面 2

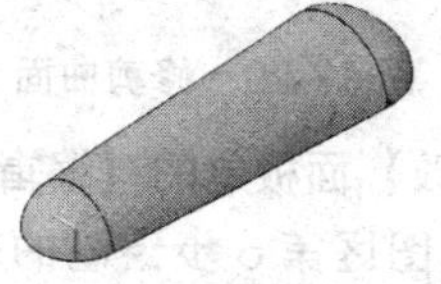

图 17-14 圆锥过渡曲面概念视觉样式显示效果

220 创建音箱面板曲面

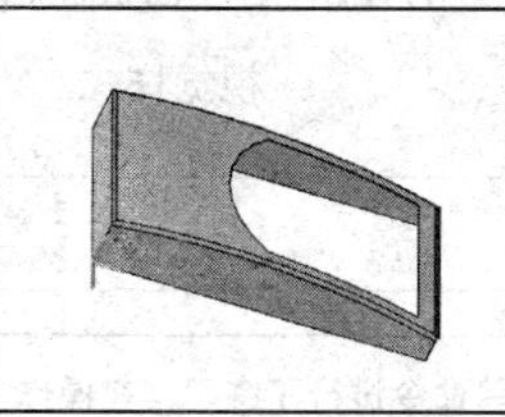	本例通过创建音箱面板曲面，对【拉伸】、【平面】、【修剪】和【圆角边】等命令进行了重点练习。	
	文件路径：	实例文件 \ 第 17 章 \ 实例 220.dwg
	视频文件：	MP4\ 第 17 章 \ 实例 220.MP4
	播放时长：	0:04:53

01 新建文件，执行【直线】和【圆】命令，在 XY 平面上绘制如图 17-15 所示的二维轮廓曲线。

02 将视图切换为西南等轴测视图。单击【建模】面板中的【拉伸】按钮，创建拉伸距离为 50 的拉伸曲面，如图 17-16 所示。

03 单击【绘图】面板中的按钮，激活【直线】命令。在绘图区连接拉伸曲面末端的两个端点，使其成为一个封闭的面，如图 17-17 所示。

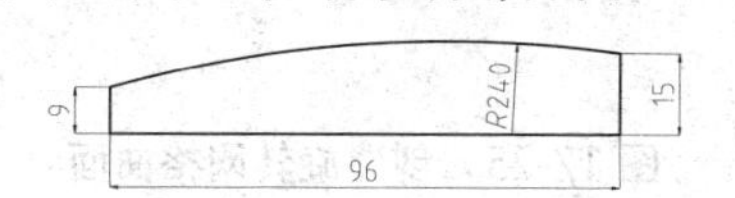

图 17-15 绘制二维轮廓曲线

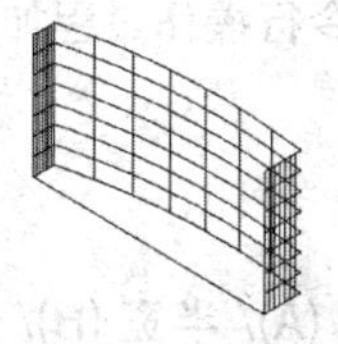

图 17-16 创建拉伸曲面

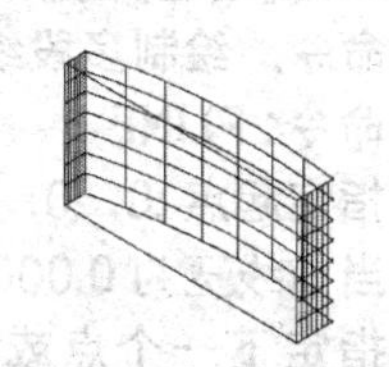

图 17-17 绘制直线

04 单击【实体编辑】面板中的【提取边】按钮，在绘图区选择步骤 3 创建的拉伸面，抽取曲面的边缘线。

05 单击【创建】面板中的【平面】按钮平面，依次在绘图区中选择拉伸曲面端面的封闭线，创建有界平面，如图 17-18 所示。

06 显示菜单栏，选择菜单【工具】|【新建 UCS】|Y 选项，将坐标系绕 Y 轴旋转 90°。选择菜单【视图】|【三维视图】|【平面视图】|【当前 UCS】选项，将视图切换为当前的 XY 基准平面，绘制如图 17-19 所示的修剪线轮廓。

命令：_SURFTRIM

延伸曲面 = 是，投影 = 自动

选择要修剪的曲面或面域或者 [延伸 (E)/ 投影方向 (PRO)]：找到 1 个

// 在绘图区选择拉伸曲面

选择剪切曲线、曲面或面域：找到 1 个

// 在绘图区选择修剪轮廓线

选择要修剪的区域 [放弃 (U)]：↙

// 用鼠标单击模型中要修剪的区域，修剪曲面，如图 17-20 所示

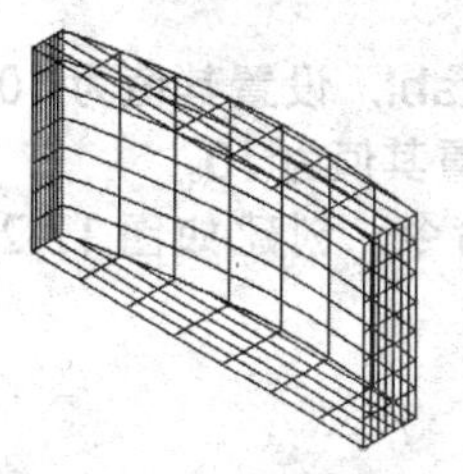

图 17-18 创建有界平面

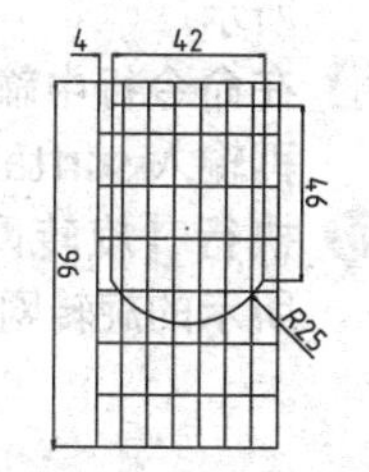

图 17-19 绘制修剪线轮廓

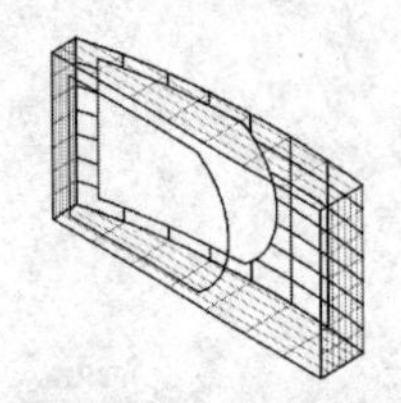

图 17-20 修剪曲面

07 单击【修改】面板中的【编辑多段线】按钮，将绘图区第 6 步绘制的轮廓线合并为一条曲线。

08 单击【编辑】面板中的【修剪】按钮，选择绘图区的拉伸曲面为要修剪的面，选择第 7 步绘制的轮廓线为剪切线。命令行操作过程如下：

09 单击【实体编辑】面板中的【并集】按钮，将绘图区的全部曲面合并为一个曲面。

10 单击【实体编辑】面板中的【圆角边】按钮 ，在绘图区选择面板的边缘线，创建半径为 2 的圆角边，如图 17-21 所示。其概念视觉样式如图 17-22 所示。

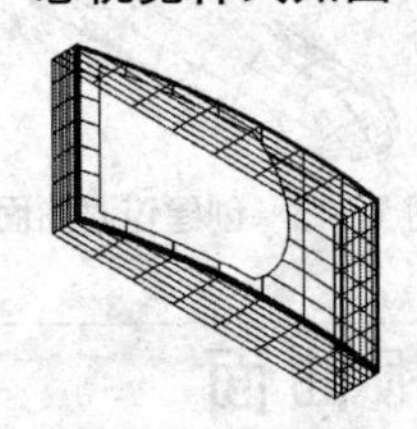

图 17-21 创建圆角边 图 17-22 音箱面板概念视觉样式

221 创建雨伞模型

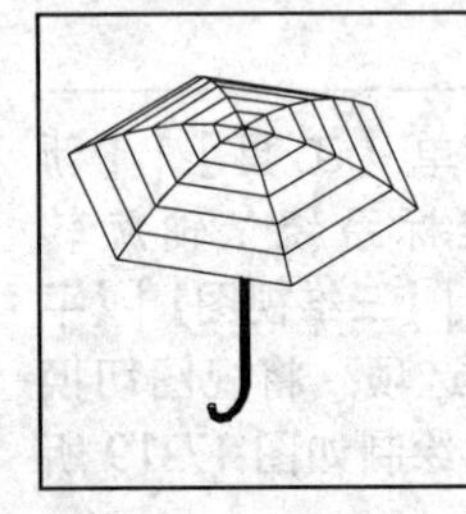	通过创建雨伞模型，主要对【直线】、【多段线】、【旋转网格】等命令进行了练习。在操作过程中，使用 UCS 命令来定位新的坐标系。	
	文件路径：	实例文件 \ 第 17 章 \ 实例 221.dwg
	视频文件：	MP4\ 第 17 章 \ 实例 221.MP4
	播放时长：	0:03:01

01 按 Ctrl+N 键，新建空白文件。

02 单击绘图区左上方的视图快捷控件，将当前视图调整为西南等轴测视图。

03 单击【绘图】面板中的按钮，以（0, 0, 0）为起点，绘制长度为 30 的垂直线段。

04 在命令行中输入 UCS，绕 X 轴旋转 90°，设置坐标系，如图 17-23 所示。

05 单击【绘图】面板中的【起点、圆心、长度】按钮，以线段上端点为起点，下端点为圆心，绘制弦长为 20 的圆弧，如图 17-24 所示。

06 在命令行中输入 surftabl，设置其值为 10，再输入 surftab2，设置其值为 10。

07 执行【旋转网格】命令，创建如图 17-25 所示的旋转网格曲面。

图 17-23 设置坐标系 图 17-24 绘制圆弧

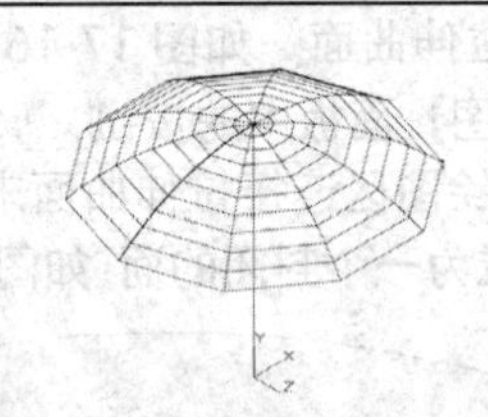

图 17-25 创建旋转网格曲面

08 单击【绘图】面板中的按钮，激活【多段线】命令，绘制多段线。命令行操作过程如下：

命令：PLINE
指定起点 :0, 0, 0 ↙
当前线宽为 0.0000
指定下一个点或 [圆弧 (A)/ 半宽 (H)/ 长度 (L)/ 放弃 (U)/ 宽度 (W)]:@0,-2 ↙
指定下一点或 [圆弧 (A)/ 闭合 (C)/ 半宽 (H)/ 长度 (L)/ 放弃 (U)/ 宽度 (W)]:A ↙
指定圆弧的端点或 [角度 (A)/ 圆心 (CE)/ 闭合 (CL)/ 方向 (D)/ 半宽 (H)/ 直线 (L)/ 半径 (R)/ 第二个点 (S)/ 放弃 (U)/ 宽度 (W)]:A ↙
指定包含角 :-180 ↙

指定圆弧的端点或 [圆心 (CE)/ 半径 (R)]：@-5，0 ↙

指定圆弧的端点或 [角度 (A)/ 圆心 (CE)/ 闭合 (CL)/ 方向 (D)/ 半宽 (H)/ 直线 (L)/ 半径 (R)/ 第二个点 (S)/ 放弃 (U)/ 宽度 (W)]：↙

// 按 Enter 键，结束命令，绘制多段线如图 17-26 所示

09 使用快捷键 PE 激活【多段线】命令，将绘制的线段和绘制的多段线合并。

10 在命令行中输入UCS，将坐标返回世界坐标系。

11 单击【绘图】面板中的按钮，以刚闭合的多段线的端点为圆心，绘制半径为 0.4 的圆，如图 17-27 所示。

12 单击【建模】面板中的按钮，将刚绘制的圆沿刚多段线拉伸，如图 17-28 所示。

图 17-26　绘制多段线

图 17-27　绘制圆

图 17-28　拉伸圆

13 单击快速访问工具栏中的【保存】按钮，将图形命名并存储为“实例 221.dwg”。

222 创建花瓶模型

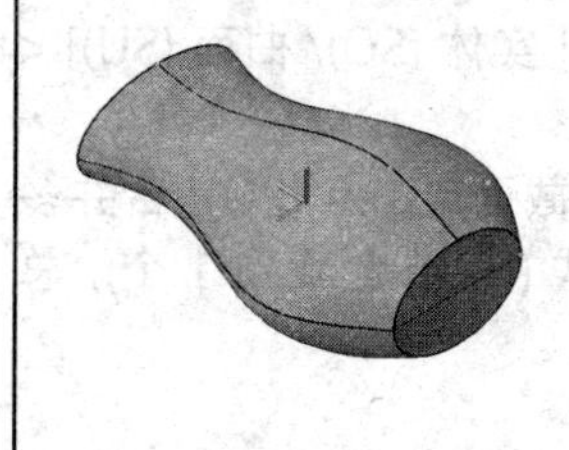	本例主要综合使用【直线】、【样条曲线】、【镜像】、【椭圆】、【三维旋转】、【放样】、【平面】以及【并集】等命令创建花瓶模型，重点学习放样曲面的创建方法和技巧。	
	文件路径：	实例文件 \ 第 17 章 \ 实例 222.dwg
	视频文件：	MP4\ 第 17 章 \ 实例 222.MP4
	播放时长：	0:04:55

01 新建文件，执行【直线】、【样条曲线】和【镜像】命令，在 XY 平面上绘制如图 17-29 所示的二维轮廓曲线。绘制方法为：首先创建样条曲线的各个控制点；然后执行【样条曲线】命令，依次连接各个控制点，最后执行【镜像】命令，镜像另一侧轮廓。

02 将视图切换到西南等轴测视图。单击【绘图】面板中的按钮，激活【椭圆】命令。在绘图区中指定椭圆中心点和轴的端点，绘制花瓶两端的椭圆。命令操作过程如下：

命令：_ellipse

指定椭圆的轴端点或 [圆弧 (A)/ 中心点 (C)]：C ↙

指定椭圆的中心点：0,-190,0 ↙

指定轴的端点：↙

// 在绘图区中选择样条曲线 X 轴下面的端点

指定另一条半轴长度或 [旋转 (R)]：55 ↙

// 绘制椭圆 1 如图 17-30 所示

命令：ellipse

// 按空格键，重复绘制椭圆命令

指定椭圆的轴端点或 [圆弧 (A)/ 中心点 (C)]：C ↙

指定椭圆的中心点：0,190,0 ↙

指定轴的端点：↙

// 在绘图区中选择样条曲线 X 轴上面的端点

指定另一条半轴长度或 [旋转 (R)]：50 ↙

// 绘制椭圆 2 如图 17-31 所示

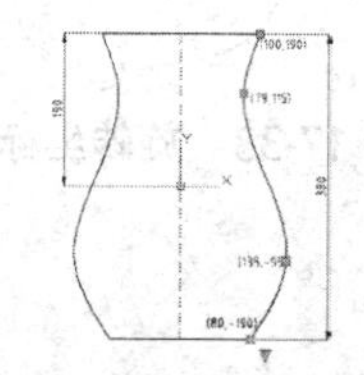

图 17-29　绘制二维轮廓线

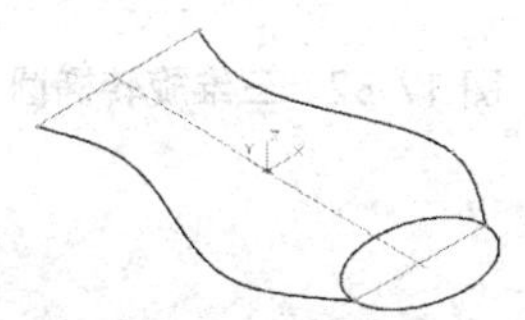

图 17-30　绘制椭圆 1

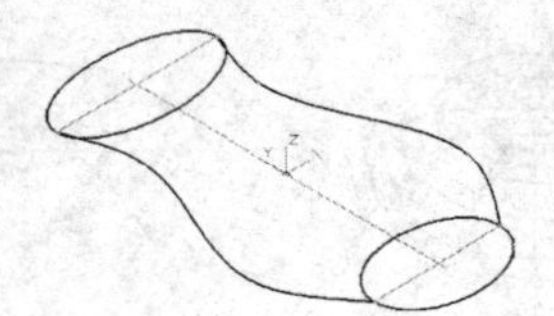

图 17-31　绘制椭圆 2

03 单击【修改】面板中的【三维旋转】按钮，将第 2 步绘制的椭圆绕其长轴旋转 90°。命令行操作过程如下：

命令：_3drotate
UCS 当前的正角方向：ANGDIR= 逆时针 ANGBASE=0
选择对象：找到 1 个
// 在绘图区中选择椭圆
指定基点：↙
// 指定椭圆中心为基点
拾取旋转轴：↙
// 指定椭圆长轴为旋转轴
指定角的起点或键入角度：90 ↙
// 按照同样的方法旋转另一个椭圆，如图 17-32 所示

04 单击【坐标】面板中的 Y 按钮，将坐标系绕 Y 轴旋转☒90°，命令行操作过程如下：

命令：_ucs
当前 UCS 名称：* 世界 *
指定 UCS 的原点或 [面 (F)/ 命名 (NA)/ 对象 (OB)/ 上一个 (P)/ 视图 (V)/ 世界 (W)/X/Y/Z/Z 轴 (ZA)] < 世界 >：_Y
指定绕 Y 轴的旋转角度 <90>：☒ 90 ↙
// 旋转坐标系如图 17-33 所示

05 执行【样条曲线】和【镜像】命令，在 XY 平面上绘制如图 17-34 所示的侧轮廓曲线。绘制方法为：首先创建样条曲线的各个控制点；然后执行【样条曲线】命令，依次连接各个控制点，最后执行【镜像】命令，镜像另一侧轮廓。

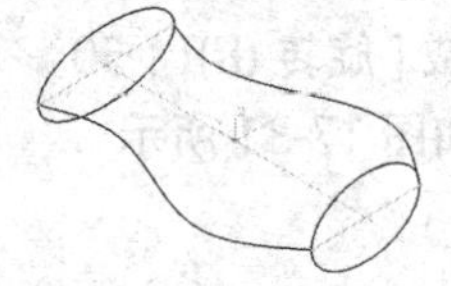

图 17-32　三维旋转椭圆

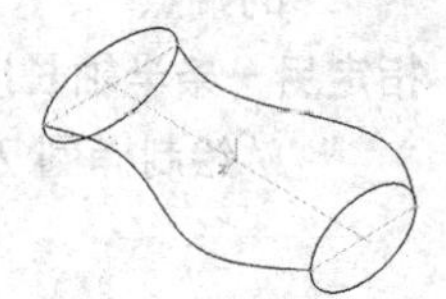

图 17-33　旋转坐标系

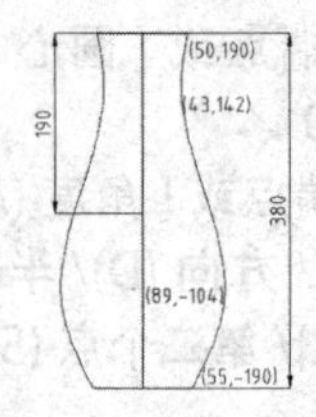

图 17-34　绘制侧面轮廓曲线

06 单击【建模】面板中的【放样】按钮，依次选择绘图区中的两条截面曲线和四条导向曲线，创建放样曲面。命令行操作过程如下：

命令：_loft
当前线框密度：ISOLINES=4，闭合轮廓创建模式 = 实体
按放样次序选择横截面或 [点 (PO)/ 合并多条边 (J)/ 模式 (MO)]：_MO 闭合轮廓创建模式 [实体 (SO)/ 曲面 (SU)] < 实体 >：SO ↙
按放样次序选择横截面或 [点 (PO)/ 合并多条边 (J)/ 模式 (MO)]：MO ↙
闭合轮廓创建模式 [实体 (SO)/ 曲面 (SU)] < 实体 >：su ↙
按放样次序选择横截面或 [点 (PO)/ 合并多条边 (J)/ 模式 (MO)]：找到 1 个，总计 2 个
选中了 2 个横截面
// 在绘图区中依次选择 2 个椭圆
输入选项 [导向 (G)/ 路径 (P)/ 仅横截面 (C)/ 设置 (S)] < 仅横截面 >：G ↙
选择导向轮廓或 [合并多条边 (J)]: 找到 1 个，总计 4 个 // 在工作区中依次选择 4 条样条曲线
选择导向轮廓或 [合并多条边 (J)]：↙
// 创建放样曲面如图 17-35 所示

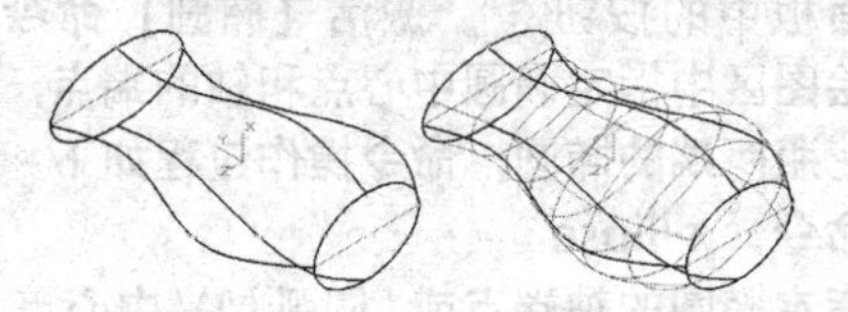

图 17-35　创建放样曲面

07 单击【实体编辑】面板中的【提取边】按钮，在绘图区中选择第 6 步创建的放样曲面，抽取放样曲面的边缘线。

08 单击【创建】面板中的【平面】按钮，依次在绘图区中选择放样曲面内侧的边缘

线，创建有界平面。命令行操作过程如下：
命令：_Planesurf
指定第一个角点或 [对象 (O)] < 对象 >：O ↙
选择对象：找到 1 个
// 在绘图区中选择花瓶底面椭圆，如图 17-36 所示

09 单击【实体编辑】面板中的【并集】按钮 ，将绘图区中的花瓶的全部曲面合并为一个曲面，其概念视觉样式如图 17-37 所示。

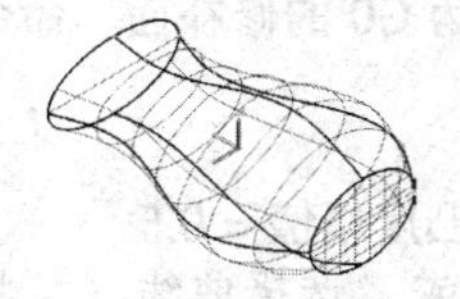

图 17-36 创建有界平面

图 17-37 花瓶概念视觉样式

223 创建扣盖曲面

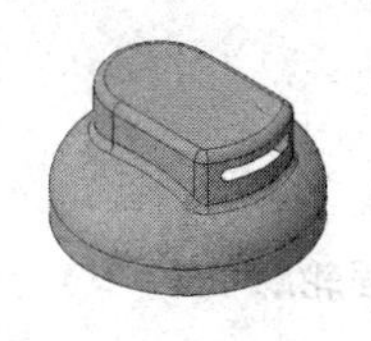	本例通过创建扣盖曲面，对【拉伸】、【并集】、【差集】、【圆角边】和【修补】等命令进行了重点练习。
文件路径：	实例文件 \ 第 17 章 \ 实例 223.dwg
视频文件：	MP4\ 第 17 章 \ 实例 223.MP4
播放时长：	0:07:42

01 新建文件，执行【圆】命令，在 XY 平面上绘制如图 17-38 所示的圆。

02 将视图切换为西南等轴测视图。单击【建模】面板中的【拉伸】按钮 ，创建拉伸曲面，拉伸距离为 6。命令行操作过程如下：
命令：_extrude
当前线框密度：ISOLINES=4，闭合轮廓创建模式 = 曲面
选择要拉伸的对象或 [模式 (MO)]：_MO
闭合轮廓创建模式 [实体 (SO)/ 曲面 (SU)] < 实体 >：_SO
选择要拉伸的对象或 [模式 (MO)]：找到 1 个
// 选择上步骤绘制的圆
选择要拉伸的对象或 [模式 (MO)]：mo ↙
闭合轮廓创建模式 [实体 (SO)/ 曲面 (SU)] < 实体 >：SU ↙
指定拉伸的高度或 [方向 (D)/ 路径 (P)/ 倾斜角 (T)]：6 ↙ // 结果如图 17-39 所示

03 单击【创建】面板中的【修补】按钮 ，在绘图区选择拉伸曲面的上方的边缘线，创建连续性为 G1 的修补面。命令行操作过程如下：
命令：_SURFPATCH
连续性 = G0 - 位置，凸度幅值 = 0.5
选择要修补的曲面边或 < 选择曲线 >：找到 1 个
选择要修补的曲面边或 < 选择曲线 >：↙
// 选择拉伸曲面边缘线，按 Enter 键确定
按 Enter 键，接受修补曲面或 [连续性 (CON)/ 凸度幅值 (B)/ 约束几何图形 (CONS)]：CON ↙
修补曲面连续性 [G0(G0)/G1(G1)/G2(G2)] <G0>：G1 ↙
按 Enter 键接受修补曲面或 [连续性 (CON)/ 凸度幅值 (B)/ 约束几何图形 (CONS)]：↙
// 修补曲面 1 如图 17-40 所示

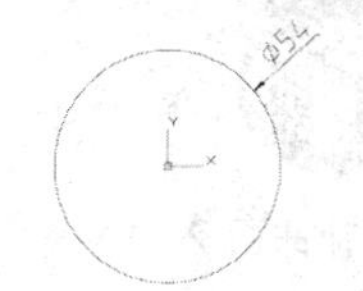

图 17-38 绘制圆

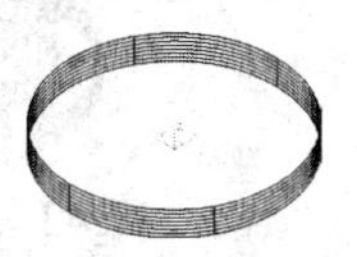

图 17-39 创建拉伸曲面

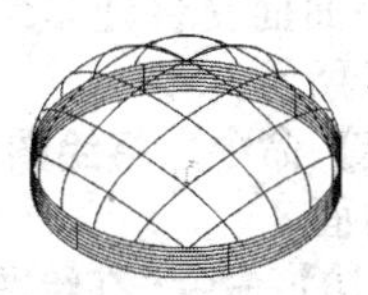

图 17-40 修补曲面 1

04 显示菜单栏，选择菜单【视图】|【三维视图】|【平面视图】|【当前 UCS】选项，将视图切换为当前的 XY 基准平面。执行【直线】、【圆】和【圆角】命令，在 XY 平面上绘制如图 17-41 所示的二维轮廓曲线。

05 单击【修改】面板中的【编辑多段线】按钮 ，将第 4 步绘制的轮廓曲线合并为一条曲线。

06 将视图切换到西南等轴测视图。单击【建模】面板中的【拉伸】按钮 ，创建拉伸曲面，拉伸距离为 28，如图 17-42 所示。

07 单击【创建】面板中的【修补】按钮，在绘图区选择第6步创建的拉伸曲面上方的边缘线，创建连续性为G0的修补面。命令行操作过程如下：

命令：_SURFPATCH
连续性 = G0 - 位置，凸度幅值 = 0.5
选择要修补的曲面边或 <选择曲线>：找到1个
选择要修补的曲面边或 <选择曲线>: ↙
//选择上步骤创建拉伸曲面边缘线
按Enter键接受修补曲面或[连续性(CON)/凸度幅值(B)/约束几何图形(CONS)]: CON ↙
修补曲面连续性[G0(G0)/G1(G1)/G2(G2)] <G0>：G0 ↙
按Enter键接受修补曲面或[连续性(CON)/凸度幅值(B)/约束几何图形(CONS)]：↙
//修补曲面2如图17-43所示

图17-41 绘制二维轮廓曲线

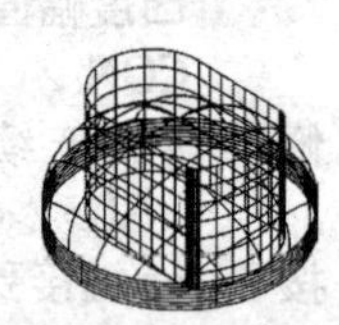
图17-42 创建拉伸曲面

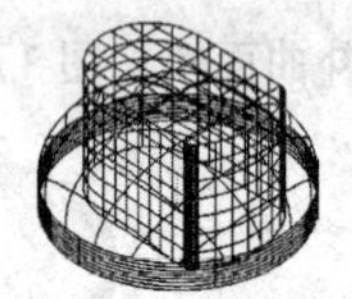
17-43 修补曲面2

08 执行【修剪】命令，重复执行两次，将拉伸曲面和修补曲面交合处多余的曲面修剪掉，如图17-44所示。

09 执行【并集】命令，将绘图区的全部曲面合并为一个曲面。

10 执行【圆角边】命令，在绘图区选择拉伸曲面和修补曲面相交的边缘线，以及凸台顶端的边缘线，创建半径为2的圆角边，如图17-45所示。

11 显示菜单栏，选择菜单【工具】|【新建UCS】|X选项，将坐标系统绕X轴旋转90°。选择菜单【视图】|【三维视图】|【平面视图】|【当前UCS】选项，将视图切换为当前的XY基准平面，绘制如图17-46所示的截面轮廓。

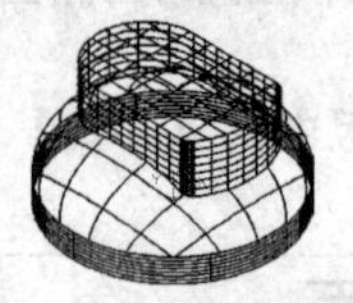
图17-44 修剪曲面

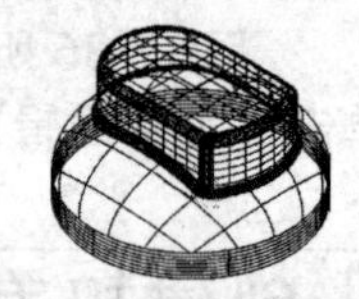
图17-45 创建圆角边

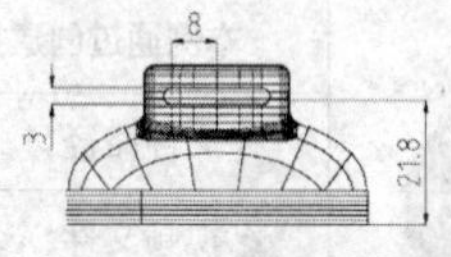

图17-46 绘制截面轮廓

12 单击【修改】面板中的【编辑多段线】按钮，在绘图区将第11步绘制的截面合并为一条曲线。

13 将视图切换为西南等轴测视图。单击【建模】面板中的【拉伸】按钮，创建拉伸距离为30的实体，如图17-47所示。

14 执行【差集】命令，在绘图区选择拉伸曲面为要减去的曲面，选择拉伸实体为剪切实体，如图17-48所示。扣盖曲面概念视觉样式如图17-49所示。

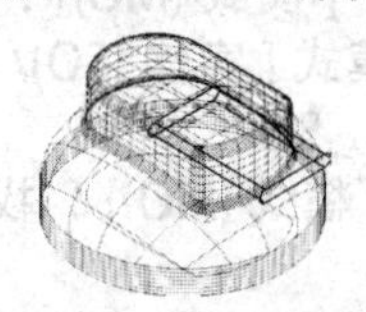
图17-47 创建拉伸实体

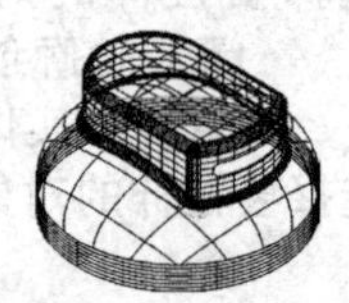
图17-48 【差集】运算

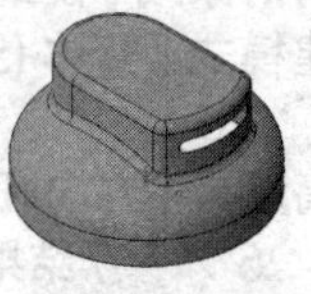
图17-49 扣盖曲面概念视觉样式

224 创建笔筒圆角曲面 

<table>
<tr><td rowspan="4">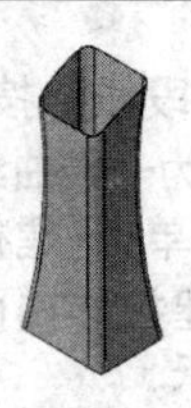</td><td colspan="2">本例通过创建笔筒曲面模型，对【三维移动】、【复制】、【放样】、【修补】、【修剪】和【圆角】等命令进行了重点练习。</td></tr>
<tr><td>文件路径：</td><td>实例文件\第17章\实例224.dwg</td></tr>
<tr><td>视频文件：</td><td>MP4\第17章\实例224.MP4</td></tr>
<tr><td>播放时长：</td><td>0:04:37</td></tr>
</table>

01 新建文件，执行【直线】和【矩形】命令，在 XY 平面上绘制如图 17-50 所示的二维轮廓曲线。

02 将视图切换为西南等轴测视图，单击【修改】面板中的【三维移动】按钮，选择第 1 步绘制的小矩形，将其向 Z 轴方向移动 150，如图 17-51 所示。

03 单击【修改】面板中的【复制】按钮，将大的矩形向 Z 轴方向移动 300。命令行操作过程如下：

命令：_copy
选择对象：找到 1 个
// 在绘图区选择大矩形
当前设置：复制模式 = 多个
指定基点或 [位移 (D)/ 模式 (O)] < 位移 >：0,0,0 ↙
指定第二个点或 < 使用第一个点作为位移 >：0,0,300 ↙
指定第二个点或 [退出 (E)/ 放弃 (U)] < 退出 >: ↙
// 结果如图 17-52 所示

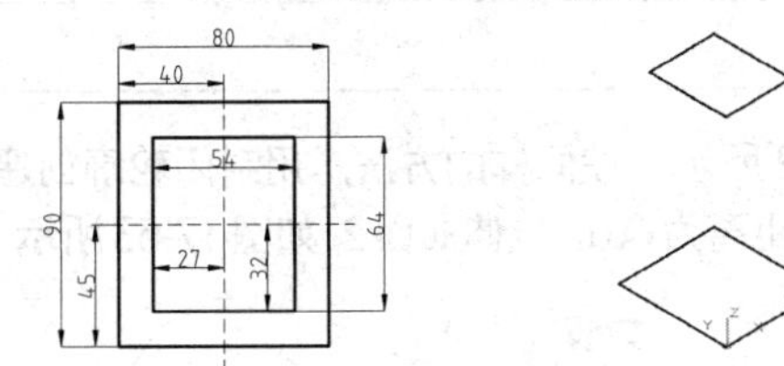

图 17-50　绘制二维轮廓线 图 17-51　三维移动矩形

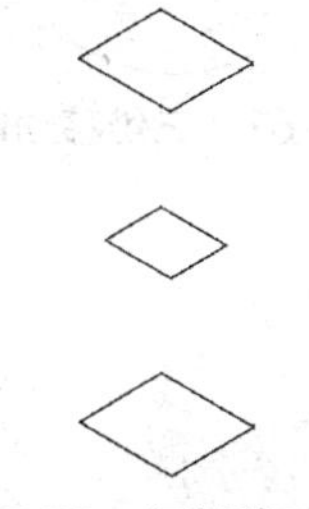

图 17-52　复制移动矩形

04 单击【建模】面板中的【放样】按钮，依次选择绘图区中的三个矩形，创建放样曲面。命令行操作过程如下：

命令：_loft
当前线框密度：ISOLINES=4，闭合轮廓创建模式 = 曲面
按放样次序选择横截面或 [点 (PO)/ 合并多条边 (J)/ 模式 (MO)]：_MO 闭合轮廓创建模式 [实体 (SO)/ 曲面 (SU)] < 实体 >：_SO
按放样次序选择横截面或 [点 (PO)/ 合并多条边 (J)/ 模式 (MO)]：mo ↙
闭合轮廓创建模式 [实体 (SO)/ 曲面 (SU)] < 实体 >：SU ↙
按放样次序选择横截面或 [点 (PO)/ 合并多条边 (J)/ 模式 (MO)]：找到 1 个，总计 3 个
// 在绘图区选择 3 个矩形，创建放样曲面如图 17-53 所示

05 执行【圆角】命令，在绘图区分别选择相邻的两个放样曲面，创建四个圆角，如图 17-54 所示。

06 执行【修补】命令，在绘图区选择放样曲面底端的边缘线，创建连续性为 G0 的修补曲面。命令行操作过程如下：

命令：_SURFPATCH
连续性 = G0 - 位置，凸度幅值 = 0.5
选择要修补的曲面边或 < 选择曲线 >：找到 4 个
选择要修补的曲面边或 < 选择曲线 >: ↙
// 选择上步骤创建放样曲面的边缘线
按 Enter 键接受修补曲面或 [连续性 (CON)/ 凸度幅值 (B)/ 约束几何图形 (CONS)]：CON ↙
修补曲面连续性 [G0(G0)/G1(G1)/G2(G2)] <G0>：G0 ↙
按 Enter 键接受修补曲面或 [连续性 (CON)/ 凸度幅值 (B)/ 约束几何图形 (CONS)]：↙// 结果如图 17-55 所示

07 执行【并集】命令，将绘图区的全部曲面合并为一个曲面。

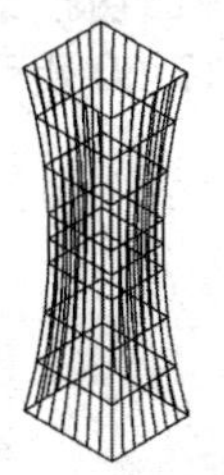

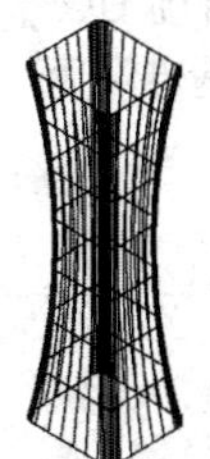

图 17-53　创建放样曲面　图 17-54　创建圆角

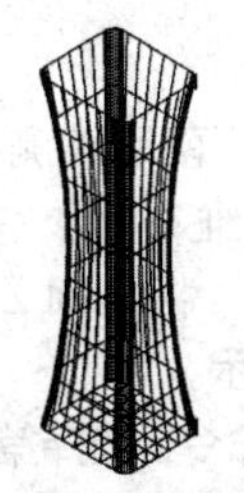

图 17-55　创建修补曲面

08 显示菜单栏，选择菜单【工具】|【新建UCS|X 选项，将坐标系绕 X 轴旋转 90°。选择菜单【视图】|【三维视图】|【平面视图】|【当前 UCS】选项，将视图切换到当前的 XY 基准平面，绘制如图 17-56 所示的圆弧。

09 执行【修剪】命令，利用投影修剪的方式，将放样曲面上端多余的曲面修剪掉，如图 17-57 所示。笔筒概念视觉样式如图 17-58 所示。

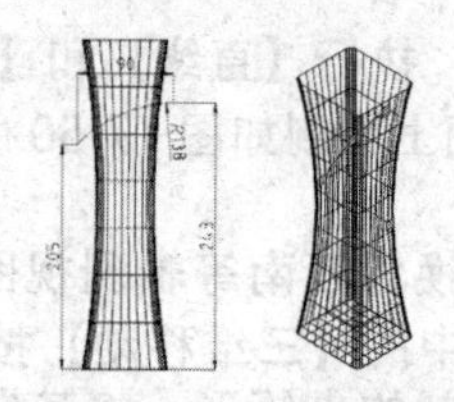

图 17-56　绘制圆弧

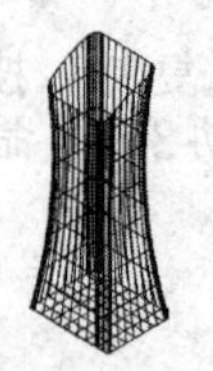

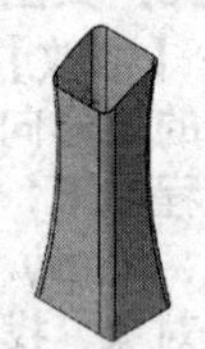

图 17-57　修剪曲面　图 17-58　笔筒概念视觉样式

225 创建灯罩偏移曲面

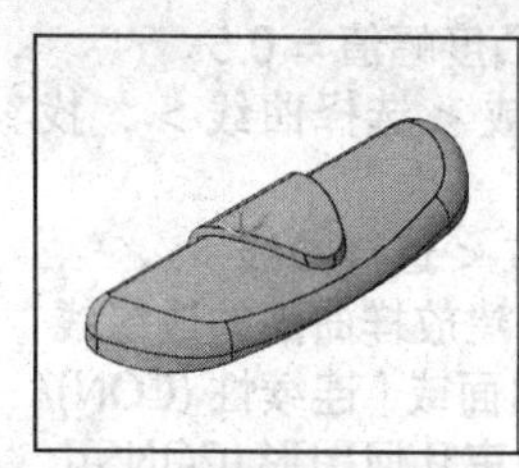	本例通过创建灯罩曲面模型，对【圆】、【圆弧】、【修剪】、【偏移】和【过渡】等命令进行了重点练习。	
	文件路径：	实例文件 \ 第 17 章 \ 实例 225.dwg
	视频文件：	MP4\ 第 17 章 \ 实例 225.MP4
	播放时长：	0:11:19

01 新建文件，执行【直线】和【圆弧】命令，在 XY 平面上绘制如图 17-59 所示的二维轮廓曲线。单击【修改】面板中的【编辑多段线】按钮，将绘制的曲线合并为一条多段线。

02 显示菜单栏，选择菜单【工具】|【新建UCS】|Y 选项，将坐标系绕 Y 轴旋转 90°。选择菜单【视图】|【三维视图】|【平面视图】|【当前 UCS】选项，将视图切换为当前的 XY 基准平面，绘制如图 17-60 所示的圆弧轮廓。

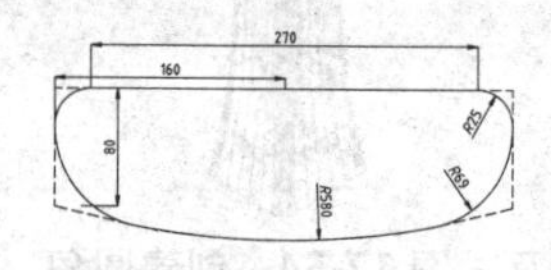

图 17-59　绘制二维轮廓曲线

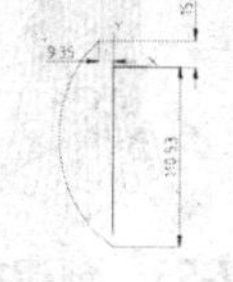

图 17-60　绘制圆弧轮廓

03 将视图切换为西南等轴测视图。单击【修改】面板中的【三维移动】按钮，选择第 2 步绘制的圆弧，将其向 Z 轴方向移动 180，如图 17-61 所示。

04 执行【拉伸】命令，选择第 3 步移动的圆弧为截面，创建拉伸距离为☒ 360 的曲面 1，如图 17-62 所示。按同样的方法，用封闭轮廓创建拉伸距离为 60 的拉伸曲面 2，如图 17-63 所示。

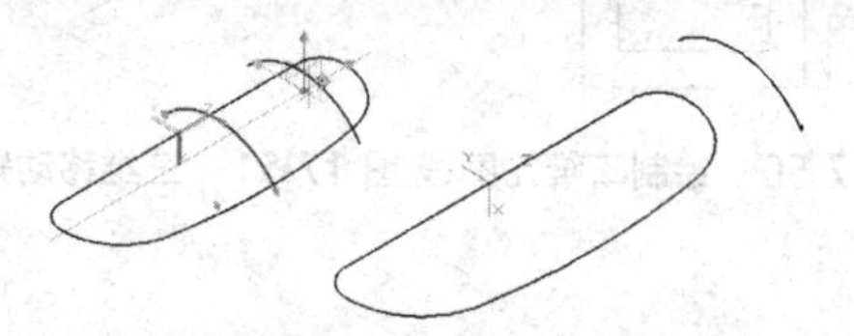

图 17-61　三维移动圆弧

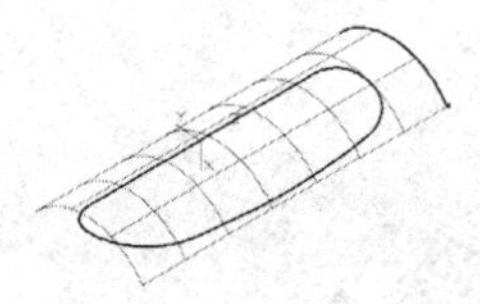

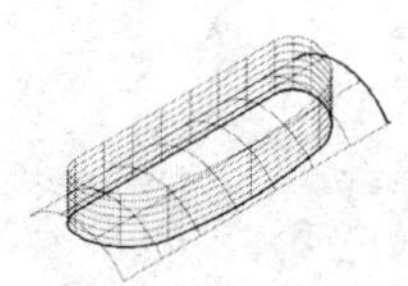

图 17-62　创建拉伸曲面 1　图 17-63　创建拉伸曲面 2

05 执行【修剪】命令，将两曲面交线之外的曲面修剪掉，第一次修剪曲面如图 17-64 所示。第二次修剪曲面如图 17-65 所示。

06 执行【并集】命令，将绘图区的全部曲面合并为一个曲面。

07 显示菜单栏，选择菜单【修改】|【实体编辑】|【圆角边】选项，在绘图区中选择两个拉伸曲面相交的边缘线，创建半径为 20 的圆角边，如图 17-66 所示。选择菜单【工具】

|【新建 UCS】|Y 选项，将坐标系统 Y 轴旋转⊠ 90°。选择菜单【视图】|【三维视图】|【平面视图】|【当前 UCS】选项，将视图切换为当前的 XY 基准平面。

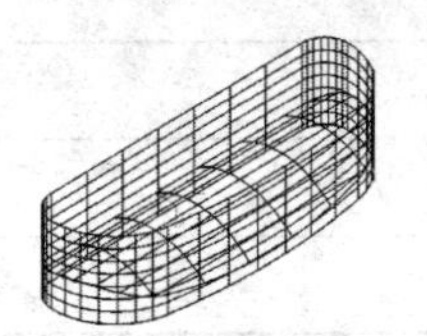

图 17-64 第一次修剪曲面

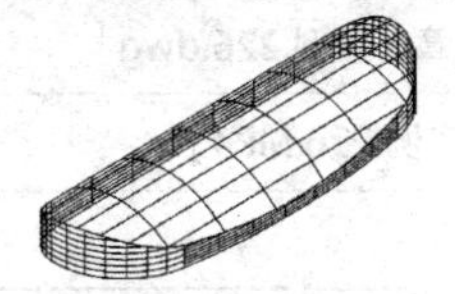

图 17-65 第二次修剪曲面

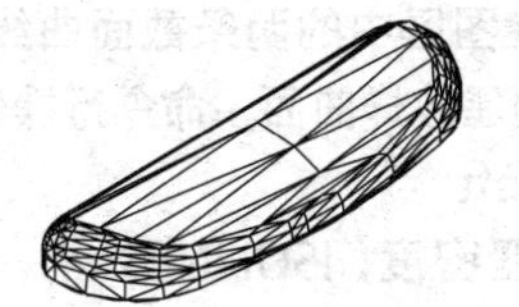

图 17-66 创建圆角边

08 在当前 XY 基准平面上绘制如图 17-67 所示的封闭轮廓曲线，并执行【多线段】命令，在绘图区将该曲线合并为一条多段线。

09 将视图切换为当前的 XY 基准平面，执行【偏移】命令，选择封闭轮廓曲线，将其向内偏移 3，如图 17-68 所示。继续选择偏移曲线左端的直线，将其移动到原轮廓曲线外，如图 17-69 所示。

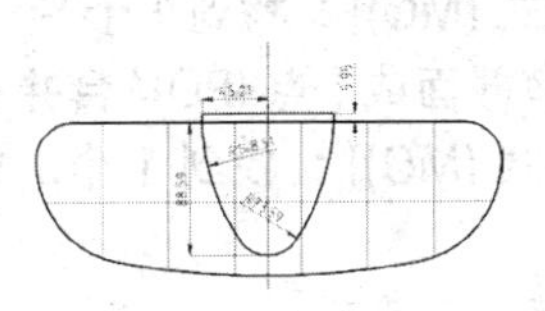

图 17-67 绘制封闭曲线轮廓

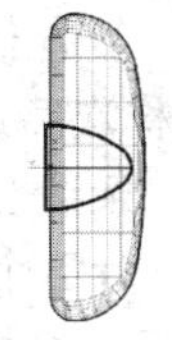

图 17-68 偏移曲线

10 执行【偏移】命令，依次在绘图区中选择拉伸曲面端面的封闭线，创建有界平面。命令行操作过程如下：

命令：_SURFOFFSET
连接相邻边 = 否
选择要偏移的曲面或面域：找到 1 个
选择要偏移的曲面或面域：↙
// 在绘图区选择曲面
指定偏移距离或 [翻转方向 (F)/ 两侧 (B)/ 实体 (S)/ 连接 (C)] <0.0000> : 6 ↙
// 创建有界曲面如图 17-70 所示

11 执行【修剪】命令，选择偏移曲线为修剪曲线，将偏移曲面外侧多余曲面修剪掉。选择原来的轮廓线为修剪曲线，将原曲面内侧多余曲面修剪掉，如图 17-71 所示。

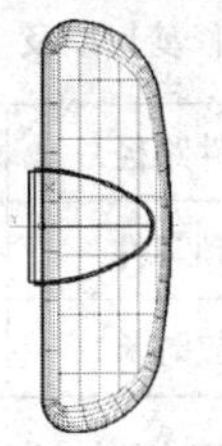

图 17-69 移动直线

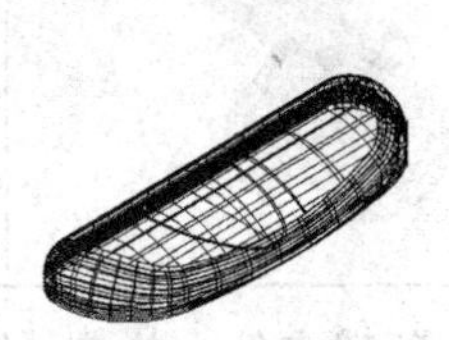

图 17-70 创建有界平面

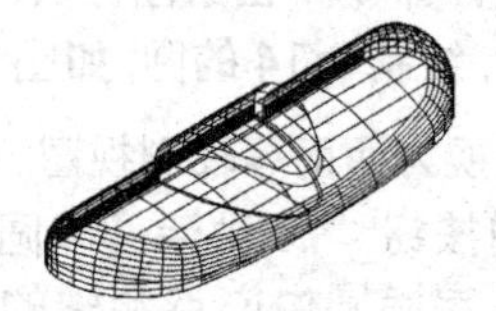

图 17-71 修剪曲面

12 执行【过渡】命令，在绘图区分别选择两个过渡曲面的边缘线，并设置与相邻曲线的连续性为 G2。命令操作过程如下：

命令：_SURFBLEND
连续性 = G1 - 相切，凸度幅值 = 0.5
选择要过渡的第一个曲面的边：找到 1 个，总计 8 个
选择要过渡的第一个曲面的边：↙ // 在绘图区选择偏移曲面的边缘线
选择要过渡的第二个曲面的边：找到 1 个，总计 8 个
选择要过渡的第二个曲面的边：↙ // 在绘图区选择修剪曲面边缘处的曲线
按 Enter 键接受过渡曲面或 [连续性 (CON)/ 凸度幅值 (B)] : CON ↙
第一条边的连续性 [G0(G0)/G1(G1)/G2(G2)] <G1> : G1 ↙
第二条边的连续性 [G0(G0)/G1(G1)/G2(G2)] <G1> : G1 ↙
// 创建过渡曲面如图 17-72 所示。灯罩概念视觉样式如图 17-73 所示

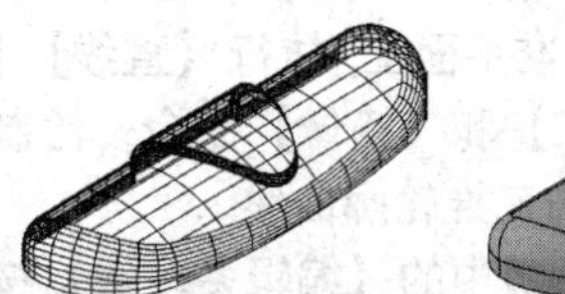

图 17-72 创建过渡曲面

图 17-73 灯罩概念视觉样式

226 创建耳机曲面模型

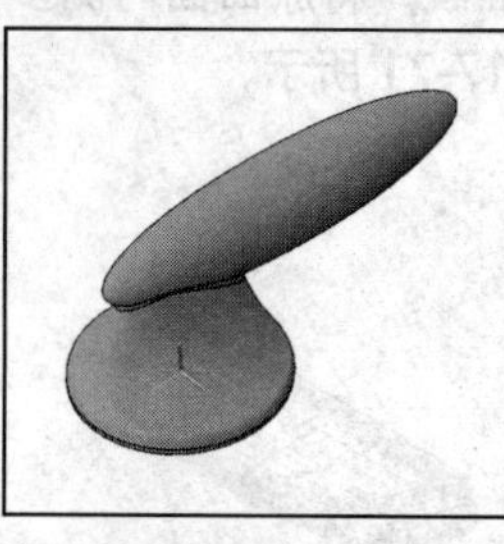

本例综合使用【直线】、【编辑多段线】、【镜像】、【椭圆】、【旋转】、【新建 UCS】、【放样】、【修剪】以及【并集】等命令，创建耳机曲面模型。

文件路径：	实例文件 \ 第 17 章 \ 实例 226.dwg
视频文件：	MP4\ 第 17 章 \ 实例 226.MP4
播放时长：	0:05:58

01 新建文件，单击【绘图】面板中的按钮，激活【圆】命令。在绘图区 XY 平面上以原点为中心，绘制 φ14 的圆，如图 17-74 所示。

02 将视图切换为西南等轴测视图。单击【绘图】面板中的按钮，激活【椭圆】命令。在绘图区指定椭圆中心点和轴的端点绘制圆上端的椭圆。命令操作过程如下：

命令：_ellipse

指定椭圆的轴端点或 [圆弧 (A)/ 中心点 (C)]：C ↙

指定椭圆的中心点：0,0,8 ↙

指定轴的端点：4,0 ↙

指定另一条半轴长度或 [旋转 (R)]：2↙ // 绘制椭圆如图 17-75 所示

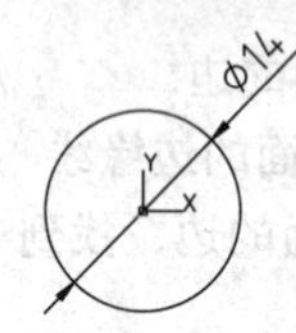

图 17-74 绘制 φ14 的圆

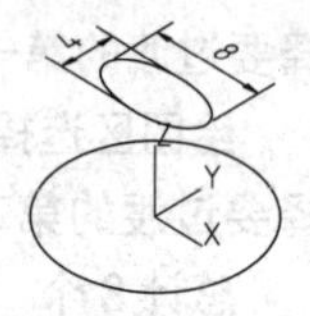

图 17-75 绘制椭圆

图 17-76 旋转坐标系 1

03 显示菜单栏，选择菜单【工具】|【新建 UCS】|Y 选项，将坐标系绕 Y 轴旋转⊠ 90°，如图 17-76 所示。选择菜单【视图】|【三维视图】|【平面视图】|【当前 UCS】选项，将视图切换为当前的 XY 基准平面。

04 在当前的 XY 基准平面上，执行【直线】、【圆弧】、【标注约束】和【镜像】命令，绘制如图 17-77 所示的二维轮廓曲线。

05 单击【修改】面板中的【编辑多段线】按钮，将第 4 步创建的一侧曲线合并为一条曲线，按同样方法合并另一侧曲线。

06 单击【建模】面板中的【放样】按钮，依次选择绘图区中的两条截面曲线和两条导向曲线，创建放样曲面。命令行操作过程如下：

命令：_loft

当前线框密度：ISOLINES=4，闭合轮廓创建模式 = 曲面

按放样次序选择横截面或 [点 (PO)/ 合并多条边 (J)/ 模式 (MO)]：_MO 闭合轮廓创建模式 [实体 (SO)/ 曲面 (SU)] < 实体 >：_SO

按放样次序选择横截面或 [点 (PO)/ 合并多条边 (J)/ 模式 (MO)]：MO ↙

闭合轮廓创建模式 [实体 (SO)/ 曲面 (SU)] < 实体 >：SU ↙

按放样次序选择横截面或 [点 (PO)/ 合并多条边 (J)/ 模式 (MO)]：找到 1 个

按放样次序选择横截面或 [点 (PO)/ 合并多条边 (J)/ 模式 (MO)]：找到 1 个，总计 2 个

选中了 2 个横截面

// 在绘图区分别选择圆和椭圆曲线

输入选项 [导向 (G)/ 路径 (P)/ 仅横截面 (C)/ 设置 (S)] < 仅横截面 >：G ↙

选择导向轮廓或 [合并多条边 (J)]：找到 1 个，总计 2 个 // 在绘图区选择轮廓线，创建放样曲面如图 17-78 所示

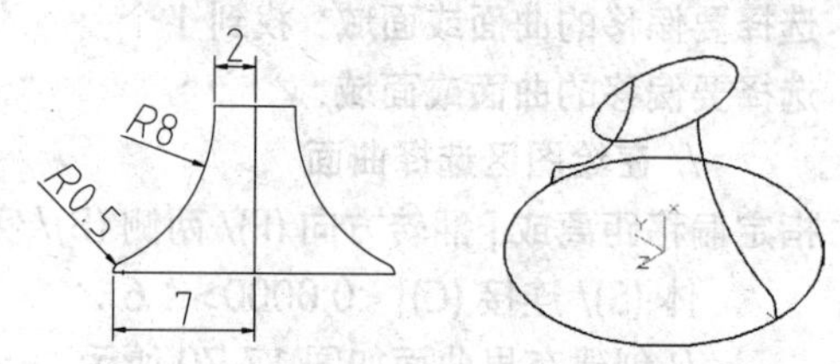

图 17-77 绘制二维轮廓线

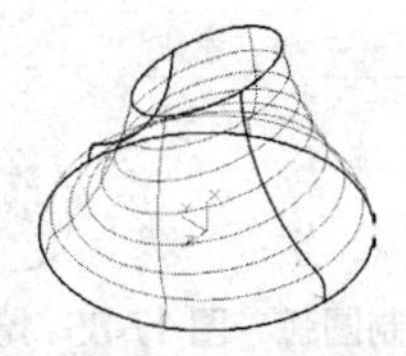
图 17-78　创建放样曲面

⑦ 显示菜单栏，选择菜单【工具】|【新建UCS】|X 选项，将坐标系绕 X 轴旋转 90°，如图 17-79 所示。选择菜单【视图】|【三维视图】|【平面视图】|【当前 UCS】选项，将视图切换为当前的 XY 基准平面。

⑧ 单击【绘图】面板中的按钮，激活【椭圆】命令。在绘图区指定椭圆中心点和轴的端点，绘制椭圆轮廓，并执行【直线】和【修剪】命令，修剪掉另一侧轮廓。命令行操作过程如下：

命令：_ellipse
指定椭圆的轴端点或 [圆弧 (A)/ 中心点 (C)]：C ↙
指定椭圆的中心点：8.4,-10 ↙
指定轴的端点：3 ↙
// 捕捉到 X 轴极轴方向，然后输入半轴长度 3
指定另一条半轴长度或 [旋转 (R)]：15 ↙
// 如图 17-80 所示

⑨ 单击【建模】面板中的【旋转】按钮，在绘图区选择半个椭圆轮廓为旋转对象，创建旋转曲面。命令操作过程如下：

命令：_revolve
当前线框密度：ISOLINES=4，闭合轮廓创建模式 = 实体
选择要旋转的对象或 [模式 (MO)]：_MO 闭合轮廓创建模式 [实体 (SO)/ 曲面 (SU)] < 实体 >：_SO
选择要旋转的对象或 [模式 (MO)]：mo ↙
闭合轮廓创建模式 [实体 (SO)/ 曲面 (SU)] < 实体 >：SU ↙
选择要旋转的对象或 [模式 (MO)]：找到 1 个
// 在绘图区选择半个椭圆线
指定轴起点或根据以下选项之一定义轴 [对象 (O)/X/Y/Z] < 对象 >：O ↙
选择对象：
// 在绘图区选择旋转中心线
指定旋转角度或 [起点角度 (ST)/ 反转 (R)] <360>：↙
// 按默认角度，创建旋转曲面如图 17-81 所示

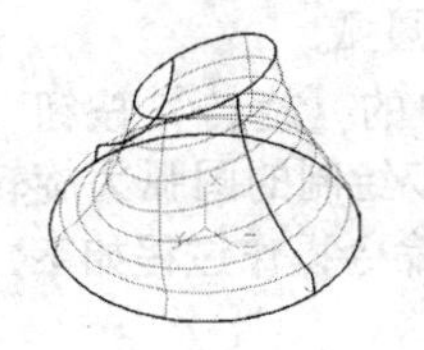
图 17-79　旋转坐标系 2

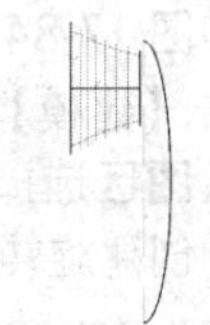
图 17-80　绘制并修剪椭圆轮廓

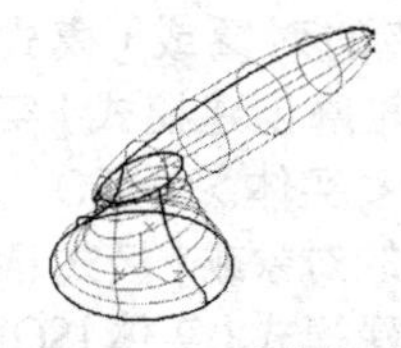
图 17-81　创建旋转曲面

⑩ 将视图切换为【概念】视觉样式，执行【修剪】命令，选择绘图区中的旋转曲面为要修剪的面，选择放样曲面为剪切曲面。命令行操作过程如下：

命令：_SURFTRIM
延伸曲面 = 是，投影 = 自动
选择要修剪的曲面或面域或者 [延伸 (E)/ 投影方向 (PRO)]：找到 1 个
// 在绘图区选择放样曲面
选择剪切曲线、曲面或面域：找到 1 个
// 在绘图区选择旋转曲面
选择要修剪的区域 [放弃 (U)]：↙
// 单击曲面上要修剪的区域，如图 17-82 所示

⑪ 按同样的方法选择放样曲面为要修剪的曲面，选择旋转曲面为修剪面，修剪曲面 2，如图 17-83 所示。

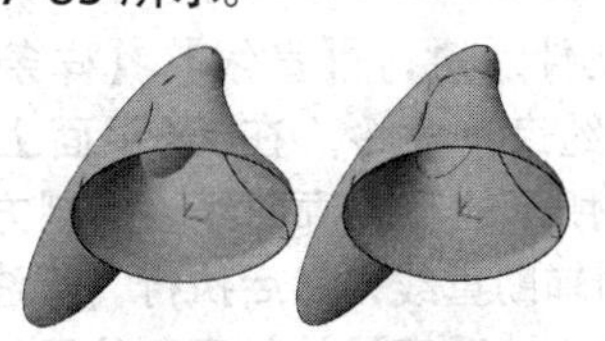
图 17-82　修剪曲面 1

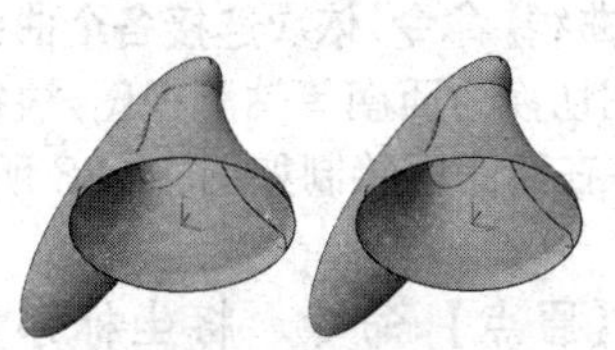
图 17-83　修剪曲面 2

⑫ 显示菜单栏，选择菜单【视图】|【三维视图】

|【平面视图】|【当前 UCS】选项，执行【直线】和【圆弧】命令，在 XY 基准平面上绘制如图 17-84 所示的圆弧。

⑬ 单击【建模】面板中的【旋转】按钮，在绘图区选择第 12 步绘制的圆弧为旋转对象，创建旋转曲面。命令操作过程如下：

命令：_revolve

当前线框密度：ISOLINES=4，闭合轮廓创建模式 = 曲面

选择要旋转的对象或 [模式 (MO)]：_MO 闭合轮廓创建模式 [实体 (SO)/ 曲面 (SU)] < 实体 >：_SO

选择要旋转的对象或 [模式 (MO)]：mo ↙

闭合轮廓创建模式 [实体 (SO)/ 曲面 (SU)] < 实体 >：SU ↙

选择要旋转的对象或 [模式 (MO)]：找到 1 个选择对象：

// 在绘图区选择圆弧

指定轴起点或根据以下选项之一定义轴 [对象 (O)/X/Y/Z] < 对象 >：X↙

// 选择 X 轴作为旋转轴，创建旋转曲面，如图 17-85 所示

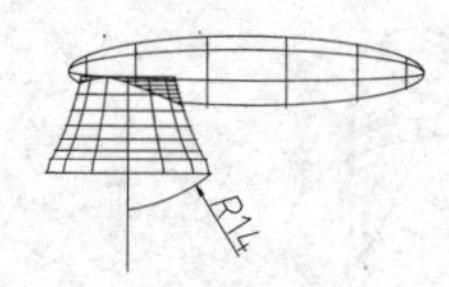

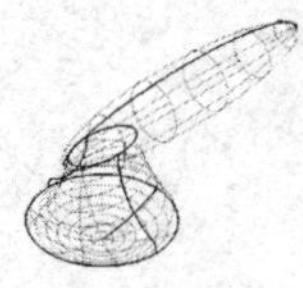

图 17-84　绘制圆弧　图 17-85　创建旋转曲面

⑭ 执行【并集】命令，将绘图区中的全部曲面合并为一个曲面。

⑮ 执行【圆角边】命令，在绘图区选择三个曲面的交线，创建半径为 0.5 的圆角。命令操作过程如下：

命令：_FILLETEDGE

半径 = 1.0000

选择边或 [链 (C)/ 半径 (R)]：R ↙

输入圆角半径 <1.0000>：0.5 ↙

选择边或 [链 (C)/ 半径 (R)]：↙

// 在绘图区选择曲面的交线，创建圆角边如图 17-86 所示

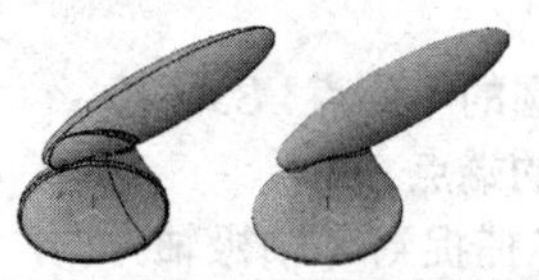

图 17-86　创建圆角边

227 创建照相机外壳模型

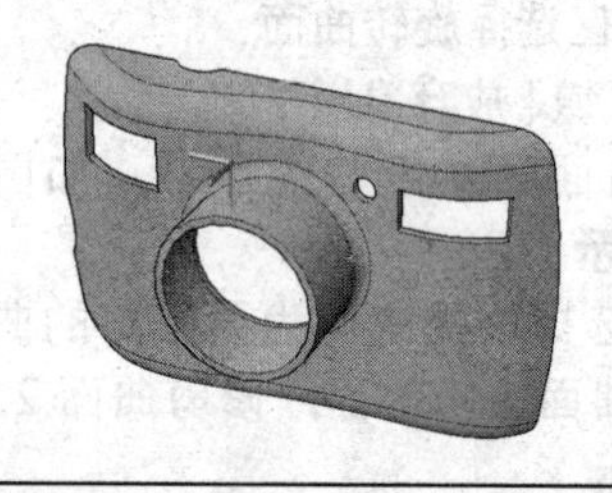

本例通过照相机外壳模型的创建，主要综合练习了【直线】、【样条曲线】、【圆弧】、【多线段】、【标注约束】、【加厚】、【圆角边】、【修剪】以及【差集】等命令。	
文件路径：	实例文件 \ 第 17 章 \ 实例 227.dwg
视频文件：	MP4\ 第 17 章 \ 实例 227.MP4
播放时长：	0:17:04

01 新建文件，执行【直线】、【样条曲线】和【标注约束】命令，在 XY 平面上绘制如图 17-87 所示的下轮廓曲线。绘制方法为：首先绘制辅助直线；然后执行【标注约束】命令，约束辅助直线的长度和位置；最后执行【样条曲线】命令，依次连接各个曲线的端点。

02 将视图切换为西南等轴测视图，执行【直线】命令，在绘图区绘制如图 17-88 所示的三条直线。

03 执行【原点】命令，将坐标系沿 Z 轴向上偏移 80，如图 17-89 所示。执行【当前 UCS】命令，将视图切换为当前的 XY 基准平面。

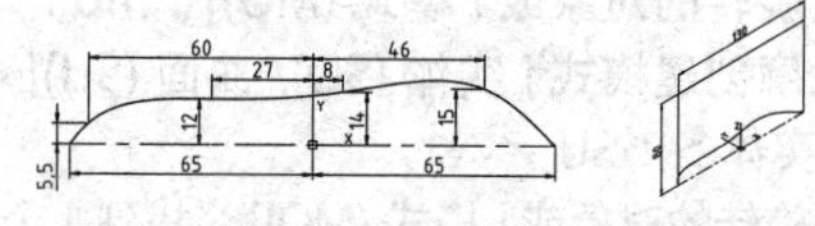

图 17-87　绘制下轮廓曲线　图 17-88　绘制直线

04 在当前的 XY 基准平面上，执行【直线】、【样条曲线】和【标注约束】命令，绘制如图 17-90 所示的上轮廓曲线。绘制方法为：首先绘制辅助直线；然后执行【标注约束】命令，约束辅助直线的长度和位置；最后执行【样条曲线】命令，依次连接各个曲线的端点。

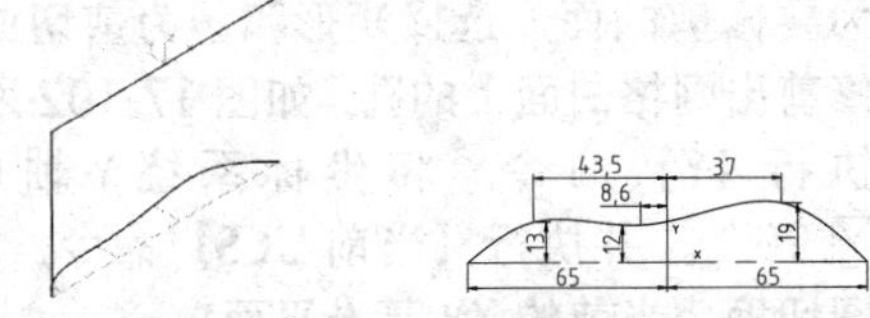

图 17-89　移动坐标系 1　图 17-90　绘制上轮廓曲线

05 显示菜单栏，选择菜单【工具】|【新建 UCS】|X 选项，将坐标系绕 X 轴旋转 90 度。选择菜单【视图】|【三维视图】|【平面视图】|【当前 UCS】选项，将视图切换为当前的 XY 基准平面。在当前的 XY 基准平面上，执行【圆弧】命令，绘制如图 17-91 所示的两条圆弧。

06 执行【网络】命令，在绘图区选择两个圆弧为第一个方向的曲线，选择两个样条曲线为第二个方向的曲线，创建网格曲面，如图 17-92 所示。

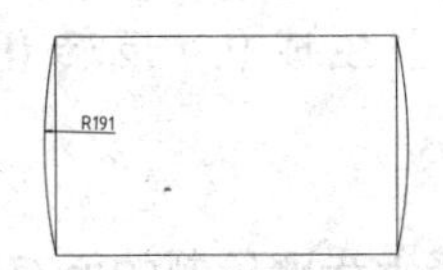

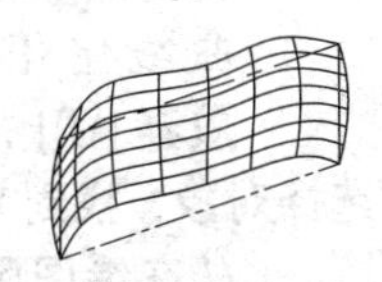
图 17-91　绘制圆弧　图 17-92　创建网格曲面

07 执行【平面】命令，选择网格曲面两端的封闭线，创建有界平面。命令行操作过程如下：

命令：_Planesurf

指定第一个角点或 [对象 (O)] < 对象 >：o ↙

选择对象：找到 1 个

// 在绘图区选择底面的轮廓线，然后重复平面命令，创建另一个平面，如图 17-93 所示

08 单击【实体编辑】面板中的【并集】按钮 ，将绘图区的全部曲面合并为一个曲面。

09 单击【实体编辑】面板中的【圆角边】按钮 ，在绘图区中分别选择平面与网格曲面交界处的曲线，创建半径为 5 的圆角边 1。命令行操作过程如下：

命令：_FILLETEDGE

选择边或 [链 (C)/ 半径 (R)]:r

指定半径：5 ↙

选择边或 [链 (C)/ 半径 (R)]：↙

已选定两 个边用于圆角

按 Enter 键，接受圆角或 [半径 (R)]：↙

// 创建圆角边 1 如图 17-94 所示

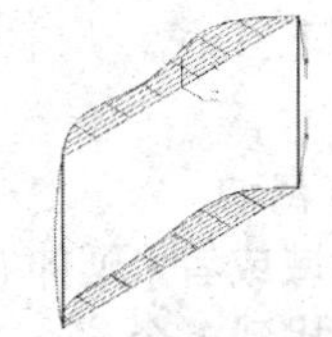
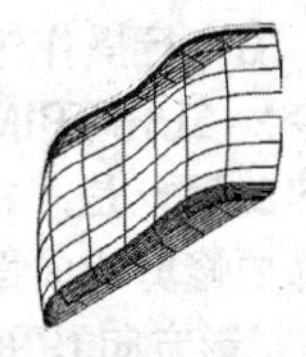
图 17-93　创建有界平面　图 17-94　创建圆角边 1

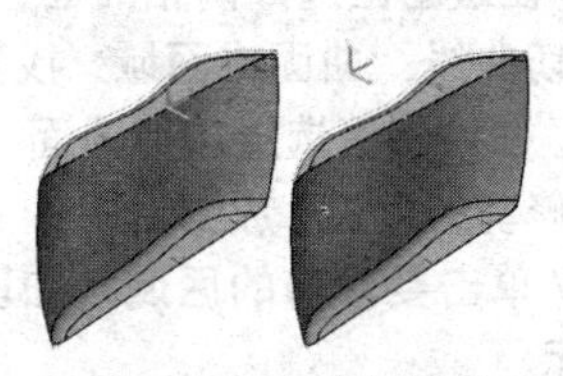
图 17-95　移动坐标系 2

10 执行【原点】命令，将坐标系沿 Z 轴向下偏移⊠ 40，如图 17-95 所示。执行【当前 UCS】命令，将视图切换为当前的 XY 基准平面。在当前的 XY 基准平面上，执行【圆弧】和【标注约束】命令，绘制如图 17-96 所示的圆。

11 执行【拉伸】命令，选择第 10 步绘制的圆为截面，创建向 Z 轴方向拉伸距离为 50 的曲面。命令行操作过程如下：

命令：_extrude

当前线框密度：ISOLINES=4，闭合轮廓创建模式 = 曲面

选择要拉伸的对象或 [模式 (MO)]：_MO 闭合轮廓创建模式 [实体 (SO)/ 曲面 (SU)] < 实体 >：_SO

选择要拉伸的对象或 [模式 (MO)]：mo ↙

闭合轮廓创建模式 [实体 (SO)/ 曲面 (SU)] < 实体 >：SU ↙

选择要拉伸的对象或 [模式 (MO)]：找到 1 个

// 在绘图区选择上步骤绘制的圆

指定拉伸的高度或 [方向 (D)/ 路径 (P)/ 倾斜角 (T)]：50 ↙

// 创建拉伸曲面如图 17-97 所示

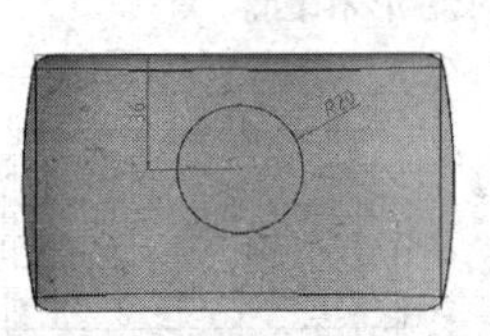
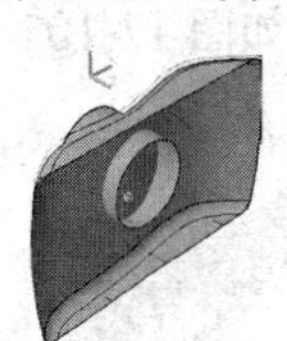
图 17-96　绘制圆　图 17-97　创建拉伸曲面

12 执行【修剪】命令，选择绘图区中的网格曲面为要修剪的面，选择拉伸曲面为修剪曲

面。命令行操作过程如下：

命令：_SURFTRIM

延伸曲面 = 是，投影 = 自动

选择要修剪的曲面或面域或者 [延伸 (E)/ 投影方向 (PRO)]：找到 1 个

// 在绘图区选择网格曲面

选择剪切曲线、曲面或面域：找到 1 个

// 在绘图区选择拉伸曲面

选择要修剪的区域 [放弃 (U)]：↙

// 单击要修剪的区域，如图 17-98 所示。

⑬ 按同样方法选择拉伸曲面为要修剪的曲面，选择网格曲面为剪切曲面，再次修剪曲面，如图 17-99 所示。

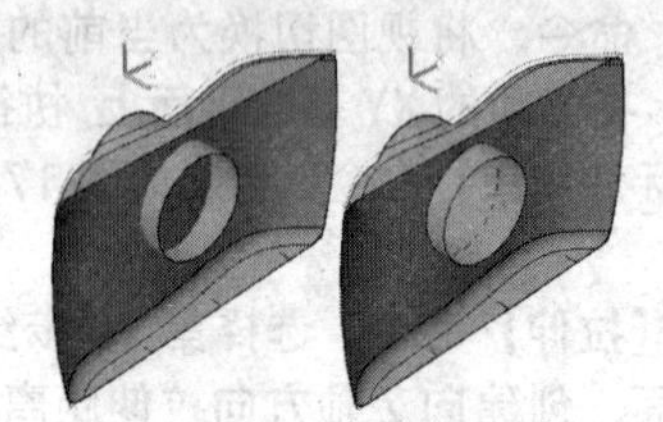

图 17-98　修剪曲面 1

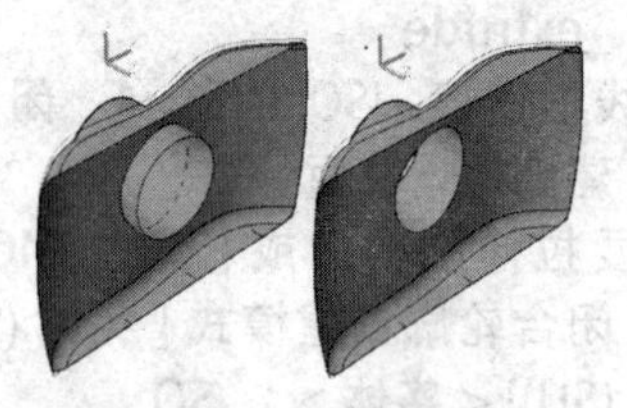

图 17-99　修剪曲面 2

⑭ 单击【实体编辑】面板中的【并集】按钮，将绘图区的全部曲面合并为一个曲面。

⑮ 击【实体编辑】面板中的【圆角边】按钮，在绘图区中分别选择平面与网格曲面交界处的曲线，创建半径为 5 的圆角边 2，如图 17-100 所示。

⑯ 执行【当前 UCS】命令，执行【矩形】、【圆】和【标注约束】命令，在当前 XY 平面上绘制如图 17-101 所示的矩形和圆。

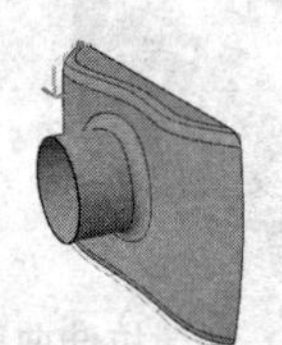

图 17-100　创建圆角边 2

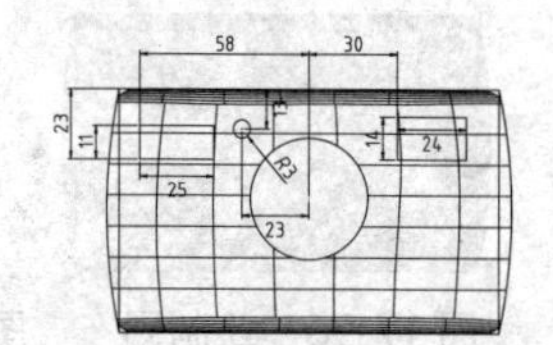

图 17-101　绘制矩形和圆

⑰ 执行【修剪】命令，选择绘图区的网格曲面为要修剪的面，选择矩形和圆为剪切曲线，修剪出网格曲面上的孔，如图 17-102 所示。

⑱ 执行【Y】命令，将坐标系统 Y 轴旋转 ⊠ 90°。并执行【当前 UCS】命令，将视图切换为当前的 XY 基准平面。

⑲ 在当前的 XY 基准平面上，执行【圆弧】、【直线】和【标注约束】命令，绘制如图 17-103 所示的圆弧截面。

⑳ 单击【修改】面板中的【编辑多段线】按钮，在绘图区将第 19 步绘制圆弧的截面合并为一条曲线。命令行操作过程如下：

命令：_pedit 选择多段线或 [多条 (M)]：

// 在绘图区选择上步骤绘制的任意一条曲线

是否将其转换为多段线？<Y> ↙

输入选项 [闭合 (C)/ 合并 (J)/ 宽度 (W)/ 编辑顶点 (E)/ 拟合 (F)/ 样条曲线 (S)/ 非曲线化 (D)/ 线型生成 (L)/ 反转 (R)/ 放弃 (U)]：J ↙

选择对象：找到 8 个

// 在绘图区选择上步骤绘制的所有曲线

选择对象：↙

// 按 Enter 键，完成合并曲线操作

㉑ 单击【建模】面板中【拉伸】按钮，选择第 20 步合并的曲线为截面，创建向 Z 轴方向拉伸距离为 72 的实体 1，如图 17-104 所示。

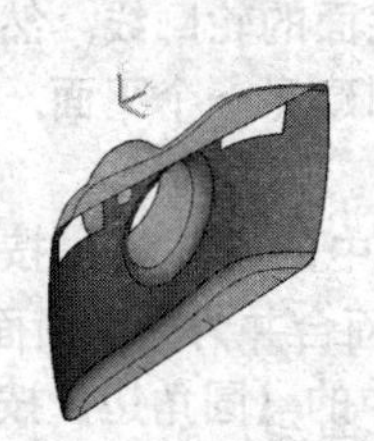

图 17-102　修剪曲面 3

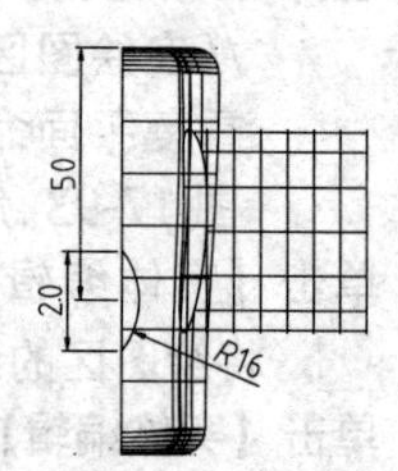

图 17-103　绘制圆弧截面

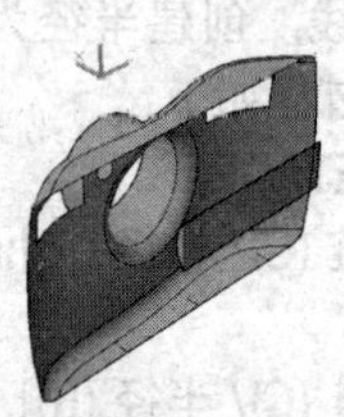

图 17-104　创建拉伸实体 1

㉒ 使用快捷键 SU 激活【差集】命令，在绘图区选择网格曲面为要减去的曲面，选择拉伸

实体为剪切实体，如图17-105所示。

㉓ 执行X命令，将坐标系绕X轴旋转90°。执行【当前UCS】命令，将视图切换为当前的XY基准平面。

㉔ 在当前的XY基准平面上，执行【圆弧】、【直线】和【标注约束】命令，绘制如图17-106所示的截面。选择菜单【修改】|【对象】|【多线段】选项，在绘图区将第23步绘制的截面合并为一条曲线。

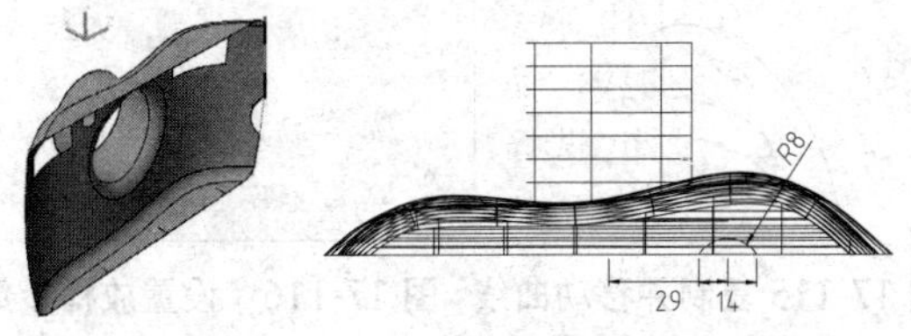

图17-105　差集1　　　图17-106　绘制截面

㉕ 单击【建模】面板中的【拉伸】按钮，选择第24步合并的曲线为截面，创建向Z轴方向拉伸距离为30的实体2，如图17-107所示。

㉖ 使用快捷键SU激活【差集】命令，选择照相机上表面为要减去的曲面，选择拉伸实体为剪切实体，如图17-108所示。

㉗ 执行【加厚】命令，在绘图区选择网格曲面为要加厚的曲面，创建厚度为2的壳体，如图17-109所示。

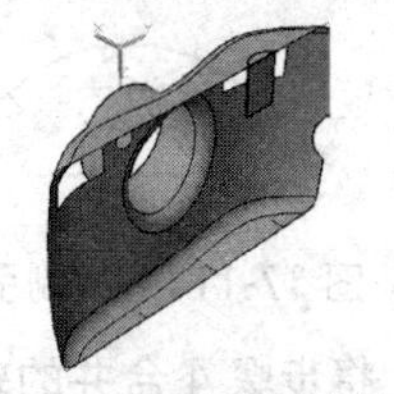

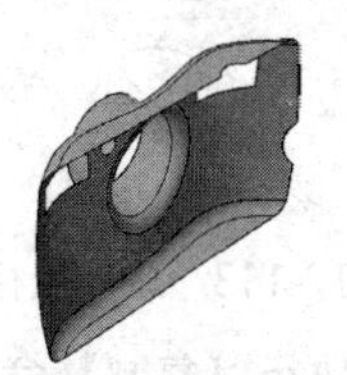

图17-107　创建拉伸实体2　　图17-108　差集2

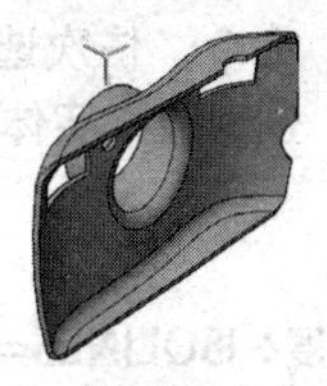

图17-109　创建厚度为2的壳体

228 创建轿车方向盘曲面模型

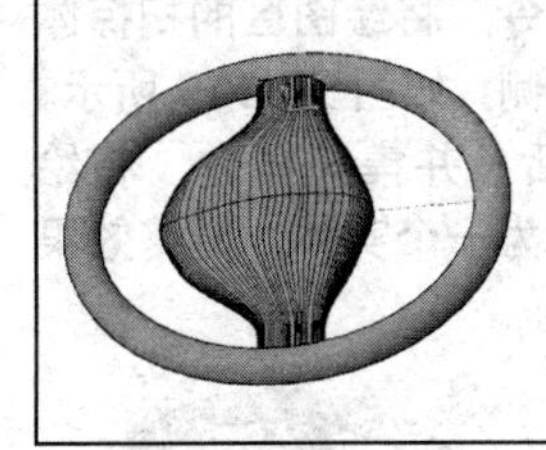

本例主要综合使用【直线】、【样条曲线】、【多线段】、【复制】、【三维镜像】、【新建UCS】、【放样】、【扫掠】以及【并集】等命令，创建轿车方向盘曲面模型。	
文件路径：	实例文件\第17章\实例228.dwg
视频文件：	MP4\第17章\实例228.MP4
播放时长：	0:11:45

01 新建文件，执行【直线】、【样条曲线】、【圆】、【标注约束】和【镜像】命令，在XY平面上绘制如图17-110所示的截面1。绘制方法为：首先绘制样条曲线辅助直线；然后执行【标注约束】命令，约束辅助直线的长度和位置；最后执行【样条曲线】命令，依次连接各个曲线的端点，并编辑样条曲线与辅助直线相切。

02 单击【修改】面板中的【编辑多段线】按钮，在绘图区将第1步绘制的样条曲线合并为一条曲线。

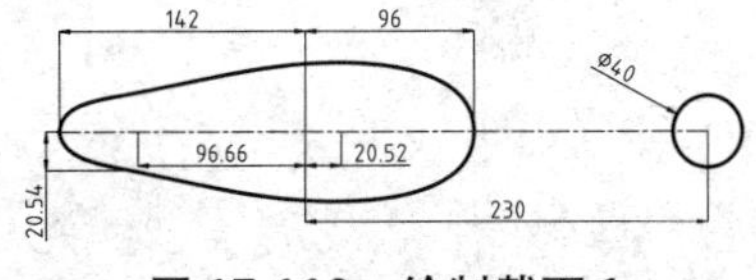

图17-110　绘制截面1

03 隐藏第2步绘制的截面，执行【原点】命令，将坐标系沿Z轴向上移动64，并执行【当前UCS】命令，将视图切换为当前的XY基准平面。在当前XY基准平面上绘制如图17-111所示的截面2，并执行【多线段】命令将曲线合并。

04 先隐藏第3步绘制的截面，按同样的方法将坐标系沿Z轴向上移动110。在当前XY基准平面上绘制如图17-112所示的截面3，并执行【多线段】命令，将曲线合并。

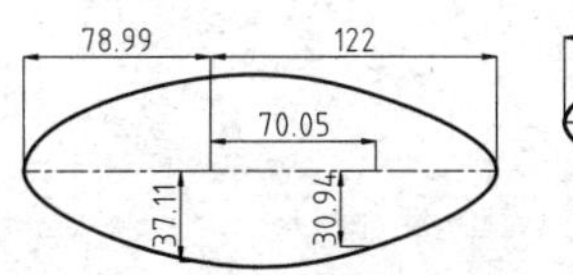

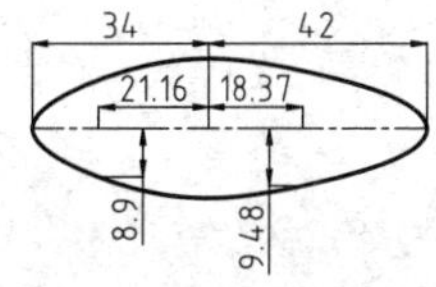

图17-111　绘制截面2　图17-112　绘制截面3

05 执行 X 命令，将坐标系统绕 X 轴旋转 90°，如图 17-113 所示。执行【当前 UCS】命令，将视图切换为当前的 XY 基准平面。

06 执行【圆】和【修剪】命令，在当前 XY 基准平面上绘制如图 17-114 所示的引导线。

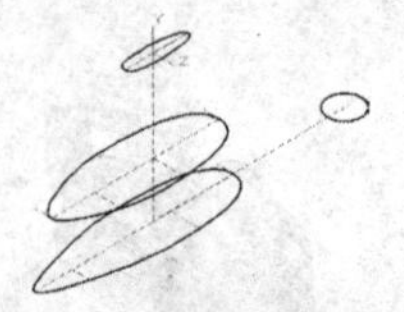

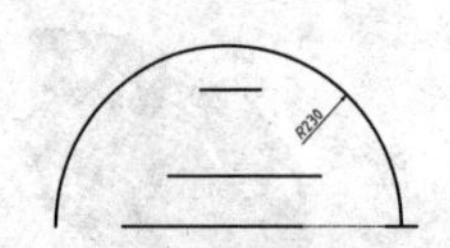

图 17-113 旋转坐标系 图 17-114 绘制引导线

07 执行【复制】命令，将步骤 4 合并的轮廓曲线向 Y 轴正方向移动 56, 如图 17-115 所示。

08 执行【放样】命令，依次选择工作区中的 4 条截面曲线，创建放样实体。命令行操作过程如下：

命令：_loft
当前线框密度：ISOLINES=4，闭合轮廓创建模式 = 实体
按放样次序选择横截面或 [点 (PO)/ 合并多条边 (J)/ 模式 (MO)] ：_MO 闭合轮廓创建模式 [实体 (SO)/ 曲面 (SU)] < 实体 > ：_SO
按放样次序选择横截面或 [点 (PO)/ 合并多条边 (J)/ 模式 (MO)] ：找到 1 个，总计 4 个
按放样次序选择横截面或 [点 (PO)/ 合并多条边 (J)/ 模式 (MO)] ：↙
// 选择 4 条截面曲线
选中了 4 个横截面
输入选项 [导向 (G)/ 路径 (P)/ 仅横截面 (C)/ 设置 (S)] < 仅横截面 > ：S ↙
// 在【放样设置】对话框中选择【法线指向】单选框，并在下拉列表中选择【起点和端点横截面】选项，如图 17-116 所示。创建放样体如图 17-117 所示

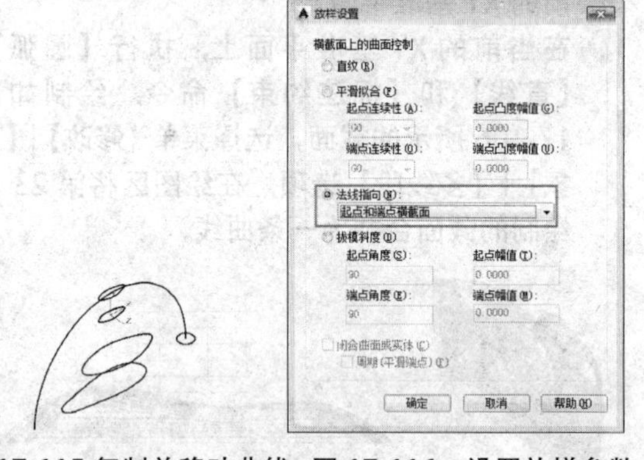

图 17-115 复制并移动曲线 图 17-116 设置放样参数

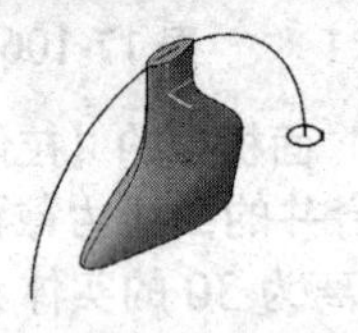

图 17-117 创建放样体

09 执行【扫掠】命令，依次选择绘图区的圆和导向曲线，创建扫掠实体，如图 17-118 所示。

10 执行【三维镜像】命令，将绘图区的扫掠体和放样体镜像到另一侧，如图 17-119 所示。

11 使用快捷键 UNI 激活【并集】命令，将绘图区的全部实体合并为一个实体，最终效果如图 17-119 所示。

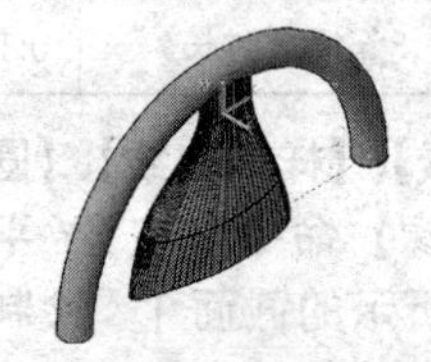

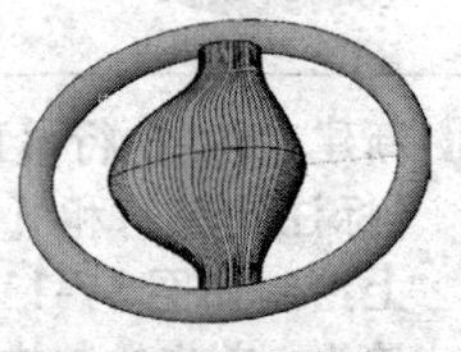

图 17-118 创建扫掠体 图 17-119 最终效果